ASP.NET 4.0
编程技术大全

靳华 洪石丹 编著

電子工業出版社
Publishing House of Electronics Industry
北京•BEIJING

内 容 简 介

本书全方位讲解了 C#语言基础、ASP.NET 开发、ASP.NET 4.0 整合 WF+WCF 等 ASP.NET 开发技术的方方面面。本书通过理论知识的详细讲解和实际开发项目的实践学习，帮助读者构建完备的开发知识基础，是目前市场上少有的一本 ASP.NET 4.0 编程技术大全。

本书分为 8 篇共 31 章。涵盖了以下主要内容：C#语法知识、C#的面向对象特性、ASP.NET 数据绑定技术、高级数据绑定控件、缓存和异步访问、LINQ 语言集成查询、成员管理技术、自定义成员提供者、角色和授权、在 ASP.NET 中整合 WCF 编程、在 ASP.NET 中整合 WF 编程、HTTP 处理器和 HTTP 模块、创建自定义服务器控件、在 ASP.NET 中动态绘图、通用权限管理系统、网上书店等。

本书内容丰富，示例项目内容全面，实用性较高，适合初次学习 ASP.NET 开发技术、急需掌握 ASP.NET 4.0 开发技术、急需提高 ASP.NET 开发水平的开发人员或学生阅读。

图书在版编目（CIP）数据

ASP.NET 4.0 编程技术大全 / 靳华，洪石丹编著. —北京：电子工业出版社，2011.9
ISBN 978-7-121-13944-4

Ⅰ. ①A… Ⅱ. ①靳… ②洪… Ⅲ. ①网页制作工具－程序设计 Ⅳ. ①TP393.092

中国版本图书馆 CIP 数据核字（2011）第 129710 号

策划编辑：胡辛征
责任编辑：李利健
特约编辑：赵树刚
印　　刷：北京中新伟业印刷有限公司
装　　订：三河市皇庄路通装订厂
出版发行：电子工业出版社
　　　　　北京市海淀区万寿路 173 信箱　邮编：100036
开　　本：787×1092　印张：49.25　字数：1261 千字
印　　次：2011 年 9 月第 1 次印刷
印　　数：4000 册　定价：89.00 元（含光盘 1 张）

凡所购买电子工业出版社图书有缺损问题，请向购买书店调换。若书店售缺，请与本社发行部联系，联系及邮购电话：（010）88254888。

质量投诉请发邮件至 zlts@phei.com.cn，盗版侵权举报请发邮件至 dbqq@phei.com.cn。

服务热线：（010）88258888。

前　言

PREFACE

ASP.NET 自问世以来已经发布了多个版本，每一次新版本的发布都带来了日新月异的变化。.NET 平台的版本变更总会增加相当多的特性，ASP.NET 也会由于新特性的增加而产生巨大变化。

本书主要讲解了使用 ASP.NET 4.0 进行 Web 程序开发的各种细节，并细致讲解了 ASP.NET 4.0 带来的新特性，以及使用新特性开发的各种技术手段和开发细节。本书内容涵盖面广、技术涉及面宽，是目前市场上少有的 ASP.NET 4.0 技术大全书籍。

为什么要写这本书

很多开发人员在使用 ASP.NET 4.0 进行开发时，并不能及时地掌握或适应 ASP.NET 4.0 中的新特性和改变。使用 ASP.NET 4.0 从事开发活动时，不能完全照搬 ASP.NET 平台低版本的开发经验，这是由于.NET 平台的发布往往会带来开发思想及开发手段的转变，这就要求初学者对 ASP.NET 4.0 开发技术的掌握必须要理论知识与实践活动相结合。

本书层次分明，学习难度曲线较为平缓。目的就是让没有 ASP.NET 经验的人能快速上手，并能进阶学习，同时又让有 ASP.NET 老版本经验的初级开发人员能快速了解新知识，掌握新开发技术，贯彻新的开发思想。尤其是.NET 4.0 平台提供的诸如 WCF 技术、WF 技术等，开发人员一定要及时掌握，并应用到项目中。

通过对本书理论知识的学习，读者可以构建完备的 ASP.NET 4.0 开发所需的基础知识。通过对实战项目的需求分析、概要设计、详细设计、编码实现等开发流程的直观学习，读者可以了解并掌握实际开发中 ASP.NET 4.0 技术的运用手法开发技巧，以及一定的系统分析能力，还可以迅速将所学到的 ASP.NET 4.0 技术运用到工作中。

本书有何特色

1. 学习曲线平缓，由浅至深，学以致用

本书学习难度曲线较为平缓，由最基础的 C#开发语言相关知识的讲解，直至复杂业务系统开发知识的讲解，学习深度平缓增加，并将理论知识与实际开发有机地结合起来，使读者学习起来不费力气，还可以将本书中学习的知识及开发技术迅速运用于实际开发中。

2. 开发知识全面涵盖，防止出现学习死角

本书涵盖了目前 ASP.NET 4.0 开发中使用的所有主流技术，并在实战项目中展示了系统分析、业务建模、UML 与 OOAD 等实际开发技术，有效地保证读者对于 ASP.NET 4.0 开发技术的全面掌握，并使读者接触到系统分析等高级开发技术，防止读者出现学习死角。

3. ASP.NET 开发技术深入讲解

本书讲解了大量的 ASP.NET 高级开发技术和 ASP.NET 技术框架的构成及原理剖析，还通过 ASP.NET 控件开发、WCF 及 WF 与 ASP.NET 整合开发、缓存技术、数据绑定技术全方位展示了 ASP.NET 技术框架体系和原理，并在实战项目中贯穿讲解了 ASP.NET 皮肤、JavaScript、ORM 的构建等各种复杂的开发技术。

4. 业务分析与系统建模、UML 及面向对象的分析和设计（OOAD）思想的贯穿讲解

在本书通用管理系统案例中，演示了一个软件项目的基础开发全过程。该案例展示了需求分析、业务建模、UML 与面向对象的分析和设计（OOAD）等项目分析技术，并通过编码交付了详细设计中的里程碑实现。通过该项目，读者可以了解项目分析及开发流程，从而深入理解 ASP.NET 技术在实际开发中的应用场景和应用细节。

本书内容及知识体系

第一篇　ASP.NET 4.0 开发基础（第 1～3 章）

本篇从大局观入手，介绍了.NET 4.0 的发展、ASP.NET 4.0 的开发工具和 ASP.NET 4.0 的应用程序架构。通过对本篇的了解，读者应该知道什么是 ASP.NET，它与.NET 有什么关系，它如何可视化地进行开发。

第二篇　C#语法基础（第 4、5 章）

本篇介绍了 C#语言的语法特性和面向对象编程的特点。如果读者对面向对象编程还不了解，请一定要仔细阅读本篇。通过本篇的学习，读者应该知道 ASP.NET 用什么开发语言来完成，这种语言的语法是什么样的，如何利用它实现面向对象的程序开发。

第三篇　ASP.NET 控件（第 6～8 章）

本篇介绍了 ASP.NET 下的 3 类控件：基本控件、高级服务器控件和用户控件。控件能帮助我们迅速开发图形和互动界面，能大大提高开发效率，因为你只需拖动控件就完成了它的一些设计和简单操作。通过对本篇的学习，读者应该能开发出最基础的 ASP.NET 界面，并能让程序和用户实现简单互动。

第四篇　构建 ASP.NET 4.0 应用程序（第 9～16 章）

本篇介绍了 ASP.NET 应用程序中一些不可缺少的应用：状态管理、应用程序异常和页面跟踪、母版页、主题、导航、个性化服务、Ajax、Web 部件。这些技术能保证程序的美观和高效，通过对本篇的学习，读者应该能开发出完整的 ASP.NET 程序。

第五篇　数据访问技术（第 17～21 章）

不管是什么网站，都需要与数据打交道。本篇就介绍了 ASP.NET 数据访问相关的技术和控件，包括 ADO.NET 数据访问技术、数据绑定技术、数据绑定控件、缓存和异步访问、LINQ。通过对本篇的学习，读者应该能掌握各种数据的交互技术，知道数据从哪里读取，然后保存到哪里。

第六篇　ASP.NET 成员和角色管理（第 22～24 章）

本篇讲解了使用 ASP.NET 成员和角色管理技术，构建网站或 Web 应用程序中的权限、角色、用户、用户组的相关知识。通过对本篇的学习，读者可以在实际开发中迅速构建权限管理、角色管理、用户管理等相关管理模块，极大地提高了程序的开发效率、健壮性及可维护性。

第七篇　ASP.NET 4.0 高级技术（第 25～29 章）

本篇讲解了在 ASP.NET 4.0 中使用.NET 4.0 新技术进行整合开发的细节，展示了 ASP.NET 整合 WCF 技术开发分布式系统、ASP.NET 技术整合 WF 技术开发工作流应用两种技术，并在第 25、26 章中通过实例项目展示了 ASP.NET 4.0 整合其他高级技术开发复杂应用的细节。本篇还讲解了 ASP.NET 控件开发技术，使读者掌握并应用 ASP.NET 控件模型来开发复杂的 ASP.NET 自定义控件。本篇最后讲解了 ASP.NET 使用 GDI+技术绘图、绘制图表等实用开发技术。

第八篇　ASP.NET 4.0 编程实战（第 30、31 章）

本篇两个项目侧重点并不一致，通用权限管理系统侧重于展示项目分析和项目开发，网上书店项目则侧重于讲解 ASP.NET 网站开发技巧。读者通过对本篇的学习，能系统地开发大型网站项目，也能了解项目的架构和一些系统分析的相关知识。

适合阅读本书的读者

- 需要全面学习 C#语言及 ASP.NET 开发技术的开发人员；
- C#或 ASP.NET 程序员；
- 广大 Web 开发程序员；
- 希望提高项目开发水平的人员；
- 专业培训机构的学员。

编著者

目 录 Contents

第一篇 ASP.NET 4.0 开发基础

第二篇 C#语法基础

第三篇　ASP.NET 控件

第 6 章　ASP.NET 基本控件　114

第四篇　构建 ASP.NET 4.0 应用程序

第 9 章　应用程序状态管理　213

第 10 章　应用程序异常和页面跟踪　250

第五篇 数据访问技术

第六篇 ASP.NET 成员和角色管理

第一篇

ASP.NET 4.0 开发基础

在学习 ASP.NET 之前，我们需要了解，什么是 ASP.NET？它与.NET 框架有什么关系？有没有很强大的开发工具能帮助我们快速开发网站？当这些问题都得到解决后，初学者就可以开发一个简单的 ASP.NET 网站，然后了解网站中各个配置和页面模型。本篇的内容主要有：

- ASP.NET 与.NET Framework 概述
- Visual Studio 2010 可视化开发环境
- ASP.NET 应用程序结构

第 1 章 ASP.NET 与.NET Framework 概述

自微软发布第一个.NET Framework 至今，.NET 已经成为了很多开发人员工作和生活的一部分。.NET Framework 是一套开发框架，它提供了用于开发应用程序的基础和大量的类库，并且还具有一套顶尖级的 IDE 工具辅助进行应用程序的开发，这套工具就是大名鼎鼎的 Visual Studio（以下简称 VS）。本章将带领读者了解.NET Framework，学习.NET Framework 的最新版本 4.0 及其相关技术。

1.1 认识.NET Framework

在.NET Framework 之前，已经存在多种多样的软件开发框架。一些框架主要用来降低软件开发的复杂度，提高开发人员的生产力，比如 Delphi 中的 VCL 框架，让开发人员能高效地开发应用程序。VCL 很大一部分来自于对底层 Win32 API 的封装，并提供了对 Pascal 语言的一些辅助性的代码，而相较于 VCL，.NET Framework 则提供了更多更强大的功能。

1.1.1 什么是.NET Framework

.NET Framework 提供了一整套应用程序的开发平台，它实际上是由一大堆技术组合而成，这些技术彼此协作，能为开发人员提供无限的应用。归根结底，.NET Framework 由如下几大部分组成。

- .NET 语言：包括 Visual Basic.NET、C#、JScript.NET、J#和 C++等。
- 通用语言运行时（CLR）：提供所有.NET 程序的执行引擎，并为这些应用程序提供自动化的服务，比如安全性检查、内存的管理和应用程序的优化等。
- .NET 框架类库：包含大量内置的功能函数，使开发人员可以更轻松地实现特定功能，这些类库被组织为几个技术集，比如 ADO.NET、Windows Forms 应用程序开发、网络编程等。
- ASP.NET：通常将该技术归类到.NET 框架类库中，它包含了使用.NET 所创建的 Web

应用程序的宿主引擎，并且支持.NET 类库中所有的特性。ASP.NET 也包含一些 Web 特定的服务，比如安全验证和数据存储。

- Visual Studio：功能强大，使用简便的集成化开发环境，具有一整套高效的功能集合和调试特性。

上面为了突显 ASP.NET 技术而写了五大类，实际上在 MSDN 中，把整个.NET Framework 分为两大类：一类是通用语言运行时（CLR），另一类就是.NET Framework 类库。通用语言运行时是整个.NET 应用程序的核心，无论使用什么样的语言，编写什么样的.NET 程序，都需要这个核心引擎所提供的核心功能。

图 1.1 所示为.NET Framework 的基本结构图，该图将.NET 划分为两大部分，每一部分又细分了各种不同的功能模块。在.NET Framework 类库部分，可以看到其提供了很多开发人员常见的应用程序类型，基本上.NET 程序员都在与.NET Framework 中庞大的类库打交道。通用类型系统为.NET 应用程序提供了一个托管平台，它提供了较底层的功能，通常开发人员较少需要处理 CLR 的部分。

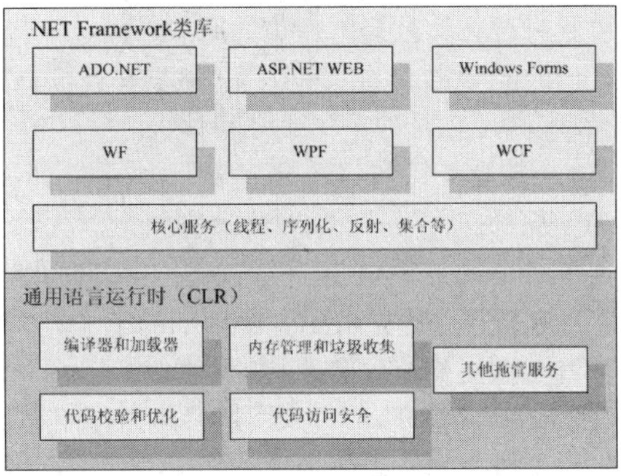

图 1.1　.NET Framework 基本结构

自从推出第一个.NET Framework 以来，微软公司不断升级和精练这套框架的可用性，到目前为止，已经发展到.NET 4.0 版，这一版本的.NET Framework 除了修正和提升了原有框架的不足外，还完善了 WPF、WCF 和 WF 3 套开发基础库。ASP.NET 从最初的 1.0 版也逐渐发展到现在的 4.0 版。

1.1.2　.NET Framework 的新增功能

.NET Framework 新增了大量的功能，对语言来说，它提供了很多新的语法和功能特性，来增强语言的能力，降低编写代码的复杂度。C#新增的语言特色如下。

- 隐式类型的本地变量和数组：在与本地变量一起使用时，var 关键字指示编译器根据初始化语句右侧的表达式推断变量或数组元素的类型。
- 对象初始值设定项：支持无须显式调用构造函数即可进行对象初始化。
- 集合初始值设定项：支持使用初始化列表而不是对 Add 或其他方法的特定调用来初始化集合。
- 扩展方法：使用静态方法扩展现有类，这些静态方法可以通过实例方法的语法进行调用。

- 匿名类型：一种未命名的结构化类型，允许动态创建，可以添加到集合中，也可以使用 var 关键字进行访问。
- Lambda 表达式：支持带有可绑定到委托或表达式树的输入参数的内联表达式。
- 查询关键字：用来指定查询表达式中子句的关键字。
- 自动实现的属性：支持使用简化的语法声明属性。
- 局部方法定义：局部类型可以包含局部方法。

除了语言上的增强外，.NET Framework 在编程类库方面也提供了不少开发人员期待已久的新功能。

- LINQ 语言集成查询：开发人员可以使用熟悉的 C#或 Visual Basic 语法查询集合或数据库，而不用考虑底层的数据来源，并采用标准的、易于学习的查询模式。
- Windows Presentation Foundation（WPF）：Windows 表示层基础，WPF 是.NET Framework 的一个子集，基于矢量绘图技术的 Windows 平台上的新一代表示层技术。该技术摆脱了传统的 Windows Forms 应用程序的不足，基于 DirectX 技术，让开发人员和设计人员可以紧密合作，创造出完美的用户界面。
- Windows Communication Foundation（WCF）：微软构建面向服务（SOA）的应用程序提供的统一编程模型。WCF 是一个集成多种技术的统一编程模型，使用 WCF 开发分布式应用程序时，开发人员可以不用关注一些零散的技术，如 Web Service、Remoting 及 MSMQ 等。
- Windows Workflow Foundation（WF）：一种基于工作流的编程模型。WF 允许开发人员建立、配置、监视和执行在给定应用程序内部的工作流。WF 推出后，开发人员就不用费尽心思地开发支持工作流程序的基础结构。
- Windows CardSpace：统一身份验证技术，这种技术使用一种统一的方法来识别用户的身份，解决了用户拥有很多密码的烦恼。

1.2 认识 ASP.NET 4.0

上一节简要地介绍了.NET Framework 和几个新的功能，这些功能其实都可以与 ASP.NET 进行整合以开发出功能强大的 Web 产品。这一节将讨论 ASP.NET 4.0 的基础、功能及特色。

1.2.1 ASP.NET 4.0 的新增功能

从 ASP.NET 的第一个版本发布至今，已经经历了 5 次较大的升级。

- ASP.NET 1.0：微软的首个.NET Framework 平台下的 Web 开发产品。
- ASP.NET 1.1：在前一版本的基础上，微软修正了一些 Bug，但是该版本并没有提供新的功能特色。
- ASP.NET 2.0：ASP.NET 迈向成熟非常重要的一个版本。相对于以前版本，它提供了大量的新功能，其新功能可以让开发人员节省编写大量代码的时间，比如内置的数据绑定控件、Web 站点导航机制、主题、支持母版页等。
- ASP.NET 3.5：在 ASP.NET 2.0 基础之上的一次升级，但是添加了一些新的特色和两个重大的改变，最重要的改变是添加了对于 ASP.NET Ajax 的支持，这在 ASP.NET 2.0 中需要安装扩展才能实现，另外一个改变是对于 LINQ 的支持，使开发人员能用一种统一的风格进行异构数据源的访问。此外还可以整合 WCF、Silverlight 及 WF 到 Web 应用程序中。

➢ ASP.NET 4.0：与 ASP.NET 3.5 比较变化不是特别大，着重于细节和框架的应用，以及简单方向进行的改进。

如果程序员是从 ASP 时代一路走来，那么 ASP.NET 带给程序员的绝对是一次全新的开发体验。ASP.NET 具有如下几点重大的特色：

➢ ASP.NET 是完全面向对象的编程模型，包含一个事件驱动和基于控件的架构。
➢ 开发人员可以使用任何支持.NET 的语言来开发 ASP.NET 应用程序。ASP.NET 实际上只是一套开发框架，开发人员可以使用所喜爱的任何.NET 语言比如 C#、VB.NET、J#及一些第三方语言。
➢ 它由一些 ASP.NET 页面组成，但是是经过编译的而非解释型的，拥有较高的性能，而且其自身具有一套优良的数据访问模型和灵活的数据缓存架构，用来推动性能的提升。

ASP.NET 4.0 版本在 ASP.NET 3.5 版本的基础上修正了一些不足，也同样包含了两个重大功能：LINQ 和 Ajax。LINQ 是一项足够吸引人使用的技术，它将数据访问带入了一个整合的时代。

Ajax 的全称是 Asynchronous JavaScript And XML，异步 JavaScript 和 XML，其本身并不是一门新技术，而是多种技术的组合。Ajax 增强了用户交互体验的功能，简而言之，使用 Ajax 可以异步地进行数据的提取和更新，无须多次重新加载页面。有了这个特性，ASP.NET 可以说不再是一个单纯的网站开发框架，而是一个 Web Base 的应用程序开发框架。

1.2.2　准备 ASP.NET 的开发环境

尽管程序员可以使用像记事本或者是 EditPlus 之类的文本编辑工具开发 ASP.NET 应用程序，除非有特别的喜好，否则没有理由不使用 VS。它提供了所见即所得的设计界面，并提供了控件工具箱使程序员能以拖动的方式产生用户界面，还可以利用多种 Web 开发模板来加快 ASP.NET 应用程序的开发。

微软在.NET Framework 4.0 发布之后，同时也发布了 Visual Studio 2010 正式版，Visual Studio 2010（以下简称 VS 2010）提供了一套用于开发.NET 应用程序的开发工具，可以生成 Web 应用程序、Web Service、Windows Forms、WPF、WCF、WF 和移动应用程序。在 VS 2010 中，根据程序员的选择，可以使用 Visual Basic.NET、C#或 C++进行.NET 应用程序的开发，并且可以轻松地创建混合语言解决方案。

开发人员可以使用 VS 2010 旗舰版，也可以使用免费的 Visual Studio Express Edition 开发 Web 应用程序。在开始安装之前，操作系统需要确定具有如下硬件配置。

➢ 最低要求：1.6GHz CPU、384MB RAM、1024×768 显示器、5400 RPM 硬盘。
➢ 推荐：2.2 GHz 或以上的 CPU、1024 MB 或以上的 RAM、1280×1024 显示器、7200 rpm 或更高转速的硬盘。
➢ 在 Windows 7 上的运行要求：2.4 GHz CPU、768 MB RAM，也可以在其他 Windows

平台上比如 Windows XP、Windows 2003 上进行安装。

- 最小安装需要 1.22 GB 可用磁盘空间。
- 完全安装需要 2 GB 可用磁盘空间。

使用 VS 2010 开发 ASP.NET 应用程序时，可以利用其提供的如下几个好处。

- 整合错误检查：能够检查相当多的错误，比如数据类型转换错误、错误的命名空间和类、未定义的变量。
- Web 表单设计器：使开发人员可以拖动 ASP.NET 控件到合适的位置，然后在属性窗口中配置其属性，VS 2010 将自动生成 Web 页面标记。
- 整合的 Web 服务器：为了宿主 ASP.NET 应用程序，需要一个 Web 服务器软件，比如 IIS，它将等待浏览器的请求并提供相应的页面。尽管设置像 IIS 之类的 Web 服务器非常简单，但有时是不必要的。VS 2010 中内置了一个开发用的 Web 服务器，使开发人员可以直接调试运行应用程序，而不用步署到一个真实的 Web 服务器中。
- 提高了开发人员的生产效率：使编码工作更快且更有效，其代码提醒、自动代码完成和具有颜色表示的语法，大大提高了开发人员的工作效率。
- 增强的调试功能：VS 整合的调试器允许开发人员监视代码执行，在任意位置暂停程序的执行，并且可以查看任何变量的内容。在编写复杂的代码时，调试工具可以大大节省排错的时间。
- 复杂的扩展性：开发人员可以使用宏、更改项目模板，甚至为 VS 编写自定义的插件来扩展 VS 2010 的功能。

> **注意**：由于 VS 2010 内置了一个调试用的 Web 服务器，因此在开发时甚至可以不用安装 IIS 就可以运行 Web 应用程序，不过如果是大中型的 Web 项目，应该考虑使用专门的 Web 服务器软件来进行测试。

1.2.3 开发第一个 ASP.NET 应用程序

本节将开发一个简单的显示当前服务器时间的 ASP.NET Web 应用程序，在介绍完第一个 ASP.NET 开发的过程后，将简要地讨论它的执行模式。如果读者的机器上已经安装了 VS 2010，则选择“开始→程序→Microsoft Visual Studio 2010”命令打开它。第一个示例的步骤如下：

（1）在其主窗口中选择“文件→新建→网站”命令，打开图 1.2 所示的“新建网站”对话框，其中列出了可供使用的 VS 2010 网站模板，本示例选择“ASP.NET 空网站”。VS 2010 支持多种.NET Framework 版本的应用程序的开发，因此可以在窗体上侧选择所需要开发的版本，本书中所有的示例将以“.NET Framework 4.0”进行开发。

在“Web 位置”下拉列表框中列出了开发可用的 3 个位置：

- 文件系统。该选项会使用 VS 2010 内置的 Web 服务器调试程序，不用安装 IIS 就可以编译、调试程序。这个内置的 Web 服务器提供了开发程序的大多数特性，但如果要创建一个大型的 Web 应用程序，应该选择 IIS 作为开发服务器。
- HTTP 位置表示使用 IIS 处理 Web 页面。当选择这个选项后，在右边的文本框中为 IIS 指定一个虚拟目录。

➢ FTP 则表示可以通过 FTP 在远程位置进行网站开发。

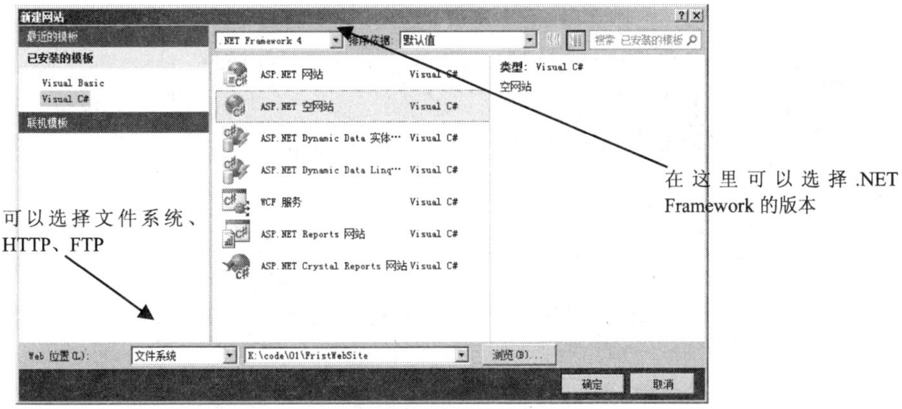

图 1.2　“新建网站”对话框

（2）指定了一个网站所要存放的位置后，单击“确定”按钮，VS 2010 会自动创建一个空网站，此时网站内没有任何页面，只有一个 web.config 配置文件。我们需要新建一个页面，以方便了解 VS 的开发工具。用鼠标右键单击项目名称，在弹出的快捷菜单中选择“添加新项”命令，打开“添加新项”对话框，如图 1.3 所示。选中“Web 窗体”选项，单击“添加”按钮返回到 VS 开发界面，如图 1.4 所示。

图 1.3　“添加新项”对话框

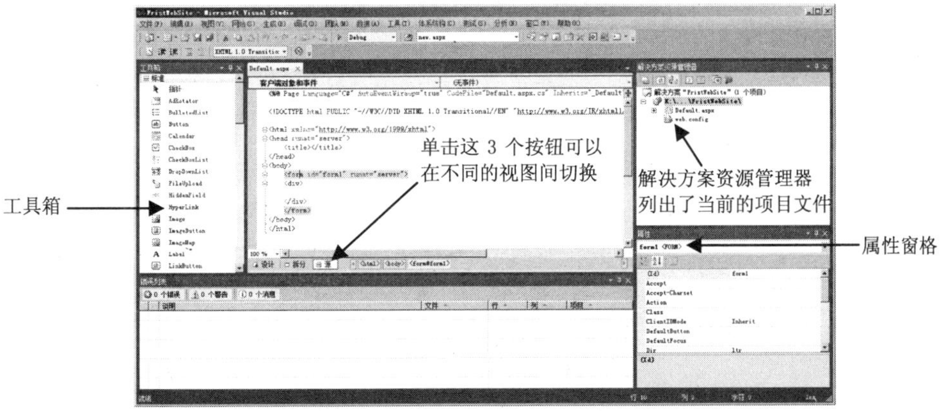

图 1.4　VS 2010 开发界面

（3）现在单击主窗口下方的“设计”按钮将主窗口切换到设计视图，从工具箱中拖 1 个 Label 控件和 1 个 Button 控件到设计窗口中。在属性窗格中，为 Button 的 Text 属性设置值为“刷新时间”，用户在单击该按钮时，将会改变在 Label 控件中显示的时间信息。

（4）接下来需要将界面切换到后置代码视图，可以在主菜单中选择“视图→代码”命令切换到 C#源代码视图，也可以按【F7】键进行切换，该程序需要在每次页面加载时显示当前的时间信息，因此在自动生成的 Page_Load 事件中添加如下代码：

```
protected void Page_Load(object sender, EventArgs e)
{
    //为 Label1 的 Text 属性赋予当前的时间字符串
    Label1.Text = DateTime.Now.ToString();
}
```

（5）下面准备调试该 Web 站点。可以单击工具栏中的“调试”按钮▶，或直接按【F5】键，也可以选择主菜单中的“调试→启动调试”命令打开调试功能，此时系统会自动弹出图 1.5 所示的提示对话框。

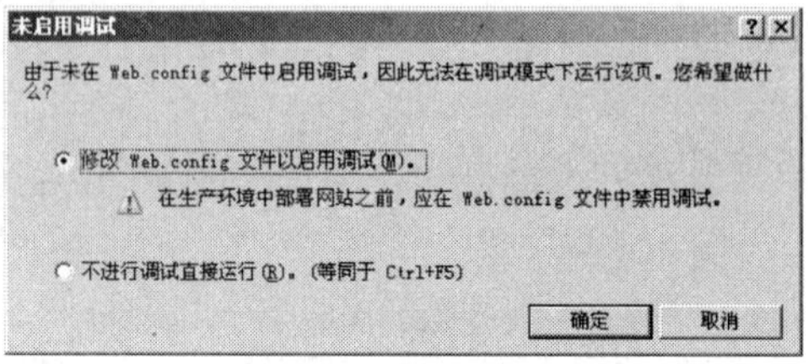

图 1.5　提示对话框

该对话框告诉开发人员，将会修改 Web.config 文件中的配置项来启用调试功能，并提示开发人员在正式部署 Web 站点的时候，应该在 Web.config 文件中禁用调试，这个提示框实际上是告诉程序员会将配置文件中的<compilation>配置节的 debug 属性设置为 true，代码如下：

```
    <!--
      设置 compilation debug="true" 可将调试符号插入
      已编译的页面中。但由于这会影响性能，因此只在开发过程中将此值
      设置为 true。
  -->
    <compilation debug="true">
```

在实际的部署该站点时，应该将 debug 属性设置为 false。

（6）单击“确定”按钮后，在系统拖盘中会多出一个内置服务器运行时的图标，用鼠标右键单击该图标，在弹出的快捷菜单中选择“显示详细信息”命令，将会看到图 1.6 所示的内置 Web 服务器的信息。

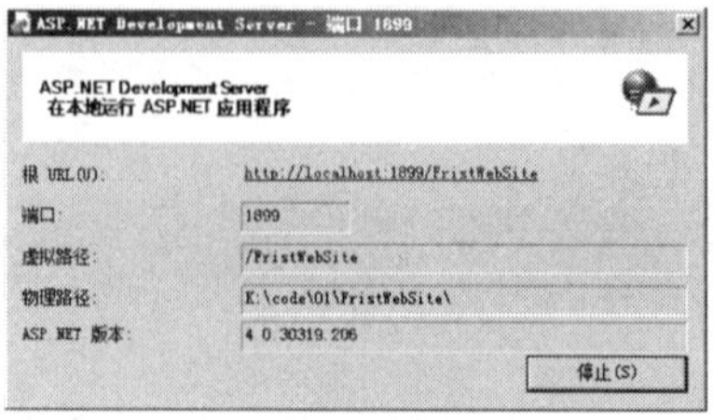

图 1.6　内置 Web 服务器信息

（7）之后 VS 2010 会打开一个 IE 浏览器窗口，显示出在前面几步所设置的内容。本示例中是 1 个 Label 控件和 1 个 Button 控件，并且加载时会显示出当前服务器端的时间，如果单击“刷新时间”按钮，将看到 Label 中显示的时间被更新了，如图 1.7 所示。

图 1.7　示例运行效果

> **说明**：在示例中并没有为 Button 控件添加任何代码，但是当单击 Button 后，Label 控件的时间也会进行更新。因为 ASP.NET 技术是一门服务器端技术，当单击 Button 时，浏览器将会向服务器端产生一个请求，服务器端会重新向客户端发送一次页面内容，并引发服务器端的 Page_Load 事件，此时 Label 控件会重新刷新一次时间，在本书后续的章节中会详细介绍 ASP.NET 的这种执行模式。

（8）步骤（1）中生成了指定本项目所有文件生成的位置，该项目下默认有 3 个文件：.aspx 文件用来展示页面设计；.aspx.cs 文件用来书写后台代码；web.config 文件是项目的配置文件。读者可以在创建完实例后，从资源管理器中查看这个项目的源代码。

1.3　小结

本章的目的在于让读者从概念上对 ASP.NET 及.NET Framework 技术有一个初步认识。首先介绍了.NET Framework 的概念、组成和.NET Framework 4.0 中的一些功能，并对 LINQ、WPF、WCF、WF 及 Windows CardSpace 技术进行了简要介绍，接下来简要地介绍了 ASP.NET 4.0 的功能特色和准备 VS 2010 作为其开发环境，最后以一个简单的示例介绍了如何开发 ASP.NET Web 站点。

第2章 Visual Studio 2010 可视化开发环境

Visual Studio 2010（简写为VS 2010）是微软推出的最新版本的集成化开发环境。这个工具集成了多语言、多环境的项目开发能力。可以说，在.NET Framework平台上，只需要一个VS，就能实现大多数的应用程序。VS 2010包括种类丰富的设计工具、强大的调试工具和智能感知、错误捕捉及建议类型的支持。本章将讨论VS的IDE（Integrated Development Environment，集成化开发环境），以及开发ASP.NET的Web站点项目和Web项目。

2.1 Visual Studio 2010简介

VS 2010是在VS 2008之后的一次升级，它的一大特色是能完美地兼容VS 2005和VS 2008。开发人员可以直接在VS 2010中开发.NET Framework 2.0（或3.0、3.5）应用程序，将VS 2005所开发的应用程序进行无缝升级。如果读者具有VS 2005 IDE下的开发体验，则会发现VS 2010的开发界面与VS 2005非常相似，它不仅在一些细节方面进行了增强，还内置了多种用于.NET Framework 3.5环境下的开发模板。

2.1.1 IDE开发环境介绍

在安装完VS 2010并首次打开时，会提醒用户选择一个开发环境，本书将以Visual C#作为开发平台，因此，选择Visual C#开发环境。VS 2010启动后，将显示图2.1所示的启动窗口，该窗口与普通的Windows窗口区别不大，同样具有菜单栏、工具栏，然后是一些自动停靠的窗格。

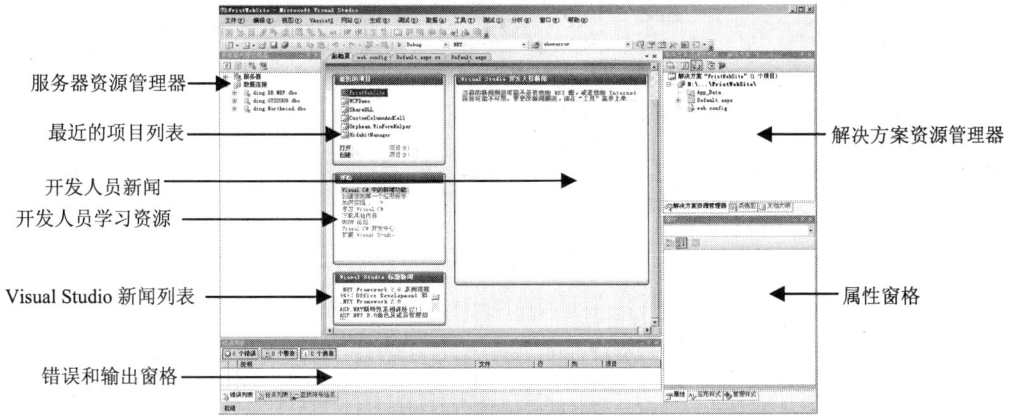

图 2.1　VS 2010 的 IDE 窗口

根据用户的个人喜好，这些窗格的排列可能不相同，开发人员可以在“视图”菜单中选择所要显示的窗口。下面对开发过程中比较常用的几个窗格进行详细介绍。

1. 解决方案资源管理器

解决方案资源管理器是 VS 用来统一存放项目文件的一个窗格。在 VS 2010 中，解决方案是一个集中管理项目的位置，一个解决方案可以包含一个或多个项目，解决方案与项目的关系如图 2.2 所示。

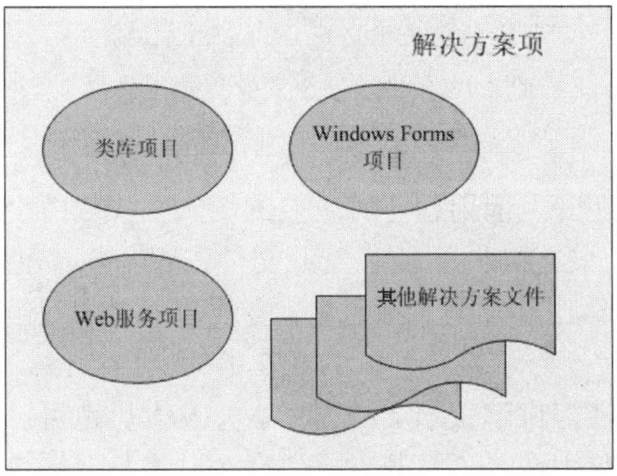

图 2.2　解决方案项示意图

从图 2-2 中可以看到在一个解决方案中可以包含 Windows Forms 项目、类库项目、Web 服务项目及其他解决方案文件。解决方案资源管理器提供了很多用于辅助项目管理的选择项，解决方案文件项目保存在.sln 和.suo 文件中，用于存储定义解决方案的元数据。它也提供了管理多个项目的能力，例如，图 2.3 所示为一个多项目的解决方案视图，它以不同的图标显示了不同的项目类型。

在解决方案资源管理器中，当前激活的项目将显示为粗体字，用鼠标右键单击相应的项目名称，在弹出的快捷菜单中选择“设为启动项目”命令来激活当前的项目。

开发人员可以在解决方案项目上单击鼠标右键，在弹出的快捷菜单中选择“添加→新建项目”命令，或“添加→现有项目”命令来向解决方案资源管理器中增加新的项目，也可以用鼠标右键单击项目名称，在弹出的快捷菜单中选择“移除”命令，来移除现有的项目。

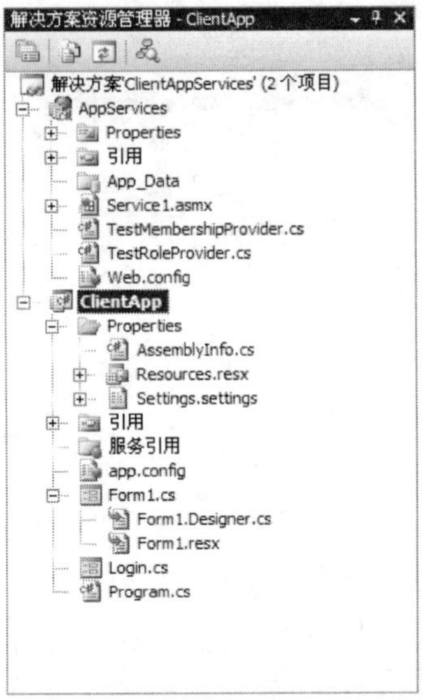

图 2.3　多个项目的解决方案资源管理器视图

解决方案资源管理器上面的工具栏非常有用，图 2.4 所示列出了这些工具栏的具体作用。

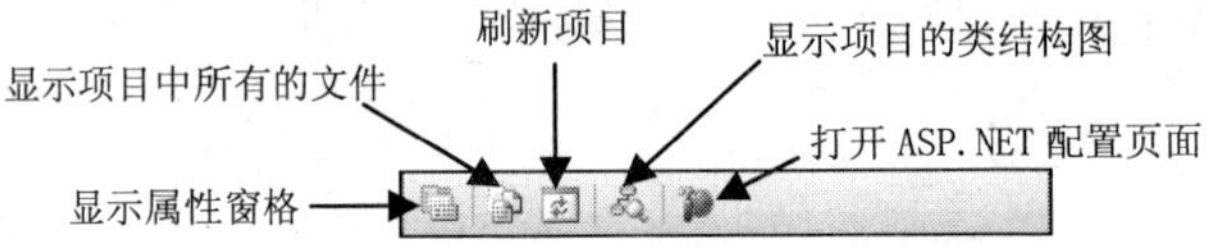

图 2.4　解决方案资源管理器工具栏

2. 文档窗格

文档窗格是开发人员在开发应用程序时主要的编辑区域。由于在 VS 2010 中可以编辑多种不同类型的文件，比如 ASP.NET 页面、资源文件、Windows 窗体文件等，每种类型的文件都具有一个默认的编辑器。当用户在解决方案资源管理器中双击相应的文件时，将使用默认的编辑器打开文件。图 2.5 所示显示了 VS 2010 中的文档窗格。

如果没有为指定的文档提供默认的文档窗格，开发人员也可以用鼠标右键单击所要打开的文档，在弹出的快捷菜单中选择“打开方式”命令，将打开图 2.6 所示的“打开方式”对话框，可以在该对话框中选择其他的编辑器或添加新的编辑器。

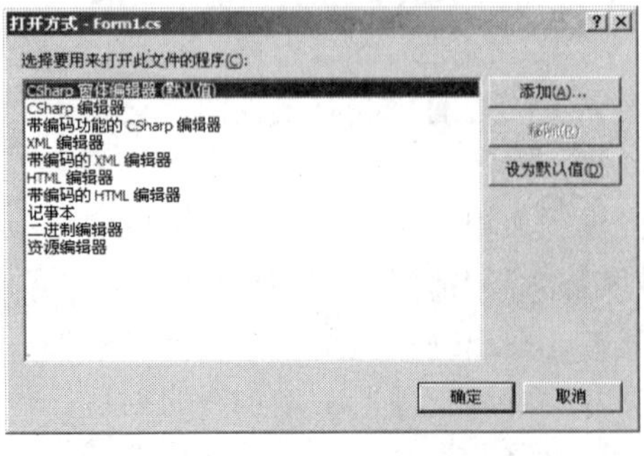

图 2.5　VS 2010 文档窗格

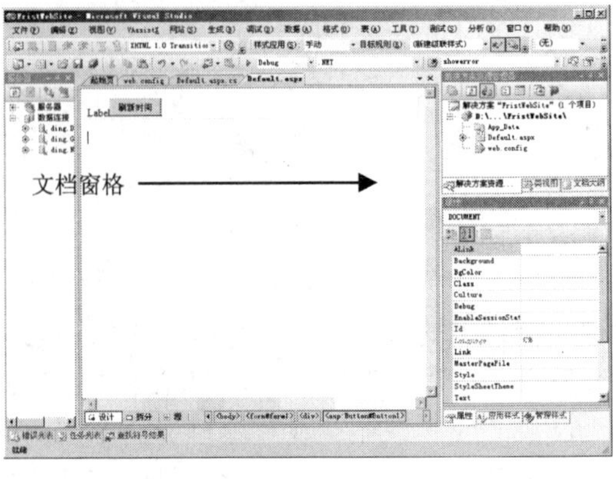

图 2.6　“打开方式”对话框

3. 工具箱窗格

工具箱窗格与文档窗格紧密结合，当切换到不同的文档窗格时，它的内容也会相应地发生改变。其主要目的是提供可拖放的控件给开发人员，让开发人员在指定的文档窗格中添加控件。工具箱的内容依赖于当前的项目类型，比如当设计一个 Web 页面时，将会看到图 2.7 所示的工具箱窗格。

工具箱窗格由多个选项卡组成，每个选项卡包含不同类型的控件，比如在“数据”选项卡中将包含与数据操作相关的一些控件。开发人员也可以定制工具箱，在工具箱中单击鼠标右键，在弹出的快捷菜单中选择“添加选项卡”命令，即可为工具箱添加一个新的选项卡。然后可以从“标准”选项卡中拖动一些控件到该选项卡中，也可以在选项卡上单击鼠标右键，在弹出的快捷菜单中选择“选择项”命令，将会打开图 2.8 所示的“选择工具箱项”对话框。

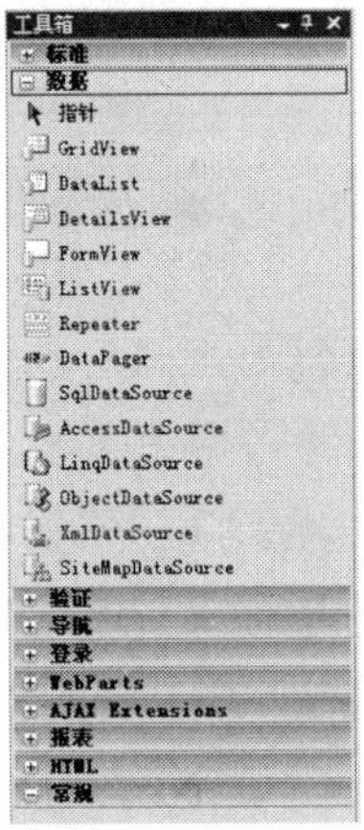

图 2.7 工具箱窗格

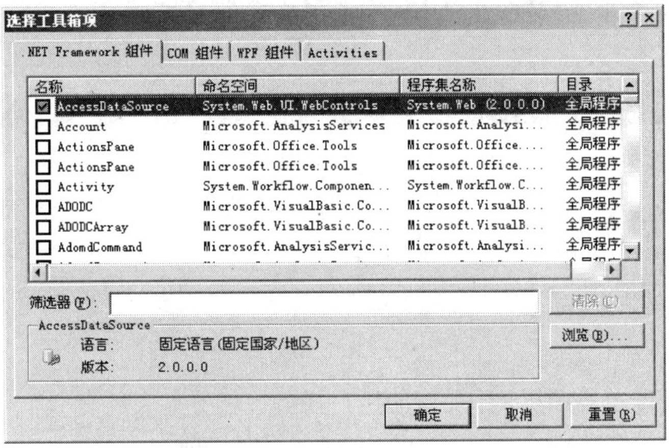

图 2.8 “选择工具箱项”对话框

该对话框中包含 4 个选项卡，分别为.NET Framework 组件、COM 组件、WPF 组件和 Activities（工作流活动组件）。如果开发人员的工具项位于自定义的程序集中，可以单击“浏览”按钮，选择工具所在的程序集文件或可执行文件，然后单击“确定”按钮，即可将工具添加到工具箱指定的选项卡中。

4. 错误列表和任务列表窗格

错误列表和任务列表窗格非常相似。错误列表窗格将分类显示一些错误信息，这些错误信息可能是 VS 2010 在检测用户加载或编译时产生的；任务列表窗格显示了开发人员定义的任务信息以便于追踪。错误列表和任务列表都有一个文本表示的描述和一个到指定代码位置的链接。在默认情况下，只要项目中有错误时，错误列表窗格都会显示出错误的信息。例如下面的代码故意去掉了代码行最后的分号，则 VS 会自动地在错误列表窗格中显示一条错误信息。

```
protected void Page_Load(object sender, EventArgs e)
{
    //为 Label1 的 Text 属性赋予当前的时间字符串
    Label1.Text = DateTime.Now.ToString()
}
```

错误信息的显示如图 2.9 所示。

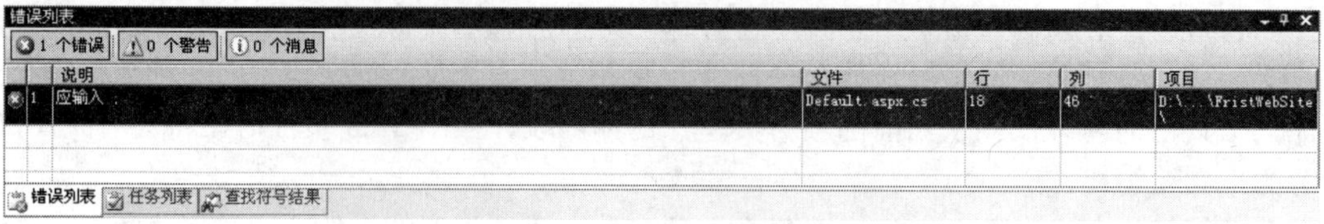

图 2.9　错误列表窗格显示的错误信息

任务列表窗格用于添加和显示当前项目中的任务，也就是 TODO 列表。如果在 VS 2010 中没有显示任务列表窗格，可以选择“视图→任务列表”命令显示任务列表窗格，如图 2.10 所示。

图 2.10　任务列表窗格

也可以单击图标添加新的用户任务。任务列表还有一个非常有用的功能，用来显示代码中添加的 TODO 注释。例如，在如下代码块前面添加了一个 TODO 注释：

```
    //TODO:当 Form 加载时，根据当前用户的权限来显示信息
  protected void Page_Load(object sender, EventArgs e)
  {
    //MYTODO:为 Label1 的 Text 属性赋予当前的时间字符串
    Label1.Text = DateTime.Now.ToString();
  }
```

现在，在任务列表窗格中选择注释项，则显示出 TODO 注释，如图 2.11 所示。

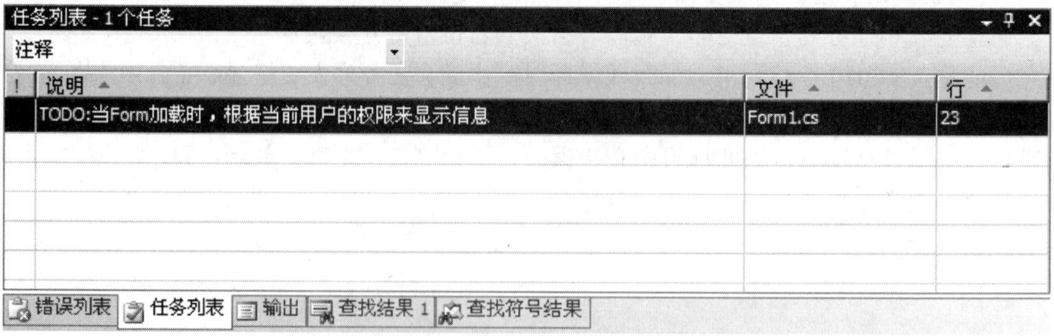

图 2.11　显示注释

用户可以双击 TODO 注释，代码编辑器会自动跳转到注释所在的位置，并将注释进行高亮显示，这对于查看代码或批注代码重点十分有用。

必须在注释前加 TODO 或其他的标识符才能被 VS 2010 所识别，用户可以选择“工具→选项”命令，打开图 2.12 所示的“选项”对话框。

注意：所有自定义任务及断点都保存在一个隐藏的解决方案文件中，因此如果重命名项目，将会导致这些信息丢失。

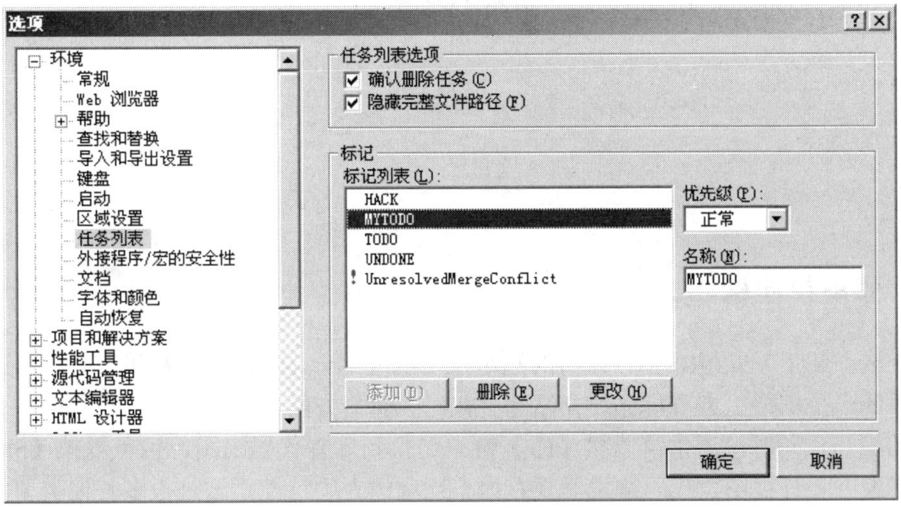

图 2.12　“选项”对话框

在“环境→任务列表”选项中，可以添加自己的标记。例如，在“名称”文本框中输入标记 MYTODO，然后单击“添加”按钮。下面就可以添加自定义的 MYTODO 标记了，代码如下：

```
protected void Page_Load(object sender, EventArgs e)
{
    //MYTODO:为 Label1 的 Text 属性赋予当前的时间字符串
    Label1.Text = DateTime.Now.ToString();
}
```

现在可以在任务列表窗格中看到使用 MYTODO 标记的注释，如图 2.13 所示。

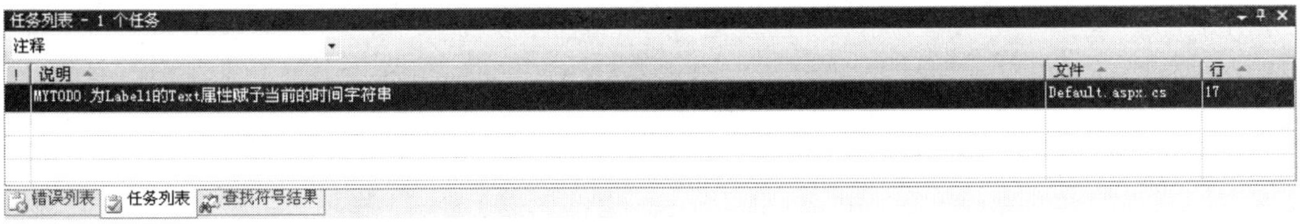

图 2.13　自定义标记注释

5. 服务器资源管理器

服务器资源管理器提供了一个本机服务器资源的树状视图，它类似于操作系统的“计算机管理”窗口，如图 2.14 所示。开发人员一般使用它来查看事件日志、消息队列、性能计算器、系统服务及操作 SQL Server 数据库。服务器资源管理器不只是让开发人员可以查看服务器资源，还可以与服务器资源进行交互，最常使用的是创建和查询数据库的操作。

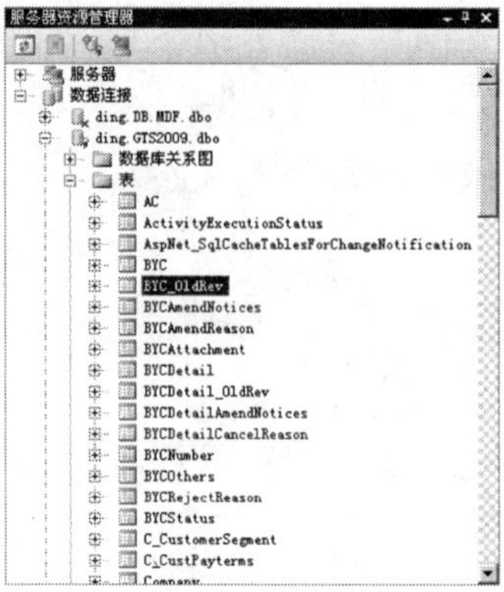

图 2.14　服务器资源管理器

2.1.2　使用代码编辑器

上一节介绍了 VS 2010 IDE 窗口的几个主要组成部分，VS 2010 在代码编辑方面可以说是最优秀的一个部分。本节将详细介绍几个代码编辑器方面的增强特性。

开始编写代码时，通常可以按【F7】键来切换到后置代码视图，也可以按【Shift+F7】组合键切换回设计视图。代码编辑器具有如下几项优秀的特性，这是很多其他类型的编辑器无法比拟的。

1．代码大纲

代码编辑器会自动为每个命名空间、类和方法的代码添加折叠符号，使开发人员可以非常方便地折叠或展开代码。以大纲的形式显示冗长的代码片断，这对于代码的阅读和维护都非常有用。代码的折叠显示如图 2.15 所示。

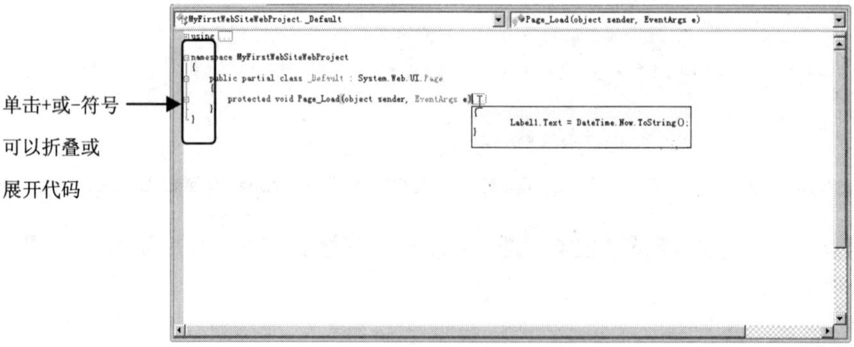

图 2.15　代码的折叠显示

开发人员也可以通过在代码中添加#region 和#endregion 来实现折叠代码片断，例如下面的代码片断：

```
if (!Thread.CurrentPrincipal.Identity.IsAuthenticated)
{
    #region 当用户经过授权时，所执行的代码片断
    MessageBox.Show("无效的用户授权");
    this.Close();
    return;
    #endregion
}
```

在#region 和#endregion 代码片断之间，编辑器会自动添加折叠符号，如图 2.16 所示。

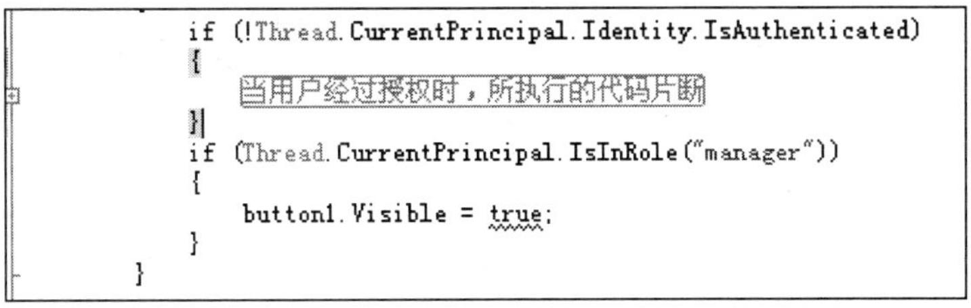

图 2.16　自定义折叠代码片断

除了单击+号和-号折叠代码之外，还可以用鼠标右键单击代码编辑器，在弹出的快捷菜单中选择“大纲显示”命令，在子菜单中可以折叠、显示所有的代码，或取消自动大纲显示特性。

2. 自动成员列表

VS 2010 代码编辑器的自动成员列表功能非常完美。当开发人员输入一个字符时，它就可以推断出可能需要输入的类名、关键字等，产生一个列表。开发人员通过上下按键选择相应的成员，按【Enter】键，字符串就会自动加入到代码编辑器中。

当开发人员输入一个类名时，自动成员列表会列出属于该类的所有成员。这个功能的强大与否直接影响到开发人员的生产效率，图 2.17 所示为 VS 2010 的自动成员列表功能。

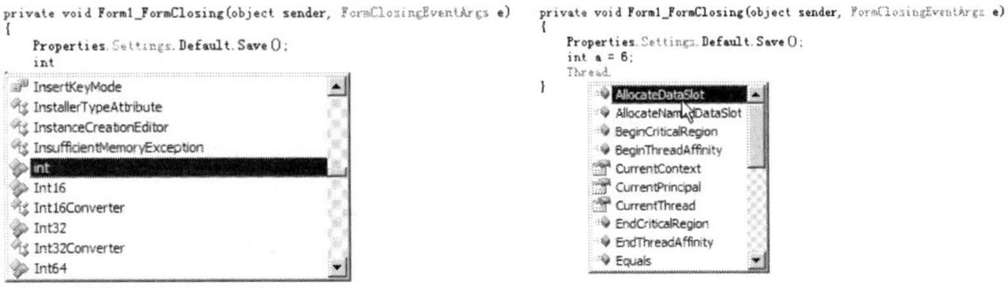

图 2.17　Visual Studio 2010 的自动成员列表功能

在.NET Framework 类库中，一些类的方法可能具有多个重载，代码编辑器也具有列出这些重载方法的参数列表和数据类型的能力，如图 2.18 所示。

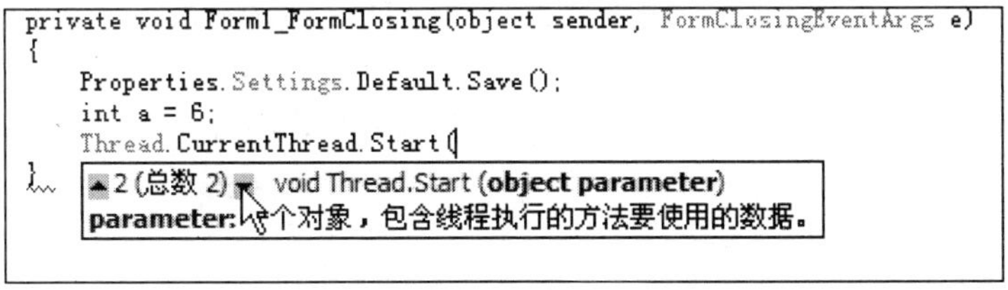

图 2.18　自动参数列表

可以单击图 2.18 中的小箭头来显示不同的重载方法的参数列表。

3. 错误波浪线

代码错误波浪线是一个非常有用的特性，VS 2010 可以检测多种错误类型，比如未定义的变量、属性或方法、无效的类型转换等。同时，在错误列表中也会列出检测到的错误，如图 2.19 所示。

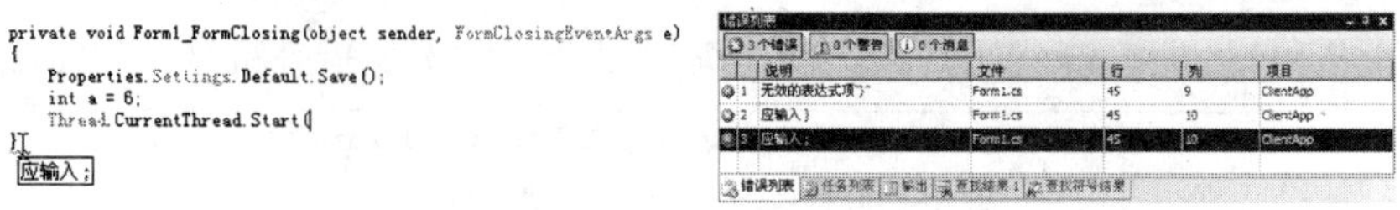

图 2.19　错误波浪线

错误波浪线并不会影响开发人员继续编写代码，但是当按【F5】键编译时，则会弹出错误提示，要求开发人员进行更改才能继续编译。

4. 自动导入命名空间

如果用户使用了一个类，但是并没有在 using 区添加该类所在的命名空间，则编译时会出现错误。VS 2010 提供了一个非常实用的功能——自动导入命名空间。

例如，笔者使用了 FileStream 类，但并没有添加对 System.IO 命名空间的引用。代码编辑器不仅会对不能识别的类进行自动颜色显示，并且会出现一个红色的线条图标。当鼠标放在它上面时，会弹出一个小图标，单击小图标上的黑色箭头，会弹出一个列表，其中显示了需要添加的 System.IO 命名空间，如图 2.20 所示。

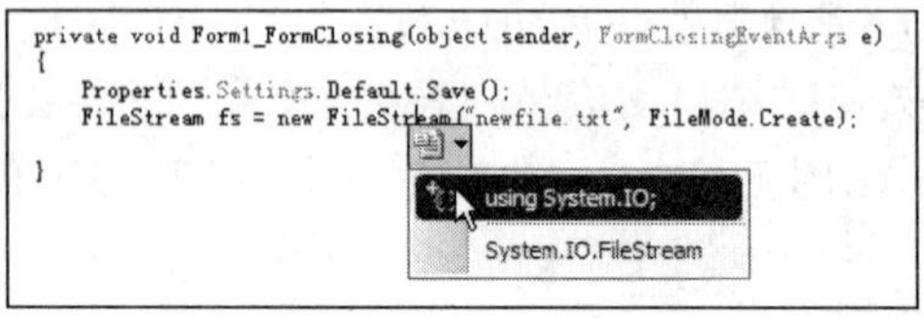

图 2.20　自动导入命名空间

本节简要介绍了 VS 2010 IDE 中几个比较常用的功能，其实 VS 2010 IDE 是非常复杂的，甚至有很多书籍长篇大论地讨论了它的使用方式，读者也可以参考 MSDN 中的相关资料。

2.1.3　Web 站点和 Web 项目

在本书第 1 章的示例中，使用的是“文件→新建→网站”命令的方式直接创建了一个网站，可能有的读者会发现，在目的文件夹中并没有生成解决方案文件。实际上该文件是存在的，位于 X:\Documents and Settings\Administrator\My Documents\Visual Studio 2010\Projects（X 是操作系统的安装文件夹）下。通过这种方式创建的 Web 应用程序称为无项目 Web 网站。

在 VS 2010 中还存在另外一种 Web 开发模板，即 Web 项目，选择“文件→新建→项目”命令，打开“新建项目”对话框，如图 2.21 所示。

图 2.21　“新建项目”对话框

在创建 ASP.NET 应用程序时，既可以选择 Web 网站，也可以选择 Web 项目。使用无项目的 Web 开发方式简单且直观，开发人员不需要部署额外的支持文件，Web 文件夹中的文件将自动作为 Web 应用程序的一部分。使用无项目的 Web 网站具有如下优势。

- 简化部署：只需要将 Web 站点文件夹中的所有文件复制到 Web 服务器中即可，因为它们没有任何的项目和调试文件。
- 简化文件管理：如果想移除一个 Web 页面，只需要简单地使用文件管理工具，删除该页面即可。如果想从一个站点向另一个站点添加或移除页面，只需要复制文件，不需要打开 VS 或编辑项目文件。
- 简化团队协作：不同的开发人员可以编辑或创建不同的页面，而不需要锁定项目文件。
- 简化调试：当创建一个 Web 项目时，如果修改了单个页面，就必须重新编译整个应用程序。当使用无项目的 Web 开发方式时，每个页面是分别被编译的，而且仅在首次请求时才被编译。
- 允许混合多种语言：因为每个页面被分别编译，因此开发人员可以自由地对不同的页面使用不同的语言。而在 Web 项目中，开发人员必须使用同一种语言。

基于上述的优势，建议在大多数项目中选用无项目的 Web 开发方式，但是这并不代表 Web 项目就一无是处。当创建一个 Web 项目时，VS 2010 生成了很多额外的文件，包括.csproj 和.csproj.user 项目文件，以及一个.sln 的解决方案文件。当生成应用程序时，VS 2010 将生成临时文件，通常放在 Obj 子文件夹中；还有一个或多个.pdb 文件，放置在 Bin 子文件夹中，其中.pdb 文件中放置了调试符号。在 Web 应用程序完成后，这些文件通常都不应部署在 Web 服务器中，而且不应该部署 C#源文件，因为 VS 2010 将自动编译这些文件到 DLL 程序集中。使用 Web 项目提供了如下几项优势。

- 使用 Web 项目更严格。因为项目文件清楚地列出了哪个文件属于当前项目，辅助开发人员察觉潜在的错误，比如文件丢失等，也可以预防恶意文件。
- 使用 Web 项目具有更灵活的文件管理能力。比如，创建了多个 Web 项目，放在同一虚拟目录的不同子文件夹中，项目将保持分离。
- 使用 Web 项目允许定制部署过程。项目文件使用 MSBuild 来进行生成，这允许开发人员具有定制的编译能力，对编译的程序具有较多的控制权等。
- Web 项目具有更好的迁移能力。比如 ASP.NET 将自动转换 VS 2005 的项目到 VS 2010 中，转换过程只需要很少的改变。

开发人员可以根据需求选择所需要的开发模式，微软官方建议使用简单的 Web 站点模式，除非有特别的理由才使用 Web 项目。

2.1.4 创建 Web 项目

现在新建一个 MyFirstWebSiteWebProject 的 Web 项目来演示如何创建 Web 项目，并详细介绍其与无项目的 Web 站点模板的区别。

打开 VS 2010，选择“文件→新建→项目”命令，在打开的“新建项目”对话框中选择“ASP.NET Web 应用程序”模板，指定项目名称为 MyFirstWebSiteWebProject，单击“确定”按钮。在解决方案资源管理器中出现了一个解决方案项和一个项目，如图 2.22 所示。这与前面使用 Web 站点模板创建时显示的不一样。

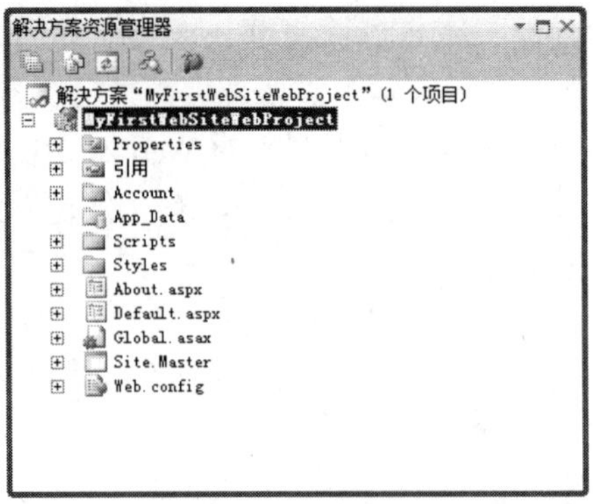

图 2.22 使用 Web 项目时的解决方案资源管理器

除了前面谈过的使用 Web 项目所生成的一些文件外，Web 项目与无项目的 Web 开发方式在如下几个地方也发生了变化，一些变化可能会影响到应用程序的正常运行，开发人员应该注意。

1．编译

前面讲过，Web 项目经由 VS 中的 MSBuild 进行编译，而非 ASP.NET 来编译。Web 页面被编译到与 Web 项目同名的单独的程序集中（位于 Bin 文件夹中）。因此，在部署时不必部署源代码文件。

2．代码后置

Web 项目中的 Web 页面总是使用代码后置（CodeBehind）模型。它们包含一个额外的文件，以.aspx.designer.cs 结尾，其中包含了 Web 页面上所有控件的定义。这意味着如果创建了一个名为 Default.aspx 的页面，那么后置代码文件将以 Default.aspx.cs 结尾，并且包含一个用于定义控件的 Default.aspx.designer.cs 文件，在编译时，这两个文件将被合并。对于无项目的 Web 开发方式来说，将没有控件定义文件，因为这部分代码在编译时由 ASP.NET 自动产生。

3．Page 指令的差异

Web 项目中的 Web 页面使用的 Page 指令发生了改变，它替换了 CodeFile 属性，而使用了 CodeBehind 属性，来指定源代码文件。这是因为 Web 项目经 VS 来编译而非 ASP.NET 来编译。ASP.NET 将检查 CodeFile 属性，而 VS 将检查 CodeBehind 属性。

（1）使用 Web 项目的 Page 指令如下：

```
<%@ Page Language="C#" AutoEventWireup="true" CodeBehind="Default.aspx.cs"
Inherits="MyFirstWebSiteWebProject._Default" %>
```

（2）使用无项目的 Web 开发方式的 Page 指令如下：

```
<%@ Page Language="C#" AutoEventWireup="true" CodeFile="Default.aspx.cs"
Inherits="_Default" %>
```

4．程序集引用

在无项目的 Web 开发方式中，所有的程序集引用被记录在 web.config 文件中，因此，ASP.NET 能用它们在编译时进行解析。但是 Web 项目中的程序集引用存储在项目文件中，VS 将在编译时进行使用。唯一的例外是 System.Core.dll 和 System.Web.Extensions.dll 程序集引用，这两个程序集引用定义在 web.config 中，因为它们包含需要指定新配置的类。

2.1.5　使用多目标特性创建 Web 程序

VS 2010 中一个强有力的工具，是开发人员可以选择开发多个版本的.NET Framework 应用程序，比如.NET Framework 2.0、.NET Framework 3.0、.NET Framework 3.5 或.NET Framework 4.0 类型的程序。无论是新建网站还是新建项目，在打开如图 2.23 所示的“新建项目”对话框中，都可以选择不同的.NET Framework 版本进行开发。

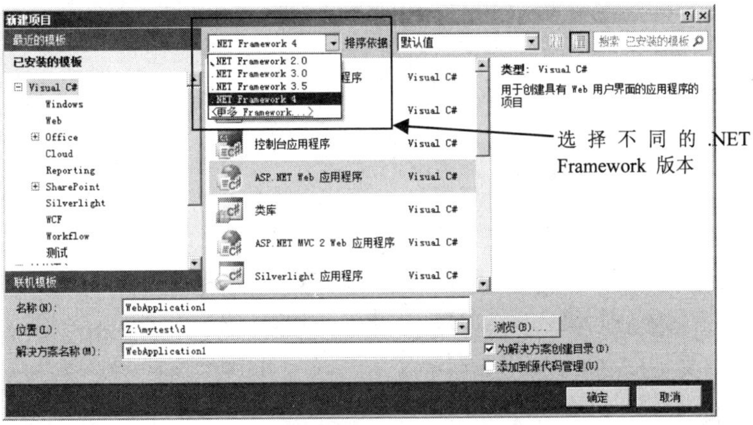

图 2.23　“新建项目”对话框

在下拉列表框中选择所要开发的.NET Framework 的版本号，当选择不同的版本后，VS 会显示不同的项目模板，比如.NET Framework 2.0 中就没有 WPF 之类的项目开发模板。

选择了版本之后，IDE 将更新其编译器和特性集，以匹配相应的版本。不匹配的组件、控件、程序集将被隐藏，然后就可以将编译后的应用程序，复制到安装了相应版本的客户机上。

图 2.24 和图 2.25 所示分别是使用 ASP.NET 3.5 和 ASP.NET 4.0 创建的 Web 网站的工具箱。

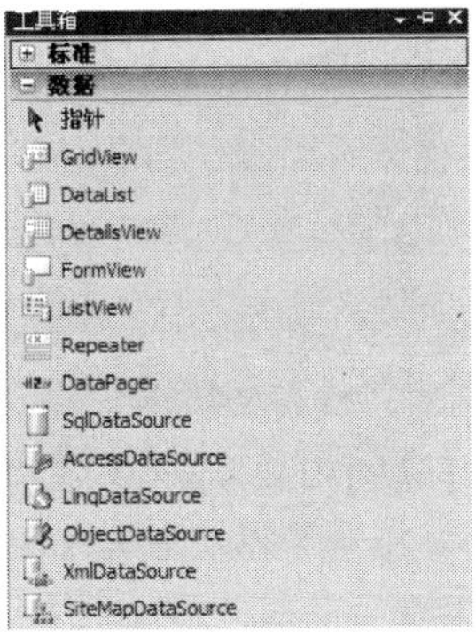

图 2.24　ASP.NET 3.5 工具箱

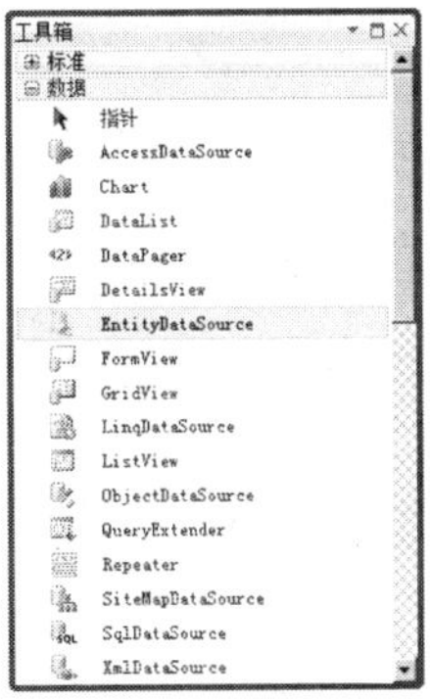

图 2.25　ASP.NET 4.0 工具箱

当选择不同的版本时，工具栏中会呈现出当前版本可用的工具项，比如 ASP.NET 3.5 比 ASP.NET 2.0 多了 ListView、DataPager、LinqDataSource 等控件。当在 Web 网站中添加引用时，会看到不被当前版本支持的程序集将显示为灰色，如图 2.26 所示。

使用这种多版本应用程序开发的好处是可以直接升级到最新版本，以充分利用其最新的功能。例如，将 ASP.NET 3.5 版本编译成 ASP.NET 4.0 版本，只需要用鼠标右键单击项目名称，在弹出的快捷菜单中选择“目标版本”命令即可，如图 2.27 所示。

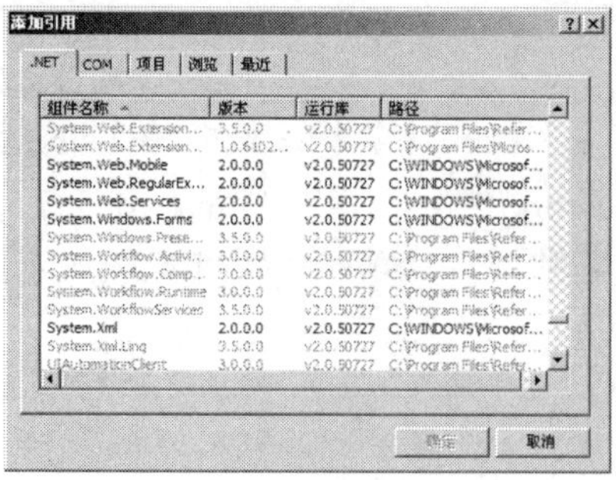

图 2.26 “添加引用”对话框

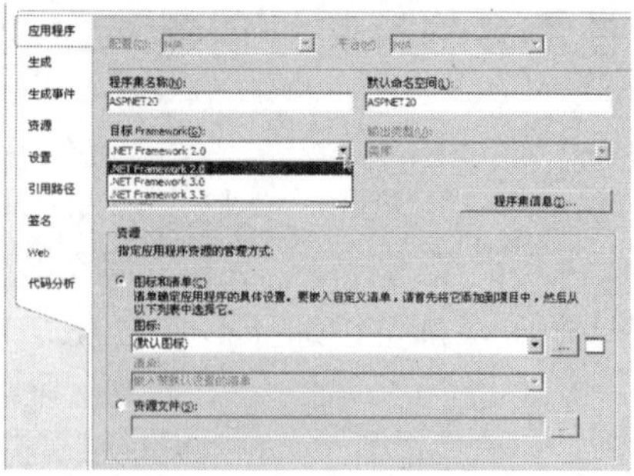

图 2.27 部署时选择目标版本

2.1.6 使用可视化设计器设计 Web 页面

在理解了 VS 的基本组成后，现在可以设计 Web 页面并且编写代码了。首先在解决方案资源管理器中选中一个 Web 页面，然后双击.aspx 文件，根据 VS 设置的不同，将会进入不同的视图，在默认情况下，将进入显示 HTML 标记的源视图中。用户可以在主菜单中选择“工具→选项”命令，在打开的“选项”对话框中选择“HTML 设计器→起始页位置”选项，如图 2.28 所示。

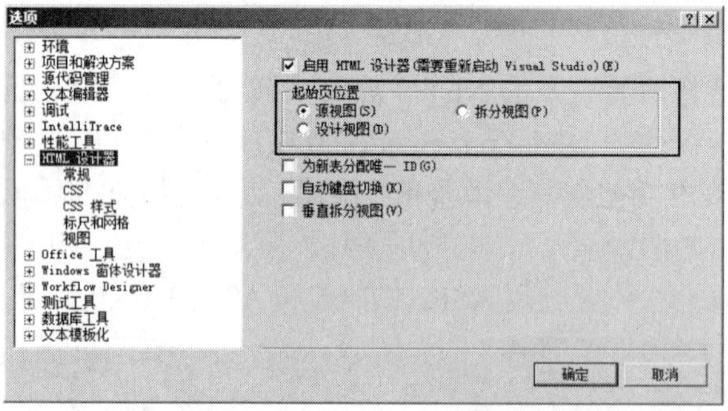

图 2.28 HTML 设计器选项

VS 提供了 3 种视图来查看一个.aspx 页面。

- 设计视图：页面呈现的所见即所得的样式。
- 源视图：标记语言源代码视图，可以在该视图中看到 HTML 标记和 ASP.NET 控件标记。
- 拆分视图：设计与源代码视图的组合视图，可以同步显示设计视图与源视图，有点类似于 Dreamweaver 中的分割视图。这也是很多开发人员非常喜欢的一种视图。

图 2.28 中有一个选项可以改变拆分视图的拆分方式，即垂直拆分视图。当选中该选项后，拆分视图将显示为图 2.29 所示的样式。

切换到设计视图中，可以从工具箱中选择控件来设计 Web 页面，也可以直接从工具箱中拖动控件到源代码视图，VS 将自动生成控件的相关标记代码。

注意： 所有的控件必须添加到<form>...</form>标签内。

在设计视图中，可以使用属性窗格设置所选控件的属性。比如当选择一个按钮时，属性窗格中会列出该按钮所有的可被修改的属性，如图 2.30 所示。

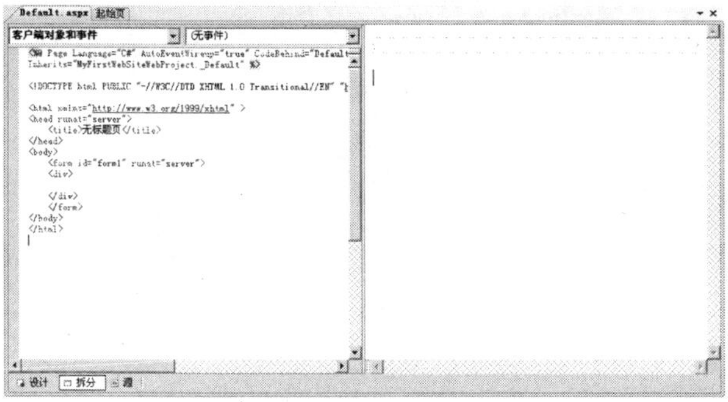

图 2.29　垂直拆分视图的显示样式

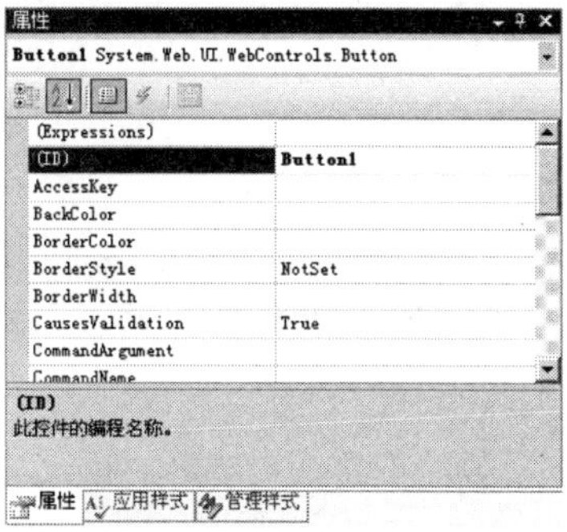

图 2.30　设置控件的属性

在属性窗格中，开发人员可以单击工具栏中的图标切换到事件列表，在事件列表中选择相应的事件并双击右侧的输入框，VS 将自动切换到后置代码视图，并显示出代码骨架。开发人员也可以在事件的下拉列表中选择已经定义的具有相同事件名称的事件。

一些控件定义了默认的事件，比如当在设计视图中双击 Button 按钮时，将自动切换到后置代码视图并添加 Click 代码骨架。

2.2　在 Visual Studio 中调试 ASP.NET 程序

应用程序调试是整个应用程序开发中使用频繁且相当重要的一部分，VS 2010 同样也提供了非常强大的功能来方便用户进行调试。为了调试 Web 页面，需要先在解决方案资源管理器中选择该页面，然后单击工具栏中的“启用调试”按钮。依赖于应用程序所在的位置的不同，VS 编译页面的方式也不同。如果项目存储在一个远程的或本地的 IIS 虚拟目录中，VS 只是简单地启动默认浏览器并定向到相应的 URL；如果是在文件系统中，它将打开整合的 Web 服务器，并动态地选择一个端口，然后启动浏览器并传递指向本地 Web 服务的 URL。这两种方式都会创建传递给 ASP.NET 工作进程的页面对象。

2.2.1　单步调试

有时候，开发人员可能需要查看每一行代码的执行情况，此时可以使用单步调试。单步调试一次一行地执行代码，到下一行时等待用户的操作。单步调试非常容易使用，只需要如下几步：

（1）在需要执行单步调试的位置添加断点。可以将光标移到需要添加代码的行，然后按【F9】键，或直接在代码边界单击，即可添加一个断点，如图 2.31 所示。

（2）按常规方法启动应用程序，比如按【F5】键，或单击工具栏中的“启用调试”按钮。当程序执行到断点位置处时将暂停，然后切换回代码视图，执行点将停在断点所在的语句处，但是断点语句并未执行。

（3）此时，有两个选择：按【F11】键来逐行执行代码，下一行将被高亮显示，表示那一行的代码将要被执行；按【F5】键来退出中断模式，恢复代码的执行。

（4）当代码位于中断模式时，开发人员可以将鼠标悬停在变量上，查看它们的当前内容，这可以让开发人员检查变量所包含的值是否如预期所料。悬停在一个对象上时，可以通过单击+号来更深入地查看该对象成员的相关信息，如图 2.32 所示。

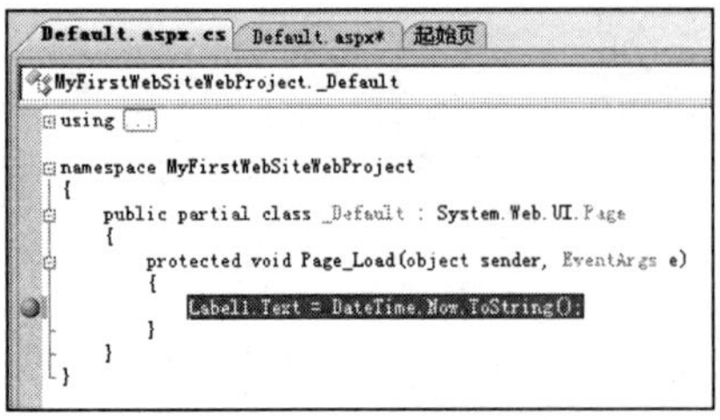

图 2.31　添加断点

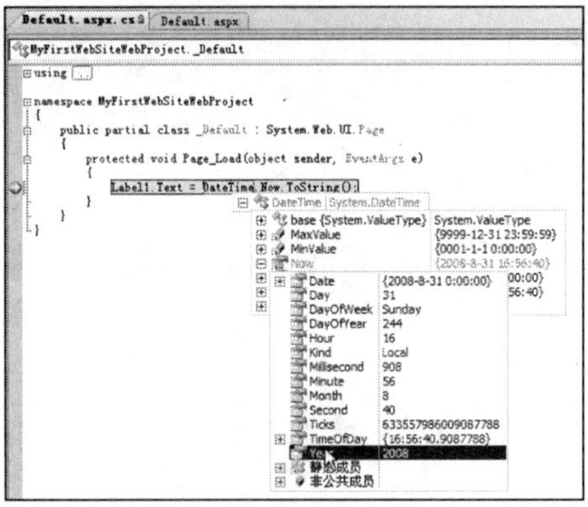

图 2.32　查看对象信息

（5）开发人员还可以按【F10】键来逐过程地执行代码，或按【Shift+F11】组合键跳出断点模式，直接执行代码。如果在项目的多个位置设置了断点，此时，可以在中断模式下选择“调试→窗口→断点”命令，将打开图 2.33 所示的断点窗格。

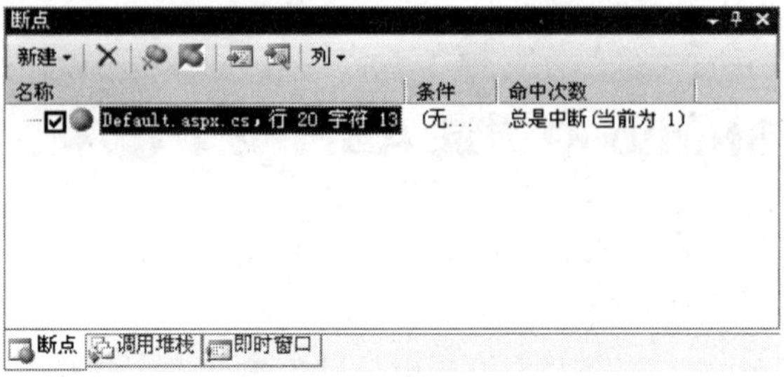

图 2.33　断点窗格

2.2.2　变量检测

有时开发人员可能想查看变量的状态，而不想一次又一次地进入中断模式。此时，可以使用 VS 2010 提供的局部变量窗格、自动窗口窗格和监视窗格，这些窗格允许开发人员追踪整个应用程序中的变量，这 3 个窗格的作用如下。

➢ 局部变量窗格：自动显示当前过程范围内所有变量的值，它提供了一个快速的概要浏览方式，如图 2.34 所示。

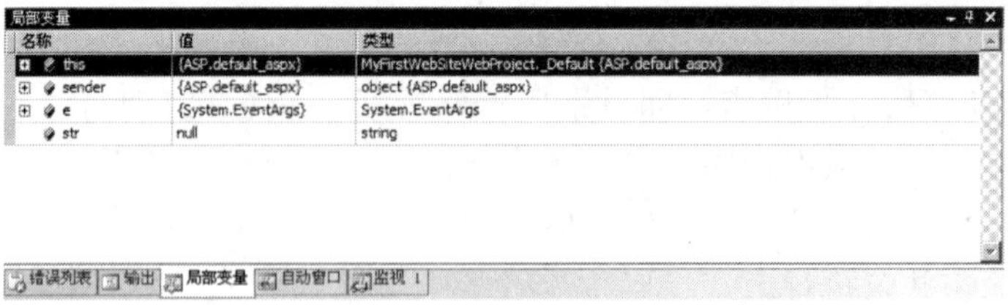

图 2.34　局部变量窗格

➢ 自动窗口窗格：自动显示 VS 2010 所确定的当前代码语句块的重要变量。比如，可能包含已经被访问的或在上一行中被变化的变量，如图 2.35 所示。

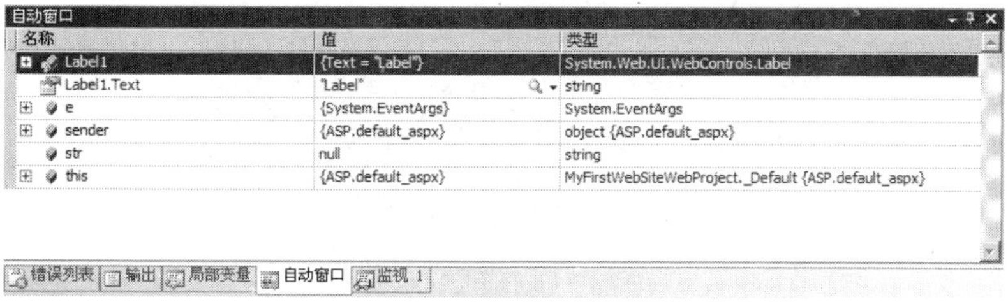

图 2.35 自动窗口窗格

➢ 监视窗格：显示开发人员添加的变量的值，监视的变量被保存在项目中，因此可以在稍后继续进行追踪。要想添加一个监视，可以在代码视图中用鼠标右键单击变量名称，在弹出的快捷菜单中选择“添加监视”命令，或在监视窗格的最后一行上双击，输入变量名称，如图 2.36 所示。

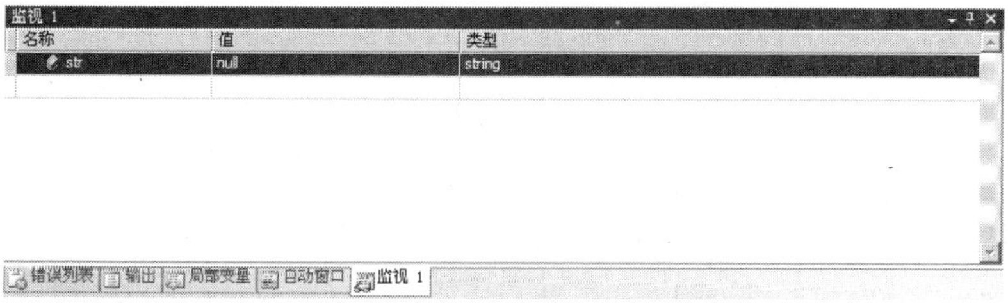

图 2.36 监视窗格

在局部、自动和监视窗格中的每行都提供了关于变量的类型或类，以及当前值的信息。如果变量保存了一个对象实例，开发人员可以单击+号来展开其私有成员和属性。比如，在本地窗口中会看到引用 Page 对象的 this 变量，如果单击+号，则会看到它的成员，如图 2.37 所示。

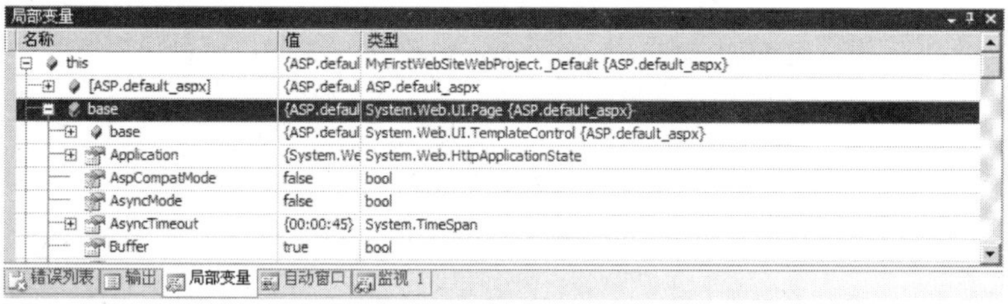

图 2.37 查看详细信息

2.2.3 高级断点设置

开发人员可以按【F9】键或单击代码编辑器左侧的边框来添加一个断点。通过选择“调试→窗口→断点”命令来打开断点窗格，该窗格提供了高级的选项来设置高级断点，比如提供了命中次数设置，向开发人员显示断点已经被执行的次数。开发人员可以双击断点来跳转到断点所在的位置，也可以在断点窗格中禁用一个断点，而不是移除这个断点。

开发人员可以定义条件断点，选中断点窗格中的某个断点，并单击鼠标右键，在弹出的快捷菜单中提供了以下几个高级断点选项。

➢ 位置：选择该选项后，将会打开图 2.38 所示的对话框，开发人员可以设置让程序执行到指定的位置中断。

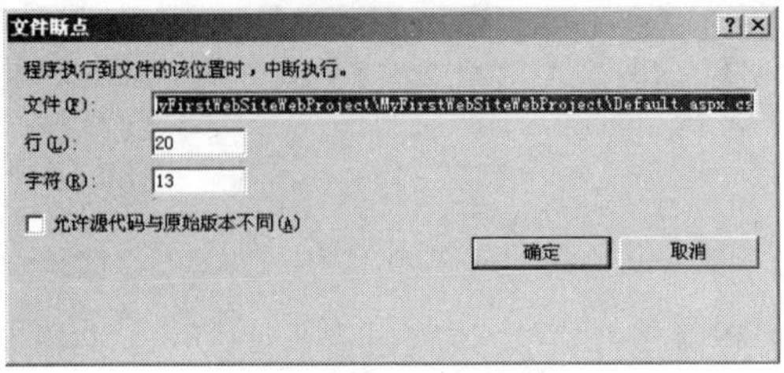

图 2.38　根据指定的位置执行断点

➢ 条件：该选项可以设置一个条件表达式，当选中仅当该条件表达式为 True 时才执行断点，或当最后一次断点被命中后发生改变时才执行断点，如图 2.39 所示。

图 2.39　根据指定的条件执行断点

➢ 命中次数：该选项可以设置断点的执行次数。默认情况下，只要代码执行到断点所在的位置就中断执行，也可以设置在命中次数为多少时才中断代码的执行，如图 2.40 所示。

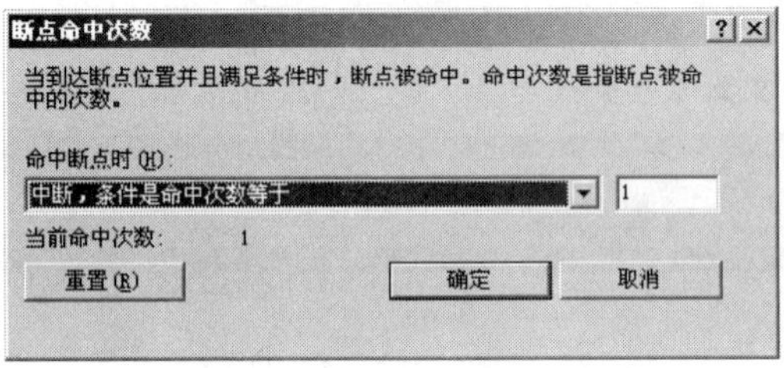

图 2.40　根据命中次数执行断点

➢ 断点筛选器：该选项可以限制只在某些进程和线程中设置断点，如果不设置筛选器，则在所有的进程和线程中设置断点。开发人员可以使用 MachineName 设置机器名称、使用 ProcessID 设置进程 ID、使用 ThreadID 设置线程 ID，如图 2.41 所示。

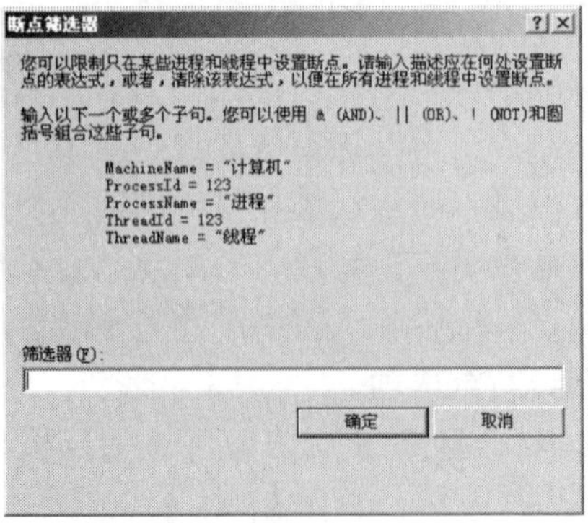

图 2.41　断点筛选器窗口

- 命中断点时：可以在命中断点时执行一些动作，比如打印消息或执行 VS 的宏，如图 2.42 所示。

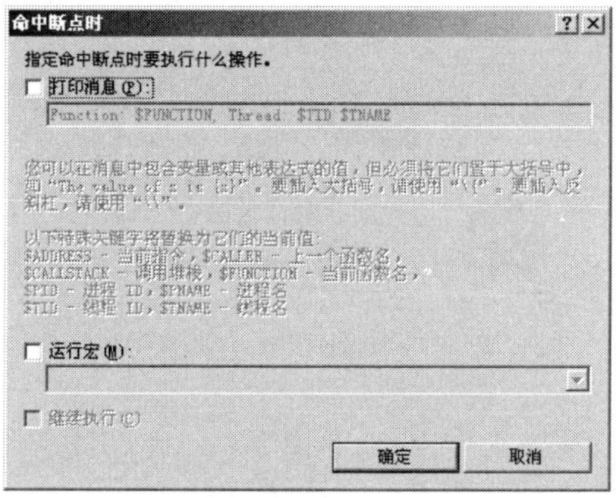

图 2.42　命中断点时选项

除了上述介绍的一些用于辅助开发的工具外，开发人员也可以使用一些第三方的辅助工具来加速应用程序的调试速度，限于篇幅原因不再进行介绍。

2.3　小结

本章概要性地介绍了 VS 2010 集成化开发环境的使用，通过对上述知识的学习，相信读者对于开发一个一般性的应用程序来说应该不成问题了。本章先介绍了 IDE 开发环境，讨论了其中的解决方案资源管理器、文档窗格、工具箱、服务器资源管理器等；接下来详细介绍了强大的代码编辑器提供的一些新功能，然后着重说明了 Web 站点和 Web 项目模板的异同，介绍了开发 Web 项目的过程，以及 Web 项目在代码上与 Web 站点的不同之处，并且还介绍了 VS 2010 中一个吸引人的功能——多目标特性；最后讨论了如何使用设计器编辑 Web 页面。

本章第 2.2 节介绍了如何在 VS 2010 中调试 ASP.NET 应用程序，讨论了如何进行单步调试、如何在调试时进行变量内容的检测，最后介绍了如何进行高级断点的设置。

第 3 章 ASP.NET 应用程序结构

一般开发人员在开发与设计ASP.NET应用程序时，都是在与Web Forms，也就是ASP.NET页面打交道。开发人员能够新建ASP.NET页面，或修改已有的ASP.NET页面，或在不同的页面之间进行链接等。客户端请求这些ASP.NET页面时，Web服务器向客户端的浏览器送回用户所请求页面的HTML代码。

一个标准的ASP.NET应用程序，除了Web页面外，还由多个文件组成，比如HTTP处理器、HTTP模块，以及可执行的代码、配置文件和数据库文件等，本章将主要介绍这些文件。

3.1 ASP.NET 的开发模型

所谓ASP.NET的开发模型是指它的代码编写方式，也可称为代码模型。大多数开发人员在开始使用VS进行开发时，都会知道ASP.NET的代码后置模型，这是VS提供的默认代码模型。事实上Web页面支持两种类型的代码编写模型。

- 内联式编码：与传统ASP.NET类似，代码与HTML标记位于一个独立的.aspx文件内，代码被嵌入到脚本文件中。
- 代码后置：它将一个Web页面分为两个文件，一个是包含HTML标记和控件标记的.aspx标记文件，另一个是包含页面源代码的.cs文件。

3.1.1 使用内联式编码

内联式编码会将所有的代码放在一个独立的.aspx文件中。当新建一个页面时，如果选中“将代码放在单独的文件中”复选框，则会使用CodeBehind代码后置文件的编码模型，否则使用内联式编码模型，如图3.1所示。

当选中该选项时，将使用 CodeBehind 模型，否则将使用内联式编码模型

图 3.1　新建 ASP.NET Web 窗体

这个选项只限于无项目的开发模式。如果开发人员创建了一个 Web 项目，则必须使用代码后置模型，没有其他的选择，而且 Web 项目与无项目的 Web 站点的代码后置模型有些不同（详细介绍请参考第 2 章）。

VS 2010 会为内联式编码模型创建一个单独的.aspx 文件。在这个页面中添加一些服务器控件，当双击控件编码时，VS 会自动切换到源代码视图状态，并创建一个脚本区块，示例代码如下：

```
<%@ Page Language="C#" %>
<!DOCTYPE html PUBLIC "-//W3C//DTD XHTML 1.0 Transitional//EN"
    "http://www.w3.org/TR/xhtml1/DTD/xhtml1-transitional.dtd">
<script runat="server">
    //显示当前服务器端的时间
    protected void Button1_Click(object sender, EventArgs e)
    {
        Label1.Text = DateTime.Now.ToString();
    }
    //页面加载事件
    protected void Page_Load(object sender, EventArgs e)
    {
        Label1.Text = DateTime.Now.ToString();
    }
</script>
<html xmlns="http://www.w3.org/1999/xhtml">
<head runat="server">
    <title>内联代码模式演示</title>
</head>
<body>
    <form id="form1" runat="server">
    <div>
        <asp:Label ID="Label1" runat="server" Text="Label"></asp:Label>
        <asp:Button ID="Button1" runat="server" onclick="Button1_Click" Text="刷新当前
        时间" />
    </div>
    </form>
</body>
</html>
```

内联式编码模型将代码编写在单独的.aspx 文件中，这对于小型的页面是个不错的选择，但是如果要开发一个大型的复杂页面，首要的选择应该是代码后置模型。

3.1.2 代码后置编码方式

代码后置编码方式在一个后置文件中放置代码，通常以.aspx.cs 或.aspx.vb 作为扩展名。当在图 3.1 中选中“将代码放在单独的文件中”复选框后，VS 会为每个 Web 页面生成一个代码后置文件。每个 Web 页面都以一个 Page 指令开始，该指令将指定页面所使用的语言，并且会告诉 ASP.NET 在何处寻找相关联的代码文件。代码后置编码方式的 Page 指令如下：

```
<%@ Page Language="C#" AutoEventWireup="true" CodeBehind="Default.aspx.cs"
Inherits="MyFirstWebSiteWebProject._Default" %>
```

CodeBehind 属性指定的文件就是代码后置文件。当使用 Web 站点方式创建项目时，则使用 CodeFile 属性指定代码后置文件，它们的不同之处在于 CodeBehind 将由 VS 进行编译，而 CodeFile 则由 ASP.NET 进行编译。

ASP.NET 4.0 引入了局部类的概念（关键字是 partial），它可以分割一个类到多个源代码文件中。ASP.NET 的代码后置文件就是一个局部类，代码如下：

```
public partial class _Default : System.Web.UI.Page
{
    protected void Page_Load(object sender, EventArgs e)
    {
        //MYTODO:为 Label1 的 Text 属性赋予当前的时间字符串
        Label1.Text = DateTime.Now.ToString();
    }
}
```

使用局部类的好处在于，当为页面添加新控件时，ASP.NET 会自动生成一个同名的局部类文件来定义控件声明，开发人员可以直接访问并设置控件属性。而在页面运行时，编译器将读取.aspx 页及它在@Page 指令中引用的文件，然后将它们作为一个单元，编译为单个类。

代码隐藏页的继承模型比单文件页的继承模型要稍微复杂一些，其操作步骤如下：

（1）代码隐藏文件包含一个继承自基页类的分部类。基页类可以是 Page 类，也可以是从 Page 类派生的其他类。

（2）.aspx 文件在@Page 指令中包含一个指向代码隐藏分部类的 Inherits 属性。

（3）在对该页进行编译时，ASP.NET 将基于.aspx 文件生成一个代码隐藏文件的分部类，它包含控件的声明。使用此类，开发人员可以将代码隐藏文件用做完整类的一部分，而无须显式声明控件。

（4）ASP.NET 生成另外一个从步骤 3 中生成的类继承的类，此类包含生成该页所需的代码，它和代码隐藏类将编译成程序集，运行该程序集可以将输出呈现到浏览器。

ASP.NET 的页继承模型如图 3.2 所示。

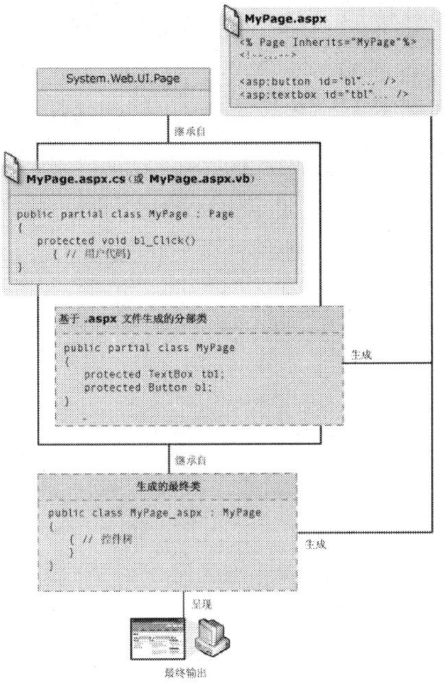

图 3.2　ASP.NET 页继承模型

3.1.3　选择一种编码模型

在运行时，内联式编码模型与代码后置模型其实并没有任何差异，如何选择取决于开发人员。使用内联式编码模型的单文件页的优点如下：

- 如果页面没有太多代码，可以方便地将代码和标记保留在同一个文件中。由于可以在一个地方看到代码和标记，因此研究更为容易。
- 因为只有一个文件，所以更容易部署或发送给其他程序员。
- 单文件没有与其他文件的关联性，更容易对单文件进行重命名。
- 由于代码与标记位于单个文件中，因此在源代码中管理文件要简单一些。

使用代码后置模型的代码隐藏页适用于包含大量代码或多个开发人员共同创建的 Web 应用程序，其优点如下：

- 代码隐藏页可以清楚地分隔标记（用户界面）和代码。这一点很实用，比如程序员编写代码的同时可以让设计人员处理标记。
- 代码不会向仅使用页标记的设计人员或其他人员公开。
- 代码可在多个页中重用。

一般情况下建议开发人员选择使用代码隐藏页进行编码，代码和标记进行分离更易于开发人员编码和调试，也使代码更加清晰易读，而且开发人员也可以在多个页面中重用相同的代码。

3.2　ASP.NET 4.0 应用程序文件

ASP.NET 应用程序不同于传统的桌面型应用程序，它总是被分割为多个 Web 页面。分割意味着用户可以从不同的位置进入应用程序，也可以通过链接导航到其他的 Web 站点或

Web 服务器。尽管一个应用程序具有多个 Web 页面，但是它们都共享相同的资源集合和配置，而来自其他应用程序的 Web 页面不能共享这些资源，即便它们位于相同的 Web 服务器上。

从技术上来说，每个应用程序都在一个分离的应用程序域内部执行。应用程序域是内存中的一块隔离区域，这可以确保即使一个应用程序引起致命错误，也不太可能影响位于当前服务器中其他应用程序的运行。同样地，应用程序域也限制应用程序中的页面访问位于其他应用程序中的内存信息。每个应用程序被分别维护，并且具有自己的缓存、会话和应用程序数据。

一个标准的 ASP.NET 应用程序由页面、处理器、模块和可执行代码组成。图 3.3 所示为一个 IIS 服务器宿主的几个分离的应用程序域，以及它们包含的文件和文件夹类型。本节将详细介绍文件和文件夹的类型。

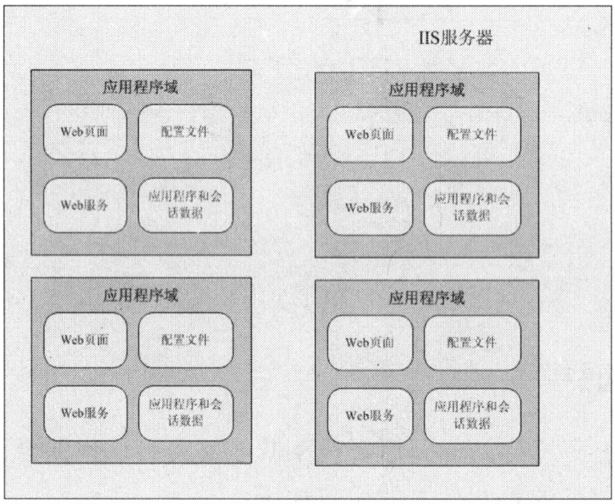

图 3.3　应用程序域与 Web 文件

3.2.1　ASP.NET 文件类型

ASP.NET 应用程序可以包含相当多的文件类型，一些文件类型由 ASP.NET 来支持和管理，而其他的文件类型则由 IIS 服务器支持和管理。开发人员可以在解决方案资源管理器中用鼠标右键单击项目名称，在弹出的快捷菜单中选择“添加新项”命令，打开图 3.4 所示的对话框，其中可以看到能在 ASP.NET 中使用的文件类型。

图 3.4　ASP.NET 支持的项目文件类型

下面介绍几种比较常用的文件类型。

- Web 窗体（aspx 文件）：标准的 Web 页面文件，包含用户界面和与之相应的代码后置文件（.cs 或.vb）。
- Web 用户控件（ascx 文件）：它与 Web 页面类似，但是用户不能直接访问这些文件，必须将用户控件宿主到 Web 页面。用户界面最大的优势在于可重用、可简化页面上太多的 UI 元素和代码块。
- Web 服务（asmx 文件）：它提供了一系列的方法来供其他应用程序进行远程调用。与 Web 页面类似的是，也共享同一应用程序域的资源配置等。
- Web 配置文件（Web.config 文件）：一个基于 XML 的 ASP.NET 配置文件，在该文件中可以包含很多与 ASP.NET 相关的设置信息，比如数据库连接、安全设置、状态管理、内存管理等。
- 全局应用程序文件（Global.asax 文件）：可以用来定义在整个应用程序范围中可用的全局变量，来响应全局事件。
- 一般处理程序文件（ashx 文件）：包含用于实现 IHttpHandler 接口的代码。
- 母版页（master 文件）：定义应用程序中页面的布局。
- 站点地图（sitemap 文件）：该文件包含网站的结构。ASP.NET 中附带了一个默认的站点地图提供程序，它使用站点地图文件可以很方便地在网页上显示导航控件。
- 外观文件（skin 文件）：用于设置 Web 控件的统一样式。在默认情况下，该文件中的控件定义会应用到所有相同类型的 Web 控件上。

此外，ASP.NET 应用程序中还包含图片文件、音频文件、JavaScript 文件、CSS 文件及静态页面（HTML）等。

3.2.2　项目目录结构

开发人员可以添加多种 ASP.NET 文件夹，也可以添加自定义的文件夹。用鼠标右键单击“解决方案资源”管理器中的网站项目，在弹出的快捷菜单中选择“添加 ASP.NET 文件夹”命令，在其子菜单中可以看到 ASP.NET 提供了多种类型的文件夹，如图 3.5 所示。

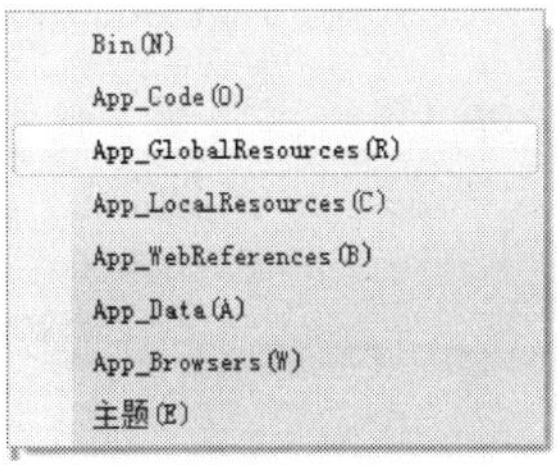

图 3.5　ASP.NET 文件夹类型

下面分别对这些文件夹所代表的含义进行介绍。

1. Bin 文件夹

Bin 文件夹中包含应用程序要使用的已经编译好的.NET 组件程序集，比如用户创建了自定义的数据访问组件，或引用第三方的数据访问组件。ASP.NET 会自动检测该文件夹中的程序集，并且 Web 站点中的任何页面都可以使用该程序集。

当添加了 Bin 文件夹后，用鼠标右键单击该文件夹，在弹出的快捷菜单中选择“添加引用”命令，将会打开图 3.6 所示的“添加引用”对话框，开发人员可以选择项目所要引用的程序集，也可以单击“浏览”选项卡选择一个位于其他位置的程序集。如果解决方案资源管理器中包含多个项目，开发人员也可以选择项目分页，或直接添加解决方案资源管理器中的项目引用。

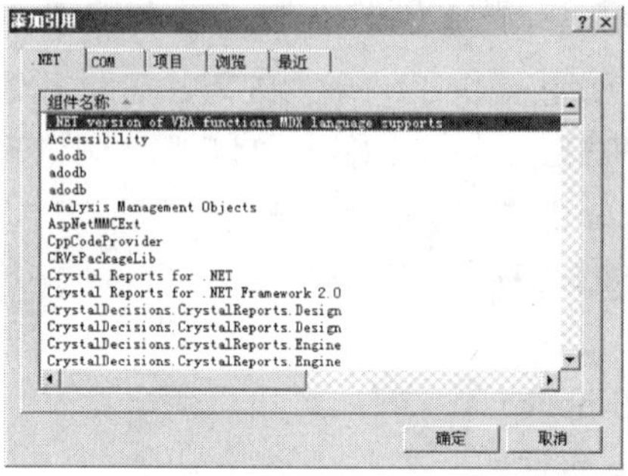

图 3.6　向 Bin 文件夹添加引用

2．App_Code 文件夹

App_Code 文件夹包含源代码文件，比如.cs 文件、程序集文件及.wsdl 文件。其中的源代码文件将被动态地编译，App_Code 文件夹与 Bin 文件夹有点相似，不同之处在于 Bin 放置的是编译好的程序集，而它放置的是源代码文件。

添加到 App_Code 文件夹中的源代码文件对整个应用程序可用。当源代码文件被添加之后，VS 2010 将自动检测并编译类文件、自动创建 XML Web 服务代理类，以及从.xsd 文件中创建一个类型化数据集。当这些文件被编译后，能立即被所有的 ASP.NET 页面使用。

如果项目中没有 App_Code 文件夹的话，当添加一个新的.cs 类文件或其他类型的文件时，VS 2010 将会提示用户创建一个 App_Code 文件夹，如图 3.7 所示。

图 3.7　提示创建 App_Code 文件夹

开发人员可以用鼠标右键单击 App_Code 文件夹，在弹出的快捷菜单中选择“添加新项”命令，打开“添加新项”对话框，其中会列出可以放在 App_Code 文件夹中的文件类型，如图 3.8 所示。

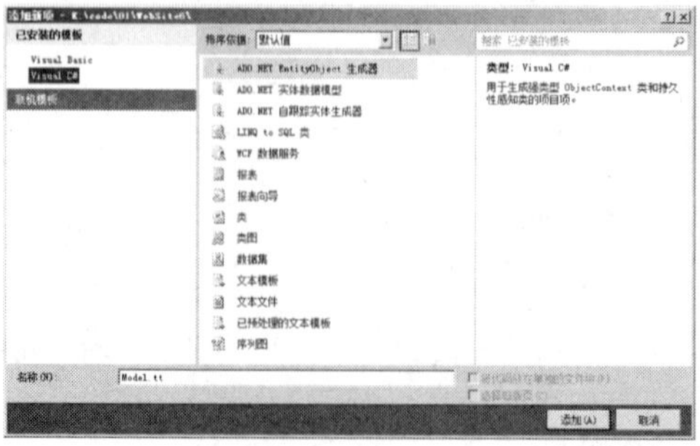

图 3.8　可以放在 App_Code 中的文件类型

3．App_Data 文件夹

当添加数据库文件时，VS 2010 会自动创建该文件夹，用于存储数据库文件，包括 SQL Server 2005 Express Edition 数据库的 MDF 文件和 XML 文件。当然，也可以将这些文件存储在其他任何地方。

4．App_GlobalResources 文件夹

App_GlobalResources 文件夹保存应用程序中对所有页面都可见的全局资源，这个文件夹通常用于本地化的情形，比如开发一个多语言版本的 Web 应用程序。

5．App_LocalResources 文件夹

与 App_GlobalResources 文件夹具有相同的目的，不过其可访问性仅限于特定的页面。

6．App_WebReferences 文件夹

App_WebReferences 文件夹存储应用程序需要使用的 Web 服务文件。

7．App_Browsers 文件夹

App_Browsers 文件夹包含一些浏览器定义（.browser）文件，主要用于标识浏览器及其功能。

3.3　ASP.NET 页面模型

ASP.NET 页面是程序中一个非常重要的组成部分，它向浏览器提供了实际的输出，使客户端可以看到应用程序想要呈现的内容。微软将 ASP.NET 页面称为 Web Forms，是 ASP.NET 中才有的概念。之所以称为 Web Forms，是因为 ASP.NET 允许开发人员像在 Windows Forms 中一样使用基于控件的用户界面。为了运行 Web 页面，ASP.NET 引擎将读取整个.aspx 文件，进而生成相应的对象，触发一系列的事件。

ASP.NET 的一个重要作用是开发人员可以像在 Windows Forms 中一样快速地开发 Web 应用程序，但是它不同于传统的 Windows Forms 应用程序，一个 Web 应用程序具有如下两大特点：首先，它执行在服务器端；其次，它是无状态的，不能像在 Windows Forms 中一样，在内存中就可以维护应用程序的状态。

本节将分析 ASP.NET 页面的模型，包括 Page 类的作用、事件生命周期等主题。

3.3.1　Page 类基础

每个 Web 页面都是一个派生自 System.Web.UI.Page 的类，该类可以说是 ASP.NET 的基石。当开发人员创建一个新的 Web 窗体时，实际上就创建了一个派生自 Page 类的自定义页面。Page 类提供了很多的属性和事件供开发人员控制页面的生存周期，派生自 Page 类的页面就可以使用如下属性来获取和设置信息。

- Session：获取和设置应用程序的会话信息。
- Application：获取和设置全局应用程序信息，即 HttpApplicationState 对象。
- Cache：获取和设置应用程序的缓存对象。
- Request：获取请求页的 HttpRequest 对象。

- Response：获取与该 Page 对象关联的 HttpResponse 对象。该对象将 HTTP 响应的数据发送到客户端，并包含有关该响应的信息。
- Server：获取 HttpServerUtility 类的实例。
- User：获取有关发出页请求的用户的信息。
- Trace：为当前 Web 请求获取 TraceContext 对象。

下面将详细介绍 Page 类中的各个对象。

1. Session、Application、Cache 对象

可以看到，Page 类的很多属性对应于传统的 ASP Web 页面的一些内置对象。但是在传统的 ASP 中它们作为全局对象，可以在任何时间进行访问。而在 ASP.NET 中，它们实际上作为一个 Page 类的属性被公开。

Page.Session 属性返回一个 System.Web.SessionState.HttpSessionState 类的实例。该对象用于存储用户在会话期内使用过的特定数据，以便于在多个页面之间传递。它提供了名/值对的形式来访问其中的数据。会话状态通常用于维护比如用户名、用户 ID、购物车等信息的数据。Application 对象返回 System.Web.HttpApplicationState 对象的实例，它也使用名/值对的集合来保存对整个应用程序来说都可以访问的数据。Cache 缓存对象是 System.Web.Caching.Cache 类的实例，也提供了存储全局信息的功能，但是开发人员可以指定它的过期策略和缓存依赖。

2. Request 对象

Request 对象是 Systm.Web.HttpRequest 类的实例，它保存了引起页面加载的属性和 HTTP 请求传递的所有值。该对象包含由客户端发送的所有 URL 参数的信息，以及其他的信息。它提供的多数信息已经被更高级的抽象类进行了封装，因此在 ASP.NET 中可能不如在传统的 ASP 中那样重要，但是开发人员常常使用 Request 对象来查找客户端使用的浏览器和 Cookie 信息。为了演示如何从 Request 中获取信息，本节创建了 PageModelDemo 示例网站，在该网站中添加了一个名为 PageRequest.aspx 的页面，该窗体的标记代码如下：

```
<form id="form1" runat="server">
    <p>
    </p>
    <p>
       请在这里输入你的名字：
        <asp:TextBox id="txtBoxName" runat="server"></asp:TextBox>
    </p>
    <p>
        <asp:Button id="btnSendInfo"  runat="server" Text="请单击这里"
            onclick="btnSendInfo_Click"></asp:Button>
    </p>
    <p>
        <asp:Label id="lblInfoSent" runat="server"></asp:Label>
    </p>
</form>
```

本示例希望页面在每次加载时，从 Page.Request 对象中获取请求的信息，然后将这些请求的信息保存到一个文本文件中。当每次单击按钮时将会引起页面回发，也会写入一次请求信息。页面的后置源代码如下：

```
//加上如下两个命名空间
using System.Threading;
using System.IO;
```

```
public partial class PageRequest : System.Web.UI.Page
{
    private const string INFO_DIR = @"c:\"; //定义一个用于存放请求信息的文件的路径
    public static int requestCount;        //获取请求的次数
    //页面加载事件
    protected void Page_Load(object sender, EventArgs e)
    {
        int langCount;
        //递增变量的值并存储结果
        int requestNumber = Interlocked.Increment(ref requestCount);
        //创建一个文件来包含请求的信息
        string strFilePath = INFO_DIR + requestNumber.ToString() + @".txt";
        //创建一个文本文件
        StreamWriter sw = File.CreateText(strFilePath);
        try
        {
            //使用 HTMLEncode 将请求的信息保存到文件中
            sw.WriteLine(Server.HtmlEncode(DateTime.Now.ToString()));
            sw.WriteLine(Server.HtmlEncode(Request.CurrentExecutionFilePath));
            sw.WriteLine(Server.HtmlEncode(Request.ApplicationPath));
            sw.WriteLine(Server.HtmlEncode(Request.FilePath));
            sw.WriteLine(Server.HtmlEncode(Request.Path));
            //遍历 Request.Form 集合，并将值写入文件中
            foreach (string s in Request.Form)
            {
                sw.WriteLine("Form: " + Server.HtmlEncode(s));
            }
            //写入 PathInfo 属性值或者如果字符串为空时写入一个字符串
            if (Request.PathInfo == String.Empty)
            {
                sw.WriteLine("PathInfo 属性值不包含信息.");
            }
            else
            {
                sw.WriteLine(Server.HtmlEncode(Request.PathInfo));
            }
            //写入其他请求信息到文件中
            sw.WriteLine(Server.HtmlEncode(Request.PhysicalApplicationPath));
            sw.WriteLine(Server.HtmlEncode(Request.PhysicalPath));
            sw.WriteLine(Server.HtmlEncode(Request.RawUrl));
            //根据请求的写入文件大小信息
            if (Request.TotalBytes > 1000)
            {
                sw.WriteLine("该请求大于 1KB 或更大");
            }
            else
            {
                sw.WriteLine("这个请求的大小小于 1KB");
            }
            //写入请求信息到文件中
            sw.WriteLine(Server.HtmlEncode(Request.RequestType));
            sw.WriteLine(Server.HtmlEncode(Request.UserHostAddress));
            sw.WriteLine(Server.HtmlEncode(Request.UserHostName));
            sw.WriteLine(Server.HtmlEncode(Request.HttpMethod));
            //遍历 UserLanguages 集合，并将用户语言写入到文件中
            for (langCount = 0; langCount < Request.UserLanguages.Length; langCount++)
            {
    sw.WriteLine(@"用户语言"+langCount+":"+Server.HtmlEncode(Request. UserLanguages
    [langCount]));
```

```
        }
      }
      finally
      {
        sw.Close();                                              //关闭文件流
      }
      lblInfoSent.Text = "关于这个请求的信息已经保存到文件中.";          //在页面上显示提示信息
    }
    protected void btnSendInfo_Click(object sender, System.EventArgs e)
    {
      lblInfoSent.Text = "你好, " + Server.HtmlEncode(txtBoxName.Text) +
          ".你已经创建了一个新的请求文件 .";
    }
}
```

当页面被加载时，会在 C 盘根目录下创建一个递增编号的文件。首次加载时，该文件名为 1.txt，包含了页面请求相关的一些信息，如图 3.9 所示。

注意：默认是在 C 盘下创建文件，所以一定保证 Windows 登录用户具备足够的权限。

图 3.9　写入到文件中的页面请求信息

该示例使用 HttpRequest 对象的多个属性来获取页面请求的相关信息。开发人员通常可以借助 Page 类的 Request 属性来保存一些敏感的请求信息。

3. Response 对象

与 Request 对象相对应的是 Response 对象，它是 System.Web.HttpResponse 类的实例，保存了 Web 服务器端向客户端发送的请求。HttpResponse 并没有提供太多重要的功能，通常开发人员遇到最多的是，使用其 Redirect()方法将页面重定向到其他页面，另一个功能是可以使用 Response 对象向客户端发送 Cookie 信息。

下面的示例代码将向 Response 对象的 Cookies 集合中添加 Cookie 信息。当用户单击超链接时，调用 Response.Redirect()方法将页面重定向到 Default.aspx 页面。先添加一个 ResponseDemo.aspx 页面和 Default.aspx 页面，在 ResponseDemo.aspx 中添加一个 LinkButton 控件，然后在 ResponseDemo.aspx.cs 中布置如下代码：

```
public partial class ResponseDemo : System.Web.UI.Page
{
   protected void Page_Load(object sender, EventArgs e)
   {
      HttpCookie MyCookie = new HttpCookie("LastVisit");
      DateTime now = DateTime.Now;
      //为 HttpCookie 赋值，并指定过期时间为 1 小时后
      MyCookie.Value = now.ToString();
```

```
        MyCookie.Expires = now.AddHours(1);
        Response.Cookies.Add(MyCookie);          //将 Cookie 信息添加到 Cookies 集合中
    }
    //调用 Response.Redirect 方法来进行超链接
    protected void LinkButton1_Click(object sender, EventArgs e)
    {
        Response.Redirect("Default.aspx");
    }
}
```

上述超链接的运行结果只是实现页面的跳转，所以这里不再给出图示。

4. Server 对象

Server 对象是 System.Web.HttpServerUtility 类的实例，它提供了多种帮助方法和属性，例如开发人员可以使用 MachineName 来获取当前计算机的名称，GetLastError 来接收最近一次遇到的异常对象。Server 提供了 3 对非常有用的、与编码和解码相关的函数。

- HtmlEncode 和 HtmlDecode：将原来的字符串编码或解码为 HTML 字符串，比如将空格编码为 HTML 的 等。
- UrlEncode 和 UrlDecode：将原来的 URL 字符串编码或解码为 URL 字符串。

UrlTokenEncode 和 UrlTokenDecode：完成与 UrlEncode 和 UrlDecode 相同的工作，但是这对函数工作在包含 Base64 编码的字节数组中。

表 3.1 所示为常见的 HTML 编码对照关系。

表 3.1　常用的 HTML 字符串编码表

字符串	说明	编码后的字符串
	空格	
<	小于符号	<
>	大于符号	>
&	And 符号	&
"	双引号	"

除了与编码解码相关之外，Server 对象还提供了 MapPath()方法，用于映射当前虚拟路径为服务器端的实际物理路径。还有 Transfer()方法将会终止当前页的执行，并为当前的请求执行新页。

下面的示例代码在页面发生错误时，使用 Server 对象提供的方法来获取最近一次产生错误的 URL。

```
    protected void Page_Error(object sender, EventArgs e)
    {
        StringBuilder sb = new StringBuilder();
        sb.Append("引发错误的 URL: <br/>");
        //对所请求的 URL 进行 HTML 编码
        sb.Append(Server.HtmlEncode(Request.Url.ToString()));
        sb.Append("<br/><br/>");
        sb.Append("错误信息为: <br/>");
        //调用 Server 的 GetLastError 获取最近一次错误信息
        sb.Append(Server.GetLastError().ToString());
         Response.Write(sb.ToString());                //向页面写入错误信息
        Server.ClearError();                          //清除前一个异常
    }
```

Server 的 Transfer()方法是将页面重定向到其他页面最快的一个方法，它提供了与 Redirect()方法类似的功能，但是两者是有明显区别的：当使用 Redirect()方法时，ASP.NET 将立即停止页面处理过程，并发送一个重定向消息给浏览器，后面的任何代码将不会被执行；Transfer()方法与此不同，ASP.NET 引擎只是简单地加载新页面并开始处理，处理流程不会中断，使用 Transfer()方法也不会改变浏览器 URL 的显示。

5．User 对象

User 对象提供了关于请求 Web 服务器的用户的信息，它提供的方法允许开发人员测试用户的成员角色。User 对象实现了 System.Security.Principal.IPrincipal 接口，具体的实现类依赖于所使用的验证类型，比如是使用 Windows 混合验证方式还是基于表单的身份验证方式等。下面的代码是使用 User 对象显示当前登录的用户名：

```
        Response.Write(Page.User.Identity.Name);        //获取当前登录的用户名
```

关于 User 对象的更多信息将在本书介绍 ASP.NET 安全时进行详细介绍。

6．Trace 对象

Trace 对象是一个追踪工具，允许开发人员在页面级别获取和写入追踪信息，在介绍 ASP.NET 应用程序追踪时会再介绍该对象。

3.3.2 基于事件的编程模型

传统的 ASP 使用线型的处理模型，也就是说，代码从开始到结束按顺序被执行，因而 ASP 程序员需要为一些甚至是很简单的页面编写大量的代码。比如，如果一个 Web 页面有多个不同的提交按钮，那么开发人员必须清楚地知道哪个按钮被单击了，然后编写执行该按钮相关的行为代码。

ASP.NET 提供了一种新的称为事件驱动的编程模型。在该模型中，开发人员向 Web 页面添加控件，然后决定是否让该控件响应事件。每个事件处理器都是一个独立的方法，这些方法使页面整齐有序，不会像 ASP 页面那样零乱。ASP.NET 使用事件驱动的编程模型，这与 Windows 开发有点类似，开发人员只需向 Web 窗体添加控件，然后响应相应的控件事件并编写事件处理代码即可。

ASP.NET 引擎将按如下步骤来处理事件：

（1）当页面首次运行时，ASP.NET 创建一个 Page 对象和一些控件对象，执行初始化代码，然后页面被渲染为 HTML 格式返回到客户端。

（2）当用户触发了页面回发（Postback）时，通常是触发了某个事件，比如单击按钮事件，这时候页面将再次提交所有的表单数据到服务器端。

（3）ASP.NET 获取返回的页面，并重新创建 Page 对象。

（4）ASP.NET 检查是什么事件触发了 Postback，并响应相应的事件，这时候将执行开发人员编写的触发事件的代码。

（5）页面将被渲染并返回到客户端。Page 对象从内存中释放，如果其他的 Postback 产生，ASP.NET 将重复步骤（2）~（4）。

在 ASP.NET 应用程序中，大多数的服务器控件都会产生一个页面回发过程，这个过程将向服务器端提交所有的表单数据，服务器端的 ASP.NET 引擎获取到返回的表单数据，触发用户定义的服务器端代码，然后重新生成页面，发送回客户端。事件编程模型简单的示意图如图 3.10 所示。

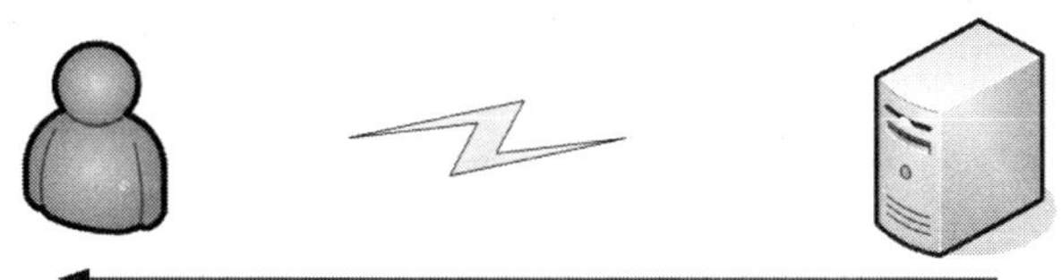

图 3.10　ASP.NET 基于事件的编程模型

必须理解的是 HTML 本身是无状态的，当在客户端触发了控件事件并返回到服务器端时，ASP.NET 在后台完成了很多工作来支持事件处理模型，比如自动回发支持、视图状态的支持等，这些内容将在本章后面进行介绍。

3.3.3　AutoPostBack 自动回发特性

大多数服务器控件都具有一个 AutoPostBack 属性，该属性指示服务器控件是否支持页面回发的功能。该功能是 ASP.NET 事件处理模型的基础，使用这个特性，Web 控件就能够触发不同的事件，服务器端的代码也可以立即被响应。

为了使用页面回发，只需要设置 Web 服务器控件的 AutoPostBack 属性为 True。ASP.NET 将为客户端的 HTML 元素添加额外的 JavaScript 代码，用来实现页面回发的功能。

想知道页面回发功能是如何实现的，可以看一个示例。创建一个名为 AutoPostBackDemo 的空网站，添加一个 Default.aspx 页面，在其中添加一个 DropDownList 控件，并为它添加两个 ListItem 项，标记代码如下：

```
<%@ Page Language="C#" AutoEventWireup="true" CodeFile="Default.aspx.cs"
Inherits="_Default" %>
<!DOCTYPE html PUBLIC "-//W3C//DTD XHTML 1.0 Transitional//EN"
"http://www.w3.org/TR/xhtml1/DTD/xhtml1-transitional.dtd">
<html xmlns="http://www.w3.org/1999/xhtml">
<head runat="server">
    <title>AutoPostBack示例</title>
</head>
<body>
    <form id="form1" runat="server">
    <div>
        <asp:DropDownList ID="DropDownList1" runat="server">
            <asp:ListItem>ASP.NET 4.0 技术详解</asp:ListItem>
            <asp:ListItem>ASP.NET 4.0 应用开发指南</asp:ListItem>
        </asp:DropDownList>
    </div>
    </form>
</body>
</html>
```

在默认情况下，DropDownList 控件的 AutoPostBack 属性设置为 False，因此选择下拉列表框中的选项时，并不会引起任何的页面回发。但是如果将该控件的 AutoPostBack 属性设置为 True 之后，每当改变 DropDownList 中的选项时，将会引发一次页面回发。在生成的 HTML 源代码中，ASP.NET 会添加一些额外的 JavaScript 代码来实现这个功能。

读者可以在启用与禁用 AutoPostBack 前后，查看 HTML 源代码来观察不同之处，会发现启用 AutoPostBack 之后，ASP.NET 会先添加两个隐藏域，然后实现了一个名为__doPostBack 的函数。该函数将触发一次页面回发功能，并使用隐藏域来传递参数，两个隐藏域的代码如下：

```
<input type="hidden" name="__EVENTTARGET" id="__EVENTTARGET" value="" />
<input type="hidden" name="__EVENTARGUMENT" id="__EVENTARGUMENT" value="" />
```

JavaScript 代码块中的代码如下：

```
<script type="text/javascript">
//<![CDATA[
var theForm = document.forms['form1'];
if (!theForm) {
    theForm = document.form1;
}
function __doPostBack(eventTarget, eventArgument) {
    if (!theForm.onsubmit || (theForm.onsubmit() != false)) {
        theForm.__EVENTTARGET.value = eventTarget;
        theForm.__EVENTARGUMENT.value = eventArgument;
        theForm.submit();
    }
}
//]]>
</script>
```

theForm 变量先获取到当前页面的表单变量，自定义函数__doPostBack 将获取的参数传给隐藏域，然后调用 submit 函数提交当前页面。启用 AutoPostBack 属性后，ASP.NET 也会为 DropDownList 控件添加额外的客户端 JavaScript 代码，当下拉列表项发生改变时，将调用__doPostBack 函数来进行页面回发，代码如下：

```
<select name="DropDownList1"
onchange="javascript:setTimeout('__doPostBack(\'DropDownList1\',\'\')', 0)"
id="DropDownList1">
     <option value="ASP.NET 4.0 技术详解">ASP.NET 4.0 技术详解</option>
     <option value="ASP.NET 4.0 应用开发指南">ASP.NET 4.0 应用开发指南</option>
</select>
```

> **注意**：ASP.NET 自动生成__doPostBack 函数，而且会为每个控件设置事件代码，因此当为控件启用 AutoPostBack 之后会增加代码量。

将 AutoPostBack 属性设置为 True 的任何控件，都将使用 onclick 或 onchange 属性连接到__doPostBack 函数。开发人员也可以根据需要，手动调用__doPostBack 函数为自定义的控件添加页面回发的功能。

Page 类提供了一个名为 IsPostBack 的属性，使用该属性可以判断页面是第一次加载还是回发加载。这是一个非常有用的属性，比如开发人员希望第一次加载时为 DropDownList 控件动态地添加 Items 集合，在每次回发时就不用重新加载，这时可以使用 IsPostBack 属性来完成，示例代码如下：

```
protected void Page_Load(object sender, EventArgs e)
{
    //只在页面第一次加载时，初始化 DropDownList 中的项
    if (!IsPostBack)
```

```
        {
            DDLBookName.Items.Add("WPF 程序设计");
            DDLBookName.Items.Add("WF 实例应用");
            DDLBookName.Items.Add("WCF 分布式应用");
            DDLBookName.Items.Add("Silverlight 案例剖析");
        }
    }
```

3.3.4　理解 ViewState 视图状态

由于 HTTP 是一种无状态的协议，因此 ASP.NET 也具有无状态的特性。在 ASP 时代，开发人员为了维护控件的状态，不得不撰写较多的代码将原有的值保存到 Cookie 中，当页面再次被加载时从 Cookie 中获取控件的值，实现了基本的状态维护功能。对于 ASP.NET 来说，事情变得非常简单，微软提供了视图状态的机制，让开发人员的工作变得更加轻松。

每次页面被回发到服务器端时，ASP.NET 会接收用户在<input>控件中所输入的信息，然后加载 Web 页面并将控件的原始信息返回给客户端。ASP.NET 设计了自己的状态序列化机制，一旦页面代码执行完成，它将检查控件的所有属性，如果有任何属性更改了其初始状态的值，ASP.NET 会将这些信息记录到一个名/值对的集合中，最后收集这些信息并以 Base64 字符串的形式进行序列化，并将这些字符串插入到页面隐藏字段中。

当下次页面被回发时，ASP.NET 执行如下 4 个步骤：

（1）基于控件的默认值重新创建页面和控件对象，并使用初始化的状态信息。

（2）返向序列化视图状态并更新所有的控件。

（3）依照回发的表单数据来调整页面，比如，在客户端的一个 TextBox 中输入了新的文本，或在 ListBox 中选择了新的项，这些信息将被保存在 Form 集合中，ASP.NET 将用这些数据来恢复控件的状态。这一步之后，页面将向用户返回控件的状态。

（4）现在事件处理代码将会被触发，ASP.NET 将触发相应的事件，并且代码能响应页面的改变，从而移动到一个新的页面或完成一个完全不同的操作。

使用视图状态的优点很明显，开发人员可以维护客户端和服务器端的状态。但是因为视图状态存储在页面中，会显著地加大页面的尺寸。客户端不仅需要接收一个大的页面，也需要将视图状态数据返回给服务器端，因此加剧了客户端与服务器端的负担。对于简单页面，开支是微乎其微的，但如果是一个复杂的、数据量大的页面，比如一个页面包含了存储大量数据的 GridView 控件，则其大小的改变会非常明显，此时可以考虑将控件的 EnableViewState 设为 False，但是开发人员需要在每次回发时重新初始化控件。

下面看一下视图状态是如何实现的。如果查看一个输出为 HTML 的页面，很容易会发现有用于保存视图状态信息的隐藏字段的声明。添加一个名为 ViewStateDemo.aspx 的页面，并添加一个 Label 控件，默认情况下，该控件的 EnableViewState 属性被设置为 True，允许视图状态。按【F5】键运行该页面，然后用鼠标右键单击页面空白处，在弹出的快捷菜单中选择“查看源文件”命令，在源代码文件中会看到一个名为__VIEWSTATE 的隐藏字段，代码如下：

```
<body>
    <form name="form1" method="post" action="ViewStateDemo.aspx" id="form1">
<div>
<input type="hidden" name="__VIEWSTATE" id="__VIEWSTATE"
value="/wEPDwUJODExMDE5NzY5ZGRTWcV6EeuZoXZNBGieoPWEQ0kZgQ==" />
</div>
```

```
    <div>
        <span id="Label1">视图状态</span>
    </div>
    </form>
</body>
```

视图状态中的数据是经过 Base64 编码的字符串，但是开发人员可以很容易地编写用来解码 Base64 字符串的代码，这也意味着使用视图状态不能存储敏感的信息。但是 ASP.NET 提供了额外的功能来保护视图状态中的数据，在本书的应用程序状态管理中将会再次详细地讨论该技术。

视图状态并没有尺寸的限制，但是一些代理服务器和防火墙拒绝隐藏域超过确定尺寸的页面穿过。为了解决这个问题，开发人员可以使用视图状态打散的功能，也就是自动地把视图状态分割到多个隐藏域中，以确保隐藏域只具有开发人员所指定的尺寸。为了实现这个功能，开发人员只需要在 Web.config 的<pages>节中添加一个 maxPageStateFieldLength 属性，为其指定一个最大的视图状态尺寸，以字节为单位。下面的代码将视图状态指定为 1KB：

```
    <!--指定页面的视图状态尺寸-->
        <pages maxPageStateFieldLength="1024">
            <controls>
                <add tagPrefix="asp" namespace="System.Web.UI"
        assembly="System.Web.Extensions, Version=3.5.0.0, Culture=neutral,
        PublicKeyToken=31BF3856AD364E35"/>
                <add tagPrefix="asp" namespace="System.Web.UI.WebControls"
        assembly="System.Web.Extensions, Version=3.5.0.0, Culture=neutral,
        PublicKeyToken=31BF3856AD364E35"/>
            </controls>
        </pages>
```

如果所请求页面产生的视图状态大于 1KB，则会分割成多个隐藏字段进行存放，代码如下：

```
<input type="hidden" name="__VIEWSTATEFIELDCOUNT" value="3" />
<input type="hidden" name="__VIEWSTATE" value="..." />
<input type="hidden" name="__VIEWSTATE1" value="..." />
<input type="hidden" name="__VIEWSTATE2" value="..." />
```

> **注意**：视图状态打散功能只是解决特定尺寸的问题，并没有显著地提升其性能，最好的设计是只在视图状态中包含少量的信息来获取最佳性能。

3.3.5 页面事件处理流程

在服务器端，处理一个 ASP.NET 页面将经历 8 个阶段，在每一阶段都会有不同的事件被触发，这些处理阶段也称为页生命周期阶段。这些步骤包括初始化、实例化控件、还原和维护状态、运行事件处理代码及进行呈现等。下面的步骤显示了页处理过程中的每一个生命周期阶段。

（1）页请求阶段：发生在页生命周期开始之前，当有用户请求页时，ASP.NET 将确定是否需要编译和分析页面，或判断是否可以发送页的缓存版本来进行响应。

（2）开始阶段：设置页的属性，确定请求是新请求还是回发请求，并设置 IsPostBack 属性，还将设置页的 UICulture 属性。

（3）页初始化阶段：可以使用页中的控件，设置每个控件的 UniqueID 属性，此时将为页应用主题。如果当前请求是回发请求，则回发数据还没有被加载，并且控件属性值尚未还原为视图状态中的值。

（4）加载阶段：如果当前请求是回发请求，将使用从视图状态和控件状态恢复的信息加载控件属性。

（5）验证阶段：在该阶段将调用所有验证程序控件的 Validate()方法，该方法将设置各个验证程序控件和页的 IsValid 属性。

（6）回发事件处理阶段：如果请求是回发请求，则将调用所有事件处理程序。

（7）页面呈现阶段：在呈现之前，会针对该页和所有控件保存视图状态，并调用每个控件的 Render()方法。

（8）页卸载阶段：当页完全呈现并发送回客户端后，将进行页的卸载，在该阶段会进行一些清理的工作。

ASP.NET 提供了一系列的页生命周期事件，开发人员可以定义要执行的代码。当@Page 指令的 AutoEventWireup 属性被设置为 True 后，页事件将自动绑定至使用 Page_事件命名约定的方法，比如 Page_PreInit 和 Page_Init 事件。在 ASP.NET 的页生命周期中，将会依序执行如下事件。

- PageInit 事件：在页请求阶段，即页框架初始化阶段产生，此时可以使用该事件检查 IsPostBack 属性来判断是否是回发加载、创建或重建动态控件、设置母版页和主题，读取配置文件。
- Init 事件：所有的控件都已初始化且已应用所有外观设置后引发，可以使用该事件来读取或初始化控件的属性。
- InitComplete 事件：该事件通常用来处理要求先完成所有初始化工作的任务。
- PreLoad 事件：在 Load 事件之前对页或控件执行处理。在 Page 对象引发该事件后，它会为自身和所有控件加载视图状态，然后会处理 Request 实例包括的任何回发数据。
- Load 事件：Page 在页上调用 OnLoad 事件方法，然后以递归方式对每个子控件执行相同操作，如此循环往复，直到加载完本页和所有控件为止。使用 OnLoad 事件方法来设置控件中的属性并建立数据库连接。
- LoadComplete 事件：对需要加载页上的所有其他控件的任务使用该事件。
- PreRender 事件：在该事件发生前，Page 会对每个控件和页调用 EnsureChildControls()方法，并对数据绑定控件进行数据绑定操作。页上的每个控件都会引发 PreRender 事件，使用该事件对页或控件的内容进行最后更改。
- SaveStateComplete 事件：在该事件触发前，已经对页和所有控件保存了视图状态。将忽略此时对页或控件进行任何更改。使用该事件执行满足的任务是要求已经保存了视图状态，但未对控件进行任何更改。
- Render()方法：这是页面呈现阶段，此时 Page 对象会在每个控件上调用该方法。通常在开发自定义控件时会重写该方法。
- Unload 事件：该事件先对每个控件触发，然后页本身的 Unload 事件触发。使用该事件对特定控件和页进行最后的清理，比如关闭打开的文件或数据库连接、完成日志记录等。

为了演示页生命周期事件的使用，创建一个 PageLifeCycleDemo 的空网站，添加一个 Default.aspx，并在其中添加 1 个 Label 和 1 个 Button，然后在代码后置文件中添加如下代码：

```
public partial class _Default : System.Web.UI.Page
{
    //Load 事件处理器
    protected void Page_Load(object sender, EventArgs e)
    {
        Label1.Text += "Page.Load 事件处理器<br/>";
        if (Page.IsPostBack)
        {
            Label1.Text += "<b>这不是页面首次加载，这是回送请求</b><br/>";
        }
    }
    //PreInit 事件处理器
    protected void Page_PreInit(object sender, System.EventArgs e)
    {
        Label1.Text += "Page.PreInit 事件处理器<br/>";
    }
    //Init 事件处理器
    protected void Page_Init(object sender, System.EventArgs e)
    {
        Label1.Text += "Page.Init 事件处理器<br/>";
    }
    //InitComplete 事件处理器
    protected void Page_InitComplete(object sender, System.EventArgs e)
    {
        Label1.Text += "Page.InitComplete 事件处理器<br/>";
    }
    //PreRender 事件处理器
    protected void Page_PreRender(object sender, EventArgs e)
    {
        Label1.Text += "Page.PreRender 事件处理器<br/>";
    }
    //PreLoad 事件处理器
    protected void Page_PreLoad(object sender, EventArgs e)
    {
        Label1.Text += "Page.PreLoad 事件处理器<br/>";
    }
    //LoadComplete 事件处理器
    protected void Page_LoadComplete(object sender, EventArgs e)
    {
        Label1.Text += "Page.LoadComplete 事件处理器<br/>";
    }
    //Unload 事件处理器
    protected void Page_Unload(object sender, EventArgs e)
    {
        Label1.Text += "Page.Unload 事件处理器<br/>";
    }
    protected void Button1_Click(object sender, EventArgs e)
    {
        Label1.Text += "Button.Click 事件处理器<br/>";
    }
}
```

在该示例中，定义了多个页生命周期事件，当这些事件触发时，将会在 Label 控件上显示一条信息，示例运行效果如图 3.11 所示。

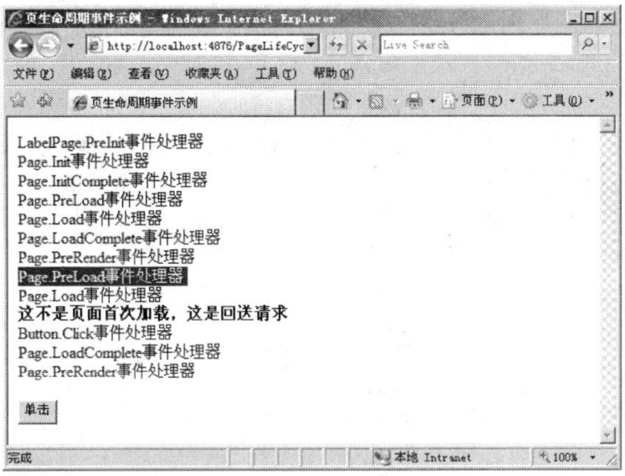

图 3.11 页生命周期事件示例

3.3.6 页面控件树

介绍了页生命周期后，本节来介绍 ASP.NET 的服务器控件是如何融合到页生命周期中的。当输出一个页面时，Web 页面需要先输出自身，然后要求页面上所有的控件进行输出。首先是父控件进行输出，然后是子控件的输出。

当 ASP.NET 首次创建一个页面时，将检查.aspx 文件，查找发现的每个元素是否具有 runat="server"属性，然后创建和配置一个控件对象，并将它添加到页面上的子控件上。开发人员可以检查 Page.Controls 集合来查找页面上所有的子控件。

创建一个 ControlTreeDemo 的示例空网站，演示如何输出一个页面上的所有控件。在 Default.aspx 中添加一些页面元素，其中包含静态的 HTML 元素和服务器控件，代码如下：

```
<html xmlns="http://www.w3.org/1999/xhtml">
<head runat="server">
    <title>页面控件树演示</title>
</head>
<body>
   <p><i>这是一个静态的 HTML 元素而非 Web 服务器控件.</i></p>
  <form id="frm" method="post" runat="server">
   <div>
     <asp:panel id="MainPanel" runat="server" Height="112px">
       <p><asp:Button id="Button1" runat="server" Text="按钮一"/>
          <asp:Button id="Button2" runat="server" Text="按钮二"/>
          <asp:Button id="Button3" runat="server" Text="按钮三"/>
       </p>
       <p>
       <asp:Label id="Label1" runat="server" Width="48px">
           姓名:</asp:Label>
         <asp:TextBox id="TextBox1" runat="server"></asp:TextBox>
         </p>
     </asp:panel>
       <p><asp:Button id="按钮四" runat="server" Text="Button4"/></p>
</div>
</form>
<p><i>静态 HTML 页面元素</i></p>
</body>
</html>
```

> **说明**：创建空网站后，基本上所有的操作都需要自己手动添加一个 Defaul.aspx 文件，这里不再单独提示，读者自己来完成这个操作。

本示例将会遍历页面上的所有控件，并调用 Response.Write()方法输出控件的类型和控件 ID。在 Page.Load 事件中输入如下的代码：

```
protected void Page_Load(object sender, EventArgs e)
{
    //每个控件均派生自 System.Web.UI.Control，因此开发人员可以将其作为基类来检测所有的控件
    foreach (Control control in Page.Controls)
    {
        Response.Write(control.GetType().ToString() + " - <b>" +
        control.ID + "</b><br />");
    }
    //使用水平线与页面中的其他内容进行分割
    Response.Write("<hr />");
}
```

由于每个控件都派生自 System.Web.UI.Control，因此示例中使用 Control 基类来获取页面上的 Page.Controls 集合中的所有控件，并调用控件的 GetType()方法获取到控件类型，输出到页面上，示例运行效果如图 3.12 所示。

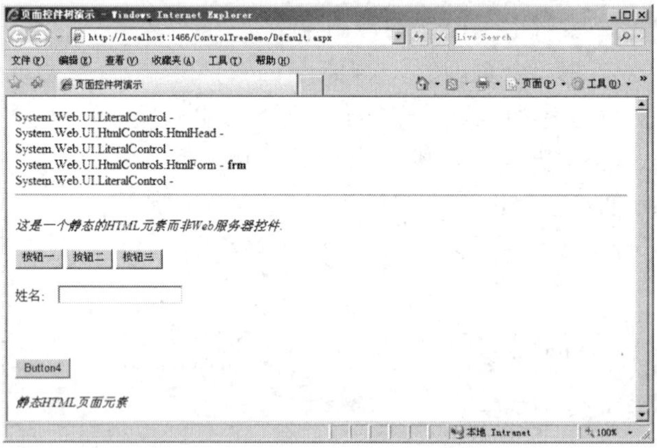

图 3.12　控件树遍历示例

由输出可以看到，ASP.NET 为整个页面上的元素都建立了相应的控件对象，包括静态 HTML 元素，用 LiteralControl 控件来创建。LiteralControl 控件本身并没有提供什么功能，比如不能设置样式信息，也不具有唯一的服务器端 ID，但是开发人员可以使用它的 Text 属性来操作其中的内容。开发人员可以更改 Page_Load 事件中的一些代码，从而检查 LiteralControl 控件的内容，代码如下：

```
protected void Page_Load(object sender, EventArgs e)
{
    //每个控件均派生自 System.Web.UI.Control，因此开发人员可以将其作为基类来检测所有的控件
    foreach (Control control in Page.Controls)
    {
        Response.Write(control.GetType().ToString() + " - <b>" +
        control.ID + "</b><br />");
        //如果控件是一个 LiteralControl 的话，则执行进一步的操作
        if (control is LiteralControl)
        {
            //获取 LiteralControl 控件中的内容
```

```
            string text = ((LiteralControl)control).Text;
            //更改 LiteralControl 控件中的内容，使其进行 HTML 编码
            Response.Write("*** Text: " + Server.HtmlEncode(text) + "<br />");
        }
    }
    //使用水平线与页面中的其他内容进行分割
    Response.Write("<hr />");
}
```

当遍历控件时，将判断控件类型是否是 LiteralControl 控件，如果是的话，首先使用类型转换将 Control 转换为 LiteralControl，然后获取其 Text 属性，最后为该字符串进行 HTML 编码，并添加一些字符串信息，最后将会输出一些经过 HTML 编码的对象。

该示例仍然不是很完善，因为页面上还有很多控件没显示出来。为了解决这个问题，首先需要理解 ASP.NET 输出的页面继承层次，它只输出仅位于顶层的控件，如果控件包含其他的控件，它们提供了其自身的 Controls 属性，使用该属性可以访问其子控件。在本示例页面中，所有的服务器控件都是内嵌在一个<form>...</form>标记中，意味着开发人员需要检测 HtmlForm 类的 Controls 集合来获取页面上服务器控件的信息。

下面的代码将创建一个递归方法来显示页面上所有的控件信息：

```
public partial class ShowChildTree : System.Web.UI.Page
{
    protected void Page_Load(object sender, EventArgs e)
    {
        //开始检查并输出页面上所有的控件
        DisplayControl(Page.Controls, 0);
        //添加水平分割线与正常的内容分开
        Response.Write("<hr />");
    }
    /// <summary>
    /// 递归显示页面上的所有子控件的信息
    /// </summary>
    /// <param name="controls">页面上的控件的集合</param>
    /// <param name="depth">起始深度，将用于显示深度节点</param>
    private void DisplayControl(ControlCollection controls, int depth)
    {
        foreach (Control control in controls)
        {
            //使用 depth 参数来缩进控件节点
            Response.Write(new String('-', depth * 4) + "> ");
            //显示控件信息
            Response.Write(control.GetType().ToString() + " - <b>" +
            control.ID + "</b><br />");
            if (control.Controls != null)
            {
                //如果控件还有子控件，则递归进行遍历
                DisplayControl(control.Controls, depth + 1);
            }
        }
    }
}
```

DisplayControl()是一个递归方法，该方法接收页面控件集合和一个用于缩进的 depth 参数。当所遍历的控件存在子控件时，将会调用该递归方法进行遍历，运行效果如图 3.13 所示。

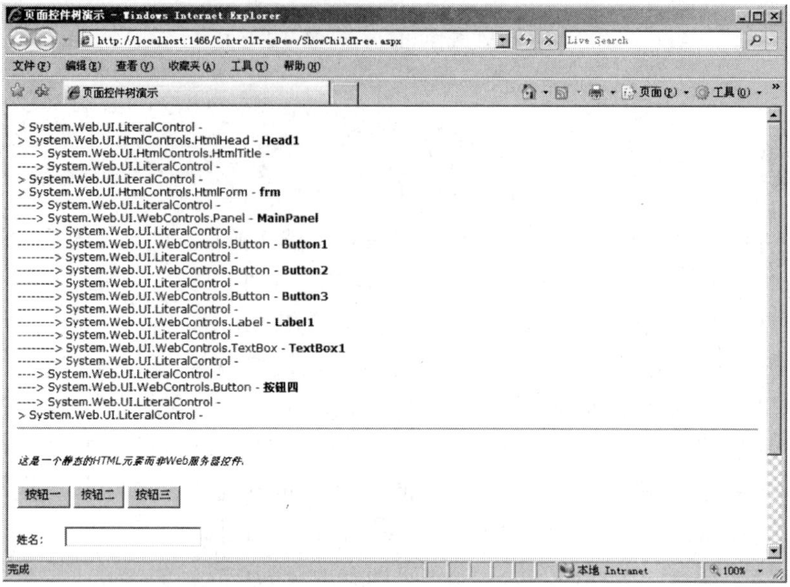

图 3.13　显示页面上的所有控件

3.3.7　页面头

一个页面可以包含不受限制的 HTML 控件，开发人员可以为 HTML 控件添加 runat="server"将其转换为服务器控件。除了由开发人员添加的控件之外，ASP.NET 页本身也包含一个 HtmlHead 控件，开发人员可以在服务器端访问该控件，还可以更改<head>标签的内容。

ASP.NET 4.0 与之前版本不同的是，当使用 VS 2010 新建一个 Web 窗体时，<head>标签会自动添加服务器标记，代码如下：

```
<head id="Head1" runat="server">
    <title>页面控件树演示</title>
    <style type="text/css">
        .bodyfont {
            font-family: verdana;
            font-size: 9pt;
        }
    </style>
</head>
```

可以看到，<head>被添加了 runat= “server” 标记，并且被设置了一个控件 ID，因此可以像其他服务器控件一样，使用 HtmlHead 控件来改变<head>标签的内容了，比如可以使用该控件来改变页面的标题、元数据及样式表的引用等。开发人员需要理解 HtmlHead 控件的如下成员来编程控制<head>标签。

- Title：用于指定 HTML 页面的标题，也就是浏览器标题栏中显示的标题，可以在运行时进行修改。
- StyleSheet：使用该属性创建内联样式表，也可以使用 CreateStyleRule()和 RegisterStyle()方法动态创建新的样式规则。
- Controls：使用此控件集合和 HtmlMeta 控件类可以添加或移除元数据标签。

下面的样例代码在页面加载时动态地设置页面的标题，并且动态地添加元数据标签：

```
protected void Page_Load(object sender, EventArgs e)
{
    Page.Header.Title = "动态改变页面的标题";
    //定义元数据标签和描述性的信息
    HtmlMeta metaDescription = new HtmlMeta();
    metaDescription.Name = "说明";
    metaDescription.Content = "一本学习.NET 技术的宝典书籍";
    //将 HtmlMeta 添加到 Header 控件集合中
    Page.Header.Controls.Add(metaDescription);
    // 添加第二个元数据标签
    HtmlMeta metaKeywords = new HtmlMeta();
    metaKeywords.Name = "关键字";
    metaKeywords.Content = ".NET, C#, ASP.NET";
    //将 HtmlMeta 添加到 Header 控件集合中
    Page.Header.Controls.Add(metaKeywords);
}
```

3.3.8　动态创建页面控件

前面介绍的 Controls 集合，开发人员也可以动态地创建控件，并添加到页面中。例如，下面的代码在页面加载时将添加一个新的按钮控件到 Panel 控件中：

```
protected void Page_Load(object sender, EventArgs e)
{
    //创建一个新的按钮对象
    Button myButton = new Button();
    //赋一些文件，并赋一个 ID 号以便于进行引用
    myButton.Text = "*动态创建的按钮 *";
    myButton.ID = "myButtonID";
    myButton.Click += new EventHandler(myButton_Click);
    Panel1.Controls.Add(myButton);          //添加按钮到 Panel 控件中
}
//按钮的单击事件处理器
void myButton_Click(object sender, EventArgs e)
{
    Response.Write("动态创建的按钮被单击了");
}
```

在本示例中，首先创建了一个名为 myButton 的 Button 对象，然后为其 Text 和 ID 属性赋值，并为其关联了一个单击事件处理器，最后添加到 Panel 控件的控件集合中。

在上面的示例代码中，按钮将总是被添加到 Panel 控件的尾部。为了更精确地控制按钮的位置，开发人员可以考虑使用一个 PlaceHolder 控件，它是一个用于存放其他控件的容器。如果没有向该容器控件的 Controls 集合内添加任何控件，在 Web 页面上将看不到任何信息。但是在进行设计时，VS 2010 提供了一个默认的呈现，类似于一个 Label，便于开发人员来对 PlaceHolder 控件进行定位。

添加一个名为 PlaceHolderDemo.aspx 的页面，首先添加一个 2 行 2 列的表格，在每个单元格中分别放置一个 PlaceHolder 控件。标记代码如下：

```
<html xmlns="http://www.w3.org/1999/xhtml">
<head runat="server">
    <title>精确定位动态创建的控件</title>
```

```
    <style type="text/css">
        .style1
        {
            width: 100%;
        }
    </style>
</head>
<body>
    <form id="form1" runat="server">
    <div>
        PlaceHolder精确定位动态创建的控件</div>
    <table class="style1">
        <tr>
            <td>
                <asp:PlaceHolder ID="PlaceHolder1" runat="server"></asp:PlaceHolder>
            </td>
            <td>
                <asp:PlaceHolder ID="PlaceHolder2" runat="server"></asp:PlaceHolder>
            </td>
        </tr>
        <tr>
            <td>
                <asp:PlaceHolder ID="PlaceHolder3" runat="server"></asp:PlaceHolder>
            </td>
            <td>
                <asp:PlaceHolder ID="PlaceHolder4" runat="server"></asp:PlaceHolder>
            </td>
        </tr>
    </table>
    </form>
</body>
</html>
```

在 Page_Load 事件中，添加如下代码来动态地创建控件，并添加到不同的 PlaceHolder 控件中。

```
    protected void Page_Load(object sender, EventArgs e)
    {
        HtmlButton myButton = new HtmlButton();          //创建一个HtmlButton对象的实例
        myButton.InnerText = "Button 1";                 //设置对象的文本为Button 1
        PlaceHolder1.Controls.Add(myButton);           //添加到 PlaceHolder1控件中
        //创建一个HtmlButton对象的实例，设置文件并添加到PlaceHolder2中
        myButton = new HtmlButton();
        myButton.InnerText = "Button 2";
        PlaceHolder2.Controls.Add(myButton);
        //创建一个HtmlButton对象的实例，设置文件并添加到PlaceHolder3中
        myButton = new HtmlButton();
        myButton.InnerText = "Button 3";
        PlaceHolder3.Controls.Add(myButton);
        //创建一个HtmlButton对象的实例，设置文件并添加到PlaceHolder4中
        myButton = new HtmlButton();
        myButton.InnerText = "Button 4";
        PlaceHolder4.Controls.Add(myButton);
    }
```

现在动态创建的按钮将会被精确地放在不同的 PlaceHolder 所在的位置，运行效果如图 3.14 所示。

图 3.14　动态创建控件的精确定位

> **注意**：动态创建的控件会在下一次自动回发时丢失，因此必须在页每次加载事件时重建。

如果要与控件进行交互，开发人员需要先为动态创建的控件分配一个 ID，然后从其容器控件的控件集合中获取该控件。这可以通过递归搜索来实现，也可以直接使用 Page.FindControl()静态方法，该方法将搜索整个页面中具有指定 ID 的控件。例如，可以使用下面的代码移除具有指定 ID 的控件：

```
protected void Button1_Click(object sender, EventArgs e)
{
    //搜索指定 ID 的控件，无论其是位于哪个层次结构
    Button foundButton = (Button)Page.FindControl("newButton");
    //移除按钮
    if (foundButton != null)
    {
        foundButton.Parent.Controls.Remove(foundButton);
    }
}
```

> **注意**：为动态创建的控件关联事件也非常容易，所需要做的是使用委托代码为其关联一个事件处理器。开发人员必须在 Page_Load 事件触发后完成这个工作，因为所有控件的特定事件都触发在 Page_Load 事件之后。

3.4　ASP.NET 应用程序剖析

在桌面型应用程序世界中，一个应用程序就是一个可执行的文件和一些相关的辅助文件，比如一些 EXE 文件和一些动态链接库 DLL 文件，以及资源和配置文件等。而 ASP.NET 应用程序是一种宿主类型的应用程序，必须宿主到一个 Web 服务器中，它由一些 Web 窗体文件、HTTP 处理器、HTTP 模块及一些可执行的代码组成。与桌面型应用程序最大的不同在于其执行方式，桌面型应用程序只需要双击即可启动，而 ASP.NET 应用程序需要用户打开浏览器，输入网址，然后在浏览器中进行操作。

Web 服务器将传递请求给 ASP.NET 工作进程，但是 ASP.NET 工作进程会基于虚拟目录将执行代码小心地分隔进不同的应用程序域。只有宿主在相同虚拟目录中的页面才会在相同的应用程序域中执行，不同虚拟目录中的页面将在不同的应用程序域中执行。

比如当为某个网站在 IIS 中创建了一个虚拟目录后，ASP.NET 工作进程将会在其自身的应用程序域中执行代码。IIS 管理器如图 3.15 所示。

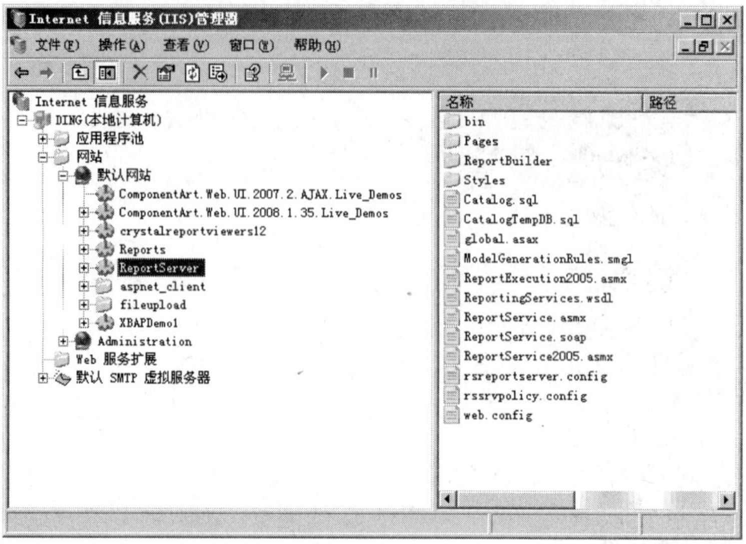

图 3.15　IIS 管理器

3.4.1　应用程序域

应用程序域是 CLR 强制的一个边界，用于防止一个应用程序去影响其他应用程序的执行，比如一个应用程序查看另一个应用程序内存中的数据，这是非常不安全的。下面是 ASP.NET 应用程序域的一些特性：

- 在单个 Web 应用程序内的所有页面共享相同的内存资源，比如全局应用程序数据、单个用户的会话数据及缓存数据。这些信息不会被其他的应用程序访问。
- 在单个 Web 应用程序内的所有页面共享相同的核心配置，但是开发人员也可以在相同虚拟目录的子文件夹下定义其他的配置。
- 可以为单个 Web 应用程序配置全局应用程序事件，比如应用程序启动事件等。

前面说过每个虚拟目录都会被作为一个独立的应用程序域来执行，因此可以将虚拟目录看成为分隔应用程序域的基本分组结构。

应用程序域所提供的隔离具有以下优点：

- 在一个应用程序中出现的错误不会影响其他应用程序。因为类型安全的代码不会导致内存错误，所以使用应用程序域可以确保在一个域中运行的代码不会影响进程中的其他应用程序。
- 能够在不停止整个进程的情况下停止单个应用程序。使用应用程序域可以卸载在单个应用程序中运行的代码。
- 在一个应用程序中运行的代码不能直接访问其他应用程序中的代码或资源。
- 代码行为的作用范围由它运行所在的应用程序决定。换言之，应用程序域将提供应用程序版本策略等配置、它所访问的任意远程程序集的位置，以及加载到该域中的程序集的位置信息。
- 向代码授予的权限可以由代码运行所在的应用程序域来控制。

3.4.2　ASP.NET 应用程序域的生命周期

ASP.NET 使用延迟初始化的技术来创建应用程序域，也就是说，应用程序域只在用户首次请求被接收时才进行创建，而且应用程序域可能因为多种原因被停止，比如 Web 服务器本身被关闭。最常见的问题是因为错误因素或配置的改变需要重新启动，比如本地计算机上的 machine.config 文件发生改变时，ASP.NET 将自动重新开始一个新的应用程序域的执行。

当开发人员更改了应用程序的配置时，ASP.NET 将自动轮循应用程序域。例如，开发人员修改了 Web.config 文件，或替换了一个已存在的 Web 文件或 DLL 程序集文件，ASP.NET 会开始一个新的应用程序域来处理后续的请求，并且保持原来的应用程序域直到所有的请求已经处理完毕。

3.4.3　应用程序的更新

ASP.NET 执行模型最值得注意的一个特性是，开发人员可以直接更新应用程序，而无须重启 Web 服务，也无须担心会影响到现存的客户端。这意味着开发人员可以在任何时候为虚拟目录添加、替换或删除文件。ASP.NET 会开始一个新的应用程序域，后续的请求会转到新的应用程序域中。

这个特性非常强大，然而理解使之可行的架构也是非常有必要的。一些开发人员认为，这个特性是由于 CLR 允许 ASP.NET 无缝地转换到一个新的应用程序域而实现的，这种想法是不正确的。实际上，在程序集执行时，CLR 总是会锁定程序集文件。为了解决这个限制，ASP.NET 实际上并没有使用在虚拟目录中的文件，相反，它使用了一种称为影子副本的技术。

在 ASP.NET 编译时，会在 E:\Windows\Microsoft.NET\Framework\v4.0.30319\Temporary ASP.NET Files 文件夹中创建一份文件的副本（根据安装操作系统盘的不同所在的位置也不同，笔者的系统安装在 E 盘）。ASP.NET 将从该文件夹中加载程序集，也就是说，它将会锁定位于该文件夹中的程序集。在笔者的机器上，该文件夹的内容如图 3.16 所示。

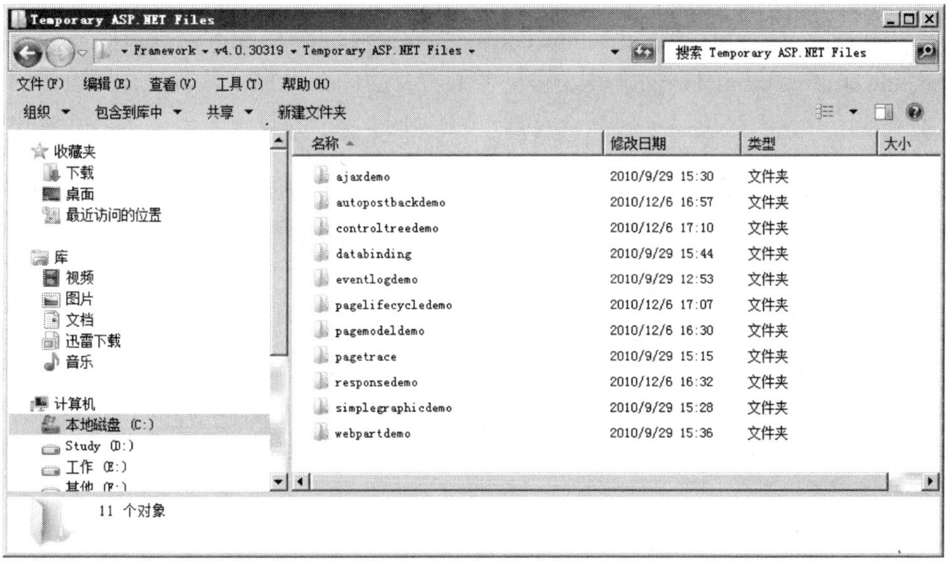

图 3.16　ASP.NET 临时文件夹

ASP.NET 有能力检测到开发人员所做的更改，这主要是由 Windows 操作系统追踪文件和文件夹，并立即发送更改通知来实现的。ASP.NET 通过一个已经被加载到程序集的活动列表和监视代码，来监视文件夹的改变。

3.5 ASP.NET 配置模型

ASP.NET 中的配置是使用一个 XML 格式的配置文件来管理的，该文件包含应用程序需要的所有核心配置信息，也包含开发人员自己定义的特定配置信息，其配置信息具有如下 3 个优势：

- 绝对不会被锁定，开发人员可以在任何位置更新配置，ASP.NET 将平滑地过渡到新的应用程序域。
- 容易访问和复制，如果用户具有权限，可以从一个远程位置修改配置，也可以复制到其他相同的应用程序中运行。
- 容易编辑和理解，配置文件中的设置是容易阅读的，意味着开发人员不需要特定的配置工具就可以编辑和理解。

本节将详细介绍 ASP.NET 配置文件的使用和配置。

3.5.1 machine.config 配置文件

machine.config 是整个机器级别的配置文件，该文件位于 C:\Windows\Microsoft.NET\Framework\v4.0.30319\Config 文件夹中。它包含应用于整个计算机的配置，包括机器范围内的程序集绑定、远程处理的通道和 ASP.NET 的基础设置信息。

> **注意**：由于 machine.config 中包含有很多非常重要的配置信息，如果不理解这些设置的功能，请不要随意更改该配置文件。

为了让开发人员更好地理解 machine.config 配置文件，在 Config 文件夹中还会找到一个名为 machine.config.comments 的文件，它包含了所有的标准设置信息及具有描述性的文本。使用这个文件，开发人员可以学习默认设置，然后添加自己的设置来覆盖 machine.config 的设置。

ASP.NET 引擎将使用定义在 machine.config 中的一部分配置，比如 ASP.NET 需要的配置节支持、配置 ASP.NET 的工作进程、注册一些用于支持高级特性的提供者，比如个性化、成员和基于角色安全性的提供者等。

除了使用 machine.config 配置文件中的配置外，ASP.NET 使用一个根 web.config 文件，与 machine.config 位于相同的文件夹中。该文件包含一些额外的设置，这些设置包含注册 ASP.NET 所需的核心 HTTP 处理器和 HTTP 模块、定义安全策略等，位于计算机上的所有应用程序将继承这两个文件中的配置。很多设置开发人员不需要进行理解，也不需要随意进行修改。

3.5.2　web.config 配置文件

每当创建一个新的 ASP.NET Web 站点时，VS 2010 都会自动为该站点创建一个 web.config 配置文件。在该文件中，开发人员可以创建自己的配置，比如指定特定的安全机制、调试类型、默认语言及错误页面等。由于每个 Web 应用程序会从 machine.config 文件和根 web.config 文件中继承一部分设置，当开发人员在 web.config 中配置了自定义的设置后，会覆盖 machine.config 或根 web.config 中的一些配置。当然，并不是所有的配置开发人员都可以进行覆盖，特定的设置，比如进程模型设置等是不能被更改的，其他的设置可以在 web.config 中进行更改。

ASP.NET 的配置文件嵌入在一个根元素<configuration>...</configuration>中，它包含一个<system.web>元素，此元素中包含 ASP.NET 的多种不同的配置，比如<connectionString>包含连接字符串的元素、<appSettings>将包含用于存储自定义设置的元素。

ASP.NET 4.0 的配置基本骨架如下：

```
<?xml version="1.0"?>
<configuration>
  <configSections />
  <appSettings />
  <connectionStrings />
  <system.web />
  <system.codedom />
  <system.webServer />
</configuration>
```

除了<appSettings>、<connectionStrings>及<system.web>之外，ASP.NET 4.0 中还有 4 个额外的配置节，其分别代表的含义如下。

- configSections：注册可选的<system.web.extensions>元素，以便于 ASP.NET 识别并清楚如何处理数据。
- system.codedom：配置页面所使用的最新版本的 C#编译器。
- system.web.extensions：允许开发人员启用 ASP.NET Ajax 特性。
- system.WebServer：配置在 IIS7 下面启用 ASP.NET Ajax 特性，如果 Web 站点被宿主到其他版本的 IIS 中，则这些设置并不需要。

在<system.web>元素中有一些特定的细节设置是针对 ASP.NET 3.0 以上版本的，比如<system.web>元素中的<compilation>元素添加了两个程序集的引用，这两个程序集包含一些用于 ASP.NET 特性（如 Ajax）类的引用，比如 System.Core.dll 和 System.Web.Extensions.dll。

3.5.3　理解配置继承

ASP.NET 使用了一种多层配置系统，允许开发人员在不同的级别添加配置信息。前面曾经说过，每个 Web 服务器都会从 machine.config 和 web.config 中获取一些配置信息。通常开发人员不用手工编辑这两个文件，因为其影响面太大，会涉及整个计算机上其他 Web 应用程序的配置，取而代之的是在 Web 应用程序文件夹中添加配置。除了在应用程序根目录中使用 web.config 配置文件外，还可以在子文件夹中添加 web.config 文件。

在 ASP.NET 中添加一个新的配置文件非常容易，在解决方案资源管理器中用鼠标右键单击网站项目，在弹出的快捷菜单中选择“添加新项”命令，打开图 3.17 所示的对话框，在其中选择“Web 配置文件”模板。

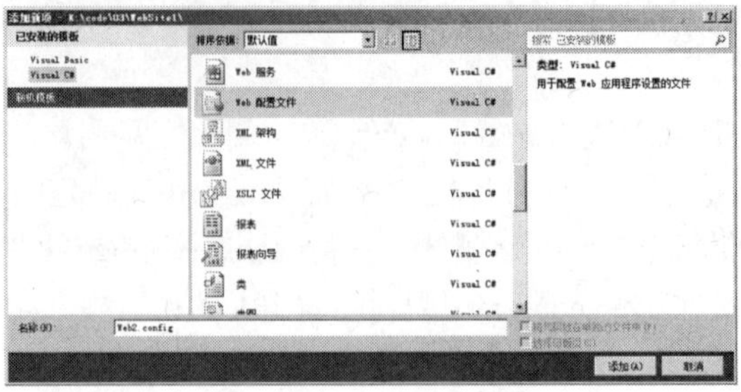

图 3.17　新建 Web 配置文件

开发人员可以在子配置文件中添加一些配置来覆盖应用程序根配置，这就形成了一个巢状的配置结构。如果还不太理解，下面举一个例子，假如用户请求 http://localhost/First/Second/Third/ASPPage.aspx 页面，First 是根目录，在每个文件夹下都添加了 web.config 配置文件。

在运行时，配置被应用的顺序如下：

（1）应用默认的 machine.config 设置。

（2）应用来自计算机的 web.config，这是与 machine.config 位于相同文件夹的 web.config 文件。

（3）应用位于根文件夹中的 web.config 文件。

（4）应用位于 Second 文件夹中的 web.config 文件。

（5）应用位于 Third 文件夹中的 web.config 文件。

当为子文件夹指定配置时，仅能指定小部分的配置。如果想为应用程序的不同文件夹指定不同的安全设置，则在该文件夹中放置一个 web.config 文件来定义更严谨的安全性设置。如果发生了设置冲突，比如父配置和子配置都定义了相同的设置时，在内层的 web.config 文件中的设置将总是覆盖其父设置。配置的继承层次示意如图 3.18 所示。

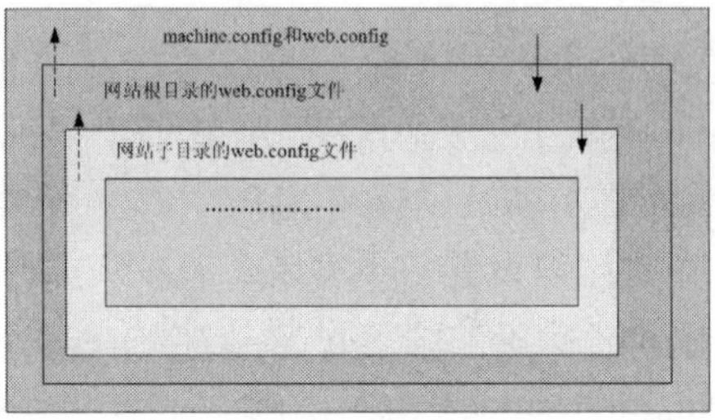

图 3.18　配置的继承示意图

3.5.4　使用<location>元素

在 web.config 中，<location>元素让开发人员可以在一个配置文件中为不同的文件夹定义一组配置，它可以指定某个特定的子文件夹，然后为该文件夹添加元素。

web.config 文件使用<location>元素创建了两组配置：一组用于当前文件夹，另一组用于子文件夹 Secure。配置代码如下：

```
<configuration>
  <system.web>
    <!--在这里可以添加相对于整个网站的配置 -->
  </system.web>
  <location path="/Secure">
```

```
    <system.web>
      <!--为 Secure 子文件夹添加的配置 -->
    </system.web>
  </location>
</configuration>
```

在 web.config 配置文件中，实际上并没有限制开发人员使用<location>元素，但是它也不常用，因为将配置信息放在子文件夹中，分成多个配置文件将更容易管理和更新。但是使用<location>元素有一个特性是使用分割文件的方式无法实现，它就是使用<location>元素可以锁定特定的配置使其不能被覆盖。

<location>元素有一个 allowOverride 属性，默认情况下其值为 True，允许开发人员覆盖该设置。如果将该属性设置为 False，则不能覆盖位于<location>任何位置的配置，否则，在请求页面时，ASP.NET 将产生一个未处理的异常。示例代码如下：

```
<configuration>
  <system.web>
    <!--未被保护的配置在这里-->
  </system.web>
  <location allowOverride="false">
    <system.web>
      <!--被锁定的配置在这里-->
    </system.web>
  </location>
</configuration>
```

3.5.5　理解<system.web>配置

<system.web>元素包含 ASP.NET 特定的设置，它们配置 Web 应用程序的各个方面或启动一些服务，比如安全、状态管理追踪等。

注意：<system.web>配置节中的配置是固定的，不能改变其结构或添加自定义的元素。

在<system.web>中，可以包含表 3.2 所示的元素。

表 3.2　<system.web>配置元素说明

元　素	说　明
anonymousIdentification 元素	针对应用程序授权配置匿名标识。这是在需要授权时，对没有经过身份验证的实体进行标识所必需的
authentication 元素	配置 ASP.NET 身份验证支持
authorization 元素	配置 ASP.NET 授权支持
browserCaps 元素	配置浏览器功能组件的设置
caching 元素	为 Web 应用程序配置缓存设置
clientTarget 元素	将特定用户代理的别名添加到用户代理别名的内部集合中
compilation 元素	包含 ASP.NET 使用的所有编译设置
customErrors 元素	为 ASP.NET 应用程序定义自定义错误消息
deployment 元素	定义用于支持 Web 应用程序部署的配置
deviceFilters 元素	根据用户代理或浏览器指定 ASP.NET MobileCapabilities 类中的设备或设备类。页或应用程序开发人员可以使用设备筛选器来重写控件属性或者定义内容块或模板块以更改布局和外观

续表

元　　素	说　　明
globalization 元素	配置应用程序的全球化设置
healthMonitoring 元素	针对运行状况监视配置应用程序
hostingEnvironment 元素	定义用来控制应用程序宿主环境的行为的配置
httpCookies 元素	为 Web 应用程序使用的 Cookie 配置属性
httpHandlers 元素	将传入的 URL 请求映射到 IHttpHandler 类
httpModules 元素	添加、移除或清除应用程序中的 HTTP 模块
httpRuntime 元素	配置 ASP.NET HTTP 运行时设置 该节可以在计算机、站点、应用程序或子目录级别声明
identity 元素	控制 Web 应用程序的应用程序标识
machineKey 元素	配置用于加密和解密 Forms 身份验证 Cookie 数据的密钥。 该节能够配置验证密钥，而验证密钥可以对视图状态数据和 Forms 身份验证票证执行消息身份验证检查。 该节可在计算机、站点或应用程序级别声明，但不在子目录级别声明
membership 元素	为 ASP.NET 成员资格配置用于对用户账户进行管理和身份验证的参数
mobileControls 元素	定义适配器集，以将 ASP.NET 移动控件映射到 web.config 文件的 system.web 节中的相应适配器
pages 元素	标识特定于页的配置
processModel 元素	配置 Internet 信息服务（IIS） Web 服务器系统上的 ASP.NET 进程模型设置
profile 元素	使用 ASP.NET 配置文件来配置用于管理用户值的参数
roleManager 元素	为角色管理配置应用程序
securityPolicy 元素	定义命名安全级别与策略文件的有效映射 该节可以在计算机、站点或应用程序级别声明
sessionPageState 元素	为 ASP.NET 应用程序配置页的视图状态设置
sessionState 元素	配置会话状态模块
siteMap 元素	配置导航基础结构支持以配置、存储和呈现站点导航
trace 元素	配置 ASP.NET 跟踪服务
trust 元素	配置用于运行特定应用程序的代码访问安全权限集 该节可以在计算机、站点和应用程序级别声明
urlMappings 元素	定义一个映射，该映射隐藏实际的 URL 并将其映射到用户更容易记忆的 URL
webControls 元素	指定客户端脚本文件的共享位置
webParts 元素	指定 Web 部件个性化设置提供程序、设置个性化设置授权以及添加自定义类（用于扩展 WebPartTransformer 类供 Web 部件连接使用）
webServices 元素	控制使用 ASP.NET 创建的 XML Web Service 的设置
xhtmlConformance 元素	配置符合 XHTML 1.0 的控件呈现

这些配置节都是可选的，开发人员可以添加很少或很多的配置，如果需要指定错误设置，开发人员可以仅添加<customErrors>节而不添加其他节，VS 将为各种不同的配置节添加注释，以描述这些配置的用法。本书后面的内容将会进一步介绍 web.config 配置文件的不同部分，以及它们实现的各种功能。下面介绍其中的几个比较常用也比较重要

的配置节。

1. <customErrors>配置节

<customErrors>元素允许开发人员配置应用程序响应 HTTP 错误时的行为。比如当遇到 HTTP 404 错误时，如果想为用户提供一个显示友好信息页面的话，可以在它里面进行配置，示例代码如下：

```
        <!--
          如果在执行请求的过程中出现未处理的错误，
          则可以通过 <customErrors> 配置相应的处理步骤。具体地说，
          开发人员通过该节可以配置
          要显示的 HTML 错误页
          以代替错误堆栈跟踪。
       <customErrors mode="RemoteOnly" defaultRedirect="GenericErrorPage.htm">
          <error statusCode="403" redirect="NoAccess.htm" />
          <error statusCode="404" redirect="FileNotFound.htm" />
       </customErrors>
       -->
    <customErrors defaultRedirect="standarderror.aspx" mode="RemoteOnly">
      <error statusCode="404" redirect="filenotfound.htm"/>
    </customErrors>
```

在 web.config 配置文件中添加了一个样例配置，并提供了比较详细的说明。在本示例中，如果错误代码是 404，即文件没有找到，将重定向到 filenotfound.html。defaultRedirect 属性表示如果遇到其他任何错误，比如 HTTP 错误或一个未处理的.NET 异常，页面将会重定向到 standarderror.aspx 页面。

mode 属性指定错误的可见范围，RemoteOnly 表示本地管理员将可以看到错误的信息，而远程客户端将会看到自定义的错误页面。

mode 属性具有如下 3 个可选设置。

- On：允许自定义错误，如果没有 defaultRedirect 属性被提供，用户将看到一个通用的错误页面。
- Off：禁止自定义错误，完整的错误细节将被显示在所有的机器上。
- RemoteOnly：自定义错误信息仅显示在远程客户端，完整的错误细节将被显示在本地客户端。

2. <connectionStrings>配置节

在该配置节中可以定义用于整个应用程序的连接字符串，将连接字符串存放在 web.config 文件中利于统一修改，便于重用。开发人员可以在<connectionStrings>配置节中添加任意多个连接字符串，对于每一个连接字符串，可指定一个提供者名称，示例代码如下：

```
    <connectionStrings>
        <!--连接到 Northwind 数据库的连接字符串-->
        <add name="NorthwindConnectionString"
      connectionString="Data Source=localhost;Integrated Security=SSPI;Initial
      Catalog=Northwind;"
      providerName="System.Data.SqlClient"/>
        <!--连接到 Pubs 数据库的连接字符串-->
        <add name="PubsConnectionString"
      connectionString="Data Source=localhost;Integrated Security=SSPI;Initial
```

```
        Catalog=Pubs;"
        providerName="System.Data.SqlClient"/>
    </connectionStrings>
```

在代码中，可以使用如下代码获取 web.config 配置文件中的连接字符串：

```
protected void Page_Load(object sender, EventArgs e)
{
    //在页面上输入 Northwind 数据库的连接字符串
Response.Write(ConfigurationManager.ConnectionStrings["NorthwindConnectionStrin
g"]);
}
```

3. <appSettings>配置节

在该配置节中添加自定义的配置信息，比如系统的一些全局设置信息，一些在未来可能需要变化的信息。如果硬编码到程序中，将来的维护工作会相当烦琐。通常建议将一些数据库的查询字符串、文件路径、Web 服务 URL 等放在配置文件中，因为配置文件可以在任何时候修改，比如允许开发人员运行时进行修改而无须重新编译应用程序。

该配置节与<connectionStrings>配置节相似，自定义的设置使用<add>元素，并要为一个 key 属性指定唯一的键值名，为 value 属性指定内容，示例代码如下：

```
<appSettings>
  <add key="websiteName" value="网站的名称"/>
  <add key="welcomeMessage" value="欢迎参观我的网站"/>
</appSettings>
```

一旦添加了这些信息，可以非常容易地在代码中进行访问。ConfigurationManager 类具有一个 AppSettings 的集合属性，可以使用如下代码来访问在<appSettings>中的自定义配置。

```
protected void Page_Load(object sender, EventArgs e)
{
    //在页面上输入 Northwind 数据库的连接字符串
Response.Write(ConfigurationManager.ConnectionStrings["NorthwindConnectionStrin
g"]);
    //获取 appSettings 配置节中的信息
    Page.Header.Title = ConfigurationManager.AppSettings["websiteName"];
    Response.Write("<br>"+ConfigurationManager.AppSettings["welcomeMessage"]);
}
```

3.5.6 ASP.NET Web 网站配置工具 WAT

手工编辑 web.config 文件也非常直观和明朗，但有点烦琐。为了帮助开发人员减轻工作量，ASP.NET 包含了一个图形化的配置工具，名为站点管理工具（Website Administration Tool，WAT），让开发人员可以使用 Web 界面来配置 web.config 文件的多个部分。为了运行 WAT 工具，开发人员可以在解决方案资源管理器的工具栏中单击图标，或选择“网站→ASP.NET 配置”命令来打开 Web 站点配置工具。WAT 的起始页面如图 3.19 所示。

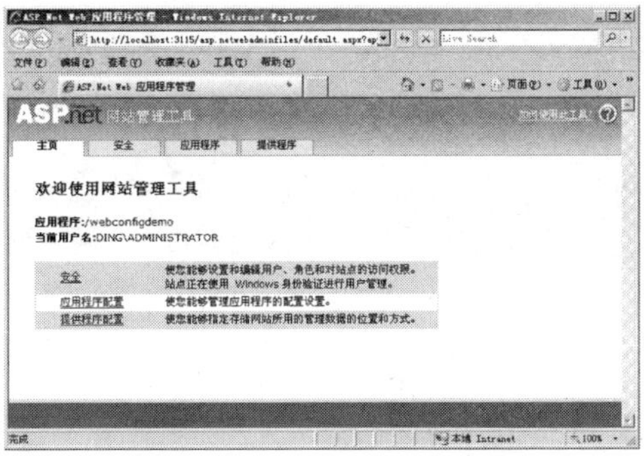

图 3.19　WAT 起始页面

可以看到 WAT 提供了 3 个主要的选项供配置。

- 安全：提供对 ASP.NET 成员和角色管理的配置，开发人员可以在这里更改验证方式，设置和编辑用户、角色和对站点的访问权限。
- 应用程序设置：提供了对<appSettings>配置节的可视化的编辑方式，以及电子邮件、调试等的可视化设置。
- 提供程序配置：用于更改和设置 ASP.NET 的一些提供者，这将在本书后面进行详细介绍。

一些配置将在本书后面的内容才会提及。下面介绍应用程序设置，看看如何动态地为<appSettings>配置节添加设置项，单击“应用程序”选项卡，进入图 3.20 所示的设置界面，其中可以看到应用程序设置、SMTP 设置、应用程序状态、调试和跟踪等区域。

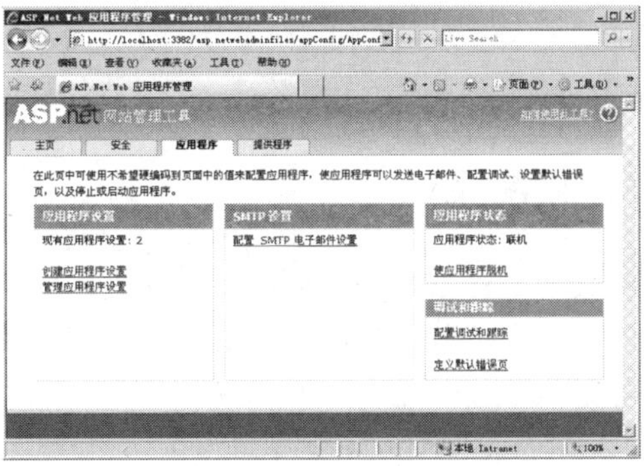

图 3.20　设置应用程序

可以看到，在任务设置栏中 WAT 自动识别了已经在 web.config 中添加的两个应用程序设置。单击“创建应用程序设置”超链接可以创建应用程序设置，单击“管理应用程序设置”超链接可以编辑和删除已有的应用程序设置。单击“创建应用程序设置”超链接，WAT 将切换到图 3.21 所示的界面。

在“名称”文本框中输入应用程序设置的键名称，也就是<appSettings>中的 key 值，在“值”文本框中输入应用程序设置的字符串内容，也就是<appSettings>配置节中的 value 属性值。单击“保存”按钮，则一个新的应用程序设置就添加到了 web.config 中。单击“管理应用程序设置”超链接，将会切换到图 3.22 所示的界面，在该界面中，可以单击“编辑”超链接来编辑一个已存在的应用程序设置，单击“删除”超链接可删除一个已存在的应用程序设置。

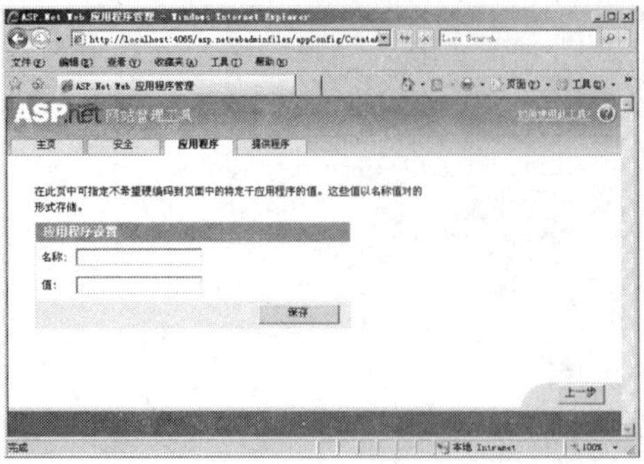

图 3.21　添加应用程序设置

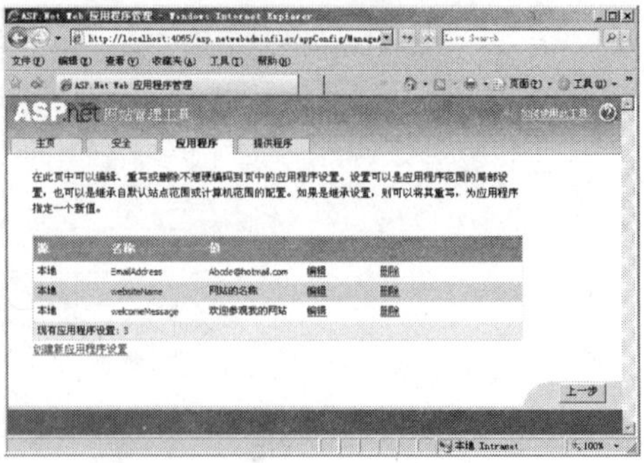

图 3.22　编辑应用程序设置

当关闭 WAT 工具后，VS 2010 会打开图 3.23 所示的对话框，提示 web.config 配置文件已经被修改，是否要重新加载，单击“是”按钮，就会看到刚才新添加的修改。

图 3.23　提示是否重新加载更改后的 web.config 文件

更改后的 web.config 配置代码如下：

```
<appSettings>
    <add key="websiteName" value="网站的名称" />
    <add key="welcomeMessage" value="欢迎参观我的网站" />
    <add key="EmailAddress" value="Abcde@hotmail.com" />
</appSettings>
```

3.5.7　编程读取和写入配置

ASP.NET 在 System.Web.Configuration 命名空间提供了一个名为 WebConfiguration Manager 的类，该类允许开发人员在运行时从 web.config 配置文件中提取配置信息。尽管在前面本书使用过 ConfigurationManager 类来访问<appSettings>配置节，但是对于应用程序来说，首选的类应该是 WebConfigurationManager 类。

WebConfigurationManager 类提供了一些成员来打开和修改配置信息，主要成员如下。

- AppSettings：提供访问添加到应用程序配置文件<appSettings>配置节中自定义的信息。
- ConnectionStrings：提供访问配置文件中<connectionStrings>节中的数据，可以由名称索引来访问单独的连接字符串。
- OpenWebConfiguration 方法：返回指定应用程序中配置信息的 Configuration 对象。
- OpenMachineConfiguration 方法：返回 machine.config 中配置信息的 Configuration 对象。

在 Page_Load 事件中，使用 WebConfigurationManager 类输出配置文件中定义的应用程序设置和连接字符串，代码如下：

```
protected void Page_Load(object sender, EventArgs e)
```

```
    {
        //遍历并输出配置文件中的 appSetting 配置
        foreach (string key in WebConfigurationManager.AppSettings.AllKeys)
        {
            Response.Write("名称：" + key+ "<br/>");
            Response.Write("appSetting 值：" + WebConfigurationManager.AppSettings[key]
            + "<br/><br/>");
            Response.Write("<hr/>");
        }
        //遍历并输出配置文件中的连接字符串
        foreach (ConnectionStringSettings connection in
        WebConfigurationManager.ConnectionStrings)
        {
            Response.Write("名称：" + connection.Name + "<br/>");
            Response.Write("连接字符串：" + connection.ConnectionString + "<br/><br/>");
            Response.Write("<hr/>");
        }
    }
```

示例运行效果如图 3.24 所示。

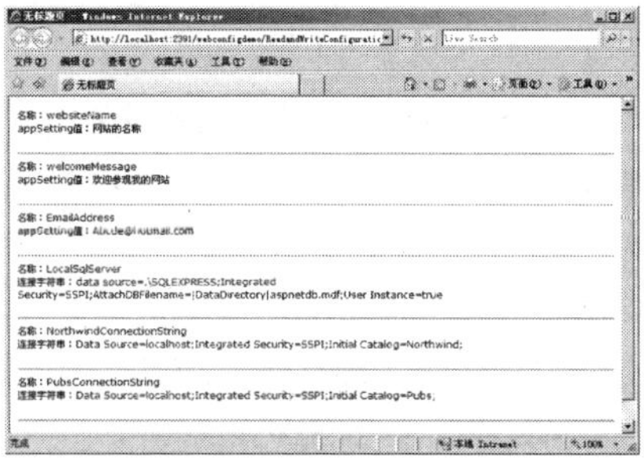

图 3.24　编程读取配置运行效果

在运行结果中，开发人员会发现一个细节，连接字符串中多了一个并没有在 web.config 中定义的连接字符串，这是因为 WebConfigurationManager 的累积配置特性的结果。当用它读取配置信息时，会读取到配置层次结构的上层，因此会输出一个在 machine.config 中定义的 LocalSqlServer 连接字符串。

> **注意**：为了成功地使用 WebConfigurationManager 中的方法和属性，ASP.NET 工作进程需要一定的权限，比如读取 Web 目录。如果希望保存更改，还需要有写入权限。

使用 WebConfigurationManager 类的 AppSettings 和 ConnectionStrings 属性可以非常方便地访问应用程序配置和连接字符串信息。如果要访问其他的配置节，可以使用 Configuration 类的方法。为了可以使用该类提供的方法，需要先打开一个配置文件，返回一个 Configuration 对象，WebConfigurationManager 类提供了 OpenWebConfiguration()方法来接收一个 Configuration 对象，该对象包含了所有的配置信息。为了导航到某个配置节，可以使用 Configuration.GetSection()方法，此方法依赖于所打开的配置节不同而返回不同的配置节对象。

下面的示例代码读取根目录下 web.config 文件中的<identity>配置节，获取是否启用了客户端模拟的信息。

```
protected void Page_Load(object sender, EventArgs e)
{
```

```
        try
        {
            //设置 Web 应用程序的根目录，将访问根目下的 web.config 文件
            string configPath = "/";
            //获取配置对象来访问相关的配置文件
            Configuration config =
            WebConfigurationManager.OpenWebConfiguration(configPath);
            //或取配置中的<identity>块
            IdentitySection section =
              (IdentitySection)config.GetSection("system.web/identity");
            //读取<identity> section
            StringBuilder identity = new StringBuilder();
            identity.Append("Impersonate: ");
            identity.Append(section.Impersonate.ToString());
            ConfigId.Text = identity.ToString();          // 显示<identity>信息.
        }
        catch (Exception ex)
        {
            ConfigId.Text = ex.ToString();
        }
    }
```

可以看到 GetSection()方法使用一种类似路径的语法，比如 system.web/compilation、system.web/authentication 等。开发人员不需要在 GetSection()方法中指定根<configuration>元素，因为所有的配置元素都包含在其中。

每个配置节类都定义在 System.Web.Configuration 命名空间中，而不是 System.Configuration 命名空间，并且都派生自 ConfigurationSection 类。

使用 Configuration 对象可以完成大多数的编程工作，实际上，ASP.NET 依赖于此功能来管理 Web 页面。开发人员可以修改配置值，并调用 Configuration.Save()方法来提交这些配置值。

ASP.NET 将使用异步代码来实现安全更新，以防止多个客户端同时更改时出现问题。对于任何配置文件的改变，ASP.NET 将使用新的设置创建一个新的应用程序域，并且使用它来处理新的请求。

下面的代码示例读取网站根目录中的 web.config 配置文件，获取<appSettings>配置节中的信息，显示在页面上，并修改其中的信息，最后使用 Configuration.Save()方法进行保存。

```
    protected void Page_Load(object sender, EventArgs e)
    {
        //打开网站根目录下的配置文件，并返回 Configuration 对象
        Configuration config =WebConfigurationManager.OpenWebConfiguration("~/");
        //在 lblSiteName 标签中显示站点名称
        lblSiteName.Text =
        config.AppSettings.Settings["websiteName"].Value;
        //在 lblWelcome 标签中显示欢迎信息
        lblWelcome.Text =
        config.AppSettings.Settings["welcomeMessage"].Value;
        //对欢迎信息进行修改
        config.AppSettings.Settings["welcomeMessage"].Value = "变化后的
        WelcomeMessage.";
        //调用 Configuration 对象进行保存
        config.Save();
    }
```

3.5.8　创建自定义的配置节

尽管使用<appSettings>元素可以存储自定义信息，但是该元素具有两个重大的限制：

- 该配置节不能存储结构化的信息，比如列表信息或相关设置的分组。
- 在<appSettings>中只能设置字符串内容，开发人员不能灵活地处理不同类型的数据。

ASP.NET 提供了一个模块化的、高度可扩展的配置模型，允许开发人员通过创建自定义的配置块来扩展 web.config 和 machine.config 的结构。事实上，在 ASP.NET 中已经扩展了 web.config 的结构来支持<system.web.extensions>元素，这在早期的版本中是不存在的。为了扩展一个配置文件，开发人员需要实现如下 3 个基本步骤：

（1）决定想要在配置文件中存储的信息及如何将这些信息组织为元素和属性，理想的情况是为每个相关的设置组定义一个元素，然后使用属性存储与元素相关联的信息。

（2）对于每个新元素，创建一个 C#类来封装信息。当运行应用程序时，ASP.NET 将从配置文件中读取元素的信息，并使用这些信息来创建 C#类的实例，然后通过读取这个实例来获取相关的信息。

（3）向配置文件中注册新的配置块，为完成这个操作需要使用<configSections>元素，它标识每个新的元素并映射到相关的类中。

举例演示如何创建一个自定义配置节，本节假定要将几个相关的设置组合在一起，使应用程序获知如何联系一个远程对象，比如指定一个端口号、服务器位置、URL 及用户验证信息等。理想的配置方式如下：

```
<RemotingObject available="true" pollTimeout="00:01:00"
location="tcp://OrderComputer:8010/OrderService"/>
```

为了实现这个结构，开发人员需要定义一个相匹配的类，该类派生自 System.Configuration.ConfigurationSection。将该类放在一个分离的 DLL 组件中，或放在网站的 App_Code 文件夹中，Web 应用程序将会自动编译该组件。

创建一个 CustomerSectionDemo 网站，在该网站中添加一个新类，名为 RemotingObject，该类派生自 System.Configuration.ConfigurationSection，在该类中添加如下代码：

```
using System.Configuration; //别忘记添加这个引用

public class RemotingObject:ConfigurationSection
{
    //定义远程对象是否可用
    [ConfigurationProperty("available",IsRequired = false, DefaultValue = true)]
    public bool Available
    {
        get { return (bool)base["available"]; }
        set { base["available"] = value; }
    }
    //定义远程对象的超时时间
    [ConfigurationProperty("pollTimeout",IsRequired = true)]
    public TimeSpan PollTimeout
    {
        get { return (TimeSpan)base["pollTimeout"]; }
        set { base["pollTimeout"] = value; }
    }
    //定义远程对象所在的位置
    [ConfigurationProperty("location",IsRequired = true)]
```

```
    public string Location
    {
        get { return (string)base["location"]; }
        set { base["location"] = value; }
    }
}
```

从代码中可以看到，每个属性都使用 ConfigurationProperty Attribute 映射到相应的属性名称，这个过程是很重要的，因为它定义了自定义配置节的架构。如果为自定义配置节添加了一个属性，但是没有包含匹配的 ConfigurationProperty 特性，那么从 web.config 中读取时，ASP.NET 将会抛出一个异常。

ConfigurationProperty Attribute 给开发人员一个机会决定哪些信息是必需的，比如在没有提供值时默认值的设置等。

在创建完自定义的配置节类之后，接下来需要在 web.config 中注册该配置节，以便于 ASP.NET 能认识自定义的配置节，如果没有完成这个步骤，在运行应用程序时将会产生一个错误。开发人员只需要在 web.config 配置文件的<configSections>区块中添加一个<section>，指定节名称及相应的节类型即可，代码如下：

```
<configSections>
    <section name="RemotingObject" type="RemotingObject"/>
    …
</configSections>
<appSettings/>
<connectionStrings/>
<RemotingObject available="true"
pollTimeout="00:01:00" location="tcp://OrderComputer:8010/OrderService"/>
```

接下来可以使用代码来从自定义的配置节中获取信息，使用 WebConfigurationManager 对象的相关方法来实现，示例代码如下：

```
//添加此命名空间
using System.Web.Configuration;
public partial class _Default : System.Web.UI.Page
{
    protected void Page_Load(object sender, EventArgs e)
    {
        //打开配置文件
        Configuration config = WebConfigurationManager.OpenWebConfiguration("~/");
        //获取配置节对象
        RemotingObject custSection =
        (RemotingObject)config.GetSection("RemotingObject");
        //显示配置节信息
        lblInfo.Text += "获取自定义配置节的信息...<br />" +
        "<b>位置:</b> " + custSection.Location +
        "<br /><b>是否可用:</b> " + custSection.Available.ToString() +
        "<br /><b>超时时间:</b> " + custSection.PollTimeout.ToString() + "<br /><br />";
    }
}
```

本示例的运行效果如图 3.25 所示。

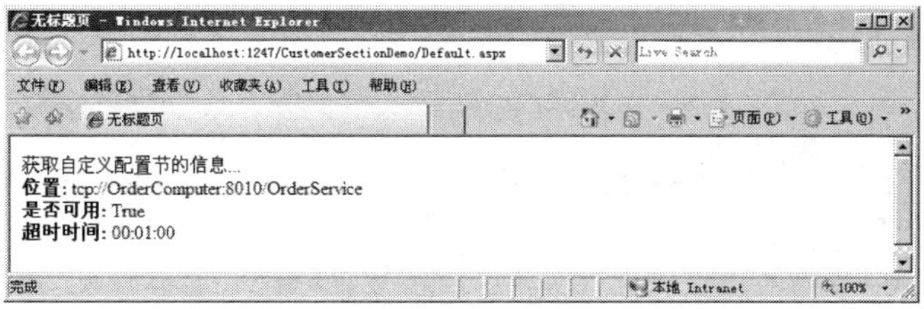

图 3.25　获取自定义配置节信息运行效果

开发人员也可以创建一些更复杂的配置块，比如在一个配置块中包含子元素。以 RemotingObject 为例，假如将<location>作为一个子元素，配置代码如下：

```
<RemotingObject available="true" pollTimeout="00:01:00">
  <location computer="RemotingComputer" port="9090" endpoint="RemotingObjects" />
</RemotingObject>
```

可以看到，<location>是作为 RemotingObject 的一个子元素来定义的。为了创建这种结构的配置块，开发人员需要创建一个 ConfigurationElement 类来表示内嵌的子元素，Location 类则用于表示一个<location>子元素，代码如下：

```
public class Location:ConfigurationElement
{
    //定义计算机名称属性
    [ConfigurationProperty("computer",IsRequired = true)]
    public string Computer
    {
        get { return (string)base["computer"]; }
        set { base["computer"] = value; }
    }
    //定义计算机端口号
    [ConfigurationProperty("port",IsRequired = true)]
    public int Port
    {
        get { return (int)base["port"]; }
        set { base["port"] = value; }
    }
    //定义计算机端点
    [ConfigurationProperty("endpoint",IsRequired = true)]
    public string Endpoint
    {
        get { return (string)base["endpoint"]; }
        set { base["endpoint"] = value; }
    }
}
```

定义了配置子元素后，接下来需要使该类与 RemotingObject 类进行关联。修改 RemotingObject 类，将 Location 属性更改为 Location 类型，代码如下：

```
    //定义远程对象所在的位置
    [ConfigurationProperty("location",IsRequired = true)]
    public Location Location
    {
        get { return (Location)base["location"]; }
        set { base["location"] = value; }
    }
```

可以使用如下代码读取配置文件中子元素的信息：

```
    protected void Page_Load(object sender, EventArgs e)
```

```
    {
        //打开配置文件
        Configuration config = WebConfigurationManager.OpenWebConfiguration("~/");
        //获取配置节对象
        RemotingObject custSection =
        (RemotingObject)config.GetSection("RemotingObject");
        //显示配置节信息
        lblInfo.Text += "获取自定义配置节的信息...<br />" +
        "<b>位置计算机名称:</b> " + custSection.Location.Computer +
        "<b>位置端口号:</b> " + custSection.Location.Port +
        "<b>位置端点:</b> " + custSection.Location.Endpoint +
        "<br /><b>是否可用:</b> " + custSection.Available.ToString() +
        "<br /><b>超时时间:</b> " + custSection.PollTimeout.ToString() + "<br /><br />";
    }
```

示例运行效果如图 3.26 所示。

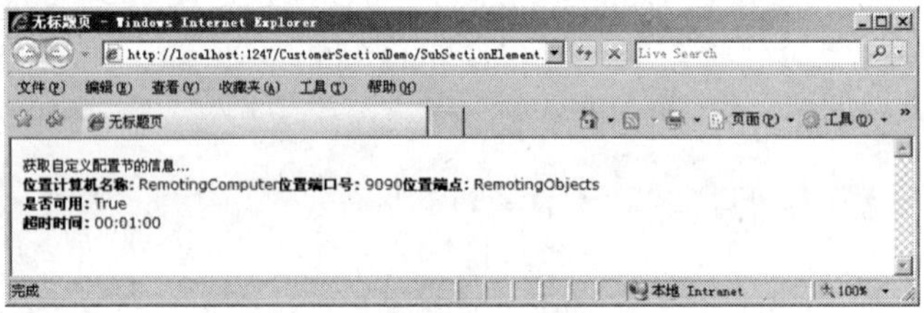

图 3.26　读取嵌套的配置元素内容

3.5.9　加密配置块

由于 web.config 配置文件中常包含一些敏感的信息，因此用户不能直接请求配置文件。然而即便有这个基本的限制，开发人员也可能想加密配置块以增强配置的安全性，比如数据库连接字符串，以及一些用户敏感的信息等。在 ASP.NET 中，可以使用两种配置加密选项：RSA 和 DPAPI。在 ASP.NET 中，这两种加密选项是完全透明的。当开发人员从加密配置块中获取一个设置，ASP.NET 将自动完成解密动作，然后返回文本内容，同样，如果编程修改了一个值并进行保存，加密操作也将自动完成。但是开发人员不能手工编辑经过加密的配置块，不过可以借助于 Web 站点管理工具、IIS 管理器或自己编写代码。当使用配置 API 读取和写入受保护的配置块时，加密和解密步骤被自动完成。

为了编程实现加密过程，开发人员需要获取相应的 ConfigurationSection. SectionInformation 对象，然后调用 ProtectSection()方法进行加密，此时存在的数据将会被加密，并且在此之后所做的任何改变也将会被自动加密。如果想要取消，开发人员只需要使用相应的 UnprotectSection()方法即可。

创建一个 EncryptionConfigurationDemo 网站，在该网站的 web.config 配置文件中添加两个连接字符串，配置代码如下：

```
<connectionStrings>
<add name="NorthwindConnectionString"
    connectionString="Data Source=localhost;Integrated Security=SSPI;Initial
    Catalog=Northwind;"
 providerName="System.Data.SqlClient" />
<add name="PubsConnectionString"
    connectionString="Data Source=localhost;Integrated Security=SSPI;Initial
```

```
    Catalog=Pubs;"
    providerName="System.Data.SqlClient" />
  </connectionStrings>
```

接下来在 Default.aspx 页面中添加一个 Button 控件，在它的单击事件处理器中添加用于加密和解密连接字符串的如下代码：

```
using System.Configuration;
using System.Web.Configuration;//不要忘记添加这两个引用

    protected void Button1_Click(object sender, EventArgs e)
    {
        //打开 web.config 配置文件，获取配置信息
        Configuration config = WebConfigurationManager.OpenWebConfiguration("~/");
        //获取连接字符串配置块
        ConfigurationSection connectionSettings =
        config.GetSection("connectionStrings");
        //判断配置块信息是否已经加密
        if (connectionSettings.SectionInformation.IsProtected)
        {
            //如果已经加密，则调用 UnprotectSection 进行解密
            connectionSettings.SectionInformation.UnprotectSection();
        }
        else
        {
            //否则使用 DataProtectionConfigurationProvider 提供者进行加密
        connectionSettings.SectionInformation.ProtectSection("DataProtectionConfigur
        ationProvider");
        }
        config.Save();          //保存配置信息
    }
```

该代码首先打开 web.config 文件，获取返回的 Configuration 对象，调用它的 GetSection() 方法获取连接字符串配置节，然后通过 ConfigurationSection 对象的 SectionInformation 属性的 IsProtected 判断当前的连接字符串是否加密。如果已经设置了加密保护，则调用 UnprotectSection()方法进行解密，否则调用 ProtectSection()方法来进行加密。该方法需要传递一个用于加密的提供者名称，最后调用 Configuration 的 Save()方法保存配置信息。程序运行时，单击按钮之后，配置文件中的连接字符串将变为如下的加密状态：

```
    <connectionStringsconfigProtectionProvider="DataProtectionConfigurationProvide
    r">
  <EncryptedData>
   <CipherData>
    <CipherValue>AQAAANCMnd8BFdERjHoAwE/Cl+sBAAAAE2Q8tukcpEe
    /LnoWCcw8hAQAAAACAAAAAAADZgAAqAAAABAAAAAOlGojLWJjSENBE+9ZgT/
    dAAAAAASAAACgAAAAEAAAAGCeuxQITkAGhdvV1kp8UfwAAwAAXivepe5Ti9b
    ZhoJMs/mrHHyQSuqDNfeVAJfu1rZtmpG6Z++0cA0W3TyDu9EVnyo/
    7zPqxmWLbKBPI+SI5ne7Zf/K+gwXMVrrol+c0r9DBhwopkLxN8zyINdAiQxK
    ojGt/Pii5NXC+MhHYIv/8zUKYuKpDD3dab1n3J6/6ioUsS18kIQfF1g
    X/iKgWQYTpJMY3s3jns82Fe/Ejx1m+WipbqORkNxXZ5/eTDeONvAtRfmn3Cx
    T/zVFHg0zjD4z65whXuiqUxlFmiZ17ft0bnv57ASrI0GxuQthwodfA1
    ARI1nJtA8NemEK+HuuGN2PqFcZP3IN+oZ4xox+IfjVu97eXWofjWrUDV9n1v
    3KyhHhPgHOKvReAkRXS5N/Wpk/pPvKI0BFvi5lOsr4mTOL6G9K4Ddqq
    …
    </CipherValue>
   </CipherData>
  </EncryptedData>
 </connectionStrings>
```

再次单击按钮时，会调用 UnprotectSection()方法进行解密，以恢复到原始的状态。目前还没有图形化的工具可用于设置加密和解密的配置文件，但是如果开发人员不想编写代码，可以使用 aspnet_regiis.exe 命令行工具，该工具位于 C:\Windows\Microsoft.NET\ Framework\ v4.0.30319 文件夹中，可以直接选择“开始→Microsoft Visual Studio 2010→Visual Studio Tools →Visual Studio 2010 命令提示”打开命名行窗口，然后直接使用该命令。

举例说明如何在命令行工具中加密连接字符串。首先在 IIS 中创建一个名为 EncryptionConfiguration 的虚拟目录，将其指向一个 Web 网站，然后打开 Visual Studio 2010 的命令提示窗口输入如下代码：

```
aspnet_regiis -pe "connectionStrings" -app "/EncryptionConfiguration" -prov
"DataProtectionConfigurationProvider"
```

按下【Enter】键，命令提示窗口会提示已经加密完成，如图 3.27 所示。

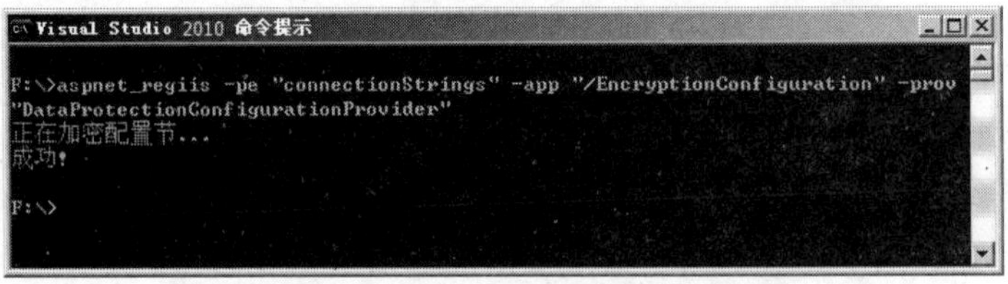

图 3.27　使用命令提示工具加密配置节

现在可以打开 web.config 文件，会发现连接字符串部分已经被加密。

3.6　小结

本章介绍了 ASP.NET 的开发模型。首先讨论了它的几种开发模型，比如内联式和代码后置式的开发方法；接下来讨论了应用程序的文件和目录结构，介绍了组成一个 ASP.NET 应用程序的主要文件和文件夹；然后讨论了 ASP.NET 的页处理基础，讨论了一个页面的重要组成部分，比如 Page 类基础、基于事件的编程模型、自动回发机制、视图状态、页面事件的处理顺序，以及如何显示页面上的控件树、编程处理页面的 Head 区和动态地向页面添加控件。

在“ASP.NET 应用程序剖析”一节中讨论了应用程序域机制，介绍了它的页生命周期，以及在更新应用程序时应用程序域的更新机制。

在最后一节中详细地介绍了 ASP.NET 的配置模型，介绍了根配置文件 machine.config 和 web.config、配置的继承结构、页面上的一些配置节的具体用法；然后讨论了图形化的配置工具 WAT，并介绍了编程读取和写入配置；最后讨论了如何在 ASP.NET 应用程序中创建自定义的配置节，以及如何加密和解密配置块。

第二篇

C#语法基础

学习完 ASP.NET 的开发基础后，读者已经了解 ASP.NET 不是一门开发语言，它只是基于.NET 的一种网站开发技术，这种技术多是应用在网站的前台，而后台代码都是通过 C#语言来编写的。本篇就是让读者了解并学习这种后台语言。本篇的主要内容有：

- C#语法知识
- C#的面向对象特性

第 4 章 C#语法知识

C#作为.NET 平台下最重要的语言，已经取代了 VB，成为微软技术体系中最受欢迎的语言。微软在.NET 4.0 中为 C#提供了大量的新特性，以帮助开发人员快速、准确、灵活地实现各种业务功能，并满足多种环境下的开发需求。本章将讲解 C#中最基本的语法知识，这些语法知识可以为开发人员打下坚实的开发基础。

4.1 变量、常量和表达式

各种开发语言都提供了变量、常量、表达式这几种最基本的语言要素，虽然在各自语法上变量、常量和表达式都具有不常用的语法，但是它们构建了整个语言的基础。C#作为一种强类型的早期绑定语言，也提供了非常强大、简洁、易于操作的变量、常量和表达式的语法元素，本节将讲解 C#中这些基本语法元素的具体使用。

4.1.1 常量

常量，顾名思义，就是不可改变的恒定值。C#中具有大量的系统定义常量，比如数字 1、字符串“abc”，它们都具有以下特点：

- 必须在声明时就被赋值，即在其生命周期中，只有一次赋值机会。
- 一定是静态的，即只可以由类进行定义和调用，而方法、接口都不具备定义的条件。
- 一旦赋值，不可更改。

> **注意**：在开发中，普遍认为定义私有常量是不恰当的。

常量的定义方式如下：

```
访问修饰符 const 类型 常量名称=值;
```

> **注意**：在定义常量时，必须使用 const 关键字。

现在定义一个整型常量，如下所示：

```
class Program
{
```

```
    public const int MYCONSTINT = 5; //定义一个名为MYCONSTINT的整型常量
}
```

> **注意**：定义常量时，必须为它赋值，否则无法通过编译。

可以在程序中使用类名调用常量，并为其他变量赋值、获取常量值等操作，示例代码如下：

```
static void Main(string[] args)
{
    int i = Program.MYCONSTINT;                //使用常量为变量赋值
    Console.WriteLine(Program.MYCONSTINT); //获取常量中存储的值
}
```

> **注意**：常量一定是静态的，实际上它可以被认为是不可修改的变量。只有静态变量才不可以被多线程修改，所以常量必须是静态的。

示例代码运行效果如图 4.1 所示。

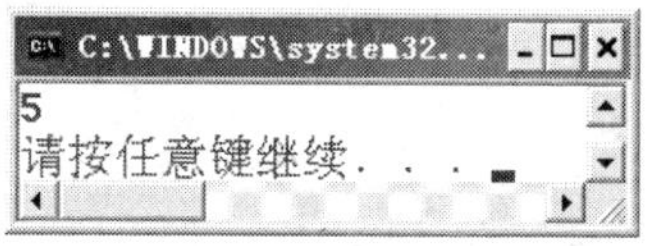

图 4.1　在 C#中使用常量

4.1.2　变量

变量是所有语言中必备的语法元素，它具有以下几个鲜明的特点：

- 具有特定的作用域。只有在特定的作用域中才可以被调用。
- 具有生命周期。只有在生命周期中才可以被调用和赋值，当变量存活到生命周期结束时，会被垃圾回收。

> **注意**：变量被垃圾回收，这不是一个系统行为，可能需要程序员手动进行。垃圾回收在不同的语言中，具有不同的表现形式。

- 可以被修改。只有它是存活的且在特定作用域中才可以被修改。

C#定义变量的一般语法形式如下：

```
[访问修饰符] 类型  变量名称[=值];
```

C#声明变量时，该变量具有以下一些鲜明的特点：

- 必须有类型限制。C#是强类型的早期绑定语言，在声明变量时必须声明其类型，.NET CLR 才可以推导它的方法和属性，从而进行编译、执行。

> **注意**：.NET 3.5 之后的版本允许不声明变量的类型，转而使用 var 关键字声明变量。关于 var 关键字的知识将在后续章节中讲解。

- C#声明变量时，允许对该变量赋值，也允许不对它赋值。

> **注意**：当使用 var 关键字声明变量时，必须为它赋值，CLR 会根据赋值类型，为此变量绑定类型。实际上相当于 CLR 帮助开发人员声明变量时添加了类型限定。当声明值类型变量时，可以在声明后赋值；而当声明引用类型变量时，最好在声明时就赋值。

- C#允许在类、方法、结构体、属性中声明和调用变量。
- C#声明变量时，变量名必须在其作用域中保持唯一性。它可以由字母、下画线、数字组成，但是必须保证以字母或下画线开头。使用非法的变量名，将不能通过编译。

> **注意：** 变量名一般需要命名为具有实际意义的单词，而不是简单标识符。它也不应过长，避免为日后的开发带来不必要的麻烦。

创建一个控制台应用程序，在 Program 类中声明一个变量，代码如下：

```
class Program
{
   protected int i = 10; //声明一个名为 i 的整型变量，在声明时同时为变量 i 赋值为 10
}
```

C#通过变量名调用变量进行读/写操作，示例代码如下：

```
static void Main(string[] args)
{
   Program p = new Program();
   p.i = 20; //为变量 i 赋值
   Console.WriteLine(p.i); //读取变量 i 的值
},
```

运行效果如图 4.2 所示。

图 4.2　在 C#中使用变量

4.1.3　变量的类型

变量的所有方法或属性在声明变量时都有类型限定的。C#中定义的每个变量在编译时，都由 CLR 检查它们是否调用了不属于限定类型的方法或属性。例如，声明一个整型变量 i，并赋值为 10，且编译会通过，代码如下：

```
int i=10;
```

但是当赋值为“abc”时，编译就无法通过了。这是因为“abc”不是 int 类型可以接受的值，CLR 就认为它的声明不正确，所以无法通过。

> **注意：** 后续的章节将讲解面向对象的相关知识，并向读者讲解 CLR 的基本工作原理和相关知识。

C#是典型的先编译后执行的语言，任何变量调用了不属于其限定类型的方法或属性时，都不会通过编译。在任何 VS 的 IDE 环境中，都可以使用“.”运算符调用变量相关的属性和方法。智能提示中的所有方法和属性都是通过 CLR 获取变量相关的方法和属性，所以无法使用“.”运算符调用任何变量限定类型之外的方法和属性。

> **注意：** 变量的类型像一把达摩克利斯之剑，既方便了程序员编程，又限制了它自身的灵活性，但是主流的编程语言基本上还是强类型语言。究竟是弱类型语言更好还是强类型语言更好，类似的争论本书一概不涉及。

变量的类型限定了它的行为和属性，开发中切记不可使用限定类型之外的任何属性和方法。

4.1.4　类型转换

上节讲解了类型和变量之间的关系，读者可能产生了一个很大的疑问，就是“难道变量一旦声明后，其类型就不可改变了吗？”，答案是否定的。C#提供了类型转换这个语法元素，帮助开发人员完成变量间不同类型的转换。以下是几种基本的类型转换方式。

1．强制转换

强制转换可以将变量中的值转换为目标类型可接受的值，并为目标类型的变量赋值。其一般语法形式如下：

```
目标类型 变量 2=（目标类型）变量 1;
```

当执行强制类型转换时，一定注意以下几点：

- 源类型与目标类型之间一定具有转换关系，比如，可以将 double 类型的变量强制转换为 int 类型的变量，但无法将 string 类型的变量转换为 int 类型的变量。

> **注意：**类型间的转换关系可以参见 MSDN 中的相关解释。

- 源类型变量中的值必须被转换为目标类型可以接受的值，比如将 long 或 double 类型的变量转换为 int 类型的变量时，会造成数值丢失。
- 强制转换时可能会显式抛出异常，在转换时需要进行异常处理。

2．使用目标类型定义的特定类型转换方法进行类型转换

C#中很多值类型都提供了 Parse()静态方法，该方法可以帮助开发人员实现类型转换，比如通过 int 类型的 Parse()方法，将 string 类型的变量强制转换为此类型的变量，示例代码如下：

```
int i = int.Parse("123");//使用 Parse 方法将字符串转换为 int 类型，并为 int 类型变量赋值
```

> **注意：**CTS 中的基本值类型都提供了 Parse()方法。

使用目标类型中定义的特定类型转换方法进行类型转换时，需注意以下一些问题：

- 转换时可能会抛出异常，需要进行异常处理。
- 源类型变量的值必须符合目标类型的转换要求，比如不能将字符串“abc”转换为整型变量。

3．使用转换器进行类型转换

C#中的 Convert 类提供了大量的静态方法，来帮助开发人员进行类型转换，该类的常用方法如表 4.1 所示。

表 4.1　Convert 类的常用方法

方法名称	说　　明
int ToInt32(object obj)	将源类型的对象转换为短整型对象
long ToInt64(object obj)	将源类型的对象转换为长整型对象
DateTime ToDateTime(object obj)	将源类型的对象转换为 DateTime 对象
decomal ToDecimal(object obj)	将源类型的对象转换为 decimal 类型对象

注意：使用 Convert 类中的静态方法进行类型转换时，可能会降低运行效率。

Convert 类中的静态方法可以迅速地进行类型转换，示例代码如下：

```
int j = Convert.ToInt32("123");//使用Convert类中静态方法实现类型转换
```

注意：在使用其静态方法时可能会抛出异常，需要进行异常处理。

4．隐式类型转换

在 CTS 定义的基本类型中，其中的一些类型具有较高的地位，可以接受很多类型的值。当使用地位较低的变量或常量为这些类型的变量赋值时，不需要进行任何类型转换。这种被 CLR 操作的类型转换称为隐式类型转换，典型的隐式类型转换示例代码如下：

```
double d = 5; //使用整型常量直接为double类型的变量赋值时，实现了隐式类型转换
```

在进行隐式类型转换时，目标类型的地位要高于源类型的地位，可以变相地认为，源类型可接受的值范围是目标类型可接受值范围的子集，即目标类型与源类型之间存在包含和被包含的关系。

注意：目标类型和源类型地位的高低可以参见 MSDN 中的相关知识。

4.1.5 变量的作用域和生存周期

C#中声明的变量都具有以下两个重要的特征。

- 作用域：变量可以被识别及调用的代码区域。一般情况下，变量只在其声明的代码域中有效，就是声明变量的代码域包含此变量的作用域。从变量声明开始位置到其声明结束位置之间的代码域有效，这段代码域即它的作用域。
- 生命周期：变量从声明后直到被销毁之间的时间段被称为它的生命周期。当变量被销毁后，它将无法被 CLR 识别和调用。

1．作用域

C#中所有的代码域以一个“{”开始，由镜像嵌套原则匹配一个“}”结束。当变量被声明在一个代码域中，它只在此代码域中有效。

注意：当前的变量讲解，不涉及面向对象思想中的访问控制符及类变量的作用域，读者可以在后续章节学习到相关知识。

例如，在 Main()方法中声明整型变量 i，即该变量的作用域被 Main()方法的代码域所包含，代码如下：

```
static void Main(string[] args)
{
    int i = 5; //声明整型变量i，变量i的作用域从此位置开始
    Console.Write(i); //调用变量i
}//变量i的作用域至此结束
```

当在 Main()方法外部调用变量 i 时，会发现 CLR 发出报错信息“未能找到类型或命名空间名称 i”，这是因为该变量无法在其作用域外被识别和调用。

注意：由于 C#是早期绑定的编译语言，变量的作用域有着非常严格的规范，所以在作用域外调用它无法通过编译。

2．变量的生命周期

变量具有生命周期，C#中的变量被销毁后将无法被识别和调用。它的生命周期可以被认为在其作用域中所运行的时间。具体地说，变量在声明后直至超出其作用域，被销毁的时间就是它的生命周期。例如，在 if 代码块中声明的整型变量 i，无法在此代码执行结束后被识别和调用，示例代码如下：

```
static void Main(string[] args)
{
    int j = 5;          //声明整型变量 i ，变量 i 的作用域从此位置开始
    if (j == 5)
    {
        int i = 5;      //声明变量 i，变量 i 的生命周期从此处开始
        Console.WriteLine(i);
    }                   //变量 i 的生命周期至此结束
                        //在这里将无法调用变量 i，变量 i 已被销毁
}
```

> **注意**：C#中没有所谓的全局变量，所有的变量都有其作用域及生命周期。本节不涉及任何面向对象知识，只是对 C#基础知识的讲解，所以未涉及任何类变量等概念。

当变量超出其作用域后，它将立即被销毁，即其生命周期终止，可以认为生命周期和变量的作用域是紧密关联的。

4.1.6　表达式

表达式是指通过变量或常量与运算符有机结合，并得到返回值的代码段。数学计算中充斥着各种表达式，C#也一样，开发人员通过表达式计算各种数值。其中表达式典型的代码形式如下：

```
变量+运算符+…
```

> **注意**：变量与运算符的个数并没有严格的限制，只要该表达式成立，C#都可以计算该表达式。

C#支持多个变量和运算符构建的表达式，比如计算变量 i 与变量 j 之和，代码如下：

```
static void Main(string[] args)
{
    int i = 10, j = 20;          //声明两个类型相同的变量可以使用这种形式
    Console.WriteLine(i+j);      //计算 i、j 的和，注意该表达式返回的是一个整型值
}
```

以上代码使用了“+”将变量 i 与 j 连接在一起，从而构成了一个求和的表达式，该表达式返回整型值。C#中所有的表达式都要求有返回值，没有返回值的表达式将无法被计算。如将字符串变量 s 与整型变量求商，CLR 将无法通过编译，代码如下：

```
static void Main(string[] args)
{
    int i = 10;
    string s="abc";
    Console.WriteLine(s/i);
}
```

CLR 的报错信息为 “运算符‘/’无法应用于‘string’和‘int’类型的操作数”，即 s/i 表达式不能获取返回值，所以表达式无法成立。

4.2 运算符

运算符是构建表达式的基础，使用不同运算符可以帮助开发人员实现不同的计算方法。C#中的运算符根据所需的运算数数目可以分为一元运算符、二元运算符、三元运算符，即各需要 1 个、2 个、3 个运算数；根据返回值类型又可分为算术运算符、关系运算符、逻辑运算符、赋值运算符。对运算符的熟练掌握是每一个开发人员的必经之路，本节将根据返回值类型的分类讲解 C#中的运算符。

4.2.1 算术运算符

算术运算符就是执行相关数学运算的运算符，可以分为一元运算符和二元运算符。本小节将依次对它们进行讲解。

> **注意：** 算术运算符只能用于数值计算或枚举运算，不能用于非数据运算。枚举运算将在后续章节中进行讲解。

1. 一元运算符

C#中一元运算符如表 4.2 所示。

表 4.2 一元运算符

运算符	说　明
变量++	用于将变量自增 1
变量--	用于将变量自减 1

一元运算符可以使变量自增或自减，如运行下面示例代码时，效果如图 4.3 所示。

```
static void Main(string[] args)
{
    int i = 5, j = 10;
    Console.WriteLine(i++);//自增变量 i
    Console.WriteLine(j--);//自减变量 j
}
```

图 4.3 使用一元运算符

读者一定会发现变量并未被自增或自减，这是因为当一元算术运算符被放置在变量后面组成表达式时，会首先使用变量的原始值输出，然后再运算。一元算术运算符也可以放置在变量之前，当它放置在变量之前时，会首先运算，然后再输出改变后的变量值。修改上例的代码如下：

```
static void Main(string[] args)
{
    int i = 5, j = 10;
    Console.WriteLine(++i); //自增变量 i
    Console.WriteLine(--j); //自减变量 j
}
```

运行效果如图 4.4 所示。

图 4.4 自增自减运算符前置运行效果

2. 二元运算符

很多数学运算都会大量使用两个操作数。C#中内置了许多二元运算符帮助开发人员完成数学运算，常见的二元运算符如表 4.3 所示。

表 4.3 二元运算符

运算符	说 明
+	进行加法运算的运算符
-	进行减法运算的运算符
*	进行乘法运算的运算符
/	进行除法运算的运算符
%	进行求余运算的运算符

> **注意**：本节将不涉及诸如异或运算、按位与、取反等二进制运算符，相关知识参见 MSDN 相关参考。

使用二元算术运算符可以像算术表达式一样进行运算，以下代码依次演示了表 4.3 中的运算符使用形式：

```
static void Main(string[] args)
{
    int i = 5, j = 10;
    Console.WriteLine("加法运算:{0}\n", i + j);//加法运算，求和
    Console.WriteLine("减法运算:{0}\n", i - j);//加法运算，求差
    Console.WriteLine("乘法运算:{0}\n", i * j);//乘法运算，求积
    Console.WriteLine("除法运算:{0}\n", j / i);//除法运算，求商
    Console.WriteLine("求余运算:{0}\n", j % i);//求模运算，求余
}
```

二元算数运算符不仅可以完成基本的数学运算，还可以使多个变量与多个二元算术运算符组成复杂的表达式。如下代码就使用了多个二元算术运算符，实现了复杂的数学运算：

```
static void Main(string[] args)
{
    int i = 5, j = 10;
    Console.WriteLine("实现复杂的四则运算: {0}",i*j+i-j+(j/i));//实现复杂的四则运算
}
```

以上代码通过多个算术运算符和变量实现了四则运算，还使用了“(”、“)”调节运算优先级，使运算优先级与数学运算一致。

4.2.2 关系运算符和逻辑运算符

逻辑运算可以帮助开发人员完成复杂的逻辑控制，逻辑控制是开发程序的基础。C#中内置了许多关系运算符和逻辑运算符，帮助开发人员完成复杂的运算。

1. 关系运算符

通过关系运算符可以判断变量间的关系，从而使用关系进行逻辑控制。C#中关系运算符如表 4.4 所示。

表 4.4 关系运算符

运算符	使用方式	说　明
<	A<B	判断变量 A 是否小于变量 B，如果 A 小于 B 则返回 True，否则返回 False
>	A>B	判断变量 A 是否大于变量 B，如果 A 大于 B 则返回 True，否则返回 False
<=	A<=B	判断变量 A 是否小于等于变量 B，如果 A 小于或等于 B 则返回 True，否则返回 False
>=	A>=B	判断变量 A 是否大于等于变量 B，如果 A 大于或等于 B 则返回 True，否则返回 False
==	A==B	判断变量 A 是否等于变量 B，如果 A 等于 B 则返回 True，否则返回 False
!=	A!=B	判断变量 A 是否不等于变量 B，如果 A 不等于 B 则返回 True，否则返回 False

关系运算符与变量组成的表达式会返回一个 bool 值，如下代码演示了如何使用关系运算符：

```
static void Main(string[] args)
{
    int i=10,j=5;
    bool b1 = i > j;//返回 True
    bool b2 = i < j;//返回 False
    bool b3 = i >= j;//返回 True
    bool b4 = i <= j;//返回 False
    bool b5 = i == j;//返回 False
    bool b6 = i != j;//返回 True
}
```

以上表达式都返回了变量 i 与变量 j 大小关系的一个 bool 值。关系运算符只用于计算数值类型的变量间的大小关系，而不能适用于无法进行比较的变量间。

2. 逻辑运算符

逻辑运算符用于计算多个 bool 值之间的逻辑关系。当需要判断复杂的逻辑关系时，可以使用这种运算符，用于计算多个 bool 值间的逻辑关系。C#中主要使用以下 3 种逻辑运算符。

- &&：逻辑与运算符。当使用&&运算符计算逻辑关系时，只要任一 bool 值为 False，则整个表达式返回 False。逻辑与运算符可以被理解为“并且”，如判断某个数是否大于 30 并且小于 50，可以使用如下代码所示的表达式：

```
static void Main(string[] args)
{
    int i = 0;
    Console.WriteLine("请输入一个数字");
    i = int.Parse(Console.ReadLine());
```

```
    bool isTrue = i > 30 && i < 50;//判断输入的数字是否大于 30 并且小于 50
    Console.WriteLine("{0}是否大于 30 并且小于 50:{1}",i,isTrue);
}
```

以上代码首先使用关系运算符判断变量 i 是否大于 30，然后使用关系运算符判断变量 i 是否小于 50，最后使用&&运算符计算这两个关系表达式之间的逻辑关系，从而计算出变量 i 是否大于 30 并且小于 50。

➢ ||：逻辑或运算符。当使用||运算符计算逻辑关系时，只要任一 bool 值为 True，则整个表达式返回 True。逻辑或运算符可以理解为“或者”，如判断某个数是否小于 30 或者大于 45，可以使用如下代码所示的表达式：

```
static void Main(string[] args)
{
    int i = 0;
    Console.WriteLine("请输入一个数字");
    i = int.Parse(Console.ReadLine());
    bool isTrue = i < 30 || i > 45;//判断输入的数字是否小于 30 或者大于 45
    Console.WriteLine("{0}是否小于 30 或者大于 45:{1}", i, isTrue);
}
```

以上代码首先使用关系运算符判断变量 i 是否小于 30，然后使用关系运算符判断变量 i 是否大于 45，最后使用||运算符计算这两个关系表达式之间的逻辑关系，从而计算出变量 i 是否小于 30 并且小于 45。

➢ !：逻辑非运算符。当使用！运算符时，将对 bool 值取反，如果 bool 值为 False，则会取反为 True，否则返回 False。逻辑非运算符可以理解为“不”，如判断某个数是否不小于 30，可以使用以下代码所示的表达式：

```
static void Main(string[] args)
{
    int i = 0;
    Console.WriteLine("请输入一个数字");
    i = int.Parse(Console.ReadLine());
    bool isTrue = !(i < 30);//判断输入的数字是否不小于 30
    Console.WriteLine("{0}是否不小于 30:{1}", i, isTrue);
}
```

以上代码首先使用关系运算符判断变量 i 是否小于 30，然后使用!运算符对结果取反，从而计算出变量 i 是否不小于 30。

注意：逻辑非运算符是一元运算符。

4.2.3 赋值运算符

赋值运算符用于为变量赋值，即“=”，它具有以下特点：

➢ 唯一一个从右至左运算的常用运算符。当使用赋值运算符赋值时，即“=”右边的值为它左边的变量赋值。

➢ 二元运算符，即需要两个运算数，并且这两个运算数类型必须一致，或者存在隐式转换关系。

以下代码演示了如何使用赋值运算符为各种变量赋值：

```
static void Main(string[] args)
{
    int j = 5;//类型一致的赋值方式
    double d = j;//使用隐式转换为变量赋值
    int i = j * 30;//使用表达式的计算结果为变量赋值
    bool b = i > j;//计算关系表达式并为bool类型变量赋值
}
```

以上代码演示了使用“=”运算符为各种变量进行赋值操作的细节。需要注意的是，代码中使用整型变量为 double 类型的变量进行赋值操作，这是因为该变量可以隐式转换为 double 变量。

4.2.4 ? :运算符

C#中唯一一个三元运算符，即“? :”运算符，它需要 3 个操作数，使用此运算符的一般形式如下：

```
bool类型变量1  ?  变量2 : 变量3
```

“? :”运算符会根据 bool 类型变量 1 来返回变量 2 或变量 3 中的一个，如果 bool 类型变量 1 为 True，则返回变量 2，否则返回变量 3。如下代码演示了如何使用“? :”运算符求出两数之间最大值：

```
static void Main(string[] args)
{
    int i = 10, j = 20;
    int max = i > j ? i : j;//使用“? :”运算符求出最大值并为max赋值
    Console.WriteLine("{0}与{1}之间的最大值是：{2}",i,j,max);
}
```

以上代码中的“? :”运算符会判读变量 i 是否大于变量 j，如果 i 大于 j 则返回 i，否则返回 j，即求出了 i 与 j 之间的最大值，运行效果如图 4.5 所示。

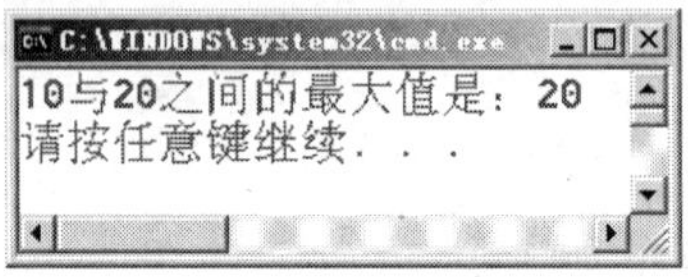

图 4.5　使用“? :”运算符

4.2.5 运算符优先级

在 C#中，开发人员会使用多个运算符和运算数组成复杂的表达式，用于逻辑控制或数学运算。多个运算符组成的表达式会根据运算符的优先级，将复杂的表达式拆分为多个简单的表达式进行分步运算。比如计算如下的四则运算：

```
int j=5*7+6/3-10;
```

C#将根据运算符的优先级，将以上表达式依次拆分为以下几个简单表达式进行计算：

- 5*7。
- 6/3。
- 35+2，即以上两个表达式的结果。

➢ 37-10，即以上表达的结果与 10 的差。

在运用算术运算符时，这些算术运算符会分为以下两个优先级。

➢ *、/：首先计算乘法或除法，它们的优先级一致。

➢ +、-：在计算乘法或除法后再计算加法或减法，它们的优先级一致。

从左至右地计算表达式中的乘法或除法，再计算加法或减法。

在使用逻辑运算符时，C#中的“&&”、“||”、“！”运算符的优先级完全一致，按照从左至右的运算顺序依次进行运算。那么如何调节运算的优先级呢？C#提供了“(”和“)”将表达式包裹起来，从而提高了表达式的优先级。如计算如下表达式时，使用了“(”和“)”来调节运算优先级：

```
static void Main(string[] args)
{
    int i = ((45 - 6) * 2 + 12) / 3;//使用“(”和“)”调节计算的优先级
    Console.WriteLine("((45 - 6) * 2 + 12) / 3 的结果是：{0}",i);
}
```

以上代码使用了“(”和“)”调节运算符的优先级。首先计算最内层的“(”和“)”包裹的表达式，然后依次计算外层的“(”和“)”包裹的表达式，直到最后求出结果，即从内至外地计算“(”和“)”包裹的表达式，运行结果如图 4.6 所示。

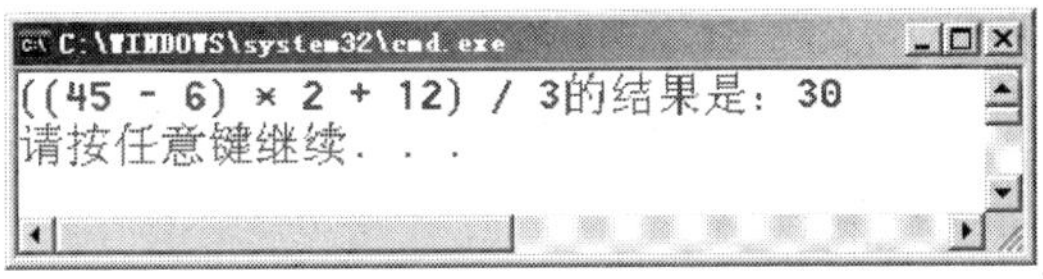

图 4.6　使用“(”和“)”调节运算优先级

当在 C#中使用逻辑运算符时，也可以使用“(”和“)”来调节运算优先级。

4.3　流程控制语句

在实际开发中，会涉及非常复杂的业务逻辑跳转或流程跳转的功能。开发此类功能时，就需要开发人员根据外部条件来判断程序的走向，从而使程序能够智能化地完成客户所需的工作。C#中提供了很多流程控制语句，来帮助开发人员完成此类工作，本节将介绍 C#中常见的流程控制语句，希望读者能迅速、熟练地掌握这些流程控制语句，从而完成复杂的业务逻辑开发。

4.3.1　if 语句

1．if 语句

实际开发中经常会根据用户输入的值或者用户的选择来判断程序的走向。C#提供了 if 语句，用于进行判断并控制程序走向，其一般形式如下：

```
if(条件判断表达式)
{
   //当条件表达式为真时执行的代码段
}
```

例如现在判断学生年龄是否大于 18 岁，如果大于就输出“该学生已成年”的语句，可以使用以下代码：

```
static void Main(string[] args)
{
    int age = 0;
    Console.WriteLine("请输入学生的年龄");
    age = int.Parse(Console.ReadLine());
    //判断学生年龄是否大于等于 18 岁，如果输入的年龄大于 18 岁则执行 if 语句块中的语句
    if (age >= 18)
    {
        Console.WriteLine("该学生已成年");
    }
}
```

在以上代码中，如果输入的年龄大于或等于 18 时，则执行 if 语句块中的语句，否则程序将不执行任何代码。

2. if …else 语句

if 语句还拥有“if…else”这样的扩展形式，其一般形式如下：

```
if(条件判断表达式)
{
   //当条件表达式为真时执行的代码段
}
else
{.
   //当条件表达式为假时执行的代码段
}
```

在“if…else”语句执行时，当条件表达式为真时就执行 if 下的代码块，当条件表达式为假时就执行 else 下的语句块。修改上一示例中的代码，添加 else 语句块，判断当学生年龄小于 18 时输出“该学生未成年”，代码如下：

```
static void Main(string[] args)
{
    int age = 0;
    Console.WriteLine("请输入学生的年龄");
    age = int.Parse(Console.ReadLine());
    //判断学生年龄是否大于或等于 18 岁,如果输入的年龄大于 18 岁，则执行 if 语句块中的语句
    if (age >= 18)
    {
        Console.WriteLine("该学生已成年");
    }
    Else            //当条件表达式为假时，则执行 else 语句块中的语句
    {
        Console.WriteLine("该学生未成年");
    }
}
```

以上代码根据学生年龄是否大于 18 岁出现了两个分支，当学生年龄大于或等于 18 时输出“该学生已成年”，否则输出“该学生未成年”。

3. If…else if … else 语句

if 语句还具有“if…else if … else”这样的扩展形式，该扩展形式拥有多个条件表达式判断分支，根据条件表达式控制程序执行不同分支中的语句块，其一般形式如下：

```
if(条件判断表达式)
{
   //当 if 中的条件表达式为真时执行的代码段
}
else if(条件判断表达式)
{
   //当 else if 中的条件表达式为真时执行的代码段
}
else if(条件判断表达式)
{
   //当 else if 中的条件表达式为真时执行的代码段
}
…
else
{
   //当所有条件都不满足时执行的代码段
}
```

If…else if … else 语句具有以下特点：

- if…else if … else 各个条件判断语句是按照从上到下的顺序依次判断的，当一个条件表达式不满足时，就执行下一个 else if 中的条件判断。
- 当 if…else if … else 执行时，只要满足任一个条件，就执行满足该条件下的语句块，当该语句块执行完毕后，将不再继续执行 if…else if … else 中任何的条件判断语句。
- 使用 if…else if … else 语句时，最多可以拥有 256 个 else if 语句块，而 else 语句是可选的。但当所有的条件都不满足时，将执行 else 语句块中的代码。

> **注意**：在实际开发中，尽量不要使用过于复杂的 if…else if … else 语句。

以下代码根据用户的年龄输出用户的年龄层次时，使用了 if…else if … else 语句进行多分支判断：

```
static void Main(string[] args)
{
    int age = 0;
    Console.WriteLine("请输入年龄");
    age = int.Parse(Console.ReadLine());
    if (age >= 18 && age < 30)       //从上到下依次判断用户年龄层次
    {
        Console.WriteLine("青年");
    }
    else if (age >= 30 && age < 45)
    {
        Console.WriteLine("中青年");
    }
    else if (age >= 45 && age < 55)
    {
        Console.WriteLine("中年");
    }
    else if (age >=55)
    {
        Console.WriteLine("老年");
    }
    else
    {
        Console.WriteLine("未成年");
```

```
    }
}
```

以上代码依次执行 if...else if ... else 语句中的每个条件判断，当满足任一个条件表达式时，即执行该代码块，然后不再执行任何条件判断，即 if...else if ... else 语句执行完毕。

4.3.2 switch 语句

switch 语句是一种特殊的分支语句，其一般形式如下：

```
switch(变量)
{
   case 值1:
      break;
   case 值2:
      break;
   …
   default:
      break;
}
```

switch 语句具有以下特点：

- switch 语句进行分支判断时，只进行等值判断。即传入 switch 语句中的变量值与某一 case 语句中的值相等时，将执行该 case 语句下的语句块。
- case 语句块中的 break 关键字可以省略，但是当某 case 语句块中没有 break 关键字时，该 case 语句块中不能有任何代码。
- default 语句块是可选的，当传入 switch 语句块中的变量不等于任何一个 case 语句中的值时，将执行 default 语句块中的代码。
- 当 switch 语句中的任一 case 或 default 代码块被执行后，将跳出 switch 代码块执行它之后的代码。

注意： 在实际开发中，switch 语句都应具有 default 语句块，用于最后的逻辑控制。

如判断某个数是否是 10 以内的质数，可以使用以下代码：

```
static void Main(string[] args)
{
    int i = 0;
    Console.WriteLine("请输入一个 1-10 之内的数字：");
    i = int.Parse(Console.ReadLine());
    switch (i)                          //根据变量的值进行分支判断
    {
        case 1:
        case 2:
        case 3:
        case 5:
        case 7:              //只要传入的变量值为以上的 case 中的任何一个，即执行该 case 中的代码块
            Console.WriteLine("该数是一个质数");
            break;
        default:
            Console.WriteLine("该数不是一个 1-10 之内质数");
            break;
    }
}
```

在以上代码执行时，当变量 i 的值等于 1、2、3、5、7 中的任何值时，就会执行“case 7”中的代码块。如果变量 i 不等于 1、2、3、5、7 中的任何值时，会执行 default 代码块中的语句。

4.3.3 for 语句

C#提供了 for 语句进行循环控制，其一般形式如下：

```
for(循环变量初始化表达式;循环条件表达式;循环变量变更表达式)
{
    //当循环变量满足循环条件表达式时执行的代码块
}
```

for 语句具有以下一些特点：

- for 语句中的 3 个表达式都是可以省略的，但是如果 3 个表达式都被省略，则会形成死循环。

> **注意**：死循环是指不断循环执行而无法被终止的循环，一般情况下，应尽量避免死循环。

- for 语句第一次循环时，首先根据循环变量初始化表达式及循环变量；然后判断变量是否满足循环条件表达式，如果满足则执行循环，否则终止循环，这样的过程被称为一次迭代过程；第一次迭代完成后，for 语句将执行循环变量变更表达式，变更循环变量的值；再次判断变量是否满足循环条件表达式，如果满足则执行循环，否则终止循环。

> **注意**：除了第一次迭代执行循环变量初始化表达式外，以后的迭代都不再执行循环变量初始化表达式。

- for 语句会根据循环条件表达式的返回值，决定是否继续执行循环体中的代码。当循环条件表达式的返回值为 true 时，则继续执行循环体中的代码，否则将终止循环。

现在使用 for 语句，计算出 1~100 间的所有偶数，代码如下：

```
static void Main(string[] args)
{
    //for(循环变量初始化表达式;循环条件表达式;循环变量变更表达式)
    for (int i = 1; i <= 100; i++)
    {
        if (i % 2 == 0)          //判断 i 是否是偶数
        {
            Console.Write(i+"\t");
        }
    }
}
```

在以上代码的 for 语句块中，循环变量初始化表达式、循环条件表达式、循环变量变更表达式都被写在 for 语句中，即每次循环都会判断变量 i 是否小于 100，如果小于 100 则执行下次迭代，否则终止循环，运行效果如图 4.7 所示。

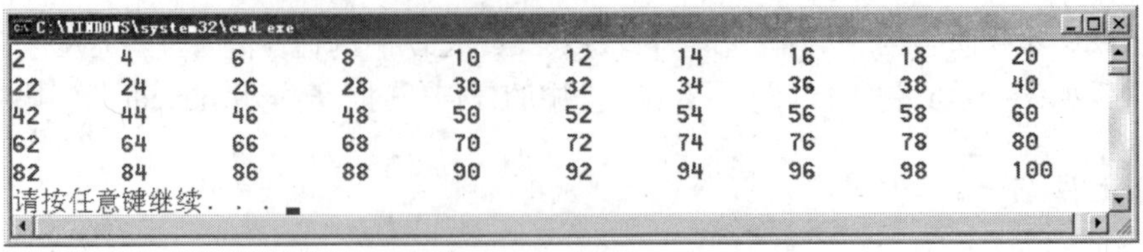

图 4.7　for 循环执行效果图

1．continue 关键字

在执行 for 语句过程中，经常需要根据循环变量的值执行不同的循环控制。C#提供了 continue 关键字进行循环控制，当在循环体中执行到该关键字时，则会终止本次迭代并且不会执行此关键字后的任何语句，转而执行循环的下一次迭代。

例如，上一示例求出了 1~100 中的所有偶数，可以使用 continue 关键字修改上例，代码如下：

```
static void Main(string[] args)
{
    //for(循环变量初始化表达式;循环条件表达式;循环变量变更表达式)
    for (int i = 1; i <= 100; i++)
    {
        if (i % 2 == 1)          //判断 i 是否是奇数，如果 i 是奇数将会执行 continue 关键字
        {
         //continue 关键字将跳出本次迭代执行下一次迭代，并不会执行 continue 关键字后的任何语句
         continue;
        }
        Console.Write(i + "\t");
    }
}
```

以上代码判断变量 i 是否是奇数，如果是奇数则会终止本次迭代，执行下一次迭代，而不会输出变量 i，从而求出所有的偶数。

2．break 关键字

在执行循环控制时，有时会需要强制跳出整个循环，这时可以使用 break 关键字。该关键字会强制跳出整个循环，不再进行任何迭代过程。例如，修改上例中的代码，省略 for 语句中的循环条件表达式，使用 break 关键字控制迭代次数，代码如下：

```
static void Main(string[] args)
{
    for (int i = 1;; i++)    //for(循环变量初始化表达式;循环条件表达式;循环变量变更表达式)
    {
        if (i % 2 == 1)  //判断 i 是否是奇数，如果 i 是奇数将会执行 continue 关键字
        {
            //continue 关键字将跳出本次迭代执行下一次迭代，并不会执行 continue 关键字后的任何语句
            continue;
        }
        Console.Write(i + "\t");
        if (i >= 100)
            break;    //当 i 大于等于 100 时，终止整个循环过程
    }
}
```

以上代码省略了 for 语句中的循环条件表达式，在循环体中添加判断变量 i 的 if 语句，当变量 i 小于 100 时循环将继续迭代，否则将执行 break 语句跳出整个循环。

> **注意**：在实际开发时，尽量不要省略 for 语句中的任何一个表达式，否则会为团队开发带来不必要的麻烦。

4.3.4　foreach 语句

C#中拥有多种用于存储数据的集合，在早期的一些语言中都使用 for 循环获取集合中的元素。C#也提供了 foreach 语句，用于循环集合中的元素，其一般使用形式如下：

```
foreach(元素类型 集合中的元素变量  in  集合)
```

> **注意**：只有集合对象实现了 IEnumable 接口，才可以使用 foreach 语句循环集合中的元素。

需要注意的是，foreach 语句只可以获取到集合中元素的值，但是不能对集合中的元素值进行更改，否则在运行时会抛出异常。例如，可以使用该语句循环遍历数组中的元素，代码如下：

```
static void Main(string[] args)
{
    int[] arr = { 1, 3, 5, 7, 9 };   //声明数组
    foreach (int i in arr)        //使用 foreach 语句循环数组中的元素
    {
        Console.Write(i + "\t");
    }
    Console.WriteLine();
}
```

以上代码中的 foreach 语句循环了数组中的所有元素，当循环至最后一个元素时，foreach 会自动退出，运行效果如图 4.8 所示。

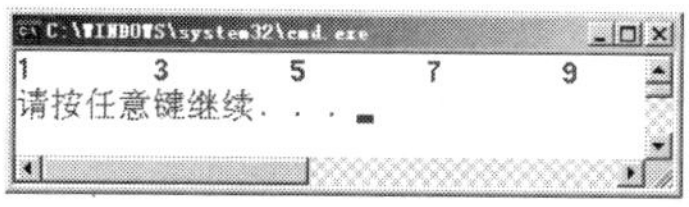

图 4.8　使用 foreach 语句循环集合中的元素

4.3.5　while 语句

C#提供了一种简单易用的循环语句，即 while 语句，其一般形式如下：

```
while(条件表达式)
{
  //循环执行的语句
}
```

while 语句仅需要条件表达式，如果为了防止形成死循环，还需要在 while 循环中添加循环变量变更语句。例如，求 1~100 间的偶数，可以使用以下代码：

```
static void Main(string[] args)
{
    int i = 1;              //循环变量初始化表达式
    while (i <= 100)        //循环判断表达式
    {
        if (i % 2 == 0)
```

```
            Console.Write(i+"\t");
        i++;            //循环控制变量变更表达式
    }
}
```

通过以上代码，读者可以发现，实际上 while 循环也具有 3 个循环表达式，用于初始化循环变量、判断循环条件和变更循环变量。

while 循环一般用于进行迭代次数不定的循环，如读取文件流等。while 循环中也可以使用 continue、break 关键字进行循环控制。

4.4 方法

C#内置了一种特殊的语法元素，即方法，方法是可以被反复调用的代码块。每句被执行的代码都发生在方法的上下文中，本节将展示 C#中方法的定义、调用及一些其他重要的特征。对方法的熟练掌握，是开发人员熟练使用 C#的基础。

4.4.1 方法的定义

C#中所有的方法只能被定义在类或结构体中。方法在定义时具有以下一些重要的语法元素。

- 访问修饰符：可以控制方法在外部调用时的访问级别。它不是必需的，声明方法时默认的访问修饰符是 private，即私有方法。

> **注意**：虽然可以省略访问修饰符，但是在实际开发中最好不要省略，这样可以有效地提高代码可读性和维护性。

- 返回值类型：方法最终计算结果的类型即方法的返回值类型，如果一个方法没有返回值，则需要使用 void 关键字标识方法没有返回值。
- 方法名称：方法声明时的方法名称，是调用方法的唯一标识。C#中所有的方法命名都使用 Pascal 命名法，方法名称中每个单词的首字母必须大写。
- 参数列表：方法名后的“(”和“)”中封装的参数集合即方法的参数列表，每个参数在声明时必须标明参数类型，多个参数间使用“,”隔开。如果一个方法没有参数，则不需要在方法后的“(”和“)”中添加任何参数。
- 方法体：即调用方法时执行的代码块。一般情况下，任何方法都必须具有方法体。如果一个方法的返回值类型不是 void，则在方法体中必须使用 return 关键字返回与方法返回值类型一致的结果。

> **注意**：本节将不讨论涉及面向对象的虚方法、抽象方法、接口中的方法签名、静态方法等方法形式。

方法定义时的一般语法形式如下：

```
访问修饰符 返回值类型 方法名称(参数类型 参数1, 参数类型 参数2,…)
{
    方法体代码
}
```

在 Program 类中定义一个执行加法运算的 Add()方法，代码如下：

```
class Program
{
    //定义一个名为 Add()方法，返回值类型 int，需要两个整型参数 i,j
    private int Add(int i, int j)
    {
        return i + j;
    }
    static void Main(string[] args)
    {
        Program p = new Program();
        //使用方法名称调用已声明的 Add()方法，在调用方法时传入方法必需的参数
        Console.WriteLine("{0}+{1}={2}",5,10,p.Add(5,10));
    }
}
```

以上代码定义了一个名为“Add()”的方法，该方法返回一个整型类型的结果，并需要两个整型参数。代码调用了 Add()方法，在调用该方法时使用方法名称作为调用方法的标识符，并传入方法必需的参数列表。

4.4.2　方法的参数

上一节简单地介绍了方法的定义方式，本节将详细讲解方法的参数列表。在声明方法时，参数是可选的，即方法可以没有任何参数。如果一个方法需要使用参数时，则需要遵循以下几个原则：

- 方法的签名是由方法名称、参数列表组成的，即在声明方法时声明的参数列表在调用时不可改变。当调用一个方法时，必须依次传入与参数列表中每个参数类型相符的参数，否则将无法正确调用方法。
- 在方法声明时，参数列表中的每个参数又被称为形式参数，且这些参数仅在当前声明方法的方法体中有效，而无法被方法以外的代码调用。
- 在调用方法时，传入的每个参数又被称为实际参数，CLR 会将实际参数的值传递给方法的形式参数，方法只需调用形式参数而不需了解外部的参数情况，即可完成复杂的功能。
- 方法封装了 C#中的所有功能，方法中的参数也可以被认为是方法执行的必需条件。

在 Program 类中定义一个执行加法运算的 Add()方法，并调用 Add()方法，代码如下：

```
class Program
{
    //定义一个名为 Add()方法，返回值类型 int，需要两个整型参数 i,j
    private int Add(int i, int j)
    {
        return i + j;
    }
    static void Main(string[] args)
    {
        Program p = new Program();
        int x = 5;
        int y = 10;
        //使用方法名称调用已声明的 Add()方法，在调用方法时传入方法必需的参数
        //此时 x,y 即实际参数，而 Add()方法定义时的 i,j 是形式参数
        int result = p.Add(x, y);
```

```
        Console.WriteLine("{0}+{1}={2}", x, y, result);
    }
}
```

以上代码印证了本节中阐述的方法的参数原则，具体解释如下：

- 在 Main()方法调用 Add()方法时，传入了参数 x、参数 y，即传入了两个整型参数，这和 Add()方法定义的参数列表是完全一致的。
- 在定义 Add()方法时，定义的参数 i、参数 j 即形式参数，只能在 Add()方法中被调用。
- 在 Main()方法调用 Add()方法时，参数 x、参数 y 即实际参数，CLR 会使用参数 x 为 Add()方法的形式参数 i 赋值；使用参数 y 为 Add()方法的形式参数 j 赋值。

4.4.3 方法的返回值

定义方法时需要指定方法的返回值。当一个方法没有返回值时，需要标识方法的返回值为 void。定义一个输出一串分隔符的方法，该方法没有返回值的代码如下：

```
class Program
{
    private void PrintDemo()
    {
Console.WriteLine("\n*****************************************************\n");
    }
    static void Main(string[] args)
    {
        Program p = new Program();
        p.PrintDemo();
    }
}
```

以上代码中的 PrintDemo()方法没有返回值，所以在方法体中没有任何 return 语句。实际上，在无返回值的方法中是可以使用 return 语句的，只是在 return 语句后面不能有任何代码。

如果在方法体中执行到了 return 语句时，则方法会终止调用，return 语句后的任何代码将不会执行。

任何一个定义了返回值的方法都必须在方法体中返回与返回值类型一致的结果。例如，定义了一个返回值为整型的 Add()方法，则必须在 Add()方法的方法体中返回一个整型值，代码如下：

```
private int Add(int i, int j)
{
    int result = i + j;
    return result;    //返回一个整型值
}
```

以上代码定义 Add()方法，返回一个整型类型的值，在 Add()方法的方法体中必须返回一个整型值。

4.4.4 方法的重载

方法的方法名称和参数列表构成了方法签名，当多个方法具有统一的方法名称，但是具有不同的参数列表时即构成了方法重载，它必须遵循以下几个原则：

- 方法必须具有统一的名称。

➢ 方法的参数列表不同是指参数个数不同、参数类型不同、参数列表的顺序不同。

> **注意**：一般情况下，不会定义仅仅是参数列表顺序不同的方法重载形式，因为这样容易引起混淆。

➢ 方法的返回值不同不能构成方法的重载。

以下代码定义了 Add()方法的两个重载形式，并调用了 Add()方法：

```
class Program
{
   private int Add(int i, int j)
   {
      return i + j;
   }

   private double Add(int i, double j)
   {
      return i + j;
   }

   static void Main(string[] args)
   {
      Program p = new Program();
      p.Add(5,10);    //调用 Add(int,int)的重载形式
      p.Add(5, 3.3);   //调用 Add(int,double)的重载形式
   }
}
```

上述代码在调用 Add()方法时，CLR 会根据传入的参数自动匹配调用 Add()方法的不同重载形式。

4.4.5　委托

委托是.NET 独有的语法元素，它是一种特殊的类。定义一个委托的语法形式如下：

```
访问修饰符 delegate 返回值 委托名称(参数类型 参数1, 参数类型 参数2,…);
```

读者一定很惊讶委托的定义与方法非常相像，实际上委托可以认为是一类方法签名一致的方法抽象类。可以定义如下一个名为 AddDelegate 的委托：

```
public delegate int AddDelegate(int i,int j);
```

委托对象必须由签名一致的方法实例化，而通过调用委托对象可以调用实例化委托对象的方法。例如，使用 Add()方法可以实例化 AddDelegate 委托对象，代码如下：

```
class Program
{
   public delegate int AddDelegate(int i,int j);
   private int Add(int i, int j)
   {
      return i + j;
   }
   static void Main(string[] args)
   {
      Program p = new Program();
      AddDelegate d = new AddDelegate(p.Add);//使用 Add()方法实例化 AddDelegate 委托对象
      Console.WriteLine(d(5,10));                //通过委托对象调用 Add()方法
   }
}
```

以上代码使用 Add()方法实例化了 AddDelegate 委托类的委托对象，并使用 AddDelegate 委托类的委托对象调用了 Add()方法。

4.5 小结

本章首先讲解了 C# 中的基本语法知识，如变量、常量等基础的语法元素，还讲解了 C# 中运算符及表达式的相关知识，这些知识在各种开发领域中都需要使用；然后介绍了 C#中一些重要的流程控制语句，如 if、if...else 及循环的相关知识，这些知识是实现各种开发功能时必需使用的代码域，需要读者仔细理解这部分知识；最后讲解了 C#中方法的定义及重载，在使用 C#开发各种功能时，方法是一个不可或缺的封装体，需要读者仔细理解方法与方法重载的含义并熟练掌握这些知识。

第 5 章　C#的面向对象特性

C#是一门面向对象的语言，提供了多种语法元素，帮助开发人员完成复杂的面向对象程序。面向对象的思想渗透了C#的各个方面，掌握这种思想会极大地帮助开发人员迅速、全面地理解该语言的开发思想。本章将从封装、继承、多态3个方面讲解C#中面向对象思想的实现细节。

5.1　面向对象编程概述

面向对象具有3大特征：封装、继承、多态。本节将主要介绍在C#中如何使用类和对象实现其封装性，还将讲解简单的面向对象编程思想，并向读者展示编程强大的魔力。

5.1.1　对象和类

对象和类是实现面向对象思想的基础，它们充分展示了编程中的封装特征。

1. 对象

对象到底是什么呢？在面向对象编程中，任何系统分析需要使用的实体就是被研究的对象。

> **注意：**在面向对象编程中，世间万物皆对象，即任何在程序中需要被体现或通信的实体，都认为是一个对象。

对象具有以下两个重要的特征。

- 属性：拥有一些区别于其他对象的特征，这些特征被认为是对象的属性。
- 方法：拥有一些行为，这些行为被认为是对象的方法。

对象封装了属性和方法。当获取一个对象时，就可以通过调用其属性和方法来完成一些特定的工作。例如，获取一个手机对象，就可以知道其网络制式和使用它打电话。网络制式是它的属性，而打电话就是它的一个方法。

不同对象的属性和方法可能有很大差别。如手机对象可以打电话，但是汽车对象可以驾驶却不可以打电话。有些对象的属性和方法基本一致，差别可能体现在属性值的不同上。如一部GSM手机对象和一部CDMA手机对象之间的差别体现在网络制式的不同上，而它们的方法和属性是完全一致的。

2．类

很多对象总是拥有相似的属性和方法，将这些公共的东西抽象出来的概念就称为类。类是虚拟的概念，是对一类相似对象的抽象。它可以被认为是对象的模板，封装了对象的属性和方法，每个对象的属性和方法都是由类定义的。

比如人就是一个类，一提到某个人，虽然不一定所有人都见过他，但还是可以描述他的基本特征：直立行走、哺乳动物、具有思想与情感。为什么大家可以迅速感知到这些特征呢？因为人是人类的一个具体实例。根据普遍的特征就可以推导出它的具体特征和行为。每一个人可能在属性值上有细微的差别，但是他们都具有共同的特征和行为。由以上的实例可以得知对象和类有如下的一些基本特征：

- 对象是类的具体实例，类是由一类对象抽象得到的。
- 类的属性和方法（即对象的共有行为）是由对象来体现的。
- 首先具有一类对象，才可以抽象出类。类只是一个概念，每个开发人员的视角不同可能造就的类抽象不同。
- 类体现了面向对象的封装特征，封装了对象的属性和方法。C#中每个对象都是由其所属的类构建的，构建的过程称为实例化过程。
- 系统分析时，分析人员会将一类对象抽象为一个类，这个过程称为抽象过程。开发人员实现相关的类，并通过类和对象构建更为接近现实场景的编程模型。
- 对象是具体的事物，而类是抽象的概念。例如，IBM T410 笔记本电脑是一个实际的对象，而 IBM 笔记本电脑是一个类，它概括了 IBM 品牌下的所有笔记本电脑。

5.1.2 用 C#如何创建类

上一节讲解了类和对象的概念，以及它们之间的关系，本节将展示如何在 C#中构建类。在实际开发中，类的构建主要包括以下几个部分。

- 类定义：包含类名称、当前类所属的命名空间等基本信息。
- 成员变量：存放类中各种特征值的变量。
- 属性：定义和公开类所具有特征。
- 方法：定义和公开类所具有的独特性为。

1．类

C#中定义类的基本语法如下：

```
访问修饰符  class 类名
{
   //类中的元素
}
```

类定义的访问修饰符是可选的，如果省略了访问修饰符，CLR 会为该类添加 internal 访问修饰符（程序集公有访问修饰符）。C#中的访问修饰符如表 5.1 所示。

表 5.1　C#中的访问修饰符

访问修饰符	说　明
public	公有修饰符，用于修饰可以在任何位置被访问的元素
private	私有修饰符，用于修饰只能在当前类中被访问的元素
protected	受保护修饰符，用于修饰可以在基类和子类中被访问的元素
internal	程序集公有修饰符，用于修饰仅可以在当前程序集中被访问的元素
private internal	私有或受保护修饰符，用于修饰仅限于当前程序集或从包含类被访问的元素。需要注意的是，private 与 internal 修饰符之间的关系是或，而不是与

> **注意**：访问修饰符可以修饰类、属性、方法等多种语法元素，表中的元素特指被访问修饰符修饰的语法元素。

class 是定义类时使用的关键字，类名是代码中调用该类的唯一标识，只能由字母、数字、下画线（_）组成，命名时必须使用 Pascal 命名法，即单词的首字母大写，并且以字母或下画线（_）开头。

> **注意**：一般情况下，不允许使用下画线（_）作为类名的首字母。在开发中必须完全按照编程规范编码，否则系统的开发会是一项非常危险的工作。

现在定义一个轿车类，代码如下：

```
//<summary>
//轿车类
//</summary>
public class Car    //定义公有的轿车类
{
}
```

以上代码定义了一个公有的轿车类，该类目前没有任何成员。C#中类的属性、变量和方法都被称为它的成员。

2．类的成员变量

类可以声明成员变量，用来存储对象的属性值。上例中声明了一个轿车类，现在为该类添加相关的成员变量来记录轿车的属性值，代码如下：

```
//<summary>
//轿车类
//</summary>
public class Car
{
    private string _brand;    //声明一个字符串变量存储轿车对象的品牌信息
    private int _price ;      //声明一个整型变量存储轿车对象的价格
    private int _personNum;//声明一个整型变量存储轿车对象的乘坐人数信息
}
```

以上代码为轿车类添加了 3 个成员变量：品牌、价格、乘坐人数，其声明语法格式如下：

```
访问修饰符 类型  成员变量名称;
```

声明成员变量时，访问修饰符是可选的，默认是 private。也就是说，成员变量是私有的。它们在命名时必须遵循 Camel 命名法。

3. 属性

以上讲解了使用类的成员变量来存储对象的属性值，但是它们并不是对象的属性。C#中的属性是一种特殊的语法元素，读者一定注意到了上例声明的成员变量都是私有的，那么如何让类外部的代码获取它们的属性值呢？可以使用以下语法形式来定义类的属性：

```
访问修饰符 类型 属性名称
{
    [访问修饰符] get{return 成员变量;}
    [访问修饰符] set{成员变量=value; }
}
```

声明属性时，必须遵循以下一些规则：

- 一般情况下，在开发中不会定义任何公有的成员变量，对它们所有访问都必须使用类的属性。
- 命名时必须遵循 Pascal 命名法，即单词首字母大写。
- 属性主要用于对成员变量的访问控制，它具有两个访问器：get 访问器和 set 访问器。
- get、set 访问器的访问修饰符都可以省略，默认为 public。

> **注意：** 在实际开发中，很少为 get 访问器添加访问修饰符，有可能为 set 访问器添加 private、protected 访问修饰符。

- set 访问器的 value 参数是隐式的，该参数在使用时不需要开发人员声明，其类型即当前属性的类型。
- 任何一个属性都至少具有一个访问器。只具有 get 访问器称为只读属性；只具有 set 访问器称为只写属性；同时具有 get、set 访问器称为读写属性。

> **注意：** 只写属性没有任何实际意义，一般情况下不会定义只写属性。

- 公有成员变量都应被废止，转而使用公有属性来提供对它们的访问。
- 现在为轿车类添加相关属性，代码如下：

```
//<summary>
//轿车类
//</summary>
public class Car
{
    private string _brand ;   //声明一个字符串变量存储轿车对象的品牌信息
    private int _price;       //声明一个整型变量存储轿车对象的价格
    private int _personNum;//声明一个整型变量存储轿车对象的乘坐人数信息
    public string Brand
    {
        get { return this._brand; }
        set { this._brand = value; }
    }
    public int Price
    {
        get { return this._price; }
        set
        {
            if (value < 0)
                throw new ArgumentException("轿车价格不能是负数");
            this._price = value;
```

```
            }
        }
        public int PersonNum
        {
            get { return this._personNum; }
            set
            {
                if (value < 0)
                    throw new ArgumentException("轿车乘坐人数不能是负数");
                this._personNum = value;
            }
        }
    }
```

以上代码的 Price 属性和 PersonNum 属性都在 set 访问器中验证了赋值的 value 参数，这样就有效地避免了对成员变量随意赋值的情况。代码中定义的 Brand 属性是一个只读属性，因此外部代码只可以读取_brand 成员变量的值，而无法将值写入该变量中。

4．方法

对象的属性可以在类中定义成员变量，其行为可以在类中定义方法。在类中定义方法与 4.4 节讲解的方法定义方式完全一致，现在为轿车类添加行驶、刹车方法，代码如下：

```
public void Run()        //定义轿车的行驶方法
{
    Console.WriteLine("轿车启动了，驰骋于原野间！");
}
public void Stop()       //定义轿车的刹车方法
{
    Console.WriteLine("轿车刹车了，乘坐者人仰马翻！");
}
```

以上代码为 Car 类添加了两个成员方法：Run()、Stop()方法，这两个方法描述了轿车对象的行驶及刹车行为。

5．小结

本节讲解了构建一个完整的类所必需的语法元素，如成员变量、属性、方法等。在实际开发中，开发人员会根据类图设计，使用这些语法元素构建类，从而构建贴近现实生活的应用程序。读者需要灵活运用这些知识，从而构建自己的面向对象思想和编程理念。

5.1.3　用 C#如何创建对象

对象是类的特定实例，其创建过程称为实例化过程。该过程需要调用类的构造函数，该函数可以将对象的成员变量或属性初始化，并为其分配内存空间。构造函数的一般语法形式如下：

```
访问修饰符类名(参数类型 参数1, 参数类型 参数2,…)
{
  //构造函数的相关代码
}
```

构造函数与其他方法有很大的不同，主要体现在以下几个方面：

- 不能标识返回值类型。
- 必须与类名同名，它可以重载。

➢ 无法直接调用，必须使用 new 关键字实例化对象。

现在为 Car 类添加一个无参构造函数，代码如下：

```
//Car 类的构造函数主要用于实例化对象的成员变量
public Car()
{
    this._brand = string.Empty;
    this._personNum = 4;
    this._price = 30000;
}
```

还可以为 Car 类添加有参构造函数，从而形成构造函数的重载，代码如下：

```
public Car()                    //Car 类的构造函数主要用于实例化对象的成员变量
{
    this._brand = string.Empty;
    this._personNum = 4;
    this._price = 30000;
}
//Car 类的有参构造函数与上面的无参构造函数形成了构造函数重载
public Car(string brand, int personNum, int price)
{
    this._brand = brand;
    this._personNum = personNum;
    this._price = price;
}
```

以上代码中的两个构造函数形成了重载，开发中可以任意选择一个进行对象的实例化过程。

实例化对象时，无法直接调用该函数，如果要调用它，则必须与 new 关键字连用。例如，实例化 Car 类的对象时，需要使用如下代码调用它的构造函数：

```
static void Main(string[] args)
{
    Car car1 = new Car();                       //调用无参构造函数
    Car car2 = new Car("大众", 4, 100000);  //调用有参构造函数
    car1.Run();
    car2.Run();
}
```

运行以上代码，效果如图 5.1 所示。

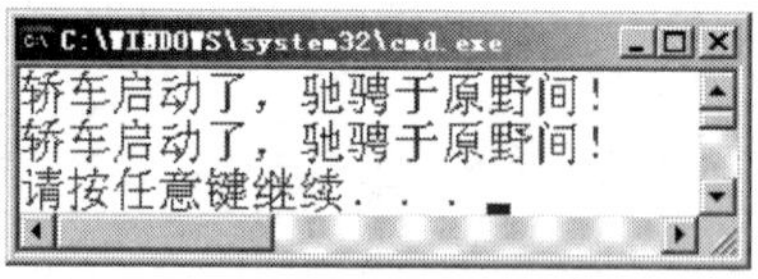

图 5.1　调用构造函数

> **注意**：对象在调用之前必须被实例化，否则会抛出 NullReferenceException 异常。

5.1.4　什么是面向对象编程

面向对象是一种编程思想，就是使用它的思维去构建软件模型来模拟现实世界的各种现象，从而达到为社会服务的目的。应用这种思想进行编程的过程称为面向对象编程。在实际开发中，设计人员根据需求抽取出应用场景，由该场景抽取出所需的类，并通过相关的类来构建一个虚拟现实的虚拟世界。一般的系统构建过程如图 5.2 所示。

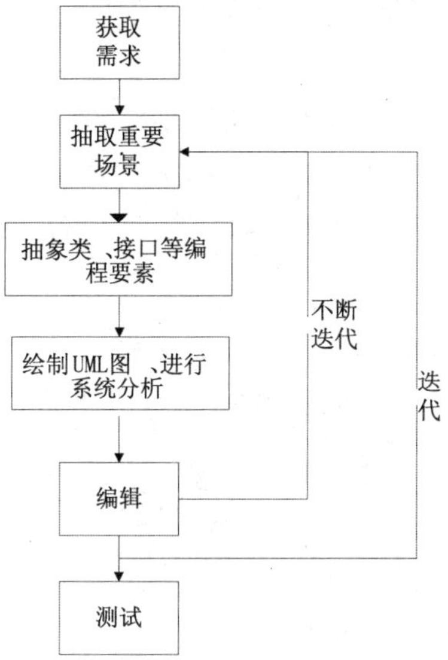

图 5.2　使用面向对象编程的一般过程

使用时可能会采用多种编程模型进行系统分析和编程，比如 MVC 模型等。

> **注意**：本节并不涉及具体的开发模型和流程，只是为了加深读者对面向对象开发的感性认识。

在使用面向对象过程中，会不断地使用其四大特征来构建支撑起实际业务的编程模型。这四大特征体现在以下几个方面。

- 抽象：从现实世界抽象出构建具体业务的类和对象，都会使用抽象特征。
- 封装：抽象后，会使用封装特征将这些关键的类和对象通过类、接口等形式封装起来，造就一个程序黑盒，以便于外部调用。
- 继承：完成基本封装后，会将一些具体的业务实体抽象，称之为与实际开发无关的基类或接口，通过继承来扩展它们，从而更好地增强程序的健壮性、复用性、可维护性。
- 多态：实现继承后，多个子类必然体现了多态的特征，可以更好地适应不断变化的需求和业务规则。

在使用四大特征构建的系统中，对象和类是唯一需要开发人员考虑的实体。客户将不再考虑具体的实现，只需考虑系统的可用性和易用性即可。面向对象的编程构建了一个应用黑盒和一个编程黑盒，能更好地封装客户和开发人员的具体需求及工作，并隔离两者之间的关系，使软件更容易维护和扩展。下一节将具体讨论面向对象思想在 C#编程中的具体实现。

5.2　面向对象编程

上一节简单地讲解了面向对象编程的概念，并讲解了它的四大特征。本节将讲解使用 C#进行面向对象编程，并讲述四大特征在编程中的具体体现。面向对象的编程思想是编程的指导思想，语言只是表现的手段。读者通过 C#编程掌握面向对象思想，可以将其应用于其他语言的编程中。

5.2.1 接口

接口是一种极为特殊的类，一种高度抽象的类。定义它的一般语法形式如下：

```
访问修饰符 interface  接口名
{
   //接口中的代码
}
```

接口命名必须遵循 Pascal 命名法，即单词首字母大写。定义时一般的首字母为 I，主要是为了标明当前定义的是一个接口，而不是一个类。一般情况下，它使用 public 修饰，很少会定义 一个私有的接口。

接口的属性和方法都虚有其表，没有任何的实际代码。现在定义一个汽车接口，代码如下：

```
public interface IAuto          //定义汽车接口
{
   string  Brand          //定义品牌属性
   {
      get;
      set;
   }
   int Price              //定义价格属性
   {
      get;
      set;
   }
   int PersonNum          //定义乘坐人数属性
   {
      get;
      set;
   }
   void Stop();            //定义刹车方法
   void Run();            //定义行驶方法
}
```

以上代码定义的汽车接口具有 3 个读写属性、2 个无参方法。需要注意的是，以上属性和方法都是定义的，没有任何实现代码。代码中的属性和方法没有任何访问修饰符，这是因为它们都默认为 public，无须添加任何修饰符。

接口不能定义任何成员变量，也无法定义构造函数。其主要目的是为了提供一个高度抽象统一的实现形式，如 USB 接口就是一个特定的接口，没有任何具体的实现，硬件厂商都遵循 USB 接口规范，则所有的硬件都可以通过此接口进行数据传输。因为它不能定义构造函数，所以无法被直接实例化，只有被实例化后，才有可能被调用。下一节将讲解实现接口和类继承。

5.2.2 C#中的继承和实现接口

C#可以定义接口、抽象类等抽象实体，而它们无法被直接调用，必须被实现或继承后才可以被调用。

1. 抽象类

C#定义抽象类的一般语法形式如下：

```
访问修饰符 abstract class 抽象类类名
```

```
{
   //抽象类定义代码
}
```

以上代码展示了定义抽象类的固有形式，定义时必须遵循以下规则：

- 必须在 class 关键字之前使用 abstract 关键字修饰。
- 命名必须遵循 Pascal 命名法，即单词首字母大写。

抽象类可以定义实现方法和属性，也可以定义抽象方法。其方法和属性可以被实现，但是抽象方法不可以有任何实现。例如，定义一个 Auto 抽象类，可以定义一个抽象方法 Run()和一个实现方法 Stop()，代码如下：

```
//定义抽象类
public abstract class Auto
{
    protected string _brand;          //定义成员变量
    protected int _price;
    protected int _personNum;
    public string Brand              //定义属性
    {
        get { return this._brand; }
        set { this._brand = value; }
    }
    public int Price
    {
        get { return this._price; }
        set { this._price = value; }
    }
    public int PersonNum
    {
        get { return this._personNum; }
        set { this._personNum = value; }
    }
    //定义实现方法
    public  void Stop()
    {
        Console.WriteLine("刹车了");
    }
    public virtual void AddOil()       //定义虚方法
    {
        Console.WriteLine("进入加油站加油");
    }
    public abstract void Run();       //定义抽象方法
    public Auto()                    //定义构造函数
    { }
    public Auto(string brand, int price, int personNum)
    {
        this._brand = brand;
        this._personNum = personNum;
        this._price = price;
    }
}
```

注意：Auto 类中的成员变量使用 protected 关键字修饰，方便子类访问成员变量。

以上代码定义了一个抽象类 Auto，该抽象类定义了属性、方法、抽象方法、构造函数，它还可以定义虚方法，其一般语法形式如下：

```
访问修饰符 virtual  方法名(参数列表)
{
   //虚方法实现代码
}
```

虚方法与抽象方法异同点如表 5.2 所示。

表 5.2　虚方法与抽象方法的异同点

差异处	相同点
1.非抽象子类必须实现抽象方法，子类不一定需要重写虚方法 2.只有抽象类可以定义抽象方法，除了静态类的所有类都可以定义虚方法	1.都可以通过override关键字被子类方法重写 2.抽象方法和虚方法都不可以使用private关键字修饰

例如，在 Auto 抽象类中定义虚方法 AddOil()，代码如下：

```
public virtual void AddOil()              //定义虚方法
{
    Console.WriteLine("进入加油站加油");
}
```

2. 继承

抽象类无法直接被实例化，其对象只能通过子类对象进行实例化。在获取子类对象时，必须使它继承抽象类。C#中被继承的类称为父类或基类，而继承其他类的类称为子类。继承必须遵循 is-a 原则（李氏替换原则），即子类对象和父类对象必须遵循以下原则：

- 子类对象可以替换父类对象。
- 父类对象不能替换子类对象。

C#中的继承分为以下两个步骤完成。

- 包装：子类对象被实例化时，会调用父类的构造函数，将它实例化为父类对象；继承发生时，CLR 将当前子类对象包装为父类对象。
- 扩展：子类对象被包装成父类对象后，CLR 才会调用它的构造函数为其添加子类扩展的属性或方法，从而扩展为一个真正的子类对象。

C#中一个类只可以继承一个类，但是可以实现多个接口。类继承的语法形式如下：

```
访问修饰符 class 子类 : 类,接口 1,接口 2…
{
  //类代码
}
```

例如，编写 Car 类继承 Auto 抽象类来实现类继承，代码如下：

```
public class Car : Auto //继承 Auto 类
{
    public Car() : base()
    { }
    public Car(string brand, int price, int personNum) : base(brand,price,personNum)
    {}
    public Car(string brand, int price)
    {
        this._brand = brand;
        this._price = price;
    }
    public override void Run()              //实现抽象方法中的 Run 抽象方法
```

```
    {
        Console.WriteLine("汽车行驶中");
    }
    public override void AddOil()
    {
        Console.WriteLine("加油 50 升");
    }
}
```

以上代码中的 Car 类继承了 Auto 类，并使用 override 关键字重写了抽象方法 Run()。Car 类在构造函数中使用了 base 关键字，即 base 指针，它指代了 Car 对象中包装的 Auto 对象。

Car 类还可以使用 override 关键字重写虚方法 AddOil()，代码如下：

```
public override void AddOil()            //重写虚方法 AddOil
{
    Console.WriteLine("加油 50 升");
}
```

虚方法 AddOil()并不一定需要被重写，它可以被子类重写，也可以直接调用父类中定义的虚方法。

3．实现

C#中继承类的过程称为继承；继承接口的过程称为实现。当一个非抽象类实现接口时，必须完全实现接口中的属性和方法，其语法形式与继承类的语法形式完全一致，例如，定义一个 Truck 类来实现上节中定义的 IAuto 接口，代码如下：

```
public class Truck : IAuto
{
    protected string _brand;            //定义成员变量
    protected int _price;
    protected int _personNum;
    public string Brand                 //定义属性
    {
        get { return this._brand; }
        set { this._brand = value; }
    }
    public int Price
    {
        get { return this._price; }
        set { this._price = value; }
    }
    public int PersonNum
    {
        get { return this._personNum; }
        set { this._personNum = value; }
    }
    public void Stop()
    {
        Console.WriteLine("刹车了");
    }
    public void Run()
    {
        Console.WriteLine("行驶在公路中");
    }
}
```

以上代码中的 Truck 类完全实现了 IAuto 接口中定义的属性和方法。C#允许一个类继承多个接口，但是只能继承一个类。

4．李氏替换原则

在子类实现接口或继承类时，它与父类或接口间必须遵循李氏替换原则，即子类对象和父类对象间存在 is-a 关系，比如子类对象可以替换父类对象，而父类对象无法替换子类对象。

例如，IAuto 接口的对象必须通过 Truck 类对象实例化，而无法直接实例化，代码如下：

```
static void Main(string[] args)
{
    IAuto auto = new Truck();//使用子类对象实例化接口对象
    auto.Run();
}
```

C#定义一个方法，用来接受父类对象作为参数时，该方法必然可以接受子类对象作为参数。例如，定义一个接受 Auto 类对象作为参数的 DriverAuto()方法，必然可以接受 Car 类对象作为参数，代码如下：

```
static void DriverAuto(Auto auto)     //接受抽象类对象作为参数的方法
{
    auto.Run();
}
static void Main(string[] args)
{
    IAuto auto = new Truck();
    auto.Run();
    Car car = new Car();            //实例化 Car 类对象
    DriverAuto(car);               //使用 Car 类对象替代 Auto 类对象
}
```

以上代码使用 Car 类对象替代了 Auto 类对象，以传入 DriverAuto()方法，并正确调用该方法。通过以上代码得知子类对象可以替代父类对象，即它们之间符合 is-a 关系。

5.2.3 多态

多态体现在现实社会的方方面面，正如俗语所说的“一样米养百样人”，虽然每个人都是人类的一个实例，但是他们都体现出差异较大、独一无二的特性。在面向对象编程中，多态主要体现在以下 3 个方面。

- 继承：一个父类的多个子类体现了多态特征，比如音乐家和数学家都是人类的子类，但是他们体现了各自不同的特征。
- 一个类的多个对象体现了多态，多个对象拥有相同的属性和方法，但是由于属性值的不同表现了千差万别的特征。
- 方法重载体现了一个类的子类在完成同一个行为时得到的不同结果。

抽象可以帮助开发人员在一个高度抽象的层面实现基础的统一；多态可以使统一的行为体现不同的结果。例如，定义一个 IAuto 接口，并使用 Truck 和 Car 类分别实现该接口，代码如下：

```
public interface IAuto
{
    void Run();                    //定义行驶方法
}
public class Car : IAuto
```

```
{
    public void Run()
    {
        Console.WriteLine("轿车在行驶");
    }
}
public class Truck : IAuto
{
    public void Run()
    {
        Console.WriteLine("卡车在行驶");
    }
}
```

现在定义一个 DriverAuto()方法，代码如下：

```
static void DriverAuto(IAuto auto) //定义一个使用 IAuto 接口对象的方法
{
    auto.Run();//调用 Run()方法
}
```

使用 Truck 对象和 Car 对象分别调用 DriverAuto()方法，执行时会产生不同的结果，代码如下：

```
static void Main(string[] args)
{
    Truck t = new Truck();
    Car c = new Car();
    DriverAuto(t);         //使用 Truck 对象作为参数调用 DriverAuto()方法
    DriverAuto(c);        //使用 Car 对象作为参数调用 DriverAuto()方法
}
```

运行以上代码效果如图 5.3 所示。

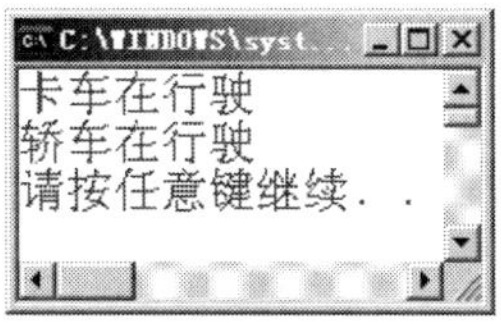

图 5.3　多态的具体体现

上述代码中的 IAuto 接口提供了统一的调用接口，Truck 类和 Car 类实现此接口时体现了多态性。DriverAuto()方法调用了 IAuto 接口对象，但是体现了不同的结果。

使用抽象、封装、继承、多态等面向对象的特征，可以在不修改 DriverAuto()方法代码的情况下，随意更改 IAuto 接口中 Run()方法的实现代码。通过以上代码可以看出面向对象编程思想，可以更好地提高程序的健壮性和可维护性。

5.3　面向对象开发的简单实例

面向对象思想是目前使用最广泛的编程指导思想，它可以使开发人员以最为贴近现实生活的方式来构建软件环境，从而达到快速实现程序功能的目的。本节将通过功能设计、类抽象、应用开发这 3 个方面简单地展示该思想在编程开发中的强大之处，还将展示使用 UML 设计图来帮助开发人员实现复杂的类设计和场景分析。

5.3.1 面向对象功能设计

面向对象功能设计可以使开发人员迅速发掘出最重要的业务对象、类和场景。本节将引领读者设计一个简单的安全子系统，通过对该系统的面向对象功能设计的实现，可以让读者领略面向的强大之处。

在开发大型系统时，可能会将多个系统的登录验证、权限管理、权限验证、授权等功能抽象出来，集成在一个与多个子系统耦合度较低的安全子系统中。由安全子系统的基本功能可以推导出它可能出现的主要用例图，其主要用例图如图 5.4 所示。

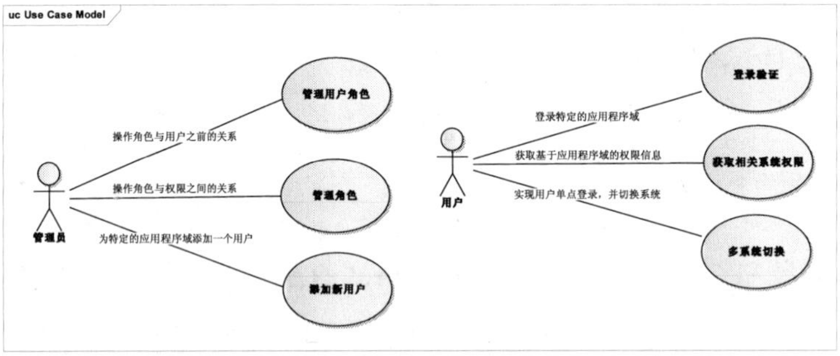

图 5.4　安全子系统基本用例图

安全子系统的功能主要聚集在以下几个方面。

- 登录验证：验证用户在单个系统域中是否有登录权限。
- 权限验证：在用户登录成功时给予用户在当前应用程序域中的相关权限。
- 授权与取消：通过特定用户为用户赋予权限或取消用户的相关权限。

根据主要功能分析，需要抽取出安全子系统中的主要域对象。域对象是真实世界的投影，而不是简单的语言对象，可能遇到的域对象有以下几种：

- 用户。
- 权限。
- 角色。
- 组。
- 应用程序域。

主要角色包括以下两种：

- 系统管理员

> **注意**：系统管理员是一种特殊的用户，这里抽象出的系统管理员是业务规则的需求，而不是真正意义上的数据实体。

- 普通用户

标识用户的主要需求如下。

- 用户：在登录时需要权限系统进行登录安全验证，并获取特定应用程序域下的权限信息。
- 管理员：用户的特定实例，需要对用户与角色、角色与权限、组与用户之间的关系进行管理。

根据主要用例图推导出用户登录鲁棒图，如图 5.5 所示。

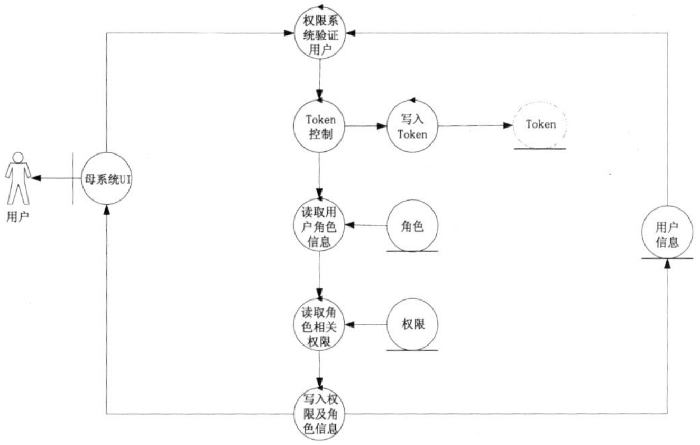

图 5.5.　用户登录鲁棒图

还可以使用活动图来辅助分析安全子系统的功能，如图 5.6 所示。

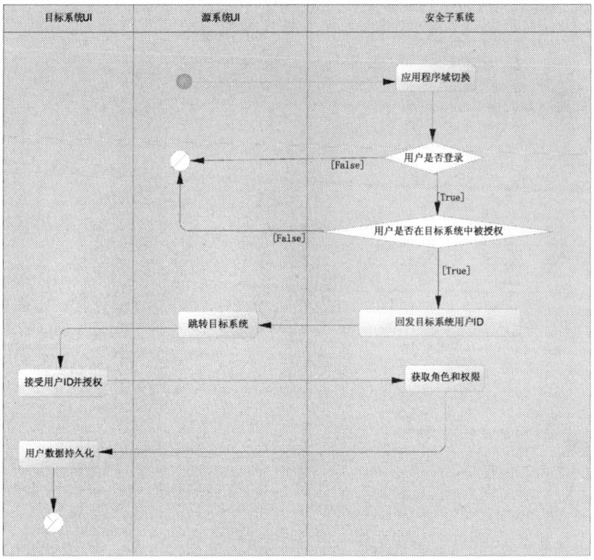

图 5.6　安全子系统验证用户活动图

根据以上多种 UML 图分析，可以准确地预测到，开发人员在开发安全子系统中可能需要开发的功能，以及可能遇到的技术难题。本节展示的安全子系统功能分析抽取了系统中验证用户登录的功能分析细节，并没有涉及整个系统的设计。读者需要仔细咀嚼本节功能分析中的 UML 图分析，并进一步体会面向对象功能分析的重要之处。

5.3.2　面向对象的类设计

上节简单描述了安全子系统完成用户登录验证的功能分析，本节将迭代上一节中的面向对象分析，从而完成复杂的类设计分析。根据上节的鲁棒图分析结果和用例分析、需求分析，可以抽取出基本的数据实体，数据 E-R 图如图 5.7 所示。

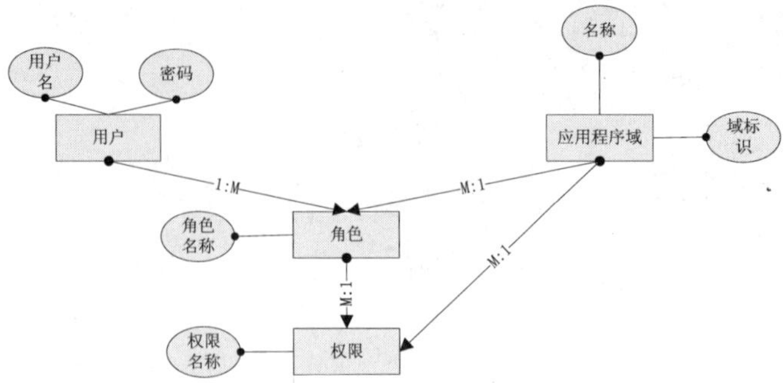

图 5.7　E-R 图

从 E-R 图中可以得到以下一些数据关系：

- 应用程序域可以拥有多个角色、权限，并且至少拥有一个用户授权、一个角色、一个权限。
- 一个用户可以拥有多个角色，并且至少对应一个角色。用户不属于任何应用程序，只需要应用程序对他进行授权即可。
- 一个角色可以拥有多个权限，并且至少拥有一个权限。

根据 E-R 图可以粗略地进行类设计来获取用户验证时权限的工具类及数据实体类设计，数据实体类设计如图 5.8 所示。

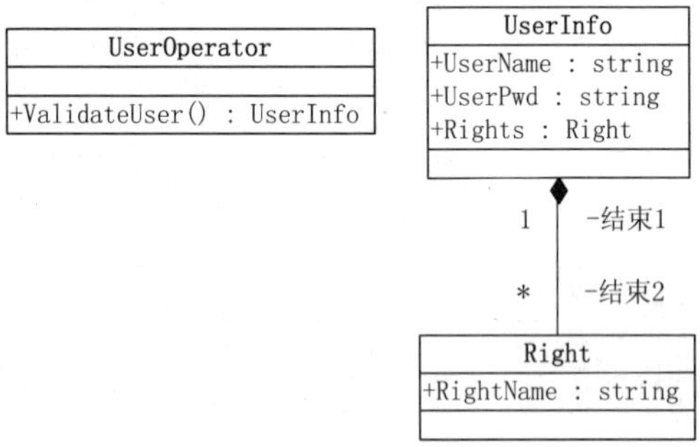

图 5.8　类图设计

以上类图完全遵循了 E-R、鲁棒图和活动图设计的原则，用户需先登录，然后才能获得授权。

5.4　小结

本章首先讲解了 C#在面向对象编程中的基本编程元素，并演示了如何使用 C#提供的各种语法元素来构建类和对象；然后又讲解了 C#中接口、抽象类、虚方法与抽象方法等编程元素，并讲解了李氏替换原则等基本守则；最后还介绍了面向对象编程思想在 C#编程中的使用细节，还演示了一些基本的 UML 图来辅助面向对象分析，并展现了基本的建模手法。

读者需要深入地理解本章中讲解的面向对象知识，才可以在以后的开发中利用它来完成复杂的模型构建，从而完成复杂的系统开发。

第三篇

ASP.NET 控件

如果让读者用手写代码去写一个网页中的日历，那得耗费至少 100 行 HTML 代码，而且可能效果并不好看，如果要好看，还需要编写很多 CSS 代码来设计样式，那怎么样才能简化这种操作呢？ASP.NET 的开发工具 VS 2010 提供了很多网页需要的控件，如日历、列表框、向导控件等，这些都能简化我们的操作，提高开发效率。本篇的内容主要有：

- ASP.NET 基本控件
- 高级服务器控件
- 用户控件

第 6 章　ASP.NET 基本控件

本章和下一章将介绍 ASP.NET 中一些常用的控件，从 VS 2010 的工具箱中可以发现，ASP.NET 本身提供了相当多的控件供开发人员使用。它提供的服务器控件可以分为如下几类。

- HTML 服务器控件：由一些封装了标准 HTML 元素的类组成，除了其属性的定义方式与 HTML 元素稍有不同之外，其他的定义方式完全相同。
- Web 服务器控件：基本上就是标准 HTML 元素的副本，但是它具有更一致、更有意义的属性和方法，其属性和方法使开发人员更容易地定义和使用。
- Web 高级服务器控件：这些高级控件具有生成大量 HTML 标记和代码来创建客户端界面的能力，比如 Calendar、AdRotator 及 TreeView 控件等。
- 验证控件：使开发人员能更容易地验证所关联控件的值，可以为其指定内置规则或自定义验证规则，比如文本框不能为空或者必须为数字等。
- 除了上面列出的几类控件之外，在本书其他的章节中还涉及如下控件。
- 数据控件：包含用于访问和绑定数据库数据或其他数据源数据的控件，比如 GridView、DetailsView 等数据绑定控件，以及 SqlDataSource 和 ObjectDataSource 等数据源控件。
- 导航控件：这些控件用于在页面上显示站点地图，使用户很容易地从一个页面导航到另一个页面。
- 登录控件：这些控件支持表单身份验证，用于提供登录和用户管理功能。
- Web 部件控件：这是一套支持 Web Parts 的控件，它是 ASP.NET 中用于构建组件化、高度可配置 Web 门户的一套组件。
- ASP.NET Ajax 控件：允许用户在 ASP.NET 页面上使用 Ajax 技术，比如 UpdatePanel 控件、ScriptManager 控件等。

所有的服务器控件都派生自 System.Web.UI 命名空间中的 Control 基类，它包括 HTML 服务器控件、Web 服务器控件及开发人员自定义的控件。服务器控件的类层次结构如图 6.1 所示。

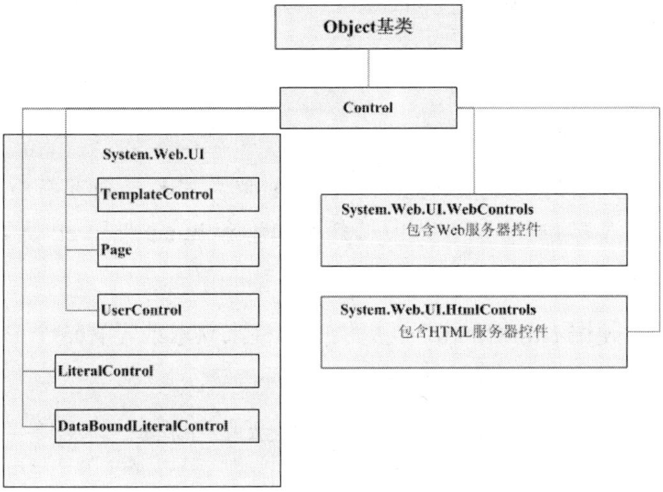

图 6.1　ASP.NET 服务器控件类层次结构

6.1　HTML 服务器控件

所有的 HTML 服务器控件都定义在 System.Web.UI.HtmlControls 命名空间中，该命名空间包含 20 多个不同的 HTML 服务器控件。所有的 HTML 服务器控件都派生自 HtmlControl 基类，该类提供了 HTML 服务器控件的基本功能。

6.1.1　HtmlControl 类

HtmlControl 类是 HTML 服务器控件的基类，具有它们都比较通用的属性，其基本属性如下。

- Attributes：允许为控件标记添加属性。可以使用这个集合添加一些并没有被公开的属性，比如为文件框的 onFocus 属性添加一些 JavaScript 代码，让文本框在获得焦点时执行一些动作。
- Disabled：设置和返回控件的禁用状态。如果该属性设置为 True，则控件通常输出为一个灰色的不可用控件。
- Style：返回被应用到控件样式的集合。
- TagName：返回控件的标签名称，比如 img 等。

为了演示 HTML 服务器控件，本节创建了一个名为 HtmlServerControlDemo 的示例网站，在该网站中添加一个名为 HTMLControlDemo.aspx 的 Web 窗体，其中放 1 个 HtmlInputButton 控件，指定其 ID 值和 Type 属性值，代码如下：

```
<html xmlns="http://www.w3.org/1999/xhtml">
<head runat="server">
    <title>HTML 服务器控件演示</title>
</head>
<body>
    <form id="form1" runat="server">
    <div>
```

```
        <!--放一个 HTML 服务器控件到页面上-->
        <input runat="server" id="Button1" type="button" />
      </div>
      </form>
   </body>
   </html>
```

> **注意**：当从 VS 2010 的工具箱中拖一个 HTML 服务器控件到页面后，VS 2010 并不会将其作为一个服务器控件，开发人员必须手工添加 runat="server"使其成为一个服务器端的控件。

在后置代码中，将使用 HtmlControl 类提供的属性来获取或设置这个 Button，代码如下：

```
protected void Page_Load(object sender, EventArgs e)
{
    //为按钮的 Attributes 添加 onclick 属性，使之弹出一个消息
    Button1.Attributes.Add("onclick", "alert('hello, world')");
    Button1.Attributes.Add("value", "按钮演示");    //为按钮指定一行文本
    Button1.Style.Add("background-color", "red"); //将按钮的背景色设置为红色
    Button1.Attributes["bgcolor"] = "lightblue";  //将按钮的 bgcolor 属性改变颜色
}
```

在页面加载事件中，使用 Attributes 属性为 HtmlInputButton 添加 onclick 属性、value 属性，并设置一个样式，最后将 HtmlInputButton 中的 bgcolor 属性设置为 lightblue。运行该页面时，将会在页面上显示一个红色的按钮，单击该按钮时，会弹出一个提示消息框。

6.1.2 HtmlContainerControl 类

派生自 HtmlContainerControl 类的控件一般都具有包含其他 HTML 内容或控件的能力，比如<anchor>标签，通常在<a>...</a>之间包含一些文本或图片。很多的 HTML 控件都可以作为容器，比如<div>标签、<b>标签。这些标签并没有映射到特定的 HTML 服务器控件，但是开发人员仍然能通过添加 runat="server"来使用它们。如果控件没有对应的 HTML 服务器控件类，将它们实例化为一个 HtmlGenericControl 类。该类本身派生自 HtmlContainerControl。为了支持包含特性，HtmlContainerControl 类添加了如下两个属性。

- InnerHtml：在开闭标签之间返回或设置 HTML 文本。如果使用这个属性，所有的字符串将保持原样，也意味着开发人员可以在 InnerHtml 中内嵌 HTML 标记。
- InnerText：返回或设置开闭标签之间的文本。

现在添加一个名为 HtmlContainerControlDemo.aspx 页面，在页面上放 1 个 HTML 服务器控件<span>，代码如下：

```
<form id="form1" runat="server">
<div>
  <!--添加一个 span 的服务器控件作为容器控件-->
  <span id="Message" runat="server"></span>
</div>
</form>
```

在页面加载事件中，将使用 HtmlContainerControl 类的 InnerHtml 属性来为控件设置文本，代码如下：

```
protected void Page_Load(object sender, EventArgs e)
```

```
{
    //指定<span>开始和结束标签之间的 HTML 文本
    Message.InnerHtml = Server.HtmlEncode("<b>为 HTML 服务器控件设置文本</b>");
}
```

运行时，将会在页面上显示一行粗体文本。

6.1.3　HtmlInputControl 类

HtmlInputControl 允许用户输入，来实现与用户的交互，比如单选按钮、文本框、按钮、列表框等控件。所有这些控件都生成一个<input>标签，这些控件具有一个 Type 属性用于指定控件的类型，比如<input type="text">表示一个文本框、<input type="button">表示一个按钮。HtmlInputControl 类添加了如下属性。

- Type：获取 HtmlInputControl 的类型，如果某控件的 Type 属性设置为 Text，则 HtmlInputControl 是一个用于输入的文本框。
- Value：获取或设置与输入控件相关联的值，其值依赖于控件的类型。

6.1.4　HTML 服务器控件

在 VS 2010 的工具箱中可以找到 15 种 HTML 服务器控件，如图 6.2 所示。

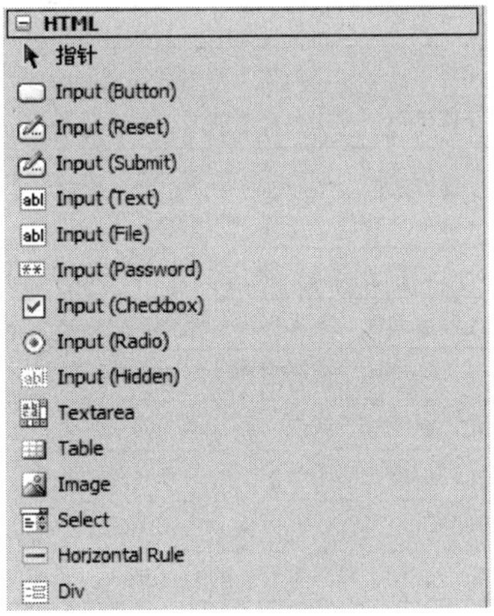

图 6.2　HTML 控件工具箱

本小节将列出可供使用的 HTML 服务器控件类，以及其对应的 HTML 标签，如表 6.1 所示。

表 6.1　HTML 服务器控件类

HTML 服务器控件类	说　明
HtmlAnchor	允许编程访问服务器上的 HTML <a>元素
HtmlButton	允许以编程方式访问服务器上的 HTML<button>标记
HtmlContainerControl	用做映射到需要具有开始标记和结束标记的 HTML 元素的 HTML 服务器控件的抽象基类

续表

HTML 服务器控件类	说　明
HtmlControl	定义 ASP.NET 页框架中的所有 HTML 服务器控件所通用的方法、属性（Property）和事件
HtmlEmptyTagControlBuilder	与页分析器进行交互，以生成不具有主体或结束标记的 HTML 服务器控件。无法继承此类
HtmlForm	提供对服务器上的 HTML<form>元素的编程访问
HtmlGenericControl	定义不由特定的.NET Framework 类表示的所有 HTML 服务器控件元素的方法、属性和事件
HtmlHead	提供对服务器代码中的 HTML <head>元素的编程访问
HtmlHeadBuilder	与分析器进行交互以生成 HtmlHead 控件
HtmlImage	提供对服务器上的 HTML<img>元素的编程访问
HtmlInputButton	允许编程访问服务器上的 HTML<input type= "button">、<input type= "submit">和<input type= "reset">元素
HtmlInputCheckBox	允许编程访问服务器上的 HTML<input type= "checkbox">元素
HtmlInputControl	用做定义所有 HTML 输入控件所共有的方法、属性和事件的抽象基类，如<input type="text">、<input type="submit"> 和 <input type=" file">元素
HtmlInputFile	允许编程访问服务器上的 HTML <input type= "file">元素
HtmlInputHidden	允许编程访问服务器上的 HTML<input type="hidden">元素
HtmlInputImage	允许编程访问服务器上的 HTML<input type= "image">元素
HtmlInputPassword	允许编程访问服务器上的 HTML <input type= "password">元素
HtmlInputRadioButton	允许编程访问服务器上的 HTML <input type= "radio">元素
HtmlInputReset	允许编程访问服务器上的 HTML <input type="reset">元素
HtmlInputSubmit	允许编程访问服务器上的 HTML <input type= "submit">元素
HtmlInputText	允许编程访问服务器上的 HTML<input type= "text">和<input type= "password">元素
HtmlLink	允许编程访问服务器上的 HTMLlink 元素
HtmlMeta	允许以编程方式访问服务器上的 HTML<meta>标记
HtmlSelect	允许编程访问服务器上的 HTML <select>元素
HtmlSelectBuilder	与分析器进行交互以生成 HtmlSelect 控件
HtmlTable	允许编程访问服务器上的 HTML <table>元素
HtmlTableRowControlCollection	表示作为 HtmlTable 控件的行的 HtmlTableRow 对象的集合
HtmlTableCell	表示 HtmlTableRow 对象中的 HTML<td>和<th>元素
HtmlTableCellCollection	HtmlTableCell 对象的集合，这些对象表示 HtmlTable 控件的一个行中的单元格，无法继承此类
HtmlTableRow	表示 HtmlTable 控件中的 HTML<tr> 元素
HtmlTableCellControlCollection	表示作为 HtmlTableRow 控件的单元格的 HtmlTableCell 对象的集合
HtmlTableRowCollection	表示 HtmlTableRow 对象的集合，这些对象表示 HtmlTable 控件中的行，无法继承此类
HtmlTextArea	允许编程访问服务器上的 HTML<textarea> 元素
HtmlTitle	允许编程访问服务器上的 HTML <title>元素

6.1.5　编程创建 HTML 服务器控件

有时候并不知道在页面上需要多少控件，如某种情况下，Web 页面需要根据特定的参数来确定控件的数量，此时可以创建 HTML 服务器控件类的实例，使用面向对象的方式设置其属性，然后将这些 HTML 服务器控件添加到页面上的控件集合中，这样就实现了用户界面的动态创建。

在 HtmlServerControlDemo 网站中添加一个名为 DynamicCreateHTMLControl.aspx 的页面，本示例将在页面上动态地为一个没有行列的 HtmlTable 控件添加行列，在该页面的源代码中，添加如下代码：

```
<html xmlns="http://www.w3.org/1999/xhtml">
<head runat="server">
   <title>动态创建 HTML 服务器控件</title>
</head>
<body>
   <form id="form1" runat="server">
   <div>
   <h3>HtmlTable 示例</h3>
  <!--定义一个 HTML 表格，但是它并不包含任何行列信息-->
  <table id="Table1"
     style="border-width:1; border-color:Black; padding:5"
     cellspacing="0" runat="server" />
     <br />
     <!--将使用这个选择框来指定表格行-->
     表格行：
     <select id="Select1" runat="server">
        <option value="1">1</option>
        <option value="2">2</option>
        <option value="3">3</option>
        <option value="4">4</option>
        <option value="5">5</option>
     </select>
     <br />
    <!--将使用这个选择框来指定表格列-->
     表格列：
     <select id="Select2" runat="server">
        <option value="1">1</option>
        <option value="2">2</option>
        <option value="3">3</option>
        <option value="4">4</option>
        <option value="5">5</option>
     </select>
     <!--当单击该控件时，引起页面回发，从而生成行和列-->
     <input id="Submit1" type="submit"
        value="生成表格" runat="server" />
   </div>
   </form>
</body>
</html>
```

在源代码页面中放置了两个下拉列表框控件，并添加了 1 个提交控件，它们都具有 runat="server"标记。当单击“生成表格”按钮时，将会进行页面回发，页面加载事件触发时，将会动态地创建表格的行和列，代码如下：

```
protected void Page_Load(object sender, EventArgs e)
{
```

```
        int row = 0;
        //生成表格的行和列
        int numrows = Convert.ToInt32(Select1.Value);
        int numcells = Convert.ToInt32(Select2.Value);
        //遍历行数，生成表格行
        for (int j = 0; j < numrows; j++)
        {
            HtmlTableRow r = new HtmlTableRow();
            //在交替行上设置行的背景色
            if (row % 2 == 1)
                r.BgColor = "Gainsboro";
            row++;
            //遍历列数，根据行列值，添加单元格
            for (int i = 0; i < numcells; i++)
            {
                //添加 HtmlTableCell 单元格
                HtmlTableCell c = new HtmlTableCell();
                c.Controls.Add(new LiteralControl("行 " + j.ToString() +   ", 列 " +
                i.ToString()));
                r.Cells.Add(c);
            }
            Table1.Rows.Add(r);              //将行添加到 Rows 集合中
        }
    }
```

该示例从下拉列表框中获取用户所选择的行列值。首先遍历行值，生成 HtmlTableRow 对象，接下来遍历列值，根据行和列的位置生成一个 HtmlTableCell 对象，并添加到 HtmlTableRow 对象中，最后将生成的 HtmlTableRow 添加到 HtmlTable 的 Rows 集合中，运行效果如图 6.3 所示。

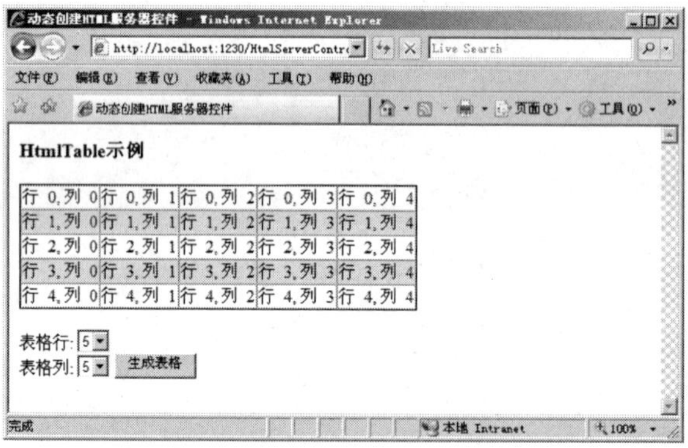

图 6.3　动态创建 HTML 服务器控件示例

6.1.6　处理 HTML 服务器控件事件

当开发人员将 HTML 服务器控件添加到 Web 页面上时，会发现 HTML 服务器控件并没有事件列表窗口，它仅提供了两个可能的事件。

- ServerClick：处理服务器端的单击事件，由大多数按钮控件提供，允许响应该事件在服务器端执行一些行为。
- ServerChange：当文本框或选择框控件中的内容发生改变时，将触发该事件。这个事件一般不会触发，除非在页面回发时，比如用户单击“提交”按钮后将会触发它。

为了演示 HTML 服务器控件事件的使用，现在举例说明，操作步骤如下。

（1）添加一个名为 HtmlServerEventDemo.aspx 的页面，在该页面中，为 HTML 服务器控件添加如下代码：

```
<h3>HTML 服务器控件事件演示</h3>
 <form id="form1" runat="server">
    <!--定义一个复选框，并响应其 onserverchange 事年-->
    <input id="Check1"
           type="checkbox"
           onserverchange="Server_Changed"
           runat="server"/>
     CheckBox1
    <!--将在这个 span 中显示事件执行的结果信息-->
    <span id="Span1"
          style="color:red"
          runat="server"/>
    <br />
    <!--将响应该按钮的 onserverclick 事件-->
    <input type="button"
           id="Button1"
           value="进入"
           onserverclick="Button1_Click"
           runat="server"/>
    <br /><br />
     <!--将在 Span2 中显示按钮的执行结果-->
    <span id="Span2"
          runat="server"/>
    <!--隐藏域用于保存控件的状态-->
    <input type="hidden" id="Prev_Check_State"
                      visible="false"
                      runat="server"/>
 </form>
```

（2）在后置代码中编写如下代码来响应 HTML 服务器控件事件：

```
protected  void Button1_Click(object sender, EventArgs e)
{
   //从隐藏域中读取复选框的状态信息
   if (Prev_Check_State.Value == Check1.Checked.ToString())
      Span2.InnerHtml = "在两次单击之间，复选框的状态没有发生改变.";
    //如果复选框被选择，则设置 Span1 的内容为已选择，否则设置为未选择，并更新隐藏域的内容
   if (Check1.Checked == true)
   {
      Span1.InnerHtml = "复选框已经被选择!";
      Prev_Check_State.Value="True";
   }
   else
   {
      Span1.InnerHtml = "复选框没有被选择!";
      Prev_Check_State.Value="False";
   }
}
protected void Server_Changed(object sender, EventArgs e)
{
    //当复选框的值发生改变后，在页面 PostBack 之后会显示的信息
    Span2.InnerHtml = "在两次单击之间，复选框的值已经被改变";
}
```

（3）当运行该示例时，选中复选框并没有引起页面回发，因此不会执行服务器端代码，

当单击“进入”按钮后，会执行 CheckBox 控件的 Server_Changed 事件，并且 Button1_Click 事件也被触发，因此在页面上会看到两行文本，如图 6.4 所示。

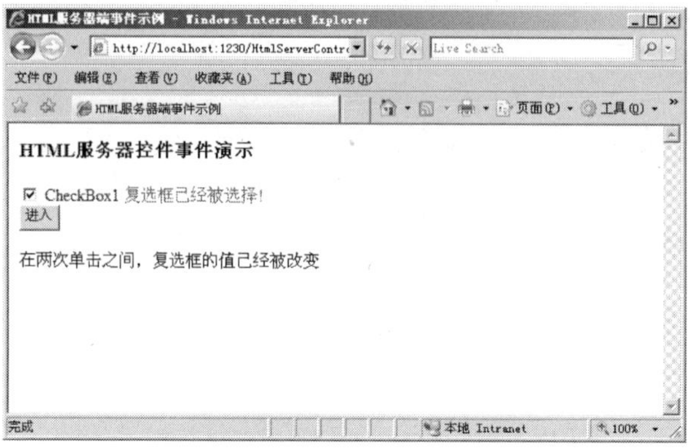

图 6.4　HTML 服务器控件事件示例效果

6.2　基本的 Web 服务器控件

HTML 服务器控件尽管也可以用来编程，但是在实际开发 ASP.NET 应用程序时使用得较少，因为其功能非常有限。ASP.NET 提供了另外一种新的服务器控件模型。所有的 Web 服务器控件都定义在 System.Web.UI.WebControls 命名空间中，并且它们都派生自 WebControl 基类。Web 服务器控件提供了比 HTML 服务器控件更抽象和更一致的模型，而且它也支持一些强大的特性，比如自动回发机制。更吸引人的是，Web 服务器控件不只是简单的 HTML 标记的映射，而是生成了更为复杂的 HTML 标签和 JavaScript 代码，比如复选框列表控件、单选按钮控件、日历控件和网格控件等。

6.2.1　Web 服务器控件介绍

ASP.NET 中的 Web 服务器控件模型将一些功能定义为抽象控件，抽象控件的外观呈现与编程模型可能是非常不一致的，与 HTML 服务器控件一一对应到相应的 HTML 标记不同，Web 服务器控件的呈现是复杂多样的，它除了提供 HTML 服务器控件的功能外，还提供以下几项附加功能：

- 功能丰富的对象模型，具有类型安全编程功能。
- 自动浏览器检测，控件能检测浏览器的功能，并根据浏览器呈现不同的标记。
- 对于某些控件，可以使用 Templates 定义自己的布局。
- 对于某些控件，可以指定控件的事件是立即发送到服务器，还是先缓存然后在提交该页时引发。
- 支持主题，可以使用主题为站点中的控件定义一致的外观。
- 可将事件从嵌套控件（比如表中的按钮）传递到容器控件。

Web 服务器控件派生自 WebControl 类，该类也派生自 Control 类，因此很多属性和方法，比如 Controls、Visible 和 FindControl 都与 HTML 服务器控件相似，但是 WebControl 类在其基础上又增加了很多新的方法和属性。它的这些属性、方法和事件是 Web 服务器控件所公有的，一般用于设置它们的外观和行为。WebControl 类的属性如表 6.2 所示。

表 6.2　WebControl 基类属性

HTML 服务器控件类	说　明
AccessKey	返回和设置允许用户进行快速导航的快捷方式。比如可以设置某个控件的 AccessKey 为 F，则用户可以通过按【Alt+F】组合键来导航到该控件
BackColor	返回或设置背景色
BorderColor	返回或设置边框色
BorderStyle	BorderStyle 枚举值之一，包含 Dashed、Dotted、Double、Groove、Ridge、Inset、Outset、Solid 及 None
BorderWidth	返回或设置边框宽度
CssClass	返回或设置与控件关联的 CSS 样式，CSS 样式可以定义在页面顶端的<style>节中或者是定义在单独的 CSS 文件中，由页来引用
Enabled	返回或设置控件的可用状态，如果为 False，则控件通常输出为灰色外观，并且不可用
Font	返回一个包含所有样式信息的字体对象
ForeColor	返回或设置前景色
Height	返回或设置控件的高度
TabIndex	允许用户指定控件的 Tab 顺序值，当控件首次加载时，控件的 TabIndex 值为 0，按下【Tab】键将移动到下一个 TabIndex 中
ToolTip	用于当鼠标经过控件时显示一行文本信息，很多版本低的浏览器不支持这个特性
Width	返回或设置控件的宽度

一个典型的 ASP.NET Web 服务器控件的声明如下：

```
<form id="form1" runat="server">
<div>
   <!--定义一个 Web 服务器控件文本框-->
   <asp:TextBox ID="TextBox1" runat="server"></asp:TextBox>
</div>
</form>
```

在默认情况下，Web 服务器控件使用<asp:>作为控件定义的开头，与 HTML 服务器控件类似，需要为其指定一个 ID 属性，以便于在服务器端代码中引用控件，同样地，也需要包含 runat="server"属性，最后需要为控件声明结束标记。

6.2.2　使用 Label 标签控件

Label 控件用于在页面上显示静态文本。之所以需要 Label 控件，是因为开发人员经常需要以编程的方式更改文本的内容或外观。为了演示标准 Web 服务器控件的使用，本节创建了一个名为 WebServerControlDemo 的示例网站，在该网站中添加一个名为 LabelDemo.aspx 的页面，具体操作步骤如下。

（1）从工具箱中拖 1 个 Label 控件到窗体设计视图，命名为 lblDateTime，清除由设计器自动指定的 Text 属性，声明代码如下：

```
<form id="form1" runat="server">
<div>
    <!--定义一个 Label 控件-->
```

```
        <asp:Label ID="lblDateTime" runat="server"></asp:Label>
    </div>
    </form>
```

（2）演示如何在程序中控制该 Label 控件所显示的文本，双击窗体设计视图的空白处，在 Page_Load 事件中添加如下代码：

```
protected void Page_Load(object sender, EventArgs e)
{
    lblDateTime.Text = DateTime.Now.ToString();        //在标签中显示当前的日期和时间
}
```

（3）示例代码为 Label 控件的 Text 属性指定了显示当前日期和时间的字符串值，运行效果如图 6.5 所示。

图 6.5　Label 控件运行效果演示

在实际的项目应用中，Label 控件总是用于显示一些文本信息。在 ASP.NET 2.0 之后，它增加了一些新功能，一个最重大的改进是可以与编辑控件相关联，并为控件提供快捷键功能，这对于一些需要输入大量数据的窗体来说非常有用。

（4）在 LabelDemo.aspx 页面中设计一个简单的登录界面，使用 Label 控件的两个新属性与两个 TextBox 控件相关联，代码如下：

```
        <p>
          <!--新建一个 Label 控件，使用 AccessKey 指定快捷键，使用 AssociatedControlID 指定关联
          的控件 ID-->
          <asp:Label ID="Label1" runat="server" AccessKey="U"
             AssociatedControlID="Textbox1"><u>U</u>用户名：</asp:Label>
          <asp:TextBox ID="TextBox1" runat="server"></asp:TextBox></p>
        <p>
        <!--要求用户指定密码的 Label 和 TextBox 控件-->
        <asp:Label ID="Label2" runat="server" AccessKey="P"
        AssociatedControlID="Textbox2"><u>P</u>密码：</asp:Label>
        <asp:TextBox ID="TextBox2" Runat="server"></asp:TextBox></p>
        <p>
        <!--“提交”按钮-->
        <asp:Button ID="Button1" runat="server" Text="提交" />
        </p>
```

在本示例中，使用 AccessKey 属性指定一个快捷键，比如“用户名”文本框使用 U，在运行时可以按【Alt+U】组合键。第 2 个是 AssociatedControlID 字符串属性，它指定 Lable 控件所关联控件的 ID，该 ID 必须是当前页面上已经存在的服务器控件 ID，否则在调用时页面将显示错误。在运行时，当用户按下快捷键时，焦点将自动切换到 AssociatedControlID 所

关联的控件中，运行效果如图 6.6 所示。

图 6.6　具有快捷键功能的 Label

当按【Alt+U】组合键时，焦点将切换到“用户名”文本框中。同样，当按【Alt+P】组合键时，焦点将切换到“密码”文本框中。可以看一下 Label 控件最终生成的 HTML 代码，纯 Label 控件输出为<span>标记，当为它指定格式化选项时，<span>标记中将嵌入格式化信息。如果指定 AssociatedControlID 后，Label 控件将输出为<label>标签，生成的 HTML 代码如下：

```
<div>
     <!--定义一个 Label 控件-->
    <span id="lblDateTime">2008-9-13 8:25:14</span>
</div>
    <p>
      <!--新建一个 Label 控件，使用 AccessKey 指定快捷键，使用 AssociatedControlID 指定关联
      的控件 ID-->
      <label for="TextBox1" id="Label1" accesskey="U"><u>U</u>用户名：</label>
      <input name="TextBox1" type="text" id="TextBox1" /></p>
    <p>
    <!--要求用户指定密码的 Label 和 TextBox 控件-->
    <label for="TextBox2" id="Label2" accesskey="P"><u>P</u>密码：</label>
    <input name="TextBox2" type="text" id="TextBox2" /></p>
    <p>
    <!-“提交”按钮-->
    <input type="submit" name="Button1" value="提交" id="Button1" />
    </p>
```

> **注意：** 如果只是为了显示静态文本，可以直接使用 HTML 标记元素，这可以减少性能开支。

6.2.3　使用 Literal 静态文本控件

Literal 控件与 Label 控件相似，可以用于在浏览器中显示文本或 HTML 内容。这两个控件较大的区别在于，Literal 不支持很多格式化的设置，如 Label 控件中的样式设置等。当使用 Lable 控件时，在 HTML 中将输出为<span>标记，而 Literal 则只是输出静态的文本内容。举例说明如何使用 Literal 静态文本控件，操作步骤如下。

（1）在 WebServerControlDemo 网站中添加一个名为 LiteralDemo.aspx 的页面，在其中添加 1 个 Literal 控件，指定其 ID 值为 ltlDateTime，声明代码如下：

```
<form id="form1" runat="server">
<div>
    <!--使用 Literal 控件-->
    <asp:Literal ID="ltlDateTime" runat="server"></asp:Literal>
</div>
</form>
```

（2）进入后置代码视图，在 Page_Load 事件中添加如下代码：

```
protected void Page_Load(object sender, EventArgs e)
{
    ltlDateTime.Text = DateTime.Now.ToString();        //为 Literal 控件指定文本内容
}
```

（3）运行时可以看到在页面上显示了当前的时间值，用鼠标右键单击浏览器空白处，在弹出的快捷菜单中选择“查看源文件”命令，在打开的 HTML 源代码窗口中会看到 Literal 直接输出为纯文本，代码如下：

```
<div>
    <!--使用 Literal 控件-->
    2010-12-16  17:10:16
</div>
```

Literal 还有一个额外的特性是支持对其内容进行编码，可以通过其 Mode 属性设置对所添加的内容进行编码处理的方式，Mode 属性具有如下 3 种可选值。

- PassThrough：显示控件的内容并不进行任何编码，内容将按原文输出。
- Encode：使用 HTML 编码控件的内容后再进行显示。
- Transform：对添加到控件内容中不受支持的标记进行转换，以适应请求浏览器的协议。如果向不支持 HTML 协议以外的其他移动设备呈现内容，此设置非常有用。

（4）在 LiteralDemo.aspx 页面上放置 3 个 Literal 控件，指定其 Mode 属性分别为上面列出的 3 种可选值，声明代码如下：

```
<br />
<asp:Literal ID="ltlModePassThrough" runat="server" Mode="PassThrough"
    Text="<b>这是原样输出的文本</b>"></asp:Literal>
    <br />
<asp:Literal ID="Literal2" runat="server" Mode="Encode"
    Text="<b>经过 HTML 编码后的文本</b>"></asp:Literal>
    <br />
<asp:Literal ID="Literal3" runat="server" Text="<b>自适应文本</b>"></asp:Literal>
```

第 1 个 Literal 会直接将 Text 中的属性输出为 HTML 内容，因此将会显示粗体字，第 2 个 Literal 首先进行 HTML 编码，<b></b>标记会被理解成字符串，最终会将<b></b>字符输出到页面中，第 3 个 Literal 会自动使用这个被支持的标记，因此会看到字体变为粗体字，运行效果如图 6.7 所示。

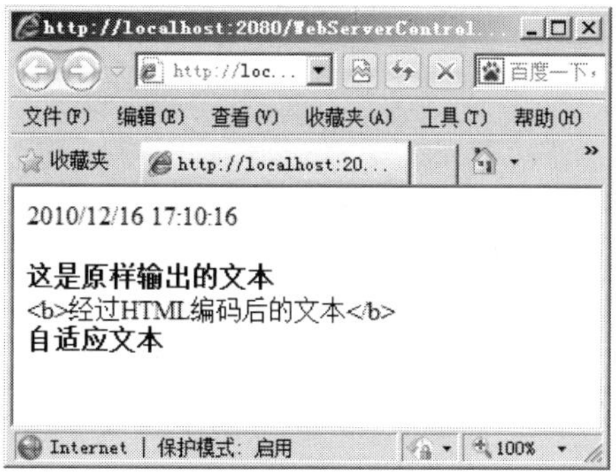

图 6.7　Literal 模式示例

6.2.4　使用 TextBox 文本框控件

TextBox 控件是用于向 Web 页面输入信息的最常用的控件。当从工具箱中拖一个 TextBox 控件到 Web 窗体上时，默认情况下将显示一个单行文本框。开发人员可以通过改变其 TextMode 属性来改变它的文本显示模式，该属性是 TextBoxMode 枚举类型的属性值，具有如下 3 种可选值。

- SingleLine：表示单行输入模式。文本框将显示为单行，如果用户输入的文本超出了 TextBox 控件的物理大小，则文本沿水平方向滚动。
- MultiLine：表示多行输入模式。基于 Rows 属性显示 TextBox 的高度，如果用户输入的文本超出了 TextBox 控件的物理大小，则文本将相应地滚动，并出现滚动条。
- PassWord：表示密码输入模式。在外观上类似于 SingleLine 模式，但输入的文本会被特定的密码占位符代替。

需要添加一个 TextBoxDemo.aspx 的页面，在该页面中放 1 个 3 行 2 列的表格，分别放置 3 个 TextBox 控件，并为它们设置不同的 TextMode 属性值，声明代码如下：

```
<table class="style1">
    <tr>
        <td width="200">
            单行文本框 TextMode=SingleLine</td>
        <td>
            <asp:TextBox ID="TextBox1" runat="server" CssClass="txt">这是单行文本框
            </asp:TextBox>
        </td>
    </tr>
    <tr>
        <td>
            多行文本框 TextMode=MultiLine</td>
        <td>
            <asp:TextBox ID="TextBox2" runat="server" TextMode="MultiLine"
            CssClass="txt">多行文本框中，可以输入多行字符，可以换行，并出现滚动条
            </asp:TextBox>
        </td>
    </tr>
    <tr>
        <td>
            密码文框框 TextMode=Password</td>
        <td>
            <asp:TextBox ID="TextBox3" runat="server" TextMode="Password"
```

```
            CssClass="txt"></asp:TextBox>
            </td>
        </tr>
    </table>
```

运行效果如图 6.8 所示。

图 6.8　TextBox 的 TextMode 显示效果

除了 TextMode 属性之外，TextBox 还可以使用如下属性。

- AccessKey：允许指定用于导航到 TextBox 控件的快捷键。
- AutoPostBack：当控件内容发生变化时，是否引起自动回发。
- AutoCompleteType：允许为 TextBox 关联一个 AutoComplete 类。
- Columns：允许指定用于显示的列数。
- Enabled：启用或禁用文本框，当禁用时，文本框的内容将不接受输入光标，并呈现为灰色。
- MaxLength：用于指定允许用户在文本框中输入内容的最大长度。
- ReadOnly：将文本框设置为只读，用户将不能更改文本框中的内容。
- Rows：允许指定用于显示的行数。
- TabIndex：允许指定控件的索引顺序。
- Wrap：当 TextMode 设置为 Multiline 时，允许指定是否换行。

TextBox 控件提供了一个名为 Focus()的方法，该方法可以将输入光标定位在某个文本框上。例如，在页面加载时，希望将输入光标定位在“密码”文本框中，可以使用如下代码：

```
protected void Page_Load(object sender, EventArgs e)
{
    TextBox3.Focus();        //页面加载时，密码框将自动获取输入焦点
}
```

运行时可以看到输入光标自动显示在“密码”文本框中。

当 TextBox 中的内容发生改变时，将会自动触发 TextChanged 事件。如果该控件的 AutoPostBack 属性设置为 True，则当文本框中的内容发生改变时，会执行开发人员在 TextChanged 事件中写入的代码，具体操作步骤如下。

（1）在 TextBoxDemo.aspx 页面中添加 1 个 TextBox 控件和 1 个 Label 控件，声明代码如下：

```
<!--将 TextBox 控件的 AutoPostBack 设为 True，并响应 TextChanged 事件-->
<asp:TextBox ID="txtChanged" runat="server" AutoPostBack="True"
    ontextchanged="txtChanged_TextChanged"></asp:TextBox>
<!--当文本框内容发生改变时，将在 Label 控件中显示文本信息 -->
<asp:Label ID="lblInfo" runat="server"></asp:Label>
```

（2）在 TextChanged 事件中，编写一些代码来获取用户在文本框中输入的文本，并显示到 Label 控件中，代码如下：

```
protected void txtChanged_TextChanged(object sender, EventArgs e)
{
    //在 Label 控件中显示文本框中的内容
    lblInfo.Text = txtChanged.Text;
}
```

（3）当用户在 TextBox 中输入文本，并且光标离开 TextBox 后，将触发其 AutoPostBack 属性，同时引发服务器端的 TextChanged 事件并执行事件中的代码，在 Label 控件中显示出文本框中的信息。

TextBox 控件具有一个名为 AutoCompleteType 的属性，用于让开发人员指定文本框自动完成的行为。自动完成功能可以用来监视文本框并创建用户所输入值的列表，在返回该文本框时，会显示此列表。在默认情况下，AutoCompleteType 属性设置为 None，表示不启用任何自动完成功能。

6.2.5 使用 CheckBox 复选框控件

CheckBox 控件在 Web 页面上显示一个复选框。用户通过勾选该控件来设置它的状态（是/否）。开发人员可以使用 CheckBox 定义一个复选框，也可以使用 CheckBoxList 控件来定义一组复选框。

CheckBox 控件具有一个 Checked 属性，用于指定复选框控件是否处于选中状态，其 Text 属性用于指定复选框要显示的文本。当用户选中 CheckBox 控件时，如果启用了 AutoPostBack 属性，还会引发服务器端的 CheckedChanged 事件。举例说明如何使用 CheckBox 复选框控件，操作步骤如下。

（1）添加一个名为 CheckBoxDemo.aspx 的页面，其中放置 6 个 CheckBox 控件，将它们的 AutoPostBack 属性均设置为 True，并响应其 CheckedChanged 事件，声明代码如下：

```
<table class="style1">
    <tr>
        <td>
            选择最想学习的.NET 技术：</td>
        <td>
             </td>
    </tr>
    <tr>
        <td>
            <!--分别定义 6 个 CheckBox 控件，并开启控件的 AutoPostBack 属性-->
            <asp:CheckBox ID="CheckBox1" runat="server" Text="WPF 程序设计"
            AutoPostBack="True"
                oncheckedchanged="CheckBoxCheckedChanged" />
        </td>
        <td>
          <!--响应每个控件的 CheckedChanged 事件为一个通用的事件处理程序
          CheckBoxCheckedChanged-->
            <asp:CheckBox ID="CheckBox2" runat="server" Text="WCF 程序设计"
            AutoPostBack="True"
                oncheckedchanged="CheckBoxCheckedChanged" />
        </td>
    </tr>
```

```
        <tr>
            <td>
                <asp:CheckBox ID="CheckBox3" runat="server" Text="LINQ 语言集成查询"
                    AutoPostBack="True" oncheckedchanged="CheckBoxCheckedChanged" />
            </td>
            <td>
               <asp:CheckBox ID="CheckBox5" runat="server" Text="Silverlight 客户端技术"
                    AutoPostBack="True" oncheckedchanged="CheckBoxCheckedChanged" />
            </td>
        </tr>
        <tr>
            <td>
                <asp:CheckBox ID="CheckBox4" runat="server"
                    oncheckedchanged="CheckBoxCheckedChanged" Text="ASP.NET 程序设计"
                    AutoPostBack="True" />
            </td>
            <td>
                <asp:CheckBox ID="CheckBox6" runat="server" Text="WF 工作流设计"
                AutoPostBack="True"
                    oncheckedchanged="CheckBoxCheckedChanged" />
            </td>
        </tr>
        <tr>
            <td>
                所选择了如下的技术：</td>
            <td>
                <!--当用户选择了 CheckBox 控件后，将会在该 Lable 控件中显示选中的信息-->
                <asp:Label ID="lblInfo" runat="server"></asp:Label>
            </td>
        </tr>
    </table>
```

（2）在这 6 个 CheckBox 的 CheckedChanged 事件中，指定了一个公共的事件处理器 CheckBoxCheckedChanged。该事件处理器首先获取当前选中的控件，检查该控件的 Checked 属性是否为 True，如果为 True，则将其 Text 的属性值赋给 Label 控件，代码如下：

```
    protected void CheckBoxCheckedChanged(object sender, EventArgs e)
    {
        //获取当前被单击的 CheckBox 控件
        CheckBox chk = (CheckBox)sender;
        //当 CheckBox 控件被选中时，将在 Label 控件中显示出复选框的文本信息
        if (chk.Checked)
        {
            lblInfo.Text += chk.Text + "<br/>";
        }
    }
```

示例运行效果如图 6.9 所示。

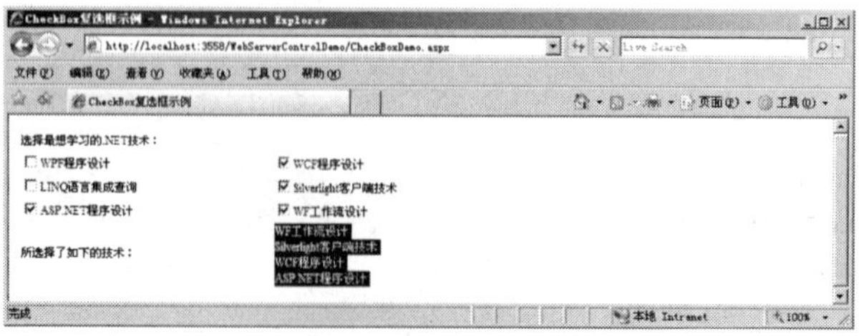

图 6.9　CheckBox 复选框示例

从图中可以看到，复选框位于左侧，复选框文本位于右侧。通过设置 CheckBox 控件的 TextAlign 属性为 Left，可以让复选框位于文本的右侧。

6.2.6　使用 RadioButton 单选按钮控件

RadioButton 称为单选按钮控件。在应用程序的开发中，通常会将多个单选按钮形成一组，用户只能在该组中选中某一项。当选中某一项时，其他项将保持未选状态。添加一个名为 RadioButtonDemo.aspx 的页面，在该页面中放置 4 个 RadioButton 控件，允许用户选择最喜爱的技术，声明代码如下：

```
<form id="form1" runat="server">
<div>
<h5>选择最喜欢的技术：</h5>
<ul>
 <!--第一个 RadioButton 按钮的 Checked 属性设置为 true，表示默认处于选中状态-->
 <li><asp:RadioButton ID="rbaspnet" Text="ASP.NET"
 runat="server" Checked="true" GroupName="Source" /></li>
 <!--通过 GroupName 属性将多个 RadioButton 组合为一个组-->
 <li><asp:RadioButton  ID="rbwcf" Text="WCF" runat="server"
 GroupName="Source"/></li>
 <li><asp:RadioButton ID="rbwpf" Text="WPF" runat="server" GroupName="Source"
 /></li>
 <li><asp:RadioButton ID="rbwf" Text="WF" runat="server" GroupName="Source"
 /></li>
</ul>
</div>
</form>
```

代码中使用<ul>定义了一个项目列表，每个列表项使用一个 RadioButton 定义一项技术名称，这些技术名称通过 GroupName 属性来形成一个单选按钮组，同一组中的单选按钮是互斥的。第 1 个 RadioButton 控件的 Checked 属性设置为 true，表示默认为选中状态，示例运行效果如图 6.10 所示。

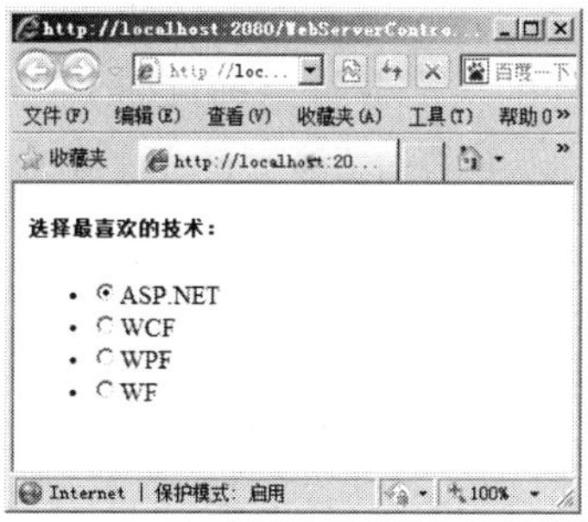

图 6.10 RadioButton 控件示例

RadioButton 同样也提供了 Focus()方法和 CheckedChanged 事件，其使用方式与 CheckBox 类似，在此就不再赘述。

6.2.7　使用 Button 按钮控件

Button 控件是一个非常常用的控件，基本上在开发 ASP.NET Web 应用程序时，无时无刻不在与它打交道。Button 控件的使用也非常简单，从工具箱中拖一个 Button 到设计视图中，设置其 ID 属性和 Text 属性指定标识 ID 和显示的文本信息，双击该按钮，VS 2010 将会自动生成一个 OnClick 事件的代码框架，该控件具有如下几个属性。

- AccessKey：允许指定快捷键来快速导航到 Button 控件。
- CommandArgument：允许指定一个命令参数，该参数将传递给命令事件。
- CommandName：允许指定传递给命令事件的名称。
- Enabled：允许启用或禁用 Button 控件。
- OnClientClick：允许指定一个客户端脚本，当按钮被单击时将执行相应的代码。
- PostBackUrl：允许将页面回发到特定的页面。
- TabIndex：指定【Tab】键顺序。
- Text：指定 Button 控件所显示的文本。
- UseSubmitBehavior：允许使用 JavaScript 代码来提交一个 Form 表单。

Button 控件也支持 Focus()方法，除了一个 Click 事件外，它还支持 Command 事件，当按钮被单击时触发该事件，可以传递该控件的 CommandName 和 CommandArgument 属性给该事件，具体操作步骤如下。

（1）添加一个名为 ButtonDemo.aspx 的页面，在该页面上添加两个 Button 控件，其 HTML 定义如下：

```
<form id="form1" runat="server">
<!--分别指定 CommandName 和 CommandArgument，并响应其 Command 事件-->
<asp:Button ID="btn1" runat="server" CommandArgument="这是按钮 1 的命令参数信息"
   CommandName="按钮 1" oncommand="Button_Command" Text="按钮 1" />
<br />
<br />
<asp:Button ID="btn2" runat="server" CommandArgument="这是按钮 2 的命令参数信息"
   CommandName="按钮 2" oncommand="Button_Command" Text="按钮 2" />
</form>
```

（2）这两个按钮的 Command 事件都指向一个通用的 Button_Command 事件处理器中，在代码中，首先判断控件的 CommandName 属性，根据该属性的不同来判断所单击的按钮，然后获取 CommandArgument 属性的值，并输出到页面上，代码如下：

```
protected void Button_Command(object sender, CommandEventArgs e)
{
    //判断不同的 CommandName 来执行不同的行为
    switch (e.CommandName)
    {
        //如果是按钮 1 被按下，则获取按钮 1 的 CommandArgument 参数，并输出到页面上
        case("按钮 1"):
            Response.Write("按钮 1 已经被选择，按钮参数信息是:
            "+e.CommandArgument.ToString());
            break;
        //如果是按钮 2 被按下，则获取按钮 2 的 CommandArgument 参数，并输出到页面上
        case("按钮 2"):
            Response.Write("按钮 2 已经被选择，按钮参数信息是:
            "+e.CommandArgument.ToString());
            break;
    }
}
```

运行时，当不同的按钮被单击时将会显示出不同按钮的参数信息。

（3）OnClientClick 属性允许开发人员为按钮指定一个客户端的 JavaScript 脚本函数。假定有一个这样的场景：开发人员希望当用户单击某个 Button 时，打开一个确认对话框，如果用户单击了对话框上的“确定”按钮，则执行该 Button 控件的服务器端代码，否则就不允许执行服务器端代码。在 ButtonDemo.aspx 页面中添加一个新的 Button 控件，声明代码如下：

```
<asp:Button ID="Button1" runat="server" Text="具有客户端脚本的按钮"
    onclick="Button1_Click" OnClientClick="return sureExecutecode ()" />
```

声明代码使用 OnClientClick 指定了一个名为 sureExecutecode 的 JavaScript 函数，该函数将返回一个布尔值，该值用于判断是否执行服务器端代码，代码如下：

```
<script language="javascript" type="text/javascript">
function sureExecutecode() {
    var msg = "您真的确定要执行服务器端代码吗? \n\n 请确认! ";
    //使用 confirm 函数弹出一个消息框，提示用户进行选择
    if (confirm(msg)==true){
    return true;
    }else{
      return false;
      }
    }
</script>
```

（4）在 Button1_Click 事件中，使用 Response.Write()方法向客户端输出了一个 alert 消息函数，代码如下：

```
protected void Button1_Click(object sender, EventArgs e)
{
    //向客户端输出 JavaScript 函数，
    //用于显示一条服务器端事件被触发的消息。
   ClientScript.RegisterStartupScript(Page.GetType(),"jskey",
       "alert('服务器端的事件被触发')",true);
}
```

（5）运行时，首先执行客户端代码，如果用户单击“确定”按钮，则服务器端代码将会被执行，运行效果如图 6.11 所示。

图 6.11　客户端代码使用示例

6.2.8　使用 LinkButton 超链接控件

LinkButton 控件与 Button 控件非常相似，都允许向服务器端提交表单。但是 LinkButton 控件的外观呈现为一个超链接的样式，这与 Button 控件的风格是有明显区别的。举例说明如何使用 LinkButton 超链接控件，操作步骤如下。

（1）添加一个名为 LinkButtonDemo.aspx 的页面，在该页面中添加 1 个 LinkButton 控件，

声明代码如下：

```
<form id="form1" runat="server">
<div>
 <h3>LinkButton 控件演示</h3>
  <!--声明一个 LinkButton 控件-->
  <asp:LinkButton id="LinkButton1"
       Text="单击这里查看信息"
       Font-Names="Verdana"
       Font-Size="14pt"
       OnClick="LinkButton_Click"
       runat="server"/>
  <br />
  <!--将在该 Label 控件中显示单击 LinkButton 后的信息-->
  <asp:Label id="Label1" runat="server" />
</div>
</form>
```

（2）在声明代码中，为 LinkButton 控件定义了 OnClick 单击事件，在该事件处理器中，简单地为 Label 控件的 Text 属性赋一些文本，代码如下：

```
protected void LinkButton_Click(object sender, EventArgs e)
{
    Label1.Text = "用户单击了 LinkButton 按钮";        //在 Label 控件中显示用户单击的信息
}
```

示例运行效果如图 6.12 所示。

图 6.12 LinkButton 控件示例

6.2.9 使用 ImageButton 图像按钮控件

ImageButton 控件与 Button 和 LinkButton 控件的作用相似，它最大的特色在于该控件总是显示一幅图像作为其按钮的外观。对于一些注重美观的应用程序来说，使用 ImageButton 控件是一个非常好的选择，具体实现步骤如下：

（1）添加一个名为 ImageButtonDemo.aspx 的页面，以一个简单的示例演示 ImageButton 控件的使用。

（2）从工具箱中拖一个 ImageButton 控件到设计视图，在属性窗格中找到 ImageUrl 属性，单击右侧的展开按钮，打开一个“选择图片”对话框，其中列出了网站目录，如图 6.13 所示。

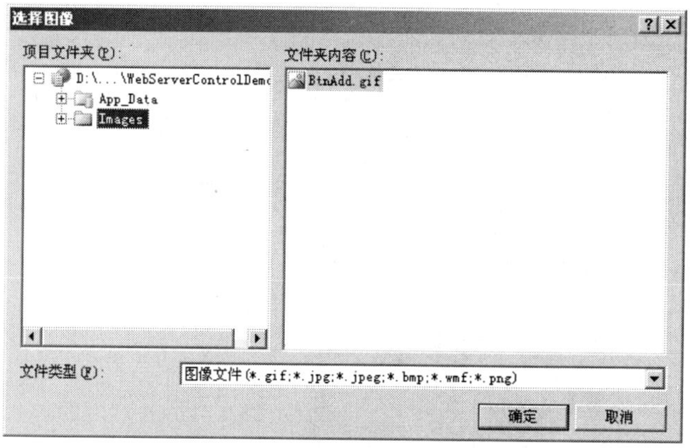

图 6.13　“选择图像”对话框

> **注意：** 为了给 ImageButton 应用图像，开发人员必须先把需要的图像添加到网站的文件夹中，比如 Images 文件夹。

（3）在对话框中选择 Images 文件夹下的 BtnAdd.gif 图像，单击“确定”按钮，在设计视图中，该图像会自动显示在页面上。双击 ImageButton 控件，VS 2010 会自动进入到代码视图，并添加了 Click 代码骨架，生成的声明代码如下：

```
<form id="form1" runat="server">
<div>
  <!--添加一个 ImageButton 按钮，指定 ImageUrl 为 Images 文件夹下的 BtnAdd.gif-->
    <asp:ImageButton ID="ImageButton1" runat="server"
        ImageUrl="~/Images/BtnAdd.gif" onclick="ImageButton1_Click" />
</div>
</form>
```

（4）在该示例的 Click 代码中，简单地添加一行向页面输出信息的代码，下面的内容会继续对该单击事件进行详细介绍。本示例的 ImageButton1_Click 事件代码如下：

```
protected void ImageButton1_Click(object sender, ImageClickEventArgs e)
{
    Response.Write("单击了图像按钮");          //在页面上输出一行文本
}
```

（5）ImageButton1_Click 事件的参数为 ImageClickEventArgs，这是 EventArgs 的派生类。该类包含了用于标识用户在按钮上单击的位置，开发人员可以基于用户所单击的坐标来响应不同的行为。原点坐标位于图像的左上角，可以通过 ImageClickEventArgs 的 X 和 Y 属性来获取用户所单击的坐标。下面的代码将显示用户所单击的位置，并输出到屏幕上：

```
protected void ImageButton2_Click(object sender, ImageClickEventArgs e)
{
    //在 Label 控件中显示用户单击的坐标
    lblPicInfo.Text = "用户单击 ImageButton 控件的坐标位置为：(" +
          e.X.ToString() + ", " + e.Y.ToString() + ")";
}
```

通过获取 ImageButton 控件的 X 和 Y 坐标，屏幕可以显示当前鼠标指针的位置。开发人员可以在单击事件中根据不同的 X 和 Y 坐标来实现一些不同的事件处理代码，这样为 ImageButton 控件带来了更大的灵活性。

示例运行效果如图 6.14 所示。

图 6.14　图像按钮使用示例

6.2.10　使用 Panel 面板控件

Panel 控件是一个面板控件。如果熟悉 Windows Forms 应用程序开发，一定很容易理解该控件的作用。Panel 控件作为一个容器控件，可以在它内部包含其他的控件。对于一些需要成组的控件来说，比如要隐藏或显示一组控件的情况，使用 Panel 控件非常有用，举例演示如何使用 Panel 面板控件，操作步骤如下。

（1）添加一个名为 PanelDemo.aspx 的页面，来演示如何在 Panel 控件中编程添加新控件，并且让用户控制是否显示控件。在该页面中添加 1 个 Panel 控件、2 个 DropDownList 控件及 1 个 Button 控件，声明代码如下：

```
<form id="form1" runat="server">
<div>
<h3>Panel 演示</h3>
<!--定义一个 Panel 控件，在该控件中将动态添加一些子控件-->
   <asp:Panel id="Panel1" runat="server"
        BackColor="AliceBlue"
        Height="200px"
        Width="300px">
        Panel1: 可以在这里添加静态内容，也可以通过编程的方式动态添加控件
        <br />
   </asp:Panel>
   <br />
  生成 Panel 控件:
  <!--定义一个 DropDownList 控件，用于让用户指定要生成多少个 Panel 控件-->
   <asp:DropDownList id="DropDown1" runat="server">
      <asp:ListItem Value="0">0</asp:ListItem>
      <asp:ListItem Value="1">1</asp:ListItem>
      <asp:ListItem Value="2">2</asp:ListItem>
      <asp:ListItem Value="3">3</asp:ListItem>
      <asp:ListItem Value="4">4</asp:ListItem>
   </asp:DropDownList>
   <br />
   生成文本框控件:
   <!--定义一个 DropDownList 控件，用于指定生成多少个 TextBox 控件-->
   <asp:DropDownList id="DropDown2" runat="server">
      <asp:ListItem Value="0">0</asp:ListItem>
      <asp:ListItem Value="1">1</asp:ListItem>
```

```
            <asp:ListItem Value="2">2</asp:ListItem>
            <asp:ListItem Value="3">3</asp:ListItem>
            <asp:ListItem Value="4">4</asp:ListItem>
        </asp:DropDownList>
        <br />
        <!--单击该复选框将隐藏和显示面板-->
        <asp:CheckBox id="Check1" Text="隐藏面板" runat="server"/>
        <br />
        <!--单击该按钮将引起页面回发-->
        <asp:Button ID="Button1" Text="刷新面板" runat="server"/>
    </div>
    </form>
```

（2）在后置代码的 Page_Load 事件中添加代码，当单击“刷新面板”按钮引起页面回发时，会自动生成一些 Label 和 TextBox 控件，并添加到 Panel 的 Controls 集合中，代码如下：

```
    protected void Page_Load(object sender, EventArgs e)
    {
        //显示或隐藏面板内容
        if (Check1.Checked)
        {
            Panel1.Visible = false;
        }
        else
        {
            Panel1.Visible = true;
        }
        //根据 DropDownList 中的选择生成 Label 控件
        int numlabels = Int32.Parse(DropDown1.SelectedItem.Value);
        for (int i = 1; i <= numlabels; i++)
        {
            //实例化新的 Label 控件
            Label l = new Label();
            l.Text = "Label" + (i).ToString();
            l.ID = "Label" + (i).ToString();
            //添加到 Panel 的 Controls 集合中
            Panel1.Controls.Add(l);
            //在 Panel 后面添加一个<br/>
            Panel1.Controls.Add(new LiteralControl("<br />"));
        }
        //生成 TextBox 控件
        int numtexts = Int32.Parse(DropDown2.SelectedItem.Value);
        //根据 DropDownList 中的选择生成 TextBox 控件
        for (int i = 1; i <= numtexts; i++)
        {
            //实例化新的 TextBox 控件
            TextBox t = new TextBox();
            t.Text = "TextBox" + (i).ToString();
            t.ID = "TextBox" + (i).ToString();
            //将 TextBox 控件添加到 Panel 的 Controls 集合中
            Panel1.Controls.Add(t);
            Panel1.Controls.Add(new LiteralControl("<br />"));
        }
    }
```

上述代码首先根据用户在 DropDownList 中的选择来生成新的控件对象，最重要的一步是要将这些新创建的控件对象添加到 Panel 的 Controls 集合中。

（3）通过使用 Panel 的 Visible 属性可以控制它的显示或隐藏，Panel 中包含的子控件也一并显示或隐藏，运行效果如图 6.15 所示。

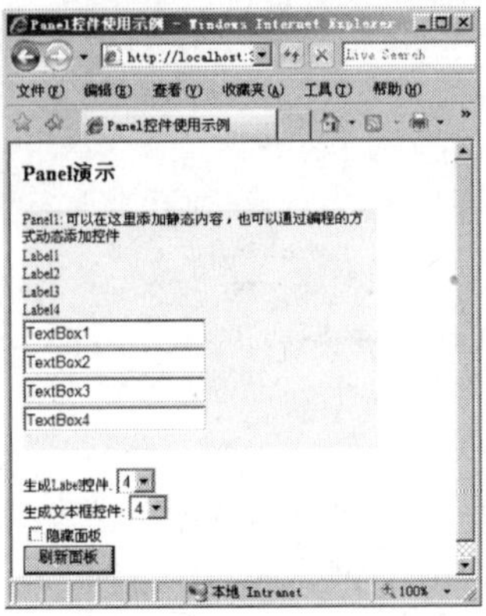

图 6.15　Panel 控件示例运行效果

Panel 控件还具有如下属性。

- DefaultButton：允许指定它的默认按钮，当用户按下【Enter】键时，将调用默认按钮。
- Direction：允许获取或设置控件的显示方式，可选值有 NotSet、LeftToRight 和 RightToLeft。
- GroupingText：允许为 Panel 控件指定组名称，像 FieldSet 组件一样。
- HorizontalAlign：指定 Panel 控件水平对齐的方式。
- ScrollBars：允许在 Panel 控件的边缘显示滚动条，形成可滚动的面板。

现在举例说明如何使用 Panel 控件的属性，操作步骤如下。

（1）添加一个 ScrollablePanelDemo.aspx 的页面，在该页面中添加 1 个 Panel 控件，指定其 ScrollBars 属性为 Auto，表示当面板中的内容超过控件大小时，自动显示出滚动条，并且设置 GroupingText 为“可滚动面板示例”，声明代码如下：

```
<!--声明一个 Panel 控件，指定 ScrollBars 和 GroupingText 属性-->
<asp:Panel ID="Panel1" runat="server" BackColor="#FFFFCC" Height="300px"
    Width="400px" GroupingText="可滚动面板示例" ScrollBars="Auto"
    CssClass="panelContent">
    <!-添加一个 BulletedList 控件，将在页面加载时编程添加列表项-->
    <asp:BulletedList ID="bltList" runat="server" />
</asp:Panel>
```

（2）在页面的 Page_Load 事件中添加如下代码来动态加载 100 个列表项：

```
protected void Page_Load(object sender, EventArgs e)
{
    //编程动态向 BulletedList 添加 100 个新项
    for (int i = 0; i < 100; i++)
    {
        bltList.Items.Add("列表项" + i.ToString());
    }
}
```

示例效果如图 6.16 所示。

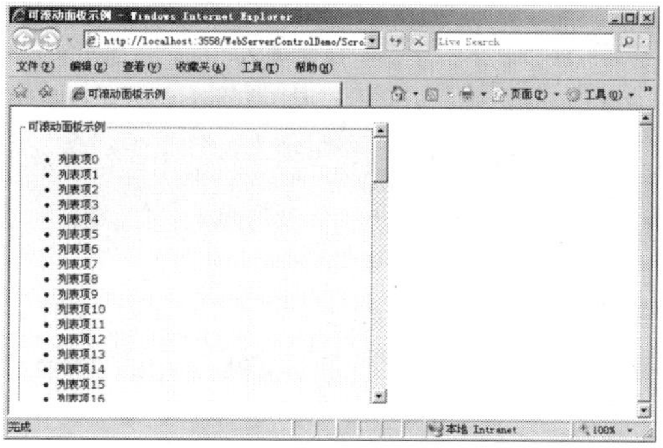

图 6.16 可滚动面板示例

6.3 ASP.NET 列表框控件

除了上一节中介绍的一些基本控件之外，ASP.NET 还提供了几个用于显示列表数据的列表框控件，它们包含 ListBox、DropDownList、CheckBoxList、RadioButtonList 和 BulletedList。尽管这些控件在屏幕上的显示结果各不相同，但是工作方式却非常相似。大多数控件都允许用户进行选择，只有 BulletedList 控件是一个例外，它只显示静态列表项，比如显示编号。

所有的列表框控件都派生自 System.Web.UI.WebControls.ListControl 类，该类提供了它们所支持的大多数属性和方法，如表 6.3 所示。

表 6.3 ListControl 基类属性

属性名称	说　明
AutoPostBack	如果该选项被设置为 True，则当用户更改了当前的选择时，将会自动进行回发
Items	返回 ListItem 的集合
SelectedIndex	返回或设置所选择的项的索引，对于多选项，应该遍历 Items 集合，然后检查 ListItem 的 Selected 属性来获取多选的项
SelectedItem	返回首个选择项的 ListItem 的引用
DataSource	可以为列表控件指定一个包含数据集合的数据源，比如 DataSet、DataTable 或者是一个集合，当调用 DataBind()方法时，列表将从集合中获取数据
DataMemeber	当 DataSource 属性指定的集合包含一个或多个数据集合时，比如 DataSet 包含多个 DataTable 时，可以使用 DataMember 指定将使用哪一个 DataTable 作为数据源
DataTextField	用于指定哪一个字段将作为列表框控件的显示来源
DataValueField	用于指定哪一个字段将作为列表框控件的值来源
DataTextFormatString	设置用于输出列表项文本的格式化字符串，格式化字符串匹配 DataTextField 属性

除此之外，ListControl 还提供了 SelectedIndexChanged 事件，当用户改变当前选择项时会引发该事件。

6.3.1 可选择的列表框控件

ASP.NET 中的列表框控件大多都允许用户进行选择，比如 DropDownList、ListBox、CheckBoxList 和 RadioButtonList 控件，它们允许用户选择一个或多个列表项，其简单说明如下。

- DropDownList：显示一个下拉列表框，用来保存<asp:ListItem>对象。
- ListBox：显示一个列表框，用来保存<asp:ListItem>对象。
- CheckBoxList：显示一个复选列表框。
- RadioButtonList：显示一个单选列表框。

列表框控件中的每个项都由一个 ListItem 对象组成。VS 2010 提供了可视化的设计器来添加或编辑项。开发人员也可以在运行时通过列表框控件的 Items 集合添加或删除列表项，操作步骤如下：

（1）添加一个 SelectableListBoxDemo.aspx 的页面，在该页面中依次添加 DropDownList、ListBox、CheckBoxList 和 RadioButtonList 控件。

（2）当从工具箱拖一个列表框控件到窗体上时，可以单击控件右上角的智能提示标签，在弹出的快捷菜单中选择“编辑项”命令，打开通用的“ListItem 集合编辑器”对话框，其中可以添加、修改、删除列表项，如图 6.17 所示。

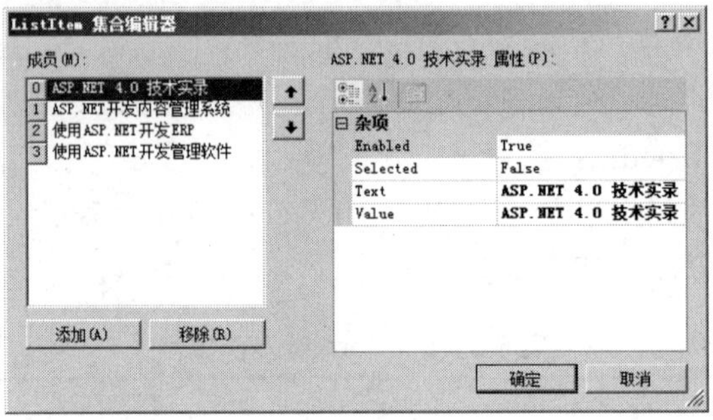

图 6.17 “ListItem 集合编辑器”对话框

每一个 ListItem 具有如下 4 个属性可供设置。

- Enable：表示是否启用列表项。
- Selected：表示是否选中此列表项。
- Text：表示列表框控件显示的文本。
- Value：表示获取或设置与 ListItem 相关联的值。

（3）开发人员可以单击“添加”按钮添加一个新的 ListItem 对象，或单击“移除”按钮移除一个列表项。当单击“确定”按钮后，VS 2010 将自动生成如下的列表项声明代码：

```
<asp:DropDownList ID="DropDownList1" runat="server" CssClass="listcontrolstyle">
            <asp:ListItem>ASP.NET 4.0 技术实录</asp:ListItem>
            <asp:ListItem>ASP.NET 开发内容管理系统</asp:ListItem>
            <asp:ListItem>使用 ASP.NET 开发 ERP</asp:ListItem>
            <asp:ListItem>使用 ASP.NET 开发管理软件</asp:ListItem>
        </asp:DropDownList>
```

每个列表项以一个<asp:ListItem>来声明，它被添加到列表框控件的 Items 集合中。使用类似的方法，在 SelectableListBoxDemo.aspx 页面中分别添加了 ListBox、CheckBoxList 和 RadioButtonList，运行效果如图 6.18 所示。

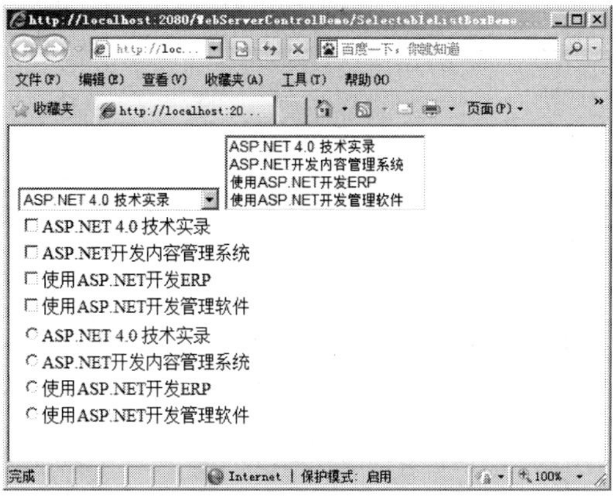

图 6.18　列表框控件使用示例

RadioButtonList 和 CheckBoxList 控件还提供了一些额外的属性用于自己的布局。

- RepeatLayout：指定控件的输出方式，比如是否输出一个表格或内联格式，可选值为 Table 和 Flow。
- RepeatDirection：指定列表项的排列方向，可以输出为水平方向或垂直方向。
- RepeatColumns：当 RepeatLayout 设置为 Table 时，可以设置该属性显示的列数。
- CellPadding、CellSpacing 和 TextAlign：当 RepeatLayout 设置为 Table 时，这些属性可以设置单元格样式及文本对齐方式。

（4）添加一个名为 RadioButtonListDemo.aspx 的页面，在该页面中添加 1 个 RadioButtonList 控件和 1 个 CheckBoxList 控件，为它们添加一些列表项，将 RadioButtonList 的 RepeatDirection 设置为水平，然后将 CheckBoxList 的 RepeatColumns 设置为 2，声明代码如下：

```
<!--定义一个 RadioButtonList，使其 RepeatDirection=Horizontal-->
<asp:RadioButtonList ID="RadioButtonList1" runat="server"
    CssClass="listcontrolstyle" RepeatDirection="Horizontal">
    <asp:ListItem>ASP.NET 4.0 技术实录</asp:ListItem>
    <asp:ListItem>ASP.NET 开发内容管理系统</asp:ListItem>
    <asp:ListItem>使用 ASP.NET 开发 ERP</asp:ListItem>
    <asp:ListItem>使用 ASP.NET 开发管理软件</asp:ListItem>
</asp:RadioButtonList>
<!--将 CheckBoxList 的 RepeatColumns 属性设置为 2-->
<asp:CheckBoxList ID="CheckBoxList1" runat="server" CssClass="listcontrolstyle"
    RepeatColumns="2">
    <asp:ListItem>ASP.NET 4.0 技术实录</asp:ListItem>
    <asp:ListItem>ASP.NET 开发内容管理系统</asp:ListItem>
    <asp:ListItem>使用 ASP.NET 开发 ERP</asp:ListItem>
    <asp:ListItem>使用 ASP.NET 开发管理软件</asp:ListItem>
</asp:CheckBoxList>
```

运行时，RadioButtonList 将水平显示其所有的列表项，而 CheckBoxList 控件会将列表项显示为两列，运行效果如图 6.19 所示。

图 6.19　CheckBoxList 控件会将列表项显示为两列

6.3.2　BulletedList 列表控件

BulletedList 控件是一个服务器端的项目列表控件，类似于 HTML 中的<ul>未排序列表元素或<ol>排序列表元素。使用方式与前面介绍的可选择的列表框控件非常相似，只需要向其 Items 集合中添加列表项即可。BulletedList 控件添加了以下几个与项目列表相关的特有属性。

- BulletStyle：获取或设置该控件的项目符号样式，比如 Numbered 表示指定数字编号方式、LowerAlpha 表示小写字母编码方式等。
- BulletImageUrl：如果将 BulletStyle 设置为 CustomImage，那么将使用该属性指定的图片地址作为项目列表。
- FirstBulletNumber：在顺序列表中，设置开始列表项编号的值，如果设置为 Numbered 数字编号类型的话，则可以设置起始编号的数字。
- DisplayMode：设置列表内容的显示样式。默认值为 Text，表示纯文本显示方式；可选值 HyperLink 表示使用超链接显示；LinkButton 表示使用链接按钮样式显示。

现在举例演示如何使用 BulletedList 列表控件，操作步骤如下：

（1）添加一个 BulletedListDemo.aspx 的页面，在该页面中添加两个 BulletedList 控件，分别定义不同的 BulletStyle 和 DisplayMode，声明代码如下：

```
<form id="form1" runat="server">
<!--指定 BulletStyle 为 Numbered，指定 FirstBulletNumber 为 2-->
<asp:BulletedList ID="BulletedList1" runat="server" BulletStyle="Numbered"
   FirstBulletNumber="2">
    <asp:ListItem>ASP.NET 4.0 技术实录</asp:ListItem>
    <asp:ListItem>ASP.NET 开发内容管理系统</asp:ListItem>
    <asp:ListItem>使用 ASP.NET 开发 ERP</asp:ListItem>
    <asp:ListItem>使用 ASP.NET 开发管理软件</asp:ListItem>
</asp:BulletedList>
 <!--指定 BulletStyle 为 UpperAlpha，并设置 FirstBulletNumber 为 1， DisplayMode 为
 LinkButton-->
   <asp:BulletedList ID="BulletedList2" runat="server"
   BulletStyle="UpperAlpha" DisplayMode="LinkButton">
    <asp:ListItem>ASP.NET 4.0 技术实录</asp:ListItem>
    <asp:ListItem>ASP.NET 开发内容管理系统</asp:ListItem>
    <asp:ListItem>使用 ASP.NET 开发 ERP</asp:ListItem>
    <asp:ListItem>使用 ASP.NET 开发管理软件</asp:ListItem>
</asp:BulletedList>
</form>
```

（2）第 2 个 BulletedList 控件的 DisplayMode 属性设置为 LinkButton，开发人员通过该控件的 Click 事件获知当前所单击的列表项，代码如下：

```
protected void BulletedList2_Click(object sender, BulletedListEventArgs e)
{
```

```
        //通过 e.Index 属性获取当前被单击的索引号。
        string itemText = BulletedList1.Items[e.Index].Text;
        //在 Label 控年中显示当前被单击的 ListItem 的文本
        Label1.Text = "当前单击的是：" + itemText;
    }
```

示例运行效果如图 6.20 所示。

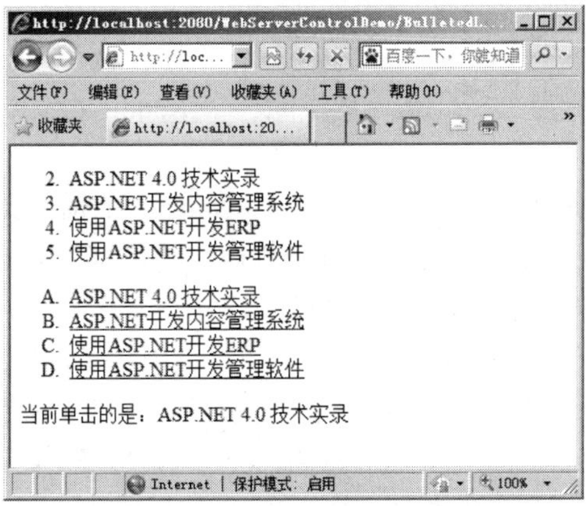

图 6.20　BulletedList 控件使用示例

6.4　ASP.NET 验证控件

Web 页面通常用于询问用户，并要求用户录入一些信息，然后将这些信息存储到后台数据库。为了确保用户在表单的各个域中输入正确的数据或所输入的数据符合商业逻辑的需求，应用程序需要进行客户端和服务器端的一系列验证。

由于服务器端的验证需要经历由客户端到服务器端的一次往返过程，因此很多时候对于用户输入的验证都建议在客户端进行实现。这样可以节省服务器端的资源，并可以给用户更快的回应。在 ASP.NET 出现之前，开发人员必须要编写一定数量的 JavaScript 代码才可以实现验证过程。现在，ASP.NET 中内置了一套用于进行验证的控件，使用这套控件，开发人员只需要定义几个属性或编写少量的代码，就可以实现验证的过程。

6.4.1　验证控件介绍

ASP.NET 4.0 提供了 6 个验证控件，这些控件各自具有各自的验证特色，大大节省了开发人员手工编写验证代码的时间。如果现有的验证规则不能满足需求，开发人员还可以编写代码来自定义验证规则，内置的 6 个验证控件分别如下。

- RequiredFieldValidator：要求用户必须在所关联的控件中输入一个值，不能为空。
- RangeValidator：用于检查所关联控件的值是否在一个最小值和最大值的范围之内。
- CompareValidator：用于检查所关联控件的值与其他值相比较的结果，或进行一个数据类型的检查。
- RegularExpressionValidator：用于检查所关联控件的值是否匹配一个特定的正则表达式。
- CustomValidator：允许编写客户端的 JavaScript 验证代码和服务器端的验证代码，来实现自定义的验证逻辑。

➢ ValidationSummary：将所有的错误信息集中显示在某个位置。

注意：对于同一个输入控件，可以使用一个或多个验证控件。

如果要确保一个输入年龄的字段不能为空，同时要输入的类型是数字，则可以考虑使用 RequiedFieldValidator 和 CompareValidator 控件同时进行验证。事实上，如果使用 RangeValidator、CompareValidator 或 RegularExpressionValidator 控件，即使输入控件为空时验证也不会报错，因为没有限制输入控件不能为空。因此通常搭配一个 RequiredFieldValidator 控件来使用这些验证控件进行验证。

经常需要验证的控件有 TextBox、ListBox、DropDownList、RadioButtonList、HtmlInputText、HtmlTextArea、HtmlSelect 等。当验证列表框控件时，将验证 ListItem 对象的 Value 属性值，但是验证控件不能验证 RadioButton 或 CheckBox 控件。

当为控件关联了验证控件后，验证过程并不是立即就发生了，而是用户触发了一些事件，比如触发了 Button、LinkButton 或 ImageButton 这些服务器控件的单击事件之后，才可以触发验证控件的验证。这是因为它们都具有一个 CausesValidation 属性，默认情况下该属性设置为 True，如果想让某些控件不触发验证控件的验证过程，可以将 CausesValidation 属性设置为 False。

为了演示验证控件的使用，在本节创建了 ValidatorControlDemo 的网站，具体步骤如下。

（1）在 Default.aspx 中将演示如何使用这些控件来验证一张读者调查信息表，其运行效果如图 6.21 所示。

图 6.21　读者信息调查表演示

在该示例中，所要验证的信息如下：

➢ 对于职业下拉列表框，防止用户选择空值项。
➢ 所有的字段都要输入值，否则不允许提交。
➢ 年龄只能输入 20~100 之间的数字。
➢ 要输入格式正确的电子邮件地址。

（2）基于上述考虑，在这个读者调查信息表中，为各个输入控件分别添加了几个验证控件，其声明代码如下：

```
<form id="form1" runat="server">
<div>
  <h2>读者调查信息表</h2>
```

```
        <table>
            <tr>
                <th>
                    请选择您的职业：</th>
                <td>
                    <asp:DropDownList ID="DropDownList1" runat="server">
                        <asp:ListItem></asp:ListItem>
                        <asp:ListItem Selected="True">程序员</asp:ListItem>
                        <asp:ListItem>软件助工</asp:ListItem>
                        <asp:ListItem>软件工程师</asp:ListItem>
                        <asp:ListItem>高级工程师</asp:ListItem>
                        <asp:ListItem>系统分析员</asp:ListItem>
                        <asp:ListItem>系统分析师</asp:ListItem>
                        <asp:ListItem>项目组长</asp:ListItem>
                        <asp:ListItem>项目经理</asp:ListItem>
                    </asp:DropDownList>
                    <!--为了防止用户在下拉列表中选择空值，因此这里放置了一个
                    RequiredFieldValidator-->
                    <asp:RequiredFieldValidator ID="RequiredFieldValidator1"
                    runat="server"
            ControlToValidate="DropDownList1" ErrorMessage="请选择职业！">
            </asp:RequiredFieldValidator>
                </td>
            </tr>
            <tr>
                <th>
                    您目前所在的省份：</th>
                <td>
                    <asp:TextBox ID="TextBox1" runat="server"></asp:TextBox>
                    <!—为了防止在省份中不输入值，因此这里放置了一个 RequiredFieldValidator-->
                    <asp:RequiredFieldValidator ID="RequiredFieldValidator2"
                    runat="server"
          ControlToValidate="TextBox1" ErrorMessage="请输入您所在的省份！">
          </asp:RequiredFieldValidator>
                </td>
            </tr>
            <tr>
                <th>
                    您的工作习惯：</th>
                <td>
                    <asp:TextBox ID="TextBox2" runat="server"></asp:TextBox>
                    <!—为了防止用户不输入，因此这里放置了一个 RequiredFieldValidator-->
                    <asp:RequiredFieldValidator ID="RequiredFieldValidator3"
                    runat="server"
           ControlToValidate="TextBox2" ErrorMessage="请输入工作习惯！">
           </asp:RequiredFieldValidator>
                </td>
            </tr>
            <tr>
                <th>
                    您目前的年龄：</th>
                <td>
                    <asp:TextBox ID="TextBox3" runat="server"></asp:TextBox>
                    <!—为了防止用户不输入年龄，因此这里放置了一个 RequiredFieldValidator-->
                    <asp:RequiredFieldValidator ID="RequiredFieldValidator4"
                    runat="server"
  ControlToValidate="TextBox3" ErrorMessage="请输入年龄！"></asp:RequiredFieldValidator>
                    <!--为了让年龄在 20~100 之间，需要使用 RangeValidator 验证控件-->
```

```
                <asp:RangeValidator ID="RangeValidator1" runat="server"
            ControlToValidate="TextBox3" ErrorMessage="请输入正确的范围"
            MaximumValue="100"
                    MinimumValue="20" Type="Integer"></asp:RangeValidator>
                </td>
            </tr>
            <tr>
                <th>
                    您的电子邮件地址：</th>
                <td>
                    <asp:TextBox ID="TextBox4" runat="server"></asp:TextBox>
                    <!-为了防止用户不输入电子邮件地址，因此这里放置了一个
                    RequiredFieldValidator-->
                    <asp:RequiredFieldValidator ID="RequiredFieldValidator5"
                    runat="server"
         ControlToValidate="TextBox4" ErrorMessage="请输入电子邮件地址！">
         </asp:RequiredFieldValidator>
                    <!--为了确保用户输入正确的电子邮件地址，使用 RegularExpressionValidator
                    指定一个正则表达式-->
                    <asp:RegularExpressionValidator ID="RegularExpressionValidator1"
                    runat="server"
                        ControlToValidate="TextBox4" ErrorMessage="请输入正确的电邮地址！"

                        ValidationExpression="\w+([-+.']\w+)*@\w+([-.]\w+)*\.\w+([-.]\
                        w+)*"></asp:RegularExpressionValidator>
                </td>
            </tr>
            <tr>
                <td>
                     </td>
                <td>
                    <asp:Button ID="btnSubmit" runat="server" Text="提交信息" />
                </td>
            </tr>
        </table>
    </div>
    </form>
```

（3）在应用了验证控件后，如果用户没有遵循验证规则进行输入，在单击“提交信息”按钮时，将会出现红字提示，如图 6.22 所示。

图 6.22　验证控件的错误提示

加入了验证控件后，ASP.NET 为输出的页面添加了很多用于验证的 JavaScript 代码。在 ASP.NET 4.0 中，客户端 JavaScript 现在可以支持 Internet Explorer、Firefox 和 Opera 等浏览器。如果当前使用的浏览器不支持 JavaScript，在验证消息显示之前，表单必须被回送到服务器端。默认情况下，验证在客户端和服务器端都实现，如果不希望进行客户端验证，则可以将 EnableClientScript 属性设置为 False。

一般情况下，开发人员通过 Page.IsValid 属性来判断验证是否通过。每个验证控件都包含一个 IsValid 属性，当验证通过时，该属性返回 True，此时 Page.IsValid 属性将返回 True。当使用支持 JavaScript 的浏览器时，验证将在客户端完成，验证错误时，错误信息直接在客户端显示，因此可以不用判断 Page.IsValid 属性。

6.4.2　验证控件的基类 BaseValidator

在 System.Web.UI.WebControls 命名空间中的验证控件都派生自 BaseValidator 基类，该类提供了验证控件的基本功能，具有如下几个关键的属性和方法。

- ControlToValidate：指定用于验证的输入控件。
- Display：指定如何显示错误消息。可选项有 Static，表示提前计算错误消息所需要的空间，并静态地显示在页面上；Dynamic，表示将动态地显示错误的消息。静态方式将提前预留一定的空间用于错误消息的显示，动态方式则使用动态插入的方式显示错误消息。
- EnableClientScript：是否开启客户端脚本验证功能，该选项默认为 True。
- Enabled：允许用户启用或禁用验证。当禁用时，验证控件不进行任何验证。
- ErrorMessage：当验证失败时，错误消息将被显示在 ValidationSummary 控件中。
- Text：如果验证失败时，将显示错误文本。
- IsValide：验证输入控件是否通过的布尔值。
- SetFocusOnError：如果设置为 True，当用户尝试提交页面时，浏览器会将焦点移动验证失败的输入控件中，以便于用户更容易修正错误。该特性在客户端和服务器端都有用。
- ValidationGroup：允许将多个验证控件进行逻辑上的分组，以便于实现多种不同类型的验证。当页面上具有多组控件要分别进行验证时，该属性将十分有用。
- Validate 方法：该方法将重新验证控件并相应地更新 IsValid 属性。当页面经 CausesValidation 控件进行回发时调用该方法。开发人员也可以编程调用该方法，手工进行验证。

所有的验证控件都派生自 BaseValidator 类，因此都共享上面提到的属性和方法。此外，BaseValidator 还从其基类 Label 继承了 BackColor、Font、ForeColor，以及其他的一些属性。验证控件的层次结构如下：

```
System.Object
  System.Web.UI.Control
    System.Web.UI.WebControls.WebControl
      System.Web.UI.WebControls.Label
        System.Web.UI.WebControls.BaseValidator
          System.Web.UI.WebControls.BaseCompareValidator
```

```
System.Web.UI.WebControls.CustomValidator
System.Web.UI.WebControls.RegularExpressionValidator
System.Web.UI.WebControls.RequiredFieldValidator
```

6.4.3 使用 RequiredFieldValidator 限制不能为空

RequiredFieldValidator 是所有验证控件中最简单的一个控件，其主要目的是防止输入控件中的值为空。比如强制要求用户在该控件关联的 TextBox 控件中输入值。除此之外，还可以为其 InitialValue 属性指定一个初始值，这样验证控件将匹配该初始值。如果输入控件失去焦点时，而没有改变它的初始值，该控件将不能通过验证。

举个例子，在读者信息调查表的“省份”字段中，假定为 RequiredFieldValidator 控件的 InitialValue 属性指定“提供省份名称”文本，并且为其关联的 TextBox 也指定“提供省份名称”文本，代码如下：

```
<tr>
    <th>
        您目前所在的省份：</th>
    <td>
        <asp:TextBox ID="TextBox1" runat="server">提供省份名称</asp:TextBox>
        <!—为了防止在省份中不输入值，因此这里放置了一个 RequiredFieldValidator-->
        <asp:RequiredFieldValidator ID="RequiredFieldValidator2" runat="server"
            ControlToValidate="TextBox1" ErrorMessage="请输入您所在的省份！"
            InitialValue="提供省份名称"></asp:RequiredFieldValidator>
    </td>
</tr>
```

运行时如果没有改变 TextBox1 中的值，则验证将不能通过。在示例代码中，ControlToValidate 指定要验证的控件，ErrorMessage 指定一些当验证失败时的错误消息。开发人员可以为 RequiredFieldValidator 的 Text 属性指定错误消息文本，除此之外，还可以为 Text 属性指定图片，让错误提示更加多样化。下面将修改关联“工作习惯”字段的 RequiredFieldValidator 控件，设置其 Text 属性为显示一幅图片，声明代码如下：

```
<tr>
    <th>
        您的工作习惯：</th>
    <td>
        <asp:TextBox ID="TextBox2" runat="server"></asp:TextBox>
        <!—为了防止用户不输入工作习惯，因此这里放置了一个 RequiredFieldValidator-->
        <asp:RequiredFieldValidator ID="RequiredFieldValidator3" runat="server"
            ControlToValidate="TextBox2"><img alt="必须输入个人习惯信息."
            src="Images/Error.gif" /></asp:RequiredFieldValidator>
    </td>
</tr>
```

在代码中为 Text 属性指定了一个<img>标签，让其链接到指定的图片，运行时当“工作习惯”字段为空时，则显示一个小图标，如图 6.23 所示。

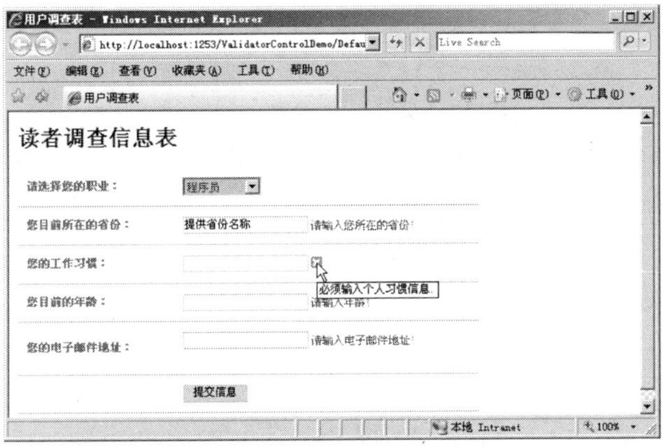

图 6.23　为验证控件指定图片错误提示

6.4.4　使用 RangeValidator 控件指定输入范围

RangeValidator 控件将用户在输入控件中输入的值限制在某个预定义的范围之内，该验证控件具有以下 3 个特定的属性。

- MinimumValue：指定范围的最小值。
- MaximumValue：指定范围的最大值。
- Type：指定输入控件中用于验证的数据类型，可支持 Currency、Date、Double、Integer 和 String。

比如在“年龄”字段中，希望用户只能输入 20~100 之间的年龄值，否则将显示错误信息，声明代码如下：

```
<asp:RangeValidator ID="RangeValidator1" runat="server"
    ControlToValidate="TextBox3" ErrorMessage="请输入正确的范围" MaximumValue="100"
    MinimumValue="20" Type="Integer"></asp:RangeValidator>
```

在读者信息调查表中插入一个“日期”字段，要求用户输入出生日期，并将日期值限制在 1970-01-01 到 2008-01-01 之间，如果用户输入的值不在该范围内，将显示出错误信息，声明代码如下：

```
<tr>
    <th>
        输入您的出生日期：</th>
    <td>
        <asp:TextBox ID="TextBox5" runat="server"></asp:TextBox>
        <!-为了防止用户不输入出生日期，因此这里放置了一个 RequiredFieldValidator-->
        <asp:RequiredFieldValidator ID="RequiredFieldValidator6" runat="server"
ControlToValidate="TextBox5" ErrorMessage="请输入生日
日期！"></asp:RequiredFieldValidator>
        <!--要求用户输入的日期值在指定的日期范围之内-->
        <asp:RangeValidator ID="RangeValidator2" runat="server"
            ControlToValidate="TextBox5" ErrorMessage="请输入正确的日期范围！"
            MaximumValue="2008-01-01"MinimumValue="1970-01-01"
            Type="Date"></asp:RangeValidator>
    </td>
</tr>
```

RangeValidator 中指定 Type 为 Date 类型，如果输入 1960-01-01 的话，将会在 ErrorMessage

中显示错误信息，运行效果如图 6.24 所示。

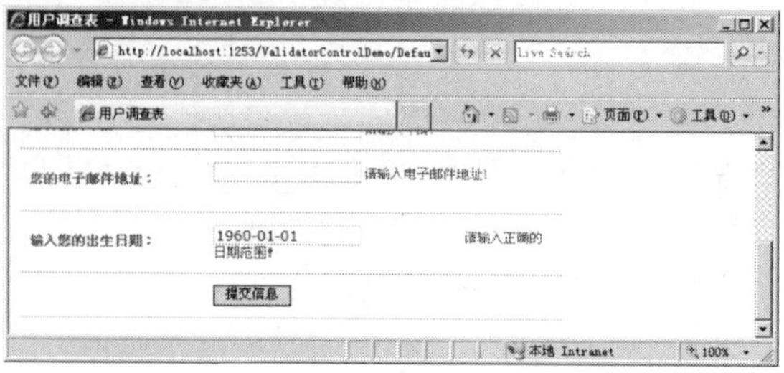

图 6.24　RangeValidator 示例运行效果

6.4.5　使用 CompareValidator 比较值

CompareValidator 控件可以完成如下 3 种验证任务：

- 完成数据类型的检查，比如是否在日期字段中输入了一个日期数据。
- 将输入控件中的值与某个固定的值进行比较。
- 将输入控件中的值与其他控件的值进行比较。

CompareValidator 具有如下 6 个较重要的属性。

- ControlToValidate：用于验证控件的 ID。
- Text：当验证失败时显示出错误消息。
- Type：用于比较两个值的数据类型，可能的值有 String、Integer、Double、Date 和 Currency。
- Opeartor：用于进行比较的操作类型，可能的值有 DataTypeCheck，表示类型检查。
- ValueToCompare：用于比较的固定值。
- ControlToCompare：与其他控件进行比较时，获取其他控件的 ID。

现在举例演示如何使用 CompareValidator 比较值，操作步骤如下：

（1）添加一个名为 CompareValidatorDemo.aspx 的页面，本示例将创建 1 个 CompareValidator 控件的综合演示示例，该示例允许用户在两个文本框中输入进行比较的值，然后选择要比较的操作类型和数据类型，单击“验证”按钮开始比较。如果比较通过，会在 1 个 Label 控件中显示结果信息，运行效果如图 6.25 所示。

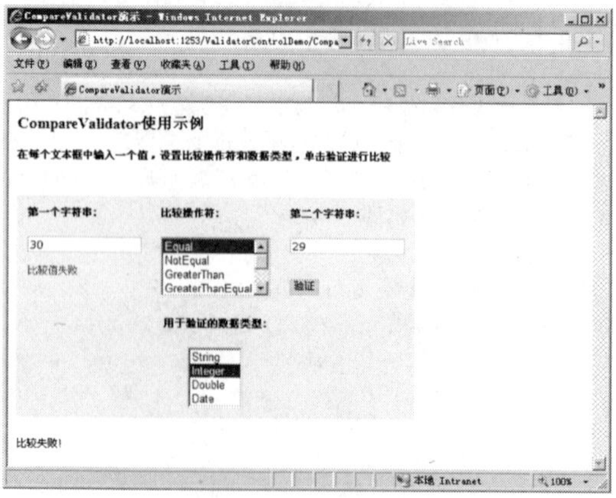

图 6.25　CompareValidator 使用示例

（2）该示例的声明代码如下：

```
<form id="Form1" runat="server">
   <h3>CompareValidator 使用示例</h3>
   <h5>在每个文本框中输入一个值，设置比较操作符和数据类型，单击验证进行比较</h5> <br/>
    <table bgcolor="#eeeeee" cellpadding="10">
      <tr valign="top">
         <td>
            <h5>第一个字符串:</h5>
            <!--指定用于比较的第一个文本框-->
            <asp:TextBox id="TextBox1"
                runat="server"/>
            <br/>
            <!--指定用于比较的第一个 CompareValidator 控件-->
            <asp:CompareValidator id="Compare1"
                ControlToValidate="TextBox1"
                ControlToCompare="TextBox2"
                Type="String"
                EnableClientScript="false"
                Text="比较值失败"
                runat="server"/>
           </td><td><h5>比较操作符:</h5>
             <!--比较操作类型的列表，供用户进行选择-->
             <!--指定初始的选择项为 Equal，也就是等号-->
            <asp:ListBox id="ListOperator"
                OnSelectedIndexChanged="Operator_Index_Changed"
                runat="server">
              <asp:ListItem Selected="True" Value="Equal" >Equal</asp:ListItem>
              <asp:ListItem Value="NotEqual" >NotEqual</asp:ListItem>
              <asp:ListItem Value="GreaterThan" >GreaterThan</asp:ListItem>
              <asp:ListItem Value="GreaterThanEqual"
              >GreaterThanEqual</asp:ListItem>
              <asp:ListItem Value="LessThan" >LessThan</asp:ListItem>
              <asp:ListItem Value="LessThanEqual" >LessThanEqual</asp:ListItem>
              <asp:ListItem Value="DataTypeCheck" >DataTypeCheck</asp:ListItem>
            </asp:ListBox>
           </td><td>
            <h5>第二个字符串:</h5>
            <asp:TextBox id="TextBox2"
                runat="server"/>
            <br/>
            <!--用于进行比较的第二个 CompareValidator 控件-->
            <asp:CompareValidator id="Compare2"
                ControlToValidate="TextBox2"
                Operator="DataTypeCheck"
                EnableClientScript="false"
                Text="无效的数据类型"
                runat="server"/>
            <br/>
            <!--单击“验证”按钮将进行验证-->
            <asp:Button id="Button1"
                Text="验证"
                OnClick="Button_Click"
                runat="server"/>
          </td></tr><tr>
          <td colspan="3" align="center">
            <h5>用于验证的数据类型:</h5>
            <!--指定可用于进行比较的数据类型-->
            <asp:ListBox id="ListType"
```

```
                OnSelectedIndexChanged="Type_Index_Changed"
                runat="server">
              <asp:ListItem Selected="True" Value="String" >String</asp:ListItem>
              <asp:ListItem Value="Integer" >Integer</asp:ListItem>
              <asp:ListItem Value="Double" >Double</asp:ListItem>
              <asp:ListItem Value="Date" >Date</asp:ListItem>
            </asp:ListBox>
          </td>
        </tr>
      </table>
       <!--在该 Label 控件中显示验证结果信息-->
      <asp:Label id="lblOutput"
          Font-Name="verdana"
          Font-Size="9pt"
          runat="server"/>
  </form>
```

（3）本示例定义了两个 CompareValidator 控件：当用户选择不同的比较操作符时，触发第 1 个 CompareValidator 的验证；当用户选择不同的数据类型时，触发第 2 个 CompareValidator 的验证。这是通过代码响应 DropDownList 的 SelectedIndexChanged 事件来实现的，代码如下：

```
protected void Button_Click(Object sender, EventArgs e)
{
    //如果页面通过验证，显示成功信息
    if (Page.IsValid)
    {
        lblOutput.Text = "成功能通过验证!";
    }
    else
    {
        lblOutput.Text = "比较失败!";
    }
}
protected void Operator_Index_Changed(Object sender, EventArgs e)
{
    //根据用户的选择，更换验证控件的操作符
    Compare1.Operator = (ValidationCompareOperator)ListOperator.SelectedIndex;
    Compare1.Validate();
}
protected void Type_Index_Changed(Object sender, EventArgs e)
{
    //更换验证控件的数据类型
    Compare1.Type = (ValidationDataType)ListType.SelectedIndex;
    Compare2.Type = (ValidationDataType)ListType.SelectedIndex;
    Compare1.Validate();
}
```

当选择不同的操作符或数据类型时，都会调用相应的 CompareValidator 控件的 Validate() 方法来进行验证。单击“验证”按钮时，将检测 Page.IsValid 是否为 True，如果为 True，表示验证控件的 IsValid 属性均为 True，则表示成功能过验证，并在 Label 控件中输出“成功通过验证！”。

运行时，用户可以选择不同的操作类型或数据类型进行数据比较验证，这是深刻理解 CompareValidator 控件的一个非常好的范例。

6.4.6　使用 RegularExpressionValidator 正则表达式验证

RegularExpressionValidator 控件是 ASP.NET 中一个非常强大的工具，它允许开发人员将文本匹配为一个指定的正则表达式。开发人员只需要为该控件的 ValidationExpression 属性赋一个正则表达式，就可以实现一些较复杂的验证过程。通过这种类型的验证，可以检查可预知的字符序列，如身份证号码、电子邮件地址、电话号码、邮政编码等。

正则表达式是一个非常强大的工具，允许开发人员使用特定的字符串指定复杂的规则。在读者信息调查表中，使用 RegularExpressionValidator 验证用户输入的字符串格式是否正确，其声明语法如下：

```
<!--为了确保用户输入正确的电子邮件地址，使用 RegularExpressionValidator 指定一个正则表达式-->
<asp:RegularExpressionValidator ID="RegularExpressionValidator1"
runat="server"
  ControlToValidate="TextBox4" ErrorMessage="请输入正确的电邮地址!"
  ValidationExpression="\w+([-+.']\w+)*@\w+([-.]\w+)*\.\w+([-.]\w+)*"></asp:
  RegularExpressionValidator>
```

在该示例中，ValidationExpression 被指定为一个用于验证电子邮件地址是否正确的正则表达式。VS 2010 中内置了一些常见的正则表达式编辑器，可以在 RegularExpressionValidator 的 ValidationExpression 属性中单击按钮...，打开图 6.26 所示的“正则表达式编辑器”对话框。

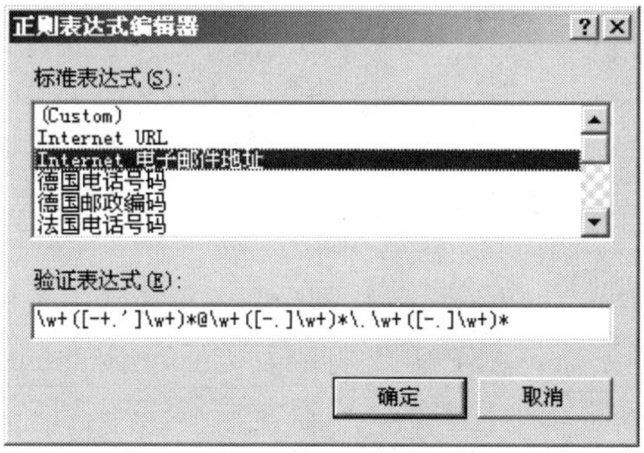

图 6.26　“正则表达式编辑器”对话框

在该对话框中，开发人员可以直接选中某一个标准的表达式，也可以选择“Custom”选项，在“验证表达式”文本框中输入一个自定义的正则表达式。

6.4.7　使用 CustomValidator 自定义验证

如果已有的验证控件不能满足要求，项目需要更高级、可定制的验证，那么可以使用 CustomValidator 控件，它允许在客户端或服务器端执行自定义的验证子程序，通过为验证控件关联这些子程序，验证便可以自动完成。如果验证失败，则 Page.IsValid 属性为 False。

CustomerValidator 控件具有如下几个属性。

- ControlToValidate：用于获取验证控件的 ID。
- Text：当验证失败时用于显示错误信息。
- ClientValidationFunction：用于实现客户端验证的函数名称。

CustomerValidator 还支持一个用于服务器端验证的事件，即 ServerValidate，表示当

CustomValidator 完成验证时触发该事件。

客户端验证和服务器端验证的子程序定义相似，都需要两个参数：一个是对 Validator 控件的引用；一个是自定义的参数对象。自定义的参数对象提供了一个 Value 属性，它包含当前输入控件所关联的值，该属性用于指定输入的值是否通过验证。比如，为了检查客户输入的值是否是 5 的倍数，可以使用一个 JavaScript 的客户端子程序，示例代码如下：

```
<html xmlns="http://www.w3.org/1999/xhtml">
<head runat="server">
    <title>CustomValidator 示例</title>
    <script type="text/javascript">
    function EmpIDClientValidate(ctl, args)
    {
    //如果输入值与 5 取模为 0 的话，则表示是 5 的倍数，否则不是
    args.IsValid=(args.Value%5 == 0);
    }
    </script>
</head>
<body>
    <form id="form1" runat="server">
    <div>
        <!--使用一个文本框作为输入控件-->
        验证是否输入了 5 的倍数：<asp:TextBox ID="TextBox1" runat="server"></asp:TextBox>
        <!--使用 CustomerValidator 控件，指定 ClientValidationFunction 为
        EmpIDClientValidate 函数-->
        <asp:CustomValidator ID="CustomValidator1" runat="server" Display="Dynamic"
            ClientValidationFunction="EmpIDClientValidate"
            ControlToValidate="TextBox1">请输入 5 的倍数</asp:CustomValidator>
    </div>
    </form>
</body>
</html>
```

运行时，如果用户输入了非 5 的倍数的值，则当文本框控件失去焦点时，会显示出错误信息。

当页面被提交后产生回发时，ASP.NET 将触发 CustomValidator 控件的 ServerValidate 事件，可以使用 C#代码在服务器端进行验证。尽管客户端已经验证，为了保险还是应该在服务器端编写验证代码，以防止一些浏览器因为不支持客户端的 JavaScript 而通过验证，造成系统的混乱。在服务器端，可以使用如下代码验证：

```
protected void CustomValidator1_ServerValidate(object source,
ServerValidateEventArgs args)
{
    try
    {
        //在服务器端进行取模验证
        args.IsValid = (int.Parse(args.Value) % 5 == 0);
    }
    catch
    {
        //如果有其他错误，验证也会失败，比如输入非数字值
        args.IsValid = false;
    }
}
```

参数 args 是 ServerValidateEventArgs 类型的类，包含如下两个属性。

- Value：用来验证输入控件的值。

➢ IsValid：设置验证成功或失败。

CustomValidator 还包含了一个 ValidateEmptyText 的布尔属性，表示是否应该验证空文本。本节示例运行效果如图 6.27 所示。

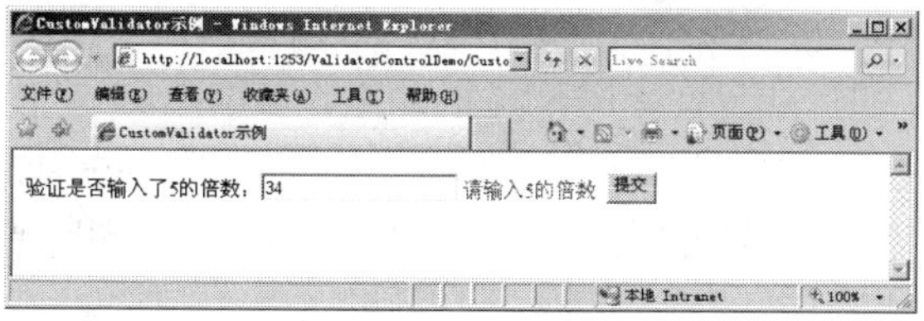

图 6.27　CustomValidator 控件使用示例

6.4.8　使用 ValidationSummary 显示验证信息

ValidationSummary 控件本身并不完成任何验证动作，它可以收集所有的验证错误信息并显示在一个统一的位置。验证概要区将显示每个验证控件 ErrorMessage 中的消息。这些消息可以使用客户端的 JavaScript 消息框显示或直接在页面上显示。

如果页面上具有很多验证控件要显示验证信息时，在一个统一的位置显示将更具有可阅读性。例如，下面将读者信息调查表中的所有验证控件的 ErrorMessage 消息显示在页面的顶端，首先在页面上放置 1 个 ValidationSummary 控件，然后将所有验证控件的 Text 属性更改为*号。ValidationSummary 的声明代码如下：

```
<asp:ValidationSummary runat="server" ID="Summary"
        ShowSummary="true" DisplayMode="BulletList"
        HeaderText="<b>在提交时出现了如下的错误:</b>"
/>
```

在运行时，如果某个验证控件出现了错误，会在页面顶端显示出错误信息，在控件的旁边显示一个红色的*号，运行效果如图 6.28 所示。

图 6.28　使用 ValidationSummary 显示错误信息

在 ValidationSummary 的声明中，可以看到如下几个属性，它们可以改变错误消息的显示方式。

- DisplayMode：允许指定错误消息显示的格式，可能的值有 BulletList、List 和 SingleParagraph。
- HeaderText：在错误消息列表的上面显示标题信息。
- ShowMessageBox：允许显示一个弹出式的警告窗口。
- ShowSummary：允许在页面上隐藏错误信息的显示。

如果将 ShowMessageBox 属性设置为 True 并且将 ShowSummary 属性设置为 False，则 ValidationSummary 会使用 JavaScript 代码显示一个包含错误信息的弹出式窗口，运行效果如图 6.29 所示。

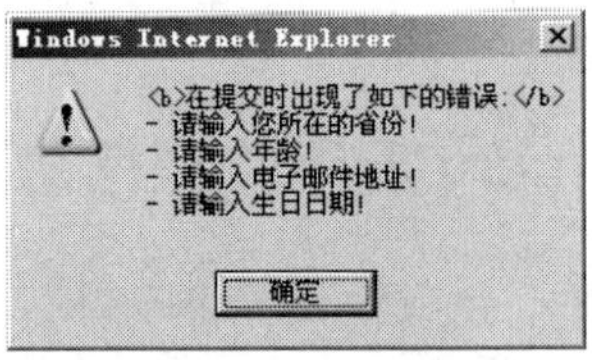

图 6.29　弹出式的错误提示窗口

6.4.9　使用 ValidationGroup 属性

在一些复杂的页面中，存在多组有明显区别但又互相关联的控件是常有的事。很多开发人员会使用 Panel 控件来分隔多组控件，使页面具有清晰的视觉效果。也许因为应用程序的需求，要对这些不同组的控件分开进行验证。举一个例子，在一个 Form 中，包含一组用于用户注册的控件和一组用于用户登录的控件，每组控件都具有不同的提交按钮。根据单击哪个组中的按钮来验证该组中的验证控件，这便是 ASP.NET 提供的一个称为验证组的新特性。

为了创建一个验证组，需要在同一个逻辑组中放置一些输入控件和一个具有 CausesValidation 属性的按钮控件，然后为每个控件的 ValidationGroup 属性设置相同的声明性字符串。每个按钮控件都具有一个 CauseValidation 属性并且也包含一个 ValidationGroup 属性。

添加一个 ValidationGroupDemo.aspx 的页面，在该页面上放置两组控件，一组要求用户输入姓名；一组要求用户输入搜索主题。声明代码如下：

```
<form id="form1" runat="server">
 <h3>ValidationGroup 示例</h3>
  <!--输入文本框控件-->
  请输入姓名:<br/>
  <asp:textbox id="NameTextBox"
    runat="server"/>
 <!--指定 RequiredFieldValidator 控件的 ValidationGroup 属性为 UserInfoGroup-->
  <asp:requiredfieldvalidator id="NameTextBoxRequiredValidator"
    controltovalidate="NameTextBox"
    display="Dynamic"
    text="请输入姓名"
    validationgroup="UserInfoGroup"
    runat="server"/>
  <br /><br />
  <!--指定 Button 控件的 ValidationGroup 属性也为 UserInfoGroup，因此成为一个验证组-->
  <asp:button id="SubmitButton"
    text="提交"
    validationgroup="UserInfoGroup"
    runat="server"/>
  <hr/>
```

```
    请输入搜索主题:<br/>
    <asp:textbox id="SearchTextBox"
      runat="server"/>
   <!--指定 RequiredFieldValidator 控件的 ValidationGroup 属性为 SearchGroup-->
    <asp:requiredfieldvalidator id="SearchTextBoxRequiredValidator"
      controltovalidate="SearchTextBox"
      display="Dynamic"
      text="请输入一个主题."
      validationgroup="SearchGroup"
      runat="server"/>
    <br /><br />
     <!--指定 Button 控件的 ValidationGroup 属性也为 SearchGroup，也成为一个验证组-->
    <asp:button id="SearchButton"
      text="搜索"
      validationgroup="SearchGroup"
      runat="server"/>
  </form>
```

在示例代码中，使用 ValidationGroup 属性定义了两组验证控件，一组名为 UserInfoGroup 的验证控件，另一组名为 SearchGroup 的验证控件。当单击“提交”按钮时，将触发 UserInfoGroup 中的验证，当单击“搜索”按钮时，会触发 SearchGroup 中控件的验证，运行效果如图 6.30 所示。

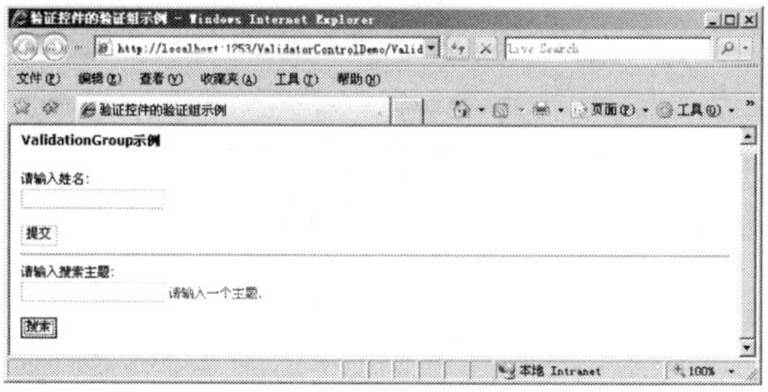

图 6.30　ValidationGroup 验证组示例运行效果

如果在“姓名”文本框中不输入任何数据，单击“提交”按钮时只有属于 UserInfoGroup 组中的验证会触发。同样地，单击“搜索”按钮时，只有 SearchGroup 组中的验证会触发。

6.4.10　编程使用验证控件

与其他的服务器控件类似，开发人员也可以编程读取或设置验证控件中的属性。为了访问页面上验证控件，可以遍历当前页面的 Validators 集合来实现。Page.Validators 属性是 ValidatorCollection 集合类型的属性。现在继续改进读者信息调查表，具体步骤如下：

（1）在页面底部添加几个复选框，当用户选中复选框后，触发 PostBack，在服务器端根据用户的选择来设置验证控件的值，声明代码如下：

```
           <td>
               <!--使用几个复选框来允许用户选择是否要启用或禁用验证控件的特性-->
               <asp:CheckBox ID="chkEnableValidators" runat="server"
               AutoPostBack="True"
                   oncheckedchanged="Options_Changed" Text="允许验证" />
               <asp:CheckBox ID="chkEnableClientSide" runat="server"
               AutoPostBack="True"
                   oncheckedchanged="Options_Changed" Text="启用客户端验证" />
```

```
                    <asp:CheckBox ID="chkShowMsgBox" runat="server" AutoPostBack="True"
                        oncheckedchanged="Options_Changed" Text="显示弹出式验证摘要" />
                    <asp:CheckBox ID="chkShowSummary" runat="server" AutoPostBack="True"
                        oncheckedchanged="Options_Changed" Text="显示验证摘要信息" />
                </td>
```

（2）本示例为每个 CheckBox 控件都关联了 Options_Changed 事件，当选中复选框时，Options_Changed 事件将根据用户的选择来设置验证控件的值，代码如下：

```
protected void Options_Changed(object sender, System.EventArgs e)
{
    //编程遍历页面上所有的验证控件
    foreach (BaseValidator validator in Page.Validators)
    {
       //根据用户在复选框中的选择，设置验证控件的允许验证的值
        validator.Enabled = chkEnableValidators.Checked;
        //根据用户在是否允许客户端验证复选框中的选择，开启或关闭客户端验证
        validator.EnableClientScript = chkEnableClientSide.Checked;
    }
    //基于两个复选框配置 ValidationSummary 控件
    Summary.ShowMessageBox = chkShowMsgBox.Checked;
    Summary.ShowSummary = chkShowSummary.Checked;
}
```

（3）在运行时，当单击“提交信息”按钮触发验证时，将会根据用户的不同选择进行不同类型的验证，运行效果如图 6.31 所示。

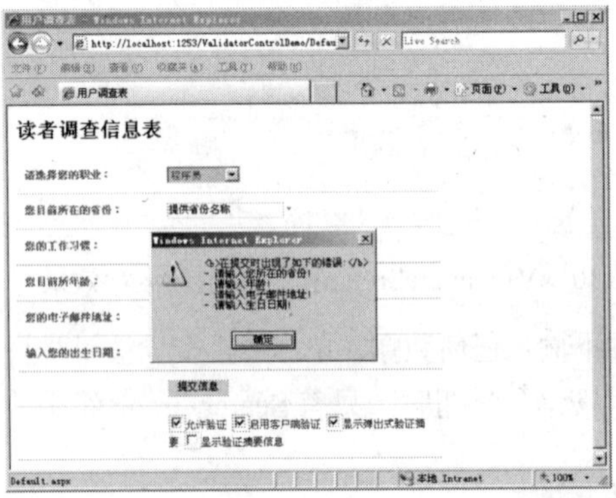

图 6.31　编程控制验证控件的属性示例

除了使用一个具有 CausesValidation 属性为 True 的按钮控件进行验证外，有时候开发人员也许需要编程实现自定义验证。比如可以将 CausesValidation 属性设为 False，当单击按钮时，手动地调用 Validate()方法进行验证，通过检查 Page.IsValid 属性来判断验证是否成功。

注意： 如果要验证在验证组中的控件，可以使用 Validate（验证组名）语法进行验证。

（4）将读者信息调查表中的“提交信息”按钮的 CausesValidation 属性设置为 False，在其单击事件中，首先调用 Validate()方法进行验证，然后遍历页面上的验证控件。每次发现验证失败的控件时，将会从输入控件中获取无效的值并添加到一个字符串中，遍历完成后，将这些描述性的信息显示在一个 Label 控件中，代码如下：

```
protected void btnSubmit_Click(object sender, EventArgs e)
{
    //手动的进行验证
```

```
        this.Validate();
        //如果验证中有错误
        if (!this.IsValid)
        {
            string errorMessage = "<b>发现了如下的错误信息:</b><br />";
            //创建一个变量来保存输入控件
            TextBox ctrlInput;
            //遍历页面上所有的验证控件
            foreach (BaseValidator ctrl in this.Validators)
            {
                //查找验证失败的验证控件
                if (!ctrl.IsValid)
                {
                    //获取验证控件的 ErrorMessage 属性的信息
                    errorMessage += ctrl.ErrorMessage + "<br />";
                    //获取验证控件所关联的输入控件对象实例
                    ctrlInput = (TextBox)this.FindControl(ctrl.ControlToValidate);
                    errorMessage += " * 用户输入的值有问题: ";
                    errorMessage += ctrlInput.Text + "<br />";
                }
            }
            lblMessage.Text = errorMessage;
        }
    }
```

示例运行效果如图 6.32 所示。

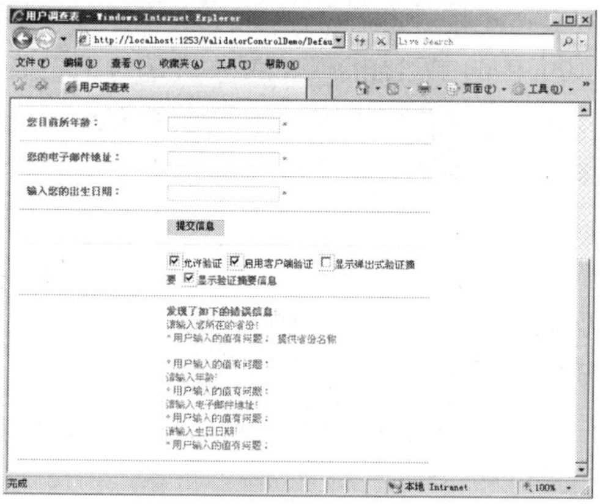

图 6.32　编程手动进行验证示例效果

6.5　小结

本章首先讨论了 ASP.NET 中的基本控件，包括 HTML 服务器控件的使用及层次；接下来详细地介绍了 ASP.NET 中 Web 服务器控件，并详细地介绍了一些项目中应用频繁的控件，以及它们的使用方法和技巧；然后对 ASP.NET 中几种列表框控件的使用也进行了详细介绍，在本书后面介绍数据绑定控件时，会再次使用到这些列表框控件；最后，本章深入地讨论了功能强大的验证控件的使用，介绍了其基本原理及详细的使用方法，以如何使用编程的方式进行验证结束了本章的讨论。

第7章　高级服务器控件

本章依然介绍ASP.NET中的服务器控件，与上一章不同的是，本章中的控件是一些复杂的Web服务器控件。这些控件提供了丰富的功能，用于构建复杂的用户界面。严格地说，这些控件并不能称为高级控件。这样称呼只是为了区别底层的HTML控件。尽管可以使用编程的方式来描述一个Web高级服务器控件，但是其输出的客户端代码是非常复杂的，除了包含HTML之外，还可能包含一些复杂的JavaScript客户端代码。

用户可以通过使用一个Table控件和一个Calendar控件来理解这种区别。当使用Table控件进行编程时，Table、TableRow或TableCell对象只是对HTML中的<table>、<tr>或<td>的封装，因而不能将Table控件看成是高级控件。而Calendar日历控件则不同，它提供了日期、月份及可选择区域的功能，这些并不直接对应HTML标记，而且其输入的内容也由很多HTML代码组成，因此可以称为高级控件。

ASP.NET 4.0包含很多高级控件，在本章后面的内容中将会详细介绍，比如数据绑定控件、导航控件、安全控件及Web Parts等。在VS 2010工具箱的“标准”选项卡中，具有如下几个高级控件，将在本章进行详细讨论。

- Calendar：日历控件，该控件将在Web页面上显示一个日历，允许用户选择年、月、日或选择一个日期的范围。
- AdRotator：广告轮询控件，该控件将在页面上显示一个随机变换的图片广告，这些图片的信息存储在XML文件中，在页面每次加载时随机获取一条进行显示。
- MultiView、View和Wizard：可以将这几个控件想象为一个高级的面板控件，它们让用户可以在页面上选择不同的控件组，比如Wizard包含一个内置的导航逻辑。
- FileUpload：文件上传控件，允许向服务器上传文件。

7.1　日历控件Calendar

Calendar控件默认呈现为一个日历形式，可以使用该控件执行下面的操作。

- 查看和选择日期：用户可以通过此控件选择任意一年中的任意一天；可以设置SelectedDate属性，使某个特定的日期在控件中突出显示；可以通过单击一个日期或在不同的月份之间移动以选择任意日期；还可以将日历配置为允许用户选择多个日期，包括整周或整月。

➢ 在日历网格中显示约会或其他的信息：显示个别日期的特定详细信息，如任务列表、事件时间表或类似的信息，此功能使用户可以显示数据库中的日期信息。

7.1.1　日期控件简介

当从 VS 2010 工具箱的“标准”选项卡中拖动 1 个 Calendar 控件到 Web 页面上时，会为日历控件自动生成下面最简单的声明代码：

```
<form id="form1" runat="server">
    <div>
        <!--从工具箱中拖一个 Calendar 控件到页面上-->
        <asp:Calendar ID="Calendar1" runat="server"></asp:Calendar>
    </div>
</form>
```

从界面设计中可以看到，Calendar 默认呈现了当前月份的日历，该日历中具有年月信息、星期列表及月份中所有的日期列表，如图 7.1 所示。

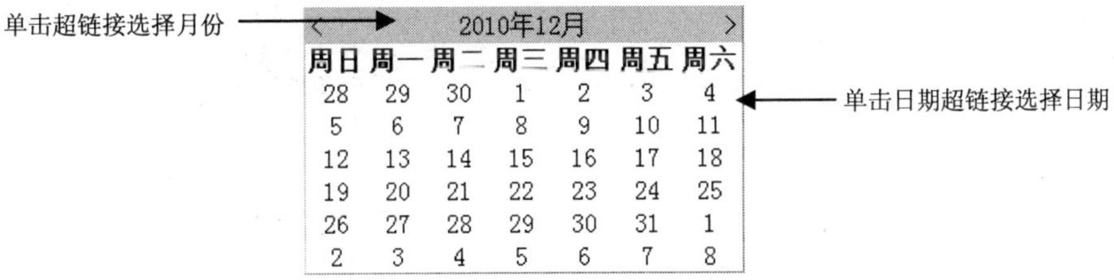

图 7.1　Calendar 控件的默认呈现

用鼠标右键单击浏览器空白处，在弹出的快捷菜单中选择“查看源代码”命令，打开某个文本编辑器，其中查看 Calendar 控件输出的 HTML 代码，会看到该控件输出为一个 HTML 的<table>标签，并为每个日期生成超链接信息。

将 Calendar 控件从工具箱拖动到页面上之后，可以使用由 VS 2010 提供的智能标签功能来为它应用预定义的样式。在设计视图中单击 Calendar 控件右上角的智能标签，在弹出的 Calendar 任务菜单中选择“自动套用格式”命令，打开图 7.2 所示的对话框，选择一种 VS 2010 内置的格式。

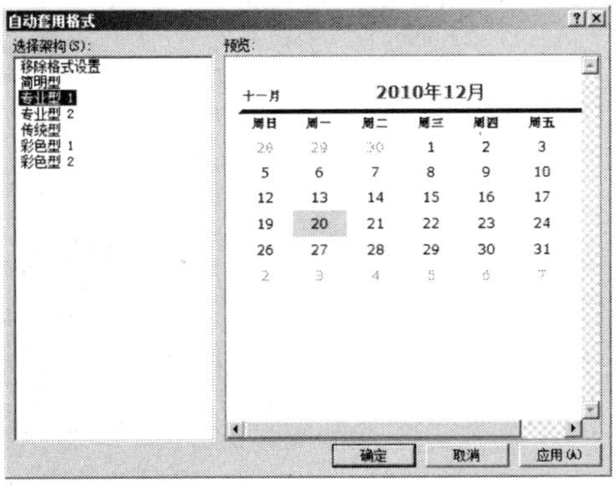

图 7.2　指定 Calendar 控件的内置格式

Calendar 控件中的每个日期都是一个 LinkButton 控件，当在 Calendar 控件中选中某个日期后，会触发 PostBack，引起页面回发，服务器端会响应 SelectionChanged 事件，并且当前选中的日期会高亮显示。通过响应该事件，获取当前所选择日期信息的示例代码如下：

```
protected void Calendar1_SelectionChanged(object sender, EventArgs e)
{
 LblDateInfo.Text = "当前所选择的日期为:"+Calendar1.SelectedDate.ToLongDateString();
}
```

默认情况下，Calendar 控件只允许单选，在 SelectionChanged 事件中使用 SelectedDate 属性来获取当前所选择的日期；Calendar 控件也允许多选，可以通过设置它的 SelectionMode 属性来控制选择的方式。SelectionMode 是一个枚举值，提供了如下选项。

- Day：可以选择单个日期。
- DayWeek：可以选择单日或整周。
- DayWeekMonth：可以选择单个日期、周或整月。
- None：不能选择任何日期。

设置不同的选项后，Calendar 控件的外观会发生一些变化，例如，当设置 DayWeekMonth 后，它会添加一些链接来允许选择整周或整月，运行效果如图 7.3 所示。

图 7.3　在 Calendar 中选择多个日期

默认情况下，Calendar 控件将当前服务器中的日期作为其显示日期。可以使用 Calendar 控件的 TodaysDate 属性指定其他的日期来更改当前日期，示例代码如下：

```
protected void Page_Load(object sender, EventArgs e)
{
    //获取明天的日期
    DateTime tomorrow = DateTime.Today.AddDays(1);
    //将 Calendar 的 TodaysDate 属性设为明天
    Calendar1.TodaysDate = tomorrow;
    //将日期控件的当前日期赋给 SelectedDate 属性
    Calendar1.SelectedDate = Calendar1.TodaysDate;
}
```

当 Calendar 控件的 SelectionMode 设置为 DayWeek 或 DayWeekMonth 属性时，除了使用 SelectedDate 来获取选择的日期之外，该控件还提供了一个 SelectedDates 属性来获取选择的多个日期。如果选择一个星期，可以添加如下代码来演示如何使用 SelectedDates：

```
protected void Calendar2_SelectionChanged(object sender, EventArgs e)
{
    Label1.Text = "当前选择的日期为：<br/>";
    //使用 SelectedDates 属性获取当前多选的日期
```

```
        foreach (DateTime dt in Calendar2.SelectedDates)
        {
            //在 Label 控件中显示所选择的日期信息
            Label1.Text += dt.ToShortDateString() + "<br/>";
        }
    }
```

示例运行效果如图 7.4 所示。

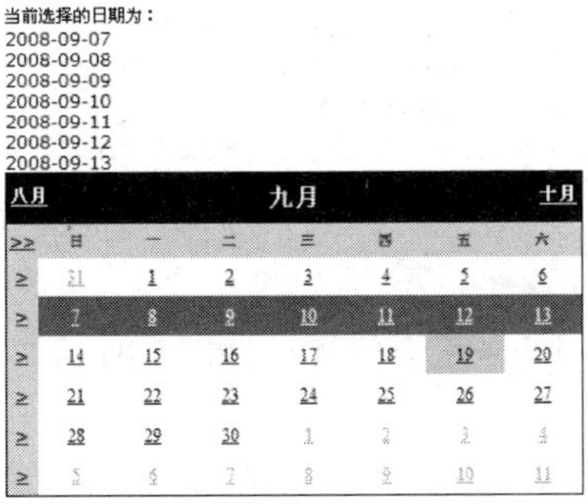

图 7.4　Calendar 控件多选运行效果

> **注意：** SelectedDate 属性和 SelectedDates 集合紧密相关。当 SelectionMode 属性设置为 Day（允许选择一个日期的选择模式）时，SelectedDate 和 SelectedDates[0]的值相同，并且 SelectedDates.Count 等于 1。当 SelectionMode 属性设置为 DayWeek 或 DayWeekMonth（允许选择多个日期的选择模式）时，SelectedDate 和 SelectedDates[0]的值相同。

7.1.2　日期控件格式化显示

Calendar 控件公开了许多与格式化相关的属性，这些属性中有很多是对应 HTML 元素中表格的样式属性，比如 CellSpacing、CellPadding、Caption 和 CaptionAlign 等。除此之外，开发人员还可以使用 Calendar 控件提供的一些样式属性来调整控件的外观，这些样式属性包含 DayStyle、DayHeaderStyle、NextPrevStyle、OtherMonthDayStyle、SelectedDayStyle、SelectorStyle、TitleStyle、TodayDayStyle 和 WeekendDayStyle 等。开发人员可以在属性窗格中调整这些样式的子属性来设置 Calendar 控件的外观。

- DayStyle：设置当前日期的样式。周末、今日和选定日可具有不同的样式。
- DayHeaderStyle：设置日历上方显示日期名称的样式。
- NextPrevStyle：设置标题栏上用于定位月份的 LinkButton 控件的样式。
- OtherMonthDayStyle：设置不在当前月份中其他月份日期的样式。
- SelectedDayStyle：设置用户选定日期的样式。
- SelectorStyle：位于左侧的列，设置用于选定某周或整月的链接样式。
- TitleStyle：控件顶端包含月份名称和月份定位链接的标题栏。如果设置了 NextPrevStyle，它将重写标题栏的左端和右端。
- TodayDayStyle：设置当前日期的样式。
- WeekendDayStyle：设置周末日期的样式。

如果使用预定义格式中的简单样式后，VS 2010 将会使用这些样式设置控件的外观，声明源代码如下：

```
<form id="form1" runat="server">
 <!--使用预定义时所生成的声明代码-->
<asp:Calendar ID="Calendar1" runat="server" BackColor="White"
    BorderColor="#999999" CellPadding="4" DayNameFormat="Shortest"
    Font-Names="Verdana" Font-Size="8pt" ForeColor="Black" Height="180px"
    SelectionMode="DayWeekMonth" Width="300px">
    <SelectedDayStyle BackColor="#666666" Font-Bold="True" ForeColor="White" />
    <SelectorStyle BackColor="#CCCCCC" />
    <WeekendDayStyle BackColor="#FFFFCC" />
    <TodayDayStyle BackColor="#CCCCCC" ForeColor="Black" />
    <OtherMonthDayStyle ForeColor="#808080" />
    <NextPrevStyle VerticalAlign="Bottom" />
    <DayHeaderStyle BackColor="#CCCCCC" Font-Bold="True" Font-Size="7pt" />
    <TitleStyle BackColor="#999999" BorderColor="Black" Font-Bold="True" />
</asp:Calendar>
</form>
```

示例效果及样式对应的 Calendar 元素位置如图 7.5 所示。

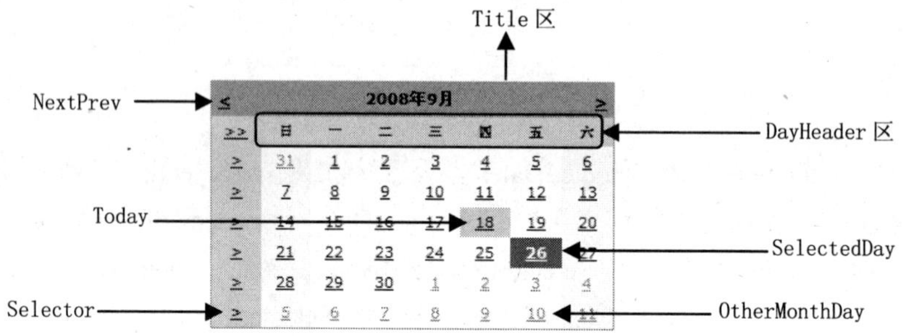

图 7.5　Caneldar 控件样式

开发人员也可以编程控制日期控件的格式，例如下面的代码在页面加载时将改变 Calendar 控件的外观：

```
protected void Page_Load(object sender, EventArgs e)
{
    Calendar1.DayStyle.Font.Size = new FontUnit(10);              //设置日期的字体
    Calendar1.TitleStyle.ForeColor = System.Drawing.Color.Red;  //设置标题的前景色
    //设置选择器的前景色
    Calendar1.SelectorStyle.ForeColor = System.Drawing.Color.Blue;
}
```

7.1.3　限制显示和选择日期

有时候，可能希望限制显示某些日期，或不允许用户选择某些日期，可以使用 Calendar.DayRender 事件来设置。当 Calendar 显示到页面上触发 DayRender 事件时，该事件可以完全改变 Calendar 控件的呈现。DayRender 事件在 Calendar 控件中非常有用，它提供了一个 DayRenderEventArgs 类型的参数，通过该参数的 Day 属性可以获取当前的日期。例如假定用户不能选择星期天这个日期，示例代码如下：

```
protected void Calendar1_DayRender(object sender, DayRenderEventArgs e)
{
    //判断如果当前日期是星期天
    if (e.Day.IsWeekend)
    {
```

```
            //设置当前日期的 IsSelectable 属性为 false，不允许用户选择
            e.Day.IsSelectable = false;
        }
    }
```

运行时，周末的日期将不会呈现为超链接样式，用户无法进行选择。下面的例子会将不属于本月的日期进行隐藏，显示为一个字符串符号“-”，代码如下：

```
    protected void Calendar1_DayRender(object sender, DayRenderEventArgs e)
    {
        //判断如果当前日期是星期天
        if (e.Day.IsWeekend)
        {
            //设置当前日期的 IsSelectable 属性为 false，不允许用户选择
            e.Day.IsSelectable = false;
        }
        //如果日期是其他月份的日期
        if (e.Day.IsOtherMonth)
        {
            //e.Cell 属性代表一个日期框，在此处设置为“-”，表示不显示实际日期
            e.Cell.Text = "-";
        }
}
```

运行时，不属于本月的日期将用一个“-”取代，运行效果如图 7.6 所示。

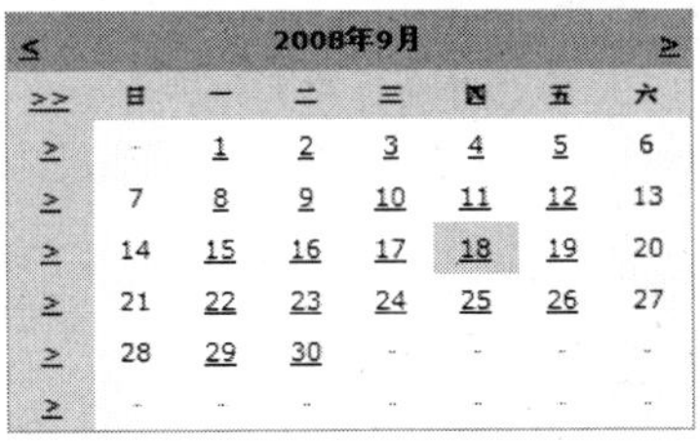

图 7.6　限制日期运行效果

DayRenderEventArgs.Day 是一个 CalendarDay 类型的属性，提供了如下属性供开发人员使用。

- Date：获取由此类的实例表示的日期，此属性为只读。
- DayNumberText：获取由此类的实例表示的日期编号的等效字符串，此属性为只读。
- IsOtherMonth：获取一个值，该值指示由此类的实例表示的日期是否不在 Calendar 控件显示的月份中，此属性为只读。
- IsSelectable：获取或设置一个值，该值指示由此类的实例表示的日期是否可以在 Calendar 控件中被选定。
- IsSelected：获取一个值，该值指示由此类的实例表示的日期是否在 Calendar 控件中被选定，此属性为只读。
- IsToday：获取一个值，该值指示由此类的实例表示的日期是否与 Calendar 控件的 TodaysDate 属性所指定的日期相同，此属性为只读。
- IsWeekend：获取一个值，该值指示由此类的实例表示的日期是否为星期六或星期日，此属性为只读。

在上面的示例代码中，使用了 e.Cell 属性来过滤非当前日期的显示，e.Cell 是一个非常

有用的属性，它是一个 TableCell 类型。该属性代表 Calendar 控件的一个日期列，可以使用它对列进行格式化或添加自定义的信息。例如，下面是格式化 9 月 18 号这个日期的代码：

```
    //检查日期是否为 9 月 18 号
    if (e.Day.Date.Day == 18 && e.Day.Date.Month == 9)
    {
        e.Cell.BackColor = System.Drawing.Color.Green;
        e.Cell.ForeColor = System.Drawing.Color.Yellow;
        e.Day.IsSelectable = false;
        //向该列添加静态文本
        Label lbl = new Label();
        lbl.Text = "<br />今天是 9.18 事件 77 周年!";
        //将该 Label 添加到 Cell 的控件集合中
        e.Cell.Controls.Add(lbl);
    }
```

运行时，在 9 月 18 号这个日期的 Cell 中会显示一行事件信息，如图 7.7 所示。

图 7.7　使用 Cell 属性格式化日期列

7.1.4　创建日期选择器

有了 Calendar 控件，开发人员就可以很轻松地在项目中创建一个日期选择器。Calendar 控件可以封装成用户控件或自定义控件来实现一个功能复杂的日期选择器。本小节将演示如何以最快的速度实现一个具有一般功能的弹出式日期选择器，实现步骤如下。

（1）添加一个名为 PopupCalendarDemo.aspx 的 Web 页面，在该页面中放 1 个 TextBox 控件和 1 个 HTML 的<img>标签，声明代码如下：

```
    <!--文本框控件用于放置从 Calendar 控件中选中的日期-->
    <asp:TextBox ID="txtDate" runat="server" Width="150px"></asp:TextBox>
    <!--使用 img 元素放置一个选择的图标-->
    <img src="Images/Calendar_scheduleHS.png" alt="单击弹出日历选择器"
onclick="PopupWindow()" />
```

（2）在<img>元素中，指定了客户端的 onclick 事件。当单击图片时，会调用自定义的 JavaScript 函数 PopupWindow。当单击该按钮时，希望 Calendar 能够动态地弹出来。在调用该函数前，需要先添加 1 个<div>标签，指定其 ID 为 DateSelector，然后从工具箱的“标准”选项卡中拖 1 个 Calendar 控件到<div>中，设置其相关的属性或选择一种内置的格式，声明代码如下：

```
    <!--在 div 中放置一个 Calendar 控件，日历选择器的显示与隐藏通过对此 div 的操作来实现-->
    <div id="DateSelector">
        <asp:Calendar ID="Calendar1" runat="server" BackColor="#FFFFCC"
            BorderColor="#FFCC66" BorderWidth="1px" DayNameFormat="Shortest"
            Font-Names="Verdana" Font-Size="8pt" ForeColor="#663399" Height="200px"
```

```
        onselectionchanged="Calendar1_SelectionChanged" ShowGridLines="True"
        Width="220px">
        <SelectedDayStyle BackColor="#CCCCFF" Font-Bold="True" />
        <SelectorStyle BackColor="#FFCC66" />
        <TodayDayStyle BackColor="#FFCC66" ForeColor="White" />
        <OtherMonthDayStyle ForeColor="#CC9966" />
        <NextPrevStyle Font-Size="9pt" ForeColor="#FFFFCC" />
        <DayHeaderStyle BackColor="#FFCC66" Font-Bold="True" Height="1px" />
        <TitleStyle BackColor="#990000" Font-Bold="True" Font-Size="9pt"
            ForeColor="#FFFFCC" />
    </asp:Calendar>
</div>
```

（3）在声明中已经为<div>指定 ID 为 DateSelector，接下来使用 ID 选择符来设置 CSS 样式，并设置其初始状态为隐藏，代码如下：

```
<style type="text/css">
    #DateSelector
    {
      /*日历选择器的初始样式*/
        font-family: verdana;
        font-size: 9pt;
        width: 220px;
        height: 100%;
        /*将 display 设置为 none，将使 div 标签隐藏*/
        display: none;
        z-index: 200;
    }
</style>
```

（4）编写 PopupWindow 的 JavaScript 函数。在单击图片时，调用该函数，用来显示日历控件，因此需要先将日历控件所在的<div>标签的 display 设置为 block，代码如下：

```
<script language="javascript" type="text/javascript">
  function PopupWindow()
  {
    //获取包含 Calendar 控件的 div 标签，将其 display 样式属性设置为 block
    var CalendarWindow=document.getElementById("DateSelector");
    CalendarWindow.style.display="block";
  }
</script>
```

（5）当用户在 Calendar 控件中进行选择后，会将所选择的日期写入到 TextBox 控件中，这是通过响应 Calendar 控件的 SelectionChanged 事件来实现的，代码如下：

```
protected void Calendar1_SelectionChanged(object sender, EventArgs e)
{
    //将当前所选择的日期值赋给 TextBox 的 Text 属性
    txtDate.Text = Calendar1.SelectedDate.ToShortDateString();
}
```

至此，一个简单的日期选择器就设计完成了。当页面运行时，可以单击图片打开 Calendar 控件，在其中选中一个日期时，日期被填入 TextBox 控件中，运行效果如图 7.8 所示。

图 7.8　简单日历选择器示例

7.1.5　编程控制日期选择

Calendar 控件允许用户选择单个日期或多个日期。当用户手动选择多个日期时，只能选择连续的日期，比如连续的单个日、单个周或单个月份。除此之外，借助 Calendar 控件的 SelectedDates 属性，可以编程实现选择多个不连续的日期。

SelectedDates 是 SelectedDatesCollection 集合类型的属性，可以使用 Add()、Remove()、Clear()和 SelectRange()方法以编程的方式在 SelectedDates 集合中选定日期。下面的示例代码在按钮单击时，以编程的方式选择日历控件中的星期三。

```
protected void Button1_Click(object sender, EventArgs e)
{
    int currentDay = Calendar1.VisibleDate.Day;
    int currentMonth = Calendar1.VisibleDate.Month;
    int currentYear = Calendar1.VisibleDate.Year;
    //清除当前选择的所有日期
    Calendar1.SelectedDates.Clear();
    //遍历月份中所有的天数
    for (int i = 1; i <= System.DateTime.DaysInMonth(currentYear,
          currentMonth); i++)
    {
        //判断日期是否为星期三，如果是，则添加到 SelectedDates 集合中
        DateTime targetDate = new DateTime(currentYear, currentMonth, i);
        if (targetDate.DayOfWeek == DayOfWeek.Wednesday)
           Calendar1.SelectedDates.Add(targetDate);
    }
    //统计所选择的日期数量
    TextBox1.Text = "共选择的星期三数量是："
       + Calendar1.SelectedDates.Count.ToString();
}
protected void Calendar1_SelectionChanged(object sender, EventArgs e)
{
    TextBox1.Text = "所选择的日期数据是：" +
      Calendar1.SelectedDate.ToShortDateString();
    // 使用颜色来区分所选择的日期
    Calendar1.SelectedDayStyle.BackColor =
       Color.LightGreen;
    Calendar1.SelectedDayStyle.BorderColor =
       Color.Gray;
    Calendar1.DayStyle.BorderColor = Color.Blue;
}
```

代码首先清除 SelectedDates 集合中所有的选择项，然后遍历当前 Calendar 控件中的日期，判断它是否为星期三，如果是的话就添加到 SelectedDates 集合中，示例运行效果如图 7.9 所示。

图 7.9　编程选择 Calendar 控件中的日期

7.2　广告轮询控件 AdRotator

AdRotator 控件可以在网页上随机显示广告条。每次页面在进行刷新时，都会随机地选择不同的广告条来进行显示。AdRotate 控件虽然名为广告轮询控件，但在很多情况下，开发人员可以使用该控件显示任何类型的图片，比如显示友好的问候信息，当用户刷新页面时将显示不同的问候。AdRotator 所完成的功能，开发人员也可以使用 Image 和页面代码实现，但是 AdRatator 提供了更多的控制项。

7.2.1　定义广告文件

在开始使用 AdRotator 控件显示广告内容之前，需要准备要用做广告条的图片。例如，可以在网站项目中创建一个 Images 文件夹，然后将图片资源添加到该文件夹中，接下来创建一个 AdRotator 控件使用的广告列表信息文件，该文件将包含用于显示广告图片的信息。

广告信息文件是一个 XML 格式的文件，开发人员可以在网站项目上单击鼠标右键，在弹出的快捷菜单中选择“添加新项”命令，打开“添加新项”对话框，在该对话框中选择一个用做广告文件的 XML 文件，比如 AdSample.xml。在该 XML 文件中定义 AdRotator 所需要使用的几个元素，一个简单的广告文件示例如下：

```
<?xml version="1.0" encoding="utf-8" ?>
<Advertisements>
  <Ad>
    <ImageUrl>~/Images/Pic1.jpg</ImageUrl>
    <NavigateUrl>http://www.china-pub.com/209224</NavigateUrl>
    <AlternateText>ASP.NET 4.0 完全自学手册红宝书</AlternateText>
    <Impressions>50</Impressions>
    <Keyword>ASP.NET3.5</Keyword>
  </Ad>
  <Ad>
    <ImageUrl>~/Images/Pic2.jpg</ImageUrl>
```

```
    <NavigateUrl>http://www.china-pub.com/39880</NavigateUrl>
    <AlternateText>精通 Silverlight: RIA 开发技术详解 </AlternateText>
    <Impressions>50</Impressions>
    <Keyword>Silverlight</Keyword>
  </Ad>
</Advertisements>
```

广告文件的根元素为 Advertisements，每个子元素<Ad>用于代表一幅广告信息，<Ad>子元素包含了广告的详细信息，由如下几个元素组成。

- ImageUrl：要显示图像的 URL。
- Height：图像的高度（以像素为单位）。
- Width：图像的宽度（以像素为单位）。
- NavigateUrl：单击 AdRotator 控件时要定位页面的 URL。
- AlternateText：图像不可用时要显示的文本。在某些浏览器中，该文本显示为工具提示。
- Keyword：广告关键字，也可作为广告的类别。AdRotator 控件使用该属性来对广告中的列表进行筛选以获得特定的类别。
- Impressions：一个指示广告的可能显示频率的数值。

> **注意：** 由于广告文件是一个 XML 文件，为了防止未经授权而访问此文件，将该文件存储在 App_Data 目录中。该目录在 Machine.config 中配置为拒绝来自 Internet 的对任何类型文件的访问，或使用非.xml 的扩展名对文件进行重命名，比如重命名为.ads。

配置好广告文件后，为了在页面上显示广告，需要在页面上放置 1 个 AdRotator 控件，然后指定其 AdvertisementFile 属性为前面创建的广告文件（AdSample.xml），声明代码如下：

```
<!--使用 AdRotator 控件并指定一个广告文件-->
<asp:AdRotator ID="AdRotator1" runat="server"
   AdvertisementFile="~/App_Data/AdSample.ads" />
```

> **提示：** 上述 AdSample.ads 就是前面创建的 AdSample.xml 文件，这里改名是为了防止来自互联网的非法访问，因为 XML 文件可以不经授权被随意访问。

现在可以运行示例页面，每次刷新页面时，将会显示不同的广告信息。

7.2.2　AdRotator 控件使用进阶

AdRotator 控件除了可以从广告文件中获取信息进行随机显示外，还支持从数据库中获取广告信息。现在在 AdRotatorDemo 网站中添加一个 AdRotatorFromDatabase.aspx 的页面，该页面将显示从数据库中获取到的广告信息，实现步骤如下：

（1）在解决方案资源管理器中用鼠标右键单击 AdRotatorDemo 网站，在弹出的快捷菜单中选择“添加新项”命令，打开“添加新项”对话框，其中选择创建一个 SQL Server 数据库，命名为 ADListDB.mdf。

（2）在服务器资源管理器中打开刚才创建的数据库，添加一个表，命名为 ADList，其结果如图 7.10 所示。

列名	数据类型	允许 Null
ID	int	☐
ImageUrl	varchar(200)	☑
Width	int	☑
Height	int	☑
NavigateUrl	varchar(200)	☑
AlternateText	nvarchar(100)	☑
Keyword	nvarchar(50)	☑
Impressions	int	☑
		☐

图 7.10　ADList 表结构

在表结构中，主键字段为一个自动增长的 ID，接下来在该表中添加上一节中 XML 广告文件的内容。

（3）从工具箱中拖 1 个 SqlDataSource 控件到页面上，在打开的 SqlDataSource 任务窗口中选择配置数据源，打开图 7.11 所示的“配置数据库”对话框，选择刚才创建的数据库，单击“下一步”按钮，会提示将连接字符串保存到 web.config 配置文件中，再次单击“下一步”按钮。

（4）配置 Select 语句，在“名称”下拉列表框中选择 ADList 表，在列表框中选中“*”复选框，表示选中所有的列，如图 7.12 所示。

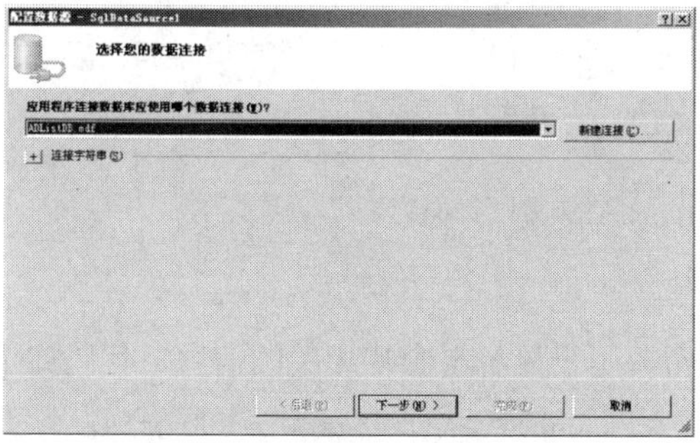

图 7.11　数据源配置向导

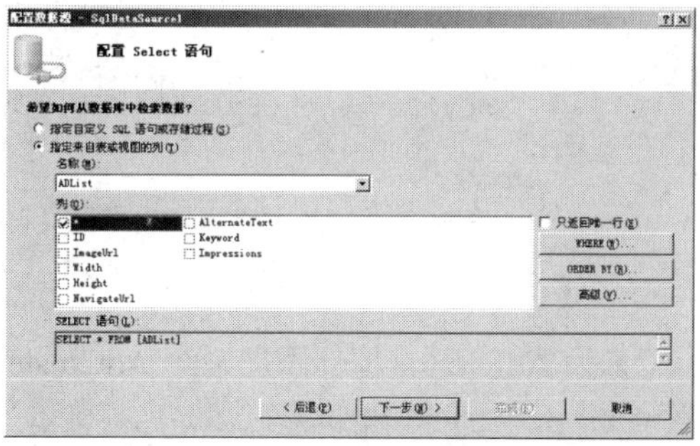

图 7.12　配置 Select 语句

（5）单击“下一步”按钮会打开测试窗口，可以测试所指定的 Select 语句是否正确，单击“完成”按钮，完成对 SqlDataSource 控件的配置。

（6）配置好数据源控件之后，从工具箱中拖 1 个 AdRotator 控件到页面上，在自动弹出的 AdRotator 任务列表中选择 SqlDataSource 数据源控件，VS 2010 所生成的代码如下：

```
<form id="form1" runat="server">
<div>
    <!--创建一个到具有广告信息数据的数据源控件-->
    <asp:SqlDataSource ID="SqlDataSource1" runat="server"
        ConnectionString="<%$ ConnectionStrings:ConnectionString %>"
        SelectCommand="SELECT * FROM [ADList]"></asp:SqlDataSource>
</div>
  <!--使用 AdRotator 控件的 DataSourceID 指向 SqlDatasource1 控件-->
<asp:AdRotator ID="AdRotator1" runat="server" DataSourceID="SqlDataSource1" />
</form>
```

此时运行该页面，可以看到页面运行效果与上一节的完全相同，不过这是基于数据库中的广告信息来显示的。

AdRotator 控件提供了如下几个和广告显示有关的属性。

- AdvertisementFile：用于指定一个广告文件。
- AlternateTextField：允许指定为广告条显示交替文本字段的名称，默认值为AlternateText，可以指定其他的名称。
- DataMember：允许绑定到数据源控件中特定的数据成员。
- DataSource：允许编程为广告条指定一个数据源。
- DataSourceID：允许声明性地指定一个数据源控件。
- ImageUrlField：允许指定作为图片 URL 的字段名称。
- KeyworkFilter：允许使用一个关键字来过滤广告信息。
- NavigatcUrlField：允许指定作为 NavigateUrl 的字段名称，默认值为 NavigateUrl。
- Target：允许指定打开目标，比如可以打开一个新的窗口来打开导航链接。

AdRotator 控件提供了一个名为 AdCreated 的事件，该事件触发于控件创建后、呈现页面前，在客户端到服务器的往返过程中产生一次。这个事件使开发人员可以通过编程的方式指定将要显示的图片，也可以在图片显示时提供一些图片的信息，实现步骤如下：

（1）在 AdRotatorDemo 网站中添加一个名为 AdRotatorCreated.aspx 的页面，在该页面中添加 1 个 AdRotator 和 1 个 HyperLink 控件，声明代码如下：

```
<form id="form1" runat="server">
<div>
    <!--指定 AdRotator 的 AdvertisementFile 为一个广告文件-->
    <asp:AdRotator ID="AdRotator1" runat="server"
        AdvertisementFile="~/App_Data/AdSample.ads"
        onadcreated="AdRotator1_AdCreated" />
    <br />
    <asp:HyperLink ID="HyperLink1" runat="server">HyperLink</asp:HyperLink>
</div>
</form>
```

（2）为 AdRotator 控件添加一个 AdCreated 事件，用于显示与图片相关的信息，代码如下：

```
protected void AdRotator1_AdCreated(object sender, AdCreatedEventArgs e)
{
    //使用 e.AlternateText 获取图片所包含的交替文本
    HyperLink1.Text = e.AlternateText;
    //使用 e.NavigateUrl 获取图片的导航路径
    HyperLink1.NavigateUrl = e.NavigateUrl;
}
```

（3）运行时，在 HyperLink 控件中会显示广告图片的交替文本，如图 7.13 所示。

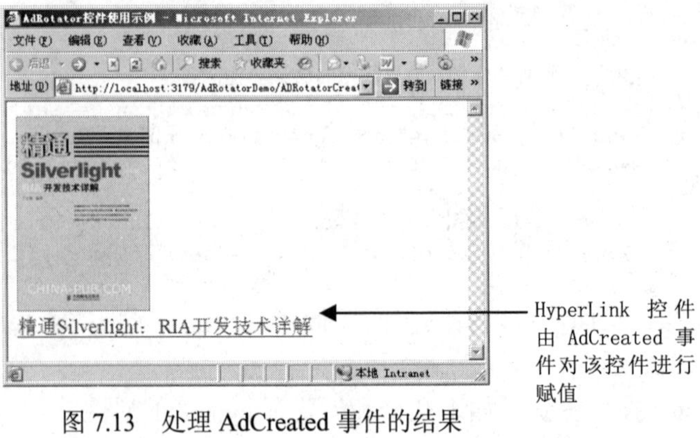

图 7.13　处理 AdCreated 事件的结果

7.3　MultiView 和 Wizard 控件

MultiView 和 Wizard 控件是两个比较特别的控件，它们可以在一个页面上显示多个视图的内容。MultiView 有点类似于 Windows Forms 中的 TabControl 或 PageControl 控件，作为一个容器可以定义多个视图的内容，而只显示一个视图。Wizard 控件与 MultiView 控件类似，也显示多个视图，但是 Wizard 控件支持更多较高级的功能，如其名所示，该控件使开发人员可以在网页上显示一个向导视图，用户可以在多个向导视图之间进行导航。

7.3.1　使用 MultiView 控件

大多数的 Web 站点都会将任务分割到几个页面中，比如在电子商务站点中，用户可以添加一个商品到购物车中，然后检查购物车中的内容，程序可能需要从一个页面跳到另一个页面。这种任务分割的方式非常直观，也利于编码，ASP.NET 本身提供了多种状态管理机制来实现从一个页面向另一个页面传递信息。但是有时可能希望将几个不同的页面放到一个单独的页面中，比如同时显示相同数据的不同视图。例如，一个基于 GridView 控件的数据列表视图和一个基于图形的视图，用户希望在一个页面中选择并切换显示的内容，而原来的状态管理机制必将用户导航到不同的页面。

微软自 ASP.NET 2.0 以来，推出了 MultiView 控件，解决了多视图显示的问题，相比 ASP.NET 1.1 而言，开发人员只能使用多个 Panel 控件，并控制它们的 Visible 属性来实现多视图的显示。MultiView 控件简化了实现多视图的烦琐操作，允许开发人员以声明的方式定义多个视图，并在同一时刻仅显示一个视图。

MultiView 控件由一组 View 控件组成。开发人员可以定义一组 View 控件，其中每个 View 控件都包含子控件，然后就可以根据需要来显示特定的 View 控件，操作步骤如下。

（1）创建一个名为 MultiViewDemo 的示例网站，在 Default.aspx 页面中放置 1 个 MultiView 控件。该控件本身并没有任何的外观呈现，其内容要靠 View 控件来进行呈现。从工具箱中拖 3 个 View 控件到 MultiView 控件中，VS 2010 自动生成了如下代码：

```
<form id="form1" runat="server">
<!--定义一个 MultiView 控件，并添加 3 个 View 子控件-->
<asp:MultiView ID="MultiView1" runat="server">
    <asp:View ID="View1" runat="server">
    </asp:View>
    <asp:View ID="View2" runat="server">
    </asp:View>
    <asp:View ID="View3" runat="server">
    </asp:View>
</asp:MultiView>
</form>
```

（2）此时看一下 VS 2010 的设计视图，如图 7.14 所示。

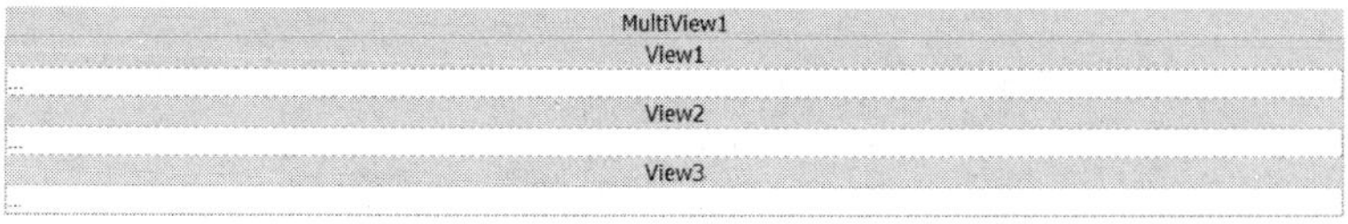

图 7.14　VS 2010 的设计视图

可以看到 VS 2010 为每个 View 标签添加了一个视图窗口，如果不向每个 View 添加任何控件或 HTML 标签的话，运行时将看不到任何效果。下面的代码将为这 3 个 View 分别添加一些控件：

```
<form id="form1" runat="server">
 <!--该下拉列表框将绑定到 MultiView 控件的 Views 集合-->
 <asp:DropDownList ID="DropDownList1" runat="server">
 </asp:DropDownList>
 <!--单击该按钮时，将显示不同的 View-->
 <asp:Button ID="Button1" runat="server" onclick="Button1_Click" Text="显示视图" />
 <br />
 <!--定义一个 MultiView 控件，并添加 3 个 View 子控件-->
 <asp:MultiView ID="MultiView1" runat="server" ActiveViewIndex="0">
     <asp:View ID="View1" runat="server">
          <!--在 View1 中添加一幅图片-->
       <img src="Images/calendar.jpg" style="width: 69px; height: 69px" alt="日历" />
     </asp:View>
     <asp:View ID="View2" runat="server">
         <!--在 View2 中添加一个 Calendar 控件-->
         <asp:Calendar ID="Calendar1" runat="server">
         </asp:Calendar>
     </asp:View>
     <asp:View ID="View3" runat="server">
        <!--在 View3 中添加一个 BulletedList 控件-->
         <asp:BulletedList ID="BulletedList1" runat="server">
             <asp:ListItem>ASP.NET 4.0 大典</asp:ListItem>
             <asp:ListItem>WPF 程序设计</asp:ListItem>
             <asp:ListItem>WCF 程序设计</asp:ListItem>
             <asp:ListItem>ASP.NET 4.0 高级编程</asp:ListItem>
         </asp:BulletedList>
     </asp:View>
 </asp:MultiView>
 </form>
```

在代码中，分别为 View1、View2 和 View3 添加了不同的服务器端控件，然后将 MultiView 控件的 ActiveViewIndex 属性设置为 0，表示默认显示该控件 Views 集合中的第 1 个 View，也就是 View1。

（3）为了能在多个 View 之间进行切换，添加了 1 个 DropDownList 控件用于绑定到 Views 集合，添加了 1 个 Button 控件用于实现在不同的 View 之间进行切换，后置代码如下：

```
protected void Page_Load(object sender, EventArgs e)
{
    //当页面第一次加载时，将 DropDownList 绑定到 MultiView 的 Views 集合中
    if (!Page.IsPostBack)
    {
        DropDownList1.DataSource = MultiView1.Views;
        //设置 DataTextField 为 View 对象的 ID 属性
        DropDownList1.DataTextField = "ID";
        DropDownList1.DataBind();
    }
}
protected void Button1_Click(object sender, EventArgs e)
{
    //为 MultiView 控件的 ActiveViewIndex 属性赋用户所选择的值
    MultiView1.ActiveViewIndex = DropDownList1.SelectedIndex;
}
```

运行效果如图 7.15 所示。

图 7.15　MultiView 控件使用示例

MultiView 控件的 ActiveViewIndex 属性可以设置要显示的 View 控件索引值，除此之外，还可以在 MultiView 中使用导航按钮，要创建导航按钮，可以向每个 View 中添加一个按钮控件，比如 Button、LinkButton 或 ImageButton。然后将每个按钮的 CommandName 和 CommandArgument 属性设置为保留值，以使 MultiView 控件移到另一个视图，可选值如表 7.1 所示。

表 7.1　导航按钮可选命令值

CommandName 值	CommandArgument 值
NextView	（没有值）
PrevView	（没有值）
SwitchViewByID	要切换到的 View 控件的 ID
SwitchViewByIndex	要切换到的 View 控件的索引号

为本节的示例应用程序添加几个导航按钮，修改后的代码如下：

```
<form id="form1" runat="server">
<!--该下拉列表框将绑定到 MultiView 控件的 Views 集合-->
<asp:DropDownList ID="DropDownList1" runat="server">
</asp:DropDownList>
<!--单击该按钮时，将显示不同的 View-->
<asp:Button ID="Button1" runat="server" onclick="Button1_Click" Text="显示视图" />
<br />
<!--定义一个 MultiView 控件，并添加 3 个 View 子控件-->
<asp:MultiView ID="MultiView1" runat="server" ActiveViewIndex="0">
    <asp:View ID="View1" runat="server">
        <!--在 View1 中添加一幅图片-->
    <img src="Images/calendar.jpg" style="width: 69px; height: 69px" alt="日历" />
    <asp:Button ID="btnNext1" runat="server" Text="下一页" CommandName="NextView" />
    </asp:View>
    <asp:View ID="View2" runat="server">
        <!--在 View2 中添加一个 Calendar 控件-->
        <asp:Calendar ID="Calendar1" runat="server">
        </asp:Calendar>
        <asp:Button ID="btnPrevious2" runat="server" Text="上一页"
        CommandName="PrevView" />
         <asp:Button ID="btnNext2" runat="server" Text="下一页"
```

```
        CommandName="NextView" />
        </asp:View>
        <asp:View ID="View3" runat="server">
          <!--在 View3 中添加一个 BulletedList 控件-->
           <asp:BulletedList ID="BulletedList1" runat="server">
               <asp:ListItem>ASP.NET 4.0 大典</asp:ListItem>
               <asp:ListItem>WPF 程序设计</asp:ListItem>
               <asp:ListItem>WCF 程序设计</asp:ListItem>
               <asp:ListItem>ASP.NET 4.0 高级编程</asp:ListItem>
           </asp:BulletedList>
           <asp:Button ID="btnPrevious3" runat="server" Text="上一页"
        CommandName="PrevView" />
        </asp:View>
    </asp:MultiView>
    </form>
```

在 3 个 View 原有控件集合的基础上，修改后的代码分别添加了几个用于导航的按钮，并指定它们的 CommandName 属性为表 7.1 中列出的可选值，运行效果如图 7.16 所示。

图 7.16　具有导航按钮的 MultiView 示例

MultiView 控件不像其他的控件，比如 GridView 或 FormView 等控件，它不是一个命名容器。也就是说，放置在一个 View 中的控件，比如 TextBox，不能在其他的 View 中放置具有相同名称的 TextBox 控件。事实上，添加到 View 中的控件与添加到 Page 中的控件没什么不同，因而开发人员也可以很轻松地在一个 View 中改变定义在其他 View 中控件的属性。

由于增加了多个 View 后，页面显示具有更大的体积和更多的代码要处理，而且每个 View 中的每个控件都要被添加到视图状态中，并且在页面回发时被重建。因此除非有特别的理由，否则要慎用 MultiView 控件。

7.3.2　Wizard 控件简介

Wizard 控件如其名所示，是一个用于创建向导的复杂用户控件。与 MultiView 控件类似，使用该控件也可以用于将一个大的表单分割为多个子表单。但是 Wizard 控件包含更多的功能和定义行为，比如包含导航按钮、导航工具条、步骤链接，以及样式和模板等。

（1）创建一个名为 WizardControlDemo 的网站，在 Default.aspx 页面中添加 1 个 Wizard 控件。默认情况下，该控件提供 1 个导航按钮及 1 个在左侧具有向导页链接的侧边栏，VS 2010 生成的代码如下：

```
<!--Wizard 控件添加到设计视图时，VS 2010 自动生成的代码-->
<asp:Wizard ID="Wizard1" runat="server">
    <WizardSteps>
        <asp:WizardStep runat="server" title="Step 1">
        </asp:WizardStep>
        <asp:WizardStep runat="server" title="Step 2">
        </asp:WizardStep>
    </WizardSteps>
</asp:Wizard>
```

（2）在 Wizard 控件中，每个向导页由一个 WizardStep 组成。Wizard 控件包含一个 WizardStepCollection 控件的集合，其中包含由开发人员定义的每个步骤的用户界面。开发人员可以使用该控件的智能任务面板添加 WizardStep，或在属性窗格中选中 WizardSteps，单击右侧的按钮，打开“WizardStep 集合编辑器”对话框，如图 7.17 所示。

图 7.17 “WizardStep 集合编辑器”对话框

在“Wizard Step 集合编辑器”对话框中，可以添加或移除指定类型的 WizardStep 对象，设置步骤的属性。可以看到 WizardStep 提供了如下几个属性以供设置。

- Title 属性：提供步骤的描述性名称，它将作为一个链接显示在向导控件左边的 SideBar 栏上。
- StepType 属性：这是一个 WizardStepType 枚举类型的属性值，用于指定步骤的类型。该属性值将决定导航按钮的类型。可选值有 Start，显示一个“下一步”按钮；Step，显示“上一步”和“下一步”按钮；Finish，显示“完成”和“上一步”按钮；Complete，不显示按钮，并且隐藏 SideBar；Auto，根据在集合中的上下位置进行推断类型，默认值为 Auto。
- AllowReturn 属性：指定用户是否能返回到这一步骤。一旦用户经过这一步，将不能再跳回到这步，Sidebar 的链接也不受影响。

Wizard 控件可以通过线性导航或非线性导航收集数据。跳过不需要的步骤或返回前面已完成的步骤以更改某个值，这种行为就属于非线性导航。Wizard 控件维持它在各步骤之间的状态，以便在所有步骤完成之前，无须将某个步骤中输入的数据保存到数据存储区中。

（3）在 WizardStep 中添加 Web 服务器控件，本节将创建一个简单的用户注册向导，示例代码如下：

```
<!--一个简单的用户注册向导窗体-->
<asp:Wizard ID="Wizard1" runat="server" ActiveStepIndex="0"
    DisplayCancelButton="True">
    <WizardSteps>
        <asp:WizardStep runat="server" ID="Step1" title="第一步，输入基本信息"
```

```
                StepType="Start">
                 <b>请输入你的个人基本信息：</b>
                 <br />
                     请输入你的姓名：<asp:TextBox ID="TextBox1"
                     runat="server"></asp:TextBox>
                     <br />
                      请输入你的 Email 地址：<asp:TextBox ID="TextBox2"
                      runat="server"></asp:TextBox>
                 </asp:WizardStep>
                 <asp:WizardStep runat="server" ID="Step2"  title="第二步，输入用户信息"
                 StepType="Step">
                 <b>请输入你的用户信息：</b>
                 <br />
                     请输入你的登录用户名：<asp:TextBox ID="TextBox3"
                     runat="server"></asp:TextBox>
                     <br />
                      请输入你的密码：<asp:TextBox ID="TextBox4"  runat="server"
                      TextMode="Password"></asp:TextBox>
                 </asp:WizardStep>
                 <asp:WizardStep runat="server" StepType="Finish" ID="Finish"  Title="
                第三步，信息汇总">
                 <b>登录信息汇总：</b><br />
                 你的姓名是：<asp:Label ID="Label1" runat="server"
                 Text="Label"></asp:Label><br />
                 你的 Email 地址是：<asp:Label ID="Label2" runat="server"
                 Text="Label"></asp:Label><br />
                 你的用户名称是：<asp:Label ID="Label3" runat="server"
                 Text="Label"></asp:Label><br />
                 你的密码是：<asp:Label ID="Label4" runat="server"
                 Text="Label"></asp:Label>
                 </asp:WizardStep>
             </WizardSteps>
         </asp:Wizard>
```

Wizard 控件的 ActiveStepIndex 属性设置为 0，表示将显示第 1 个 WizardStep。在上述的 3 个 WizardStep 中，每个都具有不同的 StepType。第 1 个设置为 Start，将只显示“下一步”按钮，而不显示“上一步”按钮；第 2 个设置为 Step，将显示用于导航的“上一步”和“下一步”按钮，该步骤是介于第一个步骤和最后一个步骤之间的任意步骤；第 3 个设置为 Finish，将显示用于导航的“完成”按钮，该步骤是收集用户数据的最后一个步骤。用户可以单击“上一步”和“下一步”按钮在多个向导页之间进行导航，也可以单击侧边栏的链接来进行导航，运行效果如图 7.18 所示。

图 7.18　Wizard 控件使用演示

7.3.3　Wizard 控件属性、方法和事件

Wizard 控件提供了很多属性，其中比较常用的如下。

- ActiveStep：允许获取当前动态的 WizardStep 对象。
- ActiveStepIndex：允许获取或设置当前活动的 WizardStep 对象索引值。
- CancelDestinationPageUrl：允许获取或设置在用户单击“取消”按钮时将导航到的地址。
- DisplayCancelButton：显示或隐藏“取消”按钮。
- DisplaySideBar：是否显示控件的侧边栏。
- FinishDestinationPageUrl：允许指定当用户单击“完成”按钮时要导航到的地址。
- HeaderText：允许指定显示在 Wizard 控件顶端的标题文本。
- WizardSteps：获取包含在 Wizard 控件中的 WizardStep 集合。

HeaderText 属性允许开发人员为 Wizard 控件指定一个标题文本。例如，为用户注册向导指定一个标题，并通过 HeaderStyle 设置标题字体后，向导将在页面顶部显示一行文本用做标题，运行时如图 7.19 所示。

图 7.19　带标题栏的用户注册向导

Wizard 控件提供了如下方法，允许编程进行导航。

- GetHistory：用于获取已经被访问过的 WizardStep 控件集合。
- GetStepType：用于返回指定索引号的 WizardStep 控件的 StepType 集合。可选值有 Auto、Complete、Finish、Start 和 Step。
- MoveTo：允许移动到指定的 WizardStep。

当用户在 Wizard 控件中进行导航时，Wizard 控件还触发了如下几个事件。

- ActiveStepChanged：当一个新的 WizardStep 变成当前活动的步骤时触发。
- CancelButtonClick：当单击“取消”按钮时触发。
- FinishButtonClick：当单击“完成”按钮时触发。
- NextButtonClick：当单击“下一步”按钮时触发。
- PreviousButtonClick：当单击“上一步”按钮时触发。
- SilderBarButtonClick：当单击侧边栏按钮时触发。

在用户注册向导示例中，通过响应事件，来记录用户在向导页中输入的数据，并在用户单击“完成”按钮时，提示用户已经成功注册，声明代码如下：

```
<!--一个简单的用户注册向导窗体-->
<asp:Wizard ID="Wizard1" runat="server" ActiveStepIndex="0"
   DisplayCancelButton="True" HeaderText="用户注册向导"
   onactivestepchanged="Wizard1_ActiveStepChanged"
   onfinishbuttonclick="Wizard1_FinishButtonClick"
```

```
        oncancelbuttonclick="Wizard1_CancelButtonClick"
        onnextbuttonclick="Wizard1_NextButtonClick"
        <!--其余代码与本书前面列出的代码相似-->
        >
```

这几个事件的实现代码如下：

```
    protected void Wizard1_ActiveStepChanged(object sender, EventArgs e)
    {
        //如果当前页面是第三页，则在 Label 中显示用户输入的信息
        if (Wizard1.ActiveStepIndex == 2)
        {
            Label1.Text = (string)Session["RealName"];
            Label2.Text = (string)Session["Email"];
            Label3.Text = (string)Session["UserName"];
            Label4.Text = (string)Session["Password"];
        }
    }
  protected void Wizard1_FinishButtonClick(object sender, WizardNavigationEventArgs e)
    {
        Response.Write("注册成功完成");        //当用户单击完成时，提示注册成功
    }
    protected void Wizard1_NextButtonClick(object sender, WizardNavigationEventArgs e)
    {
        //如果当前页面是第一页
        if (Wizard1.ActiveStepIndex == 0)
        {
            Session["RealName"] = TextBox1.Text;
            Session["Email"] = TextBox2.Text;
        }
        //如果当前页面是第二页
        if (Wizard1.ActiveStepIndex == 1)
        {
            Session["UserName"] = TextBox3.Text;
            Session["Password"] = TextBox4.Text;
        }
    }
    protected void Wizard1_CancelButtonClick(object sender, EventArgs e)
    {
        //清除 Session 信息，并导航到步骤一
        Session["RealName"] = "";
        Session["Email"] = "";
        Session["UserName"] = "";
        Session["Password"] = "";
        Wizard1.MoveTo(this.Step1);        //使用 MoveTo 方法移动到第一个步骤页
    }
```

运行效果如图 7.20 所示。

图 7.20　响应 Wizard 用户控件事件

7.3.4　Wizard 控件的样式和模板

Wizard 控件的另外一个强大特性是允许开发人员自定义其外观。依赖于想要改变外观的程度，也就是说，是否要与默认外观具有完全不同的程序，开发人员具有不同的选择，最简单的选择是修改 Wizard 控件顶层的一些属性，比如颜色、字段、间距和边框样式等，这与大多数 ASP.NET 控件相同。

当选中控件后在属性窗格中会发现，该控件可以让开发人员调整每个按钮的呈现，比如"下一步"按钮，可以设置其 Type 属性、Text 属性、Style 属性。Type 属性的可选值有 Button、Image 和 Link；Text 用于指定按钮显示的文本；Style 用于指定按钮样式。

Wizard 控件还提供了很多以 Style 结尾的样式属性，下面的这些属性可以控制 Wizard 控件的多个细节部分。

- ControlStyle：应用到 Wizard 控件所有部分的样式。
- HeaderStyle：应用到标题区域的 Wizard 样式。仅在设置了 HeaderText 属性时标题区才可见。
- SideBarStyle：为 SideBar 指定样式。
- SideBarButtonStyle：为 SideBar 中的按钮指定样式。
- StepStyle：应用到步骤内容的样式。
- NavigationStyle：应用到显示的导航按钮区域的样式。
- NavigationButton：应用到导航区域中导航按钮的样式。
- StartNextButtonStyle：当 StepType 是 Start 时，应用到"下一步"按钮的样式。
- StepNextButtonStyle：当 StepType 是 Step 时，应用到"下一步"按钮的样式。
- StepPreviousButtonStyle：当 StepType 是 Step 时，应用到"上一步"按钮的样式。
- FinishPreviousButtonStyle：当 StepType 是 Finish 时，应用到"上一步"按钮的样式。
- CancelButtonStyle：当 Wizard.DisplayCancelButton 设置为 True 时，应用到"取消"按钮的样式。

在下面的示例代码中，使用上面介绍的一些样式为用户注册向导设定其外观：

```
<asp:Wizard ID="Wizard1" runat="server" ActiveStepIndex="0"
    DisplayCancelButton="True" HeaderText="用户注册向导"
    onactivestepchanged="Wizard1_ActiveStepChanged"
    onfinishbuttonclick="Wizard1_FinishButtonClick"
    oncancelbuttonclick="Wizard1_CancelButtonClick"
    onnextbuttonclick="Wizard1_NextButtonClick" BackColor="#EFF3FB"
    BorderColor="#B5C7DE" BorderWidth="1px" Font-Names="Verdana"
    Font-Size="9pt"
    >
    <StepStyle Font-Size="9pt" ForeColor="#333333" />
    <WizardSteps>
        <asp:WizardStep runat="server" ID="Step1"  title="第一步，输入基本信息"
        StepType="Start">
        <b>请输入你的个人基本信息：</b>
        <br />
            请输入你的姓名：<asp:TextBox ID="TextBox1"
            runat="server"></asp:TextBox>
            <br />
             请输入你的 Email 地址：<asp:TextBox ID="TextBox2"
             runat="server"></asp:TextBox>
```

```
            </asp:WizardStep>
            <asp:WizardStep runat="server" ID="Step2"  title="第二步，输入用户信息"
            StepType="Step">
            <b>请输入你的用户信息：</b>
            <br />
               请输入你的登录用户名：<asp:TextBox ID="TextBox3"
               runat="server"></asp:TextBox>
               <br />
                请输入你的密码：<asp:TextBox ID="TextBox4"  runat="server"
                TextMode="Password"></asp:TextBox>
            </asp:WizardStep>
            <asp:WizardStep runat="server" StepType="Finish" ID="Finish"  Title="
            第三步，信息汇总">
            <b>登录信息汇总：</b><br />
            你的姓名是：<asp:Label ID="Label1" runat="server"
            Text="Label"></asp:Label><br />
            你的 Email 地址是：<asp:Label ID="Label2" runat="server"
            Text="Label"></asp:Label><br />
            你的用户名称是：<asp:Label ID="Label3" runat="server"
            Text="Label"></asp:Label><br />
            你的密码是：<asp:Label ID="Label4" runat="server"
            Text="Label"></asp:Label>
            </asp:WizardStep>
        </WizardSteps>
        <SideBarButtonStyle BackColor="#507CD1" Font-Names="Verdana"
            ForeColor="White" />
        <NavigationButtonStyle BackColor="White" BorderColor="#507CD1"
            BorderStyle="Solid" BorderWidth="1px" Font-Names="Verdana"
            Font-Size="9pt"
            ForeColor="#284E98" />
        <SideBarStyle BackColor="#507CD1" Font-Size="9pt" VerticalAlign="Top" />
        <HeaderStyle Font-Bold="True" Font-Size="15pt" />
    </asp:Wizard>
```

在代码中，首先使用 Wizard 控件顶层的样式控制属性定义了背景、边框和字体属性，接下来使用 StepStyle 设置了每一个向导页的属性，然后分别使用了 SideBarButtonStyle、NavigationButtonStyle、SideBarStyle 和 HeaderStyle 指定侧边、导航按钮、侧边按钮及标题的样式。应用样式后的用户注册窗体如图 7.21 所示。

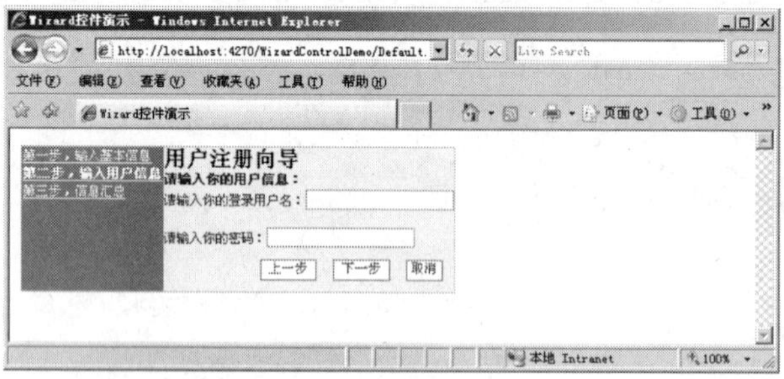

图 7.21　应用样式后的 Wizard 控件

如果这些属性和样式还没能满足定制的要求，Wizard 控件还提供了如下几种用于定制外观的模板。

- HeaderTemplate：定义标题区域的内容模板。
- SideBarTemplate：定义侧边栏模板，通常包含每个步骤的链接。

- StartNavigationTempate：当 StepType 为 Start 时，可以定义首个步骤的导航按钮。
- StepNavigationTemplate：当 StepType 为 Step 时，可以定义中间步骤的导航按钮。
- FinishNavigationTemplate：当 StepType 为 Finish 时，定义结束步骤的导航按钮。

这些模板的简单使用方法如下：

```
<StartNavigationTemplate>
<i>StartNavigationTemplate</i><br />
<asp:Button ID="StartNextButton" runat="server" Text="Next"
CommandName="MoveNext" />
</StartNavigationTemplate>
<StepNavigationTemplate>
<i>StepNavigationTemplate</i><br />
<asp:Button ID="StepPreviousButton" runat="server"
CausesValidation="False"
CommandName="MovePrevious"
Text="Previous" />
<asp:Button ID="StepNextButton" runat="server" Text="Next"
CommandName="MoveNext" />
</StepNavigationTemplate>
<FinishNavigationTemplate>
<i>FinishNavigationTemplate</i><br />
<asp:Button ID="FinishPreviousButton" runat="server"
CausesValidation="False"
Text="Previous" CommandName="MovePrevious" />
<asp:Button ID="FinishButton" runat="server" Text="Finish"
CommandName="MoveComplete" />
</FinishNavigationTemplate>
```

在 VS 2010 中，编辑模板变得非常简单，开发人员只需单击智能标签，在弹出的快捷菜单中选择“编辑模板”命令，然后选择一种模板，就能以可视化的方式进行编辑了，如图 7.22 所示。

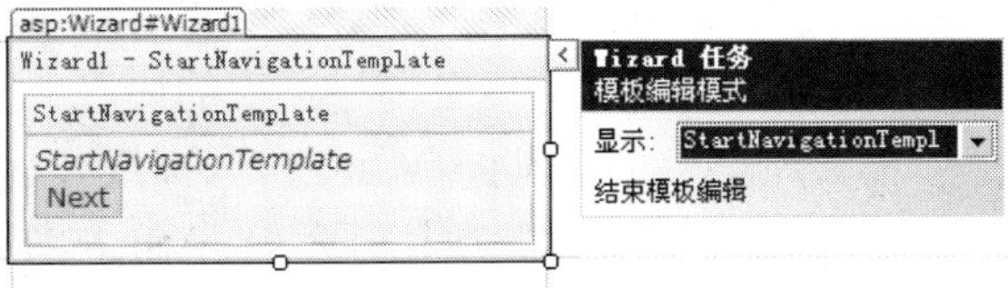

图 7.22　可视化的模板编辑方式

7.4　文件上传控件 FileUpload

在 ASP.NET 1.1 中，上传文件使用的是一个 HTML 服务器控件。该控件在 Web 页面上放置 1 个<input type="file">元素允许用户上传文件，并且为了使用文件，必须对页面做一些更改，比如需要添加 enctype="multipart/form-data"到页面的<form>元素中。

ASP.NET 2.0 引入了新的 FileUpload 服务器控件，使文件上传到服务器更加简单。当需要上传文件时，只需在特定位置放一个 FileUpload 控件即可，其他的工作将由 ASP.NET 来完成，比如在<form>元素中添加 enctype 属性的工作将不用开发人员来完成。

7.4.1　上传文件到文件系统

FileUpload 控件上传文件后，文件可以存放在文件系统中，也可以存放在数据库中，本节将介绍如何将文件上传到文件系统中。

要上传文件，将会使用到一些 FileUpload 的属性和方法，它支持如下属性。

- Enabled：允许或禁止 FileUpload 控件。
- FileBytes：获取上传文件内容的字节数组。
- FileContent：获取上传文件内容的流式数据。
- FileName：允许获取上传文件的文件名。
- HasFile：当文件已经被上传时，该属性返回 True。
- PostedFile：获取上传文件的 HttpPostedFile 对象。

FileUpload 控件也支持如下几个方法。

- Focus：允许将焦点设置到文件上传控件上。
- SaveAs：允许保存上传的文件到文件系统中。

PostedFile 属性是 HttpPostedFile 类型的对象，用于向用户提供一些关于已经上传的文件信息。PostedFile 对象公开的一些属性如下。

- ContentLength：允许获取上传文件以字节为单位的尺寸。
- ContentType：允许获取上传文件的 MIME 类型。
- FileName：允许获取上传文件的文件名。
- InputStream：允许获取上传文件的文件流。

HttpPostedFile 也公开了一个 SaveAs()方法用于保存上传文件到文件系统中，这个方法与 FileUpload 完成的功能相似。

必须理解的是，当用户使用 FileUpload 选定要上传的文件，然后提交时，该文件将作为请求的一部分进行上传，也就是说，当页面提交时，客户端将同时完成向服务器上传文件的过程，根据文件的大小，用户会看到浏览器进度条前进速度的快慢。当文件上传完成后，文件被完整缓存在服务器内存中，然后页面代码才开始运行，此时可以使用 FileUpload 的一些属性和方法来访问和保存上传的文件。在实际的项目开发中，ASP.NET 的这个功能有些恼人，如果想要为上传添加一个上传进度提示时，看上去似乎无法实现。

创建一个名为 FileUploadDemo 的示例网站，在 Default.aspx 页面中添加 1 个 FileUpload 控件和 1 个 Button 控件，声明代码如下：

```
 <form id="form1" runat="server">
<div>
    <!--用于上传文件的 FileUpload 控件-->
    <asp:FileUpload ID="FileUpload1" runat="server" />
    <!--该按钮将提交上传文件 -->
    <asp:Button ID="Button1" runat="server" Text="上传" />
    <br />
    <!--该 Label 将上传结果信息-->
    <asp:Label ID="Label1" runat="server"></asp:Label>
</div>
</form>
```

前面已经提到，当页面提交时，会连同所选中的文件一起提交，然后才执行用户代码。单击“上传”按钮时，所选中的文件将会上传到服务器端的缓存中，然后执行 Button1_Click 中的代码来执行保存操作，因此对于文件类型的验证工作，应该尽量使用验证控件或 JavaScript 代码在客户端实现。现在为 Button 控件添加如下代码，验证上传的文件是否是图像文件，如果是则保存到文件系统中，否则在 Label 控件中提示“不可接受的文件类型”，代码如下：

```
protected void Button1_Click(object sender, EventArgs e)
{
    Boolean fileOK = false;         //定义一个判断文件是否可接受的布尔值
    //获取与虚拟目录相对应的物理路径，将传给 SaveAs 函数
    String path = Server.MapPath("~/UploadedImages/");
    //如果 FileUpload 中包含文件
    if (FileUpload1.HasFile)
    {
        //使用 System.IO 命名空间下的 Path 类的静态方法 GetExtension 获取扩展名
        String fileExtension =
            System.IO.Path.GetExtension(FileUpload1.FileName).ToLower();
        //硬编码一个接受的文件的扩展名数组
        String[] allowedExtensions = { ".gif", ".png", ".jpeg", ".jpg" };
        //循环判断上传文件的扩展名是否是可接受的扩展名
        for (int i = 0; i < allowedExtensions.Length; i++)
        {
            if (fileExtension == allowedExtensions[i])
            {
                fileOK = true;
            }
        }
    }
    //如果文件类型验证通过，将文件保存到指定的目录中
    if (fileOK)
    {
        try
        {
            FileUpload1.PostedFile.SaveAs(path
                + FileUpload1.FileName);
            Label1.Text = "文件已成功上传! +<br/>上传文件名为" + FileUpload1.FileName;
        }
        catch (Exception ex)
        {
            Label1.Text = "文件不能被上传，原因：" + ex.Message;
        }
    }
    else
    {
      Label1.Text = "不可接受的文件类型";//如果文件扩展名不可接受，将显示一条不可接受的消息
    }
}
```

在事件代码中，完成了如下几个步骤：

（1）检查 FileUpload 的 HasFile 属性，判断该控件是否包含上传的文件。

（2）检查上传文件的扩展名是否与内定的扩展名相匹配，如果匹配才接收该文件，否则将不允许上传。

（3）将文件保存到 UploadedImages 文件夹中，提示用户文件已经成功保存。

示例运行效果如图 7.23 所示。

图 7.23　文件上传示例

在文件上传之后，可以使用 FileUpload 控件的 PostedFile 属性获取上传文件的大小和 MIME 类型信息，在 Button1 中补充一些获取上传文件的信息，代码如下：

```
//如果文件类型验证通过，将文件保存到指定的目录中
if (fileOK)
{
    try
    {
        FileUpload1.PostedFile.SaveAs(path
            + FileUpload1.FileName);
        //使用 PostedFile 获取上传文件的相关信息
        Label1.Text = "文件已成功上传! <br/>"
            +"上传文件名为" + FileUpload1.PostedFile.FileName
        + "<br/>文件的大小为: " + FileUpload1.PostedFile.ContentLength / 1024 + "KB"
            + "<br/>文件的 MIME 类型为: " + FileUpload1.PostedFile.ContentType;
    }
    catch (Exception ex)
    {
        Label1.Text = "文件不能被上传, 原因: " + ex.Message;
    }
}
else
{
  Label1.Text = "不可接受的文件类型";//如果文件扩展名不可接受, 将显示一条不可接受的消息
}
```

PostedFile 中的 ContentLength 是以字节为单位的，在示例中除以 1024 转换为 KB 单位，运行效果如图 7.24 所示。

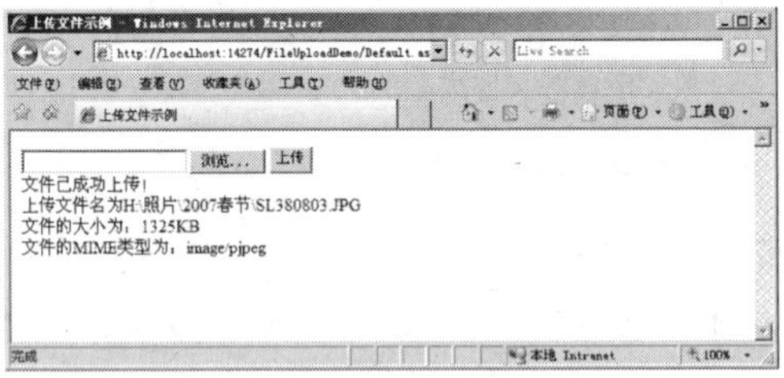

图 7.24　上传文件并获取文件信息

可以看到上传文件的整个过程是非常简单的，但是 FileUpload 控件除了指定上传文件外，并不自动完成上传的动作，开发人员必须使用一个单独的“上传”按钮来上传文件。当编译和运行时，可以在浏览器中查看源文件，会发现 ASP.NET 修改了<form>元素，添加了 enctype 属性，而且 FileUpload 控件被转换为 HTML 的<input type="file">元素，代码如下：

```
<html xmlns="http://www.w3.org/1999/xhtml">
<head><title>
```

```
      上传文件示例
  </title></head>
  <body>
      <form name="form1" method="post" action="Default.aspx" id="form1"
      enctype="multipart/form-data">
  <div>
  <input type="hidden" name="__VIEWSTATE" id="__VIEWSTATE" value="/wE…=" />
  </div>

      <div>
          <!--用于上传文件的 FileUpload 控件-->
          <input type="file" name="FileUpload1" id="FileUpload1" />
          <!--该按钮将提交上传文件 -->
          <input type="submit" name="Button1" value="上传" id="Button1" />
          <br />
          <!--该 Label 将上传结果信息-->
        <span id="Label1">文件已成功上传! <br/>上传文件名为 H:\照片\2007 春节
        \SL380803.JPG<br/>文件的大小为: 1325KB<br/>文件的 MIME 类型为: image/pjpeg</span>
      </div>

  <div>
     <input type="hidden" name="__EVENTVALIDATION" id="__EVENTVALIDATION"
     value="/wEWAgK7+pq9BgKM54rGBkcRHDs29DtaBiL6PhlcI7GFLFdn" />
  </div></form>
  </body>
  </html>
```

注意：在上传文件时，目标文件夹必须要具有相应的安全权限，否则上传文件将会出错，开发人员应该在服务器端将 ASP.NET 账号添加到文件夹安全选项中，如图 7.25 所示。

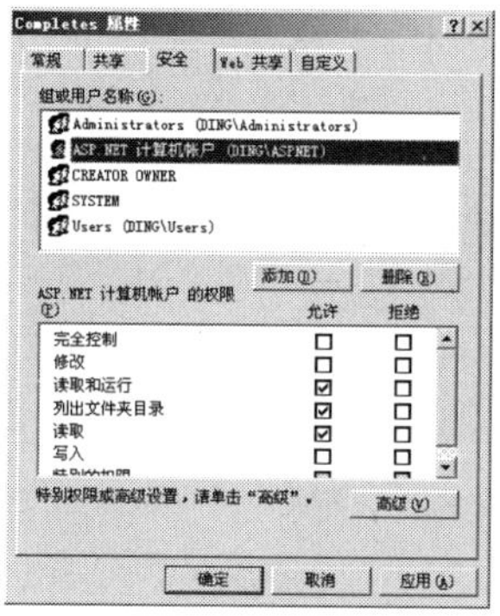

图 7.25　上传文件夹的安全权限设置

7.4.2　上传文件到数据库

除了能将上传文件保存到文件系统之外，还能将它保存到数据库中。但是保存文件到数据库或从数据库中接收文件会增加服务器端的负载，但是同时也具有一些好处，比如避免文件系统的权限隐患，还有很容易地备份信息。这两种方式各有其优势，因此在开发文件管理系统时，根据项目的需求来合理地选择有时也比较重要，是出于对性能的考虑还是对文件安全性的考虑，来选择文件系统或数据库来保存上传的文件。

在 FileUploadDemo 示例网站中，添加一个名为 UploadFileToDataBase.aspx 的页面，下面

将在该页面上创建一个将文件上传到数据库的示例，实现步骤如下：

（1）在解决方案资源管理器中用鼠标右键单击网站项目，在弹出的快捷菜单中选择“添加新项”命令，打开“添加新项”对话框，其中添加一个数据库文件，该文件会自动被添加到 App_Data 文件夹中。

（2）双击 Database.mdf 数据库文件，在服务器资源管理器中选择表节点，添加一个表，命名为 UploadFiles，加入图 7.26 所示的字段。

列名	数据类型	允许 Null
ID	int	☐
FileName	nvarchar(50)	☑
FileType	varchar(50)	☑
FileSize	int	☑
FileBytes	varbinary(MAX)	☑
		☐

图 7.26　UploadFiles 表字段

在该表中，以一个自动增长的 ID 作为主键，FileName 表示上传的文件名，FileSize 为上传文件的大小（以 KB 为单位），FileBytes 为上传文件的内容。

（3）在 UploadFileToDataBase.aspx 页面中添加 1 个 Lable、FileUpload 和 1 个 Button 控件，声明代码与上一节中的上传文件到文件系统类似，代码如下：

```
<div>
    <!--Label 标签用于提供标题文字，其 AssociatedControlID 关联到 FileUpload 控件-->
    <asp:Label ID="Label1" runat="server" AssociatedControlID="FileUpload1"
        Text="请选择所要上传的文档"></asp:Label>
    <br />
    <asp:FileUpload ID="FileUpload1" runat="server" />
     <!--单击该按钮会将文件上传到数据库-->
    <asp:Button ID="btnUpload" runat="server" onclick="btnUpload_Click"
        Text="上传文件" />
    <br />
    <asp:Label ID="Label2" runat="server"></asp:Label>
</div>
```

（4）添加 1 个 SqlDataSource 控件，在该控件中定义好用于上传数据的 Insert 语句。当然如果愿意，也可以自己编写 ADO.NET 代码进行插入。SqlDataSource 控件的声明代码如下：

```
<!--用于插入和检索数据库 UploadFiles 数据表中的数据源控件-->
 <asp:SqlDataSource ID="SqlDataSource1" runat="server"
    ConnectionString="<%$ ConnectionStrings:ConnectionString %>"
    DeleteCommand="DELETE FROM [UploadFiles] WHERE [ID] = @ID"
    InsertCommand="INSERT INTO [UploadFiles] ([FileName], [FileType],
    [FileSize],[FileBytes]) VALUES (@FileName, @FileType, @FileSize,@FileBytes)"
    SelectCommand="SELECT [ID], [FileName], [FileType], [FileSize] FROM
    [UploadFiles]"

    UpdateCommand="UPDATE [UploadFiles] SET [FileName] = @FileName, [FileType] =
    @FileType, [FileSize] = @FileSize WHERE [ID] = @ID">
    <DeleteParameters>
        <asp:Parameter Name="ID" Type="Int32" />
    </DeleteParameters>
    <UpdateParameters>
        <asp:Parameter Name="FileName" Type="String" />
        <asp:Parameter Name="FileType" Type="String" />
        <asp:Parameter Name="FileSize" Type="Int32" />
        <asp:Parameter Name="ID" Type="Int32" />
```

```
        </UpdateParameters>
        <InsertParameters>
            <asp:ControlParameter ControlID="FileUpload1" Name="FileName"
                PropertyName="FileName" Type="String" />
            <asp:Parameter Name="FileType" Type="String" />
            <asp:Parameter Name="FileSize" Type="Int32" />
            <asp:ControlParameter ControlID="FileUpload1" Name="FileBytes"
                PropertyName="FileBytes" />
        </InsertParameters>
    </asp:SqlDataSource>
```

在声明中，InsertCommand 用于指定插入数据库的 Insert 语句，InsertParameters 用于指定参数信息。在示例中，将 FileName 和 FileBytes 直接绑定到了 FileUpload1 的 FileName 和 FileBytes 属性上，这样在插入时，SqlDataSource 将会从 FileUpload1 中直接获取数据值。

（5）添加 1 个 Repeater 控件来显示数据库中已经上传的文件，代码如下：

```
    <!--使用 Repeater 控件显示数据库中已经上传的文件的列表-->
    <asp:Repeater ID="Repeater1" runat="server" DataSourceID="SqlDataSource1">
        <HeaderTemplate>
        <ul class="fileList">
        </HeaderTemplate>
        <ItemTemplate>
        <li>
        <asp:HyperLink
        id="lnkFile"
        Text='<%#Eval("FileName")%>'
        NavigateUrl='<%#Eval("Id", "~/FileHandler.ashx?id={0}")%>'
        Runat="server" />
        </li>
        </ItemTemplate>
        <FooterTemplate>
        </ul>
        </FooterTemplate>
```

该 Repeater 控件的 DataSourceID 指定为 SqlDataSource1，接下来需要在<ItemTemplate>中手工编写代码，添加 1 个 HyperLink 控件，指定其 Text 和 NavigateUrl 属性，NavigateUrl 属性指定到一个一般性处理文件来显示图片，关于一般性处理文件将在本书后面进行讨论，在此不再赘述。

（6）为“上传”按钮添加服务器端代码，代码如下：

```
    protected void btnUpload_Click(object sender, EventArgs e)
    {
        //检查 FileUpload1 中是否具有文件
        if (FileUpload1.HasFile)
        {
            //调用 CheckFileType 检查文件的扩展名是否匹配所要求的扩展名
            if (CheckFileType(FileUpload1.FileName))
            {
                //为 FileSize 参数赋上传文件的大小值
                SqlDataSource1.InsertParameters[1].DefaultValue =
                FileUpload1.PostedFile.ContentType;
                //为 FileSize 参数赋上传文件的大小值
                SqlDataSource1.InsertParameters[2].DefaultValue =
                (FileUpload1.PostedFile.ContentLength / 1024).ToString();
                //调用 Insert 方法向数据库中插入一条记录
                SqlDataSource1.Insert();
                Label2.Text = "文件上传成功！";
            }
```

```
            else
            {
                Label2.Text = "文件格式不匹配，请选择正确的文件格式！";
            }
        }
    }
    protected bool CheckFileType(string fileName)
    {
        bool fileOK = false;
        //使用 System.IO 命名空间下的 Path 类的静态方法 GetExtension 获取扩展名
        String fileExtension =
            System.IO.Path.GetExtension(fileName).ToLower();
            //硬编码一个接受的文件的扩展名数组
            String[] allowedExtensions = { ".doc", ".xls", ".pdf", ".pdg" };
            //循环判断上传文件的扩展名是否是可接受的扩展名
            for (int i = 0; i < allowedExtensions.Length; i++)
            {
                if (fileExtension == allowedExtensions[i])
                {
                    fileOK = true;
                }
            }
            return fileOK;
    }
```

在示例中，将上一节中的用于检查扩展名的代码写到一个名为 CheckFileType()方法中，如果文件符合上传的要求，接下来为 SqlDataSource 中的 FileType 和 FileSize 参数赋值，然后调用 Insert()方法，该方法将会执行 Insert 语句，将 FileUpload 中的数据添加到数据库中。最后 Repeater 控件会调用 Select 语句来加载数据库中已经上传的文件，运行效果如图 7.27 所示。

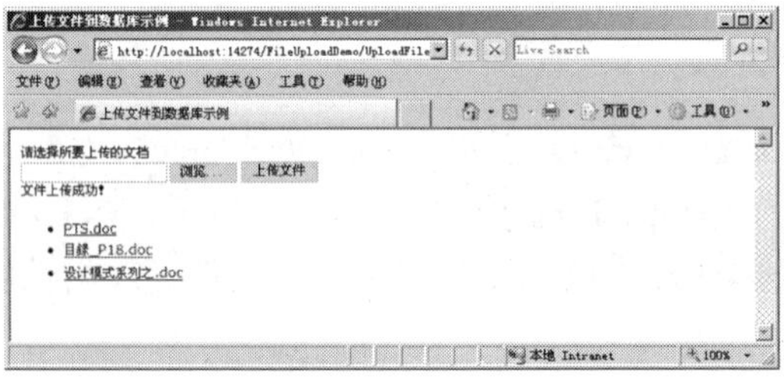

图 7.27　上传文件到数据库示例效果

（7）在解决方案资源管理器中用鼠标右键单击网站名称，在弹出的快捷菜单中选择“添加新项”命令，打开“添加新项”对话框，添加一个“一般处理程序”文件，命名为 FileHandler.ashx，在该文件中添加如下代码：

```
<%@ WebHandler Language="C#" Class="FileHandler" %>
using System;
using System.Web;
//添加如下的命名空间
using System.Data;
using System.Data.SqlClient;
using System.Web.Configuration;
public class FileHandler : IHttpHandler {
    public void ProcessRequest(HttpContext context)
    {
        //从 web.config 中获取连接字符串，并用连接字符串实例化一个 SqlConnection 对象
        SqlConnection con = new
        SqlConnection(WebConfigurationManager.ConnectionStrings["ConnectionString"].
        ConnectionString);
```

```
        //取出 UploadFiels 表中的 FileBytes 字段
        SqlCommand cmd = new SqlCommand("SELECT FileBytes,FileType,FileName FROM
        UploadFiles WHERE ID=@Id", con);
        //从查询字符串中获取 Id 值，传给命令参数
        cmd.Parameters.AddWithValue("@Id", context.Request["Id"]);
        using (con)
        {
            con.Open();            //打开连接
            using (SqlDataReader rdr = cmd.ExecuteReader())
            {
                if (rdr.HasRows)
                {
                    rdr.Read();

                    //获取数据库中的字节数组
                    byte[] file = (byte[])rdr[0];
                    string fileType = (string)rdr[1];
                    string fileName = (string)rdr[2];
                    context.Response.ContentType = fileType; //指定输出的 ContentType 类型
                    //指定输出的文件名
             context.Response.AppendHeader("Content-Disposition",
            "attachment;filename=" + fileName);
                    context.Response.BinaryWrite(file);      //输出为文件
                }
            }
        }
    }
    public bool IsReusable {
        get {
            return false;
        }
    }
}
```

（8）单击文件时，将会根据文档的类型打开一个“文件下载”对话框，如图 7.28 所示。

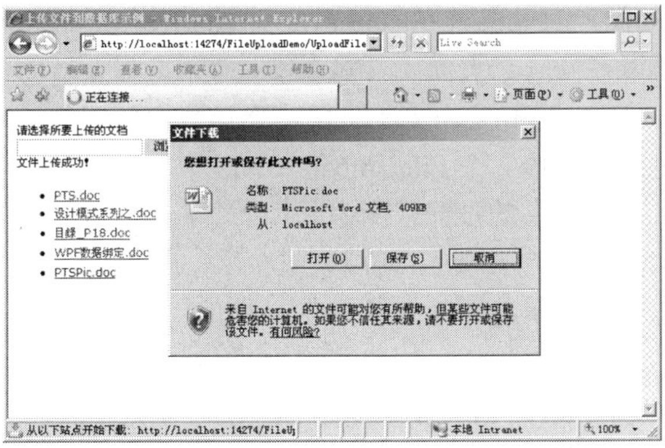

图 7.28 上传到数据库示例最终运行效果

7.4.3 上传大文件

默认情况下，FileUpload 控件只支持上传 4MB（4096KB）以内的文件，如果用户上传的文件大于 4096KB，将会引发错误。限制上传大小主要用于保护应用程序，如恶意的用户上传大的文件，来占用服务器端的资源。如果应用程序确实需要上传大的文件，需要修改两个

配置，分别是<httpRuntime>中的 maxRequestLength 和 requestLengthDiskThreshold 属性。

- maxReqeustLength 设置服务器可以接收最大文件的限制，默认为 4096KB。如果强制上传超过 4MB 的文件，将会遇到一个异常。可修改该属性的值，改变服务器端最大数量的限制。
- requestLengthDiskThreshold 设置决定服务器端可缓存多大数量的 Form 提交。在 ASP.NET 以前的版本中，当上传一个大文件时，整个文件将缓存到服务器端的内存中，如果文件很大，则会占用大量的服务器端内存。ASP.NET 4.0 则允许开发人员将大文件缓存到文件系统中，当文件的大小超过 requestLengthDiskThreshold 设置的指定值时，文件的其余部分将缓存到文件系统中，也就是 ASP.NET 临时文件夹中。

> **注意**：requestLengthDiskThreshold 的设置值必须小于 maxRequestLength 的设置值。

为了支持上传大的文件，可以在 web.config 配置文件中添加一个<httpRuntime>配置，分别为其 maxRequestLength 和 requestLengthDiskThreshold 属性设置更大的值，示例代码如下：

```
<system.web>
   <httpRuntime maxRequestLength="10240" requestLengthDiskThreshold="100"/>
</system.web>
```

在上述代码中，将 maxRequestLength 属性设置为 10240，则服务器将接受 10MB 之内的文件，requestLengthDiskThreshold 设置为 100KB，当文件缓冲大于 100KB 时，将被缓存到磁盘中。

7.4.4 在同一页面上传多个文件

有时候可能想让用户在同一个页面上传多个文件，这在一些文档管理系统中经常用到。ASP.NET 并没有内置从单个页面上传多个文件的能力，但是，开发人员可以结合使用位于 System.IO 命名空间中的类和 HttpFileCollection 类，来捕获使用 Request 对象发送的所有文件，这个方法使开发人员可以在同一个页面上传多个文件。

添加一个名为 UploadMultiFiles.aspx 的页面，在该页面放置 2 个 FileUpload 控件，当单击“上传”按钮时，将同时上传 2 个 FileUpload 中的文件，操作步骤如下。

（1）在 UploadMultiFiles.aspx 的设计视图中添加 2 个 FileUpload 和 1 个 Button、BulletedList 控件，声明代码如下：

```
<form id="form1" runat="server">
 <div>
     <!—添加个 FileUpload 控件演示如何上传多个文件-->
     <asp:FileUpload ID="FileUpload1"
                 runat="server" />
     <br />
     <asp:FileUpload ID="FileUpload2"
                 runat="server" />
     <br />
     <!--单击该按钮将开始上传文件-->
     <asp:Button ID="Button1"
              runat="server"
              OnClick="Button1_Click"
              Text="上传文件" />
     <br />
```

```
        <!--用于显示上传结果的 Label 控件-->
        <asp:Label ID="Label1"
                runat="server"/>
        <br />
        <!--显示所上传的文件名-->
        <asp:BulletedList ID="BulletedList1"
                   runat="server">
        </asp:BulletedList>
       </div>
    </form>
```

（2）本步骤是处理上传多个文件最重要的部分，就是当用户单击“上传”按钮后，将使用 Request.Files 获取上传文件的集合，返回一个 HttpFileCollection 集合类型的对象，然后遍历该集合来保存上传的文件，并向客户端返回所上传的信息，“上传”按钮的单击事件如下：

```
    protected void Button1_Click(object sender, EventArgs e)
    {
        //定义用于保存文件的物理路径
        string filepath = Server.MapPath("~/UploadedImages/");
        //获取客户端上传文件的集合
        HttpFileCollection uploadedFiles = Request.Files;
        //通过遍历每个文件单独进行保存
        for (int i = 0; i < uploadedFiles.Count; i++)
        {
            //获取单独的 HttpPostedFile 对象
            HttpPostedFile userPostedFile = uploadedFiles[i];
            try
            {
                //如果上传了文件，也就是 ContentLength 大于 0，在 Label 控件中显示上传信息
                if (userPostedFile.ContentLength > 0)
                {
                    Label1.Text += "<u>文件 #" + (i + 1) +
                    "</u><br>";
                    Label1.Text += "文件内容类型: " +
                    userPostedFile.ContentType + "<br>";
                    Label1.Text += "文件尺寸: " +
                    userPostedFile.ContentLength + "kb<br>";
                    Label1.Text += "文件名: " +
                    userPostedFile.FileName + "<br>";
                    //调用 SaveAs 方法保存所上传的文件
                    userPostedFile.SaveAs(filepath + "\\" +
                    System.IO.Path.GetFileName(userPostedFile.FileName));
                    //指定保存信息
                    Label1.Text += "文件被保存在: " +
                    filepath + "\\" +
                    System.IO.Path.GetFileName(userPostedFile.FileName) +
                    "<p>";
                    //在 BulletedList1 中显示上传的文件名
  BulletedList1.Items.Add(Server.HtmlEncode(userPostedFile.FileName));
                }
            }
            catch (Exception Ex)
            {
                Label1.Text += "错误: <br>" + Ex.Message;
            }
        }
    }
```

整个过程实际上是非常简单的，通过 Request.Files 返回一个 HttpFileCollection 的集合，集合中的每个对象是一个 HttpPostedFile 类型的对象，提供用于获取单独文件的信息，同时读取及保存文件的属性和方法，示例运行效果如图 7.29 所示。

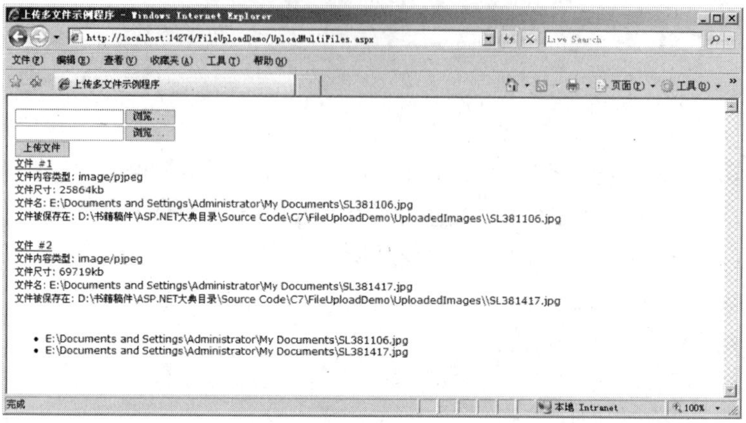

图 7.29　同时上传多个文件示例源码

7.5　小结

本章介绍了 ASP.NET 中的几个高级服务器控件，所谓的高级服务器控件只不过是一种区别性的叫法，这些控件的输出不再与 HTML 标签一一对应，而是输出了非常复杂的用户界面。从代码的角度来讲，这些控件生成了大量的 HTML 代码及 JavaScript 客户端代码。本章首先介绍了日期控件 Calendar，这个控件方便地显示一个非常专业的日期，并且具有高度的可定制性。接下来讨论了存在已久的 AdRotator 控件，它依然被 ASP.NET 4.0 所提供，因为该控件除了可用做广告条目的外，还可以用于企业广告信息的发布。7.3 节详细节绍了两个在单一页面上显示多视图的 MultiView 和 Wizard 控件。MultiView 控件类似于 Windows Forms 中的 PageControl，在一个控件中定义多个视图（View），一次一个地进行显示。Wizard 控件在页面上显示一个向导，该控件是 MultiView 控件的增强版本，本章详细介绍了这两个控件的使用方法和技巧。最后介绍了 ASP.NET 2.0 之后新增的 FileUpload 控件，讨论了如何上传文件到文件系统和数据库、如何上传大于 4MB 的文件，以及如何在一个页面上同时上传多个文件。

第 8 章　用户控件

尽管 ASP.NET 本身内置了大量的控件，这些控件有的简单地封装了 HTML 标记，有的提供了非常复杂的功能，比如 Calendar、TreeView 等。在项目开发中，还是有控件不够用、不能满足实际需求的情形，开发人员不得不创建控件来满足一些特定的需求。在 ASP.NET 中，可以开发两种类型的控件来满足应用程序的需求。

- 用户控件：用户控件的工作原理类似于 ASP.NET 网页，是一种轻量级自定义用户界面的控件。开发人员可以向用户控件添加现有的 Web 服务器控件和标记，并且可以定义控件的属性和方法。可以将用户控件看成是一种组织其他多种服务器控件的复合控件。开发人员创建了用户控件后，可以在同一应用程序的多个页面中重用该控件，使应用程序更加模块化。
- 自定义服务器控件：是一个被编译的类，该类将用编程的方式来生成自己的 HTML 元素，不像用户控件，自定义服务器控件总是被预编译到 DLL 程序集中。依赖于服务器控件的作用，开发人员完全可以自己编写输出的内容，也可以使用派生已有的 Web 服务器控件来扩展其功能特性。

本章将学习用户控件，它提供简单的方法来重用一些需要被多个页面重复使用的内容，比如想在多个页面中提供一个具有一致性输入信息的窗口，如果每个页面都重复造一次车轮，不仅工作量大，而且也难以维护，此时可以考虑将输入控件如 TextBox、Button、DropDownList 等组织在一个用户控件中，供多个页面使用。当需要更改时，只需更改用户控件中的项就可以使所有使用该控件的界面发生改变。

8.1 用户控件基础

用户控件与普通的 ASP.NET 页面非常相似，同样具有用户界面和代码后置文件，其创建过程也与 ASP.NET 页面非常相似：在页面上添加控件，响应事件代码，增加属性等。用户控件与 ASP.NET 页面具有如下几点区别：

- 用户控件的文件扩展名为.ascx，而 ASP.NET 页面的扩展名为.aspx。
- 用户控件中没有@Page 指令，取而代之的是@Control 指令，该指令对配置及其他属性进行定义。

- 用户控件不能作为独立文件运行，必须像处理任何控件一样，将它们添加到 ASP.NET 页面中。也就是说，用户不能直接请求一个用户控件页面，而必须请求包含用户控件的 ASP.NET 页面。
- 用户控件中没有<html>、<body>或<form>元素，这些元素必须位于宿主页中。
- 用户控件派生自 System.Web.UI.UserControl 类，而 ASP.NET 页面派生自 Page 类。事实上 UserControl 类和 Page 类都派生自同样的 TemplateControl 类，这也是为什么它们共享很多相同方法和事件的原因。

当创建一个用户控件后，可以使用与 ASP.NET 页面相同的 HTML 元素和 Web 控件，使用它们的代码后置模型，用户控件也可以获取与 ASP.NET 页面相同的事件，比如 Load 和 preRender，并且也公开了相同的 ASP.NET 内置对象集合，比如 Application、Session、Request 和 Response 等。

8.1.1 创建用户控件

VS 2010 提供了创建用户控件的模板，使创建用户控件与 ASP.NET 页面的过程非常相似。下面创建一个名为 UserControlDemo 的网站，在该网站中将完成本节用户控件的所有演示，操作步骤如下：

（1）在解决方案资源管理器中用鼠标右键单击 UserControlDemo 网站，在弹出的快捷菜单中选择“添加新项”命令，打开“添加新项”对话框，选择“Web 用户控件”模板，如图 8.1 所示。

图 8.1　新建 Web 用户控件

（2）为该用户控件取名为 SimpleUserControl.ascx，单击“确定”按钮，一个新的用户控件将被创建。VS 2010 的文档窗格将打开该控件以便用户进行编辑。从工具箱中拖 1 个 Calendar 控件到用户控件的设计视图，VS 2010 生成了如下的用户控件代码：

```
<%@ Control Language="C#" AutoEventWireup="true"
 CodeFile="SimpleUserControl.ascx.cs"
 Inherits="SimpleUserControl" %>
 <!--在用户控件上放一个 Calendar 控件-->
<asp:Calendar ID="Calendar1" runat="server">
</asp:Calendar>
```

可以看到，在用户控件代码中，并没有页面所包含的<html>、<head>、<body>、<form>

等元素。顶端是一个以@Control开头的声明代码，其属性与Page非常类似，Language用于指定用户控件所使用的语言；AutoEventWireup 用于判断是否自动绑定特定的页生命周期阶段定义的简单事件处理程序，而不用显式地进行事件声明；CodeFile是指用户控件的代码后置文件；Inherits 指定当前页面是从特定的代码后置类中继承的，如本示例是从用户控件的SimpleUserControl类中继承的。

（3）在后置代码中，可以看到SimpleUserControl派生自System.Web.UI.UserControl基类，声明代码如下：

```
//用户控件派生自 System.Web.UI.UserControl 基类
public partial class SimpleUserControl : System.Web.UI.UserControl
{
    protected void Page_Load(object sender, EventArgs e)
    {
    }
}
```

与ASP.NET Web页面一样，用户控件是一个局部类。该类将合并由ASP.NET自动生成的一部分代码，这些自动生成的部分是开发人员将控件从设计视图拖动到用户控件后，控件中成员变量的声明代码。

在这个用户控件中什么也没有做，只是简单地放置了1个Calendar控件，这样做主要的目的是先演示用户控件的一些开发流程，在后续的内容中，将详细介绍开发用户控件的一些细节信息。由于用户不可以直接访问这个用户控件，下面将这个用户控件添加到页面上来查看用户控件的运行效果。为了将用户控件放在页面上，首先必须使用@Register 指令来注册用户控件，代码如下：

```
    <%@ Page Language="C#" AutoEventWireup="true"  CodeFile="Default.aspx.cs"
Inherits="_Default" %>
    <%@ Register src="SimpleUserControl.ascx" tagname="SimpleUserControl"
tagprefix="UserCalendar" %>
```

在页面顶端，@Page 声明的下面，放置了一个@Register 指令，用来声明当前页中使用的用户控件。在@Register指令中，包含3个属性，其含义分别如下。

- src：指定用户控件文件的位置。在本示例中 SimpleUserControl.ascx 与 Default.aspx 位于同一文件夹。
- tagname：指定与该类相关联的任意别名，将在用户控件声明时使用。
- tagprefix：标记前缀，使用该用户控件时需要引用的命名空间。

tagname一般和tagprefix成对使用，通常使用tagprefix:tagname的语法来声明用户控件，因此应该给用户控件一个易于理解的名称。

（4）注册了用户控件之后，就可以在页面中使用了，其声明代码如下：

```
<form id="form1" runat="server">
<div>
    <!--使用指定的 tagprefix 和 tagname 来声明用户控件-->
    <UserCalendar:SimpleUserControl ID="SimpleUserControl1" runat="server" />
</div>
</form>
```

除了使用自定义的tagname和tagprefix来与ASP.NET内置控件进行区分外，用户控件的其他声明方式与普通的ASP.NET控件相似，需要指定一个用于识别该用户控件的唯一ID，以及 runat="server"属性来区分服务器控件。

在 VS 2010 中，使用用户控件并不需要开发人员手工注册和声明。当从解决方案资源管理器中选择一个.ascx 文件并拖动到 Web 窗体时，VS 将自动添加@Register 指令来注册，并在页面的指定位置声明一个用户控件。

添加了用户控件之后，可以请求一个包含用户控件的 ASP.NET 页面，来查看用户控件的运行效果，可以看到页面上有一个包含 Calendar 控件的用户控件。

8.1.2 在 web.config 中注册用户控件

上一节在页面顶端使用@Register 指令注册了一个用户控件。为了能在整个应用程序中使用注册的用户控件，可以在应用程序的 web.config 配置文件中注册用户控件。例如，上面示例中的注册过程可以使用如下代码在 web.config 配置文件中进行注册：

```
<configuration>
  <system.web>
    <pages>
      <controls>
        <add
        tagPrefix="UserCalendar"
        tagName="SimpleUserControl"
        src="~/UserControl/SimpleUserControl.ascx"/>
      </controls>
    </pages>
  </system.web>
</configuration>
```

现在，可以去掉在上一节中添加的@Register 指令和用户控件的声明，然后从解决方案资源管理器中把 SimpleUserControl.ascx 拖动到页面上，VS 2010 会根据在 web.config 中注册的 tagname 和 tagprefix 来声明用户控件。

> **注意**：当使用 web.config 配置文件注册用户控件时，用户控件与所使用的页面不能在同一个目录下，必须将用户控件放在一个子目录或其他目录中，否则在编译时，VS 2010 将提示一个异常。

8.1.3 转换现有页为用户控件

假定有一些页面中的内容经常需要重用，此时可以考虑将这些已有的页面转换为一个用户控件；或者开发人员想先在页面上开发一些将用做用户控件的元素和逻辑，并在测试通过后转换为用户控件；再或者，开发人员可能想从已有的页面中提取一些内容来转换为用户控件，以便于在多个页面中重用。所有这些过程都是些直观的剪切和粘贴，虽然简单，但是需要注意以下几点：

- 移除所有的<html>、<head>、<body>和<form>标签，它们只能用于 ASP.NET 页面，不能放置在用户控件中。因为在一个 ASP.NET 页面中只能出现一次，并且也需要移除<!DOCTYPE>标签（文档类型定义）。
- 将@Page 指令替换为@Control 指令，并且要移除一些@Control 指令不支持的属性，比如 AspCompat、Buffer、ClientTarget、CodePage、Culture、EnableSessionState、EnableViewStateMac、Errorpage、LCID、ResponseEncoding、Trace、TraceMode 和

Transaction。

- 如果没有使用代码后置模型，确保仍然在@Control 指令中使用 ClassName 属性包含一个类名，使得用户控件的页面能够支持强类型用户控件，这样允许访问添加到用户控件中的属性和方法。如果使用代码后置模型，则需要将代码后置类从 Page 类继承更改为从 UserControl 类继承。
- 最后需要将扩展名由.aspx 更改为.ascx。

更改完成后，一个用户控件就已经转换完成了，此时就可以按照前面介绍的方法将用户控件添加到宿主页中进行重用了。

下面添加一个 ASP.NET Web 页面，该页面名称为 BeforeConvertToUserControl.aspx，代码如下：

```
<%@ Page Language="C#" AutoEventWireup="true"
CodeFile="BeforeConvertToUserControl.aspx.cs" Inherits="BeforeConvertToUserControl"
%>
<!DOCTYPE html PUBLIC "-//W3C//DTD XHTML 1.0 Transitional//EN"
"http://www.w3.org/TR/xhtml1/DTD/xhtml1-transitional.dtd">
<html xmlns="http://www.w3.org/1999/xhtml">
<head runat="server">
    <title>转换为用户控件之前的页面</title>
</head>
<body>
    <form id="form1" runat="server">
    <div>
         请输入名字：<asp:textbox id="Name" runat="server"/>
        <asp:button ID="Button1" Text="Enter" OnClick="EnterBtn_Click"
          runat="server"/>
        <br/>
        <br/>
        <asp:label id="Label1" runat="server"/>
    </div>
    </form>
</body>
</html>
```

接下来使用前面介绍的规则转换为一个用户控件，代码如下：

```
<%@ Control Language="C#" AutoEventWireup="true"
CodeFile="ConvertedUserControl.ascx.cs"
Inherits="UserControl_ConvertedUserControl" %>
请输入名字：<asp:textbox id="Name" runat=server/>
<asp:button ID="Button1" Text="Enter" OnClick="EnterBtn_Click"
runat="server"/>
<br/>
<br/>
<asp:label id="Label1" runat="server"/>
```

8.2　编程处理用户控件

在上一节的用户控件示例中，仅共享了静态的 Web 页面元素，比如包含 Calendar 的用户控件，不能在宿主页中编程调整其日期及响应其事件。它只能作为一个可重用的静态页面元素。这显然大大局限了用户控件的使用，当然这也不是创建用户控件的目的。在 ASP.NET 中，可以为用户控件添加属性、事件和方法或添加一些客户端访问的功能，本节将讨论如何编程操作用户控件。

8.2.1 公开用户控件中的属性

假定需要在宿主页中访问或设置 Calendar 控件的 TodaysDate 和 SelectedDays 属性，并且在不同的页面中设置其 SelectionMode 属性。默认情况下，当将一个 UserControl 添加到宿主页后，将不能获得与该控件的实例进行交互的功能。要获得这种功能，可以考虑将用户控件中所需要设置的属性进行公开，成为用户控件属性，而且还能获得 VS 2010 设计时的支持。

在 SimpleUserControl.ascx 的后置代码中添加如下属性，来允许宿主页与之进行交互，代码如下：

```
protected void Page_Load(object sender, EventArgs e)
{
    //当用户控件加载时，根据用户控件公开的属性设置 Calendar 控件的属性
    Calendar1.TodaysDate = _calendardays;
    Calendar1.SelectedDate = _calendarSelectedDays;
    Calendar1.SelectionMode = _selectionMode;
}
//定义一个表示今天日期的属性
private DateTime _calendardays = DateTime.Now.AddDays(-5);
public DateTime CalendarDays
{
    get { return _calendardays; }
    set { _calendardays = value; }
}
//定义一个表示用户在 Calendar 控件中选中日期的属性
private DateTime _calendarSelectedDays=DateTime.Now.Date;
public DateTime CalendarSelectedDays
{
    get { return _calendarSelectedDays; }
    set { _calendarSelectedDays = value; }
}
//定义一个 Calendar 控件的 SelectionMode 的属性
private CalendarSelectionMode _selectionMode = CalendarSelectionMode.Day;
public CalendarSelectionMode SelectionMode
{
    get { return _selectionMode; }
    set { _selectionMode = value; }
}
```

当在用户控件中定义了 public 属性之后，有 3 种方式可以在用户控件宿主页中设置属性。

（1）选中用户控件，在属性窗格中设置属性，如图 8.2 所示。当在属性窗格中设置了用户控件的属性后，VS 2010 自动生成相应的声明代码。

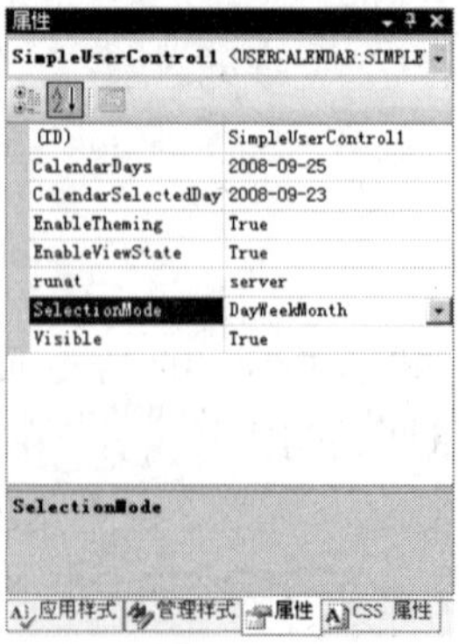

图 8.2 设置用户控件的属性

（2）直接在声明代码中设置属性，代码如下：

```
<form id="form1" runat="server">
<div>
    <!--声明并使用用户控件的自定义属性-->
    <UserCalendar:SimpleUserControl ID="SimpleUserControl1" runat="server"
        CalendarDays="2008-09-25" CalendarSelectedDays="2008-09-23"
        SelectionMode="DayWeekMonth" />
</div>
</form>
```

（3）通过编程的方式来设置用户控件的属性，这给用户控件的使用带来了较大的灵活性。下面的代码通过编程的方式来设置用户控件的这几个属性：

```
protected void btnMofidy_Click(object sender, EventArgs e)
{
    //设置用户控件中 Calendar 控件的选择模式
    SimpleUserControl1.SelectionMode = CalendarSelectionMode.DayWeekMonth;
    //设置用户控件中 Calendar 控件的 TodayDays 日期
    SimpleUserControl1.CalendarDays = DateTime.Now.Date;
    //设置用户控件中 Calendar 控件的 SelectedDays 属性的值
    SimpleUserControl1.CalendarSelectedDays = DateTime.Now.AddDays(5);
}
```

当属性添加到用户控件中之后，理解其事件的执行顺序变得相当重要。从本质上来说，页面使用如下顺序来进行初始化：

（1）请求页面。

（2）创建用户控件时，如果为属性指定了默认值，或在类构造函数中进行了初始化操作，那么这一步将被应用。

（3）应用在用户控件标签中的任何属性。

（4）执行页面上的 Page_Load 事件，并潜在地初始化用户控件。

（5）执行用户控件上的 Page_Load 事件，潜在地初始化用户控件。

理解了这个顺序，将会看到，如果在用户控件的 Page_Load 事件中进行初始化设置，这些设置有可能覆盖客户端指定的设置。

8.2.2　使用自定义对象属性

很多用户控件都用于提取一些通用场景的细节到一个高层次的控件模型，这句话可能有点过于理论化。举例来说，如果需要输入地址信息，可能组合几个文本框控件到一个高层次的名为 AddressItems 用户控件中，如果正在构造这种类型的控件，可能需要使用更复杂的数据，而不是使用单独的字符串和数字。通常来说，需要创建一个自定义的类来简化页面和用户控件之间的通信。

在本节中，将开发一个名为 LinkTable 的控件，来演示如何在用户控件中使用自定义对象。该控件将会在一个格式化的表格中输出一系列的 HyperLink 控件，操作步骤如下：

（1）在 UserControlDemo 示例网站中添加一个名为 LinkTable.ascx 的用户控件。在该控件中，由于每一个链接都包含文本信息、所链接到的 URL，因此，先创建了一个 LinkTableItem 类来包含每个链接的信息，代码如下：

```
public class LinkTableItem
{
    public LinkTableItem()
    {
        //默认构造函数
    }
    //定义链接的文本信息
    private string text;
    public string Text
    {
        get { return text; }
        set { text = value; }
    }
    //定义链接的 URL
    private string url;
    public string Url
    {
        get { return url; }
        set { url = value; }
    }
    //重载的构造函数
    public LinkTableItem(string text, string url)
    {
        this.text = text;
        this.url = url;
    }
}
```

（2）开发人员也可以根据需要扩展该类，来包含其他的细节信息，比如在文本控件左边显示图标等。可以考虑一下 LinkTable 用户控件的代码后置类，在该类中添加了 1 个 Title 属性和 1 个 LinkTableItem 对象的集合类，代码如下：

```
    public string Title          //用于指定 LinkTable 标题的属性
    {
        get { return lblTitle.Text; }
        set { lblTitle.Text = value; }
    }
    //定义一个 LinkTableItem 集合的控件
    private LinkTableItem[] items;
    public LinkTableItem[] Items
    {
        get { return items; }
        set
        {
            items = value;
            //当设置了新的 LinkTableItem 集合时，刷新 Grid 控件
            gridLinkList.DataSource = items;
            gridLinkList.DataBind();
        }
    }
```

（3）当为 LinkTableItem 的集合属性赋值时，可以看到代码会将用户控件中 GridView 的 DataSource 设置为 Items，并且调用 DataBind()方法来显示数据。用户控件的页面设计源代码如下：

```
<table border="1" cellpadding="2">
    <tr>
        <td>
        <!--使用一个 Label 控件来设置控件的标题-->
        <asp:Label id="lblTitle" runat="server" ForeColor="#C00000"
```

```
            Font-Bold="True" Font-Names="Verdana" Font-Size="Small">
            [控件的标题]</asp:Label>
            </td>
        </tr>
        <tr>
        <td>
        <!--使用 GridView 控件来显示链接列表-->
            <asp:GridView id="gridLinkList" runat="server"
            AutoGenerateColumns="false" ShowHeader="false" GridLines="None">
            <Columns>
            <asp:TemplateField>
                <ItemTemplate>
                <img height="10" src="../Images/max_blue.gif" runat="server"
                alt="菜单项" style="vertical-align: middle" />
                <asp:HyperLink id="lnk" NavigateUrl=
                '<%# DataBinder.Eval(Container.DataItem, "Url") %>'
                Font-Names="Verdana" Font-Size="XX-Small" ForeColor="#0000cd"
                Text='<%# DataBinder.Eval(Container.DataItem, "Text") %>'
                runat="server" />
                </ItemTemplate>
            </asp:TemplateField>
            </Columns>
            </asp:GridView>
        </td>
        </tr>
</table>
```

在代码中，使用 1 个 Label 控件来显示控件的标题，链接列表区使用 1 个带模板的 GridView 控件来显示数据，在它的 ItemTemplate 中，放置了 1 个 HyperLink 控件，使其 Text 绑定到 LinkTableItem 的 Text 属性，NavigateUrl 绑定到 LinkTableItem 的 Url 属性。

（4）演示一下如何使用该用户控件，添加一个名为 UseLinkTable.aspx 的页面，从解决方案资源管理器中拖动 LinkTable.ascx 控件到设计视图。在页面中选中该用户控件，然后在其属性窗格中设置其 Title 属性为“常去的编程网站”，最后在 Page_Load 事件中添加如下代码来初始化网站列表：

```
    protected void Page_Load(object sender, EventArgs e)
    {
        //设置超链接列表
        LinkTableItem[] items = new LinkTableItem[5];
        items[0] = new LinkTableItem("微软", "http://www.microsoft.com");
        items[1] = new LinkTableItem("CSDN", "http://www.csdn.net");
        items[2] = new LinkTableItem("ITPUB", "http://www.itpub.net");
        items[3] = new LinkTableItem("ASP.NET", "http://www.ASP.net");
        items[4] = new LinkTableItem("博客园", "http://www.cnblogs.com");
        //将初始化后的链接列表赋给 LinkTable 的 Items 属性
        LinkTable1.Items = items;
}
```

在代码中，初始化了一个 LinkTableItem 数组，然后将该数组传递给 LinkTable1 的 Items 集合属性，在运行时，将会在 LinkTable 控件的 GridView 中显示列表数据，运行效果如图 8.3 所示。

图 8.3　LinkTable 用户控件使用示例

当用户单击链接时，页面被导航到所指定的链接网址。这个用户控件可以用于页面的导航，为了提供整个网站的一致性信息，可以将这个用户控件加到母版页中。本书后面将详细介绍母版页。

8.2.3　添加用户控件事件

用户控件与 Web 页面之间的另一个沟通方式是通过自定义事件。使用事件可以让页面代码来响应在用户控件中的改变，这是一个非常有用的沟通方式，比如用户在用户控件中单击一个按钮，或单击 Calendar 中的日期，此时可以触发一个事件来通知页面，用户控件做了更改，然后响应页面中定义的程序。

在上一节介绍的 LinkTable 控件中，定义了几个用户控件的属性，但是并没有使用任何事件。为了演示如何使用事件，下面将修改 LinkTable 示例，当用户单击超链接时，使页面能够获取通知并执行事件响应代码，操作步骤如下。

（1）为了能够响应事件，首先需要定义一个事件，定义事件时必须使用 Event 关键字和一个委托，该委托用来代表事件的签名。在.NET 的标准中，每个事件应该有两个参数：第 1 个参数是 Sender，也就是触发事件的控件；第 2 个参数是一个 EventArgs 参数类或其派生类。通常，开发人员需要从 EventArgs 类中派生一个自定义的 EventArgs 类，用它来包含特定的信息。在 LinkTable 示例中，为了向页面传递哪一个链接被单击的信息，需要从 EventArgs 中派生一个自定义的参数类，代码如下：

```
/// <summary>
///LinkTableEventArgs，自定义参数类
/// </summary>
public class LinkTableEventArgs:EventArgs
{
    //定义一个 LinkTableItem 的公共属性供宿主访问
    private LinkTableItem selectedItem;
    public LinkTableItem SelectedItem
    {
        get { return selectedItem; }
    }
    //指定一个 Cancel 的公共属性，表示是否取消链接
    private bool cancel = false;
    public bool Cancel
    {
        get { return cancel; }
        set { cancel = value; }
```

```
    }
    //在构造函数中，传递进入用户在用户控件中单击的 LinkTableItem 对象
    public LinkTableEventArgs(LinkTableItem item)
    {
        selectedItem = item;
    }
}
```

在 LinkTableEventArgs 中定义了两个属性：一个是 SelectedItem 属性，用于获取当前用户所选择的链接信息；一个是 Cancel 属性，用于设置当用户单击链接后是否可以将页面导航到一个新的页面。使用 Cancel 属性的一个目的是在页面中响应事件且自己来处理重定向的操作。

（2）使用在 C# 2.0 之后引入的泛型事件来定义一个事件，代码如下：

```
    //定义一个泛型的 LinkClicked 事件
    public EventHandler<LinkTableEventArgs> LinkClicked;
```

（3）为了获取到服务器端的单击事件，需要把 HyperLink 替换为 LinkButton，因为 LinkButton 控件会触发服务器端的事件，因此在用户控件的声明中，代码的修改如下：

```
    <!--使用 GridView 控件来显示链接列表-->
        <asp:GridView id="gridLinkList" runat="server"
        AutoGenerateColumns="false" ShowHeader="false" GridLines="None">
        <Columns>
        <asp:TemplateField>
            <ItemTemplate>
            <img height="10" src="../Images/max_blue.gif" runat="server"
            alt="菜单项" style="vertical-align: middle" />
            <!--为了获取服务器端的事件，这里使用了一个 LinkButton 控件-->
          <asp:LinkButton ID="lnk" Font-Names="Verdana"
                Font-Size="9pt" ForeColor="#0000cd" runat="server"
                Text='<%# DataBinder.Eval(Container.DataItem, "Text") %>'
                CommandName="LinkClick"
                CommandArgument='<%# DataBinder.Eval(Container.DataItem, "Url") %>'>
                </asp:LinkButton>
            </ItemTemplate>
        </asp:TemplateField>
        </Columns>
        </asp:GridView>
```

（4）为了响应用户在 GridView 中单击链接事件，应先触发 GridView.RowCommand 事件，该事件在 GridView 控件中的一个命令被触发时而触发，代码如下：

```
    protected void gridLinkList_RowCommand(object sender, GridViewCommandEventArgs e)
    {
        //在触发事件之前，确保已经注册了一个事件处理器
        if (LinkClicked != null)
        {
            //使用 CommandSource 获取被单击的控件
            LinkButton link = (LinkButton)e.CommandSource;
            //构造事件的参数
            LinkTableItem item = new LinkTableItem(link.Text, link.CommandArgument);
            LinkTableEventArgs args = new LinkTableEventArgs(item);
            LinkClicked(this, args);                    //触发事件
            //如果没有将 Cancel 设置为 True，则调用 Response 的 Redirect 方法来导航 URL。
            if (!args.Cancel)
            {
                Response.Redirect(item.Url);
```

```
            }
        }
    }
```

> **注意**：当触发一个事件时，出于安全性的顾虑，必须先检查事件变量是否包含一个空引用。如果为空，则表示目前还没有任何事件处理器被注册，此时如果执行该事件，则会出现一个变量为 null 的引用异常。

使用用户控件中的事件与 ASP.NET 控件中的一样，但是一个主要的问题是用户控件不能提供对设计时的支持。因此，不能使用属性窗格或在设计时操作，开发人员必须在代码中为用户控件绑定事件处理器。

（5）在 Page_Load 事件中使用如下的代码关联事件处理器：

```
        //使用程序的方式关联事件处理器
        LinkTable1.LinkClicked += new EventHandler<LinkTableEventArgs>(LinkClicked);
```

（6）在宿主页中定义一个 LinkClicked 的事件处理器，代码如下：

```
    protected void LinkClicked(object sender, LinkTableEventArgs e)
    {
        //首先在 Label 控件中显示当前选择的 LinkTableItem 信息
        lblInfo.Text = "当前单击了'" + e.SelectedItem.Text +
        "'<br/>通过将 e.Cancel 设为 true 将不会直接进行导航 '" +
        e.SelectedItem.Url + ".";
        //当将 Cancel 设置为 true 时，将不会进行导航
        e.Cancel = true;
    }
```

在该事件处理器中，首先使用 e.SelectedItem 获取当前选择的 LinkTableItem 对象，通过 Label 控件的 Text 属性返回 LinkButton 显示的文本，然后将 LinkTableItem 的 Url 加上一个“.”，最后将 e.Cancel 设置为 True，表示不直接进行导航。经过这样的处理，在单击链接时，用户控件会引发该事件，同时触发页面事件，页面将执行 LinkClicked 事件处理器，在 Label 控件中显示相应的信息，运行效果如图 8.4 所示。

图 8.4　用户控件事件使用示例

8.3　动态加载用户控件

到目前为止，已经介绍过了如何从解决方案资源管理器中拖动用户控件，VS 2010 会自

动完成注册和声明的工作，也介绍了如何在 web.config 中配置先注册用户控件。在项目开发中，时常需要在运行时，根据上下文的参数信息来动态创建用户控件。动态创建用户控件与动态创建 Web 服务器控件的过程非常相似，需要遵循如下规则：

- 当触发 Page_Load 事件时，创建并添加用户控件。
- 使用容器控件或 PlaceHolder 控件确保用户控件出现在正确的位置。
- 通过设置用户控件的 ID 属性，给用户控件一个唯一的名字。在需要用户控件时，利用 Page.FindControl()方法通过用户控件的 ID 获取引用。

8.3.1　动态创建用户控件

用户控件的创建与普通的服务器控件创建的一个最大的不同是，不能直接创建用户控件对象，因为它并不是完全基于代码，它们包含定义在.ascx 文件中的控件标签，为了使用一个用户控件，ASP.NET 需要处理这个文件并初始化相应的子控件对象。为实现这个步骤，需要调用 Page.LoadControl()方法，该方法接受.ascx 的文件名称，并返回一个 Control 对象。然后，可以将该用户控件添加到页面上，并使用强制类型转换为特定的用户控件类型来访问该用户控件的特定功能，操作步骤如下。

（1）添加一个 DynamicCreateUserControl.aspx 的页面，在该页面中放置 1 个 PlaceHolder 对象、1 个 DropDownList 控件。前面曾经介绍过，PlaceHolder 对象是不产生任何用户界面元素占位符的。本节示例将演示如何动态地创建用户控件，并将其添加到 PlaceHolder 中，页面的声明代码如下：

```
<form id="form1" runat="server">
<!--定义一个用于放置用户控件文件名的下拉列表框-->
<asp:DropDownList ID="DDLUserControlList" runat="server" >
    <asp:ListItem Value="SimpleUserControl.ascx">日历用户控件</asp:ListItem>
    <asp:ListItem Value="ConvertedUserControl.ascx">简单的姓名录入用户控件
    </asp:ListItem>
</asp:DropDownList>
<!--当用户单击该按钮时，将加载用户控件-->
<asp:Button ID="btnCreate" runat="server" onclick="btnCreate_Click"
    Text="动态创建" />
<br />
<!--用户控件将加载到 PlaceHolder 中-->
<asp:PlaceHolder ID="PlaceHolder1" runat="server"></asp:PlaceHolder>
</form>
```

（2）在 DropDownList 的 Value 属性中，放置了在本节前面创建的 3 个用户控件的文件名（SimpleUserControl.ascx、ConvertedUserControl.ascx 和 LinkTable.ascx），本示例将在用户单击 Button 按钮时，在 PlaceHolder 中加载用户控件，后置代码如下：

```
public partial class DynamicCreateUserControl : System.Web.UI.Page
{
    //定义用户控件所在的文件件
    private string UserControlPath = "~/UserControl/";
    protected void Page_Load(object sender, EventArgs e)
    {
     if (Page.IsPostBack)
     {
       //当页面回发加载时，从 Session 中获取用户控件的路径并加载
```

```
        if (Session["UserControlFile"] != null)
        {
            LoadUserControl((string)Session["UserControlFile"], PlaceHolder1);
        }
     }
    }
     //加载用户控件的重要的子程序
    protected Control LoadUserControl(string ControlPath, PlaceHolder ph)
    {
        //加载指定路径的用户控件，返回一个 Control 对象
        Control ctl = Page.LoadControl(ControlPath);
        //为用户控件指定一个唯一的控件名
       ctl.ID = "uid" + Path.GetFileNameWithoutExtension(Server.MapPath(ControlPath));
        ph.Controls.Clear();          //清除用户控件中的现有控件
        ph.Controls.Add(ctl);         //添加到 PlaceHolder 集合中
        return ctl;                 //返回用户控件实例
    }
    protected void btnCreate_Click(object sender, EventArgs e)
    {
        //获取用户在 DropDownList 控件中的选择，然后调用 LoadUserControl 加载用户控件，并
        //将路径保存到 Session 变量中
      Session["UserControlFile"] =UserControlPath + DDLUserControlList.SelectedValue;
        if (Session["UserControlFile"] != null)
        {
            LoadUserControl((string)Session["UserControlFile"], PlaceHolder1);
        }
    }
}
```

这里代码比较多，但与用户控件加载相关的重要代码都在 LoadUserControl()方法中，该方法接收一个用户控件的路径名和一个 PlaceHolder 对象，然后调用 LoadControl()方法加载指定位置的用户控件，为用户控件对象指定唯一 ID，并加载到 PlaceHolder 的控件集合中。当单击 Button 控件时，将调用此方法来加载用户所选择的用户控件。

在该示例中，将当前用户控件的路径保存到 Session 变量中，然后在 Page_Load 事件中再一次加载用户控件，之所以这样处理，是因为动态创建的用户控件进行 PostBack 时，如果不重新创建一次用户控件的话，则用户控件的内容会丢失。页生命周期并不会为动态创建的用户控件保存视图状态信息，因此需要开发人员重新进行创建，来显示用户控件的内容。

（3）本示例的页面运行效果如图 8.5 所示，用户可以在下拉列表框中选择一个控件，单击“动态创建”按钮来加载用户控件。

图 8.5　动态加载用户控件运行效果

8.3.2 使用 Refrenece 指令

当使用 Page.LoadControl()方法加载一个用户控件时，该方法会返回一个代表用户控件的 System.Web.UI.Control 类的实例。这意味着假如用户控件包含任何自定义的属性，那么动态加载的用户控件将不能使用这些属性。

以 LinkTable 用户控件为例，在该控件中定义了 Title 和 Items 两个属性。如果希望在动态加载用户控件时使用这两个属性，则必须要强制转换 Control 对象为一个 LinkTable 用户控件的实例，才能使用这些属性。为了获得对一个用户控件的引用，开发人员必须在页面顶端使用@Reference 指令来引用该用户控件，下面对上一节的例子稍加改进，使用户控件能够识别 LinkTable 用户控件，并为该用户控件的属性设置一些值，改进步骤如下。

（1）在 DynamicCreateUserControl.aspx 页面的顶端添加了如下引用代码来引用在本节前面创建的 3 个用户控件：

```
<%@ Page Language="C#" AutoEventWireup="true"
CodeFile="DynamicCreateUserControl.aspx.cs" Inherits="DynamicCreateUserControl" %>
<%@ Reference Control="~/UserControl/ConvertedUserControl.ascx" %>
<%@ Reference Control="~/UserControl/LinkTable.ascx" %>
<%@ Reference Control="~/UserControl/SimpleUserControl.ascx" %>
```

（2）在 DropDownList 控件中添加一个 ListItem，指向 LinkTable.ascx，代码如下：

```
    <!--定义一个用于放置用户控件文件名的下拉列表框-->
    <asp:DropDownList ID="DDLUserControlList" runat="server" >
        <asp:ListItem Value="SimpleUserControl.ascx">日历用户控件</asp:ListItem>
        <asp:ListItem Value="ConvertedUserControl.ascx">简单的姓名录入用户控件
</asp:ListItem>
        <asp:ListItem Value="LinkTable.ascx">LinkTable 用户控件</asp:ListItem>
    </asp:DropDownList>
```

（3）在后置代码中，判断当前选择的用户控件是否是 LinkTable.ascx，如果是，则将强制转换为 UserControl_LinkTable 对象，然后进行 LinkTable 控件的初始化操作，代码如下：

```
    //定义用户控件所在的文件
    private string UserControlPath = "~/UserControl/";
    //新增一个 Control 类型的变量，用于保存所加载的用户控件实例
    private Control ctl;
    protected void Page_Load(object sender, EventArgs e)
    {
        if (Page.IsPostBack)
        {
            //当页面加载时，从 Session 中获取用户控件的路径并加载
            if (Session["UserControlFile"] != null)
            {
               ctl=LoadUserControl((string)Session["UserControlFile"], PlaceHolder1);
                if (DDLUserControlList.SelectedIndex == 2)
                {
                    //由于在页面回发时，动态创建的用户控件会丢失，因此在页面加载时重新创建一次
                    UserControl_LinkTable linktable = (UserControl_LinkTable)ctl;
                    //调用 InitiaizeLinkTable 方法初始化用户控件
                    InitiaizeLinkTable(linktable);
                }
            }
        }
    }
```

```
//加载用户控件的重要的子程序
protected Control LoadUserControl(string ControlPath, PlaceHolder ph)
{
    //加载指定路径的用户控件，返回一个 Control 对象
    Control ctl = Page.LoadControl(ControlPath);
    //为用户控件指定一个唯一的控件名
   ctl.ID = "uid" + Path.GetFileNameWithoutExtension(Server.MapPath(ControlPath));
    ph.Controls.Clear();          //清除用户控件中的现有控件
    ph.Controls.Add(ctl);         //添加到 PlaceHolder 集合中
    return ctl;                   //返回用户控件实例
}
protected void btnCreate_Click(object sender, EventArgs e)
{
    //获取用户在 DropDownList 控件中的选择，然后调用 LoadUserControl 加载用户控件，并
    //将路径保存到 Session 变量中
  Session["UserControlFile"] =UserControlPath + DDLUserControlList.SelectedValue;
    if (Session["UserControlFile"] != null)
    {
      ctl= LoadUserControl((string)Session["UserControlFile"], PlaceHolder1);
      if (DDLUserControlList.SelectedIndex == 2)
      {
         //如果当前选中的是 LinkTable.ascx，则强制转换为 UserControl_LinkTable
         UserControl_LinkTable linktable = (UserControl_LinkTable)ctl;
         //调用 InitiaizeLinkTable 方法初始化 LinkTable 控件
         InitiaizeLinkTable(linktable);
      }
    }
}
//该方法将用于初始化 LinkTable 控件
protected void InitiaizeLinkTable(UserControl_LinkTable linktable)
{
      //设置超链接列表
    LinkTableItem[] items = new LinkTableItem[5];
    items[0] = new LinkTableItem("微软", "http://www.microsoft.com");
    items[1] = new LinkTableItem("CSDN", "http://www.csdn.net");
    items[2] = new LinkTableItem("ITPUB", "http://www.itpub.net");
    items[3] = new LinkTableItem("ASP.NET", "http://www.ASP.net");
    items[4] = new LinkTableItem("博客园", "http://www.cnblogs.com");
    //将初始化后的链接列表赋给 LinkTable 的 Items 属性
    linktable.Items = items;
}
```

在代码块中，首先声明了一个 Control 类型的变量，该变量将用于保存用户控件的实例，在 btnCreate_Click 事件中，首先获取 LoadUserControl 返回的 Control 对象，然后判断用户是否选择了 LinkTable.ascx 用户控件，即 SelectedIndex 为 2 的选择项。如果是，则使用强制类型转换为 LinkTable 用户控件的实例 UserControl_LinkTable，然后调用 InitiaizeLinkTable()方法初始化该用户控件的属性。

为了防止在页面回发时丢失用户控件，需要在 Page_Load 事件中使用相同的方法重新加载了用户控件，运行效果如图 8.6 所示。

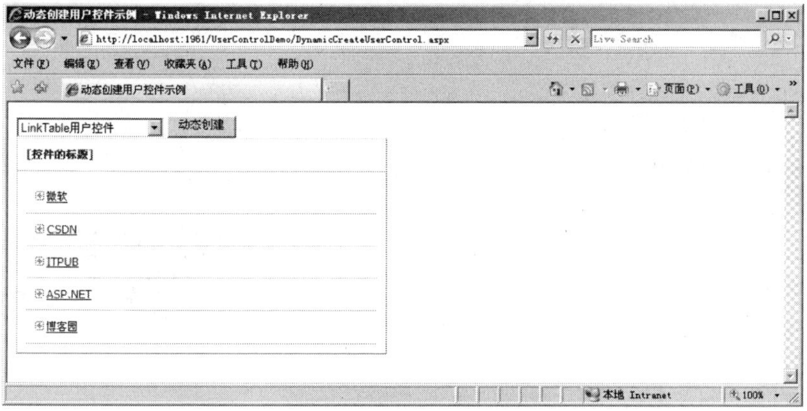

图 8.6　动态加载用户控件的属性设置运行效果

8.4　小结

用户控件提供了一种简单的方法，用来创建可重用的页面元素，通常使用它来创建一些称为复合控件的页面元素。本章首先介绍了什么是用户控件、如何创建简单的用户控件、如何在页面中注册和使用用户控件、如何在 web.config 配置文件中注册整个页面都可以使用的用户控件；然后讨论了如何在用户控件中添加自定义的元素，比如属性、自定义对象属性、添加和响应用户控件中的事件；最后讨论了如何动态地创建和加载用户控件、如何使用 @Reference 指令使用强类型的用户控件。

第四篇

构建 ASP.NET 4.0 应用程序

一个完整的 ASP.NET 网站，我们通常称之为 ASP.NET 应用程序，它包含很多内容，有普通的网页、有配置文件、有统一的样式设计和内容导航，稍微高级的网页还能实现自己定制，能使用 Ajax 技术实现定时刷新功能。本篇的内容就与这些应用程序的结构和技术有关。本篇的内容主要有：

- 应用程序状态管理
- 应用程序异常和页面跟踪
- 使用母版页
- CSS 和主题技术
- 站点导航技术
- 个性化服务
- ASP.NET Ajax 开发技术
- Web 部件技术

第 9 章　应用程序状态管理

Web 应用程序基于一种无状态的 HTTP 协议。无状态是指每次请求 Web 页面完成后，客户端将断开服务器端的连接，ASP.NET 引擎会丢弃已经为该页面创建的对象。当用户再一次请求相同的 Web 页面时，ASP.NET 引擎将重新生成页面对象，然后传递给客户端信息，这中间并不会维护任何访问的信息。比如在一个文件框中输入值，然后单击“提交”按钮，当再次请求该 Web 页面时，之前在文本框中输入的值会丢失，Web 服务器并不会维护客户端的状态信息。这种架构使服务器不得不处理成千上万的请求，增加自身的负荷，因而用户需要采用其他的方式来保存状态信息。本章将介绍在 ASP.NET 中提供的几种用于保存应用程序状态的方法。

9.1　理解 ASP.NET 应用程序状态

ASP.NET Web 应用程序与 Windows Forms 应用程序一个重要的区别点就在于状态管理，也就是如何在应用程序的生命周期中存储状态信息，比如一个简单的用户名、一个复杂的电子商务购物车等信息。在 Windows 应用程序中，开发人员很少去考虑状态管理方面的问题，因为 Windows 系统驻留在客户端的内存中，总是可以将状态信息保存在内存中。在 Web 应用程序中，可能有成千上万的用户同时并发访问一台机器上的同一个应用程序，每个都使用一个无状态的 HTTP 连接，这些使 Web 应用程序难以如同 Windows 应用程序一样维持状态。

9.1.1　应用程序状态简介

由于 Web 应用程序这种无状态的特性，使 ASP.NET 向开发人员展示了多种解决状态管理的方法，比如视图状态、控件状态、隐藏域（HiddenField）、Cookie、查询字符串、应用程序状态、会话状态、配置文件属性等。在这些状态管理中，视图状态、控件状态、隐藏域、Cookie 和查询字符串均以不同的方式将数据存储到客户端上。而应用程序状态、会话状态和配置文件属性都将数据存储到服务器内存中，后面将详细介绍这些功能的用法，本节将概要介绍这些状态管理功能的作用。

根据维护状态时所存储信息的位置，ASP.NET 中的状态管理选项又可以分为以下两大部分。

➢ 基于客户端的状态管理选项：这些选项将在页中或在客户端计算机上存储状态信息，

在与服务器的往返过程中不会在服务器上维护任何信息。

➢ 基于服务器端的状态管理选项：ASP.NET 将使用多种方法在服务器端维护状态信息，而不是将状态信息保存在客户端，使用这种方式可以减少发送给客户端的信息量。

这些用于维护状态的技术示意图如图 9.1 所示。在客户端部分，一些技术是开发人员较熟悉的，比如 Cookie 技术，在 ASP.NET 出现之前就已经存在；隐藏域，在 HTML 静态页面时就已经被广泛应用；查询字符串技术，在 ASP 中的应用相当广泛。通常在一个 ASP.NET 应用程序中，会混合使用多种状态维护技术来维护应用程序的状态，后面将详细介绍如何在这些 ASP.NET 的状态管理技术中选择一种好的技术。

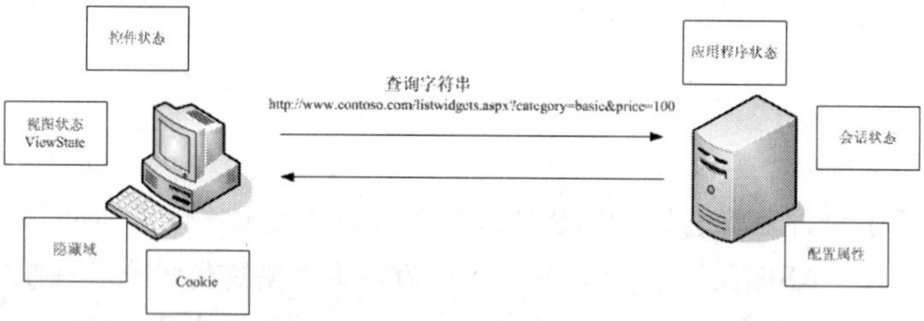

图 9.1　维护状态的技术示意图

ASP.NET 包含的所有状态管理功能如下。

➢ 视图状态：使用一个或多个隐藏域中保存控件的状态。
➢ 控件状态：当开发自定义控件时，保存控件的状态数据。
➢ 隐藏域：标准的 HTML 隐藏域。
➢ Cookie：又称小甜饼，用于在客户端保存少量的数据。
➢ 查询字符串：在页面 URL 结尾附加的信息。
➢ 应用程序状态：是 HttpApplicationState 类的一个实例，用于保存服务器端的全局应用程序信息。
➢ 会话状态：是 HttpSessionState 类的一个实例，用于保存会话状态信息。
➢ 配置文件属性：ASP.NET 提供了一个称为配置文件属性的功能，可以存储特定的用户数据。

9.1.2　使用状态管理的建议

上一节介绍了多种 ASP.NET 状态维护的技术，在具体使用状态管理方法之前，开发人员应该考虑应用程序的类型及所需要的状态管理级别，通常具有以下几个考虑事项：

➢ 需要存储状态信息量的大小。
➢ 客户端是接受持久性的还是内存中的 Cookie。
➢ 要将信息存储在客户端还是服务器端。
➢ 信息是否是敏感信息。
➢ 对应用程序设定了什么样的性能和带宽条件。
➢ 目标浏览器和设备具有什么样的功能。
➢ 是否需要存储基于用户的信息。

- 信息需要存储多长时间。
- 使用 Web 场（多个服务器）、Web 园（一个计算机上的多个进程）还是单个进程来运行应用程序。

表 9.1 所示对几种状态管理选项的优势与缺陷进行了讨论，读者可以参考这些信息来更好地决定应用程序状态管理的实现方法，在本章后面的内容中将会详细讨论这些状态管理的技术。

表 9.1　状态管理方法的优缺点对比表

状态管理选项	优　　点	缺　　点
视图状态 ViewState	视图状态在客户端保存状态信息，不需要任何的服务器资源，而且由于很多控件内置了对视图状态的支持，其实现比较简单。视图状态中的值经过 Hash 编码处理和压缩，并且针对 Unicode 实现进行编码，其安全性要高于使用隐藏域	由于视图状态在页本身维护状态信息，因此在存储较大的值时，会影响速度和性能。虽然视图状态以哈希格式存储数据，但可能被篡改，具有一定的安全风险
控件状态	由每个控件自身维护，不受 ViewState 的影响，不需要任何服务器资源。由于不能关闭控件状态，因此比较可靠。可以编写自定义适配器来控制状态数据的存储及存储位置，具有一定的通用性	需要一定的编程，由于控件状态是一个自定义的状态保持机制，必须编写代码来保存和加载控件状态
隐藏域	由于隐藏域在客户端页面上存储和读取，因而不需要服务器资源。隐藏域被广泛的设备支持，因为其实现是标准的 HTML 控件，不需要编程逻辑，因此实现起来比较简单	隐藏域很容易被客户端看到，具有潜在的安全问题。隐藏域也不支持复杂的数据类型，其存储结构简单。当在隐藏域中存储较大的值时，会产生性能问题，隐藏域还具有存储的限制
Cookie	Cookie 可以在客户端上存储少量的信息，并且可以配置 Cookie 的到期规则。同样，Cookie 也不需要任何服务器端资源，Cookie 是一种包含简单的键/值对的轻量结构，而且可以将 Cookie 在客户端上进行持久化保存	Cookie 具有 4KB 大小的限制，有些用户也可能会禁用 Cookie，以防止信息外泄。并且由于 Cookie 的内容可能会被篡改，具有安全风险
查询字符串	查询字符串在页面 URL 的尾部附加持久化信息，同样不需要任何服务器端资源，并被所有的浏览器和客户端设备所支持，实现起来也比较简单	查询字符串可以被用户直接看到，因此会具有潜在的安全性问题。
应用程序状态	在应用程序状态中可以存储整个应用程序可用的全局应用程序信息，类似应用程序全局变量，其实现简单，作用范围对于整个应用程序范围有效	由于应用程序状态数据存储在服务器内存中，因此容易因服务器故障丢失，其次对于服务器端会占用内存，影响服务器性能及应用程序的可伸缩性
会话状态	将为每个请求用户创建一个会话状态，易于使用，可以引发特定的会话管理事件，会话数据不易丢失，因为数据存储在另一个进程空间中，无须 Cookie 的支持。可通过编写自己的会话状态提供程序自定义和扩展会话状态	会话状态变量在被移除或替换前保留在内存中，因而可能降低服务器性能。如果会话状态变量包含诸如大型数据集之类的信息块，则可能会因服务器负荷的增加影响 Web 服务器的性能
个性化属性	配置文件属性与会话状态相似，但是配置文件的数据不容易丢失，因为其单独存储在一个外部机制中，比如 SQL 等。具有平台可伸缩性、可扩展性，允许用户进行扩展其个性化存储机制	由于数据保存到持久设备而非内存中，因此通常比较慢，并且在使用前需要进行额外的配置

下面对于这些状态管理选项提供如下的一些使用建议。

- 视图状态：当需要存储少量回发到自身的信息时，可以使用视图状态，并且可以使用视图状态的安全性功能。
- 控件状态：当需要在服务器的往返过程中存储少量的控件状态信息时使用。
- 隐藏域：当需要存储少量回发到自身或另一页的信息时使用，在一些不要求安全性的场合中，可以考虑使用隐藏域。
- Cookie：只需要存储少量信息，并且在确保客户端不会关闭 Cookie 时可以使用，但并不建议使用这种方式。
- 查询字符串：将少量信息从一页传到另一页，并且以需要考虑安全性问题时使用。
- 应用程序状态：存储应用程序的全局数据，而且不存在安全性问题时使用，但是注意不要在应用程序状态中存储大量的信息，以免过度占用服务器内存而影响效能。
- 会话状态：当需要为不同的用户保存单独的会话信息，并且需要考虑安全性时可以使用会话状态。但是不要存储大量的信息，以免过度占用服务器内存而影响性能。
- 个性化服务：存储需要持久化的、用户单独使用的一些信息，比如在 SQL Server 中存储一些个性化数据，以便将来打开网站时可再次使用，但是其速度不如会话状态。

9.2 ViewState 视图状态

视图状态是在单个页面中存储状态信息的首要选择。很多 ASP.NET 控件内置了对于视图状态的支持，允许这些控件在页面回发之间保存其属性值，开发人员可以使用页面内置的 ViewState 属性，来添加自己的视图状态数据。在视图状态中不仅可以存储简单类型的数据，也可以存储复杂类型的数据。

ASP.NET 的视图状态特性解决了很多 ASP 时代开发人员必须手工完成的工作。在 ASP 时代，为了在两次提交之间保存信息，笔者曾经使用了大量的 Session 来保存每一个控件的状态，当页面回发时，从 Session 中获取每个控件的值并进行还原。有了视图状态机制，这个工作现在已经变得相当简单了。

9.2.1 理解视图状态

对于视图状态，概念上可以称为在页面回发之间保存页面状态信息的一种机制。开发人员也可以使用 ViewState 来保存特定页面的应用程序数据。为了更清楚地理解视图状态，下面创建一个 ViewStateDemo 的示例网站，本节中所有的示例都将在该网站中进行创建。

在 ASP.NET 的服务器控件树中，Control 基类实现了一个 EnableViewState 属性，大多数 ASP.NET 都继承了该属性，该属性指示服务器控件是否向发出请求的客户端保存视图状态数据，操作步骤如下。

（1）添加一个名为 ViewStateEnable.aspx 的示例页面，在该页面中放 1 个 ListBox 控件，下面将介绍启用与禁用视图状态时控件呈现的效果，控件的声明源代码如下：

```
<form id="form1" runat="server">
<h5>理解视图状态</h5>
<!--默认情况下，EnableViewState 属性为 True，表示启用了视图状态-->
```

```
    <asp:ListBox ID="ListBox1" runat="server" Height="120px" Width="300px"
        AutoPostBack="True">
        <asp:ListItem>WCF 程序设计</asp:ListItem>
        <asp:ListItem>WPF 程序设计</asp:ListItem>
        <asp:ListItem>WF 程序设计</asp:ListItem>
        <asp:ListItem>LINQ 程序设计</asp:ListItem>
        <asp:ListItem>ASP.NET 3.5 程序设计</asp:ListItem>
        <asp:ListItem>Programming ASP.NET 3.5</asp:ListItem>
    </asp:ListBox>
    </form>
```

在该示例中，将 ListBox 控件的 AutoPostBack 属性设置为 True，当用户在 ListBox 中选择项时，将自动进行一次页面回发。由于默认情况下控件的 EnableViewState 属性设置为 True，因此在两次页面回发之间，ASP.NET 会在客户端的代码中保存视图状态的值。

（2）在该示例的 Page_Load 事件中，添加了用于判断页面是首次加载还是回发加载的状态文本，如果页面是首次加载，将动态地添加几个列表项，代码如下：

```
    protected void Page_Load(object sender, EventArgs e)
    {
        //判断当前页面的 PostBack 状态，并在 Label 控件中显示加载信息
        if (!Page.IsPostBack)
        {
            ListBox1.Items.Add("Programming WCF");
            ListBox1.Items.Add("Programming WF");
            ListBox1.Items.Add("Programming C# 3.5");
            lblText.Text = "页面当前是首次加载";
        }
        else
        {
            lblText.Text = "页面现在是回发加载";
        }
    }
```

（3）当启用了视图状态特性后，其运行效果如图 9.2 所示。

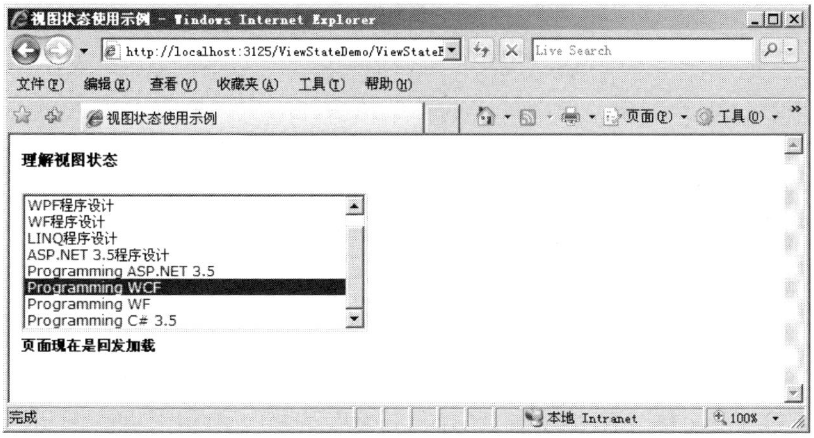

图 9.2　启动视图状态后的效果

可以看到，当用户在 ListBox 中选择项时，在页面回发后，会从视图状态中获取用户在 Page_Load 事件中添加的几个列表项，如果将 EnableViewState 设置为 False，此时将不会为控件保存视图状态，因此当选择列表项时，在页面回发后，动态添加的列表项将会丢失。

如果读者曾经从事 ASP 开发工作，对于这种维护控件状态的方法是非常头痛的，特别在控件数多的时候，要恢复控件的状态需要编写大量代码，现在 ASP.NET 自动为开发人员做好了这一切，那么视图状态是如何实现的呢？操作步骤如下。

（1）应用程序在运行时，ASP.NET 引擎会自动在源代码的尾部嵌入一个隐藏域，命名为 _VIEWSTATE。_VIEWSTATE 以键/值对集合的形式保存页面中控件的状态数据，_VIEWSTATE 将这些值以 Base64 编码字符串，代码如下：

```
 <form name="form1" method="post" action="ViewStateEnable.aspx" id="form1">
<div>
<input type="hidden" name="__VIEWSTATE" id="__VIEWSTATE"
value="/wEPDwUJMzI2NjY2MTM2D2QWAgIDD2QWAgIDDw8WAh4EVGV4dAUb6aG16Z2i546w5Zyo5piv5Zu
e5Y+R5Yqg6L29ZGRkgvk7Zpn+A3KqnsJDzWqIOlrGyAM=" />>
</div>
```

在后置代码中，首先使用 Page.IsPostBack 来判断页面是否首次加载，IsPostBack 为 False 表示页面不是回发加载，而是首次加载，然后通过代码向 ListBox 中动态地添加了一些列表项。

（2）当页面回发时，比如用户在 ListBox 中选择了列表项，如果 EnableViewState 属性设置为 true，则动态加载列表项的数据并保存到页面的隐藏域中，此时可以看到在下面的 HTML 代码中，隐藏域的数据量明显增加：

```
<form name="form1" method="post" action="ViewStateEnable.aspx" id="form1">
<div>
<input type="hidden" name="__VIEWSTATE" id="__VIEWSTATE"
value="/wEPDwUJMzI2NjY2MTM2D2QWAgIDD2QWBAIBDxBkDxYDAgYCBwIIFgMQBQ9Qcm9ncmFtbWluZyB
XQ0YFD1Byb2dyYW1taW5nIFdDRmcQBQ5Qcm9ncmFtbWluZyBXRgUOUHJvZ3JhbW1pbmcgV0ZnEAUSUHJvZ
3JhbW1pbmcgQyMgMy41BRJQcm9ncmFtbWluZyBDIyAzLjVnZGQCAw8PFgIeBFRleHQFG+mhtemdoueOsOW
cqOaYr+WbnuWPkeWKoOi9vWRkZHSUvpSbQY/dqVMF1yhSjtcSDvLc" />
</div>
```

而当 EnableViewState 设置为 false 时，ASP.NET 将不会在客户端保存状态信息，因此在选择列表项引起页面回发后，动态创建的列表项将会丢失。

从代码中不难发现，隐藏域__VIEWSTATE 是一串经过 Base64 编码的字符串，这让视图状态具有了基本的安全性。在 ASP.NET 页生命周期中，当页面回发后，ASP.NET 引擎将会加载回发的数据，也就是说，隐藏域中的数据将会随着页面回发而被上传到服务器端，ASP.NET 引擎会解码 Base64 数据，把数据递归加载到页面的控件层次结构中，以维持控件的状态。

（3）ASP.NET 4.0 在 Page 对象中也提供了 EnableViewState 属性。在默认情况下，页面的 EnableViewState 属性值为 true。为了禁用视图状态，可以在@Page 指令中添加如下代码：

```
<%@ Page Language="C#" AutoEventWireup="true"  CodeFile="ViewStateEnable.aspx.cs"
Inherits="_ViewStateEnable"
EnableViewState="false"%>
```

这样将为整个页面禁用视图状态，即便是开发人员开启了某控件的 EnableViewState 属性。禁用视图状态后的运行效果如图 9.3 所示。

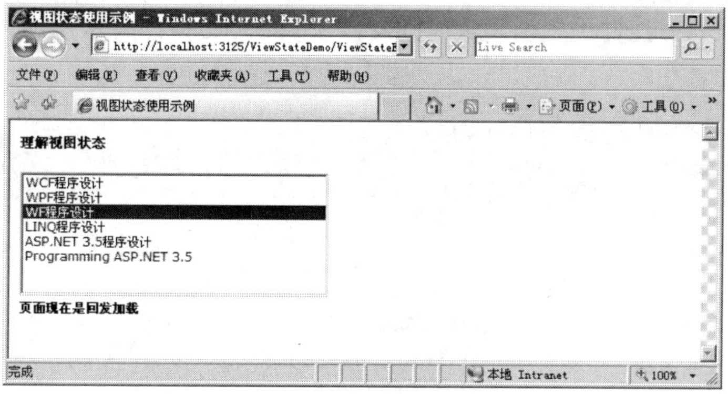

图 9.3　禁用视图状态

在 HTML 源代码中，尽管_VIEWSTATE 隐藏域依然存在，但是其数据量非常小，可以忽略不计。

> **注意**：如果禁用了视图状态，用鼠标右键单击浏览器，在弹出的快捷菜单中选择“查看源代码”命令，打开某文本编辑器，在其中能看到_VIEWSTATE 隐藏域。此时_VIEWSTATE 中的字符串是内部使用的保留字符串，即使禁用了视图状态也不会消失。

在数据量较小时，视图状态是理想的选择。如果有大量的数据需要存储，由于视图状态中的数据在每次页面请求中都需要往返传递，会占用大量的网络带宽，并且客户端会占用过多的内存，从而影响执行效率。比如 GridView 控件从数据库中获取数据，可以在控件中禁用视图状态。从 System.Web.UI.Control 基类继承的 ASP.NET 服务器控件都具有一个 EnableViewState 属性，因此，可以在控件的属性中单独禁用视图状态，例如，禁用 GridView 的视图状态代码如下：

```
<asp:GridView EnableViewState=false ID="GridView1" runat="server"></asp: GridView>
```

9.2.2　在视图状态中存储自定义数据

每个控件都有自己的 EnableViewState 属性，将会负责将自身的更改状态添加到 ViewState 属性中。ViewState 属性定义在 System.Web.UI.Control 类中，意味着该属性对于所有的控件都可用。前面曾经介绍过，ASP.NET 的 Page 类派生自 System.Web.UI.Control 类，因此页面也通过 ViewState 属性来保存页面级别的状态数据。

Page.ViewState 属性可以获取或设置当前页面的视图状态信息，这是一个 StateBag 集合类型的属性。StateBag 是一个字典集合，意味着可以使用键/值对的形式来进行访问和设置。

```
ViewState[keyName] = value
```

如果在集合中存在指定键的值，则进行替换，否则将自动创建一个新的键/值对。

> **注意**：ViewState 集合将转换所有的元素为 Object 类型，因此在使用 ViewState 中的值时，需要进行类型转换。

下面添加一个 ViewStateCounter.aspx 的页面，在该页面中，将演示如何使用 ViewState 来统计页面的回发次数，在页面上放置 1 个 Label 控件和 1 个 Button 控件，Label 控件用于显示计数信息，Button 控件用于引发页面回发，在 Page_Load 事件中添加如下代码：

```
protected void Page_Load(object sender, EventArgs e)
{
    //如果页面是首次加载，则计算器为 1
    if (!Page.IsPostBack)
    {
        ViewState["Counter"] = 1;
    }
    else
    {
        //如果页面是回发加载，则将计数器加 1
        ViewState["Counter"] =(int)ViewState["Counter"] + 1;
    }
    //在 Label 中显示计数信息
    Label1.Text = ViewState["Counter"].ToString();
}
```

代码通过判断 Page.IsPostBack 属性来决定是否添加计数信息。如果页面是首次加载，则将计数器设置为 1，否则先将 ViewState 中的 Counter 强制转换为 int 类型，然后再加 1 以增加计算，最后在 Label 控件中显示计数信息。

当设置值时，直接使用 ViewState[KeyName]即可，由于 ViewState 中的项是 Object 类型，因此可接收任何值，但是由于 ViewState 中的信息将要被序列化为 Base64 编码的字符串，因此要求对象是支持序列化的类型。在接收值时，需要进行类型的转换。

9.2.3 在视图状态中存储复杂数据

除了如整型和字符串类型等一些简单的数据类型之外，也可以在 ViewState 中存储复杂的数据类型，比如自定义对象。但是为了在视图状态中存储一个对象，ASP.NET 必须能将该对象转换为字节流，以便能将其添加到页面的隐藏域中，该过程称为序列化过程。如果对象不支持序列化，却尝试在视图状态中进行保存，将会遇到一个异常信息。现在举例说明如何在视图状态中存储复杂数据，操作步骤如下。

（1）在 ViewStateDemo 网站中添加一个 ViewStateObject.aspx 页面，本节将演示在该页面中存储一个自定义的对象。在 ViewStateDemo 网站中添加一个新类，名为 Book.cs，如图 9.4 所示。

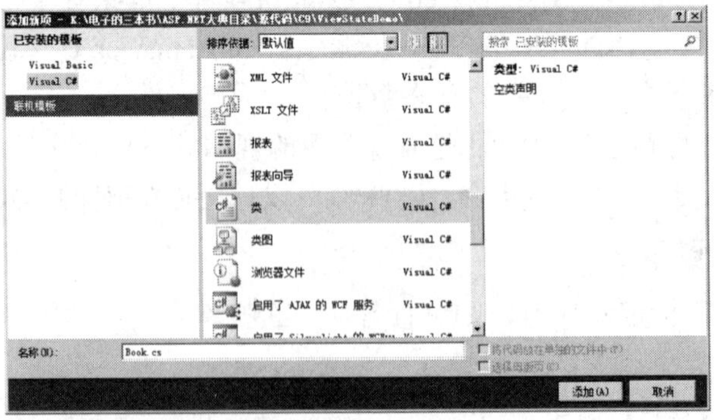

图 9.4　添加一个名为 Book.cs 的新类

在编写这个新的类之前，必须注意如下几项以便于可以将对象保存到 ViewState 中：

➢ 类必须使用 Serializable 属性进行修饰，使其支持序列化操作。

➢ 类的基类，也就是该类所继承的类必须具有 Serialiable 属性。
➢ 类的所有成员必须是能被序列化的数据类型，任何不能被序列化的数据类型必须使用 NonSerialized 属性进行修饰，意味着这些属性将会被序列化的过程所忽略。

（2）遵照上述的这些原则，为 Book 类添加成员，代码如下：

```
[Serializable]
public class Book
{
    public Book(string bookname, string isbn, double price)
    {
        BookName = bookname;
        ISBN = isbn;
        Price = price;
    }
    //书名
    public string BookName { get; set; }
    //ISBN 编号
    public string ISBN { get; set; }
    //价钱
    public double Price { get; set; }
}
```

（3）因为 Book 类被标记为可序列化，因此，可以使用下面的代码将其序列化到视图状态中：

```
protected void Page_Load(object sender, EventArgs e)
{
    //实例化一个 Book 对象
    Book book = new Book("ASP.NET 3.5 程序设计", "00000000",60);
    //将该对象添加到 ViewState 中
    ViewState["Book"] = book;
}
```

（4）可以使用如下代码从视图状态中获取数据，但是必须注意将 ViewState 中的对象强制转换为相应的 Book 对象：

```
public Book GetBookFromViewState()
{
    Book book=null;
    if (ViewState["Book"] != null)
    {
        book = (Book)ViewState["Book"];
    }
    return book;
}
```

GetBookFromViewState()方法会先判断 ViewState 集合中是否存在键名为 Book 的对象，如果存在，则将 ViewState 中的对象强制转换为 Book 对象并进行返回。

除了自定义对象之外，开发人员也可以在 ViewState 中保存一些.NET 本身所提供的对象。在保存之前，需要理解所保存的对象是否支持序列化，如果对象使用 Serializable 属性修饰，则可以将该对象保存到 ViewState 中。具体的对象信息读者可以从 MSDN 文档中进行查看。

以泛型的 Dictionary 类来说，在 MSDN 中可以发现，该类以 SerializableAttribute 进行修饰，因此在需要时，可以将该类添加到 ViewState 中。添加一个 ViewStateDictionary.aspx 的页面，在该页面中放置 1 个 Label 控件，然后在 Page_Load 事件中添加如下代码来演示如何将 Dictionary 保存到 ViewState 中。

```
using System;
using System.Collections;
using System.Configuration;
...
using System.Web.UI.HtmlControls;
using System.Web.UI.WebControls;
using System.Web.UI.WebControls.WebParts;
using System.Xml.Linq;
using System.Collections.Generic;
public partial class ViewStateDictionary : System.Web.UI.Page
{
    protected void Page_Load(object sender, EventArgs e)
    {
        //下面的代码将一个泛型字典对象保存到ViewState中
        Dictionary<string, Book> books = new Dictionary<string, Book>();
        books.Add("Book1", new Book("C# 2008高级应用与开发", "000000", 60));
        books.Add("Book2", new Book("ASP.NET 3.5 企业项目开发详解", "111111", 70));
        //将该集合类保存到ViewState中
        ViewState["Books"] = books;
        //从ViewState中获取泛型字典对象，必须进行类型的转换
        books = (Dictionary<string, Book>)ViewState["Books"];
        //遍历字典对象
        foreach (KeyValuePair<string, Book> bookDictionary in books)
        {
            Label1.Text += "key=" + bookDictionary.Key + "<br/>";
            Book bk = (Book)bookDictionary.Value;
            Label1.Text += "书名: " + bk.BookName + "<br/>";
            Label1.Text += "ISBN: " + bk.ISBN + "<br/>";
            Label1.Text += "价格: " + bk.Price + "<br/>";
            Label1.Text += "<hr/><br/>";
        }
    }
}
```

这段代码首先实例化一个Book类型的Dictionary对象，然后为该对象添加了两个Book对象，接下来将该泛型的Dictionary对象保存到ViewState集合中，为了简便起见，后面的代码直接从ViewState中获取泛型Dictionary对象，最后遍历该对象，并将结果输出到Label控件中，运行效果如图9.5所示。

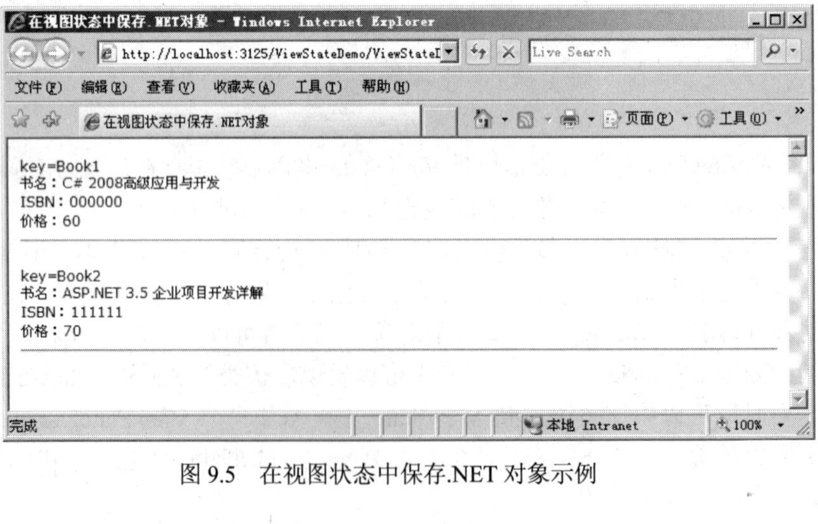

图9.5　在视图状态中保存.NET对象示例

9.2.4　视图状态的安全

ViewState 中的数据保存在客户端的页面，而且只是经过简单的 Base64 编码，如果页面保存了敏感的信息，会很容易被不怀好意的人利用。目前在互联网上已经有一些小程序可以还原视图状态中的内容，操作步骤如下。

（1）在本节的配置源代码中，创建了一个 ViewStateParserDemo 类用于分析视图状态的内容，并将内容以对象图的形式输出到页面上，该类来自于 Scott Mitchell 在 MSDN 中一篇关于 ViewState 的文章，使用该类的示例运行效果如图 9.6 所示。

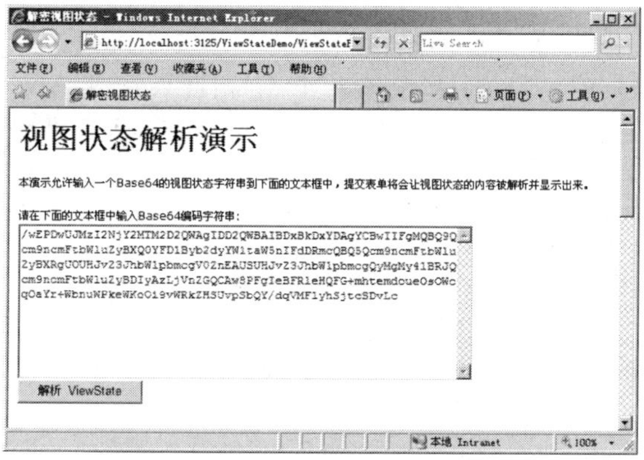

图 9.6　解析视图状态的示例

（2）当单击“解析 ViewState”按钮后，将调用 ViewStateParserDemo 中的 ParseViewStateGraph() 方法，代码如下：

```
protected void btnParse_Click(object sender, EventArgs e)
{
    //初始化一个 StringWrite 类用于输出字符串内容
    StringWriter writer = new StringWriter();
    //实例化 ViewStateParserDemo 类
    ViewStateParserDemo p = new ViewStateParserDemo(writer);
    //调用 ParseViewStateGraph 解析视图状态的内容
    p.ParseViewStateGraph(txtViewState.Text);
    ltlViewState.Text = writer.ToString();
}
```

（3）此时页面会产生图 9.7 所示的视图状态内容的输出。

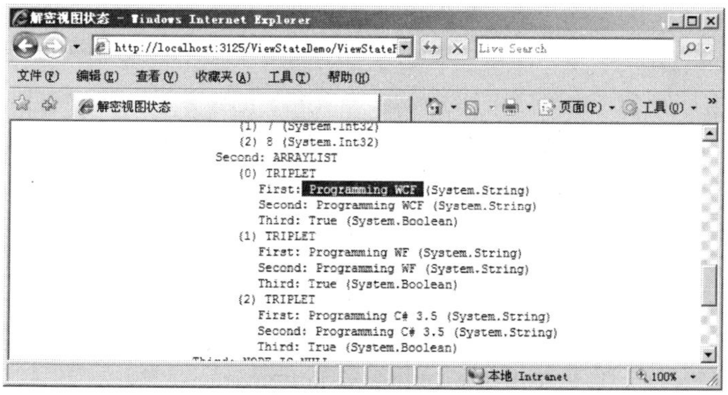

图 9.7　视图状态解析结果

可以看到页面上不仅输出了视图状态的内容，还包括其型态和结构等信息。如果想进一步让视图状态更安全，有两种选择。可以对视图状态使用哈希编码来防止其内容被更改，但是这种方式的视图状态数据仍然能够被用户读取。为了让视图状态中的数据不可见，需要考虑使用视图状态加密，ASP.NET 4 中的@Page 指令具有一个 ViewStateEncryptionMode 属性，使用该属性可以指定视图状态加密的模式，具有如下几种可选值。

- Auto：如果控件通过调用 RegisterRequiresViewStateEncryption()方法请求加密，则加密视图状态信息。这是默认选项。
- Always：始终加密视图状态信息。
- Never：即使控件请求加密，也从不加密视图状态信息。

（4）在页面声明区将 ViewStateEncryptionMode 属性设置为 Always，来始终加密视图状态信息，声明代码如下：

```
<%@ Page ViewStateEncryptionMode="Always"
Language="C#"
AutoEventWireup="true"
CodeFile="ViewStateEnable.aspx.cs"
Inherits="_ViewStateEnable" %>
```

（5）也可以使用 Page.RegisterRequiresViewStateEncryption()方法来请求对视图状态数据进行加密，示例代码如下：

```
protected void Page_Load(object sender, EventArgs e)
{
    if (IsPostBack)
    {
            //该方法将会加密视图状态数据
            Page.RegisterRequiresViewStateEncryption();
            //代码省略
```

经过这样的设置，现在视图状态会被 ASP.NET 进行加密，它使用 machine.config 配置文件中<machineKey>节，让计算机为特定的键加密数据。在默认情况下，开发人员不能看到<machineKey>的定义，因为它是通过编程进行初始化的。

> **注意**：加密视图状态会增加性能负担，因此除非必要，否则不要轻易加密视图状态。

9.3 使用 Cookie 保存会话信息

Cookie 在中文世界中称为小甜饼，是用于保存用户信息的一种比较古老的方法。这个技术在 HTML 时代就广泛用于保存用户的信息，当用户重新访问网站时可以从 Cookie 中再次获取这些信息。Cookie 是由很多保存在客户端硬盘中的小文件组成，或如果只是临时性的 Cookie，将暂存在客户端浏览器内存中。

9.3.1 Cookie 技术简介

Cookie 是一小段文本信息，伴随着用户请求和页面在 Web 服务器和浏览器之间传递，它包含每次用户访问站点时 Web 应用程序都可以读取的信息。这种技术将在客户端硬盘上创建一些文件来存放用户信息，这些文件一般存储在 Internet 临时文件夹中，图 9.8 所示为笔者机器上的 Cookies 文件。

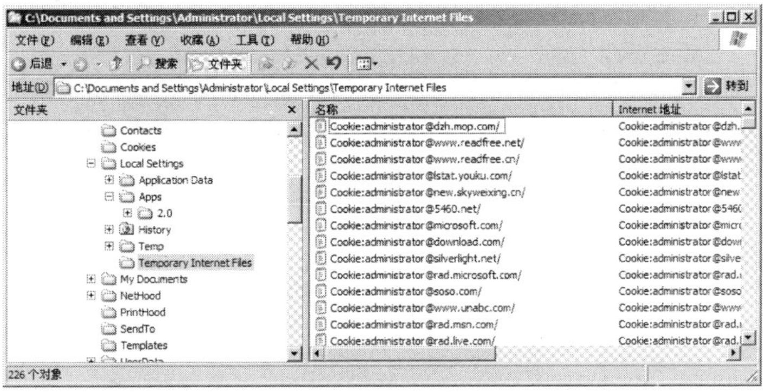

图 9.8　Internet 临时文件夹中的 Cookies 文件

使用 Cookie 的一些限制是开发人员必须要理解的。大多数浏览器只允许每个站点存储 20 个 Cookie。如果试图存储更多的 Cookie，那么最早的 Cookie 便会被丢弃。有些浏览器还会对它们将接受来自所有站点的 Cookie 总数做出绝对限制，通常为 300 个。Cookie 的大小也有限制。大多数浏览器只允许最大支持 4KB，也就是 4096 个字节的 Cookie，这限制了 Cookie 的大小。

现在简要介绍一下 Cookie 的工作原理，如果开发人员在服务器端创建了 Cookie，那么当页面被传送到客户端时，一个附加的 HTTP 头的信息将被发送到浏览器，这个 HTTP 头看起来如下：

```
Set-Cookie: CookieKey=cookieValue
```

Set-Cookie 头会让浏览器创建一个 Cookie，命名为 CookieKey，其值为 cookieValue。当创建 Cookie 后，如果以后请求相同的页面，那么浏览器会向服务器端发送一个 Set-Cookie:CookieKey=cookieValue。这个 Cookie 头中包含所有在浏览器中创建的 Cookies。每当浏览器发出一个请求时，都会将浏览器中的 Cookie 送回到服务器端。

在 ASP.NET 中，可以创建两种类型的 Cookie：一种是会话 Cookie；一种是持久 Cookie。会话 Cookie 仅在内存中保存，当浏览器关闭时，会话 Cookie 将会永远保存，而持久 Cookie 能保存在客户端计算机数月或一年。

Cookie 中的数据都是使用明文进行表示的，因此不能存放较敏感的信息。如果客户端浏览器因为安全上的考虑禁用了 Cookie，那么用户将不能获得信息持久化的好处。

9.3.2　使用 Cookie 保存信息

Cookie 随着请求一起被发送到服务器端，并且作为 HTTP 头随后被发送回客户端，因而开发人员可以使用 Request 和 Response 请求来响应 Cookie 信息。Response 和 Request 都提供了 Cookies 集合属性，开发人员可以使用 Request 获取 Cookie 信息，使用 Response 对象的 Cookie 属性设置 Cookie 信息。

本节创建了 CookieDemo 的示例网站，在该网站中将演示如何发送和接收 Cookie。在示例网站的 Default.aspx 中添加一些用户界面元素，然后演示如何编程将这些元素添加到 Cookies 集合中，并发送给浏览器客户端，用户界面如图 9.9 所示。

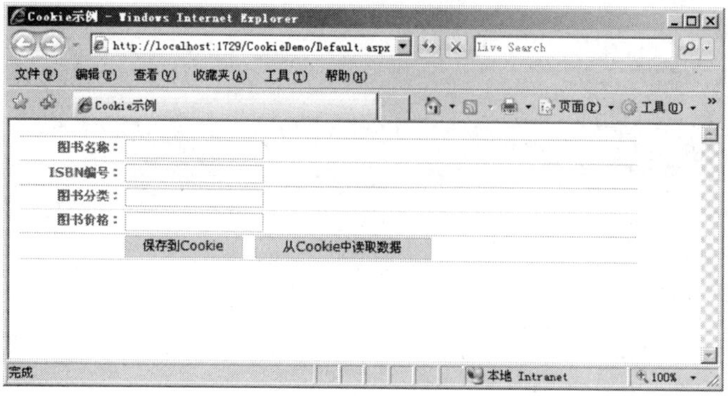

图 9.9　Cookie 示例用户界面

该页面提供了几个文本框让用户输入书籍信息，用户输入完成后，可以单击“保存到 Cookie”按钮将文本框中的信息保存到 Cookies 中，也可以单击“从 Cookie 中读取数据”按钮，从 Cookie 中读取曾经保存的内容。

ASP.NET 中提供了一个 HttpCookie 对象，要创建一个 Cookie，可以实例化一个 HttpCookie 对象，为其传递相应的参数信息，设置其属性，最后添加到 Response 的 Cookies 集合中。

HttpCookie 提供了如下与 Cookie 相关的属性。

- Domain：获取或设置与 Cookie 关联的域。
- Expires：获取或设置 Cookie 的过期日期和事件。
- HasKeys：获取一个值，通过该值指示 Cookie 是否具有子键。
- HttpOnly：获取或设置一个值，该值指定 Cookie 是否通过客户端脚本访问。
- Item：获取 HttpCookie.Values 属性的快捷方式。此属性是为了与以前的 ASP 版本兼容而提供的。
- Name：获取或设置 Cookie 的名称。
- Path：获取或设置与当前 Cookie 一起传输的虚拟路径。
- Secure：获取或设置一个值，该值指示是否使用安全套接字层（SSL）（即仅通过 HTTPS）传输 Cookie。
- Value：获取或设置单个 Cookie 值。
- Values：获取单个 Cookie 对象包含的键/值对集合。

（1）为“保存到 Cookie”按钮添加如下代码：

```
protected void btnSave_Click(object sender, EventArgs e)
{
    //实例化一个 HttpCookie 对象
    HttpCookie cookie = new HttpCookie("BookInfo");
    //Cookie 的值集合是一个 NameValueCollection 的集合
    //因此可以使用键/值对的形式进行赋值和访问
    cookie["BookName"] = txtBookName.Text;
    cookie["ISBN"] = txtISBN.Text;
    cookie["Price"] = txtPrice.Text;
    cookie["BookCategory"] = txtCategory.Text;
    //需要将 HttpCookie 添加到 Response 的 Cookies 集合中
    Response.Cookies.Add(cookie);
    //防止 Cookie 被自动清除，设置过期时间
    cookie.Expires = DateTime.Now.AddDays(1);
}
```

该代码首先实例化一个 HttpCookie 对象，然后通过键/值对的形式对 Cookie 中所包含的内容进行赋值，最后将 Cookie 添加到 Response.Cookies 集合中。使用这种方式添加的 Cookie，浏览器一旦关闭就会被自动清除。为了让 Cookie 的存活期更长，在示例中设置了 Cookie 的 Expires 属性。

（2）为“从 Cookie 中读取数据”按钮添加如下代码：

```
protected void btnReader_Click(object sender, EventArgs e)
{
    //从 Request 的 Cookies 集合中获取名为 BookInfo 的 HttpCookie 实例
    HttpCookie cookie = Request.Cookies["BookInfo"];
    //将 Cookie 中的值设置到文本框中
    txtBookName.Text =cookie["BookName"] ;
    txtISBN.Text = cookie["ISBN"];
    txtPrice.Text = cookie["Price"];
    txtCategory.Text = cookie["BookCategory"];
}
```

（3）代码先从 Request 的 Cookies 集合中获取名为 BookInfo 的 Cookie，然后将指定的键值填入到文本框中，示例运行效果如图 9.10 所示。

图 9.10　使用 Cookie 保存信息

为了更清楚地理解使用 Cookie 机制到底在客户端产生了什么样的输出，可以进入 E:\Documents and Settings\Administrator\Local Settings\Temporary Internet Files 文件夹（根据安装操作系统盘的不同，所在的位置也不同，笔者的系统安装在 E 盘），在该文件夹中，找到以 localhost 结尾的 Cookie 名称，笔者机器上是 Cookie:administrator@localhost/，以记事本的方式打开该 Cookie 文件，可以看到用户在文本框中输入的信息以明文的方式呈现在记事本中，如图 9.11 所示。

图 9.11　Cookie 文件的内容

最近几年来，关于恶意用户利用 Cookie 对用户计算机造成破坏的事件比较多，因此用户在使用 Cookie 时也变得格外小心，很多用户默认地禁用了浏览器 Cookie。由于 Cookie 的明文特性，保存在其中的信息变得极不安全，因此不建议使用 Cookie 作为持久化机制，除非真的很有必要。

9.4 会话状态

会话状态可以说是 ASP.NET 中最重要的状态管理技术。用户可以在一个地方保存会话状态，然后在多个地方使用保存的会话信息。会话状态中的数据可支持任意的数据类型，包括简单的字符串、整型及复杂的自定义对象类型等。会话状态的使用方式有点类似于 ViewState，但是这两者的作用范围大不相同，会话状态的作用范围为当前用户的会话期范围，而 ViewState 则是内置于页面中的属性。

在实际应用中，经常使用会话状态来存储购物车信息，因为会话状态是特定于某个用户的。当一个用户开始访问 Web 应用程序时，将产生一个会话状态。不同的用户具有不同的会话状态，如果有 1 万个用户，就会有 1 万个用户状态。会话状态在存储与用户相关信息方面非常有用，但是如果开发人员在会话状态中加入大量的信息，会显著地消耗服务器端的资源。

9.4.1 理解会话状态

首先，必须理解会话状态与 Cookie 机制最大的不同，会话状态是在服务器上维护状态信息的，Cookie 是在客户端上维护状态信息的。通过基于服务器的状态管理，可以减少发送给客户端的信息量，而且具有较高的安全性，不过其缺点是会占用服务器端的资源。

与 ViewState 类似，会话状态使用键/值对的形式来存储特定用户的会话信息，代码如下：

```
Session["UserInfo"] = "欢迎阅读本书";
```

可以使用会话状态来完成如下任务：

- 唯一标识浏览器或客户端设备请求，并将这些请求映射到服务器上的单独会话实例。
- 在服务器中存储特定的会话数据，以用于在同一个会话内的多个浏览器或客户端设备请求。
- 引发适当的会话管理事件。此外，可以利用这些事件编写应用程序。

ASP.NET 使用唯一的 120 位标识符来追踪每个会话，它由一个私有的算法来生成这个值，来确保不会与其他客户端的标识相同，该标识将作为会话信息的一部分在客户端和服务器端传递。当客户端提供了特定的会话 ID，ASP.NET 将搜寻相应的会话，获取存储在会话中的对象，然后将这些对象放在特定的会话集合中，便于可以编程进行访问。

因此客户端必须要知道相应的会话 ID，才能从服务器端获取会话信息，通常有两种方法实现这个过程。

- 使用 Cookie：将会话 ID 转换为一个特定的 Cookie，名为 ASP.NET_SessionID。当会话集合被使用时，ASP.NET 会自动创建这个 Cookie。
- 使用修改过的 URL：此时，会话 ID 将作为 URL 的一部分，这使不支持 Cookie 的浏览器也可以在客户端保存会话 ID。

在 ASP.NET 处理一个 HTTP 请求的过程中，请求将会流经很多管道，这些管道由响应应用程序事件的不同模块组成。其中一个模块就是 SessionStateModule，位于 System.Web.SessionState 命名空间中，它生成一个会话 ID，从外部提供者中获取会话数据，并且把这些数据绑定到请求的上下文中。当页面处理完成后，SessionStateModule 也会把会话信息保存到外部提供者中。必须理解的是，它并不保存实际的会话信息，实际的会话信息由外部提供者进行保存。整个会话状态的架构如图 9.12 所示。

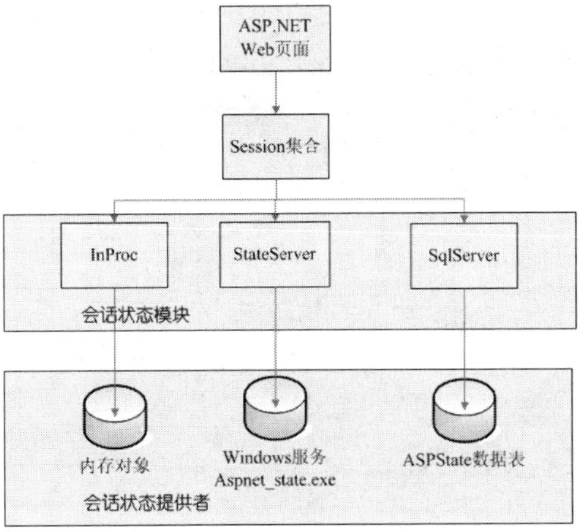

图 9.12　会话状态架构图

9.4.2　使用会话状态

会话状态的使用方式与 ViewState 视图状态类似。ASP.NET 中的 Page 类内置了一个 Session 属性，该属性是 System.Web.SessionState.HttpSessionState 类型的对象，通过使用键/值对的形式，向会话状态添加会话项。由于 Session 是对特定的用户在整个应用程序范围内有效的，因此也可以通过当前的 HttpContext.Session 属性来访问 HttpSessionState 对象。

HttpSessionState 对象提供了如下几个比较常用的属性。

- Count：获取会话状态集合中的项数。
- SessionID：获取会话的唯一标识符。
- Timeout：获取并设置在会话状态提供程序终止会话之前各请求之间所允许的时间（以分钟为单位）。
- Keys：获取存储在会话状态集合中所有键的集合。
- CookieMode：获取一个值，该值指示是否为无 Cookie 会话配置应用程序。
- IsCookieless：获取一个值，该值指示会话 ID 是嵌入在 URL 中还是存储在 HTTP Cookie 中。
- IsNewSession：获取一个值，该值指示会话是否是与当前请求一起创建的。
- IsReadOnly：获取一个值，该值指示会话是否为只读。

开发人员可以使用如下几个方法来添加和移除 Session。

- Abandon：取消当前会话。
- Add：向会话状态集合添加一个新项。
- Remove：删除会话状态集合中的项。
- RemoveAll：从会话状态集合中移除所有的键和值。
- RemoveAt：删除会话状态集合中指定索引处的项。

下面创建一个名为 SessionDemo 的示例网站，本节所有与 Session 相关的示例都在此网站中实现。先来演示如何在页面中保存和获取会话信息，操作步骤如下。

（1）在 Default.aspx 页面中构建一个图 9.13 所示的用户界面。

（2）当用户录入了信息后，单击“在 Session 中保存信息”按钮时，将显示一个用户录入信息汇总的面板，如图 9.14 所示。用户可以单击“改变用户信息”按钮，将页面切换回图 9.13 所示的页面，此时用户信息会自动填充到文本框中。

图 9.13　录入用户信息窗口

图 9.14　用户录入信息的汇总

该示例的用户界面由两个面板控件 Panel 组成：一个用于定义用户输入控件；一个用于显示用户输入的数据结果。通过在它们之间进行切换，实现图 9.13 和图 9.14 所示的效果。详细的声明代码可以参考本书的配套源代码，下面来分析一下页面的源代码。

（3）当页面回发时，在 Page_Load 事件中会根据会话变量 Session["address"]中的值是否为空来判断用户是否输入了地址信息，根据判断的结果来显示与隐藏面板，代码如下：

```
protected void Page_Load(object sender, EventArgs e)
{
    if (!IsPostBack)
    {
        //如果会话变量 address 为空，则显示输入面板，隐藏信息面板
        if (Session["address"] == null)
        {
            enterUserInfoPanel.Visible = true;
            userInfoPanel.Visible = false;
        }
        else
        {
            //如果已经输入了地址信息，则显示信息面板，隐藏输入面板
            enterUserInfoPanel.Visible = false;
            userInfoPanel.Visible = true;
            //该方法用于从会话变量中获取值并填充到 Label 控件中
            SetLabels();
        }
    }
}
```

（4）如果用户已经输入了地址信息，userInfoPanel 面板将会显示，而 enterUserInfoPanel 会被隐藏。当显示 userInfoPanel 时，代码中调用了 SetLabels()方法来从 Session 中获取用户输入的信息，SetLabels 代码如下：

```
//从会话中获取用户所输入的信息
protected void SetLabels()
{
    userNameLabel.Text = Session["userName"].ToString();        //获取用户名
    addressLabel.Text = Session["address"].ToString();           //获取地址
```

```
    cityLabel.Text = Session["city"].ToString();          //获取城市名
    //获取省份名称
    stateOrProvinceLabel.Text = Session["stateOrProvince"].ToString();
    zipCodeLabel.Text = Session["zipCode"].ToString();          //获取邮政编码
    countryLabel.Text = Session["country"].ToString();          //获取国家信息
}
```

（5）输入的这些会话信息会在用户单击“在 Session 中保存信息”按钮后，被添加到 Session 中，该按钮的单击事件代码如下：

```
protected void EnterInfoButton_OnClick(object sender, EventArgs e)
{
    //将用户在文本框中输入的信息保存到 Session 中
    Session["userName"] = Server.HtmlEncode(userNameTextBox.Text);
    Session["address"] = Server.HtmlEncode(addressTextBox.Text);
    Session["city"] = Server.HtmlEncode(cityTextBox.Text);
    Session["stateOrProvince"] = Server.HtmlEncode(stateOrProvinceTextBox.Text);
    Session["zipCode"] = Server.HtmlEncode(zipCodeTextBox.Text);
    Session["country"] = Server.HtmlEncode(countryTextBox.Text);
    //同时设置面板的显示和隐藏
    enterUserInfoPanel.Visible = false;
    userInfoPanel.Visible = true;
    //设置显示信息面板的 Label 值
    SetLabels();
}
```

（6）可以看到，设置或使用 Session 中值的操作与 ViewState 的操作非常相似，该示例最后要完成的是用户单击“改变用户信息”按钮后切换面板的显示，代码如下：

```
protected void ChangeInfoButton_OnClick(object sender, EventArgs args)
{
   //当用户单击了“更改变用户信息”按钮后，将输入面板显示出来，隐藏用户信息面板
    enterUserInfoPanel.Visible = true;
    userInfoPanel.Visible = true;
}
```

在该示例中，演示了一种允许用户根据输入的信息来预览信息的方法。会话状态对当前用户来说是全局性的，不论用户访问哪个页面，都可以获取存储在会话状态中的信息。但是必须注意以下几个会导致会话状态丢失的选项：

- 用户关闭并重新启动了浏览器。
- 用户使用不同的浏览器访问相同的页面，浏览器不同将具有不同处理会话的方式，因此也会导致会话状态的丢失。
- 长时间没有操作而导致会话超时。
- 在 Web 页中调用了 Session.Abandon()方法导致会话被中断。

每次进行一个新的请求时，ASP.NET 将会生成一个新的会话 ID，因而对于重要的数据，要注意数据的持久性问题。

因此在该示例中可以添加一个按钮，允许用户将输入的信息持久化到数据库或 XML 文件中。本示例只是简单地演示 Session 的使用，有兴趣的读者可以进一步实现。

下面进一步扩展该示例，在显示信息的面板中添加一个用于显示当前会话详细信息的按钮，当单击该按钮后，显示出当前用户所具有的 Session 的详细信息，示例效果如图 9.15 所示。

图 9.15　显示 Session 详细信息示例

为了获取 Session 的详细信息，在本示例中创建了一个 GetSessionInformation()方法，该方法将获取 Session 对象的信息，然后显示到 Label 控件中，代码如下：

```
protected void Button1_Click(object sender, EventArgs e)
{
    GetSessionInformation();
}

private void GetSessionInformation()          //获取 Session 信息
{
    lblSession.Text = "Session ID: " + Session.SessionID + "<br/>";
    lblSession.Text += "Session 中的对象个数: " + Session.Count.ToString() + "<br/>";
    lblSession.Text += "Session Mode: " + Session.Mode.ToString() + "<br/>";
    lblSession.Text += "Cookieless: " + Session.IsCookieless.ToString() + "<br/>";
    lblSession.Text += "是否是新的会话: " + Session.IsNewSession.ToString() + "<br/>";
    lblSession.Text += "超时分钟数: " + Session.Timeout.ToString();
}
```

前面已经介绍过 Session 的这些属性信息，如果想要获取更详细的属性信息，读者也可以参考 MSDN 中的 HttpSessionState 类。

9.4.3　配置会话状态

开发人员可以在 web.config 中配置 Session，使其更好地符合应用程序的需求。还可以在配置文件中添加一些较高级的选项，比如更改 Session 实际数据的存储方式等。web.config 配置文件中有一个<sessionState>元素，在该元素中定义了与会话相关的所有配置选项，其配置结构如下：

```
<sessionState
    mode="[Off|InProc|StateServer|SQLServer|Custom]"
    timeout="以分钟为单位的超时数"
    cookieName="用于记录会话 ID 的 Cookie 名称"
    cookieless=
        "[true|false|AutoDetect|UseCookies|UseUri|UseDeviceProfile]"
    regenerateExpiredSessionId="[True|False]"
```

```
    sqlConnectionString="sql connection string"
    sqlCommandTimeout="number of seconds"
    allowCustomSqlDatabase="[True|False]"
    useHostingIdentity="[True|False]"
    stateConnectionString="tcpip=server:port"
    stateNetworkTimeout="number of seconds"
    customProvider="custom provider name">
    <providers>...</providers>
</sessionState>
```

下面对这些配置节进行详细介绍。

1. Cookieless

使用 Cookie 保存会话 ID 选项。Cookieless 可以指定 Web 应用程序使用 Cookie 的方式，这是一个 HttpCookieMode 枚举类型的属性值，可选值有如下几个。

- UseCookies：总是使用 Cookies，即使浏览器禁用了 Cookie 或浏览器根本就不支持 Cookie。这是默认选项，由于每个请求都需要一个新的 ID，总是使用 Cookie 将有可能导致后续请求的会话信息丢失。
- UseUri：绝不使用 Cookie，而是将会话 ID 存储在 URL 中。
- UseDeviceProfile：ASP.NET 通过检测 BrowserCapabilites 对象来判断是否应该使用 Cookie。
- AutoDetect：ASP.NET 通过向浏览器发送或接收 Cookie 来决定浏览器是否支持 Cookie。

举个例子，如果将 Cookieless 设置为 UseUri，配置代码如下：

```
<sessionState
    cookieless="UseUri" cookieName="ASP.NET_SessionId"…
/>
```

当运行 Web 页面时，会发现浏览器的地址栏中出现了会话 ID 的信息，如图 9.16 所示。

图 9.16　使用 UseUri 时会话 ID 保存在 URL 中

2. Timeout

指定应用程序会话超时时间。<sessionState>中的 Timeout 可以为应用程序指定一个以分钟为单位的超时时长。所谓超时是指当应用程序在指定的时间段内没有任何响应动作时，则自动中断会话状态，其默认值为 20 分钟。

除了在 web.config 配置文件中指定超时时长外，还可以在代码中直接设置超时时长，例如下面的代码：

```
Session.Timeout = 10;
```

3．cookieName

用于指定存储会话 ID 的 Cookie 名称。这是一个字符串类型的属性，用于指定存储 SessionID 的 Cookie 名称。在默认情况下，cookieName 属性指定为 ASP.NET_SessionId。

4．Mode

用于指定会话状态值的位置。Mode 属性是一个 SessionStateMode 枚举类型的值，用于指定如何存储会话状态数据。在默认情况下，会话状态将存储在 Web 服务器的内存中。对于小量用户数的 Web 站点来说，这是非常有效率的，但是如果用户数成千上万，或使用了 Web 服务器，那么可以考虑为会话状态单独指定一台服务器来保存会话信息。Mode 具有如下几个可选项。

- InProc 模式：将会话状态存储在 Web 服务器上的内存中。这是默认设置。
- StateServer 模式：将会话状态存储在一个名为 ASP.NET 状态服务的单独进程中。这确保了在重新启动 Web 应用程序时会保留会话状态，并让会话状态可用于网络场中的多个 Web 服务器。
- SQL Server 模式：将会话状态存储到一个 SQL Server 数据库中。这确保了在重新启动 Web 应用程序时会保留会话状态，并让会话状态可用于网络场中的多个 Web 服务器。
- Custom 模式：此模式允许用户指定自定义存储提供程序。
- Off 模式：此模式禁用会话状态。

InProc 模式是默认模式，也称为进程内模式。对于小量用户数的 Web 站点来说，使用该模式能提供最佳性能。由于会话信息保存在服务器端的内存中，当服务器重启或意外停机时将导致会话信息的丢失。如果用户访问量很大，或在多台服务器上部署了 ASP.NET 程序（也称为 Web 服务场），则应该考虑使用 StateServer 和 SQL Server 模式，将会话状态存储在单独的进程或独立的数据库服务器中。

如果指定 Mode 属性为 StateServer，则 ASP.NET 将使用一个分离的 Windows 服务，用于状态管理。该服务同样运行在 Web 服务器上，但是不属于 ASP.NET 进程，因此如果进程需要重启的话，这个模式提供了基本的会话信息保护功能。

当使用 StateServer 模式时，可以指定 stateConnectionString 设置，这个设置用于指定状态服务器的 IP 地址和端口号，可以使用该设置将 StateServer 配置到其他服务器中。如果未指定这个设置，状态服务器将位于本地机器中。一旦设置了 StateServer 和 stateConnectionString，还需要在状态服务器机器上打开 Windows 状态服务，可以通过如下步骤完成这个过程：

（1）进入系统的“管理工具”，选择“服务”命令，可以看到图 9.17 所示的“服务”窗格，在该窗格中选择“ASP.NET 状态服务”，单击左侧的“启动”链接，启动该服务。

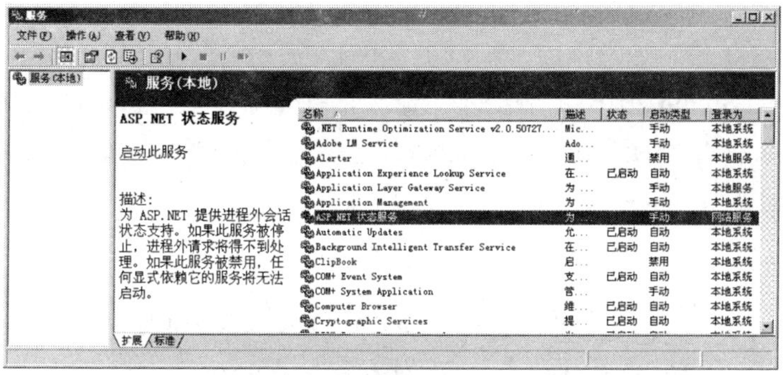

图 9.17　在“服务”窗口中启动 ASP.NET 状态服务

（2）可以用鼠标右键单击“ASP.NET 状态服务”，在弹出的快捷菜单中选择“属性”命令，打开图 9.18 所示的服务属性对话框，其中可以选择“手动”或“自动”选项来启动服务，还可以为登录服务设置所需要的密码。或用鼠标右键单击“ASP.NET 状态服务”，在弹出的快捷菜单中选择“启动”命令。

> **注意：** 当使用 StateServer 之后，保存在 Session 中的内容必须是可序列化的，否则可能会得到图 9.19 所示的错误提示。

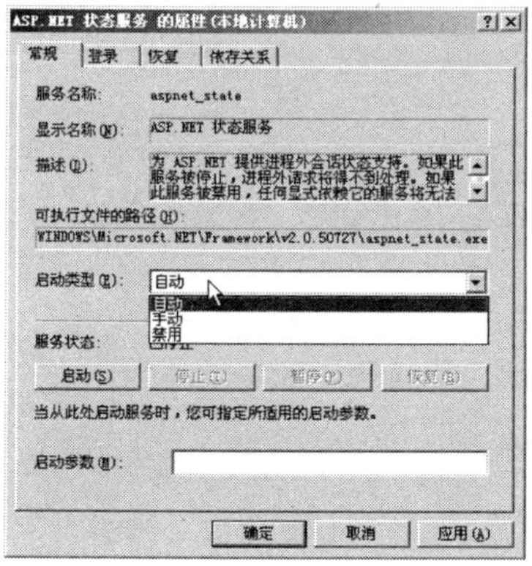

图 9.18　服务属性对话框

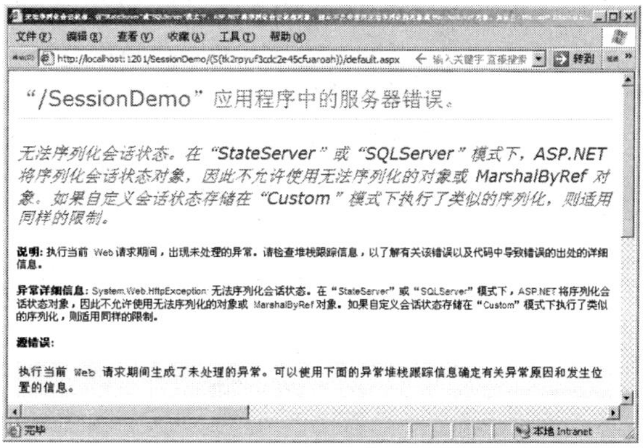

图 9.19　提示无法序列化会话状态

使用 StateServer 时，可以设置 StateNetworkTimeout 属性来指定在取消请求之前，等待的服务响应时间，默认值是 10 秒。

除了使用 StateServer 外，还可以将会话状态保存在 Web 服务器中，通过配置 SqlConnectionstring 属性来指定会话信息保存的 SQL Server 服务器。使用 SQL Server 服务器保存会话状态是最有弹性的，但同时也是最慢的方式。

下面笔者将一步步地演示如何将会话状态信息保存到指定的 SQL Server 服务器中，操作步骤如下。

（1）指定 Mode 属性和连接字符串，配置代码如下：

```
<sessionState
cookieless="UseUri" cookieName="ASP.NET_SessionId"
timeout="20"
mode="SQLServer"
sqlConnectionString="data source=127.0.0.1;Integrated Security=SSPI"
sqlCommandTimeout="30"
...
```

```
    />
```

（2）为指定的服务器添加数据库，选择“开始→程序→Microsoft Visual Studio 2010→Visual Studio Tools→Visual Studio 2010 命令提示”命令，打开命令提示窗口，执行如下命名：

```
aspnet_regsql.exe -S localhost -E -ssadd
```

可以看到命令行窗口提示“开始添加会话状态”，如图 9.20 所示。命令行中的 localhost 表示数据库服务器的名称，可以替换为其他服务器或 IP 地址。

图 9.20　添加会话状态数据库

（3）运行完成后，可以打开 SQL Server 数据库的管理控制台，会发现多了一个名为 ASPState 的数据库，如图 9.21 所示。

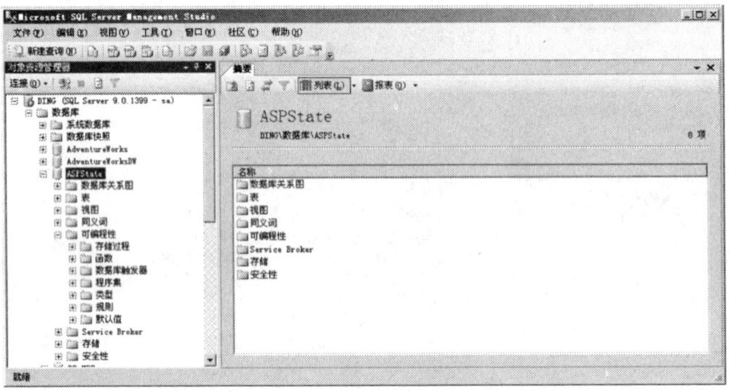

图 9.21　新增的 ASPState 数据库的数据表

如果想移除这个数据库，可以使用如下命令：

```
aspnet_regsql.exe -S localhost -E -ssremove
```

也许读者会发现，这个数据库中除了有一些存储过程外，并没有存放 Session 的数据表，这是因为状态表创建在 tempdb 数据库中，因此如果重新启动 SQL Server 的话将导致会话信息丢失，如果想让 Session 信息持久保存，可以使用-sstype p 参数来实现，命令如下：

```
aspnet_regsql.exe -S localhost -E -ssadd -sstype p
```

现在即使重启 SQL Server，会话记录也将保存在数据库中。如果用户运行一下 ASP.NET 应用程序，然后从数据库管理器中可以看到，原先放在 tempdb 中的数据表出现在了 ASPState 数据库中，如图 9.22 所示。

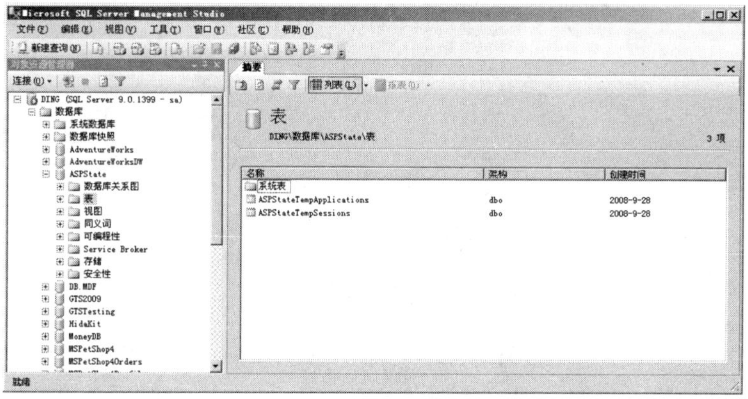

图 9.22 存储会话信息的数据表

也可以创建其他的数据库来保存会话信息，比如使用已有系统中的数据库来存放 Session 信息，可以使用如下命令：

```
aspnet_regsql.exe -S localhost -E -ssadd -sstype c -d MySessionDataBase
```

当然，使用自定义的数据库时，必须提前手动创建数据库，这个命令将在指定的数据库中添加图 9.22 所示的两个数据表。为了让会话信息存储在自定义的数据库中，还必须对<sessionState>进行如下修改：

```
<sessionState allowCustomSqlDatabase="true" sqlConnectionString=
"data source=localhost;Integrated Security=SSPI;Initial Catalog=MySessionDataBase"
... />
```

在这里指定 allowCustomSqlDatabase 属性为 True，用于指示允许自定义数据库，然后在连接字符串中指定了一个数据库的名称。

此外，还可以设置 SqlCommandTimeout 属性来指定超时值，默认为 30 秒。如果 SQL Server 数据库的 SQL Server 代理开启了，将调用 DeleteExpiredSessions 存储过程来清除会话信息。

5. 自定义模式

如果使用自定义模式，则需要为 customProvider 属性指定一个会话提供者，customProvider 属性指向一个位于 App_Code 文件夹中的类，或位于自定义程序集中的类，或位于 GAC 中的类。关于如何定义自定义模式的信息，可以参考 MSDN 中的资料。本示例配置完成后的<sessionState>节点如下：

```
<sessionState
cookieless="UseUri" cookieName="ASP.NET_SessionId"
regenerateExpiredSessionId="false"
timeout="20"
mode="SQLServer"
stateConnectionString="tcpip=127.0.0.1:42424"
stateNetworkTimeout="10"
sqlConnectionString="data source=127.0.0.1;Integrated Security=SSPI;Initial
Catalog=MySessionDataBase"
sqlCommandTimeout="30"
allowCustomSqlDatabase="true"
customProvider=""
 />
```

运行示例网站，可以通过 Session 对象看到图 9.23 所示的会话信息。

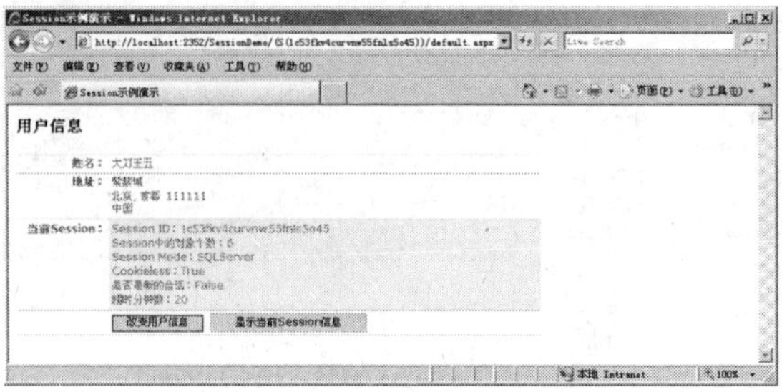

图 9.23　经过配置后的会话信息

只要发起一次新的会话，在 MySessionDataBase 数据库的 ASPStateTempSessions 表中就会增加一条新的会话状态记录，如图 9.24 所示。

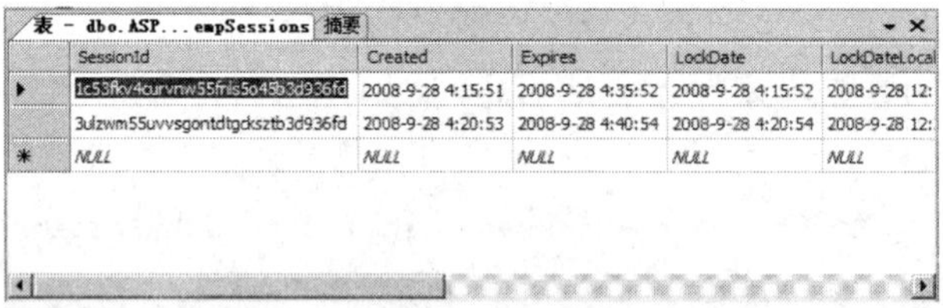

图 9.24　持久化的会话记录

9.4.4　会话状态的安全

在默认情况下，ASP.NET 应用程序会启用会话状态，并且配置和使用 Cookie 来保存会话的 ID。会话状态的数据本身存储在服务器端，其安全性相对于 ViewState 来说可靠的多，但是会话 ID 保存在客户端。不怀好意的用户可能会获取到该会话 ID，然后使用该会话 ID 做一些破坏性的操作。开发人员可以使用如下几种方法来保证会话的安全性：

- 使用安全套接字层（SSL）来保护应用程序。
- 为 Timeout 指定一个较小值。也可考虑使用脚本语言对客户端强制执行一个与会话超时一样的重定向，或使用下面示例中的 AddHeader()方法添加一个刷新标头：

```
Response.AddHeader("Refresh", Session.Timeout + ";URL=Logoff.htm");
```

- 避免使用无 Cookie 的会话。如果指定无 Cookie 的会话，需警告用户不要在电子邮件和书签中使用包含会话 ID 的链接，也不要保存这些链接。
- 避免指定 AutoDetect 和 UseDeviceProfile 的 Cookie 模式。
- 允许用户注销，此时应调用 HttpSessionState.Abandon()方法。警告用户在注销后关闭浏览器。
- 使用无 Cookie 的会话时，将 regenerateExpiredSessionID 设置为 True，以便在提供过期的会话标识符时始终启动一个新会话。

9.5　应用程序状态

理解了会话状态，接下来详细介绍什么是应用程序状态，与会话状态这种只针对特定用户的信息存储不一样，应用程序状态可以保存整个应用程序范围内所有用户的状态信息。它由 System.Web.HttpApplicationState 来处理，在 Page 类中具有一个 Application 属性，该属性使开发人员可以直接在页面中使用应用程序状态。

可以将应用程序状态看成 ASP.NET 应用程序的全局存储区，如果非要提出一个 ASP.NET 全局变量的话，那么可以将 Page.Application 对象作为应用程序级别的全局变量。它与视图状态类似，同样支持对象类型，并且使用基于键/值对的语法，应用程序状态的一个最典型的示例是网页计数器。

创建一个 ApplicationDemo 的示例网站，在该网站中添加一个 ApplicationCounter.aspx 的页面，来演示如何为网站添加 1 个计数器。在该页面中放 1 个 Label 控件，并在 Page_Load 事件中添加如下代码：

```
protected void Page_Load(object sender, EventArgs e)
{
    //当页面首次加载时，进行页面计数
    if (!Page.IsPostBack)
    {
        //锁定应用程序变量的访问，防止多人并发访问时出现数据不准确的情形
        Application.Lock();
        if (Application["Counter"] != null)
        {
           //如果 Application["Counter"]存在，则将其值加 1
            Application["Counter"] = (int)Application["Counter"] + 1;
        }
        else
        {
 Application["Counter"] = 1; //如果 Application["Counter"]不存在，则将其值赋为 1
        }
Application.UnLock();                    //解除应用程序状态的锁定
Label1.Text = "当前页面的访问人数为: " + Application["Counter"].ToString();//显示信息
    }
}
```

在该示例中，使用类似 Session 的方式来获取或设置应用程序状态中计数器的值，这里使用了两个 HttpApplicationState 的方法。

- Lock()方法：锁定对 HttpApplicationState 变量的访问以实现访问同步。
- UnLock()方法：取消锁定对 HttpApplicationState 变量的访问以实现访问同步。

这两个方法发生在多人并发访问该页面的场合，举例来说，用户 A 和 B 碰巧同一时间访问了同一个页面，用户 A 获取了当前的计数器 50，用户 B 也获取了当前的计数器 50。此时 A 设置计数器为 51，而 B 也会设置为 51，这就造成了计数的不准确。使用锁定机制就可以有效避免这一问题，比如 A 在获取或设置计数器时，是不允许其他用户访问 Application 对象变量的，这样就保证了数据的一致性。

应用程序状态也将其中的项存储为 Object 对象类型，因而开发人员需要进行显式的类型转换，以便于获取正确的数据类型，在应用程序状态中的数据不会像会话期一样超时，除非应用程序或服务器重新启动。

> **注意：** 如果要创建一个应用程序计数器，可以在应用程序的 Session_Start 事件中使用上述代码。

9.6 全局应用程序事件

在应用程序运行期间，有一些全局性的事件会被触发，比如当一个用户开始访问 Web 应用程序时，一个 Session_Start 会话事件会被触发。开发人员可以使用应用程序事件完成一些全局性的设置或一些额外的处理任务，比如使用应用程序事件编写日志事件代码，以便于用户请求时记录日志。在 ASP.NET 4.0 中，开发人员不能在页面的后置代码中处理应用程序事件，所有的应用程序事件应该在一个称为 Global.asax 文件中进行处理。

9.6.1 创建 Global.asax 文件

当使用 VS 2010 创建一个 ASP.NET 应用程序时，Global.asax 文件并不会自动创建。该文件是可选的，只有开发人员在希望处理应用程序的事件或会话事件时才会创建它。要创建 Global.asax 文件也非常简单，只需用鼠标右键单击解决方案资源管理器中的网站名称，在弹出的快捷菜单中选择“添加新项”命令，打开“添加新项”对话框，在其中选择“全局应用程序类”模板，单击“确定”按钮，一个 Global.asax 文件便创建了，如图 9.25 所示。

> **注意：** 每个应用程序只能有一个 Global.asax 文件，ASP.NET 会自动识别该文件并编译成一个从 HttpApplication 派生的类。开发人员应该配置 ASP.NET，以防止对 Global.asax 文件的任何直接请求。

Global.asax 使用@Application 指令进行声明，该指令也只能在 Global.asax 文件中使用，其中 Language 用于指定所使用的.NET 语言，还可以使用@Import 指令显式地将命名空间导入到应用程序中，@Assembly 指令在分析时将程序集链接到应用程序。

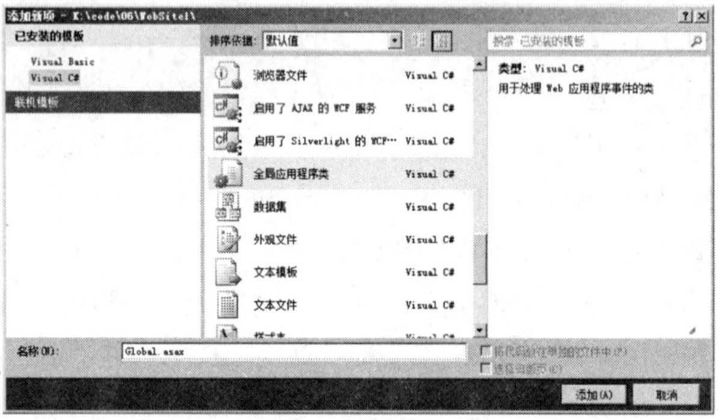

图 9.25 创建全局应用程序类

Global.asax 文件与标准的.aspx 文件有些相似，但是该文件并不包含任何的 HTML 或 ASP.NET 标签，在该文件中，只能包含事件处理器。当使用 VS 2010 创建该文件后，它自动添加了如下代码框架：

```
<%@ Application Language="C#" %>
<script runat="server">
    void Application_Start(object sender, EventArgs e)
    {
        //在应用程序启动时运行的代码
```

```
    }
    void Application_End(object sender, EventArgs e)
    {
        //在应用程序关闭时运行的代码
    }
    void Application_Error(object sender, EventArgs e)
    {
        //在出现未处理的错误时运行的代码
    }
    void Session_Start(object sender, EventArgs e)
    {
        //在新会话启动时运行的代码
    }
    void Session_End(object sender, EventArgs e)
    {
        //在会话结束时运行的代码
        // 注意：只有在 web.config 文件中的 sessionstate 模式设置为 InProc 时，才会引发
        Session_End 事件。如果会话模式设置为 StateServer 或 SQLServer，则不会引发该事件
    }
</script>
```

位于<script>语句块中的代码是全局的应用程序事件处理器和会话事件处理器的框架，开发人员所要做的就是在这些代码框架中填入代码。尽管在 Global.asax 文件中并没有指明，但是开发人员需要理解的是，Global.asax 文件最终被编译成一个派生自 HttpApplication 的类，因此在该文件中，可以访问在 HttpAppliction 的 public 和 protected 中定义的成员。比如下面的示例代码在用户开启一个新的会话时，调用 Response 对象的 Write()方法输出一条信息：

```
    void Session_Start(object sender, EventArgs e)
    {
        Response.Write("新用户在" + DateTime.Now.ToString() + "登录本系统");
    }
```

只要新用户首次打开应用程序中的任何一个页面时，都会在页面顶端显示此信息。

可以访问 HttpApplication 类的下列属性来获取或设置当前应用程序相关的信息。

- Application：获取应用程序的当前状态。
- Context：获取关于当前请求的 HTTP 特定信息。
- Events：获取处理所有应用程序事件的处理程序委托列表。
- Modules：获取当前应用程序的模块集合。
- Request：获取当前请求所对应的内部请求对象。
- Response：获取当前请求所对应的内部响应对象。
- Server：获取当前请求所对应的内部服务器对象。
- Session：获取提供对会话数据的访问的内部会话对象。
- Site：获取或设置 IComponent 实现的网站接口。
- User：获取当前请求的内部用户对象。

如果应用程序需要，还可以使用@Import 指令导入其他的命名空间，便于访问其中的类，示例代码如下：

```
<%@ Application Language="C#" %>
<%@ Import Namespace="System.Reflection" %>
<%@ Import Namespace="System.Diagnostics" %>
```

9.6.2 使用全局应用程序事件

VS 2010 自动生成的 Global.asax 代码框架中只包含了一部分的应用程序事件。在 ASP.NET 4.0 中，可供处理的应用程序事件分为两大类：一类是在每个请求到达时都会被触发的事件，这包含与请求和响应相关的事件，这部分事件并没有在代码框架中列出；另一类是代码框架中由 VS 已经列出的事件，这类事件只在满足特定条件时触发，比如应用程序启动或终止、应用程序错误、用户会话开始或退出。表 9.2 列出了所有与每次请求相关的事件。

9.2 与请求相关的全局应用程序事件

应用程序事件名称	事件描述
Application_BeginRequest	在每个请求开始时该事件被触发
Application_AuthenticateRequest	在验证完成之前触发该事件，该事件可作为创建自定义验证逻辑的出发点
Application_AuthorizeRequest	当用户通过验证后，可以使用此事件为用户设置特定的权限
Application_ResolveRequestCache	在 ASP.NET 完成授权事件以使缓存模块从缓存中为请求提供服务后发生，从而绕过事件处理程序（例如某页或 XML Web Service）的执行
Application_AcquireRequestState	当 ASP.NET 获取与请求关联的当前状态（如会话状态）时发生
Application_PreRequestHandlerExecute	恰好在 ASP.NET 开始执行事件处理程序（例如，某页或某个 XML Web Service）前发生
Application_PostRequestHandlerExecute	在 ASP.NET 事件处理程序（例如，某页或某个 XML Web Service）执行完毕时发生
Application_ReleaseRequestState	在 ASP.NET 已完成所有请求事件处理程序的执行，并且请求状态数据已存储时发生
Application_UpdateRequestCache	当 ASP.NET 执行完事件处理程序后，为后续的请求而更新响应缓存时执行
Application_EndRequest	在 ASP.NET 响应请求时作为 HTTP 执行的最后一个事件发生

表 9.2 中的事件以列表顺序执行，从请求开始之前执行，依次经过多个事件，最后以 EndRequest 事件来结束请求。一个请求完整的生命周期事件执行成功。

另外的一类事件是开发人员比较熟悉的，也是比较常用的事件，如表 9.3 所示。

表 9.3 常用的应用程序事件列表

事件名称	描 述
Application_Start()	在应用程序启动后，当一个用户请求时触发这个事件，后继的用户请求将不会触发该事件，在该事件中通常用于创建或缓存一些初始信息，便于以后重用
Application_End()	当应用程序关闭时，比如 Web 服务器重新启动时触发事件，可以在这个事件中插入清除代码
Application_Error()	该事件响应未被处理的错误
Application_BeginRequest()	当有用户请求产生时，触发该事件，这个事件发生在页面代码执行之前
Application_Endrequest()	当有用户请求产生时，触发该事件，这个事件发生在页面代码执行之后
Session_Start()	只要有用户请求 Web 页面，就会触发该事件，该事件对于每个请求的用户都会触发一次，假如有 100 个用户，则会触发 100 次
Session_End()	当会话超时或以编程的方式终止会话时，这个事件被触发

下面举一个示例来演示如何使用 Global.asax 文件中的 Applicataion_Error 来捕捉应用程序中未处理的异常。创建一个 ASP.NET Web 站点，命名为 ApplicationErrorDemo。用鼠标右

键单击该 Web 站点，添加一个 Global.asax 文件，在 Application_Error 事件中添加如下代码：

```
void Application_Error(object sender, EventArgs e)
{
    Response.Write("<b>");
    Response.Write("Web 应用程序未经处理的上一个异常如下：!</b><hr />");
    //这里调用了 Server.GetLastError 方法来获取刚才产生的异常
    Response.Write(Server.GetLastError().Message.ToString());
    Response.Write("<hr />" + Server.GetLastError().ToString());
    Server.ClearError();
}
```

这段代码的作用是当有未处理的异常时，立即在页面上显示出异常的消息和名称，最后清除异常。在 Default.aspx 中制造一个未处理的异常，在 Page_Load 事件处理器中添加如下代码：

```
protected void Page_Load(object sender, EventArgs e)
{
    int i = 0, j = 0;
    //制造一个被零除的异常
    int x = i / j;
}
```

这段代码设置被除数为 0，必然会产生一个异常，在运行时，将会看到图 9.26 所示的运行结果。

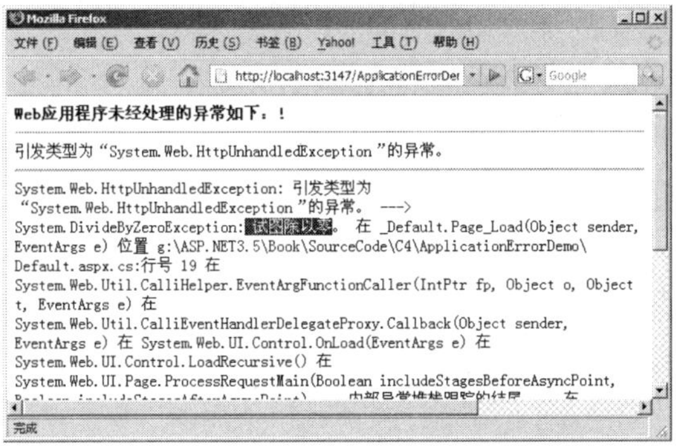

图 9.26　Application_Error 事件运行结果

本书配套代码的 ApplicationDemoError 网站在 Global.asax 的 Application_End 事件中添加了一些代码，当应用程序意外终止时，可以将错误信息记录到事件日志中，以便管理人员进行错误的排查。

9.7　跨页传递信息

本章介绍了多种状态管理技术，除了 ViewState 不可以在页面之间传递信息外，可以通过使用 Session、Application 等状态管理技术来实现。本节将介绍两种在页面之间使用非常频繁的传递信息的方法，分别是查询字符串和跨页回送技术。查询字符串是使用相当广泛的一种传递信息方式，在现今的 Web 世界中处处可见；跨页回送技术是 ASP.NET 的一个新功能，它可以将回送的内容转到另一个页面。

9.7.1 查询字符串

查询字符串是在 URL 中传递少量的文本信息，这在页面间传递一些参数是非常便利的。可以在很多地方看到查询字符串的身影，比如 Google，当用户在搜索栏中输入了搜索内容后，指定的信息将会被转换成查询字符串，如图 9.27 所示。

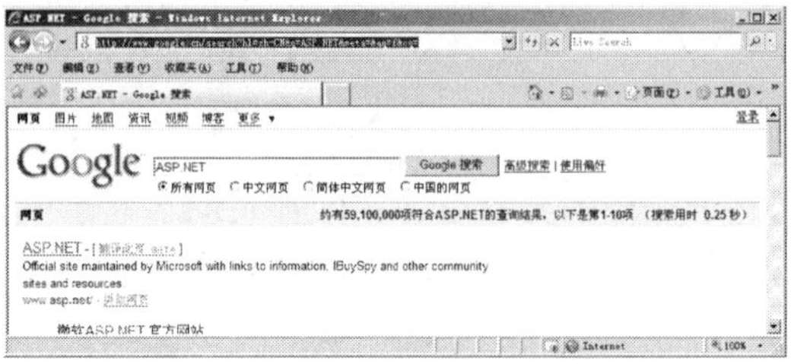

图 9.27 Google 网站的查询字符串 URL

在图 9.27 所示的网址中，位于问号后面的就是查询字符串，如下所示：

```
http://www.google.cn/search?hl=zh-CN&q=ASP.NET&meta=&aq=f&oq=
```

使用查询字符串的方式在页面之间传递参数信息是非常有利的，这种轻量级的信息传递技术虽然并不会增加服务器端的负担，但是也产生了如下几个限制：

- 信息只限于简单字符串，这些字符串必须是合法的 URL 字符串。
- 查询字符串是以明文的形式出现在 URL 的后面。
- 一些聪明的用户可能会更改查询字符串的值来显示其想看的内容。
- 很多浏览器会限制 URL 的长度。

尽管如此，在 URL 中添加查询字符串仍然是非常有用的技术。数据库应用程序广泛使用查询字符串，比如在一个主从式的页面示例中，用户可以在主页面选中主表页的某条记录，把该记录的主键传递到从表页，从表页将根据传递主键来搜寻其数据表，列出与该记录相关联的所有从表记录。

查询字符串的组织方式非常简单。URL 字符串的“?”后面的内容将是查询字符串，每个查询字符串以键/值对的形式进行表示。如果需要多个查询字符串参数，在键/值对中使用“&”进行分隔，一个简单的查询字符串示例如下：

```
Response.Redirect("newpage.aspx?recordID=10&mode=full");
```

Redirect()方法将页面重定向到 newpage.aspx，其中有两个查询字符串：recordID 表示记录编号，这是第一个查询字符串；mode 表示所要查询的其他参数信息，这是第二个查询字符串，紧跟在“&”后面。

查询字符串如其名所示，在目标页首先获取该字符串，然后根据该字符串进行查询，最后显示出目标页面。为了在页面中接收查询字符串的内容，可以使用 Rquest.QueryString["查询字符串名称"]。示例代码如下：

```
string ID = Request.QueryString["recordID"];
```

使用 Request.QueryString 总是返回一个字符串，但是可以使用类型转换转换为合适的类型。QueryString 集合中的值是使用变量名称进行索引的，如果尝试去获取一个并不在查询字符串集合中的值，则会返回一个 null 引用。

本节创建了一个名为 QueryStringDemo 的示例网站，来演示如何从 Northwind 数据库中查询 Orders 表的内容。当用户从 Orders 表选中某条记录后，将打开一个显示详细订单信息的页面。在该网站中添加两个页面：一个是 MainPage.aspx；一个是 DetailPage.aspx。

在 MainPage.aspx 页面中，将从 Northwind 数据库中查询 Orders 表的记录。在 Northwind 数据库中，Orders 表和 Order Details 表是具有主从关联的数据表，Orders 表存储订单合同数据，Order Details 表存储订单订量的详细信息，操作步骤如下。

（1）在 MainPage.aspx 中，放置了 1 个 SqlDataSource 控件和 1 个 GridView 控件，本节重点演示如何使用查询字符串，对于如何配置 SqlDataSource 和 GridView，将在本书后面进行详细介绍。在 GridView 中，简单地显示了 Orders 表上的几个列，然后在该控件的尾部添加 1 个 HyperLink 列，如图 9.28 所示。

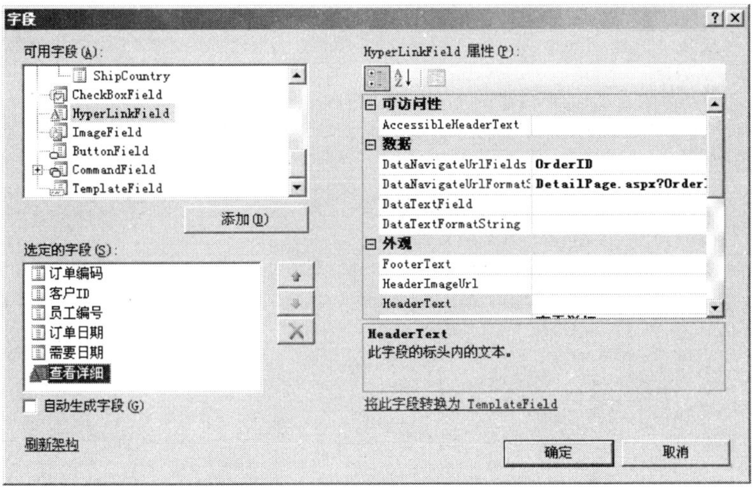

图 9.28　在 GridView 中添加一个 HyperLink 字段

（2）下面是 GridView 与 SqlDataSource 的声明代码：

```
<form id="form1" runat="server">
<h2>订单列表</h2>
<!--显示订单列表的 GridView 控件，在列的最后添加了一个“查看详细超链接，
    链接到 DetailPage.aspx，并指定了查询字符串 OrderID，其值会动态绑定到数据表的
    Orders 的 OrderID 列中-->
<asp:GridView ID="GridView1" runat="server" AutoGenerateColumns="False"
    DataKeyNames="OrderID" DataSourceID="sdsOrders" AllowPaging="True">
    <Columns>
        <asp:BoundField DataField="OrderID" HeaderText="订单编码"
        InsertVisible="False"
            ReadOnly="True" SortExpression="OrderID" />
        <asp:BoundField DataField="CustomerID" HeaderText="客户 ID"
            SortExpression="CustomerID" />
        <asp:BoundField DataField="EmployeeID" HeaderText="员工编号"
            SortExpression="EmployeeID" />
        <asp:BoundField DataField="OrderDate" HeaderText="订单日期"
            SortExpression="OrderDate" />
        <asp:BoundField DataField="RequiredDate" HeaderText="需要日期"
            SortExpression="RequiredDate" />
        <asp:HyperLinkField DataNavigateUrlFields="OrderID"
      DataNavigateUrlFormatString="DetailPage.aspx?OrderID={0}" Text="查看详细" />
```

```
        </Columns>
    </asp:GridView>
    <!--使用 SqlDataSource 控件查询 Northwind 数据库中的 Orders 表的内容-->
    <asp:SqlDataSource ID="sdsOrders" runat="server"
        ConnectionString="<%$ ConnectionStrings:NorthwindConnectionString %>"
        SelectCommand="SELECT * FROM [Orders]"></asp:SqlDataSource>
```

在 GridView 控件中，新增了一个用于导航到 DetailPage.aspx 页面的超链接，并且该链接指定了查询字符串 OrderID，其值将绑定到 Orders 数据表的 OrderID 字段上，下面看一下 DetailPage.aspx 页面的组成。

（3）该页面依然由 1 个 GridView 和 1 个 SqlDataSource 组成，只不过在 SqlDataSource 中创建了一个 Where 查询，并定义了一个名为@OrderID 的参数。在 Page_Load 事件中，将演示如何获取查询字符串的值，然后将该值赋给@OrderID 参数，以便查询 Order Details 表并显示表的信息，代码如下：

```
    <form id="form1" runat="server">
    <!--显示订单细表的 GridView 控件-->
    <asp:GridView ID="GridView1" runat="server" AutoGenerateColumns="False"
        DataKeyNames="OrderID,ProductID" DataSourceID="SqlDataSource1">
        <Columns>
            <asp:BoundField DataField="OrderID" HeaderText="订单编码" ReadOnly="True"
                SortExpression="OrderID" />
            <asp:BoundField DataField="ProductID" HeaderText="产品编码" ReadOnly="True"
                SortExpression="ProductID" />
            <asp:BoundField DataField="UnitPrice" HeaderText="单价"
                SortExpression="UnitPrice" />
            <asp:BoundField DataField="Quantity" HeaderText="数量"
                SortExpression="Quantity" />
            <asp:BoundField DataField="Discount" HeaderText="折扣"
                SortExpression="Discount" />
        </Columns>
    </asp:GridView>
    <!--用于查询订单细表的 SqlDataSource 控件，在这里指定了一个@OrderID 参数-->
    <asp:SqlDataSource ID="sdsOrderDetail" runat="server"
        ConnectionString="<%$ ConnectionStrings:NorthwindConnectionString %>"
        SelectCommand="SELECT * FROM [Order Details] WHERE ([OrderID] = @OrderID)">
        <SelectParameters>
            <asp:Parameter Name="OrderID" Type="Int32" />
        </SelectParameters>
    </asp:SqlDataSource>
    </form>
```

（4）在 Page_Load 事件中，从查询字符串中获取订单编号信息，然后根据订单编号查询 Order Details 表并显示订单明细，代码如下：

```
    protected void Page_Load(object sender, EventArgs e)
    {
        //从查询字行串中获取订单详细信息
        string OrderID = Request.QueryString["OrderID"];
        //将订单详细信息赋给 SqlDataSource 的 OrderID 选择参数
        sdsOrderDetail.SelectParameters["OrderID"].DefaultValue = OrderID;
    }
```

示例运行效果如图 9.29 和图 9.30 所示。

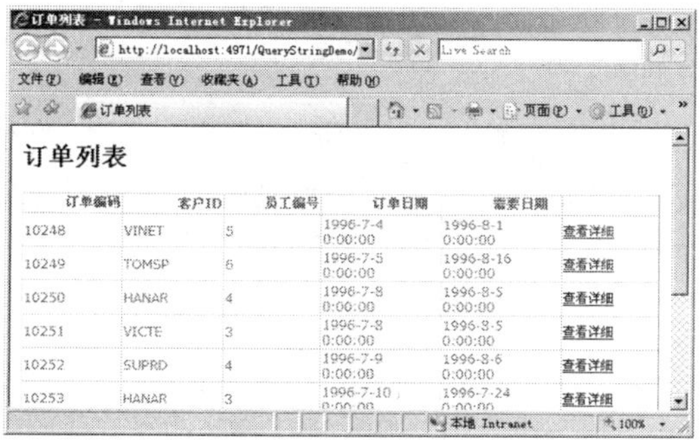

图 9.29　订单主表

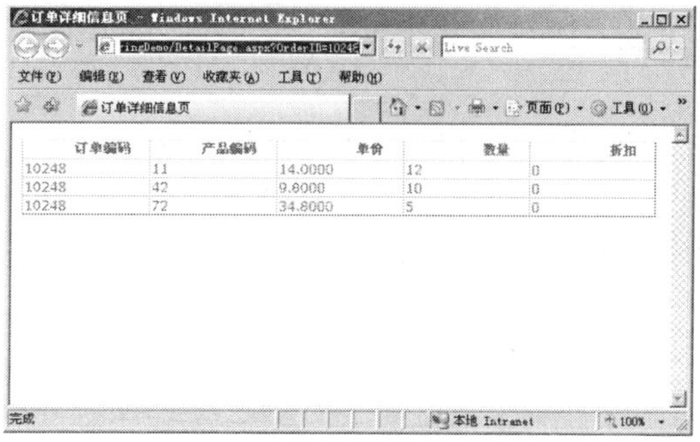

图 9.30　通过查询字符串的订单明细表

9.7.2　跨页回送技术

ASP.NET 的跨页回送技术（PostBack）将页面提交给服务器端，服务器端响应事件代码，然后将页面返回到客户端。一般情况下，页面只能在同一个页面上进行回发，但是 ASP.NET 4.0 支持一个新的功能，可以将页面回发到另一个不同的页面。那么，这与超链接有什么区别呢？当页面回发时，页面中所有控件的当前内容，甚至是隐藏域中的内容都被传送给另一个不同的页面，那么开发人员可以在另一个页面上获取前一个页面的控件信息来进行一些处理行为，而不用使用其他的技术在页面之间进行传递。

跨页回送技术的基础是具有名为 PostBackUrl 属性的控件，该属性定义在 IButtonControl 接口中，可以被所有的按钮控件使用，因此使用 Button、ImageButton 和 LinkButton 控件时，可以利用跨页回送技术传递信息。为这些按钮指定 PostBackUrl 属性，当用户单击按钮时，页面将被回发到一个新页面中，如果不指定该属性，那么页面将回发到自身。

当页面被回发到其他页面后，开发人员可以通过 Page.PreviousPage 属性获取源页面的引用，便可以访问源页面中的一些公共信息，也可以使用 FindControl()方法来搜索源页面上控件的值。

本节创建一个名为 PostBackUrlDemo 的示例网站，在该网站中添加两个页面：一个称为 PageSource.aspx，该页面代表源页面；另一个为 PageTarget.aspx，该页面作为目标页面，将从 PageSource.aspx 中获取页面信息。

在 PageSource.aspx 中，创建图 9.31 所示的页面，该页面具有几个输入框，允许用户输入书籍信息，当用户输入了书籍后，单击“跨页回送”按钮时，页面将跳转到 PageTarget.aspx 页面中。

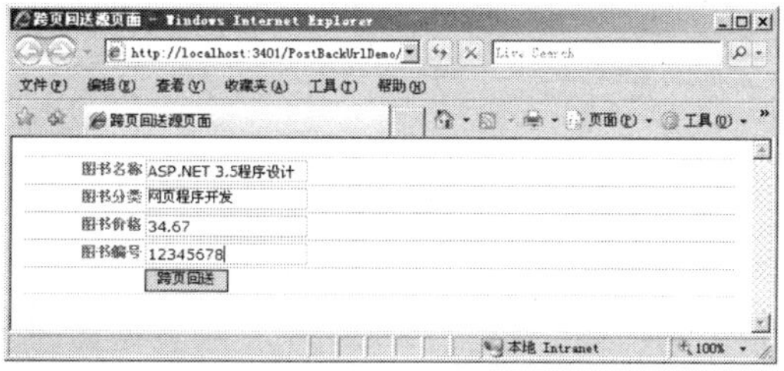

图 9.31　跨页回送源页面

为了实现单击按钮时将页面回发到另一页面，可以设置“跨页回送”按钮的 PostBackUrl 属性，其定义代码如下：

```
<asp:Button ID="btnPostBack" runat="server" Text="跨页回送"
    PostBackUrl="~/PageTarget.aspx" />
```

PageTarget.aspx 页面可以使用 PreviousPage 属性获取回发页面，这是一个 Page 类型的属性值，因此为了访问源页面的公共信息，需要先将 PreviousPage 进行类型转换，首先在源页面中定义了几个公共属性，然后将在目标页面中进行访问，属性声明代码如下。

```
//图书名称
public string BookName
{
    get { return txtBookName.Text; }
}
//图书分类
public string BookCategory
{
    get { return txtCategory.Text; }
}
//图书价格
public string BookPrice
{
    get { return txtPrice.Text; }
}
//图书编号
public string BookNumber
{
    get { return txtNumber.Text; }
}
```

在 PageTarget.aspx 页面中，可以使用如下步骤获取在 PageSource 中定义的公共属性。

（1）需要获取对源页面的引用，以便可以将 PreviousPage 引用的对象转换为源页面对象，这样就可以访问源页面的公共属性，引用代码如下：

```
<%@ Page Language="C#" AutoEventWireup="true" CodeFile="PageTarget.aspx.cs"
Inherits="PageTarget" %>
<%@ Reference Page="~/PageSource.aspx" %>
```

（2）在 PageTarget.aspx 页面的 Page_Load 事件中添加如下代码，用于获取源页面的相关信息：

```
protected void Page_Load(object sender, EventArgs e)
{
    //使用 PreviousPage 获取源页面，并强制转换为 PageSource 对象
    PageSource page=(PageSource)PreviousPage;
    //获取源页面的相关信息
    Label1.Text = "源页面的标题是：" + page.Title + "<br/>";
    Label1.Text += "图书名称：" + page.BookName + "<br/>";
    Label1.Text += "图书分类：" + page.BookCategory + "<br/>";
    Label1.Text += "图书价格：" + page.BookPrice + "<br/>";
    Label1.Text += "图书编号：" + page.BookNumber + "<br/>";
}
```

（3）代码首先通过强制类型转换，将 PreviousPage 对象转换成源页面对象，然后调用源页面对象的相关属性，给 Label 控件赋值进行显示，运行效果如图 9.32 所示：

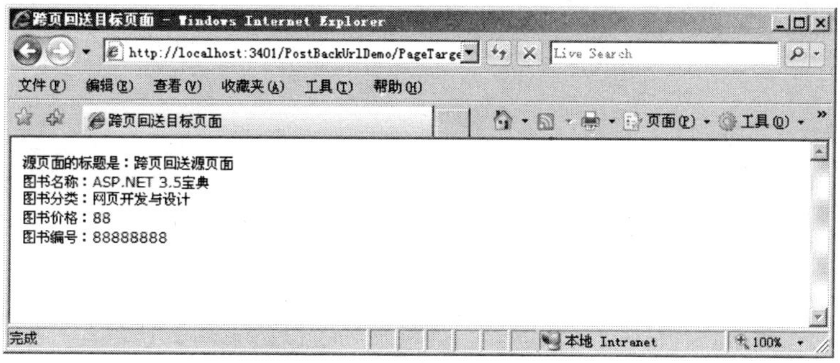

图 9.32 跨页回数示例效果

9.8 小结

本章内容讨论了在 ASP.NET 中如何管理和保存应用程序的状态。首先对应用程序状态管理进行了简要概述，并给出了一些使用建议，又讨论了 ASP.NET 中应用广泛的视图状态技术和 Cookie 技术；然后对会话状态进行了深入而翔实地介绍，讨论了如何使用和配置会话状态、如何处理会话状态的安全等，并介绍了应用程序状态的基础，它与会话状态的作用范围等；最后讨论了全局应用程序事件及跨页传递信息技术。

第10章 应用程序异常和页面跟踪

本书前面的内容曾经介绍过，如何将错误页面定向到指定的页面向用户提供友好的错误信息。本章将介绍在开发ASP.NET应用程序时如何处理它的异常、如何追踪页面信息，这些在日常的网站开发中属于非常重要的处理事项。因为页面一旦发生错误，该错误并不能让用户看到，所以我们应该在后台处理。

10.1 处理异常

无论如何，软件中的问题是时有发生的，就算是软件帝国微软的主打产品操作系统，其升级修补的频率也是非常高的，这意味着没有任何软件是完美的。在开发.NET软件时，使用结构化异常处理方式进行编码设计是非常有必要的。对于ASP.NET应用程序来说，错误和异常处理是开发安全强固的应用程序重要的一步。

10.1.1 异常处理基础

本书前面的内容实际上已经介绍过两种ASP.NET Web站点的错误处理方式：一种是在web.config配置文件中为ASP.NET指定错误定向的页面，在页面产生错误时，将自动重定向到一个用户友好的页面；另一种是处理Application_Error事件，捕获全局应用程序异常，并进行处理。除此之外，开发人员在编写程序时，可以充分利用.NET提供的功能强大的结构化异常处理机制，在代码中捕获应用程序的异常，并进行相应的处理。

在开始理解ASP.NET的异常处理机制之前，先举一个很常见的被除数为0的例子。当页面遇到一个被除数为0的错误时，如果没有使用本书前面介绍的任何错误处理机制，将显示图10.1所示的页面。

图 10.1　被除数为 0 的错误显示页面

当引发错误时，.NET 将检查当前页面范围内是否有错误处理器。假如错误产生于一个方法体内，它将检查方法体内是否有错误处理器来处理错误，如果没有任何错误处理机制，页面处理将被中断，一个错误页面将被显示出来。该错误页面依赖于 web.config 中的客户端错误设置，如果是本地则显示详细的错误信息，否则只显示一个通用的消息。由于在这个被除数为 0 的示例中，没有使用任何异常处理机制，因此 ASP.NET 引擎将捕获该错误，向用户显示一个标准的错误处理页面。

未使用结构化异常处理的代码如下：

```
protected void Btn_Click(object sender, EventArgs e)
{
    int i = 1;
    int j = 0;
    //创建一个被 0 除的错误
    decimal z = i / j;
}
```

下面的示例代码将使用结构化的异常处理语句，在处理过程中捕捉错误，并将 ASP.NET 引擎返回的异常信息显示在 Label 控件中：

```
protected void Btn_Click(object sender, EventArgs e)
{
    int i = 1;
    int j = 0;
    //在 try 块中放置可能会产生异常的代码
    try
    {
        decimal z = i / j;                    //创建一个被 0 除的错误
    }
    catch (DivideByZeroException ex)        //在 catch 代码块中捕捉特定的异常
    {
        lblMessage.Text ="产生的异常信息是："+ ex.Message;;
    }
}
```

这段代码使用了两个结构化异常处理的语句块：try 和 catch。在 try 块中放置了可能会引发异常的语句代码，这里的代码可以称为语句监测区，而 catch 块中的代码则为相应的异常处理区，它们是针对相应的异常进行处理的代码。在 catch 块中可以使用由.NET 提供的大量的异常类型，比如示例中使用了其中的一个 DivideByeroException，表示被除数为 0 的异常，示例运行效果如图 10.2 所示。

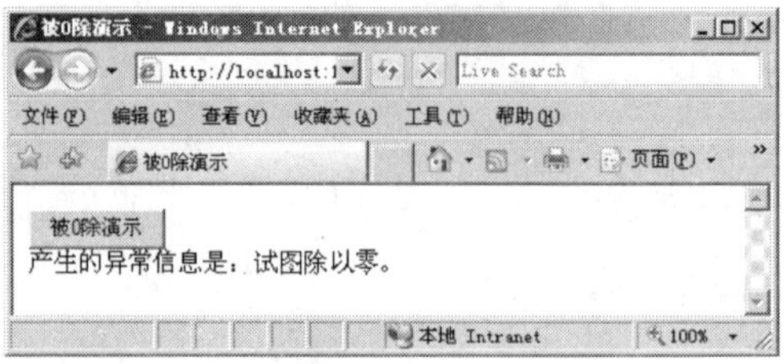

图 10.2　结构化异常处理示例

简而言之，当使用结构化异常处理方式进行编程时，开发人员需要处理如下 4 个相关事项：

- 需要了解异常类，也就是与异常相关的 Exception 类型。
- 用于抛出异常给调用者的成员。
- 可能会产生异常的代码块。
- 捕捉可能产生的异常并进行处理的代码块。

C#提供了 4 个关键字允许抛出和处理异常，分别是 try、catch、throw 和 finally。所有的异常类都是派生自 System.Exception 类，下面将详细介绍.NET 的异常层次结构。

.NET 的异常处理具有如下几个特点：

- 当应用程序遇到异常情况（如被除数为 0 或内存不足警告）时，就会产生异常。
- 在可能引发异常的语句周围使用 try 块。
- try 块发生异常后，控制流会立即跳转到关联的异常处理程序（如果存在）。
- 如果给定异常，却没有异常处理程序，则程序将停止执行，并显示一条错误消息。
- 如果 catch 块定义了一个异常变量，则可以使用它来获取有关所发生异常类型的更多信息。
- 可能导致异常的操作通过 try 关键字来执行。
- 异常处理程序是在异常发生时执行的代码块。在 C#中，catch 关键字用于定义异常处理程序。
- 程序可以使用 throw 关键字显式地引发异常。
- 异常对象包含有关错误的详细信息，其中包括调用堆栈的状态及有关错误的文本说明。
- 即使引发了异常，finally 块中的代码也会执行，从而使程序释放资源。

本节后面的内容将会学习如何操作和处理异常的细节信息。

10.1.2　.NET 异常类简介

当异常抛出时，.NET CLR 会捕获所出现的异常。异常本身不再像传统软件开发一样，使用一些常量或一些特定的字符串，表示特定的错误信息。.NET 将所有类型的异常都定义为从 Exception 类中派生的异常类。

大多数的异常对象都是 Exception 类的某个派生类的实例，从 Object 类派生的对象也可以作为异常进行引发。因为不是从 Exception 类派生的对象不容易被捕捉，因此建议开发应用程序时都使用从 Exception 派生的对象。该类包含了一些与异常息息相关的属性，这些属性可以让用户更容易理解异常的信息，如表 10.1 所示。

表 10.1　Exception 的成员描述

属　　性	类　　型	描　　述
Message	String	描述错误的可读文本。当异常发生时，运行库产生文本消息，通知用户错误的性质，并提供解决该问题的操作建议
Data	IDictionary	使用由 Data 属性返回的 System.Collections.IDictionary 对象来存储和检索与异常相关的补充信息
Source	String	产生异常的程序集的名称
StackTrace	String	发生异常时调用堆栈的状态。StackTrace 属性包含可以用来确定代码中错误发生位置的堆栈跟踪，对于调试来说，这是非常有用的信息
TargetSite	MethodBase	抛出异常的方法
HelpLink	String	获取或设置异常的关联帮助文件的链接
InnerExceptoin	Exception	创建对以前的异常进行捕捉的新异常。处理第二个异常的代码可利用前一个异常的其他信息更适当地处理错误。如果不存在前一个异常，则为 null

下面的代码演示了如何从一个异常中获取相关的错误信息：

```
protected void Button1_Click(object sender, EventArgs e)
{
    try
    {
        string s = null;                    //故意将字符串设为空，引发一个异常
        ProcessString(s);
    }
    catch (ArgumentNullException ex)        //特定的异常
    {
        //使用 Exception 的属性获取异常信息
        Label1.Text = "异常消息：" + ex.Message + "<br/>";
        Label1.Text += "程序集名称：" + ex.Source + "<br/>";
        Label1.Text += "堆栈状态：" + ex.StackTrace + "<br/>";
        Label1.Text += "抛出异常的方法：" + ex.TargetSite + "<br/>";
    }
}
```

运行效果如图 10.3 所示。

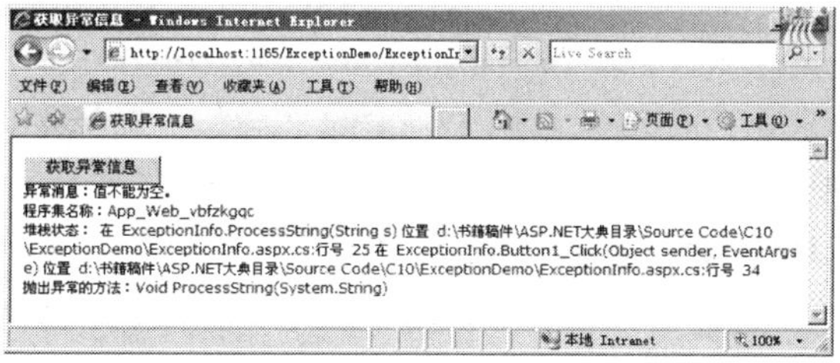

图 10.3　显示异常的详细信息

在 System.Exception 基类之后，又分了两种类型的异常：

- 从 SystemException 派生的预定义 CLR 异常类。
- 从 ApplicationException 派生的自定义应用程序异常类。

这两种类型的异常构成了几乎所有运行库异常的基础，在.NET 体系结构中，所见到的大多数异常都是它们中的一种。

> **注意：**如果要定义自己的异常类或建立自定义的异常体系，需要从 ApplicationException 类中派生。SystemException 类中的异常是预定义 CLR 的异常类。

表 10.2 对 SystemException 中比较常用的类进行了介绍，更多的异常类信息可以参考.NET 中的文档。

表 10.2 .NET 预定义的异常类

异 常 类	描 述
System.ArgumentException System.ArgumentNullException System.ArgumentOutOfRangeException	表示当方法中的参数无效时引发该异常 表示向不接受 null 的参数传递一个 null 值时，引发异常 表示向参数传递超出指定范围的值时，将引发该异常
System.AccessViolationException	试图访问或者读/写受保护内存时引发的异常
System.ArithmeticException System.DivideByZeroException System.NotFiniteNumberException System.OverflowException	由运算、类型转换或转换操作的错误而引发的异常 被除数为 0 时引发的异常 当浮点数为正无穷大、负无穷大或非数字（NaN）时引发的异常 在算术运算、类型转换或者转换操作导致溢出时引发的异常
System.Collections.Generic.KeyNotFoundException	使用集合中不存在的键从该集合检索元素时引发的异常
System.Data.DataException System.Data.ConstraintException System.Data.InvalidConstraintException System.Data.MissingPrimaryKeyException System.Data.ReadOnlyException	表示使用 ADO.NET 组件发生错误时引发的异常 表示在尝试执行违反约束的操作时引发的异常 表示在不正确地尝试创建或访问关系时引发的异常 表示在尝试访问没有主键的表中的行时引发的异常 表示在尝试更改只读列的值时引发的异常
System.IO.IOException System.IO.DirectoryNotFoundException System.IO.DriveNotFoundException System.IO.EndOfStreamException System.IO.FileLoadException System.IO.FileNotFoundException System.IO.PathTooLongException	发生 I/O 错误时引发的异常 表示找不到文件或目录时所引发的异常 表示访问的驱动器或共享不可用时引发的异常 表示读操作试图超出流的末尾时引发的异常 表示找到托管程序集却不能加载它时引发的异常 表示访问磁盘上不存在的文件失败时引发的异常 当路径名或文件名超过系统定义的长度时引发该异常

VS 2010 提供了一个非常有用的工具用于浏览这些异常，选择主菜单中的“调试→异常”命令，打开图 10.4 所示的“异常”对话框。

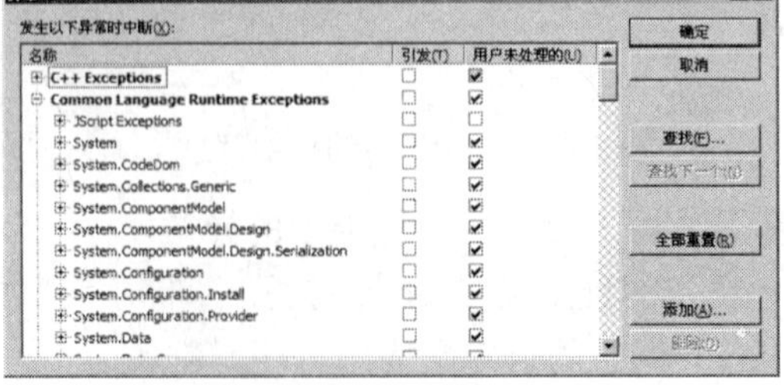

图 10.4 “异常”对话框

可以看到“异常”对话框列出了很多异常类型，“Common Language Runtime Exceptions”

节点是.NET 中的异常层次结构。

“异常”对话框允许开发人员指定，当调试时哪个异常应该被代码处理，哪个异常应该由 VS 立即切换到中断模式。如果有一个 FileNotFoundException 类型的异常，可以在“异常”对话框中指定由代码来处理，调试时 VS 将不会立即中断程序的执行，而交由异常代码进行处理。当在“引发”栏中选中某个异常时，一旦出现该异常，VS 则马上进入中断模式，如果不选中，则代码继续执行，将在 Label 控件中显示异常的信息。

10.1.3　使用 try/catch 块捕捉异常

在 C#语言中，捕捉异常使用 try/catch 语句块来完成。try 块中包含可能导致异常的保护代码，该块一直执行到引发异常或成功完成为止。一般在一个 try/catch 块中，只存在一个 try 块，但是 try 块后面可以跟一个或多个 catch 块，多个 catch 块可以指定不同的异常处理程序。

try 语句块有两种不同的方式来引发异常：

- 使用 throw 语句进行立即无条件地引发异常。执行永远不会到达紧跟在 throw 后的语句。
- 在执行 C#语句和表达式的过程中，有时会出现一些例外情况，使某些操作无法正常完成，此时就会引发一个异常。例如，在整数除法运算中，如果分母为零，则会引发 System.DivideByZeroException。

创建一个名为 ExceptionDemo 的示例网站，后面所有的示例代码都将在该网站中进行创建。在网站中添加一个 trycatchDemo.aspx 的示例页面，其中放置 1 个 Button 和 1 个 Label，然后在 Button 控件的单击事件中添加如下代码：

```
protected void ProcessString(string s)
{
    if (s == null)
    {
        //如果字符串为空，直接引发 ArgumentNullException 异常
        throw new ArgumentNullException();
    }
}
protected void Button1_Click(object sender, EventArgs e)
{
    try
    {
        //故意将字符串设为空，引发一个异常
        string s = null;
        ProcessString(s);
    }
    catch (ArgumentNullException ex)        //特定的异常
    {
        Label1.Text=ex.Message;
    }
    catch (Exception ex)                    //通用的异常
    {
        Label1.Text = ex.Message;
    }
}
```

当 ProcessString()方法中的字符串为空时，使用 throw 语句抛出了一个 ArgumentNullException 异常。示例中将 ProcessString()方法包裹在一个 try 语句块中，并在 try 后面跟随了多个 catch 语

句块。当异常引发时，第一个 catch 块首先捕捉 try 块中产生的异常，如果异常类型与 catch 块中的异常相匹配，如本例中的异常类型为 ArgumentNullException，那么在第一个 catch 块中执行代码，执行完毕后跳出异常处理程序块。如果异常类型不匹配，则跳转到下一个 catch 块，依次类推，直到跳转到最后一个 catch 块。如果所有的异常都不匹配，则交由 CLR 接管异常处理。这种层次式匹配异常的方式称为异常筛选。

最后一个 catch 语句块是一个 Exception 类通用的异常类型，意味着如果前面的 catch 块没有一个异常可以符合异常的类型，那么将使用最后一个异常处理代码块，因为 Exception 是所有异常类的基类。

10.1.4 处理嵌套的异常

嵌套的异常指异常中内含的异常。在介绍 Exception 类的属性时，曾经介绍过它包含一个 InnerException 属性，该属性可以获取当前异常内含的异常。在 ExceptionDemo 网站中添加一个 InnerExceptionDemo.aspx 的示例网页，在页面上依然放置 1 个 Lable 控件和 1 个 Button 控件，然后按【F7】键切换到代码视图，添加如下代码：

```
protected void ProcessString(string s)
{
    if (s == null)
    {
        //如果字符串为空，直接引发 ArgumentNullException 异常
      throw new ArgumentNullException("在 ProcessString 中，该异常被抛出，表示参数为空");
    }
}
protected void CheckBookString()
{
    string bookName = null;
    try
    {
        ProcessString(bookName);              //调用会产生异常的一个方法
    }
    catch (Exception ex)
    {
        //注意：当抛出异常时，同时将 ProcessString 所抛出的异常一并抛出
        throw new ArgumentOutOfRangeException("在 CheckBookString 方法中，该异常表示参
        数是一个超出范围的异常",ex);
    }
}
protected void Button1_Click(object sender, EventArgs e)
{
    try
    {
        CheckBookString();
    }
    catch (Exception ex)
    {
        //在 Label 控件中显示当前所捕获的异常信息，以及其内部异常的详细信息
        Label1.Text = "当前所捕获的异常消息为：" + ex.Message + "<br/>";
        Label1.Text = "当前所捕获的异常中的内部异常为：" + ex.InnerException.Message;
    }
}
```

当网页中的按钮被单击时，将调用 CheckBookString()方法，事件处理代码中除了在 Label

中显示当前捕获到的异常外，还使用 InnerException 显示该异常内部的另一个异常。CheckBookString()方法调用 ProcessString()方法，该方法将会抛出一个 ArgumentNullException 类型的异常，同时 CheckBookString()本身也抛出了一个 ArgumentOutOfRangeException 异常。注意，在 ArgumentOutOfRangeException 的构造函数中，将捕捉到 ProcessString()方法抛出的异常作为其内部异常一并抛出。这样在单击按钮时可以通过 InnerException 来获取内部异常的信息。

这种将内部异常作为一个参数传递到外部的过程称为异常的传递。.NET 本身包含了大量使用异常传递的例子，开发人员可以使用 InnerException 来获取产生应用程序的异常集合，进而获知更详细的异常信息。

10.1.5　自定义异常类

如果 C#内部的异常不能满足项目的需求，那么开发人员可以创建自定义的异常。创建过程非常简单，只需定义一个从 ApplicationException 类派生的类即可。

在设计自己的异常类之前，应遵循如下几个规范：

- 避免使用深的异常层次结构。
- 要从.NET 的异常基类中派生自定义的异常。
- 异常类名称一定要以 Exception 后缀结尾。
- 异常必须可序列化，才能跨越应用程序域和远程处理边界来正确工作。

一个标准的自定义异常的骨架代码如下，开发人员必须要实现骨架中所示的几个构造函数。

```
using System;
using System.Data;
using System.Runtime.Serialization;
public class NewException : ApplicationException, ISerializable
{
    public NewException()
    {
        //添加实现
    }
    public NewException(string message)
    {
        //添加实现
    }
    public NewException(string message, Exception inner)
    {
        //添加实现
    }
    //用于序列化异常的构造函数
    protected NewException(SerializationInfo info, StreamingContext context)
    {
        //添加实现
    }
}
```

上面的规范中的最后一条，开发人员可以根据自己的应用程序需求来定义是否需要序列化异常。在 ExceptionDemo 网站中创建一个自定义的 NullStringException 异常，为了简化异常的创建过程，在示例中省略了序列化异常的步骤，代码如下：

```
using System;
```

```
/// <summary>
///NullStringException，当字符串为空时的自定义异常
/// </summary>
public class NullStringException : ApplicationException
{
    public NullStringException()
        : base("系统提示：不要使用null字符串！")
    {
    }
    public NullStringException(string Message)
        : base(Message)
    {
    }
    public NullStringException(string Message, Exception inner)
        : base(Message, inner)
    {
    }
}
```

接下来可以使用如下代码来调用自定义的异常类：

```
    protected void ProcessString(string s)
    {
        if (s == null)
        {
            //如果字符串为空，抛出NullStringException自定义异常
            throw new NullStringException();
        }
    }
    protected void Button1_Click(object sender, EventArgs e)
    {
        try
        {
            string s = null;                    //故意将字符串设为空，引发一个异常
            ProcessString(s);
        }
        catch (NullStringException ex)      //捕捉自定义的异常
        {
            Label1.Text = ex.Message;
        }
    }
```

在单击按钮时，调用 ProcessString()方法，并抛出了自定义的异常 NullStringException，运行效果如图 10.5 所示。

图 10.5 使用自定义异常运行效果

10.1.6 finally 语句块

在异常处理情形中，非常常见的语句是 try/catch/finally。finally 块用于清除 try 块中分配

的资源，即使在发生异常时，开发人员放在 finally 块中的代码也依然会执行。finally 块是编写清除程序资源代码的理想位置，比如在处理一个文件 I/O 操作时，如果在文件打开后产生了异常，由于语句块会直接跳到所匹配指定异常的 catch 语句块中，那么打开的文件没有被关闭，这是非常危险的行为。开发人员可以在 finally 块中处理这个操作，其中可以处理关闭数据库连接、关闭打开的文件或网络连接等。

示例中的 finallyDemo.aspx 文件希望无论产生任何异常，在应用程序的结尾都输出当前操作的时间。页面中同样放置了 1 个 Button 控件和 1 个 Label 控件，当单击按钮时，执行如下代码：

```
protected void ProcessString(string s)
{
    if (s == null)
    {
        //如果字符串为空，直接引发 ArgumentNullException 异常
        throw new ArgumentNullException();
    }
}
protected void Button1_Click(object sender, EventArgs e)
{
    try
    {
        string s = null;                    //故意将字符串设为空，引发一个异常
        ProcessString(s);
    }
    catch (ArgumentNullException ex)        //特定的异常
    {
        //使用 Exception 的属性获取异常信息
        Label1.Text = "异常消息：" + ex.Message + "<br/>";
    }
    finally
    {
        //无论如何，finally 语句块中的代码都会被执行，因此总是能获取程序的执行时间
        Label1.Text += "当前程序的执行时间是：" + DateTime.Now.ToString();
    }
}
```

这段代码与本节之前的内容非常相似，但是在 catch 块的后面添加了一个 finally 代码块，无论应用程序是否引发异常，都会在 Label 控件的后面显示当前程序的执行时间，运行效果如图 10.6 所示。

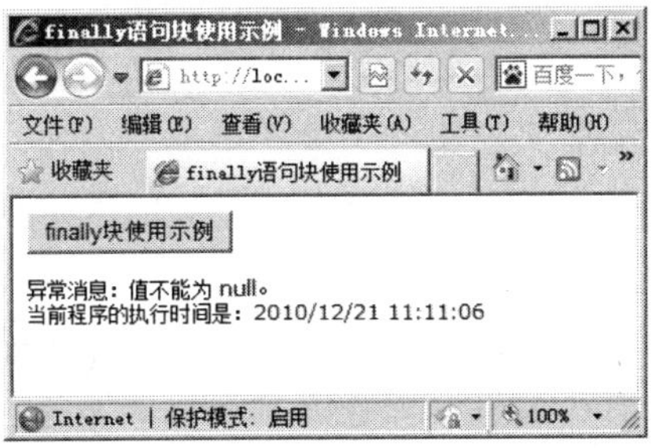

图 10.6　finally 语句块示例运行效果

注意：一个 try 块可以有一个 catch 块或多个 catch 块，但只能有一个 finally 块。对于一些函数必须要在退出前执行某些代码的情形来说，使用 finally 块总能保证代码被执行。

10.2 使用事件日志

当异常产生时，除了给客户端以友好的提示外，对于服务器端的管理员来说，最好能够记录错误信息。这样服务器的管理员能够定期地查看这些错误，了解应用程序的缺陷和隐患，以便于进一步对应用程序进行修正。.NET 框架提供了很多的日志工具，比如产生的错误信息可以通过电子邮件发送、记录在数据库中、写入 XML 或日志文件中。其中，最安全、最实用的日志记录方式是使用事件日志查看器，该工具随操作系统一起安装，用于记录整个应用系统的错误信息，使用它可以记录文本信息，本节将详细进行介绍。

10.2.1 使用事件查看器

打开 Windows 的事件查看器，可以选择“开始→设置→控制面板→管理工具→事件查看器”命令，打开图 10.7 所示的“事件查看器”窗口。

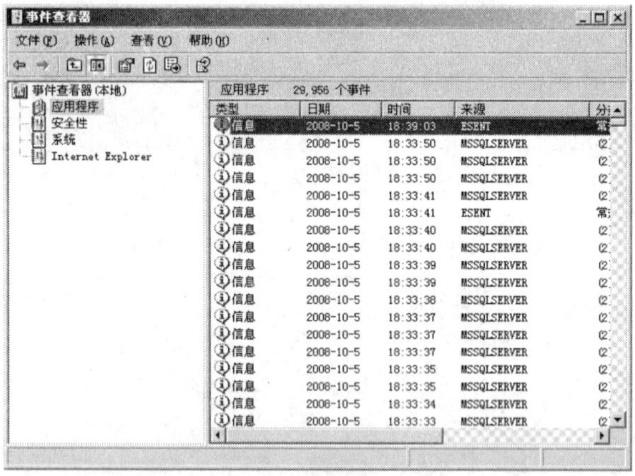

图 10.7 “事件查看器”窗口

在默认情况下，在“事件查看器”窗口中总会有如下 3 种类型的日志记录事件。

- 应用程序日志：包含由应用程序或系统程序记录的事件。例如，数据库程序可在应用程序日志中记录文件错误。开发人员决定记录哪些事件。
- 安全日志：记录诸如有效或无效的登录尝试等事件，以及记录与资源使用相关的事件，如创建、打开、删除文件或其他对象。例如，如果用户已启用登录审核，登录系统的尝试将记录在安全日志中。
- 系统日志：包含 Windows 系统组件记录的事件。例如，在启动过程中加载驱动程序或其他系统组件失败时，将记录在系统日志中。服务器预先确定由系统组件记录的事件类型。

根据操作系统版本的不同，事件查看器可能还包含一些其他的事件日志项，如果第三方应用程序创建过事件日志，则有可能拥有更多的日志记录事件。

当用户在窗口的左侧选择了日志记录类型后，窗口的右侧会列出日志记录列表，用户可以单击“类型”栏进行排序，也可以双击某个日志项，打开图 10.8 所示的“事件属性”对话框。

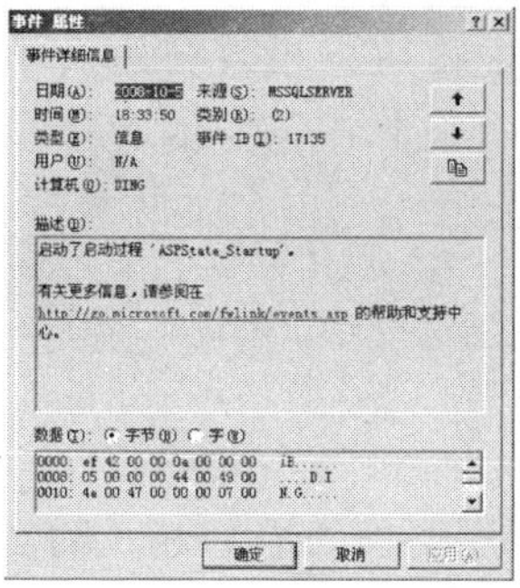

图 10.8 “事件属性”对话框

在“事件属性”对话框中，可以看到事件的“日期”、“来源”、“时间”、“类型”等信息，“描述”栏列出了事件的描述性信息。其中事件的类型又可以分为如下几种。

- 错误：重要的问题，如数据丢失或功能丧失。例如，如果在启动过程中某个服务加载失败，将会记录“错误”。
- 警告：虽然不一定很重要，但是将来有可能导致问题的事件。例如，当磁盘空间不足时，便会记录“警告”。
- 信息：描述了应用程序、驱动程序或服务的成功操作的事件。例如，当网络驱动程序加载成功时，将会记录一个“信息”事件。
- 成功审核：成功的任何已审核的安全事件。例如，用户试图登录系统成功会被作为“成功审核”事件记录下来。
- 失败审核：失败的任何已审核的安全事件。例如，如果用户访问网络驱动器失败，则该失败信息将作为“失败审核”事件记录下来。

在开发人员编程调试期间，也可以使用服务器资源管理器查看事件日志。为了显示服务器资源管理器，可以选择主菜单的“视图→服务器资源管理器”命令，打开服务器资源管理器，其中选择“服务器→服务器名称→事件日志”节点（本例中服务器名称为 ding），即可以看到操作系统中的事件日志信息，如图 10.9 所示。

事件日志增长得非常快速，这也意味着它可能很快就会占用过多的存储空间。因此 Windows 操作系统提供了事件日志大小的限制，如果超过指定的大小，则自动清除过期的事件日志，可以用鼠标右键单击“事件日志”分类，在弹出的快捷菜单中选择“属性”命令，打开图 10.10 所示的“应用程序属性”对话框。

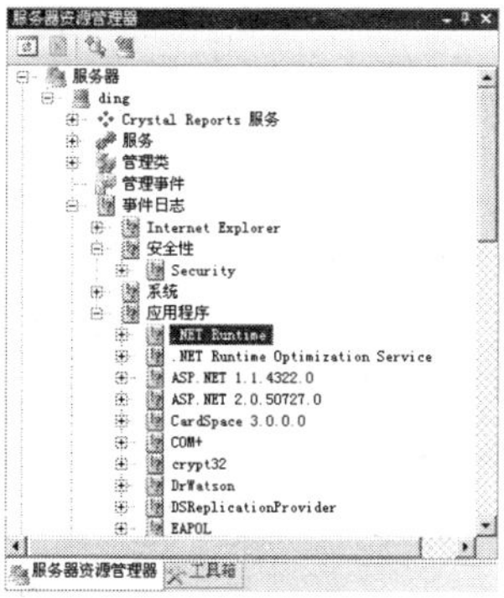

图 10.9 服务器资源管理器

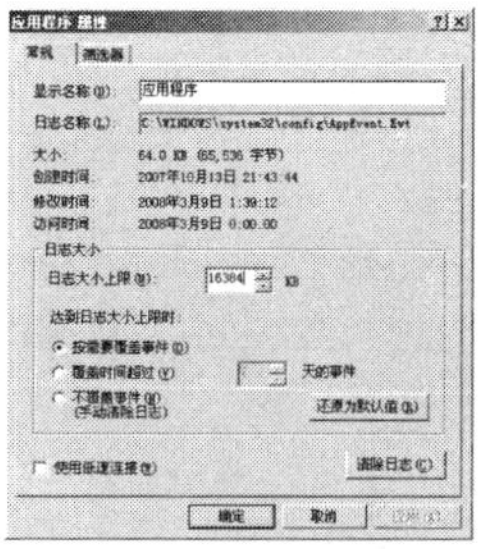

图 10.10 “应用程序属性”对话框

在“应用程序属性”对话框中，可以设置日志大小的上限，当到达上限时会触发某些行为。该设置对话框可以将日志限制在指定的大小，防止吞噬系统资源，因此如果一些日志需要持久保存的话，应该选用一个自定义的数据存储，比如数据库或 XML 文件来记录事件日志。

10.2.2 编程写入事件日志

熟悉 Windows Forms 开发的程序员都知道 EventLog 组件，在 ASP.NET 中，也可以使用定义在 System.Diagnostics 命名空间中的 EventLog 类，来完成事件日志的读取和写入操作。

要编程写入事件日志，开发人员需要实现如下几个步骤：

（1）创建 EventLog 实例。

（2）设置 EventLog 的 Source 属性为事件源，可以是任何字符串值，但是通常以项目作为名称。

（3）调用 EventLog 对象的 WriteEnty()方法来将日志写入事件日志文件中。

要成功地写入一个日志项，必须满足如下几个条件：

- Source 指定的源必须注册到写入的日志中，也就是说，必须要指定 Source 属性，而且要判断指定的源是否已注册到正在写入的事件日志中，如果没有注册，ASP.NET 会自动调用 CreateEventSource()方法来创建源。
- 消息的长度不能超过 16KB。
- 应用程序应该对尝试写入的日志具有访问权，这将在本章后面进行介绍。

创建一个名为 EventLogDemo 的网站，在该网站中添加一个名为 WriteLogDemo.aspx，其中依然放置 1 个 Button 和 1 个 Label 控件，本示例依然模拟抛出异常的方法，只不过在抛出异常时，将演示如何使用 EventLog 对象在事件日志中记录异常，代码如下：

```
//为了使用 EventLog 类，必须添加此命名空间
using System.Diagnostics;
public partial class WriteLogDemo : System.Web.UI.Page
{
    protected void ProcessString(string s)
    {
        if (s == null)
        {
            //如果字符串为空，直接引发 ArgumentNullException 异常
            throw new ArgumentNullException();
        }
    }
    /// <summary>
    /// 自定义写入事件日志的方法
    /// </summary>
    /// <param name="message">日志的描述性信息</param>
    /// <param name="source">日志来源</param>
    /// <param name="entype">日志类型</param>
    protected void WriteToEventLog(string message, string source, EventLogEntryType
    entype)
    {
        EventLog eventLog = new EventLog();
        eventLog.Source = source;
        eventLog.WriteEntry(message, entype);
    }
```

```
    protected void Button1_Click(object sender, EventArgs e)
    {
        try
        {
            string s = null;                    //故意将字符串设为空，引发一个异常
            ProcessString(s);
        }
        catch (ArgumentNullException ex)        //特定的异常
        {
            //使用 Exception 的属性获取异常信息
            Label1.Text = "异常消息：" + ex.Message + "<br/>";
            //调用 WriteToEventLog 方法将异常信息写入事件日志中
            WriteToEventLog(ex.Message, "事件日志演示", EventLogEntryType.Error);
        }
        finally
        {
            //无论如何，finally 语句块中的代码都会被执行，因此总是能获取程序的执行时间
            Label1.Text += "当前程序的执行时间是：" + DateTime.Now.ToString();
            //调用 WriteToEventLog 方法将最后执行信息写入事件日志中
            WriteToEventLog("成功执行时间"+DateTime.Now.ToString(),"事件日志演示",
            EventLogEntryType.Information);
        }
    }
}
```

该示例定义了一个专门用于写入事件日志的 WriteToEventLog()方法，该方法依照上述的步骤实现了日志写入的过程。在单击按钮时，有两个位置使用了这个方法。

（1）触发异常后写入事件日志，并将事件日志类型设置为错误，这是通过使用 EventLogEntryType 枚举类型来指定的，该枚举类型有如下几个可选值。

- Error：错误事件。指示用户应该知道的严重问题（通常是功能或数据的丢失）。
- Warning：警告事件。指示并不具有重要性的问题，但此问题可能表示将来会导致问题的条件。
- Information：信息事件。指示重要、成功的操作。
- SuccessAudit：成功审核事件。指示当审核访问尝试成功（例如成功登录）时发生的安全事件。
- FailureAudit：失败审核事件。指示当审核访问尝试失败（例如打开文件的尝试失败）时发生的安全事件。

（2）使用 WriteToEventLog()方法是在 finally 语句块中，该语句块只用于记录代码执行的时间，因此指定了 EventLogEntryType.Information 类型的事件日志类型。

运行该示例，在单击按钮后，打开“事件查看器”窗口，可以看到增加了图 10.11 所示的两个事件日志项。

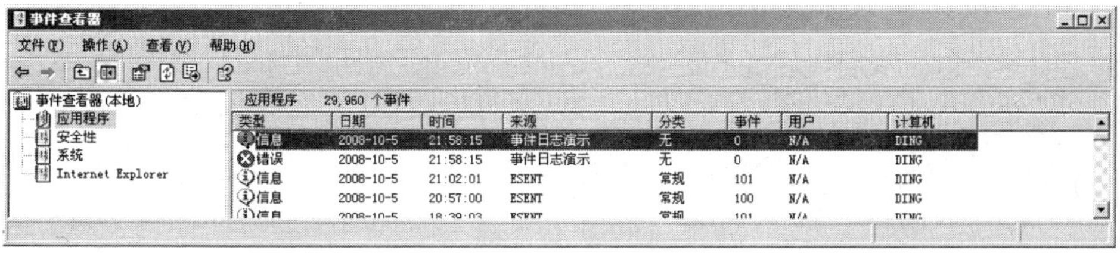

图 10.11　执行应用程序后新增的事件日志项

> **注意**：尽管使用 VS 2010 内置的 Web 服务器可以正确地写入事件日志，但是当部署到 Web 服务器中时，有可能会遇到权限不够的问题而导致无法写入，这是因为 ASP.NET 引擎运行在一个只具有较小权限的用户环境中。这个用户并没有写入事件日志的权限，开发人员可以根据需要为特定的用户设置对事件日志的访问权限。

10.2.3 自定义事件日志项

EventLog 对象还可以创建自定义的事件日志项，比如以应用程序的名称作为事件日志的类别，其中添加特定事件源的事件日志，或需要以公司的名称作为事件日志类别，其中添加指定分类的事件日志。要访问自定义的事件日志也非常容易，开发人员只需要使用 EventLog 对象重载的构造函数，指定一个事件日志类别名称，并且需要注册一个事件源名，代码如下：

```
EventLog log = new EventLog("自定义事件源");
```

这个初始操作只需要完成一次即可，如果创建重复的事件源会引发错误。

UsingCustomEventLog.aspx 页面对上一节示例中的 WriteToEventLog()方法进行了进一步更改，使其支持创建自定义的事件日志项，代码如下：

```
//要使用事件日志，需要添加此命名空间
using System.Diagnostics;
public partial class UsingCustomEventLog : System.Web.UI.Page
{
    protected void ProcessString(string s)
    {
        if (s == null)
        {
            //如果字符串为空，直接引发 ArgumentNullException 异常
            throw new ArgumentNullException();
        }
    }
    /// <summary>
    /// 自定义事件日志项，并写入事件日志
    /// </summary>
    /// <param name="logname">日志名称</param>
    /// <param name="message">写入日志的描述性信息</param>
    /// <param name="source">日志来源</param>
    /// <param name="entype">日志的类型</param>
    protected void WriteToEventLog(string logname, string message, string source,
    EventLogEntryType entype)
    {
        //先判断事件源是否已经注册，如果未注册
        if (!EventLog.SourceExists(source))
        {
            //创建事件日志源，并创建一个自定义的事件日志项
            EventLog.CreateEventSource(source, logname);
        }
        //事件指定的事件日志项创建 EventLog 对象，否则创建应用程序日志项
        EventLog eventlog = new EventLog(logname);
        eventlog.Source = source;                    //指定日志源
        eventlog.WriteEntry(message, entype);        //调用 WriteEntry 方法写入事件日志
    }
    protected void Button1_Click(object sender, EventArgs e)
    {
        try
```

```
            {
                string s = null;                        //故意将字符串设为空，引发一个异常
                ProcessString(s);
            }
            catch (ArgumentNullException ex)            //特定的异常
            {
                //使用 Exception 的属性获取异常信息
                Label1.Text = "异常消息：" + ex.Message + "<br/>";
                //调用 WriteToEventLog 方法将异常信息写入事件日志中
                WriteToEventLog("ASP.NET",ex.Message, "自定义日志项",
                EventLogEntryType.Error);
            }
            finally
            {
                //无论如何，finally 语句块中的代码都会被执行，因此总是能获取程序的执行时间
                Label1.Text += "当前程序的执行时间是：" + DateTime.Now.ToString();
                //调用 WriteToEventLog 方法将最后执行信息写入事件日志中
                WriteToEventLog("ASP.NET", "最后执行时间" + DateTime.Now.ToString(), "自定义
                日志项", EventLogEntryType.Information);
            }
        }
    }
```

WriteToEventLog()方法添加了一个 logname，表示事件日志的名称，然后使用 EventLog 的静态方法判断指定的事件源是否已经存在，如果不存在，则调用 CreateEventSource()方法创建事件源，同时也创建一个自定义的事件日志类别，当单击页面中的按钮后，会调用 WriteToEventLog()的增强方法写入自定义的事件日志，运行后可以在“事件查看器”窗口中看到新增的事件日志，如图 10.12 所示。

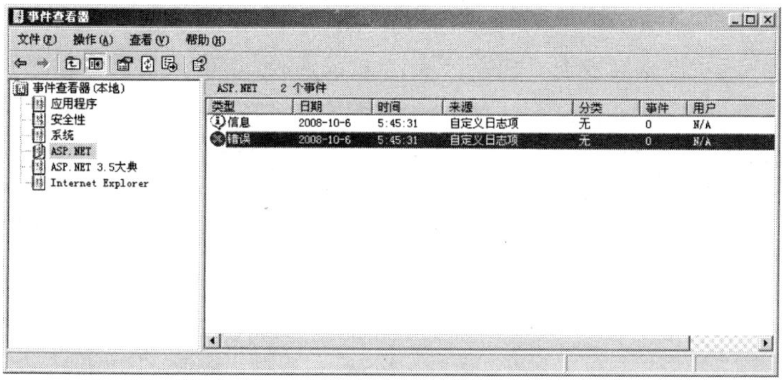

图 10.12　自定义的事件日志项

10.2.4　编程查看事件日志

由于事件日志只能在服务器端的机器上才能查看，如果管理员不能时时呆在服务器端，则很难看到事件日志项。开发人员此时可以编写一个特定的管理员页面，该页面可以使用 EventLog 对象获取事件日志并显示在网页中。

（1）为了更好地获取事件日志信息，本节创建了一个用于获取事件日志的类 LogList，该类将获取指定的事件日志名称下所有的事件日志，返回一个泛型列表，代码如下：

```
using System;
using System.Collections.Generic;               //本示例需要添加如下两个命名空间
```

```
using System.Diagnostics;
/// <summary>
///MyEventLog 代表事件日志中的日志项
/// </summary>
public class MyEventLog
{
    public MyEventLog(string entrytype, string message, DateTime generatetime, string
    logsource)
    {
        EntryType = entrytype;            //日志类型
        Message = message;            //日志信息
        GeneratedTime = generatetime;    //产生时间
        LogSource = logsource;            //事件来源
    }
    public string EntryType { get; set; }
    public string Message { get; set; }
    public DateTime GeneratedTime { get; set; }
    public string LogSource { get; set; }
}
/// <summary>
/// 事件日志列表类，用于获取事件日志中指定日志名称的事件
/// </summary>
public class LogList : List<MyEventLog>
{
    public LogList(string logName)
    {
        if (!EventLog.Exists(logName))                    //如果日志不存在，引发异常
        {
            throw new Exception("指定的日志名称" + logName + "不存在!");
        }
        else
        {
            EventLog log = new EventLog(logName);        //打开指定日志名称的日志
            foreach (EventLogEntry entry in log.Entries)     //遍历日志项
            {
                //构造一个 myEventLog 类并添加到日志列表中
                MyEventLog mel = new MyEventLog(entry.EntryType.ToString(),
                entry.Message, entry.TimeGenerated, entry.Source);
                this.Add(mel);
            }
        }
    }
}
```

代码首先创建了一个代表日志信息的 MyEventLog 类，该类代表每一条日志信息，它也可以直接用 EventLogEntry 来进行取代，以获取更详细的日志信息，接下来创建了一个泛型 List 的日志集合，事实上开发人员也可以直接返回一个 EventLogEntryCollection 集合，该集合代表了多个 EventLogEntry，具体的操作开发人员可以自己去实现。代码最后使用 EventLog 的 Entries 属性获取一个 EventLogEntryCollection 集合，通过遍历实例化 MyEventLog 类，添加到列表中。

(2)接下来添加一个名为 GetEventLogListDemo.aspx 的页面，在该页面中放 1 个 GridView 控件，在 Page.Load 事件中添加如下代码：

```
    protected void Page_Load(object sender, EventArgs e)
    {
        //获取 ASP.NET 日志分类下面的所有事件日志
```

```
        LogList loglist = new LogList("ASP.NET");
        //将获取到的列表作为 GridView 控件的数据源
        GridView1.DataSource = loglist;
        GridView1.DataBind();              //进行数据的绑定
    }
```

示例运行效果如图 10.13 所示。

图 10.13　编程查看事件日志

10.3　页面跟踪

在应用程序的开发和调试阶段，获取详细的错误信息是非常有帮助的。很多时候，开发人员需要更多详细的信息来检验应用程序的状态，或用来追踪应用程序的逻辑错误。这些信息可以帮助开发人员校验那些没有明显异常，但是又无用的数据。

ASP.NET 的跟踪功能可以提供查看单个页面的诊断信息，跟踪功能可以向开发人员显示运行时的诊断信息和调试应用程序，并且可以与系统级别跟踪相集成。ASP.NET 的跟踪提供了如下功能。

- 调试语句：可以在代码中编写用于调试的语句，而且不必在部署时移除这些语句。
- 集成追踪功能：可以将 System.Diagnositcs.Trace 类发出的消息传递给 ASP.NET 的跟踪输出。
- 编程访问跟踪消息：可以通过编程的方式访问和操作代码中的跟踪消息，这样能更好地控制跟踪消息的格式，或进行其他的处理。
- 应用程序级别的跟踪：使用应用程序级别跟踪选项可以查看可用的最新跟踪数据，而不必重新启动跟踪会话。

10.3.1　启用页面跟踪

默认情况下，ASP.NET 的跟踪功能并没有打开，开发人员需要显式地启用它，有以下两个方法可以开启跟踪功能。

（1）在页面源代码的@Page 指令区中启用跟踪，代码如下：

```
<%@ Page Language="C#" Trace="true"
    AutoEventWireup="true"
    CodeFile="EnableTrace.aspx.cs"
    Inherits="EnableTrace" %>
```

（2）Page 类提供了一个 Trace 属性，这是一个 TraceContext 类型的对象，可以使用该对象的 IsEnabled 属性来开启单个页面的跟踪功能，代码如下：

```
protected void Page_Load(object sender, EventArgs e)
{
    Trace.IsEnabled = true;          //开启页面的跟踪功能
}
```

使用编程的方式启用或禁用页面跟踪功能，非常便于开发人员根据特定的上下文环境来启用或禁用跟踪功能。

> **注意：** 当对页启用跟踪时，请求该页的任何浏览器都会显示跟踪信息。由于跟踪信息会泄露一些敏感信息，如服务器变量的值，因此可认为是一种安全威胁。在应用程序移植到成品服务器之前，一定要禁用页跟踪。通过将 Trace 属性设置为 False，或移除此属性，则可以禁用页跟踪。

当启用了跟踪后，ASP.NET 页面底部会显示非常多的跟踪信息，如图 10.14 所示。开发人员可以搭配 VS 2010 的调试器来跟踪应用程序的运行状态。特别是当应用程序已经部署到服务器中后，使用跟踪可以帮助开发人员调试应用程序，获取相关的信息。

图 10.14　页面上的跟踪信息

开发人员还可以使用 TraceMode 属性指定跟踪消息出现的顺序，该属性有以下两种可选值。

- SortByTime：按照跟踪消息的处理顺序对它进行排序。
- SortByCategory：按照在服务器控件的 Trace.Warn()和 Trace.Write()方法调用中指定的类别对消息进行排序。

例如，下面的代码演示如何在页中按指定的类别进行排序：

```
protected void Button1_Click(object sender, EventArgs e)
```

```
{
    Trace.IsEnabled = true;          //开启页面的跟踪功能
    //按照指定的类别对跟踪消息进行排序
    Trace.TraceMode = TraceMode.SortByCategory;
}
```

10.3.2　页面跟踪信息

ASP.NET 跟踪功能自动提供了大量标准化的、格式化后的信息，从图 10.14 中可以看到，ASP.NET 的跟踪信息包含多种分类。根据页面状态的不同，开发人员可能看不到所有的追踪信息，如果页面没有提供任何查询字符串的话，将看不到 QueryString 的集合，同样地，如果没有应用程序状态或会话状态数据的话，也看不到相应的跟踪分类。

下面详细介绍 ASP.NET 中的跟踪分类信息。

1. 请求详细信息

请求详细信息包括了诸如当前 SessionID、请求类型、请求时间、请求的状态代码、请求编码和响应编码格式等基本信息。在这一块的信息中，除了 SessionID 值比较有用之外，其他的信息在调试过程中基本上没什么太多作用，“请求详细信息”如图 10.15 所示。

请求详细信息

会话 ID:	bdgyjbl3cjhhe1elmyrfns20	请求类型:	GET
请求的时间:	2010/12/21 11:17:08	状态代码:	200
请求编码:	Unicode (UTF-8)	响应编码:	Unicode (UTF-8)

图 10.15　请求详细信息

2. 跟踪信息

追踪信息显示在页面被发送到客户端之前，页面处理流程中不同的处理情形，并提供了页面执行的详细执行时长，如图 10.16 所示。

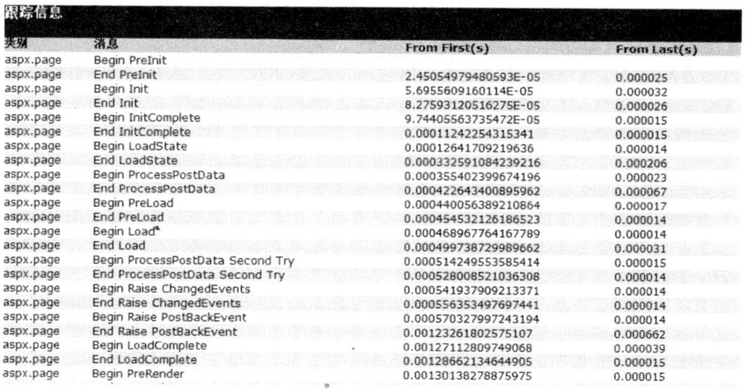

跟踪信息

类别	消息	From First(s)	From Last(s)
aspx.page	Begin PreInit		
aspx.page	End PreInit	2.45054979480593E-05	0.000025
aspx.page	Begin Init	5.6955609160114E-05	0.000032
aspx.page	End Init	8.27593120516275E-05	0.000026
aspx.page	Begin InitComplete	9.74405563735472E-05	0.000015
aspx.page	End InitComplete	0.00011242254315341	0.000015
aspx.page	Begin LoadState	0.00012641709219636	0.000014
aspx.page	End LoadState	0.000332591084239216	0.000206
aspx.page	Begin ProcessPostData	0.000355402399674196	0.000023
aspx.page	End ProcessPostData	0.000422643400895962	0.000067
aspx.page	Begin PreLoad	0.000440056389210864	0.000017
aspx.page	End PreLoad	0.000454532126186523	0.000014
aspx.page	Begin Load	0.000468967764167789	0.000014
aspx.page	End Load	0.000499738729989662	0.000031
aspx.page	Begin ProcessPostData Second Try	0.000514249553585414	0.000015
aspx.page	End ProcessPostData Second Try	0.000528008521036308	0.000014
aspx.page	Begin Raise ChangedEvents	0.000541937909213371	0.000014
aspx.page	End Raise ChangedEvents	0.000556353497697441	0.000014
aspx.page	Begin Raise PostBackEvent	0.000570327997243194	0.000014
aspx.page	End Raise PostBackEvent	0.00123261802575107	0.000662
aspx.page	Begin LoadComplete	0.00127112809749068	0.000039
aspx.page	End LoadComplete	0.00128662134644905	0.000015
aspx.page	Begin PreRender	0.00130138278875975	0.000015

图 10.16　跟踪信息

3. 控件树

控件树用于显示页面上所有的控件，以缩放的形式显示控件的层次结构，所有的控件都定义在 Page 标签中。ASP.NET 同时对空白和其他静态页面元素自动添加了 Literal 控件进行显示，比如控件中的 ctl00、ctl01 等，如图 10.17 所示。

控件树

控件 UniqueID	类型	呈现大小字节数(包括子级)	ViewState 大小字节数(不包括子级)	ControlState 大小字节(不包括子级)
__Page	ASP.enabletrace_aspx	752	0	0
ctl02	System.Web.UI.LiteralControl	174	0	0
ctl00	System.Web.UI.HtmlControls.HtmlHead	51	0	0
ctl01	System.Web.UI.HtmlControls.HtmlTitle	38	0	0
ctl03	System.Web.UI.LiteralControl	14	0	0
form1	System.Web.UI.HtmlControls.HtmlForm	493	0	0
ctl04	System.Web.UI.LiteralControl	27	0	0
Button1	System.Web.UI.WebControls.Button	78	0	0
ctl05	System.Web.UI.LiteralControl	24	0	0
ctl06	System.Web.UI.LiteralControl	20	0	0

图 10.17　控件树

4．会话状态和应用程序状态

显示当前应用程序中会话状态和应用程序状态集合中的每个项，例如，在示例程序的Page_Load 事件中添加如下代码块：

```
protected void Page_Load(object sender, EventArgs e)
{

    Page.Trace.IsEnabled = true;          //启用页面追踪功能
    Session["test"] = "会话中状态中保存的信息";
    Application["test"]="应用程序状态中保存的信息";
}
```

代码在 Session 和 Application 集合中各添加了一个值为 test 的状态。现在运行页面，在页面追踪中将看到这两个状态项，如图 10.18 所示。

会话状态

会话键	类型	值
test	System.String	会话中状态中保存的信息

应用程序状态

应用程序键	类型	值
test	System.String	应用程序状态中保存的信息

图 10.18　会话状态和应用程序状态

5．请求 Cookie 集合和响应 Cookie 集合

这两块集合显示发送到 Web 浏览器的请求 Cookie 信息和由 Web 服务器返回的响应Cookie 信息。

6．标头集合

标头集合列出了所有的 HTTP 头信息。从技术上来说，头信息是作为请求的一部分发送到 Web 服务器的一小块信息，包括请求信息、支持的内容类型、使用的语言等。另外，“响应标头集合”列表列出了作为响应发送到客户端的一部分信息，如图 10.19 所示。

标头集合

名称	值
Cache-Control	no-cache
Connection	Keep-Alive
Content-Length	202
Content-Type	application/x-www-form-urlencoded
Accept	*/*
Accept-Encoding	gzip, deflate
Accept-Language	zh-cn
Cookie	UserInfo=UserNo=%e9%98%bf%e9%bb%84
Host	localhost:1385
Referer	http://localhost:1385/TraceDemo/EnableTrace.aspx
User-Agent	Mozilla/4.0 (compatible; MSIE 7.0; Windows NT 5.2; QQDownload 1.7; Mozilla/4.0 (compatible; MSIE 6.0; Windows N
UA-CPU	x86

响应标头集合

名称	值
X-AspNet-Version	2.0.50727
Cache-Control	private

图 10.19　标头集合

7．窗体集合

窗体集合列出了页面回送的信息，该信息包括所有由 Web 控件提交的值，比如 TextBox 中的文本，以及在 ListBox 中选择的值等，“窗体集合”信息如图 10.20 所示。

窗体集合	
名称	值
__VIEWSTATE	/wEPDwUKMTQ2OTkzNDMyMWRkY9cpkdH10YFuPSi3t4ivhFSWhGw=
Button1	页面追踪示例
__EVENTVALIDATION	/wEWAgKf/e72AQKM54rGBkoLigT9ztl9JAqMsTbFeIL7wHQM

图 10.20　“窗体集合”信息

8．QueryString 集合

QueryString 集合列出所有查询字符串的名称和值，也可以从 URL 中直接查看这些值，但是如果查询字符串包含过多的信息，则在 URL 中难以明确详细的信息，可以通过 QueryString 集合来查看这些信息。

9．服务器变量

服务器变量列出了所有的服务器端变量和内容，通常不需要查看这些信息。如果需要编程控制服务器端变量，可以使用 Request.ServerValiables 集合来控制服务器端变量。“服务器变量”如图 10.21 所示。

服务器变量	
名称	值
ALL_HTTP	HTTP_CACHE_CONTROL:no-cache HTTP_CONNECTION:Keep-Alive HTTP_CONTENT_LENGTH:202 HTTP_ HTTP_ACCEPT_LANGUAGE:zh-cn HTTP_COOKIE:UserInfo=UserNo=%e9%98%bf%e9%bb%84 HTTP_HOS HTTP_USER_AGENT:Mozilla/4.0 (compatible; MSIE 7.0; Windows NT 5.2; QQDownload 1.7; Mozilla/4.0 (HTTP_UA_CPU:x86
ALL_RAW	Cache-Control: no-cache Connection: Keep-Alive Content-Length: 202 Content-Type: application/x-w e9%bb%84 Host: localhost:1385 Referer: http://localhost:1385/TraceDemo/EnableTrace.aspx User-Agent: Mozilla/4.0 (compatible; MSIE 7.0; Windows NT 5.2; QQDownload 1.7; Mozilla/4.0 (compatible; CPU: x86
APPL_MD_PATH	
APPL_PHYSICAL_PATH	D:\书籍稿件\ASP.NET大典目录\Source Code\C10\TraceDemo\
AUTH_TYPE	NTLM
AUTH_USER	DING\Administrator
AUTH_PASSWORD	
LOGON_USER	DING\Administrator
REMOTE_USER	DING\Administrator
CERT_COOKIE	
CERT_FLAGS	
CERT_ISSUER	
CERT_KEYSIZE	

图 10.21　服务器变量

10.3.3　启用应用程序级别跟踪

除了对每个页面启用跟踪来显示跟踪信息之外，开发人员还可以在 web.config 配置文件中对整个应用程序级别启用跟踪。这样就可以不用单独对各个页设置启用或禁用。

在 web.config 配置文件中，通过<trace>元素配置启用或禁用来决定是否启用应用程序级别的跟踪，配置代码如下：

```
<configuration>
  <system.web>
    <trace enabled="true" requestLimit="10" pageOutput="false"
    traceMode="SortByTime" localOnly="true" />
  </system.web>
</configuration>
```

各个属性的描述如下。

- enabled：若要对应用程序启用跟踪，则为 true，否则为 false。默认为 false。通过在 @Page 指令中将 trace 属性设置为 true 或 false，可以对应用程序启用或禁用跟踪，可以为各个页重写此设置。

- pageOutput：若要在页和跟踪查看器中显示跟踪，则为 true，否则为 false。默认为 false，稍后将进行详细介绍。如果对各个页面启用了跟踪，则各个页不受该设置的影响。
- requestLimit：要在服务器上存储的跟踪请求数。默认值为 10。
- traceMode：跟踪信息的显示顺序。设置为 SortByTime 可以按信息的处理顺序进行排序。设置为 SortByCategory 可以根据用户定义的类别按字母顺序进行排序。默认值为 SortByTime。
- localOnly：若要使跟踪查看器只在主机 Web 服务器上可用，则为 True，否则为 False。默认为 True。
- mostRecent：如果要在跟踪输出中显示最新的跟踪信息，则为 True，否则为 False，表示一旦超出 requestLimit 值，则不存储新的请求。默认为 False。当超出 requestLimit 属性时，定义限制的跟踪数据将被丢弃，只有在 mostRecent 为 True 时才会提供最新的数据。

当启用了应用程序级别的跟踪后，.NET 将收集对应用程序每一个请求的跟踪信息，直到指定的最大请求数。默认的请求数为 10。默认情况下，当跟踪查看器达到其请求限制时，应用程序将停止存储跟踪请求。

开发人员将 pageOutput 属性设置为 False 之后，在页面上将不再显示跟踪信息，此时要使用页面跟踪查看器来查看跟踪。为了使用跟踪查看器，可以在网站路径的后面加入 Trace.axd 来查看 ASP.NET 收集和缓存的跟踪信息，比如本节的示例网站 TraceDemo，运行时，其网站 URL 如下：

```
http://localhost:1385/TraceDemo/EnableTrace.aspx
```

去掉最后面的 EnableTrace.aspx，然后添加 Trace.axd，则可以看到 ASP.NET 的跟踪查看器，如图 10.22 所示。

图 10.22　ASP.NET 的跟踪查看器

当应用程序有多个请求到达时，跟踪查看器将按照请求的顺序依次列出它们，跟踪查看器起始页上的信息包括请求的时间、请求的文件、请求的状态代码、与请求关联的 HTTP 谓词，以及让用户可以查看有关该请求更多信息的“查看详细信息”超链接。可用请求的数目将不超过开发人员在 web.config 文件中指定 requestLimit 的设置。开发人员可以单击“清除当前跟踪”超链接清除当前记录的跟踪信息。当单击“查看详细信息”超链接后，将会显示类似图 10.15 所示的请求详细信息。

10.3.4　编写自定义跟踪信息

当开发人员在调试和跟踪应用程序时，借助于 TraceContext 类的 Warn()或 Write()方法，可以编写自定义的跟踪信息，Warn()方法和 Write()方法的不同之处在于，用 Warn()方法编写的消息将显示为红色的文字。使用 TraceContext 这两个方法可以将自定义跟踪信息附加到 ASP.NET 页的尾端，或附加到跟踪日志中。

在 TraceDemo 示例网站中添加一个 CustomTrace.aspx 的页面，其中放置 1 个 Button 控件和 1 个 Label 控件。在单击按钮时，使用上一节的异常示例抛出一个异常，并将该异常信息使用 Trace.Warn()写入到跟踪日志中。然后在 finally 语句块中使用 Trace.Write()方法写入程序执行完成的跟踪信息，代码如下：

```
protected void Button1_Click(object sender, EventArgs e)
{
    try
    {
        string s = null;                //故意将字符串设为空，引发一个异常
        ProcessString(s);
    }
    catch (ArgumentNullException ex)      //特定的异常
    {
        //使用 Exception 的属性获取异常信息
        Label1.Text = "异常消息：" + ex.Message + "<br/>";
        //使用 Trace.Warn 重载方法将一个异常信息写入跟踪日志中
        Trace.Warn("空值错误！", "Warn 使用演示", ex);
    }
    finally
    {
        //无论如何，finally 语句块中的代码都会被执行，因此总是能获取程序的执行时间
        Label1.Text += "当前程序的执行时间是：" + DateTime.Now.ToString();
        //使用 Trace.Write 方法将当前程序执行完成的时间写入跟踪日志中
        Trace.Write("当前程序的执行时间是：" + DateTime.Now.ToString());
    }
}
```

当异常引发时，示例使用 Warn()的 3 个参数重载方法来将一个异常信息写入跟踪日志中，其 3 个重载方法的定义如下。

- Warn(String)：将跟踪消息写入跟踪日志。所有警告在日志中均显示为红色文本。
- Warn(String,String)：将跟踪信息写入跟踪日志，包括任何用户定义的类别和跟踪消息。所有警告在日志中均显示为红色文本。
- Warn(String,String,Exception)：将跟踪信息写入跟踪日志，包括用户定义的所有类别、跟踪消息和错误消息。所有警告在日志中均显示为红色文本。

Write()方法同样也具有与 Warn()方法相同的 3 个重载方法，可以只简单地写入跟踪消息，也可以包含一个跟踪消息的类别，甚至包含类别、跟踪消息及异常消息。示例运行后，可以在跟踪查看器中看到图 10.23 所示的跟踪信息。

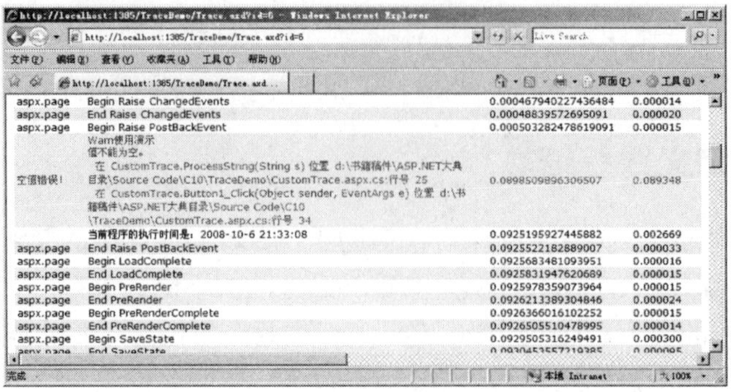

图 10.23　编写自定义跟踪消息输出结果

10.4　小结

本章讨论了创建安全强固的应用程序的基础，包括结构化异常处理的一些细节知识、异常的基础、.NET CLR 中包含的异常类别，以及如何捕捉异常、处理嵌套的异常；介绍了当.NET 中的异常类不能满足应用程序的需求时，如何创建自定义的异常；介绍了 finally 语句块，其中的代码总是得以执行，并讨论了如何使用 finally 块。

然后讨论了由操作系统提供的功能强大的日志记录工具——事件查看器，介绍了如何使用事件查看器，由编程和自定义事件日志项在 ASP.NET 中使用事件查看器，如何创建管理性的页面以便在客户端查看服务器端的事件。

最后讨论了与调试相关的跟踪日志，介绍了 ASP.NET 中的页面跟踪功能、应用程序级别的跟踪，以及如何通过编写自定义跟踪消息来追踪程序的执行状态。

第11章 使用母版页

自从 ASP.NET 2.0 版本推出了母版页技术后，该技术迅速普及，成为广大开发人员非常喜爱的一种技术。母版页使网站或 Web 应用程序具有一致性的外观，并且可被任何页面重用，便于更改和维护。

Web 技术诞生至今，可重用性与可维护性日趋重要，不少工具比如 FrontPage 和 Dreamweaver 都设计了相应的模板特性，来为开发人员提供可重用的页面特性。ASP.NET 2.0 推出的母版页满足了这个特性，而且母版页具有比其他模板设计工具更灵活和方便的功能。可以说，深入地掌握这项技术，对每个使用 ASP.NET 技术的开发人员来说都是十分重要的。

11.1 母版页基础

在母版页出现之前，创建一致性的网页也是可以的，只不过要求开发人员一遍又一遍地复制、粘贴，一旦更改，又要再一次地重复这个工作。而且网站的整体效果也可能因此而发生改变，比如一些页面的 Logo 可能有点偏移等。简而言之，就是开发人员需要花很多的工夫来确保网站的一致性。

母版页则提供了一种类似模板的机制，开发人员可以创建一个母版页，为其定义外观，可以在母版页中定义内容区域。然后创建多个具有不同内容的内容页，将内容页放置到母版页的内容区域中。最后，母版页与内容页进行合并，形成一个统一风格的页面。

11.1.1 一个简单的母版页示例

下面演示如何使用 VS 2010 添加一个简单的母版页，通过本例概要地介绍一下创建并使用母版页的过程。创建一个名为 MasterPageDemo 的网站，操作步骤如下。

（1）在解决方案资源管理器中用鼠标右键单击 MasterPageDemo 网站，在弹出的快捷菜单中选择“添加新项”命令，打开“添加新项”对话框，选择“母版页”模板，命名为 MasterPage.master，如图 11.1 所示。

图 11.1　创建母版页模板

> **注意**：母版页的扩展名为.master，并使用@Master 作为声明指令。

（2）单击“添加”按钮后，VS 2010 自动产生了如下母版页代码：

```
<%@ Master Language="C#" AutoEventWireup="true" CodeFile="MasterPage.master.cs"
Inherits="MasterPage" %>
<!DOCTYPE html PUBLIC "-//W3C//DTD XHTML 1.0 Transitional//EN"
"http://www.w3.org/TR/xhtml1/DTD/xhtml1-transitional.dtd">
<html xmlns="http://www.w3.org/1999/xhtml">
<head runat="server">
    <title>母版页示例</title>
    <asp:ContentPlaceHolder id="head" runat="server">
    </asp:ContentPlaceHolder>
</head>
<body>
    <form id="form1" runat="server">
    <div>
        <!--放置内容页的容器控件-->
        <asp:ContentPlaceHolder id="ContentPlaceHolder1" runat="server">
        </asp:ContentPlaceHolder>
    </div>
    </form>
</body>
</html>
```

可以看到，母版页使用@Master 指令，而且它包含了标准的 XHTML 文档标记，比如<html>、<head>和<body>标记。当使用了母版页时，这些标记将只能出现在母版页中，请求应用了母版页的页面时，都会请求和响应母版页。最终，母版页会与内容页一起合并为一个单一的类。在母版页中，VS 2010 自动添加了两个 ContentPlaceHolder 控件：一个位于<head>区，允许内容页控件在该区域添加元数据信息或样式表信息；另一个位于<body>区，将为一个容器应用不同的内容页。

> **注意**：ContentPlaceHolder 只能用于母版页中，不能在普通的页面中使用该控件

（3）开发人员可以从工具栏中拖动 ContentPlaceHolder 来放置内容页的容器控件。下面在母版页中添加 1 个 ContentPlaceHolder，然后使用 CSS 代码形成两列分栏，代码如下：

```
<%@ Master Language="C#" AutoEventWireup="true" CodeFile="MasterPage.master.cs"
Inherits="MasterPage" %>
<!DOCTYPE html PUBLIC "-//W3C//DTD XHTML 1.0 Transitional//EN"
```

```
"http://www.w3.org/TR/xhtml1/DTD/xhtml1-transitional.dtd">
    <html xmlns="http://www.w3.org/1999/xhtml">
    <head runat="server">
        <title>母版页示例</title>
        <asp:ContentPlaceHolder id="head" runat="server">
        </asp:ContentPlaceHolder>
        <style type="text/css">
            /*设置左侧边栏的样式，使其 100 个像素宽，并左侧浮动*/
            #left {
                background-color: #FFFF99;
                border: 2px solid #333333;
                float: left;
                width: 100px;
            }
            /*设置右侧边栏的样式，使其占满整个右边界*/
            #right
            {
                background-color: #CCFFFF;
                border: 2px solid #808080;
            }
             /*设置顶部标题的样式*/
            #top
            {
                border: 1px solid #C0C0C0;
                height: 60px;
                background-color: #FFCC99;
            }
             /*设置整个页面的字体样式*/
            body
            {
                font-family: verdana;
                font-size: 9pt;
                margin: 0px;
            }
        </style>
    </head>
    <body>
        <form id="form1" runat="server">
        <div id="top">
         <h2>ASP.NET 母版页示例</h2>
        </div>
        <div id="left">
            <!--放置内容页的容器控件-->
            <asp:ContentPlaceHolder id="ContentPlaceHolder1" runat="server">
            </asp:ContentPlaceHolder>
        </div>
            <div id="right">
            <!--放置内容页的容器控件-->
            <asp:ContentPlaceHolder id="ContentPlaceHolder2" runat="server">
            </asp:ContentPlaceHolder>
        </div>
        </form>
    </body>
    </html>
```

在设计视图中可以看到，母版页使用 Div 标签和 CSS 标签，创建了一个两栏的布局，每一栏中均放置了 1 个 ContentPlaceHolder 控件，如图 11.2 所示。这里的工作与创建普通的 ASP.NET 页面似乎没有太多的不同之处，但是接下来应用内容页时，就可以看到创建母版页的好处了。

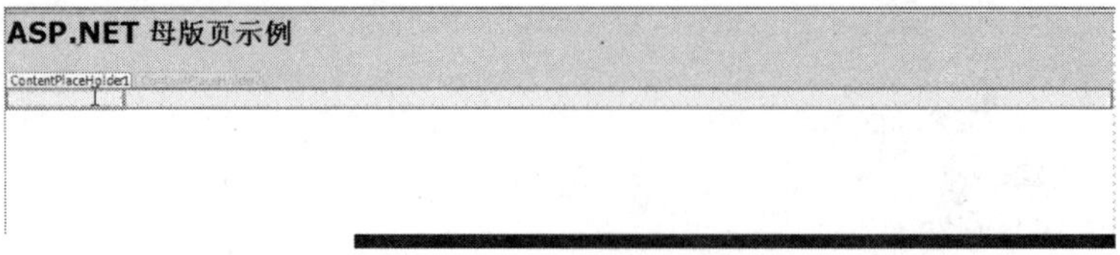

图 11.2　母版页布局后的设计视图

（4）添加一个使用内容页的母版页，用鼠标右键单击解决方案资源管理器中网站的名称，在弹出的快捷菜单中选择“添加新项”命令，打开“添加新项”对话框，选择“Web 窗体”模板。注意，此时应该在“添加新项”对话框的底部选中“选择母版页”复选框，如图 11.3 所示。

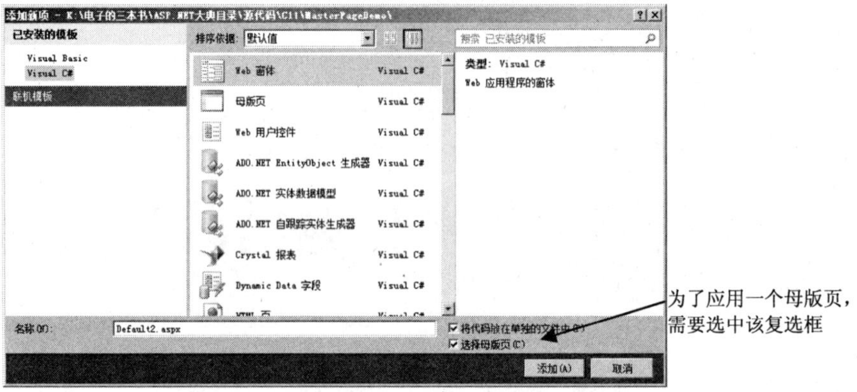

图 11.3　创建内容页

将添加的 Web 窗体命名为 UsingMasterPage.aspx，单击“添加”按钮，打开图 11.4 所示的“选择母版页”对话框，在“文件夹内容”列表框中选择在前面创建的 MasterPage.master，单击“确定”按钮，VS 2010 将会添加如下的内容页代码。

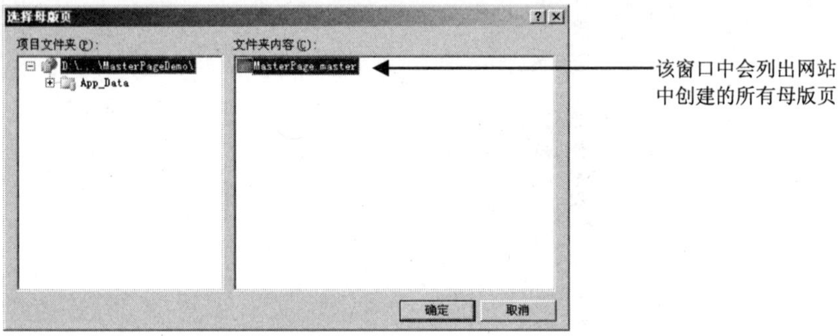

图 11.4　“选择母版页”对话框

```
<%@ Page Language="C#"
MasterPageFile="~/MasterPage.master"
AutoEventWireup="true"
CodeFile="UsingMasterPage.aspx.cs"
Inherits="UsingMasterPage"
Title="内容页" %>
<asp:Content ID="Content1"
 ContentPlaceHolderID="head" Runat="Server">
 <!--每个 Content 对应母版页指定 ID 的 ContentPlaceHolder 控件-->
</asp:Content>
```

```
<asp:Content ID="Content2"
ContentPlaceHolderID="ContentPlaceHolder1" Runat="Server">
</asp:Content>
<asp:Content ID="Content3"
ContentPlaceHolderID="ContentPlaceHolder2" Runat="Server">
</asp:Content>
```

内容页的源代码没有了<html>、<body>、<form>等标签，@Page 指令使用 MasterPageFile 属性指定了在前面的步骤中创建的母版页。VS 2010 自动添加了 1 个 Content 控件，该控件的 ContentPlaceHolderID 控件一一对应在母版页中创建的 ContentPlaceHolder 控件。在 VS 2010 的设计视图中可以看到，母版页的设计布局已经应用到了内容页中，在内容页中只能编写在母版页中放置的两个 ContentPlaceHolder 控件。

（5）在设计视图中，向左侧的 Content 添加 1 个 ListBox 控件，添加几个列表项，向右侧的 Content 添加 1 个 Label 控件，并编写一些代码，当在 ListBox 中选择某个列表项时，Label 控件将显示出相应的信息，控件的声明源代码如下：

```
<%@ Page Language="C#"
MasterPageFile="~/MasterPage.master"
AutoEventWireup="true"
CodeFile="UsingMasterPage.aspx.cs"
Inherits="UsingMasterPage"
Title="内容页" %>
<asp:Content ID="Content1"
 ContentPlaceHolderID="head" Runat="Server">
 <!--在内容页的页头中放置一个样式表来定义列表框的样式-->
    <style type="text/css">
        select
        {
            font-family: verdana;
            font-size: 9pt;
        }
    </style>
</asp:Content>
<asp:Content ID="Content2"
ContentPlaceHolderID="ContentPlaceHolder1" Runat="Server">
<!--在左侧的内容区域中，放置一个 ListBox 控件作为书籍选择区，在 Content 中，
   可以像在 ASP.NET 页面中一样放置任何的控件、用户控件及第三方控件-->
    <asp:ListBox ID="ListBox1" runat="server" Width="100px" Height="300px"
        AutoPostBack="True" onselectedindexchanged="ListBox1_SelectedIndexChanged">
        <asp:ListItem>ASP.NET 程序设计</asp:ListItem>
        <asp:ListItem>WCF 程序设计</asp:ListItem>
        <asp:ListItem>C++程序设计</asp:ListItem>
        <asp:ListItem>软件开发与界面设计</asp:ListItem>
        <asp:ListItem>ERP 原理与应用</asp:ListItem>
    </asp:ListBox>
</asp:Content>
<asp:Content ID="Content3"
ContentPlaceHolderID="ContentPlaceHolder2" Runat="Server">
<!--在右侧的内容区域中放置一个显示详细信息的 Label 控件-->
    <asp:Label ID="lblInfo" runat="server"></asp:Label>
</asp:Content>
```

在 3 个<Content>中均放置了一些代码，ContentPlaceHolderID="head"的内容区域放置了 CSS 样式表代码，除此之外还可以在该区域中放置对 JavaScript 脚本的引用、页面元数据等。接下来在后置代码中添加了一些用于处理 ListBox 的 SelectedIndexChanged 的事件，简单的示

例代码如下：

```
protected void ListBox1_SelectedIndexChanged(object sender, EventArgs e)
{
    //如果选择了 ASP.NET 程序设计，则在 Label 控件中显示书籍详细信息
    if (ListBox1.SelectedValue == "ASP.NET 程序设计")
    {
        lblInfo.Text = "一本介绍 ASP.NET 在日常应用程序开发中应用的好书，"+
        "本书的内容侧重于在应用开发中所需要掌握的技能，示例与讲解紧凑，"+
        "适合各个层次的开发人员";
    }
}
```

该示例的运行效果如图 11.5 所示。

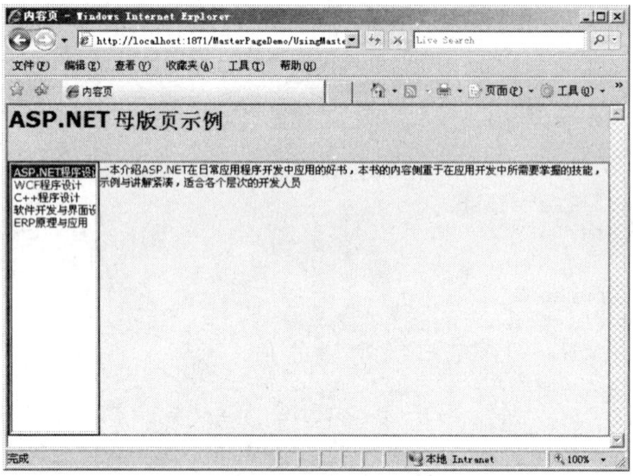

图 11.5　应用了母版页的内容页运行效果

开发人员可以创建多个应用 MasterPage.master 母版页的内容页，显示各种不同的内容，这样网站具有了整体的外观。当网站的外观需要发生改变时，只需要变动母版页，内容页便会自动发生变化，大大节省了维护的时间。

11.1.2　使母版页和内容页保持连接

在简单地演练了母版页的创建方法之后，相信读者对于母版页与内容页有了一定的理解，下面来详细地介绍母版页与内容页的关系。总的来说，母版页实际由两部分组成：母版页本身与一个或多个内容页；嵌套的母版页。

母版页与普通的页面非常相似，一个主要的不同点在于母版页使用@Master 指令，这让开发人员可以更好地区分母版页。@Master 指令与@Page 指令的声明非常相似，也可以指定 AutoEventWireup、CodeFile、Language、Inherits 等属性，还有一个非常重要的不同点就是母版页中可以包含一个或多个 ContentPlaceHolder 控件，而普通的页面则不允许使用这个控件。

1. 通过 MasterPageFile 属性链接

当添加一个内容页时，ASP.NET 将内容页与指定的母版页链接起来，这是通过指定 MasterPageFile 属性来链接的。需要注意的是，MasterPageFile 属性以“~/”开始，指定 Web 站点文件夹的根目录，如果只是指定文件名，ASP.NET 将检查预定义的名为 MasterPages 的

子文件夹，如果没有创建该文件夹或没有找到母版页，它会检查 Web 站点的根目录。

必须注意到，在母版页的声明中有一个可以声明页面标题的<Title>标签，而在内容页中，@Page 指令有另外的一个新属性 Title，使用该属性可以覆盖在母版页中设定的页面标题，而为内容页指定不同的标题。

2．母版页的处理顺序

可以看到母版页作为一个布局模板，可以指定让内容页添加内容的区域，这是通过 ContentPlaceHolder 来实现的，在内容页中必须使用<Content>标签来对应母版页中相应的 ContentPlaceHolder 控件。比如在上一节的示例中母版页具有 3 个 ContentPlaceHolder，相应的内容页中 VS 2010 自动添加了 3 个<Content>标签。

母版页与内容页最终会合并为一个单独的类，当请求一个引用了母版页的内容页时，ASP.NET 将按照下面的步骤来处理母版页：

（1）用户通过输入内容页的 URL 来请求某页。

（2）获取该页后，读取@Page 指令。如果该指令引用一个母版页，则读取该母版页。如果这是第一次请求这两个页，则两个页都要进行编译。

（3）把包含更新内容的母版页合并到内容页的控件树中。

（4）各个 Content 控件的内容合并到母版页中相应的 ContentPlaceHolder 控件中。

（5）在浏览器中呈现得到的合并页。

3．母版页与内容页的合并前后

以上一节的例子来说，母版页中放置了 3 个 ContentPalceHolder 控件，内容页也同样具有 3 个相对应的<Content>引用标签，在合并之前，其结构如图 11.6 所示。

此时，内容页和母版页是两个分离的对象，它们都有自己的子对象。当使用母版页时，它会将自己作为 Page 的子对象。接下来母版页查找前面与页面相关联的 Content 控件，当母版页找到一个匹配 ContentPlaceHolder 的内容控件时，它将控件移动到匹配的 ContentPlaceHolder 中。合并之后如图 11.7 所示，为了让图形更简单，笔者在此省略了一些控件。

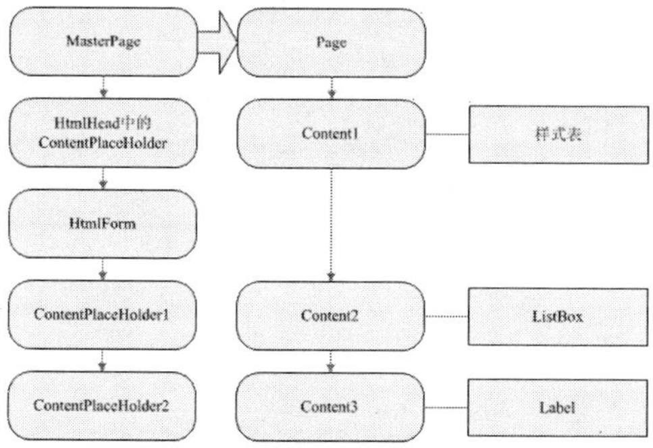

图 11.6　合并前的母版页和内容页示意图

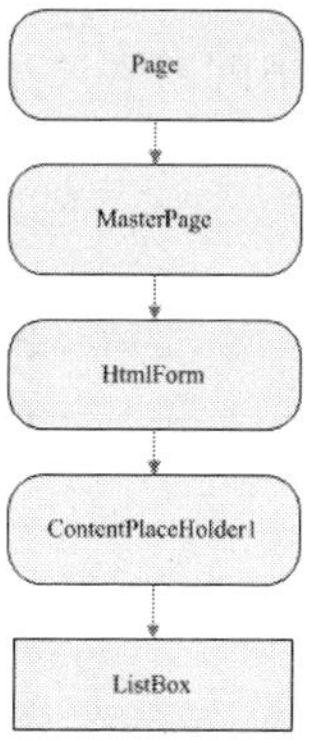

图 11.7　母版页与内容页合并之后示意图

4．母版页作为内容页的一部分

实际上，母版页与用户控件的作用方式大致相同。母版页作为内容页的一个子级并作为该页中的一个容器。但是在这种情况下，母版页是所有呈现到浏览器中的服务器控件的容器。

所有这些工作都发生在内容页的 PreInit 事件之后，Init 事件之前。在非常短的时间段内，母版页依据特定的次序，重新排列控件。然而在 Init 事件触发时，母版页只是内容页中的一个子控件，母版页类派生自 UserControl 类，设计期间仅将母版页考虑为一个宿主是很有用的。当应用程序执行时，最好是只将母版页考虑为一个内容页的子控件。

11.1.3 指定母版页的默认内容

当在母版页中添加了 ContentPlaceHolder 控件之后，开发人员可以在容器中添加一些内容，这些内容将被作为母版页的默认内容显示在内容页中。当内容页没有在容器中提供相应的内容时，这些默认的内容提供了很好的占位作用。在 ContentPlaceHolder 控件中，开发人员可以放置需要的<html>标签或 Web 服务器控件。

在上一节中创建的 MasterPage.master 母版页右侧的 ContentPlaceHolder 中添加一些文字信息，代码如下：

```
<div id="right">
<!--放置内容页的容器控件-->
<asp:ContentPlaceHolder id="ContentPlaceHolder2" runat="server">
  <h4>这是放置在母版页的 ContentPlaceHolder 控件中的默认的内容</h4>
</asp:ContentPlaceHolder>
</div>
```

此时如果运行内容页面，会发现根本就没有显示出内容页面，这是因为在内容页中，已经为 ContentPlaceHolder 创建了相应的<Content>标签。当一个内容页中包含了一个具有默认值的 ContentPlaceHolder 控件的<Content>标签之后，它将自动覆盖掉默认内容，如果删除相应的<Content>标签，将看到为母版页指定的默认值，运行效果如图 11.8 所示。

由于默认内容仅存储在母版页而非内容页中，因此在内容页中不能与母版页的默认值进行混合编写或查看，因而开发人员只能决定是只使用默认内容还是完全替换掉默认的内容。如果想将内容页的内容替换为母版页的默认内容，开发人员可以不必手工地删除<Content>标签。在内容页中单击相应的 ContentPlaceHolder 右上角的智能标签，在弹出的 Content 菜单中选择“默认为母版页的内容”命令，打开图 11.9 所示的“确认”对话框，提示将从网页中删除此区域中的内容，单击“是”按钮，将显示母版页的默认内容。

图 11.8 指定了默认值的母版页运行效果

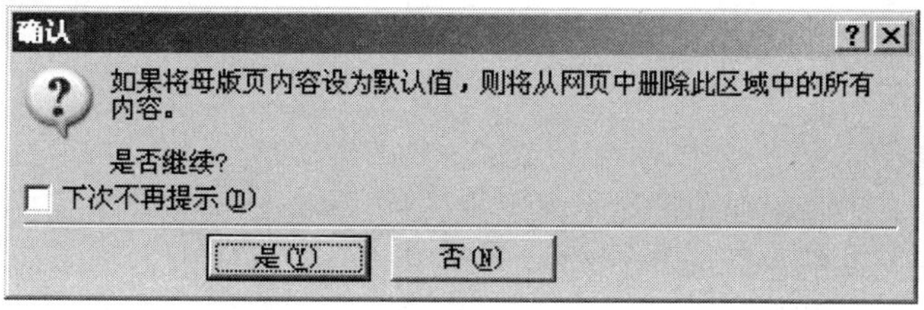

图 11.9　“确认”对话框

11.1.4　母版页和相对路径

很多初学者在使用母版页进行页面设计时会遇到相对路径的问题，当开发人员将母版页和内容页都放在根目录时，这个问题可能并不明显，如果开发人员将母版页放在与内容页不同的文件夹中时，问题就出现了。例如，在 MasterPageDemo 网站中新建一个 MasterPages 文件夹，在该文件夹中添加一个 LogoMasterpage.master 的母版页。然后在网站中新建一个用于放置图片的 Images 文件夹，在该文件夹中加入一幅图片，接下来在母版页中使用一个<img>标签引用图片文件，代码如下：

```
<%@ Master Language="C#"
AutoEventWireup="true"
CodeFile="LogoMasterPage.master.cs"
Inherits="MasterPages_LogoMasterPage" %>
<!DOCTYPE html PUBLIC "-//W3C//DTD XHTML 1.0
Transitional//EN" "http://www.w3.org/TR/xhtml1/DTD/xhtml1-transitional.dtd">
<html xmlns="http://www.w3.org/1999/xhtml">
<head runat="server">
    <title>相对路径母版页示例</title>
    <asp:ContentPlaceHolder id="head" runat="server">
    </asp:ContentPlaceHolder>
       <style type="text/css">
        /*设置顶部标题的样式*/
        #top
        {
            border: 1px solid #C0C0C0;
            height: 60px;
            background-color: #FFFFFF;
        }
        /*设置整个页面的字体样式*/
        body
        {
            font-family: verdana;
            font-size: 9pt;
            margin: 0px;
        }
    </style>
</head>
<body>
    <form id="form1" runat="server">
    <div id="top">
     <!--在母版页的顶部放置一幅公司的 Logo-->
     <img src="../Images/PGL.jpg" alt="公司 Logo" width="150px" height="60px" />
    </div>
    <div>
       <!--内容页面进行内容放置的占位控件-->
       <asp:ContentPlaceHolder id="ContentPlaceHolder1" runat="server">
       </asp:ContentPlaceHolder>
```

```
        </div>
        </form>
    </body>
    </html>
```

可以看到，为了在设计视图中显示出图片文件，<img>标签使用了相对于母版页的相对路径，此时如果在网站的根目录下创建一个引用该母版页的内容页的话，内容页中网站的Logo将无法得到正常的显示，这就是一个典型的相对路径问题。

产生这个问题的原因是母版页中图片的路径是相对于母版页文件的，而当不同文件夹的内容页应用了该母版页后，位置发生了改变，而图片依然引用到原来的位置，因此文件不能被正常发现，所以看不到图片的显示。这个问题对于<img>标签如此，对于其他的静态<html>元素也依然如此。

为了解决这个问题，开发人员可以更改母版页的图片路径，这显然是极为不便和不灵活的。另一个解决方案，也是笔者常用的解决方案，将<img>标签变成服务器端的标签，为其添加 runat="server"属性。这样 ASP.NET 将使用该属性创建一个 HtmlImage 的服务器端对象，该对象会在应用了母版页的 Page 对象被实例化之后创建，因而 ASP.NET 将能够对相对路径进行必要的转换，代码如下：

```
<div id="top">
 <!--在母版页的顶部放置一幅公司的 Logo-->
 <img src="../Images/PGL.jpg" alt="公司 Logo" width="150px" height="60px"
 runat="server" />
</div>
```

现在无论是在设计视图还是在运行时，图片都能得到正常显示，当然这个方法要求将标签改为服务器端控件。如果想使用普通的 HTML 标签，开发人员必须将相对路径更改为完整的网站路径，这有些令人烦恼，而且也不被建议。

11.1.5 在配置文件中指定母版页

除了在页面级别指定一个母版页之外，开发人员还可以在应用程序级别或文件夹级别中指定母版页，这个功能显得非常有用。

要在应用程序级别或文件夹级别中指定母版页，开发人员需要编写 web.config 配置文件，当然文件夹级别需要创建单独的 web.config 文件，并在<pages>元素中指定 masterPageFile 属性，代码如下：

```
<configuration>
  <system.web>
    <!--在配置文件中指定母版页-->
    <pages masterPageFile ="MasterPage.master"/>
  </system.web>
</configuration>
```

当在 web.config 配置文件中指定了 masterPageFile 属性之后，在创建内容页时，开发人员可以不用在@Page 指令中指定 MasterPageFile 属性，但是需要按照如同 VS 2010 自动生成的内容页代码一样，使用<Content>标签来对应母版页中相应的 ContentPlaceHolder 控件。

11.2　母版页高级技术

上一节介绍了使用母版页的基本技术，当在项目中应用了母版页之后，很快会发现需要更多与母版页相关的功能，比如内容页需要编程控制母版页、在页面运行时动态地切换母版页、在母版页中应用母版页等，本节将介绍这些应用母版页的高级技术与技巧。

11.2.1　访问母版页中的控件

母版页技术允许为多个内容页显示相同的外观，这个功能非常实用，但是很多时候开发人员需要为特定的内容页改变母版页的呈现，或动态地访问母版页。为了提供对母版页的访问，Page 类公开了 Master 属性，要从内容页访问特定的母版页成员，可以通过创建@MasterType 指令来进行母版页的强类型引用。

@MasterType 指令具有两个属性，在同一时刻只能指定其中的一个属性，不然将会提示错误。这两个属性如下。

➢ TypeName：指定母版页的类型名称。

➢ VirtualPath：指定生成强类型文件的路径。

举个例子，假定想让特定的内容页动态地改变母版页标题栏的文字，操作步骤如下。

（1）在 MasterPageDemo 网站的 MasterPages 文件夹中的 LogoMasterPage.master 网站 Logo 旁边添加 1 个 Label 控件，命名为 lblTitle。

（2）添加一个使用 LogoMasterPage.master 的内容页，首先在该页面中使用@MasterType 指令指定该内容页所引用的母版页类型，代码如下：

```
<%@ Page Language="C#"
MasterPageFile="~/MasterPages/LogoMasterPage.master"
AutoEventWireup="true"
CodeFile="ModifyMasterPage.aspx.cs"
Inherits="MasterPages_ModifyMasterPage" Title="动态修改母版页示例" %>
 <%--使用 MasterType 指令指定模板页的强类型 --%>
<%@ MasterType VirtualPath="~/MasterPages/LogoMasterPage.master" %>
```

（3）在内容页的 Page_Load 事件中，可以使用两种方法访问母版页中的 Label 控件：

➢ 使用 MasterPage 对象的 FindControl()方法，该方法将遍历母版页中的控件集合，查找具有指定 ID 的控件，这种方式可以不用进行强制类型转换，代码如下：

```
//使用 Page.Master 属性的 FindControl 方法查找母版页中的控件
Label lbl = (Label)Master.FindControl("lbltitle");
lbl.Text = "这是在内容页中设置的母版页控件的值";
```

➢ 将母版页中的控件公开为属性，然后通过强制类型转换，设置母版页中的公共属性，代码如下：

```
public partial class MasterPages_LogoMasterPage : System.Web.UI.MasterPage
{
    //在母版页中公开属性
    public string LblTitleText
    {
        get { return lbltitle.Text; }
        set { lbltitle.Text = value; }
    }
}
```

（4）在内容页的 Page_Load 事件中添加如下代码来设置母版页的属性：

```
protected void Page_Load(object sender, EventArgs e)
{
    Master. LblTitleText = "这是在内容页中设置的母版页控件的值";
}
```

可以看到，当页面使用@MasterType 指令后，该指令将自动转换母版页的类型为相应的强类型。如果想要引用在母版页中定义的类型，则开发人员必须进行类型转换，否则通用的 MasterPage 类型并不知道所定义的公共属性。前面曾经介绍过，运行时母版页会与内容页合并为一个单一的类，因而使用内容页可以访问母版页上的控件。

11.2.2 动态设置母版页

有时候应用程序希望能够根据特定的情形来动态地设置母版页，这在很多项目中都用到这个功能，比如 BlogEnginee.NET 就使用了这个动态加载母版页的功能。有两种情形，使用编程的方式动态加载母版页是非常有用的：一种是允许用户使用不同的母版页定制外观呈现，比如显示不同的导航栏和布局方式或背景；另一种是当与其他公司有合作伙伴关系时，页面可能需要调整，使其具有与合作伙伴相同的外观，比如网站的 Logo 或类似的布局。

Page 类提供了一个 MasterPageFile 的属性，开发人员可以为内容页设置母版页。但是必须知道的是，母版页与内容页的合并在页生命周期的早期，在 Page 的 Init 事件之前，因此不能直接在内容页的 Page_Load 事件中设置母版页，否则 ASP.NET 将会抛出一个异常。为了动态地设置母版页，需要在 Page_PreInit 事件中进行处理，示例代码如下：

```
void Page_PreInit(Object sender, EventArgs e)
{
    MasterPageFile = "~/NewMaster.master";
}
```

下面举例演示如何动态设置母版页，操作步骤如下。

（1）添加一个应用 MasterPage.master 的内容页，向右侧的 Content 中添加 2 个超链接控制，根据查询字符串的值分别指定两个不同的母版页，代码如下：

```
<asp:Content ID="Content3" ContentPlaceHolderID="ContentPlaceHolder2"
Runat="Server">
    请选择一个母版页
    <ul id="nav">
    <li>
    <a href="DynamicLoadMasterPage.aspx?master=Dynamic1">母版页 1 </a>
    </li>
    <li>
    <a href="DynamicLoadMasterPage.aspx?master=Dynamic2">母版页 2</a>
    </li>
    </ul>
</asp:Content>
```

（2）在内容页的 Page_PreInit 事件中添加如下代码，来获取用户所选择的母版页并动态地进行切换：

```
//根据查询字符串的值，动态地设置母版页
protected void Page_PreInit(object sender, EventArgs e)
{
    if (Request["master"] != null)
```

```
        {
            switch (Request["master"])
            {
                //调用 Page.MasterPageFile 属性设置母版页文件
                case "Dynamic1":
                    Page.MasterPageFile = "~/MasterPage.master";
                    break;
                case "Dynamic2":
                    Page.MasterPageFile = "~/MasterPage2.master";
                    break;
            }
        }
    }
```

示例运行效果如图 11.10 所示。

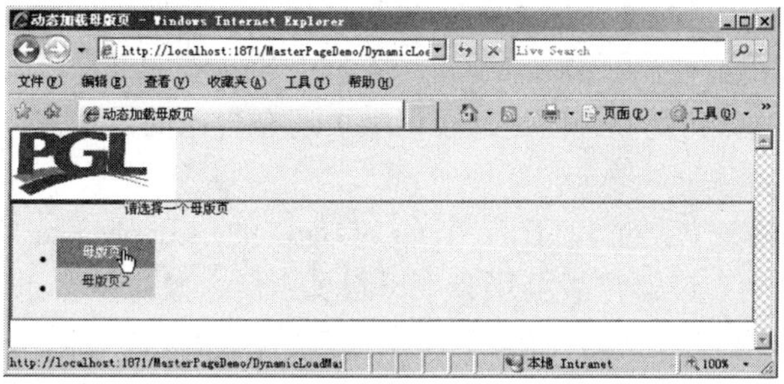

图 11.10　动态切换母版页示例

但是开发人员或许不想接二连三地在每个内容页中都重写 PreInit 事件处理器，该事件处理器需要从数据库或 Cookie，以及用户编好的个人设置中搜寻母版页名称。如果不想在每个内容页中重复编写代码，可以在类库项目中创建一个基类，或在 App_Code 文件夹中创建一个基类，代码如下：

```
using System;
using System.Web.UI;
public class BasePage : Page
{
    public BasePage()
    {
        //定义 PreInit 事件处理器
        this.PreInit += new EventHandler(BasePage_PreInit);
    }
    //在页面的 PreInit 事件中动态设置母版页
    void BasePage_PreInit(object sender, EventArgs e)
    {
        MasterPageFile = "~/MasterPage.master";
    }
}
```

如果想要使用这个基类，则开发人员需要改变后置代码类，使之从 BasePage 继承而不是 System.Web.UI.Page，代码如下：

```
//设置母版页的 BasePage 类中继承页面
public partial class UsingBasePage : BasePage
{
    protected void Page_Load(object sender, EventArgs e)
    {
    }
}
```

继承这种方法很灵活，如果指定的页面不想使用母版页设置，可以选择不从 BasePage 类派生。对于不同的地方使用不同的母版页，这是很有用的。

11.2.3 使用嵌套的母版页

嵌套的母版页指一个母版页可以引用其他的母版页，这将形成多层的母版页。比如说，希望应用程序具有统一的 Logo 栏，但是不同的页面具有不同的页面布局。此时开发人员可以创建一个包含 Logo 的母版页，然后创建一个引用 Logo 的母版页，在该母版页中定义页面的布局。VS 2010 可以直接支持可视化创建嵌套的母版页，相对于以前版本的 VS，这是一个令人欣喜的功能。

与任何母版页一样，应用了母版页的子母版页也包含文件扩展名.master。子母版页通常会包含一些内容控件，这些控件将映射到父母版页上的内容占位符。就这方面而言，子母版页的布局方式与所有内容页类似。但是，子母版页还有自己的内容占位符，可用于显示其子页提供的内容。

本节前面的例子曾经创建了一个带 Logo 的 LogoMasterPage.master，下面在 MasterPageDemo 网站中，以该母版页作为主母版页示例，操作步骤如下。

（1）添加一个子母版页，在解决方案资源管理器中用鼠标右键单击网站名称 MasterPageDemo，在弹出的快捷菜单中选择“添加新项”命令，打开“添加新项”对话框，选择“母版页”模板，命名为 LayoutMaster.master，注意选中“选择母版页”复选框，单击“添加”按钮，打开“选择母版页”对话框，选择 LogoMasterPage.master，如图 11.11 所示。

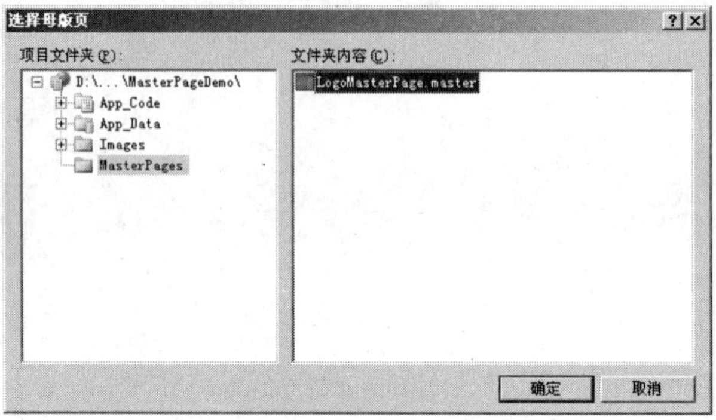

图 11.11　选中用做主母版页的母版页

当创建了这个应用了母版页的母版页之后，VS 2010 生成了如下代码：

```
<%--应用了母版页的母版页--%>
<%@ Master Language="C#"
MasterPageFile="~/MasterPages/LogoMasterPage.master"
AutoEventWireup="false"
CodeFile="LayoutMaster.master.cs"
Inherits="LayoutMaster" %>
<asp:Content ID="Content1" ContentPlaceHolderID="head" Runat="Server">
</asp:Content>
<asp:Content ID="Content2" ContentPlaceHolderID="ContentPlaceHolder1"Runat="Server">
</asp:Content>
```

可以看到，除了使用@Master 指令得知这是一个母版页之外，其他部分与内容页非常相似，比如相对于父母版页的 ContentPlaceHolder 控件，声明了相应的 Content 控件。开发人员可以在子母版页中放置其他的 ContentPlaceHolder 控件，以便于为内容页保留位置，而该控件则不能在内容页中使用。

（2）在子母版页中使用 Div 和 CSS 创建一个两栏的布局，在每个布局中均放置 1 个 ContentPlaceHolder 控件，页面代码如下：

```
<%--应用了母版页的子母版页--%>
<%@ Master Language="C#"
MasterPageFile="~/MasterPages/LogoMasterPage.master"
AutoEventWireup="false"
CodeFile="LayoutMaster.master.cs"
Inherits="LayoutMaster" %>
<asp:Content ID="Content1" ContentPlaceHolderID="head" Runat="Server">
    <style type="text/css">
        /*设置左侧边栏的样式，使其 100 个像素宽，并左侧浮动*/
        #left {
            background-color: #FFFF99;
            border: 2px solid #333333;
            float: left;
            width: 200px;
            height:300px;
        }
        /*设置右侧边栏的样式，使其占满整个右边界*/
        #right
        {
            background-color: #CCFFFF;
            border: 2px solid #808080;
            height:300px;
        }
         /*设置整个页面的字体样式*/
        body
        {
            font-family: verdana;
            font-size: 9pt;
            margin: 0px;
        }
    </style>
</asp:Content>
<asp:Content ID="Content2" ContentPlaceHolderID="ContentPlaceHolder1"Runat="Server">
    <div id="left">
        <!--放置内容页的容器控件-->
        <asp:ContentPlaceHolder id="ContentPlaceHolder1" runat="server">
        </asp:ContentPlaceHolder>
    </div>
        <div id="right">
        <!--放置内容页的容器控件-->
        <asp:ContentPlaceHolder id="ContentPlaceHolder2" runat="server">
        </asp:ContentPlaceHolder>
       </div>
</asp:Content>
```

（3）像在内容页一样进行网页的布局，但是在父母版页的<Content>标签中，又分别添加了另外两个 ContentPlaceHolder 控件，这样可供内容页放置其内容。现在添加一个使用该嵌套母版页的 NeastedWebPage.aspx 页面，与一般的母版页使用没有什么不同，只需要在内容区域中添加相应的内容即可，示例代码如下：

```
<%@ Page Language="C#" MasterPageFile="~/LayoutMaster.master"
AutoEventWireup="true" CodeFile="NeastedWebPage.aspx.cs"
Inherits="NeastedWebPage" Title="使用嵌套的母版页示例" %>
```

```
<%--在母版页的对应的 ContentPlaceHolder 中添加内容--%>
<asp:Content ID="Content1" ContentPlaceHolderID="ContentPlaceHolder1"Runat="Server">
ASP.NET 好书推荐
<br />ASP.NET 技术内幕
<br />使用 ASP.NET 开发物料资源管理系统
<br />ASP.NET 类设计手册
<br />ASP.NET 程序设计
</asp:Content>
<asp:Content ID="Content2" ContentPlaceHolderID="ContentPlaceHolder2"Runat="Server">
ASP.NET 好书推荐
<br />ASP.NET 技术内幕
<br />使用 ASP.NET 开发物料资源管理系统
<br />ASP.NET 类设计手册
<br />ASP.NET 程序设计
</asp:Content>
```

示例运行效果如图 11.12 所示。

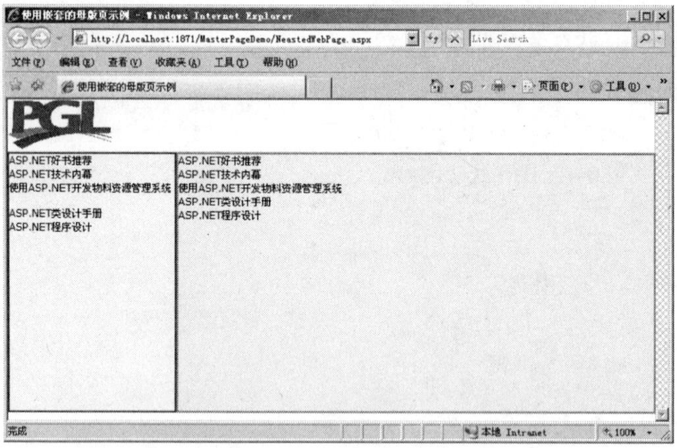

图 11.12 嵌套的母版页示例

11.2.4 母版页与内容页的事件触发顺序

母版页与内容页尽管最终都会合并为一个单独的类，但是母版页也会触发其相应的事件，内容页有时会触发相同的事件。但是母版页与内容页中的事件是不能直接交互的。母版页中的控件在母版页中触发事件，在内容页中触发的事件，不能将事件从内容页发送到母版页，也不能在内容页中去处理来自母版页中的事件。

下面是母版页与内容页合并后事件的发生顺序：

（1）母版页控件 Init 事件。

（2）内容页控件 Init 事件。

（3）母版页 Init 事件。

（4）内容页 Init 事件。

（5）内容页 Load 事件。

（6）母版页 Load 事件。

（7）母版页控制 Loud 事件。

（8）内容页控件 Load 事件。

（9）内容页 PreRender 事件。

（10）母版页 PreRender 事件。

（11）母版页控件 PreRender 事件。

（12）内容页控件 PreRender 事件。

可以看到，母版页和内容页会引发相同的事件，比如 Init 事件和 Load 事件，而且引发事件的规则是初始化的事件从控件的里面向外面引发，而其他类型的事件是从外向里引发，要想理解事件的作用，只需要记得，母版页的内容会与内容页的内容进行合并，开发人员可以将母版页想象为内容页中的一个控件，该控件具有一些相应的事件进行处理。

母版页和内容页中的事件顺序对于页面并不重要。但是，如果开发人员创建的事件处理程序取决于某些事件的可用性，比如某个行为的产生必须依赖于母版页和内容页的事件触发时才引发，那么了解母版页和内容页中的事件顺序是很有帮助的。

11.2.5　母版页与内容页交互

前面曾经介绍了在内容页中如何操作母版页，很多初学者在刚接触母版页时会发现，它具有代码后置文件，可以触发事件，似乎母版页是一个放置逻辑代码的好地方，可以使用这些代码来控制内容页的运行。在深入理解母版页后，发现母版页只是内容页中的一个子控件。母版页实际上是很被动的，不会去告诉内容页该做些什么，开发人员可以让母版页触发一些事件，让这些事件通知内容页来决定做什么。

举个例子，假定应用程序中大多数页面都需要有一个发送 E-mail 的按钮，因此开发人员考虑将这个按钮放到母版页中，但问题是不同的内容页将有不同的发送电邮的行为，比如发送电子邮件的地址和内容可能各不相同。为了让内容页可以响应母版页中的行为，开发人员可以选择在母版页中触发一个事件，然后供内容页进行访问，操作步骤如下。

（1）在 MasterPageDemo 的 MasterPage.master 母版页的顶部添加 1 个 LinkButton 和 1 个 TextBox 控件，当单击该按钮时，触发一个事件，然后将在文本框中输入电子邮件地址作为参数，定义代码如下：

```
    <div id="top">
    <img src="Images/PGL.jpg" alt="公司 Logo" width="150px" height="60px" />
    请输入电子邮件地址：<asp:TextBox ID="txtEmailAddress" runat="server"></asp:TextBox>
 <asp:LinkButton ID="lblSendEmail" runat="server" onclick="lblSendEmail_Click">
发送电子邮件</asp:LinkButton>
    </div>
```

（2）新建一个参数类，命名为 EmailAddrEventArgs，在该类中定义一个表示电子邮件地址的属性，代码如下：

```
using System;
/// <summary>
///EmailAddrEventArgs 中包含一个电子邮件地址的参数
/// </summary>
public class EmailAddrEventArgs:EventArgs
{
    //在构造函数中获取邮件地址参数
    public EmailAddrEventArgs(string toAddress)
```

```
        {
           _toAddress = toAddress;
        }
        private string _toAddress;
        public string ToAddress
        {
           get { return _toAddress; }
           set { _toAddress = value; }
        }
}
```

（3）当母版页中的按钮被单击时，引发一个事件，代码如下：

```
    //定义一个发送电子邮件的事件
    public EventHandler<EmailAddrEventArgs> OnSendEmail;
    protected void lblSendEmail_Click(object sender, EventArgs e)
    {
        if (OnSendEmail != null)
        {
            //当用户单击按钮时，触发该事件
            OnSendEmail(sender,new EmailAddrEventArgs(txtEmailAddress.Text));
        }
    }
```

（4）在内容页中定义响应这个事件的事件处理器，在 UsingMasterPage.aspx 的 Page_Init 事件中编写如下关联事件：

```
    protected void Page_Init(object sender, EventArgs e)
    {
        //关联母版页的 OnSendMail 事件，必须在母版页中使用<%@MasterType%>指定进行转换
        Master.OnSendEmail += new EventHandler<EmailAddrEventArgs>(OnPageSendMail);
    }
    protected void OnPageSendMail(object sender, EmailAddrEventArgs e)
    {
        string MailAddress = e.ToAddress;
        //使用 System.Net.Mail 命名空间中的类发送电子邮件
        MailAddress from = new MailAddress("cat_317@163.com");
        MailAddress to = new MailAddress(MailAddress);
        MailMessage message = new MailMessage(from, to);
        message.Subject = "发送邮件";
        message.Body = "这是内容页中的邮件内容";
        //实例化一个 SmtpClient 对象
        SmtpClient client = new SmtpClient("smtp.163.com");
        string UserName = "你的 163 的用户名";
        string Password = "你的 163 的用户密码";
        //由于 163 要经过客户端验证，因此在这里附加验证凭据
        client.Credentials = new System.Net.NetworkCredential(UserName, Password);
        //调用 Send 方法发送电子邮件
        client.Send(message);
        ClientScript.RegisterStartupScript(Page.GetType(), "sendInfo", "alert('已经成
        功的发送电子邮件')",true);
    }
```

为了能访问到母版页中的事件，必须在内容页中使用@MasterType 指令指定母版页的强类型，声明代码如下：

```
<%@ MasterType VirtualPath="~/MasterPage.master" %>
```

在 OnPageSendeMail 事件处理器中，首先从母版页中获取发送电子邮件的地址，接下来

使用了 System.Net.Mail 命名空间中发送电子邮件的类来发送电子邮件，在发送成功后，客户端弹出一个消息框表示发送成功，运行效果如图 11.13 所示。

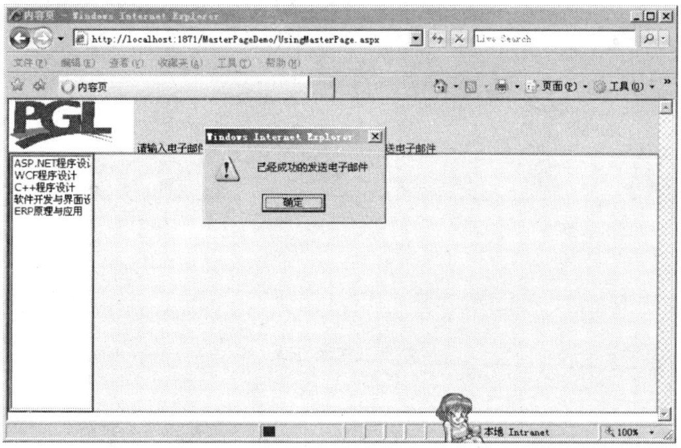

图 11.13　母版页发送电子邮件示例

开发人员可以为不同的内容页编写响应母版页的代码，这样可以通过母版页中用户的单击事件来调用不同内容页的电子邮件发送行为。

11.3　小结

本章分析和研究了母版页，首先简要地介绍了母版页的用法、母版页和内容页之间的连接、在母版页中设置默认的内容、相对路径的处理及如何在 web.config 中配置母版页；然后讨论了母版页的一些高级技术与技巧，包括如何访问母版页、如何在页面中动态设置不同的母版页、处理嵌套的母版页，以及母版页和内容页的事件触发顺序；最后介绍了如何让母版页控制内容页。

第 12 章 CSS 和主题技术

本章将介绍 ASP.NET 中控制外观风格和整体一致性的两大技术：CSS 和主题技术。CSS 技术由来已久，在静态 Web 页面时代就广泛应用，不过最近这两年随着 CSS 的发展，它已经渐渐地成为 Web 设计的主要方式。主题是 ASP.NET 2.0 之后的新技术，让开发人员可以为多个页面中相同的控制定义一致的风格，使开发人员能更容易标准化 Web 站点的外观和感觉。

12.1 使用 CSS 层叠式样式表

在 Internet 初期，网页设计者们使用标准的 HTML 格式化语法来修饰页面。这些格式化语法的特性非常有限，而且不一致，比如在 IE 和早期的网站就在某些标签的呈现上具有不同的表现。后来出现了支持绝大多数浏览器的 CSS，其全称是层叠式样式表，它提供了大量的格式化属性，这些属性允许开发人员定义边框、字体、颜色及页面的布局等。

本节内容将不对 CSS 技术本身进行详细介绍，主要讨论如何为 ASP.NET 应用程序加入 CSS。关于它的详细信息，可以参考 W3C 网站的 CSS 教程，网址如下：

```
http://www.w3.org/Style/CSS/
```

12.1.1 创建样式表

在页面中可以使用如下 3 种不同的方式来创建样式表。

（1）内联式样式表：直接放在<html>标签中的样式，比如可以在<body>标签中使用 style 属性来指定页面的字体和颜色，代码如下：

```
<body style="font-family:'Verdana, 宋体'; font-size:9pt; background:#EEEEFF">
    <form id="form1" runat="server">
    <div>
<%--使用内联式的样式-->%
    </div>
    </form>
</body>
```

使用这种方式编写的样式非常散乱，通常不建议使用这种方式来创建 CSS。

（2）内部样式表：指放置在页面<head>区中的样式集合。使用这种方式可以在一个统一的位置格式化整个页面，使页面的定义和样式清楚地分离，这是比较常用的一种使用样式表的方式，但是不利于多页重用，示例代码如下：

```
<html xmlns="http://www.w3.org/1999/xhtml">
<head runat="server">
    <title>样式使用示例</title>
<%--在这里放置了可以影响整个页面的样式--%>
     <style type="text/css">
       body
       {
           font-family:Verdana,宋体;
           font-size:9pt;
           background:#EEEEFF;
           }
     </style>
</head>
<body>
    <form id="form1" runat="server">
    <div>
<%--使用页内部样式  -->%
    </div>
    </form>
</body>
</html>
```

（3）外部样式表：这是最常用的也是推荐使用的一种方式。外部样式表与内部样式表非常相似，但是该样式表完全放在一个单独的文件中，可供多个页面使用。在 VS 2010 中创建外部样式表文件非常简单，在“添加新项”对话框中可以看到一个名为“样式表”的模板，如图 12.1 所示。为该文件命名，外部样式表的扩展名为.css，然后就可以在单独的编辑器中定义样式了。

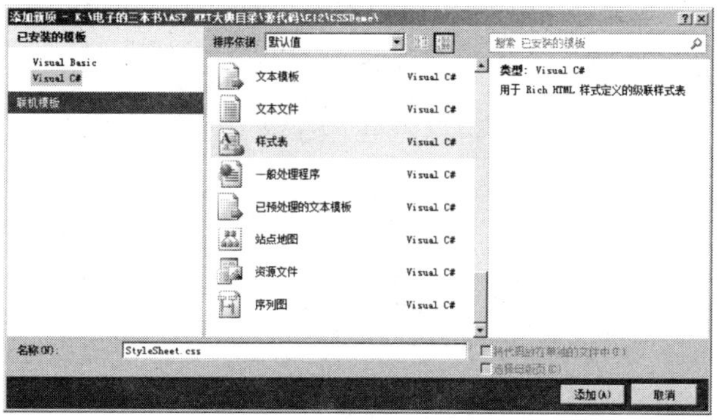

图 12.1　添加样式表文件

当创建了样式表文件之后，在页面中可以使用如下代码来引用外部样式表：

```
<link href="StyleSheet.css" rel="stylesheet" type="text/css" />
```

12.1.2　使用 VS 2010 设计器生成样式

在创建样式表时，可以借助于 VS 2010 新提供的几个功能来设计样式。VS 2010 提供了功能强大的样式设计器，让开发人员能以所见即所得的方式在界面上设计样式表。这对于使用样式表的新手是一个非常好的学习样式表的工具，对于有经验的开发者来说，这套工具可以大大提高创建样式的速度。

下面举一个示例来演示如何使用 VS 2010 的样式设计器来生成一个样式，步骤如下。

（1）创建一个名为 CssDemo 的示例网站，在该网站中添加一个 UseCSSBuilder.aspx，其中放置几个服务器端控件，UseCSSBuilder.aspx 页面的代码如下：

```
<form id="form1" runat="server">
    <div>
        <table>
            <tr>
                <td>
                    书籍名称</td>
                <td>
                    <asp:TextBox ID="txtbookName" runat="server"></asp:TextBox>
                </td>
            </tr>
           …
            <tr>
                <td>
                     </td>
                <td>
                    <asp:Button ID="Button1" runat="server" Text="保存" />
                </td>
            </tr>
        </table>
    </div>
    </form>
```

代码使用<table>标签创建了一个允许用户输入书籍信息的输入表格，没有任何的样式信息，界面看起来非常粗糙。

（2）添加一个 StyleSheet.css 的样式表文件，在 VS 2010 中样式表文件的编辑文档是一个代码编辑窗口，用鼠标右键单击代码编辑窗口的空白处，在弹出的快捷菜单中选择“添加样式规则”命令，打开图 12.2 所示的“添加样式规则”对话框。

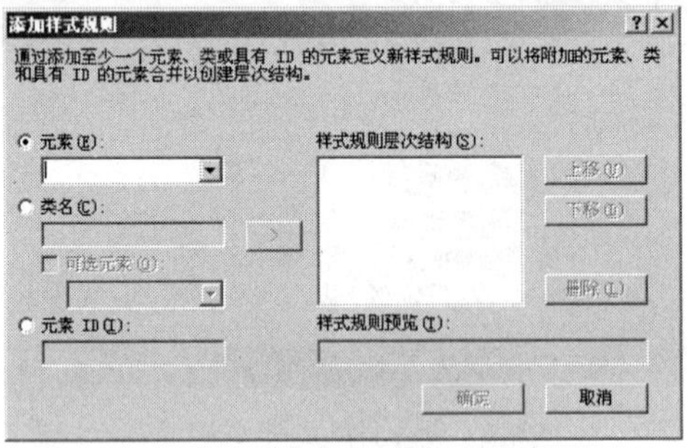

图 12.2　“添加样式规则”对话框

在“添加样式规则”对话框左侧有以下 3 个选择项。

- 元素：指定<html>标签元素。在“元素”下拉列表框中可以选择所有可供使用的<html>标签。当应用了元素样式后，页面中匹配的元素都会应用该样式。
- 类名：选中该选项后，可以在“类名”文本框中输入一个 CSS 样式类名。在页面的源代码中可以使用 class 属性为元素指定一个 CSS 类名，代码如下。

```
<p class="introduction">
```

➢ 元素 ID：显示用于 HTML 元素的 ID 文本，比如 Div、Span 等，均可以在 HTML 中指定一个 ID 值来应用样式。例如，可以为<p>标签指定一个 ID 号来应用一个具有指定元素 ID 的样式，代码如下：

```
<p id="footer">
```

（3）本示例先选中“元素”单选框，在“元素”下拉列表框中选择“table”选项，然后单击按钮[>]，将元素名称添加到“样式规则层次结构”列表框中。该列表框用于显示定义样式规则的元素、类和元素 ID 的层次结构。开发人员可以选择列表框中的任意节点，并使用“上移”、“下移”或“删除”按钮将该节点沿树形结构上移、下移或移除。单击“确定”按钮，VS 2010 将在样式表文档编辑器中添加 1 个 table 元素，代码如下：

```
table
{
}
```

（4）在大括号内部单击鼠标右键，在弹出的快捷菜单中选择“生成样式”命令，打开如图 12.3 所示的“修改样式”对话框。

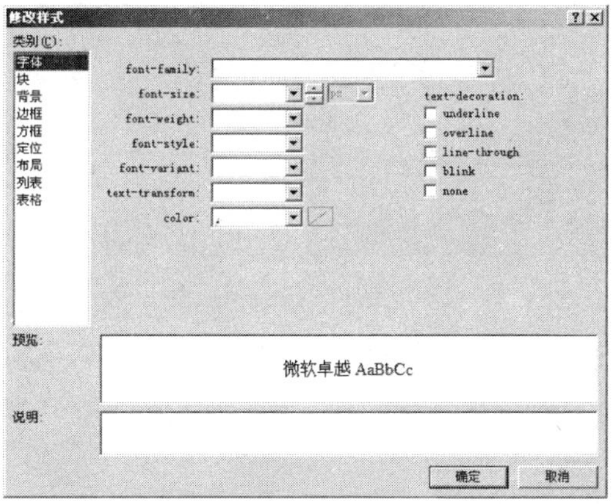

图 12.3　“修改样式”对话框

在“修改样式”对话框的“类别”列表框中，能够看到可供设置样式的 9 种分类，其说明如下。

➢ 字体：允许选择字体、字号、文本颜色及一些其他的字体特性，比如倾斜或加粗等。
➢ 块：允许调节文本设置，比如段落行高、文本对齐、文本缩进大小和字符间距等。
➢ 背景：允许设置背景颜色和背景图片。
➢ 边框：允许为元素指定边框，比如边框样式、宽度和每个边框的颜色。
➢ 方框：允许指定元素边框到容器距离的 margin 及 padding 属性。
➢ 定位：允许指定元素的定位特性，比如相对定位或绝对定位、宽度和高度，以及上下左右距离等。
➢ 布局：允许指定多种布局设置，可以指定元素是否可见、是否浮动及光标样式等。
➢ 列表：如果开发人员正在配置列表，比如<ul>或<ol>元素，可以设置列表的编号或项目符号的样式。这些设置在 ASP.NET 中一般用得不多，因为大多数时候开发人员都在使用 ASP.NET 列表控件中的设置。

➢ 表格：允许设置仅应用于表格元素的样式，比如<tr>和<td>等。

了解了这些可用于配置的分类后，有兴趣的读者可以在 MSDN 的“修改样式”对话框中找到各种选项可供配置的详细信息，地址如下：

```
ms-help://MS.MSDNQTR.v90.chs/dv_vwdgenref/html/ac380f4a-61c4-4cc6-a621-28cf39132c1
9.htm
```

（5）使用样式设计器为<table>元素配置样式，设置其宽度为 80%的百分比。在“类别”列表框中切换到“定位”节点，指定 width 属性为 80%，在对话框的“说明”栏中可以看到生成的 CSS 代码。如果可以预览，在“预览”栏中会看到生成 CSS 样式的效果，如图 12.4 所示。

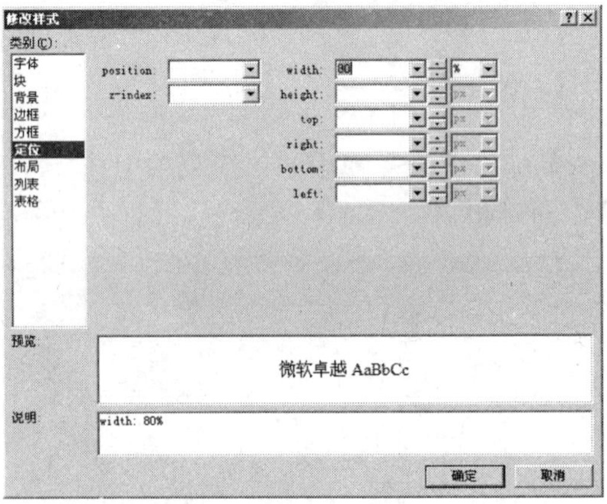

图 12.4　指定表格的宽度为 80%

使用相同的步骤分别设置其字体、颜色、边框折叠样式等，CSS 代码如下：

```
table
{
    width: 80%;
    border-collapse: collapse;
    font-family: 宋体, Arial, Helvetica, sans-serif;
    font-size: 9pt;
    color: #808080;
    text-align: left;
}
```

（6）当每次使用 VS 2010 创建一个新页面时，VS 2010 总会添加一个空白的<div>元素。该元素只是一个内容容器，并不会呈现任何内容，但是它在 CSS 中的应用非常广泛，比如可以用于布局，通过 CSS 来呈现外观，包括边框、背景等。下面为<div>元素设置一些样式，首先将其 ID 属性值指定为 info，然后添加 1 个元素 ID 样式，名为#info，代码如下：

```
#info
{
    background-color: #EFEFEF;
    width: 80%;
}
```

（7）分别为<tr>、<td>及服务器控件 TextBox 和 Button 应用样式，代码如下：

```
/*应用于表格行和表格列的样式*/
tr, td
{
```

```
    border-top-style: solid;
    border-top-width: 1px;
    border-color: #C0C0C0;
    padding: 10px;
}
/*应用于 TextBox 和 Button 的样式*/
input
{
    border-style: solid;
    border-width: 0px 0px 1px 0px;
    border-bottom-color: #000000;
}
```

经过这样的处理，现在页面已经变得美观多了，运行效果如图 12.5 所示。

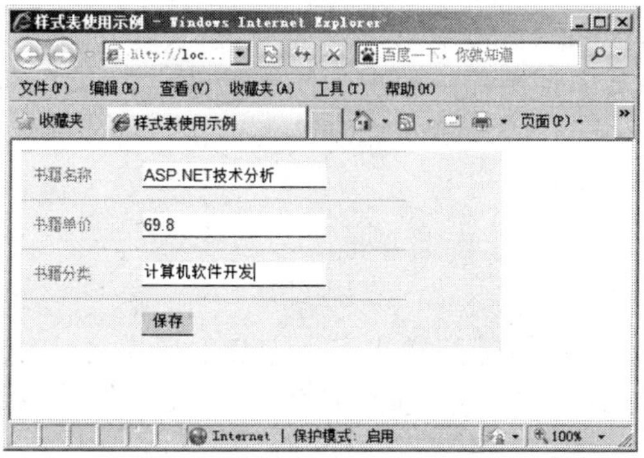

图 12.5　应用了样式表的页面效果

使用样式设计器，开发人员可以不用编写样式代码，大大提升了开发的效率。对于初学者来说，样式设计器也是一个非常好的学习 CSS 的工具，除此之外，VS 2010 还提供了其他的几个功能来辅助使用样式。

12.1.3　使用样式属性窗口和管理样式工具

当创建了样式后，VS 2010 提供了一个非常好用的“CSS 属性”窗口，该窗口允许开发人员查看和编辑已经应用的样式。如果没有看到“CSS 属性”窗口，可以选择“文件→CSS 属性”命令，打开图 12.6 所示的“CSS 属性”窗口。

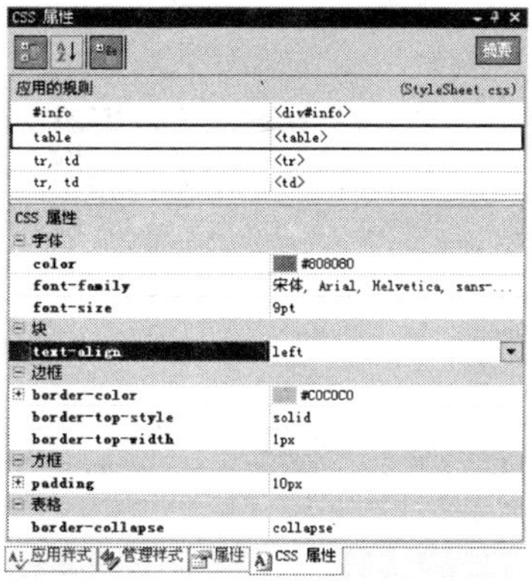

图 12.6　“CSS 属性”窗口

在“应用的规则”面板中，可以看到页面中已经应用的样式。当选择一个样式后，在“CSS

属性”窗口中以蓝字列出了已经设置的样式信息。在该窗口中可以轻松地更改这些样式信息，也可以单击右上角的“摘要”按钮，查看所有可供设置的样式，为元素添加新的样式属性。

除了“CSS 属性”窗口之外，“应用样式”与“管理样式”窗口也是两个使用 CSS 的得力帮手。这两个窗口提供了应用、修改、重命名和删除样式的便捷功能，其中“应用样式”窗口还提供了便捷的方式来应用已有的样式及清除现有的样式，如图 12.7 所示。

“应用样式”窗口可列出为页面定义的所有 CSS 样式规则，其中包括在外部样式表、内联式样式表、内部样式表中定义的样式规则。基于类和基于 ID 的样式规则显示在包含该样式的外部文件（扩展名为.css）下。如果样式规则是在页中定义的，则它将显示在当前页下。基于元素的样式规则按相同方式组织，不过它们显示在单独的“上下文选择器”标题下。

开发人员可以对“应用样式”窗口进行设置，让它列出所有的样式规则。或者对列表进行限制，让它仅列出当前页中使用的，或页面的当前选定内容中使用的样式规则。无论用户选择这些选项中的哪个选项，只有在以下两种情况下，基于元素的样式规则和内联样式规则才会显示在该窗口中。

- 将鼠标置于使用该样式的元素上方时。
- 选择使用该样式的内容时。

“管理样式”窗口可列出页的外部样式表中定义的所有样式规则，还可列出在页面中定义的、未定义为内联样式的所有样式规则。可以使用该窗口在外部样式表和<style>元素之间移动样式。用户还可以使用该窗口在 CSS 样式规则集中移动样式的位置。“管理样式”窗口如图 12.8 所示。

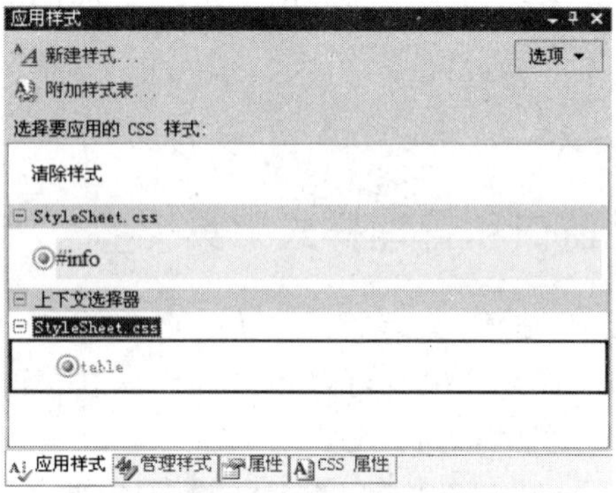

图 12.7 “应用样式”窗口

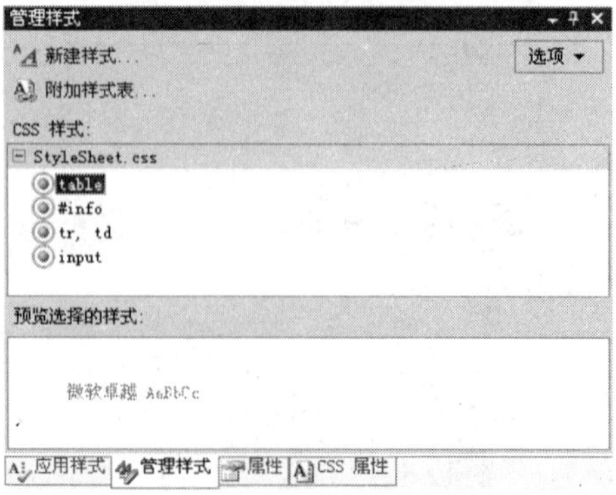

图 12.8 “管理样式”窗口

12.2　使用主题

主题是在 CSS 的基础之上推出的一种控制页面一致性样式的技术。如果说母版页是定义布局的好工具，那么主题是控制页面内容的好工具。使用主题可以控制页面中 HTML 元素和 ASP.NET 控件的呈现，与 CSS 相比这是一个较大的区别。CSS 仅有几个固定的样式设置，而主题则可以为服务器控件的多种不同属性设置皮肤。例如，关于 CheckBoxList 控件的呈现，使用 CSS 只能控制它的外观，而使用主题则可以设置其横向或纵向呈现、要呈现的栏数等，这在 CSS 中是无法实现的。主题还可以使用 CSS 来控制其外观呈现，本节将进行详细讨论。

12.2.1　创建并应用主题

在开始了解主题的细节信息之前，先创建一个 ThemeDemo 网站，本节与主题相关的所有示例将在该网站中实现。为了在 ASP.NET 网站中应用主题，首先需要在网站根目录中添加一个主题文件夹，用鼠标右键单击解决方案资源管理器中的 ThemeDemo，在弹出的快捷菜单中选择“添加 ASP.NET 文件夹→主题”命令，VS 2010 会添加一个名为 App_Themes 的文件夹，并在该文件夹中添加了一个名为“主题 1”的子文件夹。

> **注意**：App_Themes 文件夹必须位于应用程序的根目录中。

删除 VS 2010 自动生成的“主题 1”文件夹，用鼠标右键单击 App_Themes 文件夹，添加一个新的主题文件夹，命名为 MyTheme。每个主题文件夹可以包含多种不同类型的文件，比如文本和图像文件，也可以添加多个子文件夹来组织主题的内容。其中最重要的文件有两类：外观皮肤文件和层叠式样式表文件。

必须注意主题和主题文件夹的命名，主题文件夹在后台会自动编译为一个新类，因此不要把主题命名为项目中已经存在的类名，会导致它们相冲突。

用鼠标右键单击 MyTheme，在弹出的快捷菜单中选择“添加新项”命令，打开“添加新项”对话框，选择“外观文件”选项，命名为 MySkin.skin，如图 12.9 所示。单击“添加”按钮，VS 2010 将自动进入皮肤文件窗口。

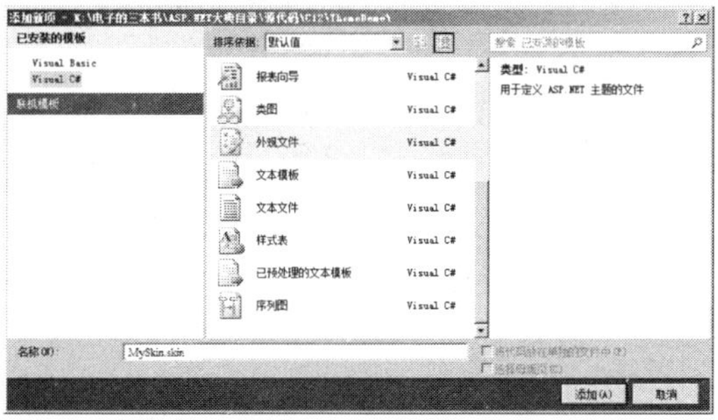

图 12.9　创建皮肤文件

一个主题可以包含一个或多个皮肤文件，一个皮肤文件允许修改服务器控件中任何影响其皮肤呈现的属性。但是 VS 2010 并没有提供对皮肤文件设计时的支持，因此为了对特定的服务器控件创建皮肤，开发人员需要先在页面中设计好外观，然后复制到皮肤文件中。对服务器控件的外观定义与普通的 Web 页面相似，唯一不同的是不能使用 ID 属性。

在 MySkin.skin 文件中，简单地定义了 3 个控件的前景色和背景色，代码如下：

```
<asp:ListBox runat="server" ForeColor="White" BackColor="Orange"/>
<asp:TextBox runat="server" ForeColor="White" BackColor="Orange"/>
<asp:Button runat="server" ForeColor="White" BackColor="Orange"/>
```

一个皮肤文件可以包含多个服务器控件的定义，还可以包含上百个主题文件，这是没有限制的，在主题文件夹中的内容最后都编译为一个主题类。皮肤文件中定义的所有控件都必须包含 runat 属性，不能包含 ID 属性。

下面添加一个 ASP.NET 页面来应用这个主题，操作步骤如下。

（1）添加一个名为 UseThemeDemo.aspx 的页面，在该页面中分别添加 1 个 ListBox 控件、1 个 TextBox 控件和 1 个 Button 控件，声明代码如下：

```
<asp:ListBox ID="ListBox1" runat="server">
    <asp:ListItem>ASP.NET 4.0</asp:ListItem>
    <asp:ListItem>ASP.NET MVC</asp:ListItem>
    <asp:ListItem>WCF</asp:ListItem>
    <asp:ListItem>WF</asp:ListItem>
</asp:ListBox>
<asp:TextBox ID="TextBox1" runat="server"></asp:TextBox>
<asp:Button ID="Button1" runat="server" Text="确定" />
```

（2）单击页面空白处，在"属性"窗格中选择 DOCUMENT 属性，然后找到其中的 Theme 属性，选择在前面创建的 MyTheme 主题文件夹，如图 12.10 所示。

在页面源代码的@Page 指令声明中，可以看到 VS 2010 自动添加了 Theme 属性，代码如下：

```
<%@ Page Language="C#"
AutoEventWireup="true"
CodeFile="UseThemeDemo.aspx.cs"
Inherits="UseThemeDemo"
Theme="MyTheme" %>
```

（3）运行该示例查看应用了主题控件的效果，如图 12.11 所示。

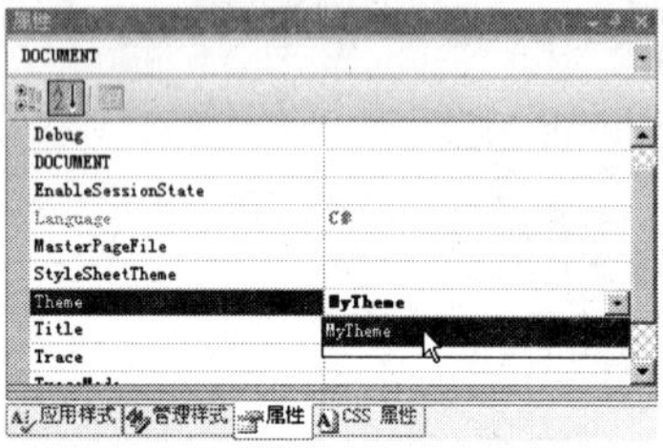

图 12.10　选择主题窗口

图 12.11　应用主题后的控件皮肤

当为页面应用主题时，首先 ASP.NET 将检查页面上的控件，然后在皮肤文件中查找是否具有匹配的控件，当匹配时，皮肤文件中的属性设置会自动覆盖默认的属性设置，这种定义皮肤的方式称为默认皮肤。

12.2.2　使用命名皮肤

上一节中创建的皮肤文件将应用到页面上所有匹配的控件，这可能有些不够灵活，比如在一个页面中，有几个 TextBox 控件和几个 Button 控件，要将它们进行分类并用不同的皮肤进行表示。此时，可以创建命名的皮肤来解决这个问题。

要创建命名的皮肤，只需在皮肤文件的定义中使用 SkinID 指定一个皮肤名称即可。可以为相同的控件创建多个具有不同 SkinID 的皮肤，在皮肤文件中，可以将匿名皮肤和命名皮肤放在一起使用，让指定 SkinID 的控件应用命名皮肤，未指定的则应用默认皮肤。

在 MySkin.skin 文件中添加几个命名的主题，代码如下：

```
<asp:ListBox runat="server" ForeColor="White" BackColor="Orange" />
<asp:TextBox runat="server" ForeColor="White" BackColor="Orange" />
<asp:Button runat="server" ForeColor="White" BackColor="Orange" />
<%--创建命名的外观--%>
<asp:ListBox runat="server"
ForeColor="White"BackColor="DarkOrange"SkinID="Dramatic"/>
<asp:TextBox runat="server" ForeColor="White" BackColor="DarkOrange"
Font-Bold="True" SkinID="Dramatic"/>
<asp:Button runat="server" ForeColor="White" BackColor="DarkOrange"
Font-Bold="True" SkinID="Dramatic"/>
```

指定了 SkinID 的控件将不会自动应用默认皮肤。为了应用命名皮肤，需要设置控件的 SkinID 属性来匹配特定的皮肤。开发人员可以使用“属性”窗格的下拉列表框来选择可供使用的控件皮肤，如图 12.12 所示。

VS 2010 自动为每个控件添加 SkinID 属性，代码如下：

```
<div>
    <!--使用命名皮肤的示例效果-->
    <asp:ListBox ID="ListBox2" runat="server" SkinID="Dramatic">
        <asp:ListItem>ASP.NET 4.0</asp:ListItem>
        <asp:ListItem>ASP.NET MVC</asp:ListItem>
        <asp:ListItem>WCF</asp:ListItem>
        <asp:ListItem>WF</asp:ListItem>
    </asp:ListBox>
    <asp:TextBox ID="TextBox2" runat="server" SkinID="Dramatic"></asp:TextBox>
    <asp:Button ID="Button2" runat="server" Text="确定 " SkinID="Dramatic" />
</div>
```

示例运行效果如图 12.13 所示。

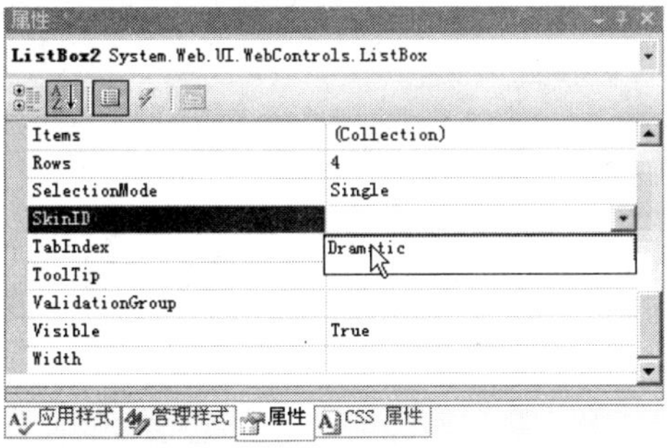

图 12.12　使用命名皮肤

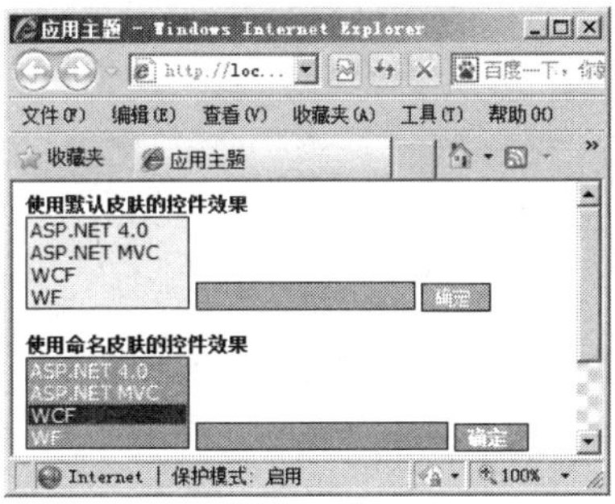

图 12.13　使用命名皮肤的示例效果

12.2.3　处理主题冲突

当应用了主题之后，主题和页中的控件设置将进行合并，构成控件的最终设置。如果同时在控件和主题中定义了控件设置，则主题中的控件设置将重写控件本身的任何设置。有时候，在一些情况下可能想改变这个行为，以便于控件能应用本身的属性而不被主题中的属性设置所覆盖。可以通过如下两种方式进行设置。

（1）在页声明区中使用 StyleSheetTheme 属性代替 Theme 属性来实现。StyleSheetTheme 又称为样式表属性，其设置如下：

```
<%@ Page Language="C#"
AutoEventWireup="true"
CodeFile="UseThemeDemo.aspx.cs"
Inherits="UseThemeDemo"
StyleSheetTheme="MyTheme" %>
```

当使用样式表属性时，开发人员可以在页面中设置控件特定的属性，而这些属性比主题中的属性具有更高的优先级。

（2）配置控件的 EnableTheming 属性为 False，让该控件不应用主题中的属性。例如，下面的代码将 ListBox 的 EnableTheming 属性设置为 False，该控件将不会应用主题中的皮肤设置。

```
        <asp:ListBox ID="ListBox1" runat="server" ForeColor="Black"
EnableTheming="false">
            <asp:ListItem>ASP.NET 4.0</asp:ListItem>
            <asp:ListItem>ASP.NET MVC</asp:ListItem>
            <asp:ListItem>WCF</asp:ListItem>
            <asp:ListItem>WF</asp:ListItem>
        </asp:ListBox>
```

运行时，ListBox1 将不会应用任何主题设置，此时开发人员可以自行定义控件的外观设置，也可以在页面级别使用 EnableTheming 属性来禁用整个页面的主题，当在全局范围内应用了主题设置后，可以为某些特别的页面单独禁用主题设置，下一节会介绍如何为应用程序设置主题。

12.2.4 在应用程序范围内应用主题

除了在页面上添加 Theme 或 StyleSheetTheme 属性来应用主题外，还可以为应用程序中所有的页面配置主题，这是通过在 web.config 配置文件的<pages>元素中指定 Theme 来实现的。下面的配置为整个网站应用了主题。

```
<configuration>
  <system.web>
    <pages theme="MyTheme" />
  </system.web>
</configuration>
```

除了使用 Theme 之外，还可以使用 StyleSheetTheme 来应用一个样式表主题，代码如下：

```
<configuration>
  <system.web>
    <pages styleSheetTheme="MyTheme" />
  </system.web>
</configuration>
```

当在 web.config 配置文件中指定了一个主题后，指定的主题将应用到整个网站。如果开发人员需要为特定的页面应用不同的主题，那么可以直接在页面级别指定 Theme 或 StyleSheetTheme 属性，在页面中指定的设置将覆盖 web.config 中的设置。

使用在 web.config 中配置的技术，开发人员可以为应用程序的不同文件夹指定不同的主题设置，只需要在子文件夹中创建一个 web.config 配置文件，然后使用<pages>配置元素定义不同的主题设置即可。也可以在页面级别使用 EnableTheming 属性来禁用某个页面的主题，这样将没有任何主题会应用到该页面。

12.2.5 在主题中使用 CSS 文件

除了在主题文件夹中使用皮肤文件外，ASP.NET 也提供了在主题中使用样式表的功能。使用样式表来控制服务器控件和 HTML 元素的呈现。当添加一个样式表到主题中之后，样式表将自动应用到所有页面。

有一个事项开发人员必须要理解：为了向页面中应用样式表，ASP.NET 需要向页面的<head>区中添加 1 个<link>标签，而且<head>标签具有 runat="server"时才可使用。VS 2010 在生成页面时会自动在<head>区中添加 runat="server"，代码如下：

```
<html xmlns="http://www.w3.org/1999/xhtml">
<head runat="server">
    <title>应用主题</title>
</head>
```

在 ThemeDemo 网站的 MyTheme 主题文件夹中添加一个 StyleSheet.css 的 CSS 代码文件，然后在该文件中添加如下代码来控制列表框与输入框的外观：

```
/*设置列表框和文本框及按钮的样式*/
select,input
{
     border: 1px solid #000080;
     font-family: verdana;
     font-size: 9pt;
     color: #808080;
     background-color: #EFEFEF;
}
/*设置页面主体样式*/
body
{
     font-family: verdana;
     font-size: 9pt;
     font-weight: bold;
}
```

运行时，会看到样式表自动应用到了页面中。

当在母版页中添加了样式表之后，因为 ASP.NET 会自动添加指向样式表的链接，那么开发人员可以为控件指定定义在样式表中的类，就如同使用单独的样式表一样，比如使用控件的 CssClass 属性来为控件指定定义在主题中的样式等。放在主题中的样式表文件并没有限制，如果添加了多个样式表文件，ASP.NET 将添加多个<link>标签到<head>区中来引用这些样式表文件。

12.2.6 在主题中使用图片

主题中除了包含样式表文件之外，还包含图像文件，以及其他的一些资源，比如脚本文本或音频文件，这些文件都为主题提供资源。例如，可以为 ImageButton 按钮添加一个图片文件，使其按钮显示为一幅图片。这些文件可以看成是主题的资源文件，通常，主题的资源文件与该主题的皮肤文件位于同一个文件夹中，但是它们也可以位于其他的位置，比如主题文件夹的某个子文件夹中。只需在引用时，使用标准的链接路径即可。

下面在 ThemeDemo 示例网站的 MyThemes 主题中添加一个子文件夹，命名为 Images，其中添加一幅图片文件，解决方案资源管理器的结构如图 12.14 所示。

在 MySkin.skin 文件中添加如下的皮肤设置代码，该代码将为 Image 服务器控件指定外观图片：

```
<asp:Image  runat="server"  ImageUrl="Images/php.gif" SkinID="phpImage" />
```

在代码中使用了命名皮肤，指定控件的 SkinID 名称为 phpImage，以便应用皮肤设置，代码如下：

```
    <!--使用命名的主题的示例效果-->
    <asp:Image ID="Image1" runat="server" SkinID="phpImage" />
```

当在主题中添加对一幅图片的引用时，确保图片的 URL 是相对于主题文件夹的，而不是相对于页面所在的文件夹。当该主题应用到控件时，ASP.NET 会在 URL 的前面自动添加主题名称为“Themes\”的路径，示例运行效果如图 12.15 所示。

图 12.14　在主题中添加图像

图 12.15　在主题中应用图片的示例运行效果

12.3　编程使用主题

与母版页类似，很多时候可能希望允许用户根据偏好来选择所喜爱的主题，或应用程序根据上下文环境来切换不同的主题。ASP.NET 除了在页面声明或在配置文件中指定主题和外观作为首选项之外，也可以通过编程的方式应用主题。

12.3.1　编程控制页面的主题

想要编程控制页面的主题，可以通过动态设置 Page 类的 Theme 或 StyleSheetTheme 属性来实现。需要注意的一个要点是，必须在 Page_PreInit 事件中设置这两个属性，否则设置操作将会引发异常。下面举例演示如何允许用户选择一个主题来动态地进行设置，操作步骤如下。

（1）添加一个名为 DynamicTheme.aspx 的页面，在该页面中添加 1 个 ListBox 控件和 1 个 Button 控件，页面的声明代码如下：

```
<form id="form1" runat="server">
<div>
    <!--在列表框中将绑定来自于主题文件夹中的主题-->
    <asp:Label ID="Label1" runat="server" Text="请选择一个主题: "></asp:Label>
    <br />
    <asp:ListBox ID="ListBox1" runat="server"></asp:ListBox>
    <br />
    <asp:Button ID="btnApply" runat="server" Text="应用主题" />
</div>
</form>
```

（2）使用绑定技术把 App_Theme 文件夹中的主题绑定到 ListBox 控件中，在 Page_Load 事件中添加如下代码来加载可选择的主题：

```
protected void Page_Load(object sender, EventArgs e)
{
    if (!Page.IsPostBack)
    {
        //实例化 DirectoryInfo 对象，使其指向主题文件夹
        DirectoryInfo themes = new DirectoryInfo(Server.MapPath("App_Themes"));
        ListBox1.DataTextField = "Name";
        //将 ListBox 的数据源设置为主题文件夹的子文件夹
        ListBox1.DataSource = themes.GetDirectories();
        ListBox1.DataBind();
    }
}
```

（3）当用户单击“应用主题”按钮后，页面将重定向到自身，并且将用户所选择的主题保存到会话变量中，代码如下：

```
protected void btnApply_Click(object sender, EventArgs e)
{
    //将所选择主题保存到会话变量中
    Session["Theme"] = ListBox1.SelectedValue;
    //刷新页面，以便于 Page_PreInit 事件处理器能应用主题
    Server.Transfer(Request.FilePath);
 }
```

在这里之所以使用 Transfer()方法来重新刷新页面而不使用页面回发，是因为如果要让页面再次响应 PreInit 事件，最有效率的方法是使用 Server.Transfer()而不是 Response.Redirect()方法，因为 Redirect()方法会发送一个重定向的信息到客户端，这需要一些额外的网络传输。

（4）处理页面的 Page_PreInit 事件，使用该事件来动态地应用页面主题，代码如下：

```
protected void Page_PreInit(object sender, EventArgs e)
{
```

```
        if (Session["Theme"] == null)
        {
            //如果没有主题被指定时，则将 Theme 保持为空
            Page.Theme = "";
        }
        else
        {
            //使用 Page.Theme 属性指定一个主题
            Page.Theme = (string)Session["Theme"];
        }
    }
```

在该事件处理器中，如果没有设置主题，即 Session 中的值为空时，则将 Page.Theme 保持为空，表示不应用主题，否则将应用保存在 Session 中的主题示例运行效果如图 12.16 所示。

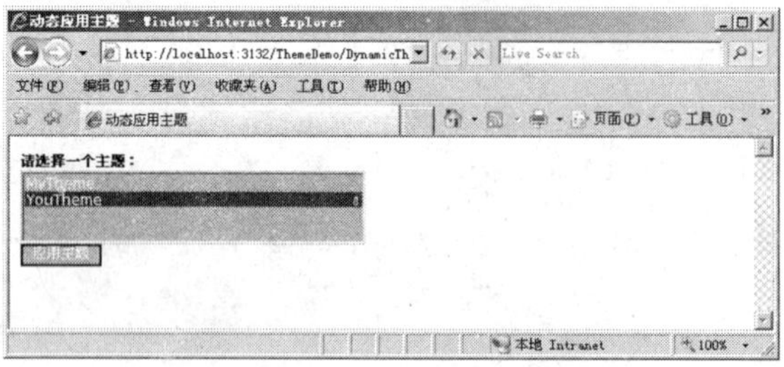

图 12.16　动态应用主题示例效果

12.3.2　编程为控件指定命名主题

除了动态地为页面指定主题外，对于命名皮肤，开发人员也可以在程序运行时为特定的控件应用命名的皮肤，同样需要开发人员在 Page_PreInit 事件中进行处理，操作的方法是动态地设置控件的 SkinID 属性。下面举例演示如何通过编程的方式为控件指定命名主题，操作步骤如下。

（1）在 ThemeDemo 示例网站中添加一个名为 DynamicSkinID.aspx 的页面，在该页面中添加 1 个 Calendar 控件和 2 个 HyperLink 控件，代码如下：

```
<%@ Page Language="C#"
 AutoEventWireup="true"
 CodeFile="DynamicSkinID.aspx.cs"
 Inherits="DynamicSkinID"
 Theme="YouTheme" %>
<!DOCTYPE html PUBLIC "-//W3C//DTD XHTML 1.0 Transitional//EN"
"http://www.w3.org/TR/xhtml1/DTD/xhtml1-transitional.dtd">
<html xmlns="http://www.w3.org/1999/xhtml">
<head runat="server">
    <title>动态设置控件的皮肤</title>
</head>
<body>
    <form id="form1" runat="server">
    <div>
    <!--程序将动态地改变 Calendar 控件的皮肤-->
    <asp:Calendar ID="Calendar1" runat="server"></asp:Calendar>
    </div>
     <!--这两个超链接将会引起页面刷新，并传递命名的皮肤名称 -->
    <asp:HyperLink ID="HyperLink1" runat="server"
        NavigateUrl="~/DynamicSkinID.aspx?SkinID=Skin1">日历样式一</asp:HyperLink>
    <br />
```

```
        <asp:HyperLink ID="HyperLink2" runat="server"
            NavigateUrl="~/DynamicSkinID.aspx?SkinID=Skin2">日历样式二</asp:HyperLink>
        </form>
    </body>
    </html>
```

（2）当单击超链接时，页面将重定向到当前页并附带了 SkinID 的查询字符串参数。Page_PreInit 事件通过获取查询字符串参数，来为 Calendar 控件动态地设置 SkinID。Page_PreInit 事件代码如下：

```
        protected void Page_PreInit(object sender, EventArgs e)
        {
            //获取查询字符串参数值
            if (Request["SkinID"] != null)
            {
                switch (Request["SkinID"])
                {
                    //根据查询字符串参数的不同，动态地设置 SkinID 值
                    case "Skin1":
                        Calendar1.SkinID = "CalendarStyle1";
                        break;
                    case "Skin2":
                        Calendar1.SkinID = "CalendarStyle2";
                        break;
                }
            }
        }
```

（3）示例运行时，当单击不同的超链接时，日历控件将自动应用不同的命名样式，在 YouTheme 主题中，已经提前设置了 CalendarStyle1 和 CalendarStyle2 命名皮肤，读者可以参考本书配套的代码，运行效果如图 12.17 所示。

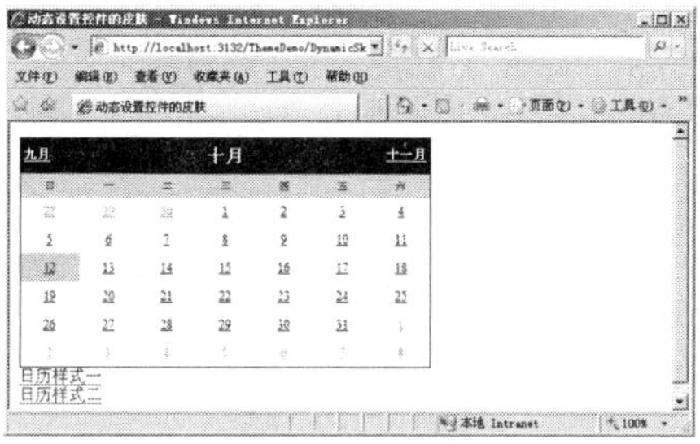

图 12.17　动态设置命名皮肤

12.4　小结

本章讨论了控制页面外观的几个功能。首先介绍了 CSS，VS 2010 为此进行了较大幅度的增强，又讨论了如何创建和使用样式表，比如在样式设计器、“CSS 属性”窗口、“应用样式”窗口及“管理样式”窗口中如何处理样式；然后介绍了主题，讨论了如何创建并应用主题、如何使用命名皮肤及如何处理主题冲突，又讨论了在 web.config 配置文件中如何配置整个应用程序范围内的主题，以及如何为主题添加 CSS 和图片文件等技术；最后讨论了如何通过编程的方式动态地为页面指定主题，以及如何为特定的控件指定 SkinID 属性来动态地设置命名皮肤。

第 13 章　站点导航技术

当应用程序或网站越来越复杂时，如何管理成百上千个链接、如何让用户具有清晰的层次结构感就变得越来越重要了。ASP.NET 提供了一种称为站点导航模型的导航功能集合，使开发人员在创建站点导航功能时更容易。该功能能够为用户提供一致的站点导航方式。

13.1　使用站点地图

站点地图是指网站的整体结构。当开发人员在规划站点导航模型时，应该先规划整个网站的结构。网站的结构包括页面的层次结构、页与页之间的链接位置。举个简单的例子，一家在线购物网站中可能具有 14 个页面，这些页面可能会具有如下的层次结构：

```
主页
    产品
        硬件
            电脑整机
            电脑主版
            监控系统
        软件
            操作系统
            数据库
            ERP 系统
    服务
        培训
        咨询&顾问
        服务支持
```

在创建一个站点导航模型时，开发人员首先应该这样规划站点的逻辑结构，这个结构在未来可能会根据需要添加更多的页面或移除页面。ASP.NET 提供了相关的控件和模板，允许开发人员静态或动态地创建网站的站点地图。

13.1.1　定义站点地图文件

在 ASP.NET 中为了创建站点地图，最简单的方法是创建一个名为 Web.sitemap 的站点地图文件，下面将前面介绍的站点层次结构用站点地图文件表示出来，操作步骤如下。

（1）创建一个名为 WebSiteMapDemo 的网站，在解决方案资源管理器中用鼠标右键单击网站名称，在弹出的快捷菜单中选择“添加新项”命令，打开“添加新项”对话框，选择“站点地图”选项，保持默认的名称不变，如图 13.1 所示。单击“确定”按钮，VS 2010 将自动创建一个站点地图文件，该文件保留了基本的站点地图结构，代码如下：

```
<?xml version="1.0" encoding="utf-8" ?>
<siteMap xmlns="http://schemas.microsoft.com/AspNet/SiteMap-File-1.0" >
    <siteMapNode url="" title=""description="">
        <siteMapNode url="" title=""description="" />
        <siteMapNode url="" title=""description="" />
    </siteMapNode>
</siteMap>
```

图 13.1　创建站点地图文件

站点地图文件就是一个 XML 文件，该文件以<siteMap>作为根元素，在<siteMap>内至少嵌套一个<siteMapNode>子元素，每个子元素包含如下 3 个主要的属性。

- title：所关联节点的标题文本，这个文本将显示在页面上。
- description：与所关联节点相对应的描述性文本。
- url：指向一个页面或其他资源的链接地址。

> **注意**：url 节点并不是必需的，比如产品和服务节点或许没有链接页面，因此可以不用指定 URL 属性。

（2）将本章开头所列出的层次结构用站点地图文件表示，代码如下：

```
<?xml version="1.0" encoding="utf-8" ?>
<siteMap xmlns="http://schemas.microsoft.com/AspNet/SiteMap-File-1.0" >
    <siteMapNode url="Default.aspx" title="主页" description="网站首页">
        <siteMapNode url="" title="产品" description="公司的产品信息">
          <siteMapNode url="" title="硬件" description="所卖出的产品硬件">
            <siteMapNode url="~/Products/Hardware/Computer.aspx" title="电脑整机"
```

```
        description="代理多种品牌机器" />
        <siteMapNode url="~/Products/Hardware/MotherBoard.aspx" title="电脑主板"
        description="各种品牌主板的出售和维修" />
        <siteMapNode url="~/Products/Hardware/Camera.aspx" title="监控系统"
        description="室内外监控系统安装，维护" />
      </siteMapNode>
      <siteMapNode url="" title="软件" description="所卖出的软件系统">
        <siteMapNode url="~/Products/Software/DataBase.aspx" title="数据库系统"
        description="包括 SQL Server、Oracle 以及 DB2" />
        <siteMapNode url="~/Products/Software/ERPSystem.aspx" title="ERP 系统"
        description="各种国产的 ERP 软件，用友、金蝶" />
        <siteMapNode url="~/Products/Software/OperationSystem.aspx" title="操作系统
        " description="比如 Windows 系统，Linux 系统" />
      </siteMapNode>
     </siteMapNode>
    <siteMapNode url="" title="服务" description="公司提供服务信息">
     <siteMapNode url="~/Services/Training.aspx" title="培训" description="提供软件
     件操作培训" />
     <siteMapNode url="~/Services/Consulting.aspx" title="咨询和顾问" description="
     提供企业信息化咨询" />
     <siteMapNode url="~/Services/Support.aspx" title="支持" description="提供企业
    支持" />
   </siteMapNode>
  </siteMapNode>
</siteMap>
```

不能创建具有相同的两个 URL 节点，这可能会具有一些问题，比如一些站点可能有多个节点指向相同的链接，但是 ASP.NET 默认的站点地图提供者 SiteMapProvider 将所有的链接信息存储在一个集合中，并且使用唯一的 URL 作为索引，因此，录入重复的信息会有些麻烦。这个限制可以通过查询字符串参数来解决，比如下面的代码：

```
<siteMapNode title="Windows 操作系统" description="Windows XP、Server 版系统"
url="~/Products/Software/OperationSystem.aspx?Category=Windows" />
<siteMapNode title="Linux 操作系统" description="各种 Linux 操作系统"
url="~/Products/Software/OperationSystem.aspx?Category=Linux" />
```

13.1.2 使用 SiteMapPath 控件

SiteMapPath 控件可以使用站点地图中的数据显示一个导航路径，也称为面包屑或眉毛导航。使用 SiteMapPath 控件可以显示用户当前导航页的位置，并显示出返回到主页的链接。

应用 SiteMapPath 控件非常简单，开发人员只需要从工具箱的“导航”栏中拖 1 个 SiteMapPath 控件到页面上，该控件将自动使用网站根目录下 Web.sitemap 文件中的数据显示导航，一般建议将 SiteMapPath 控件放置在母版页中，定义代码如下：

```
<!--使用 SiteMapPath 控件显示站点地图信息-->
 <asp:SiteMapPath ID="SiteMapPath1" runat="server"></asp:SiteMapPath>
```

SiteMapPath 控件在页面上呈现的效果如图 13.2 所示，在示例页面中将 SiteMapPath 控件放置在一个母版页中，并且让网站上所有的页面应用该母版页。

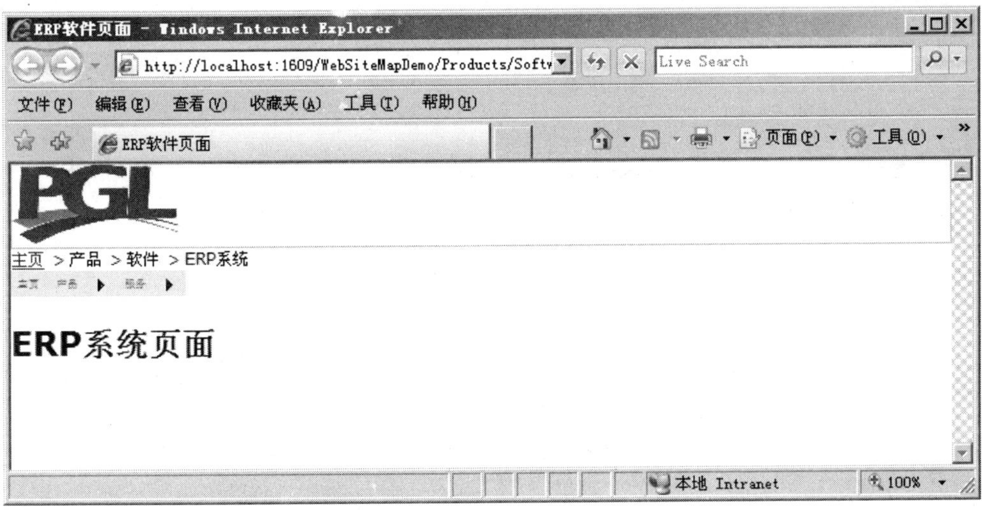

图 13.2　SiteMapPath 控件示例页面

从图 13.2 中可以看到，SiteMapPath 会显示当前页面所在网站的层次结构，如果为父项链接指定 URL，则可以单击父项链接进行导航。

SiteMapPath 控件是通过默认的站点地图提供者获取到 Web.sitemap 文件中的数据实现的，这个默认的提供者就是派生自 SiteMapProvider 的 XmlSiteMapProvider 类，该类将基于文件扩展名为.sitemap 的 XML 文件生成站点地图树，本节后面的内容将会进行详细讨论。

SiteMapPath 控件提供了多个属性可供开发人员设置控件本身的行为，比较重要的几个属性如表 13.1 所示。

表 13.1　SiteMapPath 重要属性列表

属性名称	属性描述
ParentLevelsDisplay	允许限制显示的父节点的数量，默认情况下，SiteMapPath 控件显示所有的父节点
PathDirection	允许反转 SiteMapPath 控件显示的链接顺序，可选值有：RootToCurrent，这是默认值，表示从根级显示到当前级；CurrentToRoot，表示从当前页面显示到根级
PathSeparator	指定用于分割节点的字符串，默认的是“>”，可以指定任何的字符
RenderCurrentNodeAsLink	是否允许将 SiteMapPath 描述的当前节点呈现为链接
ShowToolTips	是否允许显示工具提示
SiteMapProvider	允许为 SiteMapPath 控件指定其他的站点地图提供者

使用上面的几个属性，可以控制 SiteMapPath 控件的显示行为，比如分割字符串，是否将当前节点显示为链接。下面对前面示例中的 SiteMapPath 控件稍做修改，使其显示的方向反转，并变换分割符的显示，代码如下：

```
<!--设置 SiteMapPath 控件的属性以控制其显示-->
<asp:SiteMapPath ID="SiteMapPath1" runat="server"PathDirection="CurrentToRoot"
    PathSeparator="=="></asp:SiteMapPath>
```

运行效果如图 13.3 所示。

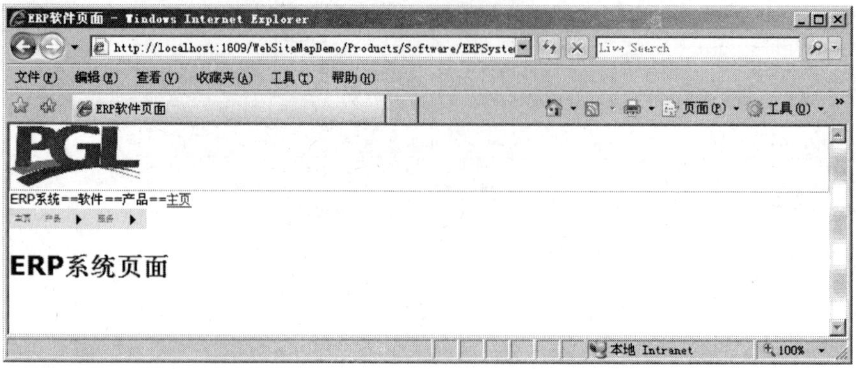

图 13.3　定制 SiteMapPath 控件的属性示例

SiteMapPath 控件提供了一些样式（以 Style 为结尾的属性）和一些模板，允许开发人员改变其呈现外观，这些样式和模板如表 13.2 所示。

表 13.2　SiteMapPath 控件的样式和外观

样　式	模　板	说　明
NodeStyle	NodeTemplate	所有节点的样式，除了当前节点和根节点外
CurrentNodeStyle	CurrentNodeTemplate	当前节点的样式
RootNodeStyle	RootNodeTemplate	根节点的样式
PathSeparatorStyle	PathSeparatorTemplate	节点之间分割符的样式

下面的代码将使用 RootNodeStyle 属性来设置根节点的字体和颜色。

```
<!--设置 SiteMapPath 控件的根节点样式-->
<asp:SiteMapPath ID="SiteMapPath1" Runat="server"
SkipLinkText="Skip Menu"
RootNodeStyle-Font-Names="Verdana"
RootNodeStyle-ForeColor="Orange"
RootNodeStyle-BorderWidth=2 >
</asp:SiteMapPath>
```

样式的设置非常简单，开发人员也可以选择在 VS 2010 的“属性”窗格中直接进行设置，实时地查看应用的效果。SiteMapPath 控件模板的设计稍微复杂一些，开发人员需要使用数据绑定表达式语法。实际上模板中的内容也是一些 HTML 标签，特定的模板用来显示 SiteMapPath 控件特定的部分，比如根节点、节点等。在模板中使用数据绑定表达式语法绑定到 Web.sitemap 文件中的 tile、description 等属性。下面的代码演示了如何使用 CurrentNodeTemplate 和 RootNodeTemplate 两个模板设置 SiteMapPath 控件的外观。

```
<!--设置 SiteMapPath 控件的模板-->
 <asp:SiteMapPath ID="SiteMapPath1" runat="server"
  PathSeparator=">>"
  PathDirection="rootToCurrent"
  RenderCurrentNodeAsLink="false"
  ShowToolTips="true"
  RootNodeStyle-ForeColor="orange">
  <NodeStyle CssClass="node" />
  <CurrentNodeStyle CssClass="cnode" />
  <CurrentNodeTemplate>
  [[<%# Eval("title") %>]]
  </CurrentNodeTemplate>
  <RootNodeStyle CssClass="rnode" />
```

```
<RootNodeTemplate>
((<%# Eval("title") %>))
</RootNodeTemplate>
</asp:SiteMapPath>
```

示例的运行效果如图 13.4 所示。

图 13.4　使用 SiteMapPath 控件的模板设置其外观呈现示例

13.1.3　使用 SiteMap 类获取导航信息

使用 SiteMapPath 控件，开发人员可以不需要编写代码或只需编写较少的代码就可以在页面中添加站点导航。但 ASP.NET 的导航模型也提供了 API（Application Programming Interface，应用程序编程接口），允许开发人员以编程的方式控制导航。当 Web 应用程序运行时，ASP.NET 会提供一个反映其站点地图结构的 SiteMap 对象，该对象中的所有成员均为静态成员。

SiteMap 对象本身只具有以下两个与导航相关的属性。

- CurrentNode 属性：用于获取当前的节点，返回 SiteMapNode 对象。
- RootNode 属性：用于获取根节点，返回 SiteMapNode 对象。

而 SiteMapNode 对象具有多个用于控制导航的属性，如表 13.3 所示。

表 13.3　SiteMapNode 对象与导航相关的属性

属　　性	属 性 说 明
ParentNode	返回当前节点的上一级节点，包含当前节点。如果是根节点，这个属性则返回 null
ChildNodes	返回当前节点中所有子节点的集合。可以通过检查 HasChildNodes 属性来判断当前节点是否有子节点
PreviousSibling	返回相同等级的上一个节点，如果不存在则返回 null
NextSibling	返回相同等级的下一个节点，如果不存在则返回 null

下面举例演示 SiteMap API 的使用，操作步骤如下。

（1）在放置有 SiteMapPath 控件的母版页中添加 2 个 Label 控件和 2 个 Button 控件。Label 控件将使用 SiteMap 类的 CurrentNode 获取当前节点的信息，而 2 个按钮将分别在相同级别的导航节点之间进行导航，声明代码如下：

```
        <!--显示当前节点信息的 Label 控件-->
        <asp:Label ID="lblHead" runat="server" Text="Label"></asp:Label><br />
        <asp:Label ID="lblDescription" runat="server" Text="Label"></asp:Label>
        <br />
        <!--用于在节点间进行导航的按钮-->
        <asp:Button ID="btnPrevious" runat="server" Text="上一个节点"
            onclick="btnPrevious_Click" />
        <asp:Button ID="btnNext" runat="server" Text="下一个节点"
onclick="btnNext_Click" />
```

（2）在母版页的后置代码中添加 2 个按钮的单击事件代码，并且在 Page_Load 事件中获取当前节点，然后将标题和描述显示在 Label 控件上，代码如下：

```
public partial class MasterPage : System.Web.UI.MasterPage
{
    protected void Page_Load(object sender, EventArgs e)
    {
        //将 SiteMap.CurrentNode 的信息显示在 Label 控件中
        lblHead.Text = SiteMap.CurrentNode.Title;
        lblDescription.Text = SiteMap.CurrentNode.Description;
    }
    protected void btnPrevious_Click(object sender, EventArgs e)
    {
        //如果同级节点的上一个节点不为空，则导航到上级节点
        if (SiteMap.CurrentNode.PreviousSibling != null)
        {
            //获取 PreviousSibling 的 URL 信息
            string Url= SiteMap.CurrentNode.PreviousSibling.Url;
            Response.Redirect(Url);
            btnPrevious.Visible = true;
        }
        else
        {
            btnPrevious.Visible = false;
        }
    }
    protected void btnNext_Click(object sender, EventArgs e)
    {
        //如果同级节点的下一个节点不为空，则导航到上级节点
        if (SiteMap.CurrentNode.NextSibling != null)
        {
            //获取 NextSibling 的 URL 信息
            string Url = SiteMap.CurrentNode.NextSibling.Url;
            Response.Redirect(Url);
            btnNext.Visible = true;
        }
        else
        {
            btnNext.Visible = false;
        }
    }
}
```

在按钮的单击事件中，首先判断 CurrentNode 的同级上下节点是否为空，如果不为空，则调用 Response.Redirect()方法导航到该 URL，并且按钮的状态也会根据 CurrentNode 的 2 个 Silbling 值而发生变化，在 Page_Load 事件中，通过为 2 个 Label 控件分别赋予当前节点的 Title 属性和 Description 属性来显示当前的信息，示例运行效果如图 13.5 所示。

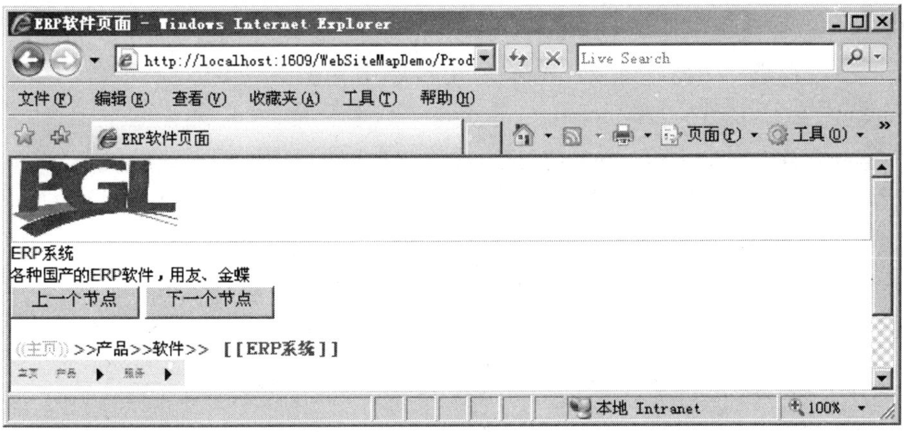

图 13.5　编程控制导航示例效果

13.1.4　URL 地址映射

随着应用程序的复杂性增加，请求 Web 页面的 URL 可能会随着查询字符串参数的增加而变得越来越复杂。用户可能希望有一个简单易记的 URL 来记住所访问的页面，或者出于一些安全性因素的考虑，不想让最终用户看到使用的这些查询字符串参数，或者网页的地址发生了改变，但是却希望不要影响到最终用户，使他们仍然能直接访问到所需要的页面。ASP.NET 提供了地址映射的功能，可以帮助开发人员解决这个问题。

要在 ASP.NET 中配置地址映射，需要在 web.config 配置文件中定义<urlMappings>配置节，并为这个配置节提供两个信息。

➢ 请求 URL：一个简单易记的 URL，不是一个真实的 URL。

➢ 目标 URL：原始的 URL。

一个简单的 URL 映射配置示例如下：

```
<configuration>
  <system.web>
    <urlMappings enabled="true">
      <add url="~/Hardware.aspx"
      mappedUrl="~/Production.aspx?category=computer" />
      <add url="~/Software.aspx"
      mappedUrl="~/Production.aspx?category=database" />
    </urlMappings>
    ...
  </system.web>
 </configuration>
```

当用户请求页面时，ASP.NET 会根据 web.config 配置文件中的设置进行地址匹配，这里有两点必须理解：一个是匹配算法并不是大小写敏感的；另一个是对于查询字符串参数，ASP.NET 也会将之忽略。总而言之，ASP.NET 提供的这个地址映射功能非常简单，它不支持任何高级匹配功能，比如通配符或正则表达式匹配等技术。

一旦 ASP.NET 发现匹配的 URL，将会使用与 Server.Transfer()类似的方式进行页面重定向，也就是说，并没有任何网络负载产生，而且客户端浏览器中的地址也不会发生变化，仍显示被映射的地址。在编写程序时，Request.Path 属性和 RequestString 属性会反映到被映射后的地址，而原来的地址则通过 Request.Rawurl 属性进行访问。

此外，还可以在代码中使用UrlMappings类来编程添加地址映射，UrlMappings类允许开发人员显示给用户的 URL 映射到 Web 应用程序中存在的 URL。从编程角度而言，将UrlMappings 对象添加至 UrlMappingCollection 等效于将<add>元素包含在配置文件的<urlMappings>节中。每个 UrlMappings 对象包含两个标识 URL 的属性：一个属性指定显示给用户的 URL；另一个属性指定 Web 应用程序中的 URL。在<add>的 url 和 mappedUrl 属性中忽略尾部的空白字符，下面的代码是一个编程添加 URL 的示例。

```
protected void Page_Load(object sender, EventArgs e)
{
    UrlMapping urlMap = null;
    //打开 web.config 配置文件
    Configuration config =WebConfigurationManager.OpenWebConfiguration("~/");
    //获取 URL 配置块
  UrlMappingsSection urlMapSection
=(UrlMappingsSection)config.GetSection("system.web/urlMappings");
  //如果是首次请求页面，修改 URL 地址映射
    if (!Page.IsPostBack)
    {
        //如果没有添加 URL 映射，则添加一个新的映射
        if (urlMapSection.UrlMappings.Count == 2)
        {
            urlMap = new UrlMapping("~/events.aspx",
               "~/default.aspx?show=3");
            urlMapSection.UrlMappings.Add(urlMap);
            config.Save();              //保存 web.config 配置文件
        }
    }
}
```

13.1.5 创建自定义的站点地图提供者

当使用 SiteMapPath 时，一般情况下，ASP.NET 会使用默认的站点地图提供者来获取站点地图数据，默认的站点地图提供者将从名为 Web.sitemap 的 XML 文件中获取站点地图数据，这有可能不符合应用程序项目的需求，比如说，想将站点地图使用数据库进行保存时，开发人员必须创建自定义的站点地图提供程序。

创建自定义站点地图提供程序的 3 个主要理由如下：

- 为了将站点地图信息存储在 ASP.NET 默认站点地图提供程序不支持的数据源中。例如，可能希望将站点地图数据存储在 SQL Server、Access 及 Oracle 等数据库中。
- 为了使用与 Web.sitemap 文件所使用架构的不同架构来管理导航信息。
- 为了使用动态站点地图结构。例如，可能希望每个客户端账户能够查看不同的站点地图。

在创建站点地图之前，开发人员有两种选择：一种是派生自 System.Web 命名空间中的抽象基类 SiteMapProvider，这种方式使开发人员可以从零开始实现一个新的站点地图提供者；另一种是从派生自 StaticSiteMapProvider 类开始，这种方式可以保留相同的逻辑而提供不同的实现，该类提供了许多方法的基本实现，包括节点存储和搜索等。

本节将演示如何创建一个把站点地图数据存储在 SQL Server 数据库中的自定义站点地图提供者，分为 3 个部分进行讲解：

- 创建用于存储站点地图数据的数据表。
- 创建自定义的站点地图提供者。

➢ 配置网站，来使用自定义的站点地图提供者。

在 WebSiteMapDemo 中，新建一个名为 DBSiteMap 的数据库，在该数据库中创建一个名为 SiteMap 的数据表。由于所有的站点地图数据保存在一个表中，为了表示站点地图数据的层次化结构，在本示例中创建了一个自引用的数据表，表结构如图 13.6 所示。

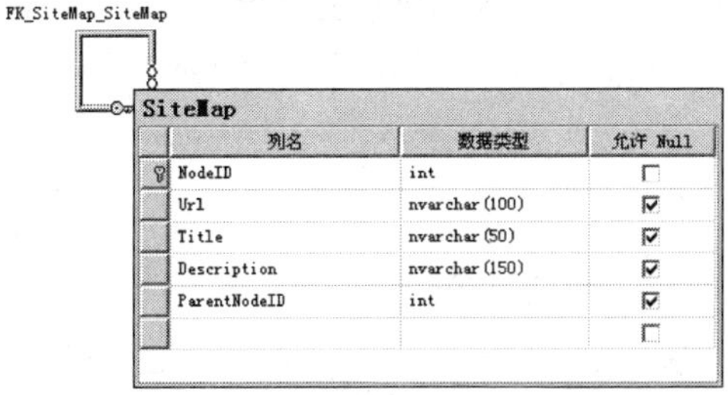

图 13.6　自定义站点地图提供者数据表结构

NodeID 是一个自动增长的标识列，ParentNodeID 自引用到 NodeID 字段，这样便于存储层次化站点地图数据，下面输入在本章开头的网站结构数据，如图 13.7 所示。

	NodeID	Url	Title	Description	ParentNodeID
▶	1	~/Default.aspx	主页	网站首页	NULL
	2	~/Production.aspx	产品	公司的产品信息	1
	11	~/Services.aspx	服务	公司提供服务...	1
	7	~/SoftWare.aspx	软件	所卖出的软件...	2
	3	~/HardWare.aspx	硬件	所卖出的产品...	2
	4	~/Products/Hardware/Computer.aspx	电脑整机	代理多种品牌	3
	5	~/Products/Hardware/MotherBoard.aspx	电脑主板	各种品牌主板...	3
	6	~/Products/Hardware/Camera.aspx	监控系统	室内外监控系...	3
	9	~/Products/Software/ERPSystem.aspx	ERP系统	各种国产的ER...	7
	10	~/Products/Software/OperationSyst...	操作系统	比如Windows...	7
	8	~/Products/Software/DataBase.aspx	数据库系统	包括SQL Serv...	7
	12	~/Services/Training.aspx	培训	提供软件件操...	11
	14	~/Services/Support.aspx	支持	提供企业支持	11
	13	~/Services/Consulting.aspx	咨询和顾问	提供企业信息...	11
*	NULL	NULL	NULL	NULL	NULL

图 13.7　输入站点地图数据

创建好数据表之后，在 WebSiteMapDemo 中新建一个类文件，命名为 SqlSiteMapProvider，本示例将使用 StaticSiteMapProvider 类作为自定义站点地图提供者的基类，由于该类将 SiteMapNode 对象存储在哈希表中，并且使用 SiteMapNode.Url 属性作为哈希表的键，因此在数据表的 Url 字段中要为所有的节点指定 Url 值，否则会产生错误。

要扩展 StaticSiteMapProvider 类，需要重载如下 3 个最重要的方法。

➢ Initialize()方法：用于初始化自定义的站点地图提供程序，比如从配置文件中获取数据库的连接字符串信息，或如果自定义类使用文件来存储数据，则可以在这里执行文件的初始化操作。该方法具有一个 NameValueCollection 类型的名为 attributes 的参数，该参数保存了 web.config 配置文件中的配置信息，开发人员可以使用该属性获取设置在 web.config 配置文件中<siteMap>节下的信息。

➢ BuildSiteMap()方法：必须由从 StaticSiteMapProvider 类派生的所有类重写，该方法是自定义站点地图提供程序的核心方法，它从数据库中查询站点地图数据，并转换成站点地图的内部表示形式，比如层次结构的节点关系。在 StaticSiteMapProvider 和 XmlSiteMapProvider 中，许多默认成员的实现都会调用 BuildSiteMap()方法。由于请求多个并发的页可能会导致多次调用，从而加载站点地图信息，因此在实现时，还要确保对该方法的调用是线程安全的。

➢ GetRootNodeCore()方法：将检索目前由当前提供者管理的所有节点的根节点。

SqlSiteMapProvider 类遵循 StaticSiteMapProvider 的重载要求，重载了 Clear()方法来清除内存中的节点数据。Initialize()方法初始化连接字符串数据，重要的代码部分使用 BuildSiteMap()方法从数据库中查询站点地图数据，并以递归的方式加载到站点地图集合中，完整的代码如下：

```
using System;
using System.Collections;
using System.Collections.Specialized;
using System.Data;
using System.Data.SqlClient;
using System.Data.Common;
using System.Security.Permissions;
using System.Web;
//支持多级层次结构的 SQL Server 站点数据提供程序
[AspNetHostingPermission(SecurityAction.Demand,Level=AspNetHostingPermissionLevel.
Minimal)]
public class SqlSiteMapProvider : StaticSiteMapProvider
{
    private SiteMapNode rootNode = null;
    private SqlConnection sqlConnection = null;
    //指定连接到数据库的连接字符串，注意大小写敏感
    private string ConnectionStringName = "SqlSiteMapConnectionString";
    public SqlSiteMapProvider() { }          //默认的构造函数
    private bool initialized = false;     //用来帮助追踪提供者初始化状态的布尔值
    public virtual bool IsInitialized
    {
        get
        {
            return initialized;
        }
    }
    //返回当前站点地图的根节点
    public override SiteMapNode RootNode
    {
        get
        {
            SiteMapNode temp = null;
            temp = BuildSiteMap();
            return temp;
        }
    }
    protected override SiteMapNode GetRootNodeCore()
    {
        return RootNode;
    }
    //重载 StaticSiteMapProvider 的 Initialize 方法，用于从配置文件中获取初始化的信息
    public override void Initialize(string name, NameValueCollection attributes)
    {
        if (IsInitialized)
            return;
        base.Initialize(name, attributes);       //调用基类的初始化方法
        //从配置文件中获取连接字符串信息
        string connectionString = attributes[ConnectionStringName];
        //如果没有找到连接字符串则触发异常
        if (null == connectionString || connectionString.Length == 0)
```

```
            throw new Exception("没有找到连接字符");
        else
            sqlConnection = new SqlConnection(connectionString);
        initialized = true;                  //将初始化标志设为 true，表示成功初始化
    }
    ///SiteMapProvider 和 StaticSiteMapProvider 必须被重载的方法
    ///清除集合中的所有内容
    protected override void Clear()
    {
        lock (this)
        {
            rootNode = null;
            base.Clear();
        }
    }
    //从数据库存储中创建站点地图的内部结构表示，并返回根节点，该方法必须要被重载
    public override SiteMapNode BuildSiteMap()
    {
        //因为 SiteMap 类是静态的，确保当站点地图数据正在被构建时可以不被修改，保持线程安全
        lock (this)
        {
            //如果没有被初始化，则抛出异常
            if (!IsInitialized)
            {
                throw new Exception("BuildSiteMap 的方法调用不正确.");
            }
            //如果没有根元素
            if (null == rootNode)
            {
                Clear();                    //开始清除过程
                int rootNodeId = -1;        //后从数据库中查询出根元素
                if (sqlConnection.State == ConnectionState.Closed)
                    sqlConnection.Open();
                SqlCommand rootNodeCommand =
                    new SqlCommand("SELECT * FROM SiteMap ORDER BY ParentNodeID, Title",
                sqlConnection);
                //构建一个 DataSet 对象来获取数据库中的所有站点地图数据
                DataSet ds = new DataSet();
                SqlDataAdapter adapter = new SqlDataAdapter(rootNodeCommand);
                adapter.Fill(ds, "SiteMap");
                DataTable dtSiteMap = ds.Tables["SiteMap"];
                //使用 Select 方法查询根元素
                DataRow rowRoot = dtSiteMap.Select("ParentNodeID IS NULL")[0];
                //使用根元素数据构造一个 SiteMapNode 节点
                rootNode = new SiteMapNode(this,
                                    rowRoot["Url"].ToString(),
                                    rowRoot["Url"].ToString(),
                                    rowRoot["Title"].ToString(),
                                    rowRoot["Description"].ToString());
                string rootID = rowRoot["NodeID"].ToString();
                //将该根节点添加到站点地图提供程序维护的节点集合中
                AddNode(rootNode);
                //调用 AddChildren 方法加载子元素
                AddChildren(rootNode, rootID, dtSiteMap);
            }
        }
        return rootNode;                                    //返回根元素
    }
    /// <summary>
```

```
/// 递归加载数据库中存储的站点地图数据，并加入到站点地图集合中
/// </summary>
/// <param name="rootNode">当前节点的上级节点</param>
/// <param name="rootID">NodeID 值</param>
/// <param name="dtSiteMap">从持久化中取出的站点地图数据</param>
private void AddChildren(SiteMapNode rootNode, string rootID, DataTable dtSiteMap)
{
    //查询节点中的子元素的数据
    DataRow[] childRows = dtSiteMap.Select("ParentNodeID = " + rootID);
    foreach (DataRow row in childRows)
    {
        SiteMapNode childNode = new SiteMapNode(this,
        row["Url"].ToString(),
        row["Url"].ToString(),
        row["Title"].ToString(),
        row["Description"].ToString());
        string rowID = row["NodeID"].ToString();
        AddNode(childNode, rootNode);                //使用 AddNode 方法添加到父节点集合中
        AddChildren(childNode, rowID, dtSiteMap);//递归调用，继续加载子节点
    }
}
}
```

BuildSiteMap()方法首先从数据库中加载所有的站点地图数据到 DataTable 中，然后使用 Select()方法递归搜寻层次结构的数据，对于这种方式也许会有性能问题，读者可以进一步修改该示例，比如在 BuildSiteMap()中使用 HttpContext.Current.Cache 来为节点添加缓存特性等。

13.1.6 使用 SqlSiteMapProvider 类

本节将讨论如何使用自定义的站点地图提供者，ASP.NET 在 web.config 配置文件中提供了<siteMap>元素，该配置元素可以定义默认的站点地图提供者和一些其他的信息，为了使用 SqlSiteMapProvider 类，在 web.config 中添加如下代码：

```
<siteMap defaultProvider="SqlSiteMapProvider">
  <providers>
    <add
      name="SqlSiteMapProvider"
      type="SqlSiteMapProvider"
      providerName="System.Data.SqlClient"
      SqlSiteMapConnectionString="Data Source=.\SQLEXPRESS;AttachDbFilename=
      |DataDirectory|DBSiteMap.mdf;Integrated Security=True;User Instance=True"/>
  </providers>
</siteMap>
```

defaultProvider 属性指定了当前使用的默认站点地图提供者。在<providers>集合中可以添加一个或多个站点地图提供者。配置完站点地图提供者之后，不需要其他任何设置，就可以在 SiteMapPath 控件中看到自定义的站点地图提供者的运行效果了。

13.2 TreeView 控件

当浏览微软 MSDN 网站时，会发现其左侧的树状导航非常漂亮，如图 13.8 所示。这是通过 TreeView 控件来实现的，该控件提供了除 SiteMapPath 控件之外的另外一种方式来显示导航信息。

Tree View 控件主要用于显示层次化的信息，该控件也可以绑定到实现了 IHierarchicalDataSource 或 IHiearchicalEnumerable 接口的数据源控件。

图 13.8　MSDN 左侧的树状导航

本节将学习如何使用 TreeView 控件、如何在设计时以声明的方式添加 TreeView 控件、将 TreeView 控件绑定到层次化的数据源控件（比如 SiteMapDataSource 和 XmlDataSource 控件），以及学习如何从数据库中显示层次结构的数据。

13.2.1　使用 TreeView 控件

TreeView 是 ASP.NET 中功能强大的控件，不只是可以显示层次式的数据，也可以按需要填入树状数据。而且该控件提供了大量的格式化特性，只需要设置几个属性就可以改变控件的外观。很多时候，TreeView 控件用于显示来自 XML 中的数据或数据表中的层次式数据，比如 ERP 系统中的 BOM 物料清单，就可以用 TreeView 控件得到很好的体现。

下面创建一个 TreeViewDemo 的网站，在该网站中添加一个名为 MasterPage.master 的母版页，然后从工具箱的“导航”栏中拖 1 个 TreeView 控件到母版页中，VS 2010 会自动弹出 TreeView 控件的任务菜单，如图 13.9 所示。在该菜单中提供了几个功能可以简化创建 TreeView 控件的过程，该任务菜单提供的功能如下：

➢ “自动套用格式”选项可以让开发人员选择一种由 VS 2010 预定义的树状视图格式，VS 2010 提供了很多时尚的树状格式，在很多项目中，笔者都选择使用这些预定义的格式，而且获得了很好的效果，“自动套用格式”对话框如图 13.10 所示。

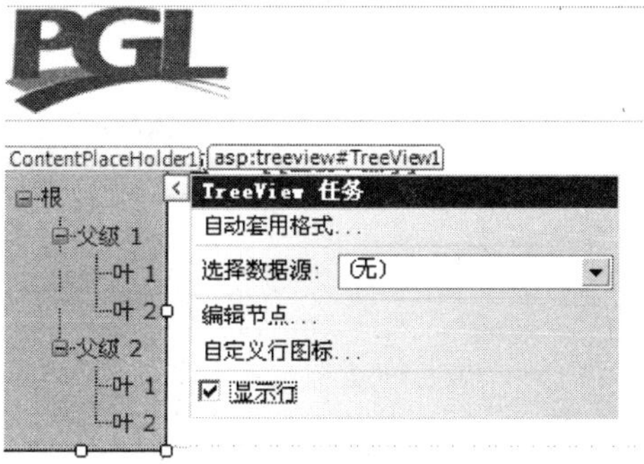

图 13.9　“TreeView 任务”菜单

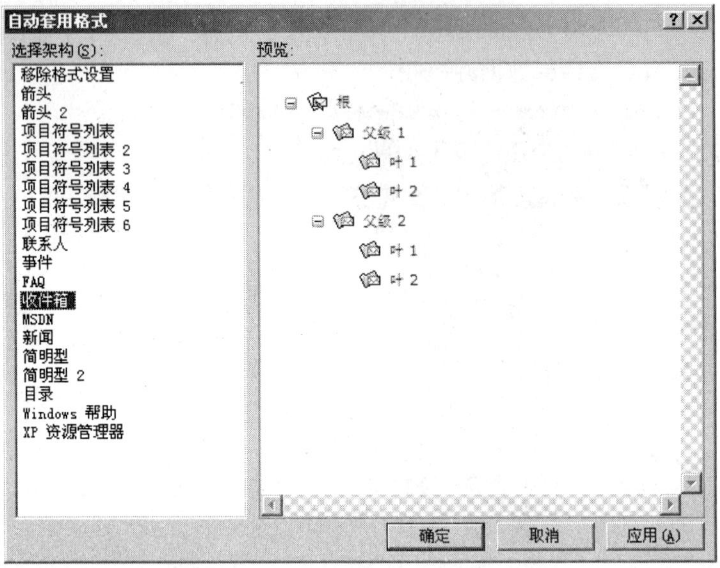

图 13.10 “自动套用格式”对话框

➢ “选择数据源”下拉列表框可以让用户选择或新建一个数据源控件，本节后面将介绍如何把 SiteMapDataSource 控件绑定到站点地图文件。
➢ “编辑节点”选项非常重要，选择该选项，将打开一个“TreeView 节点编辑器”对话框，其中可以让用户在设计时为 TreeView 控件添加或编辑节点，如图 13.11 所示。可以通过它的工具栏添加相应的节点，在编辑器右侧的“属性”面板中，可以为每个节点设置属性。
➢ “自定义行图标”选项可以让用户单独地为每个节点定义行图标，行图标编辑器如图 13.12 所示，可以在其中控制节点的显示外观。
➢ “显示行”复选框用于确定是否在每个节点的左侧显示导航线条。

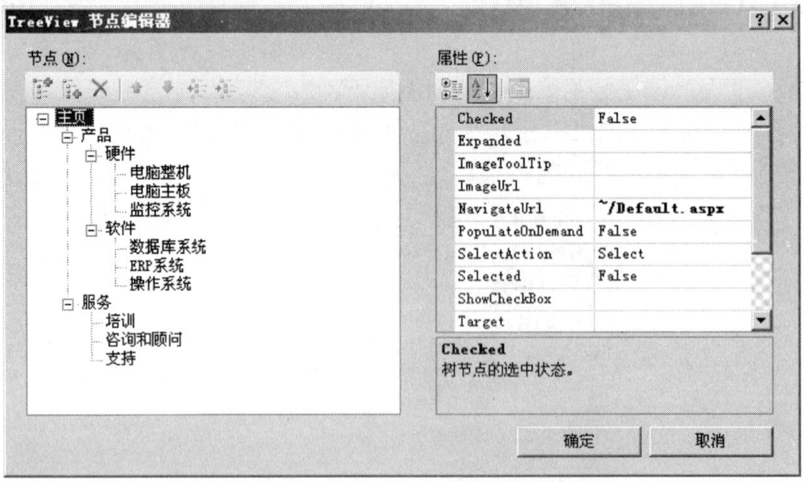

图 13.11 “TreeView 节点编辑器”对话框

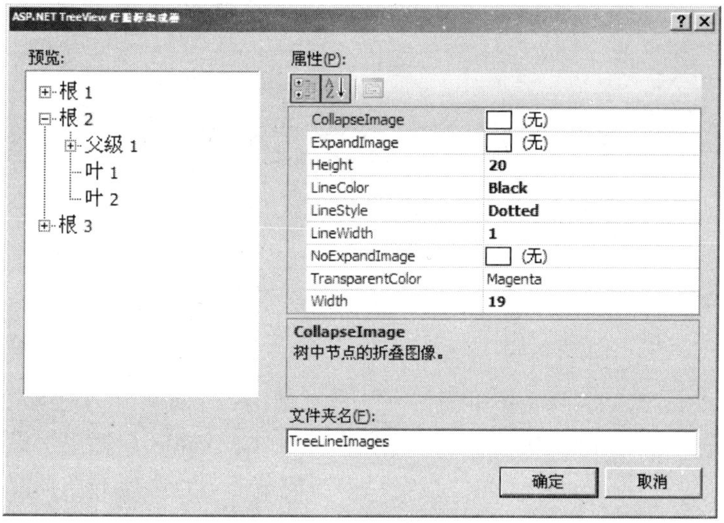

图 13.12　行图标编辑器

使用 TreeView 的节点编辑器添加在本章开始所列出的站点地图结构，VS 2010 将会自动产生如下声明代码：

```
<asp:TreeView ID="TreeView1" runat="server" ShowLines="True">
    <Nodes>
        <asp:TreeNode NavigateUrl="~/Default.aspx" Text="主页" Value="主页">
            <asp:TreeNode Text="产品" Value="产品">
                <asp:TreeNode Text="硬件" Value="硬件">
                    <asp:TreeNode
                    NavigateUrl="~/Products/Hardware/Computer.aspx"
                    Text="电脑整机"
                        Value="电脑整机"></asp:TreeNode>
                    <asp:TreeNode
                    NavigateUrl="~/Products/Hardware/MotherBoard.aspx"
                     Text="电脑主板"
                        Value="电脑主板"></asp:TreeNode>
                    <asp:TreeNode
                    NavigateUrl="~/Products/Hardware/Camera.aspx"
                    Text="监控系统"
                    Value="监控系统"></asp:TreeNode>
                </asp:TreeNode>
                <asp:TreeNode Text="软件" Value="软件">
                    <asp:TreeNode
                    NavigateUrl="~/Products/Software/DataBase.aspx"
                    Text="数据库系统"
                    Value="数据库系统"></asp:TreeNode>
                    <asp:TreeNode
                    NavigateUrl="~/Products/Software/ERPSystem.aspx"
                    Text="ERP 系统"
                    Value="ERP 系统"></asp:TreeNode>
                    <asp:TreeNode
                    NavigateUrl="~/Products/Software/OperationSystem.aspx"
                  Text="操作系统" Value="操作系统"></asp:TreeNode>
                </asp:TreeNode>
            </asp:TreeNode>
            <asp:TreeNode Text="服务" Value="服务">
```

```
                <asp:TreeNode
                NavigateUrl="~/Services/Training.aspx" Text="培训" Value="培训">
                </asp:TreeNode>
                <asp:TreeNode
                NavigateUrl="~/Services/Consulting.aspx" Text="咨询和顾问"
                    Value="咨询和顾问"></asp:TreeNode>
                <asp:TreeNode
                NavigateUrl="~/Services/Support.aspx" Text="支持" Value="支持">
                </asp:TreeNode>
            </asp:TreeNode>
        </asp:TreeNode>
    </Nodes>
</asp:TreeView>
```

从代码中可以看到，TreeView 中的每个节点都是由一个或多个 TreeNode 对象组成，每个 TreeNode 都具有一个 Text 属性用于指定其节点文本，Value 属性用于指定其节点的值。TreeNode 也包含一个 NavigateUrl 属性指定当单击树中的节点时所导航页面的超链接，上面的代码产生了一个具有嵌套节点的树状导航视图，如图 13.13 所示。

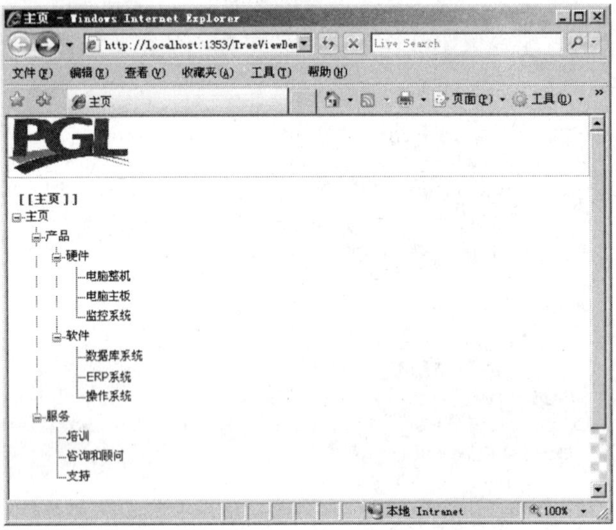

图 13.13　TreeView 树状视图运行效果

TreeView 控件也可以显示 Web.sitemap 站点地图中的站点地图数据，为了使 TreeView 控件能够绑定到该控件，需要一个 SiteMapDataSource 的数据源控件，TreeView 控件通过与该数据源控件的绑定来显示站点地图数据。下面添加一个 BindingToSiteMap.aspx 的页面，在该页面中放置 1 个 TreeView 控件，然后从工具箱的“数据”栏中拖 1 个 SiteMapDataSource 控件到页面上。单击 TreeView 控件右上角的智能标签，在弹出的“TreeView 任务”菜单中将 TreeView 控件的数据源指定为刚才拖入的 SiteMapDataSource 控件。VS 2010 产生的代码如下：

```
<form id="form1" runat="server">
<!--将 TreeView 控件的 DataSourceID 指定为 SiteMapDataSource 控件,TreeView 将显示站点地图中的数据-->
<asp:TreeView ID="TreeView1" runat="server" DataSourceID="SiteMapDataSource1">
</asp:TreeView>
<asp:SiteMapDataSource ID="SiteMapDataSource1" runat="server" />
</form>
```

当打开示例页面时，站点地图中的所有节点将自动显示到 TreeView 控件中，不需其他额外的设置。在默认情况下，SiteMapDataSource 控件使用 XmlSiteMapProvider 来呈现具有层次化结构的 Web.sitemap 中的数据，因此正适合 TreeView 控件的显示。

13.2.2　TreeView 控件的属性介绍

TreeView 控件提供了很多的属性用于控制该控件的显示，其中一个最重要的属性是 ImageSet，该属性允许开发人员选择一套预定义的节点图标。ImageSet 是 TreeViewImageSet 枚举类型的属性，各种不同的枚举值可以显示不同 TreeView 控件的图像组。ImageSet 属性只会改变 TreeView 控件的节点显示，不会影响节点的任何样式设置，TreeViewImageSet 的可选枚举值如下。

- Arrows：使用箭头图像的预定义图像集。
- BulletedList：使用菱形项目符号图像的预定义图像集。
- BulletedList2：使用方形项目符号图像的预定义图像集。
- BulletedList3：预定义的、分节的菱形项目符号图像集。
- BulletedList4：预定义的、大小随级别不同而变化的、分节的备用菱形项目符号图像集。
- Contacts：使用 MSN Messenger 图像的预定义图像集。
- Custom：用户定义的图像集。
- Events：使用事件日志样式的预定义图像集。
- Faq：使用 FAQ 样式的预定义图像集。
- Inbox：使用电子邮件样式的预定义图像集。
- News：使用新闻组样式的预定义图像集。
- Simple：使用简单空心形状的预定义图像集。
- Simple2：使用简单实心形状的预定义图像集。
- Msdn：使用 MSDN 图像的预定义图像集。
- WindowsHelp：使用 Microsoft Windows 帮助图像的预定义图像集。
- XPFileExplorer：使用 Microsoft Windows XP 中的 Windows 资源管理器图像的预定义图像集。

默认值为 Custom，允许开发人员自定义 TreeView 控件，如果开发人员要自定义 TreeView 控件的图像集时，可以为下面列出的每个属性指定一个图像，如果不指定任何值将使用该属性的默认图像。

- CollapseImageUrl：用于可折叠节点的指示符的自定义图像的 URL。
- ExpandImageUrl：用于可展开节点的指示符的自定义图像的 URL。
- LineImagesFolder：包含节点连线的自定义图像的文件夹的 URL。
- NoExpandImageUrl：用于不可展开节点的指示符的自定义图像的 URL。

下面将 BindingToSiteMap.aspx 页面中的 TreeView 控件应用 News，使用类似新闻样式的预定义图像集，并且为控件应用一个名为 NodeIndent 的属性，该属性的作用是控制 TreeView 控件中节点的缩进距离，在示例中设为 50，使 TreeView 控件缩进较大的值，声明代码如下：

```
<asp:TreeView ID="TreeView1" runat="server" DataSourceID="SiteMapDataSource1"
    ImageSet="News" NodeIndent="50">
```

```
    </asp:TreeView>
    <asp:SiteMapDataSource ID="SiteMapDataSource1" runat="server" />
```

示例运行效果如图 13.14 所示。

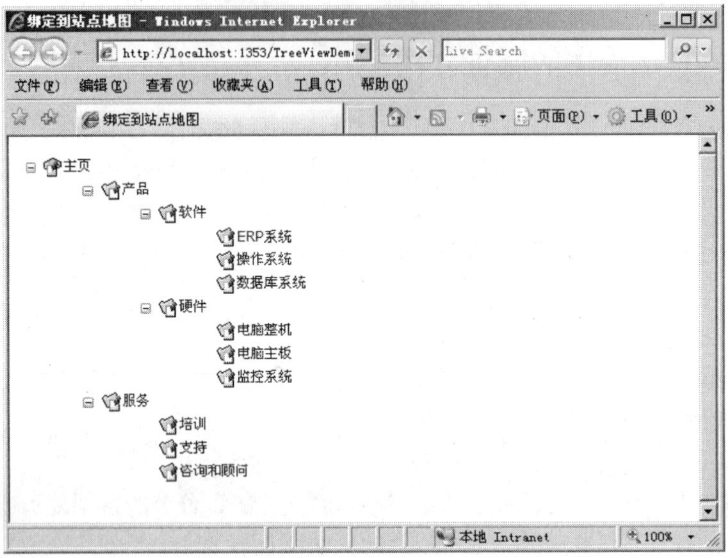

图 13.14　应用 ImageSet 后的 TreeView 控件运行效果

TreeView 控件中的大多数属性用于控制其格式化的显示功能，表 13.4 列出了一些比较重要的、影响其格式化功能的属性。

表 13.4　TreeView 控件的属性

属性名称	描　　述
ExpandDepth	允许指定最初显示 TreeView 的节点数
LineImagesFolder	允许指定包含线图像的文件夹
MaxDataBindDepth	当绑定到数据源时，允许指定 TreeView 层次的最大级别
NodeWrap	允许指定 TreeNode 节点中的文本是否换行
ShowCheckBoxes	允许在每个 TreeNode 节点的旁边显示一个复选框
ShowLines	允许在节点之间显示连接线
SkipLinkText	一个字符串，TreeView 将其呈现为不可见图像的提示文字，作为对屏幕阅读器的提示
Target	当在 TreeView 控件中导航 URL 时，允许指定所要打开窗口的目标名称

这些属性中比较有趣的是 ShowLines 属性，该属性会在 TreeView 控件的节点之间显示连接线，可使复杂的结构更容易被用户查看。开发人员可以通过指定 LineImageFolder 属性来创建自定义的连接线。

除了上述介绍的这些基本属性之外，TreeView 控件还提供了大量用于格式化的属性，本节后面的内容会进行详细讨论。

13.2.3　TreeNode 节点简介

TreeView 控件中的每个节点被定义为一个 TreeNode 对象。前面的内容已经讨论过，每个 TreeNode 节点都有一个相关的文本值，用于显示节点文本。除此之外，TreeNode 节点对象本身还提供了大量的属性，比如 ChildNodes 表示节点所包含的集合；Parent 表示当前节点的父节点。在节点编辑器中，可以看到 TreeNode 提供了许多可供设置的选择，这些属性的作用如下。

- Text：每个节点在屏幕上显示的文本。
- ToolTip：当鼠标移过节点文本时的工具提示信息文本。
- Value：存储保存在每个节点中不显示的额外数据，比如用于处理单击事件时为了识别每个节点的节点标识符值等。
- NavigateUrl：如果设置了该属性，当用户单击节点时将会被自动导航到该属性所指定的页面。
- Target：如果设置了 NavigateUrl 属性，Target 属性用于设置页面要被放置的目标窗口或框架名称。如果没有设置该属性，则目标页面将显示在当前的浏览器中。
- ImageUrl：显示在节点旁边的文本。
- ImageToolTip：显示在节点旁边的图像的工具提示信息。
- SelectAction：允许指定当单击一个节点时的行为，可选的值有 Expand、None、Select 或 SelectExpand。
- Selected：允许指定是否将当前的节点设置为已选择。
- ShowCheckBox：允许指定是否在当前节点上显示一个复选框。

由于 TreeView 控件显示层次结构的数据，因此节点与节点之间又具有一定的层次关系，其层次关系如下。

- 父节点：通常包含其他节点的节点。
- 子节点：包含在其他节点中的节点。
- 叶节点：没有任何子节点的节点。
- 根节点：不被任何其他节点包含并且是所有其他节点的上级节点的节点。

一个节点可以同时是父节点和子节点，但是不能同时为根节点、父节点和叶节点。

TreeNode 通常以两种模式被广大的开发人员使用：一种称为选择模式；另一种称为导航模式，比如前面的示例中绑定到站点地图文件就是一种导航模式的使用。当为 TreeNode 节点指定 NavigateUrl 属性时，则为导航模式。选择模式是默认模式，该模式在用户单击节点时会触发页面回发，并触发服务器端的 TreeView_SelectedNodeChanged 事件，通过处理该事件可以获知当前的节点信息。

下面添加一个 TreeNodeDemo.aspx 的页面，在该页面中放 1 个 TreeView 控件和 1 个 Label 控件，使用节点编辑器添加几个节点，并不指定 NavigateUrl 属性，然后在属性窗口中切换到控件事件属性窗口，双击 SelectedNodeChanged 事件并编写事件处理代码，显示一行信息到 Label 控件中，页面声明代码如下：

```
<form id="form1" runat="server">
<div>
    <!--模拟一个简单的物料层次结构分类清单，当用户选择分类时，通过 TreeView 的 Value 得知当前选
    择的物料类别-->
    <asp:TreeView ID="TreeView1" runat="server" ImageSet="Arrows"
        onselectednodechanged="TreeView1_SelectedNodeChanged">
        <Nodes>
            <asp:TreeNode Text="成品物料" Value="X">
```

```
                <asp:TreeNode Text="半成品" Value="SF">
                    <asp:TreeNode Text="塑胶半成品" Value="SF:P"></asp:TreeNode>
                    <asp:TreeNode Text="五金半成品" Value="SF:M"></asp:TreeNode>
                    <asp:TreeNode Text="印刷半成品" Value="SF:S"></asp:TreeNode>
                </asp:TreeNode>
                <asp:TreeNode Text="原材料" Value="M">
                    <asp:TreeNode Text="塑胶料" Value="M:P"></asp:TreeNode>
                    <asp:TreeNode Text="化学料品" Value="M:C"></asp:TreeNode>
                </asp:TreeNode>
            </asp:TreeNode>
        </Nodes>
    </asp:TreeView>
</div>
<!--显示用户选择的结果信息-->
<asp:Label ID="lblTreeView" runat="server"></asp:Label>
</form>
```

在声明代码中，为 TreeNode 的 Text 和 Value 属性分别指定了不同的值，SelectedNode Changed 将通过分析 Value 属性值来获知目前的分类明细信息，代码如下：

```
protected void TreeView1_SelectedNodeChanged(object sender, EventArgs e)
{
    if (TreeView1.SelectedNode == null) return;
    //创建一个 StringBuilder 对象保存字符串信息
    StringBuilder sb = new StringBuilder();
    if (TreeView1.SelectedNode.Depth == 0)
    {
        sb.Append("当前位于成品顶层");
    }
    else
    {
        //为了简化示例，在此取消了对 TreeView 进行层次遍历的过程
        sb.Append("当前所在的层次是：");
        //根据用户所选择的值的代号，向 StringBuilder 控件中追加描述
        switch (TreeView1.SelectedNode.Value)
        {
            case "M":
                sb.Append("原材料");
                break;
            case "X":
                sb.Append("成品");
                break;
          …//省略部分代码，参考本书源代码
            case "SF:C":
                sb.Append("化学料品");
                break;
        }
    }
    //将 StringBuilder 中追加的描述转换为字符串，并赋给 lblTreeView 这个 Label 控件
    lblTreeView.Text = sb.ToString();
}
```

代码首先判断用户是否选择了一个节点，如果没有选择任何节点，则退出代码的执行。如果用户已经选择了节点，则通过 SelectedNode 属性来获取当前选择的节点 Value 属性，然后通过判断该属性的标识符来在 Label 控件中显示特定的信息，示例运行效果如图 13.15 所示。

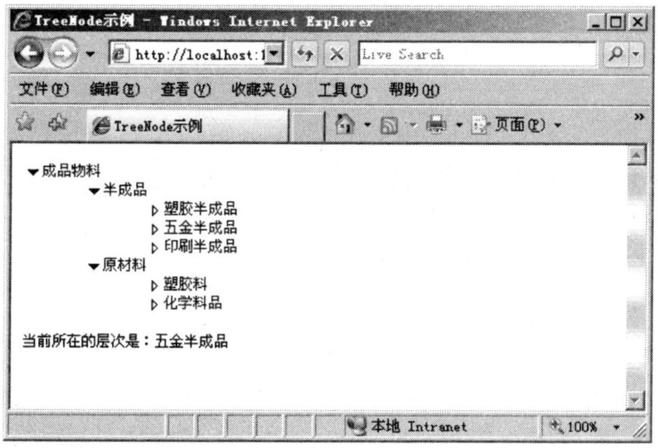

图 13.15　响应 TreeView 的 SelectedNodeChanged 事件运行效果

13.2.4　以编程的方式添加节点

层次结构的数据在很多时候需要根据上下文环境而发生变化，开发人员可能无法预定义 TreeView 的节点，而需要使用代码动态地添加节点。TreeView 控件提供了一个 Nodes 属性。该属性是 TreeNodeCollection 集合类型的属性，它用于存储一个或多个 TreeNode 对象的集合。利用该集合可以实现添加、插入、移除或检索 TreeNode 对象的功能，对该集合的任何更新都会在下一次访问服务器后自动反映到 TreeView 控件中。

除了 TreeView 控件的 Nodes 集合外，它还都具有一个 ChildNodes 属性，同样是 TreeNodeCollection 的类型。Nodes 和 ChildNodes 的配合使用，使开发人员可以动态地添加具有层次结构的数据。

下面添加一个名为 DynamicLoadNode.aspx 的页面，在该页面中添加 1 个 TreeView 控件，当页面加载时，将通过编程的方式从站点地图提供者中动态获取站点地图数据，这可以通过 SiteMap 类的静态方法来实现，页面代码如下：

```
protected void Page_Load(object sender, EventArgs e)
{
    TreeNode node = new TreeNode("首页");          //初始化根节点
    LoadSiteMap(SiteMap.RootNode, node);         //调用递归方法遍历添加节点
    TreeView1.Nodes.Add(node);
}
protected void LoadSiteMap(SiteMapNode node, TreeNode tvNode)
{
    int count = node.ChildNodes.Count;          //获取根节点的子节点
    //循环遍历节点
    for (int i = 0; i < count; i++)
    {
        SiteMapNode smNode = node.ChildNodes[i];  //获取根节点的子节点
        //从子节点获取导航信息
        TreeNode tempNode = new TreeNode(smNode.Title, "", "", smNode.Url, "");
        tvNode.ChildNodes.Add(tempNode);
        //如果子节点还存在其他子节点
        if (smNode.HasChildNodes)
        {
            //如果当前节点还有子节点，则调用递归过程进行遍历
            LoadSiteMap(smNode, tempNode);
```

```
                }
            }
        }
```

Page_Load 事件首先创建了一个 TreeNode 对象，然后使用递归算法从 SiteMap 静态类中获取节点信息。最后 TreeView 将呈现为类似绑定到 SiteMapDataSource 控件后的效果。

现在介绍一个比较实际的示例，动态加载数据库中的数据。虽然关于如何使用 ADO.NET 操作数据库的章节在后面才进行介绍，但是动态加载树状数据的应用太过频繁，因此将放在本节一起探讨。

在项目应用开发过程中，层次数据随处可见，比如产品结构层次（BOM）、组织结构层次，以及前面介绍的导航层次等。项目通常会选择数据库作为其数据的存储载体，但不幸的是，不能将 TreeView 控件直接绑定到数据源，开发人员只能编写自定义的层次结构数据源类来实现绑定，最常见的还是使用编程的方式来递归地进行加载。

下面在 TreeViewDemo 示例网站中创建一个名为 DisplayCustomersInfo.aspx 的页面，该示例将演示如何从 Northwind 数据库查询指定客户所下过的订单中的产品数。简而言之，将在该页面显示一个客户列表，其中包含客户所下过的订单信息，每个订单下面又包含其详细的产品信息。Northwind 数据库中的 Customers 表提供了所有的客户信息，Orders 表提供了与客户相关联的所有订单信息，而 Order Details 表则包含了每张订单的详细信息，数据表关系结构如图 13.16 所示。

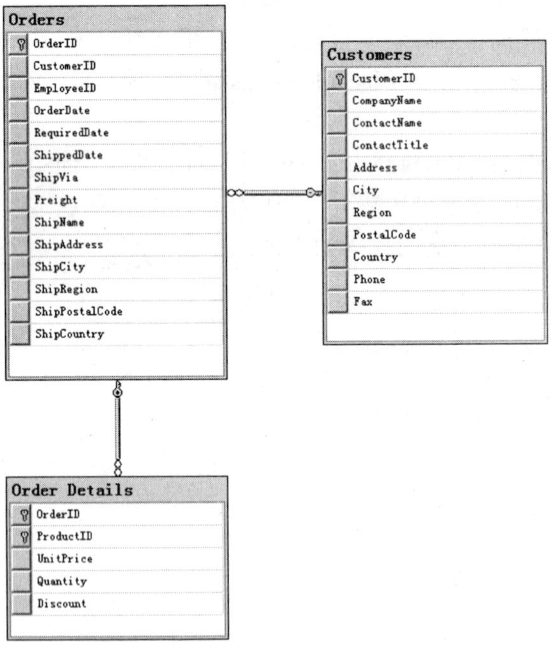

图 13.16　Northwind 订单表与客户表结构

在该示例的源代码中，分别对应 Northwind 数据库的 3 张表，创建了 3 个加载数据到节点集合中的方法，这 3 个方法既相互独立又彼此关联。因为 Orders 表中的数据要根据特定的 CustomerID 值来进行获取，因此在加载 Customer 中的每条记录时，将调用加载 Orders 表的方法，将 Orders 表中的记录作为特定 CustomerID 的子节点加入到 TreeView 控件中。同样地，

Order Details 表需要根据每个 Order 来进行查询，因此在加载 Orders 表中的内容时，会同时加载 Order Details 表中的数据作为子集，这 3 个方法的示例代码如下：

```
//GetDataSet 方法是一个辅助方法，该方法获取一个 SQL 查询字符串，返回一个包含查询结果的 DataSet
private DataSet GetDataSet(string sql)
{
    //从 web.config 配置文件中获取连接字符串
    string connstr = WebConfigurationManager.
        ConnectionStrings["NorthwindConnectionString"].ConnectionString;
    SqlDataAdapter da = new SqlDataAdapter(sql, connstr);
    DataSet ds = new DataSet();
    da.Fill(ds);                    //Fill 方法将会执行 SQL 语句，并将结果填充到 DataSet 中
    return ds;
}
//查询客户信息资料，并添加到 TreeNode 的 ChildNodes 集合中
private void FillCustomers(TreeNode parent)
{
    DataSet ds = GetDataSet("select customerid,companyname "+
        "from customers order by companyname");
    foreach (DataRow row in ds.Tables[0].Rows)
    {
        TreeNode node = new TreeNode();
        node.Text = "客户公司: "+row["companyname"].ToString();
        node.Value = row["customerid"].ToString();
        node.SelectAction = TreeNodeSelectAction.SelectExpand;
        parent.ChildNodes.Add(node);
        FillOrders(node);           //加载客户订单信息
    }
}
//查询特定客户的订单信息
private void FillOrders(TreeNode parent)
{
    DataSet ds = GetDataSet("select customerid,orderid from " +
        "orders where customerid='" + parent.Value + "'");
    foreach (DataRow row in ds.Tables[0].Rows)
    {
        TreeNode node = new TreeNode();
        node.Text ="订单编号: "+ row["orderid"].ToString();
        node.Value = row["orderid"].ToString();
        node.SelectAction = TreeNodeSelectAction.SelectExpand;
        parent.ChildNodes.Add(node);
        FillOrderDetails(node);     //加载客户订单的详细信息
    }
}
//查询特定订单的产品信息
private void FillOrderDetails(TreeNode parent)
{
    DataSet ds = GetDataSet("select ProductID,Quantity,UnitPrice,Discount " +
    " from [Order Details] where OrderID='" + parent.Value + "'");
    foreach (DataRow row in ds.Tables[0].Rows)
    {
        TreeNode node = new TreeNode();
        node.Text="产品编号: "+row["ProductID"].ToString()+"单价: "+
        row["Quantity"].ToString();
        node.Value = row["ProductID"].ToString();
        node.SelectAction = TreeNodeSelectAction.SelectExpand;
        parent.ChildNodes.Add(node);
    }
}
```

在示例中使用了一个辅助方法 GetDataSet()，该方法会执行一个 SQL 语句，然后将返回的结果集保存到 DataSet 中，最后返回包含了数据的 DataSet 给调用方。在 Page_Load 事件中添加如下代码来调用 FillCustomers 函数：

```
protected void Page_Load(object sender, EventArgs e)
{
    //如果是页面回发，则不重新加载
    if (!Page.IsPostBack)
    {
        TreeNode node = new TreeNode("Northwind客户订单层次结构");      //创建根节点
        //将根节点添加到TreeView的Nodes节点中
        //这是比较重要的一步，否则将看不到节点效果
        TreeView1.Nodes.Add(node);
        //开始向根节点加载客户订单数据
        FillCustomers(node);
    }
}
```

必须注意的是，节点一定要记得添加到 TreeView 的 Nodes 集合中才能进行呈现，否则所查到的任何数据只是内存中的一个表示，并没有实际作用，示例运行效果如图 13.17 所示。

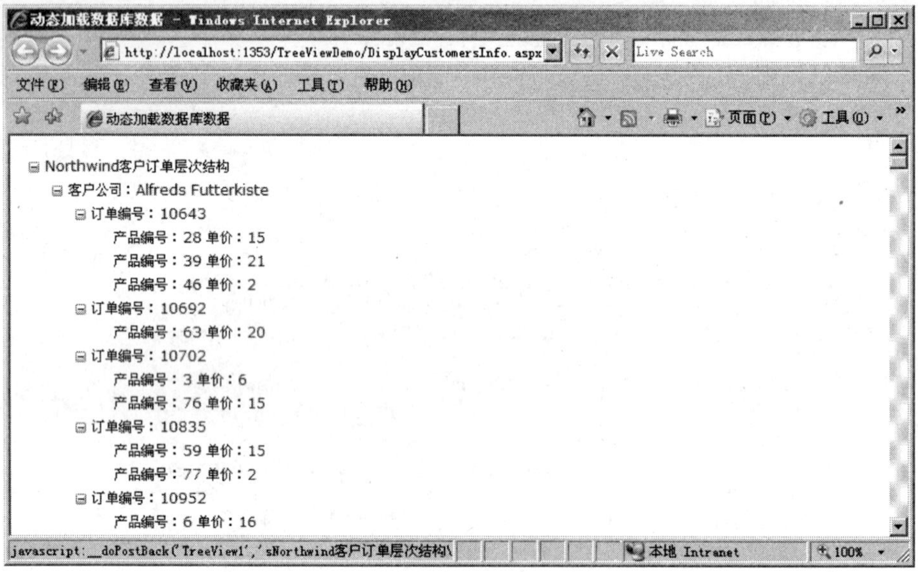

图 13.17　编程加载 Northwind 数据库中的客户订单数据到 TreeView 控件

运行时会发现页面加载的速度比较慢，笔者的机器花了差不多 8 秒，而且一次性显示了大量的数据，比较占用网络带宽和服务器与客户端的资源，下一节将介绍一个解决这种问题的好方法。

13.2.5　使用按需加载特性

当在 TreeView 控件中显示成千上万甚至上百万条记录时，如果使用上一节介绍的动态加载节点的技术，一次性将所有的节点都进行加载，不仅速度很慢，而且会相当浪费网络资源，用户也不一定会看这么多的信息。TreeView 控件提供了一种按需加载的特性，使开发人员可以很容易地根据需要来动态加载数据。

所谓按需加载，是指一次只加载上层的一部分数据。当用户单击 TreeView 中的节点时，才会去数据源中获取数据并进行展开。TreeNode 对象提供了名为 PopulateOnDemand 的属性，该属性设置为 True 后，当每次单击一个节点时，会触发相应的 TreeNodePopulate 事件，开发人员必须为该事件编写代码来动态填充节点。

在上一节的示例中，节点是一次性完全添加的。由于包含了 3 个表的所有数据，因此加载的速度会很慢，如果数据相当大，加载将成为一个无聊的等待过程。下面将上一节的示例更改为按需加载，操作步骤如下。

（1）将 FillOrders()方法和 FillOrderDetails()方法分别从 FillCustomers()和 FillOrders()方法中移除，这样将 3 个相互关联的加载过程进行分离，然后分别在 FillCustomers()和 FillOrders()方法中将所有 TreeNode 节点的 PopulateONDemand 属性设置为 true，实现按需加载，代码如下：

```
//查询客户信息资料，并添加到 TreeNode 的 ChildNodes 集合中
private void FillCustomers(TreeNode parent)
{
    DataSet ds = GetDataSet("select customerid,companyname " +
        "from customers order by companyname");
    foreach (DataRow row in ds.Tables[0].Rows)
    {
        TreeNode node = new TreeNode();
        node.Text = "客户公司：" + row["companyname"].ToString();
        node.Value = row["customerid"].ToString();
        node.SelectAction = TreeNodeSelectAction.SelectExpand;
        parent.ChildNodes.Add(node);
        node.PopulateOnDemand = true;          //节点的子内容将在用户选择了节点后自动加载
    }
}
//查询特定客户的订单信息
private void FillOrders(TreeNode parent)
{
    DataSet ds = GetDataSet("select customerid,orderid from " +
        "orders where customerid='" + parent.Value + "'");
    foreach (DataRow row in ds.Tables[0].Rows)
    {
        TreeNode node = new TreeNode();
        node.Text = "订单编号：" + row["orderid"].ToString();
        node.Value = row["orderid"].ToString();
        node.SelectAction = TreeNodeSelectAction.SelectExpand;
        parent.ChildNodes.Add(node);
        node.PopulateOnDemand = true;          //节点的子内容将在用户选择了节点后自动加载
    }
}
```

（2）响应 TreeView 的 TreeNodePopulate 事件，该事件具有一个 TreeNodeEventArgs 类型的参数，此类型参数的 Node 属性可以为事件提供当前用户所单击的节点，代码将根据用户单击节点的层次，来判断调用哪个方法加载节点的明细数据，事件代码如下：

```
protected void TreeView1_TreeNodePopulate(object sender, TreeNodeEventArgs e)
{
    //根据用户单击节点的深度来加载不同的明细数据
    switch (e.Node.Depth)
    {
        case 0:
            FillCustomers(e.Node);          //当单击顶层节点时，加载客户数据
            break;
        case 1:
```

```
                FillOrders(e.Node);                //当单击第一层节点时，加载客户下的订单数据
                break;
            case 2:
                FillOrderDetails(e.Node);          //当单击第二层节点时，加载订单明细数据
                break;
        }
    }
```

（3）将 TreeView 控件的 ExpandDepth 属性设置为 0，默认只显示根节点。当用户单击展开图标时，触发 TreeNodePopulate 事件，根据所选节点动态加载子节点，TreeView 控件的声明代码如下：

```
<asp:TreeView ID="TreeView1" runat="server"
    ontreenodepopulate="TreeView1_TreeNodePopulate" ExpandDepth="0">
</asp:TreeView>
```

该示例的运行效果如图 13.18 所示。

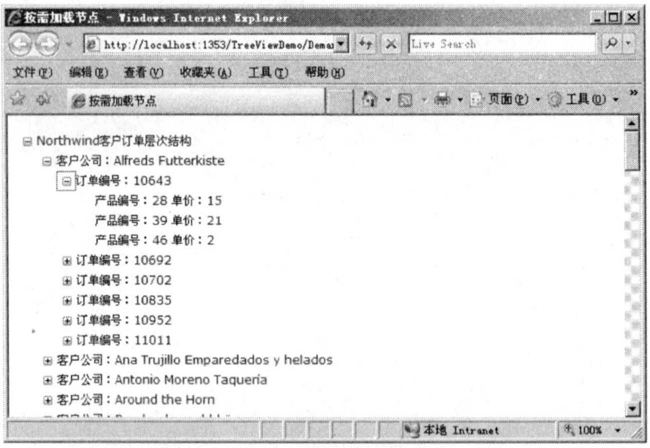

图 13.18　使用按需加载特性动态加载节点

当在该示例中单击加号图标展开时，将触发一个服务器端的事件，也就是说，产生了一次页面回发的过程，但是在浏览器中并没有看到任何刷新页面的过程。这是因为在默认情况下，TreeView 控件的 PopulateNodesFromClient 属性设置为 true。当将该属性设置为 true 时，将使用客户端的回调来从 TreeNodePopulate 事件中获取节点数据，而不需要回发整个页面，这实现了 Ajax 方式的页面处理。如果将 PopulateNodesFromClient 设置为 false，会触发一个标准的页面回发过程，将看到页面闪动一次。

> **注意：** 必须将 EnableClientScript 属性也设置为 true，才能将 PopulateNodesFromClient 属性设置为 true。

13.2.6　绑定到 XML 文件

TreeView 控件天生就是用来显示层次化的数据，而 XML 数据文件本身也是一种层次化的数据，因此两者的结合是天经地义的事情。在 ASP.NET 中，将 TreeView 控件绑定到 XML 文件不需要开发人员手动编写代码，可以使用 XmlDataSource 控件。

XmlDataSource 控件将具有层次结构的 XML 数据，提供给 TreeView 或 Menu 等控件进

行显示，也可以将 GridView 控件或 DataList 控件绑定到 XmlDataSource 控件，便于以数据网格等形式显示 XML 中的数据。由于 XmlDataSource 控件派生自 HierarchicalDataSourceControl 类，因此可以使用分层的数据。此外 XmlDataSource 数据源控件还实现了 IDataSource 接口，因此也可以使用表格数据或列表样式的数据。

下面通过 TreeViewDemo 示例网站来演示如何把 TreeView 控件绑定到 XML 文件中，操作步骤如下。

（1）添加一个名为 UseXmlDataSource.aspx 的示例页面，在该页面上添加 1 个 TreeView 控件，然后从工具箱的“数据”栏中拖 1 个 XmlDataSource 控件。为了让 XmlDataSource 控件可以绑定到 XML 文件，先在解决方案资源管理器中创建一个 XML 文件，命名为 books.xml，然后在 XML 文件中添加如下 XML 代码：

```
<?xml version="1.0" encoding="utf-8" ?>
<books>
  <enterprisebooks>
     <book title="ERP 开发与 SQL 语句的应用" author="中华"/>
     <book title="大型项目的实施与优化" author="中国"/>
     <book title="软件结构设计" author="中山"/>
   </enterprisebooks>
   <webbooks>
     <book title="ASP.NET 应用开发" author="燕三"/>
   </webbooks>
  <databasebooks>
    <book title="大型项目的数据库设计" author="张三"/>
    <book title="T-SQL 与数据结构" author="李四"/>
    <book title="T-SQL 开发与调度" author="王五"/>
  </databasebooks>
</books>
```

（2）单击 XmlDataSource 控件右上角的智能标签，在弹出的任务菜单中选择“配置数据源”命令，VS 2010 将打开图 13.19 所示的“配置数据源”对话框。

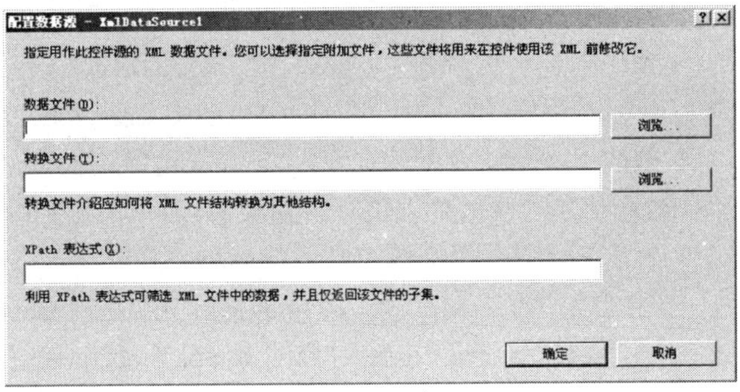

图 13.19　配置 XmlDataSource 数据源

在“配置数据源”对话框中允许指定以下 3 个选项。

- 数据文件：指定一个 XML 文件，该属性指定的值将作为 XmlDatasource 控件的 DataFile 属性值，这个 XML 文件将作为 XmlDataSource 控件的数据来源。
- 转换文件：指定一个可扩展样式表语言 XSL，将 XML 数据在显示之前进行样式转换，该属性的值将被赋给 XmlDataSource 控件的 TransformFile 属性。
- XPath 表达式：指定筛选 XML 文件中的数据，使其返回一个查询子集的 XPath 表达式。

（3）单击 “数据文件”文本框右侧的“浏览”按钮，选择前面创建的 books.xml 文件，单击“确定”按钮，然后将 TreeView 控件的数据源指定为 XmlDataSource1 控件，声明代码如下：

```
<asp:TreeView ID="TreeView1" runat="server" DataSourceID="XmlDataSource1">
</asp:TreeView>
<asp:XmlDataSource ID="XmlDataSource1" runat="server" DataFile="~/Books.xml">
</asp:XmlDataSource>
```

此时，TreeView 控件自动绑定到 XML 文件中，但是 TreeView 中的每个节点所绑定的值是 XML 文件中的元素标签，而非元素的值，这不是想要的结果。

（4）为了指定绑定的数据项，可以单击 TreeView 右上角的智能标签，在弹出的任务菜单中选择“TreeNode 数据绑定”命令，VS 2010 将打开图 13.20 所示的“TreeView DataBindings 编辑器”对话框。

图 13.20 “TreeView DataBindings 编辑器”对话框

（5）“可用数据绑定”列表框列出了 XML 文件的节点信息。选中某个节点，然后单击“添加”按钮，将该节点添加到“所选数据绑定”列表框中。将 XML 节点添加到“所选数据绑定”列表框中之后，可以看到“数据绑定属性”面板中自动将 TreeNode 的 DataMember 属性设置成所选的节点。在右侧的“数据绑定属性”面板中可以设置 TreeNodeBinding 的属性。

TreeNodeBinding 提供了很多属性，可供进行绑定设置，一些属性提供了将 TreeNode 节点中的属性与 XML 文件进行直接绑定的特性，具体描述如下。

- ImageUrlField：要绑定到 TreeNode 对象的 ImageUrl 属性的字段。
- ImageToolTipField：要绑定到 TreeNode 对象的 ImageToolTip 属性的字段。
- NavigateUrlField：要绑定到 TreeNode 对象的 NavigateUrl 属性的字段。
- TextField：要绑定到 TreeNode 对象的 Text 属性的字段。
- ToolTipField：要绑定到 TreeNode 对象的 ToolTip 属性的字段。
- ValueField：要绑定到 TreeNode 对象的 Value 属性的字段。

在“数据绑定属性”面板中，选中这些数据绑定属性，可以单击编辑框右侧的下拉箭头来选择 XML 属性，TreeNodeBinding 对象也提供了绑定到 TreeNode 的一些静态属性，这些属性与之前介绍的 TreeNode 相同，在此就不再赘述了。

在示例中一些属性使用了静态属性，而对于 book 元素的绑定，则使用了绑定属性来绑定到书籍的名称和作者，最终 VS 2010 生成的代码如下：

```
<asp:TreeView ID="TreeView1" runat="server" DataSourceID="XmlDataSource1">
    <DataBindings>
        <asp:TreeNodeBinding DataMember="books" Text="书籍名称" Value="书籍名称" />
        <asp:TreeNodeBinding DataMember="enterprisebooks" Text="企业级应用" Value="
        企业级应用" />
        <asp:TreeNodeBinding DataMember="book" FormatString="书籍名称：{0}"
            TextField="title" ToolTipField="author" />
        <asp:TreeNodeBinding DataMember="webbooks" Value="Web 开发" />
        <asp:TreeNodeBinding DataMember="databasebooks" Text="数据库书籍" Value="数
        据库书籍" />
    </DataBindings>
</asp:TreeView>
<asp:XmlDataSource ID="XmlDataSource1" runat="server" DataFile="~/Books.xml">
</asp:XmlDataSource>
```

在声明中不难看到，所有的 TreeNodeBinding 对象都放在 TreeView 的 DataBindings 集合中。在运行时通过实例化 TreeNodeBinding 对象，并添加到 DataBindings 集合中，开发人员可以编程创建对 XML 的数据绑定，本节示例的运行效果如图 13.21 所示。

图 13.21　绑定 TreeView 控件到 XML 文件示例运行效果

13.2.7　带复选框的 TreeView 控件

如果需要用户在 TreeView 中同时选择多个节点，则可以在 TreeView 控件中每个节点旁边显示一个复选框，TreeView 控件提供了一个名为 ShowCheckBox 的属性，该属性允许指定 TreeNodeTypes 枚举类型中的一个值，以在 TreeView 控件中显示复选框，TreeNodeTypes 枚举类型的可选值如下。

- TreeNodeType.All：为所有节点显示复选框。
- TreeNodeType.Leaf：为所有叶节点显示复选框。
- TreeNodeType.None：不显示复选框。
- TreeNodeType.Parent：为所有父节点显示复选框。
- TreeNodeType.Root：为所有根节点显示复选框。

这些选择项使开发人员可以根据应用程序的需要，很灵活地为 TreeView 控件指定不同位置的复选框。如果需要，也可以为 ShowCheckBox 指定两个或多个枚举值。下面举例演示如何使用带复选框的 TreeView 控件，操作步骤如下。

（1）添加一个名为 TreeViewCheckBox.aspx 的页面，在该页面上添加 1 个 TreeView 控件，以声明的方式添加一些节点，代码如下：

```
<!--声明性的设置 ShowCheckBoxes 属性-->
<!--因为 ShowCheckBoxes 属性使用枚举标识值，也可以使用 OR 操作符指定多个节点类型，本示例使用
逗号指定了 Parent 和 Leaf 两个标识值-->
<asp:TreeView id="TreeView1"
  Font-Names= "Arial"
  ForeColor="Blue"
  ExpandDepth="2"
  ShowCheckBoxes="Parent,Leaf"
  runat="server">
  <%--使用 LevelStyles 指定节点的样式，第一个指定第一级，第二个指定第二级，依次类推--%>
  <LevelStyles>
    <asp:TreeNodeStyle ChildNodesPadding="10"
      Font-Bold="true"
      Font-Size="9pt"
      ForeColor="DarkGreen"/>
    <asp:TreeNodeStyle ChildNodesPadding="5"
      Font-Bold="true"
      Font-Size="9pt"/>
    <asp:TreeNodeStyle ChildNodesPadding="5"
      Font-UnderLine="true"
      Font-Size="9pt"/>
    <asp:TreeNodeStyle ChildNodesPadding="10"
      Font-Size="9pt"/>
  </LevelStyles>
  <Nodes>
    <%--指定节点--%>
    <asp:TreeNode Text="图书目录"
      SelectAction="None">
      <asp:TreeNode Text="第一章：ASP.NET 3.5 简介">
        <asp:TreeNode Text="第 1 节">
          <asp:TreeNode Text="主题 1.0.1"/>
          <asp:TreeNode Text="主题 1.0.2"/>
          <asp:TreeNode Text="主题 1.0.3"/>
        </asp:TreeNode>
        …
      </asp:TreeNode>
      <asp:TreeNode Text="第二章：Visual Studio 2008 简介">
        <asp:TreeNode Text="第 2 节">
          <asp:TreeNode Text="主题 2.0.1"/>
          <asp:TreeNode Text="主题 2.0.2"/>
        </asp:TreeNode>
      </asp:TreeNode>
    </asp:TreeNode>
    <asp:TreeNode Text="附录 A" />
    <asp:TreeNode Text="附录 B" />
    <asp:TreeNode Text="附录 C" />
  </Nodes>
</asp:TreeView>
```

在代码中，为 ShowCheckBoxes 指定了两个属性：Parent 和 Leaf，使用逗号分隔。这样

所有的节点前都会显示一个复选框。

（2）为了获取用户所选节点的值，可以使用 TreeView 控件的 CheckedNodes 来循环遍历所选的节点。在页面上添加 1 个 Button 和 1 个 Label 控件，在 Button 控件的单击事件处理器中添加如下代码：

```
protected void Button1_Click(object sender, EventArgs e)
{
    //如果用户在 TreeView 控件中选定节点，则显示所选节点的信息
    if (TreeView1.CheckedNodes.Count > 0)
    {
        Label1.Text = "<br/>用户选择了如下的节点：<br /><br />";
        //遍历 CheckedNodes 集合，显示所选中的节点
        foreach (TreeNode node in TreeView1.CheckedNodes)
        {
            Label1.Text += node.Text + "<br />";
        }
    }
    else
    {
        Label1.Text = "没有选中任何节点!";
    }
}
```

代码首先使用 CheckedNodes 集合的 Count 属性判断用户是否选中了复选框，然后遍历 CheckedNodes 中用户所选中的节点，最后将 TreeNode.Text 属性的值显示在 Label 控件上。

示例运行效果如图 13.22 所示。

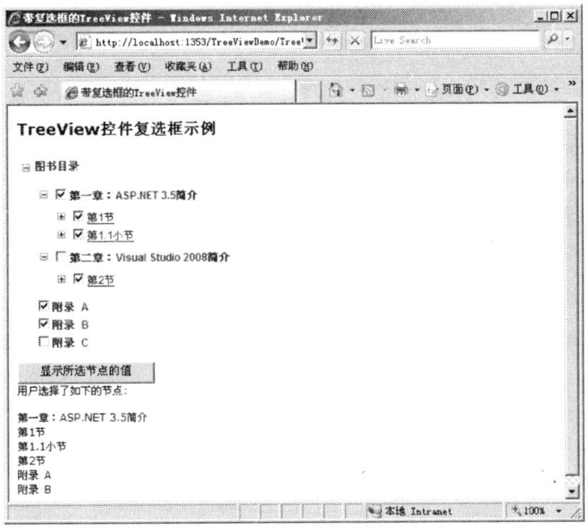

图 13.22　在 TreeView 中显示复选框示例运行效果

13.2.8　格式化 TreeView 控件

TreeView 中功能强大的另一面是其格式化能力，这使对外观挑剔的人可以完全地定制其外观呈现。TreeView 控件有一个名为 NodeStyle 的默认节点样式，可以定义所有节点的默认外观。除此之外，还可以使用其他几个不同节点的样式来指定不同层次的节点样式，比如 RootNodeStyle、ParentNodeStyle 或 LeafNodeStyle 等。

所有的节点样式都是 TreeNodeStyle 类型的属性，该类派生自 Style 类，为节点提供了特

定的样式属性设置，比如可以设置节点的背景色、前景色等，其中有如下几个与节点相关的特定属性。

- NodeSpacing：指定整个当前节点与上下相邻节点之间的垂直间距。
- VerticalPadding：指定在 TreeNode 文本顶部和底部呈现的间距。
- HorizontalPadding：指定在 TreeNode 文本左侧和右侧呈现的间距。
- ChildNodesPadding：指定 TreeNode 子节点上方和下方的间距。
- ImageUrl：指定在 TreeNode 旁显示的图像路径。

不同类型的节点样式设置大多相同，TreeView 具有如下几种节点类型的样式可供设置。

- NodeStyle：这是默认的应用于所有节点的样式。
- RootNodeStyle：应用于根节点的样式。
- ParentNodeStyle：应用于所有包含子节点的父节点的样式，除了根节点。
- LeafNodeStyle：应用于任何不包含子节点的样式。
- SelectedNodeStyle：应用当前用户所选择的节点的样式。
- HoverNodeStyle：当用户将鼠标移过节点时，指定节点的样式。

当为同一个节点应用不同节点样式的相同外观属性时，必须要考虑一下样式的优先级，优先级的次序由低到高依次如下：

（1）NodeStyle。

（2）RootNodeStyle、ParentNodeStyle 或 LeafNodeStyle。如果定义了 LevelStyles 集合，则其应用优先级同前，并覆盖其他节点样式属性。

（3）SelectedNodeStyle。

（4）HoverNodeStyle。

上一节的示例曾经使用过 LevelStyles 设置节点层次的集合，该集合中的第一个样式对应于树视图第一级中的节点样式，第二个样式对应于树视图第二级中的节点样式，依次类推。此属性最常用于生成目录样式的导航菜单，其中处于某个特定级别的节点应具有相同的外观，而无论这些节点是否拥有子节点。下面添加一个 TreeNodeStyleDemo.aspx 的示例页面，在该页面中允许用户选择设置父节点的一些样式属性来查看效果，运行时如图 13.23 所示。

图 13.23　指定 TreeView 控件的节点样式示例

页面顶端使用了 4 个下拉列表框，允许用户选择所要设置的 ParentNodeStyle 样式的几个属性，每个 DropDownList 控件的 AutoPostBack 属性均设置为 true，这样当用户改变选项时只执行一次页面回发，同时触发服务器端的 SelectedIndexChanged 事件，在这些事件的事件处理器中使用代码设置了 ParentNodeStyle 节点的样式，定义代码与上一节的示例类似，事件处理代码如下：

```
protected void HorizontalPadding_Changed(Object sender, EventArgs e)
{
   //基于用户的选择编程设置 HorizontalPadding 属性
   ItemsTreeView.ParentNodeStyle.HorizontalPadding =
      Convert.ToInt32(HorizontalPaddingList.SelectedItem.Text);
}
protected void VerticalPadding_Changed(Object sender, EventArgs e)
{
   //基于用户的选择编程设置 VerticalPadding 属性
   ItemsTreeView.ParentNodeStyle.VerticalPadding =
      Convert.ToInt32(VerticalPaddingList.SelectedItem.Text);
}
protected void NodeSpacing_Changed(Object sender, EventArgs e)
{
   //基于用户的选择编程设置 NodeSpacing 属性
   ItemsTreeView.ParentNodeStyle.NodeSpacing =
      Convert.ToInt32(NodeSpacingList.SelectedItem.Text);
}
protected void ChildNodePadding_Changed(Object sender, EventArgs e)
{
   //基于用户的选择编程设置 ChildNodesPadding 属性
   ItemsTreeView.ParentNodeStyle.ChildNodesPadding =
      Convert.ToInt32(ChildNodesPaddingList.SelectedItem.Text);
}
```

13.3　Menu 控件

Menu 控件是 ASP.NET 中另一个功能强大的导航控件，该控件会在页面上显示一个静态或动态的导航菜单。与 TreeView 控件类似，开发人员可以声明性地定义菜单的内容，也可以动态添加菜单项，将该控件绑定到数据源来指定内容，而且 Menu 控件也提供了大量的外观控制选项，比如水平和垂直菜单的显示、设置 Menu 控件的样式等。这使得在 ASP.NET 中创建一个功能强大的菜单导航变得更加容易。

13.3.1　使用 Menu 控件

与 TreeView 控件类似，Menu 控件由一个或多个 MenuItem 对象组成，每一个 MenuItem 作为菜单中的一个菜单项，每个 MenuItem 对象又包含一个 ChildItems 的子集合，以便于创建层次化的菜单结构。下面创建一个名为 MenuDemo 的示例网站，在该网站中添加一个名为 UseMenu.aspx 的页面，该示例将演示如何通过声明式和编程动态加载的方式来创建一个基于菜单的导航结构。

从工具箱的“导航”栏中拖 1 个 Menu 控件到页面上，VS 2010 将会自动弹出 Menu 任务菜单，与 TreeView 类似，要声明性地添加 MenuItem 项，可以使用任务菜单中的“编辑菜单项”命令，VS 2010 提供了可视化的方式设置菜单项。“菜单项编辑器”对话框如图 13.24 所示。

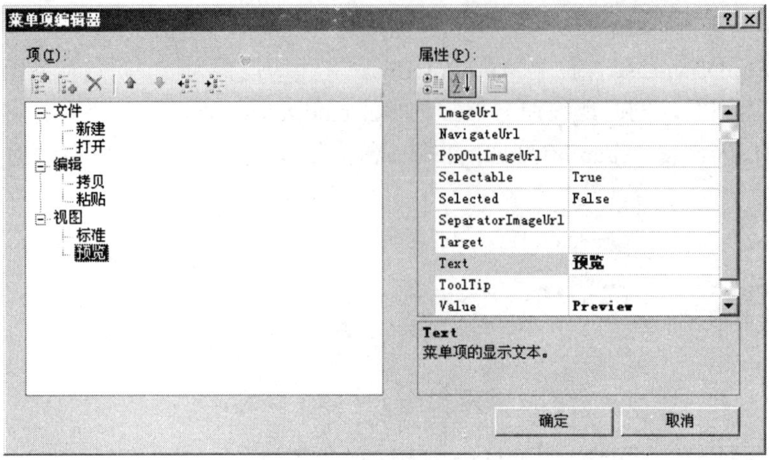

图 13.24 添加菜单项

“菜单项编辑器”对话框的工具栏提供了不少的辅助添加菜单的选项，比如添加和移除节点、变更节点的层次结构等。“属性”面板中则列出了每一个 MenuItem 可供设置的属性，常见的属性描述如下。

- Text：显示在菜单项中的文本信息。
- ToolTip：当鼠标移过菜单项时显示的提示信息。
- Value：存储每个菜单项附带的、并不显示的信息，比如为每个菜单项所指定唯一项的 ID 值等，这样可供在编程时获取这些值。
- NavigateUrl：如果设置了该属性，则单击节点时会自动链接到指定的 URL，否则需要引发 MenuItemClick 事件以实现想要完成的行为。
- Target：如果设置了 NavigateUrl 属性，该属性用于指定目标窗口，比如一个框架的名称或新窗口上打开链接。
- Selectable：如果设置为 false，则该菜单项不可以选择，比如包含子菜单项的父级菜单，也许不希望用户选择，则可以将该属性设置为 false。
- ImageUrl：指定菜单项旁边显示图片的路径。
- PopOutImageUrl：如果包含子菜单的话，则在菜单项的旁边显示图片的路径。
- SeparatorImageUrl：显示在菜单项底部，将菜单项与其他菜单项隔开的分割图片路径。

图 13.24 所示添加了一个类似于记事本菜单的菜单项，当单击菜单编辑器后，VS 2010 将会自动生成如下的菜单项声明代码：

```
<asp:Menu ID="Menu1" runat="server">
   <Items>
      <asp:MenuItem Text="文件" Value="File">
      <asp:MenuItem Text="新建" Value="New"></asp:MenuItem>
      <asp:MenuItem Text="打开" Value="Open"></asp:MenuItem>
   </asp:MenuItem>
      <asp:MenuItem Text="编辑" Value="Edit">
      <asp:MenuItem Text="拷贝" Value="Copy"></asp:MenuItem>
      <asp:MenuItem Text="粘贴" Value="Paste"></asp:MenuItem>
      </asp:MenuItem>
      <asp:MenuItem Text="视图" Value="View">
      <asp:MenuItem Text="标准" Value="Normal"></asp:MenuItem>
```

```
            <asp:MenuItem Text="预览" Value="Preview"></asp:MenuItem>
            </asp:MenuItem>
        </Items>
    </asp:Menu>
```

可以看到与 TreeView 控件的声明非常相似，每个 MenuItem 也被包含在 Menu 对象的 Items 集合中。默认情况下，菜单以竖向进行显示，如果想以横向来显示菜单项，可以设置 Orientation 属性为 Horizontal，声明代码如下：

```
    <asp:Menu ID="Menu1" runat="server" Orientation="Horizontal">
```

也可以使用 VS 2010 预置的几种格式来设置菜单的外观，在 Menu 任务菜单中选择“自动套用格式”命令，在打开的对话框中选择一种预定义的格式，VS 2010 将会自动添加一些预置的格式代码，设置效果如图 13.25 所示。

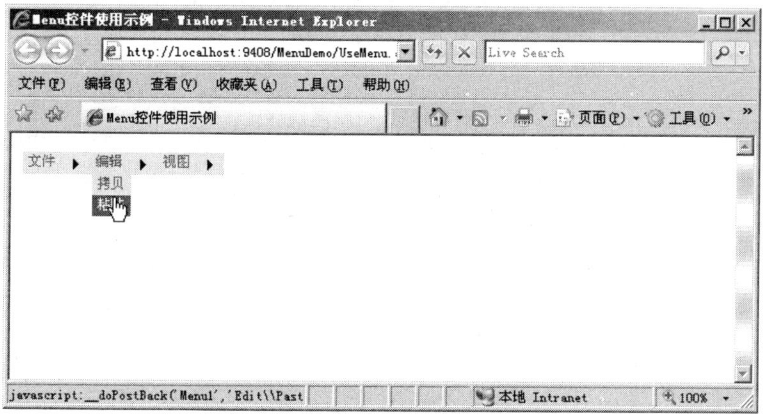

图 13.25　Menu 控件的使用效果

Menu 控件也可以与 SiteMapDataSource 控件进行数据绑定，使之很轻松地显示来自站点地图中的数据，下面添加一个 BindingToSiteMap.aspx 的页面，在该页面中添加 1 个 Menu 控件和 1 个 SiteMapDataSource 控件，将本章开头创建的 Web.Sitemap 文件添加到站点中。指定 Menu 控件的数据源为 SiteMapDataSource 控件，声明代码如下：

```
<asp:Menu ID="Menu1" runat="server" DataSourceID="SiteMapDataSource1"
    Orientation="Horizontal" StaticDisplayLevels="2">
</asp:Menu>
<asp:SiteMapDataSource ID="SiteMapDataSource1" runat="server" />
```

代码中通过将 DataSourceID 指定为 SiteMapDataSource 控件的 ID，即完成了显示站点地图数据的工作，需要注意的是，在代码中设置 StaticDisplayLevels 属性值为 2，使其静态显示两层菜单数据，即显示主页和第一层的站点导航内容，否则页面上将只显示“主页”一个菜单项。

菜单控件具有两种显示模式：静态显示和动态显式。

- 静态显示：指页面一出现时 Menu 控件就展开菜单内容，使整个结构都是可视的。可以通过 StaticDisplayLevels 设置菜单静态显示的层次。
- 动态显示：指鼠标指针放在菜单项时才显示的子项，可以使用 MaximumDynamicDisplayLevels 属性，获取或设置动态菜单的菜单呈现级别数。如果将该属性设置为 0，则不会动态显示任何菜单节点。如果将它设置为负数，则会引发异常。

运行 BindingToSiteMap.aspx 页面，可以看到站点地图中的数据已经显示在 Menu 控件中了，如图 13.26 所示。

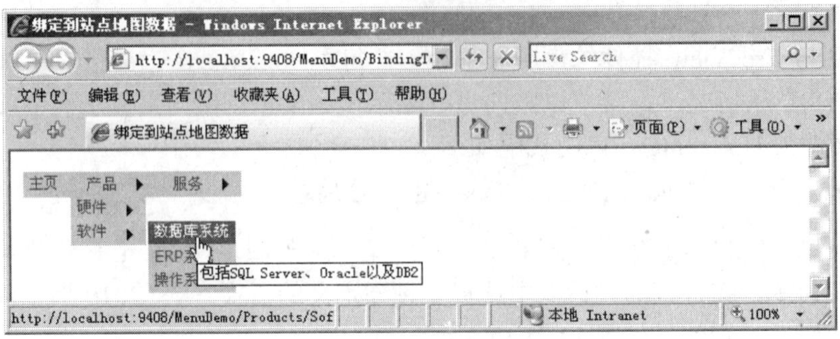

图 13.26　绑定到站点地图数据

13.3.2　编程动态添加菜单项

每个 MenuItem 都作为 Menu 对象 Items 集合中的一个成员，因此很容易地使用类似在 TreeView 控件中添加 TreeNode 方式一样，来动态添加菜单项。下面举例演示如何编程添加 Northwind 数据库中的产品分类和产品信息到菜单中，操作步骤如下。

（1）添加一个名为 DynamicCreateMenu.aspx 页面，在页面中添加 1 个 Menu 控件，打开后置代码视图，编写如下代码：

```
//添加如下的两个命名空间引用
using System.Data.SqlClient;
using System.Web.Configuration;
public partial class DynamicCreateMenu : System.Web.UI.Page
{
    /// <summary>
    /// GetDataSet 方法是一个辅助方法,该方法获取一个 SQL 查询字符串,返回一个包含查询结果的 DataSet
    /// </summary>
    private DataSet GetDataSet(string sql)
    {
        //从 web.config 配置文件中获取连接字符串
        string connstr = WebConfigurationManager.
            ConnectionStrings["NorthwindConnectionString"].ConnectionString;
        SqlDataAdapter da = new SqlDataAdapter(sql, connstr);
        DataSet ds = new DataSet();
        //Fill 方法将会执行 SQL 语句，并将结果填充到 DataSet 中
        da.Fill(ds);
        return ds;
    }
    //查询产品分类资料，并添加到 Menu 的 Items 集合中
    private void FillCategories()
    {
        DataSet ds = GetDataSet("select CategoryID,CategoryName " +
            "from Categories order by CategoryID");
        foreach (DataRow row in ds.Tables[0].Rows)
        {
            MenuItem item = new MenuItem();
            item.Text = row["CategoryName"].ToString();
            item.Value = row["CategoryID"].ToString();
            Menu1.Items.Add(item);
            FillProducts(item);            //添加该分类下面的产品的信息
        }
```

```
    }
    //查询产品资料，添加到MenuItem的ChildItems集合中
    private void FillProducts(MenuItem parentitem)
    {
        DataSet ds = GetDataSet("select ProductID,ProductName " +
            "from Products Where CategoryID='"+parentitem.Value+"'");
        foreach (DataRow row in ds.Tables[0].Rows)
        {
            MenuItem item = new MenuItem();
            item.Text = row["ProductName"].ToString();
            item.Value = row["ProductID"].ToString();
            parentitem.ChildItems.Add(item);
        }
    }
    protected void Page_Load(object sender, EventArgs e)
    {
        if (!Page.IsPostBack)
        {
            FillCategories();           //添加产品分类及产品信息
        }
    }
}
```

这里的代码与前面介绍的 TreeView 控件加载数据库示例的代码相似，首先从数据库中查询产品分类信息，然后添加到 Menu 控件的 Items 集合中，在依次添加每个产品分类时，又从 Products 表中添加了该分类下的所有产品信息。

（2）触发 MenuItemClick 事件，在该事件中获取用户所单击的菜单项文本。与 TreeView 类似，如果没有为 MenuItem 指定 NavigateUrl 属性，那么当用户单击时会响应 MenuItemClick 事件，代码如下：

```
protected void Menu1_MenuItemClick(object sender, MenuEventArgs e)
{
    //在Label控件中显示当前单击的菜单项的文本信息
    Label1.Text = e.Item.Text;
}
```

该事件中的 MenuEventArgs 参数提供了与用户单击 MenuItem 相关的一些信息，其 Item 表示当前单击菜单项的 MenuItem 实例，通过获取该实例的 Text 属性，并赋给 Label 控件进行显示。

示例运行效果如图 13.27 所示。

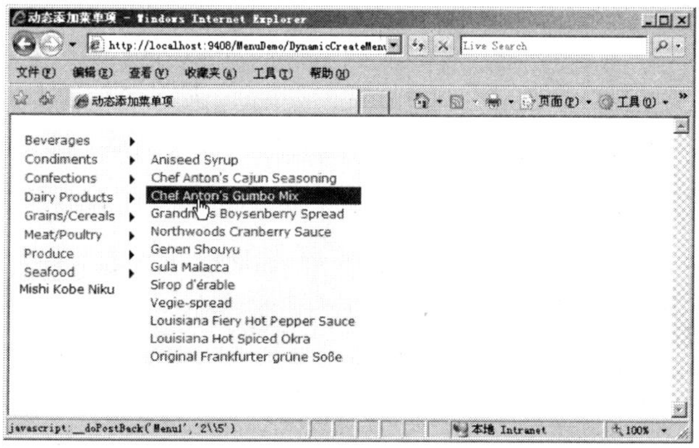

图 13.27　动态添加菜单项示例效果

13.3.3 绑定到 XML 文件

同样也可以将 Menu 控件绑定到一个 XML 文件，绑定方式与 TreeView 控件类似，也使用 XmlDataSource 数据源控件。下面举例演示如何将一个 Menu 控件绑定到 XML 文件中，操作步骤如下。

（1）本节将导入 TreeViewDemo 中的 book.xml 文件，添加一个 BindingToXML.aspx 的示例页面，在页面中添加 1 个 Menu 控件和 1 个 XmlDataSource 控件，将 XmlDataSource 控件的 DataFile 属性指向 Books.xml 文件。当将 Menu 控件的 DataSourceID 属性指定为 XmlDataSource 控件之后，同样需要使用菜单的 DataBinding 编辑器来设置菜单项的数据绑定信息，如图 13.28 所示。

图 13.28 使用 Menu 控件的数据绑定编辑器

该编辑器的操作方法与 TreeView 的数据绑定编辑器类似。当使用 XmlDataSource 控件时，也可以使用 Xpath 提供 Xpath 查询表达式来限制使用 XmlDataSource 返回的数据。该表达式根据不同的上下文环境显示不同的菜单项内容是非常有用的。也可以使用 Transform 或 TransformFile 属性应用一个 XSLT 样式到 XML 文档，来转换所返回的节点数据。

（2）经过一番设置之后，VS 2010 自动生成了相应的 MenuItemBinding 声明代码。将 Orientation 属性设置为 Horizontal，让菜单水平进行显示，然后将 StaticDisplayLevels 属性设置为 2，静态显示两层数据，代码如下：

```
<asp:Menu ID="Menu1" runat="server" DataSourceID="XmlDataSource1"
    Orientation="Horizontal" StaticDisplayLevels="2">
    <DataBindings>
        <asp:MenuItemBinding DataMember="books" Text="图书列表" Value="图书列表" />
        <asp:MenuItemBinding DataMember="enterprisebooks" Text="企业级开发书籍"
            Value="企业级开发书籍" />
        <asp:MenuItemBinding DataMember="book" TextField="title" />
        <asp:MenuItemBinding DataMember="webbooks" Text="Web 开发书籍" Value="Web
        开发书籍" />
        <asp:MenuItemBinding DataMember="book" TextField="title" />
        <asp:MenuItemBinding DataMember="databasebooks" Text="数据库开发书籍"
            Value="数据库开发书籍" />
        <asp:MenuItemBinding DataMember="book" TextField="author" />
    </DataBindings>
```

```
    </asp:Menu>
    <asp:XmlDataSource ID="XmlDataSource1" runat="server" DataFile="~/Books.xml">
    </asp:XmlDataSource>
```

示例运行效果如图 13.29 所示。

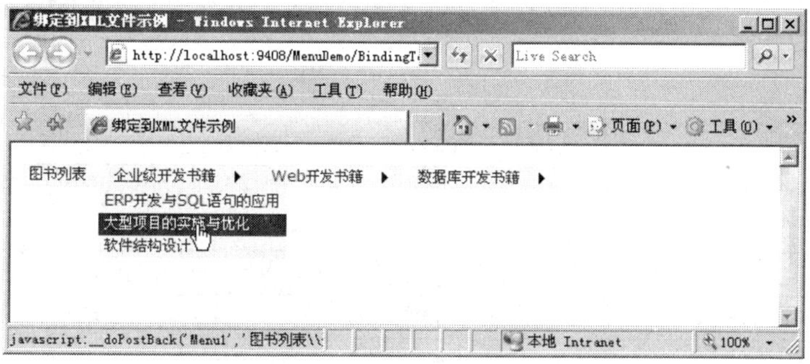

图 13.29　将 Menu 控件绑定到 XML 文件示列效果

13.3.4　Menu 控件样式

Menu 控件也提供了大量的格式化选项，使开发人员可以完全定制控件的呈现样式。这些格式化属性设置中的一部分影响静态菜单项的呈现；另一部分影响动态菜单项的呈现。表 13.5 列出了影响 Menu 控件格式化的一些属性。

表 13.5　影响 Menu 控件格式化的属性

属性名称	属性描述
DisappearAfter	以毫秒为单位指定当鼠标移过菜单项时所弹出动态菜单的延时时长
DynamicBottomSeparatorImageUrl	允许指定显示在每个动态菜单下面的图片的 URL，该图像显示在各动态菜单项底部，将动态菜单项与其他菜单项隔开
DynamicEnableDefaultPopOutImage	指示是否显示内置图像（三角小图标），其中内置图像指示动态菜单项具有子菜单
DynamicHorizontalOffset	获取或设置动态菜单相对于其父菜单项的水平移动像素数
DynamicItemFormatString	允许指定在动态菜单项中格式化文本的格式化字串
DynamicPopOutImageTextFormatString	获取或设置用于指示动态菜单项包含子菜单的图像的替换文字
DynamicPopOutImageUrl	获取或设置自定义图像的 URL，如果动态菜单项包含子菜单，该图像则显示在动态菜单项中
DynamicTopSeparatorImageUrl	获取或设置图像的 URL，该图像显示在各动态菜单项顶部，将动态菜单项与其他菜单项隔开
DynamicVerticalOffset	获取或设置动态菜单相对于其父菜单项的垂直移动像素数
ItemWrap	指示菜单项的文本是否换行
MaximumDynamicDisplayLevels	获取或设置动态菜单的菜单呈现级别数
Orientation	获取或设置菜单控件的呈现方向
ScollDownImageUrl	获取或设置动态菜单中显示的图像的 URL，以指示用户可以向下滚动查看更多菜单项
ScrollDownText	获取或设置 ScrollDownImageURL 属性中指定的图像的替换文字
ScrollUpImageUrl	获取或设置动态菜单中显示的图像的 URL，以指示用户可以向上滚动查看更多菜单项

续表

属性名称	属性描述
ScrollUpText	获取或设置 ScrollUpImageUrl 属性中指定的图像的替换文字
SkipLinkText	获取或设置屏幕读取器所读取的隐藏图像的替换文字，以提供跳过链接列表的功能
StaticBottomSeparatorImageUrl	获取或设置图像的 URL，该图像在各静态菜单项底部显示为分隔符
StaticDisplayLevels	获取或设置静态菜单的菜单显示级别数
StaticEnableDefaultPopOutImage	获取或设置一个值，该值指示是否显示内置图像，其中内置图像指示静态菜单项包含子菜单
StaticItemFormatString	获取或设置与所有静态显示的菜单项一起显示的附加文本
StaticImagePopOutFormatString	获取或设置与所有静态显示的菜单项图像的替代文本
StaticPopOutImageUrl	获取或设置显示来指示静态菜单项包含子菜单的图像的 URL
StaticSubMenuIndent	获取或设置静态菜单中子菜单的缩进间距（以像素为单位）
StaticTopSeparatorImageUrl	获取或设置图像的 URL，该图像在各静态菜单项顶部显示为分隔符
Target	获取或设置用来显示菜单项的关联网页内容的目标窗口或框架

与 TreeView 控件类似，Menu 控件也提供了几个以 Style 结尾的样式属性，它从 Style 基类派生了一个自定义的 MenuItemStyle 样式类，该类添加了一些针对于菜单格式化的属性。Menu 提供了几种不同类型的菜单样式属性设置，这些设置根据静态显示和动态显示的不同又有区别，由于 Menu 控件具有两种菜单呈现模式，因此分别提供了对这两种模式的样式定义，样式分类如表 13.6 所示

表 13.6　Menu 控件可供设置的样式种类

静态模式样式	动态模式样式	样式说明
StaticMenuStyle	DynamicMenuStyle	设置 Menu 控件的整个外观样式
StaticMenuItemStyle	DynamicMenuItemStyle	设置单个菜单项的样式
StaticSelectedStyle	DynamicSelectedStyle	设置所选择的菜单项的样式
StaticHoverStyle	DynamicHoverStyle	设置当鼠标悬停在菜单项上时的样式

StaticMenuStyle 和 DynamicMenuStyle 属性分别影响整个静态或动态菜单项。例如，如果使用 DynamicMenuStyle 属性指定一个边框，则整个动态区域将会有一个边框。

StaticMenuItemStyle 和 DynamicMenuItemStyle 属性与此行为相反。这两个属性影响单个菜单项。例如，如果使用 DynamicMenuItemStyle 属性指定一个边框，则每个动态菜单项都有它自己的边框。

当鼠标指针置于菜单项上时，StaticSelectedStyle 和 DynamicSelectedStyle 属性仅影响所选的菜单项，而 StaticHoverStyle 和 DynamicHoverStyle 属性影响整个菜单项的样式。

除了这些样式之外，还可以在菜单的层次级别上控制样式，比如顶层菜单与子菜单具有不同的样式选项，Menu 控件提供了 3 个集合类型的样式设置，分别是 LevelMenuItemStyles、LevelSubMenuStyles 和 LevelSelectedStyles。LevelMenuItemStyles 根据菜单的层次结构来设置不同的样式，比如下面的声明代码：

```
<LevelMenuItemStyles>
  <asp:MenuItemStyle CssClass="Level1Style" />
  <asp:MenuItemStyle CssClass="Level2Style" />
  <asp:MenuItemStyle CssClass="Level3Style" />
  <asp:MenuItemStyle CssClass="Level4Style" />
</LevelMenuItemStyles>
```

Level1Style 样式类应用到第一层菜单项，Level2Style 样式类应用到第二层菜单项，依次类推。几乎 Menu 控件外观的各个方面都可以使用其属性或样式表来管理。通过了解哪些属性控制呈现哪些方面，可以定制菜单的外观，可以直接在标记中设置各种样式的属性或使用样式表。

> **注意**：Menu 控件外观的各个方面都可以使用 CSS 样式表来管理，大多数样式属性都提供了 CssClass 属性，可用于为菜单样式分配 CSS 类，这样可以通过更一致的方式控制整个菜单的外观，并且利于维护和更改

添加一个名为 MenuStyleDemo.aspx 的页面，在该页面中将演示如何结合 CSS 和菜单的样式属性来格式化菜单的外观，示例代码如下：

```
<asp:menu id="Menu1"
  staticdisplaylevels="3"
  staticsubmenuindent="0"
  orientation="Vertical"
  target="_blank"
  Font-names="Arial, Gill Sans"
  Width="100px"
  runat="server" DataSourceID="XmlDataSource1">
  <%--定义菜单层次样式，共定义了 3 层样式--%>
  <LevelMenuItemStyles>
    <asp:MenuItemStyle CssClass="level1"/>
    <asp:MenuItemStyle CssClass="level2"/>
    <asp:MenuItemStyle CssClass="level3" />
  </LevelMenuItemStyles>
  <%--当鼠标移过静态菜单时的样式--%>
  <StaticHoverStyle CssClass="hoverstyle"/>
  <%--子层次的样式--%>
  <LevelSubMenuStyles>
    <asp:SubMenuStyle CssClass="sublevel1" />
  </LevelSubMenuStyles>
  <%--静态菜单被选择后的样式--%>
   <StaticSelectedStyle BackColor="#FFCC66" />
       <StaticMenuItemStyle HorizontalPadding="5px" VerticalPadding="2px" />
       <%--动态菜单样式--%>
       <DynamicHoverStyle BackColor="#990000" ForeColor="White" />
       <DynamicMenuStyle BackColor="#FFFBD6" />
       <DynamicSelectedStyle BackColor="#FFCC66" />
       <DynamicMenuItemStyle HorizontalPadding="5px" VerticalPadding="2px" />
       <%--数据绑定代码--%>
       <DataBindings>
           <asp:MenuItemBinding DataMember="books" Text="图书列表" Value="图书列表" />
           <asp:MenuItemBinding DataMember="enterprisebooks" Text="企业级开发书籍"
               Value="企业级开发书籍" />
           <asp:MenuItemBinding DataMember="book" TextField="title" />
           <asp:MenuItemBinding DataMember="webbooks" Text="Web 开发书籍" Value="Web
           开发书籍" />
           <asp:MenuItemBinding DataMember="book" TextField="title" />
           <asp:MenuItemBinding DataMember="databasebooks" Text="数据库开发书籍"
```

```
        Value="数据库开发书籍" />
        <asp:MenuItemBinding DataMember="book" TextField="author" />
    </DataBindings>
    <StaticHoverStyle BackColor="#990000" ForeColor="White" />
</asp:menu>
</div>
<asp:XmlDataSource ID="XmlDataSource1" runat="server" DataFile="~/Books.xml">
</asp:XmlDataSource>
```

示例中分别使用了多种菜单样式属性来指定菜单的外观，并且使用了大量的 CSS 类，这些 CSS 类定义在单独的名为 MenuStyle.css 的样式表文件中，代码如下：

```
/*第一层菜单样式*/
.level1
{
    color: White;
    background-color: #000099;
    font-variant: small-caps;
    font-size: 9pt;
    font-weight: bold;
    font-family: verdana;
}
…/*省略部分样式*/
/*鼠标悬停菜单样式*/
.hoverstyle
{
    font-weight: bold;
    font-size: 9pt;
    font-family: verdana;
}
/*子层菜单样式*/
.sublevel1
{
    background-color: Gray !important;
    color: #000000;
    font-family: verdana;
    font-size: 9pt;
}
```

示例运行效果如图 13.30 所示。

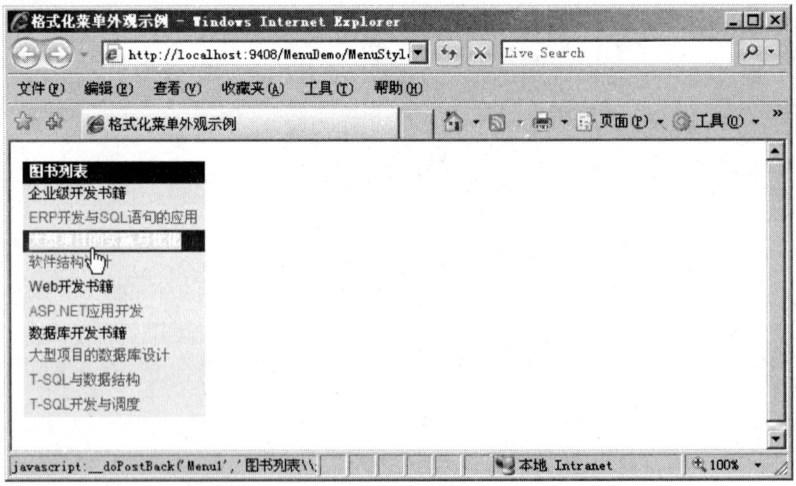

图 13.30　自定义菜单外观示例运行效果

13.3.5　为 Menu 控件应用模板

如果上一节的内容还是不能满足对于菜单外观的要求，Menu 控件还提供了模板设置选择，菜单项的模板用于为菜单中的菜单项定义 HTML 输出，使开发人员可以完全控制 Menu 控件的外观。Menu 控件提供了以下两种类型的模板。

➢ StaticItemTemplate 模板：包含静态菜单自定义呈现内容的模板。

➢ DynamicItemTemplate 模板：包含动态菜单自定义呈现内容的模板。

VS 2010 提供了简单的选项用于将菜单项变为模板，可以根据 VS 2010 生成的模板代码进行控制，如图 13.31 所示。

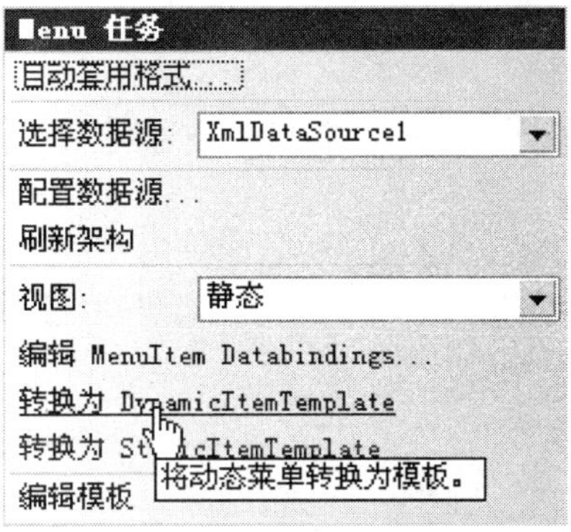

图 13.31　VS 2010 所提供的模板设置选项

当开始应用模板时，需要为模板中显示菜单项的值指定绑定表达式，比如将一个标准的菜单项转换为模板之后，VS 2010 生成了如下数据绑定代码：

```
<StaticItemTemplate>
   <%# Eval("Text") %>
</StaticItemTemplate>
<DynamicItemTemplate>
   <%# Eval("Text") %>
</DynamicItemTemplate>
```

开发人员也可以在模板中绑定 MenuItem 对象的其他属性，下面添加一个名为 UseMenuTemplate.aspx 的页面，在该页面中添加 1 个 Menu 控件和 1 个 SiteMapDataSource 控件，将菜单控件绑定到站点地图数据。首先将 VS 2010 的标准菜单项转换为模板，然后在模板中添加格式化的代码，页面完成后的声明代码如下：

```
<asp:Menu ID="Menu1" runat="server" DataSourceID="SiteMapDataSource1"
   Orientation="Horizontal" StaticDisplayLevels="2">
   <%--指定菜单的格式化设置，通过模板和格式化的应用，Menu 控件提供了完全定制的外观机制--%>
      <StaticMenuStyle BackColor="#F7F3F7" />
      <StaticMenuItemStyle BorderStyle="Solid" Font-Names="Tahoma"
        Font-Size="8pt" BorderWidth="1px" BorderColor="#F7F3F7" />
      <DynamicMenuStyle BorderStyle="Outset" BorderWidth="1px"
        BorderColor="LightGray" BackColor="#F7F3F7" />
      <DynamicMenuItemStyle Font-Names="Tahoma" Font-Size="8pt"
        BorderStyle="Solid" BorderWidth="1px" BorderColor="#F7F3F7" />
      <StaticHoverStyle BackColor="#CECECE" BorderStyle="Solid"
        BorderWidth="1px" BorderColor="DarkGray" />
      <DynamicHoverStyle BackColor="#CECECE" BorderStyle="Solid"
        BorderWidth="1px" BorderColor="DarkGray" />
        <%--应用静态项模板--%>
```

```
            <StaticItemTemplate>
                
              <asp:Label ID="Label9" runat="server" ForeColor="Black"
                Font-Bold='<%# !bool.Parse( Eval( "Selectable" ).ToString( ) ) %>'
                Text='<%# Eval( "Text" ) %>'>
              </asp:Label>
                  
            </StaticItemTemplate>
             <%--应用菜单动态项模板--%>
            <DynamicItemTemplate>
                
              <asp:Label ID="Label10" runat="server" ForeColor="Black"
                Text='<%# Eval( "Text" ) %>'>
              </asp:Label>
                  
            </DynamicItemTemplate>
    </asp:Menu>
     <%--绑定到站点地图文件的数据源控件--%>
    <asp:SiteMapDataSource ID="SiteMapDataSource1" runat="server" />
```

在 StaticItemTemplate 模板中，将 Font-Bold 属性绑定到 MenuItem 的 Selectable 属性上，该属性用于指定菜单是否可以选择，根据该属性的值来决定是否将字体加粗。开发人员也可以绑定到 MenuItem 的 NavigateUrl 等其他属性上，示例运行效果如图 13.32 所示。

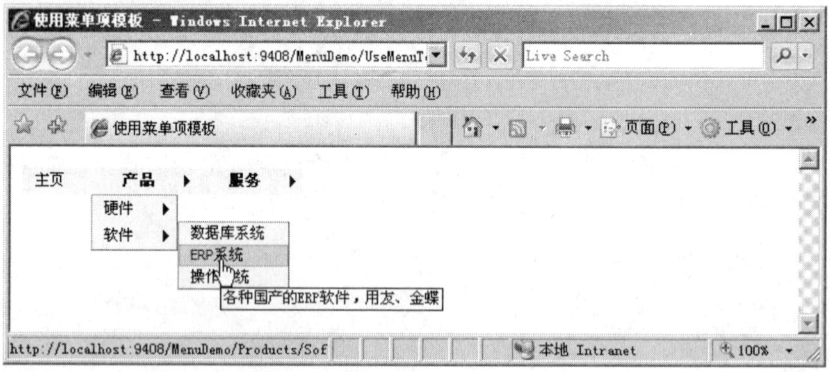

图 13.32　为菜单项应用模板后的运行效果

13.4　小结

本章详细地介绍了 ASP.NET 中的站点导航技术。首先介绍了如何定义和使用站点地图文件，如何开发自定义的站点地图提供者将站点地图保存在 SQL Server 数据库中；然后讨论了 ASP.NET 内置的 URL 地址映射机制，以及 SiteMapPath 控件的使用方法；最后详细地介绍了 TreeView 和 Menu 控件，这两个控件是 ASP.NET 中功能强大的用于导航结构的控件，又讨论了如何定义控件、动态设置控件及外观格式化设置等细节信息。

第 14 章　个性化服务

介绍应用程序状态时，曾经讨论了如何在会话中保存特定用户的状态信息，ASP.NET 提供了另一项保存并持久化状态信息的机制，叫做个性化服务，也可以称为用户配置服务。

个性化机制提供了一种持久化会话信息的强类型方式，这些持久化信息经提供者模型保存到数据库或其他存储媒介中。个性化机制可以为网站用户提供个性化的体验，比如保存用户信息、个人偏好或购物车信息。用户下次登录时，系统会自动读出这些信息，使整个站点更加人性化。

14.1　理解个性化

个性化是用于保存个人的状态信息，会话变量、Cookie 等也是保存状态信息，它们之间最大的不同是：个性化是设计用于保存持久化状态信息的，个性化机制具有一个后台的数据源，比如 SQL Server 数据库等；会话状态一般只在内存或客户端中保存状态信息，而且也不适合长期保存。如果需要为用户持久地保存一些信息，使这些信息在一个月、一年或很久时间后都能使用的话，那么个性化服务提供了相对于状态管理机制更方便的方法。

14.1.1　使用 ASP.NET 个性化服务

开始使用个性化服务之前，先理解 Session 与 Profile 的不同是非常有必要的，虽然它们都用于存储用户特定的数据，但是会话状态仅存储用户在会话期间的数据，当用户离开后，会话数据会被自动清除，Session 对象也会被删除。而个性化服务的数据直到显示移除时才被清除。简而言之，在如下几个方面使用个性化，可以获得比会话期变量更多的好处。

- 数据持久性：Profile 对象数据存储在数据源，而会话期变量存储在内存中。
- 强类型：Profile 对象属性是强类型的，而 Session 对象总是保存为 Object 类型，在运行时需要进行类型转换。
- 更加高效：个性化服务在需要时才会被加载，而 Session 变量在用户开始访问网站时就被加载，直到用户离开。

个性化服务与本章后面将详细介绍的成员和角色服务密切相关，比如它们使用相同的数据库信息，来为不同用户存储成员信息和个性化数据，并且都基于提供者模型，允许开发人员进行扩展以提供所需要的数据存储。

开始使用个性化服务存储用户信息之前，先介绍一下个性化数据的存储问题。ASP.NET 提供了默认的个性化提供者，其位于 System.Web.Profile 的 SqlProfileProvider 中。该提供者由微软在 machine.config 中指定，可以在 machine.config 中搜索<profile>元素，该元素提供了如下配置：

```
<profile>
            <providers>
    <addname="AspNetSqlProfileProvider"connectionStringName="LocalSqlServer"
    applicationName="/"type="System.Web.Profile.SqlProfileProvider, System.Web,
    Version=2.0.0.0,Culture=neutral,PublicKeyToken=b03f5f7f11d50a3a"/>
            </providers>
        </profile>
```

代码中指定 connectionStringName 为一个指向 Microsoft SQL Server 2005 Express 的名为 LocalSqlServer.mdf 的数据库，通常位于 App_Data 文件夹中。当使用个性化服务时，如果该数据库是首次使用 Profile 对象，则会自动进行创建。

> **注意**：machine.config 是整个机器上的配置，是默认所有应用的配置，而 web.config 中的配置只针对它所在的应用项目。

下面举例介绍如何使用 Profile 个性化服务，来保存和加载用户的信息。

（1）创建一个名为 ProfileDemo 的网站，本章与个性化相关的内容都在该网站中实现，在网站中添加一个 UseSimpleProfile.aspx 的页面。在页面中插入 1 个表格，创建一个要求用户输入姓名和性别的表单，然后添加两个按钮：一个是允许用户保存输入信息的保存按钮；另一个是允许用户从个性化中获取信息的加载按钮。

（2）在 web.config 的<profile>元素中指定要在个性化存储中保存的信息，这是必要的一步。ASP.NET 最终将会在<profile>元素中添加的信息编译为一个后台类。在这里定义了个性化的属性后，就可以在代码编辑器中使用强类型的代码进行访问了，本示例中<profile>元素的定义代码如下：

```
<system.web>
 <profile>
   <!--指定个性化属性-->
   <properties>
     <add name="UserName" type="System.String"/>
     <add name="Gender" type="System.String"/>
     <add name="numberOfVisits" type="Int32" defaultValue="0" />
     <add name="LastVisitedDate" type="DateTime"/>
   </properties>
 </profile>
```

<profile>元素中使用<properties>子元素定义了 4 个属性，分别用于保存用户的姓名、性别、用户访问的总次数和用户访问的时间。在配置中通过 type 属性为每种个性化属性都指定了一个类型，保存在 Profile 中的可以是任何可序列化的.NET 数据类型。定义了属性之后，就可以在代码中以 Profile.UserName 和 Profile.Gender 进行访问了。

当定义个性化的属性时，可以使用如下几种特性。

➢ name：指定属性的名称。
➢ type：指定属性的类型，可以是任何自定义类型和.NET 类型，只要这些类型支持序列化处理。
➢ defaultValue：指定属性的默认值。
➢ readOnly：允许创建一个只读的属性，默认值是 false。
➢ serializeAs：指示属性如何被存储到数据库中，可能的值有 String、Xml、Binary 和 ProviderSepcific，默认值是 ProviderSpecific。
➢ allowAnonymous：是否允许匿名用户读取和设置属性，默认值是 false。
➢ provider：允许将属性与一个特定的 Profile 提供者进行关联。
➢ customProviderData：允许向 Profile 提供者传递自定义的数据。

当定义了个性化组之后，ASP.NET 自动生成了一个名为 ProfileCommon 的新类，该类从 ProfileBase 类继承。强类型访问器被添加到<profile>配置节中为每个属性定义的 ProfileCommon 类中。该类的强类型访问器调用 ProfileBase 基类的 GetPropertyValue() 和 SetPropertyValue()方法，分别用于配置文件属性值的检索和设置。ProfileCommon 类的一个实例被设置为当前 HttpContext 对象的 Profile 属性的值。本示例中 ProfileCommon 类的代码如下：

```
public class ProfileCommon : ProfileBase
{
    public ProfileCommon();
    public virtual string Gender { get; set; }
    public virtual DateTime LastVisitedDate { get; set; }
    public virtual int numberOfVisits { get; set; }
    public virtual string UserName { get; set; }
    public virtual ProfileCommon GetProfile(string username);
}
```

（3）定义好个性化的属性之后，为“保存到个性化数据库”按钮编写代码。当用户在“姓名”和“性别”字段中输入了用户信息后，单击“保存到个性化数据库”按钮后，ASP.NET 将执行如下代码将用户信息保存到个性化存储中：

```
protected void btnSave_Click(object sender, EventArgs e)
{
    //使用强类型语法将在 web.config 中配置的属性保存到 Profile 存储中
    Profile.UserName = txtName.Text.Trim();
    Profile.Gender = txtGender.Text.Trim();
    Profile.numberOfVisits += 1;
    Profile.LastVisitedDate = DateTime.Now;
}
```

在编写代码时，会发现在 web.config 中配置的值被 VS 2010 的智能代码提示工具所识别，如图 14.1 所示。

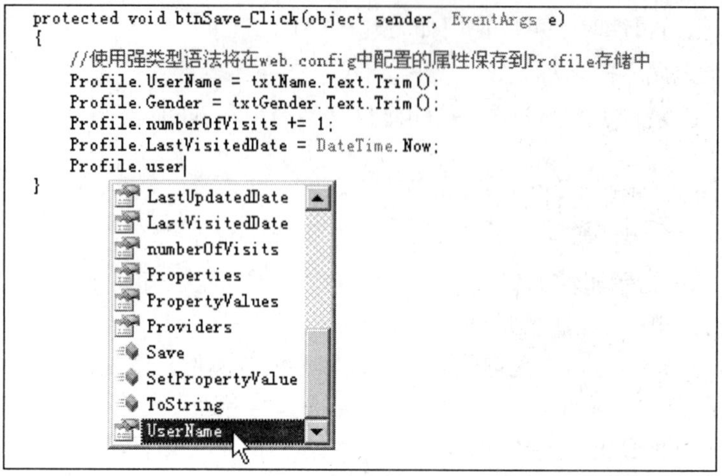

图 14.1　个性化属性的智能提示窗口

现在开发人员可以运行该示例，在页面的文本框中输入一些数据，单击“保存到个性化数据库”按钮。当第一次调用 Profile 对象时，ASP.NET 将会根据默认的提供者自动创建一个名为 LocalSqlServer.mdf 的文件，该文件位于 App_Data 文件夹中。

（4）为“从个性化中读取数据”按钮编写单击事件处理代码，该代码将从 Profile 中读取个性化数据，并显示在 Label 控件中，代码如下：

```
protected void btnLoad_Click(object sender, EventArgs e)
{
    //创建一个 StringBuilder 对象用于保存从 Profile 中读出的数据
    StringBuilder sb = new StringBuilder();
    //依次从 Profile 中读取配置数据
    if (Profile.UserName != string.Empty)
    {
        sb.Append("用户姓名: " + Profile.UserName + "<br/>");
    }
    if (Profile.Gender != string.Empty)
    {
        sb.Append("用户性名: " + Profile.Gender + "<br/>");
    }
    sb.Append("用户访问次数: " + Profile.numberOfVisits.ToString()+"<br/>");
    if (Profile.LastVisitedDate != null)
    {
        sb.Append("用户最后访问时间: " + Profile.LastVisitedDate.ToString()+"<br/>");
    }
    lblProfileData.Text = sb.ToString();        //将读取到的数据保存到 Label 控件中
}
```

从 Profile 中读取数据也非常简单，依然使用强类型的属性，所有读取数据的操作由 Profile 在后台实现，示例最后将读取到的 Profile 数据保存在 Label 控件的 Text 属性中进行显示。运行示例，在“姓名”和“性别”文本框中输入一些数据，然后进行保存，再次单击“从个性化中读取数据”按钮，则页面将会呈现用户所输入的数据，运行效果如图 14.2 所示。

图 14.2　读取和写入个性化示例

为了了解个性化服务如何存储数据，可以双击 LocalSqlServer.mdf 数据库文件，打开 aspnet_Profile 数据表，该表中保存了用户的个性化信息，如图 14.3 所示。

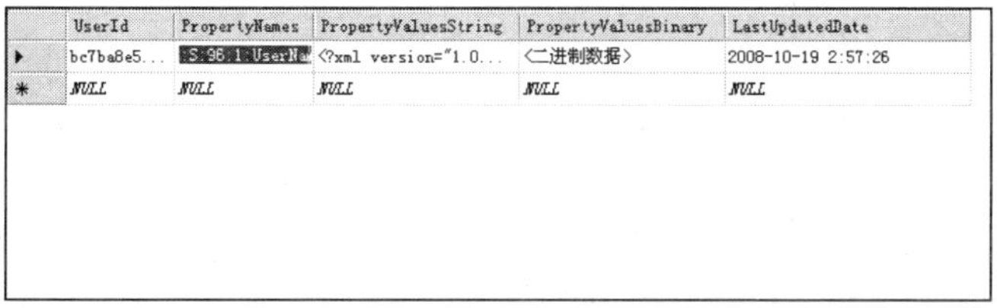

图 14.3　LocalSqlServer.mdf 数据库中 aspnet_Profile 表的内容

14.1.2　使用个性化属性组

个性化服务还可以分类地组织数据，这给要存储许多数据的情况提供了非常好的信息组织能力。个性化属性组的定义非常简单，在 web.config 配置文件中使用<group>元素指定组名，在该组下添加分类信息即可。在示例网站中添加用户最爱的书籍信息分组，配置代码如下：

```
    <system.web>
        <profile>
            <!--指定个性化属性-->
            <properties>
                <add name="UserName" type="System.String"/>
                <add name="Gender" type="System.String"/>
                <add name="numberOfVisits" type="Int32" defaultValue="0"/>
                <add name="LastVisitedDate" type="DateTime"/>
      <!--喜爱的书籍信息-->
      <group name="FavoriteBook">
        <add name="BookName"/>
        <add name="ISBN"/>
        <add name="Author"/>
      </group>
            </properties>
        </profile>
```

<group>中的 name 属性用于指定一个组名，该组名会被智能代码提示工具识别，便于开发人员在编写代码时设置个性化组信息。现在来看看 ProfileCommon 类的定义代码，它会为每个组创建一个新的子类，这个类以 ProfileGroup 作为前缀，以 web.config 中定义的组名作为后缀，代码如下：

```
public class ProfileGroupFavoriteBook : ProfileGroupBase
{
```

```
    public ProfileGroupFavoriteBook();
    //在组中定义的属性将被作为组类的公共属性被公开
    public virtual string Author { get; set; }
    public virtual string BookName { get; set; }
    public virtual string ISBN { get; set; }
}
```

个性化组从 ProfileGroupBase 基类派生，新建组类的强类型访问器来调用 ProfileGroupBase 基类的 GetPropertyValue()和 SetPropertyValue()方法，分别用于配置文件属性值的检索和设置。现在 ProfileCommon 的定义也发生了变化，新增了一个代表组名的公共属性，定义代码如下：

```
public class ProfileCommon : ProfileBase
{
    public ProfileCommon();
   //定义组的强类型访问器
    public virtual ProfileGroupFavoriteBook FavoriteBook { get; }
    public virtual string Gender { get; set; }
    public virtual DateTime LastVisitedDate { get; set; }
    public virtual int numberOfVisits { get; set; }
    public virtual string UserName { get; set; }
    //获取指定用户的个性化信息
    public virtual ProfileCommon GetProfile(string username);
}
```

组名作为一个属性被公开，这样开发人员就可以通过在<group>中定义的组名称来访问组中定义的属性。在 UseSimpleProfile.aspx 页面的“最爱的书籍”一栏中，用户可以输入书籍名称、ISBN 编号和书籍作者信息，当用户单击“保存到个性化数据库”按钮时，使用如下单击事件代码来保存个性化组中的信息：

```
    protected void btnSave_Click(object sender, EventArgs e)
    {
        //使用强类型语法将在 web.config 中配置的属性保存到 Profile 存储中
        Profile.UserName = txtName.Text.Trim();
        Profile.Gender = txtGender.Text.Trim();
        Profile.numberOfVisits += 1;
        Profile.LastVisitedDate = DateTime.Now;
        //保存到个性化组 FavoriteBook
        Profile.FavoriteBook.BookName = txtBookName.Text.Trim();
        Profile.FavoriteBook.ISBN = txtBookName.Text.Trim();
        Profile.FavoriteBook.Author = txtBookAuthor.Text.Trim();
    }
```

代码使用 FavoriteBook 组名访问定义在组中的所有属性，而且也可以获得 VS 2010 的智能代码提示功能。“从个性化中读取数据”按钮的代码也进行了修订，使其能从组中获取用户喜爱的书籍信息，代码如下：

```
        //从 FavoriteBook 组中获取用户最喜爱的书籍信息
        sb.Append("最喜爱的书籍信息如下：<br/>");
        sb.Append("书籍名称：" + Profile.FavoriteBook.BookName + "<br/>");
        sb.Append("书籍编号：" + Profile.FavoriteBook.ISBN + "<br/>");
        sb.Append("书籍作者：" + Profile.FavoriteBook.Author + "<br/>");
```

示例运行效果如图 14.4 所示。

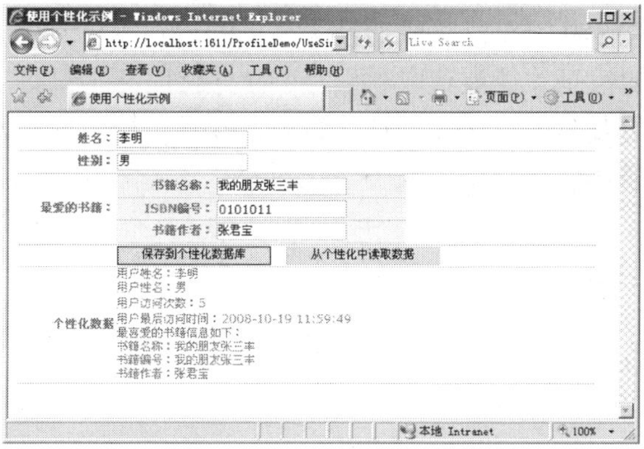

图 14.4　使用个性化组示例运行效果

14.1.3　允许匿名个性化

在默认情况下，个性化服务不能应用到匿名用户，因为 ASP.NET 没有办法将个性化数据与一个未经验证的用户相关联。当在 VS 2010 中创建一个网站时，默认会使用 Windows 验证模式，因此在本节前面的示例中实际上使用的是 Windows 验证的用户，故而可以保存个性化数据。

一般的网站都会使用 Forms 验证方式，因为 Windows 验证只对于内部用户来说比较有用，而对于 Internet 中成千上万的外部用户来说，首选还是 Forms 验证方式。关于 ASP.NET 身份验证的内容，本章后面介绍 ASP.NET 安全时会进行详细讨论。下面更改 ProfileDemo 网站的 web.config 配置文件，将验证方式更改为 Forms 验证方式，并且添加一个 Login.aspx 的页面允许用户进行登录，web.config 的配置代码如下：

```
        <!--
          通过 <authentication> 节可以配置 ASP.NET 用来
          识别进入用户的安全身份验证模式
      -->
    <authentication mode="Forms">
      <forms loginUrl="~/Login.aspx" defaultUrl="~/Default.aspx"/>
    </authentication>
    <authorization>
      <deny users="?"/>
    </authorization>
```

代码通过指定<forms>的 loginUrl 为 Login.aspx，当页面未通过验证时，会自动跳转到 Login.aspx 页面。<authorization>元素用于指定授权，<deny users="?"/>表示禁止任何未经授权的用户访问网站。

在 Login.aspx 页面中，插入 1 个表单，插入两个 TextBox 允许用户输入用户名和密码，添加 1 个 Button 按钮让用户单击登录，在按钮中添加了如下事件处理代码：

```
protected void Button1_Click(object sender, EventArgs e)
{
    //如果用户名为 123，密码为 456 则验证通过
    if (txtUserName.Text == "123" && txtPassword.Text == "456")
    {
        //使用当前的用户重定向到用户最初请求的页面
        FormsAuthentication.RedirectFromLoginPage(txtUserName.Text, false);
    }
}
```

当用户名为 123，密码为 456 时，成功登录，重定向到用户最初请求的页面。用户只有在成功登录后，个性化的信息才能被获取和保存。个性化服务不只可以验证用户的个性化数据，还可以为未经验证的匿名用户保存个性化数据，并且当用户成为网站的用户之后，还可以将匿名的个性化数据迁移成为验证后的个性化数据。

匿名个性化服务在一些电子商务网站中是非常重要的，很多电子商务网站允许用户在登录前就可以向购物车添加物品，当用户登录进入系统后，这些商品依然与用户相关联，用户就可以进入结算中心进行结算了。

为了在 ASP.NET 中使用匿名个性化，需要在 web.config 中启用匿名个性化功能，配置代码如下：

```
<configuration>
  <system.web>
      <anonymousIdentification enabled="True"/>
      <authentication mode="Forms" />
  </system.web>
</configuration>
```

开启了匿名个性化后，还需要配置允许匿名访问的个性化属性，需要为个性化属性指定<allowAnonymous="true">，使这些属性支持在匿名环境下的访问，否则 ASP.NET 会抛出一个不允许匿名访问个性化属性的异常。下面的代码在前面示例配置的基础上添加了一个个性化组，该组中出现的个性化属性允许用户进行匿名访问：

```
    <profile>
              <!--指定个性化属性-->
              <properties>
                  <add name="UserName" type="System.String"/>
                  <add name="Gender" type="System.String"/>
                  <add name="numberOfVisits" type="Int32" defaultValue="0"/>
                  <add name="LastVisitedDate" type="DateTime"/>
      <!--喜爱的书籍信息-->
      <group name="FavoriteBook">
        <add name="BookName"/>
        <add name="ISBN"/>
        <add name="Author"/>
      </group>
      <!--允许匿名用户进行访问和设置的匿名个性化属性-->
      <group name="AnonymousInfo">
        <add name="Address" allowAnonymous="true"/>
        <add name="ZipCode" allowAnonymous="true"/>
      </group>
              </properties>
        </profile>
```

在 Login.aspx 页面中添加两个 TextBox 控件，分别允许用户输入地址和邮政编码信息。当用户单击“登录”按钮登录系统时，将这两个文本框中的信息保存到个性化数据库中，代码如下：

```
    protected void Button1_Click(object sender, EventArgs e)
    {
        //如果用户名为 123，密码为 456 则验证通过
        if (txtUserName.Text == "123" && txtPassword.Text == "456")
        {
            //设置匿名个性化变量
            Profile.AnonymousInfo.Address = txtAddress.Text.Trim();
```

```
            Profile.AnonymousInfo.ZipCode = txtZipCode.Text.Trim();
            //使用当前的用户重定向到用户最初请求的页面
            FormsAuthentication.RedirectFromLoginPage(txtUserName.Text, false);
        }
    }
```

在 Login.aspx 页面的 Page_PreRender 事件中编写如下代码用于获取匿名个性化信息：

```
protected void Page_PreRender(object sender, EventArgs e)
{
    //从匿名个性化中获取匿名信息
    txtAddress.Text = Profile.AnonymousInfo.Address;
    txtZipCode.Text = Profile.AnonymousInfo.ZipCode;
    lblanonID.Text = Request.AnonymousID;        //获取匿名 ID 号
}
```

代码中同时也显示了匿名用户的身份 ID，这是当<anonymousIdentification>设置为 true 后，ASP.NET 自动为匿名用户分配的一个 Guid 类型的标识符，用于识别用户的身份。运行该页面时，如果用户在匿名个性化属性中输入信息之后，并且在下一次用相同的机器进行登录时，则会发现这些属性依然能被正确读出，运行效果如图 14.5 所示。

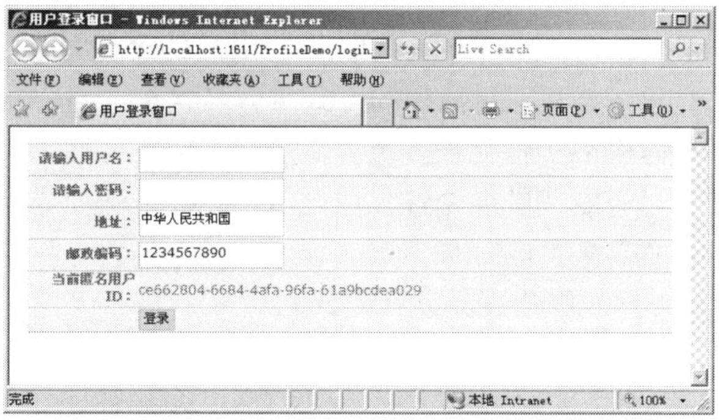

图 14.5　读取和显示匿名个性化属性

14.1.4　迁移匿名个性化

当用户进入系统后，会发现在匿名状态下设置的数据丢失了。例如，在 UseSimpleProfile.aspx 页面的“从个性化中读取数据”按钮中添加如下代码，以读取匿名个性化设置，结果却是一片空白。

```
        //读取匿名个性化属性数据
        sb.Append("地址信息: " + Profile.AnonymousInfo.Address + "<br/>");
        sb.Append("邮政编码: " + Profile.AnonymousInfo.ZipCode + "<br/>");
```

这是因为匿名用户与通过验证后的用户具有不同的 UserID。ASP.NET 在检索数据时根据用户 ID 进行检索，当然不能获取到匿名用户的个性化属性信息，为了解决这个问题，需要开发人员进行编程将匿名状态下的数据复制到验证状态中。ASP.NET 提供了 ProfileModule.MigrateAnonymous 事件，只要匿名识别有效且当前用户被验证时，就会触发该事件。可以在 Global.aspx 中处理该事件，具体的操作步骤如下：

（1）调用 Profile.GetProfile()方法获取匿名用户的个性化信息。

（2）数据加载后，手动地传递个性化属性，可以选择性地传递一个或多个，在该过程中还可以完成其他的处理。

（3）移除匿名个性化数据，清除匿名标识。

新建一个 ASP.NET 全局应用程序类 Global.asax，在该类中编写如下的 Profile_OnMigrate Anonymous 事件处理代码，该代码会在匿名状态下把地址和邮政编码信息复制到验证后的用户状态中。

```
public void Profile_OnMigrateAnonymous(object sender, ProfileMigrateEventArgs
args)
{
    //获取匿名用户的个性化信息
    ProfileCommon anonymousProfile = Profile.GetProfile(args.AnonymousID);
    //将匿名用户的个性化信息复制到登录用户中
    Profile.AnonymousInfo.Address = anonymousProfile.AnonymousInfo.Address;
    Profile.AnonymousInfo.ZipCode = anonymousProfile.AnonymousInfo.ZipCode;
    ProfileManager.DeleteProfile(args.AnonymousID);        //删除匿名个性话信息和匿名
    识别符
    AnonymousIdentificationModule.ClearAnonymousIdentifier();
    Membership.DeleteUser(args.AnonymousID, true);        //删除匿名用户
}
```

代码首先调用 Profile.GetProfile()方法获取匿名用户的个性化配置，该方法返回一个 ProfileCommon 类型的对象，然后通过赋值的方式将匿名状态下的个性化设置复制到验证后的个性化状态中，最后删除匿名个性化设置及匿名用户。现在运行 UseSimpleProfile.aspx 页面，加载个性化信息时，可以看到匿名个性化属性值已经被正确加载，如图 14.6 所示。

图 14.6　迁移匿名个性化数据运行效果

14.2　个性化高级技术

在介绍了如何使用基本的个性化功能之后，这一节将介绍一些个性化的高级功能，包括在自定义的数据库中保存个性化信息、配置个性化提供者，以及在个性化中使用自定义的数据类型等技术。

14.2.1　在其他数据库中存储个性化数据

实际的应用项目中，很少将个性化数据保存在一个单独的 LocalSqlServer.mdf 文件中，

同时又在其他数据库中保存应用程序数据。开发人员考虑将个性化数据保存在自己的数据库时，先要进行一些配置。下面将演示如何使用 SQL Server 2005 完全版本的数据库来保存个性化数据。

1．创建 ProfileDB 数据库

在 SQL Server 2005 中创建一个名为 ProfileDB 的数据库，如图 14.7 所示。

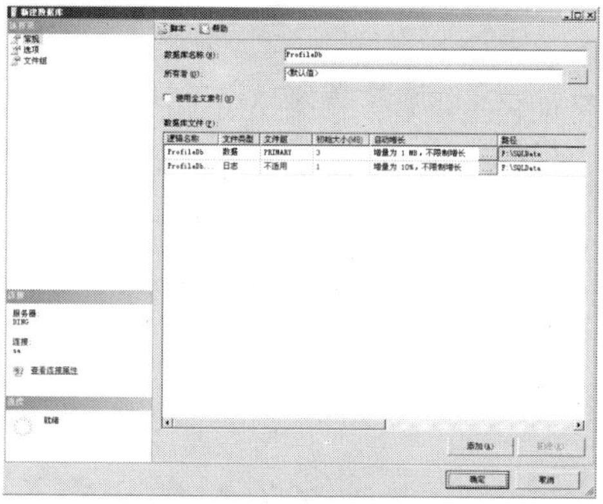

图 14.7　在 SQL Server 2005 中创建名为 ProfileDb 的数据库

2．添加个性化所需要的表、视图和存储过程

具体的操作步骤如下：

（1）使用 aspnet_regsql.exe 命令行工具。单击“开始→程序→Microsoft Visual Studio 2010→Visual Studio Tools→Visual Studio 2010 命令提示”命令，打开一个命令提示行窗口，在该窗口中输入 aspnet_regsql.exe，按【Enter】键后，将打开图 14.8 所示的“ASP.NET SQL Server 安装向导”窗口。

（2）单击“下一步”按钮，在“选择安装项”窗口中选中“为应用程序服务配置 SQL Server”单选按钮（由于操作简单，这里不再给出窗口），单击“下一步”按钮，选择之前创建的数据库，如图 14.9 所示。

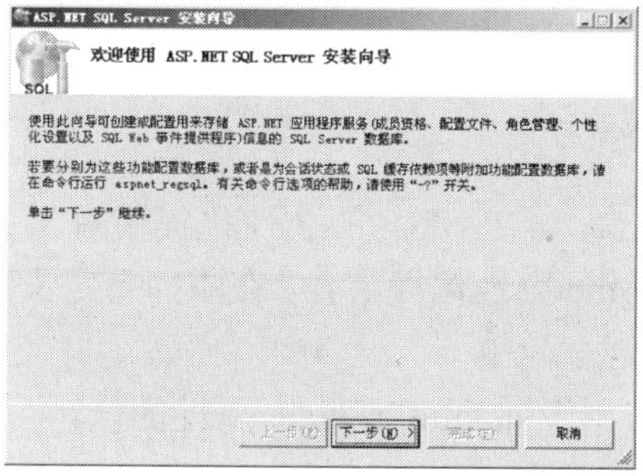

图 14.8　ASP.NET SQL Server 安装向导

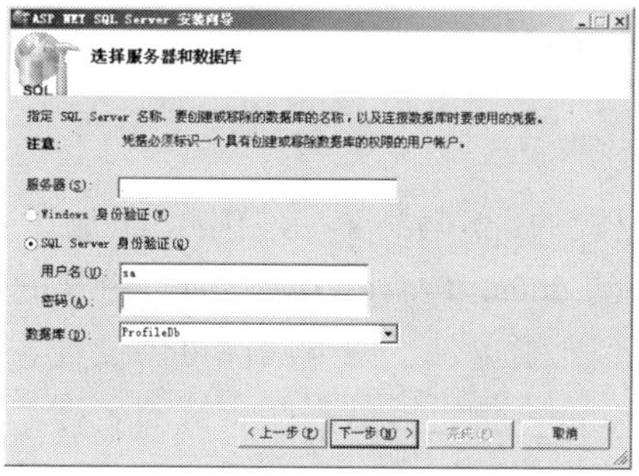

图 14.9　选择 ProfileDb 数据库

（3）连续单击两次“下一步”按钮，ASP.NET 将会为 ProfileDb 数据库添加相应的表、视图和存储过程，并结束配置的过程。

> **注意：** 使用 ASP.NET SQL Server 安装向导不仅会配置个性化的数据表、视图，而且也会添加成员和角色服务的数据表、视图、存储过程等结构。

3．配置个性化提供者

操作步骤如下。

（1）添加一个指向 ProfileDb 数据库的连接字符串，配置代码如下：

```
    <connectionStrings>
<addname="ProfileDbConnectionString"connectionString="DataSource=.;InitialCatalog=
ProfileDb;User ID=sa"
   providerName="System.Data.SqlClient" />
 </connectionStrings>
```

（2）配置 ASP.NET 的个性化提供者以覆盖 ASP.NET 中的默认提供者，并且指定当前使用的提供者为自定义的提供者，配置代码如下：

```
     <system.web>
    <anonymousIdentification enabled="true"/>
    <!--指定默认的个性化提供者为自定义的 MyProfile 提供者-->
    <profile defaultProvider="MyProfile">
      <!--配置提供者-->
      <providers>
        <add
        name="MyProfile"
        type="System.Web.Profile.SqlProfileProvider"
        connectionStringName="ProfileDbConnectionString" />
      </providers>
              <!--指定个性化属性-->
              <properties>
                   <add name="UserName" type="System.String"/>
                   <add name="Gender" type="System.String"/>
                   <add name="numberOfVisits" type="Int32" defaultValue="0"/>
                   <add name="LastVisitedDate" type="DateTime"/>
        <!--喜爱的书籍信息-->
        <group name="FavoriteBook">
          <add name="BookName"/>
          <add name="ISBN"/>
          <add name="Author"/>
        </group>
        <!--允许匿名用户进行访问和设置的匿名个性化属性-->
        <group name="AnonymousInfo">
          <add name="Address" allowAnonymous="true"/>
          <add name="ZipCode" allowAnonymous="true"/>
        </group>
              </properties>
          </profile>
```

在配置的<providers>元素中，添加了一个名为 MyProfile 的个性化提供者，并且指定<profile>的 defaultProvider 属性为自定义的 MyProfile 个性化提供者。在添加自定义的提供者时，<add>元素提供了如下属性可供设置。

- name：指定提供程序实例的名称，该值被用于 defaultProvider 属性的值。
- type：指定实现 ProfileProvider 抽象基类的类型，可以通过派生 ProfileProvider 抽象基类来实现自定义的个性化提供者。
- connectionStringName：指定定义在<connectionStrings>元素中连接字符串的名称，由正在添加的提供程序使用。
- applicationName：指定存储配置文件的应用程序名称，使用应用程序名称属性可以分隔多个应用程序，使得一个数据库可以同时被多个应用程序使用。

- commandTimeout：该属性如果不设置，则使用默认值为 30 秒，该属性的值被 ADO.NET 的 SqlCommand 对象使用，用于设置在向数据源发出命令超时之前的等待时间，以秒为单位。
- description：指定配置文件提供程序实例的描述性说明。

现在运行 ProfileDemo 网站中的 UseSimpleProfile.aspx 页面，保存一些个性化的信息，然后打开 SQL Server 2005 中 ProfileDb 数据库的 aspnet_Profile 数据表，可以看到添加了个性化的存储记录。

14.2.2 个性化的序列化处理

介绍个性化属性定义时，曾经讨论过 serializeAs 属性，该属性用于指定属性值在数据存储区中的序列化格式。个性化的属性最终需要被序列化存储到后台数据源中，在提取时需要反序列化为正确的值。可以在 aspnet_Profile 数据表的 PropertyValuesString 字段中看到最终存储的数据，比如本节示例中存储的数据样式为：

```
<?xml version="1.0" encoding="utf-16"?>
<dateTime>2008-10-20T05:45:36.359375+08:00</dateTime>无名高人九阳神功 1 张翠山男广东省
广州市 123456 九阳神功
```

可以看到对于日期型的属性，ASP.NET 将其序列化为 XML 文档，但是对于字符串类型的，则序列化为原始的字符串格式。serializeAs 可以改变这种默认的序列化方式，它提供了如下 4 种选项可供设置。

- String：设置属性被序列化为纯文本。
- Xml：使用 XML 序列化将设置属性序列化为 XML。
- Binary：设置属性使用二进制对象序列化方法来进行序列化。
- ProviderSpecific：设置提供程序具有属性或其类型的隐式信息，选择适当的序列化机制。通常用于自定义序列化。

比如可以将字符串格式序列化为 XML 格式，而将日期型的序列化为字符串格式，代码如下：

```
<add name="UserName" type="System.String" serializeAs="Xml"/>
<add name="Gender" type="System.String" serializeAs="Xml"/>
<add name="numberOfVisits" type="Int32" defaultValue="0"/>
<add name="LastVisitedDate" type="DateTime" serializeAs="String"/>
```

可以看到 PropertyValueString 字段内容中原先的字符串已经变为了 XML 格式，日期类型变成了纯文本，代码如下：

```
10/20/2008 06:05:30 无名高人九阳神功 1<?xml version="1.0" encoding="utf-16"?>
<string>张无忌</string><?xml version="1.0" encoding="utf-16"?>
<string>男</string>中国广州 000000 九阳神功
```

如果选择使用 Binary 序列化模式，属性值将被保存在 PropertyValueBinary 字段中而非 PropertyValuesString 字段。PropertyName 中相应属性名称的序列化格式也会由 B 代替 S。无论如何，所指定的属性类型必须支持序列化的处理。在后面介绍使用自定义数据类型的属性时，将演示如何创建可序列化的自定义类型作为个性化的属性。

14.2.3 使用复杂的数据类型

除了简单的数据类型外，个性化服务也可以存储复杂的.NET 数据类型及用户自定义的类型，比如.NET 集合、泛型或自定义的业务对象类等。在 ProfileDemo 网站中添加如下一个个性化属性，该属性是一个.NET 的字符串集合类型，定义代码如下：

```
<!--用于保存书籍列表的集合类型的个性化属性-->
<add name="BookList"
type="System.Collections.Specialized.StringCollection"
serializeAs="Xml"
allowAnonymous="true" />
```

BookList 个性化属性是一个 System.Collections.Specialized.StringCollection 类型的字符串集合属性，该属性可以保存一个或多个书籍信息。下面添加一个名为 UseComplexType.aspx 的示例页面，在该页面中添加 1 个 CheckListBox 控件，添加一些列表项，在复选框底部添加 1 个按钮，当用户单击该按钮时，便能将用户在复选框中所做的选择保存到个性化属性中，声明代码如下：

```
<form id="form1" runat="server">
<div>
   <%--允许用户选择多个项，并将选择的项保存到个性化集合属性中--%>
   <asp:CheckBoxList ID="chbBookList" runat="server">
        <asp:ListItem>C#软件项目开发实战</asp:ListItem>
        <asp:ListItem>ASP.NET 从入门到精通</asp:ListItem>
        <asp:ListItem>.NET 应有程序开发全程图解</asp:ListItem>
        <asp:ListItem>应用软件架构的设计精要</asp:ListItem>
        <asp:ListItem>UML 与统一建模语言</asp:ListItem>
        <asp:ListItem>C++图形算法</asp:ListItem>
        <asp:ListItem>深入模式应用实战</asp:ListItem>
   </asp:CheckBoxList>
   <%--该按钮的单击事件将保存用户所选择的书籍名称--%>
   <asp:Button ID="save" Text="保存到个性化属性中" Runat="server"
   OnClick="save_Click" />
</div>
</form>
```

当按钮单击事件触发时，会实例化一个新的 StringCollection 对象，将该对象作为个性化属性的实例，然后遍历用户在 CheckBoxList 中的选择项，添加到字符串集合中，代码如下：

```
protected void save_Click(object sender, EventArgs e)
{
    //先实例化一个 StringCollection 的类型
    Profile.BookList = new System.Collections.Specialized.StringCollection();
    //循环遍历将用户所选择的复选框添加到个性化变量中
    foreach (ListItem li in chbBookList.Items)
    {
        if (li.Selected)
        {
            Profile.BookList.Add(li.Value.ToString());
        }
    }
}
```

可以看到个性化集合属性的使用与常规集合类型的使用方式非常相似。由于是强类型，所以并不需要开发人员显式地进行类型转换。下面的代码在页面加载时从个性化属性中获取用户所选择的数据，使用在个性化中保存的数据来初始化 CheckListBox 控件：

```
    protected void Page_Load(object sender, EventArgs e)
    {
        //判断用户是否是匿名用户，如果不是匿名用户，则执行初始化操作
        if (Profile.IsAnonymous == false)
        {
            //判断 BookList 个性化属性是否有值
            if (Profile.BookList != null)
            {
                //遍历 CheckBookList 中的复选项，如果匹配 BookList 中的项，则勾选复选框
                foreach (ListItem li in this.chbBookList.Items)
                {
                    foreach (string profileString in Profile.BookList)
                    {
                        if (li.Text == profileString)
                        {
                            //将 ListItem 的 Selected 设为 true，勾选复选框
                            li.Selected = true;
                        }
                    }
                }
            }
        }
    }
```

示例运行效果如图 14.10 所示。

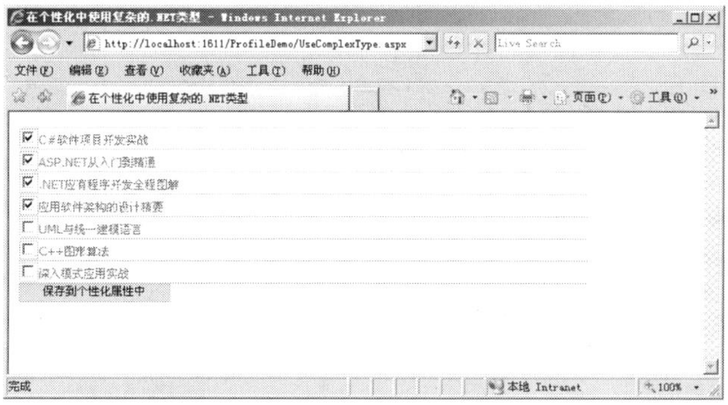

图 14.10　在个性化中使用复杂数据类型

14.2.4　使用自定义数据类型

个性化服务使用自定义的类型也很容易，需要创建一个可以被序列化的类，也就是在类前面使用 Serializable 特性进行修饰。将该类所需要的字段公开为公共的属性。

（1）下面在 ProfileDemo 网站中创建一个 BookItems 类，在该类中保存多部书籍的相关信息，比如书名、图书所属的分类、图书的价格、出版日期及出版社等，将 BookItems 类作为个性化属性类型，以便于用户进行访问，代码如下：

```
using System;
using System.Data;
using System.Collections.Generic;
//为了使自定义类型可以用做个性化属性类型，该类必须支持序列化
[Serializable]
```

```
public class Book
{
    //使用.NET的自动属性功能定义几个公共属性
    public string BookName { get; set; }
    public string Category { get; set; }
    public decimal Price { get; set; }
    public string Publisher { get; set; }
    public DateTime PublishDate { get; set; }
    public Book()
    {
    }
    //定义一个重载的构造函数，保存书籍信息
    public Book(string _bookname, string _category, decimal _price,
        string _publisher,DateTime _publishDate)
    {
        BookName = _bookname;
        Category = _category;
        Price = _price;
        Publisher = _publisher;
        PublishDate = _publishDate;
    }
}
//创建一个泛型集合类，用于保存多部书籍的集合信息
[Serializable]
public class BookItems
{
    private List<Book> _bookItems = new List<Book>();
    public List<Book> Items
    {
        get { return _bookItems; }
    }
}
```

（2）代码中创建了两个类，都使用 Serializable 特性进行修饰，BookItems 类内部包含一个泛型的 Book 类集合，每个 Book 类又包含一本书籍的相关信息，以公共属性的形式进行公开。在 web.config 文件的<profile>元素中添加一个使用 BookItems 类型的个性化属性，定义代码如下：

```
<!--指向自定义数据类型的个性化属性-->
<add name="MyBooks" type="BookItems" serializeAs="Binary"/>
```

（3）添加一个名为 UseCustomType.aspx 的 Web 页面，在该页面中添加 1 个 ListBox 控件和 1 个允许用户输入书籍信息的表单，在该输入表单中添加 1 个按钮。当用户单击该按钮时，触发其单击事件，将用户输入的信息保存到个性化属性中，页面的加载事件代码和按钮单击事件代码如下：

```
protected void Page_Load(object sender, EventArgs e)
{
    //将 GridView 控件的数据源指定为个性化属性中的泛型集合属性
    GrdBookList.DataSource = Profile.MyBooks.Items;
    GrdBookList.DataBind();             //调用 DataBind 方法进行数据绑定
}
protected void Button1_Click(object sender, EventArgs e)
{
    //根据用户输入的信息创建一个 Book 类的实例
    Book book = new Book();
    book.BookName = txtBookName.Text.Trim();
    book.Category = txtBookCategory.Text.Trim();
    book.Price = decimal.Parse(txtBookPrice.Text.Trim());
```

```
        book.Publisher = txtPublisher.Text.Trim();
        book.PublishDate = DateTime.Parse(txtPublishDate.Text.Trim());
        Profile.MyBooks.Items.Add(book);      //将该 Book 类添加到个性化属性的 Items 集合中
    }
```

（4）运行该示例页面，在文本框中输入一本书的信息，然后单击“添加到图书列表”按钮，输入的书籍信息将被添加到 GridView 控件中进行显示，如图 14.11 所示。

图 14.11　在个性化中使用自定义类型的属性示例运行效果

14.2.5　自动保存个性化属性

个性化机制为用户提供了自动保存机制，使用该机制可以为用户保存特定的个性化信息。ASP.NET 提供了以下两种方法用来实现自动保存机制。

1．使用 ProfileModule 进行检测

当页执行结束时，ProfileModule 对象通过检测某一个性化属性是否被修改来决定是否保存个性化的属性。如果被修改，则个性化的 IsDirty 属性为 true，ASP.NET 在该值为 true 的条件下自动保存个性化的属性。<profile>元素通过 automaticSaveEnabled 属性可以启用自动保存功能，当页执行活动结束时，会自动保存个性化属性，<profile>元素的配置代码如下：

```
<!--指定默认的个性化提供者为自定义的 MyProfile 提供者-->
<profile defaultProvider="MyProfile" automaticSaveEnabled="true">
```

automaticSaveEnabled 属性的默认值为 true，因此通常不需要指明。当为 Profile 对象中的属性赋值后，在页执行活动结束时，ProfileModule 检测到被修改的个性化属性，进而保存到后台数据源中。

但是自动保存功能只对于简单的.NET 类型有效，比如字符串、简单的数字类型、布尔类型等，ProfileModule 并不会检测复杂的数据类型，因此自动保存功能对于复杂的数据类型无效。开发人员可以禁用自动保存功能，但是必须在需要的位置显式调用 Profile.Save()方法，来保存个性化属性的值，代码如下：

```
protected void btnSave_Click(object sender, EventArgs e)
{
    //使用强类型语法将在 web.config 中配置的属性保存到 Profile 存储中
    Profile.UserName = txtName.Text.Trim();
    Profile.Gender = txtGender.Text.Trim();
    Profile.numberOfVisits += 1;
```

```
        Profile.LastVisitedDate = DateTime.Now;
        //保存到个性化组 FavoriteBook 中
        Profile.FavoriteBook.BookName = txtBookName.Text.Trim();
        Profile.FavoriteBook.ISBN = txtBookName.Text.Trim();
        Profile.FavoriteBook.Author = txtBookAuthor.Text.Trim();
        //更新个性化属性的值到后台数据源中
        Profile.Save();
    }
```

2. 在 Global.asax 中处理 ProfileAutoSaving 事件

如果 ProfileManager.AutomaticSaveEnabled 属性为 true，则会在页面执行结束时引发 ProfileAutoSaving 事件。

使用 ProfileAutoSaving 事件来确定某个自定义对象是否已被更改，若被更改，则继续自动保存被修改的对象，否则取消自动保存。要取消配置文件自动保存操作，可将 ProfileAutoSaving 事件中的 ContinueWithProfileAutoSave 属性设置为 false，否则将该属性设置为 true。

举例演示如何在 Global.asax 文件中实现 ProfileAutoSaving 事件，代码如下：

```
    public void Profile_ProfileAutoSaving(object sender, ProfileAutoSaveEventArgs
args)
    {
        //如果对象发生了更改，则进行保存，否则不进行保存
        if(Profile.MyBooks.HasChanged)
            args.ContinueWithProfileAutoSave = true;
        else
            args.ContinueWithProfileAutoSave = false;
    }
```

MyBooks 的 HasChanged 属性是一个自定义的属性，该属性用于检测复杂类型的数据是否发生改变，这里只是简单地使其返回 true，BookItems 示例代码如下：

```
//创建一个泛型集合类，用于保存多部书籍的集合信息
[Serializable]
public class BookItems
{
    private List<Book> _bookItems = new List<Book>();
    public List<Book> Items
    {
        get { return _bookItems; }
    }
    //定义一个属性，判断是否对_bookItems 发生了更改
    //本示例返回 true
    public bool HasChanged
    {
        get
        {
            return true;
        }
    }
}
```

14.2.6 创建自定义的个性化类

在 web.config 配置文件中配置了个性化属性之后，ASP.NET 会创建一个从 ProfileBase 基类继承的 ProfileCommon 类，在该类中添加 web.config 配置节中定义的属性，作为 ProfileCommon

类的公共属性，以便于提供强类型的访问机制。ProfileCommon 类的强类型访问器调用 ProfileBase 基类的 GetPropertyValue()和 SetPropertyValue()方法，分别用于配置文件属性值的检索和设置。ASP.NET 还允许开发人员创建自定义的、个性化的类。要实现这个功能，需要手动创建一个从 ProfileBase 抽象类派生的新类，在该类中手动添加原先在<profile>配置元素中指定的属性。定义好类之后，在 web.config 配置文件的<profile>配置元素中使用 inherits 属性指定自定义的用户个性化类。

在 ProfileDemo 网站中新建一个名为 BooksProfile 的类，在该类中定义几个与图书相关的属性，代码如下：

```
using System;
using System.Web.Profile;
using System.Collections.Generic;
//BooksProfile 保存用户信息以及相关的书籍信息的个性化类
public class BooksProfile:ProfileBase
{
    //定义用户名称属性
    [SettingsAllowAnonymous(true)]
    public string ChineseName
    {
        get { return base["ChineseName"] as string; }
        set { base["ChineseName"] = value; }
    }
    //定义用户所在的地址属性
    [SettingsAllowAnonymous(true)]
    [ProfileProvider("BooksInfoProvider")]
    public string ChineseAddress
    {
        get { return (string)base["ChineseAddress"]; }
        set { base["ChineseAddress"] = value; }
    }
    //定义书籍泛型集合属性
    [SettingsAllowAnonymous(true)]
    public List<Book> Books
    {
        get { return base["Books"] as List<Book>; }
        set { base["Books"] = value; }
    }
}
```

定义了该类之后，需要在 web.config 配置文件中使用自定义的个性化类。使用方法是在<profile>配置元素中使用 inherits 属性指定自定义的个性化类，定义代码如下：

```
    <anonymousIdentification enabled="true"/>
    <!--指定默认的个性化提供者为自定义的 MyProfile 提供者-->
    <profile defaultProvider="MyProfile" automaticSaveEnabled="true"
inherits="BooksProfile">
```

保持其他的属性定义不变，在<profile>配置元素后面添加 inherits="BooksProfile"，就可以像使用普通的个性化配置一样使用定义在自定义个性化类中的属性了。而且在 web.config 中定义的属性与在自定义个性化类中定义的属性将会被合并。

当定义个性化类中的属性时，可以在属性名称前面使用如下 3 个特性来为属性指定其他的功能。

- SettingsAllowAnonymous：允许匿名用户读取或设置匿名个性化属性。

➢ ProfileProvider：允许为属性指定一个特定的个性化提供者，例如，下面的代码将为UserAddress 关联一个名为 BooksInfoProvier 的个性化提供者。

```
//定义用户所在的地址属性
[SettingsAllowAnonymous(true)]
[ProfileProvider("BooksInfoProvider")]
public string UserAddress
{
    get { return (string)base["UserAddress"]; }
    set { base["UserAddress"] = value; }
}
```

➢ CustomProviderData：允许向个性化提供者传递自定义的数据。

下面添加一个名为 UseSimpleProfile.aspx 的页面，在该页面中添加两个 TextBox，允许用户输入用户名和地址信息；1 个 CheckBoxList 复选框，允许用户选择书籍项；1 个 Button，其 Text 设置为“保持”。当用户单击“保存”按钮时，将这些信息保存到 BooksProfile 所定义的属性中，页面的后台源代码如下：

```
protected void Page_Load(object sender, EventArgs e)
{
    //判断用户是否为匿名用户，如果不是匿名用户，则执行初始化操作
    if (Profile.IsAnonymous == false)
    {
        txtUserName.Text = Profile.ChineseName;
        txtAddress.Text = Profile.ChineseAddress;
        //判断 Books 个性化属性是否有值
        if (Profile.Books != null)
        {
            //遍历 CheckBookList 中的复选项，如果匹配 Books 中的项，则勾选复选框
            foreach (ListItem li in this.chbBooks.Items)
            {
                foreach (Book book in Profile.Books)
                {
                    if (li.Text == book.BookName)
                    {

                  li.Selected = true;      //将 ListItem 的 Selected 设为 true，勾选复选框
                    }
                }
            }
        }
    }
}
protected void btnSave_Click(object sender, EventArgs e)
{
    Profile.ChineseName = txtUserName.Text.Trim();
    Profile.ChineseAddress = txtAddress.Text.Trim();
    //先实例化一个泛型 List<Book>的类型
    Profile.Books = new System.Collections.Generic.List<Book>();
    //循环遍历将用户所选择的复选框添加到个性化变量中
    foreach (ListItem li in chbBooks.Items)
    {
        if (li.Selected)
        {
            //实例化一个新的 Book 类，该类的 BookName 属性被赋值为所选择的书籍名称
            Book book = new Book();
            book.BookName = li.Value.ToString();
             //将该 Book 类添加到 Profile 的 Books 泛型集合中
```

```
                Profile.Books.Add(book);
            }
        }
    }
```

可以看到，自定义个性化类的使用方法与在 web.config 中配置的个性化属性的使用方法没有任何区别，因为在这两个地方定义的属性都将被合并，示例运行效果如图 14.12 所示。

图 14.12 使用个性化类保存和读取个性化

14.2.7 使用 ProfileManager 管理个性化

随着个性化数据的日益增加，用户可能需要一个可以管理应用程序所有个性化信息的管理页面。ProfileManager 就是专门用于管理个性化数据的一个类，使用该类可以配置文件、搜索用户配置文件，以及删除不再使用的用户配置文件等。

开始讨论 ProfileManager 管理个性化之前，先介绍一下如何获取每个用户的个性化数据。ProfileBase 对象包含一个有用的函数 GetProfile，该函数接受一个用户名称属性，使用该名称可以从后台数据源中获取特定用户的个性化数据。

在 ProfileDemo 网站中添加一个名为 GetUserProfile.aspx 的页面，在其中添加 1 个 TextBox 和 1 个 Button 控件，TextBox 控件允许用户输入用户信息，当用户单击按钮后，则获取该用户特定的地址信息，按钮的单击事件代码如下：

```
protected void Button1_Click(object sender, EventArgs e)
{
    //使用 GetProfile 函数返回一个 ProfileCommon 类型的对象
    ProfileCommon profile = Profile.GetProfile(txtUserName.Text);
    //获取 Profile 的地址信息
    lbl.Text = "该用户所在的地址是：  " + profile.AnonymousInfo.Address;
}
```

代码运行效果如图 14.13 所示。

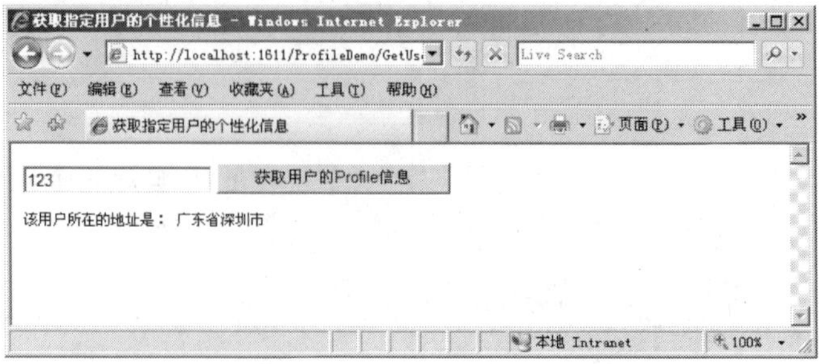

图 14.13 使用 GetProfile 获取特定用户的个性化信息

ProfileCommon 类型的对象是由 ASP.NET 在运行时动态生成的一个强类型的对象，获取这种类型的对象之后，就可以像前面介绍的标准方法一样使用个性化属性了，比如调用 ProfileCommon.Save()方法保存个性化数据，而且 ProfileCommon 还添加了 LastActivityDate 和 LastUpdatedDate 属性，来获取最后一次使用和更新个性化属性的时间。

ProfileManager 提供了多种静态的方法和属性来管理个性化，该类位于 System.Web.Profile 命名空间中，该类提供的属性和方法如下。

- DeleteInactiveProfiles：删除上次活动日期和时间出现在指定日期和时间之前的用户个性化数据。
- DeleteProfile：从数据源中删除指定用户名的个性化数据。
- DeleteProfiles：从数据源中删除提供一系列个性化的个性化属性和信息。
- FindInactiveProfilesByUserName：检索个性化信息，在这些个性化中，上次活动日期和时间与指定的日期和时间相同或在其之前，并且个性化的用户名与指定的名称匹配。
- FindProfilesByUserName：检索用户名与指定名称匹配的个性化信息。
- GetAllInactiveProfiles：检索用户个性化数据，在这些个性化中，上次活动日期和时间与指定的日期和时间相同或在其之前。
- GetAllProfiles：在数据源中检索用户个性化数据。
- GetNumberOfInactiveProfiles：获取上次活动日期与指定日期相同或在其之前的个性化的数目。
- GetNumberOfProfiles：获取数据源中的个性化数量。
- ApplicationName：获取或设置要存储和检索其个性化信息的应用程序的名称。
- AutomaticSaveEnabled：获取一个值，该值指示是否将在页执行结束时自动保存用户个性化。
- Enabled：获取一个值，该值指示是否为应用程序启用用户个性化。
- Provider：获取对应用程序的默认个性化提供程序的引用。
- Providers：获取 ASP.NET 应用程序的个性化提供程序的集合。

可以看到 ProfileManger 类提供了一些删除、查找和获取个性化信息的属性和方法，下面演示如何创建一个管理性的页面来维护用户个性化数据，示例页面的运行效果如图 14.14 所示。在该页面中，可以查询个性化存储中具有指定验证类型的和在指定日期范围内的所有个性化数据，并在 GridView 控件中显示，用户可以输入要查询的个性化记录，在记录过多时会自动进行分页显示。如果用户单击“删除”按钮，则会删除所搜寻到的个性化信息。

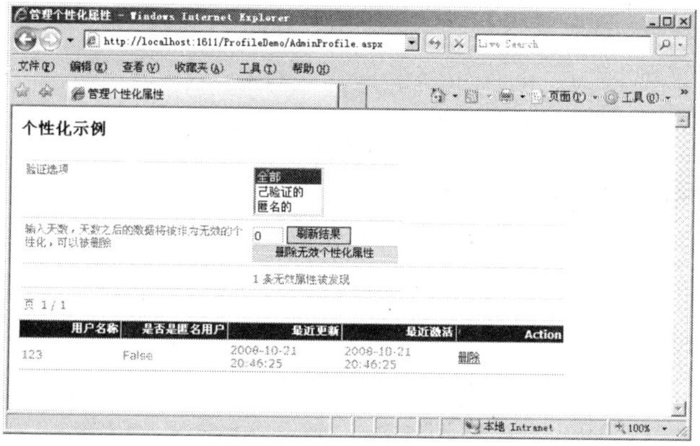

图 14.14　使用 ProfileManager 管理个性化信息

示例代码比较长，在此只介绍以下两个重要的方法。

1. 查询特定日期范围内个性化数据的方法

查询特定日期范围内的个性化数据是使用 GetProfiles()方法来完成的，该方法调用 GetAllInactiveProfiles()方法检索数据，并处理分页的过程，代码如下：

```
private void GetProfiles()
{
  //GetAllInactiveProfiles 方法返回一个 ProfileInfo 类型的集合,该方法将查询在上次激活时间
   //与用户所指定的时间之前的时间。最终将所查询到的结果赋值给 GridView 进行绑定
   ProfileGrid.DataSource = ProfileManager.GetAllInactiveProfiles(authOption,
                DateTime.Now.Subtract(new TimeSpan(inactiveDays, 0, 0, 0)),
                   currentPage - 1, pageSize, out totalProfiles);
   TotalProfilesLabel.Text = totalProfiles.ToString();        //显示获取到的记录条数
   totalPages = ((totalProfiles - 1) / pageSize) + 1;          //计算总分页数
   //分页控制，获取指定页面范围内的个性化数据
   if (currentPage > totalPages)
   {
     currentPage = totalPages;
     GetProfiles();
     return;
   }
   ProfileGrid.DataBind();          //调用 DataBind 方法进行数据的绑定
   //用于处理分页的代码如下
   CurrentPageLabel.Text = currentPage.ToString();
   TotalPagesLabel.Text = totalPages.ToString();
   if (currentPage == totalPages)
     NextButton.Visible = false;
   else
     NextButton.Visible = true;
   if (currentPage == 1)
     PreviousButton.Visible = false;
   else
     PreviousButton.Visible = true;
   if (totalProfiles <= 0)
     NavigationPanel.Visible = false;
   else
     NavigationPanel.Visible = true;
}
```

GetAllInactiveProfiles()方法的第一个参数是一个 ProfileAuthenticationOption 枚举类型的属性值，用于指定用户个性化的身份验证类型，具有如下 3 种可选的枚举值。

- Anonymous：仅搜索匿名个性化数据。
- Authenticated：仅搜索已验证身份的用户个性化数据。
- All：搜索所有的用户个性化数据。

2．删除特定个性化数据的方法

示例中使用 GetAuthenticationOption()方法获取用户在 ListBox 中所选择身份类型，该方法的代码如下：

```
//获取身份验证类型
private ProfileAuthenticationOption GetAuthenticationOption()
{
    if (AuthenticationOptionListBox.SelectedItem != null)
    {
        //根据用户的选择，为 ProfileAuthenticationOption 枚举类型指定值
        switch (AuthenticationOptionListBox.SelectedItem.Value)
        {
            case "Anonymous":
                return ProfileAuthenticationOption.Anonymous;
                break;
            case "Authenticated":
                return ProfileAuthenticationOption.Authenticated;
                break;
            default:
                return ProfileAuthenticationOption.All;
                break;
        }
    }
    //如果未选择任何的值，则默认返回 All，表示所有的类型
    return ProfileAuthenticationOption.All;
}
```

当用户查询出所要删除的个性化数据后，可以单击“删除无效个性化数据”按钮删除所选择的数据，删除个性化数据调用了 ProfileManager 的 DeleteInactiveProfiles()方法，该方法的代码如下：

```
public void DeleteAllInactiveButton_OnClick(object sender, EventArgs args)
{
    //调用 DeleteInactiveProfiles 方法删除特定日期之后未激活的个性化数据
    deletedProfiles = ProfileManager.DeleteInactiveProfiles(authOption,
    DateTime.Now.Subtract(new TimeSpan(inactiveDays, 0, 0, 0)));
    //显示提示信息
    DeletedMessage.Text = deletedProfiles.ToString() + "个性化数据已被删除.";
    GetProfiles();          //再次获取个性化数据
}
```

DeleteInactiveProfiles()方法也需要传递一个 ProfileAuthenticationOption 枚举类型的参数，然后指定特定日期进行删除，删除后会在一个名为 DeletedMessage 的 Label 控件中显示信息，最后再次调用 GetProfiles()方法刷新个性化数据源中的个性数据。学习了如何使用和管理个性化数据之后，下面将讨论如何创建自定义的个性化提供者。

14.3 自定义个性化提供者

ASP.NET 的个性化功能使用提供者模型，提供者模型提供了 API 的定义和其实现的分离，

这样便于开发人员使用可插接的实现来替换其底层的数据存储方式。在默认情况下，个性化服务使用 SqlProfileProvider 提供者，该提供者派生自抽象基类 ProfileProvider，类关系如图 14.15 所示。

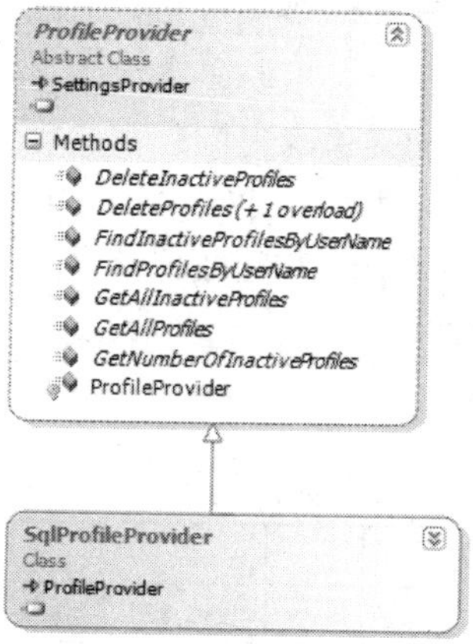

图 14.15　SqlProfileProvider 提供者的继承结构

在 ProfileProvider 抽象基类中，提供了个性化功能的 API 定义，SqlProviderProvider 则提供了特定于 SQL Server 数据库的实现。ASP.NET 的提供者模型使开发人员很容易定义自己的提供者来取代默认的提供者。本节将创建一个自定义的个性化提供者，将个性化数据保存到 XML 文件中名为 XMLProfileProvider 的类中。

14.3.1　自定义个性化提供者类

为了实现自定义的个性化提供者，需要创建一个派生自 System.Web.Profile 命名空间中抽象基类 ProfileProvider 的子类。ProfileProvider 抽象类自身又是派生自 System.Configuration 命名空间中抽象基类 SettingsProvider 的子类。SettingsProvider 是派生自 System.Configuration.Provider 命名空间中的抽象类 ProviderBase，类层次结构如图 14.16 所示。ProviderBase 是提供者层次结构的基类，ASP.NET 中的大多数提供者模型都派生自该类。

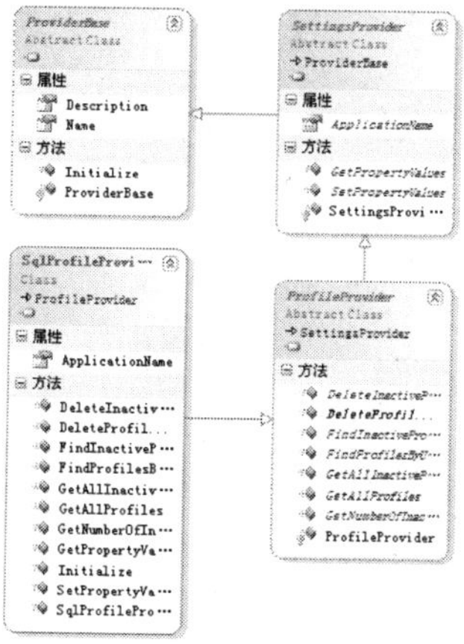

图 14.16　提供者继承层次结构

本节创建一个名为 CustomProfileProvider 的示例网站，在该网站中演示如何创建和使用一个将个性化数据保存在 XML 文件中的自定义 XmlProfileProvider 类。

当实现一个个性化的提供者时，开发者不仅要实现 ProfileProvider 抽象基类的成员，还需要实现 SettingsProvider 和 ProviderBase 类的成员，这导致实现一个自定义的个性化提供者显得比较复杂，但是如果不是特别要求，可以只实现某一些所需要的特定功能。比如可以创建一个用于保存和接收个性化信息的提供者，则只需要实现两三个方法即可，如果需要通过 ProfileManager 类来提供个性化的管理功能，比如删除或查找过期的个性化数据，则需要实现更多的方法。本示例将只演示如何显示和获取保存在 XML 文件中的个性化信息，因此只实现了其中的几个成员，表 14.1 列出了实现一个自定义的个性化提供者时所需要重载的几个成员。

表 14.1　自定义个性化提供者重载的方法

类名称	类成员	描　　述
ProviderBase	Name 属性	只读属性，返回定义在 web.config 文件中的当前提供者名称
ProviderBase	Initialize()方法	从 web.config 文件中获取初始化的配置元素，重载该方法使开发人员可以有机会读取和保存自定义的设置信息
SettingsProvider	ApplicationName 属性	用于分隔不同应用程序的应用程序名称
SettingsProvider	GetPropertyValues()方法	为单个用户获取个性化信息，当 Web 页面访问 Page.Profile 属性获取个性化信息时，该方法被自动的调用。该方法被应用程序中定义的所有个性化属性所调用
SetttingsProvider	SetPropertyValues()方法	为单个用户更新个性化信息，该方法在个性化被改变时在请求最后自动被调用。该方法被应用程序中定义的所有个性化属性所调用
ProfileProvider	DeleteProfiles()方法	从数据源中删除一个或多个个性化记录
ProfileProvider	DeleteInactiveProfiles()方法	与 DeleteProfiles 方法类似，但是该方法在搜索特定时间之后的未被访问的个性化信息
ProfileProvider	GetAllProfiles()方法	返回一组个性化记录，该方法必须支持分页，以便于仅返回总记录中的一个子集
ProfileProvider	GetAllInactiveProfiles()　方　法	与 GetAllProfiles 类似，不过该方法只返回特定时间后未被访问的个性化信息
ProfileProvider	FindProfilesByUserName()方法	获基于指定的一个或多个用户名的个性化信息。但是并不返回实际的个性化信息，只是返回一个些标准的信息，比如最后访问日期等
ProfileProvider	FindInactiveProfilesByUserName()方法	与 FindProfilesByUserName 类似，但是搜索指定时间后未被访问的个性化信息
ProfileProvider	GetNumberOfInactiveProfiles()方法	获取未被访问的个性化信息的记录数

14.3.2　实现 XmlProfileProvider

XmlProfileProvider 是一个将个性化存储在 XML 文件中的自定义个性化提供者类，为了实现将个性化数据与 XML 文件进行交互，需要使用 System.Xml 命名空间中一些操作 XML

元素的类。XmlProfileProvider 会为每个用户创建一个单独的 XML 文件，这些文件将保存在用户在 web.config 配置中指定的文件夹中。

创建一个名为 CustomProfileProvider 的网站，在 App_Code 中新建一个名为 XmlProfileProvider 的类，使该类从 ProfileProvider 中派生，添加如下代码实现访问 XML 文件的个性化提供者：

```
using System;
using System.Text.RegularExpressions;
using System.IO;
using System.Web;
using System.Xml;
using System.Xml.XPath;
using System.Collections.Generic;
using System.Text;
using System.Web.Profile;
using System.Configuration;
using System.Configuration.Provider;
//XmlProfileProvider，一个用于访问和保存个性化属性到 XML 文件的个性化提供者
public class XmlProfileProvider:ProfileProvider
{
    #region Properties
    private string _AppName;
    public override string ApplicationName
    {
        get { return _AppName; }
        set
        {
            if (value.Length > 256)
                throw new ProviderException("应用程序名称太长，不可以超过 256 个字符");
            _AppName = value;
        }
    }
    private string _ProfileFolder = "~/App_Data/XmlProfiles/";    //默认的 XML 文件位置
    ~/App_Data/XmlProfiles/
    public string ProfileFolder
    {
        get { return _ProfileFolder; }
        set { _ProfileFolder = value; }
    }
    #endregion
    #region Initialize Method
    public override void Initialize(string name,
   System.Collections.Specialized.NameValueCollection config)
    {
        base.Initialize(name, config);
        ApplicationName = config["applicationName"];
        //获取在配置文件中指定的 XML 文件夹名称
        if (!string.IsNullOrEmpty(config["profileFolder"]))
            ProfileFolder = config["profileFolder"];
        if (string.IsNullOrEmpty(ApplicationName))
            throw new ProviderException("当使用 XmlProfileProvider 时，必须提供
            ApplicationName");
        config.Remove("applicationName");                    //确保没有未知的设置
        config.Remove("profileFolder");
        if (config.Count > 0)
            throw new ProviderException("不可识别的属性：" + config.GetKey(0));
    }
    #endregion
    #region 重载获取和设置个性化属性的方法
    public override System.Configuration.SettingsPropertyValueCollection
    GetPropertyValues(System.Configuration.SettingsContext context,
```

```
System.Configuration.SettingsPropertyCollection collection)
{
  SettingsPropertyValueCollection settings=newSettingsPropertyValueCollection();
    //确保用户名在 XML 数据中有一个实体
    string username = context["UserName"] as string;
    if (!string.IsNullOrEmpty(username))
    {
        //确保在用户名中并不包含.. (比如 '../SomeOtherUser/')
        if (username.IndexOf("..") >= 0)
            throw new ProviderException("不能访问在用户名中包含'..'的数据");
        //为指定的用户获取个性化值
        Dictionary<string, object> usersProperties = GetUserProfile(username);
        //遍历个性化值
        foreach (SettingsProperty property in collection)
        {
      //指定提供者特定的序列化属性应该将简单的数据类型序列化为一个字符串,非简单类型序列化为 XML
            if (property.SerializeAs == SettingsSerializeAs.ProviderSpecific)
                if (property.PropertyType.IsPrimitive || property.PropertyType ==
                typeof(String))
                    property.SerializeAs = SettingsSerializeAs.String;
                else
                    property.SerializeAs = SettingsSerializeAs.Xml;
            //基于当前的 SettingsProperty 对象创建一个新的 SettingsPropertyValue
            SettingsPropertyValue setting = new SettingsPropertyValue(property);
            if (usersProperties != null)
            {
                setting.IsDirty = false;
                if (usersProperties.ContainsKey(property.Name))
                {
                    setting.SerializedValue = usersProperties[property.Name];
                    setting.Deserialized = false;
                }
            }
            settings.Add(setting);                          //将设置值添加到集合中
        }
    }
    return settings;                                    //返回设置的集合
}
/// <summary>
/// 搜索在个性化文件夹中匹配指定名称的文件，然后以字符串形式返回文件的内容
/// </summary>
/// <param name="username">用于搜索的用户名</param>
/// <returns>返回用户设置的字典对象，否则返回 null</returns>
protected virtual Dictionary<string, object> GetUserProfile(string username)
{
    //打开 XML 文件
    if (!File.Exists(GetProfileFilePath(username)))
        return null;         //如果文件不存在，则返回 null
    else
    {
        Dictionary<string, object> propertyValues = new Dictionary<string,
        object>();
  XmlDocument xmlDoc = new XmlDocument();       //使用 XmlDocument 加载并处理 XML 文档
        xmlDoc.Load(GetProfileFilePath(username));
        XmlNode rootNode = xmlDoc.DocumentElement;
        //遍历 XML 子元素
        foreach (XmlNode xmlProperty in rootNode.ChildNodes)
        {
            if (xmlProperty.InnerXml.StartsWith("<![CDATA"))
          propertyValues.Add(xmlProperty.Name,
```

```
        Convert.FromBase64String(xmlProperty.InnerText));
          else
            propertyValues.Add(xmlProperty.Name, xmlProperty.InnerXml);
        }
        return propertyValues;                        //返回代表属性集合的字符串字典对象
      }
    }
    public override void SetPropertyValues(System.Configuration.SettingsContext
    context, System.Configuration.SettingsPropertyValueCollection collection)
    {
      string username = context["UserName"] as string;
      bool userIsAuthenticated = (bool)context["IsAuthenticated"];
      //如果没有用户名被指定，或者没有保存任何个性化属性，则直接返回
      if (string.IsNullOrEmpty(username) || collection.Count == 0)
        return;
      //如果所有的属性未被更改，则退出
      if (!ExistsDirtyProperty(collection))
        return;
      //否则保存整个数据集合
      using (StreamWriter sw = new StreamWriter(GetProfileFilePath(username), false))
      {
        using (XmlTextWriter writer = new XmlTextWriter(sw))
        {
          writer.Formatting = Formatting.Indented;
          writer.WriteStartDocument();                    //写入 XML 起始元素
          writer.WriteStartElement("profileData");          //写入 XML 元素
          //遍历集合中的元素
          foreach (SettingsPropertyValue setting in collection)
          {
              if(!userIsAuthenticated&& !(bool)setting.Property.Attributes["A
              llowAnonymous"])
               continue; //如果用户属性不允许匿名用户访问，则跳过序列化步骤
            if (!setting.IsDirty && setting.UsingDefaultValue)
               continue; //如果当前的属性没有被修改或者被赋了一个默认值，则跳过序列化步骤
            //基于属性的 SerializeAs 类型序列化个性化属性
            if (setting.Property.SerializeAs == SettingsSerializeAs.String)
            writer.WriteElementString(setting.Name,Convert.ToString(setting.Se
            rializedValue));
            else if (setting.Property.SerializeAs == SettingsSerializeAs.Xml)
            {
               // 从序列化字符串中去掉<?xml ... ?>字符
               string xmlData = setting.SerializedValue as string;
               xmlData = Regex.Replace(xmlData, @"^<\?xml .*?\?>",string.Empty);
               //写入序列化后的设置
              writer.WriteRaw(string.Format("<{0}>{1}</{0}>",setting.Name,xml
              Data));
            }
            else if (setting.Property.SerializeAs == SettingsSerializeAs.Binary)
            {
               //使用 Base64 编码个性化属性
             string encodedBinaryData =
             Convert.ToBase64String(setting.SerializedValue as byte[]);
              writer.WriteStartElement(setting.Name);
              writer.WriteCData(encodedBinaryData);
              writer.WriteEndElement();
            }
            else
              //如果是未知的序列化格式，则抛出异常
              throw new ProviderException(string.Format("SerializeAs 无效的值；
              可以是 String, Xml, or Binary 类型的值 {0}",
```

```
                    System.Enum.GetName(setting.Property.SerializeAs.GetType(),
                    setting.Property.SerializeAs)));
                }
                //写入终止 XML 元素
                writer.WriteEndElement();
                writer.WriteEndDocument();
                writer.Close();                 //关闭 XML 写入器
            }
            sw.Close();                         //关闭流
        }
    }
    //根据指定的用户获取 XML 文件所保存的文件的名称
    protected virtual string GetProfileFilePath(string username)
    {
        return Path.Combine(HttpContext.Current.Server.MapPath(ProfileFolder),
        string.Format(@"{0}\{1}.xml", ApplicationName, username));
    }
    //判断个性化属性是否发生的变更
    protected virtual bool ExistsDirtyProperty(System.Configuration.Settings
    PropertyValueCollection collection)
    {
        foreach (SettingsPropertyValue setting in collection)
            if (setting.IsDirty)
                return true;
        return false;        //如果返回 false，则表示没有任何更改
    }
    #endregion
}
```

在这个类中，重载了以下 3 个核心的方法：

➢ Initialize()方法从配置文件中获取用户在 web.config 中指定的应用程序名称和保存 XML 文件的文件夹名称。NameValueCollection 类型的参数 config 保存了用户在 <providers>元素中指定的配置。开发人员如果在 web.config 中定义了自己的设置信息，则可以通过 Initialize()方法来获取自定义设置的值。本示例中创建了一个名为 profileFolder 的设置，该设置将获取 XML 文件夹的位置，如果没有指定，则保存在 App_Data/XmlProfiles 文件夹中。

➢ GetPropertyValues()方法是在使用个性化属性时获取属性值的一个非常重要的方法，重载该方法会从 XML 文件中读取序列化后的个性化数据，根据个性化属性的序列化设置进行反序列化，并返回一个 SettingsPropertyValueCollection 类型的集合。

➢ SetPropertyValues()方法执行与 GetPropertyValues()方法相反的行为，该方法将用户对个性化属性所做的更改保存到 XML 文件中。SetPropertyValues()方法会判断用户是匿名用户还是登录用户，并且会调用 ExistsDirtyProperty()方法判断指定的集合是否发生更改，如果有更改，则使用 StreamWriter 类和 XmlTextWriter 类，将个性化信息写入到 XML 文件中。

对于这样一个简单的个性化提供者来说，重载这几个方法就可以完成读取和写入 XML 文档中的个性化数据，如果要实现 ProfileManager 所提供的功能，则还需要重载表 14.1 所列出的其他几个个性化成员。

14.3.3　测试自定义个性化提供者

为了测试 XmlProfileProvider，需要在 web.config 配置文件中添加自定义的提供者配置，配置代码如下：

```
<!--配置使用自定义的 XmlProfileProvider-->
<profile defaultProvider="MyCustomProfileProvider">
  <providers>
    <clear/>
    <add name="MyCustomProfileProvider" type="XmlProfileProvider"
    applicationName="MyApp"/>
  </providers>
  <!--添加个性化属性-->
  <properties>
    <add name="ChineseName"/>
    <add name="ChineseAddress" serializeAs="Binary"/>
    <add name="Age" type="Int"/>
    <add name="Books" type="BookItems" serializeAs="Xml"/>
  </properties>
</profile>
```

为了使用自定义的 XmlProfileProvider 个性化提供者，在<providers>配置元素中首先清除了现有的提供者类，然后定义了一个名为 MyCustomProfileProvider 的提供者，使用 type 属性指定本节创建的 XmlProfileProvider，并指定 applicationName 为 MyApp，以区分多个应用程序的个性化属性。在<properties>中添加了几个用于演示的属性，再添加一个名为 UseCustomType.aspx 页面，在其中添加一些控件来读取和写入个性化属性，最后来看看当写入时 XML 文件的变化，示例页面如图 14.17 所示。

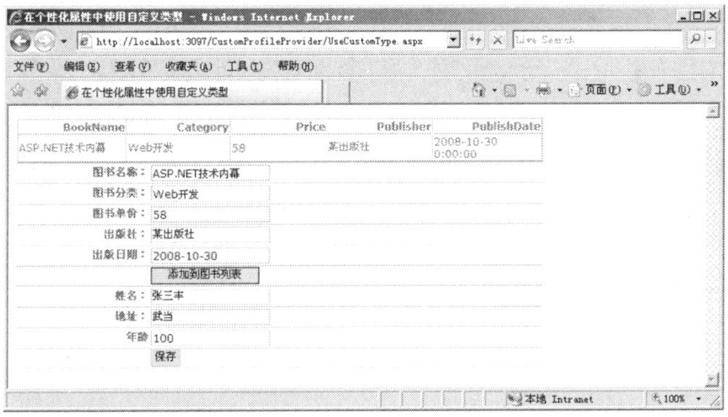

图 14.17　使用 XmlProfileProvider 的示例页面

为了使该页面可以使用自定义的个性化提供者，还需要在网站的 App_Data 文件夹下创建两个文件夹，分别是 XmlProfiles，以及包含在其中的根据在 web.config 中指定 applicationName 命名的子文件夹。本示例为 MyApp，创建了该文件夹后，还需要配置 web.config 使其使用 Forms 验证方式，并添加一个 Login.aspx 页面允许用户登录，具体实现方式可以参考上一节的内容。

编写图 14.17 中的读取和保存个性化属性的代码与本章前面介绍的完全相同，不需要担心数据如何被提取和如何保存的问题，一切都由 XmlProfileProvider 自动完成。在第一次运行时，如果发现 XmlProfiles\MyApp 文件夹下没有指定用户相对应的 XML 文件，则 StreamWriter 类会根据指定的名称创建一个新的 XML 文件，该文件以用户登录名作为文件名称。

当用户在表单中输入了内容后单击“保存”按钮时，XmlProfileProvider 类的 SetPropertyValues() 方法被调用，该方法会根据在 web.config 中指定的 SerializeAs 属性，将个性化属性的值序列化后保存到 XML 文件中，最后呈现的 XML 文件如图 14.18 所示。

```
<?xml version="1.0" encoding="utf-8"?>
<profileData>
  <Age>30</Age>
  <ChineseName>刘小七</ChineseName>
  <ChineseAddress><![CDATA[AAEAAAD/////AQAAAAAAAAAGAQAAAAzlub/kuJzmt7HlnLML]]></ChineseAddress><Books>
<BookItems xmlns:xsi="http://www.w3.org/2001/XMLSchema-instance" xmlns:xsd="http://www.w3.org/2001/XMLSchema">
  <Items>
    <Book>
      <BookName>ASP.NET技术内幕</BookName>
      <Category>Web开发</Category>
      <Price>58</Price>
      <Publisher>某出版社</Publisher>
      <PublishDate>2008-10-30T00:00:00</PublishDate>
    </Book>
    <Book>
      <BookName>ASP.NET传奇</BookName>
      <Category>业余故事</Category>
      <Price>32</Price>
      <Publisher>A出版社</Publisher>
      <PublishDate>2008-12-20T00:00:00</PublishDate>
    </Book>
  </Items>
</BookItems></Books></profileData>
```

图 14.18　使用 XmlProfileProvider 所写入的 XML 数据

14.4　小结

本章深入细致地讨论了 ASP.NET 中的个性化功能，灵活地运用该功能会为网站带来更专业的效果。本章首先介绍了个性化的基础知识，包括如何使用个性化属性、属性组、允许匿名个性化，以及在匿名个性化与已验证用户的个性化之间进行迁移；然后讨论了如何在自定义数据库中保存个性化数据、个性化的序列化，以及对复杂的或自定义数据类型的处理技术；最后讨论了如何使用 ProfileManager 提供的 Profile API 类对 Profile 进行管理，还介绍了自定义提供者类，以及一个自定义的 XmlProfileProvider 类。

第 15 章 ASP.NET Ajax 开发技术

Ajax 是异步 JavaScript 和 XML（Asynchronous JavaScript And XML）的简称，是目前 Web 开发非常流行的技术，它利用客户端的技术，比如 HTML、XHTML、CSS、DOM、XML、XSLT、JavaScript 和客户端回调技术（如 XMLHttp）、请求和隐藏域等来实现，更具交互式的和可响应性的用户体验。Ajax 技术的出现，使开发人员过去较少关注的客户端技术，比如 CSS、JavaScript 也开始变得日渐重要了。

在本章前面介绍的 ASP.NET 技术中，每次页面回发时，都会导致一次全新的页面刷新过程，也就是说，客户端向服务器端发送请求，服务器端根据客户端的请求生成一个全新的页面，再返回给客户端，很明显地就会发现客户端浏览器的进度条进行了一次全新的加载过程。这种方式的效率极其低下，而且响应时间也不佳。Ajax 技术则非常明显地改进了用户的体验过程，它只将需要更新的部分异步地传送到服务器端，然后将处理后的内容通过客户端技术，异步地更新页面的某一部分。这样使整个页面的更新更具有互动性和可响应性。

Ajax 技术提供了类似 Windows Forms 开发的可响应性，使 ASP.NET 技术的应用面更加广泛。利用 Ajax 技术，开发人员可以尽展所长，开发类似传统 Windows Forms 平台下的一些软件，比如 SCM、CRM、ERP 等。

如果完全不理解 Ajax 技术的应用，可以看看 Google 的建议搜索功能，Google 在其搜索框中提供了 Ajax 的建议关键字提示。当用户在文本框中输入信息时，会使用 Ajax 技术异步地从服务器中下载建议数据，然后显示为一个下拉列表框供用户进行选择，是非常人性化的设计，如图 15.1 所示。

图 15.1　Google 的 Ajax 功能的搜索框

15.1 ASP.NET Ajax 基础

ASP.NET Ajax 是微软公司推出的一套用于在 ASP.NET 中开发 Ajax 应用程序的开发框架，它简化了开发 Ajax 应用程序的复杂性，使开发人员不用去掌握一些开发 Ajax 应用程序，必须了解的 JavaScript 及 CSS 等。并且为需要更深入了解的用户提供了客户端 JavaScript 的扩展，这使用户可以全面控制 Ajax 应用程序。

15.1.1 ASP.NET Ajax 技术简介

微软公司在 VS 2010 中已完全整合了 ASP.NET Ajax 应用程序的开发，当创建一个 Web 网站后，就可以直接使用 VS 2010 中 AJAX 工具栏的各种控件。ASP.NET Ajax 将整个 Ajax 的开发分为两大块：一块是服务器端的 Ajax 框架；另一块是客户端的 Ajax 框架。

1. Ajax 的服务器端框架

Ajax 的服务器端框架提供了多种 ASP.NET 的服务器控件，还可以使用由 ASP.NET AjaxControl Toolkit 控件工具包提供的多种服务器控件。使用服务器控件简化了开发 Ajax 应用程序的复杂过程，开发人员可以如同使用 ASP.NET 的服务器控件一样开发 Ajax 应用程序，可以利用.NET 框架的语言特性来加快应用程序的开发，并且开发人员可以不必理解 JavaScript 语言，甚至完全不用写一行 JavaScript 代码。

该框架的好处是使熟练掌握 ASP.NET 的程序员不用学习任何其他知识就可以上手 Ajax。但不利之处是服务器端框架的功能有限，难以避免各种 Ajax 的问题，比如深入控制 Ajax 的上下文环境，开发人员仍需要掌握一定的 Ajax 客户端脚本知识。

2. Ajax 的客户端框架

AJAX 的客服端框架提供了大量全新的 JavaScript 特性，比如类型扩展、支持面向对象的开发、增强的语言特性等。灵活地掌握客户端框架是深入应用 ASP.NET Ajax 的必备条件，在开发 ASP.NET Ajax 应用程序时，通常将客户端与服务器端结合使用，这样可以利用客户端框架的简易特性，也可以更深入地控制整个 Ajax 的运行。

根据 MSDN 的解释，支持 Ajax 的应用程序可以提供以下特性：

- 增强的效率，因为网页的大部分处理工作是在浏览器中执行的。
- 熟悉的 UI 元素，如进度指示器、工具提示和弹出窗口。
- 局部更新功能，只刷新已发生更改的网页部分。
- 客户端与使用 Forms 身份验证的 ASP.NET 应用程序服务、角色和用户配置文件的集成。
- 自动生成的代理类，可简化从客户端脚本调用 Web 服务方法的过程。
- 一个框架，可让用户自定义服务器控件以包含客户端功能。
- 对大部分流行的和常用浏览器的支持，其中包括 Microsoft Internet Explorer、Mozilla Firefox 和 Apple Safari。

ASP.NET Ajax 客户端和服务器端的架构图如图 15.2 所示。

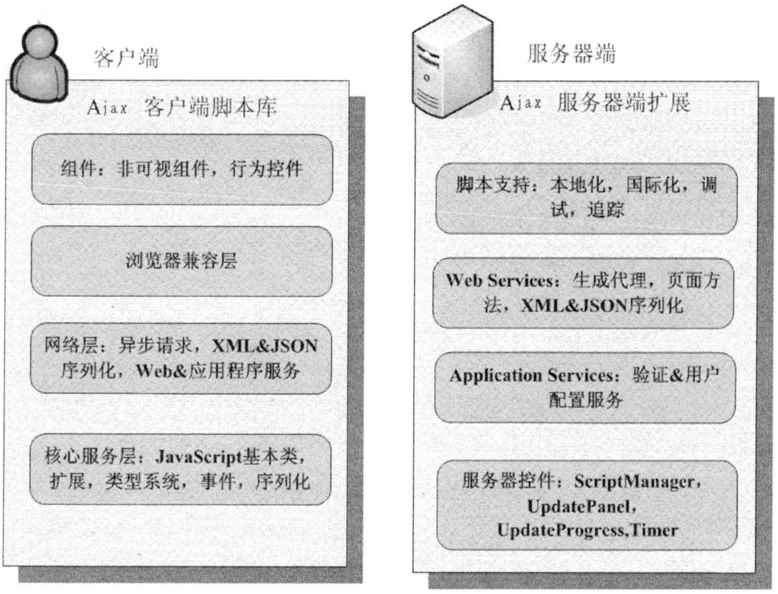

图 15.2　ASP.NET Ajax 架构图

15.1.2　一个 ASP.NET Ajax 示例应用

本节以开发一个简单的 Ajax 计时器为例，来学习一下如何在 VS 2010 中添加并开发基于 ASP.NET Ajax 框架的 Ajax 页面。本示例将演示使用和不使用 Ajax 技术时的两种页面显示的效果，示例完整操作步骤如下。

（1）在 VS 2010 中创建一个名为 FirstAjaxApp 的网站，为了能在页面上使用 ASP.NET AJAX 技术，需要先从工具箱的“Ajax Extensions 工具”栏中拖 1 个 ScriptManager 控件到 Default.aspx 页面顶部。

ScriptManager 控件是 ASP.NET Ajax 的一个核心服务器控件，该控件必须放在<form>元素的下面，也就是说，需要将该元素作为<form>中的第一个控件声明。ScriptManager 控件提供了客户端脚本扩展、页面的局部更新，以及 Web 服务的 JavaScript 代理类等功能。ASP.NET 的其他服务器控件比如 UpdatePanel、UpdateProgress 和 Timer 控件，必须要先有 ScriptManager，然后这些控件才能正常使用。

（2）在 ScriptManager 控件的下面放 1 个 UpdatePanel 控件，该控件是允许页面进行局部更新的一个主要的服务器控件。这两个控件的结合使用，使 Web 页面可以只更新包含在 UpdatePanel 控件中的部分，而不用刷新整个页面，因而改善了用户体验。

将 UpdatePanel 控件从“Ajax Extensions 工具”栏拖到设计视图后，该控件呈现为一个类似 Panel 样式的容器，开发人员可以向其中添加想要局部更新的控件，本示例中添加 1 个 Label 控件，声明代码如下：

```
<form id="form1" runat="server">
   <!--在页面的顶部，放置了一个 ScriptManger 控件用于提供 Ajax 功能，这是必需的-->
    <asp:ScriptManager ID="ScriptManager1" runat="server">
    </asp:ScriptManager>
<div>
   <!--放置在 UpdatePanel 中的控件将拥有局部更新的功能-->
```

```
        <asp:UpdatePanel ID="UpdatePanel1" runat="server">
            <ContentTemplate>
                <asp:Label ID="lblTime" runat="server" Text="Label"></asp:Label>
            </ContentTemplate>
        </asp:UpdatePanel>
    </div>
    </form>
```

Label 控件将显示来自服务器端的时间，因此在页面的 Page_Load 事件中，添加如下代码，将当前服务器端的时间赋给 Label 控件的 Text 属性：

```
    protected void Page_Load(object sender, EventArgs e)
    {
        lblTime.Text = DateTime.Now.ToString();        //显示 Server 端当前的时间
    }
```

（3）让 Label 中显示的时间动起来，并同步服务器端时间的显示。在“Ajax Extension 工具”栏中有 1 个 Timer 控件，该控件类似于 Windows Forms 中的 Timer 控件，可以按定义的时间间隔引发一次页面回发。从工具箱中拖动这个 Timer 控件到 UpdatePanel 控件中，设置其 Interval 属性为 1000，即每秒钟进行一次页面回发，声明代码如下：

```
       <!--放置在 UpdatePanel 中的控件将拥有局部更新的功能-->
        <asp:UpdatePanel ID="UpdatePanel1" runat="server">
            <ContentTemplate>
                <asp:Label ID="lblTime" runat="server"></asp:Label>
                <!--放置一个 Timer 控件，使服务器端的时间每秒钟更新一次-->
                <asp:Timer ID="Timer1" runat="server" Interval="1000">
                </asp:Timer>
            </ContentTemplate>
        </asp:UpdatePanel>
```

运行该示例页面，可以看到页面上会显示一个动态更新的时钟，而且每次更新时间时，页面没有任何更新，浏览器的进度条没有持续闪动，这就是 Ajax 的效果，示例运行效果如图 15.3 所示。如果把 Timer 控件移动到 UpdatePanel 的外面，会发现每秒种页面会全部刷新一次，浏览器的进度条会有明显的闪动，整个页面都会有明显的闪烁感。

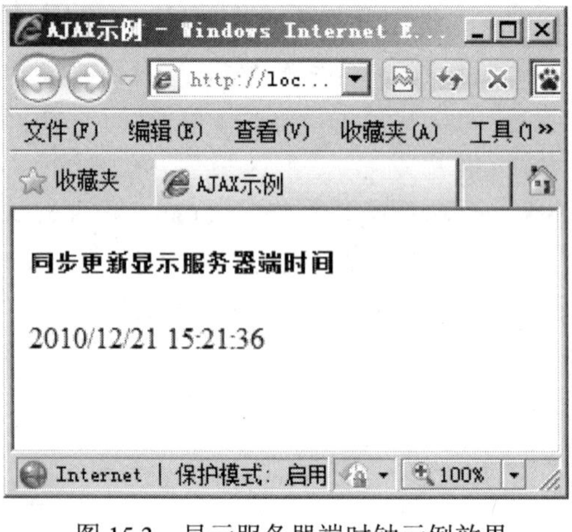

图 15.3　显示服务器端时钟示例效果

UpdatePnael 控件提供了异步 PostBack 的机制，所有添加到其中的控件都放在 ContentTemplate 区段中，而放在其外面的控件将不能享受到 Ajax 的这种异步刷新的功能。

使用 ScriptManager 控件和 UpdatePanel 控件，使不熟悉 ASP.NET Ajax 的开发人员也可以立即上手 Ajax，这大大降低了 Ajax 开发的门槛，本节后面的内容将对这两个控件的细节部分进行详细讨论。

15.2　ASP.NET Ajax 服务器端控件

ASP.NET Ajax 的服务器端由一系列的服务器控件组成，包括 ScriptManager、ScriptManagerProxy、UpdatePanel、UpdateProgress、Timer 等，如果安装了 Ajax Control Toolkit 控件工具包栏之后，会有更多的服务器控件可供使用。在这些服务器控件中，最为核心的当属 ScriptManager，以及其代理类 ScriptManagerProxy 控件，然后是使用非常频繁的 UpdatePanel 控件。不太熟悉客户端 JavaScript 语言的 ASP.NET 开发人员只需要深入掌握了对这两个控件的使用，就可以开发出颇为专业的 ASP.NET Ajax 应用程序了。

15.2.1　声明 ScriptManager 控件

ScriptManager 控件是 ASP.NET Ajax 的控制中心，该控件将管理页面上所有的 ASP.NET Ajax 资源，比如向客户端分发 Ajax Library 脚本库、协调 UpdatePanel 控件的局部更新功能。该控件还允许开发人员注册自定义的脚本文件，在 ScriptManager 加载完 ASP.NET 客户端脚本库之后，将加载自定义的脚本、注册 Web 服务、注册 ASP.NET 服务等。

开发人员只需要将 1 个 ScriptManager 控件拖到页面上，使其作为页面的第一个控件，那么整个 ASP.NET 将具有 Ajax 开发的能力。

> **注意**：在每个 ASP.NET Ajax 页面上只能具有 1 个 ScriptManager 控件。

从 VS 2010 的工具箱中拖 1 个 ScriptManager 到页面后，自动生成了如下声明代码：

```
    <form id="form1" runat="server">
    <asp:ScriptManager ID="ScriptManager1" runat="server">
    </asp:ScriptManager>
    </form>
```

当添加了该控件之后可以运行页面，然后用鼠标右键单击浏览器的空白处查看页面源代码，可以看到 ScriptManager 自动生成了一些代码，来分发客户端的脚本资源，源代码如下：

```
<scriptsrc="/AJAXDemo/ScriptResource.axd?d=Of8lTTbTo6OCMKGRVuX63KTuuglwPXmd9IefrtU
HAzAFXqNdC8HCe5X_lpIvtZiSIcU_9wl33mKaTI47vzzJIn4e4I2ov1IjVFav6l0RDJM1&amp;t=633386
631310869075" type="text/javascript"></script>
<script type="text/javascript">
//<![CDATA[
if (typeof(Sys) === 'undefined') throw new Error('ASP.NET Ajax 客户端框架未能加载。');
//]]>
</script>
<scriptsrc="/AJAXDemo/ScriptResource.axd?d=Of8lTTbTo6OCMKGRVuX63KTuuglwPXmd9IefrtU
HAzAFXqNdC8HCe5X_lpIvtZiSAvfXmrmhhrOKTm4E6TuGqhDcenVQd0dO1nwbwyQH3JtzhZo3SQDVjHFXl
EQ7IC-70&amp;t=633386631310869075" type="text/javascript"></script>
   <script type="text/javascript">
//<![CDATA[
Sys.WebForms.PageRequestManager._initialize('ScriptManager1',document.getElementBy
Id('form1'));
Sys.WebForms.PageRequestManager.getInstance()._updateControls([], [], [], 90);
```

```
    //]]>
    </script>
```

这些代码块的作用是请求 ASP.NET Ajax 所需要的客户端脚本，通常是 MicrosoftAjax.js 和 MicrosoftAjaxWebForms.js 文件。将这两个文件嵌入到 System.Web.Extensions.dll 的资源文件中。

ASP.NET 4.0 通过请求 WebResource.axd 这个 HTTP 处理器，可以访问嵌入到程序集中的资源。ASP.NET Ajax 提供了一个具有更多功能，以及压缩功能的 ScriptResource.axd 文件的 HTTP 处理器，这里可以看到对 ScriptResource.axd 的请求。该请求中传递了两个参数，其值分别为 d 和 t。d 参数代表程序集中的资源识别符，t 是一个时间戳，表示最后一次修改程序集的时间。

当 1 个 ScriptManager 放到页面上时，如果在该页面上放置了 UpdatePanel 控件，则拥有了异步能力。ScriptManager 的 EnablePartialRendering 属性默认设置为 true，如果将该属性设置为 false，那么即使页面上放置了 UpdatePanel 控件，也不会拥有异步更新的能力。

15.2.2 使用 ScriptManager 注册自定义脚本

ScriptManager 控件除了自动向客户端分发 Ajax 的核心脚本文件外，开发人员也可以将自定义的脚本添加到 ScriptManager 的 Scripts 集合中，以分发自定义的脚本。如果要分发的脚本是一个独立的 JavaScript 文件，则可以直接添加到 Scripts 集合中。下面在 ScriptManagerDemo 网站中新建一个名为 JScript.js 的脚本文件，然后选中 Default.aspx 页面的 ScriptManager 控件，在“属性”窗口中单击 Scripts 属性右侧的“集合编辑”按钮，VS 2010 将打开图 15.4 所示的“ScriptReference 集合编辑器”对话框。

Scripts 集合中的每个元素是一个 ScriptReference 类型的属性，用于在 ASP.NET 页面上注册 JavaScript 文件。单击集合编辑器中的“添加”按钮时，将自动添加一个 ScriptReference 对象，在右侧的“属性”面板中允许指定 ScriptReference 的属性。为了引用自定义的脚本，需要在 Path 属性中创建自定义脚本的路径。

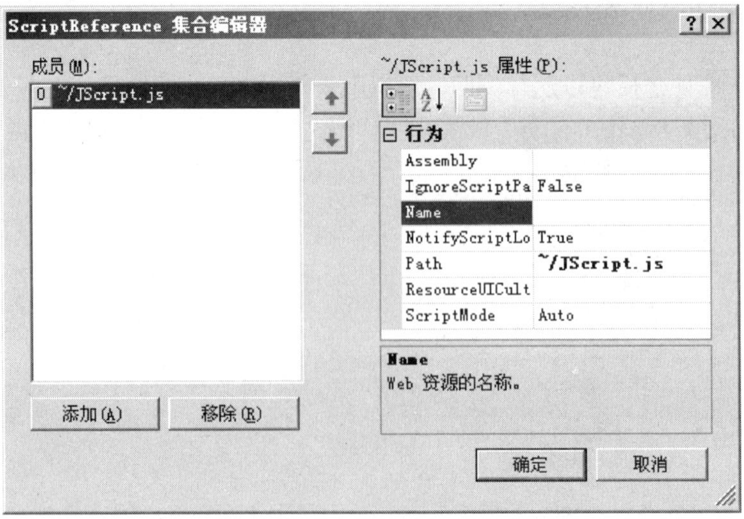

图 15.4 “ScriptReference 集合编辑器”对话框

“ScriptReference 集合编辑器”对话框的其他属性描述如下。

- Assembly：指定作为嵌入资源的客户端脚本文件的程序集名称。
- IgnoreScriptPath：指示从资源注册客户端脚本文件时，URL 中是否包括 ScriptPath 属性。
- Name：包含客户端脚本文件的嵌入资源名称。
- NotifyScriptLoaded：指示 ScriptResourceHandler 对象是否在 JavaScript 文件的结尾自动添加代码，以调用 Sys.Application 类的 notifyScriptLoaded()方法。
- Path：引用客户端脚本文件相对于网页的路径。
- ResourceUICultures：Path 属性支持 UI 区域性的逗号分隔列表。
- ScriptMode：获取或设置要使用的客户端脚本文件的版本（发布版本或调试版本）。

当使用 Path 属性指定一个静态的脚本文件后，VS 2010 将自动生成如下声明代码：

```
<asp:ScriptManager ID="ScriptManager1" runat="server">
    <Scripts>
        <asp:ScriptReference Path="~/JScript.js" />
    </Scripts>
</asp:ScriptManager>
```

运行该页面，然后查看 HTML 源代码，会发现在源代码中添加了如下代码行，来引用客户端脚本。

```
<scriptsrc="/ScriptManagerDemo/ScriptResource.axd?d=0Z4b5uemWBd6m65_LiWhJHZXRajwPK
VMxShySI37OHaU91XmnIaurDMleGPOPTFPOQyFu9y13gTQ4NviVG--cuFugNITTjQhU091cxsEXfIDfguB
BeRIg4yFbhyuQ1SZ0&amp;t=ffffffffc27960a" type="text/javascript"></script>
<script src="JScript.js" type="text/javascript"></script>
```

ScriptManager 和 ScriptReference 都支持 ScriptMode 属性，默认值是 Auto，可以取 Release、Debug 和 Inherit 枚举值。ScriptMode 确定 ScriptManager 分发脚本的类型，比如是调试版本的脚本文件或释放版本的脚本文件，如 Script1.js 的调试版本为 Script1.Debug.js，需要注意指定正确的脚本文件类型，例如，可以使用如下代码指定 ScriptMode 属性：

```
<asp:ScriptManager ID="ScriptManager1" runat="server">
        <Scripts>
            <asp:ScriptReference Path="~/JScript.js" ScriptMode=" Debug" />
        </Scripts>
    </asp:ScriptManager>
```

当指定 ScriptMode 属性为 Debug 之后，可以看到生成的源代码自动为脚本文件名加上了 debug，代码如下：

```
<scriptsrc="/ScriptManagerDemo/ScriptResource.axd?d=Of81TTbTo6OCMKGRVuX63KtuuglwPX
md9Iefrt
UHAzAFXqNdC8HCe5X_lpIvtZiSAvfXmrmhhrOKTm4E6TuGqhDcenVQd0dO1nwbwyQH3JtzhZo3SQDVjHFX
1EQ7IC-70&amp;t=633386631310869075" type="text/javascript"></script>
//这里变成了 JScript.debug.js
<script src="Script/JScript.debug.js" type="text/javascript"></script>
```

为了验证自定义的脚本是否正常工作，可以在 JScript.js 脚本文件中添加一个 alert 语句，代码如下：

```
alert('来自独立的脚本文件中的脚本')
```

运行 Default.aspx 页面，可以看到当页面加载时，脚本文件被加载，然后弹出一个信息提示框，如图 15.5 所示。

图 15.5　加载脚本文件后的运行效果

除了注册静态的脚本文件外，ScriptManager 还可以注册嵌入在程序集资源中的脚本。如果在某个自定义的程序集中嵌入了脚本资源，那么可以使用 ScriptReference 对象的 Assembly 属性指定程序集的完整名称，使用 Name 属性指定嵌入在程序集中的脚本名称，下面的步骤将演示如何引用嵌入到程序集中的脚本资源。

（1）用鼠标右键单击 ScriptManagerDemo 网站的解决方案资源管理器，新建一个名为 EmbeddingScriptDemo 的类库项目，“添加新项”对话框如图 15.6 所示。

（2）向项目中添加对 System.Web 和 System.Web.Extensions 程序集的引用。“添加引用”对话框如图 15.7 所示。添加这两个程序集引用的目的是使 ScriptReference 能够引用到自定义程序集中的脚本。再使用定义在 System.Web.UI 中的 WebResource 属性，来在编辑后的程序集中包含脚本文件。

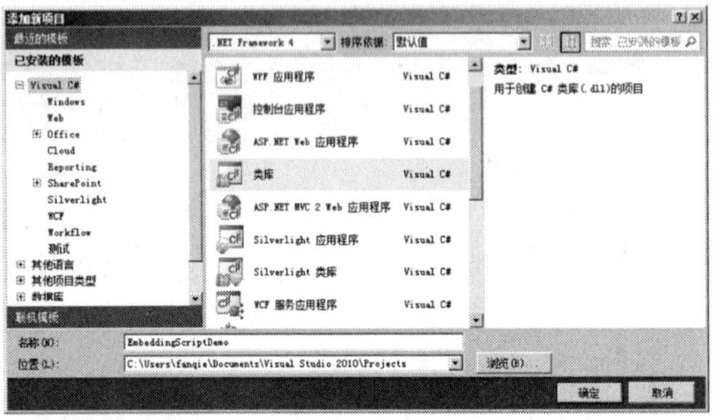

图 15.6　创建一个用于嵌入脚本资源的类库项目

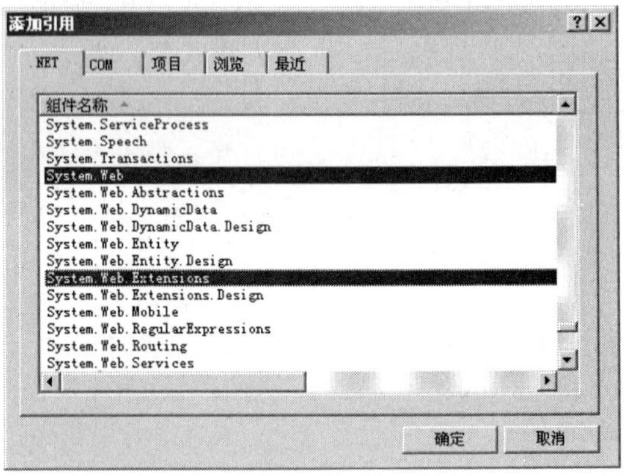

图 15.7　添加对程序集的引用

（3）在 EmbeddingScriptDemo 中添加一个 JavaScript 文件，命名为 EmbeddingScript.js，在该文件中添加如下 JavaScript 函数：

```
function doubleArg(arg) {
    //如果未指定参数，则抛出异常
    if(typeof(arg) === 'undefined'){
        throw Error.argumentUndefined('arg');
    }
    //如果参数为空
    if(arg === null) {
        throw Error.argumentNull('arg');
```

```
    }
    //如果参数被 0 除
    if((arg % 0) === 0) {
        throw Error.argumentOutOfRange('arg',arg);
    }
    return 2*arg;         //否则让参数可被 2 乘，返回倍数
}
```

这是一个返回参数倍数的函数，函数中包含了一些对输入参数的检查。选择解决方案资源管理器中的 EmbeddingScript.js 文件，在“属性”窗口中选择生成操作为嵌入的资源，如图 15.8 所示。

（4）打开 EmbeddingScriptDemo/Properties 文件夹下的 AssemblyInfo.cs 程序集信息文件，在该文件中添加如下代码：

```
[assembly:System.Web.UI.WebResource("EmbeddingScriptDemo.EmbeddingScript.js","text/x-javascript")]
[assembly:System.Web.UI.WebResource("EmbeddingScriptDemo.EmbeddingScript.debug.js","text/javascript")]
```

为了配合 ScriptMode 脚本调试模式，在类库文件中也复制了一个 EmbeddingScript.debug.js 文件，同时也将该文件嵌入到脚本资源中。

WebResource 定义必须包含程序集的默认命名空间和.js 文件的名称。ScriptResource 定义不包括文件扩展名或本地化的.resx 文件。在代码中，使用 WebResource 属性指定程序集中可供使用的脚本资源，如果程序集内部要从客户端脚本文件中使用脚本，则可以使用 ScriptResource 定义，如果 Class1 中有用到 doubleArg 函数，则可以使用如下代码：

```
[assembly: System.Web.UI.ScriptResource("EmbeddingScriptDemo.EmbeddingScript.js",
 "EmbeddingScriptDemo.Class1", "doubleArg")]
```

（5）生成该程序集，回到 ScriptManagerDemo 网站，在该网站中添加一个 Bin 文件夹，在该文件夹中添加对 EmbeddingScriptDemo 的引用，如图 15.9 所示。回到 Default.aspx 页面，选中 ScriptManager 控件，在“ScriptReference 集合编辑器”对话框中添加一个新的脚本引用，指定图 15.10 所示的属性。

图 15.8　指定脚本文件为嵌入的资源

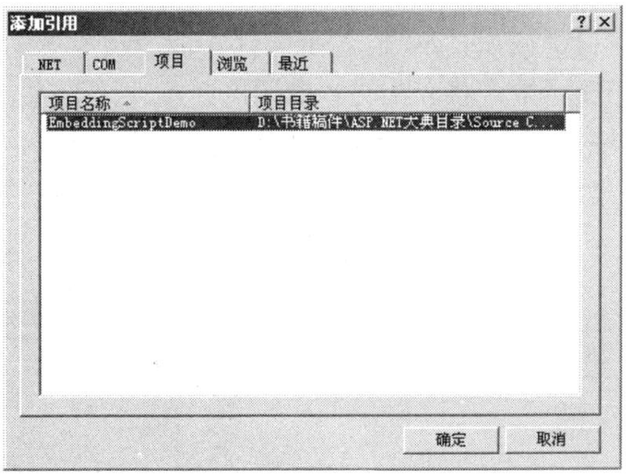

图 15.9　在 ASP.NET 中添加对自定义程序集的引用

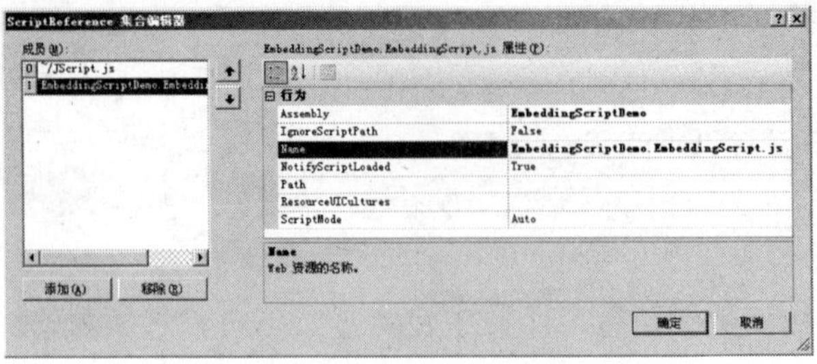

图 15.10　添加程序集中的脚本资源

VS 2010 自动生成了如下声明代码：

```
<asp:ScriptManager ID="ScriptManager1" runat="server">
    <Scripts>
        <asp:ScriptReference Path="~/JScript.js" />
        <asp:ScriptReference Assembly="EmbeddingScriptDemo"
            Name="EmbeddingScriptDemo.EmbeddingScript.js" />
    </Scripts>
</asp:ScriptManager>
```

（6）演示如何使用嵌入在程序集中的脚本函数，在 Default.aspx 页面中放两个 HTML 控件：一个是用做文本输入的 Text 控件；另一个是按钮控件。声明代码如下。

```
    <!--允许用户输入数字的 HTML 表单 -->
    <input id="Text1" type="text" />
<input id="Button1" type="button"
        value="返回倍数" onclick="ReturnDouble()" />
```

在页面的<head>区编写一个名为 ReturnDouble 的函数，使 HtmlInputButton 按钮的单击事件调用该函数，ReturnDouble 函数的代码如下：

```
<script language="javascript" type="text/javascript">
    function ReturnDouble()
    {
        var txtvalue=$get("Text1").value;                //获取 ID 值为 Text1 的控件的值
        //调用嵌入的脚本资源中的函数 doubleArg 来计算倍数
        var resultvalue=doubleArg(txtvalue);
        alert("数字"+txtvalue+"的倍数是："+resultvalue);     //在弹出的消息框中显示结果
    }
</script>
```

代码中的$get 是 ASP.NET Ajax 脚本扩展，使用该语法可以代替冗长的 document.getElementByID 函数，获取到文本框的值后，直接调用 doubleArg 函数计算倍数，最后使用 alert 函数在一个消息框中显示出运算的结果，可以看到嵌入到程序集的脚本资源中的函数已经顺利执行，运行效果如图 15.11 所示。

图 15.11　嵌入到程序集资源中的函数运行示例

15.2.3　在 ScriptManager 中注册 Web 服务

ScriptManager 控件的 Services 集合允许开发人员注册一个 Web 服务，这样客户端就可以通过 JavaScript 代码访问 Web 服务提供的方法，而不需要服务器端编写代码进行调用。这可以改善用户在使用 Web 应用程序时的体验。页面可以在不进行回发和刷新整个页面的情况下调用基于服务器的方法，因为浏览器与 Web 服务器之间只传输数据。

传统的基于服务器端的 Web 服务调用方法首先需要获取一个描述 Web 服务的代理类，该类提供了 Web 服务中所定义方法的元数据。为了使客户端 JavaScript 代码能够访问 Web 服务，必须要创建一个 JavaScript 的 Web 服务代理类。ASP.NET 会自动帮助开发人员完成这个工作，前提是所定义的 Web 服务必须使用 ScriptServiceAttribute 属性进行修饰，ASP.NET 只会为应用了该属性的 Web 服务类定义，产生对应的 JavaScript 代理类。

下面举例演示如何在 ScriptManager 中注册 Web 服务，操作步骤如下。

（1）在 ScriptManagerDemo 网站中新建一个名为 WebService.asmx 的 Web 服务文件，在该 Web 服务中添加如下代码：

```
//可被 ASP.NET AJAX 进行客户端代码访问的 Web 服务
[WebService(Namespace = "http://tempuri.org/")]
[WebServiceBinding(ConformsTo = WsiProfiles.BasicProfile1_1)]
//若要允许使用 ASP.NET AJAX 从脚本中调用此 Web 服务，请取消对下行的注释
 [System.Web.Script.Services.ScriptService]
public class WebService : System.Web.Services.WebService
{
    public WebService()
    {
        //InitializeComponent();            //如果使用设计的组件，请取消注释以下行
    }
    [WebMethod]
    public string GetServerTime()
    {
        string serverTime =
            String.Format("当前服务器的时间是：{0}.", DateTime.Now);
        return serverTime;
    }
}
```

在这个 Web 服务中，创建了一个名为 GetServerTime()的方法返回当前服务器的时间，为了使 ASP.NET 能够为该 Web 服务自动生成 JavaScript 的代理，必须在 Web 服务类上面使用 ScriptService 属性进行修饰。

（2）打开 Default.aspx 页面，在该页面中添加 1 个 HtmlInputText 控件和 1 个 HtmlInputButton 控件，当用户单击 HtmlInputButton 控件时，将执行一段 JavaScript 代码，从 Web 服务中获取服务器端的时间。为了使客户端 JavaScript 能够调用 Web 服务，必须先在 ScriptManager 中注册该 Web 服务。选中 ScriptManger 控件，在“属性”窗口中单击 Services 集合，打开“ServiceReference 集合编辑器”对话框，单击“添加”按钮，增加一个新的 ServiceReference 对象，在右边的“属性”面板中可以看到如下两个属性。

- InlineScript：指将代理生成脚本作为内联脚本块，是包含在页上还是通过单独的请求获取。
- Path：指定引用的 Web 服务路径。

（3）将上面创建的 WebService.asmpx 添加到 Path 属性中，如图 15.12 所示。

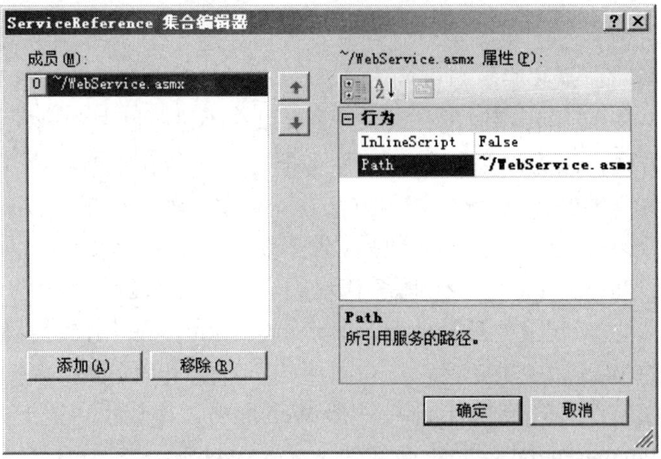

图 15.12 “ServiceReference 集合编辑器”对话框

单击“确定”按钮，关闭该对话框，可以看到 VS 2010 产生了如下代码：

```
<asp:ScriptManager ID="ScriptManager1" runat="server">
   <Scripts>
      <asp:ScriptReference Path="~/JScript.js" />
      <asp:ScriptReference Assembly="EmbeddingScriptDemo"
         Name="EmbeddingScriptDemo.EmbeddingScript.js" />
   </Scripts>
   <!--引用 Web 服务-->
   <Services>
      <asp:ServiceReference Path="~/WebService.asmx" />
   </Services>
</asp:ScriptManager>
```

使用 ServiceRefernece 时必须要注意的是，在 ServiceReference 对象只能引用与页位于同一域中的 Web 服务，也就是说，不能跨域使用其他的 Web 服务，Web 服务路径可以是相对路径、应用程序相对路径、域相对路径或绝对路径。对于绝对路径，必须确保该路径位于相同域中。

当运行包含 ServiceReference 引用的 ScriptManager 控件的页时，该页将为 Web 服务创建一个 JavaScript 代理类，该代理类的名称与 Web 服务的类名称相同，JavaScript 代理类会拥有一个与在 Web 服务中定义的 Web 方法同名的 JavaScript 方法，除此之外，页面还内含 JavaScript 代理类对应的要作为输入的各个参数，以及方法返回值的服务器数据类型。

（4）为 HtmlInputButton 控件指定客户端的 onclick 事件，使其调用一个 JavaScript 函数，由该函数来调用 JavaScript 代理类中的 Web 服务方法，声明代码如下：

```
<%--获取来自服务器端的时间信息--%>
<input id="Text2" type="text" />
<input id="Button2" type="button"
   value="调用 Web 服务获取服务端时间" onclick="GetServerTimeScript()" /></p>
```

（5）GetServerTimeScript()方法是在<head>区中自己创建的一个函数，该函数将使用 JavaScript 代理类 WebService 调用 Web 服务方法，代码如下：

```
function GetServerTimeScript() {
```

```
        //使用 Web 服务的类名.Web 方法名。传递两个委托方函数进行失败或成功的处理
         WebService.GetServerTime(success, failed, " 来自用户的任意信息");
        }
        //如果调用成功，则使用 alert 方法显示 Web 服务的结果并同时显示 userContext
        function success(result, userContext) {
         var txtValue=$get("Text2");
         txtValue.value=result + " " + userContext;
        }
        //如果调用失败也显示调用失败的信息
        function failed(result) {
varmessage=String.format("statusCode={0}\r\nexceptionType={1}\r\ntimedOut={2}\r\nm
essage={3}\r\nstackTrace={4}",
            result.get_statusCode(),
            result.get_exceptionType(),
            result.get_timedOut(),
            result.get_message(),
            result.get_stackTrace());
            alert(message);
        }
```

定义在 Web 服务中的 GetServerTime 类的客户端代理，接受传入的 success 和 falied 两种函数指针，以及一个用户自定义信息参数，本示例中简单地传递了一个字符串。如果 Web 服务具有自定义的参数，则可以在 GetServerTime 的 success 参数前面先指定自定义的参数信息。在 success 函数中，将获取 Web 服务调用的结果值，并赋给 HtmlInputText 控件的 Value 属性。如果调用失败，使用 alert 函数显示了一个警告窗口，该窗口中包含了几个与调用失败相关的信息，示例运行效果如图 15.13 所示。

图 15.13　在客户端异步调用 Web 服务示例结果

JavaScript 代理类的方法会自动与 Web 服务进行互动，脚本所发出的对 Web 服务的调用会传递给 ScriptHandlerFactory HTTP 处理器，该处理器将完成与 Web 服务的互动行为，因此必须在应用程序的 web.config 中注册该 HTTP 处理器，在使用 VS 2010 创建一个 ASP.NET 网站时，会自动完成该 HTTP 处理器的注册操作，代码如下：

```
<system.web>
  <httpHandlers>
    <remove verb="*" path="*.asmx"/>
    <add verb="*" path="*.asmx"
      type="System.Web.Script.Services.ScriptHandlerFactory"
       validate="false"/>
  </httpHandlers>
<system.web>
```

15.2.4 使用 PageMethod 静态页面方法

如果不想为了调用一个简单的方法就创建一个 Web 服务的话，ASP.NET AJAX 提供了另一种方法，开发人员可以在页面上定义一个静态方法，客户端 JavaScript 将以页面中的静态方法作为一个 Web 服务方法来调用，这种静态方法称为页面方法。ScriptManager 提供了一个名为 EnablePageMethods 的属性，该属性默认设置为 false，通过将该属性设置为 true，即能在 JavaScript 代码中调用定义在服务器端的静态页面方法。

在服务器端代码中创建的静态页面方法除了要使用 static 关键字外，还需要使用定义在 System.Web.Services 命名空间中的 WebMethodAttribute 属性进行方法的修饰。下面举例演示如何调用页面中的静态方法，操作步骤如下。

（1）在 Defaut.aspx.cs 代码文件中创建如下页面方法：

```
//为了创建一个页面方法，需要添加如下的命名空间
using System.Web.Services;
public partial class _Default : System.Web.UI.Page
{
    [WebMethod]
    public static string GetServerEcho(string UserName)
    {
        return "欢迎用户：" + UserName;
    }
}
```

（2）将 ScriptManager 控件的 EnablePageMethods 属性设置为 true，然后在 Default.aspx 中添加 1 个 HtmlInputButton 和 1 个 HtmlInputText 控件。当用户单击按钮时，通过 JavaScript 代码调用页面方法，向 HtmlInputText 获取返回的信息，JavaScript 代码如下：

```
//该方法将调用定义在服务器端的静态页面方法
function PageMethodDemo()
{
  var username="ASP.NET 书籍读者";
  PageMethods.GetServerEcho(username,OnSucceeded,OnFailed);
}
//当调用成功时，将从服务器端返回的信息赋给 HtmlInputText 控件
function OnSucceeded(result, userContext, methodName)
{
    var txtValue=$get("Text3");
    //根据被调用的方法名称做出相应的行为
    //OnSuccessed 方法可以被多个页面方法使用
   if (methodName.toString().trim() == "GetServerEcho")
   {
      txtValue.value="所返回的服务器信息是："+result;
   }
   else
   {
      txtValue.value=methodName;
   }
}
//调用失败时弹出一个信息框
function OnFailed(error, userContext, methodName)
{
   if(error !== null)
   {
     alert("调用页面方法时产生了错误：" +error.get_message());
```

```
        }
    }
```

在 JavaScript 中调用页面方法除了必须使用 PageMthods 作为类名之外，其他的代码与调用 Web 服务方法完全相同。示例中的 OnSuccessed()方法使用 methodName 属性来获取当前被调用的方法名称，使同一个函数指针可以被多个页面方法调用，根据不同的方法名称来执行相应行为的代码，使多个方法可以共享相同的事件处理方法。

15.2.5 处理 ASP.NET Ajax 中的异常

当在传统的 ASP.NET 中处理错误时，通常可能会将用户重定向到一个自定义的错误页面。当在异步回发期间发生错误时，异常将返回给初始化回调的脚本代码，默认行为是显示一个用户错误信息，可以在 IE7 的右下角看到错误提示图标，双击该图标将打开图 15.14 所示的错误信息提示窗口。

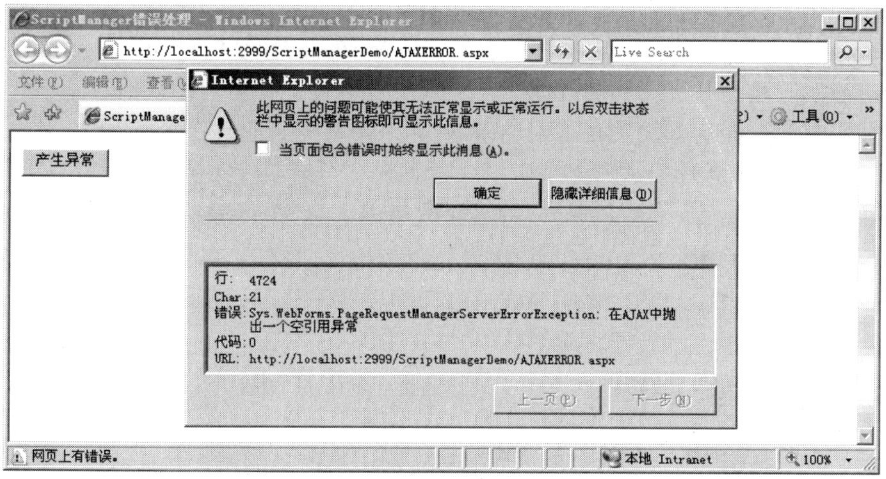

图 15.14 Ajax 异步错误信息提示窗口

下面添加一个名为 AJAXERROR.aspx 的页面，在该页面中添加 1 个 ScriptManager 控件，当然不建议在各个页面频繁地添加 ScriptManager 控件，好的做法是将 ScriptManager 放在母版页中，然后在页面上放 1 个 UpdatePanel 控件，使页面具有异步回发功能，在 UpdatePanel 控件中添加 1 个 Button，当单击该按钮时，故意抛出一个异常，单击事件处理代码如下：

```
protected void Button1_Click(object sender, EventArgs e)
{
    //当单击按钮时，直接抛出一个 NullReferenceException 异常
    throw new NullReferenceException("在 AJAX 中抛出一个空引用异常");
}
```

ScriptManager 控件提供了一些用于控制异步错误信息的属性和方法，比如当发生错误时，允许根据 web.config 配置文件中的自定义错误设置来重定向页面的 AllowCustomErrorsRedirect。当发生错误时，可以为 ScriptManager 控件的 AsyncPostBackErrorMessage 属性设置传递到客户端的错误信息，有两种方法能够为该属性赋值：一种是直接在“属性”窗口中输入错误信息的代码；另一种较为灵活，通过 AsyncPostBackError 事件判断异常并赋值。

在每次异步回发期间发生错误时，就会引发 ScriptManager 控件的 AsyncPostBackError

事件，下面的示例代码响应了 AsynPosstBackError 事件，在事件中判断异常的类型并给 AsyncPostBackErrorMessage 属性赋值。

```
protectedvoidScriptManager1_AsyncPostBackError(objectsender,AsyncPostBackErrorEven
tArgs e)
    {
        //判断当前异常是否为NullReferenceException，根据异常的不同执行不一样的信息
        if (e.Exception is NullReferenceException)
        {
            ScriptManager1.AsyncPostBackErrorMessage = "发生了一个空引用的
            异常!"+e.Exception.Message;
        }
        else
        {
             ScriptManager1.AsyncPostBackErrorMessage = "应用程序发生了其他类型的异
常!"+e.Exception.Message;
        }
    }
```

AsyncPostBackErrorEventArgs 类型的参数 e 包含发生的异常信息，其 Exception 属性表示发生异常的类型，通过对该属性的过滤，开发人员可以提供特定的错误信息。

也许默认的错误提示方式实在是太过简陋，如果想要为 Ajax 的异步错误添加一个醒目的提示窗口，则需要编写一些客户端脚本代码。当异常产生后，客户端可以通过 PageRequestManager 类的 endRequest 事件来获取错误信息。PageRequestManager 是客户端一个非常重要的类，用于协调 ScriptManager 与 UpdatePanel 控件，以便启用局部更新功能。使用该类可以完成一些错误处理，比如显示目前局部更新的状态、取消异步回发，以及自定义局部更新。

下面来演示一下如何使用 PageRequestManager 类配置<div>标签，创建一个显示友好错误信息的提示窗口，操作步骤如下。

（1）在页面上使用<div>标签创建一个用于显示错误信息的层，并且通过 CSS 隐藏该层，当产生异步错误时，将通过 JavaScript 使该层显示出来。一般在实际项目中，开发人员可以使用<div>配合 CSS 创建更专业化的错误信息窗口，<div>定义代码如下：

```
<div id="AlertDiv">
    <!--在AlterMessage中将显示异步错误消息-->
    <div id="AlertMessage">
    </div>
    <br />
    <!--用户单击“确定”按钮，清除所有的错误消息-->
    <div id="AlertButtons" >
        <input id="OKButton" type="button" value="确定"
               runat="server" onclick="ClearErrorState()" />
    </div>
</div>
```

（2）为了让这个<div>标签在默认情况下隐藏，新建一个 CSS 文件，在该文件中添加如下代码，用于控制错误提示窗口的外观：

```
body
{
    font-family: Tahoma;
}
/*定义错误提示窗口的默认外观*/
```

```
#AlertDiv
{
    left: 40%; top: 40%;
    position: absolute; width: 400px;
    padding: 12px;
    border: #000000 1px solid;
    background-color: white;
    text-align: left;
    visibility: hidden;
    z-index: 99;
    font-family: verdana;
    font-size: 9pt;
}
/*定义错误提示窗口按钮的位置*/
#AlertButtons
{
    position: absolute;
    right: 5%;
    bottom: 5%;
}
```

（3）最重要的是处理 PageRequestManager 类的 endRequest 事件，在该事件中根据请求的结果是否含有错误，来显示或隐藏前面定义的<div>标签，并将错误信息添加到错误提示窗口中。新建一个 JavaScript 脚本文件，在其中添加如下 JavaScript 客户端脚本代码：

```
var divElem = 'AlertDiv';
var messageElem = 'AlertMessage';
var errorMessageAdditional = ':(.';
var bodyTag = 'bodytag';
//调用 getInstance 方法获取 PageRequestManager 的实例，并为 endRequest 事件指定
事件处理器
Sys.WebForms.PageRequestManager.getInstance().add_endRequest(EndReques
tHandler);
//根据 Div 状态的不同，改变<body>的背景色
function ToggleAlertDiv(visString)
{
    if (visString == 'hidden')
    {
        $get(bodyTag).style.backgroundColor = 'white';
    }
    else
    {
        $get(bodyTag).style.backgroundColor = 'gray';
    }
    var adiv = $get(divElem);
    adiv.style.visibility = visString;
}
//清除错误信息，并隐藏错误面板
function ClearErrorState() {
    $get(messageElem).innerHTML = '';
    ToggleAlertDiv('hidden');
}
//endRequestHandler 在异步回发完成，并且控制权返回到浏览器之后引发。获取
EndRequestEventArgs 类型参数 args 中的错误信息
function EndRequestHandler(sender, args)
{
   if (args.get_error() != undefined && args.get_error().httpStatusCode
   == '500')
   {
      //如果异步完成后发现有错误，先获取错误信息
 var errorMessage = args.get_error().message
```

```
                args.set_errorHandled(true);          //指定已经处理错误，不由 AJAX 进行处理
                    ToggleAlertDiv('visible');            //显示错误信息提示窗口
                    //设置错误信息的内容
                    $get(messageElem).innerHTML = '"' +
                         errorMessage + '" ' + errorMessageAdditional;
                }
            }
```

这段代码是通过Sys.WebForms.PageRequestManager.getInstance()获取的一个PageRequestManager类的实例，Sys.WebForms.PageRequestManager 类是 ASP.NET Ajax 客户端脚本库中的一个类，因此为了使用这个类进行异步处理操作，上面这段代码必须要放在 ScriptManager 控件的后面，本示例页面的脚本引用代码如下：

```
    <body id="bodytag">
       <form id="form1" runat="server">
       <asp:ScriptManager ID="ScriptManager1" runat="server"
          onasyncpostbackerror="ScriptManager1_AsyncPostBackError">
       </asp:ScriptManager>
       <%--在 ScriptManager 控件声明的后面，放置引用脚本的代码--%>
       <script src="ErrorJs.js" type="text/javascript"></script>
```

代码使用 PageRequestManager 的 add_endRequest()方法，为 endRequest 事件指定一个名为 EndRequestHandler 的事件处理器，endRequest 是一个 EndRequestEventArgs 类型的对象。通过访问该对象的 error 属性可以获取当前请求是否产生了错误，get_error 是 ASP.NET Ajax 脚本扩展提供的获取 JavaScript 对象属性的一个方法。如果发现了错误信息，则将错误信息赋给提示窗口，并显示提示窗口，否则就隐藏错误提示窗口，示例运行效果如图 15.15 所示。

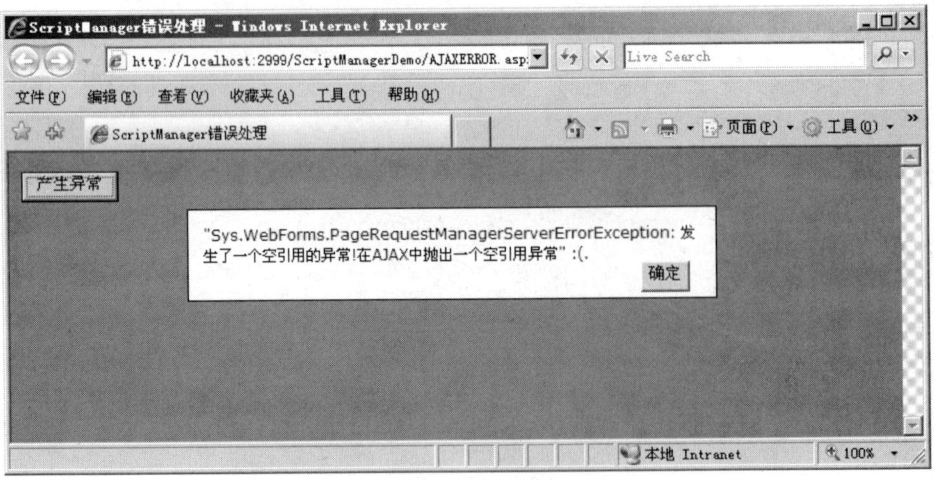

图 15.15　使用自定义的错误信息显示窗口

15.2.6　编程控制 ScriptManager 控件

除了在 VS 2010 中通过声明的方式定义 ScriptManager 控件之外，有时需要在程序运行时控制该控件的运行，比如动态添加 Web 服务引用、动态注册要分发的脚本。ScriptManager 控件的大多数属性都可以编程进行控制，例如，可以使用如下代码向 Scripts 集合中添加静态的脚本文件：

```
    protected void Page_Load(object sender, EventArgs e)
```

```
    {
        //获取当前页面的 ScriptManager 对象
        ScriptManager Smgr = ScriptManager.GetCurrent(Page);
        if (Smgr == null)
        {
            throw new Exception("在当前页面中没有发现 ScriptManager 对象。");
        }
        //新建一个 ScriptReference 对象，将使用该对象来为 ScriptManager 添加脚本引用
        ScriptReference SRef = new ScriptReference();
        SRef.Path = "~/JScript.js";                        //指定脚本路径
        Smgr.ScriptMode = ScriptMode.Release;          //指定 ScriptMode 为 Release
        Smgr.Scripts.Add(SRef);                       //将该脚本引用添加到 Scripts 集合中
    }
```

代码首先使用 ScriptManager 的静态方法 GetCurrent()获取当前页面的 ScriptManager 对象，然后定义一个 ScriptReference 对象，指定该对象的 Path 和 ScriptMode 属性，最后将该对象添加到 ScriptManager 对象的 Scripts 集合中。

ScriptManager 控件的 RegisterAsyncPostBackControl()方法可以将某个不具有异步回发特性的控件注册为执行异步回发而不是同步回发。如果将控件放在 UpdatePanel 中，在默认情况下，控件将自动被注册为异步回发控件。使用 RegisterAsyncPostBackControl()方法则可以将 UpdatePanel 控件外部的控件注册为异步回发控件，并可能会对更新面板的内容进行更新。

在 ProgrammingScriptManager.aspx 页面的 UpdatePanel 控件内部添加 1 个 Label 控件，而在 UpdatePanel 控件外部添加 1 个 Button 控件，如果想让 Button 控件具有异步回发功能，可以使用 ScriptManager 的 RegisterAsyncPostBackControl()方法，代码如下：

```
    protected void Page_Load(object sender, EventArgs e)
    {
        //获取当前页面的 ScriptManager 对象
        ScriptManager Smgr = ScriptManager.GetCurrent(Page);
        if (Smgr == null)
        {
            throw new Exception("在当前页面中没有发现 ScriptManager 对象。");
        }
    Smgr.RegisterAsyncPostBackControl(btnshow);         //将 btnshow 控件注册为异步回发控件
        //判断当前是否处于异步回发模式状态，如果是，则显示日期信息
        if (Smgr.IsInAsyncPostBack)
        {
            lbltime.Text = DateTime.Now.ToString();
        }
    }
```

上述代码使用 RegisterAsyncPostBackControl()方法将名为 btnshow 的 Button 控件注册为一个异步回发控件，这样当单击按钮时将产生一次异步回发，代码中还使用了 ScriptManager 控件的另一个属性 IsInAsyncPostBack，该属性获取一个指示是否在部分呈现模式下执行当前回发的值，如果是则更新 Label 控件的时间显示。

下面来看一个注册客户端脚本的示例，当一个控件不属于异步回发控件时，可以使用如下代码注册一个客户端脚本：

```
    protected void Button1_Click(object sender, EventArgs e)
    {
        //在非异步控件中注册客户端脚本
  Page.ClientScript.RegisterStartupScript(this.GetType(),"alertmessage","alert('脚本
```

```
信息');", true);
    }
```

这段代码会在页面回发时显示一个消息框，如果将 Page.ClientScript.RegisterStartupScript 代码搬移到异步回发控件的事件处理代码中，则看不到任何效果。此时应该使用 ScriptManager 的静态方法 RegisterStartupScript()，示例代码如下：

```
    protected void btnshow_Click(object sender, EventArgs e)
    {
        //对异步回发控件的脚本注册方式
        ScriptManager.RegisterStartupScript(Page,GetType(),"alertmessage", "alert('脚本信息');", true);
    }
```

15.2.7 使用 ScriptManagerProxy 控件

ScriptManagerProxy 控件如其名所示，是 ScriptManager 控件的一个代理类。它通常用于父子页面的环境中，比如母版页和内容页。一般建议在母版页中添加 1 个 ScriptManager 控件，但在内容页中没有办法去直接修改母版页中 ScriptManager 控件的属性，比如不同的内容页要添加不同的脚本文件，此时 ScriptManagerProxy 控件就派上用场了。使用该控件，可在母版页或内容页已包含 ScriptManager 控件的情况下，将脚本和服务添加到内容页和用户控件中。

下面举例演示如何使用 ScriptManagerProxy 控件，操作步骤如下。

（1）在 ScriptManagerDemo 示例网站上添加一个母版页，命名为 MasterPage.master，在母版页中添加 1 个 ScriptManager 控件，声明代码如下：

```
<form id="form1" runat="server">
<!--在母版页中放置一个 ScriptManager 控件-->
 <asp:ScriptManager ID="ScriptManager1" runat="server">
</asp:ScriptManager>
<h2>母版页中的 ScriptManager 与内容页的 ScriptManagerProxy</h2>
<div>
    <asp:ContentPlaceHolder id="ContentPlaceHolder1" runat="server">
    </asp:ContentPlaceHolder>
</div>
</form>
```

（2）添加一个应用该母版页的内容页，当应用了母版页后，可以在设计视图中看到 ScriptManager 控件，但是无法对其直接进行编辑，因此可以添加 1 个 ScriptManagerProxy 控件。这个代理类会引用母版页中的 ScriptManager 控件，因为每个页面上只允许添加 1 个 ScriptManager 控件，因此千万不要以为 ScriptManagerProxy 是另一个 ScriptManager 控件。

ScriptManagerProxy 提供了 ScriptManager 中的一部分属性和方法，下面的代码使用 ScriptManagerProxy 控件向 ScriptManager 注册了一个脚本文件：

```
<asp:Content ID="Content2" ContentPlaceHolderID="ContentPlaceHolder1"Runat="Server">
    <!--使用 ScriptManagerProxy 控件注册脚本文件-->
    <asp:ScriptManagerProxy ID="ScriptManagerProxy1" runat="server">
        <Scripts>
            <asp:ScriptReference Path="JScript.js" />
        </Scripts>
    </asp:ScriptManagerProxy>
</asp:Content>
```

运行该示例，可以看到使用 ScriptManagerProxy 控件，开发人员可以在内容页中定义 ScriptManager 的属性。

15.2.8　声明 UpdatePanel 控件

在使用 ASP.NET Ajax 进行 Ajax 应用程序的开发时，使用较为频繁的除了 ScriptManager 控件之外，另外一个非常重要的控件就是 UpdatePanel。UpdatePanel 与 ScriptManager 控件紧密相关，ScriptManager 控件作为核心，控制着 UpdatePanel 的异步行为，而客户端的 PageRequestManager 类则控制着 UpdatePanel 控件异步更新操作，这三者都是整个 ASP.NET Ajax 的核心。

UpdatePanel 控件是一个容器控件，把 ASP.NET Web 服务器控件放入其中之后，将自动注册为异步回发控件，具有异步回发的能力。该控件在运行时并不可见，为了使它具有异步更新操作，ScriptManager 的 EnablePartialRendering 属性必须设置为 true。

（1）下面创建一个 UpdatePanelDemo 的网站，在 Default.aspx 页面中放置 1 个 ScriptManager 控件和 1 个 UpdatePanel 控件。在 UpdatePanel 内部添加 1 个 DropDownList 控件，使其 AutoPostBack 属性为 true，这样当用户选择下拉列表框中的某一项后，将自动产生一次页面回发。在 DropDownList 控件中，将通过编程加载服务器端的所有字体，然后添加 1 个 Label 控件，用于显示在 DropDownList 中的字体名称和字体样式，声明代码如下：

```
<form id="form1" runat="server">
<!--在每个具有异步回发功能的页面都要放置一个 ScriptManager 控件-->
<asp:ScriptManager ID="ScriptManager1" runat="server">
</asp:ScriptManager>
    <asp:UpdatePanel ID="UpdatePanel1" runat="server">
        <ContentTemplate>
            <!--一个用于显示服务器端字体列表的控件-->
            <asp:DropDownList ID="DropDownList1" runat="server" AutoPostBack="True"
        onselectedindexchanged="DropDownList1_SelectedIndexChanged">
            </asp:DropDownList>
            <br />
            <br />
            <!--显示字体字形及字体名称的标签控件-->
            <asp:Label ID="Label1" runat="server" Font-Size="24px"></asp:Label>
        </ContentTemplate>
    </asp:UpdatePanel>
</form>
```

在代码中可以看到，放在 UpdatePanel 中的控件都放在<ContentTemplate>标签的内部，UpdatePanel 控件是一个基于模板的控件，因此开发人员可以通过 UpdatePanels.Controls 集合动态添加控件。而且，也可以使用 UpdatePanels.ContentTemplateContainer.Controls 集合动态插入控件。

（2）在 Page_Load 事件中编写代码，加载服务器端的字体列表，并且定义 SelectedIndex Changed 事件，以便当用户在 DropDownList 控件中选择不同的字体时，为 Label 控件应用这些字体信息，代码如下：

```
protected void Page_Load(object sender, EventArgs e)
{
    if(!Page.IsPostBack)
    {
```

```
            //加载服务器端的字体列表，添加到 DropDownList 控件中
            foreach (FontFamily oneFontFamily in FontFamily.Families)
            {
                DropDownList1.Items.Add(oneFontFamily.Name);
            }
     Label1.Text = DropDownList1.SelectedValue;          //设置 Label 控件的 Text 属性和字体
            Label1.Font.Name = DropDownList1.SelectedValue;
        }
    }
    protected void DropDownList1_SelectedIndexChanged(object sender, EventArgs e)
    {
        //当 DropDownList 控件的当前选项发生变化时，设置 Label 控件的 Text 属性和字体
        Label1.Text = DropDownList1.SelectedValue;
        Label1.Font.Name = DropDownList1.SelectedValue;
    }
```

（3）FontFamily.Familes 包含系统中安装的所有字体信息，当然对客户端来说，不一定会具有与服务器端相同的字体，本示例假定客户端与服务器端安装的字体大致相同，把 FontFamily.Familes 中所有字体的名称加载到 DropDownList 控件中，当用户在 DropDownList 控件中选择某一项时，由于 DropDownList 控件的 AutoPostBack 属性设置为 false，在默认情况下，没有使用 UpdatePanel 时，会引起一次整个页面的回发，有明显的闪烁感，但是在使用了 UpdatePanel 控件后，用户会发现根本感受不到这样的变化，运行效果如图 15.16 所示。

图 15.16　UpdatePanel 控件使用示例

如果将 ScriptManager 控件的 EnablePartialRendering 属性设置为 false，则当在 DropDownList 控件中选择字体名称时，整个页面都会被刷新。也就是说，现在的页面是全局刷新而非局部更新。

再变更一下该示例，将 DropDownList 控件放到 UpdatePanel 控件的外面，这样 DropDownList 控件将享受不到 UpdatePanel 带来的异步更新效果。在介绍 ScriptManager 控件时，可以使用 ScriptManager 的 RegisterAsyncPostBackControl()方法将 DropDownList 控件注册为异步控件。UpdatePanel 提供了 Triggers 集合属性，该集合属性可在外部的控件上建立触发 UpdatePanel 进行局部更新的触发器集合，使 DropDownList 控件具有异步更新能力。

选中页面上的 UpdatePanel 控件，在“属性”窗口中选择 Triggers 集合属性，单击“编辑集合”按钮，打开图 15.17 所示的“UpdatePanelTrigger 集合编辑器”对话框。

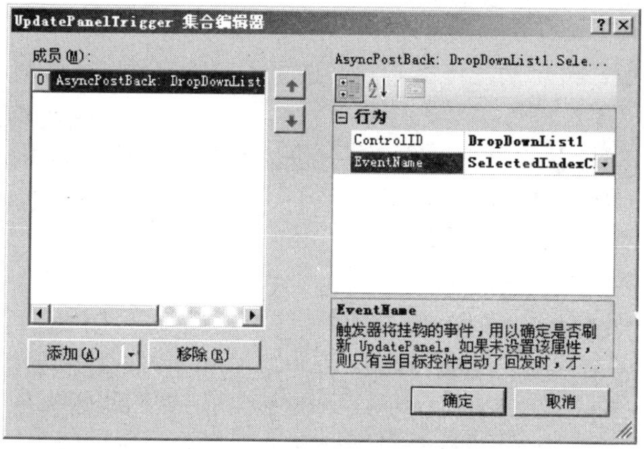

图 15.17　“UpdatePanelTrigger 集合编辑器“对话框

UpdatePanel 提供了以下两种类型的触发器可供选择。

➢ AsyncPostBackTrigger 触发器：定义一个控件，并将该控件的可选事件定义为导致 UpdatePanel 控件刷新的异步回发控件触发器。
➢ PostBackTrigger 触发器：将 UpdatePanel 控件内部的控件定义为页面回发控件。

由于 UpdatePanel 控件会将其内部的所有控件都注册为具有异步回发能力的服务器控件，如果想让某个控件不具有异步回发能力，比如 1 个 FileUpload 控件，由于该控件不直接支持 UpdatePanel 控件，因此可以将该控件注册为一个 PostBackTrigger 触发器控件。本节示例中将使用 AsyncPostBackTrigger 把位于 UpdatePanel 控件外部的 DropDownList 控件注册为一个异步回发控件，声明代码如下：

```
<form id="form1" runat="server">
 <!--在每个具有异步回发功能的页面都要放置一个 ScriptManager 控件-->
 <asp:ScriptManager ID="ScriptManager1" runat="server">
 </asp:ScriptManager>
     <asp:UpdatePanel ID="UpdatePanel1" runat="server">
         <ContentTemplate>
             <!--显示字体字形以及字体名称的标签控件-->
             <asp:Label ID="Label1" runat="server" Font-Size="24px"></asp:Label>
         </ContentTemplate>
          <%--定义 UpdatePanel 的触发器--%>
         <Triggers>
             <asp:AsyncPostBackTrigger ControlID="DropDownList1"
                 EventName="SelectedIndexChanged" />
         </Triggers>
     </asp:UpdatePanel>
             <br />
             <br />
              <!--一个用于显示服务器端字体列表的控件-->
             <asp:DropDownList ID="DropDownList1" runat="server" AutoPostBack="True"
         onselectedindexchanged="DropDownList1_SelectedIndexChanged">
             </asp:DropDownList>
</form>
```

可以看到 AsyncPostBackTrigger 需要指定以下两个参数。

➢ ControlID：指定控件的名称，该控件会触发 UpdatePanel 控件的异步回发。
➢ EventName：指定触发对 UpdatePanel 控件进行更新的回发控件事件。

示例中指定 ControlID 为 DropDownList1，EventName 为 DropDownList 可供触发的事件

名称，也就是说，当为 DropDownList 控件指定事件触发时，同时会触发 UpdatePanel，进行一次局部更新。现在运行该示例，可以看到当选择不同的字体时，触发了 UpdatePanel 的局部更新功能。

UpdatePanel 控件虽然从表面上看像一个 Panel 控件，但是它并不是直接派生自 Control 类，它仅担当一个用于放置异步刷新控件的容器，不像 Panel 控件，UpdatePanel 控件没有自己的呈现并且不支持样式设置。

15.2.9 使用多个 UpdatePanel 控件

如果实际应用中页面的控件众多，显然放置在一个 UpdatePanel 控件中会明显增加异步回发的负担，而且极易出现一些难以预料的问题。因此通常将控件放置在多个 UpdatePanel 控件中，很多初学者会在把控件分割到 UpdatePanel 控件中时感到迷茫，在此建议的做法是，最好不要嵌套超过 3 层的 UpdatePanel 控件。

当在页面上使用多个 UpdatePanel 控件时，必须注意多个 UpdatePanel 之间的刷新模式。UpdatePanel 控件会依照 UpdateMode 属性的设置而有所不同，默认情况下该属性设置为 Always，表示页面上任何传统的 PostBack 动作或任何一个控件所产生的 PostBack 动作都会引起异步刷新操作。下面添加一个 MultiUpdatePanel.aspx 页面的示例来演示当使用多个 UpdatePanel 控件时的行为。

在 MultiUpdatePanel.aspx 页面中分别放置 3 个 UpdatePanel 控件，每个 UpdatePanel 控件中放置 1 个 Label 和 1 个 Button 控件，在 Page_Load 事件中，分别为这 3 个 Label 控件赋值为现实当前系统的时间，页面的运行效果如图 15.18 所示。

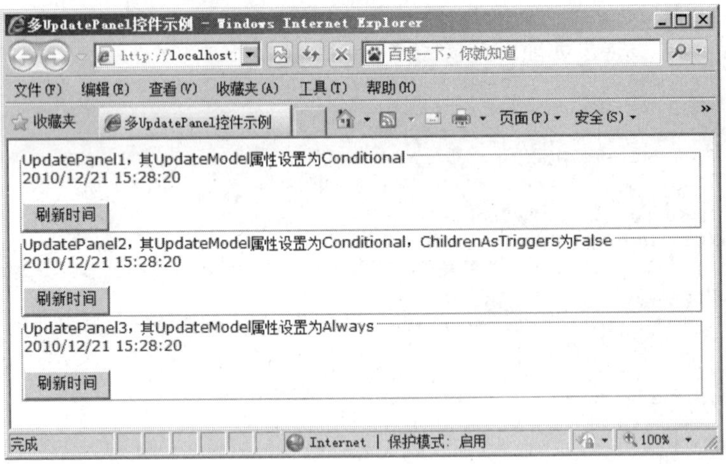

图 15.18 多个 UpdatePanel 控件页面运行效果

在默认情况下，UpdatePanel 控件的 UpdateMode 属性设置为 Always，因此当单击任何一个刷新时间按钮时，页面上的 3 个 UpdatePanel 控件都会更新其时间。UpdateMode 还有一个属性值 Conditional，指定 UpdatePanel 控件根据如下条件来进行更新：

- 显式调用 UpdatePanel 控件的 Update()方法。
- 通过使用 UpdatePanel 控件的 Triggers 属性定义，为触发器的控件导致回发。在这种情况下，控件显式触发面板内容的更新可以位于定义触发器的 UpdatePanel 控件的内部或外部。

➢ 将 ChildrenAsTriggers 属性设置为 true，并且 UpdatePanel 控件的子控件导致回发。嵌套的 UpdatePanel 控件的子控件不会导致更新外部的 UpdatePanel 控件，除非将子控件显式定义为触发器。

ChildrenAsTriggers 属性是指放置在 UpdatePanel 控件内部的子控件，是否作为一个触发器引发 UpdatePanel 的更新行为，在默认情况下，该属性设置为 true，表示放置在控件内部的任何子控件的行为都会触发 UpdatePanel 的异步更新。

将第 1 个 UpdatePanel 控件的 UpdateModel 属性设置为 Conditional，表示依据上面所述的 3 个条件进行更新，此时如果单击第 2 个或第 3 个 UpdatePanel 控件中的按钮时，第 1 个 UpdatePanel 控件中的时间将不会进行更新，如图 15.19 所示。

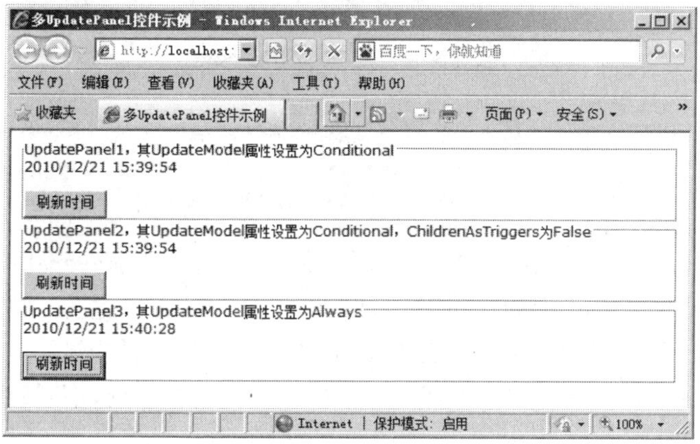

图 15.19　将第一个 UpdatePanel 的 UpdateMode 设置为 Conditional

将第 2 个 UpdatePanel 控件的 UpdateMode 也设置为 Conditional，但是将 UpdatePanel 的 ChildrenAsTriggers 属性设置为 false，如果单击第 2 个 UpdatePanel 中的按钮时，其中的时间并不会更新，也就是说，第 2 个 UpdatePanel 中的控件并没有触发异步回发。由于第 3 个 UpdatePanel 的 UpdateModel 设置为 Always，因此当单击第 2 个 UpdatePanel 中的按钮时，会触发第 3 个 UpdatePanel 控件中的异步回发，运行效果如图 15.20 所示。

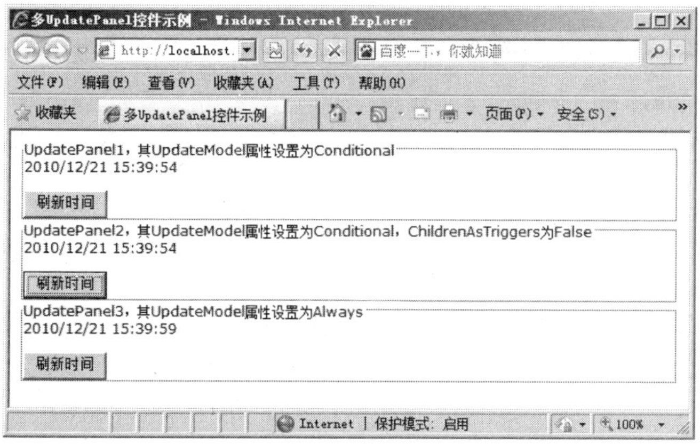

图 15.20　指定 UpdatePanel2 的 ChildrenAsTrigger 属性

由于第 2 个 UpdatePanel 中的控件不能触发异步回发，而且其 UpdateMode 属性设置为

Conditional，假定想让第 1 个 UpdatePanel 中的 Button 控件单击事件可以触发第 2 个 UpdatePanel 中时间的更新，可以将第 1 个 UpdatePanel 中的 Button 作为第 2 个 UpdatePanel 控件的一个触发器，可以通过 UpdatePanel 控件的 Triggers 集合轻松实现，第 2 个 UpdatePanel 的声明代码如下：

```
<fieldset>
 <legend>UpdatePanel2，其UpdateModel属性设置为Conditional，ChildrenAsTriggers为
 False</legend>
    <asp:UpdatePanel ID="UpdatePanel2" runat="server" ChildrenAsTriggers="False"
       UpdateMode="Conditional">
        <ContentTemplate>
            <asp:Label ID="Label2" runat="server" Text="Label"></asp:Label>
            <br />
            <br />
            <asp:Button ID="Button2" runat="server" Text="刷新时间" />
        </ContentTemplate>
        <%--为UpdatePanel2控件指定一个外部触发器--%>
        <Triggers>
            <asp:AsyncPostBackTrigger ControlID="Button1" EventName="Click" />
        </Triggers>
    </asp:UpdatePanel>
 </fieldset>
```

此时如果单击第 1 个 UpdatePanel 中的按钮时，则 3 个 UpdatePanel 的时间都会被更新。但是单击第 3 个 UpdatePanel 中的按钮时，只有其自身的时间被更新，单击第 2 个和第 3 个 UpdatePanel 中的按钮时，仅有第 3 个 UpdatePanel 中的时间会被更新。

在第 2 个 UpdatePanel 中添加如下代码，使单击它的“刷新时间”按钮时，可以更新第 1 个 UpdatePanel 中的时间：

```
protected void Button2_Click(object sender, EventArgs e)
{

    Label1.Text = DateTime.Now.ToString();          //更新UpdatePanel1控件中的时间
    UpdatePanel1.Update();
}
```

此时会发现第 1 个和第 3 个 UpdatePanel 都更新了时间，但是第 2 个 UpdatePanel 却没有更新，运行效果如图 15.21 所示。

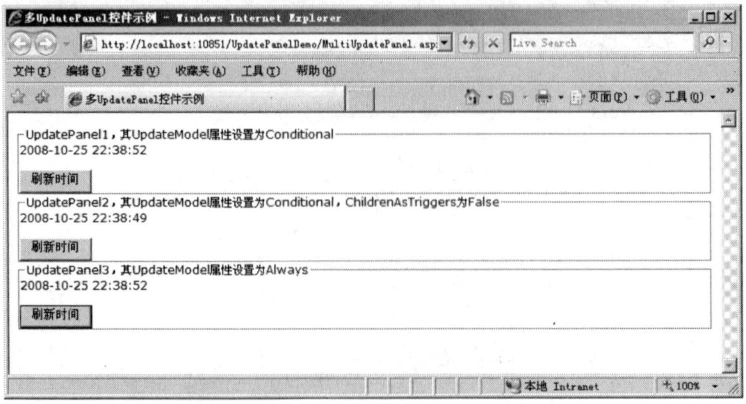

图 15.21　在 UpdatePanel2 中编程更新 UpdatePanel1 中的时间

在第 2 个 UpdatePanel 中，将 ChildrenAsTriggers 设置为 false 之后，会使居于其中的所有控件都不具有触发异步更新的能力，如果需要让某个控件具有异步更新的能力，而其他的控件不具有这种能力时，可以将第 2 个 UpdatePanel 中的控件注册为异步回发触发器，示例代码中将其中的 Button 注册为异步回发触发器，声明代码如下：

```
<fieldset>
 <legend>UpdatePanel2，其 UpdateModel 属性设置为 Conditional，ChildrenAsTriggers 为
 False</legend>
     <asp:UpdatePanel ID="UpdatePanel2" runat="server" ChildrenAsTriggers="False"
        UpdateMode="Conditional">
        <ContentTemplate>
             <asp:Label ID="Label2" runat="server" Text="Label"></asp:Label>
             <br />
             <br />
             <asp:Button ID="Button2" runat="server" Text="刷新时间"
             onclick="Button2_Click" />
        </ContentTemplate>
        <%--为 UpdatePanel2 控件指定一个外部触发器，使 UpdatePanel 控件内部的 Button2 成为
        一个异步触发器--%>
        <Triggers>
             <asp:AsyncPostBackTrigger ControlID="Button1" EventName="Click" />
             <asp:AsyncPostBackTrigger ControlID="Button2" EventName="Click"  />
        </Triggers>
     </asp:UpdatePanel>
 </fieldset>
```

现在单击第 2 个 UpdatePanel 时，3 个 UpdatePanel 中的时间都得到了更新。

通过灵活地使用 UpdateModel、Triggers 集合及 ChildrenAsTriggers 属性，可以使多个 UpdatePanel 的异步更新具有多种可能性，这使得 UpdatePanel 更强大更灵活。对于需要在过多的控件中单独处理异步更新，而又影响到其他控件的部分更新时，灵活地使用这 3 个属性使 UpdatePanel 能满足大多数的异步要求。

15.2.10　编程控制 UpdatePanel 控件

编程控制 UpdatePanel 控件在动态生成用户界面的场合非常有用，UpdatePanel 控件是一个基于模板的控件，使用其 UpdatePanel.ContentTemplateContainer.Controls 属性可以动态添加或移除定义在其中的控件。

下面添加一个 ProgrammingUpdatePanel.aspx 的页面，在该页面中演示如何动态创建一个简单的 UpdatePanel 控件，向其中添加子控件，并在最后将 UpdatePanel 控件添加到页面的控件集合中。

在页面中首要的一步是添加 1 个 ScriptManager 控件，然后进入后置代码文件，在 Page_Load 事件中添加如下代码来动态创建 UpdatePanel：

```
protected void Page_Load(object sender, EventArgs e)
{
     UpdatePanel up1 = new UpdatePanel();         //1,创建 UpdatePanel 控件实例
     up1.ID = "UpdatePanel1";                    //2,设置 UpdatePanel 控件的属性
     up1.UpdateMode = UpdatePanelUpdateMode.Conditional;
     Button button1 = new Button();               //3,创建新的控件，设置控件的属性
     button1.ID = "Button1";
     button1.Text = "异步刷新";
```

```
        button1.Click += new EventHandler(Button_Click);
        Label label1 = new Label();
        label1.ID = "Label1";
        label1.Text = "整页回发已经产生";
        //4,将新创建的控件添加到 UpdatePanel 控件的 ContentTemplateContainer.Controls 集合中
        up1.ContentTemplateContainer.Controls.Add(button1);
        up1.ContentTemplateContainer.Controls.Add(label1);
        //5,将包含子控件的 UpdatePanel 控件添加到页面的 Form 控件集合中
        Page.Form.Controls.Add(up1);
    }
    protected void Button_Click(object sender, EventArgs e)
    {
        //对于动态创建的控件，需要使用 FindControl 方法来获取其实例
        ((Label)Page.FindControl("Label1")).Text = "页面刷新时间：" +
            DateTime.Now.ToString();
    }
```

在注释中详细地说明了动态创建 UpdatePanel 控件的 5 个步骤：

（1）创建 UpdatePanel 控件的实例。

（2）设置 UpdatePanel 控件的属性，比如 ID、UpdateModel 等属性。

（3）创建将要添加到 UpdatePanel 模板控件集合中的子控件，设置其属性。

（4）使用 ContentTemplateContainer.Controls 的 Add()方法，添加将要加入到 UpdatePanel 控件集合中的控件。

（5）将 UpdatePanel 控件添加到 Forms.Controls 集合中，以便在页面上显示。

这只是一个极其简单的示例，主要目的在于演示动态创建 UpdatePanel 的一些思路。在很多情况下，动态创建并使用 UpdatePanel 控件的代码非常复杂，比如一个动态的调查表单（也许涉及到较多的控件）、根据用户的配置动态生成用户界面的电子商务系统等。当然这样创建放置在 UpdatePanel 中的子控件是非常费时费力的，一些情况下可以考虑在 UpdatePanel 控件中动态加载不同的用户控件，可以参考本书有关用户控件的章节。

15.2.11 使用 UpdateProgress 控件

当使用 ASP.NET Ajax 技术之后，异步更新过程就不会惊动浏览器的进度条了，也就是说，异步的过程在前端没有任何的提示信息。对于一些较长时间完成的操作来说，这会让用户有些不知所措，往往会带来一些更严重的系统问题。而 ASP.NET Ajax 提供了名为 UpdateProgress 的控件，该控件与 UpdatePanel 联合使用，可以在异步更新过程中显示一个进度条图标，或一段提示性的文本，这使 ASP.NET Ajax 应用程序更具人性化。下面举例演示如何使用 UpdateProgress 控件，操作步骤如下。

（1）添加一个名为 UpdateProgressDemo.aspx 的页面，放置 1 个 ScriptManager 和 1 个 UpdatePanel 控件，在 UpdatePanel 控件中简单地添加 1 个显示当前时间的 Label 控件和 1 个触发异步更新的 Button 控件。

（2）从工具箱的“Ajax Extensions”栏中拖 1 个 UpdateProgress 控件到 UpdatePanel 控件的下面。可以看到在设计时，UpdateProgress 提供了一个与 UpdatePanel 类似的容器面板，可以在该面板中加入想要在异步产生时显示的任何信息。比如一个 Table 控件、一幅图片或一行文字等。

http://www.Ajaxload.info/网站提供了大量的、漂亮的 Ajax 进度图标，用户也可以定制自

己喜欢的图标，本示例中使用了该网站中的一个图标，并添加了一些提示性的文本，声明代码如下：

```
<form id="form1" runat="server">
<asp:ScriptManager ID="ScriptManager1" runat="server">
</asp:ScriptManager>
<!--该 UpdatePanel 将引发异步行为-->
<asp:UpdatePanel ID="UpdatePanel1" runat="server">
   <ContentTemplate>
      <asp:Label ID="Label1" runat="server" Text="Label"></asp:Label>
      <br />
      <asp:Button ID="Button1" runat="server" Text="刷新时间" />
   </ContentTemplate>
</asp:UpdatePanel>
<!--异步的进度指示器-->
<asp:UpdateProgress ID="UpdateProgress1" runat="server">
   <ProgressTemplate>
      <img alt="进度" src="Image/10-1.gif" />加载中
   </ProgressTemplate>
</asp:UpdateProgress>
</form>
```

（3）为了让异步更新的时间长一点，可以看到该示例的效果，在 Button 的单击事件中添加如下代码使异步时间延时 5 秒钟：

```
protected void Page_Load(object sender, EventArgs e)
{
 Label1.Text = DateTime.Now.ToString();         //每次页面刷新时，都设置 Label 控件的时间
}
protected void Button1_Click(object sender, EventArgs e)
{
   System.Threading.Thread.Sleep(5000);        //当单击按钮时，将当前线程挂起 5 秒
}
```

（4）运行该示例，单击“刷新时间”按钮，可以看到显示了一个进度指示器，如图 15.22 所示。

图 15.22　使用 UpdateProgress 显示异步进度指示器

UpdateProgressControl 支持如下 3 个属性。

- AssociatedUpdatePanelID：为 UpdateProgress 控件指定所关联的 UpdatePanel 控件，指定该属性时，UpdateProgress 将只对发生在特定的 UpdatePanel 控件的异步回发产生进度指示器，否则它将为页面上任何的异步操作产生进度指示。
- DisplayAfter：异步回发产生时，在 UpdateProgress 显示之前所需要等待的时间，以毫秒为单位，默认是经过 500 毫秒之后进行显示。

➢ DynamicLayout：在默认情况下，该属性设置为 true。当初始显示时，UpdateProgress 由样式表属性 display:none，将自身进行隐藏，只有产生异步回发时才进行显示，这样在非异步时不占用任何空间，如果将该属性设置为 false，则页面总是会保留一块显示进度指示器的空间。没有异步回发则不显示，当产生异步回发时，会进行显示。

AssociatedUpdatePanelID 是一个非常有用的属性，假如开发人员只想为一个执行长时间操作的 UpdatePanel 控件显示进度指示的话，可以将该属性与 UpdatePanel 进行关联。一个页面上可能不止有一个 UpdatePanel，也可能有多个 UpdateProgress 控件，通过将 AssociatedUpdatePanelID 与 UpdatePanel 的关联，可以获得非常漂亮的效果。

15.2.12 取消异步回发

当异步正在执行时，也可以通过编程的方式，让用户中断正在执行的异步操作，有两种异步中断情形必须要加以考虑：一种是用户中断一个正在执行的异步回发；另一种是当异步正在执行时，用户又开启相同的异步过程，也就是在异步执行时，不允许用户再执行一个新的异步回发，必须在异步开始之前进行取消。

1. 中断正在执行的异步回发

对于第一种异步回发中断，可以在 UpdateProgress 中放 1 个取消按钮，然后使用客户端 PageRequestManager 对象的 abortPostback()方法，取消正在执行的异步回发。而如果要取消一个新的异步回发，则要使用 PageRequestManager 对象的 initializeRequest 事件，将该事件的 InitializeRequestEventArgs 类型变量的 Cancel 属性设置为 true，以中断一个新的异步回发。

下面演示如何中断一个正在执行中的异步回发，在 UpdateProgressDemo.aspx 页面的 UpdateProgress 控件中添加 1 个 LinkButton 控件，指定其 Text 属性为取消异步回发。并指定其 OnClientClick 属性为一个 JavaScript 函数名称 CancelAsyncPostBack()。在页面的 <ScriptManager>控件声明的下面添加如下 JavaScript 代码来执行取消异步回发：

```
<script language="javascript" type="text/javascript">
    <!--
    //先获取 PageRequestManager 客户端类的实例
    var prm = Sys.WebForms.PageRequestManager.getInstance();
    function CancelAsyncPostBack() {
        //判断客户端生命周期中是否处理异步回发状态
        if (prm.get_isInAsyncPostBack()) {
          prm.abortPostBack();          //中断回发
        }
    }
    // -->
</script>
```

UpdateProgress 控件的声明代码如下：

```
<!--异步的进度指示器-->
<asp:UpdateProgress ID="UpdateProgress1" runat="server">
    <ProgressTemplate>
    <img alt="进度"  src="Image/10-1.gif" />加载中
        <%--取消异步回发的按钮--%>
        <asp:LinkButton
            ID="LinkButton1"runat="server"onclientclick="CancelAsyncPostBack()">
            取消异步回发</asp:LinkButton>
```

```
        </ProgressTemplate>
    </asp:UpdateProgress>
```

运行该示例，当 UpdateProgress 进度指示显示出来后，单击“取消异步回发”按钮，则异步操作中断，UpdateProgress 显示的进度同时会消失。

2．异步回发正在执行时又开启相同的异步过程

当 PageRequestManager 正处于中断模式，并且检查当前单击的按钮是否为某个特定的按钮，将 InitializeRequestEventArgs 的 Cancel 属性设置为 true，则可以中断一个新的异步回发请求。在<ScriptManager>控件的后面添加一个新的名为 CancelNewAsync 函数，该函数将作为 PageRequestManager 的 InitializeRequest 事件的事件处理器，代码如下：

```
    <script language="javascript" type="text/javascript">
        <!--
        //先获取 PageRequestManager 客户端类的实例
        var prm = Sys.WebForms.PageRequestManager.getInstance();
        function CancelAsyncPostBack() {
              //判断客户端生命周期中是否处理异步回发状态
            if (prm.get_isInAsyncPostBack()) {
              prm.abortPostBack();              //中断回发
            }
        }
        //为 PageRequestManager 对象的 initializeRequest 事件关联事件处理器
        prm.add_initializeRequest(CancelNewAsync);
        function CancelNewAsync(sender,args)
        {
          //判断当前 PageRqustManager 是否处于异步状态，并且引发异步的是否是 Button1 控件
          if(prm.get_isInAsyncPostBack()&args.get_postBackElement().id=='Button1')
          {
          //如果用户再次单击了“刷新时间”按钮，则取消异步回发，弹出一个消息框
           args.set_cancel(true);
           alert('当前已经在异步请求中，请执行完成后再进行刷新');
          }
        }
        // -->
    </script>
```

CancelNewAsync 函数通过使用 PageRquestManager.isInAsyncPostBack 属性和 postBackElement 属性的 id 属性来判断是否在异步状态下用户又单击了“刷新时间”按钮，如果是，则将 InitializeRequestEventArgs 的 Cancel 属性设置为 true，来中断新的异步回发请求，并显示一个警告窗口，运行效果如图 15.23 所示。

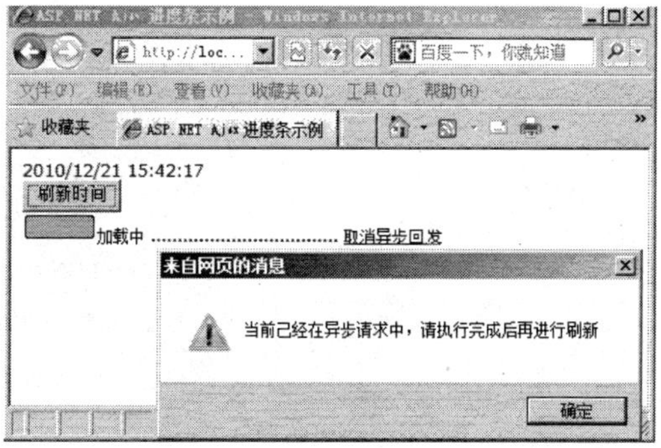

图 15.23　取消异步回发运行效果

15.2.13 使用 Timer 控件触发 UpdatePanel 异步回发

Timer 控件如果不和任何 UpdatePanel 控件相关联的话，则在一定的时间间隔内会导致整页回发。而页面中使用了 UpdatePanel 控件后，可以将 Timer 控件作为 UpdatePanel 控件的一个定时触发器，来完成定时异步回发操作。

Timer 控件有以下两个比较重要的属性。

- Interval：以毫秒为单位的时间间隔，默认值是 60000，也就是一分钟。
- Enable：允许或禁止 Timer 控件的计时操作，当该属性设为 false 时，Timer 控件会被停止计时操作。

当 Timer 控件所指定的 Interval 属性的时间间隔到达时，开始进行页面回发，会引发服务器端的 Tick 事件，在该事件中可以编写代码来执行特定的定时操作。

使用 Timer 前开发人员必须理解，客户端与服务器端的通信是相当耗费资源的行为，如果将 Timer 控件的 Interval 属性设置得过于小的话，则会严重影响到服务器端的性能，显著增加网络的流量。

> **注意**：要使用 Timer 控件，页面上必须放置 1 个 ScriptManager 控件。

下面举一个根据不同时间段显示不同库存价格的示例，示例运行效果如图 15.24 所示。用户可以指定刷新价格的时间长度，页面会在特定的时间间隔到达时，异步刷新当前时间点的库存单价。

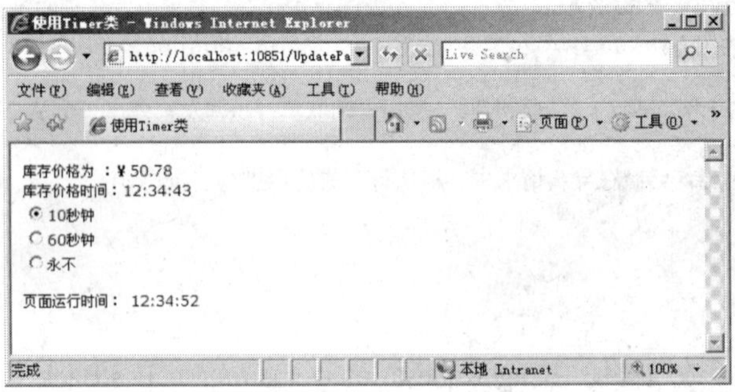

图 15.24 使用 Timer 控件的示例运行效果

为完成该示例，添加一个名为 TimeDemo.aspx 的示例页面，在该页面中添加 ScriptManager、Timer 控件、UpdatePanel 及几个 RadioButton 控件，声明代码如下：

```
<form id="form1" runat="server">
 <asp:ScriptManager ID="ScriptManager1" runat="server" />
   <!--将 Timer 控件的 Interval 设为默认的 10 秒钟，并响应其 OnTick 事件随机生成库存价格-->
   <asp:Timer ID="Timer1" OnTick="Timer1_Tick" runat="server" Interval="10000"/>
    <!--UpdatePanel 控件将 Timer 控件作为其异步触发器，当 Timer 的 Tick 事件触发时，触发异步
    回发-->
   <asp:UpdatePanel ID="StockPricePanel" runat="server" UpdateMode="Conditional">
   <Triggers>
       <asp:AsyncPostBackTrigger ControlID="Timer1" />
   </Triggers>
   <ContentTemplate>
       库存价格为 : <asp:Label id="StockPrice" runat="server"></asp:Label><BR />
       库存价格时间：<asp:Label id="TimeOfPrice" runat="server"></asp:Label>
   </ContentTemplate>
```

```
        </asp:UpdatePanel>
        <div>
        <!--定义几个改变 Timer 控件的 InterVal 属性的单选按钮-->
            <asp:RadioButtonID="RadioButton1"AutoPostBack="true"GroupName="TimerFreq
            uency"
            runat="server" Text="10秒钟"OnCheckedChanged="RadioButton1_CheckedChanged"
            /><br />
            <asp:RadioButtonID="RadioButton2"AutoPostBack="true"GroupName="TimerFreq
            uency"
            runat="server" Text="60秒钟"OnCheckedChanged="RadioButton2_CheckedChanged"
            /><br />
            <asp:RadioButton ID="RadioButton3" AutoPostBack="true"
            GroupName="TimerFrequency"
            runat="server" Text="永不" OnCheckedChanged="RadioButton3_CheckedChanged"
            /><br />
            <br />
            <!--显示页面的初始运行时间-->
        页面运行时间： <asp:Label ID="OriginalTime" runat="server"></asp:Label>
        </div>
    </form>
```

在声明中可以看到，UpdatePanel 将 Timer 控件作为其异步触发器，而 Timer 控件响应了 Tick 事件来随机地生成库存单价。每当单击了 RadioButton 控件后，Timer 会重新开始计时，并设置 Timer 控件的 Interval 属性为所选择的值，代码如下：

```
    protected void Page_Load(object sender, EventArgs e)
    {
        //页面加载时，获取当前页面的执行时间
        OriginalTime.Text = DateTime.Now.ToLongTimeString();
    }
    protected void Timer1_Tick(object sender, EventArgs e)
    {
        //当定时到达时，调用 GetStockPrice 随机生成一个库存单价
        StockPrice.Text = GetStockPrice();
      TimeOfPrice.Text = DateTime.Now.ToLongTimeString();         //获取当前生成单价的时间
    }
    //随机生成库存单价，并以货币形式表示
    private string GetStockPrice()
    {
        double randomStockPrice = 50 + new Random().NextDouble();
        return randomStockPrice.ToString("C");
    }
    //单击第 1 个 RadioButton 控件时，设置 Interval 为 10 秒，并重新开始计时
    protected void RadioButton1_CheckedChanged(object sender, EventArgs e)
    {
        Timer1.Enabled = true;
        Timer1.Interval = 10000;
    }
    //单击第 2 个 RadioButton 控件时，设置 Interval 为 60 秒，并重新开始计时
    protected void RadioButton2_CheckedChanged(object sender, EventArgs e)
    {
        Timer1.Enabled = true;
        Timer1.Interval = 60000;
    }
    //单击第 3 个 RadioButton 控件时，停止计时器计时
    protected void RadioButton3_CheckedChanged(object sender, EventArgs e)
    {
        Timer1.Enabled = false;
    }
```

Timer 控件的摆放位置不同也会影响 UpdatePanel 的更新模式，如果将 Timer 控件放在 UpdatePanel 控件的内部，并且该 UpdatePanel 的 ChildrenAsTriggers 属性也设置为 true，则 Timer 会自动作为该控件的异步触发器。如果 Timer 位于 UpdatePanel 控件的外面，则可以如本示例一样，将 Timer 控件作为其异步触发器。开发人员也可以在 Timer 控件的 OnTick 事件中调用 UpdatePanel 控件的 Update()方法，更新 UpdateMode 为 Conditional 的 UpdatePanel 控件。

15.3 使用 ASP.NET Ajax Control Toolkit

当使用微软的 ASP.NET Ajax 开发应用程序时，AjaxControl Tookkit 绝对是一个出色的控件工具包。因为有了这个工具包的存在，使 ASP.NET Ajax 更容易为广大的开发人员所接受。Ajax 控件工具包是微软免费提供的一套组件与模板，目前有 30 个服务器端扩展控件，这个数量还在不断地增加。这些服务器控件可以在应用程序中自由使用，并且提供了源代码供开发者研究，可以在 http://www.asp.net/Ajax/AjaxControlToolkit/Samples/网站中，查看 Ajax Control Toolkit 的说明文档以及示例演示，如图 15.25 所示。

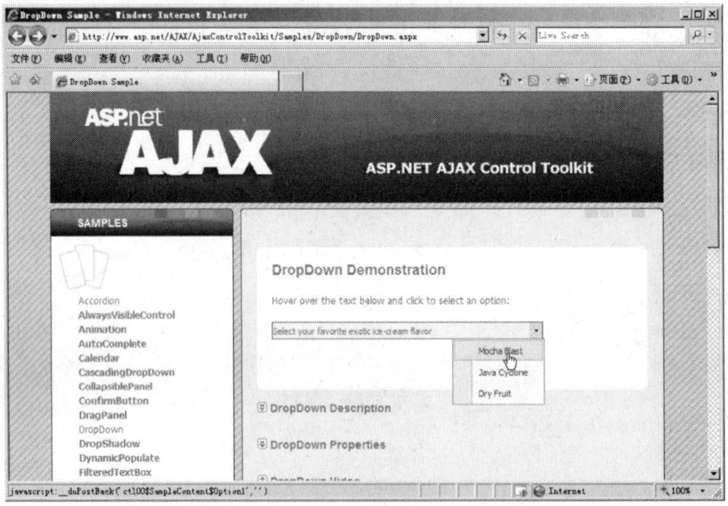

图 15.25　ASP.NET Ajax Control Toolkit 示例网站

15.3.1 安装 ASP.NET Ajax Control Toolkit

在默认情况下，ASP.NET AjaxControl Toolkit 并没有随 VS 2010 一起安装，必须先从 http://www.asp.net/Ajax/downloads/网站进行下载，该网址链接到 www.codeplex.com 网站，codeplex 是微软开源官方网站，在该网站上提供了与微软技术相关的开源项目，ASP.NET Ajax Control Toolkit 是微软与开源社区共同创建的一个工具包。

该网址提供了两种类型的 Control Toolkit 可供下载：一种包含所有源代码、样例项目、测试框架、开发扩展控件的 VSI 文件等；另一种不包含源代码。通常建议大家选择带源代码的下载项进行下载。

AjaxControl Toolkit 是一个不断更新的项目，codeplex 网站在每段时间内都发布对该工具包的更新。在该页面中选择 AjaxControlToolkit.Binary.NET4.zip，这个是为 ASP.NET 4.0 和

VS 2010 准备的压缩包。打开“许可协议”窗口，单击“I Agree”按钮，该窗口就是一个典型的 Ajax Control Toolkit 中控件的应用。下载解压缩后会看到 6 个文件夹和一个名为 AjaxControlToolkit.sln 的解决方案资源文件，在 VS 2010 中打开该解决方案资源文件，会看到解决方案资源管理器中有 4 个项目，如图 15.26 所示。

图 15.26 Control Toolkit 解决方案项目

各个项目分别所包含的内容如下。

- AjaxControlToolkit：包含 Control Toolkit 中所有控件的源代码。
- SampleWebSite：包含每个控件的使用方法的示例网站，该示例网站对于学习 Control Toolkit 中的控件非常有帮助。
- ToolkitTests：包含所有控件的自动化测试代码。
- AjaxControlExtender：VS 2010 的项目模板安装程序，允许开发人员创建新的 ASP.NET Ajax 扩展扩件。

为了能在 VS 2010 中使用 Ajax Control Toolkit 控件，需要将其添加到 VS 2010 的工具箱中。用鼠标右键单击工具箱的“Ajax Extensions”栏，在弹出的快捷菜单中选择“选择项”命令，打开图 15.27 所示的“选择工具箱项”对话框，单击“浏览”按钮，在打开的“选择文件”对话框中选择 SampleWebSite 下的 Bin 文件夹下的 AjaxControlToolkit.dll 文件。

单击“确定”按钮，AjaxControl Toolkit 便添加到了“Ajax Extensions”栏中，如图 15.28 所示，为开发 ASP.NET Ajax 应用程序提供了更多的可选择性。

图 15.27 “添加工具箱项”对话框

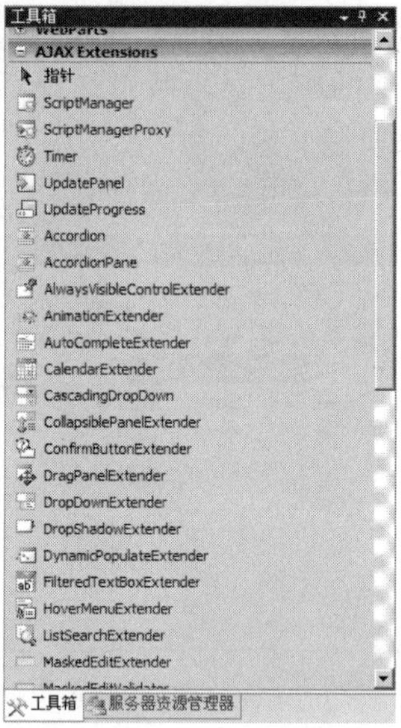

图 15.28　Ajax Control Toolkit 扩展控件

可以看到 Ajax Control Toolkit 中的大多数控件是以 Extender 结尾的，这些控件称为扩展器控件，其作用是为现在的服务器控件提供额外的 Ajax 功能支持。VS 2010 中使用标准的服务器控件时，可以单击“任务”面板中的“添加扩展程序”按钮，打开图 15.29 所示的“扩展程序向导”对话框，在该对话框的列表框中列出了可以被 ASP.NET 服务器控件使用的扩展器。

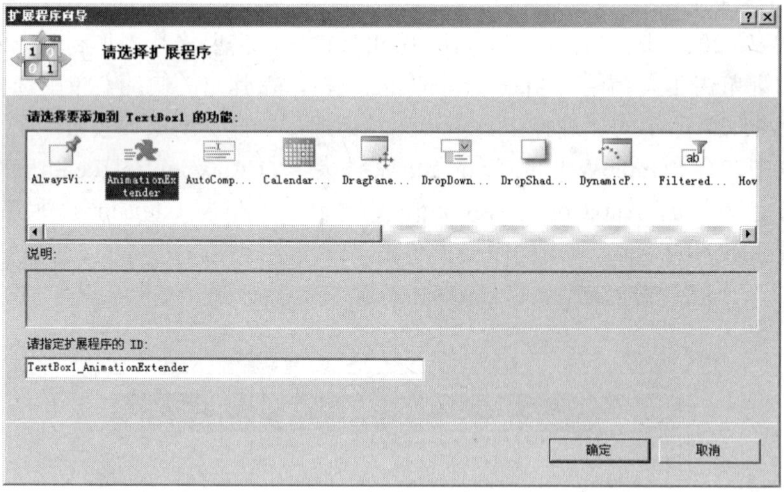

图 15.29　使用 ASP.NET Ajax Control Toolkit 的扩展器

当为服务器控件添加一个扩展之后，在“属性”窗口中可以看到一些额外的属性添加到了窗口中，比如当使用 AutoComplete 扩展器扩展一个 TextBox 控件，使之具有自动完成功能时，在设计视图中选中 TextBox 控件，可以在“属性”窗口中看到为该控件应用的扩展器属性，如图 15.30 所示。

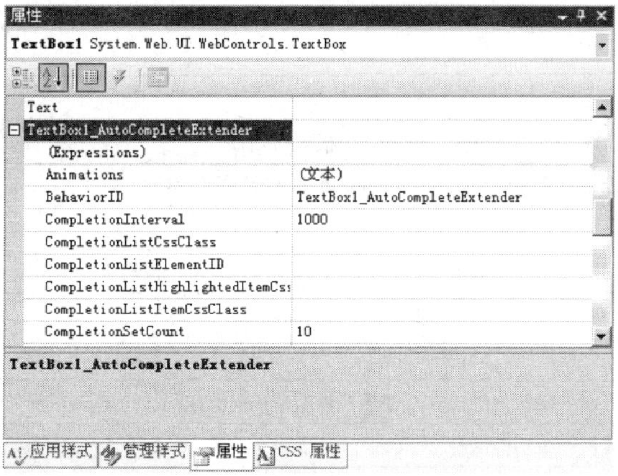

图 15.30　查看扩展器控件的属性

15.3.2　Ajax Control Toolkit 控件概览

想要更了解各个 Ajax Control Toolkit 控件的使用，最好的方法是学习 http://www.asp.net/Ajax/Ajaxcontroltoolkit/samples/网站提供的各种控件的示例，该网站列出了每个控件的示例、说明、属性列表及关键描述等。也可以打开下载文件夹中的 SampleWebSite 网站，该网站是上述网站的全部源代码，可以参考该网站的源代码对这些控件的使用方法进行学习。

Ajax Control Toolkit 中各种控件的功能如表 15.1 所示。

表 15.1　Ajax Control Toolkit 控件的功能

控件名称	功　　能
Accordion	可折叠面板控件，提供类似 Outlook 一样的可折叠和展开的显示效果
AlwaysVisibleControl	可以将某个指定的控件放在浏览器的顶端，总是进行显示
Animal	功能强大，可以对特定的控件提供动画功能的控件
AutoComplete	为 TextBox 控件提供类似 Google 搜索的自动完成功能的控件
Calendar	使 TextBox 控件具有外挂弹出式日历的功能，弹出的日历类似于传统的 JavaScript 日历，不会产生页面回发
CascadingDropDown	连动式的 DropDownList，当在一个 DropDownList 控件中选择某一项时，会连动其他 DropDownList 的数据发生变化，通常用于地址输入、产品分类选择等
CollapsiblePanel	使 Panel 控件具有自由展开与折叠的功能
ConfirmButton	具有客户端确认功能的按钮，可以弹出一个要求用户进行确认的消息框
DragPanel	使 Panel 控件具有拖曳的能力
DropDown	类似于 DropDownList，该控件可以让不具有下拉列表功能的控件，比如 Label 具有下拉列表的能力，并且可具有 SharePoint 界面外观
DropShadow	为 Panel 控件绘制阴影
DynamicPopulate	异步调用 Web 服务，然后将返回的结果填入到控件中
FilteredTextBox	限制 TextBox 控件只能输入特定的字符
HoverMenu	当鼠标经过目标控件时，可以显示出一个弹出式的菜单
ListSearch	与 ListBox 控件配合使用，当 ListBox 获得焦点时，可以通过输入文字来搜索到特定的列表项
MaskedEdit	与 TextBox 配合使用，使文本输入框具有掩码的功能

续表

控件名称	功　能
ModalPopup	该控件可以在网页上弹出一个模式对话框
MutuallyExclusive	使 CheckBox 具有类似 RadioButton 控件的互斥功能
NoBOT	可以访止网页遭到恶意的代码攻击
NumberUpDown	提供一个数字输入框，可以向上和向下递增和递减数字
PagingBulletedList	为 BulletedList 控件加入分页索引的功能
PasswordLength	提供密码强度验证的功能
PopupControl	可以扩展任何的控件，使该控件被单击时弹出另一个 Panel 控件
Rating	提供评级功能的控件
ReorderList	记录清单控件
ResizableControl	使网页上的控件具有可调节大小的能力
RoundedCorners	使 Panel 控件具有圆角外观
Slider	使 TextBox 控件变成一个可滑动的调节杆
SlideShow	使 Image 控件具有照片轮循显示效果
TabControl	提供了类似 Windows Forms 中的 PageControl 控件的标签控件
TextBoxWatermark	使 TextBox 控件具有水印功能
ToggleButton	让 CheckBox 可以使用图片来呈现其选中与非选中状态
UpdatePanelAnimation	使 UpdatePanel 控件在异步产生时具有动画的效果
ValidatorCallout	增强验证控件的显示效果，使验证控件变成弹出式图形块

关于 Ajax Control Toolkit 每个控件的详细使用方法，读者可以参考 SampleWebSite 网站中的示例，本节就不做介绍。对这些控件的灵活掌握可以大大提升 ASP.NET 网站的可交互性，这也是 ASP.NET Ajax 的一个亮点。

15.4 小结

本章讨论了 ASP.NET Ajax 开发技术，目前该技术已经整合到 VS 2010 中。本章讨论了 ASP.NET Ajax 的基础组成部分，以及几个核心的 ASP.NET Ajax 服务器控件的使用方法，包括 ASP.NET Ajax 的基石 ScriptManager 服务器控件、用于进行异步更新的 UpdatePanel 控件、显示进度指示器的 UpdateProgress 控件及 Timer 控件，还讨论了 ASP.NET AjaxControl Toolkit 控件工具包的安装与使用。关于 ASP.NET Ajax 开发技术，由于涉及的知识面相当广，想要深入了解的读者可以参考一些专门的书籍。

第 16 章 Web 部件技术

Web 部件的英文全称是 WebPart，也可以称为 Web 页零件。其意思是指在 Web 页面上放一些独立的、可配置的 Web 小零件，使用户可以调整页面的排列位置，而且可以添加或删除不喜欢的零件。如果要体验 Web 部件的话，可以访问 http://my.msn.com 网站，如图 16.1 所示。用户可以自由地拖动页面上的 Web 部件到喜欢的位置。

用户也可以单击 Web 部件上的菜单项来删除特定的 Web 部件，或使用菜单将 Web 部件移动到页面的其他位置，如图 16.2 所示。

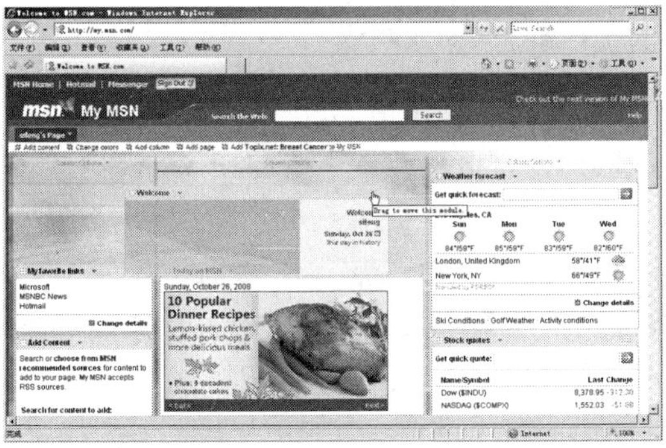

图 16.1　在网页中拖动 Web 部件到其他位置

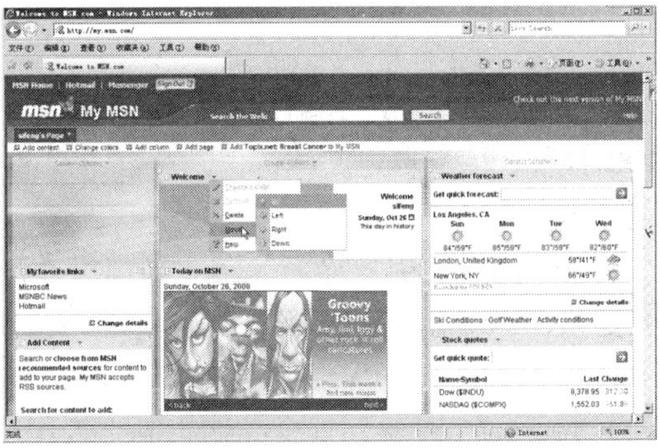

图 16.2　使用 Web 部件菜单删除或移动 Web 部件

Web 部件的使用，让网站可以完全根据用户的要求变得个性化。该技术来源于微软的另一个重量级产品 Microsoft SharePoint，现在 SharePoint 技术已经与 ASP.NET 紧密整合，开发人员在 VS2010 中利用 ASP.NET 4.0 提供的 WebPart 控件，可以开发出极个性化的、易定制的应用程序。

16.1　Web 部件基础

ASP.NET 4.0 提供了 13 个容易使用的 WebPart 控件，可以从 VS 2010 工具箱的“Web Parts”栏中看到这些控件。开始学习使用前，必须要理解允许用户自定制的 Web 部件要求用户必须注册。以 http://my.msn.com 来说，只有用户登录了 MSN 或该网站才能够进行拖动调整各个分栏的位置。当创建一个 ASP.NET 站点时，在默认情况下，使用的是 Windows 验证模式，虽然对于本节的示例来说，这些 WebPart 控件都会运行得很好，但是对于正式的网站来说，一般都会选择 Forms 身份验证，关于用户验证方面的内容，本章后面的内容再进行讨论。

16.1.1 Web 部件简介

Web 部件结构分为 3 个层次，从上到下分别是 Web 部件 UI 控件，也就是可定制的 Web 部件内部的控件；用户界面（UI）结构组件，也就是管理与协调多个 Web 部件；Web 部件个性化的机制。Web 部件架构图如图 16.3 所示。

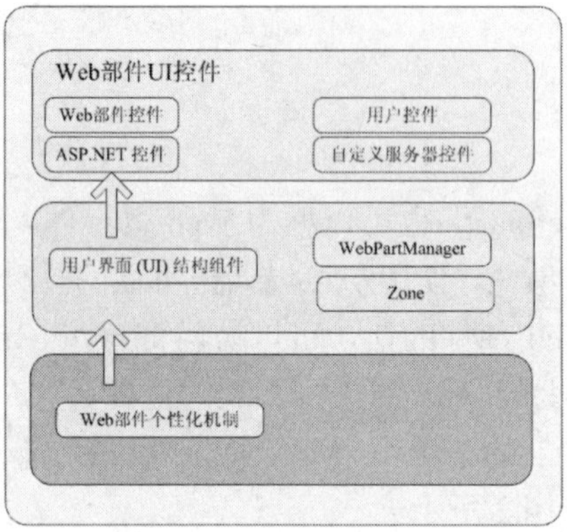

图 16.3　Web 部件架构图

位于顶层的 Web 部件 UI 控件就是一些 Web 服务器控件，包括 WebPart 控件、ASP.NET 服务器控件、用户自定义控件，以及自定义的服务器控件，这些控件需要放在 Web 部件区域中进行管理。

位于中间层的用户界面（UI）结构组件是 WebPart 控件的核心层，主要包含两个大类：一类是 WebPartManager 控件，用于管理与协调页面中的所有 WebPart 控件；另一类是 Zone，用于容纳实际的 WebPart 控件，比如对 WebPart 控件进行布局、定义标题和样式等。

位于底层的 Web 部件个性化机制则为用户保存其个性化设置，比如用户拖动、添加或编辑 Web 区域的设置。当用户下次登录时，Web 部件将会从个性化机制中读取相关的资料进行还原。

从 VS 2010 的工具箱中可以看到，ASP.NET 提供了 13 个 WebPart 控件，它们是 Web 部件正常工作所必需的控件，详细说明如表 16.1 所示。

表 16.1　WebPart 控件一览表

WebPart 控件	说　明
WebPartManager	管理页面上的所有 WebPart 控件。每个 Web 部件页都需要一个（且只需要一个）WebPartManager 控件
CatalogZone	包含 CatalogPart 控件。使用此区域创建 WePart 控件目录，用户可以从该目录中选择要添加到页上的控件
EditorZone	包含 EditorPart 控件。使用此区域使用户可以对页面上的 WebPart 控件进行编辑和个性化设置

续表

WebPart 控件	说　明
WebPartZone	包含并提供 WebPart 控件构成页面的主要用户界面的整体布局。只要用户添加具有 WebPart 控件的页，就会使用此区域。页面可以包含一个或多个区域
ConnectionsZone	包含 WebPartConnection 控件，并提供用于管理连接的用户界面
WebPart (GenericWebPart)	呈现主要用户界面；大多数 Web 部件的用户界面控件属于此类别 若要最大限度地实现编程控制，可以创建从 WebPart 基控件派生的自定义 WebPart 控件。 此外，还可以将现有服务器控件、用户控件或自定义控件用做 WebPart 控件。只要在区域中放置了上述任意控件，在运行时 WebPartManager 控件就会自动用 GenericWebPart 控件包装这些控件，以便可以通过 Web 部件功能使用这些控件
CatalogPart	包含用户可添加到页面上的可用 WebPart 控件的列表
WebPartConnection	在页面上两个 WebPart 控件之间创建连接。该连接将其中一个 WebPart 控件定义为数据的提供者，而将另一个定义为使用者
EditorPart	用做专用编辑器控件的基类
EditorPart 控件（AppearanceEditorPart、Layout EditorPart、BehaviorEditorPart 和 Property GridEditorPart）	允许用户对页面上 Web 部件用户界面控件的各个方面进行个性化设置

WebPartManager 是整个 Web 部件架构的核心，它与 Zone 和 Part 的关系如图 16.4 所示。

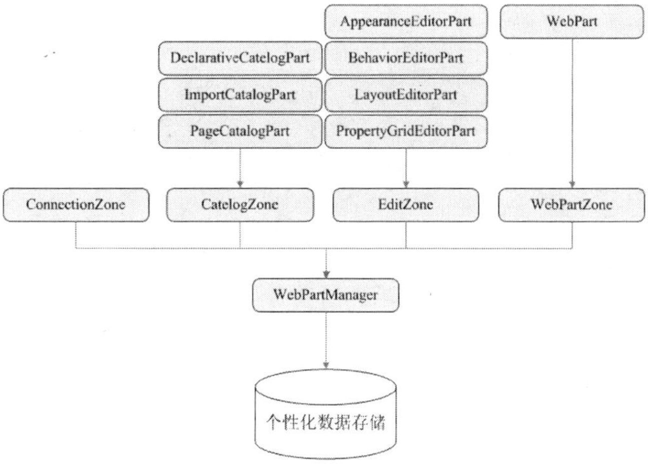

图 16.4　Web 部件各控件之间的关系

由图 16.4 可以看到，WebPartManager 首先管理每个 WebZone 区域，然后才是 WebPart，每个使用 Web 部件的页面必须至少要有一个 WebPartManager。该控件将用于管理和协调放置在区域中的 Web 控件。任何放置在 WebPartZone 中的服务器控件、用户控件及自定义控件都会被 GenericWebPart 控件封装成 WebPart 控件。为了更好地理解 Web 部件的组织关系，下面创建一个简单的示例页面，来演示如何使用 Web 部件。

16.1.2 创建一个 Web 部件页面

创建一个 WebPartDemo 的网站，本章所有与 Web 部件相关的演示都会在该网站中进行。在该网站中添加一个名为 SimpleWebPart.aspx 的页面。本节将在该页面上使用 WebPart 控件创建一个简单的可定制的页面，完成步骤如下：

（1）从工具箱的“WebParts”栏中拖 1 个 WebPartManager 控件到页面上，这是创建 Web 部件页面的首要步骤。

（2）在页面中插入一个 2 行 2 列的表格，在表格第一行的单元格中分别放置两个 WebPartZone 控件。WebPartZone 控件是一个容器，在该控件内部可以放置一个或多个 WebPart 控件。当把服务器控件、用户控件及自定义控件拖动到 WebPartZone 区域中时，这些控件会被自动封装为一个 WebPart 控件。

在第一个 WebPartZone 控件中放置 1 个 Calendar 控件，在第二个 WebPartZone 中放置 1 个 CheckBoxList 控件，将控件拖放到 WebPartZone 中时，这些控件会被添加到 WebPartZone 的 ZoneTemplate 模板中。而且放置在 WebPartZone 中的控件都具有一个 Title 属性来指定控件的标题，声明代码如下：

```
<form id="form1" runat="server">
<!--与 ScriptManager 控件类似，每个页面必须有且只能有一个 WebPartManager 控件-->
<asp:WebPartManager ID="WebPartManager1" runat="server">
</asp:WebPartManager>
<table>
    <tr>            <td>
          <!--在第一个 WebPartZone 中放置一个 Calendar 控件-->
           <asp:WebPartZone ID="WebPartZone1" runat="server" Width="300px">
              <ZoneTemplate>
                  <asp:Calendar ID="Calendar1" runat="server" Width="200px" Title="
                  工作日历"></asp:Calendar>
              </ZoneTemplate>
           </asp:WebPartZone>
       </td>            <td>
          <!--在第二个 WebPartZone 中放置一个 CheckBox 控件-->
           <asp:WebPartZone ID="WebPartZone2" runat="server" Width="300px">
              <ZoneTemplate>
    <asp:CheckBoxList ID="CheckBoxList1" runat="server" Width="200px" Title="请
    选择所喜爱的技术">
                      <asp:ListItem>JAVA</asp:ListItem>
                      <asp:ListItem>JSP</asp:ListItem>
                      <asp:ListItem>SAP ERP</asp:ListItem>
                      <asp:ListItem>ORACLE ERP</asp:ListItem>
                  </asp:CheckBoxList>
              </ZoneTemplate>
           </asp:WebPartZone>
       </td></tr><tr><td> </td>
       <td> </td>
    </tr>
</table>
</form>
```

将一个服务器控件或其他类型的控件拖放到 WebPartZone 中后，会发现每个控件都自动具有了一个标题栏，可以在代码中指定 Title 属性为控件指定一个标题。当拖动一个控件到 WebPartZone 区域后，Web 部件框架会将该控件用一个 GenericWebPart 控件进行封装，因此控件都会有自己的边框和标题。

在每个 WebPart 控件的右上角，都有一个下三角按钮，单击该按钮将弹出一个下拉菜单，通过设置 WebPartzone 的 WebPartVerbRenderMode 属性，可以改变其中每个 WebPart 控件右上角按钮的显示方式。WebPartVerbRenderMode 默认的显示模式是 Menu，表示显示一个下拉菜单，此外还具有一个 TitleBar 属性，会将下拉菜单的内容呈现为页面标题的形式，示例运行效果如图 16.5 所示。

图 16.5　Web 部件页面示例运行效果

在默认情况下，Web 部件会开启个性化功能，使用定义在 C:\WindowsMicrosoft.NET\Framework\v4.0.30319\CONFIG\web.config 配置文件中默认的个性化配置，代码如下：

```
    <webParts>
            <personalization>
                <providers>
  <addconnectionStringName="LocalSqlServer"name="AspNetSqlPersonalizationProvider"
  type="System.Web.UI.WebControls.WebParts.SqlPersonalizationProvider, System.Web,
  Version=4.0.0.0,
  Culture=neutral, PublicKeyToken=b03f5f7f11d50a3a"/>
                </providers>
```

这里的连接字符串为 LocalSqlServer，表示会连接到 SQL Server Express 数据库 ASPNETDB.mdf 文件，默认使用定义在 System.Web.UI.WebControls.WebParts 命名空间的 SqlPersonalizationProvider 提供者。当示例页面运行时，如果在 App_Data 中没有找到 ASPNETDB.mdf 数据库，ASP.NET 将自动添加一个新的数据库，可以在 App_Data 文件夹中找到该数据库。

目前示例页面没有充分展现 WebPart 控件的可编辑、可定制功能，比如单击 WebPart 控件的“关闭”按钮后，那么由于 WebPart 控件的状态会记录到个性化数据库中，在下一次启动时被关闭的 WebPart 控件消失了。该如何找回，这是由 WebPartManager 的显示模式来决定的。

WebPartManager 有一个 DisplayMode 属性，该属性是 WebPartDisplayMode 类型的属性值，有如下几种可选项。

- BrowseDisplayMode：在最终用户查看页所使用的普通模式中显示 WebPart 控件和 UI 元素，这是默认值。
- DesignDisplayMode：显示区域 UI 元素并使用户能够拖动 WebPart 控件，以更改页面布局。如果要拖动 WebPart 控件，需要具有用户 ID，也就是通过身份认证。

- EditDisplayMode：显示特殊的编辑 UI 元素并使最终用户能够在页面上编辑控件。
- CatalogDisplayMode：显示特殊的目录 UI 元素并使最终用户能够添加和移除页面控件。
- ConnectDisplayMode：显示特殊的连接 UI 元素并使最终用户能够连接 WebPart 控件。

(3)在 Page_Init 事件中，将 WebPartManager 控件的 DisplyMode 设置为 CatalogDisplayMode，代码如下：

```
protected void Page_Init(object sender, EventArgs e)
{
    WebPartManager1.DisplayMode = WebPartManager.CatalogDisplayMode;
}
```

将 WebPartManager 的显示模式设置为 CatalogDisplayMode 之后，用户就可以在界面上拖动 WebPart 控件来调整其位置，可以将 1 个 WebPart 控件拖动到其他的 WebPartZone 区域中。

(4)除了改变显示模式外，还需要添加 1 个 CatalogZone 控件，在该控件中包含 CatalogPart 控件。CatalogZone 控件将显示在 Web 部件页面上的其他 WebPart 控件或服务器控件中，只有将 WebPartManager 控件的 DisplayManager 切换到 CatalogDisplayMode 时，该控件才可见。

在表格的最后一个单元格中放置 1 个 CatalogZone 控件，为了显示页面上被关闭的 WebPart 控件的引用，添加 1 个 PageCatalogPart 控件，该控件使用户能够把运行时关闭的 WebPart 控件添加回页面，声明代码如下：

```
<!--使用 CatalogZone 控件和 PageCatalogPart 控件显示被关闭的 WebPart 控件-->
<asp:CatalogZone ID="CatalogZone1" runat="server" Width="300px">
    <ZoneTemplate>
        <asp:PageCatalogPart ID="PageCatalogPart1" runat="server" />
    </ZoneTemplate>
</asp:CatalogZone>
```

经过如上的设置，可以看到在运行时，CatalogZone 区域中会以复选框的形式列出当前被删除的 WebPart 控件，可以在下拉列表框中选中某个 WebPartZone，然后单击“添加”按钮，将选中的 WebPart 控件添加到指定的 WebPartZone 中，运行效果如图 16.6 所示。

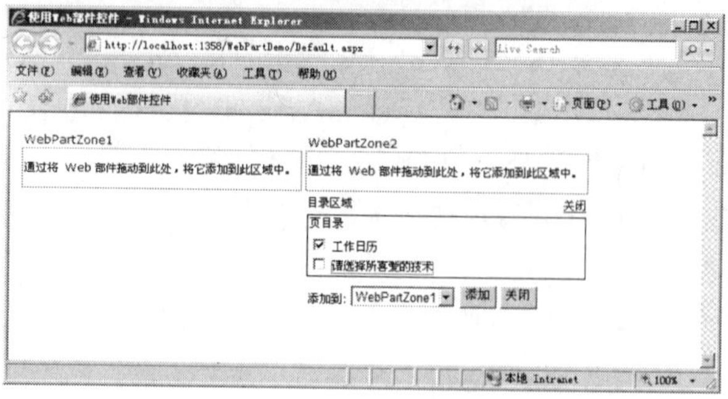

图 16.6 使用 CatalogZone 显示被关闭的 WebPart 控件

(5) 在默认情况下，一些控件可能并不会出现在 WebPartZone 中。假如在运行时希望将这些控件通过 CatalogZone 添加到 WebPartZone 中，可以借助于 DeclarativeCatalogPart 控件。在 PageCatalogPart 下面添加 1 个 DeclarativeCatalogPart 控件，在该控件的 WebPartsTemplate 模板中添加 WebPart 控件，将 DeclarativeCatalogPart 添加到 CatalogZone 中后，在任务窗口中选择“编辑模板”选项，打开“编辑模板”窗口，可以在该窗口中以拖拉的方式添加用户控件，设计时如图 16.7 所示。

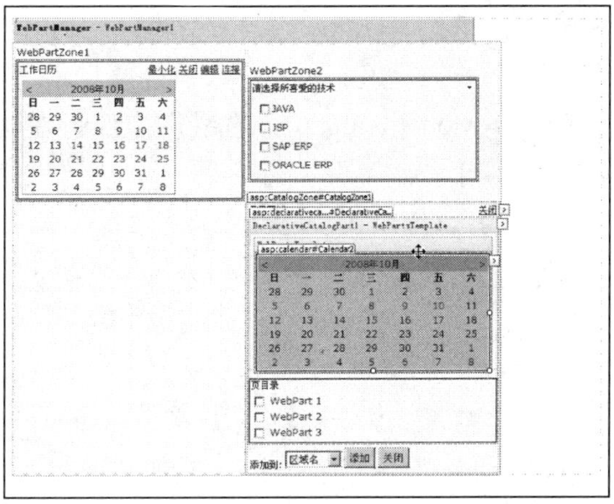

图 16.7　编辑 DeclarativeCatalogPart 控件模板

在示例中添加了 1 个 Calendar 控件，其声明代码如下：

```
<!--使用 CatalogZone 控件和 PageCatalogPart 控件显示被关闭的 WebPart 控件-->
<asp:CatalogZone ID="CatalogZone1" runat="server" Width="300px">
    <ZoneTemplate>
  <%--使用 CatalogZone 控件和 DeclarativeCatalogPart 控件定义在运行时可选的 WebPart 控件
  --%>
        <asp:DeclarativeCatalogPart ID="DeclarativeCatalogPart1" runat="server">
            <WebPartsTemplate>
                <asp:Calendar ID="Calendar2" runat="server" Width="300px" title="
                声明性的日历"></asp:Calendar>
            </WebPartsTemplate>
        </asp:DeclarativeCatalogPart>
        <asp:PageCatalogPart ID="PageCatalogPart1" runat="server" />
    </ZoneTemplate>
</asp:CatalogZone>
```

运行页面，可以看到在 CatalogZone 区域中增加了一栏声明性目录，选中该目录，将会列出添加到 DeclarativeCatalogPart 模板中的控件列表，如图 16.8 所示。

图 16.8　在 CatalogZone 中使用声明性目录

16.1.3　动态更改 Web 部件页面的显示模式

现在为示例网站添加一个功能，使用户可以动态切换不同的显示模式，要实现这个功能需要编写一些代码，下面继续完成上一节的示例，本节将在一个用户控件中实现动态切换显示模式的功能，操作步骤如下。

（1）新建一个名为 DisplayModeMenu.ascx 的用户控件。在该用户控件中放置 1 个 DropDownList 控件，声明代码如下：

```
<%@ Control Language="C#"
AutoEventWireup="true"
CodeFile="DisplayModeMenu.ascx.cs"
Inherits="DisplayModeMenu" %>
<div>
  <asp:Panel ID="Panel1" runat="server"
    Borderwidth="1"
    Width="230"
    BackColor="#EEEEFF"
    Font-Names="Verdana" >
    <asp:Label ID="Label1" runat="server"
      Text="选择显示模式"
      Font-Bold="true"
      Font-Size="9"
      Width="120"
      AssociatedControlID="DisplayModeDropdown"/>
      <!--在 DropDownList 控件中将显示所有可供使用的显示模式-->
    <asp:DropDownList ID="DisplayModeDropdown" runat="server"
      AutoPostBack="true"
      Width="120"
      OnSelectedIndexChanged="DisplayModeDropdown_SelectedIndexChanged" />
  </asp:Panel>
</div>
```

（2）进入后置代码文件中，完成两个工作：一个是加载 WebPartManager 控件中可供使用的显示模式列表；另一个是当用户选择不同的显示模式时，编程设置 WebPartManager 的 DisplayMode 属性，代码如下。

```
//定义对当前宿主页面上的 WebPartManager 的引用的私有变量
private WebPartManager _manager;
protected void Page_Init(object sender, EventArgs e)
{
    Page.InitComplete += new EventHandler(InitComplete);
}
//当页面初始化完成时，加载页面的显示模式到 DropDownList 控件中
private void InitComplete(object sender, System.EventArgs e)
{
    //获取当前页面上的 WebPartManager 对象
    _manager = WebPartManager.GetCurrentWebPartManager(Page);
    //获取浏览模式的名称
    String browseModeName = WebPartManager.BrowseDisplayMode.Name;
    ////遍历页面上所有可用的显示模式的集合，并添加到 DropDownList 控件中
    foreach (WebPartDisplayMode mode in _manager.SupportedDisplayModes)
    {
        String modeName = mode.Name;
        //添加前确保该模式允许添加
        if (mode.IsEnabled(_manager))
        {
            ListItem item = new ListItem(modeName, modeName);
            DisplayModeDropdown.Items.Add(item);
        }
    }
}
```

```
//在 UI 控件呈现之前，将 DropDownList 控件的选择项设为指定的模式
protected void Page_PreRender(object sender, EventArgs e)
{
    ListItemCollection items = DisplayModeDropdown.Items;
    intselectedIndex=items.IndexOf(items.FindByText(_manager.DisplayMode.Name));
    DisplayModeDropdown.SelectedIndex = selectedIndex;
}
//当 DropDownList 选择项发生改变时，设置 WebPartManager 控件的显示模式
protected void DisplayModeDropdown_SelectedIndexChanged(object sender, EventArgs e)
{
    String selectedMode = DisplayModeDropdown.SelectedValue;
    //根据选定的字符串值，获取页面的显示模式
    WebPartDisplayMode mode = _manager.SupportedDisplayModes[selectedMode];
    if (mode != null)
        _manager.DisplayMode = mode;
}
```

（3）将该用户控件添加到 Web 部件页面的顶端，从解决方案资源管理器中拖动该控件到指定的位置即可，运行 Web 页面，可以通过下拉列表框进行显示模式的切换，如图 16.9 所示。

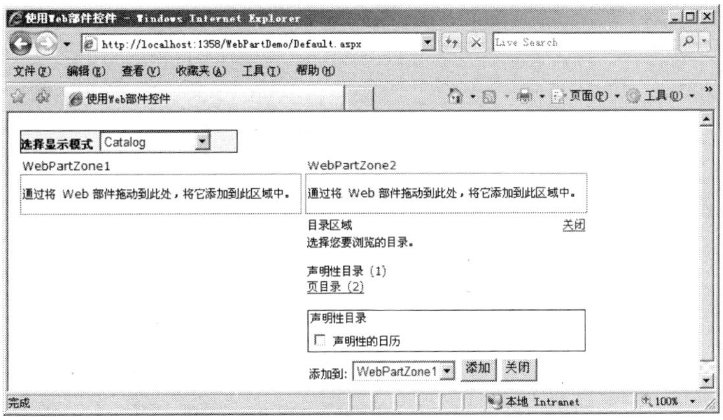

图 16.9　动态切换 WebPartManager 的显示模式

16.1.4　动态编辑 WebPart 控件

Web 部件另一个强有力的特性是允许用户在运行时进行编辑，比如调整 WebPart 控件的外观显示(包括宽度、高度和标题等)、定制 WebPart 控件的布局及其行为。这是通过 EditorZone 控件实现的。在 EditorZone 区域中，可以放置如下 4 个 EditorPart 控件。

- AppearanceEditorPart：允许用户在运行时自定义 WebPart 控件的视觉属性，例如宽度、高度和标题。
- BehaviorEditorPart：允许用户在运行时自定义 WebPart 控件的行为属性，例如显示最小化、关闭和编辑按钮。
- LayoutEditorPart：允许用户在运行时自定义 WebPart 控件的布局属性，例如选择最小化或正常状态，或设置控件将出现在目标区域中的位置索引。
- PropertyGridEditorPart：允许用户在运行时编辑已声明为 WebPart 控件的部分自定义属性。

在 SimpleWebPart.aspx 页面的空白单元格中放置 1 个 EditorZone 控件，依次在 EditorZone 区域中添加如上 4 个控件，声明代码如下：

```
        <!--在 EditorZone 中添加 4 个用于编辑 WebPart 控件的 Web 部件-->
        <asp:EditorZone ID="EditorZone1" runat="server" Width="300px">
            <ZoneTemplate>
                <asp:BehaviorEditorPart ID="BehaviorEditorPart1" runat="server" />
                <asp:LayoutEditorPart ID="LayoutEditorPart1" runat="server" />
                <asp:PropertyGridEditorPart ID="PropertyGridEditorPart1"
runat="server" />
                <asp:AppearanceEditorPart ID="AppearanceEditorPart1" runat="server" />
            </ZoneTemplate>
        </asp:EditorZone>
```

运行示例页面，可以看到在可供选择的显示模式中多了 Edit 模式，当切换到该模式后，每个 WebPart 控件的菜单中增加了一个“编辑”按钮，单击某个 WebPart 控件的“编辑”按钮，将显示添加的 EditorPart 控件，允许用户进行编辑，如图 16.10 所示。

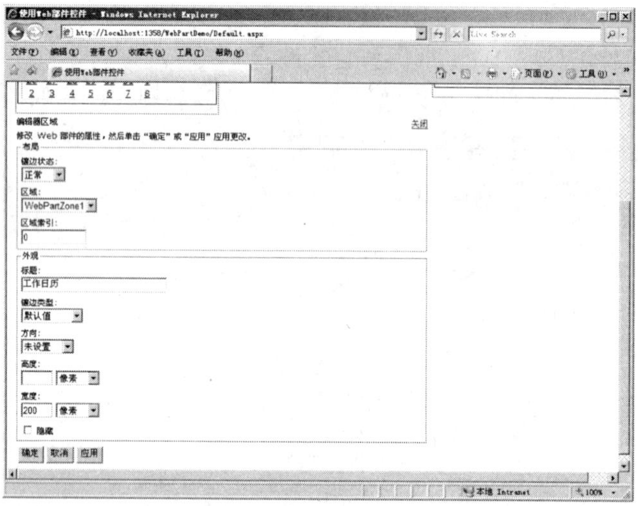

图 16.10　运行时动态编辑 WebPart 控件

图 16.10 仅显示了所添加的两个 EditorPart 控件，而 BehaviorEditorPart 和 PropertyGridEditorPart 需要做一些额外的设置。

1. BehaviorEditorPart 的设置

BehaviorEditorPart 在于编辑以共享方式显示的 WebPart 属性，也就是说，它是一个向所有用户提供个性化显示的属性。当满足以下条件时，该控件不会在页上显示：

- 将要编辑的 WebPart 控件的 IsShared 属性设置为 true。
- 页在用户个性化设置范围中（默认）。

为了显示该控件，需要在 web.config 文件中为授权用户配置在共享个性化设置范围内更改网页的权限，例如，下面的 web.config 配置代码将使所有的用户都具有共享范围内的权限：

```
    <webParts>
      <personalization>
        <authorization>
          <allow users="*" verbs="enterSharedScope"/>
        </authorization>
    </personalization>
    </webParts>
```

指定了授权之后，还需要设置 WebPartManager 控件的 Personalization-InitialScope 属性为

Shared，使个性化的初始范围即为共享范围，页面启动时将进入共享个性化设置范围，并进行所有用户都可以看到的更改。运行该示例，可以看到 BehaviorEditorPart 已经显示出来了，如图 16.11 所示。

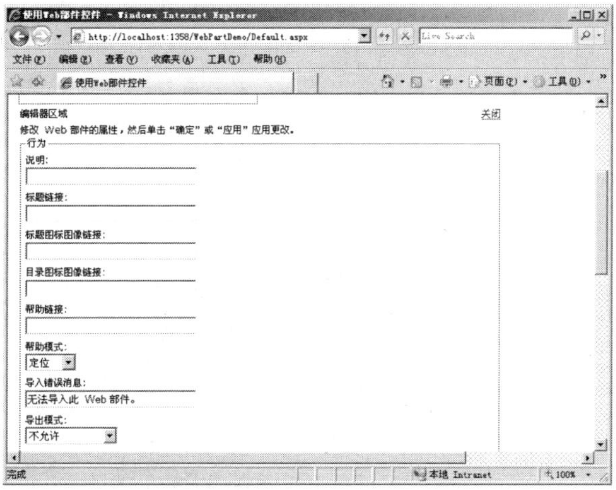

图 16.11　WebPart 控件的形为编辑窗口

2．PropertyGridEditorPart 的设置

PropertyGridEditorPart 控件允许开发人员在编辑器中编辑自定义的 WebPart 属性，它可以为不同类型的属性创建控件，比如为 String、Int、Float、Unit、DateTime 创建 TextBox 控件，Boolean 创建 CheckBox 控件，以及为 Enum 创建 DropDownList 控件。要使用该控件编辑自定义控件，通常需要从 Web 部件中派生一个自定义的控件，定义所需要的属性，并在源代码中使用 WebBrowsableAttribute 属性来记录这些属性，这样 PropertyGridEditorPart 控件会创建基于该属性类型编辑用户界面，详细的示例读者可以参考 MSDN 中的 PropertyGridEditorPart 关键字，可以看到一个使用 PropertyGridEditorPart 控件的示例。

16.1.5　编程控制 WebPart 控件

WebPartManager 控件作为 Web 部件页面的核心，除了可以切换显示模式、控制 WebPart 控件的布局和个性化显示之外，还可以跟踪、添加或移除 WebPart 控件。WebPartManager 提供了非常多的属性，以及多种用于管理 WebPart 控件的事件，它提供了如下几个较常用的属性。

- WebPart 属性：获取对网页上 WebPartManager 控件所跟踪的 WebPart 控件的引用。尽管该集合是只读的，还是可以通过该集合访问各 WebPart 控件，并可以以编程方式更改这些控件。
- Zones：获取对网页上所有 WebPartZoneBase 区域集合的引用。该属性并不引用所有类型的区域，它只引用从 WebPartZoneBase 类派生的区域，包括 WebPartZone 区域。
- CloseProviderWarning、DeleteWarning 和 ExportSensitiveDataWarning 属性：在 Web 部件页面中发生某些状况时，用做警告消息的属性。

WebPartZone 提供了很多的属性让开发人员定制该区域中 WebPart 控件的显示。在默认情况下，该区域中每个 WebPart 控件的菜单形式显示选择项，当单击右上角的小三角按钮时，将弹出一个选择菜单。可以设置 WebPartZone 的 WebPartVerbRenderMode 属性来改变这种默认的显示方式，该属性有两个值。

- Menu：谓词呈现在标题栏中的快捷菜单中，这是默认值。
- TitleBar：谓词在标题栏中直接呈现为链接。

如果将 WebPartVerbRenderMode 属性设置为 TitleBar，则其显示效果如图 16.12 所示。在每个 WebPart 控件上面显示了一排链接工具条。

图 16.12 将 WebPartVerbRenderMode 设为 TitleBar 的效果

将 WebPartVerbRenderMode 设置为 Menu 属性时，可以通过 WebPartZone 的很多以 Menu 开头的 Style 属性设置样式。同样地，当设置为 TitleBar 属性后，可以通过以 TitleBar 开头的 Style 属性设置样式。此外，还可以单独设置每一个选项的样式，WebPartZone 提供了如下几种谓词选项可供设置。

- ConnectVerb：“连接”按钮的设置选项。
- CloseVerb：“关闭”按钮的设置选项。
- DeleteVerb：“删除”按钮的设置选项。
- EditVerb：“编辑”按钮的设置选项。
- ExportVerb：“导出”按钮的设置选项。
- HelpVerb：“帮助”按钮的设置选项。
- MinimizeVerb：“最小化”按钮的设置选项。
- RestoreVerb：“恢复”按钮的设置选项。

WebPartZone 中还具有如下 3 个会影响其显示外观的设置选项。

- PartStyle：获取适用于区域所包含的每个 WebPart 控件的边框和内容的样式特性。
- LayoutOrientation：指定 WebPartZone 中的 WebPart 控件显示时的排列方式，默认值是 Vertical，表示垂直排列；可选值是 Horizontal，表示水平排列值。
- EmptyZoneText：如果 WebPartZone 中没有任何 WebPart 控件时所要显示的文本信息。

WebPart 类是一个派生自 Part 基类的抽象类，该类为所有的 WebPart 控件提供了基本的属性和方法，其中包括一组影响界面外观的常用属性。

- AllowClose：指示最终用户是否可以在网页上关闭 WebPart 控件。
- AllowConnect：指示 WebPart 控件是否允许其他控件与之形成连接。
- AllowEdit：指示最终用户是否可以通过一个或多个 EditorPart 控件提供的用户界面（UI）修改 WebPart 控件。
- AllowHide：指示是否允许最终用户隐藏 WebPart 控件。
- AllowMinimize：指示最终用户是否可以最小化 WebPart 控件。
- AllowZoneChange：指示用户是否可以在两个 WebPartZoneBase 区域之间移动 WebPart

控件。

WebPartManager 控件提供了一些方法和事件来添加、移动和删除 WebPart 控件，下面新建一个非常简单的 WebPart 控件，演示如何动态操作这个自定义的 WebPart 控件，操作步骤如下。

（1）在 SimpleWebPart.aspx 页面中添加 3 个 Button 控件，分别用于添加、移动和删除 WebPart 控件。

（2）新建一个 MyWebPart.cs 的自定义 WebPart 控件，代码如下：

```
using System;
using System.Data;
using System.Configuration;
using System.Web;
using System.Web.UI.WebControls;
using System.Web.UI.WebControls.WebParts;

//自定义的 WebPart 控件

public class MyWebPart:WebPart
{
    public MyWebPart()
    {
    }
   protected override void RenderContents(System.Web.UI.HtmlTextWriter writer)
   {
      writer.Write("超简单的自定义 WebPart 控件");
      base.RenderContents(writer);
   }
}
```

（3）在“添加”、“移动”和“删除”3 个按钮中分别添加如下的事件处理代码，来动态添加、移动和删除 WebPart 控件：

```
   protected void btnAdd_Click(object sender, EventArgs e)
   {
      MyWebPart NewWebPart = new MyWebPart();
      NewWebPart.AllowMinimize = true;
      NewWebPart.Title = "编程添加 WebPart";
      //调用 WebPartManager 控件的 AddWebPart 方法添加一个 WebPart 控件
      WebPartManager1.AddWebPart(NewWebPart, WebPartZone1, 0);
   }
   protected void btnDelete_Click(object sender, EventArgs e)
   {
        //删除动态添加的 WebPart 控件
      foreach (WebPart part in WebPartManager1.WebParts)
      {
         if (part.Title == "编程添加 WebPart")
         {
            WebPartManager1.DeleteWebPart(part);
         }
      }
   }
   protected void btnMode_Click(object sender, EventArgs e)
   {
      foreach (WebPart part in WebPartManager1.WebParts)
      {
         if (part.Title == "编程添加 WebPart")
         {
            //调用 MoveWebPart 方法移动特定的 WebPart 控件
            WebPartManager1.MoveWebPart(part, WebPartZone2, 0);
```

```
            }
        }
    }
```

代码中使用了 WebPartManager 控件的 AddWebPart()、DeleteWebPart()及 MoveWebPart()方法来添加、删除和移动 WebPart 控件，示例运行效果如图 16.13 所示。

图 16.13　编程添加和移除 WebPart 控件

当这些方法被执行时，WebPartManager 控件还会触发相应的事件，事件列表如下。

- AuthorizeWebPart：在控件添加到页之前发生，以验证该控件是否已授权。
- ConnectionsActivated：在页上的所有连接都激活后发生。
- ConnectionsActivating：在激活页上所有连接的过程之前发生。
- DisplayModeChanged：在页的当前显示模式更改后发生。
- DisplayModeChanging：在更改页的显示模式的过程之前发生。
- SelectedWebPartChanged：在取消控件选择后发生。
- SelectedWebPartChanging：在取消控件选择的过程之前发生。
- WebPartAdded：在控件添加到区域后发生。
- WebPartAdding：在控件添加到区域的过程之前发生。
- WebPartClosed：在控件关闭（从页中移除）后发生。
- WebPartClosing：在关闭控件的过程之前发生。
- WebPartDeleted：在动态控件（以编程方式创建或从目录添加的控件）的实例永久删除后发生。
- WebPartDeleting：在删除动态控件的过程之前发生。
- WebPartMoved：在控件在其区域中移动或移动至另一个区域后发生。
- WebPartMoving：在移动控件的过程之前发生。
- WebPartsConnected：在选择来参与连接的两个控件建立连接后发生。
- WebPartsConnecting：在连接两个控件的过程之前发生。

➢ WebPartsDisconnected：在两个连接的控件断开连接后发生。

➢ WebPartsDisconnecting：在断开两个控件的连接的过程之前发生。

在 WebPartManager 控件中响应这些事件将能够更大程度地控制 Web 部件页面的呈现，下面来介绍 Web 部件的另一重大特性——个性化处理。

16.2　Web 部件个性化设置

Web 部件默认会打开个性人机制，这主要源自于机器级别的 web.config 中关于<webParts>配置节的配置，在该配置节中指定 Web 部件默认的提供者为 SqlPersonalizationProvider，表示使用 SQL Server 数据库个性化提供者，connectionStringName 指向默认的 ASPNETDB.mdf 数据库。WebPartManager 控件有一个名为 Personalization 属性，可以访问个性化设置对象的成员，比如使用 ToggleScope()方法来切换 Web 部件的用户范围，或者也可以获取当前个性化设置范围使用的提供者等，本节将详细介绍如何配置和使用 Web 部件的个性化设置。

16.2.1　使用自定义个性化数据库

一般情况下，Web 部件默认的 ASPNETDB.mdf 个性化存储数据库不会满足项目的要求，开发人员都会选择与项目使用的数据库所在的位置来存储个性化设置，这就需要使用类似在 14.2.1 节中介绍的使用 aspnet_regsql.exe 命令配置数据库技术先配置数据库。选择“开始→程序→Microsoft Visual Studio 2010→Visual Studio Tools→Visual Studio 2010 命令提示”命令，打开命令提示窗口，其中输入 aspnet_regsql.exe 命令，在打开的“ASP.NET SQL Server 安装向导”窗口中按照屏幕提示一步步地进行操作。

在配置完成后，可以看到目录数据库中增加了一系列以 aspnet 为前缀的表、视图和存储过程，即图 16.14 所示的数据表用来存储 Web 部件的个性化数据。

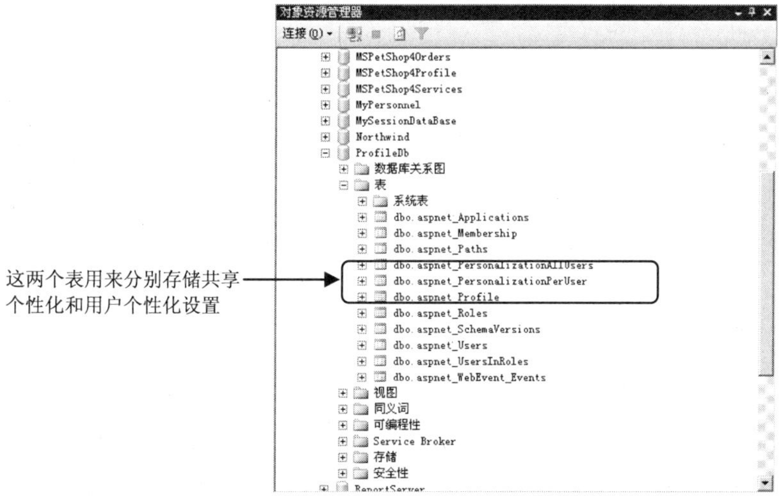

图 16.14　用来存储 Web 部件个性化数据的数据表

配置了数据库以后，需要在 web.config 中使用<webParts>元素来指定自定义的个性化数据库，配置过程与本书在 14.2.1 节中介绍的配置 ASP.NET 个性化类似，首先需要定义一个指向自定义数据库的连接字符串，配置代码如下：

```
<!--创建一个指向自定义数据库的连接字符串-->
<connectionStrings>
  <add name="WebPartPersonalConnectionString"
      connectionString="Data Source=.;Initial Catalog=ProfileDb;User ID=sa"
   providerName="System.Data.SqlClient" />
</connectionStrings>
```

然后需要使用<webParts>元素来指定自定义的连接字符串，配置代码如下：

```
<webParts>
  <!--指定 webParts 的默认提供是指向自定义数据库连接的 AspNetSqlPersonalizationProvider
  提供者-->
  <personalization defaultProvider="AspNetSqlPersonalizationProvider">
    <providers>
      <remove name="AspNetSqlPersonalizationProvider"/>
      <add name="AspNetSqlPersonalizationProvider"
      type="System.Web.UI.WebControls.WebParts.SqlPersonalizationProvider"
      connectionStringName="WebPartPersonalConnectionString"
      applicationName="WebPartDemo" />
    </providers>
  </personalization>
</webParts>
```

配置完成后可以运行<webParts>页面，在页面上执行一些添加或删除的行为后，关闭该页面。

最后打开 ProfileDb 数据库中的表，可以在 aspnet_PersonalizationPerUser 表中看到个性化提供者添加的个性化记录，如图 16.15 所示。当然根据 Web 部件所设置的个性化范围不同，可能记载数据的数据表也不同。

	PathId	PageSettings	LastUpdatedDate
▶	43045-4327-4706-8656-2ed450c6fd8	<二进制数据>	2008-10-28 13:26:30
*	NULL	NULL	NULL

图 16.15　在自定义数据库中添加了持久化记录

16.2.2　理解 Web 部件个性化范围

在默认情况下，任何用户都能够浏览 Web 部件页面，但是为了定制 Web 部件，用户必须要经过验证，未经验证的用户将不能更改 WebPartManager 的 DisplayMode 属性来切换显示模式。因而用户必须要先登录到 Web 网站，本章前面的示例一直使用 Windows 验证模式，因此不需要做额外的工作，便可以访问和修改 Web 部件页面。对于常见的 ASP.NET 项目来说，通常会使用 Forms 身份验证方式，因此在切换显示模式之前，开发人员可以使用 User.Identity.IsAuthenticated 语句来检查用户是否通过验证，以便改变 WebPartManager 控件的 DisplayMode 属性。

Web 部件本身也提供了类似于 ASP.NET 授权的配置选项，在 web.config 配置文件的<webParts>元素下，可以使用<authorization>节来配置 Web 部件的授权，该配置节包含了<allow>和<deny>元素来设置用户和角色的授权选项。当指定 user 或 roles 时，需要指定谓词 verbs，它具有两个值：enterSharedScope 或 modifyState。enterSharedScope 指定用户或角色可以进入共享范围的个性化设置，也就是说，用户在 Web 部件中所做的个性化设置将在多个用户之间共享；modifyState 指定用户可以修改个性化设置。

在下面的示例配置中，将拒绝所有的用户进入共享个性化范围，而允许所有的用户修改个性化配置。

```
<authorization>
  <deny users="*" verbs="enterSharedScope" />
  <allow users="*" verbs="modifyState" />
</authorization>
```

Web 部件具有两种类型的个性化范围，分别存储在数据库的两个表中，它们的个性化范围分别如下。

- 用户个性化：在该范围中页上的个性化设置只应用于当前用户。
- 共享个性化：在该范围中页上的个性化应用于所有用户。

WebPartManager 控件有一个 InitialScope 的属性用于设置个性化范围，默认值是 User，还有一个可选的 Shared。

> **注意**：默认的个性化范围是用户级，用户只能编辑和看到自己的个性化定义，当在 web.config 配置文件中配置 verbs 为 enterSharedScope 后，用户有权限进入共享个性化设置。

在应用程序运行时，开发人员可以使用 WebPartManager 的 Personalization 属性，来编程切换不同的个性化范围，下面举个示例来演示一下不同个性化范围的运行效果，操作步骤如下。

（1）在 WebPartDemo 网站的 DisplayModeMenu.ascx 用户控件中添加 2 个单选按钮允许用户在用户个性化与共享个性化之间进行切换，设计视图如图 16.16 所示。

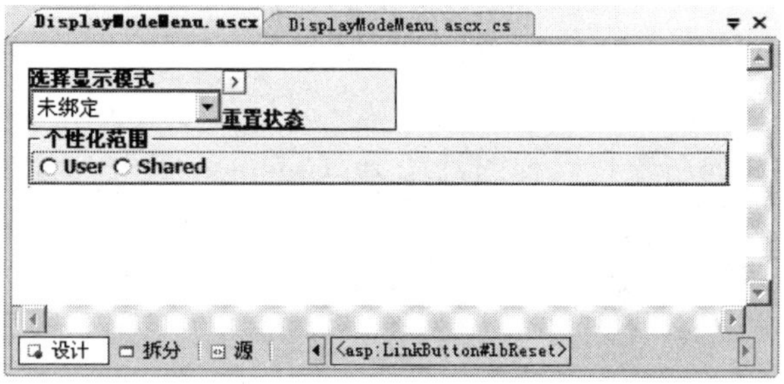

图 16.16　添加允许切换 Web 部件个性化范围的单选按钮控件

在用户控件中同时添加了 1 个 LinkButton 控件，该控件会将个性化重置到数据库中的原始状态，Personalization 属性的 ResetPersonalizationState 可以完成个性化数据的重置工作。

（2）为了能在不同用户之间进行切换，将 WebPartDemo 的验证模式指定为 Forms，web.config 配置代码如下：

```
<authentication mode="Forms">
    <forms loginUrl="login.aspx" name=".ASPXFORMSAUTH">
    </forms>
  </authentication>
  <authorization>
    <deny users="?" />
  </authorization>
```

（3）添加一个名为 login.aspx 的页面允许用户进行登录，在页面中创建了图 16.17 所示的输入表单允许用户进行登录。

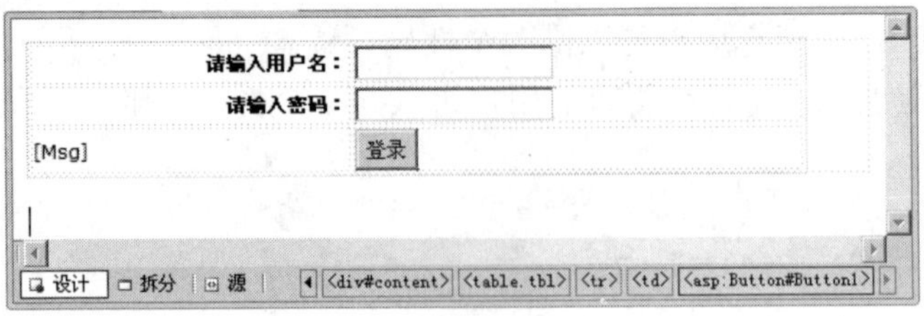

图 16.17　用户登录表单

当用户单击“登录”按钮时，将执行如下代码进行登录，在示例中硬编码了两个用户：

```
protected void Button1_Click(object sender, EventArgs e)
{
    //使用硬编码方式允许用户进行登录，本示例中将使 Ding 使用共享个性化范围，使 Wang 使用用户个
    //性化范围
    if (((txtUserName.Text == "Ding") && (txtPassword.Text == "888888")) ||
        ((txtUserName.Text == "Wang") && (txtPassword.Text == "888888")))
    {
        FormsAuthentication.RedirectFromLoginPage
          (txtUserName.Text, false);
    }
    else
    {
        Msg.Text = "用户名或密码错误，请再试一次";
    }
}
```

（4）还需要配置<webParts>配置元素中的<authorization>元素，只能允许 Ding 有权限进入共享模式，配置代码如下：

```
<authorization>
  <allow users="*" verbs="enterSharedScope"/>
</authorization>
```

（5）切换到用户控件的后置代码视图，在 InitComplete 事件中添加如下代码，来根据用户当前所在的范围设置控件的状态：

```
//如果该用户被指定为共享范围，则显示配置面板，为当前用户选择相应的用户范围，否则隐藏配置面板
    if (_manager.Personalization.CanEnterSharedScope)
    {
        Panel2.Visible = true;
        if (_manager.Personalization.Scope == PersonalizationScope.User)
            RadioButton1.Checked = true;
        else
            RadioButton2.Checked = true;
    }
```

（6）响应 LinkButton 的单击事件及两个 RadioButton 控件的 CheckedChanged 事件，使用 WebPartManager 控件的 Personalization 属性来获取或设置个性化范围，重置个性化数据，代码如下：

```
//重置当前页面中的所有的个性化设置
protected void lbReset_Click(object sender, EventArgs e)
{
    _manager.Personalization.ResetPersonalizationState();
}
//如果当前为共享模式，则切换到用户模式
protected void RadioButton1_CheckedChanged(object sender, EventArgs e)
```

```
{
    if (_manager.Personalization.Scope == PersonalizationScope.Shared)
        _manager.Personalization.ToggleScope();
}
//如果当前为用户模式，则切换到共享模式
protected void RadioButton2_CheckedChanged(object sender, EventArgs e)
{
    if (_manager.Personalization.CanEnterSharedScope &&
        _manager.Personalization.Scope == PersonalizationScope.User)
        _manager.Personalization.ToggleScope();
}
```

运行 SimpleWebPart.aspx 页面，当使用 Ding 登录后定制 WebPart 控件的显示，然后用 Wang 登录会看到 Ding 所编辑的结果，而用 Wang 登录时所做的改变只有本人才能看得到。当单击“重置状态”按钮时，将调用 WebPartPersonalization 类的 ResetPersonalizationState() 方法，该方法会清除数据库中特定范围数据表的个性化设置项。若要管理多个用户的个性化设置数据，必须使用 PersonalizationAdministration 类的各种方法，该类的方法将只限页面的管理员使用，来管理个性化数据。

16.2.3　使用 PersonalizationAdministration 类管理 Web 部件个性化

PersonalizationAdministration 类提供了很多静态的属性和方法，允许开发人员创建一个管理员页面来管理 WebPart 控件的个性化设置，这对于具有成千上万用户的站点来说是非常有必要的。

PersonalizationAdministration 提供的方法如表 16.2 所示，这些方法大多是使用来自个性化数据库中的存储过程，来获取保存在 Web 部件数据表中的信息。

表 16.2　PersonalizationAdministration 的属性和方法

成员名称	成员描述
ApplicationName	获取或设置提供程序指定的应用程序名称
Provider	返回默认个性化设置提供程序的一个实例
Providers	返回按名称索引的个性化设置提供程序集合
FindInactiveUserState	基于指定参数为非活动用户返回每名用户个性化状态信息的集合
FindSharedState	基于指定参数返回共享个性化状态信息的集合
FindUserState	基于指定参数返回用户个性化设置状态的信息集合
GetAllInactiveUserState	返回与非活动用户关联的所有用户个性化设置状态的信息集合
GetAllState	对于请求的个性化设置范围和其他指定参数，从基础数据存储区中返回所有个性化设置状态的信息集合
GetCountOfInactiveUserState	为非活动用户返回基础数据存储区中用户个性化设置项的计数
GetCountOfState	返回基础数据存储区中对应于指定范围和其他参数的个性化设置状态项的计数
GetCountOfUserState	返回基础数据存储区中对应于指定用户的个性化设置状态项的计数
ResetAllState	通过删除所有与指定范围关联的行来重置基础数据存储区中的所有个性化设置数据
ResetInactiveUserState	通过删除基础数据存储区中的关联行来重置每用户个性化设置状态信息
ResetSharedState	为指定的路径重置基础数据存储区中的共享状态
ResetState	基于集合中包含的项，重置基础数据存储区中的个性化设置数据
ResetUserState	为指定的参数重置基础数据存储区中的所有用户状态

本小节创建了一个简单的使用 PersonalizationAdministration 的页面，如图 16.18 所示。

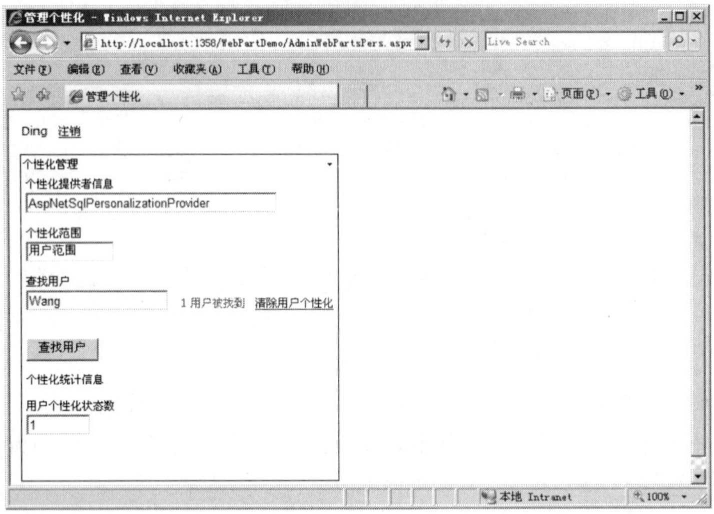

图 16.18 管理用户 Web 部件个性化页面

当用户登录后，可以看到个性化提供者信息、当前用户的个性化范围、可以在个性化数据中查找特定用户的个性化信息、清除用户个性化、可以查看个性化项的统计数据。整个管理页面实现在名为 PersAdmin.ascx 的用户控件中，该页面的后置代码及详细注释如下：

```
WebPartManager _manager;
string _provider;
void Page_Init(object sender, EventArgs e)
{
Page.InitComplete += new EventHandler(InitComplete);         //关联 InitComplete 事件
}
void InitComplete(object sender, System.EventArgs e)
{
    //获取当前宿主页面的 WebPartManager 对象
    _manager = WebPartManager.GetCurrentWebPartManager(Page);
    //获取 WebPart 用户个性化提供者名称
    _provider = PersonalizationAdministration.Provider.Name;
    TextBox1.Text = _provider;
    //获取个性化范围信息
    if (_manager.Personalization.Scope == PersonalizationScope.Shared)
    {
        TextBox2.Text = "共享范围";
    }
    else
        TextBox2.Text = "用户范围";
    Label4.Visible = false;
    //获取状态统计数据
    TextBox4.Text=PersonalizationAdministration.GetCountOfState(PersonalizationS
    cope.User).ToString();
}
//当单击查找用户按钮时，将调用 FindUserState 查找指定用户
protected void Button1_Click(object sender, EventArgs e)
{
    if (TextBox3.Text != null)
    {
        //如果用户输入了用户名，则调用 FindUserState 返回包含指定用户状态信息的
```

```
            PersonalizationStateInfoCollection 集合
            PersonalizationStateInfoCollection findresult;
            findresult = PersonalizationAdministration.FindUserState(null,
            TextBox3.Text);
            //将 PersonalizationStateInfoCollection 集合的数量显示在 Label 控件上
            if (findresult.Count != 0)
            {
                Label4.Text = findresult.Count + "  用户被找到";
                Label4.Visible = true;
            }
            else
            {
                Label4.Text = "没有找到用户";
                Label4.Visible = true;
            }
        }
        else
        {
            Label4.Text = "必须输入用于查找的用户名.";
        }
    }
    //当单击清除指定用户的个性化数据时调用 ResetUserState()方法
      protected void LinkButton1_Click(object sender, EventArgs e)
    {
        if(!string.IsNullOrEmpty(TextBox3.Text))
        {
            string[] users = new string[] { TextBox3.Text };
            //ResetUserState 方法重置基础数据存储区中的所有用户状态
            PersonalizationAdministration.ResetUserState(users);
            Label4.Text = "已经被成功清除";
        }
        else
        {
            Label4.Text = "必须输入用于清除的用户名.";
        }
    }
```

其实 PersonalizationAdministration 中的多数方法只是调用数据库中的存储过程来实现数据的管理，可以在 ProfileDb 数据库的存储过程节点下面看到图 16.19 所示的具有相似名称的存储过程。

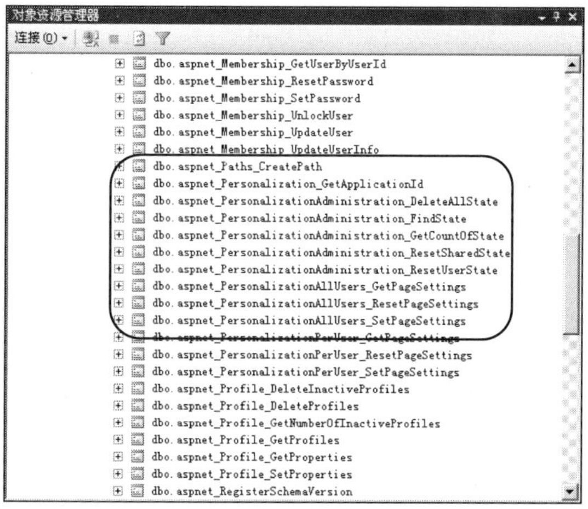

图 16.19　用于管理个性化数据的存储过程

16.2.4 创建 WebPart 控件的个性化属性

在 WebPartZone 中，可以包含任何其他的控件，比如拖 1 个 TextBox 控件，可将该控件将变成 1 个独立的 WebPart 控件。如果想要组合多个控件为 1 个 WebPart 控件，可以考虑将多个控件实现为 1 个用户控件，然后将用户控件添加到 WebPartZone 中。

当一个标准的.NET 控件添加到 WebPartZone 中后，ASP.NET 将隐式调用 WebPartManager.CreateWebPart()方法来创建一个 GenericWebPart 类的实例，并使用所添加的控件进行初始化。GenericWebPart 类派生自 WebPart 基类，提供了 Web 部件核心属性的实现。当它被构建时，将使用用户所添加的控件作为其子控件。

在使用 WebPart 页面时，个性化提供了非常强大的基础机制来保存用户的个性化数据，开发人员也可以定义自己的属性，通过为属性指定 Personalizable，使其支持个性化机制。下面举例演示如何创建 WebPart 控件的个性化属性，操作步骤如下。

（1）新建一个显示图书信息的名为 BookList.aspx 的用户控件，在该控件中放置 1 个 ListBox 控件，该 ListBox 控件放置了一些书籍以供用户进行选择，声明代码如下：

```
<%@ Control Language="C#"
AutoEventWireup="true"
CodeFile="BookList.ascx.cs"
Inherits="BookList" %>
<h5>图书信息</h5>
<asp:ListBox ID="ListBox1" runat="server" AutoPostBack="True">
    <asp:ListItem>ASP.NET 程序设计</asp:ListItem>
    <asp:ListItem>Java 高级开发</asp:ListItem>
    <asp:ListItem>ERP 设计与实施</asp:ListItem>
    <asp:ListItem>CRM 的设计思考</asp:ListItem>
</asp:ListBox>
```

（2）在用户控件的后置代码中添加一个自定义的属性 SelectedBook，该属性可以获取或设置当前所选择的书籍项，并且通过使用 Personalizable，使属性支持序列化机制，定义代码如下：

```
//添加 Personalizable 将使属性被保存到 WebPart 的个性化存储中
[Personalizable]
public String SelectedBook
{
    get
    {
        return (ListBox1.SelectedValue);
    }
    set
    {
        ListBox1.SelectedIndex =
            ListBox1.Items.IndexOf(ListBox1.Items.FindByValue(value));
    }
}
```

（3）将该用户控件添加到 WebPartZone 控件中，可以通过拖动的方式将该用户控件拖到 WebPartZone 中，也可以使用如下代码，通过编程的方式添加到特定的 WebPartZone 中：

```
protected void Page_Load(object sender, EventArgs e)
{
    if(!Page.IsPostBack)
    {
```

```
        //将用户控件添加到 WebPartZone 中
        Control uc = this.LoadControl(@"BookList.ascx");
        uc.ID = "_booklistascx";
        //使用 CreateWebPart 将特定的控件封装为 GenericWebPart
        GenericWebPart wp2 = WebPartManager1.CreateWebPart(uc);
        //添加到 WebPartZone2 区域中
        WebPartManager1.AddWebPart(wp2, WebPartZone2, 1);
        }
    }
```

现在可以运行该示例，当用户控件添加到 WebPartZone 控件之后，选中某一项，然后关闭浏览器窗口，再次进入页面，会看到所选择的书籍信息已经被保存到了个性化之中。如果将 Personalizable 属性去除的话，那么会发现 ListBox 中不会自动出现上一次所选择的书籍项。运用自定义个性化属性的示例运行效果如图 16.20 所示。

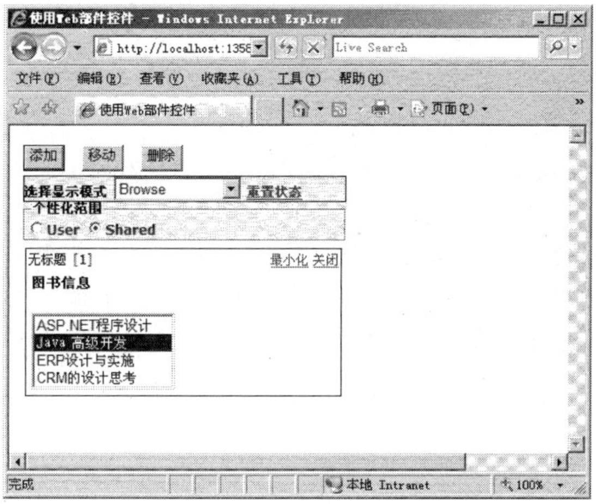

图 16.20　具有自定义个性化属性的用户控件示例

16.3　小结

本章讨论了 ASP.NET 中的 Web 部件技术，使用该技术能够创建极具自定义能力的个性化页面。本章首先简要讨论了如何使用 WebPart 控件、Web 部件的架构、如何使用 Web 部件提供的编辑功能来编辑 WebPart 控件，以及如何通过编程创建和操作 WebPart 控件；然后介绍了 WebPart 技术与 ASP.NET 的个性化技术结合紧密，还介绍了如何为自定义的数据库配置 WebPart 个性化，以及 WebPart 中的两种个性化范围，又介绍了如何使用 PersonalizationAdministration 管理个性化数据；最后介绍了如何为自定义的属性添加个性化的能力。

第五篇

数据访问技术

假如有一个图书销售网站，那么它必须有一个数据库，其中存放着要销售的图书和图书的各种信息，如果是完整的销售网站，它还需要有订单表、用户表，这样登录用户可以知道自己订了哪些物品。网站与数据库关联了，我们就要学习 ASP.NET 的数据访问技术。本篇就介绍 ASP.NET 与 SQL Server 交互的各种技术。本篇的内容主要有：

- ADO.NET 数据访问技术
- ASP.NET 数据绑定技术
- 高级数据绑定控件
- 缓存和异步访问
- LINQ 语言集成查询

第 17 章 ADO.NET 数据访问技术

自从 ASP.NET 2.0 技术带来了一系列数据源控件后，越来越多的开发人员开始产生了数据源依赖心理，包括笔者本人，也非常喜欢数据源控件带来的便利性，但是数据源控件的基础还是依赖于 ADO.NET 数据访问技术进行数据的访问，掌握 ADO.NET 数据访问技术仍然是每一个 ASP.NET 程序员的必备技能。

17.1 ADO.NET 概述

ADO.NET 提供了一套用于访问数据库或 XML 数据源的类库。一般要访问数据库，获取数据时，首先应用程序需要与数据库保持连接，然后向数据库下达 SQL 语句或执行存储过程的命令，最后从数据库中返回结果进行处理。ADO.NET 提供了多种类，来完成与数据库的交互，包括 DbConnection 数据库连接类、DbCommand 用于向数据源下达命令的命令类、DataSet 和 DataReader 等用于从数据库获取结果的类。本节先从概念性的层面理解 ADO.NET 数据访问框架的全貌，然后再分别针对各种数据访问对象进行详细介绍。

17.1.1 ADO.NET 架构

ADO.NET 类位于 System.Data.dll 中，并与 System.Xml.dll 中的 XML 类集成，ADO.NET 本身与 XML 紧密集成。从架构上来说，整个 ADO.NET 体系分为两大类：一类是连接处理部分，用于处理与数据库连接、获取数据源数据或执行数据库命令；另一类用于处理离线编辑，也称为非连接类。大多数类都属于这两大类中的某一个类，除了 DataAdapter 对象外，该对象用于在连接与非连接之间保持桥接作用。

ADO.NET 的总体结构图如图 17.1 所示。

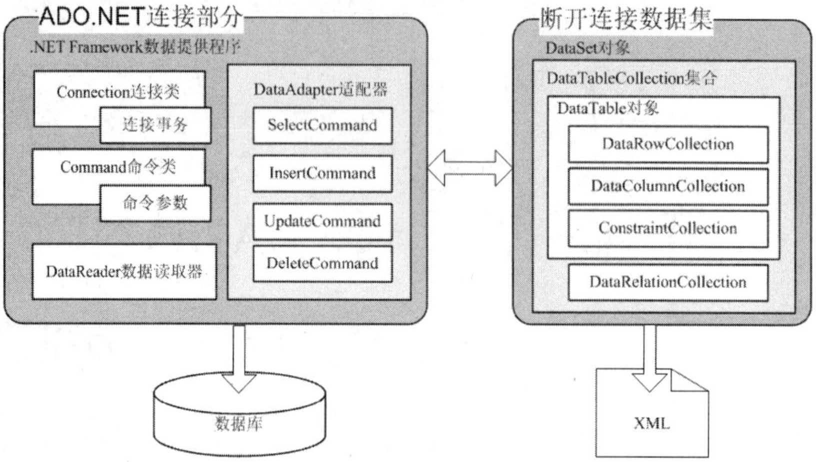

图 17.1　ADO.NET 架构图

由图 17.1 可以看到，连接部分直接与数据源进行交互，连接部分包含如下对象。

- Connection 对象：数据库连接对象，建立与物理数据库的连接。
- Transaction 对象：数据库事务对象，与事务处理相关的类。
- DataAdapter 对象：一个中间对象，一方面从数据库中获取数据并填充到 DataSet 对象中；另一方面用来将 DataSet 中更改的数据更新到数据库中，该对象介于连接对象与非连接对象之间，因此可以看成是一个适配器对象。
- Command 对象：数据命令对象，ADO.NET 中使用这个对象向数据库发送查询、更新、删除、修改操作的 SQL 语句。
- Parameter 对象：参数对象，为 Command 对象中的 SQL 语句提供参数。
- DataReader 对象：数据读取器对象，提供只读、顺向的游标，用于快速读取数据。

非连接部分也可称为断开连接的数据集，一旦获取到数据源中的数据后，会与数据源断开，但是最后还必须通过连接部分的类，来与数据源进行交互，比如更新、添加和删除数据等。非连接部分主要的对象是 DataSet 对象，这是 ADO.NET 非连接数据访问模型的核心。可以将该对象看成是一个小型的内存数据库，其中可以包含 DataTable 对象，类似于一个数据表，每个 DataTable 又由数据列 DataColumn 和数据行 DataRow 组成，在 DataSet 中可以具有类似数据库视图的 DataView 对象、用于定义约束的 Constraint 对象和用于定义表间关系的 DataRelation 对象。

17.1.2　ADO.NET 数据提供者

ADO.NET 为访问不同的数据模型而使用不同提供者程序设计模型，比如为了连接到 SQL Server 数据库，需要使用一套专门为 SQL Server 进行优化过的数据访问类。事实上，所有与 SQL Server 数据访问相关的类都位于 System.Data.SqlClient 命名空间下，同样地，与 Oracle 数据库访问相关的类位于 System.Data.OracleClient 命名空间下。

ADO.NET 提供者模型是一个可扩展的模型，开发人员可以创建特定数据源的自定义提供者，图 17.2 所示为 ADO.NET 提供者模型的示意图。

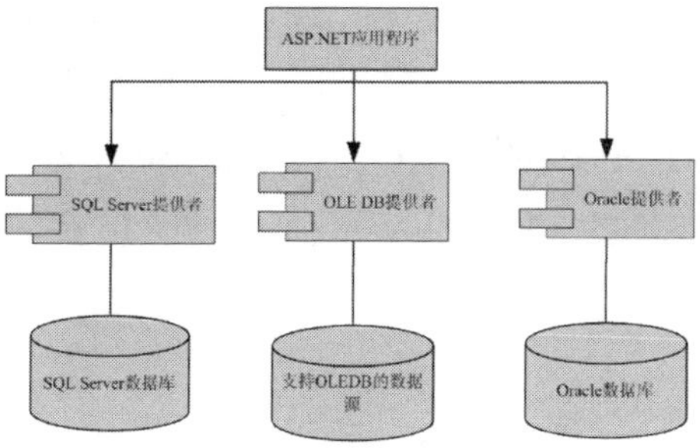

图 17.2　ADO.NET 提供者模型示意图

.NET Framework 内部捆绑了如下 4 个数据提供者。

- SQL Server 提供者：为 SQL Server 提供优化访问的类。
- OLE DB 提供者：提供对有 OLE DB 驱动程序的任何数据源的访问，比如 SQL Server 或 Oracle。
- Oracle 提供者：为 Oracle 提供优化访问的类。
- ODBC 提供者：对具有 ODBC 驱动的任何数据源的访问。

在 System.Data.Common 命名空间中，ADO.NET 提供了用于访问关系型数据库的基类，这些基类以 Db 作为前缀，比如 DbConnection、DbCommand 等对象，ADO.NET 2.0 之后的版本通过从这些基类中派生而实现了特定的数据访问类，这 4 种类型的提供者各有其自己的命名空间。

- System.Data.Odbc：包含 ODBC 数据提供程序类的命名空间。
- System.Data.OracleClient：包含 OracleClient 数据提供程序类的命名空间。
- System.Data.OleDb：包含 OLE DB 数据提供程序类的命名空间。
- System.Data.SqlClient：包含用于访问 SQL Server 数据库的类的命名空间。

17.2　数据库连接类

当需要与数据存储进行交互时，比如关系型数据库，首要的步骤就是建立与数据源的连接。ADO.NET 提供了 Connection 对象用于创建与数据库的连接，创建连接的过程与其他的数据访问技术类似，需要为该连接对象指定一个连接字符串，ADO.NET 在 System.Data.Common 命名空间中提供了 DbConnectionStringBuilder 类，该类提供了强类型的连接字符串生成功能。

17.2.1　DbConnection 数据库连接类

在 ADO.NET 中，所有的连接类都派生自 System.Data.Common 命名空间中的 DbConnection 类。由于不同的数据库需要不同的连接和管理方式，比如当连接到一个 SQL Server 数据库时，需要为连接类指定要连接的服务器、用户名称及密码，而对于 Microsoft Access 数据库来说，需要提供一个文件路径，而且不同的数据源支持不同的操作集，比如 SQL Server 数据库可能允许更改连接，但是对于 Access 数据库来说，这种更改显得意义不大。

为了面对不同种类的数据源，ADO.NET 从 DbConnection 派生了几种数据库连接类，分别位于不同的提供者命名空间内，比如当访问 SQL Server 数据库时，使用定义在 System.Data.SqlClient 命名空间中的 SqlConnection 类，便能得到更好的性能和可操作性。

DbConnection 类层次继承关系如图 17.3 所示，如果需要连接到 Oracle 数据库的提供者对象，可以从 http://www.oracle.com/technology/software/tech/windows/odpnet/index.html 中下载 Oracle 数据访问组件 OPD.NET。

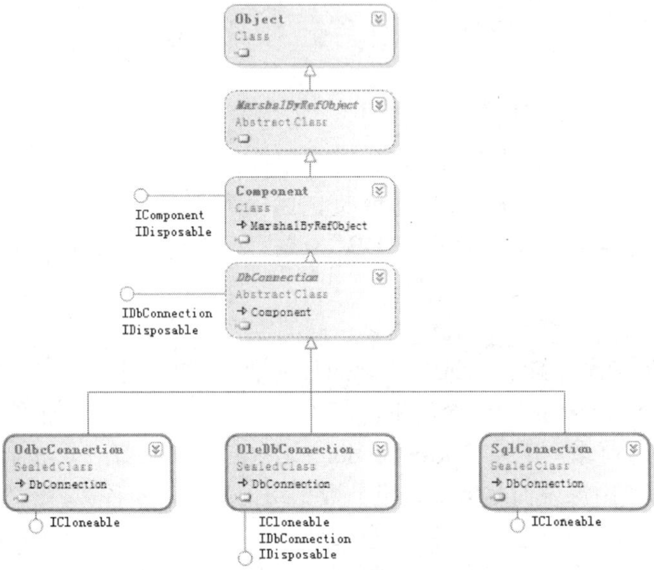

图 17.3　数据库连接类层次结构

以 SqlConnection 对象为例，该对象用于连接 SQL Server 或 SQL Server Express 数据库，专门对微软的 SQL Server 系列产品进行了优化，使性能方面相较于 ODBC 或 OLE DB 有明显提高。

创建 SQL Server 数据库的连接步骤如下：

（1）实例化一个 SqlConnection 对象，为其指定一个连接字符串。

（2）调用 SqlConnection 的 Open()方法打开连接对象，与数据库连通。

（3）在使用完后应该及时地关闭和释放连接对象。

为了防止在连接过程中出现异常，最好使用 try/catch/finally 语句，或使用 using 关键字在使用完后自动释放资源，下面创建一个 DbConnectionDemo 的示例网站，在其中添加一个 UseSqlConnection.aspx 页面，在页面添加 1 个 TextBox 控件和 1 个 Button 控件。

当用户单击按钮时，将连接到 SQL Server 中的 Northwind 数据库，并在 TextBox 控件中显示当前的连接信息，如果发生异常，也会在 TextBox 中显示异常信息，在 Button 控件的单击事件中编写如下代码：

```
//添加对 SQL Server 提供者命名空间的引用
using System.Data.SqlClient;
public partial class UseSqlConnection : System.Web.UI.Page
{
    protected void Button1_Click(object sender, EventArgs e)
    {
        //创建到数据库的连接字符串
```

```
        string sqlConnectionString = "Data Source=.;Initial Catalog=Northwind;Persist
        Security Info=True;User ID=sa";
        //使用指定的连接字符串构造一个连接对象
        SqlConnection conn = new SqlConnection(sqlConnectionString);
        try
        {
            conn.Open();            //打开数据库连接
            lblInfo.Text += "服务器版本：" + conn.ServerVersion + "<br/>";
            lblInfo.Text += "当前连接状态：" + conn.State.ToString() + "<br/>";
            lblInfo.Text += "当前连接字符串" + conn.ConnectionString + "<br/>";
            lblInfo.Text += "连接超时时间:" + conn.ConnectionTimeout.ToString() + "<br/>";
            lblInfo.Text += "数据库名称:" + conn.Database + "<br/>";
            lblInfo.Text += "数据源:" + conn.DataSource + "<br/>";
        }
        catch (SqlException ex)
        {
            lblInfo.Text += "连接时产生了异常，错误消息是：" + ex.Message + "<br/>";
        }
        finally
        {
            //如果当前连接的状态不是Closed状态，则关闭连接
            if (conn.State != ConnectionState.Closed)
            {
                conn.Close();
                lblInfo.Text += "执行完成后，数据库连接关闭<br/>";
            }
        }
    }
}
```

整个事件处理代码可以分为以下 3 个部分：

- 指定连接字符串，这是每次连接数据库必需的一个参数。它指定了到某台服务器中的某个数据库实例，以及验证信息。
- 使用 SqlConnection 重载构造函数，以连接字符串作为参数构造一个新的连接实例。
- 调用 SqlConnection 的 Open()方法打开连接，在代码中使用 try/catch/finally 进行包装，以便当连接无法成功时捕获异常，在最终执行完成时关闭连接，节省服务器端的资源。

在示例代码中，同时使用了 SqlConnection 对象的各种属性，来显示当前连接的数据库版本、状态、连接字符串、数据库名称及数据源名称。在 finally 语句块中，使用 SqlConnection 的 State 属性来判断当前的连接状态，它是一个 ConnectionState 枚举类型的属性值，具有如下几种可选值。

- Closed：连接处于关闭状态。
- Open：连接处于打开状态。
- Connecting：连接对象正在与数据源连接（该值是为此产品的未来版本保留的）。
- Executing：连接对象正在执行命令（该值是为此产品的未来版本保留的）。
- Fetching：连接对象正在检索数据（该值是为此产品的未来版本保留的）。
- Broken：与数据源的连接中断只有在连接打开之后才可能发生这种情况。可以关闭处于这种状态的连接，然后重新打开（该值是为此产品的未来版本保留的）。

通过使用 State 属性，可以随时获取当前连接的状态，以便应用程序的进一步处理，DbConnection 基类还提供了一个 StateChange 的事件，当连接的状态发生变化时，通过处理

该事件，使应用程序可以记录连接状态的变化信息、弹出提示性的信息等。

示例运行效果如图 17.4 所示。

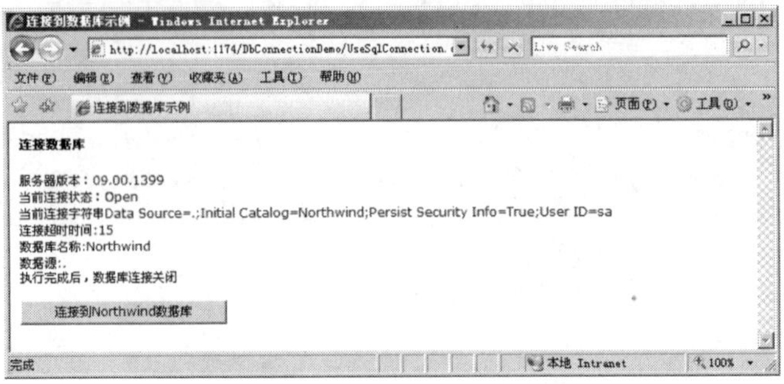

图 17.4　连接到数据库

17.2.2　DbConnectionStringBuilder 创建连接字符串

连接字符串的指定通常是比较严格的，而且各种不同的数据源、不同数据库的验证方式都会影响到连接字符串的定义。ADO.NET 中提供了一个名为 DbConnectionStringBuilder 基类，该类用于构建强类型字符串的基类。不同的提供者通过派生该类，提供了适合其自身连接字符串构建的类，比如 SqlConnectionStringBuilder、DbConnectionStringBuilder 等。

DbConnectionStringBuilder 对象把连接字符串的各个部分拆解为各个不同的属性，比如 DataSource 指定数据源服务器位置、InitialCatalog 指定初始数据库等。上一节示例中的代码硬写入了一个连接字符串，如果使用 SqlConnectionStringBuilder 的话，可以这样编写代码：

```
//使用 DbConnectionStringBuilder 创建连接字符串
SqlConnectionStringBuilder scsb = new SqlConnectionStringBuilder();
scsb.DataSource = "(local)";
scsb.InitialCatalog = "Northwind";
scsb.PersistSecurityInfo = true;
scsb.UserID = "sa";
scsb.Password = "";
//从 SqlConnectionStringBuilder 中获取连接字符串
string sqlConnectionString = scsb.ConnectionString;
```

代码首先构造一个 SqlConnectionStringBuilder 类的实例，然后为其属性赋一些连接信息的值，比如数据源位置、数据库、是否保存安全信息、用户名和密码等，最后通过 SqlConnectionStringBuilder 类的 ConnectionString 值来获取连接字符串。

SqlConnectionStringBuilder 提供了与连接字符串相关的多个属性，比如连接池的管理、连接超时的设置，其常见的属性如下。

- ApplicationName：获取或设置与连接字符串关联的应用程序的名称。
- AttachDBFilename：获取或设置包含主数据文件名称的字符串。该字符串包括可附加数据库的完整路径名。
- ConnectionString：获取或设置与 DbConnectionStringBuilder 关联的连接字符串。
- ConnectTimeout：获取或设置连接超时时间。
- Count：获取 ConnectionString 属性中当前包含值的数目。
- CurrentLanguage：获取或设置 SQL Server 语言记录名称。

- DataSource：获取或设置要连接的 SQL Server 实例的名称或网络地址。
- FailoverPartner：获取或设置在主服务器停机时要连接的伙伴服务器的名称或地址，用于容错冗余处理。
- InitialCatalog：获取或设置与该连接关联的数据库的名称。
- IntegratedSecurity：获取或设置一个布尔值，该值指示是否在连接中指定用户 ID 和密码（值为 false 时），或者是否使用当前的 Windows 登录用户进行身份验证（值为 true 时）。
- MaxPoolSize：获取或设置针对此特定连接字符串连接池中所允许的最大连接数。
- MinPoolSize：获取或设置针对此特定连接字符串连接池中所允许的最小连接数。
- MultipleActiveResultSets：获取或设置一个布尔值，该值指示多活动结果集是否可与关联的连接相关联。
- NetworkLibrary：获取或设置一个字符串，该字符串包含用于建立与 SQL Server 连接的网络库名称。
- PacketSize：获取或设置用来与 SQL Server 的实例通信的网络数据包的大小（以字节为单位）。
- Password：获取或设置 SQL Server 账户的密码。
- PersistSecurityInfo：获取或设置一个布尔值，该值指示如果连接是打开的或者一直处于打开状态，那么安全敏感信息（如密码）是否将不作为连接的一部分返回。
- Pooling：获取或设置一个布尔值，该值指示每次请求连接时该连接是汇入连接池还是显式打开。
- Replication：获取或设置一个布尔值，该值指示是否使用连接来支持复制。
- TransactionBinding：获取或设置一个字符串值，该值指示该连接如何保持与登记 System.Transactions 事务的关联。
- UserID：获取或设置连接到 SQL Server 时要使用的用户 ID。
- UserInstance：获取或设置一个值，该值指示是否将连接从默认的 SQL Server Express 实例重定向到在调用方账户之下运行并且在运行时启动的实例。
- WorkstationID：获取或设置连接到 SQL Server 工作站的名称。

如果想要获取特定连接的详细信息，也可以通过将该连接字符串赋给 DbConnectionStringBuilder 的 ConnectionString 属性，这样所有相关的连接信息将被导入到 DbConnectionStringBuilder 类的属性中，使开发人员可以更轻松地获取连接相关的信息。

17.2.3 连接的关闭和释放

连接使用完后，应该尽量使用 Close()方法关闭连接，以节省服务器端资源。每次打开一个连接，都要消耗一定的服务器端资源。当调用 DbConnection 的 Close()方法时，该方法将回滚任何挂起的事务，如果启用了连接池，连接将被释放到连接池，否则将关闭连接。在关闭连接后，应用程序可以多次调用 Close()方法而不会引发异常，而且还可以调用 Open()方法申请一个新的连接。也就是说，连接被关闭，连接对象依然存在内存中。

SqlConnection 对象的基类 DbConnection 实现了 IDisposable 接口，该接口定义了名为 Dispose()的方法，该方法一般用于释放所分配的资源，特别是对于非托管资源。开发人员可以直接调用 DbConnection.Dispose()方法来释放连接和连接所占用的资源。.NET 提供了 using

语句可以帮助开发人员自动释放连接资源。使用 using 块保证系统在代码退出该块时释放资源。如果正在使用消耗大量内存或其他组件也需要使用的系统资源时，比如文件的 I/O、数据库连接等，这样处理十分有用。

为了演示如何关闭和释放连接，在 DbConnectionDemo 网站中添加一个名为 CloseandDispose Connection.aspx 的页面，在该页面中添加 1 个 Label 控件和 3 个 Button 控件。这 3 个 Button 控件分别演示了如何使用 using 语句块打开在语句块结束时关闭的连接、使用 Close 语句关闭并再次打开连接，以及使用 Dispose()方法释放连接，具体操作步骤如下。

（1）当使用 using 语句块时，最好的方法是在 using 语句中声明和实例化对象，在语句块结束时，using 语句会按照正确的方式调用对象的 Dispose()方法，示例为使用 using 语句块添加了如下代码：

```
        protected void btnUsing_Click(object sender, EventArgs e)
        {
            //指定连接字符串
            string sqlConnectionString = @"Data Source=.;Initial Catalog=Northwind;Persist
Security Info=True;User ID=sa";
            //使用 using 语句块打开并自动释放连接
            using (SqlConnection conn = new SqlConnection(sqlConnectionString))
            {
                conn.Open();
                lblInfo.Text= "<br/>数据库连接已经打开!";
                //为 DbConnection 的 Disposed 添加事件处理器
                conn.Disposed += new EventHandler(conn_Disposed);
            }
        }
        void conn_Disposed(object sender, EventArgs e)
        {
            //当连接释放时，显示释放信息
            lblInfo.Text += "<br/>数据库连接已经释放! ";
        }
```

在代码中，使用 using 语句块构造了一个新的连接对象，在 using 下面的两个大括号之间可以添加任何数据库的处理代码，代码中也关联了连接对象的 Disposed 事件，当退出 using 语句块时，会自动调用 SqlConnection 的 Dispose()方法，此时会触发 Dispoed 事件，在 Label 控件上显示连接已经释放的信息，如图 17.5 所示。

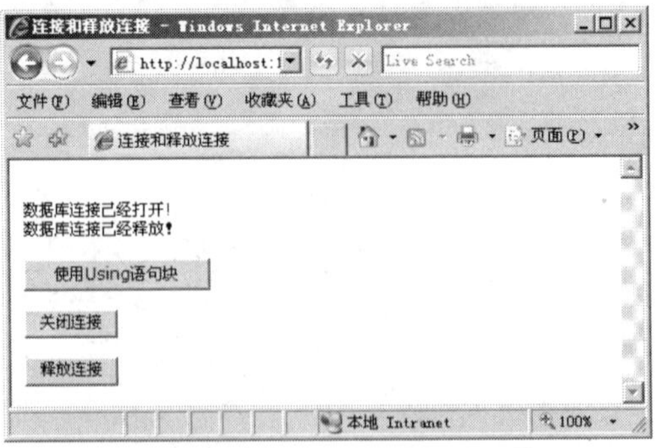

图 17.5　使用 using 语句块打开和释放连接

（2）在“关闭连接”按钮的事件处理器中，当该按钮被单击时，将会打开、关闭并再次打开连接，代码如下：

```
protected void btnClose_Click(object sender, EventArgs e)
{
    //指定连接字符串
    string sqlConnectionString = @"Data Source=.;Initial Catalog=Northwind;"+
    "Persist Security Info=True;User ID=sa";
    //实例化一个数据库连接对象
    SqlConnection conn = new SqlConnection(sqlConnectionString);
    try
    {
        conn.Open();                //打开连接然后关闭并再次打开连接
        lblInfo.Text += "连接已经打开!<br/>";
        conn.Close();
        lblInfo.Text += "连接已经被关闭!<br/>";
        conn.Open();
        lblInfo.Text += "连接再次被打开!<br/>";
    }
    catch (SqlException ex)
    {
        //显示异常信息
        lblInfo.Text += "连接过程中产生了异常，异常信息是：" + ex.Message;
    }
    finally
    {
        if (conn.State != ConnectionState.Closed)
        {
            conn.Close();           //最终关闭连接
        }
    }
}
```

当调用 Close()方法后，连接被关闭，如果开启了连接池，连接被送回到连接池中，否则关闭连接。连接对象依然保存在内存中，因为可以再次打开和关闭连接，因此不要以为连接对象已经被释放而再次开启一个新的连接。

（3）下面来看一下释放连接的代码：

```
protected void btnDispose_Click(object sender, EventArgs e)
{
    //指定连接字符串
    string sqlConnectionString = @"Data Source=.;Initial Catalog=Northwind;"+
    "Persist Security Info=True;User ID=sa";
    //实例化一个数据库连接对象
    SqlConnection conn = new SqlConnection(sqlConnectionString);
    try
    {
        //打开连接然后释放连接，并再次开启连接
        conn.Open();
        conn.Dispose();
        //连接已经被关闭，且对象已经被释放，此时会产生异常
        conn.Open();
    }
    catch (SqlException ex)
    {
     lblInfo.Text += "连接过程中产生了异常，异常信息是：" + ex.Message;    //显示异常信息
    }
    finally
    {
        if (conn.State != ConnectionState.Closed)
        {
```

```
                conn.Close();               //最终关闭连接
            }
        }
    }
```

当单击该按钮时，会产生异常，连接对象已经被释放，再调用连接的方法，会产生 ConnectionString 属性尚未初始化的异常信息，初学者要仔细地区别这一点。

17.2.4 理解和使用连接池

连接数据库服务器是一个相当耗费资源的过程，在第一次与数据库连接时，会明显感觉到页面的响应速度会变慢。这是因为连接需要几个长时间的步骤来完成，首先要建立与服务器的网络连接，然后分析连接字符串中的信息，最后服务器对连接进行身份验证、运行检查，以便在当前事务中登记等。Web 应用程序通常会有成百上千的并发用户，如果为每个用户都重新连接一次数据库服务器，其性能是非常低的。

ADO.NET 提供了连接池技术以提升连接的性能，在默认情况下，当使用前面讨论的连接字符串连接数据库时，连接池已经打开，如果不想使用连接池，可以使用如下的连接字符串关闭连接池：

```
        //指定连接字符串，并关闭连接池
        string sqlConnectionString = @"Data Source=.;Initial Catalog=Northwind;"+
        "Persist Security Info=True;User ID=sa;Pooling=false";
```

ADO.NET 会为每一个唯一的连接字符串都内在地维护一个连接池，连接池中保存的连接数量可以通过参数进行设置。当调用 Open()方法打开一个连接时，ADO.NET 会检查在连接池中是否存在一个具有相同连接字符串的、空闲的物理连接，如果存在就从连接池中取出该连接，否则就会开启一条新的连接，如果已达到连接池的最大值且不存在可用的连接，则该请求将会排队。然后，连接池尝试重新建立连接，直到到达超时时间（默认值为 15 秒）。如果连接池的池进程在连接超时之前无法满足请求，将引发异常。

可以在连接字符串中指定表 17.1 中的属性来设置连接池。

表 17.1 连接字符串中的连接池设置项

名　称	默认值	说　明
Connection Lifetime	0	当连接被返回到池时，将其创建时间与当前时间进行比较，如果时间长度（以秒为单位）超出了由 Connection Lifetime 指定的值，该连接就会被销毁。这在聚集配置中很有用（用于强制执行运行中的服务器和刚置于联机状态的服务器之间的负载平衡）。 零（0）值将使池连接具有最大的连接超时
Connection Reset	true	确定从池中提取数据库连接时是否重置数据库连接。对于 SQL Server 7.0 版，设置为 false，可避免获取连接时再有一次额外的服务器往返行程，但需要注意，此时并未重置连接状态（如数据库上下文）。 只要不将 Connection Reset 设置为 false，连接池程序就不会受到 ChangeDatabase()方法的影响。连接在退出相应的连接池以后将被重置，并且服务器将移回登录时的数据库。不会创建新的连接，也不会重新进行身份验证。如果将 Connection Reset 设置为 false，则池中可能会产生不同的数据库连接

续表

名　　称	默认值	说　　明
Enlist	true	当该值为 true 时，池程序在创建线程的当前事务上下文中自动登记连接。可识别的值为 true、false、Yes 和 No
Load Balance Timeout	0	连接被销毁前在连接池中生存的最短时间（以秒为单位）
Max Pool Size	100	池中允许的最大连接数
Min Pool Size	0	池中允许的最小连接数
Pooling	true	当该值为 true 时，系统将从适当的池中提取 SQLConnection 对象，或在需要时创建该对象并将其添加到适当的池中。可识别的值为 true、false、Yes 和 No

为了演示连接池的应用，在 DbConnectionDemo 网站中添加一个名为 ConnectionPool Demo.aspx 的页面，在该页面中添加 1 个 Label 和 1 个 Button 控件，通过本示例演示如何配置连接池的选项，Button 控件的单击事件代码如下：

```
public partial class ConnectionPoolDemo : System.Web.UI.Page
{

    private StringBuilder sb = new StringBuilder();    //在 StringBuilder 中保存输出信息
    protected void btnConnect_Click(object sender, EventArgs e)
    {
        //指定连接字符串
        string sqlConnectionString = @"Data Source=.;Initial Catalog=Northwind;" +
                                     "Persist Security Info=True;User ID=sa;";
            SqlConnection connection = new SqlConnection();
            //当连接状态发生改变时，显示改变信息
connection.StateChange+=newStateChangeEventHandler(connection_StateChange);
            //在连接字符串中指定连接池选项
            connection.ConnectionString = sqlConnectionString +
                "Connection Timeout=15;Connection Lifetime=0;" +
                "Min Pool Size=0;Max Pool Size=100;Pooling=true;";
            //打开和关闭连接信息
            sb.Append("当前连接字符中: "+ connection.ConnectionString+"<br/>");
            sb.Append("->打开连接<br/>");
            connection.Open();
            sb.Append("->关闭连接<br/>");
            connection.Close();
            //变更连接池的参数
            connection.ConnectionString = sqlConnectionString +
                "Connection Timeout=30;Connection Lifetime=0;" +
                "Min Pool Size=0;Max Pool Size=200;Pooling=true;";
            //输出连接信息
            sb.Append("连接字符串 = " + connection.ConnectionString + "<br/>");
            sb.Append("->打开连接<br/>");
            connection.Open();
            sb.Append("->关闭连接<br/>");
            connection.Close();
            lblInfo.Text = sb.ToString();          //从 StringBuilder 中获取输出信息
        }
        //当连接的状态发生改变时，显示改变信息
        protected void connection_StateChange(object sender, StateChangeEventArgs e)
        {
            sb.Append("Connection.StateChange 事件被触发<br/>");
            sb.Append("原始状态=" + e.OriginalState.ToString() + "<br/>");
            sb.Append("当前状态= " + e.CurrentState.ToString() + "<br/>");
        }
}
```

在代码中，为连接字符串添加不同的连接池配置选项，然后打开和关闭连接，并在 Label 控件中显示连接信息，运行效果如图 17.6 所示。

图 17.6　配置连接池示例

在一般情况下，只要使用默认的连接池配置即可，在前面介绍过当调用 Close()方法或 Dispose()方法时，如果启用了连接池，则连接对象被送回到池中，这是非常重要的。即便.NET 的垃圾回收器会收回无用的连接对象，但是垃圾回收器会忽略打开的连接对象在维持一个打开的连接时所占用的大量的系统资源，因此强烈建议在项目中使用完连接后应该及时地进行关闭。

17.2.5　清除连接池

何时需要清除连接池，这是一个服务器管理问题。对于 ASP.NET 应用程序来说，连接池是在 Web 服务器上维护的。Web 服务器帮助维护每一个到数据库的连接，从数据库连接池中取出连接，分配取出的连接，如果连接池崩溃，比如数据库服务器损毁或重新启动，则数据库连接池被清池，而 Web 服务器对此却一无所知，此时会出现不可预料的行为，比如出现异常、占用系统资源等。ADO.NET 提供了以下两个方法可以清除在 Web 服务器中的连接池设定：

- ClearAllPools()方法清除与给定提供程序相关的所有连接池。
- ClearPool()方法清除与特定连接关联的连接池。

在 DbConnectionDemo 示例网站中添加一个 ClearPoolDemo.aspx 的页面，在该页面中添加 1 个 Label 控件和 2 个 Button 控件，一个 Button 控件用于清除当前给定连接的连接池；另一个 Button 控件用于清除所有的连接池，事件处理代码如下：

```
//清除指定连接的连接池
protected void btnClearPool_Click(object sender, EventArgs e)
{
    //指定连接字符串
    string sqlConnectionString = @"Data Source=.;Initial Catalog=Northwind;" +
    "Persist Security Info=True;User ID=sa";
    //实例化一个数据库连接对象
    SqlConnection conn = new SqlConnection(sqlConnectionString);
    try
```

```
            {
                SqlConnection.ClearPool(conn);          //清除指定连接的连接池
                lblInfo.Text = "当前连接的连接池已经被清除<br/>";
                conn.Open();                            //打开连接然后关闭并再次打开连接
                conn.Close();
                conn.Open();
            }
            catch (SqlException ex)
            {
              lblInfo.Text += "连接过程中产生了异常，异常信息是：" + ex.Message;   //显示异常信息
            }
            finally
            {
                if (conn.State != ConnectionState.Closed)
                {
                    conn.Close();           //最终关闭连接
                }
            }
        }
```

清除所有连接的连接池代码如下：

```
                SqlConnection.ClearAllPools();          //清除所有连接的连接池
```

无论如何，保持数据访问层的良好的设计是非常重要的，开发人员应该尽量使用本节介绍的使用完及时清除的方法来关闭连接，不要依赖.NET 的垃圾回收器，养成及时清除的良好习惯。

17.3　操作数据库

这一节将介绍如何使用 ADO.NET 向数据库发送 SQL 命令、执行存储过程等操作，本节的内容需要始终保持与数据库的连接，并会详细介绍如何处理非连接状态下的数据，以及如何使用 Db Cormmand 操作数据库，如其名所示，该对象将向数据库下达命令，并可以从数据库中获取返回的结果。

17.3.1　使用 DbCommand 操作数据库

DbCommand 是位于 System.Data.Common 命名空间的一个基类，该类提供了对数据源执行 SQL 语句或存储过程的能力，不同的提供者通过派生该类具有了特定的执行命令的能力，比如 SQL Server、Oracle 及 Access 在命令上都会有一定的区别，派生自不同数据源的命令对象，可以执行不同数据源的命令。

以 SQL Server 为例，相应的命令对象为 SqlCommand，位于 System.Data.SqlClient 命名空间，该类提供了同步或异步地执行数据源命令、获取单值结果，以及返回列表值的能力，使用命令对象执行数据库命令的操作步骤如下：

（1）创建指向特定数据库的连接，并打开该连接。

（2）创建一个 SqlCommand 对象，为其 CommandText 属性赋一个 SQL 命令，比如一个 SQL 语句、存储过程或一个表名称。

（3）调用 SqlCommand 对象的各种执行命令的方法，这些方法通常以 Execute 开头。

下面创建一个名为 DbCommandDemo 的网站，本节与 DbCommand 相关的所有示例都在该网站中进行演示。在该网站中添加一个 SelectDataCommand.aspx 的页面，用来演示如何查询 Northwind 数据库中 Customers 表的数据。在页面中添加 1 个 Button 控件和 1 个 GridView 控件，通过 SqlCommand 命令，利用 ASP.NET 的数据绑定技术将数据呈现在 GridView 控件中，Button 控件的事件处理代码如下：

```
protected void btnSearch_Click(object sender, EventArgs e)
{
    //从 web.config 中获取连接信息
    string SqlStr = WebConfigurationManager.
       ConnectionStrings["NorthwindConnectionString"].ConnectionString;
    //构造 SqlConnection 对象用于连接数据库
    using (SqlConnection conn = new SqlConnection(SqlStr))
    {
    conn.Open();                                          //打开连接
    SqlCommand command = new SqlCommand();                //构造 SqlCommand 对象
    command.Connection = conn;                            //指定数据库连接对象
    command.CommandText = "Select top 5 * from Customers";      //指定所要执行的命令
       command.CommandType = CommandType.Text;            //指定命令内型
       //调用 ExecuteReader 方法执行命令，返回一个 SqlDataReader 对象
       using (SqlDataReader sqlreader = command.ExecuteReader())
       {
          if (sqlreader.HasRows)
          {
             //使用数据绑定技术将 GridView 绑定到 SqlDataReader 对象上
             GridView1.DataSource = sqlreader;
             GridView1.DataBind();
          }
       }
       //继续下达命令，获取数据库中的记录数
       command.CommandText = "Select count(*) from Customers";
       //调用 ExecuteScalar 方法返回查询结果中第一行第一个字段的记录
       lblCounts.Text = "共有：" + command.ExecuteScalar().ToString() + "记录!";
    }
```

这段代码按如下步骤执行了两个 SQL 语句：

（1）创建一个 SqlConnection 对象并打开连接，在 using 语句中构建代码，这样在执行完命令后，连接会被自动释放。

（2）新建一个 SqlCommand 对象，并为其指定几个属性来执行命令，首先是 Connection 对象，指定命令要在哪个连接上执行。然后是 CommandText 属性，指定要执行的数据库命令，依赖于 CommandType 属性的不同，可以是一条 SQL 语句、一个存储过程的名称及一个表名称。最后是指定 CommandType 属性，这是一个 CommandType 枚举类型的属性值，具有如下几种可选值。

- Text：默认值，表示 SQL 文本命令，也就是一条 SQL 语句，比如 Select、Insert、Update 或 Delete 语句。
- StoredProcedure：表示存储过程，需要为 CommandType 指定一个存储过程的名称。
- TableDirect：表示一个表的名称，直接为 CommandText 指定一个表名称。

SqlCommand 提供了几种重载的构造函数，使开发人员可以一次性地指定连接和一个 SQL 语句作为参数，因此可将上面的构建代码写入如下更简洁的形式：

```
SqlCommand ommand = new SqlCommand("Select Top 5 * from Customers",conn);
```

（3）使用 SqlCommand 对象的几个方法来执行 SQL 命令，以 Execute 开头的几个常见的方法如下。

- ExecuteNonQuery()：对连接执行 Transact-SQL 语句并返回受影响的行数，用于执行 Insert、Update 及 Delete 这类不返回结果集的 SQL 命令或存储过程。
- ExecuteReader()：将 CommandText 发送到 Connection 并生成一个 SqlDataReader，用于执行返回结果集的命令或存储过程，比如 Select 语句。
- ExecuteScalar()：执行查询，并返回查询所返回的结果集中第一行的第一列。主要用于获取在 SQL 语句中使用聚合函数后的统计结果。
- ExecuteXmlReader()：将 CommandText 发送到 Connection，并生成一个 XmlReader 对象。

在代码中使用了 ExecuteReader()方法返回一个 SqlDataReader 对象，将该对象作为数据源与 GridView 控件进行绑定。ExecuteReader()的重载方法中具有一个参数，该参数是 CommandBehavior 类型的参数，用于指定执行该方法的行为，有如下几种可选值。

- SingleResult：查询返回一个结果集。
- SchemaOnly：查询仅返回列信息。
- KeyInfo：此查询返回列和主键信息。
- SingleRow：在执行返回多个结果集的查询时，查询应返回一行，但每个结果集只有一行。
- SequentialAccess：在 DataReader 处理包含二进制值的列和行。它不是加载整行，而是使 DataReader 将数据作为流来加载。然后，可以使用 GetBytes()或 GetChars()方法来指定开始读取操作的字节位置，以及正在返回数据的有限缓冲区的大小。
- CloseConnection：在执行该命令时，如果关闭关联的 DataReader 对象，则关联的 Connection 对象也将关闭。

示例中也使用了 ExecuteScalar()方法用来统计 Customers 数据表中所有的客户数，将结果显示在 Label 控件上，运行效果如图 17.7 所示。

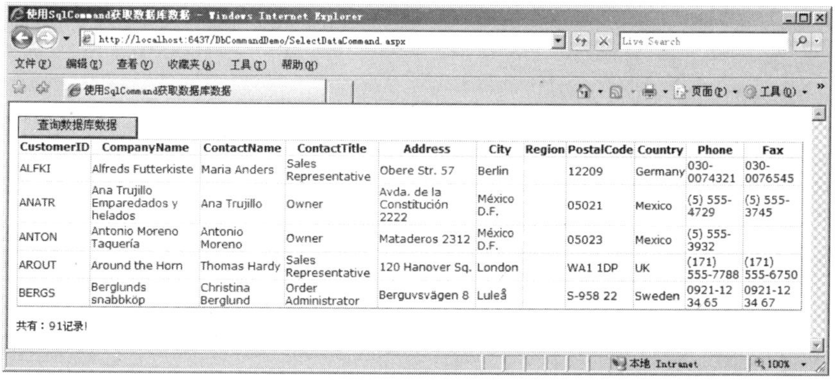

图 17.7 使用 SqlCommand 对象从数据库中查询数据

17.3.2 为 DbCommand 传递参数

假定要通过给定的参数来查找数据库中的指定记录，有多种方式可以实现，比如通过动态组合 SQL 语句就可以实现查询，但是动态组合容易引起很多的问题，很明显这是 SQL 注入问题。DbCommand 提供了一个 Parameters 类型的属性，以 SqlCommand 对象为例，其 Parameters 属性是 SqlParameterCollection 集合类型的属性，接受一个或多个 SqlParameter 对象的集合。

SqlParameter 对象派生自 DbParameter 对象，专门用于为 SqlCommand 提供参数。要在 SqlCommand 中使用参数，需要在 SQL 语句或存储过程中指定参数占位符。SQL Server 与 Access 的区别如下。

（1）SQL Server 是以@开头，后而跟参数名称，比如要查询数据库中指定 CustomerID 的客户信息，可以使用如下语句：

```
SELECT * FROM Customers WHERE CustomerID = @CustID
```

（2）Access 是使用一个“？”号作为占位符，SQL 语句如下：

```
SELECT * FROM Customers WHERE CustomerID = ?
```

在 Access 数据库中不用指定参数名称，因此在使用 DbParameter 为 OleDbCommand 指定参数值时，要注意参数的顺序。使用 SqlParameter 对象时，需要指定参数的名称。下面将 SelectDataCommand.aspx 页面稍做修改，在页面上放置 1 个 DropDownList 控件，在页面加载时从 Northwind 数据库的 Customers 表中取出 CustomerID 字段作为列表项，然后根据用户所选择的 CustomerID 从数据库中取出指定客户编码的客户信息，具体操作步骤如下。

（1）必须向 DropDownList 控件中填充来自 Customers 表的 CustomerID 字段值，在示例中编写了一个 LoadCustomerIDToDropDownList()的方法，代码如下：

```
protected void LoadCustomerIDToDropDownList()
{
    //从 web.config 中获取连接信息
    string SqlStr = WebConfigurationManager.
    ConnectionStrings["NorthwindConnectionString"].ConnectionString;
    //构造 SqlConnection 对象用于连接数据库
    using (SqlConnection conn = new SqlConnection(SqlStr))
    {
        conn.Open();                                         //打开连接
        SqlCommand command = new SqlCommand();               //构造 SqlCommand 对象
        command.Connection = conn;                           //指定数据库连接对象
        command.CommandText = "Select * from Customers";     //指定所要执行的命令
        command.CommandType = CommandType.Text;          //指定命令类型
        //调用 ExecuteReader 方法执行命令，返回一个 SqlDataReader 对象
        using (SqlDataReader sqlreader = command.ExecuteReader())
        {
            if (sqlreader.HasRows)
            {
                //将 SqlDataReader 中的数据库载入到 DataSet 中，使之成为一个离线的数据表
                DataSet ds = new DataSet();
                ds.Load(sqlreader, LoadOption.OverwriteChanges, new string[]
                { "Customers" });
                //绑定到 DataSet 中的第一个表
                DropDownList1.DataSource = ds.Tables[0];
                //指定 DropDownList 控件的显示字段和选中的值字段
                DropDownList1.DataTextField = "CustomerID";
                DropDownList1.DataValueField = "CustomerID";
                //执行数据绑定
```

```
                DropDownList1.DataBind();
            }
        }
    }
}
```

这段代码使用 SqlCommand 对象查询数据库中 Customer 表的所有记录，并将之加载到 DataSet 数据集中。

（2）使用 ASP.NET 的数据绑定技术绑定到表中的 CustomerID 字段，在 Page_Load 事件中，编写了如下代码调用该方法：

```
protected void Page_Load(object sender, EventArgs e)
{
    //如果页面是第一次加载而非回发加载
    if (!Page.IsPostBack)
    {

        LoadCustomerIDToDropDownList();        //从数据库中获取 Customers 表的
        CustomerID 字段值
    }
}
```

（3）处理按钮的单击事件，为了保持之前编写的代码不被覆盖，先使用了 VS 2010 自带的重构工具将原本放在按钮单击事件中的代码，通过提取方法来重新放在一个新的方法中，“提取方法”对话框如图 17.8 所示。

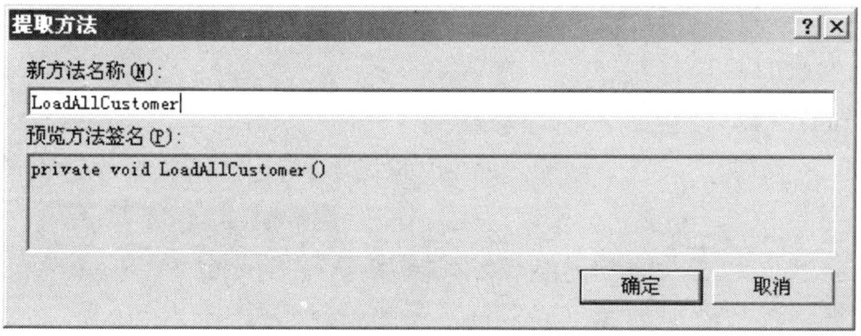

图 17.8　使用 VS2010 的提取方法

创建一个新的方法名为 LoadSpecialCustomer()，该方法接受一个 CustomerID 输入参数，在该方法中使用 SqlParameter 对象设置 SqlCommand 中的参数，代码如下：

```
private void LoadSpecialCustomer(string CustomerID)
{
    //从 web.config 中获取连接信息
    string SqlStr = WebConfigurationManager.
        ConnectionStrings["NorthwindConnectionString"].ConnectionString;
    //构造 SqlConnection 对象用于连接数据库
    using (SqlConnection conn = new SqlConnection(SqlStr))
    {
        //打开连接
        conn.Open();
        //构造 SqlCommand 对象
        SqlCommand command = new SqlCommand("Select * from Customers Where
        CustomerID=@CustomerID",conn);
        //实例化一个 SqlParameter 对象
        SqlParameter sparameter = new SqlParameter("@CustomerID", DbType.String);
        //指定 SqlParameter 对象的值为函数的输入参数
```

```
            sparameter.Value = CustomerID;
            //将该参数添加到 SqlCommand 的 Parameters 集合中
            command.Parameters.Add(sparameter);
            //调用 ExecuteReader 方法执行命令，返回一个 SqlDataReader 对象
            using (SqlDataReader sqlreader = command.ExecuteReader())
            {
                if (sqlreader.HasRows)
                {
                    //使用数据绑定技术将 GridView 绑定到 SqlDataReader 对象上
                    GridView1.DataSource = sqlreader;
                    GridView1.DataBind();
                }
            }
            //继续下达命令，获取数据库中的记录数
            command.CommandText = "Select count(*) from Customers";
            //调用 ExecuteScalar 方法返回查询结果中第一行第一个字段的记录
            lblCounts.Text = "数据库 Customer 表中共有：" +
command.ExecuteScalar().ToString() + "记录!";
        }
    }
```

代码中的查询语句具有一个名为@CustomerID 的参数，接着声明一个 SqlParameter 对象，该对象具有 7 种重载的构造函数，允许指定参数名称、类型、大小、参数方向及参数值。也可以构造 SqlParameter 对象后，通过其属性来设置参数信息，SqlParameter 的 Direction 属性用于指定参数的方向，这是一个 ParameterDirection 类型的枚举值，有如下几种可选值。

➢ Input：参数是输入参数，这是默认设置。

➢ Output：参数是输出参数。

➢ InputOutput：参数既能输入，也能输出。

➢ ReturnValue：参数表示诸如存储过程、内置函数或用户定义函数之类的操作的返回值。

本示例中需要向 SQL 语句传入参数，因此指定为 Input，这也是默认值。假如需要从 SQL 中传出值，比如获取存储过程的输出结果，则需要使用 Output 或 ReturnValue。定义好参数之后，还必须记得将参数添加到 SqlCommand 的 Parameters 集合中。

（4）运行示例应用程序，在 DropDownList 下拉列表框中选中某个客户编号，然后单击“查询”按钮，显示出所选的客户信息，运行效果如图 17.9 所示。

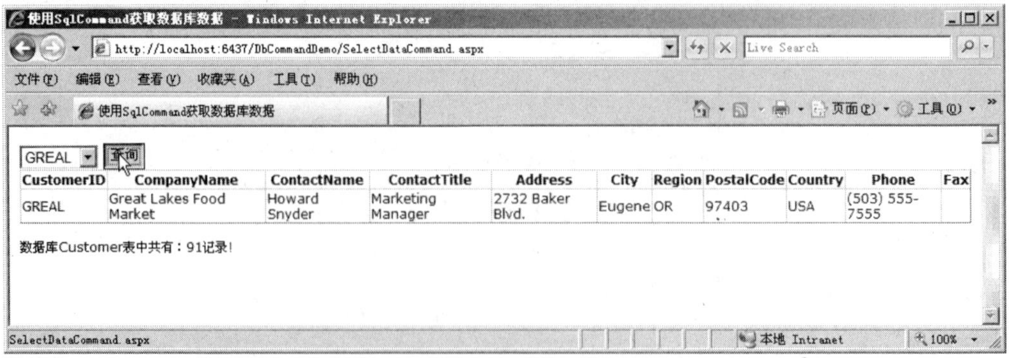

图 17.9　使用参数化的 SQL 语句

17.3.3　使用 DbCommand 执行存储过程

使用 DbCommand 命令执行存储过程与前面两节介绍的执行 SQL 语句的命令相似，不同之处在于为 SqlCommand 对象指定一个存储过程名，并指定 CommandType 属性的值为 StoredProcedure，表示执行一个存储过程，其他的技术都与前面介绍的类似。

这一节来创建一个使用存储过程的示例，在示例数据库 AdventureWorks 中有一个名为 uspGetBillOfMaterials 的存储过程，使用该存储过程可以查看某一产品的 BOM 物料清单，物料清单是 MRP 系统中一个非常重要的组成部分，在 AdventureWorks 的 BillOfMaterials 数据表中简单地保存了物料的层次结构。uspGetBillOfMaterials 通过递归 BillOfMaterials 表中的层次结构，来获取特定产品的产品结构，这是一个非常好的用 CTE 来学习递归的示例，代码及注释如下：

```
ALTER PROCEDURE [dbo].[uspGetBillOfMaterials]
    @StartProductID [int],
    @CheckDate [datetime]
AS
BEGIN
    SET NOCOUNT ON;
    --使用递归查询生成一个多层次的物料清单，举例来说所有位于层次 1 中的组件是层次 0 的装配件，所有位
    于层次 2 的组件是层次 1 的装配件。CheckDate 将会清除在该日期之外的装配件，使之不出现在物料清单中
    WITH[BOM_cte]([ProductAssemblyID],[ComponentID],[ComponentDesc],[PerAssemblyQty
    ], [StandardCost], [ListPrice], [BOMLevel], [RecursionLevel]) -- CTE name and
    columns
    AS (
        --第一层递归，取得基本物料资料
        SELECT b.[ProductAssemblyID], b.[ComponentID], p.[Name], b.[PerAssemblyQty],
        p.[StandardCost], p.[ListPrice], b.[BOMLevel], 0 -- Get the initial list of
        components for the bike assembly
        FROM [Production].[BillOfMaterials] b
            INNER JOIN [Production].[Product] p
            ON b.[ComponentID] = p.[ProductID]
        WHERE b.[ProductAssemblyID] = @StartProductID
            AND @CheckDate >= b.[StartDate]
            AND @CheckDate <= ISNULL(b.[EndDate], @CheckDate)
        UNION ALL
        --多级递归，依次取出上级递归的装配件中的子件
        SELECT b.[ProductAssemblyID], b.[ComponentID], p.[Name], b.[PerAssemblyQty],
        p.[StandardCost], p.[ListPrice], b.[BOMLevel], [RecursionLevel] + 1 --增加递归
        的层级
        FROM [BOM_cte] cte
            INNER JOIN [Production].[BillOfMaterials] b
            ON b.[ProductAssemblyID] = cte.[ComponentID]
            INNER JOIN [Production].[Product] p
            ON b.[ComponentID] = p.[ProductID]
        WHERE @CheckDate >= b.[StartDate]
            AND @CheckDate <= ISNULL(b.[EndDate], @CheckDate)
        )
    --在 CTE 的外部使用分组的方式查询递归数据，得到基本用量
    SELECT b.[ProductAssemblyID], b.[ComponentID], b.[ComponentDesc],
    SUM(b.[PerAssemblyQty]) AS [TotalQuantity] , b.[StandardCost], b.[ListPrice],
    b.[BOMLevel], b.[RecursionLevel]
    FROM [BOM_cte] b
    GROUPBYb.[ComponentID],b.[ComponentDesc], b.[ProductAssemblyID], b.[BOMLevel],
    b.[RecursionLevel], b.[StandardCost], b.[ListPrice]
    ORDER BY b.[BOMLevel], b.[ProductAssemblyID], b.[ComponentID]
    OPTION (MAXRECURSION 25)
```

```
END;
```

下面分析一下该存储过程的代码，需要理解以下的表结构，这是一个自引用的数据表，其字段及注释如下：

```
CREATE TABLE [Production].[BillOfMaterials](
    --BOM 唯一性的编号
    [BillOfMaterialsID] [int] IDENTITY(1,1) NOT NULL,
    --父项产品编码，引用 Production.Product 表中的主键
    [ProductAssemblyID] [int] NULL,
    --子项产品编码，引用 Production.Product 表中的主键
    [ComponentID] [int] NOT NULL,
    --物料的起始生效日期
    [StartDate] [datetime] NOT NULL,
    --物料的终止生效日期
    [EndDate] [datetime] NULL,
    --计量单位编码
    [UnitMeasureCode] [nchar](3),
    --BOM 层次位置
    [BOMLevel] [smallint] NOT NULL,
    --产品的单台用量
    [PerAssemblyQty] [decimal](8, 2) NOT NULL
    --修改日期
    [ModifiedDate] [datetime] NOT NULL ,
)
```

可以看到，该表用于在关系型数据库中保存层次结构，ProductAssemblyID 表示父项编号，ComponentID 表示子项编号，其数据都是来自 Product 表的 ProductID 编号。uspGetBillOfMaterials 使用 CTE 来递归查询该表，从第一层的产品数据开始查询，通过 Union 语句不断地与 CTE 进行递归，直到 b.[ProductAssemblyID]=cte.[ComponentID]的条件不成立，也就是当前的配件不再有子件为止，这是常见的 BOM 递归算法，当然尽管它过于简单，但是对于初学者还是有很好的借鉴作用。

本节的示例将演示如何使用 uspGetBillOfMaterials 查询 AdventureWorks 数据表中指定产品的 BOM 物料清单。添加一个 BOMDemo.aspx 的页面，在该页面中设计了图 17.10 所示的用户界面。

图 17.10　物料清单查询界面

在 DropDownList 控件中，将会从 AdventureWorks 数据库的 Product 表中获取产品编码，当用户单击“查看”按钮时，将执行 uspGetBillOfMaterials 存储过程来显示物料清单列表，下面分步介绍如何实现这个示例。

（1）在 web.config 配置文件中添加连接到 AdventureWorks 数据库的连接字符串，代码如下：

```
        <connectionStrings>
```

```
<!--连接到 Northwind 数据库的连接字符中-->
    <add name="NorthwindConnectionString"
   connectionString="Data Source=.;Initial Catalog=Northwind;
   Persist Security Info=True;User ID=sa"
   providerName="System.Data.SqlClient"/>
<!--连接到 AdventureWorks 数据库的连接字符串-->
<add name="AdventureWorksConnectionString"
   connectionString="Data Source=.;Initial Catalog=AdventureWorks;
   Persist Security Info=True;User ID=sa"
   providerName="System.Data.SqlClient"/>
 </connectionStrings>
```

（2）在 BomDemo.aspx 页面的后置代码文件中添加一个 LoadProductNumberToDropDownList() 的方法，该方法将从 Product 产品表中获取产品名称和编码，并添加到 DropDownList 控件中。在 Page_Load 事件中调用该方法，使页面在第一次加载时可以显示产品表中的产品编码，代码如下：

```
protected void Page_Load(object sender, EventArgs e)
{
   //如果页面是第一次加载而非回发加载
   if (!Page.IsPostBack)
   {
      //从数据库中获取 Customers 表的 CustomerID 字段值
      LoadProductNumberToDropDownList();
   }
}
protected void LoadProductNumberToDropDownList()
{
   //从 web.config 中获取连接信息
   stringSqlStr=WebConfigurationManager.
   ConnectionStrings["AdventureWorksConnectionString"].ConnectionString;
   //构造 SqlConnection 对象用于连接数据库
   using (SqlConnection conn = new SqlConnection(SqlStr))
   {
      conn.Open();                                    //打开连接
      SqlCommand command = new SqlCommand();           //构造 SqlCommand 对象
      command.Connection = conn;                        //指定数据库连接对象
      //指定所要执行的命令
      command.CommandText = "Select * from Production.Product Where
      FinishedGoodsFlag=1";
      //指定命令类型
      command.CommandType = CommandType.Text;
      //调用 ExecuteReader 方法执行命令，返回一个 SqlDataReader 对象
      using (SqlDataReader sqlreader = command.ExecuteReader())
      {
         if (sqlreader.HasRows)
         {
            //将 SqlDataReader 中的数据库载入到 DataSet 中，使之成为一个离线的数据表
            DataSet ds = new DataSet();
            ds.Load(sqlreader, LoadOption.OverwriteChanges, new string[]
            { "Product" });
            ddlProduct.DataSource = ds.Tables[0];      //绑定到 DataSet 中的第一个表
            //指定 DropDownList 控件的显示字段和选中的值字段
            ddlProduct.DataTextField = "ProductNumber";
            ddlProduct.DataValueField = "ProductID";
            ddlProduct.DataBind();                   //执行数据绑定
         }
```

```
        }
    }
}
```

（3）编写按钮单击事件的事件处理代码，代码将执行存储过程，把返回的结果集合绑定到 GridView 控件上，同样地，创建一个新的方法名为 GetBOMList()，该方法获取一个产品编码，再使用该编码作为存储过程的输入参数，该方法代码如下：

```
protected void GetBOMList(int ProductID)
{
    //从 web.config 中获取连接信息
    stringSqlStr=WebConfigurationManager.
    ConnectionStrings["AdventureWorksConnectionString"].ConnectionString;
    //构造 SqlConnection 对象用于连接数据库
    using (SqlConnection conn = new SqlConnection(SqlStr))
    {
        conn.Open();                                              //打开连接
        SqlCommand command = new SqlCommand();                    //构造 SqlCommand 对象
        command.Connection = conn;                               //指定数据库连接对象
        //指定所要执行的命令，这里指定存储过程的名称
        command.CommandText = "uspGetBillOfMaterials";
        //指定命令类型为存储过程
        command.CommandType = CommandType.StoredProcedure;
        //使用 AddWithValue 方法添加存储过程的参数
        command.Parameters.AddWithValue("@StartProductID",ProductID);
        command.Parameters.AddWithValue("@CheckDate",DateTime.Now);
        //调用 ExecuteReader 方法执行命令，返回一个 SqlDataReader 对象
        using (SqlDataReader sqlreader = command.ExecuteReader())
        {
            if (sqlreader.HasRows)
            {
                //将 SqlDataReader 中的数据库载入到 DataSet 中，使之成为一个离线的数据表
                DataSet ds = new DataSet();
                ds.Load(sqlreader, LoadOption.OverwriteChanges, new string[]
                { "BOM" });
                //绑定到 DataSet 中的第一个表
                GridView1.DataSource = ds.Tables[0];
                //执行数据绑定
                GridView1.DataBind();
            }
        }
    }
}
//单击按钮时，调用 GetBOMList 方法显示物料清单信息
protected void btnSearch_Click(object sender, EventArgs e)
{
    GetBOMList(int.Parse(ddlProduct.SelectedValue.ToString()));
```

可以看到，除了 CommandText 属性要指定存储过程的名称、CommandType 要指定 StoredProcedure 之外，其他的执行代码与本节前面看到的示例是相同的。在为 SqlCommand 对象添加参数时，参数必须与存储过程中定义的参数名称，以及输入/输出方向保持一致。该示例的运行效果如图 17.11 所示。

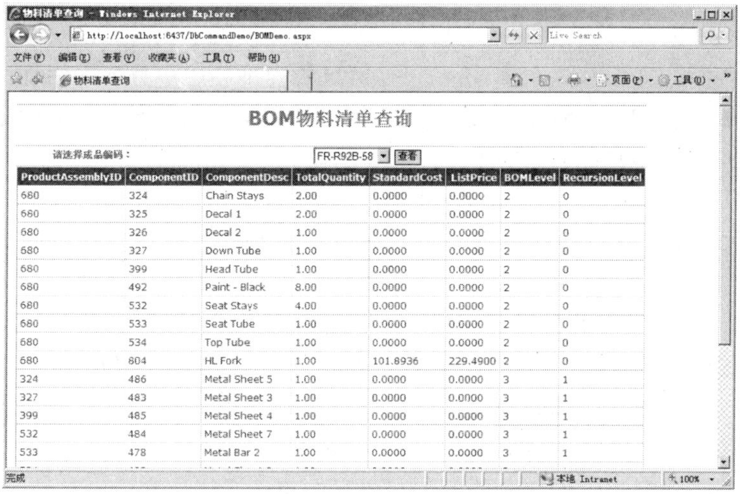

图 17.11　物料清单查询示例运行效果

17.4　事务处理

事务是数据库保持数据一致性和正确性的一种机制，事务是这样的一组操作，即在一系列的操作中所有的操作要么全部成功执行，要么全部都失败。以信息管理系统中的销售出货为例，当某件物品要出货时会涉及以下两个步骤：

（1）从产品仓库中减少要出货的产品数量 10000 个。

（2）将销售出货数量新增 10000 个，以便于财务人员开出应收票据。

这两步操作缺一不可，而且必须要保证在一个事务内完成，由于某些原因第 2 步操作失败了，那么必须将第 1 步操作页取消，否则就会导致账面数与实际数的巨大差异，从而导致信息管理系统的实际应用面临失败的风险。

本节将深入研究应用 ADO.NET 的数据库事务，学习 System.Transactions 和 TransactionScope 两个类的使用。

17.4.1　ASP.NET 应用程序事务处理

事务具有一个非常知名的属性，英文简写是 ACID，表示事务必须是原子性（Atomic）、一致性（Consistent）、隔离性（Isolated）和持久性（Durable）。

- 原子性：事务中所有的操作步骤要么都成功执行，要么全部失败。
- 一致性：事务将数据源从一种稳定状态转变为另一种稳定状态。
- 隔离性：一个事务不应该影响到其他事务的运行，保持每个事务都是一个独立的实体。
- 持久性：事务中所做的修改将永久地存储在某些介质上。

开始使用事务时必须理解，事务是具有一定系统开销的。每次使用一种事务时，它总是涉及一些锁定资源的开销。而且要在数据源中使用事务，数据源必须提供对事务的支持，SQL Server 2005 提供了对 BEGINTRANSACTION、SAVE TRANSACTION、COMMIT TRANSACTION 和 ROLLBACK TRANSACTION 等 T-SQL 语句的支持，以完成事务处理。

通常有 3 种类型的事务处理方式，这些方式具有不同的系统开销，从小到大依次如下。

- 存储过程事务：使用 T-SQL 语句在存储过程内部使用事务，因为代码完全放在数据库服务器上，存储过程也经过预编译，因而可以提供较佳的性能，但是这要求开发人员对 T-SQL 较为熟悉。
- 数据访问 API 提供的事务处理：由客户端数据访问 API 提供事务处理控制，比如 ADO.NET、ODBC 和 OLE DB。这种方式需要额外的网络资源。
- 分布式事务处理：如果要涉及多个数据库的处理，需要使用微软的事务处理服务器 MTS 和 COM+，COM+事务使用两阶段提供协议，在内部使用 MSDTC 协助多种数据库事务。

ADO.NET 对事务处理提供了强有力的支持，在各个提供者命名空间中提供了与提供者相对应的事务对象，比如 SqlTransaction、OleDbTransaction。此外开发者也可以使用 System.Transactions 命名空间中包含的类编写自己的事务应用程序。

17.4.2 使用 Transaction 类处理事务

ADO.NET 使用 Transaction 对象处理事务的步骤如下：

（1）创建数据库连接，调用连接对象的 BeginTransaction 创建 Transaction 对象，比如在 SqlConnection 对象上调用 BeginTransaction 创建 SqlTransaction 对象。

（2）设置 Transaction 对象的属性，将 Transaction 对象赋给多个 DbCommand 的 Transaction 属性，使这些命令对象共享同一个事务。

（3）始终使用 try/catch 块来进行命令对象的执行，当所有命令执行成功时，调用 Commit() 方法提交事务。如果出现任何执行命令的异常，则调用 Rollback()方法回滚事务。

下面看一个简单的示例，在 AdventureWorks 示例数据库中，Employee 表中存储了员工信息，EmployeePayHistory 表中存储了员工的工资支付历史信息，比如员工的调薪比率、发薪次数、变更日期等。每当更新员工雇用信息时，会同时在 EmployeePayHistory 记录历史信息。在 AdventureWorks 数据库中，uspUpdateEmployeeHireInfo 存储过程实现了这个过程，该存储过程使用了事务来处理信息的更新工作，其代码如下：

```
ALTER PROCEDURE [HumanResources].[uspUpdateEmployeeHireInfo]
    @EmployeeID [int], --员工编号
    @Title [nvarchar](50), --职位
    @HireDate [datetime], --入职日期
    @RateChangeDate [datetime], --调薪日期
    @Rate [money],调薪比率
    @PayFrequency [tinyint],发薪次数
    @CurrentFlag [dbo].[Flag]当前状态
AS
BEGIN
    SET NOCOUNT ON;
    --将更新代码使用try/catch进行包装，以便捕获异常
    BEGIN TRY
        BEGIN TRANSACTION;
        --更新Employee数据表，写入员工信息
        UPDATE [HumanResources].[Employee]
        SET [Title] = @Title
            ,[HireDate] = @HireDate
```

```
                ,[CurrentFlag] = @CurrentFlag
            WHERE [EmployeeID] = @EmployeeID;
            --更新 EmployeePayHistory 表，写入发薪信息
            INSERT INTO [HumanResources].[EmployeePayHistory]
                ([EmployeeID]
                ,[RateChangeDate]
                ,[Rate]
                ,[PayFrequency])
            VALUES (@EmployeeID, @RateChangeDate, @Rate, @PayFrequency);
            --成功完成提交，数据被正式保存到数据库中
            COMMIT TRANSACTION;
        END TRY
        BEGIN CATCH
            --如果出现异常，则回滚事务
            IF @@TRANCOUNT > 0
            BEGIN
                ROLLBACK TRANSACTION;
            END
            --调用 uspLogError 写入事件日志
            EXECUTE [dbo].[uspLogError];
        END CATCH;
    END;
```

代码中使用 SQL Server 2005 新增的 try/catch 语句，捕捉应用程序中可能出现的异常，在 try 语句后面使用 BEGIN TRANSACTION 开始事务处理，如果一切正常，则调用 COMMIT TRANSACTION 提交异常，如果出现了异常，则调用 ROLLBACK TRANSACTION 回滚异常。

下面在 VS 2010 中创建一个名为 TransactionDemo 的网站，在该网站中添加一个名为 TransactionSimpleDemo.aspx 的页面，用来演示如何通过 ADO.NET 代码来实现这个存储过程所做的事务处理，在该页面中设计图 17.12 所示的用户界面。

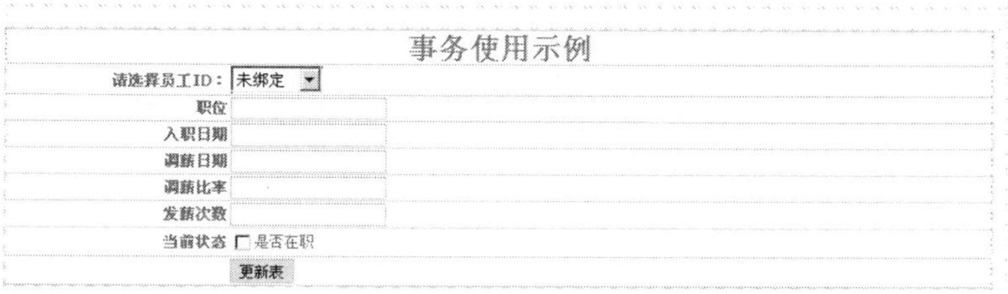

图 17.12　使用事务示例用户界面设计视图

员工 ID 来自于 AdventureWorks 数据库中 Employee 表的 ID 字段，其他的文本框允许用户输入相应的数据。当用户单击“更新表”按钮时，将开启事务处理过程，该按钮的单击事件处理代码如下：

```
    protected void Button1_Click(object sender, EventArgs e)
    {
        //从页面中获取用户所输入的数据
        int EmployeeID = int.Parse(ddlEmployeeID.SelectedValue);
        string Title = txtTitle.Text;
        DateTime HireDate = DateTime.Parse(txtHireDate.Text.Trim());
        DateTime RateChangeDate = DateTime.Parse(txtChangeRateDate.Text.Trim());
        double Rate = double.Parse(txtRate.Text.Trim());
        int PayFrequency = int.Parse(txtPayFrequency.Text);
        bool CurrentFlag = cbCirrentFlag.Checked;
        //从 web.config 中获取连接信息
        string SqlStr = WebConfigurationManager.
```

```
        ConnectionStrings["AdventureWorksConnectionString"].ConnectionString;
    //构造 SqlConnection 对象用于连接数据库
    using (SqlConnection conn = new SqlConnection(SqlStr))
    {
        conn.Open();                    //打开连接
        SqlTransaction tran = null;           //构建一个 Transaction 对象
        //指定两个用于操作数据库的 SQL 语句
        string updateEmployeeTable=" UPDATE [HumanResources].[Employee] SET [Title]
        = @Title,"+
         "[HireDate] = @HireDate,[CurrentFlag] = @CurrentFlag "+
         "WHERE [EmployeeID] = @EmployeeID";
        string updateEmployeePayHistory = " INSERT INTO
        [HumanResources].[EmployeePayHistory]" +
                    "([EmployeeID],[RateChangeDate],[Rate],[PayFrequency]) " +
                    "VALUES (@EmployeeID, @RateChangeDate, @Rate,
                    @PayFrequency)";
        try
        {
            tran=conn.BeginTransaction();
            //构造第一个 SqlCommand 对象
            SqlCommand command = new SqlCommand(updateEmployeeTable, conn);
            //为 SQL 语句中的参数占位符添加参数
            command.Parameters.AddWithValue("@Title", Title);
            command.Parameters.AddWithValue("@HireDate",HireDate);
            command.Parameters.AddWithValue("@CurrentFlag", CurrentFlag);
            command.Parameters.AddWithValue("@EmployeeID", EmployeeID);
            //构造第一个 SqlCommand 对象
            SqlCommand command2 = new SqlCommand(updateEmployeePayHistory, conn);
            //为 SQL 语句中的参数占位符添加参数
            command2.Parameters.AddWithValue("@EmployeeID", EmployeeID);
            command2.Parameters.AddWithValue("@RateChangeDate", RateChangeDate);
            command2.Parameters.AddWithValue("@Rate", Rate);
            command2.Parameters.AddWithValue("@PayFrequency", PayFrequency);
            //指定这两个 SqlCommand 的 Transaction 为当前连接的事务
            command2.Transaction = tran;
            command.Transaction = tran;
            //同时执行两个命令
            command.ExecuteNonQuery();
            command2.ExecuteNonQuery();
            tran.Commit();                  //提交事务
        }
        catch (Exception ex)
        {
            //如果产生异常则回滚事务并触发异常
            tran.Rollback();
            throw ex;
        }
        finally
        {
            conn.Close();                  //总是在最后关闭连接
        }
    }
}
```

这段代码由以下几个部分组成：

（1）获取用户在页面上所输入的数据，然后转换成相应的数据类型。

（2）从 web.config 配置文件中获取连接字符串，根据指定的连接字符串创建连接对象。

（3）通过调用 SqlConnection 的 BeginTransaction()方法，开始一个事务处理，并获取返回的 SqlTransaction 事务对象。

（4）构造两个 SqlCommand 对象，分别用于 Update 和 Insert 操作，将其 Transaction 属性设置为上一步所创建的 SqlTransaction 对象。

（5）在 try/catch/finally 块中执行 SQL 命令，如无意外，则调用 SqlTransaction 对象的 Commit()方法提交更改，如果在执行过程中发生了任何异常，将会设用 SqlTransaction.Rollback()方法回滚异常。

示例运行效果如图 17.13 所示。当用户单击"更新表"按钮后，打开 AdventureWorks 数据库的 Employee 表和 EmployeePayHistory 表，可以看到程序所添加和更新的记录。

图 17.13　使用事务处理的示例运行效果

17.4.3　使用 TransactionScope 处理事务

ADO.NET 的 System.Transactions 命名空间中有一个名为 TransactionScope 的类。在上一节的事务示例中，使用了显式的 Transaction 对象来指定 SqlCommand 并完成事务提交和回滚的操作。而 TransactionScope 提供了一种隐式的编程模型，具体地说，就是不用显式地创建事务对象，事务由基础结构自动进行管理。开发人员只需要将代码放在 TransactionScope 语句块中，即可自动享有事务的能力。

可以改造图 17.13 所示的示例，当单击"更新表"按钮时，使用 TransactionScope 对象隐式地进行事务处理，代码如下：

```
private void SaveInTransactionScope()
{
    //从页面中获取用户所输入的数据
    int EmployeeID = int.Parse(ddlEmployeeID.SelectedValue);
    string Title = txtTitle.Text;
    DateTime HireDate = DateTime.Parse(txtHireDate.Text.Trim());
    DateTime RateChangeDate = DateTime.Parse(txtChangeRateDate.Text.Trim());
    double Rate = double.Parse(txtRate.Text.Trim());
    int PayFrequency = int.Parse(txtPayFrequency.Text);
    bool CurrentFlag = cbCirrentFlag.Checked;
    //从 web.config 中获取连接信息
    string SqlStr = WebConfigurationManager.
        ConnectionStrings["AdventureWorksConnectionString"].ConnectionString;
    //创建一个 TransactionScope 对象，位于该对象中的代码将自动提升其事务级别
    using (TransactionScope tsc = new TransactionScope())
    {
        //构造 SqlConnection 对象用于连接数据库
```

```
        using (SqlConnection conn = new SqlConnection(SqlStr))
        {
            conn.Open();                          //打开连接
            //指定两个用于操作数据库的 SQL 语句
      string updateEmployeeTable = " UPDATE [HumanResources].[Employee] SET [Title]
      = @Title," +
        "[HireDate] = @HireDate,[CurrentFlag] = @CurrentFlag " +
        "WHERE [EmployeeID] = @EmployeeID";
      string updateEmployeePayHistory = " INSERT INTO
      [HumanResources].[EmployeePayHistory]" +
       "([EmployeeID],[RateChangeDate],[Rate],[PayFrequency]) " +
                           VALUES (@EmployeeID, @RateChangeDate, @Rate,
                           @PayFrequency)";
            try
            {
                //构造第一个 SqlCommand 对象
                SqlCommand command = new SqlCommand(updateEmployeeTable, conn);
                //为 SQL 语句中的参数占位符添加参数
                command.Parameters.AddWithValue("@Title", Title);
                command.Parameters.AddWithValue("@HireDate", HireDate);
                command.Parameters.AddWithValue("@CurrentFlag", CurrentFlag);
                command.Parameters.AddWithValue("@EmployeeID", EmployeeID);
                //构造第一个 SqlCommand 对象
                SqlCommand command2 = new SqlCommand(updateEmployeePayHistory, conn);
                //为 SQL 语句中的参数占位符添加参数
                command2.Parameters.AddWithValue("@EmployeeID", EmployeeID);
                command2.Parameters.AddWithValue("@RateChangeDate",
                RateChangeDate);
                command2.Parameters.AddWithValue("@Rate", Rate);
                command2.Parameters.AddWithValue("@PayFrequency", PayFrequency);
                //同时执行两个命令
                command.ExecuteNonQuery();
                command2.ExecuteNonQuery();
            }
            catch (Exception ex)
            {
                throw ex;                     //可以添加异常处理的代码
            }
        }
        tsc.Complete();
    }
}
```

在这段代码中，没有使用 SqlConnection 对象的 BeginTransaction 来开启一个新的事务，而是将代码写在 TransactionScope 语句块中，什么也不用做，只需要调用 TransactionScope.Complete()方法即可，该方法将提交所有挂起的事务。

TransactionScope 对象只有两个方法：一个是 Complete()，类似于显式事务中的 Commit()，用于指示范围中所有的操作已成功完成；另一个是 Dispose()方法，将结束事务的范围，如果在结束时没有调用 Complete()方法，则事务没有被提交。一般使用 using 语句来创建 TransactionScope 对象。在代码块中的异常的最后面才调用 Complete()方法，则当有异常产生时，不会提交事务，只有所有的操作都成功完成，事务才会被提交。

上述的示例是在对一个数据库进行操作的情形，在 MSDN 中有一个示例，提供了同时操作两个不同数据库的示例。当同时操作两个数据库时，事务将被提升到分布式事务的级别，这一切都是在后台隐式实现的，关于分布式事务处理的知识请参考其他专门的书籍。

17.4.4　指定事务的隔离级别

所谓事务的隔离级别，是指在事务之外所做的修改在事务内部的可见程序的一个度量，事务隔离级别决定了事务对于其他事务所做修改的敏感度。比如两个事务在独立运行时，一个事务在数据库中插入的记录对另一个事务不可见，除非前一个事务已经被提交。

事实上，事务隔离的概念与锁定的概念是紧密相关的，事务隔离级别就是决定需要使用哪种类型的锁。比如共享锁和独占锁，当在数据表、行或区域中放置了一个共享锁时，其他的事务不能修改数据，但是多个事务可以读取共享锁中的数据；独占锁主要用于防止同时其他的事务对当前的数据进行修改，当放置了独占锁，其他的事务将不能够读取或修改数据。

在 ADO.NET 中，当调用 SqlConnection 对象的 BeginTransaction()方法时，可以使用它的重载方法来指定一个隔离级别，例如下面的代码：

```
transaction = connection.BeginTransaction(IsolationLevel.ReadCommitted)
```

BeginTransaction()接收一个 IsolationLevel 枚举类型的隔离级别对象，具有如下几种可选的隔离级别枚举值。

- Unspecified：正在使用与指定隔离级别不同的隔离级别，但是无法确定该级别。
- Chaos：无法覆盖隔离级别更高的事务中的挂起的更改。
- ReadUncommitted：可以进行脏读，意思是说，不发布共享锁，也不接受独占锁。
- ReadCommitted：在正在读取数据时保持共享锁，以避免脏读，但是在事务结束之前可以更改数据，从而导致不可重复的读取或幻像数据。
- RepeatableRead：在查询中使用的所有数据上放置锁，以防止其他用户更新这些数据。防止不可重复的读取，但是仍可以有幻像行。
- Serializable：在 DataSet 上放置范围锁，以防止在事务完成之前由其他用户更新行或向数据集中插入行。
- Snapshot：通过在一个应用程序正在修改数据时存储另一个应用程序可以读取的相同数据版本来减少阻止。表示无法从一个事务中看到在其他事务中进行的更改，即便重新查询也是如此。

下面的示例代码演示了如何在 ADO.NET 中为事务指定隔离级别，为 SqlTransaction 指定 ReadCommitted，使读取数据时获取共享锁，但是数据可以被更改，示例接下来在 Northwind 数据库的 Region 表中添加了两行数据，可以看到两个事务写入同一个表，这是完全成功的，代码如下：

```
    //该方法将在事务中执行 SQL 命令，并指定了事务隔离级别
    private void ExecuteSqlTransaction(string connectionString)
    {
        using (SqlConnection connection = new SqlConnection(connectionString))
        {
            connection.Open();
            SqlCommand command = connection.CreateCommand();
            SqlTransaction transaction;
            //开始事务，指定事务隔离级别为 ReadCommitted
transaction=connection.BeginTransaction(System.Data.IsolationLevel.ReadCommitted);
            command.Connection = connection;          //为 SqlCommand 对象赋值，起用事务
            command.Transaction = transaction;
            try
            {
```

```
            //在一个事务中操作两次 Region 表。
            command.CommandText ="Insert into Region (RegionID, RegionDescription)
            VALUES (100, 'Description')";
            command.ExecuteNonQuery();
            command.CommandText ="Insert into Region (RegionID, RegionDescription)
            VALUES (101, Description')";
            command.ExecuteNonQuery();
            transaction.Commit();
            lblInfo.Text="两个操作都成功地写入数据到数据库";
        }
        catch (Exception e)
        {
            try
            {
                transaction.Rollback();                    //如果产生操作异常，则回滚
            }
            catch (SqlException ex)
            {
                //如果回滚异常，则显示提示信息
                if (transaction.Connection != null)
                {
                    lblInfo.Text = "产生了一个异常" + ex.GetType() +
                        " 事务被回滚!";
                }
            }
            lblInfo.Text = "产生了一个异常"+e.Message;        //显示操作异常的提示信息
        }
    }
}
//单击按钮时，从 web.config 中获取连接字符串并进行实例化
protected void Button1_Click(object sender, EventArgs e)
{
    string sqlConnectionString = WebConfigurationManager.
        ConnectionStrings["NorthwindConnectionString"].ConnectionString;
    //在特定的连接中执行 SQL 命令
    ExecuteSqlTransaction(sqlConnectionString);
}
```

可以在 TransactionDemo 网站的 TransactionLevelDemo.aspx 页面中找到这段源代码，该代码执行两条插入命令到 Northwind 数据库的 Region 表，并且指定了事务的隔离级别为 ReadCommitted。

17.4.5 事务的保存点

当回滚一个事务时，回滚操作会撤销该事务中每条语句所产生的影响，有时可能并不想回滚所有的执行语句，则需要一种机制只回滚事务的一部分，可以使用事务保存点来实现该功能。

保存点类似于书籍的标记功能，开发人员可以在事务代码中标记一个或多个保存点，这些点是事务可以回滚的位置，使用 Transaction.Save()方法来保存这些保存点。

> **注意**：Save()方法只对 SqlTransaction 类可用。

保存了保存点后，如果需要回滚到特定的保存点，可以使用 Rollback()的重载方法为其指定一个保存点名称的输入参数，则事务将只回滚到指定位置的保存点。

使用保存点的示例代码如下：

```
//该方法将在事务中执行 SQL 命令，并指定了事务保存点，然后回滚到特定的保存点
private void ExecuteSqlTransaction(string connectionString)
{
    using (SqlConnection connection = new SqlConnection(connectionString))
    {
        connection.Open();
        SqlCommand command = connection.CreateCommand();
        SqlTransaction transaction;
        //开始事务，指定事务隔离级别为 ReadCommitted
        transaction = connection.BeginTransaction();
        command.Connection = connection;          //为 SqlCommand 对象赋值，起用事务
        command.Transaction = transaction;
        try
        {

            //在一个事务中操作两次 Region 表。
            command.CommandText ="Insert into Region (RegionID, RegionDescription)
            VALUES (100, 'Description')";
            command.ExecuteNonQuery();
            transaction.Save("firstRegion");              //指定保存点
            command.CommandText ="Insert into Region (RegionID, RegionDescription)
            VALUES (101, 'Description')";
            command.ExecuteNonQuery();
            //回滚到特定的保存点
            transaction.Rollback("firstRegion");
            transaction.Commit();
            lblInfo.Text = "两个操作都成功地写入数据到数据库";
        }
        catch (Exception e)
        {
            try
            {
                transaction.Rollback();              //如果产生操作异常，则回滚
            }
            catch (SqlException ex)
            {
                //如果回滚异常，则显示提示信息
                if (transaction.Connection != null)
                {
                    lblInfo.Text = "产生了一个异常" + ex.GetType() +
                        " 事务被回滚!";
                }
            }
            lblInfo.Text = "产生了一个异常" + e.Message; //显示操作异常的提示信息
        }
    }
```

代码中使用 SqlTransaction.Save()方法保存了一个保存点，然后使用 SqlTransaction.Rollback()的重载方法回滚到所指定的保存点。

17.5　使用 DataSet 和 DataReader

本节将介绍 ADO.NET 中两种重要的数据类型：一种是离线数据集 DataSet；另一种是前向只读的数据读取器 DataReader。

17.5.1　了解内存数据集 DataSet

DataSet 是 ADO.NET 中离线架构的核心，可以将它想象为一个内存中的小型数据库，它包括数据表集合、数据视图、数据关系集合等数据元素，整体结构如图 17.14 所示。

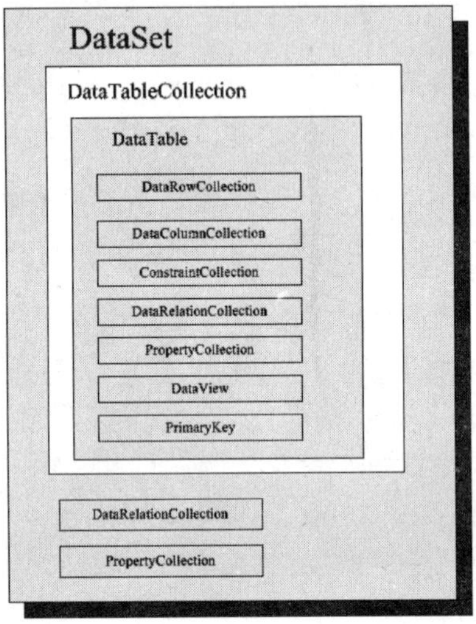

图 17.14　DataSet 对象的层次关系图

由图 17.14 可以看到，一个 DataSet 对象由一个或多个 DataTable 组成，这些 DataTable 组成了 DataTableCollection 集合，多个 DataTable 之间又具有一些主从关系，这些关系保存在 DataSet 对象的 DataRelationCollection 集合。

在 ADO.NET 中，创建数据集 DataSet 的方法有以下 3 种：

- 以编程方式在 DataSet 中创建 DataTable、DataRelation 和 Constraint，并使用数据填充表。
- 通过 DataAdapter 使用现有关系数据源中的数据表填充 DataSet。
- 使用 XML 加载和保持 DataSet 内容。

> **注意：** 由于 DataSet 将在内存中保存数据，因此如果保存来自数据库的大量数据，会影响应用程序的性能，因此尽可能地只保存小量的数据在 DataSet 中。

要理解以编程的方式创建 DataSet 对象，必须先理解 DataTable 对象。其实本节前面的示例已经介绍过如何使用 DataSet 对象的 Load()方法来加载 DataReader 对象数据，但是大部分情况下是使用 DataAdpater 从数据源中取出数据，直接填充到 DataSet 中，这样可以从数据库的架构中获取到完整的表、关系及约束信息。下面的内容将介绍如何使用 DataAdapter 对象获取数据填充到 DataSet 中。

17.5.2　使用 DataAdapter 填充数据集

DataAdapter 对象在 ADO.NET 中非常重要，它介于连接与非连接之间，是连接与离线数据之间的通信桥梁。DataAdapter 可以从数据库中获取数据，填充到 DataSet 中，也可以将离线状态下编辑的数据更新回数据库。不同的提供者提供了适用于特定提供者的 DataAdapter 对象，比如 SqlDataAdapter、OracleDataAdapter 等。DataAdapter 的架构如图 17.15 所示。

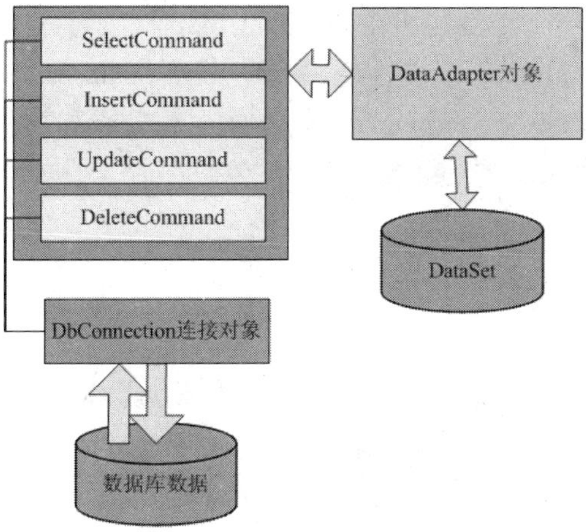

图 17.15　DataAdapter 结构图

由图 17.15 可以看到，要使 DataAdapter 对象能够从数据库中获取数据，将离线状态下的数据更新回数据库，需要为 DataAdapter 对象的 4 个 Command 对象赋予相应的命令对象，用于完成检索、插入、更新及删除数据库中的数据。

为了演示如何使用 DataAdapter 对象从数据库中获取数据，下面创建一个网站，命名为 DataSetDataReaderDemo，本节与数据集和数据读取器相关的示例都在该网站中创建。在该网站中添加一个名为 FillDataSet.aspx 的页面，在页面中添加 1 个 Button 控件和 1 个 GridView 控件，当用户单击 Button 按钮时，将使用 SqlDataAdapter 从 AdventureWorks 数据库中取出 Employee 表的部分内容，并填充到 DataSet 中，将 GridView 控件绑定到 DataSet 控件的 DataTableCollection 集合的第一个表中。单击事件处理代码如下：

```
protected void Button1_Click(object sender, EventArgs e)
{
    //从 web.config 配置文件中获取数据库连接字符串
    string sqlConnectionString = WebConfigurationManager.
        ConnectionStrings["AdventureWorksConnectionString"].ConnectionString;
    //实例化 SqlConnection 对象
    using (SqlConnection conn = new SqlConnection(sqlConnectionString))
    {
        conn.Open();                            //打开连接
        //指定要执行查询的 SQL 语句
        string selectSQL = "Select top 10
        EmployeeID,NationalIDNumber,ContactID,LoginID,ManagerID," +
                    "Title from HumanResources.Employee";
        //实例化 SqlCommand 对象，该对象将作为 SqlDataAdapter 对象的 SelectCommand 属性值
        SqlCommand command = new SqlCommand(selectSQL, conn);
        //实例化 SqlDataAdapter 对象
        SqlDataAdapter sda = new SqlDataAdapter();
        //为 SqlDataAdapter 对象的 SelectCommand 属性赋一个 SqlCommand 查询数据库
        sda.SelectCommand = command;
        DataSet ds = new DataSet();               //实例化 DataSet 对象
        sda.Fill(ds);                           //使用 SqlDataAdapter 填充 DataSet 对象
        //将 DataSet 中的数据绑定到 GridView
        GridView1.DataSource = ds.Tables[0];
        GridView1.DataBind();
    }
}
```

这段代码中最重要的步骤是创建一个 SqlDataAdapter 对象，为其指定一个 SqlCommand 类型的值，作为其 SelectCommand 属性值，再使用 SqlDataAdapter 对象的 Fill()方法执行 SelectCommand 所返回的数据来填充 DataSet，示例运行效果如图 17.16 所示。

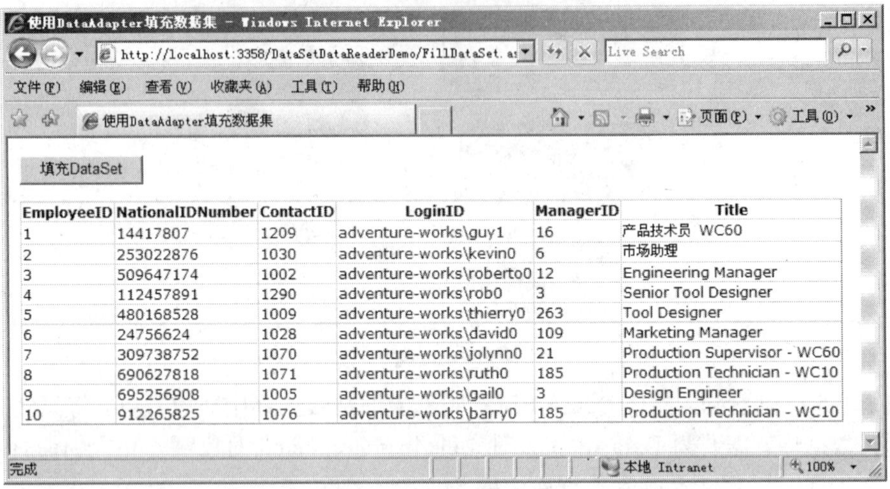

图 17.16　使用 SqlDataAdapter 填充 DataSet 运行效果

SqlDataAdapter 的构造函数支持 4 种重载，可以在构造函数中直接传递一个 SelectCommand，下代码如下：

```
SqlDataAdapter sda = new SqlDataAdapter(command);
```

还可以直接传递一个 SQL 语句和一个连接对象，也可以直接传递一个 SQL 语句和一个连接字符串对象，只需使用一行代码指定所有的信息。

> **注意：** 使用 SqlDataAdapter 不需要显式地打开一个连接，在调用 Fill()方法时，SqlDataAdapter 会自动打开连接，填充 DataTable 或 DataSet，并且会在使用完后尽可能快地关闭连接。

使用 Fill()方法可以填充不止一个表，开发人员可以在 SqlCommand 中同时指定多条 SQL 语句，例如下面的代码将同时填充 AdventureWorks 数据库中的 Employee、EmployeeAddress 及 EmployeeDepartmentHistory 3 个表，每个表分别作为 DataSet 数据集中的一个 DataTable 对象。

```
private void FillMoreTableDemo()
{
    //从 web.config 配置文件中获取数据库连接字符串
    string sqlConnectionString = WebConfigurationManager.
        ConnectionStrings["AdventureWorksConnectionString"].ConnectionString;
    //实例化 SqlConnection 对象
    using (SqlConnection conn = new SqlConnection(sqlConnectionString))
    {
        conn.Open();            //打开连接
        //指定要执行查询的 SQL 语句
        string selectSQL = "Select * From HumanResources.Employee;" +
        "Select * From HumanResources.EmployeeAddress;" +
        "Select * From HumanResources.EmployeeDepartmentHistory";
        //实例化 SqlCommand 对象，该对象将作为 SqlDataAdapter 对象的 SelectCommand 属性值
        SqlCommand command = new SqlCommand(selectSQL, conn);
```

```
        SqlDataAdapter sda = new SqlDataAdapter();          //实例化 SqlDataAdapter 对象
            //为 SqlDataAdapter 对象的 SelectCommand 属性赋一个 SqlCommand 查询数据库
            sda.SelectCommand = command;
            //创建表名称映射，使自动生成的表名称对应到实际的表名称
            DataTableMapping dtm3 = new DataTableMapping("Table2",
            "EmployeeDepartmentHistory");
            sda.TableMappings.Add("Table", "Employee");
            sda.TableMappings.Add("Table1", "EmployeeAddress");
            sda.TableMappings.Add(dtm3);
            DataSet ds = new DataSet();                 //实例化 DataSet 对象
            sda.Fill(ds);                          //使用 SqlDataAdapter 填充 DataSet 对象
            foreach (DataTable dt in ds.Tables)
            {
                Response.Write(dt.TableName + "<br/>");
            }
        }
    }
```

需要理解的是，当使用 SqlDataAdapter 填充具有多个结果集的数据到 Dataset 中时，表名称会自动命名为 Table、Table1、Table2 等。示例代码中的命名，用 DataTableMapping 对象为指定的表名称定义了一个表映射，使之具有更容易理解的表名称。该对象必须要被添加到 SqlDataAdapter 对象的 TableMappings 集合中，代码中也使用了 SqlDataAdpater.TableMappings 属性重载的 Add()方法直接添加了表映射，最终通过 Response.Write()方法将表名称输出到了页面上，运行时可以看到映射后的表名称。

DataSet 从逻辑上来看可以分为两大部分：一类是 DataSet 所表示的数据库的架构；另一类是 DataSet 中保存的数据。DataAdapter 对象的 FillSchema()方法可以只为 DataSet 填充架构信息而不填充数据，可以使用如下代码为 DataSet 添加表架构：

```
sda.FillSchema(ds, SchemaType.Mapped);          //使用 FillSchema()方法填充表架构
```

FillSchema()方法需要传入一个 SchemaType 类型的参数，该参数具有以下两个可选的枚举值。

- Source：忽略 DataAdapter 上的任何表映射。使用传入架构配置 DataSet，而不应用任何转换。
- Mapped：将任何现有的表映射应用到传入架构。用转换的架构配置 DataSet。

这两个参数主要确定是否根据 DataAdapter 中的表映射来填充架构信息，在使用 DataAdapter 的 Fill()方法填充数据集时，可以为数据集中的表指定一个具有以下意义的表名，这些表名称将映射为数据库中相应的表。下面的代码演示使用 DataAdapter.Fill()的重载方法为数据集的表创建一个表映射：

```
//填充 DataSet，并为表指定一个表名
sda.Fill(ds, "Products");
```

当使用 FillSchema()方法向 DataSet 填充架构时，最好使用 Mapped 属性来传递映射信息。

17.5.3　使用 DataTable 实现内存表

DataTable 代表 DataSet 中的一张表，这是 DataSet 中一个非常重要的对象，它也可以单独使用。比如使用 SqlDataAdapter 的 Fill()方法对 DataTable 对象进行填充。

DataTable 对象包含两个属性：Rows 和 Columns，分别用于指定行和列信息。行相当于数据库数据表中的记录，在 ADO.NET 中每个行用一个 DataRow 对象表示；列用于指定数据表的字段架构信息，每一列用一个 DataColumn 对象表示，除此之外，还包含约束（Constraint 对象）集合。约束通常用于维持列中值的一致性和完整性。另外，DataTable 对象还存在着关系集合（DataRelation），类似于数据库表之间的关系。

编程创建一个内存表的过程可以分为 3 步：

（1）创建一个 DataTable 对象。

（2）为该 DataTable 对象添加架构信息，类似于定义数据表的字段，可以为字符设置属性、定义约束等操作。

（3）向 DataTable 中添加行数据。

在 DataSetDataReaderDemo 网站中添加一个名为 CreateDataTable.aspx 的页面，在该页面中添加 1 个 Button 和 1 个 GridView 控件，当单击 Button 按钮时，将在内存中创建一个 DataTable 对象，把该对象与 GridView 控件进行数据绑定，单击事件处理代码如下：

```
protected void btnCreateTable_Click(object sender, EventArgs e)
{
    //为 DataTable 指定一个表名，通过 dt.TableName 可以访问表名
    DataTable dt = new DataTable("书籍列表");
    //为 DataTable 添加架构信息，也就是创建字段
    dt.Columns.Add(new DataColumn("书名", typeof(string)));
    dt.Columns.Add(new DataColumn("书号", typeof(string)));
    DataColumn[] dcs = new DataColumn[2];          //使用数组的形式创建表列
    dcs[0] = new DataColumn("价格", typeof(decimal));
    dcs[1] = new DataColumn("出版社", typeof(string));
    //调用 DataTable 的 Columns 集合的 AddRange 方法添加列
    dt.Columns.AddRange(dcs);
    DataColumn[] PrimaryKey = new DataColumn[1];   //为 DataTable 指定主键
    PrimaryKey[0] = dt.Columns[0];
    dt.PrimaryKey = PrimaryKey;
    DataRow dr = dt.NewRow();                      //初始化新的行
    //为 DataRow 中的列赋于值
    dr["书名"] = "ASP.NET 高级编程";
    dr["书号"] = "00000000";
    dr["价格"] = 30;
    dr["出版社"] = "Dynamic Table Publish";
    dt.Rows.Add(dr);                  //必须将创建的行添加到 DataTable 的 Rows 集合中
    //也可以使用 Rows 的重载的 Add 方法来添加表列
    dt.Rows.Add(new object[] { "WPF 编程", "11111111", 45.7, "WPF Publish" });
    GridView1.DataSource = dt;                     //绑定到 GridView 对象
    GridView1.DataBind();
}
```

示例代码的操作步骤如下：

（1）新建了一个名为书籍列表的数据表，通过在 DataTable 的构造函数中指定表名，使表不再是由 ADO.NET 自动分配的名称。

（2）在代码中使用两种方式为表添加列信息：一种是直接实例化一个 DataColumn 对象，指定列名称和列的类型，再添加到 DataTable 的 Columns 集合中；另一种是使用 DataTable 对

象的 AddRange()方法一次性添加多个 DataColumn 到 Columns 集合中。DataColumn 对象用于定义表的架构，它包含如下较常用的定义列的属性。

- AllowDBNull：指定列是否允许空值。
- AutoIncrement：是否允许列自动递增值。
- AutoInCrementSeed：指定列字符递增的种子，通常为 1，也可以指定负值。
- AutoIncrementStep：指定自动递增的步长，也就是一次递增多少的值。
- Caption：用于设置列的标题。
- ColumnMapping：为列设置映射，与表映射类似。
- ColumnName：指定列名。
- DataType：指定列的数据类型。
- DefaultValue：指定列的默认值。
- Expression：用于创建过滤和计算值的计算列。
- MaxLength：获取或设置文本列的最大长度。
- ReadOnly：使当前的列的值为只读。
- Table：当前列所属的表。
- Unique：当前列是否唯一。

这些属性有些类似于 SQL Server 数据表中的字段属性，可以指定是否为空、自动增长字段、列映射及默认值等。

（3）使用 DataTable 的 PrimaryKey 属性为表指定主键，PrimaryKey 接受一个 DataColumn 类型的数组，因此可以为主键指定一个或多个列，示例中使用书名作为 DataTable 的主键。开发人员也可以使用 Constraints 属性来为 DataTable 对象指定外键，例如，下面的代码在两个 DataTable 之间创建了一个外键引用：

```
private void CreateConstraint(DataSet dataSet,
string table1, string table2, string column1, string column2)
{
    //创建 DataSet 中两个表的外键约束
    ForeignKeyConstraint idKeyRestraint = new
        ForeignKeyConstraint(dataSet.Tables[table1].Columns[column1],
        dataSet.Tables[table2].Columns[column2]);
    //设置外键的关联规则，比如级联更新和级联删除
    idKeyRestraint.DeleteRule = Rule.SetNull;
    idKeyRestraint.UpdateRule = Rule.Cascade;
    idKeyRestraint.AcceptRejectRule = AcceptRejectRule.Cascade; //指定级联特性
     //将约束添加到 DataTable 的 Constraints 中
    dataSet.Tables[table1].Constraints.Add(idKeyRestraint);
    dataSet.EnforceConstraints = true;                          //强制引用完整性
}
```

（4）使用 DataTable 的 Rows 属性先为 DataTable 添加新行，每一行是一个 DataRow 类型的对象，DataTable 的 NewRow()方法用于创建一个新行，并返回新创建行的 DataRow 对象；然后使用 DataRow 的 Item 属性为指定的字段赋值，示例中使用了简化的语法为每一列指定了新的值；最后将新创建的行添加到 DataTable 的 Rows 集合中。示例运行效果如图 17.17 所示。

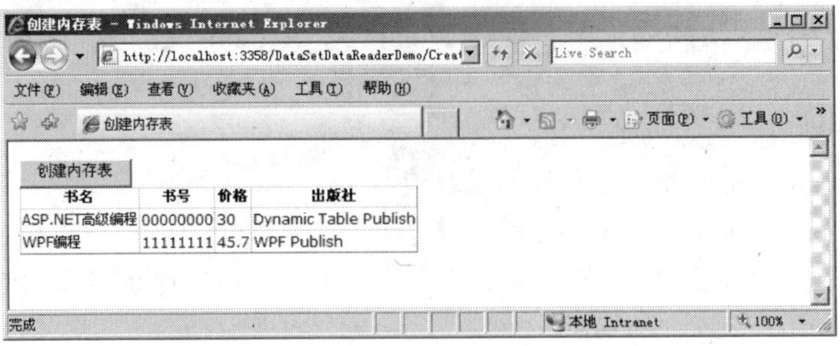

图 17.17　动态创建 DataTable 示例运行效果

17.5.4　在 DataSet 中实现多表导航

在 DataSet 中，可以一次性填充多个表，当内存数据集中同时具有多个表时，可以在表与表之间创建关系，这是通过 DataRelation 对象来实现的。创建了关系后，就可以使用 DataRow 或 DataRowView 对象在表之间进行导航，比如获取当前行的所有子数据集合，或获取当前行的父数据集合。

使用表关系进行表导航最常见的例子是主从表，但是在 ASP.NET 中使用这种方式非常耗费资源，因为数据在内存中，每次页面回发时，需要往返大量的数据，这会使效率非常低，但是 ADO.NET 的导航技术在其他技术中应用非常频繁。为了演示如何在表之间导航数据，下面创建一个简单的主从表示例。Northwind 数据库中的 Orders 和 Order Details 是两个具有主从关系的表，下面演示如何使用户选中某条 Order 时，在另一个 GridView 中查看该 OrderDetails 的详信信息，操作步骤如下。

（1）添加一个名为 OrderNavigate.aspx 的页面，在页面中添加 1 个 ListBox 控件和 1 个 GridView 控件，ListBox 控件中将显示 Orders 表中的订单信息，GridView 控件将显示与此订单相关联的所有订单细节信息，页面声明代码如下：

```
<form id="form1" runat="server">
<div>
  <fieldset>
    <legend><b>Orders 表</b></legend>
      <asp:ListBox ID="ListBox1" runat="server"></asp:ListBox>
  </fieldset>
  <br />
    <fieldset>
    <legend><b>Order Details 表</b></legend>
        <asp:GridView ID="GridView1" runat="server">
        </asp:GridView>
  </fieldset>
</div>
</form>
```

（2）在页面加载时，从 Northwind 数据库中加载 Orders 和 Order Details 表的内容到 DataSet 中。为了实现这个操作，编写了一个名为 LoadDataToDataSet()的方法，将加载代码独立出来的原因是因为每次页面加载时，即使是回发加载，都要从数据库中填充两个表的数据到 DataSet 中，代码如下：

```
//从数据库中取出 Orders 和 Order Details 数据到 DataSet 中
private void LoadDataToDataSet()
{
```

```
    //从 web.config 中读取连接字符串
    string sqlConnectionString = WebConfigurationManager.
        ConnectionStrings["NorthwindConnectionString"].ConnectionString;
    using (SqlConnection conn = new SqlConnection(sqlConnectionString))
    {
        //这里使用分号隔开了两个 Select 语句
        string sqlStr = "Select * from Orders;Select * from [Order Details]";
        //使用 SqlDataAdapter 中的一个重载的构造函数传入 SQL 命令和连接对象
        //SqlDataAdapter 将自动打开连接进行获取数据的操作
        SqlDataAdapter sda = new SqlDataAdapter(sqlStr, conn);
        //创建表映射
        sda.TableMappings.Add("Table", "Orders");
        sda.TableMappings.Add("Table1", "OrderDetails");
        sda.Fill(ds);
        //向 DataSet 中添加 Orders 和 OrderDetails 表之间的关系
        orderDetailRelation = ds.Relations.Add("OrderDetail",
        ds.Tables["Orders"].Columns["OrderID"],
        ds.Tables["OrderDetails"].Columns["OrderID"], false);
    }
}
```

代码与之前写的大多相似，不同的是，这里用到了 DataSet 对象的 Relations 集合属性，该属性用于在表之间定义关系，为了在内存中进行表间导航，表关系是得非常重要。Relations 属性是 System.Data.DataRelationCollection 集合类型的属性，其 Add()方法会返回一个当前添加的 DataRelation 对象，本示例中将使用这个关系对象在表之间进行导航，在页面上定义了两个私有的成员变量：一个是 DataSet；另一个是表关系对象。后面的几个子示例将会用到这两个变量，因此放在了类私有区，代码如下：

```
private DataSet ds = new DataSet("NorthwindOrder");   //在页级定义 DataSet 私有成变量
private DataRelation orderDetailRelation; //定义表关系，导航操作将根据表关系来完成
```

（3）填充了数据集，并定义了表间关系后，将 ListBox 控件与 DataSet 中的 Orders 表进行绑定，专门创建了 FillListBox()方法来完成这个操作，代码如下：

```
//将 Orders 数据绑定到 ListBox 控件
private void FillListBox()
{
    ListBox1.DataSource = ds.Tables[0].DefaultView;         //指定绑定数据源
    ListBox1.DataTextField = "OrderID";                      //指定绑定显示文本字段
    ListBox1.DataTextFormatString = "订单编号：{0}";          //指定绑定文本格式化字符串
    ListBox1.DataValueField = "OrderID";                     //指定选中列表项时的选择值字段
    ListBox1.DataBind();                                     //执行绑定操作
}
```

（4）最重要的就是当用户在 ListBox 中选择选项后，根据表间的关系来获取 Order Details 表中相关的记录，这个操作由 DataRowView 对象的 CreateChildView()方法来完成。DataRowView 是 DataView 中的行，一个 DataView 包含多个 DataRowView 的集合，可以通过 DataRowView 的 Row 属性来访问由它公开的 DataRow。DataRowView 的 CreateChildView()方法根据当前表的关系，查找子表中相应的行，返回一个 DataView 对象。当选择 ListBox 中的某一选项后，响应了 SelectedIndexChanged 事件，代码如下：

```
//当选中 ListBox 中的某选项时，根据选中的值进行数据过滤
protected void ListBox1_SelectedIndexChanged(object sender, EventArgs e)
{
```

```
    string orderID = ListBox1.SelectedValue.Trim();        //获取用户选中的 OrderID
    FilterByOrderID(orderID);                    //调用自定义的 FilterByOrderID 返回子表数据
}
private void FilterByOrderID(string OrderID)
{
    //首先得到当前表的根据指定 OrderID 过滤的 DataView 对象
    DataViewdv=newDataView(ds.Tables[0],"OrderID='"+OrderID+"'","OrderID",
    DataViewRowState.CurrentRows);
    DataRowView drv = dv[0];                          //得到 DataRowView 对象
    //调用 DataRowView 对象的 CreateChildView 对象返回子表数据
    //CreateChildView 接受一个关系名称
    DataView detailView = drv.CreateChildView(orderDetailRelation);
    GridView1.DataSource = detailView;                //开始数据绑定
    GridView1.DataBind();
}
```

（5）在 Page_Load 事件中添加一些代码，使页面每次加载时都要先从数据库中取出数据填充 DataSet，这就是最耗费网络流量和内存资源的一步，一般情况下很少这样直接加载大量数据。当然本节为了演示在表间进行导航，使用了这种技术，Page_Load 事件代码如下：

```
protected void Page_Load(object sender, EventArgs e)
{
    LoadDataToDataSet();          //每次回发时都重新加载数据
    if (!Page.IsPostBack)
    {
        FillListBox();              //页面首次加戴时，填充 ListBox
    }
}
```

示例运行效果如图 17.18 所示。

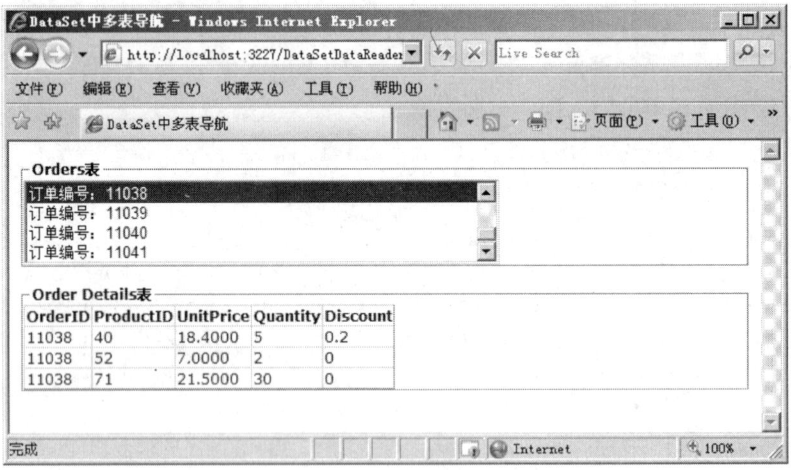

图 17.18　DataSet 中表间导航示例

对于每次加载数据的过程，开发人员也可以在 ViewState 或缓存对象中保存 DataSet，然后从视图状态中加载数据，但是它依然要占据大量的客户端内存。例如，可以这样改造代码，将页面上的两个私有成员变量改为公共属性，使之可以从缓存中取数据，如果缓存中没有数据，则从数据库中获取数据，这样便减少了对服务器的请求，然而仍需要大量的客户端内存。这两个公共属性的代码如下：

```
    //从数据库中填充数据集，并保存到缓存中
    public DataSet OrderDataSet
    {
        get
        {
            if (Cache["DataSetOrders"] != null)
            {
                return (DataSet)Cache["DataSetOrders"];
            }
            else
            {
                Cache["DataSetOrders"] = LoadDataToDataSet();
                return (DataSet)Cache["DataSetOrders"];
            }
        }
    }
    //将数据关系保存到缓存中
    public DataRelation OrderDetailRelation
    {
        get
        {
            if (Cache["OrderDataRelations"] != null)
            {
                return (DataRelation)Cache["OrderDataRelations"];
            }
            else
            {
                Cache["OrderDataRelations"] = CreateDataRelation();
                return (DataRelation)Cache["OrderDataRelations"];
            }
        }
    }
```

变化后的具体代码可以参考本书配套的源代码例子。

17.5.5 使用 DataReader 快速获取数据

DataReader 又称为数据读取器，是专用于从数据库中获取数据的一个轻量级保存数据的类。DataReader 将按只进、只读的方式从数据库中前向地获取数据，并将数据存储在客户端的网络缓冲区中，直到使用 DataReader 对象的 Read()方法时数据才会被读出。由于在默认情况下 DataReader 一次只会在内存中存储一行数据，因此不需要太多内存。事实上在使用 DataAdapter 对象填充数据集时，就是使用 DataReader 对象将数据保存到 DataSet 中的。

使用 DataReader 读取数据时，必须注意如下几点：

- 数据需要与数据源保持连接，DataReader 一次一行地从数据源中获取数据，因此它属于一个连接对象。
- 不能直接实例化数据读取器，实例是通过调用 ExecuteReader()方法从相应的 DbCommand 对象中返回的。
- 必须调用数据读取器的 Read()方法后才能从数据读取器中获取数据。

添加一个名为 DataReaderDemo.aspx 的页面，在页面中添加 1 个 Button 控件和 1 个 TextBox 控件，演示如何通过 SqlDataReader 对象从 Northwind 数据库中读取 Customers 表的记录，并呈现在 TextBox 控件内，Button 按钮的单击事件处理代码如下：

```
    protected void btnSearch_Click(object sender, EventArgs e)
    {
```

```
        //创建一个 StringBuilder 用于保存读取的结果
        StringBuilder sb = new StringBuilder();
        //获取连接字符串
        string sqlConnectionString = WebConfigurationManager.
           ConnectionStrings["NorthwindConnectionString"].ConnectionString;
        using (SqlConnection conn = new SqlConnection(sqlConnectionString))
        {
           conn.Open();
           //实例化 SqlCommand 对象，指定 SQL 命令和连接
           SqlCommand command = new SqlCommand
          ("Select CustomerID,CompanyName,ContactName,ContactTitle,Address from
         Customers", conn);
           //执行 ExecuteReader 对象获取 DataReader 对象
           SqlDataReader sdr = command.ExecuteReader();
           //先输入 SqlDatareader 中的字段名称
           for (int i = 0; i <= sdr.FieldCount - 1; i++)
           {
               sb.Append(sdr.GetName(i) + "      ");
           }
           sb.Append(Environment.NewLine+"----------------------------------------"+
                   "----------------------------------" + Environment.NewLine);
           //开始一次一行地读取记录，如果记录读取完，Read()方法将返回 false
           while (sdr.Read())
           {
               //根据 SqlDataReader 中的字段取出每个字段的行数据
               for (int i = 0; i <= sdr.FieldCount - 1; i++)
               {
          //使用 IsDBNull()方法判断指定的字段值是否为空值，如果为 Null 则显示空值，否则显示字段值
                   string fieldvalue = sdr.IsDBNull(i) ? "空值" : sdr[i].ToString();
                   //将值长度大于 10 的滤除，使其具有固定大小的长度，保持输出的美观
                   if (fieldvalue.Length > 10)
                   {
                       fieldvalue = fieldvalue.Substring(0, 10) + "...";
                   }
                   sb.Append(fieldvalue + "     ");
               }
               sb.Append(Environment.NewLine);          //每一行输入完后输入一个空行
          }
        }
        TextBox1.Text = sb.ToString();                  //在 TextBox 控件中显示输出结果
```

分析一下这段代码，为了获取一个 SqlDataReader 对象，代码调用了 SqlCommand 的 ExecuteReader()方法，本节前面已经介绍过该方法的使用，得到的 SqlDataReader 并不是像 DataSet 数据集那样填充了数据的容器，还需要调用 SqlDataReader 对象的 Read()方法一次一行地读取数据。代码使用 SqlDataReader 的 FieldCount 获取读取器中字段的个数，然后通过调用 SqlDataReader 对象的 GetName()方法获取指定索引位置的字段名称。

> **注意**：在调用 Read()方法之前，是不能从 SqlDataReader 中获取记录的，调用 Read()之后，才能前向定位到第一条记录上。

为了获取每个字段的值，代码首先通过 SqlDataReader 对象的 IsDBNull()方法判断值的类型是否是 Null 值，如果是则显示“空值”二字，否则使用索引的方式获取指定位置处的字段值，示例运行效果如图 17.19 所示。

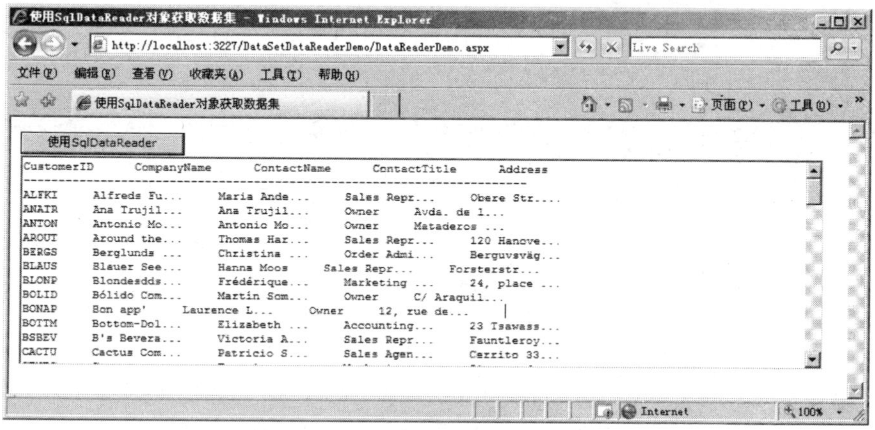

图 17.19　使用数据读取器示例

SqlDataReader 提供了多种以 GetSql 开头的强类型方法，这些方法返回与 CTS（通用类型系统）兼容的数据类型，通过调用这些方法可以直接返回强类型的值。这些方法都需要传递一个整型的参数，以指定数据库字段的位置。

SqlDataReader 对象有一个 GetOrdinal()方法，该方法获取指定字段名称的索引值，使用字段名称获取指定字段的值，具有较好的代码可读性，但是在 ADO.NET 中，使用字段的索引值比指定字段名称具有更好的性能。因此，一般建议在 while 循环中，如果不知道字段的位置，但知道字段的名称，可以使用如下代码：

```
sb.Append(sdr. GetString (sdr.GetOrdinal("CustomerID")));
```

17.5.6　使用 MARS 多活动结果集

MARS 多活动结果集是 SQL Server 2005 的一项新功能，允许在单个连接上同时执行多个查询或存储过程。在默认情况下，该功能是禁用的，需要在连接字符串中添加"MultipleActiveResultSets=True"来启用该功能，代码如下：

```
string connectionString = "Data Source=MSSQL1;" +
    "Initial Catalog=AdventureWorks;Integrated Security=SSPI" +
    "MultipleActiveResultSets=True";
```

在 SQL Server 的早期版本中，同一个连接只能执行一个 SQL 命令，如果在连接未被关闭时又使用 SqlCommand 返回一个查询结果时，将会引发异常，MARS 解决了这个限制，它允许在同一个连接上同时执行多个 SQL 命令。下面看一个示例，添加一个名为 UseMARS.aspx 的页面，该页面将显示来自 Orders 和 Order Details 数据表中的数据，依然在页面中添加 1 个 Button 控件和 1 个 TextBox 控件，在示例中使用多活动结果集，根据 Orders 表中的订单编号来查询 Order Details 表中的订单细节，然后显示到 TextBox 控件中，Button 按钮的单击事件处理代码如下：

```
protected void btnShow_Click(object sender, EventArgs e)
{
    //创建一个 StringBuilder 用于保存读取的结果
    StringBuilder sb = new StringBuilder();
    //启用多活动结果集的连接字符串
    string sqlConnectionstring = "Data Source=.;Initial Catalog=Northwind;"+
        "Persist Security Info=True;User ID=sa;MultipleActiveResultSets=True";
```

```
        using (SqlConnection conn = new SqlConnection(sqlConnectionstring))
        {
            conn.Open();
            //将要执行的两条 SQL 语句
            string selectOrders="Select OrderID,CustomerID,EmployeeID from Orders";
            string selectOrderDetails = "Select
            OrderID,ProductID,UnitPrice,Quantity,DisCount from " +
                                "[Order Details] where OrderID=@OrderID";
            //实例化两个 SqlCommand 对象准备执行
            SqlCommand command = new SqlCommand(selectOrders, conn);
            SqlCommand command2 = new SqlCommand(selectOrderDetails, conn);
            //第一个 SqlCommand 对象返回一个 SqlDataReader 对象
            using (SqlDataReader sdr = command.ExecuteReader())
            {
                //先输入 SqlDatareader 中的字段名称
                for (int i = 0; i <= sdr.FieldCount - 1; i++)
                {
                    sb.Append(sdr.GetName(i) + "      ");
                }
    sb.Append(Environment.NewLine+"----------------------------------------" +
                     "--------------------------------" + Environment.NewLine);
                while (sdr.Read())
                {
                    //根据 SqlDataReader 中的字段取出每个字段的行数据
                    for (int i = 0; i <= sdr.FieldCount - 1; i++)
                    {
              //使用 IsDBNull 方法判断指定的字段值是否为空值，如果为 Null 则显示空值，否则显示字段值
                        string fieldvalue = sdr.IsDBNull(i) ? "空值" : sdr[i].ToString();
                        //将值长度大于 10 的滤除，使其具有固定大小的长度，保持输出的美观
                        if (fieldvalue.Length > 10)
                        {
                            fieldvalue = fieldvalue.Substring(0, 10) + "...";
                        }
                        sb.Append(fieldvalue + "      ");
                    }
                  sb.Append(Environment.NewLine);            //每一行输入完后输入一个空行
                    //执行第二个 SqlCommand，将查询的结果填充给 DataSet
                    command2.Parameters.Clear();
                    command2.Parameters.AddWithValue("@OrderID", sdr[0].ToString());
                    SqlDataAdapter sda = new SqlDataAdapter(command2);
                    DataSet ds = new DataSet();
                    sda.Fill(ds);
                    //该方法将 DataTable 中的数据转换为字符串，以便在 TextBox 中显示
                    GetOrderDetails(ds.Tables[0], ref sb);
                }
                sb.Append(Environment.NewLine);
            }
            txtOrderInfo.Text = sb.ToString();              //在 TextBox 控件中显示输出结果
        }
    }
```

代码与前一节介绍的例子类似，不同之处在于当读取记录行时，执行了另外的一个 SqlCommand 对象来取回订单细节的数据，并显示在 TextBox 控件中。如果取消连接字符串中的"MultipleActiveResultSets=True"，或设置"MultipleActiveResultSets=False"，那么程序执行时将会引发异常，运行效果如图 17.20 所示。

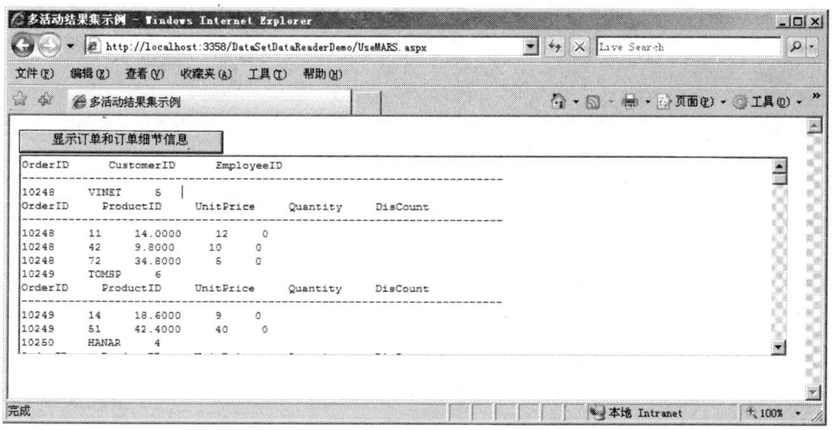

图 17.20　使用 MARS 示例运行效果

17.6　小结

本章介绍了 ASP.NET 数据访问的基础 ADO.NET 技术。本章首先简要概述了 ADO.NET 的架构，又分别讲述了如何连接数据库、使用 DbCommand 对象操作数据库；然后讨论了 ADO.NET 中的事务处理，以及 ADO.NET 操作数据集的两大核心对象——DataSet 和 DataReader；最后概要介绍了如何使用 MARS 多活动结果集。这些知识都是掌握 ASP.NET 数据访问技术的基础，本章所讨论的知识只能算得上是 ADO.NET 的冰山一角，完整的 ADO.NET 知识请读者参考一些专门的书籍，MSDN 提供了对 ADO.NET 技术的详尽解释，是每一个开发人员应该经常查阅的宝贵资源。

第 18 章 ASP.NET 数据绑定技术

ASP.NET 是服务器端技术的集大成者，可以快速、便捷地开发复杂的 Web 服务器端应用程序。数据绑定技术是 ASP.NET 的重要组成部分，在实际开发中被大量使用，该技术构建了数据库中数据显示到页面的快捷方式。本章将展示 ASP.NET 数据绑定技术的使用细节和各种实用的数据绑定方式。

18.1 绑定技术基础

ASP.NET 数据绑定技术支持多种多样的绑定方式，如支持类似 ASP、PHP、JSP 的前台数据绑定方式；也支持 ASP.NET 特有的后台绑定方式。本节将主要讲解这些绑定技术的实现原理和使用方式，从而帮助读者构建数据绑定技术的理论基础，便于读者应用数据绑定技术，以实现复杂的业务流程开发。

18.1.1 简单变量数据绑定

数据绑定是指将数据与页面控件进行绑定，从而实现数据的实时更新和显示。ASP.NET 支持以下的数据绑定方式。

- 变量和表达式数据绑定：允许开发人员在页面前台的服务器端书写代码，将服务器回传的数据绑定。
- 数据源绑定方式：ASP.NET 可以使用 ADO.NET 的数据存储对象和集合对象，将数据绑定至控件上，或使用数据源控件进行复杂的数据绑定。

ASP.NET 通过以下两个步骤实现数据绑定：

（1）在页面前台书写数据绑定表达式。数据绑定表达式是运行于服务器端的 C#代码，类似于运行在页面前台类中的前台脚本的方式。

注意： ASP.NET 中所有的 aspx 页面都被分解为两个部分，即页面前台类和页面后台类。所有页面前台类中的服务器端代码都被认为是页面后台类中部分类的代码，所以当编译 aspx 文件时，页面后台类会生成一个派生类，来生成页面前台类的 HTML 代码，数据绑定表达式会在页面后台类中执行，从而生成含有动态数据的 HTML 代码。

（2）ASP.NET 中的页面都继承自 Page 类，该类实现了 ITemplate 接口，从而具有了 DataBind()方法，可以用于数据绑定。当页面调用此方法时，页面后台类将数据绑定至页面前台，并呈现给客户。

本节将根据 ASP.NET 的数据绑定原理实现一个简单的计票系统，操作步骤如下。

（1）创建一个 ASP.NET 网站，在 Default.aspx 页面的后台类中添加两个记录票数的静态变量：vote1、vote2，代码如下：

```
public static int vote1; //记录票数的静态变量
public static int vote2;
```

注意： 这里使用了静态变量记录投票数，是因为它可以保持投票状态，而使用成员变量会导致计票失败，并且无法共享投票信息。

在 Default.aspx 页面的前台类中添加如下数据绑定代码：

```
<form runat="server" id="form1">
<h3>
    您觉得我们的网站做的美观吗？</h3>
<br />
<!--数据绑定-->
<asp:Label runat="server" ID="lbl1" BackColor="Blue" Width="<%# vote1 %>"></asp:Label>
  较为美观  <asp:Button runat="server" ID="btnTag1" Text="投票"
OnClick="btnTag1_Click" />
<br />
<!--数据绑定-->
<asp:Label runat="server" ID="lbl2" BackColor="Red" Width="<%# vote2 %>"></asp:Label>
  一般    <asp:Button runat="server" ID="btnTag2" Text="投票"
OnClick="btnTag2_Click" />
</form>
```

以上代码使用了“<%# 表达式%>”形式的表达式，它是 ASP.NET 中最常用的数据绑定表达式的语法形式。当调用页面的 DataBind()方法时，将实现页面控件与页面属性的数据绑定。

（2）在两个“投票”按钮的单击事件中，添加投票数自增的如下代码：

```
protected void btnTag1_Click(object sender, EventArgs e)
{
    vote1++;       //投票数自增
    this.DataBind();//改变投票数后，立刻重新绑定数据
}
protected void btnTag2_Click(object sender, EventArgs e)
{
    vote2++;       //投票数自增
    this.DataBind();//改变投票数后，立刻重新绑定数据
}
```

单击按钮后，计票数会自增，并立刻调用 DataBind()方法重新绑定数据。只有立刻使用该方法重新绑定数据，用户才可以迅速查看到投票数的改变。

（3）为了让用户在打开页面时就可以查看到当前的投票结果，还需要在页面加载时就绑定投票数据，代码如下：

```
protected void Page_Load(object sender, EventArgs e)
{
    this.DataBind();//页面加载时绑定数据，使用户可以查看到投票情况
}
```

运行该网站，并分别单击两个按钮进行投票，可以看到投票的矩形色块长度发生了改变，效果如图 18.1 所示。

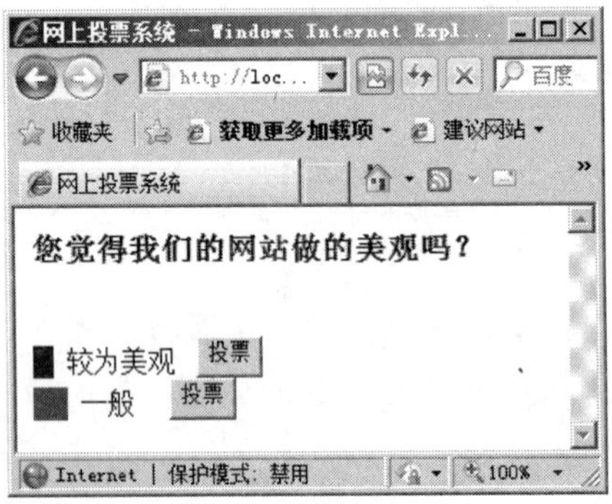

图 18.1　简单变量数据绑定

本节讲解的数据绑定表达式在以后的开发中会经常使用，读者需要仔细地理解数据绑定的步骤和方法。

18.1.2　使用前台代码显示服务器端数据

ASP.NET 继承了 ASP 一些技术特点，允许开发人员在前台添加服务器端代码，并通过这些代码动态显示服务器端的数据。上节使用数据绑定实现了简单的投票系统，本节将使用前台服务器端脚本继续扩展投票系统，并向读者展示 ASP.NET 服务器端代码的使用方式。

在上节的示例中只显示了投票情况，但是并没有显示当前投票数、总票数、投票比例等投票统计的细节信息。现在使用前台代码显示投票统计情况，在 ASP.NET 中书写前台的 C# 服务器端脚本，必须使用以下格式：

```
<% C#代码%>
```

当需要显示数据时，可以使用以下形式的前端代码：

```
<%=变量或表达式%>
```

在 Default.aspx 页面的前台中添加以下代码来完成投票情况统计结果的显示：

```
<h3>
    您觉得我们的网站做的美观吗? </h3>
<br />
<!--数据绑定-->
<asp:Label runat="server" ID="lbl1" BackColor="Blue" Width="<%# vote1*10
%>"></asp:Label>
 <%=vote1 %>票<!--使用前台代码-->
 <%=((vote1 / (double)(vote1 + vote2)) * 100).ToString("#00.00") %><!--使用绑定
```

```
表达式-->
  较为美观  <asp:Button runat="server" ID="btnTag1" Text="投票"
OnClick="btnTag1_Click" />
<br />
<!--数据绑定-->
<asp:Label runat="server" ID="lbl2" BackColor="Red" Width="<%# vote2*10
%>"></asp:Label>
 <%=vote2 %>票<!--使用前台代码-->
 <%=((vote2 / (double)(vote1 + vote2)) * 100).ToString("#00.00") %><!--使用绑定
表达式-->
  一般    <asp:Button runat="server" ID="btnTag2" Text="投票"
    OnClick="btnTag2_Click" />
<br />
总票数：<%=vote1+vote2 %><!--使用绑定表达式-->
<br />
```

以上代码使用前台代码计算出了投票总数、百分比、当前选项投票情况等投票统计信息。

> **注意**：以上显示的数据不需要调用 DataBind()方法，这是因为前台 C#服务器端脚本被认为是页面后台类的部分代码。

使用前台 C#服务器端脚本可以迅速地控制页面显示内容，但是并不便于维护和封装。随着 ASP.NET MVC 的推广，这种方式也被广泛使用。读者可以了解一些前端嵌入式脚本块的知识，方便后期的 ASP.NET MVC 学习。

18.1.3　使用绑定表达式绑定到 DataReader

在 ASP.NET 开发中，经常会使用数据绑定表达式将数据绑定至各种控件中。当在页面或数据绑定控件中调用 DataBind()方法时，该表达式将创建服务器控件属性和数据源之间的绑定，其代码格式如下：

```
<%#数据绑定表达式%>
```

一般情况下，数据绑定表达式使用页面的 Eval()、Bind()方法将数据绑定到控件上，这两种方法具有以下特点：

- 都可以计算出绑定表达式的值，并绑定到控件中。
- Eval()方法计算出的数据绑定表达式的结果为只读值，对该值的修改不会被提交。
- Bind()方法计算出的数据绑定表达式的结果是可读可写的，对该值的修改会被页面所提交。

一般在数据绑定控件中会使用如下格式的数据绑定表达式：

```
<%# Bind("数据列或属性名称")%>
```

或：

```
<%# Eval("数据列或属性名称")%>
```

例如，现在需要显示书籍信息，可以依照以下步骤来实现。

（1）创建一个 ASP.NET 网站，并在 Default.aspx 页面前台添加如下代码：

```
<asp:GridView runat="server" ID="gdvBooks" AutoGenerateColumns="false">
    <Columns>
```

```
        <asp:TemplateField HeaderText="书籍名称">
            <ItemTemplate>
                <%# Eval("BookName") %>
            </ItemTemplate>
        </asp:TemplateField>
        <asp:TemplateField HeaderText="价格">
            <ItemTemplate>
                <%# Eval("Price") %>
            </ItemTemplate>
        </asp:TemplateField>
        <asp:TemplateField HeaderText="作者">
            <ItemTemplate>
                <%# Eval("Author") %>
            </ItemTemplate>
        </asp:TemplateField>
    </Columns>
</asp:GridView>
```

以上这段代码使用了数据绑定表达式，将数据绑定至GridView控件中。

> **注意**：以上代码只使用了Eval()方法，并没有使用Bind()方法，这是因为此处的数据只用于显示，而不需要更改，所以不需要使用Bind()方法。

（2）在Default.aspx页面的Page_Load事件处理函数中，添加使用DataReader对象数据绑定的代码：

```
protected void Page_Load(object sender, EventArgs e)
{
    if (!this.IsPostBack)
        this.BindGrid();
}
protected void BindGrid()                                    //数据绑定方法
{
    //创建连接
SqlConnectioncon=newSqlConnection(CT.ConnectionStrings["Books"].ConnectionString);
    SqlCommand com = con.CreateCommand();                //创建命令对象
    com.CommandText="SELECT * FROM Books";               //查询Books表中的所有数据
    SqlDataReader reader = null;                         //声明SqlDataReader对象
    con.Open();                                          //打开连接
    reader = com.ExecuteReader();                        //获取SqlDataReader对象
    //设定SqlDataReader对象是GridView控件的数据源
    this.gdvBooks.DataSource = reader;
    this.gdvBooks.DataBind();                  //调用GridView控件的DataBind()方法进行数据绑定
    reader.Close();                            //关闭SqlDataReader
    con.Close();                               //关闭连接
}
```

以上代码着重注意如下两行：

```
this.gdvBooks.DataSource = reader; //设定SqlDataReader对象是GridView控件的数据源
this.gdvBooks.DataBind();          //调用GridView控件的DataBind()方法进行数据绑定
```

以上代码设定了GridView控件的数据源为SqlDataReader对象，并调用了该控件的DataBind()方法进行数据绑定。调用此方法后，服务器会计算页面前台代码中的数据绑定表达式，并将数据写入控件中，呈现给客户，运行效果如图18.2所示。

图 18.2　DataReader 数据源数据绑定效果图

18.2　使用数据源控件操作数据

上节讲解了数据绑定的原理和实现步骤，并演示了几种基本的数据绑定方式。ASP.NET 内置了多种数据源控件，便于开发人员迅速开发出复杂的数据绑定功能，本节将着重演示几种最常用的数据源控件，并将一一演示如何使用它们来完成复杂的数据绑定和数据操作。本节中的知识非常重要，深入理解这些知识，可以帮助读者迅速掌握数据库操作和实现页面数据呈现的功能。

18.2.1　理解数据源控件

ASP.NET 内置了多种数据源控件，它们可以帮助开发人员迅速开发出复杂的数据绑定页面和数据操作功能，允许开发人员迅速连接至多种数据库、数据文件（XML 文件、Excel 文件等）、业务层数据提供类，并提供数据检索、数据操作等多种复杂的功能。

数据源控件可以极大地减轻开发人员的工作，使他们可以不编写任何代码或编写很少的代码，就可以完成页面数据绑定和数据操作功能。常见的数据源控件如表 18.1 所示。

表 18.1　常见的数据源控件

数据源控件	说　明
SqlDataSource	连接 SQL Server 数据库的数据源控件，可以将数据读取至 DataSet 或 SqlDataReader 对象中，并提供了数据排序、筛选和分页功能
AccessDataSouce	连接 Access 数据库的数据源控件，可以将数据读取至 DataSet 或 OledbDataReader 对象中，并提供了数据排序、筛选和分页功能
ObjectDataSource	允许开发人员使用业务层或其他中间层管理数据，并支持其他数据源控件所不支持的复杂排序和筛选功能、分页方案
XmlDataSource	允许开发人员使用 XML 文档作为数据源，可以使用 XPath 表达式完成数据筛选功能，特别适合于分层控件，如 TreeView 和 Menu 控件配合使用
LinqDataSource	允许开发人员在页面前台内嵌 Lambda 表达式，从数据对象中读取、操作数据，并且可以帮助开发人员生成更新、删除、插入等命令
SiteMapDataSource	以 SiteMap 文件作为数据源的数据源控件，可以迅速完成站点导航功能开发的数据源控件

在日常开发中，以上的数据源控件都会被广泛使用，只需要设定此类控件的 DataSourceID 属性为页面上某一数据源控件 ID 即可，不需要任何编码就可实现数据绑定。

注意：SiteMapDataSource 控件只用于界面导航功能的开发，它不是一个常用的数据源控件。ASP.NET 提供的多种数据绑定控件都内置了 DataSourceID 属性，以方便开发人员设定它需要绑定的数据源控件 ID。

18.2.2 使用 SqlDataSource 控件绑定数据

SqlDataSource 控件是较为常用的数据源控件之一，它可以帮助开发人员迅速创建与数据库的连接，并提供了快速检索数据、数据操作、分页、排序等功能。

注意：SqlDataSource 控件使 ADO.NET 类与其支持的任何数据库进行交互，不仅仅限于 SQL Server 数据库，只是在开发时常用 SQL Server 数据库。

SqlDataSource 控件的常用属性和方法如表 18.2 所示。

表 18.2 SqlDataSource 控件的常用属性和方法

属性名称	说　明
ProviderName	数据提供者名称，SqlDataSource 控件连接的数据库名称即当前 ADO.NET 对象连接数据库的命名空间名称。默认值为 System.Data.SqlClient
ConnectionString	当前 SqlDataSource 控件使用的数据库连接字符串。当使用向导创建此控件时，该连接字符串会存储于 web.config 文件中
SelectCommand	查询数据库检索数据时使用的 SQL 语句
UpdateCommand	更新数据时使用的 SQL 语句
DeleteCommand	删除数据时使用的 SQL 语句
InsertCommand	插入数据时使用的 SQL 语句
Select、Update、Delete、 Insert	当页面中的数据绑定控件执行相关的数据操作时，SqlDataSource 控件会自行调用这些方法，但是也可以在后台代码中显式地调用这些方法

本节将使用 SqlDataSource 控件检索数据库数据，并把数据绑定至 GridView 控件中，此过程将演示该数据源控件的属性和方法在开发中的使用细节。

（1）创建一个 ASP.NET 网站，在 Default.aspx 页面中拖入 1 个 GridView 控件和 1 个 SqlDataSource 控件。拖入控件后，单击 SqlDataSouce 控件的智能标记，在弹出的快捷菜单中单击“配置数据源”链接，将打开“配置数据源”对话框，如图 18.3 所示。

（2）在“配置数据源”对话框中选择一个存储于 web.config 文件中的数据库连接字符串，然后单击“下一步”按钮，进入“配置 Select 语句”对话框，效果如图 18.4 所示。

（3）在“配置 Select 语句”对话框中选择需要查询的表及需要检索数据的数据列，单击“下一步”按钮，进入“测试查询”对话框，单击“测试查询”按钮检视数据，效果如图 18.5 所示。在“测试查询”对话框中出现了相关数据，单击“完成”按钮，完成 SqlDataSource 控件的配置工作。

（4）选中 Default.aspx 页面中的 GridView 控件，单击 GridView 控件的智能标记，在弹出的快捷菜单中的“选择数据源”下拉列表框中选择“SqlDataSource1”控件为当前 GridView 的数据源控件，并选中“启用分页”、“启用排序”复选框，效果如图 18.6 所示。

运行该网站，发现数据已经查询出来了，并显示在 GridView 中，效果如图 18.7 所示。运行后发现，单击 GridView 的列头链接可以进行排序，这证明 SqlDataSource 直接支持数据排序及其他功能。本节简单演示了 SqlDataSource 控件的数据查询和排序功能，后续的内容将进一步演示该控件的其他功能。

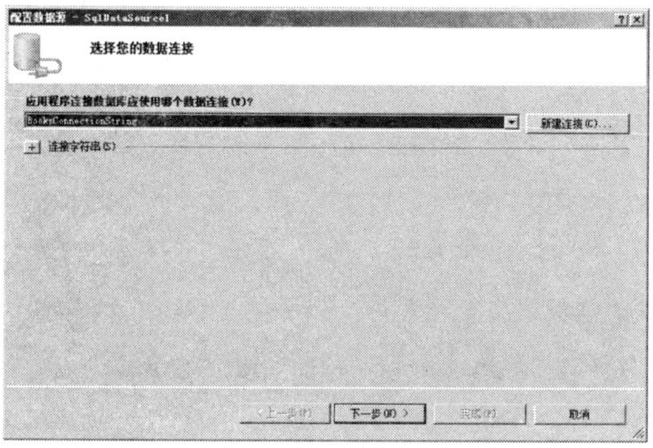

图 18.3　“配置数据源”对话框

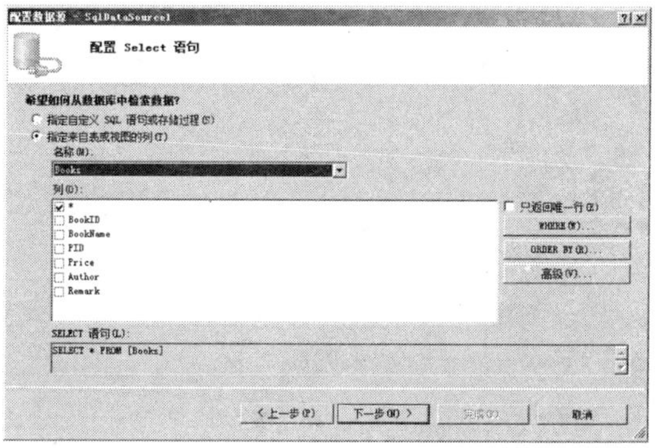

图 18.4　配置 Select 语句

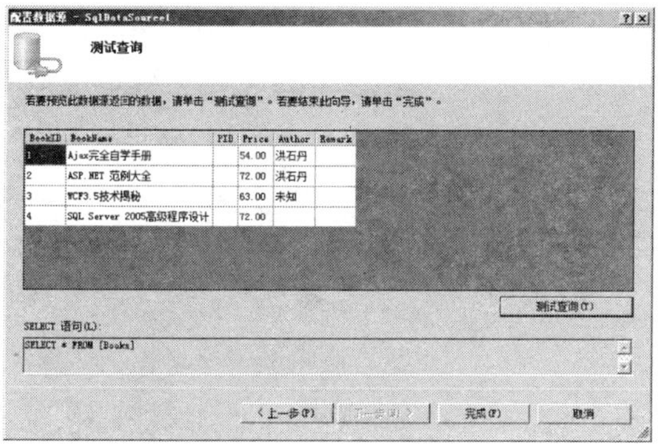

图 18.5　测试查询

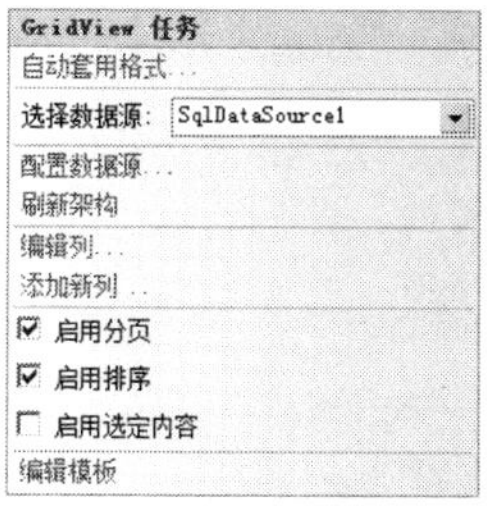

图 18.6　配置 GridView 的数据源控件

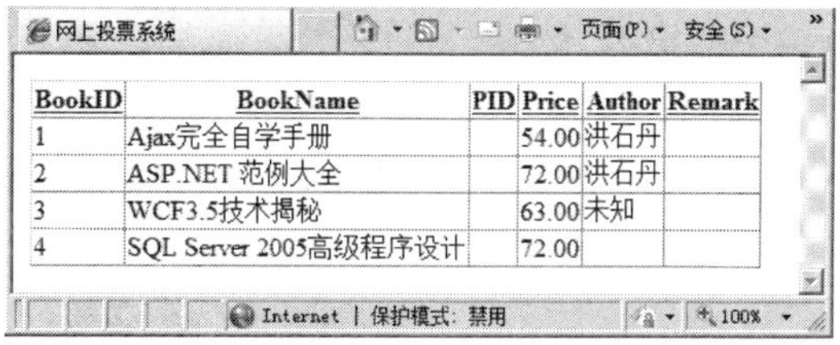

图 18.7　SqlDataSource 查询数据效果图

18.2.3　使用 SqlDataSource 控件选择和过滤数据

上节使用向导设定了 SqlDataSource 控件的 Select 语句，仅检索了整表数据，在实际开发中可以修改该控件的 SelectCommand 属性来实现数据过滤功能。例如，现在筛选出价格大于 60 元的书籍，可以修改上例中 SqlDataSource 的 SelectCommand 属性进行数据筛选，操作步骤如下。

（1）在 Default.aspx 页面中单击 SqlDataSource 控件的智能标记，在弹出的快捷菜单中单击“配置数据源”链接，然后在“配置 Select 语句”对话框中单击“WHERE”按钮，会打开“添加 WHERE 子句”的对话框，效果如图 18.8 所示。

（2）为 SqlDataSource 控件添加筛选数据的 WHERE 子句，依次执行以下步骤：

①在“列”下拉列表框中选择“Price”选项。

②在“运算符”下拉列表框中选择“>”选项。

③在“源”下拉列表框中选择“None”选项。

④在“值”文本框中输入“60”。

⑤单击“添加”按钮。

执行以上步骤后，会发现此时“添加 WHERE 子句”对话框的效果如图 18.9 所示。

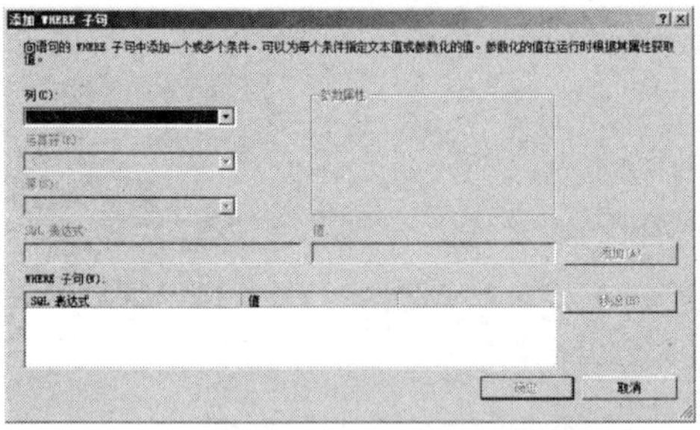

图 18.8 “添加 WHERE 子句”对话框

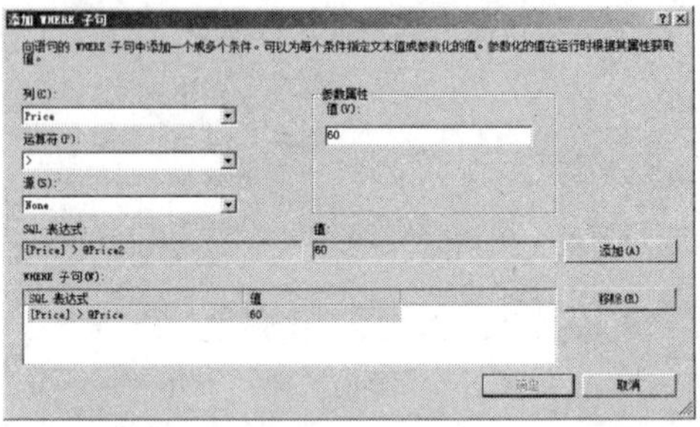

图 18.9 “添加 WHERE 子句”对话框设定后效果图

（3）单击“确定”按钮，完成整个向导工作。查看 SqlDataSource 控件的前台代码如下：

```
<asp:SqlDataSource ID="SqlDataSource1" runat="server"
    ConnectionString="<%$ ConnectionStrings:BooksConnectionString %>"
    SelectCommand="SELECT * FROM [Books] WHERE ([Price] &gt; @Price)">
    <SelectParameters>
        <asp:Parameter DefaultValue="60" Name="Price" Type="Decimal" />
    </SelectParameters>
</asp:SqlDataSource>
```

以上代码中 SqlDataSource 控件的 SelectCommand 属性已经具有了 WHERE 子句，即具有了筛选功能。

> **注意：**以上代码中的<SelectParameters>标记，即当前 SqlDataSource 控件的 SelectCommand 属性中 SQL 语句所需的参数集合。

在<SelectParameters>标记中可以放置多个<asp:Parameter>标记，即参数标记，它可以表示相应 Command 属性中 SQL 语句所需的参数属性。运行当前网站，效果如图 18.10 所示。此时可以看到，书籍信息已经被筛选出来了，由此可以证明 SqlDataSource 拥有数据筛选的能力。

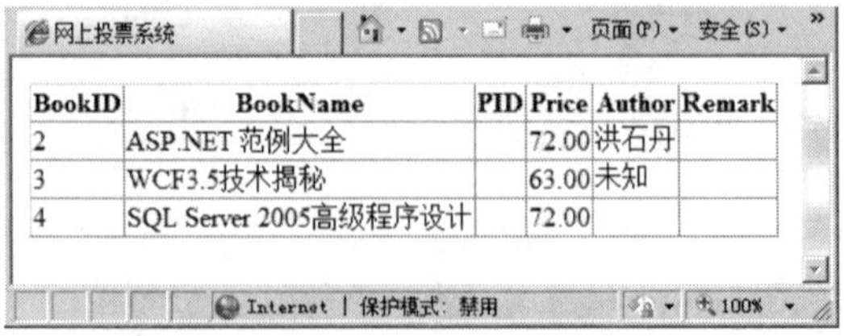

BookID	BookName	PID	Price	Author	Remark
2	ASP.NET 范例大全		72.00	洪石丹	
3	WCF3.5技术揭秘		63.00	未知	
4	SQL Server 2005高级程序设计		72.00		

图 18.10 使用 SqlDataSource 控件筛选数据

18.2.4 更新数据和并发处理

SqlDataSource 控件还提供了数据操作功能，如完成数据更新、删除、插入等功能，还可以使用 UpdateCommand 属性和一些辅助标记来完成数据更新操作。在使用向导生成前台代码时，自动生成用于数据更新的 UpdateCommand 和 UpdateParameters 属性，比如需要修改上例，为书籍列表添加书籍更新功能，操作步骤如下。

（1）在配置向导的“配置 Select 语句”对话框中单击“高级”按钮，效果如图 18.11 所示。

（2）打开“高级 SQL 生成选项”对话框，效果如图 18.12 所示。

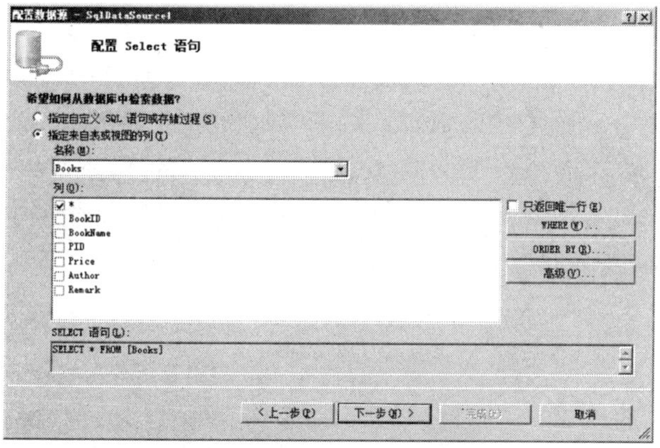

图 18.11　“配置 Select 语句”对话框

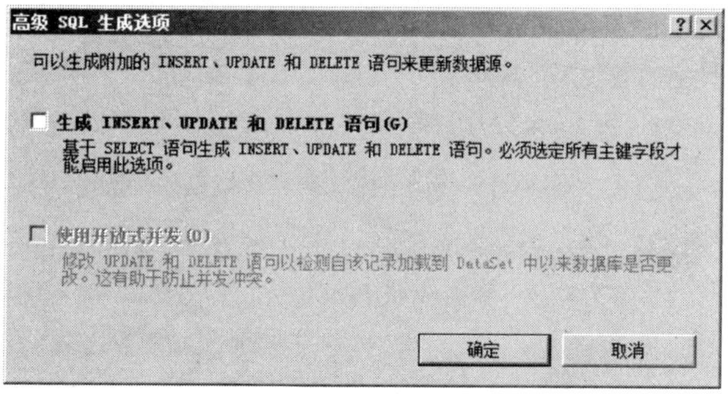

图 18.12　“高级 SQL 生成选项”对话框

（3）在“高级 SQL 生成选项”对话框中选中“生成 INSERT、UPDATE 和 DELETE 语句”复选框，单击“确定”按钮，完成整个配置向导。完成整个配置向导后，会发现 SqlDataSouce 控件的前台代码发生了很大的变化，代码如下：

```
<asp:SqlDataSource ID="SqlDataSource1" runat="server"
    ConnectionString="<%$ ConnectionStrings:BooksConnectionString %>"
    SelectCommand="SELECT * FROM [Books]"
    UpdateCommand="UPDATE [Books] SET [BookName] = @BookName, [PID] = @PID, [Price] =
    @Price, [Author] = @Author, [Remark] = @Remark WHERE [BookID] = @BookID"
    DeleteCommand="DELETE FROM [Books] WHERE [BookID] = @BookID"
    InsertCommand="INSERT INTO [Books] ([BookName], [PID], [Price], [Author], [Remark])
    VALUES (@BookName, @PID, @Price, @Author, @Remark)">
    <DeleteParameters>
        <asp:Parameter Name="BookID" Type="Int32" />
    </DeleteParameters>
    <InsertParameters>
        <asp:Parameter Name="BookName" Type="String" />
        <asp:Parameter Name="PID" Type="String" />
        <asp:Parameter Name="Price" Type="Decimal" />
        <asp:Parameter Name="Author" Type="String" />
        <asp:Parameter Name="Remark" Type="String" />
    </InsertParameters>
    <UpdateParameters>
```

```
            <asp:Parameter Name="BookName" Type="String" />
            <asp:Parameter Name="PID" Type="String" />
            <asp:Parameter Name="Price" Type="Decimal" />
            <asp:Parameter Name="Author" Type="String" />
            <asp:Parameter Name="Remark" Type="String" />
            <asp:Parameter Name="BookID" Type="Int32" />
        </UpdateParameters>
    </asp:SqlDataSource>
```

通过以上代码可以看到，SqlDataSouce 控件中添加了 UpdateCommand、DeleteCommand、InsertCommand 属性，并在该控件的前台代码中添加了相关的 Parameters 集合。使用向导可以迅速生成执行数据插入、更新、删除的 SQL 语句和参数列表。

（4）为 GridView 控件添加编辑列，在 Default.aspx 页面中单击 GridView 控件智能标记，在弹出的快捷菜单中选中“启用编辑”复选框，效果如图 18.13 所示。

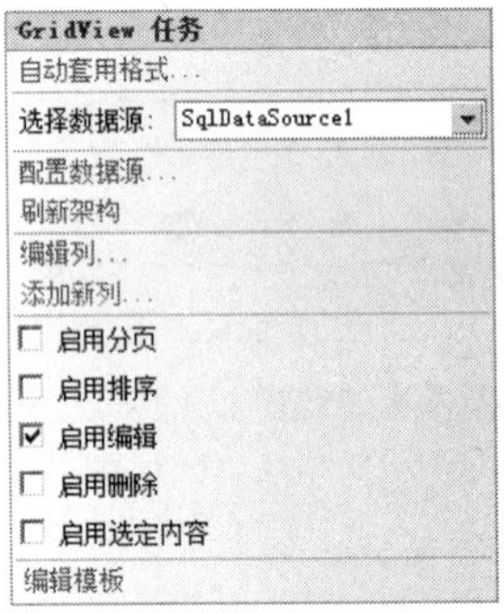

图 18.13　GridView 控件智能标记

（5）运行该网站，单击 GridView 中某数据行的“编辑”链接，并在相关文本框中修改书籍信息，单击“确定”按钮，会发现数据已更新，效果如图 18.14 所示。

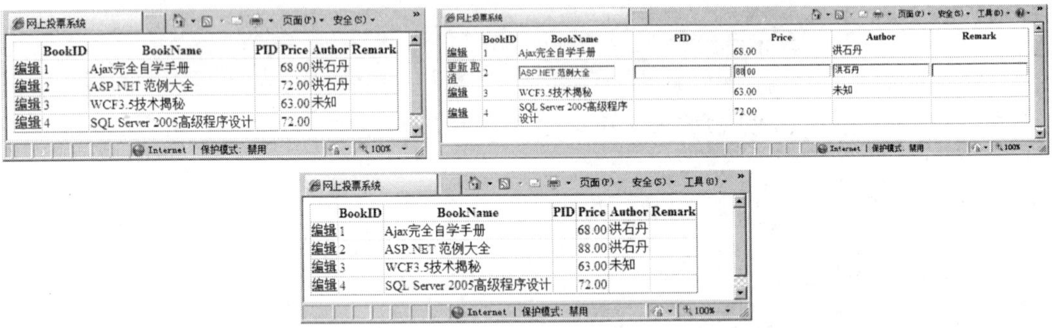

图 18.14　使用 SqlDataSouce 进行数据更新效果图

在图 18.14 中对一本书的价格进行了修改，从 72 元修改为 88 元，并重新绑定到 GridView 控件。SqlDataSouce 还可以与 FormView 控件配合使用，来完成数据插入等其他复杂的数据操作。

18.2.5　编程执行 SqlDataSource 命令

上节通过 SqlDataSouce 控件完成了简单数据的更新操作，但是由于所有的数据操作都被内置于 GridView 控件中，对用户输入的数据无法进行有效验证，因此用户体验很差。

SqlDataSouce 控件的配置向导可以迅速地帮助开发人员完成 SQL 语句的配置工作，但是这种快速配置方式不是适合所有的开发场景，如需要数据验证的更新、外键值更新、文件上传等数据操作场景。该控件还允许开发人员通过编码的方式实现复杂的数据操作，本节将通过一个外键值更新的实例，来演示通过编码完成数据更新，具体操作步骤如下。

（1）创建空网站，在 Default.aspx 页面中添加 1 个 GridView 控件和 1 个 SqlDataSouce 控件，修改前台代码如下：

```
<form id="form1" runat="server">
<div>
    <asp:GridView ID="GridView1" runat="server" AutoGenerateColumns="False"
        DataKeyNames="BookID" DataSourceID="SqlDataSource1">
        <Columns>
            <asp:BoundField DataField="BookID" HeaderText="BookID"
            InsertVisible="False"
                ReadOnly="True" SortExpression="BookID" />
            <asp:BoundField DataField="BookName" HeaderText="BookName"
                SortExpression="BookName" />
            <asp:BoundField DataField="PID" HeaderText="PID" SortExpression="PID" />
            <asp:BoundField DataField="Price" HeaderText="Price"
            SortExpression="Price" />
            <asp:BoundField DataField="Author" HeaderText="Author"
                SortExpression="Author" />
            <asp:BoundField DataField="Remark" HeaderText="Remark"
                SortExpression="Remark" />
            <asp:TemplateField HeaderText="出版社"><%--出版社是一个外键列，如果让客户直接数据
            会引起数据更新错误--%>
                <ItemTemplate>
                    <%# Eval("PubID") %>
                </ItemTemplate>
                <EditItemTemplate>
                    <asp:DropDownList runat="server" ID="ddlPubID"><%--这里是绑定出版社
                    信息的 DropDownList 控件--%>
                    </asp:DropDownList>
                </EditItemTemplate>
            </asp:TemplateField>
            <asp:CommandField ShowEditButton="true" />
        </Columns>
    </asp:GridView>
    <br />
</div>
<asp:SqlDataSource ID="SqlDataSource1" runat="server"
    ConnectionString="<%$ ConnectionStrings:DemoConnectionString %>"
    SelectCommand="SELECT * FROM [Books]"
    InsertCommand="INSERT INTO [Books] ([BookName], [PID], [Price], [Author], [Remark],
    [PubID]) VALUES (@BookName, @PID, @Price, @Author, @Remark, @PubID)"
    UpdateCommand="UPDATE [Books] SET [BookName] = @BookName, [PID] = @PID, [Price] =
    @Price, [Author] = @Author, [Remark] = @Remark, [PubID] = @PubID WHERE [BookID] =
    @BookID">
    <UpdateParameters>
        <asp:Parameter Name="BookName" Type="String" />
        <asp:Parameter Name="PID" Type="String" />
        <asp:Parameter Name="Price" Type="Decimal" />
        <asp:Parameter Name="Author" Type="String" />
        <asp:Parameter Name="Remark" Type="String" />
        <asp:Parameter Name="PubID" Type="Int32" />
        <asp:Parameter Name="BookID" Type="Int32" />
    </UpdateParameters>
</asp:SqlDataSource>
<br />
</form>
```

> **注意：** 本节使用的 GridView 控件相关知识，读者可参见第 19 章中的讲解。

前台代码修改了有关出版商信息表的绑定列，使用了一个模板列替换它。出版商信息表是一个外键表，用户不能直接输入出版商的 ID 来更新外键信息，所以必须使用模板列中的 DropDownList 控件提供的出版商信息供用户选择。

（2）为 GridView 控件添加 RowDataBound 事件处理函数，在该事件处理函数中添加 DropDownList 控件的绑定出版社信息表的代码：

```
protected void BindDropDownList(DropDownList ddl)
{
    //创建连接
    SqlConnection con = new SqlConnection(
ConfigurationManager.ConnectionStrings["DemoConnectionString"].ConnectionString);
    SqlCommand com = con.CreateCommand();
    com.CommandText = "SELECT * FROM Publishers";          //设定 SQL 语句
    SqlDataAdapter adpt = new SqlDataAdapter();
    adpt.SelectCommand = com;
    DataSet ds = new DataSet();                             //填充 DataSet
    con.Open();
    adpt.Fill(ds);
    ddl.DataSource = ds;                                    //设定数据源
    ddl.DataTextField = "PubID";                            //设定绑定值列
    ddl.DataValueField = "PubName";                         //设定绑定文本列
    ddl.DataBind();                                         //数据绑定
}
protected void gdvBooks_RowDataBound(object sender, GridViewRowEventArgs e)
{
    if (e.Row.RowState == DataControlRowState.Edit)     //判断当前行是否处于编辑状态
{
        //获取编辑行中绑定出版社信息的 DropDownList 控件
        DropDownList ddlPubID = e.Row.FindControl("ddlPubID") as DropDownList;
        if (ddlPubID != null)
        {
            BindDropDownList(ddlPubID);                 //绑定出版社信息至 DropDownList
            return;
        }
    }
    return;
}
```

以上代码中 GridView 控件的 RowDataBound 事件处理函数将出版商信息表绑定至编辑行中的 DropDownList 控件。

（3）为 GridView 控件添加 RowUpdating 事件处理函数，并在该事件处理函数中修改 SqlDataSouce 控件的 Update 参数，将用户选择的出版商 ID 更新至数据库。代码如下：

```
protected void gdvBooks_RowUpdating(object sender, GridViewUpdateEventArgs e)
{
    //获取编辑行中绑定出版社信息的 DropDownList 控件
    DropDownList ddlPubID = gdvBooks.Rows[e.RowIndex].FindControl("ddlPubID") as
    DropDownList;
    //修改 SqlDataSouce 控件中的 UpdateParameters 中出版商 ID 参数的值
this.SqlDataSource1.UpdateParameters["PubID"].DefaultValue=ddlPubID.SelectedItem.
Value;
    this.SqlDataSource1.Update();                                   //更新书籍信息
```

```
        this.gdvBooks.DataBind();                                    //重新绑定数据
    }
```

GridView 控件的 RowUpdating 事件处理函数修改了 SqlDataSouce 控件的 UpdateParameters 集合中的出版商 ID 参数，设定该参数的值为 DropDownList 控件的选中值。修改该参数的值后，调用 SqlDataSouce 控件的 Update()方法进行数据更新，并重新绑定数据就完成了数据更新操作，效果如图 18.15 所示。

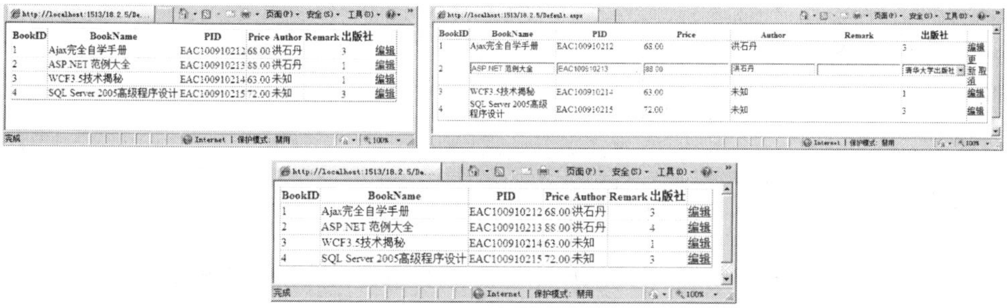

图 18.15　后台编码完成 SqlDataSouce 控件的数据更新功能

通过图 18.15 可以看出，SqlDataSouce 控件接受了 DropDownList 控件选中的出版商 ID，并成功地实现了数据更新操作。

18.2.6　ObjectDataSource 控件简介

前几节讲解了 SqlDataSource 控件的相关知识，并使用它完成了相关的数据操作功能。该控件可以迅速地构建数据操作页面，但是由于它将 SQL 语句、参数集合都集成在页面中，所以为后期的维护和二次开发带来了很大的麻烦。

在实际开发中，大量使用 SqlDataSouce 控件会造成显示逻辑与业务逻辑、数据逻辑的紧耦合，所以在大型网站或 Web 程序开发中不会使用它，而会使用分层开发的架构模式。

在分层开发的架构模式下， ObjectDataSouce 控件可以完成分层开发模式下的快速开发，它可以通过业务对象获取数据，并迅速绑定到数据绑定控件中，还可以迅速、简单地与页面数据绑定控件进行交互，并将数据回传至业务对象，从而实现复杂的数据操作。读者可以这样理解该控件：它搭建了页面与业务对象之间的数据桥梁，并提供了快速开发的可能。ObjectDataSouce 控件的常见属性和方法如表 18.3 所示。

表 18.3　ObjectDataSouce 控件的常见属性和方法

属性或方法名称	说　明
TypeName	当前 ObjectDataSouce 控件调用的业务类的列名称。该类名称是全名引用即包含完整的命名空间和类名
SelectMethod	当前 ObjectDataSouce 控件执行查询操作时调用的业务类中数据查询操作方法的方法名称。ObjectDataSouce 控件调用的数据查询方法必须返回一个实现了 IEnumable 接口的对象，否则将无法将数据绑定至控件中
UpdateMethod	当前 ObjectDataSouce 控件执行更新操作时调用的业务类中数据更新操作方法的方法名称。该业务类方法传入的参数最好是与数据实体类中的相关属性一一对应的，但是最好不要直接使用实体类对象传递数据

续表

属性或方法名称	说　　明
DeleteMethod	当前 ObjectDataSouce 控件执行删除操作时调用的业务类中数据删除操作方法的方法名称
InsertMethod	当前 ObjectDataSouce 控件执行插入操作时调用的业务类中数据插入操作方法的方法名称。该业务类方法传入的参数最好是与数据实体类中的相关属性一一对应的，但是最好不要直接使用实体类对象传递数据
SelectParameters、UpdateParameters、DeleteParameters、InsertParameters	ObjectDataSouce 控件调用相关业务方法执行数据操作时，回传至业务对象中的相关参数集合
Select()、Update()、Delete()、Insert()	ObjectDataSouce 的相关数据操作方法。当调用这些方法时，ObjectDataSouce 控件会调用业务对象的相关方法实现相关的数据操作

ObjectDataSouce 只起到数据桥梁的作用，并不具备连接字符串、SQL 语句等一些属性。使用该控件之前，首先需要创建业务类和业务方法。

18.2.7 创建业务对象类

上节简单介绍了 ObjectDataSouce 控件的一些特点，本节将介绍创建 ObjectDataSouce 控件所需的业务类，后面几节都将使用到本节创建的业务类中的相关方法。该控件本身只能充当数据桥梁的功能，所以需要通过业务类来完成数据操作。本节将创建一个完成书籍信息查询、删除、更新、插入的业务类，操作步骤如下。

（1）创建一个空白解决方案，并分别添加以下 3 个类库程序。

- BookShop.Model：包含书籍信息、出版商信息实体类。
- BookShop.DAL：包含数据操作工厂、数据操作类。
- BookShop.BLL：包含书籍业务类、出版商业务类。

在 BookShop.Model 中添加 BookInfo、PublisherInfo 两个数据实体类，并添加相关代码；在 BookShop.DAL 中添加 DbOperator、DbFactory 两个静态类，并添加相关代码。

> **注意**：由于篇幅所限，关于 BookShop.DAL、BookShop.Model 类库中相关类的代码不在本节展示，请读者阅读代码光盘中相关代码。

（2）在 BookShop.BLL 中添加 BooksRule 静态类，用于实现对书籍信息的查询、删除、更新、插入等数据操作。该类中的相关业务方法如表 18.4 所示。

表 18.4　BooksRule 中的业务方法

方法名称	说　　明
public static int UpdateBook(string bookName, string pID, decimal price, string author, string remark, int pubID,int bookID)	更新单个书籍信息的业务方法，将返回影响行数，在调用时需要传入书籍的各个属性值
public static int DeleteBook(int bookID)	删除单个书籍信息的业务方法，将返回影响行数，在调用时需要传入书籍 ID
public static int InsertBook(string bookName, string pID, decimal price, string author, string remark, int pubID)	插入书籍信息的业务方法，将返回影响行数，在调用时需要传入除了书籍 ID 的各个属性值

续表

方法名称	说　明
public static List<BookInfo> GetBooksByPubID(int pubID)	根据出版商 ID 查询相关出版商出版的所有书籍信息的方法，将返回书籍实体对象集合，在调用时需要传入出版商 ID
public static BookInfo GetBookByID(int id)	根据书籍 ID 查询书籍信息的方法，将返回书籍实体对象，在调用时需要传入书籍 ID
public static List<BookInfo> SelectAllBooks()	查询所有书籍信息的方法，将返回书籍实体对象集合
public static List<BookInfo> GetBooksByName(string bookName)	根据书籍名称模糊查询书籍信息的方法，将返回书籍实体对象集合，在调用时需要传入书籍名称
public static List<BookInfo> GetBooksByAuthor(string author)	根据作者名称模糊查询书籍信息的方法，将返回书籍实体对象集合，在调用时需要传入作者名称

BooksRule 类的相关代码如下：

```
public static class BooksRule
{
    public static List<BookInfo> SelectAllBooks()
    {
        List<BookInfo> bookList = new List<BookInfo>();
        //获取书籍信息和出版商信息，将两张表的数据填充至一个 DataSet 中
        DataSet ds = DbOperator.Select("SELECT * FROM Books;SELECT * FROM Publishers;");
        …//此处代码省略，请参见代码光盘中相关实例
        return bookList;
    }
    public static List<BookInfo> GetBooksByAuthor(string author)
    {
        List<BookInfo> bookList = new List<BookInfo>();
        //获取某一作者的所有书籍信息的方法
        string sql = string.Format("SELECT * FROM Books WHERE Author LIKE '%{0}%';" +
            "SELECT * FROM Publishers WHERE PubID IN (SELECT PubID FROM Books WHERE Author
            LIKE '%{0}%);", author);
        //获取书籍信息和出版商信息,并将两张表的数据填充至一个 DataSet 中
        DataSet ds = DbOperator.Select(sql);
        …//此处代码省略，请参见代码光盘中相关实例
        return bookList;
    }
    public static List<BookInfo> GetBooksByName(string bookName)
    {
        List<BookInfo> bookList = new List<BookInfo>();
        //根据书籍名称模糊查询出相关书籍信息
       string sql = string.Format("SELECT * FROM Books WHERE BookName LIKE '%{0}%';" +
            "SELECT*FROM Publishers WHERE PubID IN (SELECT PubID FROM Books WHERE BookName
            LIKE '%{0}%);",bookName);
        //获取书籍信息和出版商信息，并将两张表的数据填充至一个 DataSet 中
        DataSet ds = DbOperator.Select(sql);
        …//此处代码省略，请参见代码光盘中相关实例
        return bookList;
    }
    public static BookInfo GetBookByID(int id)
    {
        BookInfo book = null;
        //使用子查询获取书籍相关的出版商信息
        string sql = string.Format("SELECT * FROM Books WHERE BookID={0};" +
          "SELECT*FROMPublishersWHEREPubID=(SELECTPubIDFROMBooks WHERE
```

```
            BookID={0})",id);
            //获取两表书籍的 DataReader 对象
            IDataReader reader = DbOperator.ExecuteReader(sql);
            …//此处代码省略，请参见代码光盘中相关实例
            return book;
        }
        public static List<BookInfo> GetBooksByPubID(int pubID)
        {
            List<BookInfo> bookList = new List<BookInfo>();
            string sql = string.Format("SELECT * FROM Books WHERE PubID={0};" +
                "SELECT * FROM Publishers  WHERE PubID={0};", pubID);
            DataSet ds = DbOperator.Select(sql);
            …//此处代码省略，请参见代码光盘中相关实例
            return bookList;
        }
        public static int InsertBook(string bookName, string pID, decimal price, string
        author, string remark, int pubID)
        {
            //拼装插入书籍信息的 SQL 语句
            string sql = string.Format("INSERT INTO Books
            VALUES('{0}','{1}',{2},'{3}','{4}',{5})",
                bookName, pID, price, author, remark, pubID);
            return DbOperator.Modify(sql);         //执行 SQL 语句并返回影响行数
        }
        public static int DeleteBook(int bookID)
        {
            //拼装删除书籍信息的 SQL 语句
            string sql = string.Format("DELETE Books WHERE BookID={0};", bookID);
            return DbOperator.Modify(sql);         //执行 SQL 语句并返回影响行数
        }
        public static int UpdateBook(string bookName,string pID,decimal price,string
        author,string remark, int pubID, int bookID)
        {
            //拼装更新书籍信息的 SQL 语句
            string sql = string.Format("UPDATE Books SET
            BookName='{0}',PID='{1}',Price={2},Author='{3}'" +
                ",Remark='{4}',PubID={5} WHERE BookID={6}",
                bookName, pID, price, author, remark, pubID, bookID);
            return DbOperator.Modify(sql);         //执行 SQL 语句并返回影响行数
        }
    }
```

BooksRule 类中的业务方法提供了多种查询、删除、更新、插入的数据操作方式，下一节将使用 ObjectDataSouce 控件调用该类中的相关业务方法实现书籍信息的各种数据操作。

18.2.8 在 ObjectDatasource 中使用参数

上一节完成了业务类 BooksRule 的构建工作，本节将使用该类实现书籍的模糊查询，并演示 ObjectDataSouce 控件调用业务类相关方法的细节。在上一节创建的解决方案中添加一个网站，将其命名为 BookShop.Web，并设为启动项目。在网站中添加对 BookShop.Model、BookShop.BLL 两个类库的引用。

（1）在 Default.aspx 页面中添加 1 个 TextBox 控件、1 个 Button 控件、1 个 GridView 控件和 1 个 ObjectDataSouce 控件，界面设计如图 18.16 所示。

（2）选中 ObjectDataSouce 控件，单击其智能标记，在弹出的快捷菜单中单击“配置数据源”链接，打开“配置数据源”对话框，选择“BookShop.BLL.BooksRule”类为业务对象，

效果如图 18.17 所示。

（3）单击“下一步”按钮，在“选择方法”下拉列表框中选择“GetBooksByName”方法作为 Select 方法，效果如图 18.18 所示。

（4）单击“下一步”按钮，在“参数源”下拉列表框中选择“Control”作为参数源；在“ControlID”下拉列表框中选择“txtName”作为 ControlID，效果如图 18.19 所示。

（5）单击“完成”按钮，查看 ObjectDataSouce 控件的前台代码，如下所示：

```
<asp:ObjectDataSource ID="ObjectDataSource1" runat="server"
    SelectMethod="GetBooksByName" TypeName="BookShop.BLL.BooksRule">
    <SelectParameters>
        <asp:ControlParameter ControlID="txtName" DefaultValue="" Name="bookName"
            PropertyName="Text" Type="String" />
    </SelectParameters>
</asp:ObjectDataSource>
```

ObjectDataSouce 控件的前台代码设定了该控件调用的业务类和业务方法，并添加了 SelectParameters 属性。在该属性中添加了一个参数，该参数的 Name 属性与业务方法所需的参数名称一致，并设定该参数的值来自于界面文本框控件，控件的 ID 是 txtName。

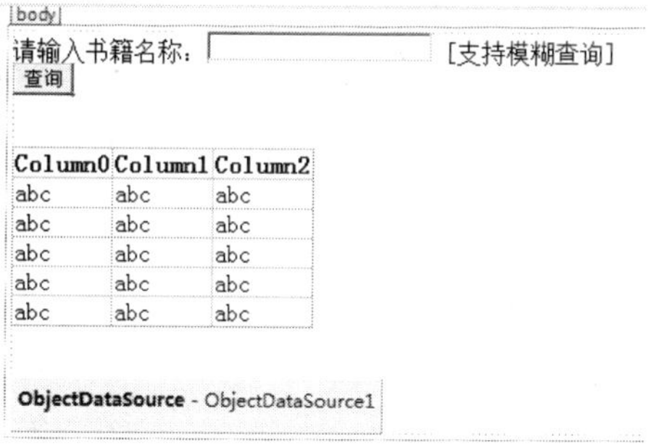

图 18.16　界面设计示意图

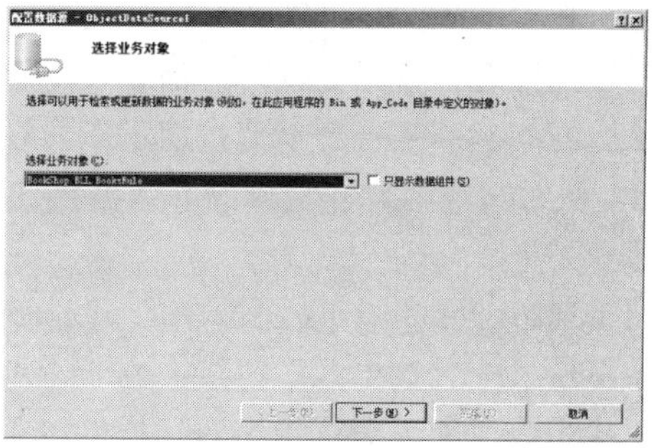

图 18.17　选择业务对象

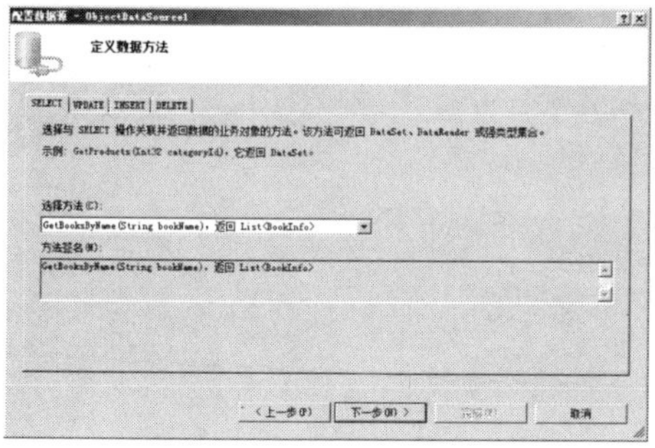

图 18.18　定义数据方法

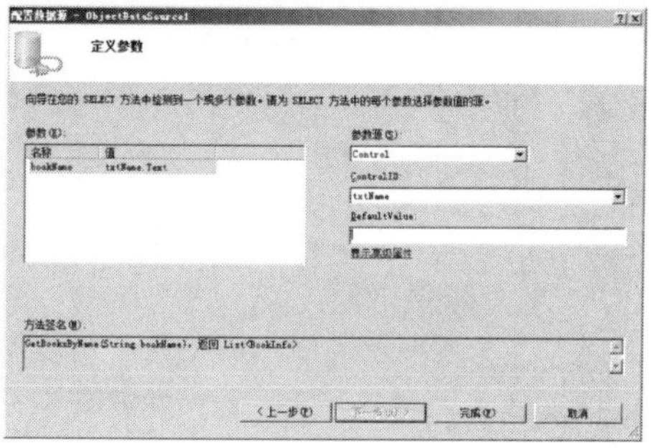

图 18.19　定义参数

（6）设定 GridView 控件的 DataSourceID 属性为 ObjectDataSouce 控件的 ID。在 Default.aspx 页面中双击“查询”按钮，进入后台代码页面的按钮单击事件处理函数，在其中添加以下代码：

```
protected void btnSelect_Click(object sender, EventArgs e)
{
    this.ObjectDataSource1.Select();//通过用户输入的书名获取书籍信息
}
```

“查询”按钮的单击事件处理函数调用了 ObjectDataSouce 控件的 Select()方法，该方法将文本框中的书名传入 GetBooksByName 业务方法中，从而获取书籍信息，并重新绑定至

GridView 中。

（7）运行该网站，在文本框中输入“2005”，单击“查询”按钮，发现查询出了正确的书籍信息，效果如图 18.20 所示。ObjectDataSouce 控件准确获取了书籍信息，也就说明了参数使用成功。

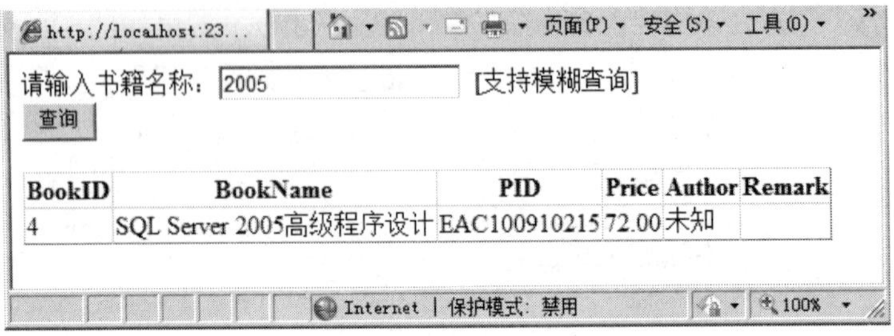

图 18.20　ObjectDataSouce 控件利用参数查询

18.2.9　使用 ObjectDataSouce 更新数据

上节利用 ObjectDataSouce 控件实现了参数化查询，本节将使用它完成数据更新功能。当使用该控件进行数据更新时，需要设定它使用的业务类和相关的业务方法，并设定各个业务方法所需的参数集合。本节将演示如何设定该控件的更新方法和使用代码动态控制它的参数集合，从而实现客户体验较高的数据操作功能。本节将继续在上节示例的基础上进行开发，操作步骤如下。

（1）选中 Default.aspx 页面中的 ObjectDataSouce 控件，单击其智能标记，在弹出的快捷菜单中单击“配置数据源”链接。由于上节设定了 ObjectDataSouce 控件使用的业务类，本节就直接单击“配置数据源”对话框的“下一步”按钮。

（2）在 “定义数据方法”对话框中选择“Update”选项卡，在“选择方法”下拉列表框中选择“UpdateBook”方法，效果如图 18.21 所示。

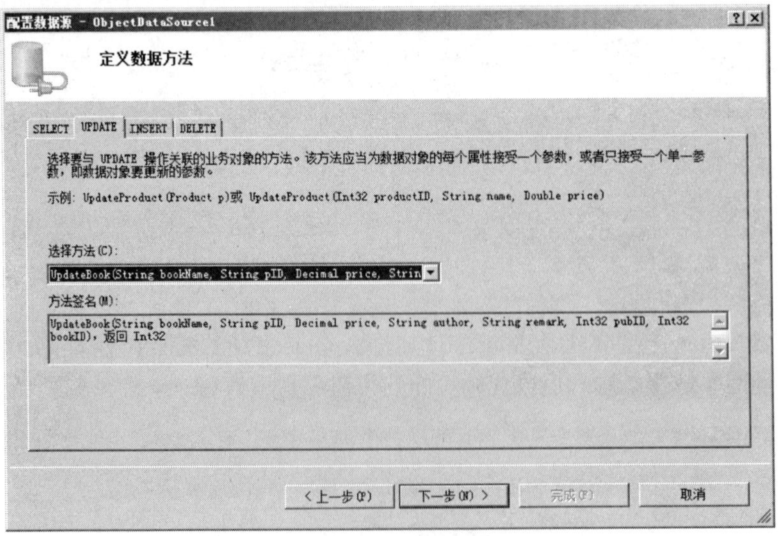

图 18.21　选择 Update 方法

（3）检查 SqlDataSouce 控件的前台代码，如下所示：

```
<asp:ObjectDataSource ID="ObjectDataSource1" runat="server"
    SelectMethod="GetBooksByName" TypeName="BookShop.BLL.BooksRule"
    UpdateMethod="UpdateBook">
    <SelectParameters>
        <asp:ControlParameter ControlID="txtName" DefaultValue="" Name="bookName"
            PropertyName="Text" Type="String" />
    </SelectParameters>
    <UpdateParameters>
        <asp:Parameter Name="bookName" Type="String" />
        <asp:Parameter Name="pID" Type="String" />
        <asp:Parameter Name="price" Type="Decimal" />
        <asp:Parameter Name="author" Type="String" />
        <asp:Parameter Name="remark" Type="String" />
        <asp:Parameter Name="pubID" Type="Int32" />
        <asp:Parameter Name="bookID" Type="Int32" />
    </UpdateParameters>
</asp:ObjectDataSource>
```

以上代码设定了 ObjectDataSouce 控件更新数据时所使用的方法，并添加了很多 Update() 方法所需的参数。由于书籍信息中包含了出版商信息，所以还需要修改 GridView 控件的前台绑定代码，如下所示：

```
<asp:GridView ID="GridView1" runat="server" AutoGenerateColumns="False"
    DataSourceID="ObjectDataSource1" DataKeyNames="BookID"
    onrowdatabound="GridView1_RowDataBound" onrowupdating="GridView1_RowUpdating">
    <Columns>
        <asp:CommandField ShowEditButton="True" />
        <asp:BoundField DataField="BookID" HeaderText="BookID"
            SortExpression="BookID" ReadOnly="true" />
        <asp:BoundField DataField="BookName" HeaderText="BookName"
            SortExpression="BookName" />
        <asp:BoundField DataField="PID" HeaderText="PID" SortExpression="PID" />
        <asp:BoundField DataField="Price" HeaderText="Price" SortExpression="Price" />
        <asp:BoundField DataField="Author" HeaderText="Author"
            SortExpression="Author" />
        <asp:BoundField DataField="Remark" HeaderText="Remark"
            SortExpression="Remark" />
        <asp:TemplateField HeaderText="出版商">
            <ItemTemplate>
                <%# Eval("Publisher") %>
            </ItemTemplate>
            <EditItemTemplate>
                <asp:DropDownList runat="server" ID="ddlPublishers">
                </asp:DropDownList>
            </EditItemTemplate>
        </asp:TemplateField>
    </Columns>
</asp:GridView>
```

（4）在 GridView 控件中添加编辑列，并为此控件添加了一个模板列，用于在更新书籍信息时，选择书籍的出版商信息。为 GridView 控件的 RowDataBound 事件处理函数编写代码，如下所示：

```
protected void GridView1_RowDataBound(object sender, GridViewRowEventArgs e)
{
    if (e.Row.RowType==DataControlRowType.DataRow) //判断当前行是否是数据行
    {
        //获取编辑行中的出版商下拉列表框控件
      DropDownList ddlPublishers = e.Row.FindControl("ddlPublishers") as DropDownList;
```

```
        if (ddlPublishers != null)
        {
            //绑定出版商信息至下拉列表框中
            ddlPublishers.DataSource = PublisherRule.SelectAll();
            ddlPublishers.DataTextField = "PubName";
            ddlPublishers.DataValueField = "PubID";
            ddlPublishers.DataBind();
            return;
        }
        return;
    }
}
```

GridView 控件的 RowDataBound 事件处理函数将出版商信息绑定到当前编辑行的 DropDownList 控件中。该 DropDownList 控件可以帮助用户选择书籍的出版商信息，不需要用户去记忆复杂的出版商编码。

（5）在 RowUpdating 事件处理函数中需要修改 ObjectDataSouce 控件的参数值，从而将用户选中的出版商信息数据传递到业务方法中，代码如下：

```
protected void GridView1_RowUpdating(object sender, GridViewUpdateEventArgs e)
{
    //获取编辑行中的绑定出版商信息的 DropDownList 控件
DropDownListddlPublishers=this.GridView1.Rows[e.RowIndex].FindControl("ddlPublishe
rs")as ropDownList;
    //修改 ObjectDataSouce 控件中更新参数的值
    this.ObjectDataSource1.UpdateParameters["pubID"].DefaultValue =
    ddlPublishers.SelectedItem.Value;
    this.ObjectDataSource1.Update();        //更新数据
    this.ObjectDataSource1.Select();        //重新绑定数据
}
```

以上代码修改了 ObjectDataSouce 控件的更新参数值，将选中的出版商 ID 传递到业务方法后，调用 ObjectDataSouce 控件的 Update()方法来实现数据更新。

（6）运行该网站，修改“Ajax 完全自学手册”一书的出版商为“东南大学出版社”，效果如图 18.22 所示。

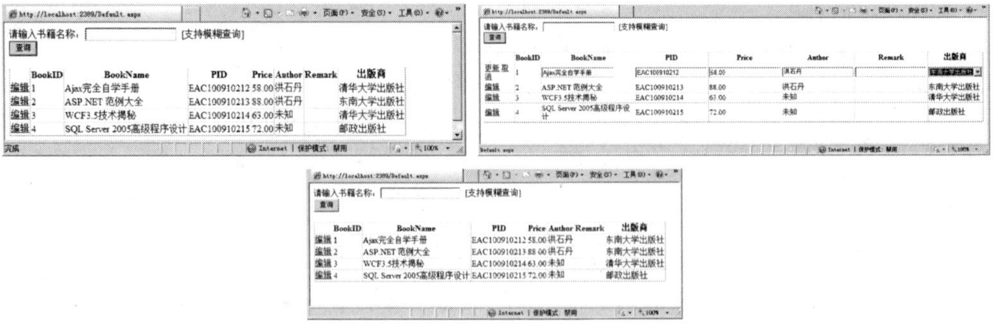

图 18.22　使用 ObjectDataSouce 控件更新数据

通过图 18.22 可以看到，书籍信息成功更新，即通过 ObjectDataSouce 控件完成了数据更新和查询操作。通过此控件进行如插入或删除操作与本例的实现方式基本一致，读者可以通过本例举一反三，来进一步理解该控件的使用方法。

18.2.10　LinqDataSource 数据源简介

LinqDataSource 控件是.NET 3.5 框架发布后在 ASP.NET 中新添加的数据源控件，它基于 Linq To SQL 技术，并使用 DataCotext 对象作为界面数据源的数据源控件，该控件常见的属性和方法如表 18.5 所示。

表 18.5　LinqDataSource 控件的常用属性和方法

属性和方法	说　明
Select	设定存储当前 LinqDataSoure 控件查询结果的匿名类的属性集合。此属性主要用于限制绑定的数据列和数据表达式
SelectParameters	在此集合中存储了 LinqDataSource 控件进行查询时所需的参数
OrderBy	设定当前 LinqDataSoure 控件在查询时使用的排序字段或属性名称
OrderByParameters	设定当前 LinqDataSoure 控件创建 OrderBy 子句时所需的参数
GroupBy	设定当前 LinqDataSoure 控件在查询时使用的分组字段或属性名称
GroupByParameters	设定当前 LinqDataSoure 控件创建 GroupBy 子句时所需的参数
Where	设定当前 LinqDataSoure 控件在查询时使用的 WHERE 子句
WhereParameters	设定当前 LinqDataSoure 控件创建 WHERE 子句时所需的参数
UpdateParameters、DeleteParameters、InsertParameters	当 LinqDataSource 控件进行更新、删除、插入时所需的参数集合。这些参数与 ObjectDataSouce 控件和 SqlDataSouce 控件中使用的参数略有不同
Update()、Delete()、Insert()	当 LinqDataSource 控件进行更新、删除、插入时调用的方法

LinqDataSource 控件本身不具有与数据库紧密联系的属性和方法，比如各种形式的连接字符串，不过它会配合 Linq To SQL 实体类来完成各种数据操作，并且它不需要使用任何 SQL 语句，保证了界面数据与数据库之间的松散耦合。该控件支持使用 Linq 语句查询或操作数据，可以帮助开发人员迅速开发出基于 Linq To SQL 的数据操作界面。

18.2.11　使用 LinqDataSource 更新数据

LinqDataSource 控件本身并不具有任何的数据操作能力，所有的数据操作能力都被集成在 Linq To SQL 实体类中。本节将使用此控件和 Linq To SQL 实体类完成对出版商信息的更新操作。

注意：Linq To SQL 技术的相关知识读者可以参见第 21 章的讲解。

使用 LinqDataSource 控件之前，需要创建 Linq To SQL 实体类，操作步骤如下。

（1）创建一个网站，在该网站中添加“Linq To SQL 类”项作为 Linq To SQL 实体类。从服务器资源管理器中将数据库的表拖到该实体类设计器中，效果如图 18.23 所示。

（2）重新生成网站，Linq To SQL 实体类就生成了。在 Default.apsx 页面中拖入 1 个 GridView 控件和 1 个 LinqDataSource 控件，单击 LinqDataSource 控件的智能标记，在弹出的快捷菜单中单击“配置数据源”链接，打开“配置数据源”对话框，在其中选择新建的 Linq To SQL 类作为上下文对象，效果如图 18.24 所示。

图 18.23　Linq To SQL 类设计器

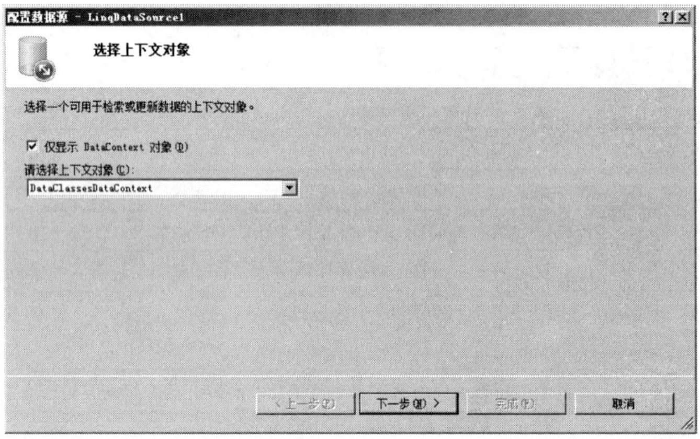

图 18.24　LinqDataSource 控件配置上下文对象

（3）单击“下一步”按钮，在“配置数据选择”对话框中单击“高级”按钮，选中“启用 LinqDataSource 以进行自动更新”复选框，单击“确定”按钮，效果如图 18.25 所示。启用了自动更新功能后，配置 GridView 控件的数据源控件为 LinqDataSource 控件，GridView 控件的更新功能也启用了。

（4）运行该网站，来测试一下出版商信息的更新功能，发现数据已经正确绑定到页面控件中，说明 LinqDataSource 控件正确获取了数据，效果如图 18.26 所示。

（5）选中某出版商，更新其出版商名称，会发现更新数据成功，效果如图 18.27 所示。可以看到，LinqDataSource 控件完成了数据更新功能，它可以降低表现层和数据库之间的耦合度，使功能更加集中于 Linq To SQL 类，符合高内聚、低耦合的软件开发原则，是较为优秀的数据源控件。

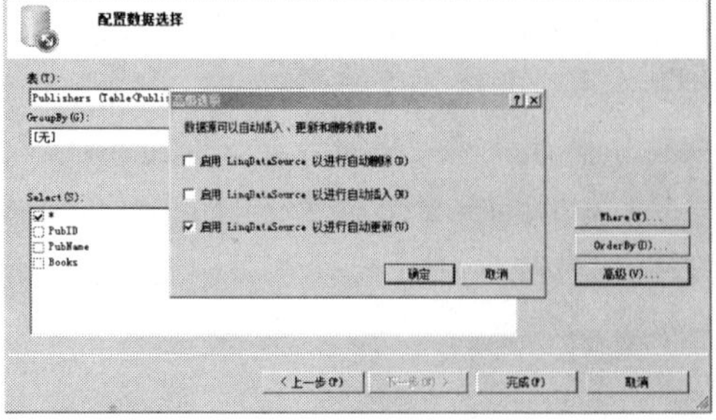

图 18.25　启用 LinqDataSource 控件的自动更新功能

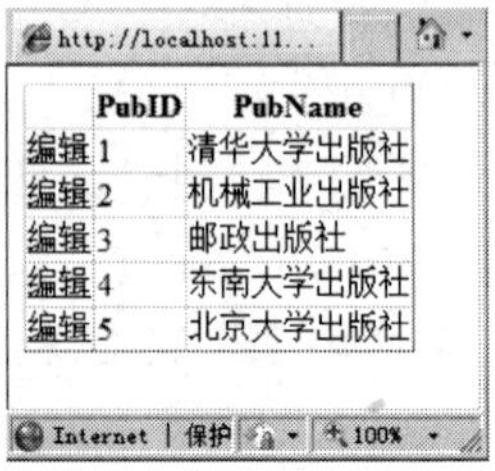

图 18.26　LinqDataSource 控件查询数据效果图

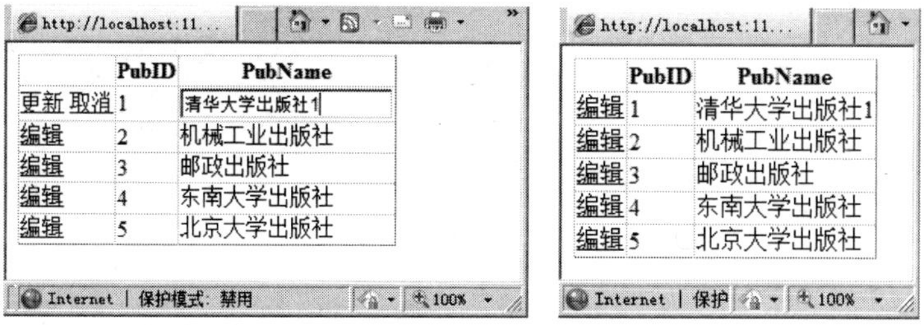

图 18.27　LinqDataSource 控件更新数据效果图

18.3　小结

本章讲解了数据绑定的基础知识及一些服务器端数据源控件，这些知识在后期的开发工作中占有较大的比重，所以读者需要仔细理解数据绑定与快速开发策略。

各大数据源控件各有特点，在实际开发中需要不断权衡，才可以选择最适合当前项目的数据源控件。读者应该理解各大数据源控件的使用方式和适用场合，才可以在实际开发中选择正确的数据源控件，从而设计出易于维护、快捷开发、扩展性强的数据操作界面。

第 19 章 高级数据绑定控件

上一章介绍了 GridView 控件与数据源控件，以及它们具有的数据操作和绑定功能。本章将着重演示 GridView、ListView 等数据绑定控件的复杂功能，读者通过对数据绑定控件的学习，可以更好地掌握它们的使用细节和技巧，并更好地理解其相关知识，从而融会贯通，并迅速地利用到开发中。

19.1 使用 GridView 控件

GridView 控件是 ASP.NET 开发中使用频率最高的数据绑定控件，它具有使用简单、容易控制、集成功能较多、开发速度较快的特性，因此被广泛应用到数据展示和数据操作中。本节将展示 GridView 的使用知识，通过对本节的学习，读者可以熟练掌握该控件各种事件、属性和方法的使用。

19.1.1 GridView 控件简介

由于 GridView 控件具有非常好的扩展性和易用性，所以它成为了应用最为广泛的复杂数据绑定控件。在 ASP.NET 开发中，只要熟练掌握此控件的使用，就基本上理解了所有的复杂数据绑定控件的使用。

GridView 控件内置了数据选择、编辑、删除、更新等功能，并提供了数据排序、分页等基本的数据展示功能。它还可以与 DetailsView 控件、FormView 控件配合，完成数据插入等复杂的数据操作功能。Grid View 控件常见的属性和方法如表 19.1 所示。

表 19.1 GridView 控件常见的属性和方法

属性名称	说　明
DataSource	设定当前 GridView 控件所绑定的数据源对象。该数据源对象必须实现 IContainer 接口
DataSourceID	设定当前 GridView 控件所绑定的数据源控件 ID

续表

属性名称	说　明
AutoGenerateColumns	GriView 是否为数据源中的每个字段自动创建绑定字段
Caption	GridView 控件显示的标题文本
Columns	GridView 中当前绑定列与 Command 列集合
DataKeyNames	当前 GridView 控件绑定的主键列名称
DataKeys	当前 GridView 绑定的主键值集合
Rows	当前 GridView 控件显示的行集合
CssClass	当前 GridView 使用的 CSS 类选择器名称
PageSize	GridView 控件进行数据分页显示时每页显示的数据行数
PageIndex	当前 GridView 显示的数据页索引
PageCount	GridView 控件进行数据分页显示时总页数
SelectIndex	当前 GridView 控件中选中行索引。当 SelectIndex 设为-1 时，GridView 控件中将不存在任何选中行
EditIndex	当前 GridView 控件中编辑行索引。当 EditIndex 设为-1 时，GridView 控件中将不存在任何编辑行
AllowPaging、AllowSorting	这两个属性分别设定当前 GridView 控件是否启用分页和排序功能
DataBind()	数据绑定方法。当调用 DataBind()方法时，GridView 控件会将数据源中的数据通过绑定表达式计算后绑定至各个单元格中

> **注意**：GridView 控件还具有很多其他的样式属性，开发人员可以通过这些样式属性来控制其外观，并迅速定制出美观的 GridView 控件。由于篇幅限制，本节不对该控件中的样式属性进行讲解。

GridView 控件具有很多事件，开发人员通过这些事件可以迅速得知它所处的状态，并根据其状态转变做出相应的反应，从而开发出复杂的数据操作功能。读者甚至可以这样认为，只要熟练掌握了此控件的相关事件，就基本掌握了其使用方法，该控件常见的事件如下。

- RowCommand：当单击某数据行中 CommandName 属性不为空的按钮时，触发的事件。
- PageIndexChanging：当单击数据页导航链接或按钮时，触发的事件。
- SelectedIndexChanging：当单击某数据行中 CommandName 属性为 Select 的按钮时，触发的事件。
- Sorting：当单击某个列头排序链接时，触发的事件。
- RowDataBound：当任一行完成数据绑定时，触发的事件。
- RowDeleting：当单击某数据行中 CommandName 属性为 Delete 的按钮时，触发的事件。
- RowEditing：当单击某数据行中 CommandName 属性为 Edit 的按钮时，触发的事件。
- RowCancelingEdit：当单击处于编辑状态的某数据行中 CommandName 属性为 Cancel 的按钮时，触发的事件。
- RowUpdating：当单击某数据行中 CommandName 属性为 Update 的按钮时，触发的事件。

通过这些常用的事件处理函数，开发人员可以完成数据排序、分页、更新、删除、选中、退出编辑状态等数据操作。GridView 还具有一些其他事件可以帮助开发人员扩展其功能，并独立封装它成为用户控件。读者需要牢记该控件的事件和属性，它们是下面几节中重点讲解的知识。

19.1.2 定制 GridView 控件的列

通过第 18 章的学习，读者已经发现 GridView 控件可以将数据源控件提供的数据显示出来。但是在第 18 章的学习中，它只能被动地接受数据源控件提供的数据，并不能根据开发人员的需求进行定制。本节将学习定制该控件的列，并演示该控件中几个常见的绑定列样式。

1. BoundField

BoundField 即绑定列，是显示数据使用最多的数据列，它具有以下几个较为重要的属性。

- DataField：当前所绑定的数据列或实体类属性的名称。
- HeaderText：当前绑定列所显示的列头文本。
- ReadOnly：用于设定当前绑定列是否是只读数据绑定列，默认值为 false。当该属性为 true 时，该列在当前行处于无法编辑状态。一般情况下，主键列都使用只读绑定列显示。

在日常开发中，通过向导或数据源控件绑定时，自动生成的都是绑定列，其前台代码需使用以下的代码形式：

```
<asp:GridView runat="server" ID="gdvBooks" AutoGenerateColumns="false">
    <Columns>
        <asp:BoundField DataField="数据列名称" HeaderText="列头文本" ReadOnly="true" />
    </Columns>
</asp:GridView>
```

注意：ReadOnly 属性不是必需书写的。

例如，需要将书籍 ID 显示在 GridView 控件中，可以使用以下前台代码：

```
<asp:GridView runat="server" ID="gdvBooks" AutoGenerateColumns="false">
    <Columns>
        <asp:BoundField DataField="BookID" HeaderText="书籍 ID" ReadOnly="true" />
    </Columns>
</asp:GridView>
```

2. HyperLinkField

HyperLinkField 即链接列，它可以通过页面跳转的方式将 URL 参数传到其他页面，它一般用于显示详细信息。当数据列较多时，GridView 控件将不会显示所有的列，这时就需要使用链接列，将数据传入详细信息页面进行显示，它具有以下一些重要的属性。

- Target：设定当用户单击当前链接列中的链接时页面跳转方式的属性。它具有以下几个特定值。
  - _blank：将内容呈现在一个没有框架的新窗口中，此为默认值。
  - _parent：将内容呈现在上一个框架集父级中。
  - _search：在搜索窗格中呈现内容。
  - _self：将内容呈现在含焦点的框架中。
  - _top：将内容呈现在没有框架的全窗口中。
  - 框架名称：将内容呈现在一个指定的框架页中。
- DataTextField：当前链接列中显示的文本数据列名称或实体类属性名称。
- DataNavigateUrlFields：当前链接列中，需要组装跳转 URL 参数的数据列名称或实体类属性名称。

➢ DataNavigateUrlFormatString：当前链接列使用的 URL 格式字符串。该格式字符串将 DataNavigateUrlFields 指定的数据列，组装成为一个合法的 URL 字符串，用于实现跳转。

一般情况下，使用链接列需要使用以下格式的前台代码：

```
<asp:GridView runat="server" ID="gdvBooks" AutoGenerateColumns="false">
    <Columns>
        <asp:HyperLinkField Target="_blank" DataTextField="文本数据列"
        DataNavigateUrlFields="URL 参数列" DataNavigateUrlFormatString="URL 组装格式
        字符串" />
    </Columns>
</asp:GridView>
```

注意：Target 属性不是必需的。

例如，需要使用 BookDetails.aspx 页面来显示书籍的详细信息，可以使用以下格式的前台代码：

```
<asp:GridView runat="server" ID="gdvBooks" AutoGenerateColumns="false">
    <Columns>
        <asp:HyperLinkFieldDataTextField="BookName"DataNavigateUrlFields="BookID"
        DataNavigateUrlFormatString="BookDetail.aspx?ID={0}" />
    </Columns>
</asp:GridView>
```

从以上前台代码中可以看到，DataTextField 属性是“BookName”，即当前链接列中显示的文本来自书籍名称列；DataNavigateUrlFields 属性是“BookID”，即当前链接列中绑定的 URL 参数来自书籍 ID 列；DataNavigateUrlFormatString 属性为一格式字符串，具有一个占位符，该占位符被链接列绑定的 URL 参数值替代，使链接列具有以书籍 ID 作为参数的合法 URL，从而将书籍 ID 传入 BookDetails.aspx 页面。

3. ImageField

ImageField 即图片列，它使 GridView 具有图片展示功能，主要用于展示图片，并不具有连接、图片热点等导航功能，该列具有以下一些重要的属性。

➢ DataAlternateTextField：设定鼠标悬停文本的绑定数据列或实体类的属性。设定该属性后，当用户把鼠标悬停在图片上时，将显示被绑定的文本。

➢ DataImageUrlFormatString：设定绑定图片的 URL 格式字符串。使用一个格式字符串设定该属性后，它会将格式字符串和 DataImageUrlField 属性设定的绑定列的值，计算为一个合法的图片链接，从而实现图片显示。

➢ DataImageUrlField：设定绑定图片名称的数据列或实体属性。它设定的绑定列计算出的绑定值将和 DataImageUrlFormatString 中的格式字符串组装为一个图片路径，从而显示图片。

➢ NullImageUrl：设定当前图片列中的图片在无法显示时预备的图片。

一般情况下，使用图片列的前台代码格式如下：

```
<asp:GridView runat="server" ID="gdvBooks" AutoGenerateColumns="False">
    <Columns>
            <asp:ImageField NullImageUrl="无法显示图片时使用的待用图片路径"
           DataAlternateTextField="鼠标悬停文本的数据绑定列" DataImageUrlField="图片名称列"
            DataImageUrlFormatString="图片路径的格式字符串"></asp:ImageField>
    </Columns>
```

```
</asp:GridView>
```

例如，需要显示书籍的封面图片，可以使用以下格式的前台代码：

```
<asp:GridView runat="server" ID="gdvBooks" AutoGenerateColumns="False">
    <Columns>
            <asp:ImageField NullImageUrl="images/NoFound.jpg"
            DataAlternateTextField="BookName" DataImageUrlField="PID"
            DataImageUrlFormatString="Images/{0}.jpg"></asp:ImageField>
    </Columns>
</asp:GridView>
```

以上前台代码中的 DataImageUrlFormatString 设定了图片路径的格式字符串，将当前行绑定的 DataImageUrlField 属性所指定的数据值作为格式字符串的一部分，组装为图片路径。

4. CommandField

CommandField 即命令列，用于操作 GridView 中当前行的数据，它主要具有以下一些属性。

- ButtonType：设置命令列中操作数据的按钮样式，是一个枚举属性，具有 Button、Link、Image 3 个值。默认值为 Link，一般情况下，显示的按钮样式是链接式的。
- ShowEditButton、ShowDeleteButton、ShowSelectButton：这 3 个属性皆为 bool 类型，当设定这 3 个属性中的任一个为 true 时，将显示相应的按钮。
- EditText、DeleteText、SelectText：这 3 个属性皆为 String 类型，用于设定编辑按钮、删除按钮、选择按钮的文本。
- EditImageUrl、DeleteImageUrl、SelectImageUrl：这 3 个属性皆为 String 类型，用于设定编辑按钮、删除按钮、选择按钮的图片链接。

> **注意**：关于 EditImageUrl、DeleteImageUrl、SelectImageUrl 等属性的设置，只有其 CommandField 的 ButtonType 属性设置为 Image 时，它们的属性设置才有效。

一般情况下，使用 CommandField 的前台代码如下：

```
<asp:CommandFieldButtonType="Button"ShowSelectButton="true"ShowEditButton="true"
ShowDeleteButton="true" EditText="修改" DeleteText="删除" SelectText="选中" />
```

> **注意**：一般情况下，CommandField 会只显示一种操作按钮，当需要实现多种数据操作时，会在 GridView 中添加多个 CommandField。

例如，需要添加一个书籍的更新功能，可以使用如下格式的前台代码为 GridView 添加 CommandField：

```
<asp:CommandField ShowEditButton="true" />
```

5. 小结

在实际开发中，开发人员会根据当前的需求，灵活地使用 GridView 中的各种列来完成文本显示、文本格式化、页面跳转、数据操作等工作。当使用它们进行数据绑定时，为了能够更好地提高用户体验，使用任何数据列都是可以的。

> **注意**：本节并没有详细讲解模板列，下一节将着重讲解模板列。

19.1.3 使用模板列

为了使 GridView 具有更好的可控性，需要使用模板列实现更为灵活的列控制，它具有表

19.2 所示的一些重要属性。

表 19.2　模板列的重要属性

属　性	说　明
HeaderText	当前模板列显示的列头文本
HeaderImageUrl	当前模板列显示的列头图片
ItemTemplate	当前模板列中的项模板。一般用于显示数据，但是不用于数据编辑。在项模板中，可以使用各种控件或绑定不同的数据表达式，从而实现更为复杂的数据绑定
EditTemplate	当前模板列中的编辑项模板。一般用于数据编辑，在编辑项模板中，可以使用各种控件来完成复杂的数据操作
SortExpression	当前模板列的排序表达式

当使用模板列实现数据编辑和显示时，可以使用如下格式的前台代码：

```
<asp:TemplateField HeaderText="列头文本">
    <ItemTemplate>
        控件或数据绑定表达式
    </ItemTemplate>
    <EditItemTemplate>
        控件
    </EditItemTemplate>
</asp:TemplateField>
```

本节将展示使用模板列完成书籍展示和更新时的数据验证和操作，从而使读者真正理解其工作方式和操作细节，具体操作步骤如下。

（1）创建网站，在 Default.aspx 页面中添加 1 个 GridView 控件，并为该控件添加显示书籍 ID 的绑定列。前台代码如下：

```
<asp:GridView runat="server" ID="gdvBooks" AutoGenerateColumns="False">
    <Columns>
        <%--当前使用的绑定列绑定了书籍表的主键，在更新时不需要更新主键，所以设为只读--%>
        <asp:BoundField HeaderText="书籍 ID" DataField="BookID" ReadOnly="true" />
    </Columns>
</asp:GridView>
```

（2）添加一个模板列来显示书籍名称，并设置更新书籍名称时的数据验证控件，前台代码修改如下：

```
<asp:TemplateField HeaderText="书籍名称">
    <ItemTemplate>
        <%# Eval("BookName") %><!--绑定显示书籍名称-->
    </ItemTemplate>
    <EditItemTemplate>
        <!--使用 TextBox 控件绑定显示当前书籍名称，客户可以通过 TextBox 控件更新书籍名称-->
        <asp:TextBox runat="server" ID="txtBookName" Text='<%# Bind("BookName")
        %>'></asp:TextBox>
        <!--使用必填验证控件验证用户是否输入了书籍名称，从而保证数据完整性-->
      <asp:RequiredFieldValidator runat="server" ID="rfvBookName" ErrorMessage="
      书籍名称不得为空" ControlToValidate="txtBookName">*</asp:RequiredFieldValidator>
    </EditItemTemplate>
</asp:TemplateField>
```

（3）添加一个模板列用于显示书籍封面图片，并实现封面图片的上传功能，前台代码修改如下：

```
<asp:TemplateField HeaderText="封面">
    <ItemTemplate>
        <!--使用HTML控件显示书籍封面，绑定表达式和图片URL结合起来完成动态图片显示-->
        <image src='Images/BookImages/<%# Eval("PID") %>.jpg' />
    </ItemTemplate>
    <EditItemTemplate>
        <!--上传图片使用的文件上传控件-->
        <asp:FileUpload  runat="server" ID="fluPID"/>
    </EditItemTemplate>
</asp:TemplateField>
```

当绑定书籍封面图片时，在模板列的项模板中添加1个HTML控件，并使用绑定表达式动态组装了图片URL，从而实现了书籍封面图片的动态显示。

（4）添加一个命令列用于更新数据，修改后前台代码如下：

```
<asp:CommandField  ShowEditButton="true"/>
```

（5）在页面加载事件处理函数中，添加绑定GridView控件的相关代码，如下所示：

```
protected void Page_Load(object sender, EventArgs e)
{
    if (!this.IsPostBack)
        this.BindGrid();                          //页面首次加载时绑定GridView
}
protected List<BookInfo> Books                    //页面持久化书籍数据
{
    get { return this.ViewState["Books"] as List<BookInfo>; }
    set { this.ViewState["Books"] = value; }
}
public void BindGrid()
{
    this.Books = BooksRule.SelectAllBooks();    //查询所有的书籍信息并持久化
    this.gdvBooks.DataSource = this.Books;     //绑定GridView控件
    this.gdvBooks.DataBind();
}
```

> **注意：** 在以上代码中，只有当页面首次加载时，才会绑定GridView控件，而在页面以后的加载中都不重新绑定GridView。当页面首次加载时，用户并未对该控件中的数据进行任何操作，所以可以绑定它进行数据显示；当页面再次加载时，用户可能正在更新控件中的数据，如果再次绑定，可能导致用户对数据修改的失效。所以在开发中，只有当页面首次加载时，才会绑定GridView控件。

（6）为GridView控件添加RowUpdating事件处理函数，从而实现数据更新功能，代码如下：

```
protected void gdvBooks_RowUpdating(object sender, GridViewUpdateEventArgs e)
{
    BookInfo currentBook = this.Books[e.RowIndex];
    GridViewRow row=this.gdvBooks.Rows[e.RowIndex];
    //获取输入书籍名称的文本框
    TextBox txtBookName = row.FindControl("txtBookName") as TextBox;
    //获取上传书籍封面图片的文件上传控件
    FileUpload fluPID = row.FindControl("fluPID") as FileUpload;
    //获取图片上传路径
    string path = this.Server.MapPath(string.Format("Images/BookImages/{0}",
    fluPID.PostedFile.FileName));
    fluPID.PostedFile.SaveAs(path);          //上传图片
```

```
        //获取文件名称的前缀
        string tagPix = fluPID.PostedFile.FileName.Substring(0,
        fluPID.PostedFile.FileName.LastIndexOf('.'));
        //更新数据
    BooksRule.UpdateBook(txtBookName.Text,tagPix,currentBook.Price,currentBook.Author,
    currentBook.Remark, currentBook.Publisher.PubID, currentBook.BookID);
        this.gdvBooks.EditIndex = -1;                    //退出编辑状态
        this.BindGrid();                             //重现绑定数据
    }
    protected void gdvBooks_RowEditing(object sender, GridViewEditEventArgs e)
    {
        this.gdvBooks.EditIndex = e.NewEditIndex;//进入 GridView 编辑状态
        this.BindGrid();                                  //重新绑定数据，使模板列编辑项中的控件数据绑定
    }
```

更新书籍信息时，使用文件上传控件来完成书籍封面图片的更新。在 RowUpdating 事件处理函数中，上传了新的书籍封面图片，并将书籍封面图片的图片名称更新为书籍的批号。

（7）运行网站，单击任一数据行中的“更新”链接，使用文件上传控件上传一张新的书籍图片，单击“确定”按钮，发现书籍已成功更新，效果如图 19.1 所示。

图 19.1　使用模板列更新书籍封面

从图 19.1 可以发现，更新书籍封面图片操作成功。通过本节的示例，可以看出模板列更加灵活，并可以容纳多种控件，从而完成更为复杂的数据操作。

19.1.4　GridView 控件的选择功能

在日常开发中，用户会通过 GridView 控件选择某行数据进行数据操作。当用户选择数据时，需要使用该控件实现数据选择功能。该控件的命令列中具有 ShowSelectButton 属性，用于显示数据选择按钮。如需使用 GridView 控件的单选功能，可以添加其命令列并设置该列的 ShowSelectButton 属性为 true，实现该功能的前台代码格式如下：

```
    <asp:CommandField ShowSelectButton="true" SelectText="选中按钮文本" SelectImageUrl="
选中按钮图片 URL" />
```

> **注意**：SelectText、SelectImageUrl 属性可以不添加至 CommandField 中。

修改上节中的示例，为 GridView 控件添加单选功能。在 Default.aspx 页面中为该控件添加命令列，前台代码如下：

```
    //…省略代码请参见上节中相关代码
    <asp:CommandField ShowSelectButton="true" SelectText="选中"/>
```

为了实现单选功能，还需在 SelectedIndexChanging 事件处理函数中添加以下代码：

```
protected void gdvBooks_SelectedIndexChanging(object sender, GridViewSelectEventArgs e)
{
    this.gdvBooks.SelectedIndex = e.NewSelectedIndex;                    //设定
    GridView 的选中行索引
    BookInfo currentBook = this.Books[e.NewSelectedIndex];
    string msg = string.Format("你选中了{0}", currentBook.BookName);
    //拼装 JavaScript 脚本
    string script = string.Format("<script type='text/javascript'
    language='javascript'>"+
    "alert('{0}');</script>", msg);
    //弹出对话框，显示用户选中的书籍名称
    this.Page.ClientScript.RegisterStartupScript(this.GetType(), "alertMsg",
    script);
}
```

运行该网站，选中任一书籍，从弹出的对话框中发现显示了所选中的书籍，效果如图 19.2 所示。

图 19.2　GridView 单选功能

19.1.5　使用 GridView 控件创建主从表

在日常开发中，主从表数据显示是一个非常常见的功能。本节将通过出版商表、书籍表来展示 GridView 实现主从表数据显示的细节，其展示的实现思路如下：

（1）使用一个 GridView 控件显示主表数据。

（2）在该控件中添加一个模板列，在该模板列中再添加一个 GridView 控件。

（3）使用模板列中的 GridView 控件显示从表数据。

现在举例说明如何展示 GridView 控件实现主从表数据的显示，具体操作步骤如下。

（1）创建一个网站，在解决方案资源管理器中添加数据操作层、逻辑层、实体层的相关代码；在 Default.aspx 页面中添加 1 个 GridView 控件，该控件的前台代码如下：

> **注意：** 数据操作层、逻辑层、实体层的相关代码参见 18.2.7 节的讲解。

```
<asp:GridView runat="server" ID="gdvPublishers">
    <Columns>
        <asp:BoundField DataField="PubName" />
        <asp:TemplateField HeaderText="书籍列表">
            <ItemTemplate>
```

```
            </ItemTemplate>
        </asp:TemplateField>
    </Columns>
</asp:GridView>
```

（2）在 GridView 控件中使用绑定列显示书籍名称，并添加了一个空白的模板列，用于显示当前出版商所拥有的书籍列表。为了显示这些书籍列表，还要在该空白模板列中添加 1 个 GridView 控件。修改后的前台代码如下：

```
<asp:GridView runat="server" ID="gdvPublishers" AutoGenerateColumns="false"
DataKeyNames="PubID"
    onrowdatabound="gdvPublishers_RowDataBound">
    <Columns>
        <asp:BoundField DataField="PubName" />
        <asp:TemplateField HeaderText="书籍列表">
            <ItemTemplate>
                <asp:GridView runat="server" ID="gdvBooks" AutoGenerateColumns="false">
                    <Columns>
                        <asp:BoundField DataField="BookName" HeaderText="书籍名称" />
                        <asp:BoundField DataField="Price" HeaderText="价格" />
                    </Columns>
                </asp:GridView>
            </ItemTemplate>
        </asp:TemplateField>
    </Columns>
</asp:GridView>
```

（3）在 Page_Load 事件处理函数中，添加绑定出版商信息到 GridView 中的代码如下所示：

```
protected void Page_Load(object sender, EventArgs e)
{
    if (!this.IsPostBack)
        this.BindGrid();                                    //绑定数据
}
protected void BindGrid()


{
    this.gdvPublishers.DataSource=PublisherRule.SelectAll();      //绑定出版商信息
    this.gdvPublishers.DataBind();
}
```

（4）绑定了出版商信息后，并不能显示相关的书籍信息。为了显示它们，还需为出版商信息的 GridView 控件添加 RowDataBound 事件处理函数，代码如下：

```
protected void gdvPublishers_RowDataBound(object sender, GridViewRowEventArgs e)
{
    if (e.Row.RowType == DataControlRowType.DataRow)                //判断是否为数据行
    {
        //获取当前出版商 ID
intpubID=int.Parse(this.gdvPublishers.DataKeys[e.Row.RowIndex].Value.ToString());
        GridView gdvBooks = e.Row.FindControl("gdvBooks") as GridView;    //获取模板列
        中的 GridView 控件
       gdvBooks.DataSource = BooksRule.GetBooksByPubID(pubID);       //绑定出版商所有书籍
        gdvBooks.DataBind();
    }
}
```

（5）运行该网站，发现已成功绑定了主从表数据，效果如图 19.3 所示。

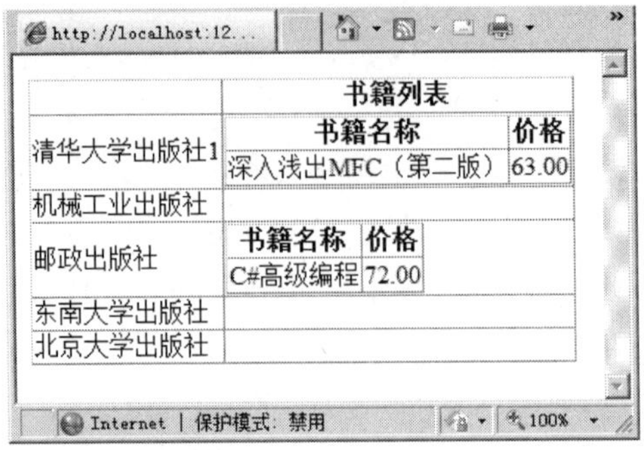

图 19.3　使用 GridView 显示主从表数据

本节实现的主从表数据展示还可以通过其他方式实现，比如使用 SqlDataSouce 控件、GridView 中的绑定表达式。这里的实现方式较为容易控制，并且采用了分层结构的开发模式，易于后期的维护和修改。

19.1.6　GridView 控件事件

在 19.1.1 节中，已经简单讲解了 GridView 常用的事件，本节将通过对书籍信息的维护来展示其中使用最多的几个事件。

- RowEditing：当 GridView 中某行需要切换为编辑行状态时触发的事件。
- RowUpdating：当 GridView 中某行需要进行数据更新时触发的事件。
- RowDeleting：当 GridView 中某行需要进行数据删除时触发的事件。
- RowDataBound：当 GridView 中任一行完成数据绑定时触发的事件。
- RowCancelingEdit：当 GridView 中编辑行退出编辑状态时触发的事件。

本节将修改 19.1.4 节的实例，来展示使用 GridView 控件的常见事件，具体操作步骤如下。

> **注意：**相关代码请参见代码光盘中对 19.1.4 节的讲解。

（1）打开 19.1.4 节中相关的解决方案，发现该项目已完成了书籍封面信息的更新。现在在 GridView 控件中，添加其他数据绑定列，完成数据的显示，并提供编辑项模板，其前台代码如下：

```
<asp:GridViewrunat="server"ID="gdvBooks"AutoGenerateColumns="False"
OnRowUpdating="gdvBooks_RowUpdating"
    DataKeyNames="BookID" OnRowEditing="gdvBooks_RowEditing"
    OnSelectedIndexChanging="gdvBooks_SelectedIndexChanging">
    <Columns>
       //…省略代码参见 19.1.4 节中的相关代码
        <asp:TemplateField HeaderText="价格">
            <ItemTemplate>
                <%# Eval("Price") %><!--绑定显示书籍价格-->
            </ItemTemplate>
            <EditItemTemplate>
                <!--使用 TextBox 控件绑定显示当前书籍名称,客户可以通过 TextBox 控件更新书籍名称-->
                <asp:TextBox runat="server" ID="txtPrice" Text='<%# Bind("Price")
               %>'></asp:TextBox>
                <!--使用必填验证控件验证用户是否输入了书籍名称，从而保证数据完整性-->
                <asp:RequiredFieldValidator runat="server" ID="rfvPrice" ErrorMessage="
                必须输入书籍价格"
```

```
                ControlToValidate="txtPrice">*</asp:RequiredFieldValidator>
            <!--使用比较验证控件验证用户输入的价格文本必须为数字类型-->
    <asp:CompareValidatorrunat="server"ID="cmpPrice"ControlToValidate="txtPrice"
    Operator="DataTypeCheck"
                Type="Integer" ErrorMessage="书籍价格必须是数字
                ">*</asp:CompareValidator>
            </EditItemTemplate>
        </asp:TemplateField>
        <asp:TemplateField HeaderText="作者">
            <ItemTemplate>
                <%# Eval("Author") %><!--绑定显示书籍价格-->
            </ItemTemplate>
            <EditItemTemplate>
                <!--使用TextBox控件绑定显示当前书籍名称 客户可以通过TextBox控件更新书籍名称-->
                <asp:TextBox runat="server" ID="txtAuthor" Text='<%# Bind("Author")
                %>'></asp:TextBox>
            </EditItemTemplate>
        </asp:TemplateField>
        <asp:TemplateField HeaderText="出版商信息">
            <ItemTemplate>
                <%# Eval("Publisher")%>
            </ItemTemplate>
            <EditItemTemplate>
                <!--使用 DropDownList 控件实现出版商选择功能-->
                <asp:DropDownList runat="server" ID="ddlPublisher"></asp:DropDownList>
            </EditItemTemplate>
        </asp:TemplateField>
        <asp:CommandField ShowEditButton="true" ShowDeleteButton="true" />
    </Columns>
</asp:GridView>
```

在 GridView 前台代码中添加了多个模板列，用于复杂的数据操作，比如添加了显示出版商信息的模板列，用于实现出版商信息的选择；添加了编辑、删除命令列，用于实现数据更新和删除。

（2）在页面首次加载时，绑定 GridView 控件，代码如下：

```
//...代码省略，请参见 19.1.4 节中的相关代码
```

（3）实现了数据绑定，还需为 GridView 控件添加 RowEditing 事件处理函数，否则该控件中的数据行无法切换编辑状态，代码如下：

```
protected void gdvBooks_RowEditing(object sender, GridViewEditEventArgs e)
{
    this.gdvBooks.EditIndex = e.NewEditIndex;//进入 GridView 编辑状态
    this.BindGrid();                          //重新绑定数据，使模板列编辑项中的控件数据绑定
}
```

以上代码的事件处理函数设定了控件的编辑行索引，使单击“编辑”链接时，数据行切换至编辑状态。当切换至编辑状态后，还需要重新绑定数据，否则所有编辑行中的数据将无法进行更新。

（4）由于在编辑行中具有出版商信息下拉列表框，所以需要为 GridView 控件添加 RowDataBound 事件处理函数，用于绑定出版商信息下拉列表框，代码如下：

```
protected void gdvBooks_RowDataBound(object sender, GridViewRowEventArgs e)
{
    //判断当前完成数据绑定行是编辑行
```

```
if(e.Row.RowState==DataControlRowState.Edit||e.Row.RowState==(DataControlRowState.Edit|
DataControlRowState.Alternate))
    {
        BookInfo currentBook = this.Books[e.Row.RowIndex];
        //获取编辑行中的 DropDownList 控件
        DropDownList ddlPublisher = e.Row.FindControl("ddlPublisher") as DropDownList;
        ddlPublisher.DataSource = PublisherRule.SelectAll();
        ddlPublisher.DataTextField = "PubName";
        ddlPublisher.DataValueField = "PubID";
        ddlPublisher.DataBind();
        foreach (ListItem item in ddlPublisher.Items)            //选中当前书籍的出版商
        {
            if (item.Value == currentBook.Publisher.PubID.ToString())
                item.Selected = true;
            continue;
        }
    }
}
```

以上代码的事件处理函数首先判断当前行是否处于编辑行状态，只有编辑行中才有DropDownList 控件，然后获取该控件，并绑定出版商信息。

（5）修改 RowUpdating 事件处理函数，实现数据更新功能，代码如下：

```
protected void gdvBooks_RowUpdating(object sender, GridViewUpdateEventArgs e)
{
    BookInfo currentBook = this.Books[e.RowIndex];
    GridViewRow row = this.gdvBooks.Rows[e.RowIndex];
    //获取用户选择出版商信息的下拉列表框控件


    DropDownList ddlPublisher = row.FindControl("ddlPublisher") as DropDownList;
    //获取输入书籍名称的文本框
    TextBox txtBookName = row.FindControl("txtBookName") as TextBox;
    //获取输入书籍价格的文本框
    TextBox txtPrice = row.FindControl("txtPrice") as TextBox;
    //获取输入作者的文本框
    TextBox txtAuthor = row.FindControl("txtAuthor") as TextBox;
    //获取上传书籍封面图片的文件上传控件
    FileUpload fluPID = row.FindControl("fluPID") as FileUpload;
    //获取图片上传路径
    string path = this.Server.MapPath(string.Format("Images/BookImages/{0}",
    fluPID.PostedFile.FileName));
    fluPID.PostedFile.SaveAs(path);          //上传图片
    //获取文件名称的前缀
    string tagPix = fluPID.PostedFile.FileName.Substring(0,
    fluPID.PostedFile.FileName.LastIndexOf('.'));
    //更新数据
    BooksRule.UpdateBook(txtBookName.Text, tagPix, Convert.ToDecimal(txtPrice.Text),
    txtAuthor.Text,
        currentBook.Remark, Convert.ToInt32(ddlPublisher.SelectedItem.Value),
        currentBook.BookID);
    this.gdvBooks.EditIndex = -1;            //退出编辑状态
    this.BindGrid();                      //重现绑定数据
}
```

（6）实现数据更新功能后，还需要实现 GridView 控件的 RowCancelingEdit 事件处理函数。在该事件处理函数中，来实现取消当前编辑行编辑状态的功能，代码如下：

```
protected void gdvBooks_RowCancelingEdit(object sender, GridViewCancelEditEventArgs e)
```

```
    {
        this.gdvBooks.EditIndex = -1;           //设定编辑行索引值为-1 即 GridView 中不存在编辑行即
退出编辑状态
        this.BindGrid();                        //重新绑定数据
    }
```

> **注意**：当设置 GridView 控件的 EditIndex 属性为“-1”时，它会将所有行状态切换至非编辑状态，从而实现退出编辑状态功能。退出编辑状态后，需要重新绑定，来展示原始数据。

（7）实现 GridView 控件的数据删除功能时，需要为它添加 RowDeleting 事件处理函数，代码如下：

```
    protected void gdvBooks_RowDeleting(object sender, GridViewDeleteEventArgs e)
    {
        BookInfo currentBook = this.Books[e.RowIndex];    //获取当前需要被删除的书籍对象
        BooksRule.DeleteBook(currentBook.BookID);      //删除书籍
        this.BindGrid();                              //重新绑定数据
    }
```

删除数据后，需要重新绑定 GridView 控件，使用户可以检视实时数据。运行该网站，分别执行编辑、退出编辑、删除数据等操作，效果如图 19.4 所示。

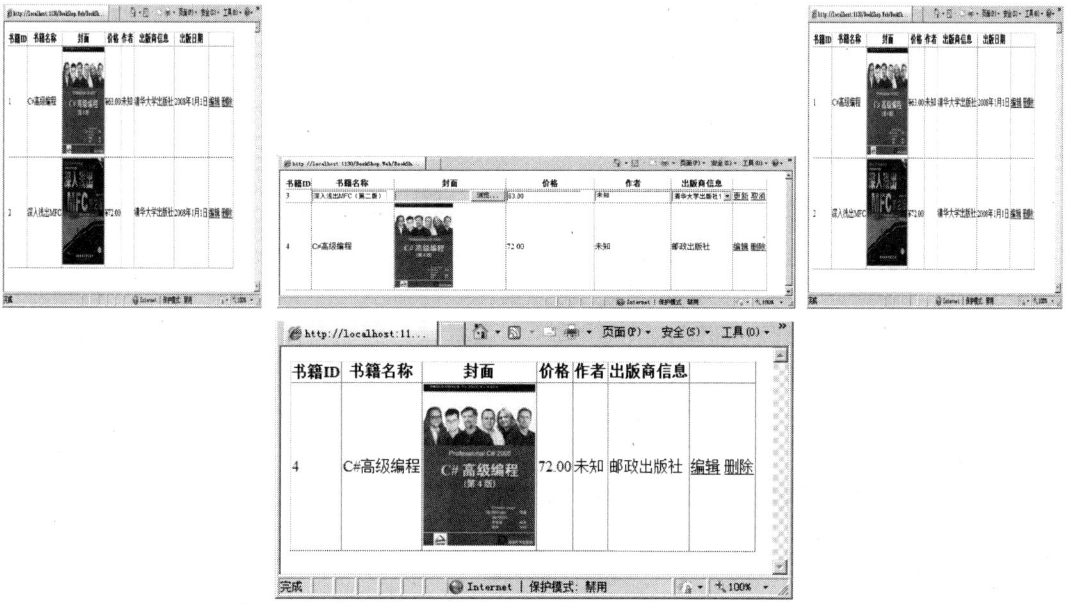

图 19.4　使用 GridView 控件完成复杂的数据操作

19.1.7　编程格式化特定行列值

GridView 显示数据时，经常会对数据文本的显示格式进行控制，比如日期格式控制、货币文本显示、截断长文本等。当需要进行文本格式控制时，可以通过 Eval 或 Bind 方法的绑定表达式来实现，比如实现货币格式的文本显示，其数据绑定表达式如下：

```
    <%# Eval("数据列或实体属性名称","{0:C}") %>
```

实现短日期格式的文本显示，其数据绑定表达式如下：

```
<%# Eval("数据列或实体属性名称", "{0:D}")%>
```

在日常开发中，还需要对某些长文本进行格式化处理，如显示书籍信息时，其简介文本可能很长，这时可以通过绑定后台方法返回值的方式来实现文本截断功能。

修改上例中的代码，为 GridView 添加显示书籍简介的模板列。在模板列中绑定后台截断文本方法的返回值，其前台代码如下：

```
//…省略代码请参见上节中的相关代码
<asp:TemplateField HeaderText="书籍简介">
    <ItemTemplate>
        <%# this.SubRemark(Eval("Remark")) %><!–绑定后台方法的返回值-->
    </ItemTemplate>
</asp:TemplateField>
```

页面后台截断文本的方法代码如下：

```
protected string SubRemark(object remark)
{
    string r = remark.ToString();
    if (r.Length > 15)
        return r.Substring(0, 15) + "......";
    return r;
}
```

运行该网站，发现书籍简介文本已被格式化。效果如图 19.5 所示。

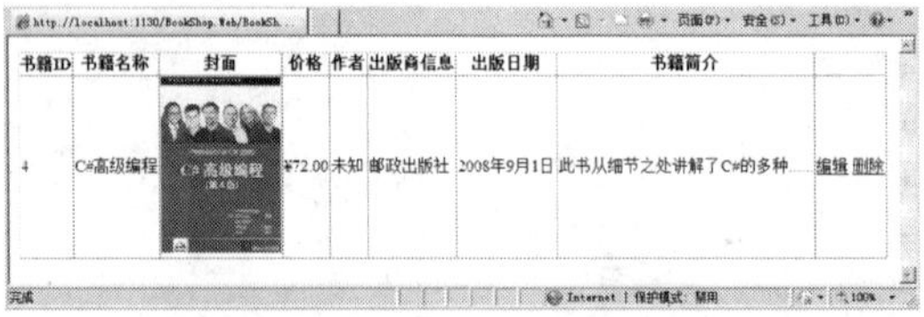

图 19.5　GridView 格式化文本显示

通过图 19.5 可以看到，GridView 成功显示了格式化后的书籍简介。格式化文本的方法可以使用正则表达式、格式化字符串等方式来实现更为复杂的文本格式化功能，笔者推荐使用这种方式来实现 GridView 中格式化文本的功能。

19.1.8　为 GridView 控件添加统计信息

日常开发中需要经常为客户显示当前数据的基本统计信息，如显示商品数量、总价等。本节将介绍如何使用 GridView 控件显示统计信息。一般情况下，其实现思路如下：

- GridView 控件需要使用页脚来显示统计信息，需要设定其 ShowFooter 属性为 true。
- 在 RowDataBound 事件处理函数中计算统计信息，并合并页脚单元格来显示统计信息。

本节将修改 19.1.7 的示例，为书籍显示列表添加书籍总数、书籍价格总计的统计信息，具体操作步骤如下。

（1）打开 19.1.7 中的示例解决方案，修改 BookShow.aspx 页面中 GridView 控件的前台代码，设置其 ShowFooter 属性为 true。

（2）修改 RowDataBound 事件处理函数，合并页脚单元格，并显示统计信息，代码如下：

```
protected void gdvBooks_RowDataBound(object sender, GridViewRowEventArgs e)
```

```
{
  //…省略代码请参见 19.1.7 中的示例代码
   if (e.Row.RowType == DataControlRowType.Footer)          //判断当前行是否是页脚行
   {
       while (e.Row.Cells.Count >2)              //除了第一个、第二个单元格以外的所有单元格
       {
           e.Row.Cells.RemoveAt(e.Row.Cells.Count-1);
           continue;
       }
       e.Row.Cells[0].ColumnSpan = 4;           //设定第一个单元格跨 4 列，第二个单元格跨 4 列
       e.Row.Cells[1].ColumnSpan = 4;
       //显示书籍总数
       e.Row.Cells[0].Text = string.Format("书籍总数：{0}",Books.Count);
       decimal sum = 0.0m;                                   //计算书籍总价
       foreach (BookInfo b in Books)
       {
           sum += b.Price;
           continue;
       }
       //显示书籍总价
       e.Row.Cells[1].Text = string.Format("总价：{0}", sum.ToString("C"));
   }
}
```

以上代码删除了页脚行中除了第一个、第二个单元格的所有单元格，设置了剩余单元格的跨列属性后，将统计信息显示在其中，运行效果如图 19.6 所示。

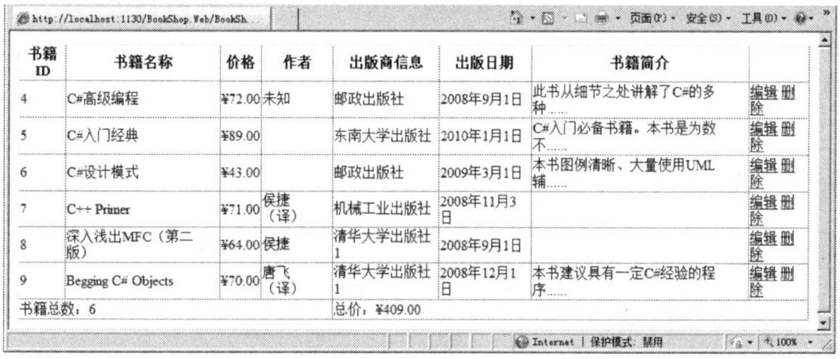

书籍ID	书籍名称	价格	作者	出版商信息	出版日期	书籍简介	
4	C#高级编程	¥72.00	未知	邮政出版社	2008年9月1日	此书从细节之处讲解了C#的多种……	编辑 删除
5	C#入门经典	¥89.00		东南大学出版社	2010年1月1日	C#入门必备书籍。本书是为数不……	编辑 删除
6	C#设计模式	¥43.00		邮政出版社	2009年3月1日	本书图例清晰、大量使用UML辅……	编辑 删除
7	C++ Primer	¥71.00	保捷（译）	机械工业出版社	2008年11月3日		编辑 删除
8	深入浅出MFC（第二版）	¥64.00	保捷	清华大学出版社1	2008年9月1日		编辑 删除
9	Begging C# Objects	¥70.00	唐飞（译）	清华大学出版社1	2008年12月1日	本书建议具有一定C#经验的程序……	编辑 删除
书籍总数：6				总价：¥409.00			

图 19.6　GridView 中显示统计信息

19.1.9　实现分页、排序效果

日常开发中经常需要对 GridView 的数据进行排序操作，排序后的数据具有更好的可读性。当需要显示大量数据时，排序和数据分页功能都是不可或缺的。该控件的 AllowSorting 和 AllowPaging 属性用于设定该控件是否可以进行排序和分页。当需要进行数据分页时，会用到以下几个属性和事件。

- AllowPaging：设定 GridView 控件是否支持分页数据显示。
- PageSize：设定 GridView 控件在分页显示时每页显示的数据条目数。
- PageCount：GridView 控件在进行分页显示时的数据页总数。
- PageIndex：GridView 控件当前显示的数据页索引。
- PageIndexChanging：当 GridView 控件当前显示的数据页索引发生改变时触发的事件。

本节的示例修改了 19.1.8 的示例代码，来演示 GridView 控件实现数据分页与数据排序功

能，具体操作步骤如下。

（1）打开 19.1.8 节的示例解决方案，设定 BookShow.aspx 页面中 GridView 控件的 AllowPaging 属性为 true；设定其 PageSize 属性为 5，即每页显示 5 条数据。为该控件的 PageIndexChanging 事件处理函数添加如下代码：

```
protected void gdvBooks_PageIndexChanging(object sender, GridViewPageEventArgs e)
{
    this.gdvBooks.PageIndex = e.NewPageIndex;   //设定GridView控件显示的心数据页的索引
    this.BindGrid();                            //重新绑定数据以显示新数据页中的数据
}
```

> **注意**：当设定 AllowPaging 属性为 true 后，PageSize 属性默认为 10，PageIndex 属性默认为 1。

（2）运行网站，单击分页链接“2”，可以看到 GridView 实现了数据分页效果，效果如图 19.7 所示。

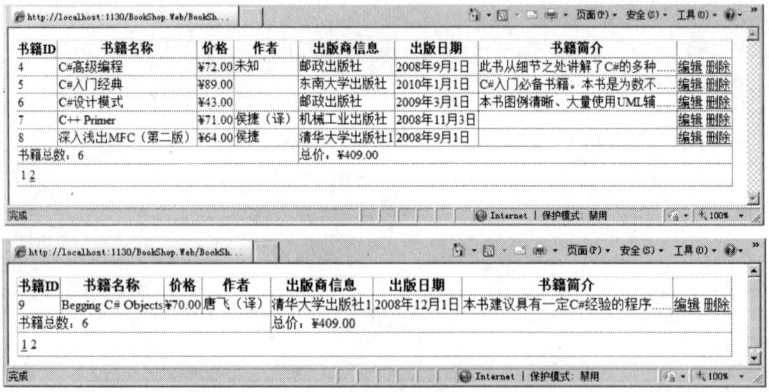

图 19.7　GridView 数据分页效果

如果需要修改 GridView 的分页样式，可以在设计器中修改其 PageSettings 属性的 Mode 属性。

> **注意**：在实际开发中，需要自定义 GridView 控件的分页样式，尽量不使用其内嵌的分页样式。本书将不过多演示该控件的分页样式。

GridView 的排序操作是通过单击其列头的排序链接来实现的，如需设定控件中的数据依据某列排序，则需设定其 AllowSorting 属性为 true，并设定某列的 SortExpression 属性为当前数据列绑定的列名或实体类属性。本节将演示如何使用书籍价格对 GridView 控件中的书籍信息进行排序，具体操作步骤如下。

（1）打开 19.1.8 节中的示例解决方案，设定 BookShow.aspx 页面中 GridView 控件的 AllowSorting 属性为 true，并设定书籍价格模板列的 SortExpression 属性为 Price。

> **注意**：在 GridView 控件中，可以设定多个数据列进行排序操作，这时还需要使用持久化属性，记录当前排序列名称。

（2）为 BookShow.aspx 页面添加记录排序方式的持久化属性 SortMode，并在页面首次加载时初始化该属性，代码如下：

```
protected void Page_Load(object sender, EventArgs e)
{
    if (!this.IsPostBack)
    {
        this.BindGrid();                //页面首次加载时绑定 GridView
        this.SortMode = "ASC";         //初始化 GridView 中书籍排序为升序
    }
}
protected string SortMode              //当前 GridView 中书籍排序方式
{
    get { return this.ViewState["SortMode"].ToString(); }
    set { this.ViewState["SortMode"] = value; }
}
```

使用此属性可以记录下当前 GridView 中数据的排序方式，当用户再次进行数据排序时，就可以进行反向排序。

（3）实现 Sorting 事件处理函数，用于完成数据排序和数据绑定工作，代码如下：

```
protected void gdvBooks_Sorting(object sender, GridViewSortEventArgs e)
{
    if (this.SortMode == "ASC")
        this.Books.Sort(new BookPriceASC());                    //升序排序
    else
        this.Books.Sort(new BookPriceDesc());                   //降序排序
    this.SortMode = this.SortMode == "ASC" ? "DESC" : "ASC";    //更换排序方式
    this.gdvBooks.DataSource = this.Books;                      //重新绑定数据
    this.gdvBooks.DataBind();
}
```

注意：本例使用了比较器来完成泛型列表的排序操作。在实际开发中，还可能使用数据视图进行排序操作。完成排序操作后，必须重新绑定数据，使用户可以实时看到排序数据。

（4）运行该网站，单击“价格”链接，发现书籍按照价格升序排序，再次单击此链接，发现书籍按照价格降序排序，效果如图 19.8 所示。

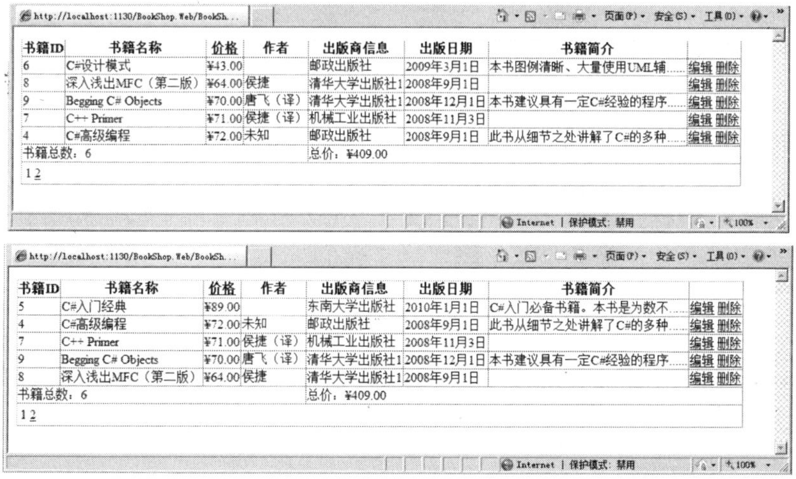

图 19.8　GridView 控件实现数据排序

19.2 ListView 和 DataPager 控件

本节将展示使用 ListView 控件完成复杂的数据绑定和数据操作。该控件具有很好的定制性，可以很容易控制数据的样式，以方便开发人员实现各种复杂的数据显示。它和 DataPager 控件配合使用，可以迅速地实现数据分页、显示、操作等复杂功能。

19.2.1 ListView 控件简介

ListView 控件提供了多个模板和各种属性帮助开发人员迅速定制数据格式，进行复杂的数据操作，它具有表 19.3 所示的重要属性和事件。

表 19.3 ListView 的重要属性和事件

属性或事件	说 明
LayoutTemplate	ListView中的根模板。LayoutTemplate中必须包含一个充当数据占位符的控件，还必须包含ASP.NET的Table、Panel或Label控件（它还可以包含runat属性设置为server的table、div或span元素）。LayoutTemplate模板中的容器控件ID一般为itemPlaceholder或groupPlacceholder，该容器控件将被ItemTemplate或GroupTemplate中的内容所替换
ItemTemplate	ListView中的项模板。ItemTemplate中的内容将替换LayoutTemplate中的ID为itemPlaceholder的容器控件
GroupTemplate	ListView中的组模板。GroupTemplate中的内容将替换LayoutTemplate中的ID为groupPlacceholder的容器控件
ItemSeparatorTemplate	项分割模板。该模板中包含了分割各项元素所需的控件或HTML元素
GroupSeparatorTemplate	组分割模板。该模板中包含了分割各组元素所需的控件或HTML元素
EditItemTe mplate	ListView中的编辑项模板。该模板中包含更新ListView中某项数据时所需的控件或HTML元素
InsertTemplate	ListView中的插入项模板。该模板包含插入ListView中数据时所需的控件或HTML元素
ItemCanceling	当ListView中编辑项需要退出编辑状态时触发的事件。触发该事件必须单击ListView中CommandName属性为Cancel的按钮或LinkButton
ItemUpdating	当ListView中编辑项更新数据时触发的事件。触发该事件必须单击ListView中CommandName属性为Update的按钮或LinkButton
ItemDeleting	当ListView删除数据时触发的事件。触发该事件必须单击ListView中CommandName属性为Delete的按钮或LinkButton
ItemEditing	当ListView中某项要切换至编辑状态时触发的事件。触发该事件必须单击ListView中CommandName属性为Edit的按钮或LinkButton
SelectedIndexChanging	当ListView更换选中项时触发的事件。触发该事件必须单击ListView中CommandName属性为Select的按钮或LinkButton
Sorting	当ListView进行数据排序时触发的事件。触发该事件必须单击ListView中CommandName属性为Sort的按钮或LinkButton
PagePropertiesChanging	当ListView控件切换数据页时触发的事件
ItemDataBound	当ListView控件中任一项完成数据绑定时触发的事件
ItemCommand	当ListView中任一项中的某个CommandName属性不为空的按钮或LinkButton被单击后触发的事件
DataKeyNames	设置当前ListView中绑定的主键列名称的属性
Items	当前ListView中所有数据项的集合属性。该集合是ListViewDataItem类型的范性集合

如果 ListView 控件要显示数据，一般使用的前台代码格式如下：

```
<asp:ListView runat="server" ID="ListView1"
    DataSourceID="SqlDataSource1">
  <LayoutTemplate>
    <%-- ListView 呈现数据的根元素样式在此处被定义--%>
```

```
    </LayoutTemplate>
    <ItemTemplate>
      <%-- ListView 呈现数据项的数据项样式在此处被定义--%>
    </ItemTemplate>
  </asp:ListView>
```

比如需要使用该控件来呈现书籍信息，其前台代码如下：

```
<asp:ListView runat="server" ID="lsvBooks" >
    <LayoutTemplate>
        <!---在 LayoutTemplate 中定义了 ListView 呈现的根元素-->
        <table runat="server" id="tblBooks">
            <tr>
                <th>书籍名称</th>
                <th>书籍价格</th>
                <th>出版社</th>
                <th>作者</th>
                <th>出版日期</th>
            </tr>
            <!-- id 为"itemPlaceholder"的容器控件将被项模板中的内容所替换-->
            <tr runat="server" id="itemPlaceholder">
            </tr>
        </table>
    </LayoutTemplate>
    <ItemTemplate>
        <tr runat="server">
            <td> <%# Eval("BookName") %> </td>
            <td> <%# Eval("Price") %> </td>
            <td> <%# Eval("Publisher") %> </td>
            <td> <%# Eval("Author") %> </td>
            <td> <%# Eval("PubDate") %> </td>
        </tr>
    </ItemTemplate>
</asp:ListView>
```

在 ListView 控件的以上前台代码中，定义了 LayoutTemplate 模板，在该模板中又定义了此控件呈现数据时的根元素样式。设置该模板的 ID 为 itemPlaceholder，表示仅作为占位符的容器控件，该容器控件将被模板中定义的内容所替代。在以上代码的 ItemTemplate 模板中，定义的元素和数据绑定表达式作为 ListView 控件的最终呈现元素。

页面首次加载时，对 ListView 控件进行数据绑定，代码如下：

```
protected void Page_Load(object sender, EventArgs e)
{
    if (!this.IsPostBack)
    {
        this.BindListView();                //绑定 ListView 控件
    }
}
protected void BindListView()
{
    this.Books = BooksRule.SelectAllBooks(); //持久化书籍数据
    this.lsvBooks.DataSource = this.Books;  //设定数据源
    this.lsvBooks.DataBind();               //绑定 ListView 控件
}
…//省略代码参见代码光盘
```

运行该网站，查看 ListView 绑定效果，如图 19.9 所示。

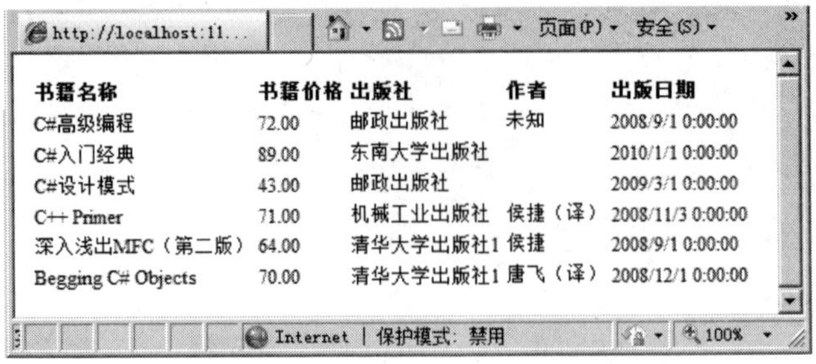

图 19.9　ListView 呈现数据效果图

19.2.2　ListView 控件的分组布局

上节简单介绍了 ListView 控件的基本布局，本节将讲解它的分组布局格式。该控件提供了 3 个模板来完成分组布局，详细介绍如下。

- LayoutTemplate：在其中需要定义容器控件 ID 为 groupPlaceholder，用于放置分组布局的元素。该容器控件仅作为一个占位符出现，并没有实际意义。
- GroupTemplate：在其中定义容器控件 ID 为 itemPlaceholder。该容器控件中的内容将被 ItemTemplate 模板中定义的内容所替代。
- ItemTemplate：在其中定义的 HTML 元素和控件将替代 GroupTemplate 模板中的容器控件，并最终呈现出来。

例如，需要定制书籍分组显示页面，可以通过以下步骤实现该功能。

（1）ListView 控件的前台代码如下：

```
<asp:ListViewrunat="server"ID="lsvBooks"OnItemDataBound="lsvBooks_ItemDataBound"
GroupItemCount="2">
   <LayoutTemplate>
      <ul runat="server" id="ulBooks" style="clear: none; width: 580px; padding: 0px
      0px 0px 0px;
         margin: 0px 0px 0px 0px;">
         <li runat="server" id="groupPlaceholder"></li>
      </ul>
   </LayoutTemplate>
   <GroupTemplate>
      <li runat="server" id="itemPlaceholder"></li>
   </GroupTemplate>
   <ItemTemplate>
      <li runat="server"  style="width: 140px; float: left; padding: 0px 0px 0px 0px;
            margin: 0px 5px 0px 0px;list-style:none;">
         <image src='images/BookImages/<%# Eval("PID") %>.jpg' />
         <br />
         <%# Eval("BookName") %>
         <br />
         <%# Eval("Price","{0:C}") %>
         <br />
      </li>
   </ItemTemplate>
</asp:ListView>
```

（2）在页面加载事件处理函数中绑定 ListView 控件，代码如下：

```
protected void Page_Load(object sender, EventArgs e)
{
   if (!this.IsPostBack)
   {
```

```
            this.BindListView();                    //绑定 ListView 控件
        }
    }
    protected void BindListView()
    {
        this.Books = BooksRule.SelectAllBooks(); //持久化书籍数据
        this.lsvBooks.DataSource = this.Books;   //设定数据源
        this.lsvBooks.DataBind();                //绑定 ListView 控件
    }
...//省略代码参见代码光盘
```

（3）运行该网站，发现书籍已按照每行显示 4 本书的样式进行了分组显示，效果如图 19.10 所示。

图 19.10　ListView 分组显示数据效果图

19.2.3　使用 DataPager 分页

ListView 控件进行数据展示时，经常需要与 DataPager 控件配合使用，来完成数据分页显示功能。一般情况下，DataPager 控件放置在 ListView 控件的 LayoutTemplate 模板中，这样它就可以在任何数据页中都被呈现，该控件的前台代码格式如下：

```
    <asp:DataPager runat="server" ID="DataPager1" PageSize="每页数据条目数"
PagedControlID="需要控制分页的 ListView 控件 ID" >
        <Fields>
            <%--在此处定义分页控件的样式列--%>
        </Fields>
    </asp:DataPager>
```

修改 19.2.2 节中的示例，实现为书籍展示页面中的 ListView 控件，添加分页功能，具体操作步骤如下。

（1）修改 ListView 控件的前台代码如下：

```
    <asp:ListViewrunat="server"ID="lsvBooks"OnItemDataBound="lsvBooks_ItemDataBound"
    GroupItemCount="2">
        <LayoutTemplate>
            <ul runat="server" id="ulBooks" style="clear: none; width: 440px; padding: 0px
            0px 0px 0px;
                margin: 0px 0px 0px 0px;">
                <li runat="server" id="groupPlaceholder"></li>
            </ul>
            <asp:DataPager runat="server" ID="DataPager1" PageSize="3"
```

```
        PagedControlID="lsvBooks" >
            <Fields>
                <asp:NumericPagerField ButtonCount="5" PreviousPageText="<<"
                NextPageText=">>" />
            </Fields>
        </asp:DataPager>
    </LayoutTemplate>
…//省略代码请参见代码光盘
</asp:ListView>
```

在 DataPager 控件的前台代码中设定它每页显示 3 条数据，使用数字导航式的数据分页导航栏，并设定了导航栏中的“上一页”、“下一页”按钮的文本。

（2）实现 ListView 控件的 PagePropertiesChanging 事件处理函数，用于完成数据分页显示功能，代码如下：

```
protected void lsvBooks_PagePropertiesChanging(object sender,
PagePropertiesChangingEventArgs e)
{
    //判断当前分页显示的行索引与当前显示的起始行索引是否一致
    //如果一致，即退出事件处理函数，防止出现堆栈溢出
    if (e.StartRowIndex == this.CurrentStartRowIndex)
        return;
    //获取 DataPager 控件
    DataPager dp = this.lsvBooks.FindControl("DataPager1") as DataPager;
    this.CurrentStartRowIndex = e.StartRowIndex;                //获取最新的数据页行索引
    dp.SetPageProperties(e.StartRowIndex, dp.PageSize, true);          //重新数据分页
    this.BindListView();                                        //重新绑定数据
}
```

以上代码具有一个 if 代码块，用于判断当前事件参数回传的行索引，是否与当前控件中显示的行索引一致。如果一致，则说明该控件已完成了分页工作，跳出事件处理函数，否则继续分页。

为什么要这样做呢？因为当调用 DataPager 控件的 SetPageProperties 进行数据分页时，会再次触发 ListView 控件的 PagePropertiesChanging 事件，从而导致死循环，进而引发堆栈溢出。所以需要使用持久化属性 CurrentStartRowIndex，记录当前 ListView 控件显示的行索引，并进行根据当前行索引和新数据页初始的行索引是否一致，来判断该控件是否完成了分页，从而防止引发异常。

（3）为了完成数据的分页功能，还需在 Page_Load 事件处理函数中初始化持久化属性 CurrentStartRowIndex，代码如下：

```
protected void Page_Load(object sender, EventArgs e)
{
    if (!this.IsPostBack)
    {
        this.BindListView();
        this.CurrentStartRowIndex = 0;//页面首次加载时设定 ListView 控件中绑定的初始行索引为 0
    }
}
```

（4）运行该网站，单击“分页”链接，发现分页成功，效果如图 19.11 所示。

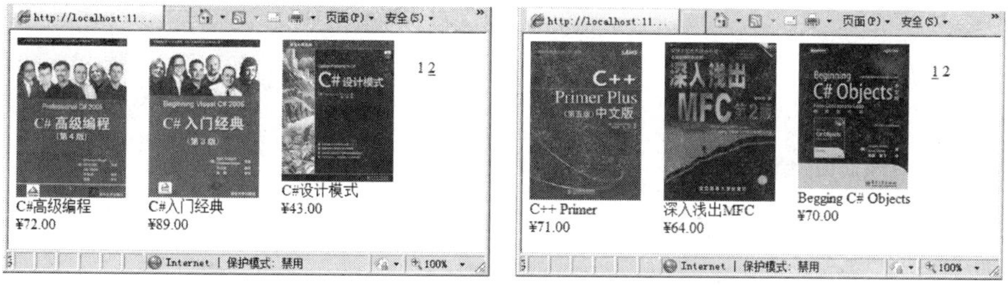

图 19.11　ListView 控件分页效果图

19.3　DetailsView 和 FormView 控件

在实际开发中，还有两种与 GridView 控件密切相关的编辑控件：DetailsView 和 FormView。DetailsView 可以显示当前数据对象的详细信息，并提供了灵活的编程接口来帮助开发人员构建数据的更新、插入、删除等操作功能；FormView 控件可以与 GridView 控件相互配合，迅速完成页面数据的展示、操作等功能。本节将详细讲解这两种控件的使用细节。

19.3.1　DetailsView 控件简介

DetailsView 控件用于显示数据详细视图，可以迅速定制出数据删除、插入、更新的界面，它具有表 19.4 所示的属性、事件和方法。

表 19.4　DetailsView 控件的属性、事件和方法

属性、事件和方法	说　明
Fields	DetailsView 中所有数据项的集合
DataSource	DetailsView 控件的数据源属性
AllowPaging	设定 DetailsView 控件是否允许分页
DataKeyNames	设定 DetailsView 控件绑定的主键数据列名称
DataBound	当 DetailsView 控件中所有数据项完成数据绑定时触发的事件
ItemDeleting	当 DetailsView 控件需要执行数据删除时触发的事件
ItemUpdating	当 DetailsView 控件需要执行数据更新时触发的事件
ItemInserting	当 DetailsView 控件需要执行数据插入时触发的事件
ModeChanging	当 DetailsView 控件在切换插入、编辑、非编辑状态时触发的事件
ChangeMode(DetailsViewMode new mode)	ChangeMode()方法将会将 DetailsView 控件切换至当前传入状态

当需要使用 DetailsView 控件显示数据详细信息时，其前台代码的一般形式如下：

```
<asp:DetailsView runat="server" ID="dtvBook" AutoGenerateRows="false">
    <Fields>
        <asp:BoundField HeaderText="列头文本" DataField="数据列名称" />
        <asp:TemplateField HeaderText="列头文本">
            <ItemTemplate>
                数据绑定表达式
            </ItemTemplate>
            <EditItemTemplate>
               控件与数据绑定表达式
            </EditItemTemplate>
```

```
        …
        </asp:TemplateField>
    </Fields>
</asp:DetailsView>
```

比如需要使用 DetailsView 显示书籍详细信息，可以为其添加如下的前台代码：

```
<asp:DetailsView runat="server" ID="dtvBook" AutoGenerateRows="false">
    <Fields>
        <asp:BoundField HeaderText="书籍编号" DataField="BookID" />
        <asp:TemplateField HeaderText="书籍名称">
            <ItemTemplate>
                <%# Eval("BookName") %>
            </ItemTemplate>
            <EditItemTemplate>
                <asp:TextBoxrunat="server"ID="txtBookName"Text='<%#Bind("BookName")
                %>'></asp:TextBox>
            </EditItemTemplate>
        </asp:TemplateField>
<asp:ImageFieldDataImageUrlField="PID"DataImageUrlFormatString="Images/BookImages/
{0}.jpg" HeaderText="书籍封面"></asp:ImageField>
        <asp:BoundField HeaderText="作者" DataField="Author" />
        <asp:BoundField HeaderText="价格" DataField="Price" />
        <asp:BoundField HeaderText="出版社" DataField="Publisher" />
    </Fields>
</asp:DetailsView>
```

上述前台代码的 DetailsView 控件内置了绑定、模板、图片等数据字段，来展示书籍信息。在页面首次加载时，完成该控件的数据绑定功能，代码如下：

```
protected void Page_Load(object sender, EventArgs e)
{
    if (!this.IsPostBack)
        this.BindDetailsView();
}
protected void BindDetailsView()
{
    List<BookInfo> bookList = BooksRule.SelectAllBooks();//获取所有书籍
    this.dtvBook.DataSource = bookList;                //设定 DetailsView 控件的数据源
    this.dtvBook.DataBind();                          //DetailsView 控件数据绑定
}
```

运行该网站，查看 DetailsView 控件的数据绑定状况，效果如图 19.12 所示。

图 19.12 DetailsView 控件显示数据效果图

19.3.2　使用 DetailsView 控件更新数据

上节演示了如何使用 DetailsView 控件显示数据，本节将讲解如何使用它实现数据更新功能。该控件提供了模板字段帮助开发人员构建可控、灵活的数据更新界面，其模板字段前台代码的一般格式如下：

```
<asp:DetailsView runat="server" ID="dtvBook" AutoGenerateRows="false">
    <Fields>
        <asp:TemplateField HeaderText="列头文本">
            <ItemTemplate>
                数据绑定表达式
            </ItemTemplate>
            <EditItemTemplate>
                控件与数据绑定表达式
            </EditItemTemplate>
        </asp:TemplateField>
        …
    </Fields>
</asp:DetailsView>
```

DetailsView 控件与 GridView 控件的模板列非常相类，都具有项模板和编辑项模板，以完成复杂的数据绑定操作。本节将利用 DetailsView 控件来完成书籍信息更新，修改上节中该控件的前台代码如下：

```
<asp:DetailsView runat="server" ID="dtvBook" AutoGenerateRows="false">
    <Fields>
        <asp:BoundField HeaderText="书籍编号" DataField="BookID" ReadOnly="true" />
        <asp:TemplateField HeaderText="书籍名称">
            <ItemTemplate>
                <%# Eval("BookName") %>
            </ItemTemplate>
            <EditItemTemplate>
                <asp:TextBoxrunat="server"ID="txtBookName"Text='<%#Bind("BookName")
                %>'></asp:TextBox>
            </EditItemTemplate>
        </asp:TemplateField>
        <asp:ImageField DataImageUrlField="PID"
        DataImageUrlFormatString="Images/BookImages/{0}.jpg" HeaderText="书籍封面"
        ReadOnly="true"></asp:ImageField>
        <asp:TemplateField HeaderText="作者">
            <ItemTemplate>
                <%# Eval("Author") %>
            </ItemTemplate>
            <EditItemTemplate>
                <asp:TextBox runat="server" ID="txtAuthor" Text='<%# Bind("Author")
                %>'></asp:TextBox>
            </EditItemTemplate>
        </asp:TemplateField>
            <asp:TemplateField HeaderText="价格">
            <ItemTemplate>
                <%# Eval("Price") %>
            </ItemTemplate>
            <EditItemTemplate>
                <asp:TextBox runat="server" ID="txtPrice" Text='<%# Bind("Price")
                %>'></asp:TextBox>
            </EditItemTemplate>
        </asp:TemplateField>
            <asp:TemplateField HeaderText="出版商">
```

```
                <ItemTemplate>
                    <%# Eval("Publisher") %>
                </ItemTemplate>
                <EditItemTemplate>
                    <asp:DropDownList runat="server" ID="ddlPublisher"></asp:DropDownList>
                </EditItemTemplate>
            </asp:TemplateField>
            <asp:CommandField ShowEditButton="true" />
        </Fields>
    </asp:DetailsView>
```

DetailsView 控件的前台代码使用了模板字段、图片字段、命令字段，在命令字段中添加了“编辑”按钮。为了使此控件完成模式切换的功能，需要实现其 ModeChanging 事件处理函数，代码如下：

```
protected void dtvBook_ModeChanging(object sender, DetailsViewModeEventArgs e)
{
    this.dtvBook.ChangeMode(e.NewMode);                //切换当前 DetailsView 控件的状态
    this.BindDetailsView();                            //重新数据绑定
}
```

由于要提供出版商信息选择的功能，还需实现 DetailsView 控件的 DataBound 事件处理函数，用于完成绑定出版商信息下拉列表框的功能，代码如下：

```
protected void dtvBook_DataBound(object sender, EventArgs e)
{
    //判断 DetailsView 控件是否处于编辑状态
    if (this.dtvBook.CurrentMode == DetailsViewMode.Edit)
    {
        //获取出版商下拉列表框
        DropDownList ddl = this.dtvBook.FindControl("ddlPublisher") as DropDownList;
        ddl.DataSource = PublisherRule.SelectAll();     //绑定出版商信息
        ddl.DataTextField = "PubName";
        ddl.DataValueField = "PubID";
        ddl.DataBind();
    }
}
```

DetailsView 控件更新数据时需触发 ItemUpdating 事件，该事件用于完成更新数据的操作，代码如下：

```
protected void dtvBook_ItemUpdating(object sender, DetailsViewUpdateEventArgs e)
{
    BookInfo currentBook = this.BookList[0]; //获取当前被更新的书籍对象
    //获取用户输入的控件
    TextBox txtBookName = this.dtvBook.FindControl("txtBookName") as TextBox;
    TextBox txtAuthor = this.dtvBook.FindControl("txtAuthor") as TextBox;
    TextBox txtPrice = this.dtvBook.FindControl("txtPrice") as TextBox;
    DropDownList ddl = this.dtvBook.FindControl("ddlPublisher") as DropDownList;
    //更新书籍信息
    BooksRule.UpdateBook(txtBookName.Text,currentBook.PID,
    Convert.ToDecimal(txtPrice.Text),
    txtAuthor.Text,currentBook.Remark,
    Convert.ToInt32(ddl.SelectedItem.Value),currentBook.BookID);
    //将 DetailsView 控件切换至只读状态
    dtvBook_ModeChanging(this.dtvBook,new
    DetailsViewModeEventArgs(DetailsViewMode.ReadOnly,true));
    this.BindDetailsView();                 //重新绑定数据
}
```

运行该网站，单击“编辑”链接，修改书籍单价为 88 元，单击“更新”链接，发现数据成功更新，效果如图 19.13 所示。

图 19.13　利用 DetailsView 控件更新数据

19.3.3　FormView 控件简介

FormView 与 DetailsView 非常相似，但是它们又有很大的区别，具体表现在以下几个方面：

- FormView 一般用于显示一条数据；DetailsView 使用分页布局后可以显示多条数据。
- DetailsView 控件的布局格式为表格布局；FormView 没有布局格式，全部由开发人员定义布局格式，具有更好的灵活性。
- FormView 一般与 GridView 控件配合使用，用来显示详细数据；DetailsView 可以被单独使用。

FormView 控件具有如下一些模板字段。

- ItemTemplate：项模板。它不能生成 HTML 代码，所有的布局都由开发人员完成，如需实现编辑、删除、更新、插入等数据操作功能，则必须在项模板中添加 CommandName 属性为 Edit、Delete、Update、Insert 的按钮或链接，其前台代码的一般格式如下：

```
<asp:FormView runat="server" ID="fmvBook">
    <ItemTemplate>
        HTML 布局元素、控件和数据绑定表达式
    </ItemTemplate>
</asp:FormView>
```

- EditTemplate：编辑项模板。当该控件切换至编辑状态时所显示的模板。该模板可能会内置很多 HTML 布局元素和控件，用于布局和更新数据，其前台代码的一般格式如下：

```
<asp:FormView runat="server" ID="fmvBook">
    <EditItemTemplate>
            HTML 布局元素、控件和数据绑定表达式
    </EditItemTemplate>
</asp:FormView>
```

➢ InsertTemplate：插入项模板。当该控件切换至插入状态时所显示的模板。该模板可能会内置很多 HTML 布局元素和控件，用于布局和插入数据，其前台代码的一般格式如下：

```
<asp:FormView runat="server" ID="fmvBook">
   <InsertItemTemplate>
              HTML 布局元素、控件和数据绑定表达式
   </InsertItemTemplate>
</asp:FormView>
```

FormView 控件具有 3 种状态，即只读、编辑、插入。当需要为它提供状态切换功能时，需要将按钮或 LinkButton 控件添加至该控件的项模板中，并设定它们的 CommandName 属性为特定值。比如需要显示书籍的详细信息，可以为该控件定义如下前台代码：

```
<asp:GridView runat="server" ID="gdvBooks" DataKeyNames="BookID"
   AutoGenerateColumns="false"
   onselectedindexchanging="gdvBooks_SelectedIndexChanging">
   <Columns>
      <asp:BoundField HeaderText="书籍 ID" DataField="BookID" />
      <asp:BoundField HeaderText="书籍名称" DataField="BookName" />
      <asp:BoundField HeaderText="作者" DataField="Author" />
      <asp:BoundField HeaderText="价格" DataField="Price" DataFormatString="{0:C}" />
      <asp:CommandField ShowSelectButton="true" />
   </Columns>
</asp:GridView>
<hr style="width:100%;height:1px;color:Red;" />
<h5>书籍详细信息</h5>
<asp:FormView runat="server" ID="fmvBook" onmodechanging="fmvBook_ModeChanging">
   <ItemTemplate>
      书籍名称：<%# Eval("BookName")%><br />出 版 社：<%# Eval("Publisher") %><br />封
         面：<image src='Images/BookImages/<%# Eval("PID")
       %>.jpg'></image><br />
      <asp:LinkButton runat="server" ID="lnkEdit" Text="编辑"
      CommandName="Edit"></asp:LinkButton>
   </ItemTemplate>
   <EditItemTemplate>
     书籍名称：<asp:TextBoxrunat="server"ID="txtBookName"Text='<%#
     Eval("BookName")%>'></asp:TextBox><br />
     出 版 社：<asp:DropDownList runat="server"
     ID="ddlPublisher"></asp:DropDownList><br />
     封  面：<image src='Images/BookImages/<%# Eval("PID")
     %>.jpg'></image><br />
     <asp:LinkButtonrunat="server"ID="lnkUpdate"Text="更新"
     CommandName="Update"></asp:LinkButton>
       
     <asp:LinkButtonrunat="server"ID="lnkCancel"Text="取消"
     CommandName="Cancel"></asp:LinkButton>
   </EditItemTemplate>
</asp:FormView>
```

> **注意**：一般情况下，FormView 控件会与 GridView 控件配合使用，当 GridView 控件的末行被选中时，会在 FormView 控件中显示该行数据的详细信息。

FormView 控件的前台代码定义了项模板和编辑项模板。项模板中内置了“编辑”链接；编辑项模板中内置了“更新”和“取消”链接。为了配合 GridView 控件，FormView 控件的数据绑定将在 GridView 控件的 SelectedIndexChanging 事件处理函数中完成，代码如下：

```
protected void BindFormView(BookInfo[] books)
{
    this.fmvBook.DataSource = books;                              //设定数据源
    this.fmvBook.DataBind();                                      //数据绑定
}
protected void gdvBooks_SelectedIndexChanging(object sender, GridViewSelectEventArgs e)
{
    this.gdvBooks.SelectedIndex = e.NewSelectedIndex;  //设定 GridView 中选中项
    //绑定 FormView 控件
    this.BindFormView(new BookInfo[] { this.BookList[e.NewSelectedIndex] });
}
```

为了完成 FormView 控件的状态切换功能，可以为其实现 ModeChanging 事件处理函数，代码如下：

```
protected void fmvBook_ModeChanging(object sender, FormViewModeEventArgs e)
{
    this.fmvBook.ChangeMode(e.NewMode);                //切换 FormView 控件的状态
    //重新数据绑定
    this.BindFormView(new BookInfo[] { this.BookList[this.gdvBooks.SelectedIndex] });
}
```

为了完成更新数据的工作，还需要实现 FormView 控件的 ItemUpdating 事件处理函数，代码如下：

```
protected void fmvBook_ItemUpdating(object sender, FormViewUpdateEventArgs e)
{
    //获取当前被更新的书籍对象
    BookInfo currentBook = this.BookList[this.gdvBooks.SelectedIndex];
    //获取更新相关的控件
    DropDownList ddlPublisher = this.fmvBook.FindControl("ddlPublisher") as
    DropDownList;
    TextBox txtBookName = this.fmvBook.FindControl("txtBookName") as TextBox;
    //更新数据
BooksRule.UpdateBook(txtBookName.Text,currentBook.PID,currentBook.Price,currentBoo
k.Author,
currentBook.Remark,Convert.ToInt32(ddlPublisher.SelectedItem.Value),currentBook.Bo
okID);
    //更新数据成功后将 FormView 控件切换至只读状态
    this.fmvBook.ChangeMode(FormViewMode.ReadOnly);
    this.BindGridView();                          //重新绑定 GridView 控件获取最新数据
    //绑定 FormView 控件
    this.BindFormView(new BookInfo[] { this.BookList[this.gdvBooks.SelectedIndex] });
}
```

运行该网站，更新“C#高级编程”的出版社为“机械工业出版社”，此时会发现更新成功，效果如图 19.14 所示。

图 19.14 FormView 控件更新数据效果图

19.4 小结

本章着重讲解了 ASP.NET 开发常用的数据绑定控件，首先对 GridView 控件的各种事件和属性都进行了细致讲解，并通过书籍信息的显示、更新、删除等数据操作功能的实现，详细地演示了 GridView 控件在开发中的各种使用技巧和细节；然后介绍了 ListView 控件，它较为灵活、便于控制，且可以迅速定制数据操作界面，并演示了使用 ListView 控件更新数据、组布局、分页等基本功能；最后对 DetailsView 控件和 FormView 控件也进行了介绍，它们的使用较为相似，但是读者需要根据项目需求来选择使用哪个控件。FormView 控件较为灵活，适合在较为复杂的数据操作功能中使用。

第 20 章　缓存和异步访问

缓存可以提升性能并且具有良好的伸缩性，开发人员可以缓存一个复杂的页面，也可以缓存页面中某部分数据；缓存将数据保存在内存中，大大减少了获取数据的时间，能更好地提高 Web 程序的效率。服务器将自行控制缓存中数据的生命周期，能有效地保证缓存不会过多占用服务器资源，从而进一步提升其性能。当然由于服务器自行管理缓存中的数据，所以开发人员难以实现一个完全可控的缓存资源。本章将讲解 ASP.NET 中所有的缓存使用方式。

20.1　理解 ASP.NET 缓存技术

ASP.NET 提供了非常强大的缓存支持，可以帮助开人员构建稳定、健壮、灵活的缓存机制，还提供了大量的缓存辅助类，来完成复杂的缓存读取、写入、管理工作。本节将简单介绍主要的缓存技术及它们的特点。

ASP.NET 中提供了以下两种类型的缓存，在开发中可以同时使用它们，从而更好地提高 Web 程序的效率。

- 输出缓存：将保存整个页面的所有 HTML 和数据副本。当用户再次请求这个页面时，页面并没有重新生成，服务器将从输出缓存中输出 HTML 和数据副本，生成它们的时间会完全节省下来，从而有效地提高了服务器的运行效率。
- 数据缓存：允许开发人员将特定的数据或数据集合保存到服务器缓存中，任何对它们的请求都不再去请求数据库或计算，从而大幅提高了 Web 程序的效率。

> **注意**：数据缓存是有时效性的，服务器会清除超时缓存，从而最大程度上保证了服务器的运行效率。

ASP.NET 中还提供了以下两个基于这两种缓存的衍生技术。

- 部分页缓存：不再缓存整个页面的 HTML 和数据副本，而仅仅缓存页面中部分控件的 HTML。比如它可以将缓存页面中用户控件的 HTML 输出。当页面再次加载时，将继续执行页面事件，但是相应的用户控件代码将不再被执行。

- 数据源缓存：在 ASP.NET 开发中使用数据源控件时，并且该控件正确配置了缓存相关的属性，它将会把数据缓存至数据源缓存中。此缓存不需要开发人员编写任何代码，只需配置数据源控件的相关属性即可。

本章将详细讲解 ASP.NET 所有的缓存技术，这些技术是 Web 开发中较为重要的部分，希望读者可以通过对本章的学习深刻理解缓存技术的精髓。

20.2 输出缓存

输出缓存是最为基础的缓存技术，非常容易掌握。使用了该缓存的页面，其 HTML 代码将被缓存；当再次请求缓存后的页面时，它将不会被重新生成，任何后台代码都不会执行，所有的 HTML 代码全部通过输出缓存提供。通过对它的学习，读者可以迅速理解缓存技术的强大之处。本节将介绍该技术在实际开发中的使用细节和技术原理，希望读者能够迅速将其应用到实际开发中。

20.2.1 定义输出缓存

ASP.NET 页面使用输出缓存非常简单，只需在前台代码中添加 OutputCache 指令即可。该指令的一般格式如下：

```
<%@ OutputCache Duration="超时时间" VaryByParam="页面参数名称" VaryByControl="页面控件 ID"
%>
```

OutputCache 指令主要属性如下。

- Duration：页面输出缓存的超时时间。当使用该缓存时，必须声明该属性。
- VaryByParam：页面缓存依据定制 URL 参数的改变而发生改变。当使用输出缓存时，必须声明该属性或 VaryByControl 属性。比如设定 VaryByParam 属性为 ID，当页面 URL 参数 ID 的值发生改变时，输出缓存将重新缓存整个页面；当再次使用此参数 ID 的同一值请求页面时，输出缓存将输出所有的 HTML，但是不再重新生成页面。
- VaryByControl：页面缓存依据定制控件的提交值改变而发生改变。当使用输出缓存时，必须声明该属性或 VaryByParam 属性。比如设定 VaryByControl 属性为 txtName，当页面中 ID 为 txtName 的控件提交值发生改变时，输出缓存将重新缓存整个页面；当再次使用此控件同一提交值提交页面时，输出缓存将输出所有的 HTML，但是不再重新生成页面。

> **注意**：OutputCache 指令还有很多其他属性，本节将循序渐进地讲解这些属性。

比如创建一个显示当前时间的页面，并启用输出缓存，页面效果如图 20.1 所示。

图 20.1　显示时间的页面

页面启用输出缓存的代码如下：

```
<%@ OutputCache Duration="20" VaryByParam="none"  %>
```

页面每次加载时，都在 Label 控件中显示当前时间，代码如下：

```
protected void Page_Load(object sender, EventArgs e)
{
    //显示当前时间
    this.lblTime.Text = string.Format("当前时间：<br/>{0}",DateTime.Now.ToString());
}
```

运行该网站，不断地单击“刷新页面”按钮，用于显示当前时间。但是发现页面时间 20 秒更新一次，这是由于输出缓存保存了页面副本，每次客户端请求时只获取了这些副本，而后台代码并没有被执行。

缓存的超时时间是可以设置的，在缓存未超时期间，任何对页面的请求将只获取页面副本。但是其超时时间会受到服务器的控制，不一定严格遵守设置的时间，服务器会因内存紧张而清除缓存。由于服务器会清除缓存，所以开发人员可以自由使用缓存，而不用担心由于大规模使用缓存导致服务器运行变慢的问题。

缓存超时 20 秒似乎很短，但是在诸如卓越、淘宝等数据量较大的网站中，该超时时间基本上可以保证 1 分钟连接 3 次数据库，而不会像某些不启用缓存的网站可能每分钟连接 30，甚至 100 次数据库。

20.2.2　查询字符串缓存

当使用输出缓存无条件缓存整个页面后，在缓存未超时期间，对页面的所有请求将只获取到缓存中的页面副本，后台代码也不会被执行。使用该缓存可以很好地提升页面的运行效率、节省运行时间，但是整个页面的无条件输出可能会带来一些问题。如果世博会门票预订页面使用输出缓存，设定缓存时间为 20 秒，可能导致用户无法获取实时数据而导致订票失败。

为了解决这个问题，OutputCache 指令提供了 VaryByParam 属性，用于保证页面会根据页面 URL 参数值的变化来调整缓存策略。当该 URL 参数的值发生改变时，页面将被重新缓存，否则它将直接输出缓存中的页面副本，而不被重新缓存。比如在时间显示页面中指定如下的 OutputCache 指令：

```
<%@ OutputCache Duration="20" VaryByParam="id" %>
```

当使用如下 URL 第一次请求时间显示页面时，该页面会被缓存：

```
http://localhost:2022/default.aspx?id=1
```

当再次使用以上 URL 请求此页面时，页面将不再输出，而会输出缓存中的页面副本。只有当前请求页面的 URL 参数集合中 ID 的值发生改变时，页面才会被输出并重新缓存。

ASP.NET 会在每次请求时间显示页面时检查 URL 参数信息来判断它是否发生了变化，如果变化了将重新生成页面并缓存它，否则将直接输出缓存中的页面副本。

当 OutputCache 指令的 VaryByParam 属性设定为“*”时，表明页面将根据不同的 URL 参数来创建不同的页面副本，其指令代码如下：

```
<%@ OutputCache Duration="20" VaryByParam="*" %>
```

20.2.3 缓存和特定的查询字符串参数

输出缓存使用了基于 URL 参数的缓存策略，有效地保证了客户可以随时查看实时数据，在开发诸如产品展示页面的程序时非常有用。使用这种缓存策略，开发者可以为每个产品保存一个单独的页面副本，从而减少对数据库的访问次数，这也意味着开发者必须将缓存的超时时间延长至几分钟，甚至更长。

但是当页面需要使用大量的 URL 参数或该参数的重用性非常低时，使用特定的 URL 参数就显得不是那么适用了，这种方式的缓存会大量占用服务器字段，甚至导致服务器端很多重要的信息无法被缓存。虽然服务器会自动清理缓存，但这样做还是会极大地降低服务器的效率。

在大多数情况下，VaryByParam 属性设置为“*”较好，当参数范围较为容易确定时，还需要指定参数名称；当参数多于一个时，可以使用“;”分隔参数。OutputCache 指令代码如下：

```
<%@ OutputCache Duration="20" VaryByParam="id;name;price" %>
```

当使用以上指令时，页面可能会根据 id、name、price 等 URL 参数缓存独立的页面副本。

20.2.4 自定义缓存控制

根据 URL 参数的改变来改变缓存副本在很多时候都很有用，ASP.NET 还提供了一种可以由开发人员自定义的缓存更换策略，即自定义缓存。ASP.NET 在缓存中提供了代码检查机制，当开发者自定义一个字符串时，它将根据这个字符串的变化来决定是生成页面还是输出缓存中的页面副本。

自定义缓存的一个典型应用是：基于不同的浏览器类型来缓存不同浏览器版本下的页面。当使用基于浏览器的自定义缓存时，用户将在不同的浏览器下获取基于特定浏览器的缓存副本。如果需启用自定义缓存，则可以使用如下格式的 OutputCache 指令：

```
<%@ OutputCache Duration="20" VaryByParam="none" VaryByCustom="自定义缓存名称" %>
```

比如定义一个为“browser”的自定义缓存项，代码如下：

```
<%@ OutputCache Duration="20" VaryByParam="none" VaryByCustom="browser" %>
```

> **注意：** 自定缓存名称可以为任意字符串，只要开发人员能够通过此名称很容易地识别该自定义缓存的作用即可。

当设定了 OutputCache 指令的 VaryByCustom 属性后，还需要在全局应用程序类中创建自定义缓存名称。其创建过程必须重写全局应用程序类的 GetVaryByCustomString()方法，代码如下：

```
public override string GetVaryByCustomString(HttpContext context, string custom)
{
    if (custom == "browser")                        //检查当前用户请求的缓存名称
    {
        string browser = string.Empty;
        //获取当前浏览器的名称和版本号
        browser = string.Format("{0}_{1}",
            context.Request.Browser.Browser,context.Request.Browser.MajorVersion);
        return browser;                          //使用浏览器名称和版本来作为缓存策略
    }
    else
    {
        return base.GetVaryByCustomString(context, custom);
    }
}
```

GetVaryByCustomString()方法将根据 custom 参数来获取自定义的缓存名称，并生成不同的自定义缓存凭据。当请求页面时，该方法将返回不同的自定义缓存凭据，而 ASP.NET 将根据这些凭据来决定是否生成页面或输出缓存中的页面副本。

20.2.5　缓存和 HttpCachePolicy 类

ASP.NET 为 Respose 对象提供了 Cache 属性，该属性实际上是 HttpCachePolicy 类的一个实例，它可以使开发人员通过编程来启用页面输出缓存，代码如下：

```
protected void Page_Load(object sender, EventArgs e)
{
    //启用输出缓存，并设定该缓存为公共缓存可以被其他用户访问
    this.Response.Cache.SetCacheability(HttpCacheability.Public);
    //在页面加载后 60 秒内使用缓存中的页面副本
    this.Response.Cache.SetExpires(DateTime.Now.AddSeconds(60));
    //防止页面刷新时页面失效
    this.Response.Cache.SetValidUntilExpires(true);
    this.lblTime.Text = string.Format("当前时间：<br/>{0}",DateTime.Now.ToString());
}
```

以上代码通过 Response 对象的 Cache 属性开启了公共输出缓存，并且该缓存超时时间为页面加载后 60 秒。使用编程开启输出缓存会导致 Web 程序难以维护，如果页面有延时请求，这种方式会导致页面崩溃。

> **注意**：Response 对象的 Cache 属性仅用于输出缓存；而 Page 对象的 Cache 属性仅用于数据缓存。

20.2.6　缓存后替换

在日常开发中，页面的大部分内容并不会发生显著的变化，但某些部分会经常发生变化，这时使用整页缓存是不合适的，比如在火车票订购页面中，车次、日期、经停站等大量的信息并不会经常更新，但是火车票的剩余额度必须以实时数据的方式显示出来。如果对火车票订购页面进行整页缓存，使用户无法实施查看车票信息而导致购票失败。

为了解决类似问题，可以将整页缓存后，替换页面中需要显示实时数据的部分。这样就可以保证页面效率，并且使用户查看到实时数据。

如果需要实现缓存后的替换功能，可以使用 Response 对象的 WriteSubstitution()方法。该方法传入一个 HttpResponseSubstitutionCallback 委托的示例对象作为参数。无论页面是否被缓存，它都会去调用实例化了该委托对象的方法，从而保证页面每次都会获取实时数据。

修改 20.2.1 节中的示例代码，在 Page_Load 事件中调用此方法来更新时间，代码如下：

```
protected void Page_Load(object sender, EventArgs e)
{
    //显示缓存的时间，由于该页面整体被缓存，所以时间无法被实时更新
    this.lblDate.Text = "缓存时间："+DateTime.Now.ToLongTimeString();
    //使用缓存后替换的方式输出实时数据
    this.Response.WriteSubstitution(new HttpResponseSubstitutionCallback(GetTime));
}

public static string GetTime(HttpContext context)
{
    return "当前时间："+DateTime.Now.ToLongTimeString();
}
```

运行该网站，不断地单击“刷新页面”按钮，会发现输出了实时数据，但是整个页面依旧被缓存，效果如图 20.2 所示。

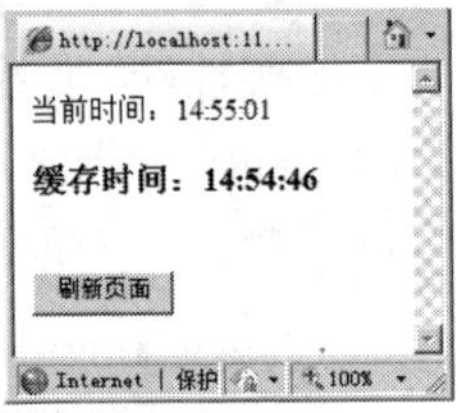

图 20.2　缓存后替换效果图

> **注意**：实例化 HttpResponseSubstitutionCallback 委托的方法必须是一个静态方法，实际上页面并没有重新开启生命周期，只是回调了一个静态方法，更新数据。在回调过程中，页面的控件和其他代码都不会得到执行。

在实际开发中，并不会直接使用 Response 对象的 WriteSubstitution()方法来实现缓存后替换，而输出内容的位置无法由开发人员控制。为了方便开发人员，ASP.NET 提供了 Substitution 控件，用来完成缓存后替换。该控件具有 MethodName 属性，用于指定它回调的静态方法名称。此静态方法会返回一个字符串，该字符串由控件来显示，从而实现缓存后替换。

> **注意**：Substitution 控件调用的方法必须与 HttpResponseSubstitutionCallback 委托实例化方法的名称一致。

20.2.7　缓存配置

本章介绍了两种缓存开启方式：使用 OutputCatche 指令和使用 Respose 对象的 Cahce 属性。当页面较多时，使用这两种方式开启缓存会给维护工作带来很大的问题，比如修改站点中所有页面的缓存时间，开发人员必须修改所有页面。

ASP.NET 允许开发人员通过 web.config 文件来配置一组或者整个站点中的页面缓存，其配置代码如下：

```
<configuration>
    <system.web>
        <compilation debug="true" targetFramework="4.0"/>
        <caching>
            <outputCacheSettings>
                <outputCacheProfiles>
                    <!--设定缓存项名称及超时时间-->
                    <add name="缓存项名称" duration="60" />
                </outputCacheProfiles>
            </outputCacheSettings>
        </caching>
    </system.web>
</configuration>
```

如果希望页面启用该缓存配置，可以为 OutputCach 指令添加 CacheProfile 属性来启用缓存配置，代码如下：

```
<%@ OutputCacheCacheProfile="缓存项名称" %>
```

为了更好地配置整个站点的输出缓存，可以通过设置 web.config 文件中的<cache>配置节来配置站点中所有页面的缓存设置，设置如下：

```
<configuration>
    <system.web>
        <compilation debug="true" targetFramework="4.0"/>
        <caching>
            <cache disableExpiration="true" disableMemoryCollection="true"
                   percentagePhysicalMemoryUsedLimit="10" privateBytesLimit="0"
                   privateBytesPollTime="1" />
        </caching>
    </system.web>
</configuration>
```

当在<cache>配置节中设定 disableExpiration 和 disableMemoryCollection 属性为 true 时，将禁止服务器在内存空间不足时回收或移除过期项目。但是使用这样的配置非常容易导致服务器内存不足，所以使用这两个属性时一定要非常慎重。

以上代码中的 percentagePhysicalMemoryUsedLimit 属性用于设置服务器分配给缓存的内存百分比，0 表示不分配任何内存给缓存，即无法缓存任何东西，当缓存使用的内存比例已接近或到达该属性设定的百分比时，服务器将移除过期项目；privateBytesLimit 属性用于设置应用程序缓存可以使用的最大内存，它设定的字节数包括缓存所使用和运行应用程序所需要的内存，0 表示 ASP.NET 自行管理内存；privateBytesPollTime 属性用于设置服务器检查一次私有字节使用情况的时间间隔，默认值为 1，即每 1 秒检查一次。

20.3　数据缓存

数据缓存是最灵活、可控的缓存机制，必须通过编码来使用。ASP.NET 使用数据缓存时，可以使用页面的 Cache 属性。该属性和 Application 对象很像，都是通过键/值对的方式来管理数据项的，它们可以被任何请求所访问，但还是有如下几个显著区别：

- Cache 对象是线程安全的，不需要强制的线程锁定，而 Application 对象需要进行锁定。
- 缓存中的数据项由服务器管理，不需要开发人员手动维护。服务器会自动移除缓存中的过期数据项，这意味着开发人员在使用缓存中的数据项时，需要判断数据项是否存在。

➢ 缓存具有极大依赖性。当其中的数据项连接到文件、数据库或其他资源时，以及这些资源被移除时，缓存对象也会在内存中被移除。

20.3.1 添加缓存项

页面的 Cache 属性与 Application、Session 管理数据项的方式基本一致，都可以使用键/值对的方式来管理数据项，代码如下：

```
Cache["key"]=value;
```

缓存中可以存储任何被序列化的数据对象，在实际开发中，并不推荐使用这种方式来添加缓存中的数据项。如果使用该方式，开发人员将无法控制缓存中数据项的过期时间。为了更好地控制缓存中的数据项，可以使用 Cache 对象的 Insert()方法，该方法具有表 20.1 所示的一些重载形式。

表 20.1 Insert()方法的重载形式

重载形式	说 明
Insert(String key, Object value)	使用指定的键名将值插入至缓存项中，使用默认的优先级和过期策略。不推荐使用这种方式
Insert(Stringkey,Objectvalue,CacheDependency cacheDependency)	使用指定的键名将值插入至缓存项中，使用默认的优先级和过期策略。cacheDependency 参数指向一个文件或缓存项中的 CacheDependency 对象，当文件或 CacheDependency 对象变化时使缓存项失效
Insert(Stringkey,Objectvalue,CacheDependency cacheDependency, DateTime time, TimeSpan timeSpan)	使用指定的键名将值插入至缓存项中，使用默认的优先级并定制可调或绝对过期策略（这两个策略不可同时使用）。这个重载形式是日常开发中使用最多的 Insert()方法的重载形式
Insert(Stringkey,Objectvalue,CacheDependency cacheDependency, DateTime time, TimeSpan timeSpan,CacheItemPriority cacheItemPriority, CacheItemRemovedCallback cacheItemRemovedCallback)	使用此方法插入缓存时，允许开发人员配置缓存项的键名、值、过期策略、缓存依赖、优先级。cacheItemRemovedCallback 参数指定了当移除当前缓存项时需要执行的回调函数

添加缓存项时，一定要非常慎重地选择缓存项的过期策略。ASP.NET 允许开发人员设置可调或绝对过期策略，但是不能同时使用这两种策略。如果使用绝对过期策略，则需要把 Insert()方法的第 4 种重载形式的 timeSpan 参数设置为 TimeSpan.Zero；如果使用可调过期策略，需要把 Insert()方法的第 3 种重载形式的 time 参数设置为 DateTime.Max。

当使用可调过期策略时，在缓存项的非使用状态下，ASP.NET 会保持一段时间后将其释放，比如某些信息（商品信息）非常有效，但不是经常被访问的情况，如果一段时间后不被访问，即可认为是失效缓存项，代码如下：

```
    this.Cache.Insert("ProductList",productList,null,
DateTime.MaxValue,TimeSpan.Zero);//使用可调过期策略
```

当某些信息需要明确时间进行释放时，可以使用绝对过期策略，比如天气预报信息明确为 4 小时失效的情况，代码如下：

```
    this.Cache.Insert("Weathor",weathorList,null,DateTime.Now.AddHours(4),TimeSpan.Zer
```

```
o);//使用绝对过期策略
```

如果想清空所有的缓存项，可以遍历 Cache 对象中的所有项，并删除，代码如下：

```
foreach (IDictionaryEnumerator dic in Cache)  //循环遍历缓存项
{
    Cache.Remove(dic.Key.ToString());         //删除缓存项
    continue;
}
```

20.3.2　缓存优先级

将数据添加至缓存项时，可以指定其优先级。缓存优先级指定了 ASP.NET 执行缓存清理时的策略。当需要清理缓存项时，首先将所有过期的或失效的缓存项查找出来，然后按照这些缓存项的优先级进行排序，将优先级最低的缓存项移除。当内存占用较少时，ASP.NET 只会删除部分过期的缓存项，而尽量保存那些优先级较高的。

当使用 Insert()方法的第 4 种重载方式插入缓存项时，需要指定缓存项的优先级。这些优先级由 CacheItemPriority 枚举指定，该枚举包括以下几个值。

- Low：在服务器释放系统内存时，具有该优先级级别的缓存项最有可能从缓存中删除。
- BelowNormal：在服务器释放系统内存时，具有该优先级级别的缓存项比分配了 Normal 优先级的项更有可能从缓存中删除。
- Normal：在服务器释放系统内存时，具有该优先级级别的缓存项很有可能从缓存中删除，其删除的可能性仅次于具有 Low 或 BelowNormal 优先级的那些项。这是默认选项。
- AboveNormal：在服务器释放系统内存时，具有该优先级级别的缓存项被删除的可能性比分配了 Normal 优先级的项要小。
- High：在服务器释放系统内存时，具有该优先级级别的缓存项最不可能从缓存中删除。
- NotRemovable：在服务器释放系统内存时，具有该优先级级别的缓存项将不会自动从缓存中删除。但是，具有该优先级级别的项会根据项的绝对到期时间或可调整到期时间，与其他项一起被移除。
- Default：缓存项优先级的默认值为 Normal。

20.3.3　数据源控件缓存

在第 18 章中，章已经细致地讲解了数据源控件的使用，ASP.NET 的 SqlDataSouce、ObjectDataSouce、XmlDataSource 控件都支持内置的数据缓存。由于页面每次回发时，数据源控件都会执行数据查询，所以为了更好地提高它们的性能，笔者强烈推荐为它们使用数据缓存功能。这些数据源控件都由以下几个属性来设置数据缓存。

- EnableCaching：属于 bool 类型，用于设定当前数据源控件是否启用缓存功能。
- CacheExpirationPolicy：属于 DataSourceCacheExpire 枚举类型，用于设定当前数据源控件缓存的过期策略。当该属性设置为 Absolute 时，即当前数据源控件缓存为绝对过期策略；当设置为 Sliding 时，即当前数据源控件缓存为可调过期策略。
- CacheDuration：属于整型，用于设置当前数据源控件的缓存过期时间。默认值为 0，即永久保存缓存项目；如果将数据源控件的 CacheExpirationPolicy 属性设置为 Sliding

时，则依据它实现定时更新缓存数据。

> **注意：** 有关数据源控件的缓存所依赖的相关属性，后续章节将进行讲解。

下面详细介绍如何在 SqlDataSource 控件和 ObjectDataSouce 控件中使用缓存。

1．SqlDataSource 控件中使用缓存

启用 SqlDataSouce 控件的缓存功能意味着每次查询的结果都被缓存。在日常开发中，经常会使用该控件完成参数化查询，可以为每个查询结果都建立一个缓存副本。比如利用出版商信息查询当前出版的书籍时，SqlDataSource 控件绑定信息的前台代码如下：

```
<asp:SqlDataSourceID="SqlDataSource2"runat="server"ConnectionString="<%$
ConnectionStrings:DemoConnectionString %>"
    SelectCommand="SELECT * FROM [Books] WHERE PubID=@PubID">
    <SelectParameters>
        <asp:ControlParameter PropertyName="SelectedValue" ControlID="ddlPublisher"
        Name="PubID" />
    </SelectParameters>
</asp:SqlDataSource>
```

运行效果如图 20.3 所示。

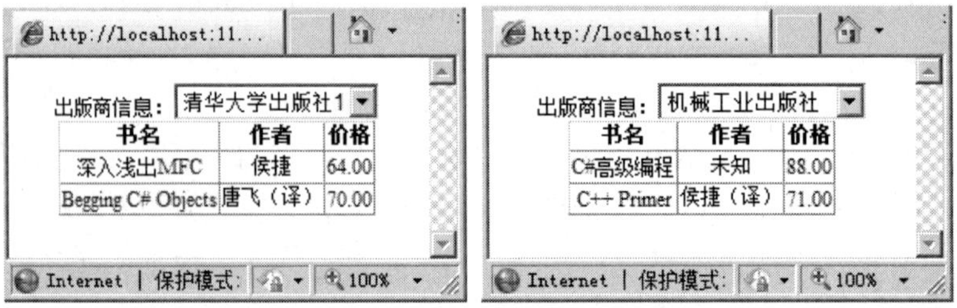

图 20.3 利用出版商查询出版书籍

如果在绑定书籍信息的 SqlDataSouce 控件中启用缓存，那么每次查询结果都会被缓存；如果查询一个已被查询过的出版商，那么会显示数据缓存中的数据，除非该数据已过期；如果出版商的查询频率基本一致，那么数据源控件会不断缓存数据，并清理过期数据。每次查询数据时，数据源控件都需要判断缓存中的数据是否过期，如果过期，则必须再次连接数据库获取数据。这样会使缓存效率非常低。

为了解决这种问题，数据源控件需要一次性缓存大量数据，使每次查询都不在缓存数据，只需从缓存数据中过滤出所要的数据即可，这样就可以大大提高缓存效率了。现在修改上面的 SqlDataSource 控件的前台代码来实现，代码如下：

```
<asp:SqlDataSourceID="SqlDataSource2"runat="server"ConnectionString="<%$
ConnectionStrings:DemoConnectionString %>"
    SelectCommand="SELECT * FROM [Books]" EnableCaching="true"
    FilterExpression="PubID={0}">
    <FilterParameters>
        <asp:ControlParameter PropertyName="SelectedValue" ControlID="ddlPublisher"
        Name="PubID" />
    </FilterParameters>
</asp:SqlDataSource>
```

> **注意：** 在 SqlDataSouce 控件中使用 FilterExpression 表达式时，不推荐使用参数。该表达式可以使用占位符来替代参数，完成复杂的数据筛选。

现在，SqlDataSouce 控件一次性缓存了所有的书籍信息数据，每次查询时就不再去访问数据库，只将缓存中的数据进行过滤，绑定到 GridView 即可，从而有效地解决了多次缓存的效率问题。

> **注意**：SqlDataSouce 控件缓存的是 DataSet 对象，过滤数据时使用了 DataView 的 Filter 属性来完成数据筛选工作。

2．ObjectDataSouce 控件中使用缓存

ObjectDataSouce 控件使用缓存时具有非常大的局限性，它只能缓存 DataSet、DataTable 类型的数据，对自定义数据类型无法缓存。由于此控件不经常使用，这里就不过多介绍了。

20.4　缓存依赖

在 Web 程序运行过程中，很多缓存数据会随着客户的操作而发生变化，这导致某些过期的数据仍在被使用。为了防止这种情况引起数据完整性的缺失，ASP.NET 提供了缓存依赖技术。该技术允许缓存项目依赖于资源，当资源发生改变时，缓存项将被自动移除。ASP.NET 支持以下 3 种类型的缓存依赖：

- 依赖于其他缓存项目。
- 依赖于文件或文件夹。
- 依赖于数据库查询。

本节将讲解这些缓存依赖技术，使读者可以掌握如何创建自定义的缓存依赖。

20.4.1　文件和缓存项依赖

创建缓存依赖首先需要创建 CacheDependency 对象，并在添加缓存项目时使用该对象。例如创建一个依赖于记事本文件的缓存项目，当记事本文件被修改、删除、覆盖时，缓存项都会被移除，代码如下：

```
//创建缓存依赖项
CacheDependencydependency=newCacheDependency(this.Server.MapPath("resource/log.txt
"));
//插入缓存项时指定缓存依赖项
Cache.Insert("UserLog",logList,dependency);
```

当 CacheDependency 对象执行某一文件夹时，它会检查该文件夹下所有文件的修改、删除、覆盖等操作，并且对子文件夹的重命名、创建等操作也会引发缓存依赖。不过，在子文件夹中添加文件或创建更深层次的子文件夹是不会影响缓存依赖的。

使用该对象构造函数的其他形式还可以创建缓存项依赖，代码如下：

```
Cache["item1"] = "Cache1";//添加键名为“item1”的缓存项
string[] dependencyKey=new string[1];
dependencyKey[0]="item1";//指定当前缓存项依赖于“item1”缓存项
CacheDependency dependency = new CacheDependency(null, dependencyKey);
Cache.Insert("item2", "Cache2", dependency); //插入缓存项时指定缓存依赖项
```

当键名为“item1”的缓存项发生变化或被移除时，键名为“item2”的缓存项将被自动移除。

20.4.2 聚合依赖

在实际开发中，一个缓存项可以同时依赖于多个文件或缓存项。这种依赖方式称为聚合依赖，可以通过 AggregateCacheDependency 对象来创建缓存项的多个依赖项，从而实现聚合依赖。在该对象中可以添加多个 CacheDependency 对象，用于设置资源或缓存项改变或移除时，当前缓存项都将被自动移除。例如，在以下代码中创建一个依赖于两个记事本文件的缓存项：

```
//创建缓存依赖项
CacheDependencydependency1=newCacheDependency(this.Server.MapPath("resource/log1.t
xt"));
//创建缓存依赖项
CacheDependency dependency2 = new CacheDependency
(this.Server.MapPath("resource/log2.txt"));
CacheDependency[] dependencies = new CacheDependency[2];
dependencies[0] = dependency1;
dependencies[1] = dependency2;
AggregateCacheDependency agg = new AggregateCacheDependency();//创建聚合缓存依赖项
agg.Add(dependencies);
Cache.Insert("UserLog", logList, agg);                    //插入缓存项时指定聚合缓存依赖项
```

聚合依赖允许缓存项依赖于文件、文件夹、SQL 数据库等资源。

20.4.3 配置 SQL 缓存依赖

在实际开发中，多数缓存数据项的数据都来自数据库。使用 SQL 缓存依赖，可以最大程度地保证缓存中数据项的数据完整性。

> **注意：** 由于 SQL Server 2000 数据库的使用日渐减少，所以本书将不讲解如何为它配置缓存依赖。

SQL Server 2005 或 SQL Server 2008 的通知机制与索引视图工作方式类似。当执行数据操作时，SQL Server 数据库将判断当前数据操作是否对已注册表中数据产生影响，如果产生了影响，它将发送一个通知消息到消息队列，然后停止通信进程。

图 20.4 所示展示了这两个数据库在通知缓存无效时的工作情况。

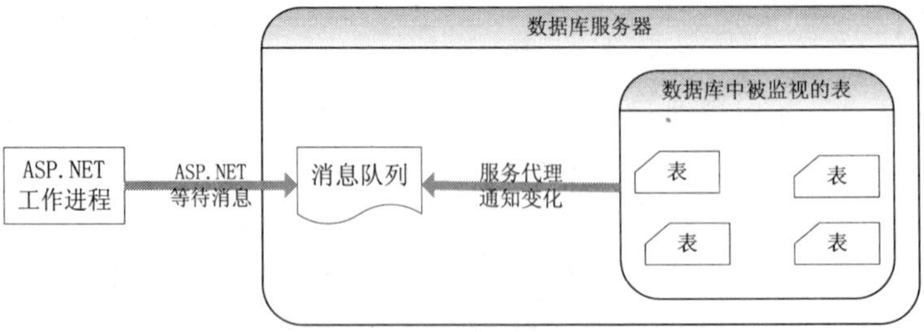

图 20.4 在 SQL Server 中监视表的变化

为了启用 SQL 缓存依赖，需要进行以下一些配置工作。

1. 启用通知

在 SQL Server 2005 或 SQL Server 2008 的项目数据库中添加“ENABLE_BROKER”标记。

以下 SQL 语句为 Demo 数据添加了此标记：

```
USE Demo;                                   --使用 Demo 数据库
go
ALTER DATABASE DEMO SET ENABLE_BROKER  --添加 ENABLE_BROKER 标记
GO
```

通知可以和查询语句或存储过程一起使用，但是使用的 SQL 语句必须遵循以下一些规范：

➢ 必须使用表的完全限定名，即使用如下格式的表名：

```
[所有者].表名
```

➢ 在查询语句中不得使用聚合函数。

➢ 不能通过“*”通配符来选择所有列，必须使用列选择列表来查询数据库中的数据。

2. 创建缓存依赖

创建 SQL 缓存依赖相对较为简单，只需要使用 SqlCacheDependency 类来指定缓存依赖类型即可。特别需要注意的是，该类是与 ADO.NET 技术紧密结合的，必须使用如下代码中的缓存方式来缓存查询得到的数据：

```
protected void BindGridView()
{
    SqlConnection con = new SqlConnection("server=.;uid=sa;pwd=123;database=Demo");
    SqlCommand com = con.CreateCommand();
    //必须使用符合规范的 SQL 语句来获取需要 SQL 数据库缓存依赖的数据
    com.CommandText = "SELECT BookID,BookName,Price,Author FROM Books";
    SqlDataAdapter adpt = new SqlDataAdapter();
    adpt.SelectCommand = com;
    DataSet ds = new DataSet();
    adpt.Fill(ds);
    //传入 Command 对象指定 SQL 缓存依赖
    SqlCacheDependency dependency = new SqlCacheDependency(com);
    Cache.Insert("Books",ds,dependency); //使用 SQL 缓存依赖项来添加缓存数据
}
```

以上代码使用了符合规范的 SQL 语句来查询数据库。如果这些语句不合乎规范，查询出的数据将无法以 SQL 缓存依赖的方式进行缓存处理。SqlCacheDependency 对象是由 SqlCommand 对象实例化的，也无法缓存指定它们查询出的数据。

缓存后的数据仍无法被 ASP.NET 监听 SQL 依赖消息，这时还需初始化 Web 服务器端的 SQL 依赖监听服务。该服务需在全局应用程序类的 Application_Start()方法中开启，在 Application_End()方法中关闭，代码如下：

```
void Application_Start(object sender, EventArgs e)
{
    //开启 Web 服务器端的 SQL 依赖监听服务
System.Data.SqlClient.SqlDependency.Start("server=.;uid=sa;pwd=123;database=Demo");
}
void Application_End(object sender, EventArgs e)
{
    //关闭 Web 服务器端的 SQL 依赖监听服务
System.Data.SqlClient.SqlDependency.Stop("server=.;uid=sa;pwd=123;database=Demo");
}
```

> **注意**：开启或关闭 Web 服务器端的 SQL 依赖监听服务时，必须传入连接到 SQL 依赖数据库的连接字符串。

20.5 自定义缓存依赖

ASP.NET 中提供了 CacheDependency 类来实现自定义缓存依赖。开发人员可以通过继承该类来实现自定缓存依赖，实现时需要启动异步线程来检查依赖项目是否发生变化。当此项目发生变化时，则需调用 CacheDependency 类的 NotifyDependencyChanged()方法移除缓存项。本节将演示如何创建自定义缓存依赖。

20.5.1 一个基本的自定义缓存依赖

创建自定义缓存依赖项的实现思路如下：

- 使用计时器定时，检查资源是否发生了改变。
- 开启独立线程检测资源状态，在检查期间使线程休眠，从而提高程序执行效率。
- 使用事件机制来通知资源的变更状态。

本节将实现一个基本的自定义缓存依赖，其操作步骤如下。

（1）创建 CacheDependency 类的派生类，并声明计时器等成员变量。派生类代码如下：

```
public class MyCacheDependency : System.Web.Caching.CacheDependency
{
    private Timer timer;                //声明计时器对象
    private const int TIMESPAN = 5000;//声明计时器检测资源的时间间隔
    public MyCacheDependency()
    {
        //实例化计时器
        timer = new Timer(new TimerCallback(this.CheckChanged), this, 0, TIMESPAN);
    }
}
```

（2）MyCacheDependency 类中定义了计时器对象，并在类的构造函数中将其实例化，同时还不断回调 MyCacheDependency 对象的 CheckChanged()方法来检测资源的变化状态，该方法的代码如下：

```
private void CheckChanged(object sender)
{
    checkedCount++;                                    //检测次数自增
    if (checkedCount >= 4)                             //如果已检测 4 次
    {
        base.NotifyDependencyChanged(sender,EventArgs.Empty); //通知缓存项过期
        timer.Dispose();                               //停止计时器
    }
}
```

以上代码中的 CheckChanged()方法将会被计时器不断回调，当回调 4 次后，此方法会调用 CacheDependency 类的 NotifyDependencyChanged()方法来通知 ASP.NET 清理缓存项，并停止计时器。

20.5.2 使用消息队列的自定义缓存依赖

消息队列服务可以使开发人员迅速得知缓存依赖项是否被修改、驱动缓存是否失效。实际开发中会经常使用消息队列的自定义缓存依赖，而且在分布式系统开发中使用消息队列可

以更好地使消息同步。

> **注意**：只有在 Windows XP、Windows 7、Windows Server 2008 中安装了消息队列服务才可使用消息队列。

创建消息队列的自定义缓存依赖时，首先需要引用 System.Messaging.dll，并导入 System.Messaging 命名空间，代码如下：

```
public class MessageQueueCacheDependency : CacheDependency
{
    private MessageQueue queue;                          //消息队列对象
    public MessageQueueCacheDependency()
    {
        queue = new MessageQueue("MyCacheMsgs");          //使用消息队列名称实例化队列
     WaitCallback callBack = new WaitCallback(this.WaitForMsg); //使用回调委托来接受消息
        ThreadPool.QueueUserWorkItem(callBack);
    }
    private void WaitForMsg(object state)
    {
        Message msg = queue.Receive();                    //接收消息
        base.NotifyDependencyChanged(this, EventArgs.Empty);    //通知缓存项失效
    }
}
```

以上代码的类实现了使用消息队列的自定义缓存依赖，它先声明了消息队列对象，然后接受队列消息，最后使缓存过期。

> **注意**：在实际开发中，会在接受消息后检测资源，然后根据资源的状态来判断是否使缓存失效。

20.6 异步页面

ASP.NET 提供了异步页面，来进一步提高其运行效率。异步页面可以大大提高网站的伸缩性，尤其适合于那些包含大量查询数据的页面。它允许把一些耗时较大的操作转移到非页面处理线程的线程中进行处理，从而提高页面的运行效率。

IIS 中的 ASP.NET 会维持一个线程池，当有请求时，该线程池将提供一个空闲线程来处理这个页面请求，这个线程负责实例化页面、生成 HTML 教程、处理页面事件。如果请求过多而导致线程池无法提供空闲线程，它将这些未处理的请求放入一个队列中，若队列已满，ASP.NET 将报出 503 错误。

当采用异步页面时，页面中耗时较多的工作将由异步线程处理，并不占用线程池中的空闲线程。虽然异步页面并不比普通页面的速度快，但它提供了处理其他请求的功能，从而对整个站点的效率有很大的提升。本节将介绍异步页面的使用。

20.6.1 创建一个异步页面

实现异步页面需要按照以下步骤来完成。

1．使用 Page 指令将页面设置为异步页面

在页面的 Page 指令中，设定 Async 属性为 true，即声明页面为异步页面，代码如下：

```
<%@PageLanguage="C#" Async="true" AutoEventWireup="true" CodeFile="Default.aspx.cs"
Inherits="_Default" %>
```

当 Async 属性为 true 后，页面生成将不再实现 IHttpHandler 接口，转而实现 IHttpAsyncHandler 接口。

2．页面首次加载时调用 AddOnPreRenderCompleteAsync()方法

在页面首次加载时，调用页面的 AddOnPreRenderCompleteAsync()方法来实现异步代理，代码如下：

```
protected void Page_Load(object sender, EventArgs e)
{
    this.AddOnPreRenderCompleteAsync(new BeginEventHandler(BeginInvoke),
            new EndEventHandler(this.EndInvoke));
}
//异步处理开始时执行的回调方法
public IAsyncResult BeginInvoke( Object sender,EventArgs e,AsyncCallback cb,Object
extraData)
{
    return null;
}
//异步处理结束后回收资源停止异步线程的方法
public void EndInvoke(IAsyncResult ar)
{ }
```

在页面首次加载时调用 AddOnPreRenderCompleteAsync()方法，可以注册异步线程开启时的回调方法及其结束时的回调方法。当调用该方法时，页面会记录异步线程的代理方法，并继续执行正常的页面加载程序，直到页面调用 PreRender()方法为止。

如果在异步线程开始的代理方法中启动一个异步线程正确时，它将马上返回结果，并使 ASP.NET 继续处理其他请求。当异步线程开始的代理方法完成后，ASP.NET 将从线程池中获取一个新的线程，来执行线程结束方法，并呈现页面。异步页面的生命周期如图 20.5 所示。

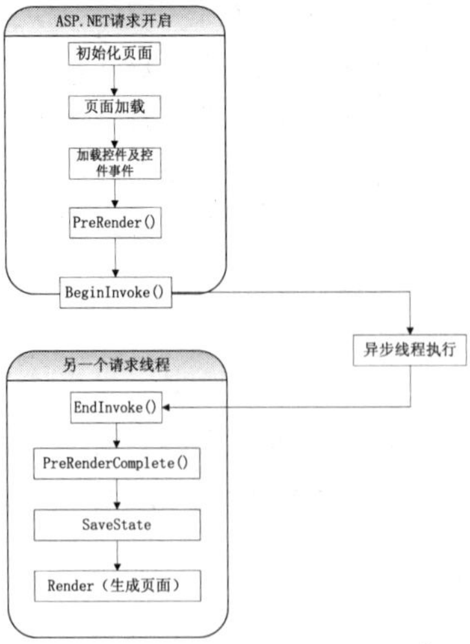

图 20.5　异步页面声明周期示意图

在实际开发中，开发人员会发现实现这个异步线程是非常困难的。因为 ASP.NET 安全模型的限制，很多线程模型无法在这里使用。所以在多数情况下，开发人员都需要使用.NET 内建的线程模型，比如使用文件流读取对象的 BeginReader()和 EndRead()方法来通知线程异步读取文件，或是在读取数据库数据时使用 DataReader 对象的内建线程模型来完成这个异步读取数据的任务，从而提高读取数据的效率。

20.6.2 在异步页面中查询数据

ASP.NET 构建异步页面时，很多线程模型无法使用。但是.NET 提供了多种线程模型来帮助开发人员完成这些异步处理的工作，比如 ADO.NET 就内建了很多可以异步处理的机制。以下这个异步页面就实现了异步的数据查询，代码如下：

```
public partial class _Default : System.Web.UI.Page
{
    private SqlConnection con;//声明 ADO.NET 数据操作对象
    private SqlCommand com;
    private SqlDataReader reader;
    protected void Page_Load(object sender, EventArgs e)
    {
        this.PreRender += new EventHandler(_Default_PreRender);
        this.AddOnPreRenderCompleteAsync(new BeginEventHandler(BeginInvoke),
              new EndEventHandler(this.EndInvoke));
    }
    public IAsyncResult BeginInvoke( Object sender,EventArgs e,AsyncCallback cb,Object
    extraData)
    {
        //实例化数据库连接和命令对象
        con = new SqlConnection("server=.;uid=sa;pwd=accp;database=Demo;");
        com = con.CreateCommand();
        com.CommandText = "SELECT * FROM Books";
        con.Open();                          //打开数据库连接（非异步）
        return com.BeginExecuteReader();     //异步读取数据
    }
    public void EndInvoke(IAsyncResult ar)
    {
        reader = com.ExecuteReader();        //异步查询完成后来读取数据
    }
}
```

该页面加载时启用了异步代理方法。当异步线程开启时，可以异步读取数据；当异步线程结束时，会接受所有的数据。为了将获取到的数据绑定到控件中，在异步页面中还需实现 PreRender 事件处理函数，代码如下：

```
protected void _Default_PreRender(object sender, EventArgs e)
{
    this.gdvBooks.DataSource = reader;  //异步数据读取完成后绑定数据
    this.gdvBooks.DataBind();
}
public override void Dispose()
{
    if (con != null)                    //关闭连接
        con.Close();
    base.Dispose();                     //释放页面
}
```

注意：PreRender 事件处理函数的绑定代码位于 Page_Load 事件处理函数中。

以上代码还复写了页面的 Dispose()方法，用于关闭连接和释放资源。由于异步页面的种种限制，所有的数据绑定工作都要由手动来完成，无法借助任何控件。但它也很好地提高了站点的运行效率和伸缩性。

20.6.3 处理错误

上节展示了一个最基本的异步读取数据的异步页面。但是这个页面并不完善，还需要解决页面中的错误处理，方可发布运行。在异步页面的声明周期中，一旦线程开启代理方法被执行，就意味着异步线程已被开启。当它被执行后，ASP.NET 需要开发人员返回一个 IAsyncResult 接口对象。如果在线程开启代理方法中出现了异常，该方法将返回一个空引用，从而导致页面错误无法运行。

为了解决这个问题，开发人员必须提供一个实现 IAsyncResult 接口的自定义类来记录错误，并返回结果。以下代码中的类就实现了该接口，并可以记录错误。

```
public class CompleteSyncResult : IAsyncResult
{
     public CompleteSyncResult(Exception ex, AsyncCallback callBack,object asyncState)
     {
        state = asyncState;
        this.Exception = ex;
        if (callBack != null)                                  //判断是否存在回调事件
        {
           callBack(this);                                    //执行回调事件
        }
     }
    private object state;
    public object AsyncState                                  //异步状态
    {
       get { return state; }
    }
    public System.Threading.WaitHandle AsyncWaitHandle      //异步等待句柄
    {
       get { return null; }
    }
    public bool CompletedSynchronously                        //是否已结束异步处理
    {
       get { return true; }
    }
    public bool IsCompleted
    {
       get { return true; }
    }
    public Exception Exception                               // 接受异常的属性
    {
       get; set;
    }
}
```

当线程开启代理方法中出现了异常，可以不再处理，而直接返回该类的示例。修改页面中的 BeginInvoke()方法，添加异常处理，代码如下：

```
public IAsyncResult BeginInvoke(Object sender, EventArgs e, AsyncCallback cb, Object
extraData)
```

```
{
    //实例化数据库连接和命令对象
    con = new SqlConnection("server=.;uid=sa;pwd=accp;database=Demo;");
    com = con.CreateCommand();
    com.CommandText = "SELECT * FROM Books";
    try
    {
        con.Open();                          //打开数据库连接（非异步）
    }
    catch (Exception ex)
    {
        //返回自定义 IAsyncResult 接口对象
        return new CompleteSyncResult(ex, null, "出现异常");
    }
    return com.BeginExecuteReader();         //异步读取数据
}
public void EndInvoke(IAsyncResult ar)
{
//判断接受到的异步结果是否是自定义 IAsyncResult 接口对象
    if (ar is CompleteSyncResult)
    {
        Response.Write("出现异常");           //处理异常
        return;
    }
    try
    {
        reader = com.ExecuteReader();        //异步查询完成后来读取数据
    }
    catch
    {
        Response.Write("出现异常");          //处理异常
        return;
    }
}
```

首先 BeginInvoke()方法处理异常，将异常传到自定义的异步结果对象中，然后 EndInvoke()方法通过判断异步结果的类型来选择是执行异常处理还是读取数据。通过这种方式，开发人员可以迅速得知异步方法中的异常，并有效地进行处理。

20.6.4 在异步任务中使用缓存

上节介绍了如何使用自定义异步结果类来处理异步页面中的异常。在实际开发中，还可以通过该结果类来封装缓存项。以下代码实现了一个基本的异步结果类：

```
public class CompleteSyncResult : IAsyncResult
{
    public CompleteSyncResult(Exception ex,AsyncCallback callBack, object asyncState,
    DataTable table)
    {
        state = asyncState;
        this.Exception = ex;
        this.table = table;       //保存异步处理得到的数据
        if (callBack != null)      //判断是否存在回调事件
        {
            callBack(this);      //执行回调事件
        }
    }
```

```
    private object state;
    private DataTable table;
    public object AsyncState     //异步状态
    {
       get { return state; }
    }
    public DataTable CacheData  //缓存数据
    {
       get { return this.table; }
       set { this.table = value; }
    }
   …//省略代码请参见上节中的异步结果类
}
```

为了使用缓存，需要修改页面中的线程来开启代理方法，代码如下：

```
public IAsyncResult BeginInvoke(Object sender, EventArgs e, AsyncCallback cb, Object
extraData)
{
    if (Cache["Books"] != null)             //判断缓存中是否已存在数据
    {
       //已存在数据时直接返回自定义异步结果对象
       return new CompleteSyncResult(null, null,"缓存中已有数据
       ",(DataTable)Cache["Books"]);
    }
    …//省略代码请参见上节中的 BeginInvoke()方法
}
```

线程开启代理方法首先判断缓存中的数据是否存在，如果已存在，则返回包含数据的自定义异步结果对象，该对象会在线程结束代理方法中被处理。为了使用缓存中的数据，还需修改线程结束代理方法，代码如下：

```
public void EndInvoke(IAsyncResult ar)
{
    if (ar is CompleteSyncResult)          //判断接受到的异步结果
    {
       CompleteSyncResult csr = ar as CompleteSyncResult;
       if (csr.CacheData != null)          //判断异步数据是否已经获取
       {
          return;                     //获取后直接返回
       }
       Response.Write("出现异常");       //处理异常
       return;
    }
    try
    {
       reader = com.ExecuteReader();   //异步查询完成后来读取数据
       table = new DataTable();
       table.Load(reader);
       Cache.Insert("Books",table,null,   //将数据添加至缓存中
          DateTime.Now.AddMinutes(5),TimeSpan.Zero);
    }
    catch
    {
       Response.Write("出现异常");       //处理异常
       return;
```

```
        }
    }
```

线程结束方法根据接收的异步结果对象的类型来决定是使用缓存中的数据还是进行查询。通过本节中的方式，异步页面也可以很好地使用缓存中的数据，并更好地提高异步页面的运行效率。

20.6.5　多异步任务和超时特性

日常开发中经常会遇到需要同时处理多个异步任务的页面，比如股市 K 线图显示页面中，可能需要同时显示多支股票。股市显示页面中数据服务都较为庞大，导致读取数据的速率较低，所以需要进行多异步任务。ASP.NET 实现多异步页面非常简单，只需使用 AddOnPreRenderCompleteAsync()方法注册多个任务即可。特别需要注意的是，此方法注册多个任务时，这些任务将按照注册顺序来执行。还可以使用如下代码来创建多异步任务：

```
protected void Page_Load(object sender, EventArgs e)
{
    //实例化两个页面异步执行任务对象
    PageAsyncTask task1 = new PageAsyncTask(this.BeginInvoke1, this.EndInvoke1, null,
    null);
    PageAsyncTask task2 = new PageAsyncTask(this.BeginInvoke1, this.EndInvoke1, null,
    null);
    Page.RegisterAsyncTask(task1); //注册异步任务
    Page.RegisterAsyncTask(task2);
}
```

处理异步任务时，还需处理它超时引发的异常，以及设定超时时间。这个时间可以在 Page 指令中设置：

```
    <%@PageLanguage="C#"Async="true"AsyncTimeout="60" AutoEventWireup="true"
CodeFile="Default.aspx.cs" Inherits="_Default" %>
```

> **注意：**任一个异步任务超时都会影响所有的异步任务，不同的异步任务不可以设定为不同的超时时间。

Page 指令的 AsyncTimeout 属性设置为一整数，即设定了异步任务超时的时间。使用 PageAsyncTask 类注册异步任务时，可以设定超时处理方法，代码如下：

```
PageAsyncTask task1 = new PageAsyncTask(this.BeginInvoke,this.EndInvoke,this.TimeOut,
null);
```

超时方法的代码如下：

```
//处理异步任务超时的方法
protected void TimeOut(IAsyncResult ar)
{
    //释放异步任务占用的资源
}
```

> **注意：**因为任一异步任务超时将会影响所有的异步任务，所以异步超时处理函数可以与所有异步任务公用。

20.7 小结

本章详细讲解了 ASP.NET 缓存技术，该技术在使用数据源控件时尤为重要，它可以大大提高数据控件的效率。在实际开发中，还需要根据具体的上下文和运行环境来选择适合当前项目的缓存技术。本章还介绍了异步页面，它的使用略显烦琐，但是可以有效地提高站点的整体效率。希望读者通过对本章的学习能够开发出效率更高的站点和 Web 程序。

第21章 LINQ语言集成查询

LINQ 即语言集成查询，自.NET 3.5 集成了 LINQ 技术以来，在微软的努力下，该技术在.NET 4.0 中已经愈发成熟和实用了。它提供了灵活的语言内置的查询功能，让开发人员可以迅速完成集合中对象查询、数据库关系查询、XML 查询等一系列复杂的查询操作。本章将为读者展示 LINQ 技术的各个技术分支及其使用。

21.1 LINQ 基础

由于微软的大力推广，在很多新技术领域中，LINQ 技术已经逐渐取代了传统查询技术。本节讲述的都是它的基础知识，包含表达式、匿名委托、动态类型、扩展方法、表达式树等一些新技术。对本节知识的掌握将直接关系到读者对后续章节的学习，所以请读者一定要仔细理解本节讲解的知识点。

21.1.1 LINQ 简介

LINQ 是 Language Integrated Query 的缩写，它包含图 21.1 所示的几个技术分支。

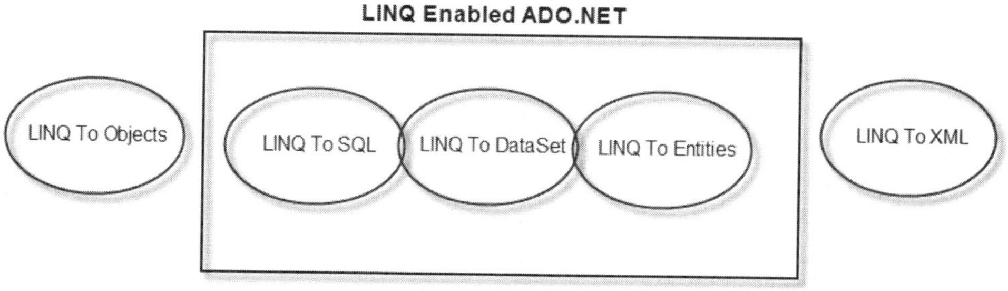

图 21.1 LINQ 技术结构图

由图 21.1 所示可以得知，LINQ 技术主要包含以下 3 种。

- LINQ To Objects：主要用于操作内存中的集合数据，比如查询集合中的数据对象。
- LINQ Enabled ADO.NET：主要针对关系型数据中的对象-关系模型的数据查询，目前只支持 SQL Server 数据库中的数据。它还包含 3 个技术分支，分别为 LINQ To SQL、LINQ To DataSet 和 LINQ To Entities。
- LINQ To XML：主要针对 XML 结构的数据查询，目前支持各种 XML 文档的解析和查询工作。

通过对以上技术的简介，读者会发现该技术已经渗透到日常开发的方方面面，其实现需要 CLR 提供多种技术支持，比如 Lambda 表达式、表达式树、匿名委托、动态类、扩展方法等。读者在学习此技术的同时，也将学习到.NET 中其他技术的最新成果。

21.1.2 LINQ 表达式简介

LINQ 技术包含多个技术分支，它们都使用 LINQ 表达式进行数据查询。该表达式即 LINQ 查询的基本形式，主要包含以下要素。

- 查询所使用的数据源：任何 LINQ 查询都需要定制一个确切的数据源。该数据源可以是任何实现了 IEnumerable<T>或 IQueryable<T>的集合，即在 LINQ 查询中数据源的具体结构与格式并不重要。比如 LINQ To DataSet 的查询表达式查询的数据源可能是 IEnumerable<DataRow>，而 LINQ To XML 的数据源可能是 IEnumerable<XElement>。
- 查询句法：可能包括对查询数据的描述或者查询数据的上下文。比如使用如下代码查询学员数据时，语句中指定了学员的性别。

```
var students=from stu in stuList
             where stu.Sex=='男'
             select stu;
```

> **注意**：var 关键字是动态类型变量声明符，有关它的知识请读者查阅 MSDN。

- 查询结果的格式：LINQ 可以动态指定查询结果的格式。上面的查询语句就指定了查询结果的格式为 stu 对象。

LINQ 查询表达式与其他表达式一样，只不过其格式类似于 SQL 或 XQuery 等查询句法。它可以在任何有效的 C#上下文中使用，并且具有一切表达式应有的特征，其表达形式必须以 from 子句开头，以 select 或 group 子句结尾。这些子句之间可以包含一个或多个可选的子句，比如 where、orderby、join、let，甚至附加的 from 子句，还可以使用 into 关键字，让 join 或 group 子句的结果能够充当同一查询表达式中附加查询子句的源。

> **注意**：LINQ 表达式可以被 Lambda 表达式所代替，关于它的相关知识将在后续章节中讲解。

比如使用如下 LINQ 查询表达式，可以查询出所有的男同学并按照年龄倒序排序：

```
var students=from stu in stuList
             where stu.Sex=='男'
             orderby stu.Age descending
             select stu;
```

以上代码包含了 LINQ 查询表达式的所有基本要素，并演示了基本查询句法。

21.1.3　基本查询语法

LINQ 查询表达式内置了多种查询运算关键字，比如 from、where、orderby 等。本节将为读者介绍这些关键字组成的基本查询语法。

上一节提到了组成 LINQ 表达式的 3 个部分，其中第 1 个部分需要指定其使用的数据源，通常使用 from 子句与 in 关键字指定数据源。在以下查询整型数组的代码中，使用了 from 子句指定 arr 数组作为数据源：

```
static void Main(string[] args)
{
    int[] arr = { 5,8,10,13,29,18};
    var nums = from n in arr
               where n % 2 == 0
               select n;        //查询所有偶数
    foreach (int n in nums)      //遍历查询结果
    {
        Console.Write("偶数：{0}\t",n);
    }
    Console.WriteLine();
}
```

任何 LINQ 查询表达式都必须以 from 子句开头。因为必须在指定数据源后才可能使用 where 等关键字进行数据操作。

注意：关于延迟执行的相关知识将在后续章节中讲解。

上述查询表达式中的 where 关键字用于对数组中的元素进行筛选。当调用 where 子句筛选数据时，实际上调用了数据源的扩展方法。也可以使用 Lambda 表达式来实现，代码如下：

```
var nums = arr.Where<int>(n => n % 2 == 0);//Lambda 表达式
```

where、orderby 等查询子句在 IEnumerable<T>或 IQueryable<T>中都有对应的扩展方法，这些方法完成了 LINQ 查询语句中的基本查询操作。比如修改以上的查询句法来实现对查询结果排序的功能，代码如下：

```
static void Main(string[] args)
{
    int[] arr = { 5,8,10,13,29,18};
    var nums = from n in arr
               where n % 2 == 0
               orderby n descending
               select n;        //查询所有偶数并倒序排序
    //var nums = arr.Where<int>(n => n % 2 == 0).OrderByDescending<int>(n=>n);
    foreach (int n in nums)      //遍历查询结果
    {
        Console.Write("偶数：{0}\t\t\t",n);
    }
    Console.WriteLine();
}
```

以上代码中的 LINQ 查询表达式查询出了所有偶数，并使结果集倒序排列，其中的 Lambda 表达式也完成了同样的工作。但是在实际开发中，由于 LINQ 查询表达式更为容易书写，所以开发人员更喜欢使用这种表达式。以上的查询代码首先执行 where 子句，得到筛选后的结果集，再执行 orderby 子句对查询出的结果集进行排序操作。其中的子句顺序也是开发人员需要注意的，它们的顺序可能会影响到查询的结果和效率，甚至会导致整个查询语句错误。

> **注意**：本节并没有讲解 LINQ 查询表达式获取结果集的相关知识，这些知识将在下一节中详细讲解。

21.1.4 投影新对象

当使用 LINQ 查询表达式查询结果时，可以使用对象初始化器和动态变量声明符来使查询结果投影为新的对象。具体如何实现，可以参照以下代码：

```
class Student
{
    public string Name { get; set; }
    public string Sex { get; set; }
    public int Age { get; set; }
}
class Program
{
    static void Main(string[] args)
    {
        //使用对象初始化器和集合初始化器来实例化学生列表
        List<Student> stuList = new List<Student>() {
            new Student(){Age=18,Name="莉莉",Sex="女"},
            new Student(){Age=17,Name="小明",Sex="男"},
            new Student(){Age=19,Name="小刚",Sex="男"},
        };
        //查询并投影新对象，使用动态类型变量声明符和对象初始化器
        var stus = from stu in stuList
                   where stu.Age > 18
                   select new { StuName = stu.Name, StuSex = stu.Sex };
        //遍历新对象集合，并输出新对象的属性
        foreach (var stu in stus)
        {
            Console.WriteLine("姓名: {0}\t 性别:{1}",stu.StuName,stu.StuSex);
        }
    }
}
```

在上述查询表达式中，需要特别注意的是以下部分：

```
…//select new { StuName = stu.Name, StuSex = stu.Sex };
```

以上代码的 select 子句使用对象初始化器获取了一个新的匿名类型，并通过集合初始化器将匿名类对象插入集合中。比如下面代码演示了如何获取特定类型的查询结果：

```
string[] arr = { "Beijing", "Shanghai", "Tianjin", "Chongqing" };
IEnumerable<string> strs = from s in arr
                           where s.Length > 7
                           select s; //获取对象集合
foreach (string s in strs)            //循环对象
    Console.WriteLine(s);
```

由于上述查询的 select 子句获取的就是字符串集合，所以在遍历集合时必须使用字符串

作为枚举类型。而投影新对象时，由于获取的是匿名类型对象集合，所以遍历集合时只能使用动态类型对象。当获取了新对象集合后，它只能在当前方法上下文中使用，故无法传递至其他方法中。

> **注意：**其他方法也可以获取动态类型集合，但是非常复杂，需要使用各种委托来完成动态类型的操作。一般情况下，匿名类型集合只适用于当前方法。

使用查询表达式将查询结果投影到新对象时，应尽量减少对匿名类型的引用和传递，这样可以更好地提高程序的运行效率。

21.1.5 延迟执行

一般情况下，LINQ 查询表达式由 3 部分组成，即数据源、查询操作和执行查询。比如在以下查询表达式中，数据源由 from 子句指定；查询操作包括 where 子句和 orderby 子句；而执行查询在 foreach 子句中执行：

```
static void Main(string[] args)
{
    string[] arr = { "Beijing", "Shanghai", "Tianjin", "Chongqing" };
    //查询语句
    IEnumerable<string> strs = from s in arr
                               where s.Length > 7
                               orderby s ascending
                               select s;
    //循环遍历查询结果
    foreach (string s in strs)
        Console.WriteLine(s);
}
```

执行 LINQ 表达式时存在一个重要的概念，即延迟执行。也就是说，LINQ 表达式仅仅指示了查询的数据源和查询操作，但是它并未被执行。而查询操作是在程序上下文获取查询结果时执行的。上述代码中查询表达式运行的先后顺序如图 21.2 所示。

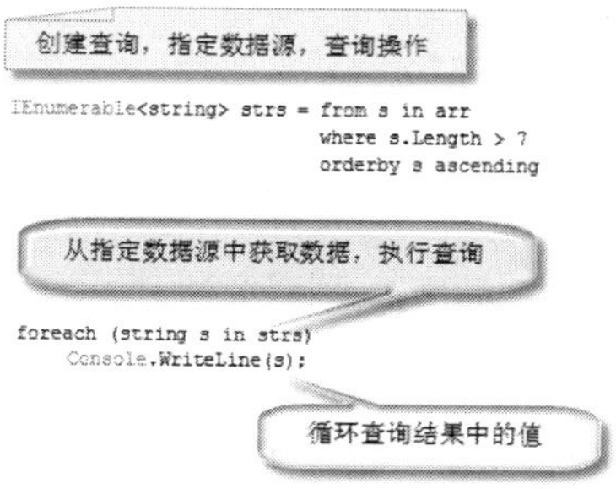

图 21.2 LINQ 查询表达式执行顺序效果图

21.1.6 筛选和排序

使用 LINQ 表达式查询数据时，经常需要对数据进行排序、筛选，比如使用 where 子句完成对数据的筛选、使用 orderby 子句完成对数据的排序。

当需要筛选数据时，可以使用以下格式的 LINQ 查询表达式：

```
from 查询变量  in  数据源
where 返回 bool 值的表达式
select 结果
```

如以下查询表达式筛选出了所有性别为“男”的学员：

```
//查询中筛选数据
var stus = from stu in stuList
           where stu.Sex=="男"
           select stu;
```

以上代码的 where 子句将获得一个条件表达式，用于过滤数据。该条件表达式最终构成了一个匿名委托，并把它传入数据源对象的 Where 扩展方法中来筛选集合中的元素。

当需要对数据排序时，可以使用 orderby 子句，并配合 ascending、descending 关键字进行升序、降序排列。比如以下查询实现了对查询结果的排序操作：

```
//查询筛选数据，并排序，默认排序方式为升序
var stus = from stu in stuList
           where stu.Sex == "男"
           orderby stu.Age
           select stu;
```

当使用 orderby 子句进行排序时，默认为升序，ascending 关键字可以省略。当需要降序时，可以使用如下代码：

```
//查询筛选数据，并排序，默认排序方式为升序
var stus = from stu in stuList
           where stu.Sex == "男"
           orderby stu.Age descending
           select stu;
```

> **注意：** 当 LINQ 查询表达式同时具有 where 子句和 orderby 子句时，首先执行 where 子句，然后才执行 orderby 子句。

使用 Lambda 表达式就能清晰地看出它们的执行顺序，代码如下：

```
var stus=stuList.Where(s=>s.Sex=="男").OrderByDescending(s=>s.Age);
```

通过 Lambda 表达式可以看到，数据源首先执行 Where 扩展方法，然后执行 OrderByDescending 扩展方法。由于 where 子句会调用数据源的 Where 扩展方法，orderby 子句会调用数据源的 OrderBy 或 OrderByDescending 扩展方法，所以将先执行 where 子句再执行 orderby 子句。

> **注意：** 虽然 Lambda 表达式可以首先执行 OrderBy 或 OrderByDescending 扩展方法，但是未经筛选的数据在 Where 扩展方法之前调用 OrderBy 或 OrderByDescending 扩展方法是不明智的。

21.1.7 分组和聚合

在日常开发中，经常需要完成数据的分组和聚合结果的查询。在 LINQ 查询表达式中，可以通过 groupby 子句进行数据分组，并使用各种关键字完成聚合查询，代码如下：

```
from 查询变量 in 数据源
group 查询变量 by 分组键值 into 分组集合
select 分组集合
```

比如以下代码完成了对学员按照性别分组的查询：

```
IEnumerable<IGrouping<string,Student>> grouping = from s in stuList
          group s by s.Sex into g
          select g;                                    //进行分组查询
foreach (IGrouping<string, Student> g in grouping)    //循环分组项
{
   Console.WriteLine("性比：{0}",g.Key);               //打印分组键
   foreach (Student s in g)                            //循环分组的值集合
   {
      Console.Write("姓名：{0}\t\t",s.Name);
   }
   Console.WriteLine("\n");
}
```

当使用 groupby 子句进行分组时，将获取一个 IGrouping<K,V>接口的对象，包含了分组前、分组后的值集合。当需要使用多键分组时，可以使用如下代码中相似的方式：

```
var grouping = from s in stuList
             group s by new { Sex = s.Sex, Teacher = s.Teacher } into g
             select new
             {
                 Sex = g.Key.Sex,
                 Teacher = g.Key.Teacher,
                 Stus = g
             };                                        //使用多列进行分组查询
foreach (var g in grouping)                            //循环分组项
{
   Console.WriteLine("性比：{0}\t\t老师：{1}", g.Sex,g.Teacher); //打印分组键
   foreach (Student s in g.Stus)                              //循环分组的值集合
   {
      Console.Write("\n姓名：{0}", s.Name);
   }
   Console.WriteLine("\n-----------------------\n\n");
}
```

> **注意**：groupby 子句还可以与 orderby 子句、where 子句配合使用，关于多子句联用的相关知识将在后续章节中讲解。

一般情况下，分组查询总会获取分组后的聚合统计结果，这些结果可以使用 LINQ 中预定义的一些扩展方法完成。下面的这个查询获取了按性别分组后的学员人数：

```
var grouping = from s in stuList
             group s by s.Sex into g
             //分组后获取聚合统计值
             select new { Sex = g.Key, Count = g.Count(), Stus = g };
foreach (var g in grouping)                                  //循环分组项
{
   Console.WriteLine("性比：{0}\t\t数量：{1}", g.Sex,g.Count); //打印分组键
   foreach (Student s in g.Stus)                              //循环分组的值集合
   {
      Console.Write("\n姓名：{0}", s.Name);
   }
```

```
    Console.WriteLine("\n----------------------\n\n");
}
```

注意：获取聚合统计结果的方式有很多种，一些较为复杂的方法将在后续章节中演示。

21.1.8 联合查询

在数据库应用中，联合查询是较为常见的功能，LINQ 也内置了进行联合查询的关键字 join。使用该关键字可以迅速构建联合查询，如下查询就完成了此功能：

```
var infos=from s in stuList
          join t in teacherList
          on s.Teacher equals t.Name
          select new
          {
              Subjet=t.Subject,
              TeacherName=t.Name,
              StuName=s.Name
          };                                                      //联合查询
foreach (var info in infos)
    //打印查询结果
    Console.WriteLine("{0}\t{1}\t{2}\t",info.Subjet,info.TeacherName,info.StuName);
```

以上查询使用了 join 子句连接两个数据源，并通过 on…equals 子句指定联合查询的条件来获取查询结果。一般情况下，多数联合查询都可以使用以上查询的方式来完成。LINQ 不具备外连接、内连接等查询的显示分类，它根据实际情况，生成小路最高的查询形式，来完成联合查询。

注意：LINQ 中的联合查询具有多种形式，但是本节中的多数示例使用了 LINQ To Objects 技术，所以无法一一展示这些联合查询的形式。后续章节将会讲解它们。

21.2 LINQ 表达式的语言基础

上一节简单介绍了 LINQ 技术及其表达式的一些基础知识，也多次提到了 Lambda 表达式。本节将讲解 LINQ 表达式的语言基础， 即 Lambda 表达式的相关知识，还贯穿了匿名委托的多种形式的讲解，以及通过它来揭示 Lambda 表达式的真实意义。

21.2.1 扩展方法

LINQ 查询表达式多次使用 where、groupby、orderby 子句进行查询操作，它的子句都会被数据源的扩展方法代替，.NET 3.5 提供了此方法，用于扩展类的功能。上节的查询代码多次使用 Lambda 表达式替换它，该表达式也多次使用了数据源扩展方法来完成查询。下面的示例就展示了一个典型的扩展方法：

```
class Student
{
    …//省略代码请参见代码光盘
}
static class StudentExtensions                          //在静态类中定义扩展方法
{
```

```
    public static void ShowInfo(this Student s)          //扩展方法
    {
        Console.WriteLine("姓名: {0}\t\t 性别:{1}\t\t 年龄: {2}\t\t", s.Name, s.Sex,
        s.Age);
    }
}
class Program
{
    static void Main(string[] args)
    {
        …//省略代码请参见代码光盘
        foreach (Student s in stuList)               //循环学员信息
            s.ShowInfo();                        //调用扩展方法
    }
}
```

上述示例的扩展方法具有以下几个特点：

➢ 一般情况下，扩展方法都被定义在静态类中，并且它和静态类都是公共的。

> **注意：** 私有的扩展方法和静态类都是没有意义的，这违反了基本的设计规则。

➢ 扩展方法的第一个参数指定了调用它的类型参数，该参数必须使用 this 关键字修饰。

➢ 虽然扩展方法是静态方法，但是它们都是由第一个类型参数指定的实例对象来调用。

21.2.2　Lambda 表达式

Lambda 表达式是 LINQ 查询表达式重要的组成部分，是一个典型的匿名函数。比如以下 Lambda 表达式与 Add()方法的执行结果完全一致：

```
static int Add(int x)                                          //匿名委托调用的方法
{
    return x+5;
}
static void Main(string[] args)
{
    Func<int, int> fun = x => x + 5;                          //使用 Lambda 表达式实例化泛型委托
    Console.WriteLine("泛型委托执行结果: {0}",fun(5));
    Console.WriteLine("方法执行结果: {0}", Add(5));
}
```

以上代码使用 Lambda 表达式实例化了泛型委托，并调用了该委托实例。众所周知，委托对象由与其自身名称一致的方法进行实例化，所以上述代码的行为就可以证实 Lambda 表达式是匿名方法。该表达式的一般格式如下：

```
参数=>表达式;
或
(参数列表)=>{语句…}
```

> **注意：** 当为 Lambda 表达式传入多个参数时，必须使用括号包裹它们。

比如一个执行减法的简单 Lambda 表达式如下：

```
(x,y)=>x-y;
```

如果需要完成一个较为复杂的功能，可以使用一个较为复杂的 Lambda 表达式，代码如下：

```
delegate void ShowInfo(string name, int age);//定义委托类
static void Main(string[] args)
{
    //使用复杂的 Lambda 表达式实例化委托对象
    ShowInfo s = (name, age) => { Console.WriteLine("姓名:{0};\t\t\t 年龄: {1};", name,
    age); };
}
```

由于 Lambda 表达式本质上是一个匿名方法，所以它可以使用任何 C#语句，但是一般情况下，不会添加过多的语句，主要为了保证其运行效率。Lambda 表达式是构建表达式树的重要部分，下一节将讲解表达式树的相关知识。

21.2.3 表达式树

表达式树以数据的形式来表示语言级别代码，数据被存储在树形结构中，每个表达式都是表达式树中的一个特定节点。任何一个简单的 Lambda 表达式都可以理解为一个简单的表达式树，图 21.3 所示展示了它们之间的对应关系。

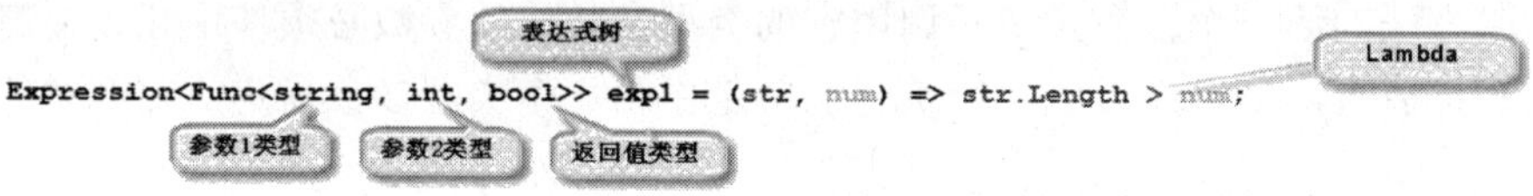

图 21.3　Lambda 表达式与表达式树中各部分对应关系

读者会发现，Lambda 表达式实际上就是一个典型的表达式树，图 21.4 所示展示了上述表达式树的各个分支表达式。

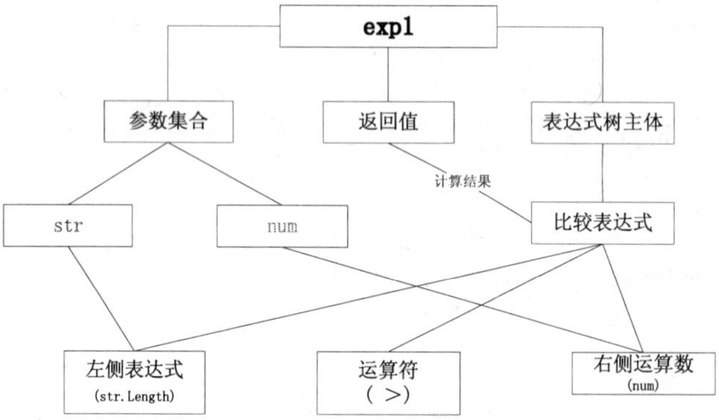

图 21.4　表达式树拆解示意图

通过图 21.4 所示可以清晰地看到，该表达式树具有 3 个部分，它们都是表达式树中一个特定的节点，也可以使用其他表达式作为其子节点。以下代码将一个简单的 Lambda 表达式树拆解为多个部分：

```
static void Main(string[] args)
{
    Expression<Func<int, bool>> exp1 = (num) => num > 5;
    //获取表达式树的第一个参数
    ParameterExpression par1 = (ParameterExpression)exp1.Parameters[0];
    Console.WriteLine("参数 1 的名称:{0}\t\t 类型:{1}",par1.Name,par1.Type);
   //获取表达式树主体部分
```

```
    BinaryExpression binExp = (BinaryExpression)exp1.Body;
    //获取表达式树主体部分表达式的左侧表达式
    ParameterExpression parLeft = (ParameterExpression)binExp.Left;
    //获取表达式树主体部分表达式的右侧表达式
    ConstantExpression right = (ConstantExpression)binExp.Right;
    //转义表达式树
    Console.WriteLine("显示表达式: {0}
    =>{1}\t{2}\t{3}",par1.Name,parLeft.Name,binExp.NodeType, right.Value);
}
```

以上代码将表达式树中的参数集合、表达式主体拆解为多个部分，并打印出了这些表达式的分支，运行效果如图 21.5 所示。

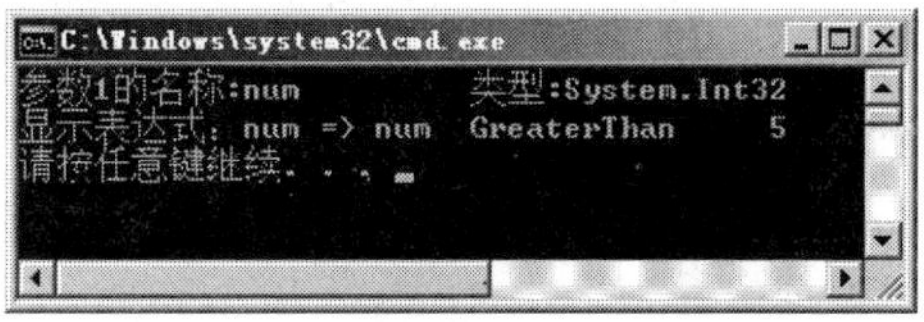

图 21.5　拆解表达式运行效果图

表达式树虽然可能非常复杂，但是可以通过它来检测当前 LINQ 查询表达式的执行效率，这对于学习 LINQ 本质是非常具有意义的。

21.3　LINQ To DataSet 操作内存表

DataSet 自.NET 技术流行以来，一直扮演着数据提供者这一重要的角色。它可以与表现层中的数据实现完美的数据绑定，可以在业务层中充当数据容器，还可以在数据层中快速提交更改。但一直以来，它只作为数据容器出现，这是由于其本身的查询功能较弱。.NET 3.5 出现之后，LINQ To DataSet 技术就赋予了 DataSet 对象强大的查询能力，本节将介绍此项技术。

21.3.1　LINQ To DataSet 简介

LINQ To DataSet 技术主要用于在 DataSet 的 DataTable 对象或 DataView 对象中构建快捷有效的查询，其查询具有以下几个特点：

- 不能查询空的 DataSet 对象，也就是说，该对象中必须被填充数据。
- DataTable 与 DataView 对象都没有实现 IEnumable<T>接口，所以在使用它们实现查询时，必须调用其 AsEnumerable()方法将它们转化为 LINQ 查询表达式所接受的数据源。
- LINQ To DataSet 技术最终查询是在 DataRow 对象或 DataRowView 对象上实现的，所以查询数据时与查询一般数据对象基本一致。
- 使用 LINQ To DataSet 技术时，需要导入 System.Data.Linq、System.Data.DataSetExtensions 两个 DLL。它们包含针对 DataSet、DataTable、DataView 对象的扩展方法，而该技术的实现主要基于这些扩展方法。

如以下代码使用 LINQ To DataSet 技术查询出了书籍价格高于 70 元的所有书籍：

```
static void Main(string[] args)
{
```

```
    DataSet ds = FillDataSet();
    var books = from b in ds.Tables["Books"].AsEnumerable()
                where  b.Field<Decimal>("Price") > 70
                select b;     //使用 LINQ To DataSet 技术查询书籍
    foreach (var b in books)  //循环显示查询出的书籍信息
    {
       Console.Write("{0}\t\t{1}\t\t{2}\n", b["BookName"], b["Author"],b["Price"]);
    }
}
static DataSet FillDataSet()
{
    …//省略代码请参见代码光盘
}
```

在以上的 LINQ To DataSet 查询中，首先将 DataTable 转换为实现了 IEnumerable<T>接口的数据源，然后构建了一个简单的 LINQ 查询表达式。该表达式中的查询建立在 DataRow 对象集合上，并调用此对象的 Field<T>()方法来获取当前行中特定列的值，该值可以完成数据查询、筛选操作。

当执行 LINQ To DataSet 查询时，不提倡使用 DataRow 对象的索引器直接获取特定列值。这是因为某些列的值为 null 会导致查询错误。笔者推荐使用 DataRow 对象的 Field<T>()方法来获取当前行中特定列的值，以完成数据查询。

21.3.2 连接查询

LINQ To DataSet 技术的实现主要基于 DataTable、DataView、DataRow 或 DataRowView 对象的扩展方法。当使用该技术查询多表数据时，需要将这些数据导入同一个 DataSet 中。比如以下代码实现了书籍表与出版商表的连接查询：

```
static void Main(string[] args)
{
    DataSet ds = FillDataSet();
    var books = from b in ds.Tables["Books"].AsEnumerable()
                join p in ds.Tables["Publishers"].AsEnumerable()
                on b.Field<int>("PubID") equals p.Field<int>("PubID")
                select new
                {
                    BookName = b.Field<string>("BookName"),
                    Price = b.Field<decimal>("Price"),
                    PublisherName = p.Field<string>("PubName")
                };                                     //多表查询
    foreach (var b in books)                           //显示结果
    {
        Console.WriteLine("书名: {0}\t\t 价格: {1}\t 出版社: {2}",b.BookName, b.Price,
        b.PublisherName);
    }
}
static DataSet FillDataSet()
{
    SqlConnection con = new SqlConnection("Data Source=.;Initial
    Catalog=Demo;Integrated Security=True");
    SqlCommand com = con.CreateCommand();
    //同时查询书籍表、出版商表中的数据
    com.CommandText = "SELECT * FROM Books;SELECT * FROM Publishers";
    SqlDataAdapter adpt = new SqlDataAdapter();
    adpt.SelectCommand = com;
    adpt.TableMappings.Add("Table", "Books");          //设定填充 DataSet 时的表映射结构
```

```
    adpt.TableMappings.Add("Table1", "Publishers");
    DataSet ds = new DataSet();
    adpt.Fill(ds);                                        //一次性填充多表数据
    return ds;
}
```

以上代码一次性向 DataSet 对象插入了两张表的数据，通过调用该对象的 AsEnumerable()方法，将数据表转换为数据源，还使用了 join 子句与 on 关键字来完成两张表的连接查询。

LINQ To DataSet 查询表达式一样遵循延迟执行机制。只有当读取结果时才会执行查询，从而提高了数据查询的效率。上例中的连接查询还可以使用 DataTable 对象的扩展方法完成，代码如下：

```
...//省略代码请参见代码光盘
var books = ds.Tables["Books"].AsEnumerable().Join(
                        ds.Tables["Publishers"].AsEnumerable(),
                        b => b.Field<int>("PubID"),
                        p => p.Field<int>("PubID"),
                        (b, p) => new
                        {
                            BookName = b.Field<string>("BookName"),
                            Price = b.Field<decimal>("Price"),
                            PublisherName = p.Field<string>("PubName")
                        });
```

当使用扩展方法时，就会构建复杂的表达式树，从而完成复杂的连接查询。使用 LINQ 查询表达式构建查询时，在 CLR 中该查询表达式都会被转义为表达式树来进行查询操作。

21.4 LINQ To SQL

在实际开发中，LINQ To SQL 是使用最多的技术，使开发人员迅速构建 ORM，并应用至实际开发中。它与新一代的 ORM 框架 ADO.NET Entity FrameWork 相辅相成，掌握了此技术就可以更好地理解 ORM 框架。本章将展示 LINQ To SQL 技术的强大之处。

21.4.1 数据实体类

LINQ To SQL 技术可以帮助开发人员迅速构建数据操作层，并完成数据到实体对象的映射。在构建数据操作层时，首先需要构建数据实体类，并建立它与数据表或视图间的映射关系。构建它们之间的映射关系需要使用表 21.1 所示的一些特性。

表 21.1 映射特性

特性名称	说　明
TableAttribute	标识当前实体类对应的数据表。具有 Name 属性，用于显示标识实体类对应的数据表名称，如果 Name 属性不被赋值，则认为当前实体类对应的数据表与实体类同名。TableAttribute 特性只能修饰实体类
ColumnAttribute	标识当前实体类属性对应的数据列名称及数据列约束。它只能修饰属性。其中，Name 属性用于标识当前属性对应的数据列名称，当 Name 属性未被赋值时，则认为属性对应的数据列名称与属性同名；CanBeNull 属性用于标识数据列是否允许为空； IsPrimaryKey 属性用于标识当前数据列是否为主键；DbType 属性，用于标识当前

> **注意**：使用 TableAttribute、ColumnAttribute 时，必须导入 System.Data.Linq.Mapping 命名空间。想要导入该命名空间，需要在项目中引入 System.Data.Linq.dll。

通过使用 TableAttribute、ColumnAttribute 特性，可以将数据表映射至数据实体类，比如以下代码展示了出版商信息表映射出的实体类：

```
//使用 Table Attribute 标识实体类 PublisherInfo 对应的数据表为 Publishers
[Table(Name="Publishers")]
public class PublisherInfo
{
    //使用 ColumnAttribute 标识 PubID 属性对应的数据列为 PubID，并且是主键列
    [Column(Name="PubID",IsPrimaryKey=true)]
    public int PubID { get; set; }
    //使用 ColumnAttribute 标识 PubID 属性对应的数据列为 PubName 并且不能为空，标识数据类型及大小
    [Column(CanBeNull=false,DbType="varchar(50)")]
    public string PubName { get; set; }
}
```

以上代码使用 Table Attribute 和 ColumnAttribute 两个特性标识了实体类对应的数据表及实体属性对应的数据列。使用它们时，还需要注意以下几个方面：

- 当使用 TableAttribute 特性标识实体类对应的数据表时，需要注意数据表名称中是否具有空格或是否使用了 T-SQL 关键字。如果出现特殊的数据表名称，需要使用“[”、“]”将其包裹后，再为该特性的 Name 属性赋值。
- 当为 ColumnAttribute 特性的 Name 属性赋值时，也需要注意数据表名称。在默认情况下，其 CanBeNull 属性为 true，就是认为实体属性对应的数据列允许为空。为某些实体属性添加此特性时，需要认真检查数据列是否为空；还需要检测实体属性的数据类型是否与数据列的数据类型对应。

System.Data.Linq.Mapping 命名空间还内置了很多其他的特性，用于映射表间关系、视图等数据库对象，这些特性将在后续章节中继续引入和讲解。

21.4.2 DataContext 类介绍

数据实体类只是数据载体，并不具有获取数据、操作数据的能力。为了帮助开发人员迅速构建 LINQ To SQL 数据操作层，.NET FrameWork 内置了 DataContext 类来封装各种数据操作。该类属于 System.Data.Linq 命名空间，提供了数据查询、数据导入实体类等多种操作方法，以下代码就演示了如何使用它来获取出版商信息：

```
protected void Page_Load(object sender, EventArgs e)
{
    //实例化 DataContext 对象
    DataContext context = new DataContext("Data Source=.;Initial
    Catalog=Demo;Integrated Security=True");
    //读取数据表中的数据
    IEnumerable<PublisherInfo> pubs = context.GetTable<PublisherInfo>();
    foreach (PublisherInfo pub in pubs)                    //循环打印出版商信息
    {
        Response.Write(string.Format("{0}   {1}<br/>", pub.PubID,
        pub.PubName));
    }
}
```

以上代码使用 DataContext 对象查询出了出版商信息，并输出到页面中，效果如图 21.6 所示。

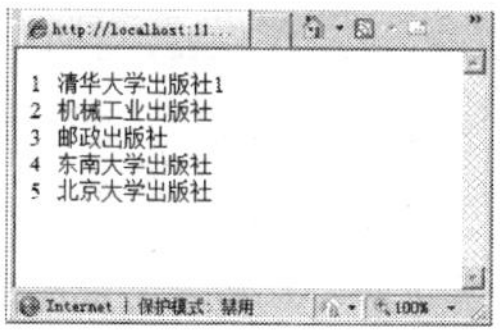

图 21.6　使用 DataContext 对象查询数据

DataContext 对象封装了将 LINQ 查询表达式转化为 SQL 语句的功能，但是直接使用它会非常烦琐，所以可以使用它的派生类来完成针对特定数据库的数据操作，其派生类的实现代码如下：

```
//DataContext 派生类用于完成对特定数据库的数据操作
public class DemoContext : DataContext
{
    //构造函数传入连接字符串或者连接
    public DemoContext(string connectionString) : base(connectionString)
    {
        this.books = this.GetTable<BookInfo>();
        this.pubs = this.GetTable<PublisherInfo>();
    }
    public DemoContext(IDbConnection con) : base(con)
    {
        this.books = this.GetTable<BookInfo>();
        this.pubs = this.GetTable<PublisherInfo>();
    }
    private Table<BookInfo> books;
    private Table<PublisherInfo> pubs;
    public Table<BookInfo> Books { get{return this.books;} }        //将表数据作为属性声明
    //将表数据作为属性声明
    public Table<PublisherInfo> Publishers { get { return this.pubs; } }
}
```

自定义的 DataConext 派生类可以完成数据查询、数据操作等功能，还可以实现使用日志功能，代码如下：

```
//构造函数传入连接字符串或者连接
public DemoContext(string connectionString) : base(connectionString)
{
    //获取日志文件路径
    string path = HttpContext.Current.Server.MapPath("LINQ_Log/log.txt");
    //获取文本文件流写入器（writer 为一公有变量）
    writer = new StreamWriter(path);
    this.Log = writer;                                          //设定日志写入器
    this.books = this.GetTable<BookInfo>();
    this.pubs = this.GetTable<PublisherInfo>();
}
public void RefreshLog()
{
    writer.Flush();
    writer.Close();                                         //关闭日志流
}
```

注意：当启用日志功能后，每次查询完成时必须关闭日志流，所以需要提供一个公有方法来实现刷新和关闭日志流的功能。

以上代码的构造函数指定了 DataContext 派生类对象的日志文件和日志形式。当调用该对象完成数据操作时，根据 LINQ 查询表达式生成的所有 SQL 语句都被记录在日志文件中。比如以下 LINQ 查询表达式就完成了对出版商信息的查询：

```
//实例化 DataContext 对象
DemoContext context = new DemoContext("Data Source=.;Initial Catalog=Demo;Integrated
Security=True");
//读取数据表中的数据
IEnumerable<PublisherInfo> pubs = from p in context.Publishers where p.PubID>3
select p;
foreach (PublisherInfo pub in pubs) //循环打印出版商信息
{
    Response.Write(string.Format("{0}   {1}<br/>", pub.PubID,
    pub.PubName));
}
context.RefreshLog();                    //写入日志
```

> **注意**：关闭日志文件的流写入器时，必须完成 LINQ 查询，就是在获取查询结果以后，才可以关闭它。LINQ 查询表达式是延迟执行的，所以只有在获取查询结果时，查询才会被执行。

在日志文件中将显示此次查询所使用的 SQL 语句，如下所示：

```
SELECT [t0].[PubID], [t0].[PubName]
FROM [Publishers] AS [t0]
WHERE [t0].[PubID] > @p0
-- @p0: Input Int (Size = -1; Prec = 0; Scale = 0) [3]
-- Context: SqlProvider(Sql2008) Model: AttributedMetaModel Build: 4.0.30319.1
```

21.4.3 LINQ To SQL 和数据库组件

上节讲解了如何使用 DataContext 类的日志功能，在日志文件中，读者已经看到了 LINQ To SQL 表达式生成的 SQL 语句。VS 2010 提供了自动生成该类的相关组件，并且可以使用设计器来设计复杂的 DataContext 派生类。本节将展示如何使用 VS 2010，来完成 LINQ To SQL 数据层的搭建，操作步骤如下。

（1）新建一个类库项目，添加一个 LINQ To SQL 类，将其命名为 Demo.dbml。设计器将呈现出空白的.dbml 文件，如图 21.7 所示。

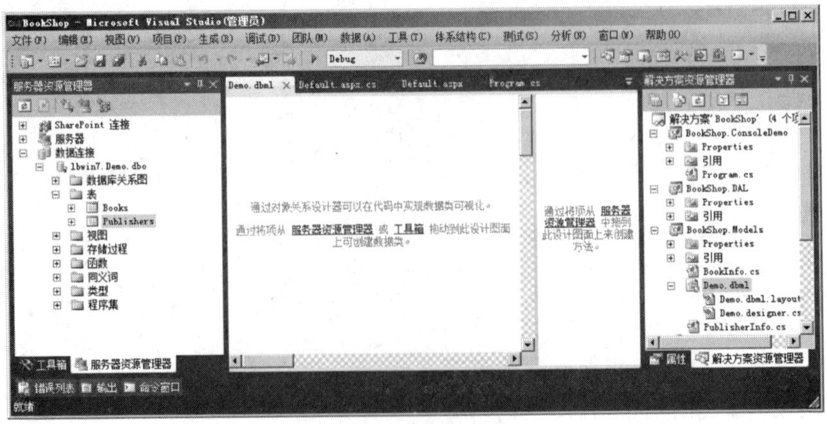

图 21.7　空白的.dbml 文件

（2）在服务器资源管理器中添加一个 Demo 数据库的连接，把表 Books 拖入 dbml 设计器中，效果如图 21.8 所示。

> **注意：** Demo 数据库存放在代码光盘中，本节将用它来演示 dbml 设计器的使用。

（3）将 Publishers 表拖入 dbml 设计器中后，会发现它自动完成了数据关系映射，效果如图 21.9 所示。

图 21.8　拖入 Books 表的 dbml 设计器

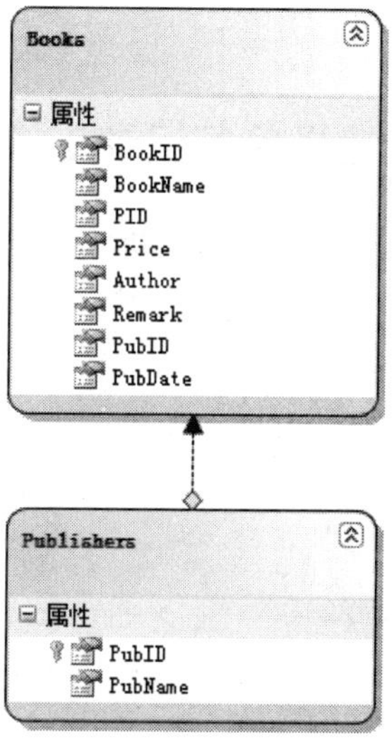

图 21.9　自动创建数据库关系映射的 dbml 设计器

在解决方案资源管理器中展开 Demo.dbml 文件，会发现 Demo.dbml.layout 文件和 Demo.designer.cs 文件两个子节点。其中 Demo.dbml.layout 文件是一个 XML 文件，用于描述数据库中表与数据实体类之间的映射关系，以及 DataContext 派生类的名称；Demo.designer.cs 文件包含 DemoDataContext 类（即 DataContext 派生类）、Books 类（Books 表对应的数据实体类）、Publishers 类（Publishers 表对应的数据实体类）。

（4）新建网站，在 Default.aspx 页面的 Page_Load 事件处理函数中调用 DemoDataContext 类查询出所有出版商，代码如下：

```
protected void Page_Load(object sender, EventArgs e)
{
    DemoDataContext context = new DemoDataContext();
    this.GridView1.DataSource = context.Publishers;
    this.GridView1.DataBind();
}
```

（5）运行该网站，发现所有出版商信息都被 GridView 控件呈现出来了，效果如图 21.10 所示。

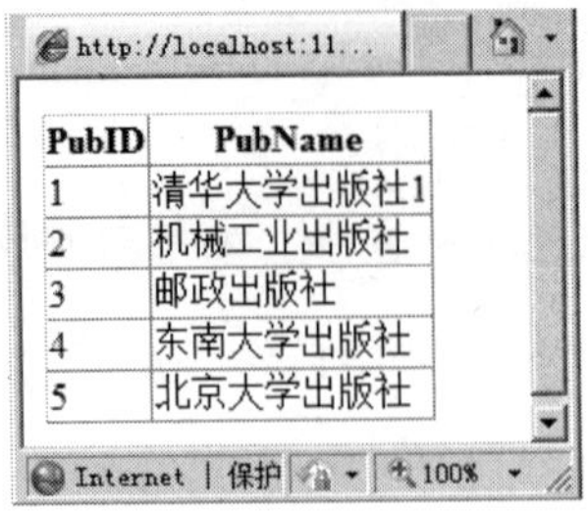

图 21.10　使用 DemoDataContext 类查询数据

21.4.4　选择单条记录或值

上节完成了 Demo.dbml 文件的生成，本节将展示使用该文件生成的 DemoDataContext 类来完成相关的查询。在上节示例中，网站显示了所有的出版商信息，现在使用此示例来实现更为复杂的数据查询功能，操作步骤如下。

（1）为 Default.aspx 页面中的 GridView 控件添加链接列，修改该控件的前台代码，如下所示：

```
<asp:GridView ID="GridView1" runat="server" AutoGenerateColumns="false">
    <Columns>
        <%--使用链接列完成 URL 传参功能，用于显示当前出版商出版的所有书籍信息--%>
        <asp:HyperLinkField HeaderText="出版商编号" DataTextField="PubID"
        DataNavigateUrlFields="PubID"
            DataNavigateUrlFormatString="PubBooks.aspx?PubID={0}" />
        <asp:BoundField DataField="PubName" HeaderText="出版商名称" />
    </Columns>
</asp:GridView>
```

（2）添加一个 PubBooks.aspx 页面，在该页面的 Page_Load 事件处理函数中实现查询出版商所有已出版书籍的功能，代码如下：

```
protected void Page_Load(object sender, EventArgs e)
{
    if (!this.IsPostBack)
    {
        if (!string.IsNullOrEmpty(Request.QueryString["PubID"]))
        {
      int pubID = int.Parse(Request.QueryString["PubID"]);   //获取 URL 参数，即出版商 ID
            DemoDataContext context=new DemoDataContext();  //实例化 DataContext 对象
            IEnumerable<Books> books = from b in context.Books
                                       where b.Publishers.PubID == pubID
                                       select b;             //查询出版商出版的所有书籍
            this.GridView1.DataSource = books;                  //数据绑定
            this.GridView1.DataBind();
        }
    }
}
```

以上代码根据出版商 ID 来查询出版商已出版书籍。需要注意的是，在查询书籍时，使用的书籍对象包含出版商对象的外键引用，这里的外键引用不再是一个简单的 ID，而是对应的实体类对象。

（3）查看 Demo.designer.cs 文件中 Books 类的相关代码，如下所示：

```
[global::System.Data.Linq.Mapping.TableAttribute(Name = "dbo.Books")]
public partial class Books : INotifyPropertyChanging, INotifyPropertyChanged
{
    ...//省略代码参见代码光盘
    private System.Nullable<int> _PubID;
    private EntityRef<Publishers> _Publishers;
    [global::System.Data.Linq.Mapping.ColumnAttribute(Storage = "_PubID", DbType =
    "Int")]
    public System.Nullable<int> PubID
    {
        get
        {
            return this._PubID;
        }
        set
        {
            if ((this._PubID != value))
            {
                if (this._Publishers.HasLoadedOrAssignedValue)
                {
            thrownewSystem.Data.Linq.ForeignKeyReferenceAlreadyHasValueException();
                }
                this.OnPubIDChanging(value);
                this.SendPropertyChanging();
                this._PubID = value;
                this.SendPropertyChanged("PubID");
                this.OnPubIDChanged();
            }
        }
    }
    [global::System.Data.Linq.Mapping.AssociationAttribute(Name="Publishers_Books",
    Storage = "_Publishers", ThisKey = "PubID", OtherKey = "PubID",IsForeignKey = true,
    DeleteRule = "CASCADE")]
    public Publishers Publishers
    {
        get
        {
            …//省略代码参见代码光盘
        }
        set
        {
            … //省略代码参见代码光盘
        }
    }
    }
    …//省略代码参见代码光盘
}
```

注意：此处为 VS 2010 自动生成的代码，故而没有任何注释。

Books 类具有两个非常特别的属性：一个为 PubID 属性，是 Books 表在其实体类上的列映射属性，该属性的类型为 Nullable<T>，说明此表对应的 PubID 属性可以为空，两表间存在弱关系；另一个为 Publishers 属性，是 Books 实体类当前对象引用的出版商实体对象，该属性对应的成员变量数据类型为 EntityRef<T>，即实体引用。

（4）运行该网站，检查一下查询结果，效果如图 21.11 所示。

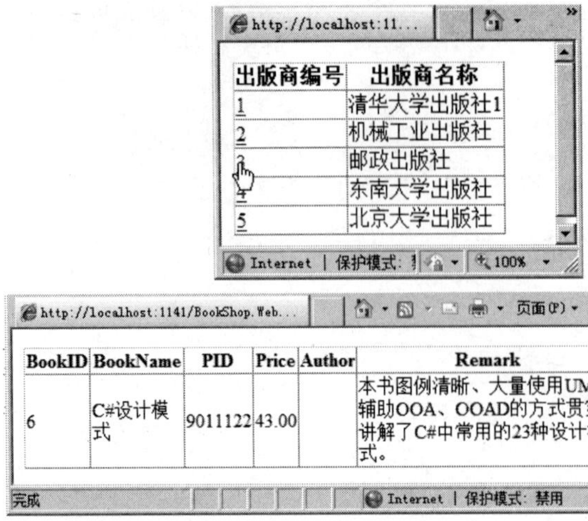

图 21.11　使用 DemoDataContext 完成外键查询

21.4.5　生成存储过程方法

在日常开发中，经常需要使用存储过程来完成较为复杂的数据操作或数据分页等功能。LINQ To SQL 内建了对它的支持。举例说明如何使用存储过程方法，操作步骤如下。

（1）在 Demo 数据库中创建一个简单的存储过程，其代码如下：

```
IF EXISTS(SELECT * FROM sys.objects where [Name]='P_slc_Book' AND [type]='P')
    DROP PROC P_slc_Book;
go
CREATE PROC P_slc_Book
    @BookID int
AS
BEGIN
    SELECT * FROM Books WHERE BookID=@BookID
END
GO
```

该存储过程具有一个输入参数，名为@BookID，它将传入需要查询的书籍 ID。

（2）打开 21.4.3 节新建的 Demo.dbml 文件，将服务器资源管理器中的存储过程拖入 dbml 设计器中，效果如图 21.12 所示。

图 21.12　拖入存储过程后的 dbml 设计器

（3）查看 Demo.designer.cs 中的 DemoContext 类的代码，如下所示：

```
[global::System.Data.Linq.Mapping.DatabaseAttribute(Name = "Demo")]
public partial class DemoDataContext : System.Data.Linq.DataContext
{
    …//省略代码请参见代码光盘
    [global::System.Data.Linq.Mapping.FunctionAttribute(Name = "dbo.P_slc_Book")]
publicISingleResult<P_slc_BookResult>P_slc_Book([global::System.Data.Linq.Mapping.
ParameterAttribute(Name = "BookID", DbType = "Int")] System.Nullable<int> bookID)
    {
IExecuteResultresult=this.ExecuteMethodCall(this,((MethodInfo)(MethodInfo.GetCurre
ntMethod())), bookID);
        return ((ISingleResult<P_slc_BookResult>)(result.ReturnValue));
    }
}
```

代码中的 DemoContext 类添加了一个新方法，该方法是存储过程在该类中的投影，它具有一个参数 bookID，是与存储过程相对应的输入参数。特别需要注意的是，该方法的返回值在 Demo.designer.cs 中生成了一个封装类，用于封装存储过程返回的查询结果，该类代码如下：

```
public partial class P_slc_BookResult
{
    …//省略代码请参见代码光盘
}
```

（4）新建一个书籍查询页面，用来调用该存储过程的映射方法，代码如下：

```
protected void btnSelect_Click(object sender, EventArgs e)
{
    DemoDataContext context=new DemoDataContext();          //实例化 DataContext 对象
    //调用存储过程映射方法
   IEnumerable<P_slc_BookResult> results = context.P_slc_Book(int.Parse(txtID.Text));
    this.gdvBooks.DataSource = results;                     //数据绑定
    this.gdvBooks.DataBind();
}
```

（5）运行该网站，检查存储过程调用结果，效果如图 21.13 所示。

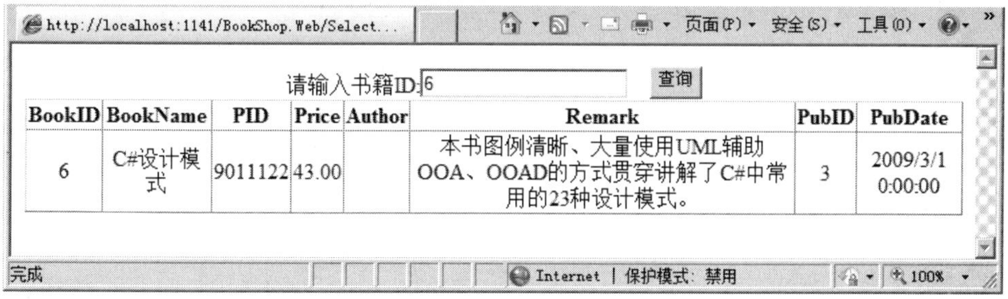

图 21.13　调用存储过程效果图

21.4.6　预加载关系数据

在实际开发中，经常需要处理各种关系数据。当开发人员未优化查询效率时，该效率可能会较低。比如现在需要显示出版商出版的所有书籍，查询格式如下：

```
protected void Page_Load(object sender, EventArgs e)
{
    DemoDataContext context=new DemoDataContext();
```

```
    var pubs = from p in context.Publishers
            select p;           //实例化 DataContext 对象，并查询所有出版商信息
    foreach (Publishers p in pubs)
    {
        //显示出版商信息
        Response.Write(string.Format("<br/><b>{0}  {1}</b><br/>", p.PubID,
        p.PubName));
        this.ShowBooks(p.Books);       //显示出版商所有的书籍
    }
    context.FlushLog();             //刷新 SQL 日志
}
protected void ShowBooks(EntitySet<Books> books)
{
    foreach (Books b in books)       //显示书籍信息
    {
Response.Write(string.Format("<br/>{0}  {1}  ",b.BookName,b.Au
thor, b.Price));
    }
}
```

运行以上代码，检查 DataContext 对象的日志文件，发现 LINQ To SQL 生成的 SQL 语句如下：

```
SELECT [t0].[PubID], [t0].[PubName]
FROM [dbo].[Publishers] AS [t0]
-- Context: SqlProvider(Sql2008) Model: AttributedMetaModel Build: 4.0.30319.1
SELECT[t0].[BookID],[t0].[BookName],[t0].[PID],[t0].[Price], [t0].[Author],
[t0].[Remark], [t0].[PubID], [t0].[PubDate]
FROM [dbo].[Books] AS [t0]
WHERE [t0].[PubID] = @p0
-- @p0: Input Int (Size = -1; Prec = 0; Scale = 0) [1]
-- Context: SqlProvider(Sql2008) Model: AttributedMetaModel Build: 4.0.30319.1
SELECT[t0].[BookID],[t0].[BookName],[t0].[PID],[t0].[Price], [t0].[Author],
[t0].[Remark], [t0].[PubID], [t0].[PubDate]
FROM [dbo].[Books] AS [t0]
WHERE [t0].[PubID] = @p0
-- @p0: Input Int (Size = -1; Prec = 0; Scale = 0) [2]
-- Context: SqlProvider(Sql2008) Model: AttributedMetaModel Build: 4.0.30319.1
…//省略代码请参见代码光盘
```

日志的 SQL 语句首先查询出所有的出版商信息，然后再查询出每个出版商出版的书籍，这样效率非常低。很多时候，开发人员需要一次性将主外键关联表中的数据查询出来。为了解决此类问题，LINQ To SQL 提供了数据加载模式的调整机制，可以通过修改此模式来提高 SQL 语句的查询效率。

比如需要直接加载所有出版商的相关信息，可以修改数据加载模式，代码如下：

```
protected void Page_Load(object sender, EventArgs e)
{
    //实例化 DataContext 对象，并查询所有出版商信息
    DemoDataContext context=new DemoDataContext();
    DataLoadOptions option = new DataLoadOptions();       //调整数据加载模式
    //修改数据加载模式为查询出版商时，直接加载出版商的出版书籍
    option.LoadWith<Publishers>(p=>p.Books);
    context.LoadOptions = option;
    …//省略代码请参见代码光盘
}
```

以上的代码为 DataContext 对象修改了数据加载模式，当该对象查询出版商信息时，就

可以直接加载所有的信息。代码中的 DataLoadOptions 对象即数据加载模式对象，它还可以添加数据筛选条件。

> **注意：** DataLoadOptions 对象只支持一个一对多关系的数据加载格式，但是支持多个多对一关系的加载模式。

运行以上代码，重新检查日志中的 SQL 语句：

```
SELECT[t0].[PubID],[t0].[PubName],[t1].[BookID],[t1].[BookName],[t1].[PID],[t1].[P
rice],[t1].[Author], [t1].[Remark], [t1].[PubID] AS [PubID2], [t1].[PubDate], (
    SELECT COUNT(*)
    FROM [dbo].[Books] AS [t2]
    WHERE [t2].[PubID] = [t0].[PubID]
    ) AS [value]
FROM [dbo].[Publishers] AS [t0]
LEFT OUTER JOIN [dbo].[Books] AS [t1] ON [t1].[PubID] = [t0].[PubID]
ORDER BY [t0].[PubID], [t1].[BookID]
-- Context: SqlProvider(Sql2008) Model: AttributedMetaModel Build: 4.0.30319.1
```

以上的 SQL 语句采用了左外连接的方式来完成一次性查询出版商信息与书籍信息的工作，从而查询效率得到了很高的优化。

> **注意：** 在数据量较少的情况下，一次性加载数据可以有效地提高数据查询效率，但当数据量较大时，会直接影响到数据库查询效率，所以在修改 DataContext 对象的数据加载模式时，需要慎重选择。

21.4.7　自引用关系

在数据库表关系中，有一种关系处理起来较为烦琐，即自引用关系。它包含一个一对多关系和一个多对一关系，故对象间的关系显得非常凌乱。而 LINQ To SQL 有效地解决了其难处理的问题，本节将展示解决多对一关系的细节。Demo 数据库具有 Categories 表，该表内建了自引用关系，其结构如表 21.2 所示。

表 21.2　Categories 表结构

列名	说明
CategoryID	主键列，自增列，类型 ID
CategoryName	类型名称，不允许为空
ParentID	外键列，引用 Categories 表的 CategoryID 作为外键。父级类别 ID

从表 21.2 中可以看出，Categories 表是一个典型的自引用关系表，它引用自身主键充当外键。通过视图可以很清楚地看出其自引用的关系，比如从服务器资源管理器中，将该表拖至 dbml 设计器中，效果如图 21.14 所示。

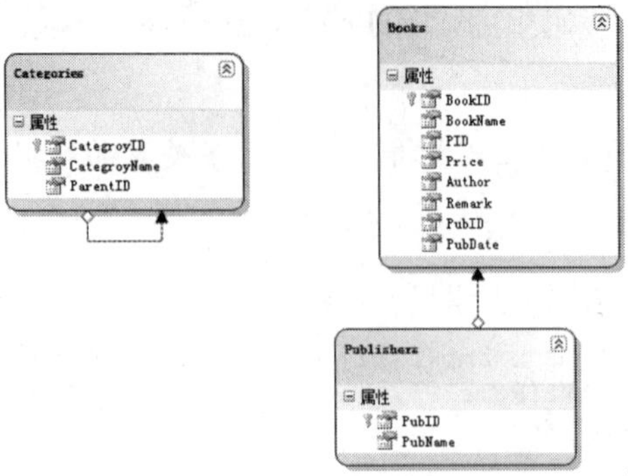

图 21.14　dbml 设计器中的自引用表

现在来查看 Demo.designer.cs 文件中生成的 Categories 数据实体类的代码，如下所示：

```
[global::System.Data.Linq.Mapping.TableAttribute(Name = "dbo.Categories")]
public partial class Categories : INotifyPropertyChanging, INotifyPropertyChanged
{
    private EntitySet<Categories> _Categories2;
    private EntityRef<Categories> _Categories1;
    …//省略代码参见代码光盘
    [global::System.Data.Linq.Mapping.ColumnAttribute(Storage = "_ParentID", DbType =
    "Int")]
    public System.Nullable<int> ParentID
    {
     …//省略代码参见代码光盘
    }
[global::System.Data.Linq.Mapping.AssociationAttribute(Name="Categories_Categories
",Storage = "_Categories2", ThisKey = "CategroyID", OtherKey = "ParentID")]
    public EntitySet<Categories> Categories2
    {
       …//省略代码参见代码光盘
    }
[global::System.Data.Linq.Mapping.AssociationAttribute(Name="Categories_Categories
",Storage= "_Categories1", ThisKey = "ParentID", OtherKey = "CategroyID", IsForeignKey
= true)]
    public Categories Categories1
    {
       …//省略代码参见代码光盘
    }
}
```

以上代码为 Categories 类添加了一个外键引用属性 Categories1，以及一个引用主键对象集合属性 Categories2。Categories1 属性构建了自引用关系中的多对一关系；Categories2 属性构建了自引用关系中的一对多关系。

构建了数据实体类后，使用 TreeView 控件来显示自引用表中的数据，其代码如下：

```
protected void LoadTree()
{
    TreeNode root = new TreeNode("书籍类别");
    DemoDataContext context=new DemoDataContext();
    var cates = from c in context.Categories
          where c.Categories1 == null
          select c;                              //查询所有级别最高的父级节点

    foreach (Categories c in cates)                      //循环添加父级节点
    {
```

```
            TreeNode node = new TreeNode(c.CategroyName);
            root.ChildNodes.Add(node);
            if (!AddNode(node,c))                           //递归添加子节点
                continue;
        }
        this.trvCategories.Nodes.Add(root);
        context.FlushLog();
    }
    protected bool AddNode(TreeNode node, Categories c)
    {
        if (c.Categories2.Count == 0)                       //判断当前类型是否具有子类型
        {
            return false;                                   //无子类型即返回
        }
        else
        {
            foreach (Categories subC in c.Categories2)      //循环所有子类型
            {
                TreeNode subNode = new TreeNode(subC.CategroyName);
                node.ChildNodes.Add(subNode);               //为当前类型节点添加子节点
                if (!AddNode(subNode, subC))                //递归调用添加子节点
                    continue;
            }
        }
        return true;
    }
```

以上代码通过递归算法，把自引用表中的数据添加到了 TreeView 控件中。以上查询并没有更改数据加载模式，这是因为该模式如果修改为一对多关系，将会导致查询成为死循环，所以没有更改它。运行网站，效果如图 21.15 所示。

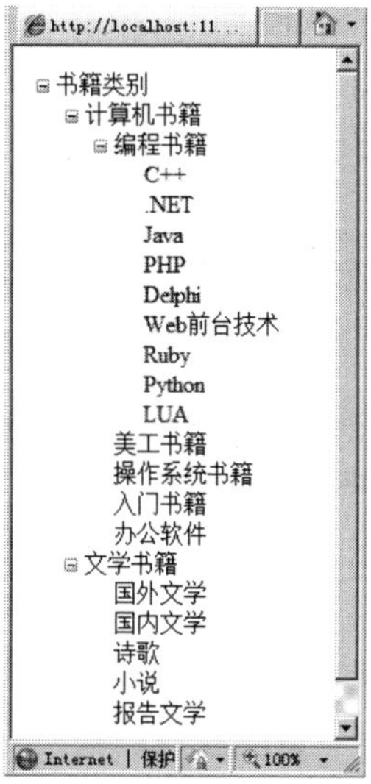

图 21.15　自引用关系的查询效果

自引用关系的查询结果会形成复杂的自嵌套效果。实际开发中需要慎重地处理这种关系，尽量不要调整数据加载模式，以避免 LINQ To SQL 处理数据库关系紊乱。

21.4.8 多对多关系

由于多对多关系的复杂性，所编写的查询 SQL 语句非常烦琐。在通常情况下，通过视图或存储辅助方式来完成对它的处理。LINQ To SQL 内建了强大的数据表关系处理机制，可以迅速地帮助开发人员来完成复杂的多对多数据查询操作。

在日常开发中，多对多关系一般需要 3 张表来构建。本节将构建书籍与书籍类型之间的多对多关系，在 Demo 数据库中添加了 Book_Category 表，来构建书籍表与书籍类型表的多对多关系，操作步骤如下。

（1）从服务器资源管理器中，把 Book_Category 表拖入 dbml 设计器中，效果如图 21.16 所示。

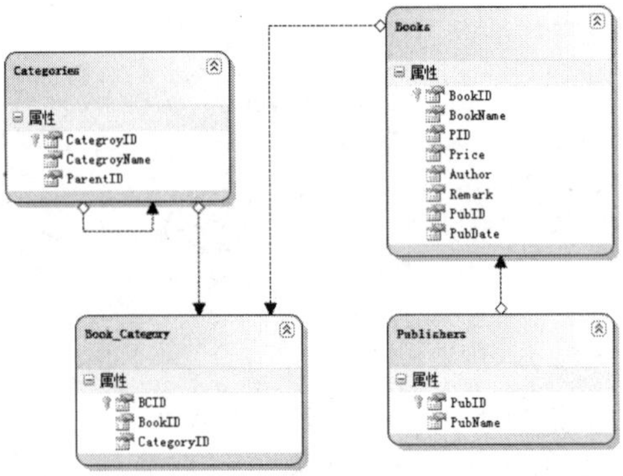

图 21.16　多对多关系在 dbml 设计器中的效果

（2）检查 Demo.designer.cs 文件中生成 Book_Category 数据实体类的相关代码，如下所示：

```
[global::System.Data.Linq.Mapping.TableAttribute(Name = "dbo.Book_Category")]
public partial class Book_Category : INotifyPropertyChanging, INotifyPropertyChanged
{
    …//省略代码请参见代码光盘
    private int _BCID;
    private System.Nullable<int> _BookID;
    private System.Nullable<int> _CategoryID;
    private EntityRef<Books> _Books;
    private EntityRef<Categories> _Categories;
[global::System.Data.Linq.Mapping.ColumnAttribute(Storage="_BCID",AutoSync=AutoSyn
c.OnInsert, DbType = "Int NOT NULL IDENTITY", IsPrimaryKey = true, IsDbGenerated = true)]
    public int BCID
    {
      …//省略代码请参见代码光盘
    }
    [global::System.Data.Linq.Mapping.ColumnAttribute(Storage = "_BookID", DbType =
    "Int")]
    public System.Nullable<int> BookID
    {
      …//省略代码请参见代码光盘
    }
    [global::System.Data.Linq.Mapping.ColumnAttribute(Storage = "_CategoryID", DbType
    = "Int")]
    public System.Nullable<int> CategoryID
    {
       …//省略代码请参见代码光盘
    }
```

```
    [global::System.Data.Linq.Mapping.AssociationAttribute(Name="Books_Book_Category",
    Storage= "_Books", ThisKey = "BookID", OtherKey = "BookID", IsForeignKey = true)]
        public Books Books
        {
            …//省略代码请参见代码光盘
        }
    [global::System.Data.Linq.Mapping.AssociationAttribute(Name="Categories_Book_Categ
    ory",Storage= "_Categories", ThisKey = "CategoryID", OtherKey = "CategroyID",
    IsForeignKey = true)]
        public Categories Categories
        {
            …//省略代码请参见代码光盘
        }
    }
```

Book_Category 数据实体类通过 Books、Categories 属性，构建了 Book_Category 表与 Books 表和 Categories 表的一对多关系。在这两个表中也添加了 Book_Category 集合属性，来构建多对一关系，最终构建了 Books 表与 Categories 表之间的多对多关系。

（3）使用 DemoDataContext 对象来完成一个简单的书籍类别显示功能。此项功能的实现需要多对多的查询，代码如下：

```
    protected void Page_Load(object sender, EventArgs e)
    {
        DemoDataContext context = new DemoDataContext();
        var books = from b in context.Books
                    where b.Book_Category.Count > 1
                    select new
                    {
                        书籍名称 = b.BookName, //使用子查询获取相关类别数据
                        类别 = (from c in
                                (from bc in b.Book_Category
                                select bc.Categories)
                                select c.CategroyName).ToArray<string>()
                    };                      //查询具有多个类别的书籍
        this.gdvBooks.DataSource = books;      //显示书籍及类别关系
        this.gdvBooks.DataBind();
        context.FlushLog();
    }
```

以上查询通过 Books 和 Categories 两个数据实体类与 Book_Category 数据实体类之间的一对多的关系，从而获取了书籍的类别信息。

注意：上述查询使用了子查询来完成相关功能。

（4）运行该网站，检查运行效果，如图 21.17 所示。

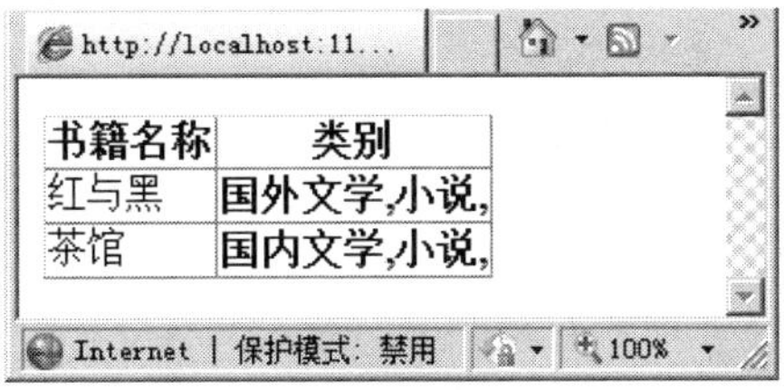

图 21.17　多对多关系查询

（5）检查日志文件中生成的 SQL 语句，如下所示：

```
SELECT [t0].[BookName] AS [书籍名称], [t2].[CategroyName], (
    SELECT COUNT(*)
    FROM [dbo].[Book_Category] AS [t4]
    LEFT OUTER JOIN [dbo].[Categories] AS [t5] ON [t5].[CategroyID] = [t4].[CategoryID]
    WHERE [t4].[BookID] = [t0].[BookID]
    ) AS [value]
FROM [dbo].[Books] AS [t0]
LEFT OUTER JOIN ([dbo].[Book_Category] AS [t1]
    LEFT OUTER JOIN [dbo].[Categories] AS [t2] ON [t2].[CategroyID] = [t1].[CategoryID])
    ON [t1].[BookID] = [t0].[BookID]
WHERE ((
    SELECT COUNT(*)
    FROM [dbo].[Book_Category] AS [t3]
    WHERE [t3].[BookID] = [t0].[BookID]
    )) > @p0
ORDER BY [t0].[BookID], [t1].[BCID], [t2].[CategroyID]
```

以上就是多对多查询中生成的 SQL 语句，它使用了多表左外连接来查询获取书籍及类别的信息。

> **注意**：一般情况下，可以在 DataContext 中添加自定义方法，来定义某些复杂查询，从而更好地提高查询效率。

21.4.9 数据操作

当利用 dbml 设计器生成 DataContext 派生类时，会自动生成数据操作的相关代码。本节将演示使用该类对象完成出版商的基本数据操作，操作步骤如下。

（1）新建网站，在 Default.aspx 页面中使用 DemoDataContext 类来查询出版商信息，代码如下：

```
protected void Page_Load(object sender, EventArgs e)
{
    if (!this.IsPostBack)
        this.BindGrid();
}
protected void BindGrid()
{
    //实例化 DataContext 对象，并查询数据绑定至 GridView 中
    DemoDataContext context = new DemoDataContext();
    this.gdvPublishers.DataSource = context.Publishers;
    this.gdvPublishers.DataBind();
    context.FlushLog();
}
```

（2）为页面中 GridView 控件添加 RowUpdating 事件处理函数，用于完成数据更新操作，代码如下：

```
protected void GridView1_RowUpdating(object sender, GridViewUpdateEventArgs e)
{
TextBoxtxtPubName=(TextBox)this.gdvPublishers.Rows[e.RowIndex].FindControl("txtPub
Name");
    DemoDataContext context = new DemoDataContext();            //实例化 DataContext 对象
    int pubID = int.Parse(this.gdvPublishers.DataKeys[e.RowIndex].Value.ToString());
    //获取需要被更新的出版商信息
    Publishers pub = context.Publishers.Single(p => p.PubID == pubID);
    pub.PubName = txtPubName.Text;                            //修改出版商名称
```

```
    context.SubmitChanges();                              //提交数据更改
    context.FlushLog();
    this.gdvPublishers.EditIndex = -1;
    this.BindGrid();
}
```

当更新数据时，只需修改实体类的属性值，该实体类对象的状态会被更新。当调用 DataContext 对象的 SubmitChanges()方法时，自动将数据更改提交至数据库中。以下是更新出版商信息时生成的 SQL 语句：

```
UPDATE [dbo].[Publishers]
SET [PubName] = @p2
WHERE ([PubID] = @p0) AND ([PubName] = @p1)
```

> **注意**：只有更新操作时，不需要显式地修改实体类对象状态。因为会修改该对象的属性。当修改其属性时，它的状态将被自动切换至更新状态。读者只需观察其中的相关属性代码，即可得知实体状态自动更改的原理。

（3）为页面中 GridView 控件添加 RowDeleting 事件处理函数，用于完成数据删除操作，代码如下：

```
protected void GridView1_RowDeleting(object sender, GridViewDeleteEventArgs e)
{
    DemoDataContext context = new DemoDataContext();          //实例化 DataContext 对象
    Publishers pub = context.Publishers.ElementAt(e.RowIndex);
    context.Publishers.DeleteOnSubmit(pub);                   //将实体对象置于删除状态
    context.SubmitChanges();                                  //提交数据更改
    context.FlushLog();
    this.BindGrid();
}
```

执行数据删除操作时，需要显式地调用 DataContext 对象中相关数据集合的 DeleteOnSubmit()方法，将实体对象的状态切换至删除状态，而后调用该对象的 SubmitChanges()方法才会将数据删除提交至数据库中。

（4）在“插入”按钮的单击事件处理函数中，添加如下代码，用于完成数据插入操作：

```
protected void btnInsert_Click(object sender, EventArgs e)
{
    Publishers pub = new Publishers();
    pub.PubName = this.txtPubName.Text;
    DemoDataContext context = new DemoDataContext();        //实例化 DataContext 对象
    context.Publishers.InsertOnSubmit(pub);                 //将实体对象置于插入状态
    context.SubmitChanges();                                //提交数据更改
    context.FlushLog();
    this.BindGrid();
}
```

执行数据插入操作时，需要显式地调用 DataContext 对象中相关数据集合的 InsertOnSubmit()方法，将实体对象的状态切换至插入状态，而后调用该对象的 SubmitChanges()方法，才会将数据删除提交至数据库中。

读者可以自行运行本节示例，来深入理解 DataContext 对象执行数据操作的原理。只有了解了 LINQ To SQL 的执行原理后，才可以时刻检查日志中生成的 SQL 语句，进而细致地了解其执行数据操作时的细节。

21.4.10 处理并发冲突

Web 开发中的并发冲突是数据库操作中无法避免的，由于一个程序可能同时被多人操作，所以它的发生频繁非常高。LINQ To SQL 提供了并发冲突的多种处理方式，可以帮助开发人员迅速完成它的处理。

并发冲突往往在多人同时处理同一条数据时发生，LINQ To SQL 使用 ColumnAttribute 来标注实体类中属性与数据列的对应关系。在默认情况下，所有实体属性都会进行更新检查，如果发生了并发冲突，将直接导致数据更新失败。某些时候，有些数据列的更新可以完全不考虑并发冲突，直接修改相关属性的 ColumnAttribute 特性就能关闭更新检查功能，修改后的代码如下：

```
ColumnAttribute(Name = "数据列名",DbType="VarChar(50)",UpdateCheck=UpdateCheck.Never)]
```

在某些情况下，对数据的更新操作，必须完成并发冲突的处理。如上节完成了对出版商信息的数据更新操作，本节将完成由该信息更新引发的并发冲突的处理。修改上节中的 RowUpdating 事件处理函数，完成并发冲突的处理，代码如下：

```
protected void GridView1_RowUpdating(object sender, GridViewUpdateEventArgs e)
{
    TextBox txtPubName =
(TextBox)this.gdvPublishers.Rows[e.RowIndex].FindControl("txtPubName");
    DemoDataContext context = new DemoDataContext();          //实例化 DataContext 对象
    int pubID = int.Parse(this.gdvPublishers.DataKeys[e.RowIndex].Value.ToString());
     //获取需要被更新的出版商信息
    Publishers pub = context.Publishers.Single(p => p.PubID == pubID);
    pub.PubName = txtPubName.Text;                           //修改出版商名称
    try
    {
        context.SubmitChanges();                             //提交数据更改
    }
    catch(ChangeConflictException ex)
    {
         //循环所有的数据更新项
        foreach (ObjectChangeConflict occ in context.ChangeConflicts)
        {
            //放弃当前更新，所有更新以最后一次更新为准
            occ.Resolve(RefreshMode.OverwriteCurrentValues);
        }
    }
    …//省略代码参见代码光盘
}
```

数据更新时，可以使用 try…catch 语句块捕获数据并发异常。在 catch 语句块中，循环 DataContext 对象所有的更新项，将当前更新项恢复到最后一次更新时的状态，并撤销当前对数据的所有更新操作。通过并发冲突的处理，可以有效地防止数据脏写，更好地维护了数据的完整性。

21.5　小结

本章对 LINQ 技术进行了深入讲解，并展示了其分支技术的特点。在实际开发中，读者可根据实际情况，灵活地选择 LINQ 技术分支，来实现复杂的数据操作。本章主要介绍了 LINQ To SQL 技术，还讲解了 DataContext 对象、数据实体类对象的构建方法，并演示了该对象实现数据查询、数据操作、处理并发冲突、处理数据关系等使用技巧。读者需要不断地演练本章中的相关实例，融会贯通这些技巧，才能更好地掌握 LINQ To SQL 技术的使用。

第六篇

ASP.NET 成员和角色管理

一个大型网站会提供很多功能，不同的用户可以有不同的权限，要了解你是不是本网站的用户，你有哪些功能，都需要通过数据库的查询来实现，你的用户名和个人信息也都是保存在数据库中的。本篇将学习如何管理 ASP.NET 程序中的成员和角色。本篇的内容主要有：

- 成员管理技术
- 自定义成员数据提供者
- 角色和授权

第22章 成员管理技术

在日常开发中，基本上所有的 Web 程序都需要提供用户登录、授权、管理等功能。ASP.NET 开发团队从开发社区中获得了用户管理方面的反馈，所以决定在 ASP.NET 2.0 版本中引入成员管理技术。该技术提供了一整套用户凭证管理 API，可以帮助开发人员建立完整的用户管理机制。本章将全方位地介绍这项技术。

22.1 ASP.NET 成员管理 API 简介

成员管理 API 为开发人员提供了一整套功能，主要包含以下内容：

- 通过编程接口或 ASP.NET 配置工具完成创建和删除用户的操作。
- 用户密码重置功能，并提供找回密码功能，甚至可以通过 IIS 中的邮件协议向用户发送新密码。
- 自动生成用户的密码，并可以通过 IIS 中的邮件协议向用户发送密码。
- 提供数据库操作方法，用于获取用户信息和用户列表等数据，可以完成用户登录统计等使用功能。
- 提供多种控件，用于实现用户注册、登录、修改密码、找回密码等功能。
- 提供一个抽象层，用于剥离 ASP.NET 程序与用户管理之间的关系，使开发人员完全不用关心用户管理的细节，更加专注于系统业务逻辑的实现。该抽象层保证了用户管理与应用程序间的低耦合，从而使用户管理机制容易迁移、维护、合并。

成员管理 API 结构如图 22.1 所示。

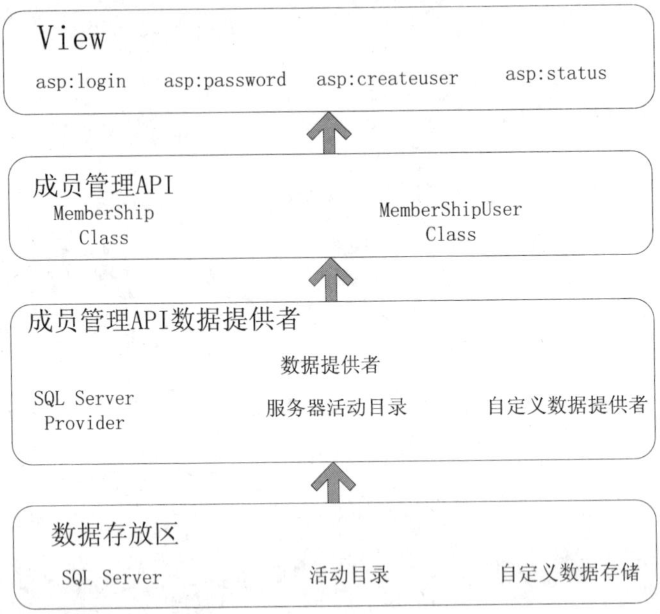

图 22.1　成员管理 API 程序层次图

成员管理 API 具有很大的灵活性，它提供了一套行之有效的凭证机制来验证用户，开发人员也可以构建自定义凭证。使用它时，可以使用多种数据提供程序，比如 SQL Server 数据库、服务器上的活动目录、自定义数据存储等方式。

22.2　使用成员管理 API

当启用成员管理 API 时，需要按照以下步骤启用：

（1）在 web.config 文件中配置表单验证，并禁止匿名用户访问站点。

（2）建立成员凭证、信息数据存储。比如在 SQL Server 数据库中新建数据库、数据表、存储过程存储，以及管理成员数据。

（3）使用网站的 Web 配置工具或自定义管理页面，在成员数据存储中新建用户。

（4）创建登录页面，用于验证用户登录凭证。

本节将介绍如何完成这些步骤，并演示一个简单的成员验证机制的实现。

22.2.1　配置表单身份验证

在默认情况下，ASP.NET 站点中的匿名用户允许访问站点根目录，并可以任意浏览该目录下所有资源。由于 ASP.NET 中配置文件是具有层次结构的，当前目录的所有访问规则都在其 web.config 文件中配置，所以为了保证子文件夹中的页面受到访问保护，需要为它添加 web.config 文件，用于防止匿名用户的访问。比如当前存在一个站点具有图 22.2 所示的文件结构，可以使用如下步骤来配置表单身份验证。

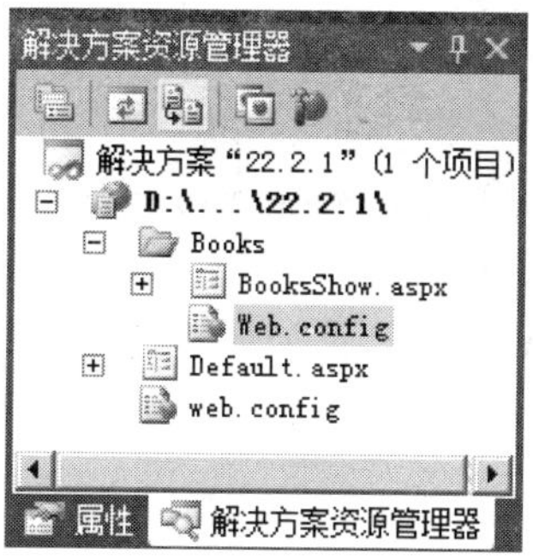

图 22.2　实例网站文件夹结构图

（1）在根目录下的 web.config 文件中添加以下内容：

```
<configuration>
    <system.web>
        <!--使用页面表单验证用户合法性-->
        <authentication mode="Forms" />
        ...//省略代码请参见代码光盘
    </system.web>
</configuration>
```

从以上代码可以看出，当前站点启用了页面表单验证来判断用户登录凭证的合法性，从而保证用户可以访问根目录下的页面，但是子文件夹中的页面却受到了保护。

（2）在子目录下添加 web.config 文件，并设置用户访问权限，禁止匿名用户对子文件夹中的页面进行访问，配置代码如下：

```
<configuration>
  <system.web>
      <authorization>
          <!--禁止匿名用户访问子文件夹中的页面-->
          <deny users="?" />
      </authorization>
  </system.web>
</configuration>
```

在根目录下所有的第一级子文件夹中，都需要添加该 web.config 文件，才可以有效地保护所有子文件夹中的页面。

22.2.2　创建成员管理数据存储

使用成员管理 API 时，需要创建与它相关的数据存储机制。ASP.NET 提供了大量的 SQL 语句，可以帮助开发人员构建成员管理所需的数据库、数据表、存储过程、视图，并且.NET FrameWork 也内置了一个工具，用于快速创建一个与数据库存储成员资格相关的数据。该工具名为“aspnet_resql.exe”，一般存放在如下路径中：

```
系统盘:\Windows\Microsoft.NET\Framework\v4.0.30319
```

> **注意**：.NET 3.5 并没有该工具，如果为它使用了 aspnet_regsql.exe，则需要在.NET 2.0 的文件夹中找到它。自.NET 4.0 后，成员管理 API 又添加了许多功能，包括提供此项工具。

如需使用 aspnet_regsql.exe 工具，以及创建成员资格数据库，可以按照以下步骤来添加它：

（1）在“开始→VS 2010”菜单下的“Visual Studio Tools”文件夹中打开“Visual Studio 命令提示(2010)”命令行工具，然后输入“aspnet_regsql.exe”命令，按【Enter】键，弹出“ASP.NET SQL Server 安装向导”窗口，如图 22.3 所示。

（2）在“ASP.NET SQL Server 安装向导”窗口中单击“下一步”按钮，弹出“选择安装选项”窗口，如图 22.4 所示。

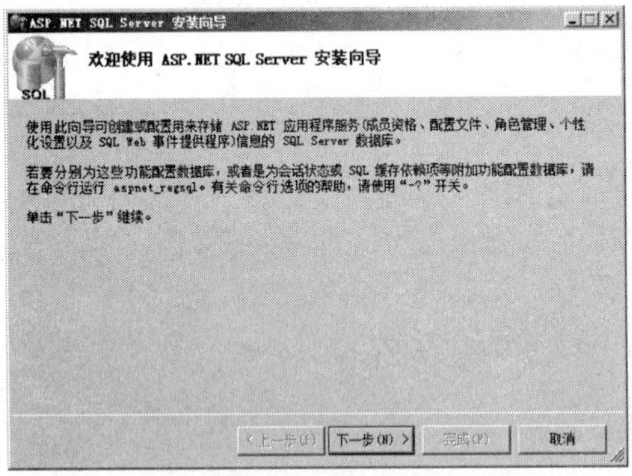

图 22.3 “ASP.NET SQL Server 安装向导”窗口

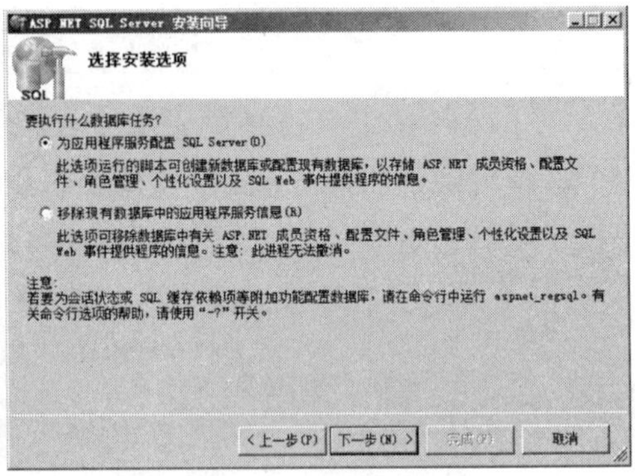

图 22.4 “选择安装选项”窗口

（3）选中“为应用程序配置 SQL Server”单选按钮，单击“下一步”按钮，弹出“选择服务器和数据库”窗口，如图 22.5 所示。

（4）在“服务器”文本框中输入数据库服务器登录信息，在“数据库”下拉列表框中选择“<默认>”选项，单击“下一步”按钮，弹出“请确认你的设置”窗口如图 22.6 所示。

（5）单击“下一步”按钮，弹出“数据库创建成功”窗口，单击“完成”按钮。

完成以上步骤，开发人员就在指定的数据库中创建了成员管理资格存储数据库。该数据库的默认名为 aspnetdb，它提供了大量的数据表、视图、存储过程，用于成员资格的管理。

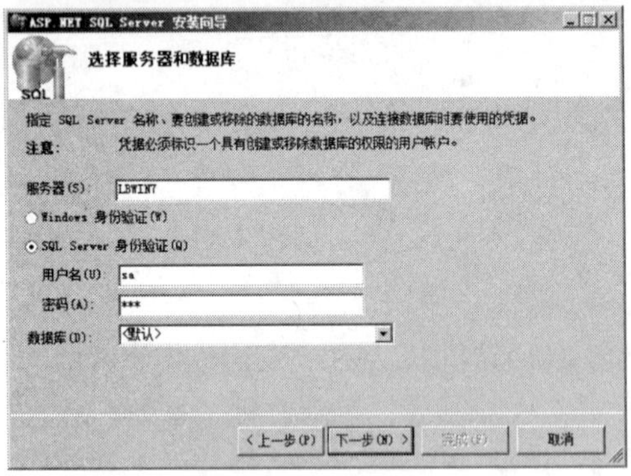

图 22.5 “选择服务器和数据库”窗口

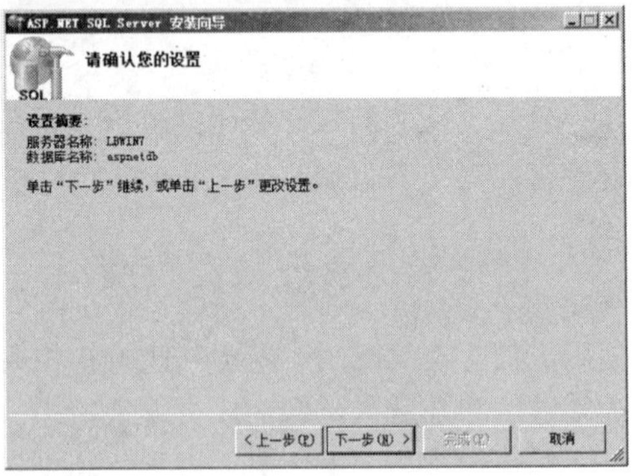

图 22.6 “请确认您的设置”窗口

22.2.3 配置 MembershipPrivder 和数据库连接

上节完成了成员资格数据库的构建工作，本节将实现站点中成员资格管理数据提供者和存储数据连接的配置，具体操作步骤如下：

（1）创建一个网站，在解决方案资源管理器中选中该网站项目，单击“ASP.NET 配置”

按钮,如图 22.7 所示。

（2）弹出 ASP.NET 网站管理工具页面，在其中选择“提供程序”选项卡，发现该页面已列出了当前站点中使用的成员资格管理数据提供程序，并提供了配置链接，效果如图 22.8 所示。

图 22.7　单击“ASP.NET 配置”按钮

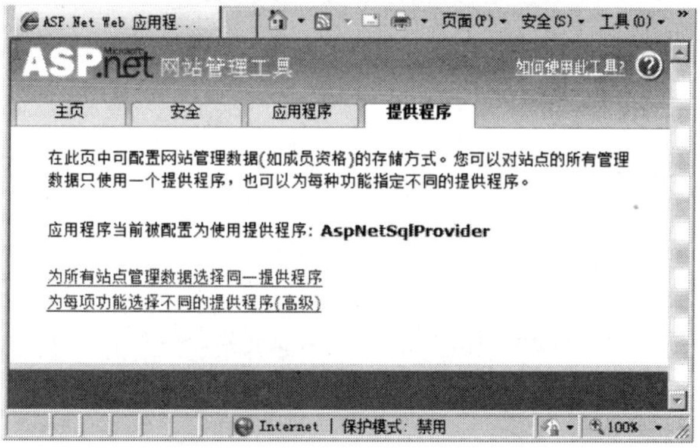

图 22.8　ASP.NET 网站管理工具成员资格管理提供程序页面

（3）在该页面中可以单击“为每项功能选择不同的提供程序（高级）”链接，来检查成员资格管理提供程序的配置是否成功，效果如图 22.9 所示。如果测试成功，则说明该网站已成功配置了该提供程序及其所使用的连接字符串。

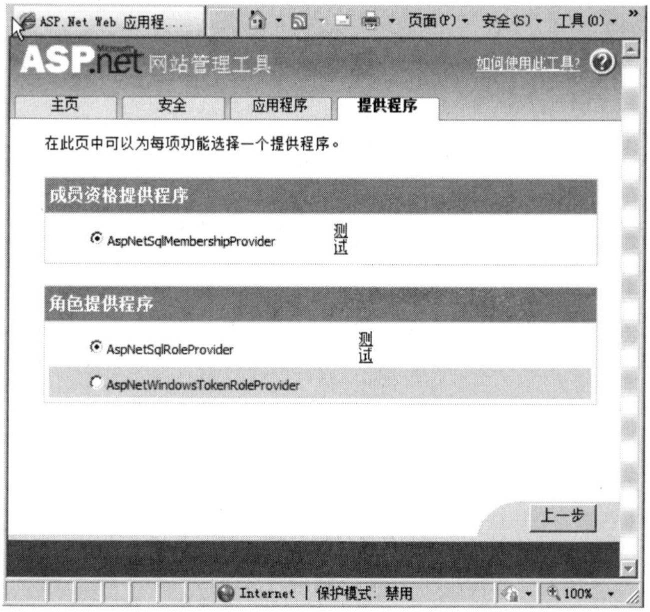

图 22.9　测试成员管理资格提供程序页面

22.2.4　创建和验证用户

上两节已完成了站点成员资格管理的基本配置工作，本节将演示使用 ASP.NET 网站管理工具创建用户，并使用成员资格管理 API 验证用户，具体操作步骤如下。

（1）在 ASP.NET 网站管理工具中选择“安全”选项卡，单击“创建用户”链接，页面将呈现“用户创建”界面，效果如图 22.10 所示。

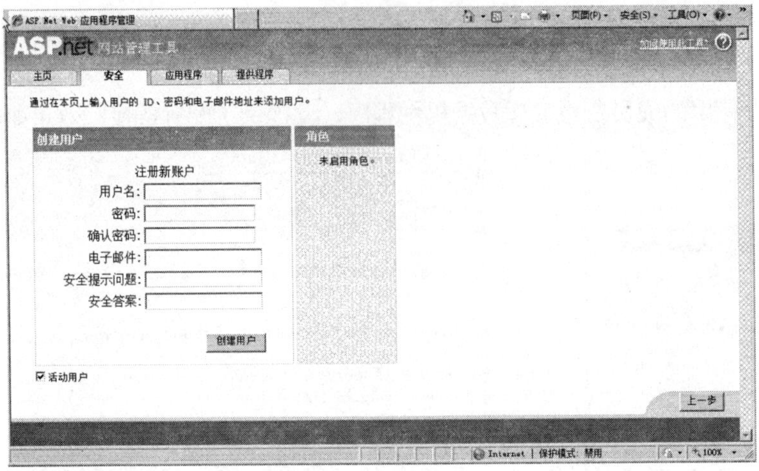

图 22.10 “创建用户”界面

在以上页面中输入新用户信息，单击“创建用户”按钮，发现用户已创建成功。为了验证用户的有效性，需要在站点中创建一个登录页面来验证。

（2）在当前管理站点的根目录下创建一个名为“Login.aspx”的页面，然后拖入 1 个 Login 控件，双击该控件，进入后台代码页面，为控件的 Authenticate 事件处理函数添加以下代码来实现验证用户的功能：

```
protected void Login1_Authenticate(object sender, AuthenticateEventArgs e)
{
    //调用成员管理 API 验证用户
    if (Membership.ValidateUser(this.Login1.UserName, this.Login1.Password))
    {
        //登录成功后跳转至登录前的页面
        FormsAuthentication.RedirectFromLoginPage(this.Login1.UserName, false);
    }
    else
    {
        //登录失败后显示提示性文本信息
        this.Login1.FailureText = "无效的用户名或密码";
    }
}
```

（3）运行该网站，效果如图 22.11 所示。

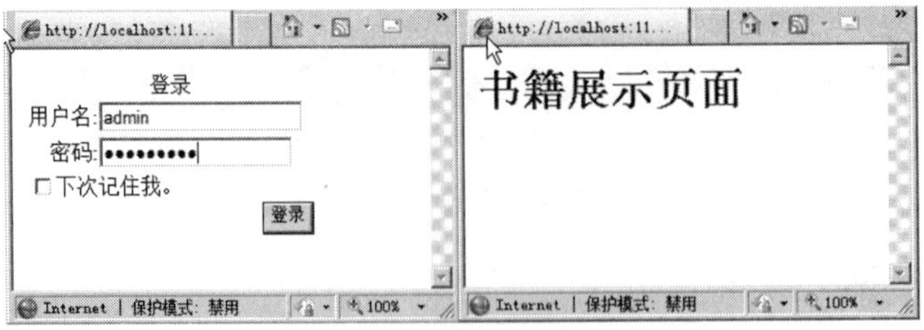

图 22.11 登录验证用户

注意：在使用登录页面前，需要设定它为起始页，这样当匿名用户访问该网站中任一页面时，就会直接跳转至登录页面。当登录成功后，会自动跳转至登录前的页面。

22.3　使用登录控件

ASP.NET 提供了多种用于成员资格管理的控件，比如登录、注册、修改密码等。通过成员管理 API 和登录控件可以迅速构建完整的用户管理程序，并与 ASP.NET 站点、Web 应用程序实现无缝结合。本节将展示这些控件的使用方法，并演示在控件中使用成员管理 API。

22.3.1　Login 控件

Login 控件封装了用户的登录界面，并与成员管理 API 相结合实现用户登录功能。它是一个复合控件，其最简单的使用形式如下：

```
<asp:Login runat="server" ID="lgnUsers"></asp:Login>
```

在实际开发中，多数开发人员不会直接使用此控件，是因为需要重新定制其外观，该控件具有以下几个样式属性。

- CheckBoxStyle：用于设置“下次记住我”复选框所使用的类样式名称。
- FailureStyle：用于设置登录失败文本信息显示时所使用的类样式名称。
- HyperLinkStyle：用于设置 Login 控件中链接所使用的类样式名称。
- LabelStyle：用于设置 Login 控件中显示“用户名”、“密码”的 Label 控件所使用的类样式名称。
- TextBoxStyle：用于设置 Login 控件中文本框所使用的类样式名称。
- LoginButtonStyle：用于设置 Login 控件中“登录”按钮所使用的类样式名称。
- TitleTextStyle：用于设置 Login 控件中标题文本所使用的类样式名称。
- ValidateTextStyle：用于设置 Login 控件验证信息文本所使用的类样式名称。

开发人员可以在皮肤或样式表中定义相关的类样式，通过 Login 控件的类样式属性来定制它的外观演示。以下代码就定义了该控件使用的相关样式属性：

```
<style type="text/css"><!--定义在 Login 控件中使用的相关类样式-->
    .checkBox{color:#0D0D9D;font-size:10pt;font-family:新宋体;}
    .textBox{border:1px solid #0ecece;color:#0D0D9D;width:160px;}
    .button{border:1px solid #0ecece;background-color:White;width:56px;}
    .label{color:tomato;font-size:11pt;}
    .title{color:tomato;font-size:14pt;font-family:黑体;font-weight:bold;}
</style>
```

Login 控件使用这些样式的前台代码如下：

```
<asp:Login runat="server" ID="lgnUsers">
    <CheckBoxStyle CssClass="checkBox" />
    <TextBoxStyle CssClass="textBox" />
    <LoginButtonStyle CssClass="button" />
    <LabelStyle CssClass="label" />
    <TitleTextStyle CssClass="title" />
</asp:Login>
```

样式效果如图 22.12 所示。

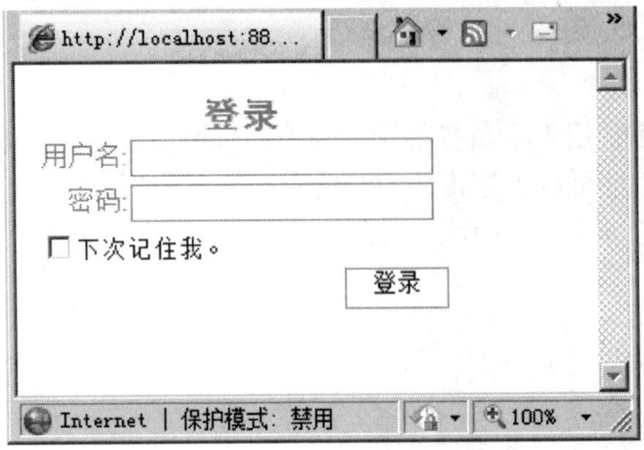

图 22.12 使用了定制样式的 Login 控件

Login 控件具有以下 4 个事件处理函数可以帮助开发人员构建登录功能。

- LoggingIn：当用户单击“登录”按钮后，验证用户合法性之前触发的事件，一般在该事件中完成输入用户信息的服务器端验证。
- LoggedIn：当用户单击“登录”按钮后，验证用户合法性之后触发的事件，一般在该事件中提示用户登录成功与否。
- LoginError：由于用户输入错误的密码或用户名引发的登录异常触发的事件。
- Authenticate：当用户单击“登录”按钮后验证用户合法性时触发的事件，该事件主要用于验证用户合法性。

上节已演示了 Authenticate 事件处理函数的使用方式，本节将主要演示 LoginError 事件在开发中的使用。该事件可以记录当前用户登录出错的次数，从而防止非法用户攻击网站，具体实现代码如下：

```
protected void Page_Load(object sender, EventArgs e)
{
    if (!this.IsPostBack)        //页面首次加载时设定用户登录错误次数为 0
        ViewState["ErrorCount"] = 0;
    if (int.Parse(ViewState["ErrorCount"].ToString()) > 3)
        Response.End();      //登录错误次数已达到 3 次的用户将不会再看到该页面
}
protected void lgnUsers_LoginError(object sender, EventArgs e)
{
    //用户登录错误时错误次数自增 1
    ViewState["ErrorCount"] = int.Parse(ViewState["ErrorCount"].ToString()) + 1;
    if (int.Parse(ViewState["ErrorCount"].ToString()) >=3)
        Response.Write("登录错误次数已达到 3 次，请等待一段时间后再次登录");
}
```

以上代码中的 LoginError 事件记录了用户登录错误的次数，当次数超过 3 次时，一段时间内将无法查看该页面。通过该事件可以很好地保护网站，从而减少恶意用户的攻击次数。

22.3.2 LoginStatus 控件

LoginStatus 控件用于显示用户当前登录状态。如果已登录，则显示一个注销链接；如果未登录，则显示一个登录链接。该控件具有表 22.1 所示的一些主要属性。

表 22.1　LoginStatus 控件的主要属性

属性名称	说　　明
LoginText	用户未登录时所显示的文本信息
LoginImageUrl	登录页面图片链接中所使用的图片 URL
LogoutText	用户已登录时显示的文本信息
LogoutImageUrl	注销页面图片链接中所使用的图片 URL
LogoutAction	用户注销时执行的行为。仅具有 3 个枚举值：Refresh（刷新当前页面）、Redirect（重定向至 LogoutPageUrl 属性指定的页面）、RedirectToLoginPage（重定向至登录页面）

> **注意**：在 LoginStatus 控件会根据当前用户的登录状态自行切换视图，不需要开发人员编写任何代码。

22.3.3　PasswordRecovery 控件

PasswordRecovery 控件可以实现用户密码找回功能，当用户输入其用户名时，该控件会查询出用户设置的找回密码问题，只要用户输入正确的答案，密码才会发送至用户注册的邮箱中。

PasswordRecovery 控件具有 3 个模板，分别显示用户找回密码时不同阶段的视图形式。开发人员可以自定义这 3 个模板中的控件，从而实现自定义的用户密码找回视图。

- UserNameTemplate：用户使用找回密码功能时所显示的第一个模板，在此模板中需要输入用户名，以供开发人员找到用户存储在成员资格数据源中的密码提示问题，并可以验证用户名的合法性。
- QuestionTemplate：可以显示用户的密码提示问题，并要求用户提供密码找回问题的答案。由答案是否正确来决定是否重新生成新的密码，并发送至用户的邮箱。
- SuccessTemplate：用于定义当前用户密码发送给用户后显示的界面。

> **注意**：在默认情况下，PasswordRecovery 控件已封装了这 3 个模板中的控件，但是在实际开发中，并不会直接使用该控件的内置模板，开发人员总会自定义这些模板中的控件。

PasswordRecovery 控件的典型前台代码如下：

```
<asp:PasswordRecovery ID="PasswordRecovery1" runat="server">
    <UserNameTemplate>
        请输入你的用户名：<asp:TextBox runat="server" ID="txtLostUser"></asp:TextBox>
        <br />
        <asp:Button runat="server" ID="btnUserSub" Text="提交" CommandName="Submit" />
    </UserNameTemplate>
    <QuestionTemplate>
        密码提示问题：<asp:Label runat="server" ID="lblQuestion"></asp:Label>
        <br />
        请输入答案：<asp:TextBox runat="server" ID="txtAnswer"></asp:TextBox>
        <br />
        <asp:Button runat="server" ID="btnAnswer" Text="提交" CommandName="Submit" />
    </QuestionTemplate>
    <SuccessTemplate>
        密码已发送至你的邮箱，请单击<asp:HyperLink runat="server" ID="hypMail">此处查看新
```

```
        密码邮件</asp:HyperLink>! ~
    </SuccessTemplate>
</asp:PasswordRecovery>
```

> **注意**：PasswordRecovery 控件前台模板中的按钮都具有 CommandName 属性，只有正确设定了此属性，才可以触发该控件的相关事件。

以上的 PasswordRecovery 控件前台代码定义了用户在找回密码过程中 3 个步骤的视图。在实际开发中，还需要使用该控件的相关事件来完成用户名验证、密码找回问题答案验证、生成新密码并发送邮件的工作，其常用的事件如表 22.2 所示。

表 22.2　PasswordRecovery 控件的常用事件

事件名称	说　明
VerifyingUser	当用户提交需要找回密码的用户名时发生的事件，在该事件中可以验证用户提交的用户有效性
UserLookupError	当用户提交的用户名不存在时，触发的事件
VerifyingAnswer	当用户提交了密码找回问题答案时，触发的时间，在该事件中可以验证用户提交的密码找回问题的答案有效性
AnswerLookupError	当用户提交的密码找回问题答案有误时，触发的事件
SendingEmail	当用户提交的密码找回问题答案验证成功后，发送密码邮件之前触发的事件，在该事件中可以定义邮件格式和邮件内容从而发送用户的密码找回邮件
SendMailError	当用户找回密码邮件发送有误时触发的事件，该事件中可以提醒用户邮件发送失败，可以提示用户相关信息

使用 PasswordRecovery 控件向用户发送新密码邮件时，需要在 web.config 文件中配置邮件发送的相关信息，常见配置方式如下：

```
<system.net>
    <mailSettings>
        <smtp deliveryMethod="Network" from="aspnettest@hotmail.com">
            <network host="gmail.com" port="25" defaultCredentials="true" />
        </smtp>
    </mailSettings>
</system.net>
```

通过 web.config 文件的配置，此控件才可以将用户的密码发送至用户登记的密码找回邮箱中。

22.3.4　ChangePassword 控件

ChangePassword 控件主要用于实现用户密码修改功能。当用户已登录时，该控件将隐藏用户名文本框，自动验证已登录用户的用户名，其最简单的使用方式如下：

```
<asp:ChangePassword ID="ChangePassword1" runat="server">
    <%--修改密码后发送密码修改通知邮件至用户邮箱--%>
    <MailDefinitionFrom="aspnettest@hotmail.com"Subject="密码修改通知邮件"
    Priority="High"></MailDefinition>
</asp:ChangePassword>
```

ChangPassword 控件具有 MailDefinition 属性，可以将通知邮件发送至用户的密码找回邮箱中。在实际开发中，可以通过该控件的模板自定义密码修改视图，如下所示：

➢ ChangePasswordTemplate：用于放置用户输入用户名、旧密码、新密码、确认密码各种控件的模板。

➢ SucessTemplate：用于显示用户修改密码成功信息的模板。

ChangePassword 控件的前台代码实现了自定义的密码修改功能，如下所示：

```
<asp:ChangePassword ID="ChangePassword1" runat="server">
    <%--修改密码后，发送密码修改通知邮件至用户邮箱--%>
    <MailDefinition From="aspnettest@hotmail.com"Subject="密码修改通知邮件"
    Priority="High"></MailDefinition>
    <ChangePasswordTemplate>
        输入旧密码：<asp:TextBox runat="server" ID="CurrentPassword"
        TextMode="Password"></asp:TextBox>
        <br />
        输入新密码：<asp:TextBox runat="server" ID="NewPassword"
        TextMode="Password"></asp:TextBox>
        <br />
        确认新密码：<asp:TextBoxrunat="server"ID="ConfirmNewPassword"
        TextMode="Password"></asp:TextBox>
        <br />
        <!--注意 CommandName 属性-->
        <asp:Button runat="server" ID="btnSubmit" CommandName="ChangePassword" Text="
        确定" />
           
        <asp:Button runat="server" ID="Button1" CommandName="Cancel" Text="取消" />
    </ChangePasswordTemplate>
    <SuccessTemplate>
        你的密码修改成功了！
        <br />
        <asp:Button runat="server" ID="btnSubmit" Text="确认" CommandName="Continue" />
    </SuccessTemplate>
</asp:ChangePassword>
```

在以上代码的 ChangePasswordTemplate 中定义的文本框都是必需的，并且 ID 的设置必须符合 ChangePassword 控件规范。其中按钮控件的 CommandName 属性必须设定为 ChangePassword 或 Cancel，才可以正确地切换控件的视图状态。

22.3.5 CreateUserWizard 控件

CreateUserWizard 控件可以迅速地完成创建用户的功能，以及构建用户创建向导，还允许开发人员任意添加用户创建向导步骤。它封装了常见用户的基本视图和向导步骤，其前台代码如下：

```
<asp:CreateUserWizard ID="CreateUserWizard1" runat="server">
    <WizardSteps>
        <asp:CreateUserWizardStep ID="CreateUserWizardStep1" runat="server">
        </asp:CreateUserWizardStep>
        <asp:CompleteWizardStep ID="CompleteWizardStep1" runat="server">
        </asp:CompleteWizardStep>
    </WizardSteps>
</asp:CreateUserWizard>
```

以上代码中的 CreateUserWizard 控件呈现了它在拖入 VS 2010 设计器时的初始状态。在该控件创建用户时，向导中只有两个步骤，开发人员可以在其中添加步骤，并编写自定义的步骤代码来完成自定义用户创建向导功能，具体实现代码如下：

```
<asp:CreateUserWizard ID="CreateUserWizard1" runat="server">
    <WizardSteps>
        <asp:CreateUserWizardStep ID="CreateUserWizardStep1" runat="server">
        </asp:CreateUserWizardStep>
        <asp:WizardStep ID="ChooseLikeWizardStep1" runat="server">
            请选择你所喜欢的书籍类型：
            <asp:DropDownList runat="server" ID="ddlBookCategories">
                <asp:ListItem >技术书籍</asp:ListItem>
                <asp:ListItem>文学</asp:ListItem>
                <asp:ListItem >杂志</asp:ListItem>
            </asp:DropDownList>
        </asp:WizardStep>
        <asp:CompleteWizardStep ID="CompleteWizardStep1" runat="server">
        </asp:CompleteWizardStep>
    </WizardSteps>
</asp:CreateUserWizard>
```

CreateUserWizard 控件允许添加多个步骤，它们的运行顺序是与该控件前台代码中步骤出现的顺序完全一致。步骤中不需要定义按钮或 LinkButton 控件，该控件会自动为各个步骤添加按钮，来完成步骤向导工作。CreateUserWizard 控件具有表 22.3 所示的一些主要事件。

表 22.3　CreateUserWizard 控件的主要事件

事　　件	说　　明
CreatedUser	创建用户成功后触发的事件
CreatingUser	当 CreateUserWizard 控件调用成员管理 API 创建用户之前触发的事件
ContinueButtonClick	当创建用户向导进入最后一个步骤时，单击“继续”按钮触发的事件
CreateUserError	当创建用户出错时触发的事件
SendingMail	如果 web.config 和 IIS 中配置了邮件服务器，CreateUserWizard 控件将发送邮件至用户注册的邮箱中，在该事件中可以修改邮件的内容
SendMailError	发送用户邮件时发生了错误时触发该事件

在创建用户时，CreateUserWizard 控件会自动调用成员管理 API 创建用户，但是由于开发人员会添加自定义的创建用户步骤，所以可能会使用 CreatedUser 事件。下面代码展示了此事件的一般用法：

```
protected void CreateUserWizard1_CreatedUser(object sender, EventArgs e)
{
    if (this.CreateUserWizard1.WizardSteps[1] != null)
    {
        //获取自定义步骤
        WizardStepBase step = this.CreateUserWizard1.WizardSteps[1];
        //获取书籍爱好下拉列表框
        DropDownListddlBookCategories =
        (DropDownList)step.FindControl("ddlBookCategories");
        //存储用户的书籍爱好至自有数据存储中
    }
}
```

以上代码获取了 CreateUserWizard 控件中的自定义步骤，并把用户提交的相关数据存储到了开发人员自有的数据存储中。

22.4　使用 Membership 类管理用户

前几节讲解了几个使用成员管理 API 来完成管理功能的控件。本节将讲解 System.Web.Security 定义的一些成员工作类和方法，使读者真正理解成员管理 API 的具体使用。在本节中将主要讲解 MemberShipProvider 类和 MemberShipUser 类，这两个类基本涵盖了成员管理 API 中的所有功能。

> **提示**：本节所说的用户就是网站中已经注册的成员，因为网络用户是大部分人的描述习惯，所以本节针对用户的一些操作，其实就是针对成员的操作。

22.4.1　获取用户列表

获取当前站点中的所有用户列表，需要调用成员管理 API。为了展示站点中的所有用户，首先需要在站点的页面中添加一 GridView 控件，该 GridView 控件的前台代码如下：

```
<asp:GridView ID="gdvUsers" runat="server"
AutoGenerateColumns="false"DataKeyNames="UserName" >
    <Columns>
        <asp:BoundField DataField="UserName" HeaderText="用户名" />
        <asp:BoundField DataField="Email" HeaderText="邮箱" />
        <asp:BoundField DataField="CreationDate" HeaderText="创建时间" />
        <asp:CommandField  ShowSelectButton="true" />
    </Columns>
</asp:GridView>
```

在页面首次加载时，绑定用户信息至 GridView 控件中，代码如下：

```
protected void Page_Load(object sender, EventArgs e)
{
    if (!this.IsPostBack)
    {
        //获取所有用户
        MembershipUserCollection userCollection = Membership.GetAllUsers();
        //绑定用户数据
        this.gdvUsers.DataSource = userCollection;
        this.gdvUsers.DataBind();
    }
}
```

在 GridView 中仅仅显示了用户的部分信息，实际上还可以通过成员管理 API 来获取用户的详细信息。为 GridView 控件添加 SelectedIndexChanging 事件处理函数，在 SelectedIndexChanging 事件处理函数中显示用户的详细信息：

```
protected void gdvUsers_SelectedIndexChanging(object sender, GridViewSelectEventArgs e)
{
    //获取所有用户
    MembershipUserCollection userCollection = Membership.GetAllUsers();
    //根据用户名获取当前选中的用户
MembershipUseruser=userCollection[this.gdvUsers.DataKeys[e.NewSelectedIndex].Value
.ToString()];
    Response.Write(string.Format("密码验证问题：{0}<br/>最后一次登录时间：{1}<br/>",
        user.PasswordQuestion,user.LastLoginDate.ToString()));
}
```

运行效果如图 22.13 所示。

22.4.2 创建、编辑、删除用户

上节通过 MemberShip 类和 MemberUser 类已经获取到了所有用户及用户的详细信息，本节将完成用户创建、编辑、删除等功能。修改上节中示例项目的用户展示页面，界面设计如图 22.14 所示。

图 22.13 显示用户详细信息

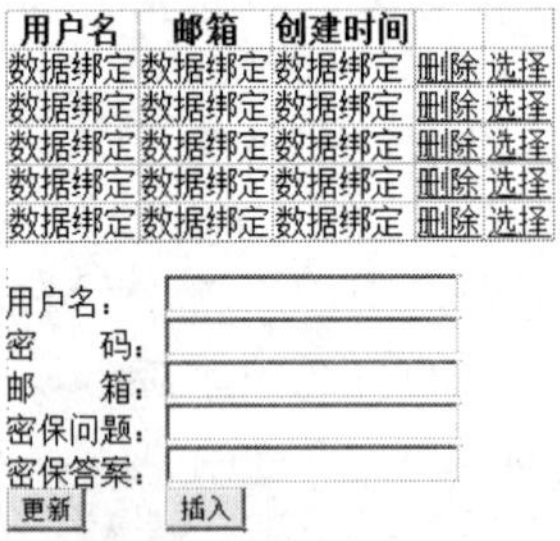

图 22.14 界面设计图

当选中 GridView 的单个用户时，会显示该用户的相关信息，代码如下：

```
protected void gdvUsers_SelectedIndexChanging(object sender, GridViewSelectEventArgs e)
{
    if (e.NewSelectedIndex != -1)
    {
        //根据用户名获取当前选中的用户
        this.CurrentUser = this.UserCollection[this.gdvUsers.DataKeys
        [e.NewSelectedIndex].Value.ToStrin
        g()];
        //显示用户相关信息
        this.txtQuestion.Text = this.CurrentUser.PasswordQuestion;
        this.txtUserName.Text = this.CurrentUser.UserName;
        this.txtEmail.Text = this.CurrentUser.Email;
    }
}
```

当显示用户信息时，诸如密报答案等信息是无法获取到的，所以以上代码只显示了用户的部分信息。

1．创建

创建新用户时使用如下代码：

```
protected void btnInsert_Click(object sender, EventArgs e)
{
    MembershipCreateStatus status = new MembershipCreateStatus();   //创建用户状态对象
    //创建用户，并获取用户的创建状态
    Membership.CreateUser(this.txtUserName.Text, this.txtPwd.Text,
        this.txtEmail.Text, this.txtQuestion.Text,this.txtAnswer.Text, true, out
        status);
    if(status.ToString().ToLower()=="sucess")
        Response.Write("创建用户成功<br/>");
    else
        Response.Write("创建用户失败<br/>");
    this.UserCollection = Membership.GetAllUsers();                  //获取所有用户
```

```
    this.gdvUsers.DataSource = this.UserCollection;              //绑定用户数据
    this.gdvUsers.DataBind();
}
```

在创建用户时，可以获取创建用户的状态。在 Membership 类的 CreateUser()静态方法中传入一个输出参数，该输出参数可以得知用户创建是否成功。

> **注意**：在注册用户时，所有的用户信息属性都必须通过验证，否则将无法创建用户。

2．编辑

更新用户可以使用如下代码：

```
protected void btnUpdate_Click(object sender, EventArgs e)
{
    if (this.CurrentUser == null)
        return;
    //修改密码、密码保护问题、密保答案，用户名无法修改
    this.CurrentUser.ChangePasswordQuestionAndAnswer(this.txtPwd.Text,
        this.txtQuestion.Text,this.txtAnswer.Text);
    this.gdvUsers.SelectedIndex = -1; //重新绑定数据
    this.BindGrid();
    …//省略代码参见代码光盘
}
```

当更新用户信息时，用户名是无法被更新的。在成员管理 API 中，用户名是只读，所以无法更改。

3．删除

删除用户可以使用如下代码：

```
protected void gdvUsers_RowDeleting(object sender, GridViewDeleteEventArgs e)
{
     //获取所有用户
    MembershipUserCollection userCollection = Membership.GetAllUsers();
    //根据用户名删除用户
    Membership.DeleteUser(this.gdvUsers.DataKeys[e.RowIndex].Value.ToString());
    this.BindGrid();                                              //重新绑定数据
}
```

22.5　小结

本章简单介绍了成员管理 API 的基础知识，并通过演示使用各种登录控件配合成员管理 API 来完成快捷的成员管理功能。成员管理 API 可以对多个应用程序域中的用户、角色进行管理，并实现了跨应用程序域的成员管理功能，还可以使用户跨越应用程序域登录，并且与 Windows 用户、角色、角色组相结合，来完成复杂的用户验证工作。后续章节还将更深层次地讲解成员管理 API。

第23章 自定义成员数据提供者

在第 22 章中，读者已经学习了使用成员管理 API 来实现用户管理的相关知识，但是直接使用它会带来诸多的限制，比如无法使用免费的数据库、无法为用户添加额外的属性等。成员管理 API 提供了一些接口，用来构建自定义的成员提供者程序，从而使开发人员可以更加灵活地控制和管理用户。本章将讲解自定义成员数据提供者的相关知识。

23.1 自定义成员数据提供者架构

在实际开发中，用户可能携带大量的信息，比如一个购物网站的用户可能具有以下信息：

- 用户购物偏好。
- 用户的积分状况。
- 用户的级别。

当用户需要承载大量信息时，成员管理 API 将无法提供对用户信息的全面管理，这时开发人员不得不将这些信息保存到其他存储介质中。由于对这些信息无法管理，所以它们的存储和管理都存在极大的安全隐患。现在回顾一下成员管理 API 结构，如图 23.1 所示。

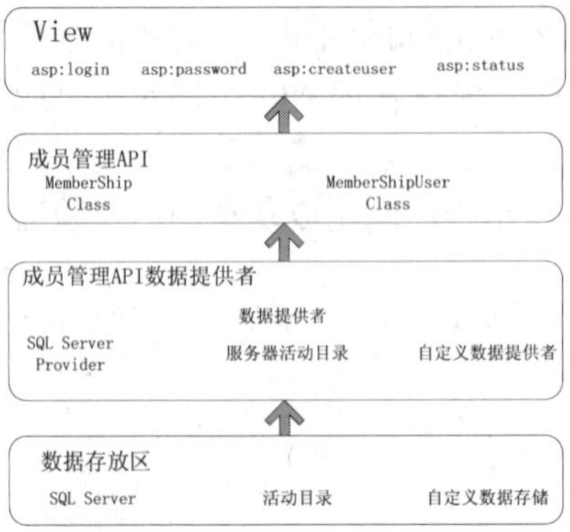

图 23.1 成员管理 API 程序层次图

图 23.1 所示清晰地表明，成员管理 API 将存储介质与数据提供者成功地隔离了，它们之间就形成了低耦合，从而更容易将它们剥离开。正是因为这样的设计，所以开发人员可以很容易地实现自定义的数据提供者。这种提供者可以不受成员管理 API 特定的数据结构限制，很容易存储、读取、改写用户数据和重新设计其存储结构，而且该提供者还可以带来以下好处：

- 用户信息的存储结构自由设计。可以自由设计用户数据存储结构，从而使用户信息可以更加符合当前系统的数据结构设计。
- 自定义数据结构可以创建自定义的角色管理机制，从而实现更为复杂、强大的安全子系统。
- 可以使用诸如 MySQL、Oracle 等外部数据库，更好地契合当前开发环境。

23.2　实现自定义成员数据提供者

实现自定义成员数据提供者需要以下几个步骤：

（1）创建并设计用户数据存储介质。

（2）创建一个自定义成员数据提供者类，继承于 MembershipProvider 类，并实现相关方法。

（3）创建测试项目，在其中启用自定义成员数据提供者。

（4）测试用户创建、删除、更新等基本成员管理功能。

本节将演示使用 XML 文件作为存储介质的自定义成员数据提供者。

23.2.1　创建用户存储结构与数据操作类

在成员管理 API 中可以使用任意的数据存储介质，用于存储用户信息，以及自由设计用户数据结构。本节将使用 XML 文件作为用户数据存储介质，并使用 XmlMembershipProvider 类来实现自定义成员数据提供者，具体操作步骤如下。

（1）需要设计用户信息数据结构和用户信息实体类，该用户信息实体类的设计代码如下：

```
[Serializable]                                        //允许序列化
public class BBSUser : MembershipUser
{
    public Guid UserID { get; set; }                      //用户 ID
    public string UserName { get; set; }                  //用户名
    public string UserPwd { get; set; }                   //密码
    public string NickName { get; set; }                  //昵称
    public int Score { get; set; }                        //积分
    public string Level { get; set; }                     //等级
    public string Email { get; set; }                     //邮件
    public string Quertion { get; set; }                  //密保问题
    public string Answer { get; set; }                    //密保答案
}
```

注意： 为了简化 XmlMembershipProvider 类的数据操作，将 BBSUser 直接序列化至 XML 文件中。

（2）实现一个简单的用户数据操作类，基于 XML 存储。它采用单例模式，保证并发状况下，Web 页面获取到同样的数据，代码如下：

```
public class UserStore
{
    private XDocument doc;
    public List<BBSUser> UserList              //所有用户集合
    {
        get;
        set;
    }
    private UserStore()                         //私有构造函数
    {
        this.LoadUsers();                       //构建对象时，即加载所有的用户数据
    }
    private static UserStore instance;              //线程安全的单例模式
    private static object _syncObj=new object();
    public static UserStore Instance
    {
        get
        {
            lock(_syncObj)
            {
                if(instance==null)              //未创建实例时，即实例化实例
                    instance=new UserStore();
                return instance;            //单例模式保证 UserStore 类只有一个实例存在
            }
        }
    }
    private void LoadUsers()
    {
        //加载 XML 文件的路径存储于 web.config 中
        stringxmlFilePath=HttpContext.Current.Server.MapPath(CM.AppSettings["UserXml
        FilePath"]);
        doc = XDocument.Load(xmlFilePath);    //实例化 XDocument 对象
        //使用 LINQ To XML 获取所有用户数据
        IEnumerable<BBSUser> users = from node in doc.Elements("User")
                                select new BBSUser()
                                {
        UserID = new Guid(node.Attribute("UserName").Value.ToString()),
                UserName=node.Attribute("UserName").Value.ToString(),
                UserPwd=node.Attribute("UserPwd").Value.ToString(),
                Level=node.Attribute("Level").Value.ToString(),
                NickName=node.Attribute("NickName").Value.ToString(),
                Score=int.Parse(node.Attribute("Score").Value.ToString()),
                Email=node.Attribute("Email").Value.ToString(),
                Quertion=node.Attribute("Quertion").Value.ToString(),
                Answer=node.Attribute("Answer").Value.ToString()
                                };
        //添加至用户列表
        this.UserList = users == null ? new List<BBSUser>() : users.ToList<BBSUser>();
    }
    private void SaveFile()
    {
        //加载 XML 文件的路径存储于 web.config 中
stringxmlFilePath=HttpContext.Current.Server.MapPath(CM.AppSettings["UserXmlFilePa
th"]);
        doc.Save(xmlFilePath);  //保存 XML 文件
    }
}
```

注意：为了保证在 Web 的多并发环境下，所有的用户获取同样的数据，所以数据操作类必须使用线程锁定的单例模式。使用线程锁定的单例模式可以保证所有的用户获取的数据操作对象是同一个数据对象。

（3）实现用户的增、删、改的数据操作方法，代码如下：

```
public void AddUser(BBSUser user)
{
    XElement userEle = new XElement("User");                //新建用户节点
    userEle.SetAttributeValue("UserID", user.UserID);         //设置节点属性
    userEle.SetAttributeValue("UserName", user.UserName);
    userEle.SetAttributeValue("UserPwd", user.UserPwd);
    userEle.SetAttributeValue("Level", user.Level);
    userEle.SetAttributeValue("NickName", user.NickName);
    userEle.SetAttributeValue("Score", user.Score);
    userEle.SetAttributeValue("Email", user.Email);
    userEle.SetAttributeValue("Quertion", user.Quertion);
    userEle.SetAttributeValue("Answer", user.Answer);
    doc.Root.Add(userEle);                                  //追加新用户节点
    this.SaveFile();                                        //保存用户数据至 XML 节点中
    this.LoadUsers();                                       //重新加载用户列表
}
public void UpdateUser(BBSUser newUser)
{
    var userEles = from node in doc.Elements("User")
                   where node.Attribute("UserID").Value.ToString() ==
                   newUser.UserID.ToString()
                   select node;                             //获取用户节点
    if (userEles != null && userEles.Count() > 0)
    {
        XElement userEle = userEles.Single();               //设定用户节点属性值
        userEle.SetAttributeValue("UserID", newUser.UserID);
        userEle.SetAttributeValue("UserName", newUser.UserName);
        userEle.SetAttributeValue("UserPwd", newUser.UserPwd);
        userEle.SetAttributeValue("Level", newUser.Level);
        userEle.SetAttributeValue("NickName", newUser.NickName);
        userEle.SetAttributeValue("Score", newUser.Score);
        userEle.SetAttributeValue("Email", newUser.Email);
        userEle.SetAttributeValue("Quertion", newUser.Quertion);
        userEle.SetAttributeValue("Answer", newUser.Answer);
        this.SaveFile();                                    //保存数据
        this.LoadUsers();                                   //重新加载用户列表
    }
}
public void DeleteUser(BBSUser newUser)
{
    var userEles = from node in doc.Elements("User")
                   where node.Attribute("UserID").Value.ToString() ==
                   newUser.UserID.ToString()
                   select node;                             //获取用户节点
    if (userEles != null && userEles.Count() > 0)
    {
        XElement userEle = userEles.Single();
        userEles.Remove();                                  //移除用户节点
        this.SaveFile();                                    //保存数据
        this.LoadUsers();                                   //重新加载用户列表
    }
}
```

（4）在用户数据操作类中还需要添加查询用户的相关方法，代码如下：

```
public BBSUser GetUserByUserName(string userName)
{
    var users = from u in UserList
                where u.UserName == userName
                select u;                              //查询用户
    return users != null && users.Count() > 0 ? users.Single() : null;
}
public BBSUser GetUserByUserID(string userID)
{
    var users = from u in UserList
                where u.UserID.ToString() == userID
                select u;                              //查询用户
    return users != null && users.Count() > 0 ? users.Single() : null;
}
public BBSUser GetUserByEmail(string email)
{
    var users = from u in UserList
                where u.Email == email
                select u;                              //查询用户
    return users != null && users.Count() > 0 ? users.Single() : null;
}
public BBSUser GetUserByNickName(string nickName)
{
    var users = from u in UserList
                where u.NickName == nickName
                select u;                              //查询用户
    return users != null && users.Count() > 0 ? users.Single() : null;
}
```

通过完成以上步骤，可以创建用户的存储介质和数据操作类、数据结构等数据提供者的基础类。下节将通过自定义成员数据提供者来调用本节中创建的类，从而完成自定义的成员管理机制。

23.2.2 实现自定义成员数据提供者

构建了用户数据存储结构、实体类及数据操作类后，就可以实现自定义成员数据提供者类了。该自定义类必须继承自 MembershipProvider 类。在 ASP.NET4.0 中，MembershipProvider 类属于 Syste.Web.Security 命名空间，但是存在于 System.Web.ApplicationServices.dll 动态链接库中，所以需要在项目中引入该链接库。

在实现自定义成员数据提供者类时，可以使用以下步骤来完成。

（1）重写基类的 Initialize()方法，它由成员管理 API 调用。需要在该方法中定制当前进行成员管理的列名称和程序名称，代码如下：

```
public class BBSMembershipProvider : System.Web.Security.MembershipProvider
{
    public override void Initialize(string name,
    System.Collections.Specialized.NameValueCollection config)
    {
        //检测当前自定义成员数据提供者是否被配置为成员管理 API 的自定义成员数据提供者
        if (config == null)
            throw new ArgumentException("当前使用的自定义成员数据提供者没有被配置为成员管理 API
            的自定义成员数据提供者。");
        if (string.IsNullOrEmpty(name))       //设定自定义成员数据提供者在配置中的名称
```

```
            name = "BBSMembershipProvider";
        base.Initialize(name, config);          //初始化基类
        this.ApplicationName = "BBS.Web"; //设定需要实现成员管理程序名称
    }
    ...//省略代码参见代码光盘
}
```

（2）重写 MembershipProvider 类中相关的用户数据操作方法，代码如下：

```
//修改密码
public override bool ChangePassword(string username, string oldPassword, string
newPassword)
{
    BBSUser user = UserStore.Instance.GetUserByUserName(username);//获取用户
    if (user.UserPwd == oldPassword)
    {
        user.UserPwd = newPassword;
        UserStore.Instance.UpdateUser(user);                      //保存新密码
        return true;
    }
    return false;
}
//修改密码保护问题和密保问题答案
publicoverrideboolChangePasswordQuestionAndAnswer(stringusername,stringpassword,st
ring newPasswordQuestion, string newPasswordAnswer)
{
    BBSUser user = UserStore.Instance.GetUserByUserName(username); //获取用户
    if (user.UserPwd == password)
    {
        user.Quertion = newPasswordQuestion;                      //保存新密保问题和答案
        user.Answer = newPasswordAnswer;
        UserStore.Instance.UpdateUser(user);
        return true;
    }
    return false;
}
//创建新用户
publicoverrideMembershipUserCreateUser(stringusername,stringpassword,stringemail,
string passwordQuestion, string passwordAnswer, bool isApproved, object
providerUserKey,out MembershipCreateStatus status)
{
    status = new MembershipCreateStatus();          //实例化创建新用户状态枚举对象
    BBSUser user = new BBSUser();                   //实例化用户对象
    user.UserName = username;                       //为用户相关属性赋值
    user.NickName = string.Empty;
    user.UserPwd = password;
    user.Email = email;
    user.Quertion = passwordQuestion;
    user.Answer = passwordAnswer;
    user.Level = "步兵";
    user.Score = 100;
    UserStore.Instance.AddUser(user);               //保存用户数据
    return user;
}
//创建新用户
public MembershipUser CreateUser(string username, string password, string email, string
passwordQuestion, stringpasswordAnswer, string nickName, bool isApproved, object
providerUserKey, out MembershipCreateStatus status)
{
    status = new MembershipCreateStatus();                    //实例化创建新用户状态枚举对象
```

```
    BBSUser user = new BBSUser();                                    //实例化用户对象
    user.UserName = username;                                        //为用户相关属性赋值
    user.NickName = nickName;
    user.UserPwd = password;
    user.Email = email;
    user.Quertion = passwordQuestion;
    user.Answer = passwordAnswer;
    user.Level = "步兵";
    user.Score = 100;
    UserStore.Instance.AddUser(user);                                //保存用户数据
    return user;
}
//删除用户
public override bool DeleteUser(string username, bool deleteAllRelatedData)
{
    BBSUser user = UserStore.Instance.GetUserByUserName(username);//获取用户
    if (user != null)
    {
        UserStore.Instance.DeleteUser(user);                         //删除用户
        return true;
    }
    return false;
}
//更新用户
public override void UpdateUser(MembershipUser user)
{
    UserStore.Instance.UpdateUser((user as BBSUser));
}
//验证用户密码、用户名输入合法性
public override bool ValidateUser(string username, string password)
{
    //实例化用户密码验证正则表达式
    Regex ex = new Regex(PasswordStrengthRegularExpression);
    return ex.IsMatch(username) && ex.IsMatch(password);//验证用户名和密码的合法性
}
```

（3）在重写了相关的数据操作方法后，还需要重写相关的数据查询方法，代码如下：

```
/通过邮件查询用户
public override MembershipUserCollection FindUsersByEmail(string emailToMatch, int
pageIndex, int pageSize, out int totalRecords)
{
    MembershipUserCollection mc = new MembershipUserCollection();//实例化成员集合对象
    BBSUser user = UserStore.Instance.GetUserByEmail(emailToMatch);//通过邮件查询用户
    totalRecords = user == null ? 0 : 1;
    if (user != null)
        mc.Add(user);
    return mc;
}
//通过用户名来查询用户
public override MembershipUserCollection FindUsersByName(string usernameToMatch, int
pageIndex, int pageSize, out int totalRecords)
{
    MembershipUserCollection mc = new MembershipUserCollection();//实例化成员集合对象
     //通过用户名来查询用户
    BBSUser user = UserStore.Instance.GetUserByUserName(usernameToMatch);
    totalRecords = user == null ? 0 : 1;
    if (user != null)
        mc.Add(user);
    return mc;
```

```
}
//获取所有用户
public override MembershipUserCollection GetAllUsers(int pageIndex, int pageSize, out
int totalRecords)
{
    //实例化成员集合对象
    MembershipUserCollection mc = new MembershipUserCollection();
    foreach (BBSUser u in UserStore.Instance.UserList)                //获取所有用户
        mc.Add(u);
    totalRecords = mc.Count;
    return mc;
}
//在线用户属性
public override int GetNumberOfUsersOnline()
{
    return 0;
}
//找回用户密码
public override string GetPassword(string username, string answer)
{
    BBSUser user = UserStore.Instance.GetUserByUserName(username);      //获取用户
    if (user.Answer == answer)                                         //验证密码保护问题答案
    {
        return user.UserPwd;                                           //返回当前用户密码
    }
    return "密保答案不正确，无法获取密码";                              //提示信息
}
//根据用户名和用户在线状态来获取用户
public override MembershipUser GetUser(string username, bool userIsOnline)
{
    BBSUser user = UserStore.Instance.GetUserByUserName(username);      //获取用户
    return user;
}
public override MembershipUser GetUser(object providerUserKey, bool userIsOnline)
{
    return null;
}
//根据用户邮件地址获取用户名
public override string GetUserNameByEmail(string email)
{
    BBSUser user = UserStore.Instance.GetUserByEmail(email);           //根据邮件获取用户
    return user.UserName;
}
```

（4）重写相关的数据验证属性：

```
public override bool EnablePasswordReset                      //是否允许重新设置密码
{
    get { return true; }
}
public override bool EnablePasswordRetrieval                  //是否允许找回密码
{
    get { return true; }
}
public override int MaxInvalidPasswordAttempts                //密码最大长度
{
    get { return 16; }
}
public override int MinRequiredNonAlphanumericCharacters      //用户名最小长度
{
```

```
        get { return 6; }
    }
    public override int MinRequiredPasswordLength            //密码最小长度
    {
        get { return 6; }
    }
    …
```

（5）以上属性主要定义了 MembershipProvider 类在验证用户时所使用的各种验证条件，比如密码长度、是否可以重设密码等属性。现在重写用户验证方法，代码如下：

```
    public override bool ValidateUser(string username, string password)   //密码验证
    {
        Regex ex = new Regex(PasswordStrengthRegularExpression);  //实例化密码验证正则表达式
        return ex.IsMatch(username) && ex.IsMatch(password);      //验证用户名及密码
    }
```

以上代码中的用户验证方法调用了验证属性，用于验证用户名和密码是否合法。通过实现以上步骤，就完成了自定义成员数据提供者的定义，下一节将讲解如何使用自定义成员数据提供者。

23.2.3 测试自定义成员数据提供者

上节已完成了自定义成员数据提供者的开发，如果在站点中使用此提供者，需要引入它所在的类库，并在站点中添加相关配置，代码如下：

```
<configuration>
  <system.web>
    <compilation debug="false" targetFramework="4.0" />
    <!--配置自定义成员数据提供者-->
    <membership defaultProvider="BBSMembershipProvider">
      <providers>
        <clear/>
        <!---清除所有的提供者-->
        <!--添加新的提供者-->
        <addname="BBSMembershipProvider"type="BBS.Provider.BBSMembershipProvider"
        applicationName="MyApplication"
          enablePasswordRetrieval="false"
          enablePasswordReset="true"
          requiresQuestionAndAnswer="true"
          requiresUniqueEmail="true"/>
      </providers>
    </membership>
  </system.web>
</configuration>
```

以上代码已将上节中定义的该提供者类配置作为当前站点的成员数据提供者了。

> **注意：**在 ASP.NET 网站配置工具中是无法添加自定义成员数据提供者的，这是由于它无法被 ASP.NET 网站配置工具感知。

完成了 web.config 配置后，还需配置 IIS 检查站点来启用自定义成员数据提供者。在 IIS 中打开站点，在“功能”下拉列表框中选择“.NET 用户”，然后检查配置情况，效果如图 23.2 所示。

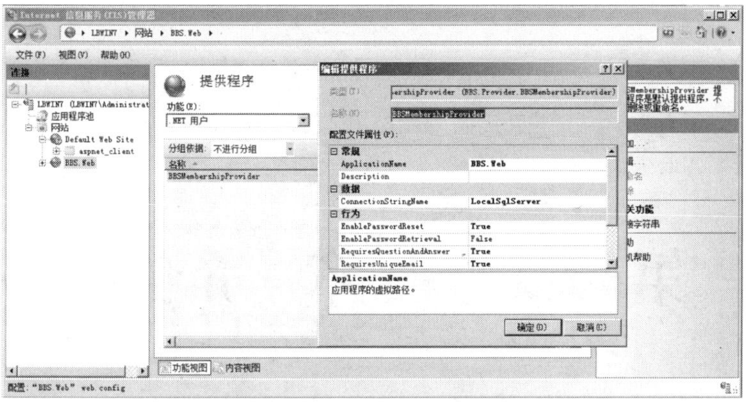

图 23.2　在 IIS 中检测自定义成员数据提供者

如果在 IIS 中显示出了配置的自定义成员数据提供者名称，则说明配置正确。也可以通过 IIS 来添加或删除用户。

23.3　小结

本章实现了一个完整的自定义成员数据提供者，通过它可以构建用户管理机制，并提供了对自定义用户数据结构的支持，从而实现了成员管理数据与站点数据之间完全契合的开发环境。读者还可以将本章中的实例改写为使用其他存储介质的成员管理数据提供者，以适应多数据库开发环境。

第 24 章 角色和授权

前几章已讲解了使用成员资格 API、自定义成员提供者等一系列 ASP.NET 成员资格的相关知识，本章将讲解角色及 ASP.NET 中的授权机制。授权是指授予成员执行特定操作的过程，特定操作可能涉及对某一文件的访问、资源的使用等情况。

24.1 URL 授权

在一个既定的程序框架中，用户权限就是用户可以访问的资源。最理想化的权限控制是不影响当前程序的运行环境和编码结构，完全通过配置来完成对用户的权限控制。这些权限控制都可以通过 web.config 文件配置来完成，比如用户授权与授权终止的完成，还可以在用户的权限集合中最终体现。本节将讲解 ASP.NET 中最基本的授权模式，即 URL 授权。

24.1.1 控制特定用户的访问

ASP.NET 中的任何站点都可以通过 web.config 文件中<system.web>的子节点<authorization>来配置特定的用户访问规则，控制规则如下：

```
<authorization>
  <!--allow 节点配置的是允许访问当前站点的用户、角色、行为-->
  <allow users="" roles="" verbs="" />
  <!--dent 节点配置的是禁止访问当前站点的用户、角色、行为-->
  <deny users="" roles="" verbs=""/>
</authorization>
```

<authorization>具有两个子节点：<allow>、<deny>。<allow>节点可以通过 users、roles 和 verbs 属性来配置允许访问当前站点的用户、角色和行为集合，而<deny>节点的配置则是被禁止的用户、角色和行为集合，比如可以防止网站被匿名用户访问，代码如下：

```
<deny users="? " />
```

以上代码中的“?”是通配符，代表所有的匿名用户，还有“*”通配符，代表所有用户，比如允许用户获取站点的访问权限，代码如下：

```
<allow users="*"/>
```

在 web.config 文件中可能会出现如下配置：

```
<allow users="*"/>
<deny users="? " />
```

虽然以上的配置相互矛盾，但是开发人员无须担心它会引发异常。ASP.NET 在读取 web.config 文件中的配置时，一旦发现有一个适用的规则，将不会再继续读取其他规则。在阅读 web.config 文件时，需要谨记 ASP.NET 的配置规则。在以上配置中，ASP.NET 只执行了<allow>节点。当需要配置指定用户规则时，可以使用以下配置：

```
<allow users="admin,defaultUser"/>
```

在<allow>节点的 users 属性中使用“,”来分隔多个用户名，表示允许多个用户访问当前站点。如果不允许指定用户访问站点，则可以在<deny>节点的 users 属性中进行相似的配置。

24.1.2 控制对特定文件夹的访问

在一般的 ASP.NET 网站或 Web 应用程序开发时，会使用多个子文件夹分别放置不同功能模块的页面。开发中经常要控制用户对特定文件夹的访问，这时需要在特定的文件夹中添加 web.config 文件。但是该文件只能控制用户访问的相关配置节点，其网站文件结构如图 24.1 所示。

图 24.1 网站文件结构图

下面代码是该网站根目录下的访问规则配置：

```
<authorization>
  <!--dent 节点配置的是禁止访问当前站点的用户、角色、行为-->
  <deny users="? " />
  <!--allow 节点配置的是允许访问当前站点的用户、角色、行为-->
  <allow users="admin,defaultUser"/>
</authorization>
```

web.config 文件允许 admin 用户访问根目录下的所有文件。在 UserManager 文件夹中的访问规则配置如下：

```
<authorization>
  <!--dent 节点配置的是禁止用户 admin 访问当前文件夹 -->
  <deny users="admin" />
</authorization>
```

该文件夹的访问规则配置不允许 admin 用户访问当前文件夹。当出现上述情况时，ASP.NET 首先读取根目录下的配置，然后再读取子文件夹中的配置。如果它们出现了冲突，ASP.NET 将使用当前 URL 最近的配置文件中的相关配置，即 admin 用户可以访问根目录下的页面，但是无法访问 UserManager 文件夹下的页面。

> **注意**：当 ASP.NET 读取配置文件中的配置时，首先从根目录开始，然后根据站点目录层次依次读取子文件夹下的配置。当配置出现冲突时，ASP.NET 在子文件夹中执行它的配置而忽略父文件夹的配置。当子文件夹中没有任何配置时，ASP.NET 将执行父文件夹中的配置。如果一个站点不具有任何配置时，ASP.NET 将执行当前服务器的 machine.config 文件中的相关配置。

24.1.3 控制指定文件的访问

如果需要指定特定文件的访问规则，则在 web.config 中启用<location>节点，其配置方式如下：

```
<configuration>
  <system.web>
    <compilation debug="false" targetFramework="4.0" />
    <authorization>
      <allow users="*" />
    </authorization>
  </system.web>
  <location path="Default.aspx">
    <system.web>
      <authorization>
        <allow users="admin"/>
      </authorization>
    </system.web>
  </location>
</configuration>
```

以上代码中的当前站点允许所有用户访问根目录，但是 Default.aspx 页面仅允许 admin 用户访问。使用<location>节点的 path 属性可以指定特定的文件，并通过其相关配置来设置指定文件的访问规则。

24.1.4 控制指定角色的访问

在实际开发中，一个站点可能拥有成千上万的用户，这时一一指定他们的访问权限是根本不可能的。而且为每一个用户指定访问规则会非常复杂，且容易出现配置错误。这时可以将用户分组，一组用户就拥有同一个角色的用户集合。在 Windows 的日常管理中，经常使用用户组来管理其行为。ASP.NET 引入了 Windows 用户组的相关概念，即用户角色。当一组用户拥有同一角色时，可以通过对角色的授权来控制一组用户的访问规则。

当在站点中启用 Windows 验证时，角色即 Windows 用户组。ASP.NET 还内置了 Roles 服务，它可以帮助开发人员完成角色维护的工作。比如以下配置就展示了 web.config 使用角色授权的细节：

```
<system.web>
  <compilation debug="false" targetFramework="4.0" />
  <!--启用 Windows 验证-->
  <authentication mode="Windows"></authentication>
  <authorization>
    <allow roles="LBWIN7\Administrators" />
```

```
    </authorization>
  </system.web>
```

以上配置启用了 Windows 用户验证。在进行角色授权时，当前站点允许 Administrators 用户组中的用户访问。当启用了 Windows 验证时，需要使用机器名称来标注用户组所处的机器域。

24.2 使用代码检查授权

在 web.config 文件中可以配置用户访问文件及文件夹的访问权限，ASP.NET 提供了相关的类及方法来完成用户及角色的授权。本节将展示使用代码检查授权的相关细节。

24.2.1 使用 IsInRole()方法

ASP.NET 的 Page 类提供了 User 属性，其类型为 IPrincipal 接口对象。该对象具有 IsInRole()方法，用来检查当前用户所属的角色，其实现代码如下：

```
protected void Page_Load(object sender, EventArgs e)
{
    //检测用户是否属于机器名为 LBWIN7 的 Administrators 用户组
    if (User.IsInRole(@"LBWIN7\Administrators"))
    {
        //允许继续访问
    }
    else
    {
        Response.Redirect("Default.aspx");           //不允许访问跳转至主页
    }
}
```

> **注意：** 在检测用户角色时，由于其字符串中含有“\”，所以必须转义。当在字符串前方标注“@”，就可完成其转义了。

以上代码检测当前访问页面的用户是否属于机器名为 LBWIN7 的 Administrators 用户组，也就完成了其角色检测。

24.2.2 使用 PrincipalPermission 类

System.Security.Permission 命名空间提供了 PrincipalPermission 类，用来完成更为复杂的角色验证机制，该类提供的 Demand()方法用于检测用户的角色。如果未通过验证，此方法将抛出一个异常，用来制止用户对当前页面的访问。

PrincipalPermission 类的构造函数有多个重载，较为常用的重载形式需要传入 3 个参数：字符串类型的用户名、角色名称、布尔值类型的角色。当不需要某个参数时，可以直接传入 null 即可。如下代码就展示了如何使用该类来验证用户角色：

```
protected void Page_Load(object sender, EventArgs e)
{
    try
    {
        //实例化 PrincipalPermission 对象，传入当前用户的用户组名称
```

```
        PrincipalPermission permission = new PrincipalPermission(null,
        @"LBWIN7\Administrators");
        permission.Demand();          //检测用户所属的用户组
    }
    //当用户不属于机器名为 LBWIN7 的 Administrators 用户组时将捕获 SecurityException
    catch (SecurityException ex)
    {
        throw ex;
    }
}
```

以上代码判断用户是否属于机器名为 LBWIN7 的 Administrators 用户组，如果不属于，则调用 Demand()方法抛出异常，以终止用户的访问。

PrincipalPermission 对象还可以合并多个用户组，代码如下：

```
protected void Page_Load(object sender, EventArgs e)
{
    try
    {
        //实例化 PrincipalPermission 对象，传入当前用户的用户组名称
        PrincipalPermission permission1 = new PrincipalPermission(null,
        @"LBWIN7\Administrators");
        //实例化 PrincipalPermission 对象，传入当前用户的用户组名称
        PrincipalPermission permission2 = new PrincipalPermission(null,
        @"LBWIN7\Guests");
        //合并两个用户组
        PrincipalPermission permission3 =
        (PrincipalPermission)permission1.Union(permission2);
        permission3.Demand();          //检测用户所属的用户组
    }
    //当用户不属于机器名为 LBWIN7 的 Administrators 用户组时将捕获 SecurityException
    catch (SecurityException ex)
    {
        throw ex;
    }
}
```

以上代码中的 Union()方法可以合并多个用户组，当前用户不论属于哪个用户组，都可以使用 Demand()方法来验证。

24.3 使用基于角色的授权的 Roles API

ASP.NET 提供了一个完整的角色维护框架，该框架属于成员管理 API。基于角色授权的 ASP.NET 服务称为 Roles API，ASP.NET 还提供了一套完整的数据库表和视图来管理站点的成员、角色、授权等数据。这些数据的构建可以通过 aspnet_regsql.exe 工具生成，在前面的章节中已经讲解过。本节将使用 Roles API 来管理用户角色及角色授权。

24.3.1 在 LoginView 控件中使用角色

LoginView 控件内置了 RoleGroups 模板，用于验证用户的角色组，该模板的使用代码如下：

```
<asp:LoginView runat="server" ID="lgvDemo">
    <RoleGroups>
        <%--仅允许 LBWIN7\Administrators 用户组可以看到的内容--%>
        <asp:RoleGroup Roles="LBWIN7\Administrators">
            <ContentTemplate>
                <h3>仅有 Administrators 用户可以看到此处的内容</h3>
            </ContentTemplate>
        </asp:RoleGroup>
        <%--仅允许 LBWIN7\Guests 用户组可以看到的内容--%>
        <asp:RoleGroup Roles="LBWIN7\Guests">
            <ContentTemplate>
                <h3>仅有 Administrators 用户可以看到此处的内容</h3>
            </ContentTemplate>
        </asp:RoleGroup>
    </RoleGroups>
</asp:LoginView>
```

LoginView 控件中的 RoleGroups 模板允许开发人员定义 RoleGroup 元素。该元素的 Roles 属性用于指定当前该元素所适用的用户组或角色。此元素又内置了 ContentTemplate 模板，在其中可以添加任意内容，而这些内容只能由 Roles 属性指定角色的用户访问。

24.3.2　编程访问角色

成员资格 API 提供了 Roles API，它允许开发人员通过编程来控制当前站点中的角色，还内置了 Roles 类，该类提供了大量的方法，来管理角色并控制它的访问权限。

编程控制角色的一大好处就是可以为用户分配角色，并直接控制角色的行为。一般情况下，开发人员通过全局应用程序类的相关方法可以在用户验证时控制用户角色的行为。比如在用户验证时设置用户的角色，代码如下：

```
//当用户访问站点验证用户成员资格时执行的方法
void Application_AuthenticateRequest(object sender, EventArgs e)
{
    if(User!=null)
    {
        //获取配置文件中的基础角色名称
stringroleNameSystem.Configuration.ConfigurationManager.AppSettings["BaseRole"];
        //当前用户不属于基础角色且基础角色存在
        if (!Roles.IsUserInRole(roleName) && Roles.RoleExists(roleName))
        {
            //添加用户至基本用户组中
            Roles.AddUsersToRole(new string[] { User.Identity.Name }, roleName);
        }
    }
}
```

以上代码中的 Application_AuthenticateRequest()方法会在用户访问站点并开始验证时执行，它可以获取配置中的基础角色名称，并将用户添加至基本角色中，从而使用户具有基础角色的访问权限。

24.4 小结

本章首先讲解了 URL 授权、ASP.NET 配置等基础知识，并介绍了角色控制在 ASP.NET 安全体系中的重要作用；然后简单讲解了 Roles API 的相关知识，读者还需要运用前几章讲解的成员管理 API 的相关知识来深入学习 Roles API；最后还演示了使用 LoginView 控件控制角色访问的视图，以及演示了通过编程来控件用户角色的相关知识。读者可以应用 ASP.NET 网站管理工具来管理站点中的角色，并在代码中使用 Roles API 来控制角色的访问权限。

第七篇

ASP.NET 4.0 高级技术

ASP.NET 4.0 是目前最新的 ASP.NET 技术，它整合了一些新技术，如 WCF、WF 等。这些虽然不是 ASP.NET 的重点，但在开发大型复杂的应用程序时，有些技术可能会为你带来意想不到的效果。本篇的内容主要有：

- 在 ASP.NET 中整合 WCF 编程
- 在 ASP.NET 中整合 WF 编程
- HTTP 处理器和 HTTP 模块
- 创建自定义服务器控件
- 在 ASP.NET 中动态绘图

第 25 章 在 ASP.NET 中整合 WCF 编程

WCF 技术自.NET 3.0 推出以来，由于其开发便捷、易于理解、易于企业开发等特性，受到了广泛的好评。通过使用该技术，可以迅速构建面向服务式的编程，并提供了相关的规范和基础设施；还可以实现对远程对象的互操作，从而使该对象能够像本地组件一样容易操作。本章将介绍使用 WCF 完成远程对象的操作及通信。

25.1 WCF 基础

本节将介绍 WCF 技术的主要构成、使用场景、如何创建、配置及调用。该技术是.NET 平台下 SOA 架构，主要用于帮助开发人员构建分布式和可互操作的应用程序，它统一了原有的远程服务技术的开发模型，为各种应用提供了一致的编程模型，还提供了基于配置驱动的协议选择、消息格式、进程分配等远程对象互操作的面向服务编程模型。

25.1.1 WCF 的体系结构

WCF 是面向服务编程的模型技术，可以迅速构建基于服务的系统，并极大地简化实现 SOA 的方式。WCF 设计者在架构它时，极大地优化了原先.NET 技术体系下的分布式技术，造就了高内聚、低耦合的 WCF 技术。在远程服务通信时，该技术不会依赖于某种特定的协议、编码格式或主机环境。为了更好地提供服务，其所有的协议、通信消息格式等都是可以配置的。

在早期的分布式系统开发中，微软技术体系下的程序员主要依赖于两种技术：COM 和 Web Services 技术。COM 技术由于受到操作系统等条件的限制，目前已经不再适用于大型分布式系统的开发；而 Web Services 技术由于它脱离了具体技术实现的限制，并且还拥有完善的行业标准，所以被广泛应用。但是它需要依赖于 HTTP 协议进行通信，并不适用于诸如手持设备、嵌入式设备的分布式系统的开发和部署。

WCF 技术在架构时与 Web Services 技术非常相似，也需要构建服务层。在实际开发中，其使用架构如图 25.1 所示。

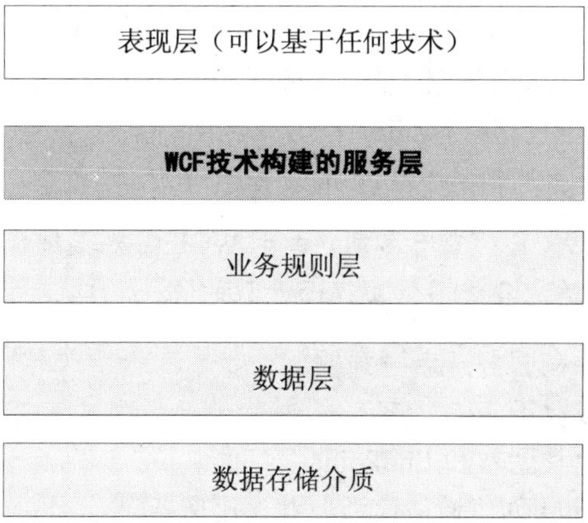

图 25.1　WCF 技术架构

在实际开发中，以上两种技术都需要单独构建服务层，但是 WCF 技术并不强制依赖于某个特定的通信协议来完成远程通信，所以它可以为任何设备或外部程序提供服务。该技术还支持以下几种典型的部署场景：

- 典型的 C\S 部署方式。它集成了多种 Windows 认证方式，并且可以使用 TCP 协议传递二进制数据，通过 Windows 信任来提供对数据消息的保护。
- 可以互操作的 Web Services。它使用 HTTP 协议进行消息传递，并且支持各种验证机制来保护消息安全性，还支持 Web Services 中规定的各种协议。
- 商业合作伙伴间交互证书认证的数据传输。数据传输时，它使用安全套接字来保证消息的安全性，并且支持交互证书的认证模式。
- 能够将业务功能暴露给 Web 程序，它为 ASP.NET 程序提供了安全边界，并允许程序完成跨进程和主机边界的分布式工作。

WCF 技术会在服务端与客户端之间构建契约，通过契约来限制双方的通信工作。构建 WCF 服务模型时，必须确定 3 个重要的因素：服务所处的位置（IP 地址或网址等定位符）、如何与服务通信、服务能够做什么，可以把它们称为地址（Address）、绑定（Bindding）、契约（Contract），这就是著名的 ABC 模型。

25.1.2　一个简单的 WCF 示例

上节讲到 WCF 提供服务时，必须提供服务层。一般情况下，WCF 服务层会被部署在远端主机上，由服务代理根据服务契约来为客户端提供服务，其服务提供方式和部署如图 25.2 所示。

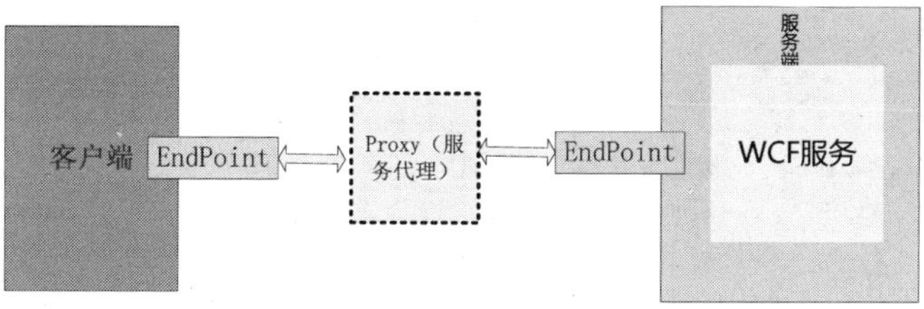

图 25.2　WCF 服务提供方式和部署方式

> **注意**：WCF 服务可以通过代理来提供，但是这并不是必需的。

从图 25.2 中可以得知，构建 WCF 服务时，服务器端需要提供服务、服务契约；客户端需要完成服务契约的绑定，从而与服务器端通信。WCF 服务器端需要完成以下工作：

➢ 定义和实现服务契约，并指定其通信方式。

➢ 创建服务实例，并将通信的 EndPoint 暴露给客户端。

> **注意**：EndPoint 是 WCF 的专有名词。由于 WCF 需要支持多种通信协议，所以它被认为是虚拟端口，是适应各种通信协议而开放的统一端口。

➢ 提供通信信道，并在服务开启时开放。

WCF 客户端需要完成以下工作：

➢ 通过服务契约创建其副本和 EndPoint。

➢ 基于特定的 EndPoint 创建通信信道，并调用服务。

本节将通过以下步骤，简单地构建一个 WCF 服务端与客户端通信的示例。

（1）创建一个类库程序，命名为 SimpleTimeContract。它用于创建 WCF 服务，并指定服务契约和开放 EndPoint。在该类库中引入 System.ServiceModel.dll，创建的服务类型如下：

```
[ServiceContract(Namespace="http://www.unkown.com")]   //服务契约
public interface ISimpleTimerService                  //服务定义接口
{
    [OperationContract]                             //操作契约
    string SimpleTimer(string name);
}
public class SimpleTimerService : ISimpleTimerService    //服务接口实现类
{
    public string SimpleTimer(string name)              //实现服务操作方法
    {
        returnstring.Format("{0}，欢迎使用 WCF 服务！当前时间是：
        {1}",name,DateTime.Now.ToShortTimeString());
    }
}
```

服务接口使用了 WCF 定义的一些特性，来定制当前服务的类型和服务方法，这些特性将在后续章节中逐步为读者讲解。

（2）构建了服务契约和接口后，需要在服务器上部署当前的 WCF 服务。在解决方案资源管理器中添加一个名为 Host 的控制台应用程序，并引入 System.ServiceModel.dll 及 SimpleTimeContract.dll，其代码如下：

```
class Program                                          //服务器端主机
{
    static void Main(string[] args)
    {
        //指定服务器提供的 WCF 服务类型
        using (ServiceHost host = new ServiceHost(typeof(SimpleTimerService)))
        {
            //添加 EndPoint 指定服务类型、通信协议、通信地址
            host.AddServiceEndpoint(typeof(ISimpleTimerService),newNetTcpBinding(),
            "net.tcp://localhost:9000/SimpleTimerService");
            host.Open();
            Console.ReadLine();                       //开启服务器并长期保持服务开启状态
```

```
        }
    }
}
```

在服务器类中创建了服务主机并添加了 EndPoint 接口。该接口指定了客户端与服务器的通信协议，以及服务器地址。在服务器程序中开启了服务，并保持它长期处于开启状态。

（3）创建了 WCF 客户端后就可以调用其服务了。在解决方案资源管理器中添加一个名为 Client 的控制台应用程序，并为其添加服务契约，代码如下：

```
[ServiceContract(Namespace="http://www.unkown.com")]     //服务契约
public interface ISimpleTimerService                     //服务定义接口
{
    [OperationContract]                                  //操作契约
    string SimpleTimer(string name);
}
```

在客户端添加服务契约主要是为了从远端服务器上获取服务对象，进而使用该对象调用相关的服务方法。

> **注意：** 客户端添加的服务契约必须与服务器端定义的接口类完全一致，否则无法获取服务对象。

（4）在客户端定义了完全一致的服务契约后，就可以调用服务对象了，代码如下：

```
static void Main(string[] args)
{
    //创建服务代理，指定服务绑定类型、服务地址
    ISimpleTimerService proxy=ChannelFactory<ISimpleTimerService>.CreateChannel(new
    NetTcpBinding(),newndpointAddress("net.tcp://localhost:9000/SimpleTimerService"
    ));
    //调用服务对象的相关服务方法
    Console.Write(proxy.SimpleTimer("洪石丹"));
    Console.ReadLine();
}
```

（5）重新生成解决方案资源管理器，先运行 Host 程序，再运行 Client 程序，效果如图 25.3 所示。

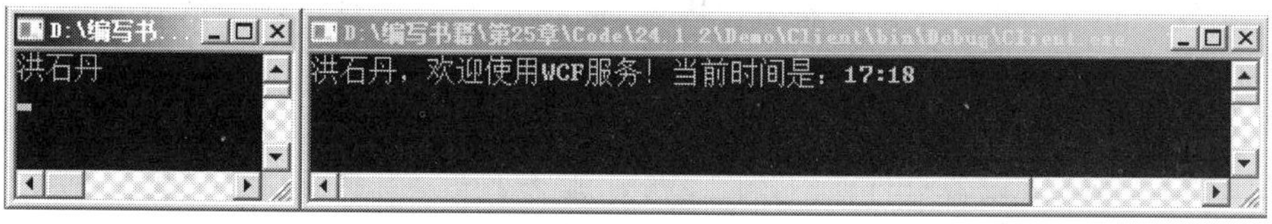

图 25.3　WCF 服务调用效果图

本节演示的 WCF 服务调用方式非常不安全，它还采用了硬编码方式指定服务通信协议。其优化的相关知识将在后续章节中讲解。

25.2　实现 WCF 服务

上节简单地介绍了 WCF 服务在日常开发中的作用及其支持的典型场景。本节将向读者介绍如何实现其服务契约，、并展示它的使用细节与注意事项。WCF 服务提供统一的编程模

型，服务契约是该编程模型中最核心的部分。读者需要仔细阅读本节内容，实践其中的相关事例，才能更好地理解此项服务。

25.2.1 理解服务契约

服务契约是实现 WCF 服务的关键所在，它指定了当前服务所提供的功能和服务本身所承载的元数据。WCF 服务端与客户端交互图如图 25.4 所示。

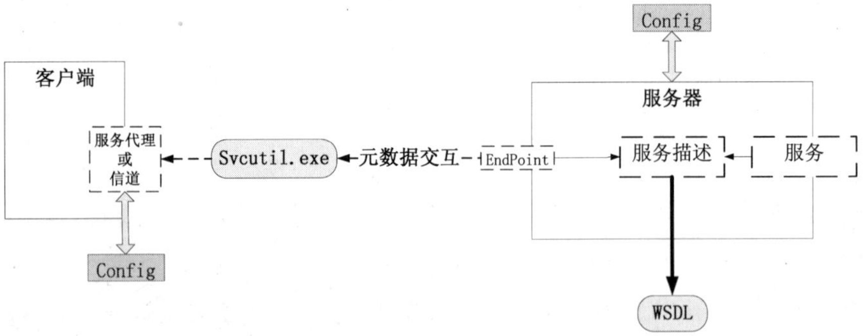

图 25.4 WCF 服务的基本交互图

请回想上节中构建的 WCF 服务，客户端并没有与服务器端构建完整的契约。它通过与服务器端共享服务接口，从而获取了服务对象。这种做法利用了 WCF 服务的部分功能，与早期的 Remouting 技术类似。

WCF 服务端和客户端之间应该具备以下关系：

- 它们应共享服务契约，而不是共享某一段服务接口的代码。
- 服务器端使用 WSDL（Web 服务描述语言）来描述当前服务契约、描述服务和服务端点（EndPoint）、服务的绑定方式和服务操作、数据消息和消息类型的定义方式、服务的安全策略及其他主要的策略。
- 客户端可以依赖服务端的服务描述来生成代理，并提供使用服务的相关配置。

WCF 服务与其他分布式技术的最大不同是它与客户端的紧耦合主要来自于服务契约，而不是基于特定技术、协议引起的紧耦合。Web Services 技术为客户端提供服务时，必须基于 HTTP 协议并严格限制数据消息为 XML 格式的文本消息，而 WCF 服务将通过契约来指定通信协议和消息类型。由于 HTTP 协议是高级的通信协议，所以导致 Web Services 技术不能与一些手持设备、嵌入式设备进行通信，而 WCF 服务不受到任何通信协议的限制，可以与任何支持当前服务契约通信协议的设备或应用程序进行通信。

WCF 的数据通信主要依赖于元数据。元数据通过在服务契约描述中指定的通信协议与客户端通信。服务契约描述通过.NET 内置的 Svcutil.exe 工具，转译为 WSDL 文件，该文件即 Web 服务描述文件，属于文本格式。所有对于服务契约的描述都基于 XML 技术，所以可以在网络中传输而不受到防火墙的限制。由于 WSDL 文件已经成为行业标准，所以不会受到特定技术的限制。使用该文件也可以将服务契约的相关描述在网络中传播，消除不同技术间的壁垒。

在 VS 2008、VS 2010 开发环境中，服务契约由 IDE 生成，下一节将讲解如何构建它。

25.2.2 实现服务契约

VS 2010 内建了对 WCF 服务契约的支持，构建时就显得非常容易。本节将创建一个即时通信工具的服务契约，用于实现简单的即时消息传递，操作步骤如下。

（1）创建一个名为 MyIM 的解决方案，在其中添加一个名为 MyIM.DataService 的 WCF 服务库类型工程。在该服务库工程中出现了两个类文件：IService1.cs 和 Service1.cs。它们都具有服务接口类和服务提供类，还提供了复杂的数据封装类。该服务库工程中的 App.Config 文件具有当前 WCF 服务的相关配置，其 WCF 服务配置相关代码如下：

```
…//省略代码参见代码光盘
<system.serviceModel>
  <services>
    <!--配置当前的服务接口名称-->
    <service name="MyIM.DataService.ChatServices">
      <!--指定服务契约所使用的协议名称为 HTTP 及服务器地址、服务接口类-->
      <endpoint address="" binding="wsHttpBinding"
      contract="MyIM.DataService.IChatService">
        <identity>
          <dns value="localhost" />
        </identity>
      </endpoint>
      <endpoint address="mex" binding="mexHttpBinding" contract="IMetadataExchange" />
      <host>
      <baseAddresses><addbaseAddress="http://localhost:8732/Design_Time_Addresses/
      MyIM.DataService/Chat
Services/" />
        </baseAddresses>
      </host>
    </service>
  </services>
  <behaviors><!--元数据配置节-->
    <serviceBehaviors>
      <behavior>
        <serviceMetadata httpGetEnabled="True"/>
        <serviceDebug includeExceptionDetailInFaults="False" />
      </behavior>
    </serviceBehaviors>
  </behaviors>
</system.serviceModel>
```

<system.serviceModel>配置节指定了当前服务契约的服务地址、绑定方式、数据消息等信息。

（2）修改 IService1.cs 文件中的相关代码如下：

```
[ServiceContract]                                    //当前服务契约，即客户端可以调用的服务方法
public interface IChatService
{
    [OperationContract]
    bool SendMsg(Message msg);                       //向服务器端发送消息的契约方法
    [OperationContract]
    List<Message> GetMyMsg(string userName);         //查找发送给特定用户消息的服务契约方法
}
```

注意：Message 类是一个复杂的数据传输实体，将在下面进行讲解。

修改了 IService1.cs 文件后，还需要将 App.config 文件中的相关配置节点修改为新接口名称。在定义服务契约接口时，必须使用 System.ServiceModel.ServiceContract 特性修饰该接口。该特性负责标注接口为 WCF 服务契约接口，当接口中的方法作为服务方法暴露给客户端时，需要使用 System.ServiceModel.OperationContract 特性进行标注，它用来修饰类或接口，但一般用于修饰接口，因为可以带来以下好处：

- 消除服务契约与服务实现类之间的紧耦合状态。
- 为某单一的服务契约提供多种实现的可能，也是设计原则中“依赖建立于抽象之上”的具体体现。

（3）IChatService 接口使用了复杂数据类型对象（Message），并需要为它实现数据契约，以用来传递数据，其代码如下：

```
    [DataContract]                                          //复杂数据实体必须使用 DataContract 特
性标识
    public class Message
    {
        public Message(string sender,string geter,string msg)     //构造函数
        {
            this._sender = sender;                              //发送人
            this._geter = geter;                                //收信人
            this._msg = msg;                                    //消息
            this.SendTime = DateTime.Now;                       //发送时间
        }
        private string _msg;
        private string _sender;
        private string _geter;
        private DateTime _sendTime;
        [DataMember]                                    //数据实体的属性必须使用 DataMember 特性修饰
        public string Msg{get { return this._msg; }set { this._msg = value; }}
        [DataMember]
        public string Sender { get { return this._sender; } set { this._sender = value; }  }
        [DataMember]
        public string Geter { get { return this._geter; } set { this._geter = value; } }
        [DataMember]
        public DateTime SendTime { get { return this._sendTime; } set { this._sendTime =
        value; } }
    }
```

WCF 服务传输的数据实体类必须使用 System.Runtime.Serialization.DataContract 特性进行修饰，便可被该服务使用，也就是遵循了数据契约。该特性允许当前数据实体类进行序列化操作，从而在网络中可以传输该实体类。可以使用 System.Runtime.Serialization. DataMember 特性来表示其序列化操作，从而保证属性中存储的数据不会丢失。

构建了完整的 WCF 服务契约和数据契约后，可以新建一个应用程序来调用 WCF 服务。在解决方案资源管理器中添加一个名为 MyIM.Client 的控制台应用程序，用鼠标右键单击该程序名，在弹出的快捷菜单中选择“添加服务引用”命令。复制 App.Config 文件中<host>配置节下的 WCF 服务地址，粘贴到“添加服务引用”对话框的地址栏中，单击“前往”按钮，效果如图 25.5 所示。

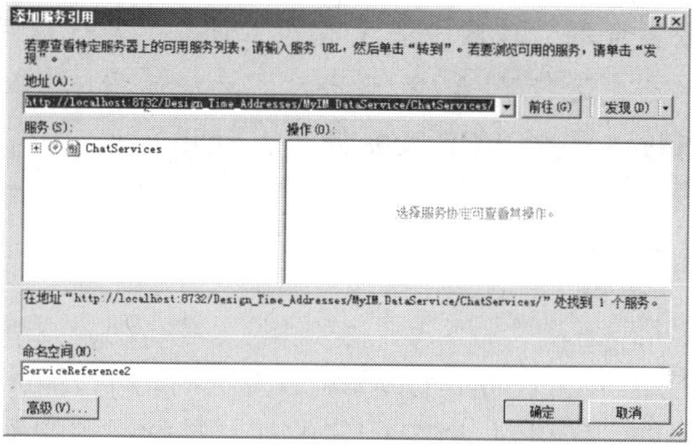

图 25.5　“添加服务引用”对话框

获取了服务类型后，单击“确定”按钮。这时可以看到，MyIM.Client 项目中多了一个 Service Reference 文件夹和一个 App.Config 文件。

（4）在 MyIM.Client 项目的 Program.cs 文件中添加以下代码：

```
class Program
{
    static void Main(string[] args)
    {
        //创建服务引用
        ServiceReference1.ChatServiceClient service = new
        ServiceReference1.ChatServiceClient();
        Message msg = new Message("洪石丹","宋明","晚上好");
        service.SendMsg(msg);                    //调用服务契约中的服务方法来发送即时消息
        Console.WriteLine("\n\n 发送消息至服务器端");
        //调用服务契约中的服务方法来获取即时消息
        Message getMsg = service.GetMyMsg("宋明").Length == 0 ? null : service.GetMyMsg("
        宋明")[0];
        Console.WriteLine("\n\n 接收消息");
        Console.WriteLine("{0}对{1}说:
        {2}\t\t{3}",msg.Sender,msg.Geter,msg.Msg,msg.SendTime);
        Console.ReadLine();
    }
}
```

MyIM.Client 项目创建了服务引用的代理类 ChatServiceClient，且实例化了它，并通过其实例调用了服务契约的相关方法，从而实现了消息发送和接收。

（5）设置 WCF 服务库程序为起始项目，并直接运行，然后再设定 MyIM.Client 项目为起始项目，并调试运行，就可以看到客户端与服务器端通信成功，效果如图 25.6 所示。

图 25.6　WCF 服务调用效果图

> **注意**：由于解决方案资源管理器中并没有建立服务器端代理用来维持服务端 WCF 的开启状态，所以只有先运行了 WCF 服务库，才能运行 MyIM.Client 项目。如果该服务库一次都没运行过，那么 WCF 服务将无法调用成功。

25.3 配置 WCF 服务

上节通过 VS 2010 构建了一个简单的 WCF 服务契约，本节将详细讲解如何完整地配置它。服务契约主要基于配置，所以对 WCF 配置的理解是学好它的关键所在。

25.3.1 服务端点

上节演示了最基础的 WCF 服务库的创建，并且其服务的相关配置也会自动生成，代码如下：

```
<services>
  <!--配置当前的服务接口名称-->
  <service name="MyIM.DataService.ChatServices">
    <!--指定服务契约所使用的协议名称为 HTTP 及服务器地址-->
    <endpoint address="" binding="wsHttpBinding"
    contract="MyIM.DataService.IChatService">
      <identity>
        <dns value="localhost" /><!--配置域名解析服务器的地址-->
      </identity>
    </endpoint>
    <!--此端点即 WCF 中进行元数据交互的特有的 HTTP 扩展协议-->
    <endpoint address="mex" binding="mexHttpBinding" contract="IMetadataExchange" />
    <host>
      <baseAddresses> <!--WCF 服务最终生成的地址-->
<addbaseAddress="http://localhost:8732/Design_Time_Addresses/MyIM.DataService/Chat
Services/" />
      </baseAddresses>
    </host>
  </service>
</services>
```

以上配置代码具有以下几个非常重要的节点。

- <services>节点：在一个 WCF 服务库中允许添加多种服务，它们的配置节点都被放置在该节点中。
- <service>节点：每个服务都需要配置节点，还要为其<name>属性指定服务名称，其中也可以添加<endpoint>节点，用于设置当前服务开放的服务端点。
- <host>节点：用于配置当前服务所使用的主机地址，还可以配置多个 WCF 提供服务的地址，如 TCP 协议地址等。

在上节创建的 WCF 服务库中配置两个服务端点，代码如下：

```
<!--指定服务契约所使用的协议名称为 HTTP 及服务器地址-->
<endpointaddress=""binding="wsHttpBinding"contract="MyIM.DataService.IChatService">
  <identity>
    <dns value="localhost" /><!--配置域名解析服务器的地址-->
  </identity>
</endpoint>
```

```
<!--此端点即 WCF 中进行元数据交互的特有的 HTTP 扩展协议-->
<endpoint address="mex" binding="mexHttpBinding" contract="IMetadataExchange" />
```

在以上配置节中添加了两个服务端点配置：第一个指定了当前服务使用 HTTP 协议作为通信协议，并设置了服务契约接口；第二个指定了当前服务使用了 WCF 特有的元数据交换协议，其基础协议也是 HTTP 协议。

25.3.2　绑定

WCF 服务库通过配置节指定了服务公开的服务端点，当客户端调用服务时，还需绑定该服务端点。打开 25.2.2 节中创建的示例解决方案，在 App.Config 文件中就可以看到客户端服务绑定的相关配置，代码如下：

```
<system.serviceModel>
    <bindings>
        <wsHttpBinding>
            …//省略代码参见代码光盘
        </wsHttpBinding>
    </bindings>
    <client>
<endpointaddress="http://localhost:8732/Design_Time_Addresses/MyIM.DataService/
ChatServices/"
            binding="wsHttpBinding" bindingConfiguration="WSHttpBinding_IChatService"
        contract="ServiceReference1.IChatService"name="WSHttpBinding_IChatService">
            <identity>
                <dns value="localhost" />
            </identity>
        </endpoint>
    </client>
</system.serviceModel>
```

从以上配置可以看出，客户端获取了 WCF 服务的服务端点配置信息，即完成了它的通信配置。其中还有<wsHttpBinding>节点，用于进行服务绑定配置。完成以上配置后，必须指定服务绑定配置，否则将无法正常调用该服务。

> **注意**：<endpoint>节点具有 binding 属性，用于指定当前客户端需要执行的绑定类型。以上代码设置该属性为 wsHttpBinding，即当前服务端点绑定的是基于 Web Services 的 HTTP 通信协议，并且该协议的相关通信设置来自于<bindings>节点下的<wsHttpBinding>节点。

<wsHttpBinding>节点的配置信息如下：

```
<wsHttpBinding><!--基础通信协议绑定节点-->
    <!--binding 节点指定了当前客户端调用的 WCF 服务契约类型及通信的相关设置-->
    <binding name="WSHttpBinding_IChatService" closeTimeout="00:01:00"
        openTimeout="00:01:00" receiveTimeout="00:10:00" sendTimeout="00:01:00"
        bypassProxyOnLocal="false"transactionFlow="false"hostNameComparisonMode="
        StrongWildcard"
        maxBufferPoolSize="524288" maxReceivedMessageSize="65536"
        messageEncoding="Text" textEncoding="utf-8" useDefaultWebProxy="true"
        allowCookies="false">
        <!--通信时的消息格式、请求类型、持久化相关配置-->
<readerQuotasmaxDepth="32"maxStringContentLength="8192"maxArrayLength="16384"
            maxBytesPerRead="4096" maxNameTableCharCount="16384" />
        <reliableSession ordered="true" inactivityTimeout="00:10:00"
```

```
          enabled="false" />
      <security mode="Message">
          <transport clientCredentialType="Windows" proxyCredentialType="None"
            realm="" />
          <message clientCredentialType="Windows" negotiateServiceCredential="true"
            algorithmSuite="Default" />
      </security>
    </binding>
</wsHttpBinding>
```

以上代码中的<binding>节点用于指定当前服务绑定所使用的服务名称、通信参数；它下面的相关节点用于配置客户端与 WCF 服务通信时使用的消息格式、请求类型、持久化相关配置。当客户端配置了服务端点和绑定类型后，就可以通过它的相关通信协议与 WCF 服务通信，并调用相关的服务了。

25.4 在 ASP.NET 中应用 WCF 服务

WCF 服务可以部署于各种不同的环境中，并且被各种不同的应用程序所调用，还可以为分布式开发带来极大的助力，使服务更加易于管理和配置。本节将演示如何部署 WCF 服务，以及调用它的相关细节。

25.4.1 WCF 服务宿主环境

WCF 服务可以被部署在各种不同环境中，其中典型的宿主环境包括以下几种。

- Self-hosting：允许 WCF 服务部署于控制台应用程序、Windows 应用程序、Windows 服务中。它支持 TCP 协议、HTTP 协议、命名主机、消息队列等多种通信方式。
- IIS：WCF 服务可以使用 IIS 服务器作为宿主环境进行部署。但是当使用它时，服务仅支持 HTTP 协议作为通信协议。
- Windows 激活服务：可以在 Windows Vista、Windows 2008 等操作系统中运行，也可以作为 WCF 服务的宿主环境。它支持使用 TCP 协议、HTTP 协议、命名主机、消息队列等多种通信方式。

这些宿主环境都具有以下一些特点：

- WCF 服务都需要暴露服务端点和服务地址，以供客户端调用。
- 在各宿主环境下都可以通过 WCF 服务配置来完成通信、服务端点、服务地址的暴露工作。

但是这些宿主环境在部署或开启 WCF 服务时，也有以下不同之处：

- 在 Self-hosting 部署模式下，可以通过编程来完成服务端点的暴露工作，且很容易完成服务代理的生成和配置工作，但是在该部署模式下必须手动开启或终止 WCF 服务。
- 在 IIS 服务器部署模式时，只能通过配置来完成服务端点的暴露工作，但是不需要手动开启或终止 WCF 服务。该服务最终的表现形式为 Web Services，这意味着它无法使用消息队列等方式传递消息。

25.4.2 为 WCF 配置 IIS

为了在 IIS 中发布 WCF 服务，首先需要完成其配置工作。在 Windows 7 或 Windows Vista 中，打开控制面板，双击“程序和功能”选项。在“卸载或更改程序”窗口中单击“打开或关闭 Windows 功能”链接，弹出“打开或关闭 Windows 功能”窗口，在其中检查 Windows Process Activation Service 功能是否启用，效果如图 25.7 所示。

如果没有启用，则必须选中该功能下所有的复选框，单击“确定”按钮启用它。启用后，再检测 IIS 中是否添加了 WCF 请求协议。首先打开 IIS，用鼠标右键单击网站节点下的“Default Web Site”站点，在弹出的快捷菜单中选择“编辑绑定项”命令，打开“网站绑定”对话框，在其中检测默认站点是否已绑定了其他通信协议。“网站绑定”对话框效果如图 25.8 所示。

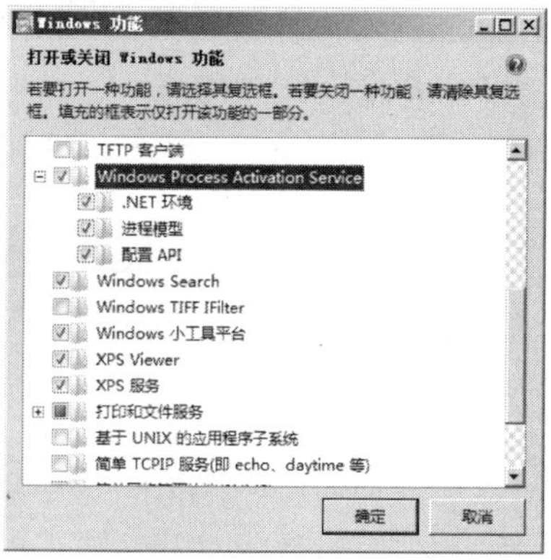

图 25.7 检测 Windows Process Activation Service 功能

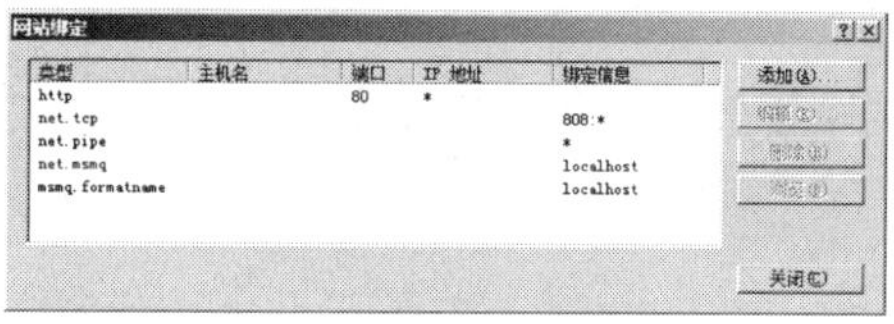

图 25.8 “网站绑定”对话框

说明：如果“Default Web Site”站点已经绑定了除了 HTTP 协议以外的其他协议，则说明可以在当前 IIS 中部署 WCF 服务了。

25.4.3 部署承载于 IIS 的 WCF 服务

做好以上准备工作后，就可以在 IIS 中直接部署 WCF 服务了，其实现非常简单，可以直接使用 VS 2010 自带的发布功能，具体操作步骤如下。

（1）打开 WCF 服务库项目，在解决方案资源管理器中单击鼠标右键该项目名称，在弹出的快捷菜单中选择“发布”命令。效果如图 25.9 所示。

（2）弹出“发布 WCF 服务”对话框，指定 WCF 服务需要发布的虚拟目录，单击“发布”按钮，效果如图 25.10 所示。

（3）单击“发布”按钮后，可以在 IIS 中检查发布后的 WCF 服务，效果如图 25.11 所示。可以看出，虚拟目录中会出现一个扩展名为“.svc”的文件。该文件就是当前 WCF 服务的描述文件，其内容相对简单，代码如下：

```
<%@ ServiceHost Service="WcfServiceLibrary1.Service1" %>
```

以上代码中的<@ServiceHost>指令会通知 IIS 使用 WcfServiceLibrary1.dll 下的 Service1 类来生成 WCF 的 Web 服务。而该 Web 服务根据 WCF 配置文件的相关配置项来生成用于提供基于 HTTP 协议的 WCF 通信服务。

图 25.9 选择“发布”命令

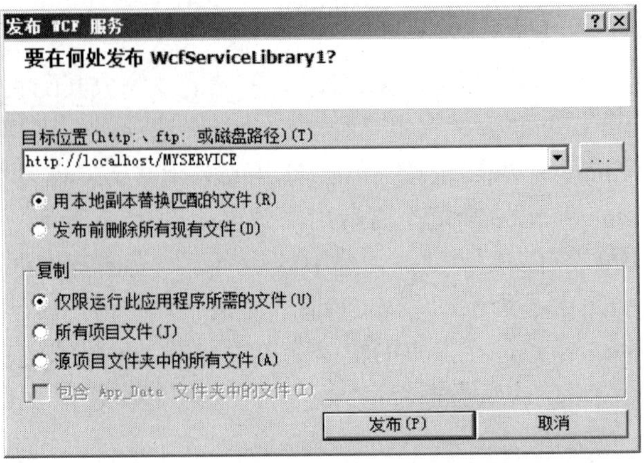

图 25.10 “发布 WCF 服务”对话框

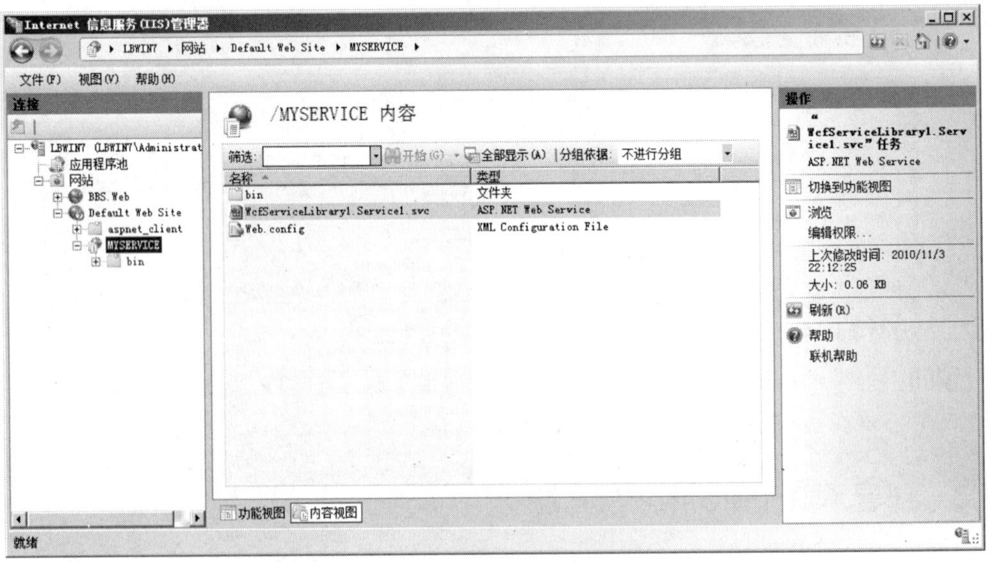

图 25.11 在 IIS 中发布后的 WCF 服务

25.5 小结

WCF 服务目前被广大开发人员所接受，而且应用日渐广泛。它面向服务编程的特征可以解决远程对象的调用和通信的问题。本章讲解的 WCF 应用都是一些较为基础的内容，读者可以参考 MSDN，更深入地了解其相关知识。WCF 与 ASP.NET 程序配合可以完成复杂的分布式系统开发，并且通过配置极大地优化了 WCF 服务的效率和提高其安全性。

本章从 WCF 服务的基础知识、配置、调用、部署循序渐进地讲解了它的各种特点。读者还需要在开发中去体会和使用它，才能更好地掌握这些知识。还讲解了 WCF 可以代替 Web 服务，从而实现更为复杂的分布式系统开发，并且它也可以部署在任何应用程序中，又极大地降低了分布式系统的复杂度。

第 26 章 在 ASP.NET 中整合 WF 编程

WF 是 Windows WorkFlow Foundaion 的简写，即工作流组件，可以对应用程序的内部工作流建模、配置、监视和执行。它提供了两种工作流：顺序工作流和状态机工作流，还提供了各种工作流程序集、项目模板和建模工具。本章将使用 WF 来创建工作流，并通过工作流引擎执行具体的业务流程。

26.1 WF 基础

在日常开发中，开发人员大多数都在处理业务流程。多年以来，.NET 中并没有诸如 JBMP 这样的流程处理框架，导致开发人员不得不继续为新的应用程序开发新的业务规则处理框架。随着这些规则的不断复杂，只依靠开发人员对它们的理解来开发适用于企业的业务流程处理已渐显不足。WF 自.NET 3.0 发布后，已日渐被开发人员所接受和喜欢，本节将为读者讲解 WF 的基础知识。

26.1.1 WF 简介

在实际开发中，应用程序必须为各种业务流程建模。一个简单的业务流程即多个任务依据业务逻辑构建的有序集合。比如开发一个网上书城的 Web 程序，开发人员必须处理订单流程中的每个步骤，并为它们编写代码。当出现订单时，首先需要验证订单中书籍的库存情况，如果库存中书籍存量尚多，则将订单发送至市场部处理，并生成单据，然后由财务部检测订单钱款到账情况，并生成商业票据，最后由物流部发货，并检测发货状态和收货状态。

开发人员需要将业务流程拆解为多个独立的工作项，并为它们创建相应的逻辑处理方法。创建后，开发人员还需要编写相关的工作项关联关系的逻辑控制代码，并将这些代码共享至测试团队，以供测试团队通过白盒测试、功能测试等方法检测该业务流程。

实际上业务流程可以被抽象为两个独立的开发部分：

- 独立的工作项。比如检测库存、检测订单到账情况等单独工作项，并不隶属于某一特定的业务流程，而是被所有的业务流程所聚合的单独工作项。
- 工作项之间的关联关系。比如购书流程是由多个独立的工作项构成的，但是它规定了这些单据工作项的关联关系，从而使这些独立工作项组合起来完成复杂的购书业务流程。

WF 如何帮助开发人员完成复杂的业务流程开发呢？在业务流程开发中，它扮演的角色主要是流程建模和维持流程数据的辅助角色，它也可以被认为是一套有效的建模工具，来帮助开发人员建立一个复杂业务流程的模型。将单独的工作项组合起来称为一个复杂的业务流程，图 26.1 所示有效地说明了 WF 在开发中起到的主要作用。

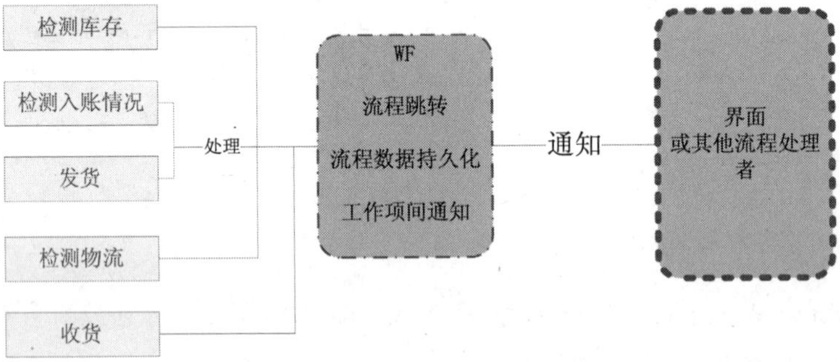

图 26.1　WF 在日常开发中起到的主要作用

在实际开发中，WF 有效地利用了业务流程的抽象特征。它并不负责具体的工作项开发，而是提供了完整的工作项关联关系处理机制。通过 WF 的帮助，开发人员可以开发具体的工作项，并通过其创建工作流库来创建业务规则模型，从而处理复杂的工作项关联关系。

当应用程序运行时，WF 会寄宿在应用程序中处理复杂的工作项关联关系，将开发人员从烦琐的关联关系处理中解放出来，能更好地完成单独工作项功能的开发。WF 的工作流库在 VS 2010 的支持下能够完成可视化编程，使测试人员或产品经理可以迅速地了解开发人员当前业务流程的处理方式。

WF 与具体业务工作项之间并没有任何直接联系，即它们之间低耦合，但是它可以建立业务流程模型，并通过已创建的业务流程模型来构建业务工作项之间的管理关系。WF 始终是游离于具体业务之外，类似于 Spring，是依赖倒置的具体实现。

26.1.2　第一个工作流示例程序

VS 2010 内建了 WF 的设计器和运行环境。本节将演示一个最基本的工作流实例程序，为读者理解它带来一些感性认识。

（1）创建一个“工作流控制台应用程序”类型的工程，在解决方案资源管理器中就可以看到该工程的项目文件结构，其中会自动添加一个名为 Activity1 的顺序工作流活动文件，该文件为一个 xaml 文件；还有一个 Program.cs 的类文件，该类文件中有 Main()方法。当前控制台程序即 WF 的宿主程序。

（2）在流程设计器中打开 Activity1 文件，并从工具箱中拖入一个 WriteLine 活动，设置该活动的 Text 属性为：

```
String.Format("{0}于{1}访问了工作流程序！~","hong", DateTime.Now.ToShortTimeString())
```

工作流设计器中的 WriteLine 活动效果如图 26.2 所示。

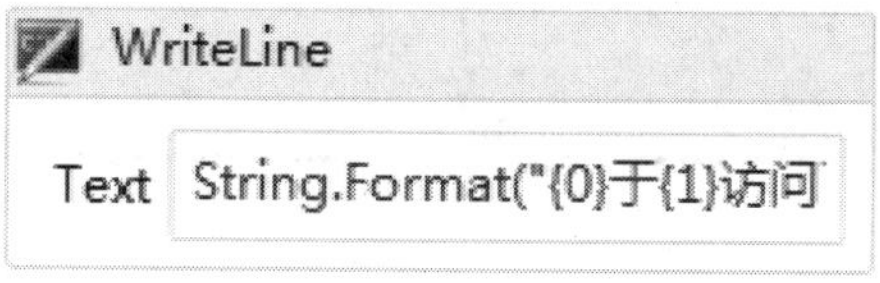

图 26.2　WriteLine 活动效果

（3）打开 Program.cs 文件，在 Main()方法中添加以下代码：

```
class Program
{
    static void Main(string[] args)
    {
        WorkflowInvoker.Invoke(new Workflow1());//激发工作流程序
        Console.ReadLine();                      //读取并停止闪屏，观察工作流程序运行情况
    }
}
```

（4）由于 WF 并不脱离应用程序单独运行，所以它必须寄宿于应用程序中，由应用程序激发工作流。以上代码使用了 WorkflowInvoker 类的 Invoke()静态方法来激发工作流。运行当前程序，效果如图 26.3 所示。

图 26.3　工作流程序运行效果图

26.1.3　WF 架构简介

WF 在设计器中可以被认为是树结构的特定活动包装集，它具有特定的起点、终点、多个子活动。每个子活动都可以拥有不同级别的子活动，所以认为 WF 是一个活动树。

活动是 WF 的基本组织单元，诸如执行业务逻辑或更新数据库数据等行为都被封装在一个个的活动中，它具有下面两个方面的行为：

- 设计时行为。
- 运行时行为。

运行时行为是指活动在工作流中运行时执行的代码。工作流的运行效率与活动的运行效率息息相关，活动级别的工作流运行效率与其他 C#应用程序效率基本一致。从本质而言，活动是单独编译好的.NET 程序集，所有的活动都继承自 System.Workflow.CompnentModel.Activity 类，单个活动的执行与单个.NET 程序集的执行效率一致，但是管理这些活动会带来额外的开销。在工作流中其生命周期如图 26.4 所示。

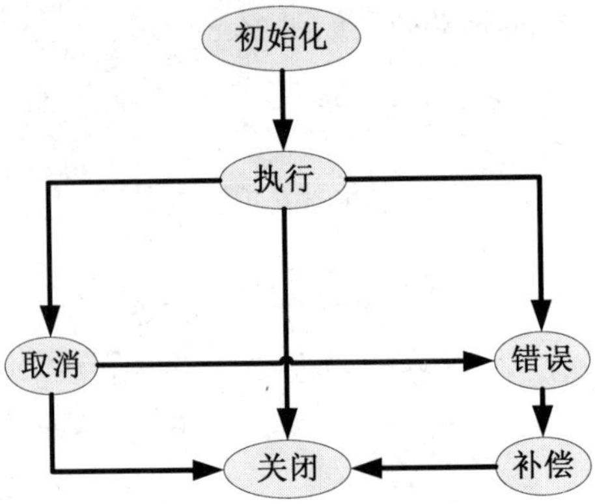

图 26.4　活动生命周期示意图

当包含活动的工作流被创建时，活动将被初始化，并保持初始化状态直到当前活动被执行。如果当前活动被工作流调度工作时，其状态将被更新为执行；如果当前活动执行非常顺利，则执行后其状态将被更新为关闭；如果执行遇到错误，则其状态将被更新为错误。当活动处于错误状态时，工作流会调用补偿机制来回滚活动或处理错误。如果当前活动被其他活动所取消，则其状态将被更新为取消，进而被关闭。

活动的设计时行为将通过 VS 2010 中的各种图标、色块来表示它的状态，并通过强大的设计器来实时更新其所处状态。强大的设计器还可以使产品经理或其他需求分析人员、测试人员迅速理解工作流所处的状态，以及验证业务规则的实现程度和对错。

26.2　工作流创建模式

.NET 4.0 的 WF 更新了创建模式，并且对.NET 3.5 中的工作流进行大量的重构和重写。这种新的模式废除了在.NET 3.5 中利用 WorkflowRuntime 和 WorkflowInstance 创建工作流的方式，而提供了 WorkflowApplication 新对象来完成工作流创建。由于顺序工作流库的日渐强大，.NET 4.0 也不再提倡创建状态机工作流，而对顺序工作流有了更好地支持。本节将讲解顺序工作流及其创建方式。

26.2.1　顺序工作流模型与 CodeActivity

顺序工作流，顾名思义，即严格按照既定顺序执行的工作流，它提供了多种活动和活动容器，来帮助开发人员构建工作流。其中最常用的容器即 Sequence 容器，它具有以下几个鲜明的特点：

- 继承自 NativeActivity 类，并且是一个密封类，无法被继承。
- 具有 Activities 集合，用于存放当前需要依照顺序执行的活动。集合中的活动将按照添加的顺序依次执行。
- 具有 Variables 集合，用于存储当前循序容器所需要使用的变量。

例如，创建一个工作流控制台应用程序，在 Workflow1 中添加一个 Sequence 容器，并在该容器中添加如下几个活动。

➢ WriteLineA：WriteLine 类型的活动，Text 属性为"WriteLineA:"+ DateTime.Now. ToLong TimeString()。

➢ Delay：Delay 类型的活动，Duration 属性为 DateTime.Now.AddSeconds(3) -DateTime. Now。

> **注意**：Delay 类型的活动主要用于活动间延时，当前设定的延时活动主要是为了更好地显示 Sequence 容器中活动执行的顺序，活动将延时 3 秒。

➢ WriteLineB：WriteLine 类型的活动，Text 属性为"WriteLineB:"+ DateTime.Now.ToLong TimeString()。

Sequence 容器在设计器中的效果如图 26.5 所示。

Sequence 容器中的诸多活动将依据添加顺序来执行。在 Program 类的 Main()方法中添加以下代码来启用工作流：

```
static void Main(string[] args)
{
    //实例化一个工作流，其中包含 Activity1 活动
    WorkflowApplication app = new WorkflowApplication(new Activity1());
    app.Run();                                          //运行该工作流
    Console.ReadLine();                                  //读取停止控制台程序
}
```

运行当前控制台应用程序，效果如图 26.6 所示。

图 26.5　Sequence 容器中的活动

图 26.6　Sequence 容器中的活动执行效果

在.NET 4.0 的工作流开发中使用最多的就是 Sequence 容器，它可以放置多个活动，并通过各种活动控制器来组织活动间的跳转。.NET 4.0 内置的活动可以完成多数的工作，为了更好地适应复杂的工作流设计，WF 具有极强的扩展性，它支持 CodeActivity（自定义活动），是开发人员自行定制的活动，并具有以下几个鲜明的特点：

➢ 继承自 CodeActivity 抽象类。

➢ 必须重写 Execute()方法，实际上它执行的就是该方法中的代码。

为以上创建的工作流活动库添加一个 CodeActivity 活动，并将其命名为“MyCodeActivity”。

在该活动的 Execute()方法中添加如下代码：

```
    public sealed class MyCodeActivity : CodeActivity
    {
        protected override void Execute(CodeActivityContext context)
        {
            Console.WriteLine("\n\n=========进入代码活动========\n\n");
            Console.WriteLine("时间：{0},欢迎你使用代码活动!
~",DateTime.Now.ToLongTimeString());
            Console.WriteLine("\n\n=========代码活动完成========\n\n");
            Console.ReadLine();
        }
    }
```

重新生成当前解决方案，将新生成的 CodeActivity 添加至 Sequence 容器中，该容器的设计器效果如图 26.7 所示。

注意：当重新生成解决方案后，自定义的 CodeActivity 会出现在设计器工具栏中。

运行当前程序效果如图 26.8 所示。

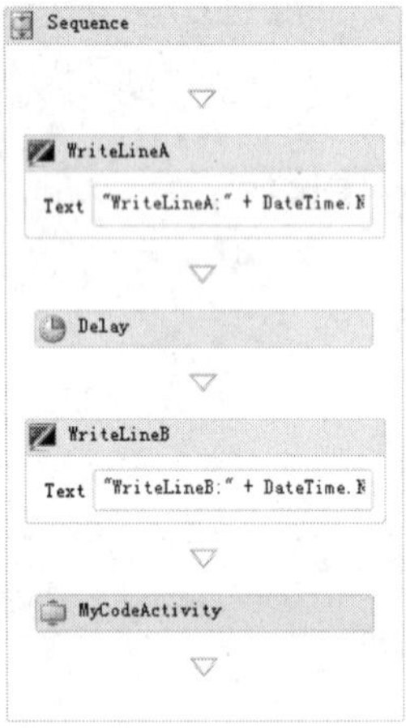

图 26.7 添加 CodeActivity 至 Sequence 容器

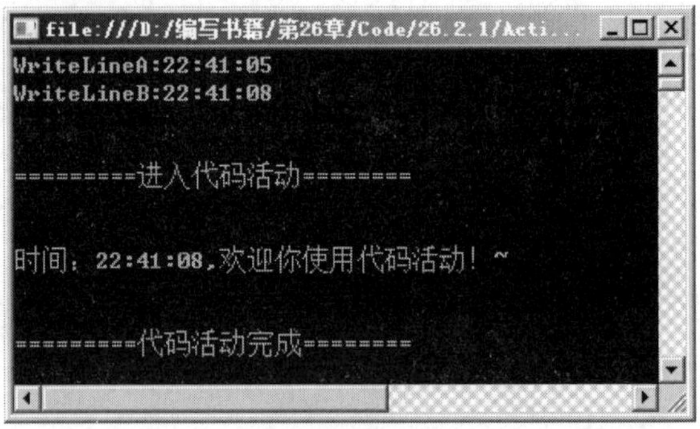

图 26.8 自定义活动执行效果

通过 CodeActivity 和 Sequence 容器，开发人员可以很容易地构建复杂的顺序工作流，并且自定义工作流中的各种活动，从而获取更大的灵活性。

26.2.2 工作流中的参数与变量

在工作流的处理过程中不免需要处理大量数据，WF 为活动间传递数据提供了参数和变量集合，它们用于存储变量和参数，具体说明如下。

1. 变量

变量是当前活动中可以被赋值、传递的数据对象，具有以下几个鲜明的属性：

- 不是所有的活动都有 Variables 属性，只有具有该属性的活动才可以定义变量。
- 活动中声明的变量作用域局限在当前活动及其子活动中，而无法被外部活动所感知。比如早当前活动中添加了两个不存在从属关系的 Sequence 容器，那么这两个容器中的变量都无法被对方所使用。

➢ 具有默认值，它可以不被赋值直接使用。当在活动中需要对它赋值时，必须使用 Assign 活动为当前容器中的变量进行赋值操作。

（1）创建一个工作流控制台应用程序，并为活动添加一个 Sequence 容器。在设计器中为该容器添加一个名为“v1”的字符串变量，并设定默认值为“变量演示”。设计器效果如图 26.9 所示。

（2）在 Sequence 容器中添加一个 WriteLine 活动，并设定 Text 属性为“v1”，即使用当前 WriteLine 活动输出变量 v1 的值。运行当前工作流项目，效果如图 26.10 所示。

（3）在工作流中还可以使用 Assign 活动为变量赋值，在当前 Sequence 容器中添加该活动，并为变量 v1 赋值。工作流设计器效果如图 26.11 所示。

（4）在使用 Assign 活动为变量赋值后的变量值可以再次被 WriteLine 活动输出。运行当前工作流项目，效果如图 26.12 所示。

图 26.9　创建变量

图 26.10　使用变量效果图

图 26.11　使用 Assign 活动修改变量的值

图 26.12　使用 Assign 活动修改变量值并输出

2. 参数

参数负责在工作流的各个活动中传递值，并被输出至其他活动中。它的使用比变量更为广泛，并且不受到活动类型的限制。在 WF 4.0 中它具有以下特点。

➢ 具有 4 种传递方式：in（输入）、out（输出）、in/out（输入、输出）、property（属性

参数），其中 in 参数使用最多。

- 必须具有明确的类型。
- 可以具有默认值，比如 in 参数必须使用表达式来赋予默认值；property 参数必须使用值类型；out 参数与 in/out 参数没有值类型。
- 具有 IsRequired 属性，当设定该属性为 true 时，则参数在运行当前活动前必须被赋值。

（1）创建一个工作流控制台应用程序，在工作流设计器中添加一个 Sequence 活动，并使用设计器为该活动添加 3 个参数，设计效果如图 26.13 所示。

（2）Sequence 容器可以使用 Assign 活动为参数赋值，在赋值时必须使用表达式而不是数值。在该容器中可以添加如下活动来为参数赋值并输出参数值，其设计效果如图 26.14 所示。

图 26.13　使用设计器为活动添加参数

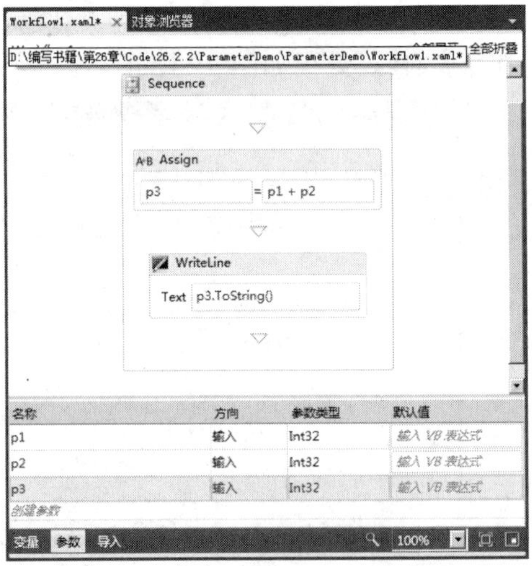

图 26.14　使用 Assign 参数为参数赋值

（3）初始化参数，在工作流运行时为参数赋值，代码如下：

```
static void Main(string[] args)
{
    //实例化一个键/值对集合，键即参数名称，值即参数值
    Dictionary<string, object> dic = new Dictionary<string, object>()
    {
        {"p1",5},
        {"p2",25}
    };
    WorkflowInvoker.Invoke(new Workflow1(),dic);    //在初始化工作流时为参数赋值
}
```

以上代码实例化了一个键/值对集合，并添加了以参数名称为键、参数值为值的相关键/值对。实例化工作流时，工作流会按照参数名称为参数赋予键/值对中相应的值。运行当前工作流项目，效果如图 26.15 所示。

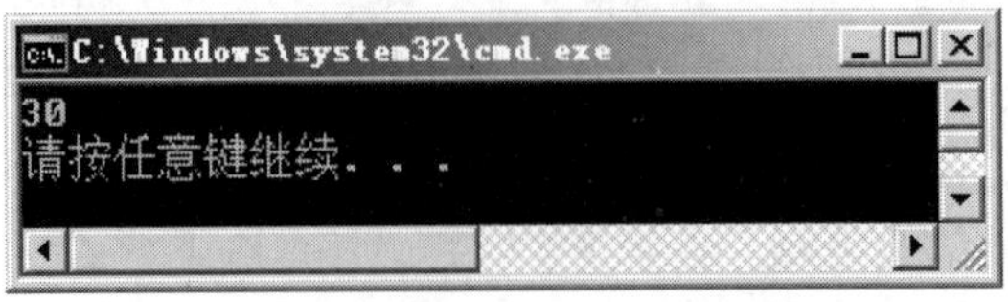

图 26.15　初始化工作流中的参数

本节简单地讲解了参数和变量，参数比变量具有更好的交互性，但是变量的使用更为灵活。在实际开发中应依据具体情况来决定使用参数或变量，笔者推荐使用参数，因为它能更好地提高数据的交互性。

26.3　在 ASP.NET 中整合 WF

以上几节简单讲解了 WF 4.0 的一些基本概念，本节将展示如何在 ASP.NET 中使用它，来实现业务开发，并演示一个请假申请流程开发的全部细节，希望读者在学习本节后可以对 WF 4.0 开发具有更深的认识，能深刻理解 ASP.NET 如何承载工作流，并可以使用它来完成较为复杂的业务流程开发。

26.3.1　创建请假申请工作流

在 OA、HR 等项目开发中，经常会开发一些人事管理的相关申请流程。本节将完整地实现一个工作流项目的搭建工作，并展示如何在工作流中使用参数来完成活动间的数据传递与跳转工作。所设计的请假申请工作流流程图如图 26.16 所示。

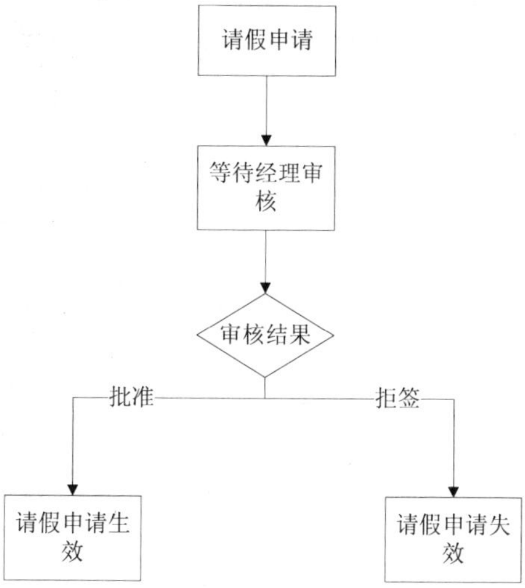

图 26.16　请假申请流程图

请假申请所涉及的数据表结构如表 26.1 所示。

表 26.1　数据表结构

UserInfo 表（用户表）		
UserID	Int	主键，自增列，用户 ID
UserName	Varchar(50)	用户名
UserPwd	Varchar(50)	用户登录密码
RealName	Varchar(50)	用户真实姓名
Job	Varchar(50)	用户职位

续表

LeaveInfo（请假申请表）		
LeaveID	uniqueidentifier	主键，请假申请信息 ID
Proposer	int	申请人，外键引用用户表 UserID
Operator	int	审批人，外键引用用户表 UserID
StartTime	Datetime	请假起始时间
EndTime	Datetime	请假结束时间
Remark	Varchar(200)	备注信息
State	Varchar(50)	当前请假申请审批状态

本节将模拟请假申请流程，因为在工作流运行中将操作数据库中的数据，所以本示例项目使用了 LINQ To SQL 类来实现数据操作。创建一个名为“AskForLeave”的空白解决方案，并在解决方案资源管理器中添加一个名为“AskForLeave.DataOperator”的类库程序，为该类库添加一个名为“HRDemo”的 LINQ To SQL 文件，并将服务器资源管理中的 UserInfo、LeaveInfo 表拖入该文件中。

完成了以上工作即可搭建一个完整的数据操作层。现在来设计工作流，设计时一定要严格遵循需求分析中的业务流程设计，其设计如图 26.17 所示。

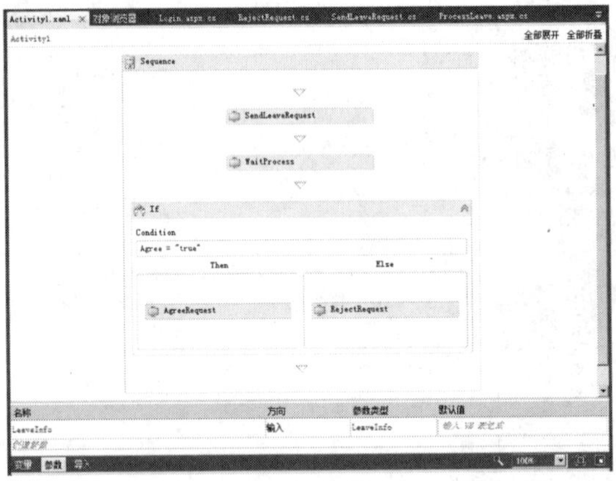

图 26.17　请假申请工作流设计

当前的工作流含有以下几个活动。

- SendLeaveRequest：发送请假申请的活动。它是 CodeActivity 活动，具有 in 参数。该参数将请假申请的记录插入到数据库中，等待经理批准。
- WaitProcess：等待经理批准的活动。它将等待 BookMark 被启动后，才会启动流程之后的活动，即它将暂停当前流程直到经理批复后，才会继续流程中的其他活动。
- If 活动：根据经理的批复来确定是执行批准请假申请还是拒签请假申请活动。
- AgreeRequest：批准请假申请活动。将当前请假申请状态更新为“批准”，说明请假申请被批准。
- RejectRequest：拒签请假申请活动。将当前请假申请状态更新为“拒签”，说明请假申请被拒签。

当前的请假申请工作流具有一个变量和参数。

➢ Agree：string 类型的变量，负责记录经理批复的结果，并在 If 活动中指导工作流的走向。
➢ LeaveInfo：LeaveInfo 类型的变量，负责把请假申请传递到当前工作流中，用于启动工作流。它在工作流运行时被赋予给 SendLeaveRequest 活动的 in 参数，将工作流插入到数据库中。

现在来查看 SendLeaveRequest 活动的代码，如下所示：

```
public sealed class SendLeaveRequest : CodeActivity
{
    //定义一个 LeaveInfo ，in 参数接收工作流传入的 LeaveInfo 对象
    public InArgument<LeaveInfo> leaveInfo { get; set; }
    public OutArgument<LeaveInfo> ApplyLeave { get; set; }
    protected override void Execute(CodeActivityContext context)
    {
        //获取工作流传递给当前活动的 LeaveInfo 对象，并赋值给新的 LeaveInfo 对象
        LeaveInfo leave = new LeaveInfo();
        leave.StartTime = leaveInfo.Get(context).StartTime;
        leave.EndTime = leaveInfo.Get(context).EndTime;
        leave.Proposer = leaveInfo.Get(context).Proposer;
        leave.Remark = leaveInfo.Get(context).Remark;
        leave.State = "待审批";
        leave.LeaveId = context.WorkflowInstanceId;
        //将当前请假申请插入数据库中
        HRDemoDataContext hrContext = new HRDemoDataContext();
        hrContext.LeaveInfo.InsertOnSubmit(leave);
        hrContext.SubmitChanges();
    }
}
```

SendLeaveRequest 活动将接收工作流传入的 LeaveInfo 参数，把它插入到数据库中，并将请假申请信息持久化，来等待经理批复该申请。特别需要注意的是，以上代码使用工作流实例的 ID 为当前 LeaveInfo 对象的主键属性赋值，这是为了保持对象持久化后，容易被其他活动获取的一种手段。

> **注意**：工作流设计器需要使用当前工作流中的 LeaveInfo 参数，为 SendLeaveRequest 活动的 leaveInfo 参数赋值。

WaitProcess 活动是为了等待经理批复而特意添加的一个等待活动。它只有在经理批复后，才会让流程执行该活动后的其他活动。

If 活动在设计器中将判断经理为 Apply 变量的赋值情况，从而决定工作流的走向。当该变量赋值为 true 时，则执行 AgreeRequest 活动，将请假申请状态更新为“批准”，该活动的 Execute()方法代码如下：

```
protected override void Execute(CodeActivityContext context)
{
    HRDemoDataContext hrContext = new HRDemoDataContext();
    //根据工作流 ID 来获取当前工作流实例所持久化的 LeaveInfo 对象
    LeaveInfo leave = hrContext.LeaveInfo.Single(l => l.LeaveId ==
    context.WorkflowInstanceId);
    leave.State = "批准";    //更新 LeaveInfo 状态
    hrContext.SubmitChanges();
}
```

以上代码中的 Execute()方法根据工作流实例的 ID 来获取当前工作流实例所持久化的 LeaveInfo 对象，从而批准当前申请。

RejectRequest 活动的 Execute()方法代码如下：

```
protected override void Execute(CodeActivityContext context)
{
    HRDemoDataContext hrContext = new HRDemoDataContext();
    //根据工作流 ID 来获取动当前工作流实例所持久化的 LeaveInfo 对象
    LeaveInfo leave = hrContext.LeaveInfo.Single(l => l.LeaveId
==context.WorkflowInstanceId);
    //更新 LeaveInfo 对象的状态
    leave.State = "拒签";
    hrContext.SubmitChanges();
}
```

以上代码中的 Execute()方法根据工作流实例的 ID 来获取当前工作流实例所持久化的 LeaveInfo 对象，从而拒绝当前申请。

> **注意**：当前工作流内置了一个 Sequence 容器，所有活动的执行顺序都是在 SendRequest 活动之后执行的。这说明无论是 AgreeRequest 活动还是 RejectRequest 活动，它们操作的都必须是 SendRequest 活动操作的请假申请对象，所以当该活动插入 LeaveInfo 对象时，使用当前工作流实例的 ID 作为此对象的主键，从而保证后续活动可以获取到 SendRequest 持久化的 LeaveInfo 对象。

26.3.2 工作流持久化服务

在流程切换与实际开发时，都需要使用工作流持久化服务，来持久化流程数据和自身的状态。日常开发中需要使用.NET 4.0 内置的两个 SQL 文件，在数据库中构建工作流持久化所需的数据表和存储过程。一般情况下，这两个文件存放在本地计算机中，路径如下：

```
系统盘:\Windows\Microsoft.NET\Framework\v4.0.30319\SQL\en
```

这两个 SQL 文件名分别为 SqlWorkflowInstanceStoreLogic.sql 和 SqlWorkflowInstance StoreSchema.sql。当需要使用工作流持久化服务时，可在当前系统所使用的数据库中运行它们，即可迅速构建工作流持久化所需的数据表和存储过程了。

本节需要使用该服务来存储请假申请工作流状态，在请假申请的示例数据库中运行以上两个 SQL 文件。运行后，可以发现当前数据库中新建了许多数据表和存储过程。

> **注意**：在实际开发中，工作流持久化服务并不需要开发人员来实现，通过工作流创建机制的相关配置，就可以使用它了。

本节将继续完成请假申请流程的开发，并构建工作流运行的辅助类。该类运行工作流，并持久化它的状态，具体操作步骤如下。

（1）在 AskForLeave.WFService 工作流库中添加一个名为 WorkFlowHelper 的类文件，其中添加运行工作流的相关方法，并在该类中声明一个 AutoResetEvent 类型的变量，代码如下：

```
//该线程负责通知工作流引擎当前工作流正在发生事件，不能被终止
static AutoResetEvent instanceUnloaded = new AutoResetEvent(false);
```

以上代码中的 instanceUnloaded 用于监听当前工作流的状态，如果处于空闲状态，该变量将通知工作流引擎，来持久化当前工作流状态或释放它。

（2）为 WorkFlowHelper 类添加启动工作流的 CreateAndRun()方法，代码如下：

```
//创建工作流实例并运行的方法
public static Guid CreateAndRun(LeaveInfo leave)
{
    //创建基于 SQL Server 的工作流服务，传入工作持久化数据库的链接字符串
SqlWorkflowInstanceStoreinstanceStore=newSqlWorkflowInstanceStore(CT.ConnectionStr
ings["HRDemoConnectionString"].ConnectionString);
    //获取工作流永久数据存储视图
    InstanceViewview=instanceStore.Execute(instanceStore.CreateInstanceHandle(), new
    CreateWorkflowOwnerCommand(), TimeSpan.FromSeconds(30));
    //设定当前 SQL 工作流服务的工作流所有者
    instanceStore.DefaultInstanceOwner = view.InstanceOwner;
    //传入工作流实例中的参数
    IDictionary<string, object> dic = new Dictionary<string, object>
    {{"LeaveInfo",leave}};
    Activity1 ac = new Activity1();                         //实例化工作流活动
    //创建工作流程序，并传入工作流活动所需的参数
    WorkflowApplication application = new WorkflowApplication(ac, dic);
    //设定当前工作流程序运行所需的工作流持久化服务
    application.InstanceStore = instanceStore;
    //创建工作流持久化句柄
    application.PersistableIdle = (e) =>
    {
        instanceUnloaded.Set();
        return PersistableIdleAction.Unload;
    };
    //创建工作流运行结束释放句柄
    application.Unloaded = (e) =>
    {
        instanceUnloaded.Set();
    };
    //创建工作流异常处理句柄
    application.OnUnhandledException = (ex) =>
    {
        Console.Write("Exception");
        return UnhandledExceptionAction.Terminate;
    };
    Guid id = application.Id;                               //获取工作流 ID
    application.Run();                                      //运行工作流程序
    instanceUnloaded.WaitOne();                             //使当前工作流等待下一次激发
    return id;
}
```

以上代码在 CreateAndRun()方法中创建了 SqlWorkflowInstanceStore 类的实例，负责持久化工作流状态，并将当前工作流状态存储至数据库中。当实例化该类时，需要传入一个连接字符串，用于指定该类对象持久化工作流数据的数据库。实例化后，还需要为工作流实例指定该类的实例为其对象。在 CreateAndRun 方法中使用以下代码指定当前工作流所使用的工作流持久化状态：

```
//设定当前工作流程序运行所需的工作流持久化服务
application.InstanceStore = instanceStore;
```

在工作流空闲持久化句柄中，instanceUnloaded 将通知工作流引擎，来调用对象实现持久

化工作流：

```
//创建工作流持久化句柄
application.PersistableIdle = (e) =>
{
    instanceUnloaded.Set();
    return PersistableIdleAction.Unload;
};
```

（3）在实现工作流创建的功能后，还需要实现它继续运行的功能。在实现此功能时，需要从数据库中获取当前工作流运行的状态，然后重新加载工作流对象。在 WorkFlowHelper 类中添加 RunInstance()方法，用于实现重新加载工作流的功能，代码如下：

```
public static void RunInstance(LeaveInfo leave, string agree)
{
    //实例化工作流持久化对象
SqlWorkflowInstanceStoreinstanceStore=newSqlWorkflowInstanceStore(CT.ConnectionStr
ings["HRDemoConnectionString"].ConnectionString);
    //实例化工作流引擎并传递工作流执行的活动对象
    WorkflowApplication application1 = new WorkflowApplication(new Activity1());
    //设定当前工作流引擎所使用的持久化服务对象
    application1.InstanceStore = instanceStore;
    //创建工作流执行结束句柄
    application1.Completed = (workflowApplicationCompletedEventArgs) =>
    {
        Console.WriteLine("\nWorkflowApplicationhasCompletedinthe{0}state.",
        workflowApplicationCompletedEventArgs.CompletionState);
    };
    //创建工作流卸载句柄
    application1.Unloaded = (workflowApplicationEventArgs) =>
    {
        Console.WriteLine("WorkflowApplication has Unloaded\n");
        instanceUnloaded.Set();
    };
    application1.Load(leave.LeaveId);       //加载工作流，注意这里传递的是 LeaveInfo 对象的 ID
  application1.ResumeBookmark("Apply", agree);  //更改工作流变量 Apply，方便判断经理的批复
    instanceUnloaded.WaitOne();
    Console.ReadLine();
}
```

RunInstance()方法使用了工作流持久化服务，将当前工作流状态加载至工作流引擎中，代码如下：

```
//加载工作流 注意这里传递的是 LeaveInfo 对象的 ID
application1.Load(leave.LeaveId);
```

SendRequest 活动将工作流 ID 作为 LeaveInfo 对象的主键，把该对象插入数据库中。当经理选择某个 LeaveInfo 进行批复时，即可通过其 ID 将工作流加载至工作流引擎中继续执行。通过 WorkFlowHelper 类的两个方法就可以创建工作流引擎、持久化工作流状态，并保持其状态；下节将通过该类在 ASP.NET 中加载工作流引擎，来完成请假申请流程。

26.3.3 在 ASP.NET 中使用 WF

上节的 WorkFlowHelper 类用于创建工作流引擎和持久化工作流状态，本节将通过以下步骤构建工作流运行的宿主程序。

（1）在 AskForleave 解决方案资源管理器中添加一个名为 AskForLeave.Web 的网站程序，并为 web.config 文件添加以下的配置项：

```
<connectionStrings>
  <add name="HRDemoConnectionString"
     connectionString="Data Source=LBWIN7\SQL2008;Initial Catalog=HRDemo;Integrated
     Security=True"
     providerName="System.Data.SqlClient" />
</connectionStrings>
```

在以上配置项中设置了 LINQ To SQL 类及工作流持久化所使用的连接字符串，该字符串连接的 HRDemo 数据库已新建了此服务所需的数据表和存储过程。

（2）添加名为 Login.aspx 的页面，并设计前台界面如图 26.18 所示。

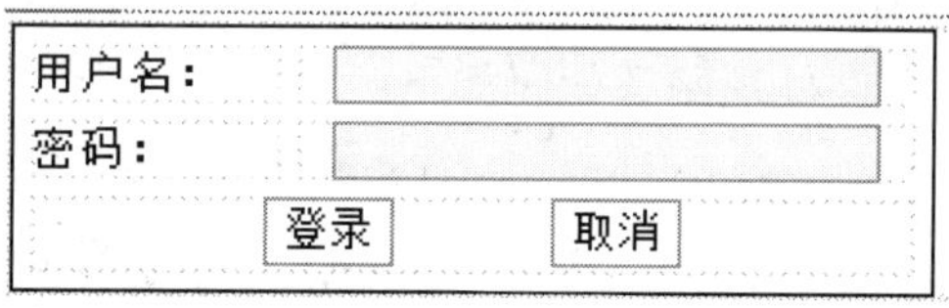

图 26.18　登录页面设计图

在“登录”按钮的单击事件处理函数中，用户登录成功后会根据其职位跳转至不同的页面，如果当前登录用户是职员，则跳转至请假申请页面；如果当前登录用户是经理，则跳转至请假审批页面中。代码如下：

```
protected void btnLogin_Click(object sender, EventArgs e)
{
    //实例化 DataContext 对象
    HRDemoDataContext context = new HRDemoDataContext();
    var  users =from u in context.UserInfo where
                    u.UserName==this.txtUserName.Text &&
                    u.UserPwd==this.txtPassword.Text
                    select u;
    if (users != null && users.Count() == 1)          //判断用户是否登录成功
    {
        UserInfo u = users.ToList<UserInfo>()[0];
        this.Session["LoginUser"] = u;             //记录登录用户
        //判断用户职位，如果登录用户是职员，则跳转至请假申请页面
        if (u.Job == "职员")
        {
            Response.Redirect("RequestLeave.aspx");
        }
        else
        {
          Response.Redirect("ProcessLeave.aspx"); //如果登录用户是经理，则跳转至请假审批页面
        }
    }
    else
    {
        ScriptHelp.AlertMsg("用户名或密码错误，请重试！",this);
    }
}
```

（3）添加名为 RequestLeave.aspx 的请假申请页面，请假申请页面的界面设计如图 26.19 所示。

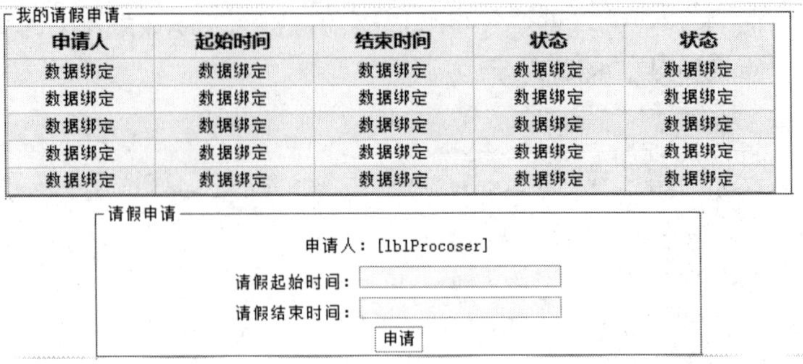

图 26.19 请假申请页面界面设计

当用户单击“申请”按钮时，会启动工作流程序，并将用户提交的请假申请添加到工作流中。“申请”按钮的单击事件处理函数代码如下：

```
protected void Button1_Click(object sender, EventArgs e)
{
    LeaveInfo lea = new LeaveInfo();    //创建请假申请对象
    lea.Proposer = (this.Session["LoginUser"] as UserInfo).UserID;
    lea.StartTime = DateTime.Parse(this.txtStart.Text);
    lea.EndTime = DateTime.Parse(this.txtEnd.Text);
    WorkFlowHelper.CreateAndRun(lea); //创建工作流程序并传入请假申请对象
    ScriptHelp.AlertMsg("请假申请已提交，请等待审核",this);
    this.BindGrid();
}
```

在“申请”按钮的单击事件处理函数中创建了工作流引擎，并把当前请假申请对象传递到工作流中，其中 SendRequest 活动会将当前的请假申请对象插入到数据库中。

（4）添加名为 ProcessLeave.aspx 的审批申请页面，界面设计如图 26.20 所示。

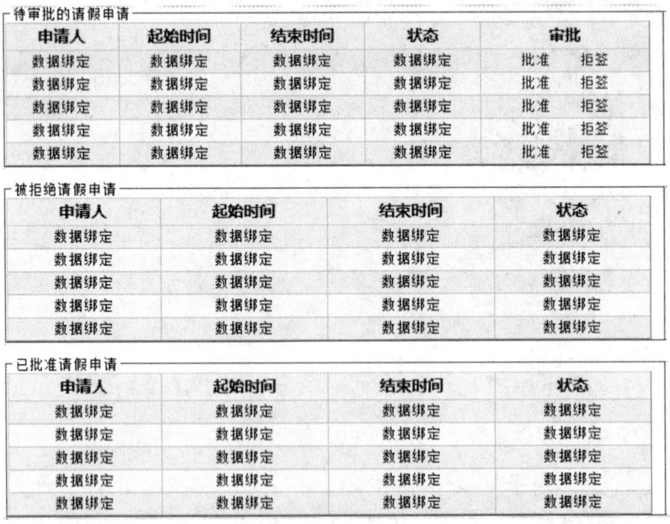

图 26.20 请假批准页面

（5）在请假申请页面中使用 GridView 控件来显示待审批流程，绑定代码如下：

```
protected void BindGridView()
{
    HRDemoDataContext hr = new HRDemoDataContext();
```

```
    //查询待审批流程
    var leaves = from l in hr.LeaveInfo
                 where l.State == "待审批"
                 select l;
    this.gdvLeaveInfo.DataSource = leaves; //绑定待审批流程
    this.gdvLeaveInfo.DataBind();
    ...//省略代码
}
```

（6）GridView 控件的 ItemCommand 事件处理函数负责处理请假审批流程，代码如下：

```
protected void gdvLeaveInfo_RowCommand(object sender, GridViewCommandEventArgs e)
{
    switch (e.CommandName)                          //根据 CommandName 来决定是否批准请假申请
    {
        case "Allow":
            this.AllowRequest(new Guid(e.CommandArgument.ToString()));
            break;
        case "Reject":
            this.RejectRequest(new Guid(e.CommandArgument.ToString()));
            break;
    }
    this.BindGridView();
}
protected void AllowRequest(Guid id)
{
    HRDemoDataContext hr = new HRDemoDataContext();//实例化 DataContext 对象
    //查询出当前需审批的请假申请对象
    LeaveInfo leave = (from l in hr.LeaveInfo
                       where l.LeaveId == id
                       select l).Single();
    UserInfo u= this.Session["LoginUser"] as UserInfo;
    leave.Operator =u.UserID;
    leave.Remark = string.Format("{0}于{1}批准了{2}的请假申请",u.RealName,
        DateTime.Now.ToString(),leave.UserInfo.RealName);
    //运行工作流并传递 LeaveInfo 对象和经理批复结果
    WorkFlowHelper.RunInstance(leave,"true");
}
protected void RejectRequest(Guid id)
{
    HRDemoDataContext hr = new HRDemoDataContext();//实例化 DataContext 对象
    LeaveInfo leave = (from l in hr.LeaveInfo
                       where l.LeaveId == id
                       select l).Single();
    UserInfo u = this.Session["LoginUser"] as UserInfo;
    leave.Operator = u.UserID;
    leave.Remark = string.Format("{0}于{1}拒签了{2}的请假申请", u.RealName,
        DateTime.Now.ToString(), leave.UserInfo.RealName);
    //运行工作流并传递 LeaveInfo 对象和经理批复结果
    WorkFlowHelper.RunInstance(leave, "false");
}
```

以上代码的 AllowRequest()方法和 RejectRequest()方法都会查询获取当前需要审批的请假申请，并传递经理的不同批复至工作流中。现在来回顾一下 WorkFlowHelper 类的 RunInstance()方法，代码如下：

```
public static void RunInstance(LeaveInfo leave, string agree)
{
    ...//省略代码请参见代码光盘
    application1.Load(leave.LeaveId);       //加载工作流,注意这里传递的是 LeaveInfo 对象的 ID
```

```
    application1.ResumeBookmark("Apply", agree); //更改工作流变量 Apply ，方便判断经理的批复
    instanceUnloaded.WaitOne();
    Console.ReadLine();
}
```

由以上两种方法传入的经理批复，在 WorkFlowHelper 类的 RunInstance()方法中，被赋值给工作流活动的 Apply 变量。工作流的 If 活动通过该变量来判断工作流的走向，从而将 LeaveInfo 的状态更新为批准或拒签。

（7）运行当前的网站，并以职员用户身份登录，提交一个请假申请，如图 26.21 所示。

提交申请后，以经理身份登录，批准本次请假申请，如图 26.22 所示。再次以职员身份登录，查看请假申请审批结果，如图 26.23 所示。

通过以上测试可以看出，工作流在 ASP.NET 中运行良好，并且很好地实现了工作流活动间跳转的相关功能。

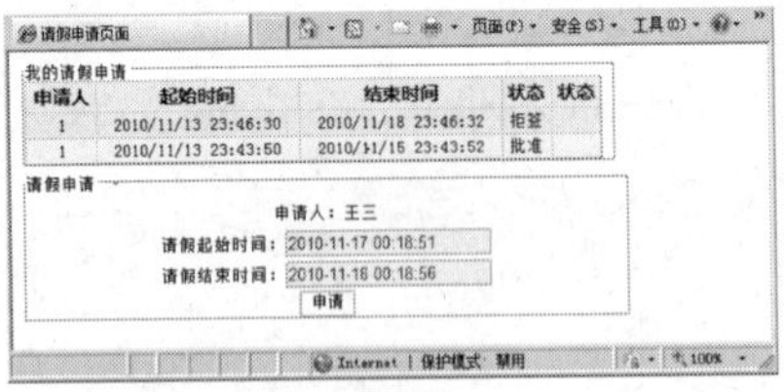

图 26.21　提交请假申请

图 26.22　批准请假申请

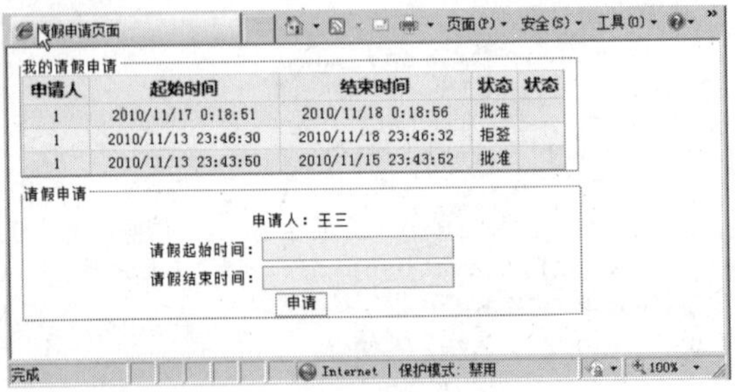

图 26.23　请假审批批复结果

26.4　小结

本章讲解了 WF 的基本活动、参数、变量、工作流引擎、工作流持久化的相关知识，还演示了在 ASP.NET 中使用它完成复杂的流程处理。WF 内置了很多其他活动，本章并没有讲解到，这些知识需要读者慢慢学习，并在实际开发中使用它们处理复杂的业务流程，才可以逐渐掌握。它与 WCF 的联合使用也是非常重要的，可以使用它们开发出更复杂的分布式业务流程处理程序。本章还展示了一个完整的工作流处理程序，读者可以进一步完善该程序，从而更好地理解工作流引擎和工作流持久化的相关知识。

第 27 章 HTTP 处理器和 HTTP 模块

ASP.NET 中的页面处理是一个非常复杂的过程。接收请求、初始化控件等工作都不是由一个单独页面来完成的，而是由 HTTP 处理器和 HTTP 模块来完成的。本章将讲解如何创建自定义的 HTTP 处理器和 HTTP 模块，并演示使用它们来完成一些常见的开发工作。

27.1 HTTP 处理器简介

在 ASP.NET 中，所有对页面的请求都由一些 HTTP 处理器来处理，它可以完成处理页面请求、转发请求、解析请求头等复杂的工作。.NET 4.0 中 HTTP 处理器的相关配置被放在 web.config 文件中，代码如下：

```
<httpHandlers>
    <add path="eurl.axd" verb="*" type="System.Web.HttpNotFoundHandler"
    validate="True" />
    <add path="trace.axd" verb="*" type="System.Web.Handlers.TraceHandler"
    validate="True" />
    <add path="*.aspx" verb="*" type="System.Web.UI.PageHandlerFactory"
    validate="True" />
    <add path="*.ashx" verb="*" type="System.Web.UI.SimpleHandlerFactory"
    validate="True" />
    …//省略代码请参见.NET FrameWork 4.0 文件夹下的 web.config 文件
</httpHandlers>
```

在以上配置中可以看到这样一个节点：

```
<add path="*.aspx" verb="*" type="System.Web.UI.PageHandlerFactory" validate="True" />
```

这个配置节点说明，任何对.aspx 文件的请求都是由 System.Web.UI.PageHandlerFactory 来处理的，它并不是一个 HTTP 处理器，而是一个工厂类。该工厂类根据页面请求头，来创建不同类型的 HTTP 处理器。页面请求处理流程如图 27.1 所示。

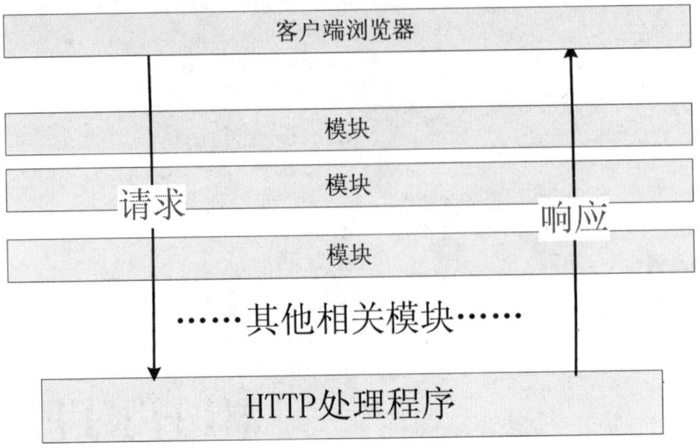

图 27.1　ASP.NET 请求处理流程

> **注意**：HTTP 模块将在后续章节中讲解。

HTTP 处理器在 ASP.NET 中被认为是请求处理的最终程序，即所有的请求最终都由它来处理。开发人员可以自定义它来处理一些特殊的请求，从而减少新建页面带来的服务器开销，并极大地简化了开发步骤，比如用它完成 URL 重写，从而提高网站的安全性。本节将讲解开发自定义 HTTP 处理器的相关知识，并演示在日常开发中它能完成的常见功能。

27.1.1　创建自定义的 HTTP 处理器

HTTP 处理器独立于 Web 表单请求处理机制之外，开发人员不用添加任何界面和控件、表单，就可以完成请求处理的相关工作。它的创建非常简单，只需在当前网站中添加一个类型名为“一般处理程序”的文件即可。

创建一个网站，在该网站中添加一个名为 MyHandler 的一般处理程序文件，代码如下：

```
<%@ WebHandler Language="C#" Class="MyHandler" %>
using System;
using System.Web;
//HTTP 处理器，实现 IHttpHandler 接口
public class MyHandler : IHttpHandler {
    //请求处理方法
    public void ProcessRequest (HttpContext context) {
        context.Response.ContentType = "text/plain";
        context.Response.Write("Hello World");
    }
    //IsReusable 用于通知 ASP.NET 引擎是否允许配置项以外的请求使用当前 HTTP 处理器
    public bool IsReusable {
        get {
            return false;
        }
    }
}
```

MyHandler 实现了 IHttpHandler 接口，并具有了 ProcessRequest()方法和 IsReusable 属性。该方法用于处理请求，当有请求转发至 HTTP 处理器时将执行它。该属性用于通知 ASP.NET 引擎是否允许处理器配置项以外的请求类型使用当前 HTTP 处理器。

HTTP 处理器可以认为是一个剥离了视图的 ASP.NET 页面，所以其类文件具有

<@WebHandler>指令，用来描述它的相关特征，ASP.NET 引擎会根据该指令来编译和执行它。运行该网站，可以看到页面中输出了 Hello World，效果如图 27.2 所示。

图 27.2　HTTP 处理器运行效果图

27.1.2　配置 HTTP 处理器

HTTP 处理器可以被配置为处理特定请求的处理程序，可以在 web.config 文件中添加以下格式的配置代码：

```
<system.webServer>
    <handlers>
        <add name="名称" type="Handler类型" verb="*" path="请求路径名称"/>
    </handlers>
</system.webServer>
```

（1）创建一个网站，添加一个名为 MyHandler 的一般处理程序，把 MyHandler.ashx 中的 C#代码删除，还有在 App_code 文件夹中添加一个名为的 MyHandler 的类文件，在该类文件中添加以下代码：

```
namespace Handler.Demo
{
    //HTTP处理器，实现IHttpHandler接口
    public class MyHandler : IHttpHandler
    {
        //请求处理方法
        public void ProcessRequest(HttpContext context)
        {
            context.Response.ContentType = "text/plain";
            context.Response.Write("Hello World");
        }
        //IsReusable用于通知ASP.NET引擎是否允许配置项以外的请求使用当前HTTP处理器
        public bool IsReusable { get { return false; } }
    }
}
```

（2）修改 MyHandler.ashx 文件中的 WebHandler 指令，代码如下：

```
<%@ WebHandler Language="C#" Class="Handler.Demo.MyHandler" %>
```

在 MyHandler.cs 文件中使用命名空间约束了 MyHandler 类，必须修改 Class 属性，使它指向 Handler.Demo 命名空间下的 MyHandler 类。

HTTP 处理器只有经过以上处理，在网站发布后才可以保证 IIS 正确找到 MyHandler 类，并执行请求转发。现在还需要在 web.config 添加 MyHandler 这个 HTTP 处理器请求处理配置，才可以保证 IIS 中特定的请求被转发至 Myhandler，代码如下：

```
<system.webServer>
    <handlers>
        <add name="MyHandler" type="Handler.Demo.MyHandler" verb="*" path="*.asxd"/>
    </handlers>
</system.webServer>
```

上述代码对扩展名为“.asxd”的请求都转发至 MyHandler 中处理。在 Default.aspx 页面的加载事件中添加以下代码，实现跳转：

```
protected void Page_Load(object sender, EventArgs e)
{
   this.Response.Redirect("1.asxd");//跳转至扩展名为“.asxd”的文件
}
```

（3）运行 Default.aspx 页面，将请求一个名为“1.asxd”的文件，该请求将被转发至 MyHandler，并在 Default.aspx 页面中输出 HelloWorld。把该网站发布至 IIS 中，并浏览 Default.aspx 页面，效果如图 27.3 所示。

图 27.3　HTTP 处理器处理自定义请求类型

27.1.3　创建一个高级的 HTTP 处理器

HTTP 处理器可以帮助开发人员不通过页面处理一些请求，这个功能在 Ajax 开发中非常常用。为了实现一些简单的 Ajax 请求，来创建页面是非常不明智的，本节将演示使用 HTTP 处理器处理这些请求。比如注册用户时，需要对用户名的唯一性验证，这时完全可以通过 Ajax 来请求后台的 HTTP 处理器验证用户名，具体操作步骤如下。

（1）创建一个网站，Default.aspx 页面的设计如图 27.4 所示。

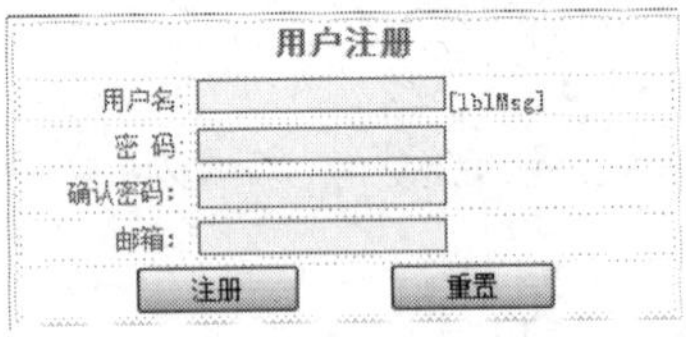

图 27.4　注册用户页面

（2）添加一个名为 CheckUserHandler.ashx 的一般处理程序文件，并将其 C#代码转移至 App_Code 文件夹下的 CheckUserHandler.cs 文件中，修改 WebHandler 指令如下：

```
<%@ WebHandler Language="C#" Class="MyWeb.Demo.CheckUserHandler" %>
```

（3）为 Default.aspx 页面中的“用户名”文本框添加 onblur 事件，代码如下：

```
protected void Page_Load(object sender, EventArgs e)
{
   //为文本框添加 onblur JavaScript 事件处理函数
   this.txtUserName.Attributes.Add("onblur", "checkUserIsUnique(this.value);");
}
```

（4）在 Default.aspx 页面前台添加 Ajax 请求函数，代码如下：

```
function checkUserIsUnique(userName) {
   //将用户名作为请求参数发送至 CheckUserHandler.ashx 的 HTTP 处理器中
   var url = "CheckUserHandler.ashx?UserName=" + encodeURIComponent(userName);
   xmlHttp = createXmlHttp();
   xmlHttp.onreadyStateChange = readyStateChangeHandler;
```

```
        xmlHttp.open("GET", url, false);
        xmlHttp.send(null);
    }
    function readyStateChangeHandler() {
        var lblMsg = document.getElementById("lblMsg");
        var txtUserName = document.getElementById("txtUserName");
        if (xmlHttp.readyState == 4) {
            if (xmlHttp.status == 200) {
                //接收服务器响应并判断用户名是否已被使用
                if (xmlHttp.responseText == "False") {
                    lblMsg.innerHTML = "该用户名已被注册，请重新输入用户名！";
                    txtUserName.select();
                    txtUserName.focus();
                } else {
                    lblMsg.innerHTML = "该用户名未被注册！";
                }
            }
        }
    }
```

（5）实现 CheckUserHandler HTTP 处理器，并判断用户名是否被占用，代码如下：

```
public void ProcessRequest(HttpContext context)
{
    //获取请求参数中的用户名
    string userName=context.Request.QueryString["UserName"];
    //获取数据库中用户是否存在，并写入响应文本中
    context.Response.Write(IsUniqueUserName(userName));
}
public bool IsUniqueUserName(string userName)
{
    SqlConnectioncon=newSqlConnection(@"DataSource=LBWIN7\SQL2008;Initial
    Catalog=HRDemo;Integrated Security=True");
    SqlCommand com=con.CreateCommand();
    //使用聚合函数检测使用当前用户名的用户个数
    com.CommandText=string.Format("SELECTCOUNT(*)FROMUserInfoWHERE
    UserName='{0}'",userName);
    ...//省略代码请参见代码光盘
    return result!=1;
}
```

在 CheckUserHandler HTTP 处理器 ProcessRequest()方法中，先指示用户名是否使用 bool 变量，再通过 Response 对象的 Write()方法写入响应文本中。Ajax 函数根据响应文本来判断用户名是否被占用，如果已占用则提示用户，否则将显示“用户名未被占用”。

（6）运行该网站，在“用户名”文本框中输入 admin，发现该用户名已被占用，效果如图 27.5 所示。

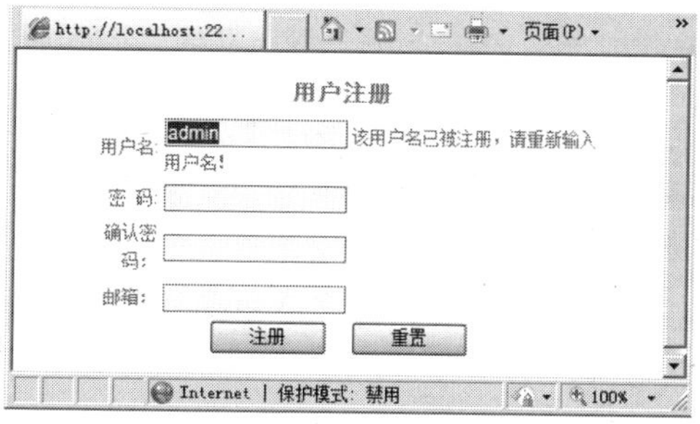

图 27.5　使用 HTTP 处理器处理 Ajax 请求

本示例使用 HTTP 处理器处理了 Ajax 请求，并没有使用 ASP.NET 固有的表单处理机制，极大地简化了开发人员的工作。该处理器可以处理各种请求，并且可以处理特定类型的请求，笔者推荐读者在 Ajax 开发中使用它。

27.1.4 为非 HTML 内容创建 HTTP 处理器

日常开发中经常使用 HTTP 处理器来输出图片或文本格式的数据，本节将演示使用它来输出图片等二进制格式的数据，最常见的就是验证码图片的输出，在登录界面中需要使用这些图片防止外部攻击。

（1）创建一个网站，Default.aspx 页面的设计如图 27.6 所示。

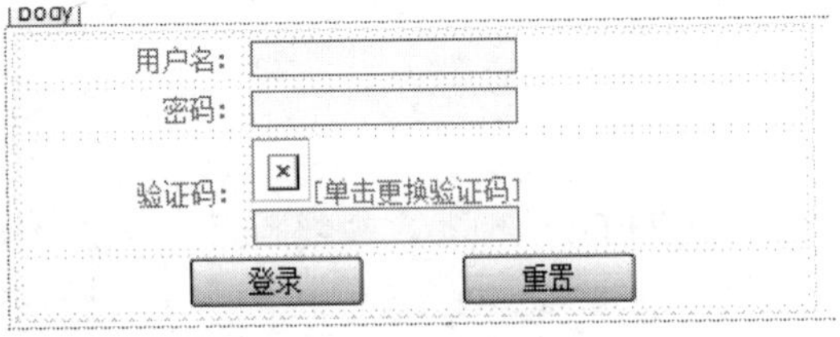

图 27.6 页面设计

（2）添加一个名为 RandomCodeHandler.ashx 的一般处理程序文件，并将 Default.aspx 页面中验证码图片的前台代码修改为如下代码：

```
<imgalt="单击更换验证码" src="RandomCodeHandler.ashx"
onclick="this.src=this.src+'?timeId='+Math.random();" />
```

（3）在 Default.aspx 页面中的验证码图片链接地址为 RandomCodeHandler HTTP 处理器，并在该处理器中添加代码，如下所示：

```
public void ProcessRequest(HttpContext context)
{
    context.Response.ContentType = "img/gif";//设定响应为二进制图片格式
    MakeRandomImage(context);
}

protected void MakeRandomImage(HttpContext context)
{
    Bitmap img = new Bitmap(120,20);        //设定验证码图片的宽为 120px，高为 20px
    Graphics g = Graphics.FromImage(img);
    g.Clear(Color.White);                   //绘制底色为白色图片
    string code = GetRandomCode();          //获取验证码
    //绘制验证码
    g.DrawString(code,new Font("Arial Black",11),new SolidBrush(Color.Red),0,0);
    g.Flush();
    g.Dispose();
    //将验证码记录在 Session 中方便前台验证验证码是否输入正确
    context.Session["RandCode"] = code;
    //将图片写入 Response 对象的输出流中
    img.Save(context.Response.OutputStream,ImageFormat.Jpeg);
    context.Response.End();                 //关闭响应流
    img.Dispose();
}
…//省略代码参见代码光盘
```

> **注意：** 以上代码的 HTTP 处理器使用 Session 记录了随机码。当该处理器操作 Session 时，必须实现 IRequiresSessionState 或 IReadOnlySessionState 接口，具体代码请参见光盘。

以上代码设置 HTTP 处理器输出图片或二进制数据时，设定了响应类型，代码如下：

```
//设定响应为二进制图片格式
context.Response.ContentType = "img/gif";
```

> **注意：** 当使用 HTTP 处理器输出图片或二进制数据时，必须调用 Response 对象的 End()方法关闭响应流，否则前台将无法接收到任何数据。

（4）运行该网站，可以看到验证码已经生成了，如图 27.7 所示。

图 27.7　使用 HTTP 处理器输出非 HTML 格式数据

在日常开发中，还可以完成图片水印的处理，从而防止盗链。HTTP 处理器可以更好地输出二进制数据，读者需要不断地发掘其在各种数据处理中的潜力。

27.2　使用 HTTP 模块

在 ASP.NET 请求处理管道机制中，请求会经过多个 HTTP 模块处理后才可以被转发至页面。HTTP 模块是 ASP.NET 请求处理中最重要的部分，通过对 HttpApplication 一系列事件的处理，进而使 HTTP 请求管道。本节将深入讲解 HTTP 模块，并对其中各种事件进行讲解。

27.2.1　HTTP 模块简介

HTTP 模块在 ASP.NET 的 HTTP 请求管道中负责处理各种请求，它必须实现 IHttpModule 接口，并在 Init()方法中注册一系列的事件处理函数后才可以正常工作，其中包括以下两个事件。

- BeginRequest 事件：请求开启事件，当前请求域中所有的请求开始时触发该事件。
- EndRequest 事件：请求结束时间，当前请求域中所有的请求结束时触发该事件。

（1）创建一个网站，在 App_Code 文件中添加 MyModule 类，该类的代码如下：

```
namespace MyWeb.Demo
{
    public class MyModule : IHttpModule
    {
        public void Dispose()
        { }
        public void Init(HttpApplication context)
        {
            //注册事件处理函数
```

```
            context.BeginRequest += new EventHandler(context_BeginRequest);
            context.EndRequest += new EventHandler(context_EndRequest);
        }
        void context_EndRequest(object sender, EventArgs e)
        {
            HttpContext.Current.Response.Write("<h2>请求开始</h2>");
        }
        void context_BeginRequest(object sender, EventArgs e)
        {
            HttpContext.Current.Response.Write("<h2>请求结束</h2>");
        }
    }
}
```

> **注意**：HTTP 模块类最好具有命名空间，否则在 web.config 中会出现无法注册的错误。这是因为 HTTP 模块类不具有命名空间时，会被编译在一个匿名 Assembly 中，这样 web.config 中的配置将无法找到 HTTP 模块。

（2）在 web.config 中注册 MyModule HTTP 模块，用于处理 HTTP 请求，配置代码如下：

```
<system.web>
    <compilation debug="true" targetFramework="4.0"/>
    <httpModules>
        <add name="MyModule" type="MyWeb.Demo.MyModule"/>
    </httpModules>
</system.web>
```

（3）运行该网站，可以看到 MyModule 输出的 HTML 代码，如图 27.8 所示。

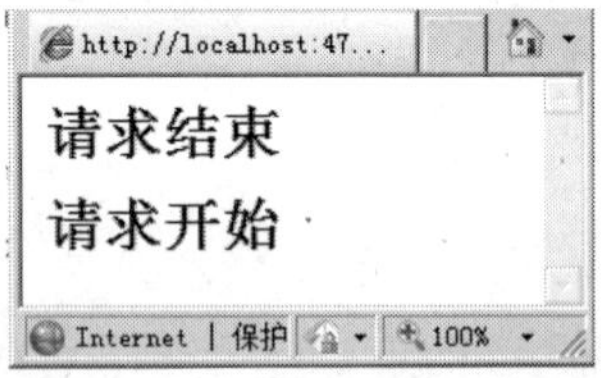

图 27.8　HTTP 模块处理请求

还可以注册 HttpApplication 中的其他重要事件来处理各种请求情况。

- AuthenticateRequest：安全标识请求处理事件。
- AuthorizeRequest：验证用户授权处理事件。
- ResolveRequestCache：当 ASP.NET 已验证用户授权后请求缓存服务时触发的事件。
- AcquireRequestState：ASP.NET 获取请求状态诸如 Session 等状态时触发的事件。
- PreRequestHandlerExecute：运行 ASP.NET 处理诸如页面、HTTP 模块等程序前触发的事件。
- PostRequestHandlerExecute：ASP.NET 处理程序运行完成时触发的事件。
- ReleaseRequestState：ASP.NET 运行于当前请求有关的所有处理程序完成后触发的事件。该事件将使用诸如 Session 等状态来保存当前的状态数据。
- UpdateRequestCache：当 ASP.NET 运行于当前请求有关的所有处理程序完成后保存缓存数据时触发的事件。

HTTP 模块中各事件的处理顺序如图 27.9 所示。

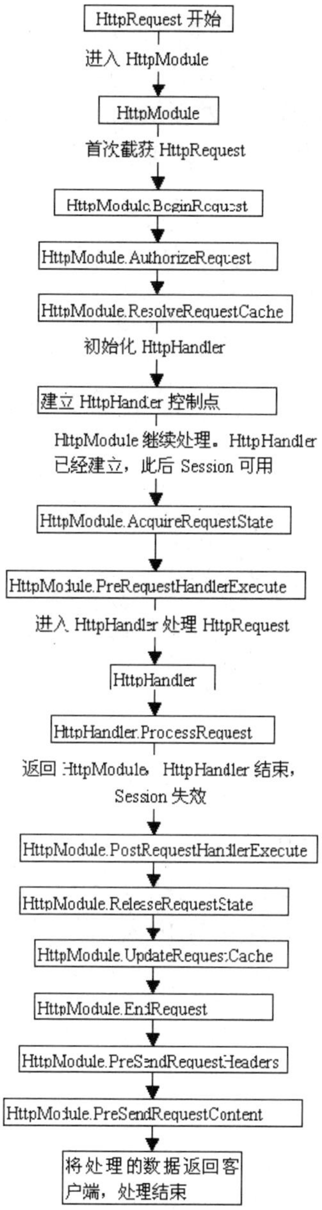

图 27.9　HTTP 模块中各事件运行顺序

27.2.2　创建自定义的 HTTP 模块

创建自定义的 HTTP 模块可以在页面或 HTTP 处理器运行之前处理请求。在 ASP.NET 中该模块经常被使用在诸如 URL 重写、请求过滤器、用户资格验证等应用中。本节将实现一个简单的 URL 重写功能，具体操作步骤如下。

（1）创建一个网站，添加一个 Default2.aspx 页面，在 Default.aspx 页面中添加一个链接，前台代码如下：

```
<a href='Default2.aspx+1+2'><h1>Default2.aspx</h1></a>
```

该链接中放置的 URL 地址并不是一个合法的 URL 路径，它无法跳转至任何有效的.aspx 页面。很多网站为了分布式部署或防止恶意入侵，都使用了 URL 重写技术。现在添加一个名为 UrlReWriter 的 HTTP 模块，在该模块中注册 HttpApplication 对象的 BeginRequest 事件。

（2）在 BeginRequest 事件处理函数中实现 URL 解析功能，代码如下：

```
void context_BeginRequest(object sender, EventArgs e)
{
    string[] paramNames = { "Num1", "Num2" };                                    //参数名称
    //获取请求的原始 URL
    string[] urlParams = HttpContext.Current.Request.Url.AbsolutePath.Split('+');
    if (urlParams.Length != 3)
        return;
    StringBuilder sb = new StringBuilder(string.Empty);
    for (int i = 0; i < urlParams.Length; i++)
    {
        if (i == 0)
        {
            sb.AppendFormat("{0}?",urlParams[i]);     //拼装 URL 的页面地址部分
            continue;
        }
        //拼装 URL 的参数部分
        sb.AppendFormat("{0}={1}&", paramNames[i - 1], urlParams[i]);
        continue;
    }
    sb.Remove(sb.ToString().LastIndexOf('&'),1);
    //使用服务器内部跳转跳转至页面
    HttpContext.Current.Server.Transfer(sb.ToString());
}
```

以上代码解析了原始请求的 URL，将此 URL 改写为一个完全合乎规范的请求地址，并使用了服务器端跳转，来完成请求重发。将参数写入到新的 URL 后，可以在 Default2.aspx 页面中接受并显示这些参数值，效果如图 27.10 所示。

图 27.10　使用 HTTP 模块实现 URL 重写

通过图 27.10 可以看到，请求地址在浏览器中并没有发生改变，但是成功地传递了 URL 参数，就说明 UrlReWriter 模块成功实现了 URL 重写。

27.3　小结

本章首先讲解了 ASP.NET 请求处理的基础知识，并通过多个实例演示了 HTTP 处理器及其模块，在 ASP.NET 请求处理管道中所起到的作用。然后讲解了 HTTP 处理器在 ASP.NET 运行机制中的作用，其运行的核心机制就是请求处理机制，并演示了使用该处理器来处理 Ajax 请求、输出二进制数据、IIS 配置等示例；最后讲解了 HTTP 模块，并深入地讲解了 ASP.NET 请求处理时触发的事件、事件顺序等基础知识，还演示了使用该模块完成 URL 重写的示例。读者需要深入理解 URL 重写的深刻含义，该重写机制在大型网站开发中是必须要实现的，通过对本章的学习，相信读者已经了解了关于 URL 重写的原理和实现机制。

第 28 章 创建自定义服务器控件

ASP.NET 中控件被分为 3 种：ASP.NET 服务器控件、HTML 服务器控件和 HTML 控件。在大多数的开发中，都会使用前两种控件。ASP.NET 允许开发人员创建服务器控件，来封装复杂的页面逻辑。该类控件具有以下几个优点：

- 可以有效地封装页面逻辑，并完全控制控件的前台 HTML。
- 可以在 VS 2010 中提供设计器支持，从而迅速进行部署，还可以脱离当前 HTTP 域的支持，被广泛地应用在多个 ASP.NET 网站中。

本章将讲解如何创建自定义服务器控件，并演示创建时的种种细节。

28.1 创建服务器控件基础

所有的服务器控件都继承自 System.Web.UI.Control 类，自定义服务器控件也是如此。它们会剥离与任何 Web 域的关联关系，所以一般创建在独立的类库程序中，并编译为独立的 DLL，从而被多个 Web 程序引用。本节将讲解创建服务器控件的基础知识。

28.1.1 视图状态和控件状态

自定义控件必须继承自 System.Web.UI.Control 类，并且需要实现 Render()方法，其创建过程如下：

（1）在 VS 2010 中创建一个名为 MyLink.Controls 的类库程序，引入 System.Web.dll，添加一个名为“MyLink.cs”的类文件。在该类中实现一个基本的服务器控件，代码如下：

```
public class MyLink: System.Web.UI.Control
{
    protected override void Render(System.Web.UI.HtmlTextWriter writer)
    {
        writer.Write("<a>这是一个自定义控件<a>");//输出 HTML
        base.Render(writer);
    }
```

```
}
```

为了让自定义控件可以更好地控制前台 HTML 输出，可以为它添加以下几个属性：

```
public string Href                                                    //链接地址
{ get; set; }
public string Text                                                    //链接文本
{ get; set; }
public string FontSize                                                //链接文本字体大小
{ get; set; }
protected override void Render(System.Web.UI.HtmlTextWriter writer)
{
 writer.AddStyleAttribute(HtmlTextWriterStyle.FontSize, FontSize);       //设定字体大小
   writer.AddAttribute(HtmlTextWriterAttribute.Href, Href); //添加一个 HTML 属性 href
   writer.RenderBeginTag(HtmlTextWriterTag.A);                   //输出起始锚标记起始标记
   writer.AddAttribute(HtmlTextWriterAttribute.Value, Text);
   writer.AddAttribute(HtmlTextWriterAttribute.Type, "Text");       //在文本框中显示文本
   writer.RenderBeginTag(HtmlTextWriterTag.Input);              //在锚标记中输出一个文本框
   writer.RenderEndTag();
   writer.RenderEndTag();                                        //输出锚标记的结束标记
   base.Render(writer);
}
```

（2）创建一个网站，在该网站中引入 MyLink.Controls.dll。用鼠标右键单击 VS 2010 工具栏，在弹出的快捷菜单中选择“选择项”命令，打开“选择工具箱项”对话框，在其中添加 MyLink.Controls.dll 下的 MyLink 控件，如图 28.1 所示。

（3）拖入 1 个 Button 控件到 Default.aspx 页面中，再为该页面添加 MyLink 控件，并设定此控件的相关属性，代码如下：

```
    <cc1:MyLink ID="MyLink1" runat="server"  FontSize="12pt" Href="Default.aspx"
Text="Default">
    </cc1:MyLink>
```

（4）运行该网站，效果如图 28.2 所示。

图 28.1 为工具栏添加自定义控件

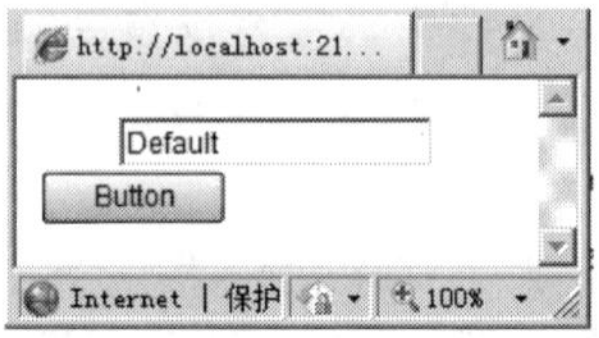

图 28.2 控件初始状态

修改图 28.2 中文本框的值，然后单击“Button”按钮，发现其中的值又变为了 Default。这是因为当单击按钮后，页面会回发到服务器并被销毁，其中所有的控件都会被销毁，并再次实例化。由于 MyLink 控件的 Text 属性是实例属性，当该控件被销毁后再次实例化时，将

使用前台代码中赋予的 Text 属性值。怎样才能使 Text 属性保持状态呢？可以使用以下方法。

修改 MyLink 控件的 Text 属性，使用 ViewState 保存 Text 值，也就保持了该属性的视图状态，代码如下：

```
public string Text                                    //链接文本
{
    get { return this.ViewState["Text"].ToString(); }
    set { this.ViewState["Text"] = value; }
}
```

> **注意：** MyLink 控件并不需要创建视图状态，这是因为它并没有任何提交值。

使用 ViewState 保持控件视图状态也是有一定局限的，如下所示：

- 会受到页面的限制。当页面禁用 ViewState 后，控件将无法保持视图状态。
- 无法保持大量数据，只能是简单的数据。当需要保持大量数据时，不推荐使用 ViewState。

当需要保持大量数据或更好地保持控件状态时，可以使用控件状态，因为它无法被页面禁用而且适合存储大量数据。

（5）当使用控件状态时，首先需要重写 Control 类的 OnInit()方法，代码如下：

```
protected override void OnInit(EventArgs e)
{
    base.OnInit(e);
    Page.RegisterRequiresControlState(this); //在页面中注册当前控件的控件状态
}
```

（6）为了保存和访问控件状态，还需要重写 Control 类的 LoadControlState()和 SaveControlState()方法，这两个方法并不能直接读取或写入控件状态，需要开发人员把从基类中获取的控件状态与需要保存或访问的控件状态合并。在一般情况下，使用 System.Web.Pair 类来完成控件状态对象的合并工作，比如如果要将 Text 属性保存为控件状态，可以使用以下代码：

```
protected override object SaveControlState()
{
    object state = base.SaveControlState();
    Pair p1 = new Pair(FontSize, Text);      //p1 合并 FontSize、Text
    Pair p2 = new Pair(state, p1);           //p2 合并 p1 与基类的控件状态合并起来
    return p2;                          //返回保存了两个属性及基类控件状态的控件状态
}
protected override void LoadControlState(object savedState)
{
    Pair p1 = savedState as Pair;
    if (p1 != null)
    {
        base.LoadControlState(p1.First);//基类获取控件状态
        Pair p2 = p1.Second as Pair;    //获取自定义复合控件状态
        //拆分控件状态后依据合并的先后顺序获得 FontSize 和 Text 属性
        FontSize = p2.First.ToString();
        Text = p2.Second.ToString();
    }
}
```

以上代码的 SaveControlState()方法使用 Pair 对象，把 Text 属性和 FontSize 属性合并为一

个控件状态，再使用一个 Pair 对象将这个复合状态与基类控件状态合并起来，控件就最终保存了这个复杂的复合状态。其中的 LoadControlState()方法首先获取这个复合状态，再将它拆分为基类控件状态和复合状态，又将复合状态拆分为 FontSize 属性和 Text 属性。

当需要保持简单数据时，可以使用视图状态。如果需要保持复杂数据或较为重要的数据时，推荐使用控件状态。特别需要注意的是，这两种状态只能保持可以被序列化的数据对象。由于控件状态的读取、写入较为复杂，在一般情况下，把保持的多个数据封装为一个自定义的数据对象后，再保存到控件状态中。

28.1.2 处理回传数据和事件

基本上所有的服务器控件都需要处理回传数据，自定义服务器控件也是如此。当它们回传数据时，需要实现 IPostBackDataHandler 接口，该接口定义了以下两个方法。

- LoadPostData：当页面回发时，在任何控件事件被激发前调用该方法。一般会在该方法中检查回传数据，并相应地更新控件状态。
- RaisePostDataChangedEvent()：当控件的各项属性都被初始化后，调用该方法，一般在该方法中触发控件状态改变的自定义事件。

本节将通过实现一个简单的文本框自定义控件，来演示如何在该控件中处理回传数据和自定义事件，具体操作步骤如下。

（1）使用 VS 2010 创建一个名为 MyControls.Controls 的类库项目，在 Class.cs 文件中添加以下代码：

```
public class MyTextBox : WebControl,IPostBackDataHandler
{
    ...//省略代码参见代码光盘
}
```

（2）为 MyTextBox 控件添加构造函数及 Text 属性，代码如下：

```
public MyTextBox() : base(HtmlTextWriterTag.Input)   //调用基类构造函数并设定起始标签为
                                                      input 标签
{ }
public string Text                                   //文本框的文本属性
{
    get { return ViewState["Text"].ToString(); }
    set { ViewState["Text"] = value; }
}
```

（3）重写基类中的 AddAttributesToRender()方法，为 input 控件添加相关属性，代码如下：

```
protected override void AddAttributesToRender(HtmlTextWriter writer)
{
     //设置 input 标签的 type 属性为“text”
    writer.AddAttribute(HtmlTextWriterAttribute.Type,"text");
    //设置初始文本为当前控件的 Text 属性
    writer.AddAttribute(HtmlTextWriterAttribute.Value,Text);
    //设置 input 标签的 name 属性为当前控件的 ID 属性
    writer.AddAttribute(HtmlTextWriterAttribute.Name,UniqueID);

   base.AddAttributesToRender(writer);
}
```

（4）实现 IPostBackDataHandler 接口的 LoadPostData()方法，该方法通过返回值来决定 ASP.NET 是否需要调用 RaisePostDataChangedEvent()方法，从而激发自定义控件的自定义事件，代码如下：

```
publicboolLoadPostData(stringpostDataKey,System.Collections.Specialized.NameValue
Collection postCollection)
{
    string postData = postCollection[postDataKey];   //获取当前控件的回传数据
    if (postDataKey != Text)                         //判断回传数据是否与 Text 属性不一致
    {
        Text = postData;                             //回传数据不一致时，修改 Text 属性
        return true;                                 //通知 ASP.NET 属性发生了改变
    }
    else
    {
        return false;                                //数据未发生改变时，即通知 ASP.NET 属性未发生改变
    }
}
```

（5）为 MyTextBox 控件提供一个公有的文本改变事件，并在 RaisePostDataChangedEvent()方法中触发该事件，代码如下：

```
//文本更改事件
public event EventHandler TextChanged;
public void RaisePostDataChangedEvent()
{
    if (TextChanged != null)                         //如果事件已注册，则激发该事件
        TextChanged(this, EventArgs.Empty);
}
```

（6）创建一个网站，引入 MyTextBox 控件，在 Default.aspx 页面中拖入 MyTextBox 控件和 Button 控件，并为 Page_Load 事件处理函数添加如下代码：

```
protected void Page_Load(object sender, EventArgs e)
{
    Response.Write("<h1>提交值：" + this.MyTextBox1.Text + "</h1>");
}
```

（7）运行该网站，在 MyTextBox 控件中输入一段文本，单击“Button”按钮，可以看到页面输出了 MyTextBox 的提交值，效果如图 28.3 所示。

图 28.3　自定义控件数据回发

28.1.3　创建更好的设计时体验

在创建自定义控件过程中，需要为它提供更为强大的设计时支持，这样才会方便使用者。ASP.NET 内置了大量的特性可以为自定义控件添加设计时支持。

1. 自定义控件命名空间和前缀

添加自定义命名空间和前缀，可以更好地为自定义控件添加客户端标识和前缀。使用这种方法首先需要在自定义控件的类库项目的 AssemblyInfo.cs 文件中添加如下的程序集标识：

```
[assembly: System.Web.UI.TagPrefix("MyControls.Controls ", "myt")]
```

然后为自定义控件的命名空间添加如下的特性标识：

```
[assembly: System.Web.UI.TagPrefix("MyControls.Controls ", "myt")]
namespace MyControls.Controls
{
    …//省略代码参见代码光盘
}
```

最后为自定义控件类添加 ToolBoxData 特性，如下所示：

```
[assembly: System.Web.UI.TagPrefix("MyTextBox", "myt")]
namespace MyControls.Controls
{
    [ToolboxData("<{0}:MyTextBox runat='Server' id='MyTextBox1' Text='' />")]
    public class MyTextBox : WebControl,IPostBackDataHandler
    {
        …//省略代码请参见代码光盘
    }
}
```

现在重新生成控件项目，在 ASP.NET 中再拖入 1 个 MyTextBox 控件，可以看到该控件的前缀变成了“myt”，前台代码如下：

```
<myt:MyTextBox ID='MyTextBox1' runat='Server' Text='' />
```

> **注意**：TagPrefix 传入的第一个参数是命名空间的全称。在 ASP.NET 4.0 中最好直接传入当前自定义控件类所属命名空间的全称，这样可以保证页面在注册自定义控件时使用前缀。

2. 设计器支持

ASP.NET 内置了许多特性来为自定义控件定制设计器支持，常见的特性如表 28.1 所示。

表 28.1　设计器支持特性

特　性	说　明
DescriptionAttribute	在控件属性上使用该特性修饰，可以为该控件属性在设计器属性栏中显示备注信息
BrowsableAttribute	在控件属性上使用该特性修饰，可以设定该控件属性在设计器属性栏是否显示，默认所有的控件属性都会被显示在设计器属性栏中
CategoryAttribute	在控件属性上使用该特性修饰，可以指定该控件属性在设计器属性栏中的类别
DefaultValueAttribute	在控件属性上使用该特性修饰，可以指定该控件属性为设计器属性栏中的默认属性
ThemeableAttribute	在控件类上使用该特性修饰，可以指定该控件是否支持使用皮肤
DefaultEventAttribute	在控件类使用该特性修饰，可以指定该控件的默认事件

为 MyTextBox 控件添加相关的设计器支持，代码如下：

```
[ToolboxData("<{0}:MyTextBox runat='Server' id='MyTextBox1' Text='' />")]
[ThemeableAttribute(true)]                          //允许使用皮肤
[DefaultEvent("TextChanged")]                       //设定默认事件
public class MyTextBox : WebControl,IPostBackDataHandler
```

```
    {
        //调用基类构造函数并设定起始标签为 input 标签
        public MyTextBox() : base(HtmlTextWriterTag.Input)
        { }
        //文本框的文本属性
        [DefaultValue(true)]                          //指定 Text 属性为设计器中的默认属性
        [DescriptionAttribute("文本框中的文本数据")]      //设定设计器中的属性备注信息
        [CategoryAttribute("MyTextBox")]               //设定 Text 属性在设计器中的分类
        public string Text
        {
            get { return ViewState["Text"].ToString(); }
            set { ViewState["Text"] = value; }
        }
        …//省略代码请参见代码光盘
    }
```

在设计器中检查 MyTextBox 控件相关属性的设计器支持，效果如图 28.4 所示。

提供了设计器支持后，一个自定义控件就可以交付使用了。设计器支持还包括智能标记、模板编辑等其他功能，具体开发可以参见 MSDN 相关解释。

图 28.4　设计器支持

28.1.4　扩展现有的 Web 服务器控件

ASP.NET 提供了很多控件，但实际开发中可能遇到现有控件无法很好地实现现有功能的情况。当出现这种情况时，开发人员可以扩展现有的 Web 服务器控件，来适应需求的变化。本节将要实现一个只能输入数字的 TextBox 控件，它扩展了现有 TextBox 控件的功能。

（1）创建一个名为 MyControls 的类库程序，在该类库项目中添加 System.Web.dll 引用，再添加一个名为“NumberTextBox.cs”的类文件。该类需要扩展 TextBox 控件，所以要继承 TextBox 类，其实现代码如下：

```
public class NumberTextBox : TextBox
{
    …//省略代码参见代码光盘
}
```

（2）为了验证 TextBox 中的内容，需要添加 Java Script 处理函数。现在在类库中添加一个名为“MyControls.js”的 Java Script 文件，并在该文件中添加如下代码：

```
function textCheck(textBox) {
    if (!isNaN(textBox.value)) {//判断 TextBox 控件中输入文本是否是数字
        return true;
    } else {
        alert('输入的不是数字，请重新输入');
        textBox.select();
        textBox.focus();
        return false;
    }
}
```

由于 Java Script 文件不能直接被页面使用，所以需要将它的属性修改为嵌入资源。用鼠标右键单击该文件，在弹出的快捷菜单中选择“属性”命令，打开“属性”窗口，将其中的“生成操作”项修改为“嵌入的资源”，效果如图 28.5 所示。

（3）为了引入 Java Script 文件中的函数，还需要在 NumberTextBox 类所属的命名空间中添加资源文件并引入特性代码，如下所示：

```
[assembly: System.Web.UI.TagPrefix("MyControls.Controls", "myt")]          //设定 Tag
//引入嵌入资源
[assembly: WebResource("MyControls.Controls.MyControls.js", "text/javascript")]
namespace MyControls.Controls
{
    ...//省略代码参见代码光盘
}
```

> **注意**：所有的嵌入资源都需要使用当前控件类库的默认命名空间名作为引用名的一部分，比如 MyControls.Controls.MyControls.js，否则将无法引入嵌入资源。引入时，还需要设定其输出类型，比如 text/javascript。

（4）为了使嵌入式资源可以被程序集感知，还需要在当前 MyControls 类库的 AssemblyInfo.cs 文件中添加嵌入资源特性修饰代码，如下所示：

```
[assembly: WebResource("MyControls.Controls.MyControls.js", "text/javascript")]
```

（5）当 Java Script 文件作为嵌入资源引入 NumberTextBox 控件后，该控件需要重写基类的 OnPreRender()方法，在页面中注册此文件，代码如下：

```
protected override void OnPreRender(EventArgs e)
{
    //判断客户端脚本是否已被注册
    if (!Page.ClientScript.IsClientScriptIncludeRegistered("MyControls"))
    {
        //将资源文件中的 JS 文件引入页面中并添加 script 标记
        Page.ClientScript.RegisterClientScriptInclude("MyControls",
            Page.ClientScript.GetWebResourceUrl(this.GetType(),
           "MyControls.Controls.MyControls.js"));
    }
    base.OnPreRender(e);
}
```

（6）重写基类的 AddAttributesToRender()方法，并为 NumberTextBox 控件添加失去焦点时的 Java Script 事件处理函数，代码如下：

```
protected override void AddAttributesToRender(HtmlTextWriter writer)
{
   this.Attributes.Add("onblur", "textCheck(this);"); //添加 JavaScript 脚本事件处理函数
    base.AddAttributesToRender(writer);
}
```

（7）在当前解决方案中创建一个网站，在该网站中引入 NumberTextBox 控件并将它拖入一个页面中，运行该网站。在该控件中输入一些非数字文本，会发现文本无法通过验证，就说明扩展 ASP.NET 控件成功，效果如图 28.6 所示。

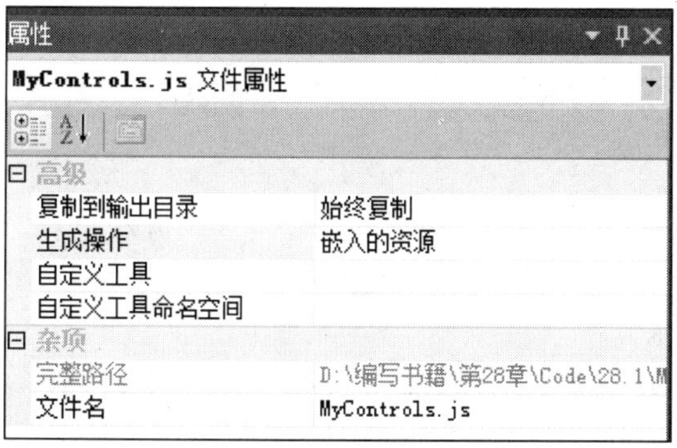

图 28.5　将 JS 文件设置为嵌入的资源

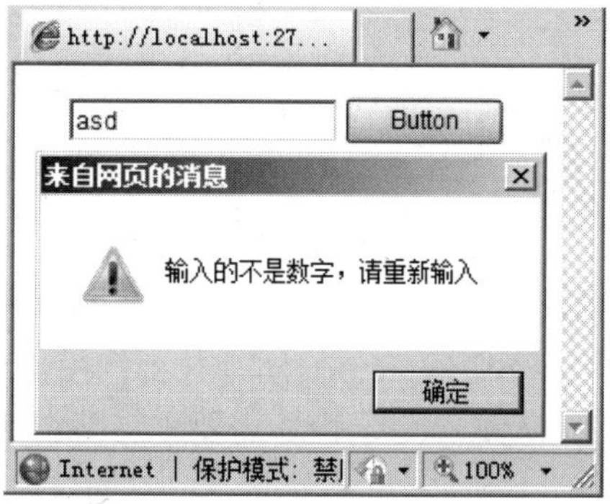

图 28.6　扩展 ASP.NET 控件

28.2　创建控件模板

ASP.NET 内置了很多模板控件，比如 GridView、DataList、Repeater 等，基本上所有的数据绑定控件都是模板控件，它们允许用户在控件中创建内置控件并设置各种样式，而且不限制使用它们时的基本格式，比起一般的 Web 控件具有更好的灵活性。本节将演示如何创建一个基本的模板控件，并为其各模板赋予不同的样式。

28.2.1　创建一个简单的模板控件

创建一个模板控件非常简单，只需要继承 WebControl 控件并创建相关模板即可。本节将演示如何创建最基本的自定义模板控件，操作步骤如下。

（1）创建一个名为 MyTemplate.Controls 的类库程序，在该类库中添加一个名为“MyRepeater.cs”的类文件，该类文件中的代码如下：

```
[assembly:TagPrefix("MyTemplate.Controls","mtc")]
namespace MyTemplate.Controls
{
    [ToolboxData("<{0}:MyReapter runat='Server' id='MyReapter1' RepeatCount='1' />")]
    [PersistChildren(true)]                                  //设定将模板中的控件保存为嵌套控件
    public class MyReapter : WebControl,INamingContainer
    {
       ...//省略代码参见代码光盘
    }
}
```

MyRepeater 类继承自 WebControl 类并需要实现 INamingContainer 接口，它可以重写 CreateChildControls()方法，实现自定义模板的输出。当实现接口后，就可以保证每个模板中

内嵌控件具有唯一标识。

（2）为 MyRepeater 控件添加项模板和模板数属性，代码如下：

```
private ITemplate itemTemplate;
public ITemplate ItemTemplate           //模板
{
    get { return this.itemTemplate;}
    set{this.itemTemplate=value;}
}
[DefaultValue(true)]
public int RepeatCount                  //模板循环次数
{
    get { return int.Parse(this.ViewState["RepeatCount"].ToString()); }
    set { this.ViewState["RepeatCount"] = value; }
}
```

MyRepeater 具有项模板属性 ItemTemplate，是一个 ITemplate 接口（模板接口）类型的属性，在该接口中定义了 InstantiateIn()方法，用于创建模板。RepeatCount 属性即模板个数属性，用于控制 MyRepeater 控件中的模板个数。

（3）MyRepeater 控件需要重写基类的 CreateChildControls()方法，才可以添加模板，代码如下：

```
protected override void CreateChildControls()
{
    Controls.Clear();                           //清空所有的子控件
    if ( itemTemplate != null)
    {
        for (int i = 0; i < RepeatCount; i++)
        {
            Panel p = new Panel();              //实例化一个 Panel 控件
            ItemTemplate.InstantiateIn(p);      //使用 Panel 控件构造模板
            Controls.Add(p);                    //将 Panel 控件添加至子控件中
            continue;
        }
    }
    else
    {
        Literal li=new Literal();
        li.Text = "未实例化模板";
        Controls.Add(li);
    }
}
```

在以上代码的 CreateChildControls()方法中，将循环添加 RepeatCount 属性指定个数的模板。在添加过程中，ItemTemplate 属性使用 Panel 控件实例化模板，并将该控件添加至控件集合中，从而实现模板的添加。

（4）在当前解决方案中创建一个网站，并在 Default.cs 页面中添加 MyRepeater 控件，修改该控件的前台代码如下：

```
<mtc:MyReapter ID="MyReapter1" runat="server" RepeatCount="10">
    <ItemTemplate >
        <hr style="width:100%;height:1px;" />
        创建模板控件
        <br />
    </ItemTemplate >
</mtc:MyReapter>
```

（5）运行该网站，MyRepeater 控件循环添加了 10 个模板，效果如图 28.7 所示。

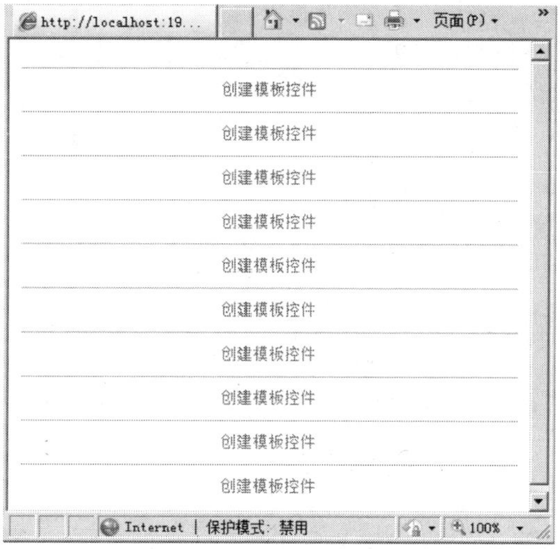

图 28.7　自定义模板控件

28.2.2　使用自定义的模板

上节实现了 MyRepeater 模板控件，但还不够完善。它不能完成数据绑定，提供的模板也非常单一。本节将扩展该控件，并实现其数据绑定。为了在该控件中使用自定义模板，需要先定义它，具体操作步骤如下。

（1）自定义模板需要继承 WebControl 类，并实现 INamingContainer 接口。MyRepeater 控件中使用的自定义模板名为 MyTemplateItem，代码如下：

```
//自定义模板
public class MyTemplateItem : WebControl,INamingContainer
{
    public int ItemIndex                                            //当前模板索引
    {
        get { return int.Parse(ViewState["ItemIndex"].ToString()); }
        set { this.ViewState["ItemIndex"] = value; }
    }
    public int ItemCount                                            //模板控件中模板总数
    {
        get { return int.Parse(ViewState["ItemCount"].ToString()); }
        set { this.ViewState["ItemCount"] = value; }
    }
    public MyTemplateItem(int index,int count) : base()
    {
        this.ItemIndex = index;
        this.ItemCount = count;
    }
}
```

MyTemplateItem 具有两个属性：ItemIndex，是当前模板索引；ItemCount，是当前自定义模板父控件中的模板总数属性。

（2）修改 MyRepeater 控件代码，添加使用自定义模板 MyTemplateItem 的模板属性，代码如下：

```
private ITemplate headerTemplate;

[TemplateContainer(typeof(MyTemplateItem))]
public ITemplate HeaderTemplate                           //头模板
{
   get { return this.headerTemplate; }
   set { this.headerTemplate = value; }
}
private ITemplate itemTemplate;
[TemplateContainer(typeof(MyTemplateItem))]
public ITemplate ItemTemplate                             //项模板
{
   get { return this.itemTemplate;}
   set{this.itemTemplate=value;}
}
private ITemplate alternatingTemplate;
[TemplateContainer(typeof(MyTemplateItem))]
public ITemplate AlternatingTemplate                      //交替项模板
{
   get { return this.alternatingTemplate; }
   set { this.alternatingTemplate = value; }
}
```

在以上代码的 MyRepeater 控件中，所有的模板都使用 TemplateContainer 特性所修饰，此特性会通知 ASP.NET 引擎该控件所用的模板类型，即在该控件中启用 MyTemplateItem 模板。

（3）现在 MyRepeater 控件具有 3 个模板：HeaderTemplate、ItemTemplate、AlternatingTemplate，为了使用这 3 个模板，需要修改该控件的 CreateChildControls()方法，代码如下：

```
protected override void CreateChildControls()
{
   Controls.Clear();                                          //清空所有的子控件
   if (headerTemplate != null)                                //判断当前控件是否具有头模板
   {
      MyTemplateItem header = new MyTemplateItem(0, RepeatCount); //添加自定义头模板
      headerTemplate.InstantiateIn(header);
      Controls.Add(header);                                   //添加头模板
   }
   if ( itemTemplate != null)
   {
      int index = headerTemplate == null ? 0 : 1;             //计算自定义模板索引起始值
      for (int i=index; i < RepeatCount; i++)
      {
         //实例化自定义模板
         MyTemplateItem container = new MyTemplateItem(i, RepeatCount);
         if (i % 2 == 0 && alternatingTemplate!=null)
            alternatingTemplate.InstantiateIn(container);     //实例化交替项模板
         else
            itemTemplate.InstantiateIn(container);            //实例化项模板
         this.Controls.Add(container);                        //添加自定义模板
         continue;
      }
   }
   else
   {
      Literal li=new Literal();
      li.Text = "未实例化模板";
      Controls.Add(li);
```

```
        }
    }
```

(4)上述方法使用 MyTemplateItem，实例化了 3 种不同的模板，并循环添加到 MyRepeater 子控件集合中。为了实现数据绑定功能，还需要重写基类的 DataBind()方法，代码如下：

```
public override void DataBind()
{
    EnsureChildControls();                              //判断子控件是否都已被创建
    base.DataBind();                                    //数据绑定
}
```

(5) 在当前网站中添加一个页面，并引入 MyRepeater 控件，设置该控件，前台代码如下：

```
<mtc:MyReapter ID="MyReapter1" runat="server" RepeatCount="10">
    <headertemplate>
        <b>这里是头模板</b>
    </headertemplate>
    <itemtemplate>
        <div style="background-color:tomato;color:Black;font-size:12pt;">
            <hr style="width:100%;height:1px;color:Blue;" />
            索引: <b><%# Container.ItemIndex %></b>  总计:<%#
            Container.ItemCount %>
            <br />
        </div>
    </itemtemplate>
    <alternatingtemplate>
        <div style="background-color:#CCFF33;color:Black;font-size:12pt;">
            <hr style="width:100%;height:1px;color:Blue;" />
            索引: <b><%# Container.ItemIndex %></b>  总计:<%#
            Container.ItemCount %>
            <br />
        </div>
    </alternatingtemplate>
</mtc:MyReapter>
```

(6)在页面 Page_Load 事件处理函数中添加 MyRepeater 控件数据绑定的代码，如下所示：

```
protected void Page_Load(object sender, EventArgs e)
{
    this.MyReapter1.DataBind();//数据绑定
}
```

(7) 运行该网站，效果如图 28.8 所示。

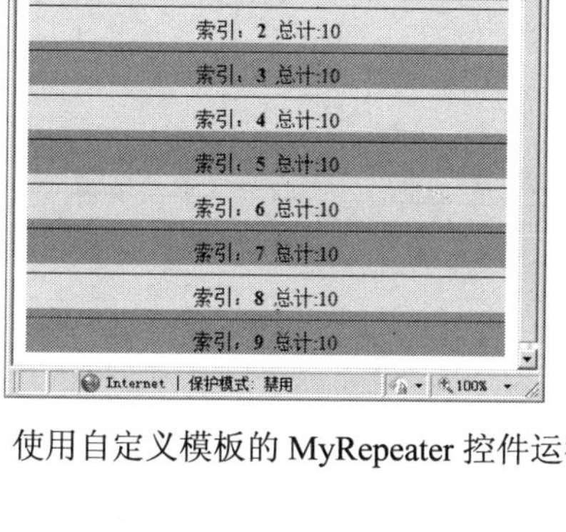

图 28.8 使用自定义模板的 MyRepeater 控件运行效果图

28.3 小结

本章首先讲解了自定义控件的基本知识，并演示了使用持久化属性保持它们的状态及属性；然后还讲解了如何使用自定义控件回传数据的相关细节，其中回传数据是开发自定义控件的重点知识，需要读者在实践中不断地学习，又演示了如何引入嵌入资源，以及使用脚本扩展 ASP.NET 控件的功能等相关知识；最后讲解了如何开发模板控件，以及在这些控件中使用自定义模板的相关知识，并演示了其开发过程。

模板控件比一般的 ASP.NET 控件具有更大的灵活性，它们可以完成复杂的数据绑定工作，但是其开发的相关知识也非常繁杂，请读者参见 MSDN 继续学习。

第 29 章　在 ASP.NET 中动态绘图

ASP.NET 可以输出文本、XML 与二进制图片。本章将讲解如何在 ASP.NET 页面中使用 GDI+实现动态绘制图形，以及自定义图表的开发；还将讲解重要的导航控件 ImageMap，该控件可以迅速实现图片区域导航；还会介绍 GDI+中常用类及常用方法，使读者在学习本章后可以迅速定制图片的输出。

29.1　使用 ImageMap 控件

在网站开发中经常需要实现图片区域导航，当用户单击图片的不同部分时会链接至不同页面。在 ASP.NET 中经常使用以下两种方法来实现图片导航。

- ImageButton()方法：可以完成表单提交和整张图片的导航工作，但是这种导航方式较为单一，并不能实现复杂的图片分区域导航。
- ImageMap()方法：可以在图片中定义热点区域，当用户单击图片不同的部分时可以导航至不同的部分，它也可以实现灵活的导航方式。

本节将讲解如何使用 ImageMap 控件实现复杂、灵活的导航方式。

29.1.1　创建热点

ImageMap 控件是 ASP.NET 中较为重要的导航控件。使用时需要在该控件中创建热点区域，并为每个热点区域指定导航的 URL 地址，其前台代码如下：

```
<asp:ImageMap runat="server" ID='immDemo' ImageUrl="~/Images/1.jpg" >
    <%--放置热点--%>
</asp:ImageMap>
```

ImageMap 控件具有 ImagUrl 属性，用于指定当前控件中显示的图片地址。其中的热点是由该控件的子节点来声明的，它提供了以下 3 种热点区域。

- RectangleHotSpot：矩形热点区域。它具有 4 个属性，用于设定其大小和位置它们分别是 Left（矩形热点区域距图片左上角顶点的横向距离）、Top（矩形热点区域距图片左上角顶点的垂直距离）、Right（矩形热点区域距图片右上角顶点的横向距离）、Bottom（矩形热点区域距图片右上角顶点的垂直距离）。

- CircleHotSpot：圆形热点区域。它具有 3 个属性，用于设定其大小和位置，它们分别是 X（圆形热点区域距图片左上角顶点的横向距离）、Y（圆形热点区域距图片左上角顶点的垂直距离）、Radius（圆形热点区域的半径）。
- PolygonHotSpot：多边形热点区域。它具有 Coordinators 属性，用于标识多边形各顶点的坐标，以两个数值作为一个顶点坐标，用“,”分隔。它一般用于定义不规则热点区域，比如制作类似地图中的热点区域。

所有的热点区域都具有以下几个属性。

- Target：跳转页面的方式，枚举值。它允许使用以下一些值。
  - _blank：将内容呈现在一个没有框架的新窗口中。
  - _parent：将内容呈现在上一个框架集父级中。
  - _search：在搜索窗格中呈现内容。
  - _self：将内容呈现在含焦点的框架中。
  - _top：将内容呈现在没有框架的全窗口中。
- HotSpotMode：当单击热点区域时其行为模式，枚举属性。它可以使用以下一些值。
  - NotSet：导航至 NavigateUrl 属性指定的网址。
  - Inactive：热点区域没有任何行为。
  - Navigate：导航至 NavigateUrl 属性指定的网址。
  - PostBack：热点区域将回发 PostBackValue 属性中的数据至页面后台。
- PostBackValue：当热点区域的 HotSpotMode 属性设置为 PostBack 时，热点区域将回发至页面的值。

创建一个网站，然后添加一个 ImageMap 控件，设置相关属性如下：

```
<asp:ImageMap runat="server" ID='immDemo' ImageUrl="~/Images/1.jpg">
    <asp:RectangleHotSpot Left="0" Top="0" HotSpotMode="Navigate" Target="_blank"
    Right="254"
        Bottom="190" PostBackValue="1" NavigateUrl="~/Client.aspx" />
    <asp:RectangleHotSpot Left="255" Top="0" HotSpotMode="Navigate" Target="_blank"
    Right="508"
        Bottom="190" PostBackValue="2" NavigateUrl="~/Server.aspx"/>
</asp:ImageMap>
```

运行该网站，效果如图 29.1 所示。

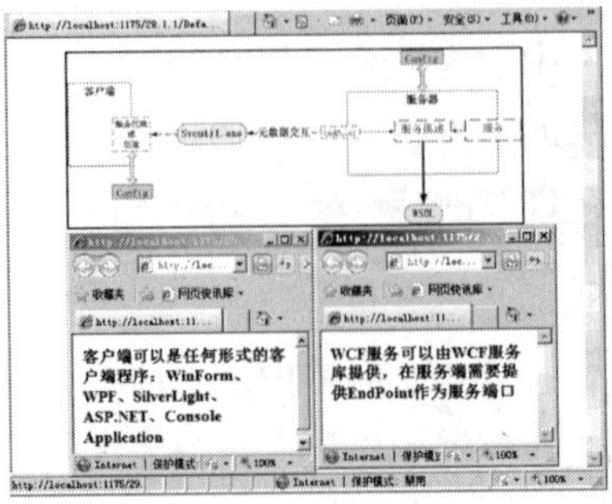

图 29.1　ImageMap 导航效果图

29.1.2　处理热点单击事件

当热点区域的 HotSpotMode 属性设置为 PostBack 时，单击该区域后将回发一个指定值到后台页面中。当单击某一热点区域时会触发 ImageMap 控件的 OnClick 事件，该事件可以通过其参数来获取热点提交的 PostBackValue。

（1）创建一个网站，在页面中拖入 1 个 ImageMap 控件，其前台代码如下：

```
<asp:ImageMap runat="server" ID='immDemo' ImageUrl="~/Images/1.jpg">
    <asp:RectangleHotSpot Left="0" Top="0" HotSpotMode="PostBack" Target="_blank"
    Right="254"
        Bottom="190" PostBackValue="1" />
    <asp:RectangleHotSpot Left="255" Top="0" HotSpotMode="PostBack" Target="_blank"
    Right="508"
        Bottom="190" PostBackValue="2"  />
</asp:ImageMap>
```

以上代码为 ImageMap 控件的矩形热点区域添加了 PostBackValue 属性，当单击一个热点区域时，该属性值被回发到此控件的单击事件参数中。

（2）为 ImageMap 控件添加 OnClick 事件处理函数，用于输出回发值，代码如下：

```
protected void immDemo_Click1(object sender, ImageMapEventArgs e)
{
    Response.Write("热点区域回发值: " + e.PostBackValue);//输出热点区域回发值
}
```

（3）运行该网站，单击 ImageMap 中的热点区域，效果如图 29.2 所示。

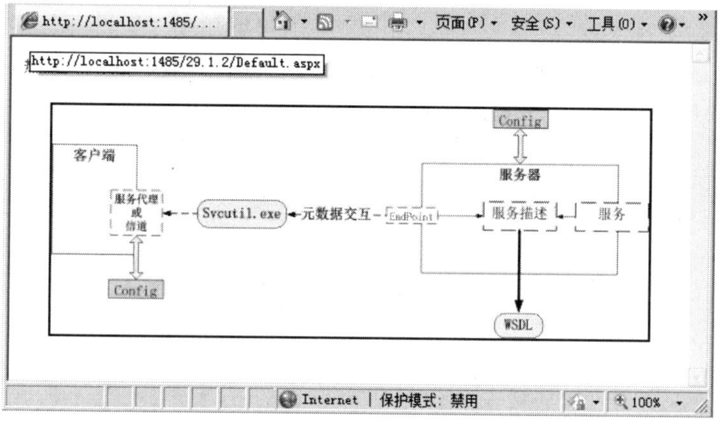

图 29.2　ImageMap 单击事件运行效果

29.1.3　自定义热点区域

多边形热点区域可以定制一些不规则的热点区域，但是使用时较为烦琐，在实际开发中可以使用自定义控件来实现。自定义热点需要继承自 HotSpot 类，本节将实现一个正方形的热点区域。

（1）创建一个名为 MyHotSpot 的类库，在该类库中添加一个名为 SquareHotSpot.cs 的类文件，在其中添加以下代码：

```
[assembly: TagPrefix("MyHotSpot.Controls", "mhs")]
namespace MyHotSpot.Controls
```

```
{
    [ToolboxData("<{0}:SquareHotSpot runat='Server' Id='MyReapter1' Width='100'
    Left='0' Top='0' />")]
    public class SquareHotSpot : HotSpot                          //自定义热点区域需要继承 HotSpot
    {
        public int Width                                          //宽度
        {
            get { return int.Parse(ViewState["Width"].ToString()); }
            set { this.ViewState["Width"] = value; }
        }
        public int Left                                           //左侧边距
        {
            get { return int.Parse(ViewState["Left"].ToString()); }
            set { this.ViewState["Left"] = value; }
        }
        public int Top                                            //顶部边距
        {
            get { return int.Parse(ViewState["Top"].ToString()); }
            set { this.ViewState["Top"] = value; }
        }
        public SquareHotSpot()
        {
            Left = 0;
            Top = 0;
            Width = 100;
        }
        ...//省略代码
    }
}
```

（2）当实现自定义热点区域时，需要使用 HotSpot 类的 MarkupName 属性和 GetCoordinates()方法。该属性即当前热点形状类型，只能使用 3 个值，即 circle、rectangle、polygon。由于正方形热点是一个多边形热点，所以该属性只能返回 polygon，代码如下：

```
protected override string MarkupName
{
    get { return "polygon"; }
}
```

GetCoordinates()方法将返回当前自定义热点的所有顶点坐标，代码如下：

```
public override string GetCoordinates()
{
    StringBuilder sb = new StringBuilder(string.Empty);
    int top1Left = Left;                                  //顶部左侧顶点坐标
    int top1Right = Top;
    sb.AppendFormat("{0},{1},", top1Left, top1Right);
    int top2Left = Left + Width;                          //顶部右侧顶点坐标
    int top2Right = Top;
    sb.AppendFormat("{0},{1},", top2Left, top2Right);
    int bottom1Left = Left;                               //底部左侧顶点坐标
    int bottom1Right = Top + Width;
    sb.AppendFormat("{0},{1},", bottom1Left, bottom1Right);
    int bottom2Left = Left + Width;                       //底部右侧顶点坐标
    int bottom2Right = Top + Width;
    sb.AppendFormat("{0},{1},", bottom2Left, bottom2Right);
    sb.Remove(sb.Length - 1, 1);
    return sb.ToString();                                 //计算各顶点坐标并返回
}
```

（3）创建一个网站，引入自定义热点控件。在页面中拖入 ImageMap 控件，并在该控件中使用自定义热点区域，其前台代码如下：

```
<asp:ImageMap runat="server" ID="immDemo" ImageUrl="~/Images/1.jpg">
    <msc:SquareHotSpot Width="200" Left="100" Top="0" HotSpotMode="PostBack"
    PostBackValue="自定义热点提交"></msc:SquareHotSpot>
</asp:ImageMap>
```

注意：自定义热点不可以添加到工具栏中，需要手动注册自定义热点控件。

（4）为 ImageMap 控件添加 OnClick 事件处理函数，代码如下：

```
protected void immDemo_Click(object sender, ImageMapEventArgs e)
{
    Response.Write(e.PostBackValue);//输出自定义热点提交值
}
```

（5）运行该网站，单击自定义热点区域，效果如图 29.3 所示。

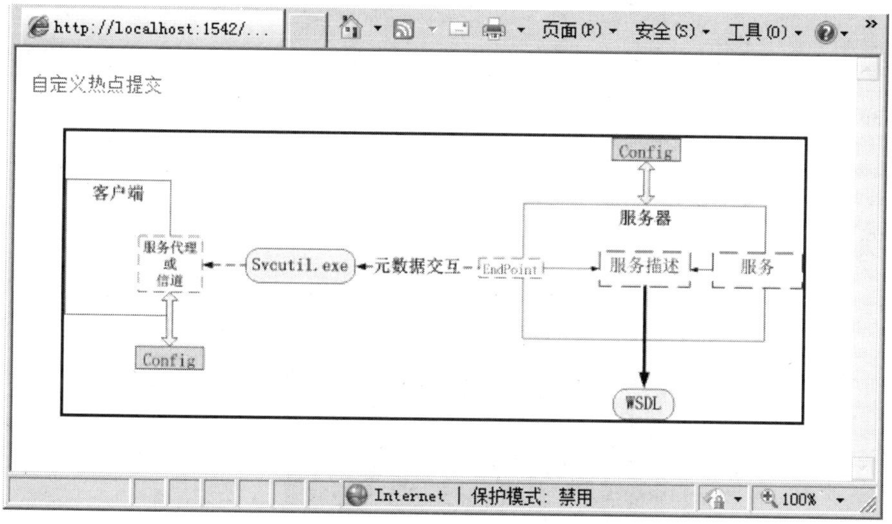

图 28.3　自定义热点提交值

29.2　使用 GDI+绘图

GDI+是.NET 内置的一种绘制动态图像技术，它可以提供多种格式的图片绘制，并内置大量的类和结构体，来实现动态绘制图形。它所使用的类多数被定义在 System.Drawing 命名控件中，其中使用最多的是 Grahpics 类。该类是一个抽象类，所以不可以直接实例化，而必须使用它提供的各种静态方法实例化。本节将详细讲解 Grahpics 对象实现各种形状的绘图方法。

29.2.1　简单绘图

ASP.NET 使用 GDI+技术可以完成简单的绘图操作，使用非常简单，具体操作步骤如下。

（1）创建一个网站，在 Page_Load 事件处理函数中新建一个基本的位图对象，代码如下：

```
protected void Page_Load(object sender, EventArgs e)
{
```

```
    Bitmap image = new Bitmap(200,200);          //实例化位图对象并设定宽度、高度
    …//省略代码参见代码光盘
}
```

（2）使用 Graphics 类的 FromImage()静态方法创建一个基于当前图片的 Graphics 对象，代码如下：

```
Graphics g = Graphics.FromImage(image);      //实例化 Graphics 对象
```

（3）使用 Graphics 对象在图片中填充一个红色的矩形，代码如下：

```
Rectangle rec = new Rectangle(0,0,200,200);          //实例化矩形，宽度为 200，高度为 200
g.FillRectangle(new SolidBrush(Color.Red),rec);      //使用红色实线画刷填充一个矩形
g.Flush();                                       //刷新 Graphics 对象
```

（4）绘制了矩形后，在页面响应流中输出图片，代码如下：

```
image.Save(Response.OutputStream,ImageFormat.Png);//将图片保存至页面输出流中
Response.End();                                    //关闭响应流
```

注意：在保存了图片流之后，需要理解关闭响应流以便直接输出图片。

（5）使用了图片对象和 Graphics 对象后，需要释放它们，代码如下：

```
g.Dispose();
image.Dispose();
```

（6）运行该网站，效果如图 29.4 所示。

图 29.4　GDI+简单绘图

29.2.2　图像格式和质量

在网站开发中经常使用的图片格式有以下几种。

- JPEG：可以提供较好的色彩与绘图支持，但是可能导致文本失真。
- GIF：绘制文本时支持很好，但是它支持的色彩较少，图片不够饱满。

➢ PNG：结合了 JPEG 与 GIF 的优点，笔者强烈推荐使用 PNG 格式来保存动态生成的图片。

Graphics 对象在绘制图片时，由以下几个属性来控制绘制图片的质量。

➢ SmoothingMode：平滑样式。它是枚举属性，包括以下几点。
- Invalid：指定一个无效模式。
- Default：指定不抗锯齿。
- HighSpeed：指定不抗锯齿。
- HighQuality：指定抗锯齿的呈现。
- None：指定不抗锯齿（默认值）。
- AntiAlias：指定抗锯齿的呈现。

➢ TextRenderingHint：是枚举属性，包括以下几点。
- SingleBitPerPixelGridFit：性能较高但是文本质量较低。
- ClearTypeGridFit：使用 ClearType 字体功能绘制文本。
- AntiAliasGridFit：质量较高但是性能很低。

以上属性一旦设置，就会在 Graphics 对象的生命周期中使用。笔者强烈推荐使用 ClearTypeGridFit，来绘制图片中的文本信息。

29.2.3　Grahpics 类

Graphics 类是 GDI+技术中使用最多的类，是一个抽象类，所以其对象不可以直接实例化，必须使用该类的静态方法来实例化。它具有表 29.1 所示的一些重要的方法。

表 29.1　Graphics 类中的方法

方　法	说　明
DrawArc	绘制弧线，该弧线是一个内切矩形的椭圆的一部分
DrawBezier	绘制贝塞尔曲线
DrawClosedCurve	绘制闭合线条，如果起点与终点不一致时，将自动绘制一个曲线闭合线条
DrawCurve	绘制折线，这些折线线段可以具有一定的弧度，从而变为绘制曲线
DrawEllipse	绘制椭圆，该椭圆的大小将由外切的矩形决定
DrawIcon	绘制 ICON 图标
DrawImage	绘制图片
DrawImageUnscaled	按照需要绘制图片的物理大小绘制图片
DrawLine	绘制直线线段
DrawPath	绘制 GraphicPath 形状
DrawPie	绘制扇形
DrawPolygon	绘制多边形
DrawRectangle	绘制矩形
DrawString	绘制文本

表 29.1 列举的方法只能绘制图形路径，可以使用相关的 Fill()方法来填充图形路径，该方法将在后续章节中继续讲解。实际开发中经常会使用 Graphics 类的 FromImage()静态方法来创建该类的对象，上节已经演示了如何实例化此对象和使用它填充矩形。

创建一个网站，测试一下 Graphics 类的相关方法，在 Default.aspx 页面的 Page_Load 事件中添加以下代码：

```
protected void Page_Load(object sender, EventArgs e)
{
    Bitmap image = new Bitmap(400,200);                    //实例化位图对象
    Graphics g = Graphics.FromImage(image);                //实例化 Graphics 对象
    g.SmoothingMode = SmoothingMode.HighQuality;           //优化图像质量
    g.TextRenderingHint = TextRenderingHint.ClearTypeGridFit;
    Pen p = new Pen(Color.Red,1);                          //实例化画笔对象
    Rectangle rec = new Rectangle(50,10,300,180);          //实例化矩形对象
    g.DrawEllipse(p,rec);                                  //绘制椭圆
    string str = "Graphics 对象绘制图形";
    SolidBrush brush = new SolidBrush(Color.Black);        //实例化画刷对象
    Font f = new Font("Arial",12,FontStyle.Regular,GraphicsUnit.Point); //实例化字体对象
    PointF point = new PointF();
    point.X = 200 - g.MeasureString(str,f).ToSize().Width/2;
    point.Y = 100 - f.Height / 2;
    g.DrawString(str,f,brush,point,new StringFormat());    //绘制字符串
    g.Flush();
    image.Save(Response.OutputStream,ImageFormat.Png);     //保存图像流
    Response.End();                                        //终止响应
    g.Dispose();                                           //释放资源
    image.Dispose();
}
```

以上代码使用了诸如 Pen、SolidBrush 等绘画辅助工具，还使用了诸如 Font、Point、Rectangle 等形状辅助工具，并设置了 Graphics 对象的图像质量以高画质形式绘制图形，运行效果如图 29.5 所示。

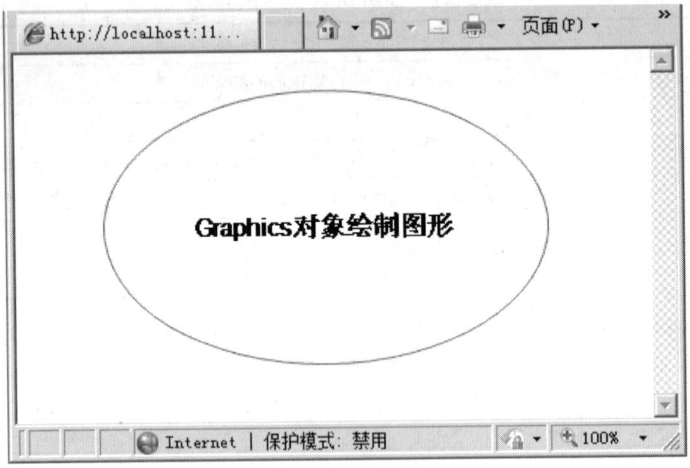

图 29.5　Graphics 对象绘制图形

29.2.4　使用 GraphicsPath

GraphicsPath 类一般用于绘制线条组成的路径，但是其对象并不能直接绘制路径，可以认为它只是绘制路径的集合，Graphics 对象将绘制此对象中的路径，该对象具有表 29.2 所示的一些重要方法。

表 29.2　GraphicsPath 对象的方法

方　法	说　明
AddArc()	在当前绘制路径中添加一段椭圆的弧线
AddBezier()	在当前绘制路径中添加一个贝塞尔曲线
AddClosedCurve()	在当前绘制路径中添加一段闭合的曲线
AddCurve()	在当前绘制路径中添加一段曲线
AddEllipse()	在当前绘制路径中添加一个椭圆
AddLine()	在当前绘制路径中添加一个线段
AddPath()	在当前绘制路径中添加一个绘制路径
AddPie()	在当前绘制路径中添加一个扇形
AddPolygon()	在当前绘制路径中添加一个多边形
AddRectangle()	在当前绘制路径中添加一个矩形
AddRectangles()	在当前绘制路径中添加一系列矩形
AddString()	在当前绘制路径中添加一段文本
ClearMarkers()	清除此路径中的所有标记
Clone()	创建当前路径的精确副本
CloseAllFigures()	闭合当前绘制路径中所有的开放路径并开始绘制一个新路径
StartFigue()	开启当前绘制路径的起点，但是不闭合以前的路径
CloseFigure()	闭合当前图形并开始新的图形。如果当前图形包含一系列相互连接的直线和曲线，该方法通过连接一条从终节点到起点的直线，闭合该环回

现在使用 GraphicsPath 来绘制一段波浪线，代码如下：

```
protected void Page_Load(object sender, EventArgs e)
{
    Bitmap image = new Bitmap(600,600);
    Graphics g = Graphics.FromImage(image);
    GraphicsPath gp = new GraphicsPath();
    gp.StartFigure();                                          //开启路径顶点
    Rectangle rec = new Rectangle(100,100,100,100);          //实例化一个矩形（正方形）
    gp.AddArc(rec,180,180);                                  //添加一个弧线
    rec = new Rectangle(200, 100, 100, 100);                 //实例化一个矩形（正方形）
    gp.AddArc(rec,0,180);                                    //添加一个弧线
    gp.CloseFigure();                                        //闭合路径
    Pen pen = new Pen(Color.Red);                            //实例化画笔
    g.DrawPath(pen,gp);                                      //绘制路径
    g.Flush();                                               //刷新 Graphics 对象
    image.Save(Response.OutputStream,ImageFormat.Png);//输出图片
    Response.End();                                          //关闭输出流
    g.Dispose();                                             //释放资源
    image.Dispose();
}
```

以上代码中的 GraphicsPath 对象负责组建绘制路径，该对象使用 DrawPath()方法来回执它所组建的绘制路径。

> **注意：** GraphicsPath 对象只起到组建绘图路径的作用，而其本身并不具备绘制图像的功能。

绘制效果如图 29.6 所示。

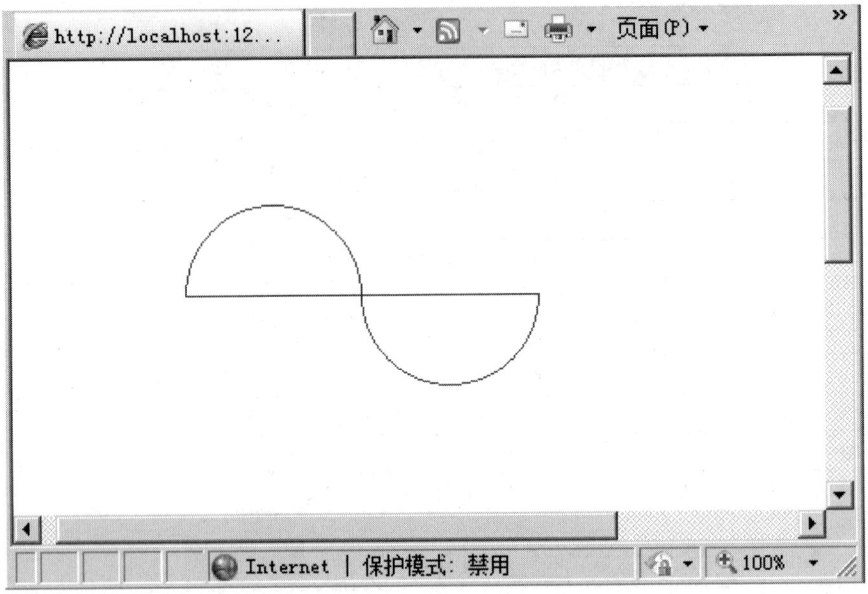

图 29.6　GraphicsPath 闭合路径绘图

29.2.5　使用画笔 Pen 类

当使用 Graphics 对象的 Draw 系列方法时，都会使用 Pen 对象来设置画笔的各种属性，其属性如表 29.3 所示。

表 29.3　Pen 对象的属性

属　性	说　明
DashCap	Pen 对象绘制虚线时，虚线中的分隔形状的样式
DashOffset	Pen 对象绘制虚线时，每个短画线及短画线图案的长度
DashStyle	Pen 对象绘制虚线时，虚线的样式
PenType	Pen 对象绘制直线的样式
StartCap	Pen 对象绘制直线时，直线起点的图案样式
Width	Pen 对象绘制虚线或直线时线的宽度
Color	Pen 对象的颜色属性

Pen 对象可以绘制各种样式的直线、虚线，以下代码展示了使用它绘制各种样式线段的方法：

```
protected void Page_Load(object sender, EventArgs e)
{
    Bitmap image = new Bitmap(600, 600);
    Graphics g = Graphics.FromImage(image);
    Point point1 = new Point(10,10);                //设置画线的起始位置
    Point point2 = new Point(550, 10);             //设置画线的结束位置
    Pen pen = new Pen(Color.Red);                 //实例化画笔对象并设置颜色
    pen.Width=5 ;                                //设置画笔的宽度
    //循环所有的线段样式
    foreach(DashStyle style in Enum.GetValues(typeof(DashStyle)))
```

```
    {
        pen.DashStyle = style;                    //设置线段样式
        g.DrawLine(pen,point1,point2);           //绘制线段
        point1.Y += 20;                          //移位
        point2.Y += 20;
        g.Flush();
        continue;
    }
    image.Save(Response.OutputStream,ImageFormat.Png);
    Response.End();
    g.Dispose();
    image.Dispose();
}
```

效果如图 29.7 所示。

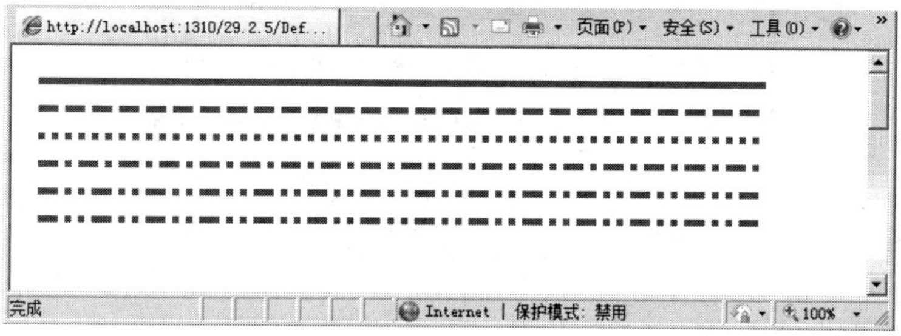

图 29.7　Pen 对象绘制线段的样式

还可以通过 DashCap 属性来设置 Pen 对象绘制虚线时分隔线段中的图案样式，代码如下：

```
protected void Page_Load(object sender, EventArgs e)
{
    Bitmap image = new Bitmap(600, 600);
    Graphics g = Graphics.FromImage(image);
    Point point1 = new Point(10,10);                //设置画线的起始位置
    Point point2 = new Point(550, 10);             //设置画线的结束位置
    Pen pen = new Pen(Color.Red);                  //实例化画笔对象并设置颜色
    pen.Width=15 ;                                 //设置画笔的宽度
    //循环所有的线段样式
    foreach (LineCap cap in Enum.GetValues(typeof(LineCap)))
    {
        pen.StartCap = cap;                        //设置线段的起始图案和结束图案
        pen.EndCap = cap;
        g.DrawLine(pen, point1, point2);     //绘制线段
        point1.Y += 40;                      //移位
        point2.Y += 40;
        g.Flush();
        continue;
    }\
    image.Save(Response.OutputStream,ImageFormat.Png);
    Response.End();
    g.Dispose();
    image.Dispose();
}
```

运行效果如图 29.8 所示。

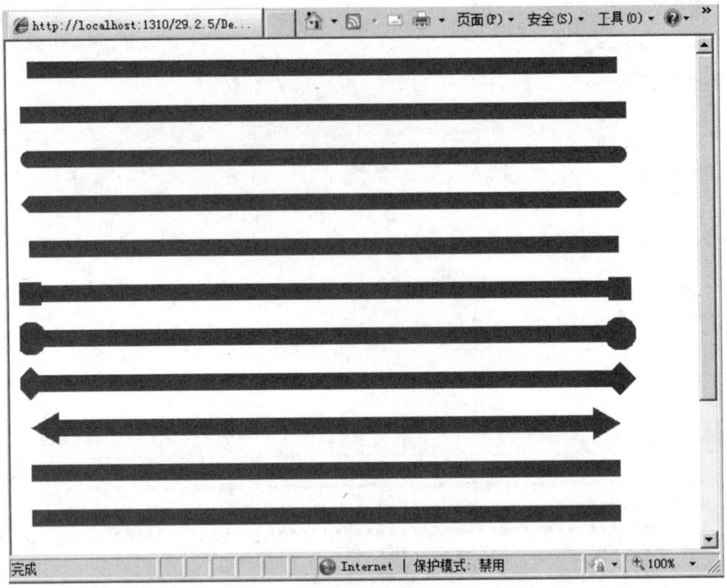

图 29.8　Pen 绘制线段的起始图案、结束图案

29.2.6　使用画刷 Brush

当使用 Graphics 对象的 Fill 系列方法填充图形时，必须使用 Brush 对象来指定填充方式，常用的画刷如下。

- HatchBrush：网格画刷。可以设置前景色、背景色、阴影样式，进而使用网格、编制、五彩、鹅卵石等方式填充图形。
- LinearGradientBrush：线性渐变画刷。允许设置各种线性渐变方式填充图形。
- TextureBrush：位图画刷。可以为指定画刷添加位图。

现在使用线性渐变画刷绘制矩形，代码如下：

```
protected void Page_Load(object sender, EventArgs e)
{
    Bitmap image = new Bitmap(400, 400);
    Graphics g = Graphics.FromImage(image);
    Point point1 = new Point(20,10);
    Point point2 = new Point(140, 10);
    //循环所有的渐变格式
    foreach (LinearGradientMode mode in Enum.GetValues(typeof(LinearGradientMode)))
    {
        Rectangle rec=new Rectangle(point1,new Size(100,40));    //实例化矩形
        //实例化线性渐变画刷。渐变区域矩形。渐变起始颜色。渐变结束颜色。渐变格式
        LinearGradientBrushbrushnewLinearGradientBrush(rec,Color.Red,Color.Black,
        mode);
        g.FillRectangle(brush,rec);                                //填充矩形
         //绘制当前画刷的格式名称
        g.DrawString(mode.ToString(),new Font("Arial",12),brush,point2,null);
        point1.Y += 60;                                            //移位
        point2.Y += 60;
        continue;
    }
    image.Save(Response.OutputStream, ImageFormat.Png);
```

```
    Response.End();
    g.Dispose();
    image.Dispose();
}
```

运行效果如图 29.9 所示。

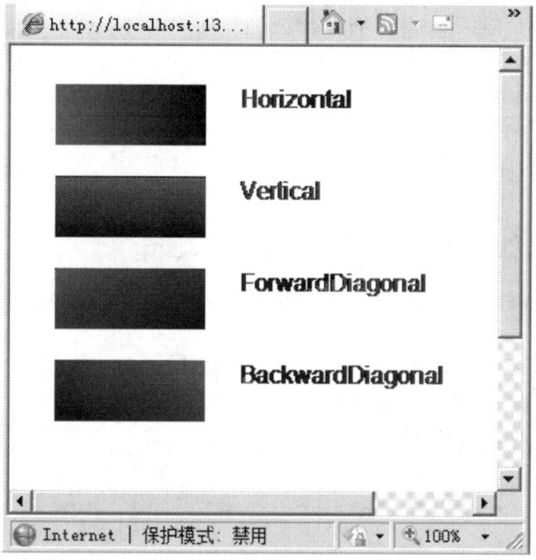

图 29.9　渐变画刷绘制矩形效果

29.3　在 Web 页面中嵌入动态图像

在 Web 页面中嵌入动态图像是较为常用的，比如生成验证码图片、获取动态图表等。本节将演示如何使用 GDI+技术来绘制动态图像并嵌入到页面中，并演示验证码图片和动态图表这两种最常见的动态图像生成方法。

29.3.1　绘制验证码图片

在登录页面中嵌入验证码图片是网站开发中较为常见的动态图片技术的应用，该技术可以有效地保护网站不被恶意登录，这些图片一般由以下 3 部分构成。

- 验证码：用户需要输入的无序数字、字母的字符串。被保存在 Session 中，便于后台用户输入的验证码是否正确。
- 干扰线及噪点：在验证码图片中出现的无序的色斑、线段。这些线段和色斑可以有效防御恶意入侵时所使用的各种图片识别技术。
- 背景图片：可以使用各种渐变的色块来防止图片识别技术识别出验证码中的文本。

（1）创建一个网站，设计 Default.aspx 页面的前台界面如图 29.10 所示。

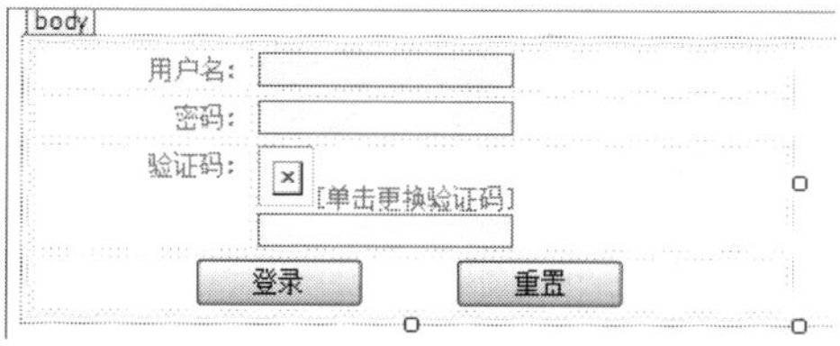

图 29.10　前台界面设计

（2）在当前网站中添加一个名为“RandomCodeHandler.ashx”的一般处理程序文件，用于绘制验证码图片的 HTTP 处理器，代码如下：

```
protected void DrawBackground(ref Graphics g,int width,int height)
{
    //实例化矩形
   Rectangle rec = new Rectangle(new Point(0, 0), new Size(width, height));
   //实例化线性渐变画刷
LinearGradientBrushbrush=newLinearGradientBrush(rec,Color.White,Color.Yellow,Linea
rGradientMode.Horizontal);
   g.FillRectangle(brush,rec);
}
```

（3）绘制验证码的代码如下：

```
protected void DrawRandomCode(ref Graphics g,HttpContext context)
{
    string code = GetRandomCode();    //得到验证码
    //将验证码记录在 Session 中，方便前台验证验证输入的码是否正确
    context.Session["RandCode"] = code;
    //绘制验证码
    g.DrawString(code, new Font("Arial Black", 12), new SolidBrush(Color.Red), 0, 0);
    g.Flush();
}
```

注意：以上代码中的验证码是由 GetRandomCode()私有方法获取的，详细代码请参见代码光盘。当需要在 HTTP 处理器中使用 Session 时，该处理器必须实现 IRequiresSessionState 接口。

（4）绘制噪点的代码如下：

```
protected void DrawPoint(ref Graphics g)
{
    Random random=new Random(GetSeed());                    //获取随机对象
    int pointCount = random.Next(10,20);                   //绘制 10~20 间的随机个噪点
    for (int i = 0; i < pointCount; i++)
    {
        //噪点的位置
        Point point1 = new Point(random.Next(0,120),random.Next(0,20));
        Rectangle rec = new Rectangle(point1,new Size(2,2));   //噪点的大小
        //获取噪点的随机颜色
        Color c = Color.FromArgb(random.Next(0, 255), random.Next(0, 255), random.Next
        (0, 255));
        SolidBrush brush = new SolidBrush(c);               //实例化画刷
        g.FillRectangle(brush,rec);
        g.Flush();                                         //刷新画刷
        continue;
    }
}
```

（5）绘制干扰线的代码如下：

```
protected void DrawLine(ref Graphics g)
{
    Random random = new Random(GetSeed());                  //获取随机对象
    int pointCount = random.Next(1, 10);                    //绘制 1~10 间随机条干扰线
    for (int i = 0; i < pointCount; i++)
    {
        //干扰线起始位置
```

```
        Point point1 = new Point(random.Next(0, 120), random.Next(0, 20));
        //干扰线结束位置
        Point point2 = new Point(random.Next(0, 120), random.Next(0, 20));
        //获取干扰线的随机颜色
        Color c = Color.FromArgb(random.Next(0, 255), random.Next(0, 255), random.Next
        (0, 255));
        Pen pen = new Pen(c);                                    //实例化画笔
        pen.DashCap = DashCap.Triangle;
        g.DrawLine(pen,point1,point2);                              //绘制干扰线
        g.Flush();                                               //刷新画刷
        continue;
    }
}
```

以上代码中的所有噪点、干扰线的位置和大小都是随机生成的，包括绘制它们的颜色都是随机生成的，这样可以有效地防御图片识别技术识别出验证码。

（6）在 RandomCodeHandler 处理器的 ProcessRequest()方法中添加输出验证码图片的代码，如下所示：

```
public void ProcessRequest(HttpContext context)
{
    context.Response.ContentType = "img/gif";//设定响应为二进制图片格式
    MakeRandomImage(context);
}
protected void MakeRandomImage(HttpContext context)
{
    Bitmap img = new Bitmap(120, 20);         //设定验证码图片的宽为120px，高为20px
    Graphics g = Graphics.FromImage(img);
    DrawBackground(ref g, 120, 20);          //绘制背景
    DrawRandomCode(ref g,context);          //绘制验证码
    DrawPoint(ref g);                       //绘制噪点
    DrawLine(ref g);                        //绘制干扰线
    //将图片写入Response对象的输出流中
    img.Save(context.Response.OutputStream,ImageFormat.Jpeg);
    context.Response.End();//关闭响应流
    g.Dispose();
    img.Dispose();
}
```

（7）在 Default 页面中修改 img 元素的 src 属性，并添加单击更换验证码的 JavaScript 代码，如下所示：

```
<imgalt="单击更换验证码" src="RandomCodeHandler.ashx"
onclick="this.src=this.src+'?timeId='+Math.random();" />
```

img 元素的 src 属性指向 RandomCodeHandler.ashx 文件，即 HTTP 处理器，可以显示该文件所输出的验证码图片。代码中的 onclick 事件可以使用随机码作为请求参数，用于请求此文件，保证验证码图片不会被缓存，从而实现单击时 img 元素可以更换验证码图片，运行效果如图 29.11 所示。

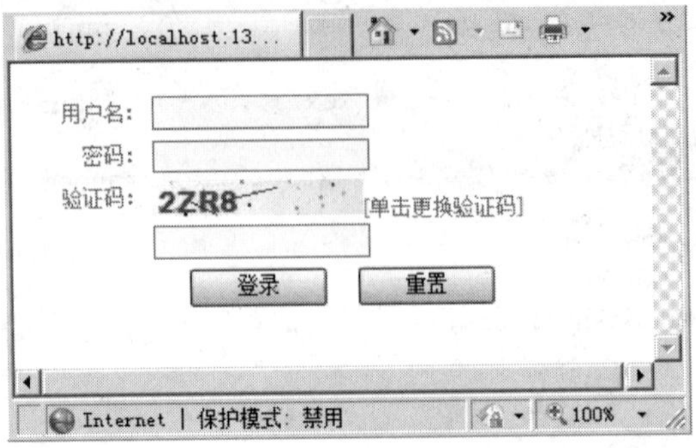

图 29.11　绘制随机验证码

29.3.2　使用 GDI+创建图表

在日常开发中，经常需要制作图表，用来显示统计数据，一般情况下图表由以下几个部分组成。

- 图表标题：包含图表名称、绘制日期等提示文本信息的标题。
- 图表：包含坐标轴、单位、图示部分等形状集合。
- 图例：对图表中特定形状的说明。

本节将展示一个公司人员学历比例的饼状图，它可以迅速地显示数据的组成部分，以及它们所占的比例等统计信息，操作步骤如下所示。

（1）饼状图首先需要绘制标题，代码如下：

```
//绘制标题
protected void DrawTitle(ref Graphics g,string title)
{
    Point p=new Point();
    Font font=new Font("黑体",16);                    //计算标题位置
    p.X=300-g.MeasureString(title,font).ToSize().Width/2;
    p.Y=30;
    SolidBrush brush=new SolidBrush(Color.Black);
    g.DrawString(title,font,brush,p,null);              //绘制标题
}
```

绘制标题时需要计算标题的位置，一般情况下位于图表顶部居中对齐的位置。以上代码使用了 Graphics 对象的 MeasureString()方法，用来计算标题在特定字体下的长度，并使用该长度计算标题的起始位置。

（2）绘制标题后需要绘制图例，代码如下：

```
//绘制图例
protected void DrawLegend(ref Graphics g, Dictionary<string, int> data)
{
    Point p1 = new Point(520,30);                          //图例矩形起点
    Point p2 = new Point(540,30);                          //图例文本起点
    Font font = new Font("宋体", 8);
    int i = 0;
    foreach (string str in data.Keys)
    {
        Rectangle rec = new Rectangle(p1,new Size(12,12));  //图例矩形
        Color c=new Color();                                //设置图例颜色
        switch (i)
        {
```

```
            case 0:
                c = Color.Red;
                break;
            case 1:
                c = Color.Yellow;
                break;
            case 2:
                c = Color.Gray;
                break;
            case 3:
                c = Color.Blue;
                break;
        }
        SolidBrush brush = new SolidBrush(c);
        g.FillRectangle(brush,rec);                                        //绘制矩形
        g.DrawString(str,font,new SolidBrush(Color.Black),p2,null);       //绘制文本
        p1.Y = p2.Y += 20;                                                 //移位
        g.Flush();
        i++;
        continue;
    }
}
```

绘制图例时需要固定图例的颜色，并保证它与数据饼图的颜色一致，还需要绘制图例文本，该文本可以起到说明数据饼图的作用。

（3）绘制数据饼图，代码如下：

```
//绘制饼图
protected void DrawPie(ref Graphics g, Dictionary<string, int> data)
{
    int total = 0;
    foreach (int value in data.Values)
    {
        total += value;                                  //计算人数总和
        continue;
    }
    Rectangle rec = new Rectangle(new Point(150, 70), new Size(300, 300));
    int i = 0;
    float start=0F;                                      //饼图的起始角度
    foreach (int value in data.Values)                   //绘制饼图
    {
        Color c=new Color();
        switch (i)                                       //设置饼图颜色
        {
            case 0:
                c = Color.Red;
                break;
            case 1:
                c = Color.Yellow;
                break;
            case 2:
                c = Color.Gray;
                break;
            case 3:
                c = Color.Blue;
                break;
        }
        SolidBrush brush = new SolidBrush(c);
        float end=(value/(float)total)*360;              //计算饼图需要结束角度
        g.FillPie(brush,rec,start,end);                  //绘制饼图
        g.Flush();
        //起始位置被改变，即从上一个饼图的结束位置开始绘制下一个饼图
```

```
            start += end;
            i++;
            continue;
        }
    }
```

绘制饼图时，需要设置饼图的起始位置，并计算各个饼图在当前圆形中所占据的角度；绘制新扇形时，需要在上一个扇形的结束位置开始绘制，直到绘制一个 360° 的圆形。

（4）运行网站，设置饼图数据，单击“确定”按钮生成饼图，如图 29.12 所示。

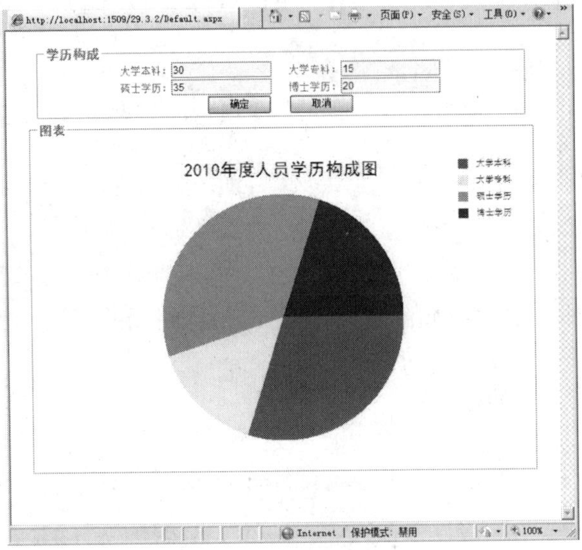

图 29.12　绘制图表

29.4　小结

本章首先讲解了 ImageMap 控件实现图片导航的相关细节，并演示了自定义图片热点的实例；然后讲解了常见的 GDI+对象，比如 Graphics、GraphicsPath 等对象，并通过多个实例展示了 GDI+技术在 ASP.NET 页面中输出动态图片的实例。这些实例可以直接在开发中应用，并且多方位地演示了该技术绘制各类图形、路径、线条的方法。读者可以参照本章中的讲解，开发自定义图表、验证码、生成图片等实用功能。

第八篇

ASP.NET 4.0 编程实战

学习一门技术最终的目的就是要运用于实践，要实践就得有常见的应用项目，本篇提供的两个项目都非常典型，一个是每个网站都必须涉及的用户权限管理，另一个是现在企业都争先恐后要应用的电子商务（B2C）网站。本篇的内容主要有：

- 通用权限管理系统——用户管理系统
- 网上书店

第30章 通用权限管理系统——用户管理系统

本章将展示一个通用权限管理系统，它可以在不同的系统间进行切换，并管理多个系统的成员、角色、权限之间的关系。在本章的系统开发中，笔者将展示UML建模及需求分析、概要设计、详细设计等实际的开发流程，通过这些流程展示实际开发中如何构建一个完整的系统。

30.1 需求及需求分析

任何软件项目都是以需求开始的，从其中衍生出需求分析，并寻找和发现功能性需求、非功能性需求、需求边界（约束）等软件开发的要素。通过对需求的分析找到这些相关要素后，才可以指导概要设计，从而才有可能完成详细设计，并最终有可能完成一个符合客户需求的项目。本节将演示需求及需求分析的过程。

30.1.1 需求

某公司为客户开发了多个系统后，由于这些系统中大多数账号都由同一批人员所使用，所以他们需要记住多个账号和密码，但无法在这些系统中灵活切换。客户要求开发一个通用权限系统，该系统应该具有以下一些功能：

- 一个员工可以拥有多个用户，这些用户在各个子系统中具有不同的角色和权限。
- 员工在某个系统域时，可以切换至其他系统域中。
- 系统域可以灵活切换用户，并随机切换用户的权限和角色。
- 可以管理多个系统的角色。
- 可以为各个角色分配权限。
- 可以为用户赋予不同程序域的角色和权限。
- 管理员是独立于系统域的，可以由总公司管理分配。

30.1.2　需求分析

1．编写目的

权限管理在日常软件中是不可或缺的部分，它作为一个独立或集成模块出现在多数系统中。鉴于目前项目不断增多的情况，公司需要将权限系统抽象为一个独立模块，并不断扩展，从而可以多次复用。统一而独立的权限系统会有效地降低它的复杂度，并可以更好地进行维护。

2．背景

开发通用权限系统会为公司和客户带来如下的一些好处：

- 可以被多个项目复用，从而为公司节省开发时间和降低维护难度。
- 具有更好的延续性，保持公司在产品方面的延续性。
- 在用户使用或维护时，会极大地减少用户的工作量和工作时间。
- 可以更好地保证公司开发大型项目的质量，并通过不断积淀，形成多个复用性极高的子模块。

3．定义

在权限系统中亟待解决的问题只有一个，如下所示：

```
Who How to do What
```

- 资源：使用该系统中母系统的文件、数据等构建元素。
- 用户：系统的使用者，还可以认为是系统的驱动者或原始数据的提供者。它是系统资源的最终使用者和构建者。
- 权限：用户所拥有资源的调配能力。
- 权限集：用户所具有的权限可能为多个，这些权限会构成特定的权限集。
- 用户组：在权限构建中，多个用户可能拥有相似的权限集或权限的分配方式，那么在权限分配中，将成为一个特定的用户组。
- 组织结构：该系统的用户权限分配的主要依据和构建基石，将包含使用组织的基本机构和行政结构。组织结构会决定用户所有的权限集。
- 角色：用户在系统中是特定地位和权限集合的抽象。角色可以更好地控制系统权限分配时的粒度，它只是权限集的特定抽象，不是依赖于用户或用户组的实体。

4．目标

本系统将完成母系统中用户、权限、角色、用户组、组织结构等分配和管理。

5．用户特点

本系统主要被企业用户中的管理员使用。他们一般具有良好的计算机操作知识，并且能够很好地阅读帮助文档。

6．假定和约束

本系统运行初期，假定系统已拥有完整的组织结构，以及清晰的权限划分机制。

7．运行环境

- 硬件设备：本系统将成为某一大型系统的子系统，其硬件环境会完全依赖于宿主的硬件条件。
- 软件环境：Windows NT/9x/200x、SQL Server 2008、.NET FramWork 4.0、IIS 6/7。

8．网络环境

本系统基本数据架构如图 30.1 所示。

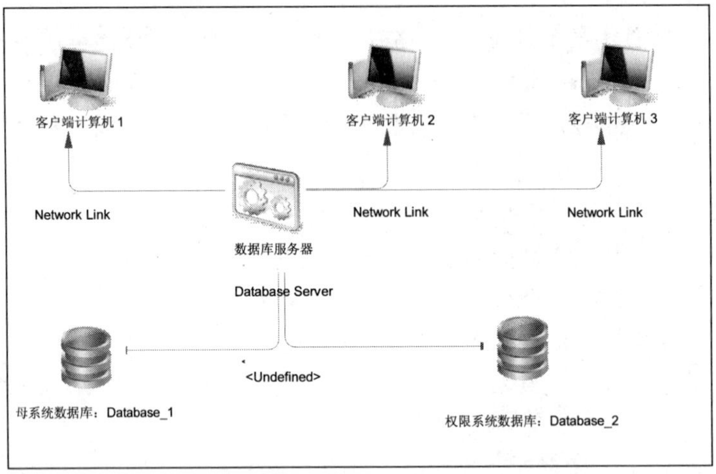

图 30.1　系统网路部署图

> **注意**：用户名和密码等基本验证信息存储于权限数据库中，权限与角色等相关信息也存储于该数据库中。

30.2　概要设计

上节进行了权限子系统的需求与需求分析工作，并确定了系统开发的目标和边界。概要设计建立在需求分析的基础上，来完成系统基本结构的分析，以及分析边界和系统构成等基本要素，它还通过多种 UML 图形和系统部署图来确立系统的基本结构，本节将向读者展示其中的各要素。

30.2.1　用例分析

用例分析可以迅速地确定系统中各种功能性和非功能性的需求，并给予鲁棒图等分析手段的功能性分析支持。抽取了基本用例与扩展用例后，就可以抽取当前系统设计中的基本域对象。域对象可以为后期的鲁棒图、类图设计提供指导性意见。本系统的需求提出了图 30.2 所示的基本用例图。

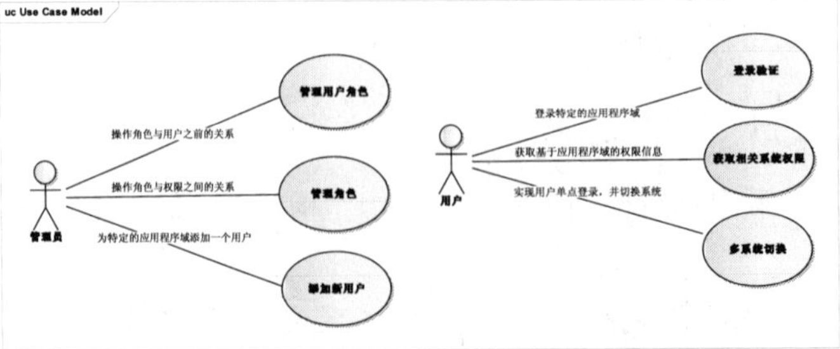

图 30.2　基本用例图

获取了具体角色的需求后，扩展基本用例图就得到了图 30.3 所示的详细用例图。

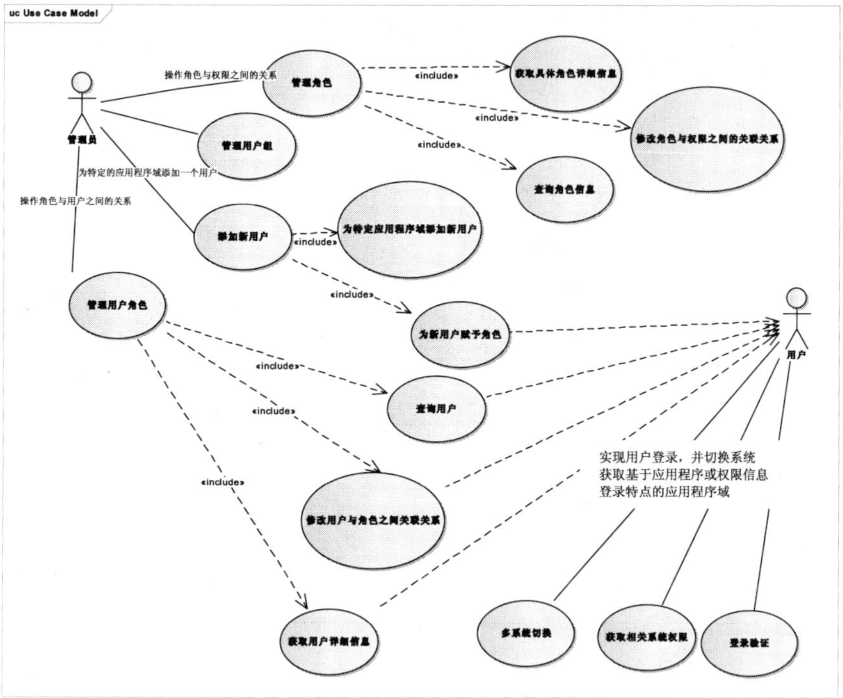

图 30.3　详细用例图

从图 30.3 中可以得知抽取域对象如下所示。

（1）域对象实际上是真实世界的投影，而不是简单的语言对象。本系统可能遇到的域对象如下所示。

- 用户。
- 权限。
- 角色。
- 组。
- 应用程序域。

（2）选择主要角色，如下所示。

- 系统管理员（用户的一种，只是业务规则的需求而不是真正意义上的数据实体）。
- 普通用户。

（3）标识用户的主要需求，如下所示。

- 用户：在登录时需要权限系统进行登录安全验证，并获取特定应用程序域下的权限信息。
- 管理员：是用户的特定实例，需要对用户与角色、角色与权限、组与用户之间的关系进行管理。

30.2.2　基础鲁棒图分析

用例图可以确定系统中主要使用者的需求和域对象；鲁棒图可以更好地推导主要使用者

在使用系统时的各种行为。获取用例图及主要域对象后，需要根据主要角色的需求绘制鲁棒图。该图可以提供详细的、基于角色的行为分析。

1．鲁棒图中涉及的主要角色

➢ 用户。
➢ 管理员（非主要实体，仅仅是需求场景的需要）。
➢ 应用程序安全域。

2．用例图中涉及的主要用例场景

➢ 管理员管理用户与角色间的关系。
➢ 查询用户。
➢ 获取用户相关角色。
➢ 修改用户与角色间的映射关系。

3．管理员管理角色与权限间的关系

➢ 查询角色。
➢ 获取角色相关权限 。
➢ 修改角色与权限间的映射关系。
➢ 用户登录认证及授权。
➢ 登录验证。
➢ 获取当前系统中的相关权限。
➢ 用户切换应用程序域。
➢ 获取应用程序准入权限。
➢ 进入应用程序域。

在鲁棒图分析中，会针对主要角色的场景，来绘制安全系统中重要场景的数据操作、操作时序，以获取鲁棒图。

30.2.3 管理员管理用户与角色间关系的鲁棒图分析

根据场景信息和用例图分析及上节中鲁棒图的基本要素分析，可以得到管理员在处理用户与角色间关系时所操作的基本行为。

1．鲁棒图起止点

➢ 安全子系统内建 UI。
➢ 其他应用程序中登录 UI。

2．涉及的数据操作

➢ 读取用户信息。
➢ 读取角色及权限信息。
➢ 将角色及权限信息写入用户数据中。

分析后可以获取图 30.4 所示的鲁棒图。

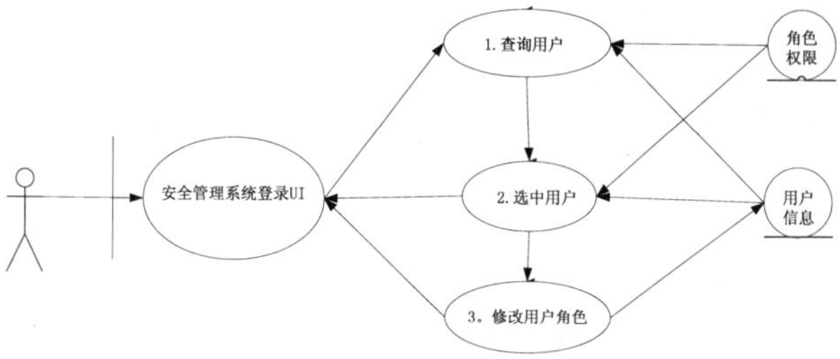

图 30.4　管理员处理用户与角色间关系的鲁棒图分析

30.2.4　管理员管理角色与权限间的关系

根据场景信息和用例图分析及鲁棒图的基本要素分析，可以得到管理员处理角色与权限间时所操作的基本行为。

1．鲁棒图起止点

- 安全子系统内建 UI。
- 其他应用程序中登录 UI。

2．涉及的数据操作

- 读取权限信息。
- 读取角色信息。
- 将权限信息与角色信息的对应关系写入角色信息中。

分析后可以获取图 30.5 所示的鲁棒图。

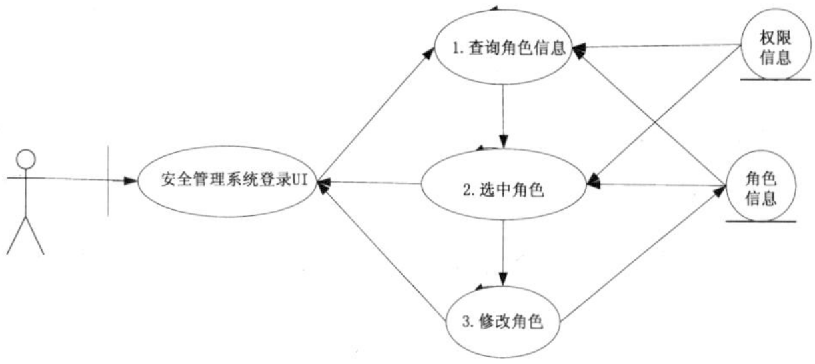

图 30.5　管理员处理角色与权限间的关系

30.2.5　用户登录授权鲁棒图分析

根据场景信息和用例图分析及鲁棒图的基本要素分析，可以得到用户登录授权时所操作的基本行为。

1．鲁棒图起止点

- 安全子系统内建 UI。
- 其他应用程序中登录 UI。

2. 涉及的数据操作

- 读取用户信息。
- 读取权限信息。
- 读取角色信息。
- 写入 Token 信息。
- 将角色及权限信息写入用户信息中。

分析后可以获取图 30.6 所示的鲁棒图。

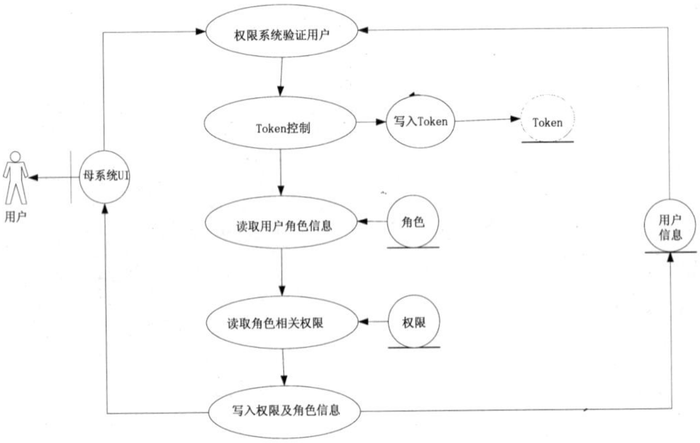

图 30.6　用户登录授权鲁棒图分析

用户登录授权活动图如图 30.7 所示。

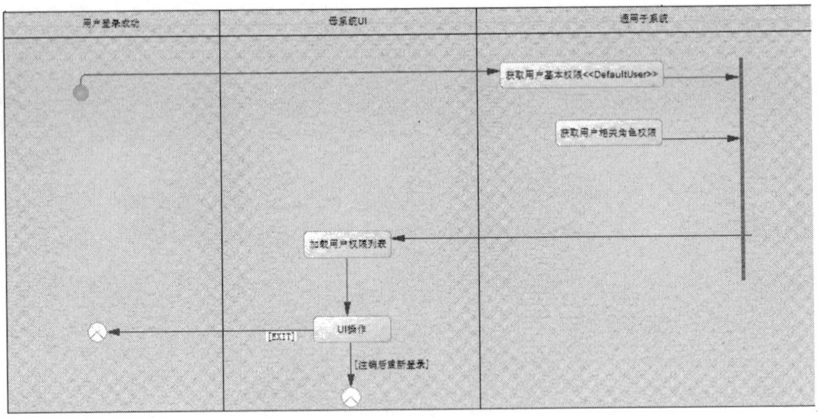

图 30.7　登录授权活动图

30.2.6　用户切换系统鲁棒图分析

根据场景信息和用例图分析及鲁棒图的基本要素分析，可以得到用户切换系统时所操作的基本行为。

1. 鲁棒图起止点

- 安全子系统内建 UI。
- 其他应用程序中 UI。

2．涉及的数据操作

➢ 读取用户信息。
➢ 读取权限信息。
➢ 读取角色信息。
➢ 写入 Token 信息。
➢ 将角色及权限信息写入用户信息中。

分析后可以获取图 30.8 所示的鲁棒图。

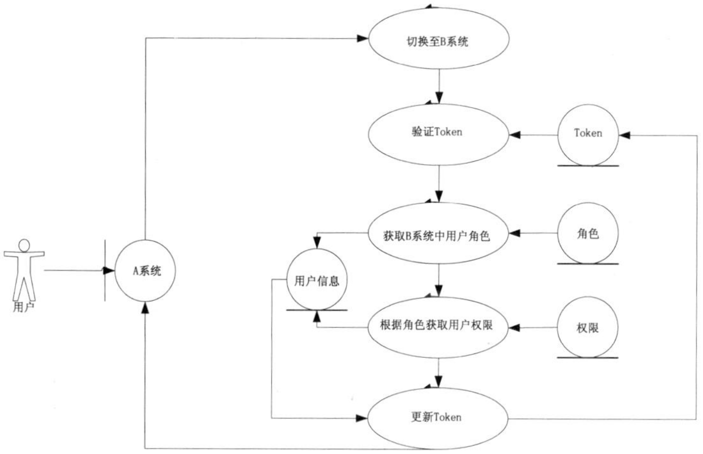

图 30.8　用户切换系统鲁棒图分析

> **注意**：上述鲁棒图着重描述了安全子系统中的行为和数据操作，而 UI 切换等工作需由外部系统来完成。

用户切换应用程序域的活动如图 30.9 所示。

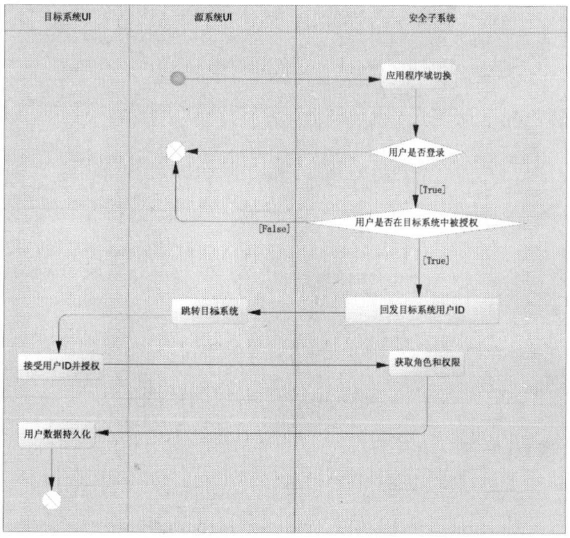

图 30.9　切换应用程序域活动图

30.2.7 组件图分析

组件图可以分析出基本的程序结构并确定各程序模块间的关系，对于后期系统分层结构的分析具有极大的指导作用。根据鲁棒图和用例图对系统域对象的分析及活动图对系统活动的分析，可以推导出系统的基本组件图，如图 30.10 所示。

根据域对象的行为分析可以确定系统的行为组件图，如图 30.11 所示。

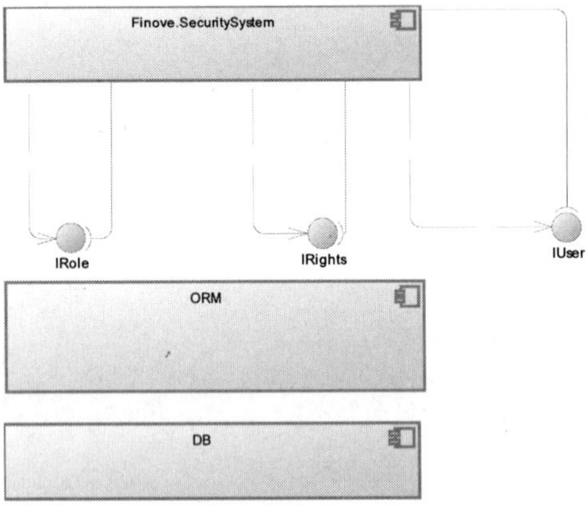

图 30.10 系统基本组件图分析

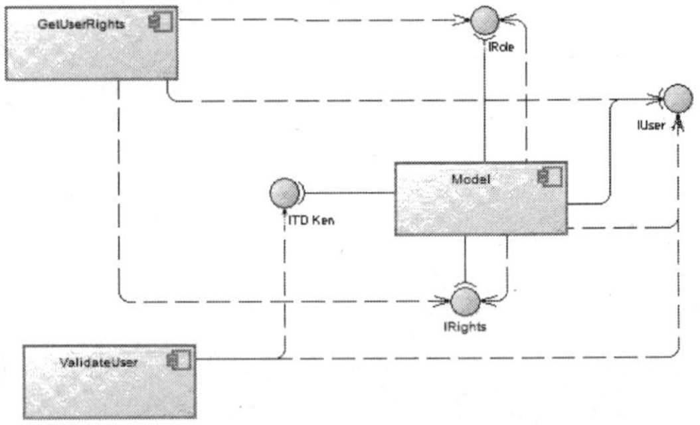

图 30.11 系统行为组件图

确定了系统的行为和基本组件图后，可以根据上述分析来确立系统的完整组件图，如图 30.12 所示。

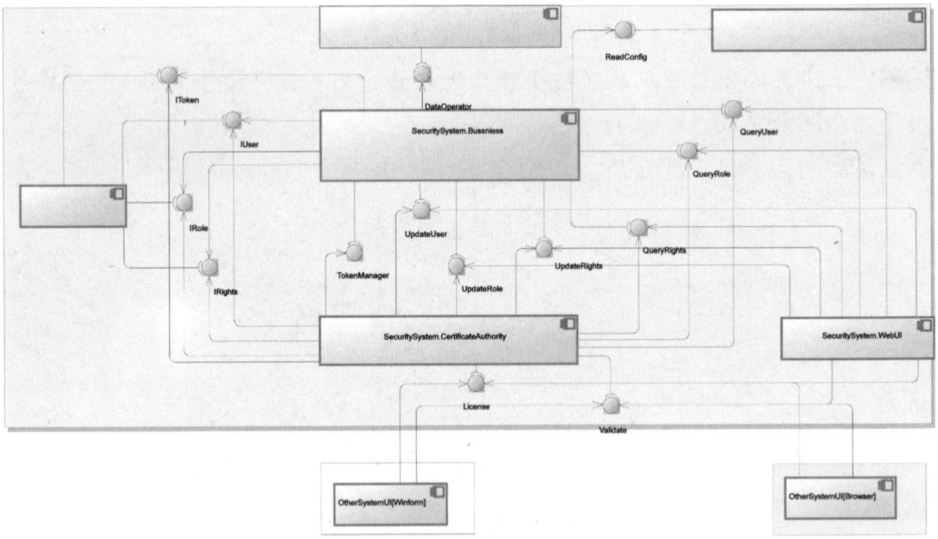

图 30.12 系统组件图

系统组件图的基本说明如表 30.1 所示。

表 30.1　系统组件图的基本说明

子模块	接　　口	说　　明
ORM		数据实体关系映射层
	DataOperator	数据操作接口
Security.Models		实体接口组件
	IUser	通用用户接口
	IRole	通用角色接口
	IRights	通用权限接口
	IToken	通用口令接口
Security.Config		当前系统的预设值的配置项组件
	ReadConfig	读取预设值的接口
Security.Bussniess		当前权限系统业务规则的实现组件
	QueryUser	用户信息查询接口
	QueryRole	角色信息查询接口
	QueryRights	权限信息查询接口
	TokenManager	用户口令管理接口
Security.CertificateAuthority		用户认证授权组件
	Validate	用户认证接口
	License	授权接口

> **注意**：系统组件图的接口并不是面向对象中的实际接口，而是一种行为的描述，即操作方式方法的描述。

30.2.8　系统部署图分析

需求分析中讲解了当前权限系统需要嵌入到多个系统中，并为它们提供服务。开发人员可以根据需求边界（如成本、团队规模、软件价格）等方面，来指导系统部署图的分析。由需求分析可以得知安全子系统拥有以下两种运行模式：

- 完全独立运行，构建拥有多个应用程序安全域的角色、权限、用户管理能力的系统功能。在此情况下，除了安全子系统外的其他系统拥有对等的安全地位，这些系统管理各自的权限、角色，安全系统只负责管理用户。
- 内嵌至其他系统中，并管理当前系统中诸如角色、权限、用户等信息。

在安全子系统同时出现以上两种复合部署的情况下，还需进一步探讨相关的需求。系统部署图如图 30.13 所示。

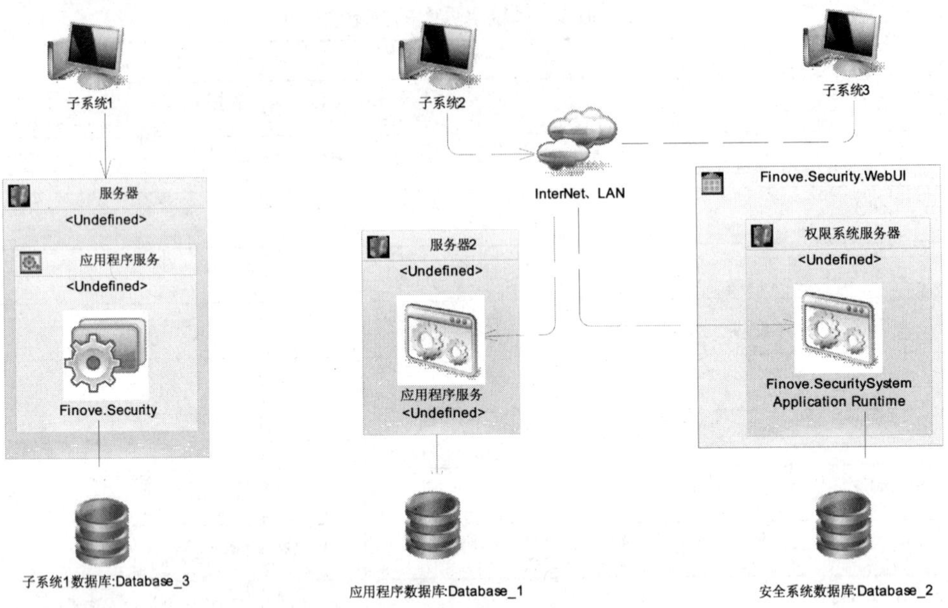

图 30.13　系统部署图

30.2.9　E-R 图

由系统组件图、鲁棒图、用例图可以推导出当前系统中的主要数据实体，并确立这些实体间的关系。其中主要的数据实体如下：

- 用户。
- 角色。
- 权限。
- 组（当前系统中并未涉及，可以提供基本接口或扩展）。

本系统的 E-R 图如图 30.14 所示。

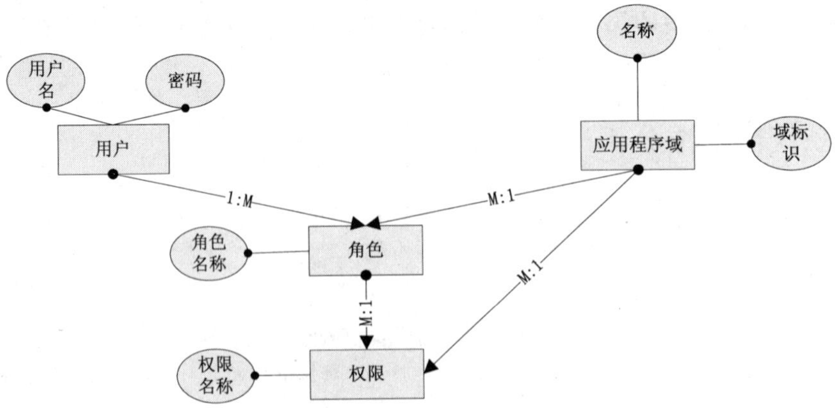

图 30.14　E-R 图设计

E-R 图分析完成后，系统基本的结构和边界分析就完成了，概要设计可以为详细设计给予指导性意见。

30.3　详细设计

上节中的概要设计完成了基本的数据实体、域对象、主要场景的抽取。在得到进一步明确需求前，系统还需要考虑扩展性、安全性、效率等复杂因素，所以详细设计是对概要设计进一步的迭代，并添加扩展性接口和必要的安全考虑。

30.3.1　结合需求进一步推导 E-R 图

从概要设计分析出的 E-R 图中可以得到以下的一些数据关系：

- 应用程序域可以拥有多个角色、权限，并且至少拥有一个用户授权、一个角色、一个权限。
- 一个用户可以拥有多个角色，并且至少对应一个角色。用户不属于任何应用程序，只需要应用程序对其进行授权。
- 一个角色可以拥有多个权限，并且至少拥有一个权限。

在目前需求中，简单提及了用户分组管理的要素。由于组是安全系统中不可或缺的数据实体，所以基于系统扩展性的考虑，需要进一步深化 E-R 图。其深化后的效果如图 30.15 所示。

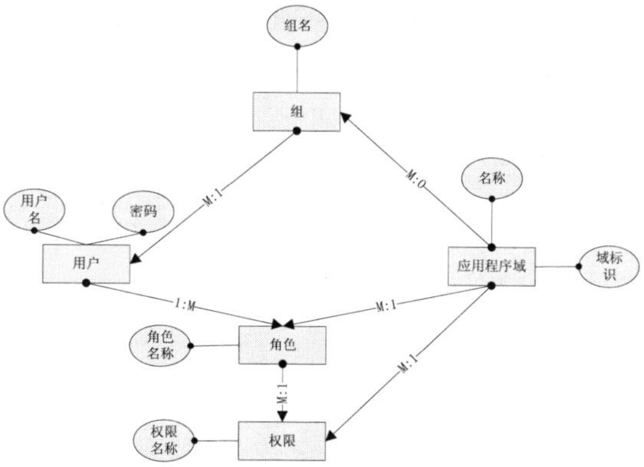

图 30.15　进一步推导得到的 E-R 图

由图 30.15 可以推导出新的关系，如下所示：

- 用户组可以拥有多名用户作为组成员出现，也可以没有任何用户存在于组成员集合中。
- 应用程序域可以有多个用户组，也可以没有用户组进行用户管理。
- 一个用户可以存在多个用户组中，也可以不属于任何用户组。

30.3.2　概念实体图与物理实体图

E-R 图确定了数据实体和数据实体间关系，根据该图可以获取当前系统的概念实体图，如图 30.16 所示。

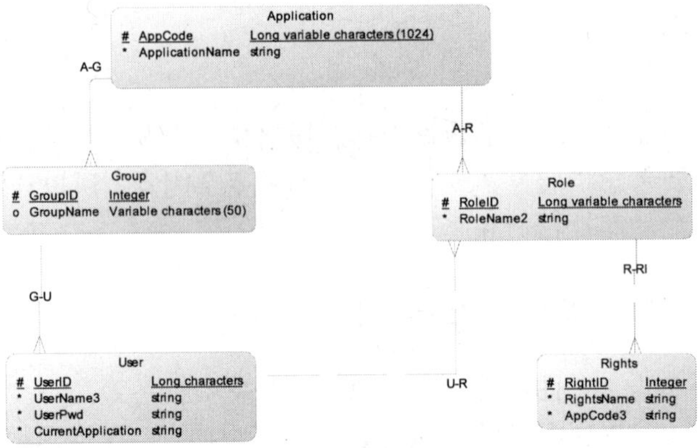

图 30.16　概念实体图

获取了具有良好扩展性、安全性的 E-R 图和数据实体后，还需要通过 3 范式进行数据库的规范化设计。图 30.16 显示的数据实体图中已经进行了第 1 范式、第 2 范式的基本设计，规范依据如下所示：

- 数据列依据原子性原则，不可再分。
- 所有数据行都依赖于主键标识唯一性。

考虑到数据关系，需要对图 30.16 中的数据实体图进行第 3 范式规范化，所得到规范化的数据库设计，如图 30.17 所示。

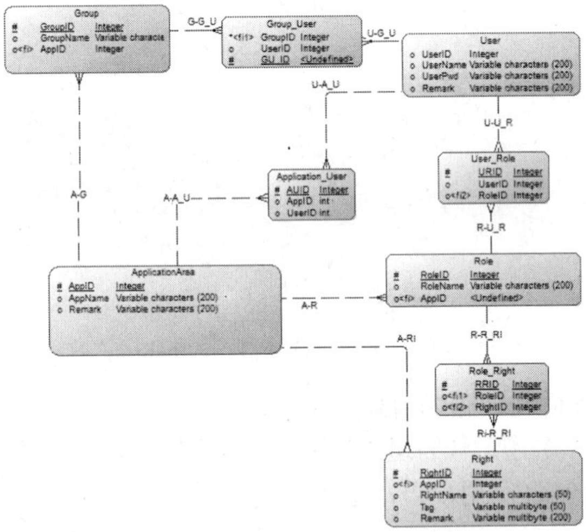

图 30.17　规范后的数据实体图

> **注意**：规范后的数据实体图消除了实体间的传递依赖型，从而符合第 3 范式的规范要求。

30.3.3　包图设计

根据系统组件图可以设计系统的基础包图，该图可以确定系统的分层层次，如图 30.18 所示。

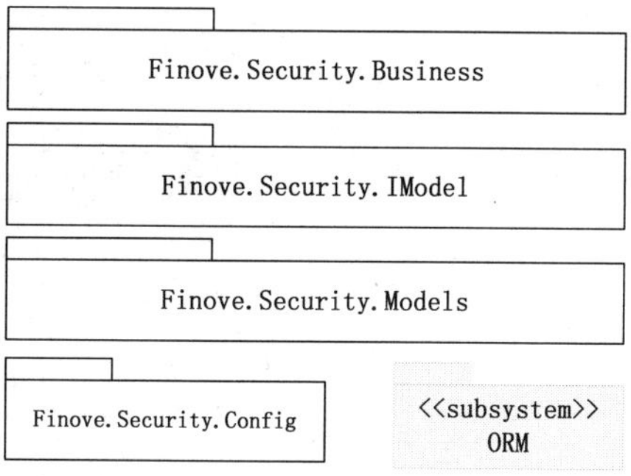

图 30.18　系统包图设计

注意：ORM 包并不隶属于当前系统，所以在这里使用了其他颜色标注。

30.3.4　类图设计

设计实体接口层类图如图 30.19 所示。

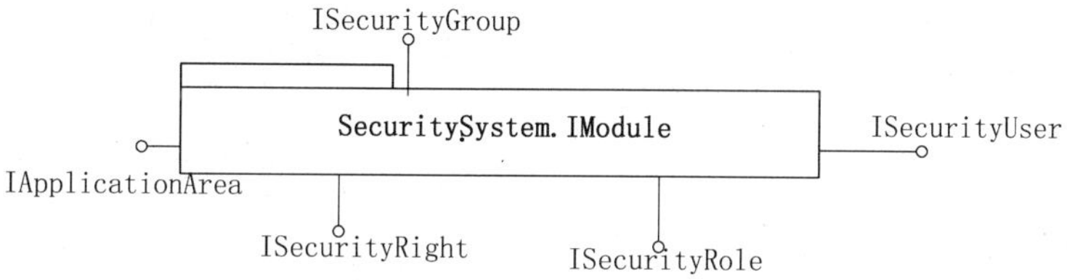

图 30.19　实体接口层类图

设计实体层类图如图 30.20 所示。

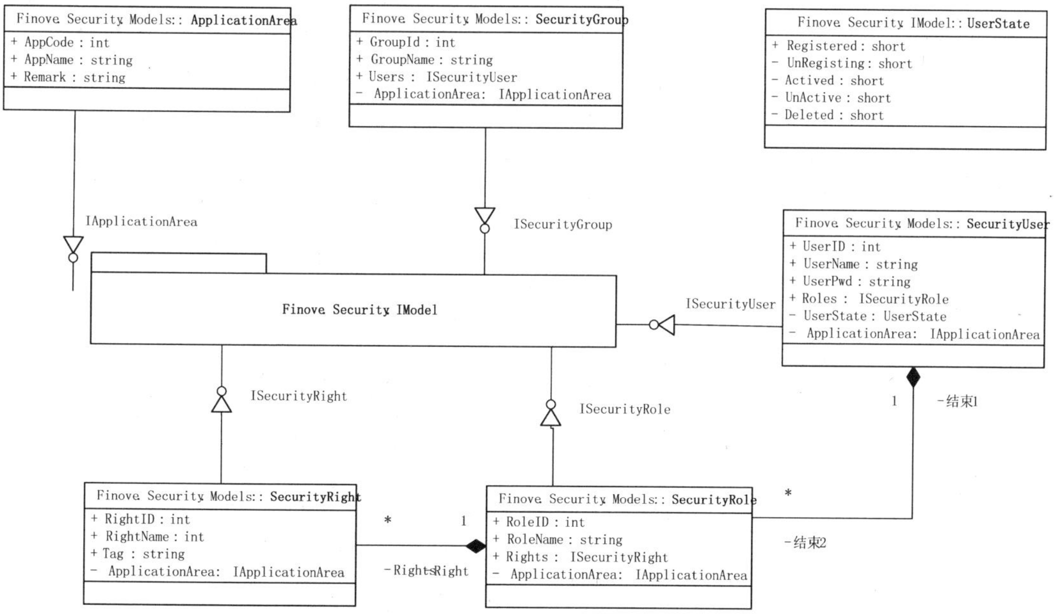

图 30.20　实体层类图

设计业务规则层如图 30.21 所示。

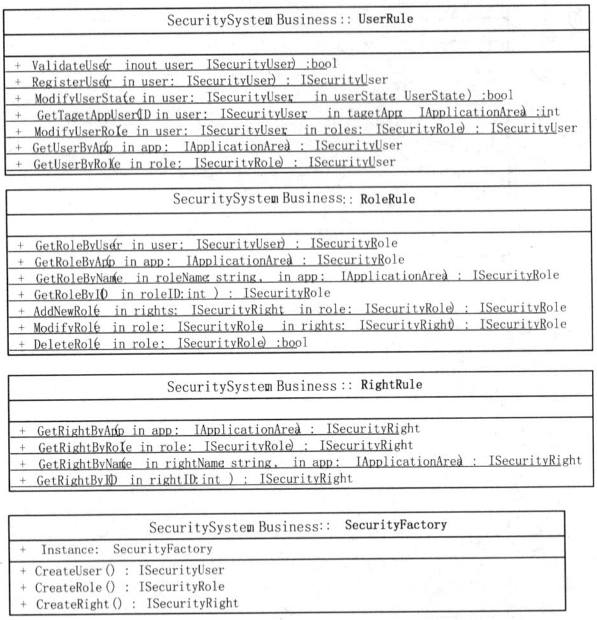

图 30.21　业务规则层类图设计

30.4　实体层与配置工具

前几节完成了权限系统的需求分析、概要设计、详细设计，本节将严格遵循以上设计来完成数据实体层的开发。详细设计中已经讲解了实体层的组成结构，如下所示。

- 实体接口层：存放各种数据实体接口的层。所有的数据实体类都需要实现该层中的接口，并完成相应的扩展工作。
- 实体层：实际的数据实体层。所有的实体类都实现了相应实体接口，还实现了数据映射等 ORM 支撑特性的构建。

本节还要展示实体配置工具的作用及开发细节。使用该工具可以有效地限制子系统的配置行为，并且优化了其配置。

30.4.1　实体接口层

实体接口层中定义了基本的数据实体接口，这些接口可以在子系统中实现，也可以在当前权限系统中实现。它们提供了抽象结构上的统一实现，为日后权限系统的扩展带来很大的灵活性。应用程序域接口定义如下所示：

```
public interface IApplicationArea          // 安全子系统中当前应用程序域的实体接口
{
    int AppID { get; set; }               // 程序唯一标识
    string AppName { get; set; }          // 应用程序名称
    string Remark { get; set; }            // 应用程序名称
    int IsExternal { get; set; }            // 是否是外部的应用程序域
}
```

权限接口定义如下所示：

```
public interface IRight                     //当前安全子系统中权限的实体接口
{
    int RightID { get; set; }               // 权限唯一标识
    string RightName { get; set; }          // 权限名称
    string Tag { get; set; }               // 权限标识（用于权限分组）
    IApplicationArea AppID { get; } // 当前权限所属的应用程序
}
```

角色接口定义如下所示：

```
public interface IRole                              //安全子系统中角色实体接口
{
    int RoleID { get; set; }                        //角色唯一标识符
    string RoleName { get; set; }                   //角色名称
    IApplicationArea ApplicationArea { get; }//当前角色所属的应用程序
    int CanModify { get; set; }                     //是否可以修改
    List<IRight> Rights { get; set; }                //当前角色中的权限集合
}
```

> **注意**：角色中包含了权限集合。

用户详细信息接口定义如下：

```
public interface IUserDetail                //用户详细信息
{
    int Age { get; set; }
    string Name { get; set; }
    string Remark { get; set; }
    string Sex { get; set; }
    int UserDetailID { get; set; }
    string WorkNum { get; set; }            //工号
    string EmpGroup { get; set; }           //部门名称
}
```

用户接口定义如下：

```
public interface IUser                              //当前安全子系统用户实体接口
{
    int UserID { get; set; }                        //用户的唯一标识符
    string UserName { get; set; }                   //用户名
    string UserPwd { get; set; }                    //密码
    DateTime RegisterTime { get; set; }
    IUserDetail UserDetail { get; set; }
    List<IRole> Roles { get; set; }                 //当前用户所拥有的角色
}
```

> **注意**：用户将包含角色集合，以及用户详细信息对象。

由于实例层代码较多，会占据较大篇幅，请读者参阅代码光盘中的相关代码。

30.4.2　系统配置工具

在 ASP.NET 中经常会使用 web.config 来配置当前站点，这样可以极大地提高系统部署的灵活性。.NET 允许开发人员设置自定义配置节来提升系统的部署灵活度。权限子系统可以被嵌入到某一子系统中运行，也可以独立于各个子系统运行，所以配置工作非常灵活。本节将讲解该系统自定义配置节的开发细节。

在 SecuritySystem.Config 类库中定义了 SecuritySection 配置节，它必须继承自 System.Config. ConfigurationSection 类，代码如下：

```
public class SecuritySection : ConfigurationSection
{
    [ConfigurationProperty("SecuritySettings", IsRequired = true)]
    public SecuritySettings SecuritySettings            //SecuritySettings 配置子节点
    {
        get { return (this["SecuritySettings"] as SecuritySettings); }
        set { this["SecuritySettings"] = value; }
    }
    [ConfigurationProperty("AppCode", IsRequired = true)]
    public int AppCode                              //配置当前应用程序在安全系统中的唯一编码
    {
        get { return Convert.ToInt32(this["AppCode"]); }
        set { this["AppCode"] = value; }
    }
}
```

在 SecuritySection 配置节中需要配置当前子系统的应用程序编号，以便于用户权限验证。该配置节拥有一个 SecuritySettings 子节点，其子节点类的代码如下：

```
public class SecuritySettings : ConfigurationElement
{
    public SecuritySettings() :base(){ }
    [ConfigurationProperty("EncryptMode", IsRequired = true)]
    public PassWordMode EncryptMode                 //当前应用程序用户密码的加密方式
    {
        get { return (PassWordMode)(Enum.Parse(typeof(PassWordMode),
        this["EncryptMode"].ToString())); }
        set { this["EncryptMode"] = value; }
    }
    [ConfigurationProperty("HasSecurityDB", IsRequired = true)]
    public bool HasSecurityDB                       //是否使用权限系统中的数据库
    {
        get { return (Convert.ToBoolean(this["HasSecurityDB"].ToString())); }
        set { this["HasSecurityDB"] = value; }
    }
    [ConfigurationProperty("ActivedUserState", IsRequired = true)]
    public bool ActivedUserState                    //当前应用程序是否激活用户状态管理
    {
        get { return (Convert.ToBoolean(this["ActivedUserState"].ToString())); }
        set { this["ActivedUserState"] = value; }
    }
    [ConfigurationProperty("ActivedGroups", IsRequired = true)]
    public bool ActivedGroups                       //当前应用程序是否激活用户组管理
    {
        get { return (Convert.ToBoolean(this["ActivedGroups"].ToString())); }
        set { this["ActivedGroups"] = value; }
    }
    [ConfigurationProperty("MaxRequest", IsRequired = true)]
    public int MaxRequest                           //当前应用程序最大可负载用户数
    {
        get { return (Convert.ToInt32(this["MaxRequest"].ToString())); }
        set { this["MaxRequest"] = value; }
    }
}
```

SecuritySettings 子配置节允许配置子系统使用权限系统的各种状态，比如是否激活用户状态管理、是否激活用户组管理、用户密码加密方式及当前应用程序的最大负载用户数。通过自定义配置节点可以有效地提高权限系统的部署灵活度，并规范部署行为，从而保证权限子系统的灵活部署和开发。

30.5 业务规则层

业务规则层包含了当前权限子系统的基础业务规则、数据处理等相关类，本节将主要讲解该系统中用户规则类和角色规则类的开发细节，而且这两个类的实现是该系统中最重要的业务规则；其他业务规则类需要读者在阅读本节后对照光盘中的代码继续理解。

30.5.1 用户业务规则类

根据类图和详细设计中的内容，现在需要开发用户业务规则类，该类主要实现了以下几个功能：

- 用户登录及授权。
- 用户注册及用户授权。
- 用户信息的维护，包括用户数据的增、删、改、查等数据库操作。

（1）用户登录及授权所使用的是 ValidateUser()方法，该方法实现了用户登录验证。当用户通过登录验证后，就为他赋予当前应用程序域中的角色与权限，代码如下：

```
public static bool ValidateUser(ref IUser user, int appID)
{
    PassWordMode psm = CT.GetPassWordMode();      //获取配置中当前应用程序的用户密码加密方式
    //根据配置判断用户密码是否需要加密
    if (psm != PassWordMode.None)                  //加密用户登录密码
        user.UserPwd = FA.HashPasswordForStoringInConfigFile(user.UserPwd,
        psm.ToString());
    List<V_App_User> users = new List<V_App_User>();
    //验证用户
    users.AddRange(PersistanceManager.Instance.CreateQuery().GetObjects<V_App_User>
    (string.Format("UserName='{0}' AND UserPwd='{1}' AND AppID={2}",user.UserName,
     user.UserPwd, appID)).ToArray());
    if (users.Count == 1 && users[0].UserState == 0)        //判断用户数量
    {
        user = new User() { UserID = users[0].UserID, UserName = users[0].UserName,
        UserPwd = users[0].UserPwd ,UserDetailID=users[0].UserDetailID};
        //获取当前用户对应的角色和权限
        List<V_User_Role_Right>vList=PersistanceManager.Instance.CreateQuery().GetOb
        jects<V_User_Role_Right>(string.Format("UserID={0}", user.UserID));
        foreach (V_User_Role_Right vr in vList)          //循环添加用户角色
        {
            if (user.Roles.Contains(vr.RoleID))          //循环为角色添加权限
            {
                if (user.Roles.Count > 0)
                {
                    user.Roles[user.Roles.Count - 1].Rights.Add(vr.RightID);
                    continue;
                }
                continue;
```

```
            }
            var rights = from v in vList where v.RoleID == vr.RoleID select v.RightID;
            foreach (Right r in rights)
                vr.RoleID.Rights.Add(r);
            user.Roles.Add(vr.RoleID);
        }
        return true;
    }
    else
    {
        return false;
    }
}
```

> **注意**：ValidateUser()方法使用了自定义配置工具，来获取用户加密方式，从而决定是否为用户加密密码及加密格式。

ValidateUser()方法验证用户登录成功后，将查询视图以获取用户的角色及权限信息。特别需要注意的是，该方法传递 IUser 对象时，使用引用传值的方式来保证对用户对象的修改可以被前台所接收。

（2）用户注册及授权所使用的是 RegisterUser()方法，该方法将用户及用户与角色间的关系一并插入到数据库中，代码如下：

```
public static IUser RegisterUser(IUser user)
{
    PassWordMode psm = CT.GetPassWordMode();    //获取配置中当前应用程序的用户密码加密方式
    if (psm != PassWordMode.None)               //加密用户登录密码
user.UserPwd=FA.HashPasswordForStoringInConfigFile(user.UserPwd,psm.ToString());
    PersistanceManager.Instance.AddNew(user);      //添加用户
    foreach (IRole role in user.Roles)               //添加用户角色
    {
        User_Role ur = new User_Role();
        ur.UserID = new User() { UserID = user.UserID };
        ur.RoleID = new Role() { RoleID = role.RoleID };
        ur.AppID = new ApplicationArea() { AppID = role.ApplicationArea.AppID };
        PersistanceManager.Instance.AddNew(ur);
        continue;
    }
    PersistanceManager.Instance.Flush();            //提交至数据库
    return user;
}
```

RegisterUser()方法使用了数据持久层，故可以一次性插入用户数据、详细信息数据、用户与角色间关系数据，从而保证用户在注册时就可以获取基本角色和权限。

（3）用户角色更新所使用的是 ModifyUserRole()方法，代码如下：

```
public static bool ModifyUserRole(IUser user, int appID)
{
    try
    {
        string filter = string.Format("UserID={0} AND AppID={1}", user.UserID, appID);
        //获取用户与角色关系数据
List<User_Role>urList=PersistanceManager.Instance.CreateQuery().GetObjects<User_
Role>(filter);
        foreach (User_Role ur in urList)
            PersistanceManager.Instance.Delete(ur);         //删除现有的用户与角色关系数据
```

```
            foreach (IRole role in user.Roles)                    //重新插入新的用户与角色关系数据
            {
                User_Role ur = new User_Role();
                ur.UserID = new User() { UserID = user.UserID };
                ur.RoleID = new Role() { RoleID = role.RoleID };
                ur.AppID = new ApplicationArea() { AppID = appID };
                PersistanceManager.Instance.AddNew(ur);
                continue;
            }
            PersistanceManager.Instance.Flush();                  //提交至数据库
            return true;
        }
        catch
        {
            throw new SecurityException("更新用户角色时，出现了异常，请联系管理员！");
        }
        return false;
    }
```

ModifyUserRole()方法将删除现有的用户与角色关系数据，并插入新的关系数据。该方法使用了自定义异常，可以快速确定异常出现的位置，并具有更好的提示作用。有关用户数据的其他维护方法，由于其代码量较大，请读者自行参阅代码光盘。

30.5.2　角色与权限

由于在需求分析中假定当前被管理的所有子系统的权限已经明确，所以不需要对权限数据进行管理，只需管理角色与权限间的关系即可。对于它们的维护是由 RoleRule 类进行的，该类提供了 AddNewRole()方法来添加角色，代码如下：

```
public static IRole AddNewRole(IRole role)
{
    foreach (Right right in role.Rights)              //循环当前角色中的所有权限
    {
        Role_Right rr = new Role_Right();
        rr.AppID = new ApplicationArea() { AppID = role.ApplicationArea.AppID };
        rr.RightID = new Right() { RightID = right.RightID };
        rr.RoleID = new Role() { RoleID = role.RoleID };
        PersistanceManager.Instance.AddNew(rr);//添加权限与角色的关系数据
        continue;
    }
    PersistanceManager.Instance.AddNew(role);  //添加角色
    PersistanceManager.Instance.Flush();       //提交至数据库
    return role;
}
```

AddNewRole()方法在添加角色数据的同时，把它与权限间的关系数据也插入到了数据库中，从而有效地保证了它们之间关系的建立。RoleRule 类还提供了 ModifyRole()方法来维护角色与权限间的关系，代码如下：

```
public static IRole ModifyRole(IRole role)
{
    string filter=string.Format("AppID={0}ANDRoleID={1}",role.ApplicationArea.AppID,
role.RoleID);
    //获取需要更新角色的权限集合
List<Role_Right>rrList=PersistanceManager.Instance.CreateQuery().GetObjects<Role
_Right>(filter);
    foreach (Role_Right rr in rrList)
```

```
    {
        PersistanceManager.Instance.Delete(rr);  //删除角色与权限间的关系
        continue;
    }
    foreach (Right right in role.Rights)
    {
        Role_Right rr = new Role_Right();       //添加新的角色与权限关系
        rr.AppID = new ApplicationArea() { AppID = role.ApplicationArea.AppID };
        rr.RightID = new Right() { RightID = right.RightID };
        rr.RoleID = new Role() { RoleID = role.RoleID };
        PersistanceManager.Instance.AddNew(rr);
        continue;
    }
    PersistanceManager.Instance.Modify(role);    //更新角色
    PersistanceManager.Instance.Flush();         //提交至数据库
    return role;
}
```

以上代码中的 ModifyRole()方法将删除现有的角色与权限关系数据，并插入新的关系数据。RoleRule 类提供了大量基于以上两个方法的重载及角色数据维护的方法，代码请读者参阅光盘。

30.6 表现层

权限管理系统需要嵌入其他系统或独立运行，所以该系统必须易于部署，不需安装。基于以上需求可以采用 B/S 架构，由应用程序充当表现层。本节将演示在 ASP.NET 中使用多层结构的开发细节。

30.6.1 网站结构

权限管理系统的网站结构采用了 FrameSet 页面的多页面内嵌结构，整个网站的文档结构如下。

- App_Themes：当前网站中的皮肤定义文件夹。
- Images：当前网站中登录页面、菜单页面、顶部页面所需图片的存放文件夹。
- StyleSheet：当前网站中 CSS 样式表文件存放文件夹。
- UserManager：用户管理页面的存放文件夹。
- RoleManager：角色管理页面的存放文件夹。
- WebHandler：HTTP 处理器存放文件夹。
- JS：JavaScript 脚本、jQuery 脚本存放文件夹。
- Map_XML：权限及页面路径映射 XML 文件存放的文件夹。

当前权限管理系统的首页为 UserLogin.aspx，当用户登录成功后页面将被跳转至 Default.htm 页面，它是一个内嵌<frameset>元素的静态页面，该元素将引入以下 3 个页面。

- Header.aspx：当前系统公告显示及工具栏页面。
- Menu.aspx：该页面中显示当前用户所具有的权限列表，并且可以根据用户单击的权限链接，跳转至相关页面。
- Default.aspx：当前系统详细信息显示页面。该页面展示了当前权限系统管理的子系统信息、角色信息、用户数等系统基础数据。

权限系统的其他管理页面将在后面讲解，本节只介绍了权限管理系统表示层中的基础页面及文件夹结构。

30.6.2　用户登录及授权（包含 jQuery 技术）

权限管理系统中的 UserLogin.aspx 页面负责验证用户是否可以登录权限系统，并为登录成功后的用户赋予相应角色及权限，该页面登录部分的设计如图 30.22 所示。

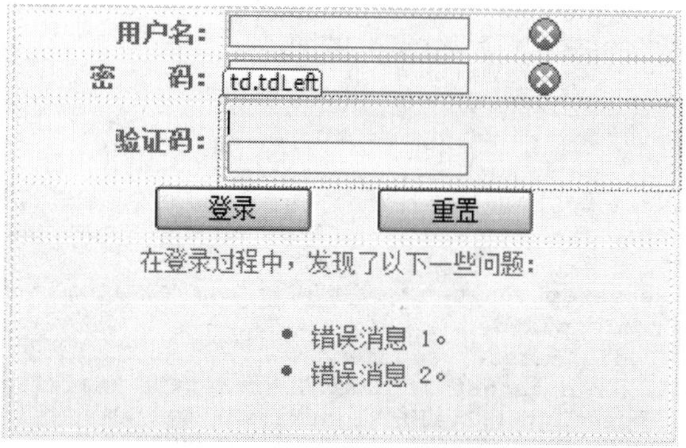

图 30.22　UserLogin.aspx 页面登录部分的设计

当用户单击“登录”按钮时，UserLogin.aspx 页面将调用 UserRule 类的 ValidateUser()方法来验证用户并赋予其权限，代码如下：

```
protected void btnLogin_Click(object sender, EventArgs e)
{
    //检测验证码是否输入正确
    if (Session["RandomCode"].ToString() != this.txtRandomCode.Text.ToUpper())
    {
        ScriptHelp.AlertMsg("验证码输入不正确",this);
        return;
    }
    IUser user = SecurityFactory.Instance.CreateUser();                    //构建接口对象
    user.UserName = this.txtUserName.Text;
    user.UserPwd = this.txtPassWord.Text;                                   //为用户赋值
    UserRule.ValidateUser(ref user,CT.CurrentSection.AppCode);      //验证用户登录合法性
    if (user != null && user.UserID > 0)
    {
        Session["LoginUser"] = user;                                        //登录成功后保持用户
        Response.Redirect("Default.htm");                             //跳转至 Default.htm 页面
    }
    else
    {
        ScriptHelp.AlertMsg("用户名或密码错误，请重新输入后登登", this);
        return;
    }
}
```

当用户登录成功后，页面将跳转至 Default.htm 页面。在该页面会使用<frameset>元素引入 Menu.aspx 页面，此页面的前台设计如图 30.23 所示。

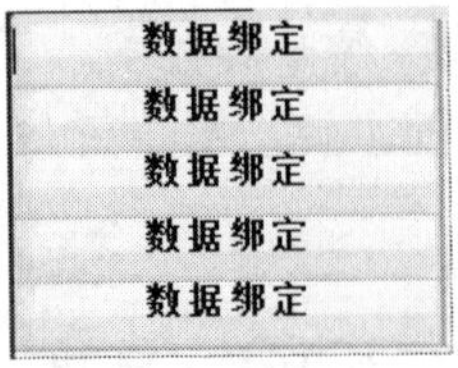

图 30.23　Menu.aspx 页面设计

Menu.aspx 页面内嵌了 Repeat 控件，该控件将循环添加用户权限对应的页面跳转链接，其前台代码如下：

```
<asp:Repeater runat="server" ID="rptMenu"
    onitemdatabound="rptMenu_ItemDataBound">
    <ItemTemplate>
        <div>
            <div class="menuHeader">
                <%# Eval("TagName") %>
            </div>
            <div>
                <asp:Repeater runat="server" ID="rptMenuItem">
                    <ItemTemplate>
                        <div class="menuItem">
                            <a target="frmMain" href='<%# Eval("NavigatorUrl") %>'>
                                <%# Eval("RightName") %></a>
                        </div>
                    </ItemTemplate>
                </asp:Repeater>
            </div>
        </div>
    </ItemTemplate>
</asp:Repeater>
```

以上代码中的 Repeater 控件项模板嵌套了一个 Repeater 控件，从而实现多层嵌套页面导航菜单。该菜单使用jQuery实现了菜单项动画式卷帘的效果，读者请自行参阅光盘学习jQuery在页面用户体验优化的相关技术。

Menu.aspx 页面将根据当前用户的角色和权限列表加载菜单项，代码如下：

```
private void MenuDataBind()
{
    //获取权限及页面映射 XML 文件
    string mapFilePath = this.Server.MapPath("Map_XML/Right_Nodes.xml");
    Groups = new List<RightNavigatorGroup>();
    IUser user = (Session["LoginUser"] as IUser);
    //调用业务规则层中的公共静态类的公共方法映射权限与跳转页面间的关系
    //映射用户权限为页面跳转组
    Groups = MapTools.GetRightNavigatorGroups(mapFilePath, user);
    this.rptMenu.DataSource = Groups;                              //绑定用户权限跳转组
    this.rptMenu.DataBind();
}
```

> **注意**：MapTools 工具类是业务规则层提供的权限与页面路径 XML 文件映射的工具类，该工具类还可以被其他子系统所使用。

通过 UserLogin.aspx 页面与 Menu.aspx 页面可以加载当前用户所拥有的权限导航界面，当管理员登录后，Menu.aspx 页面的加载权限列表如图 30.24 所示。

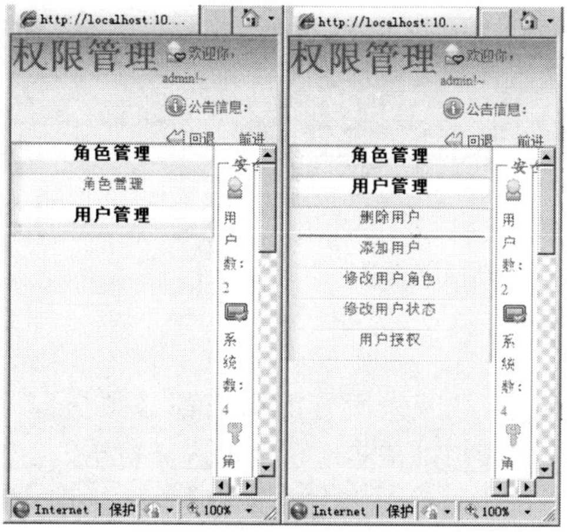

图 30.24　Menu.aspx 页面中的卷帘式权限菜单

30.6.3　用户管理页面（包含 JSON 技术）

在通用权限管理系统中有以下 3 个用户管理页面。

- 添加用户页面：添加用户与用户详细信息的页面。该页面位于 UserManager 文件下，名为“AddUser.aspx”。
- 用户授权页面：为用户授予或剥夺当前管理员管理下的子系统登录权限的页面。该页面位于 UserManager 文件下，名为“AddUser2App.aspx”。
- 删除用户页面：删除某个子系统中特定用户的页面。该页面位于 UserManager 文件下，名为“DeleteUser.aspx”。

1．添加用户页面

AddUser.aspx 页面实现了用户添加功能，其界面设计如图 30.25 所示。

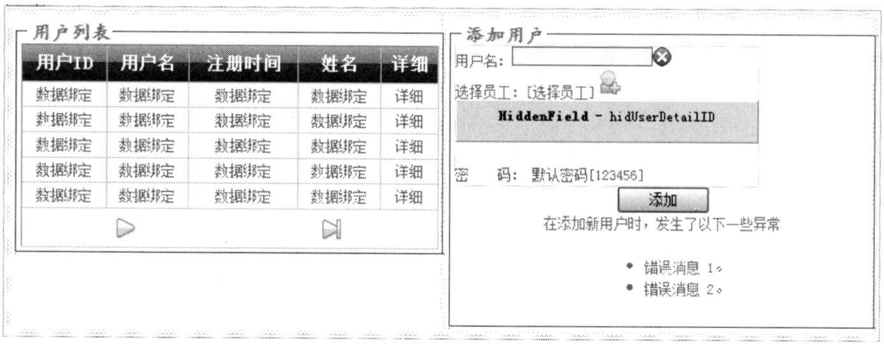

图 30.25　添加用户页面设计

AddUser.aspx 页面左侧将显示当前权限子系统中的所有用户，右侧将实现用户添加功能。当管理员单击“添加”按钮时，将把用户添加到权限系统的数据库中，代码如下：

```
protected void btnAddNewUser_Click(object sender, EventArgs e)
{
    if (string.IsNullOrEmpty(this.hidUserDetailID.Value))
    {
        ScriptHelp.AlertMsg("请选择员工后，在添加用户信息! ~", this);
        return;
```

```
    }
    IUser user = SecurityFactory.Instance.CreateUser();          //创建用户接口对象
    user.UserName = this.txtUserName.Text;                       //为用户属性赋值
    user.UserPwd = this.liDefaultPwd.Text;
    user.RegisterTime = DateTime.Now;                            //添加员工信息与用户间关系
    user.UserDetail.UserDetailID = Convert.ToInt32(this.hidUserDetailID.Value);
    UserRule.RegisterUser(user);                                 //注册用户
    ScriptHelp.AlertMsg("注册用户成功!", this);
    this.BindGrid();                                             //重新绑定用户
}
```

添加用户时需要选择员工，因为所有的用户都必须指向一个具体的员工对象，在AddUser.aspx 页面中使用模态窗口，来实现了员工选择功能。当管理员单击“[选择员工]”后的图片按钮时，JavaScript 脚本将弹出模态窗口，用来显示员工信息，管理员就可以直接在模态窗口中选择员工了，其前台脚本如下：

```
function showChooseUserDetails(hid, lbl) {
    //拼装 URL 地址并显示模态窗口，接收模态窗口返回的用户 JSON 数组
varuserDetail=window.showModalDialog('../UserManager/ChooseUserDetails.aspx?
rancode='+Math.random(),'','dialogWidth:670px;dialogHeight:400px;scroll:no;center:
yes;toolbar:no;menu:no;status:no;');
    if (valiControlID(hid) && valiControlID(lbl) && userDetail) {
        var hidControl = document.getElementById(hid);
        var label = document.getElementById(lbl);
        hidControl.value = userDetail.UserDetailID;     //使用 Hidden 控件记录选中的员工 ID
        label.innerText = userDetail.Name;              //使用 Label 控件显示选中的员工姓名
        return;
    }
    return;
}
```

> **注意：** 由于员工选择页面使用了 JSON 技术封装选中的员工信息对象，所以以上代码可以直接使用类似于对象的方式来获取员工信息的属性值，员工选择页面请读者参见代码光盘。

AddUser.aspx 页面添加用户效果如图 30.26 所示。

图 30.26　添加用户效果图

2．用户授权页面

用户授权页面的设计如图 30.27 所示。

图 30.27 用户授权页面设计

用户授权页面通过模态窗口可以一次性选择多个用户，当管理员单击“授权”按钮时，将一次性为多个用户授予登录子系统的权限，代码如下：

```
protected void Button1_Click(object sender, EventArgs e)
{
    List<IUser> userList = new List<IUser>();
    string[] ids = this.hidChoosedUsers.Value.Split(',');
    foreach (string id in ids)                          //获取模态窗口中选中的用户 ID 集合
    {
        int uid = 0;
        int.TryParse(id, out uid);
        if (uid != 0)
        {
            IUser user = SecurityFactory.Instance.CreateUser();
            user.UserID = uid;
            userList.Add(user);
            continue;
        }
        continue;
    }
    //批量授权用户在特定子系统中的登录权限
UserRule.RegisterUser(userList,Convert.ToInt32(this.ddlApps.SelectedItem.Value),
UserState.Actived);
    ScriptHelp.AlertMsg("授权成功", this);
    this.BindGrid();
    this.hidChoosedUsers.Value = "";
    this.lblChoosedUsers.Text = "";
}
```

当管理员单击 GridView 控件中的“终止授权”链接时，可以终止某个用户在指定子系统中的登录授权，代码如下：

```
protected void gdvUsers_RowDeleting(object sender, GridViewDeleteEventArgs e)
{
    IUser user = UserList[e.RowIndex];        //获取被终止授权的用户
    //终止授权
    UserRule.DeleteUser(user, Convert.ToInt32(this.ddlApps.SelectedItem.Value));
    ScriptHelp.AlertMsg("终止授权成功！~", this);
    this.BindGrid();
}
```

用户授权的效果如图 30.28 所示。

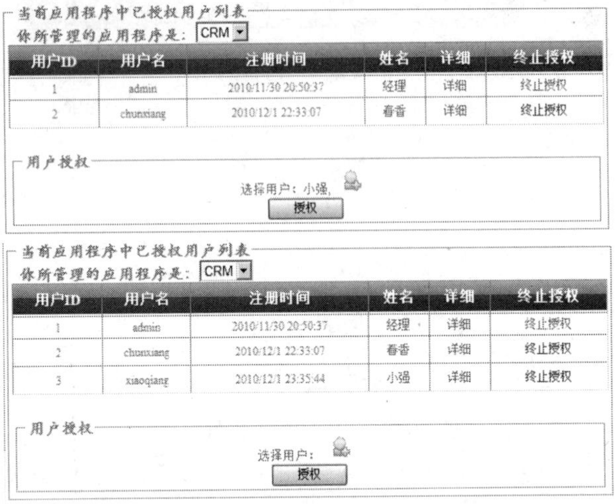

图 30.28 用户授权效果图

3. 删除用户页面

删除用户页面的设计如图 30.29 所示。

当管理员单击 GridView 控件中的“删除”链接时，将删除用户，代码如下：

```
protected void gdvUsers_RowDeleting(object sender, GridViewDeleteEventArgs e)
{
    IUser user = UserList[e.RowIndex];                  //获取需要被删除的用户
    try
    {
        UserRule.DeleteUser(user);                      //删除用户
        ScriptHelp.AlertMsg("删除用户成功!", this);
    }
    catch
    {
        ScriptHelp.AlertMsg("删除用户时出现了异常，请联系管理员!", this);
    }

    this.BindGrid();                                    //重新绑定用户
}
```

删除用户的效果如图 30.30 所示。

图 30.29 删除用户页面设计

图 30.30　删除用户效果图

30.6.4　角色与权限关系维护

权限管理系统中的用户被授权登录某一子系统时，该用户只可以登录子系统，但并不能完成任何操作。当前用户的角色集合具有权限时，他才可以操作子系统中的资源。RoleManager 文件夹下的 RoleOperator.aspx 页面实现了角色与权限关系维护的功能，该页面的设计如图 30.31 所示。

当 RoleOperator.aspx 页面加载时，将加载当前管理员管理的应用程序域中的相关角色，代码如下：

```
protected void BindGrid()
{
    //获取特定应用程序域中的角色
    IRoles =RoleRule.GetRoleByApp(Convert.ToInt32(this.ddlApps.SelectedItem.Value));
    this.gdvRoles.DataSource = IRoles;                                   //绑定角色信息
    this.gdvRoles.DataBind();
    ////获取特定应用程序域中的权限
List<IRight>rights=RightRule.GetRightsByApp(Convert.ToInt32(this.ddlApps.SelectedI
tem.Value));
    this.cklRights.DataSource = rights;                                  //绑定权限信息
    this.cklRights.DataTextField = "RightName";
    this.cklRights.DataValueField = "RightID";
    this.cklRights.DataBind();
}
```

图 30.31　RoleOperator.aspx 页面设计

当管理员单击“添加角色”按钮时，会向权限数据库添加新的角色信息，以及角色与权限间的关系，代码如下：

```
    private void AddRole()
    {
        IRole role = SecurityFactory.Instance.CreateRole();  //创建角色接口对象
        role.RoleName = this.txtRoleName.Text;                    //赋予属性值
        role.CanModify = 1;
        role.ApplicationArea.AppID = Convert.ToInt32(this.ddlApps.SelectedItem.Value);
        foreach (ListItem item in this.cklRights.Items)        //循环权限选择项
        {
            if (!item.Selected)                                 //判断权限是否被选中
                continue;
            int rID = 0;
            int.TryParse(item.Value, out rID);
            IRight right = SecurityFactory.Instance.CreateRight();//创建权限接口对象
            right.RightID = rID;
            right.AppID.AppID = Convert.ToInt32(this.ddlApps.SelectedItem.Value);
            role.Rights.Add(right);                         //向角色的权限集合中添加权限
            continue;
        }
        RoleRule.AddNewRole(role);                        //新增角色及角色与权限间关系
        ScriptHelp.AlertMsg("添加角色成功", this);
        this.BindGrid();
        this.txtRoleName.Text = string.Empty;
    }
```

> **注意**：更新角色及角色与权限间关系的功能与添加角色功能类似，读者可以阅读光盘中的相关代码，来了解这些功能。

使用 RoleOperator.aspx 页面添加角色，效果如图 30.32 所示。

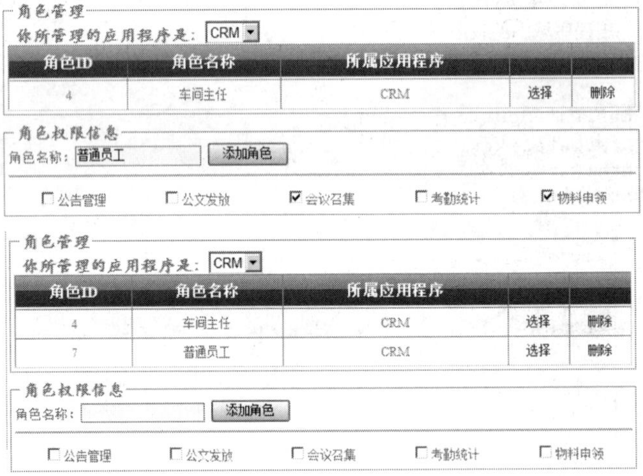

图 30.32　添加角色

30.6.5　用户与角色关系维护

上节讲解了添加角色，并在演示时添加了一个名为“普通员工”的角色。本节将讲解如何维护用户与角色关系，对它们的维护可以由 UserManager 文件夹下的 ChangeRole.aspx 页面实现，该页面设计如图 30.33 所示。

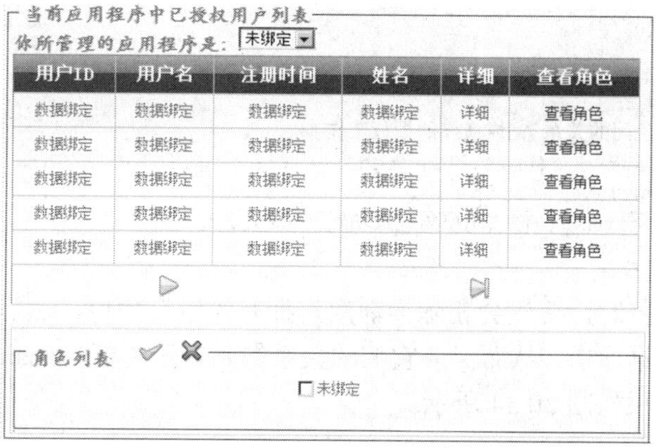

图 30.33　ChangeRole.aspx 页面设计

当 ChangeRole.aspx 页面加载时，将加载当前应用程序域中的所有授权用户及角色信息，代码如下：

```
private void BindGrid()
{
    if (this.ddlApps.SelectedIndex == -1)    //判断管理员是否选择特定的应用程序域
    {
        UserList = UserRule.GetAllUser();    //获取所有用户
        this.gdvUsers.DataSource = UserList; //绑定用户
        this.gdvUsers.DataBind();
    }
    else
    {
        //获取所有用户
        UserList=UserRule.GetUserByApp(Convert.ToInt32(this.ddlApps.SelectedItem.
        Value));
        this.gdvUsers.DataSource = UserList;   //绑定用户
        this.gdvUsers.DataBind();
        //获取当前应用程序域中的所有角色
        RoleList=RoleRule.GetRoleByApp(Convert.ToInt32(this.ddlApps.SelectedItem.
        Value));
        this.cklRoles.DataSource = RoleList;  //绑定角色信息
        this.cklRoles.DataTextField = "RoleName";
        this.cklRoles.DataValueField = "RoleID";
        this.cklRoles.DataBind();
    }
    this.DataBind();
}
```

当管理员单击某个用户的“查看角色”链接后，可以在下方的“角色列表”区域中为用户选择多个角色。当选中多个角色后，管理员单击绿色的图片按钮，就可以完成用户与角色间的关系维护，代码如下：

```
protected void btnSetRoles_Click(object sender, ImageClickEventArgs e)
{
    this.pnlRoles.Visible = false;
    for (int i = 0; i < this.cklRoles.Items.Count; i++)           //循环角色列表中的项
    {
        if (this.cklRoles.Items[i].Selected)                      //判断是否选中
        {
            SelectedUser.Roles.Add(RoleList[i]);                  //添加至用户的角色列表中
```

```
                continue;
            }
            continue;
        }
        //更新用户与角色间的关系 完成最终的授权工作
    UserRule.ModifyUserRole(this.SelectedUser,Convert.ToInt32(this.ddlApps.
    SelectedItem.Value));
        ScriptHelp.AlertMsg("修改用户角色成功", this);
    }
```

当为用户授予角色时，首先会删除当前用户拥有的所有角色，然后将新的角色与用户间的关系数据插入到数据库中，从而保证它们的关系得到完全更新。ChangeRole.aspx 页面更新用户与角色关系的效果如图 30.34 所示。

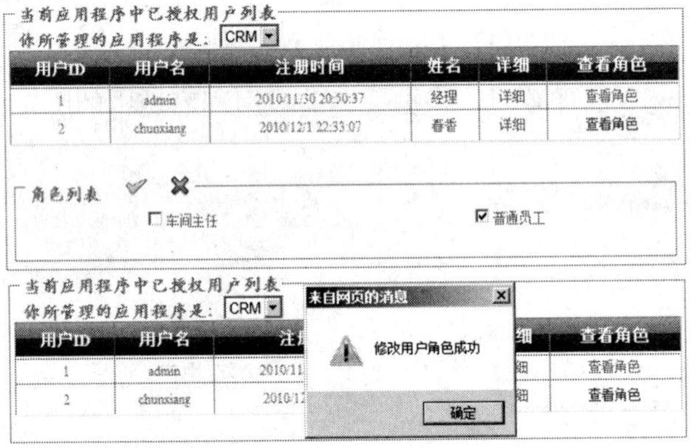

图 30.34　更新用户及角色间关系效果图

30.7　小结

本章展示了一个软件系统开发的完整流程：需求、需求分析、概要设计、详细设计，编码，希望读者仔细了解软件项目的完整开发流程。从本章中学习的开发流程及各种设计与分析手段，可以不断地指导读者规范和细化软件的开发流程，从而成长为一个优秀的软件开发工程师。

本章还展示了诸如持久层技术、JSON、jQuery、ASP.NET 开发技术，以及它们在实际项目开发中的具体应用细节。读者可以仔细研读本章的示例代码，并扩展示例，争取早日掌握这些技术。

第31章 网上书店

随着 Internet 的迅速崛起，电子商务开始流行，越来越多的商家在网上开起了在线商店，这种网上购物系统具有强大的交互功能，可使商家和用户方便地传递信息，完成电子贸易，它向消费者展示出一种新颖的购物理念。

本章将介绍一个结构清晰的网上购物实例——网上书店，该实例可以帮助读者掌握用 ASP.NET 开发网上购物系统的方法。本章讲解的知识点如下：

- 网上书店系统的系统设计与数据库设计。
- 用户管理模块。
- 图书管理模块。
- 购物车模块。
- 订单管理模块。
- 后台管理模块。

31.1 总体设计

只有了解了一个系统的整体设计，才能对系统中的各种模块及应用有所了解，本节让读者对项目有个全局概念。

31.1.1 设计方案

网上书店系统包括用户注册和登录、管理图书类别、管理图书信息、搜索图书、管理购物车、管理订单、管理用户信息、管理销售情况等功能，这些功能的具体描述如下。

- 用户注册和登录：为用户提供注册、登录、找回丢失密码、修改个人信息等功能。
- 图书信息查询及管理：对信息进行灵活分类、存储，方便用户迅速从少则几万，多则几十万甚至上百万种图书中找出自己所需的图书。
- 购物车管理：用于存储用户选择好的图书，完成购物后可以自动生成订单以供管理者进行处理。
- 订单管理：为用户提供订单查询功能，同时为管理者提供订单查询及处理功能。

➢ 后台管理：为管理者提供用户信息查询和销售情况查询等功能。

为实现以上功能，本系统分为 4 层，它们分别为表示层（由 ASP.NET Web 窗体组成，主要用于显示信息和与用户交互）、商务逻辑层（用于抽象表示层功能，为表示层提供服务）、数据访问层（为商务逻辑层提供访问数据库系统的接口）和系统数据库。

➢ 表示层页面包括 3 类：用于处理相关图书信息的 Book*.aspx 页面、用于处理用户信息的 User*.aspx 页面、用于实现管理的 Manage*.aspx 页面。

➢ 商务逻辑层包含 Book.cs、User.cs、ShopCart.cs、Order.cs、Admin.cs 文件，分别封装了为实现对图书、用户、购物车、订单、管理进行操作而需的方法。该层可以直接访问数据访问层，并为表示层提供了访问接口，起到了表示层和数据访问层桥梁的作用。

➢ 数据访问层包含 SqlAcess.cs 文件，封装了对 SQL Server 2000 数据库中数据的读取和对存储过程的操作。为了给服务器减负，本例特地选用 SQL Server 2000 数据库。

本系统的层次结构图如图 31.1 所示。

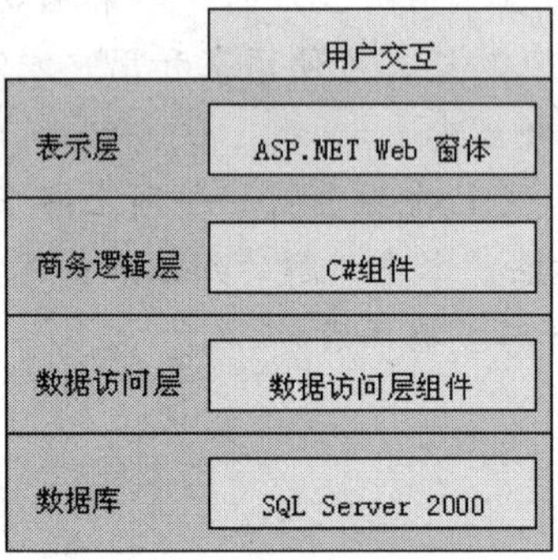

图 31.1　系统层次结构图

31.1.2　数据库设计

本系统是一个典型的电子商务系统，数据库中包含 6 个表，分别如下。

1. 图书类别表——BookCategory

网站的图书种类繁多，用图书类别表存储网站图书种类信息，可以简化图书管理，该表字段说明如表 31.1 所示。

表 31.1　图书类别

字段名	类　型	长　度	允许空	键　值	备注
CategoryId	int	4	否	是	图书类别 ID 号
CategoryName	nvarchar	50	是	否	图书类别名称

2. 图书信息表——BookInfo

图书信息表存储网站图书具体信息，该表引用 BookCategory 表的 CategoryId 字段作为外键，具体字段说明如表 31.2 所示。

表 31.2　图书信息

字段名	类　型	长　度	允许空	键　值	备注
BookId	int	4	否	是	图书 ID 号
BookName	nvarchar	50	是	否	图书名称
Cover	binary	50	是	否	图书封面
CategoryId	int	4	是	否	图书类别 ID 号
Author	nvarchar	50	是	否	图书作者
Translator	nvarchar	50	是	否	图书译者
Press	nvarchar	50	是	否	图书出版社
Price	decimal	9	是	否	图书价格
Introduction	nvarchar	200	是	否	图书介绍

3．订单表——Order

订单表用以存储用户订单，引用 UserInfo 表的 UserId 字段作为外键，其具体字段内容如表 31.3 所示。

表 31.3　订单

字段名	类　型	长　度	允许空	键　值	备注
OrderId	int	4	否	是	订单 ID 号
UserId	int	4	是	否	用户 ID 号
OrderDate	datetime	8	是	否	订单日期
Status	nvarchar	50	是	否	订单状态

4．订单信息表——OrderInfo

订单信息表包含具体订单信息，引用 BookInfo 表的 BookId 作为外键，具体字段说明如表 31.4 所示。

表 31.4　订单信息

字段名	类　型	长　度	允许空	键　值	备注
OrderId	int	4	否	是	订单 ID 号
BookId	int	4	否	是	图书 ID 号
Quantity	int	4	是	否	图书数量
UnitCost	decimal	9	是	否	图书价格

5．购物车表——ShopCart

购物车表主要存储网站用户购物车信息，该表引用 BookInfo 表的 BookId 作为外键，其具体字段说明如表 31.5 所示。

表 31.5　购物车

字段名	类　型	长　度	允许空	键　值	备注
Id	int	4	否	是	ID
CartId	nvarchar	50	是	否	购物车 ID 号
BookId	int	4	是	否	图书 ID 号
Quantity	int	4	是	否	图书数量
CreatedDate	datetime	6	是	否	创建日期

6．用户信息表——UserInfo

用户信息表主要用于存储网站用户信息，字段说明如表 31.6 所示。

表 31.6　用户信息

字段名	类　型	长　度	允许空	键　值	备注
UserId	int	4	否	是	用户 ID 号
UserName	nvarchar	50	是	否	用户名称
UserPwd	nvarchar	50	是	否	用户密码
UserRole	nvarchar	50	是	否	用户角色
UserRealName	nvarchar	50	是	否	用户真实姓名
Question	nvarchar	50	是	否	用户提问
Answer	nvarchar	50	是	否	提问答案
Email	nvarchar	50	是	否	邮箱地址

各数据表如图 31.2 所示。

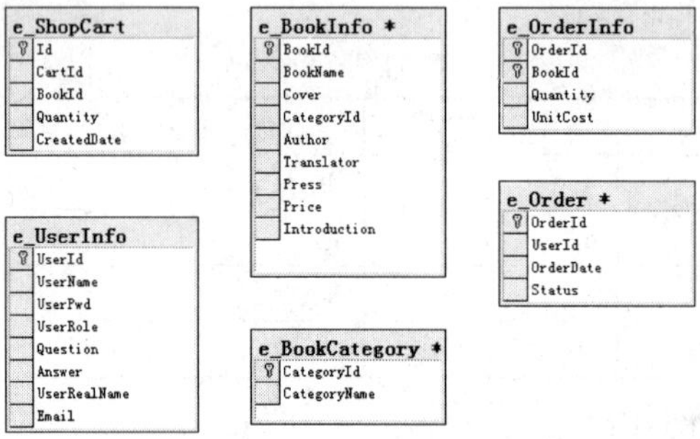

图 31.2　数据图

31.1.3　模块化分

该系统的整体模块组织图如图 31.3 所示。

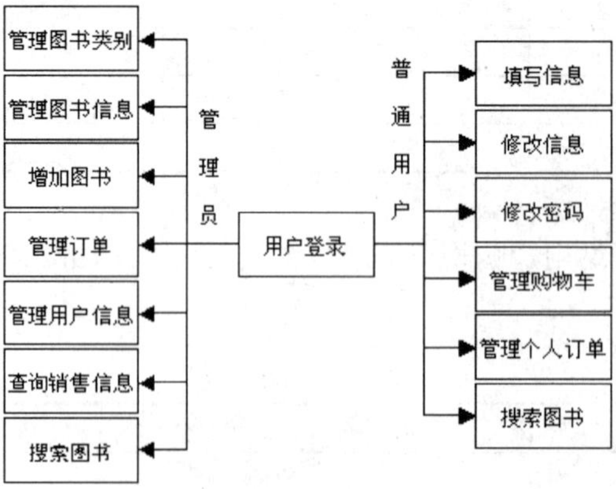

图 31.3　系统模块组织图

该系统为普通用户和管理员提供了不同的操作界面，普通用户的操作界面如图 31.4 所示，管理员操作界面如图 31.5 所示。

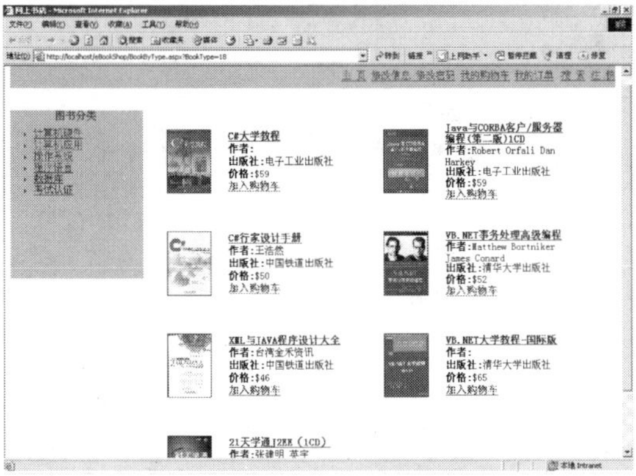

图 31.4　普通用户界面

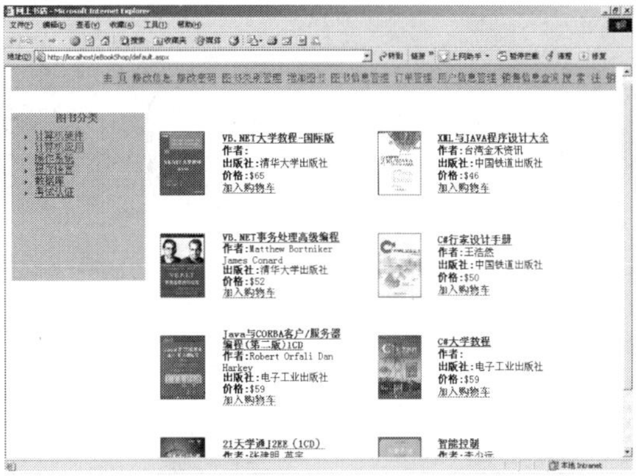

图 31.5　管理员界面

普通用户界面划分为修改信息、修改密码、管理购物车、管理订单、搜索等模块，管理员界面划分为修改信息、修改密码、管理图书类别、增加图书、管理图书信息、管理订单、管理用户信息、查询销售信息和搜索等模块。

31.2　实现数据访问层

在动态网面设计中很多都要涉及对数据库的操作，这是一件枯燥、费时而且容易出错的工作。如果使用类来实现对数据库操作的封装，就可以使写出的程序在很小的改动下完成后台数据库的更改。

31.2.1　一般数据库操作的封装

SqlAcess.cs 文件中封装了对一般数据库的操作，该文件中的主要数据库访问函数如下。

1. ExecuteNonQuery 函数

该函数执行 SQL 命令，参数为连接字符串 connString、命令类型 cmdType、存储过程名称或 T-SQL 命令 cmdText、SQL 参数数组 cmdParms，返回值为受影响的行数 var。

```
public static int ExecuteNonQuery(string connString, CommandType cmdType, string
cmdText, params SqlParameter[] cmdParms)
{
  SqlCommand cmd = new SqlCommand();                        //定义 SqlCommand 对象
  using (SqlConnection conn = new SqlConnection(connString))   //定义 SqlConnection 对象
  {  //调用 PrepareCommand 方法
     PrepareCommand(cmd, conn, null, cmdType, cmdText, cmdParms);
     int val = cmd.ExecuteNonQuery();          //调用执行查询方法
     cmd.Parameters.Clear();                   //清空参数
    return val;                          //返回 val
  }
}
```

2. ExecuteReader 函数

该函数执行 SQL 命令，参数为连接字符串 connString、命令类型 cmdType、存储过程名称或 T-SQL 命令 cmdText、SQL 参数数组 cmdParms，返回值为 SqlDataReader 数据集。

```
Public static SqlDataReader ExecuteReader(string connString, CommandType cmdType,
string cmdText, params SqlParameter[] cmdParms)
{
  SqlCommand cmd = new SqlCommand();//定义 SqlCommand 对象
  SqlConnection conn = new SqlConnection(connString); //定义 SqlConnection 对象
  try
  {//调用 PrepareCommand 方法
     PrepareCommand(cmd, conn, null, cmdType, cmdText, cmdParms);
    SqlDataReader rdr = cmd.ExecuteReader(CommandBehavior. //调用 ExecuteReader 方法
    CloseConnection);
    cmd.Parameters.Clear();      //清空参数
    return rdr;                  //返回 rdr
  }
  catch                    //捕获异常
  {
    conn.Close();          //关闭链接
    throw;                 //抛出异常
  }
}
```

3. ExecuteDataset 函数

该函数通过 SqlConnection 连接执行 SQLl 命令，参数为 SqlConnection 对象 connection、命令类型 cmdType、存储过程名称或 T-SQL 命令 cmdText、SQL 参数数组 cmdParms，返回值为 DataSet 数据集。

```
Public static DataSet ExecuteDataset(SqlConnection connection, CommandType cmdType,
string cmdText, params SqlParameter[]cmdParms)
{
  //创建一个 SqlCommand 对象，并对其进行初始化
  SqlCommand cmd = new SqlCommand();
 PrepareCommand(cmd, connection, (SqlTransaction)null, cmdType, cmdText, cmdParms);
  //创建 SqlDataAdapter 对象以及 DataSet
  SqlDataAdapter da = new SqlDataAdapter(cmd);
  DataSet ds = new DataSet();
  da.Fill(ds);                  //填充 ds
  cmd.Parameters.Clear();       //清除 cmd 的参数集合
  return ds;                    //返回 ds
}
```

4. PrepareCommand 函数

该函数完成数据库的连接和对命令的执行，供以上函数调用。

```
private static void PrepareCommand(SqlCommand cmd, SqlConnection conn, SqlTransaction
trans, CommandType cmdType, string cmdText, SqlParameter[] cmdParms)
{
  //判断连接的状态。如果是关闭状态，则打开
  if (conn.State != ConnectionState.Open)
    conn.Open();                              //关闭链接
  //cmd 属性赋值
  cmd.Connection = conn;
  cmd.CommandText = cmdText;
  //是否需要用到事务处理
  if (trans != null)
    cmd.Transaction = trans;
  cmd.CommandType = cmdType;
  //添加 cmd 需要的存储过程参数
  if (cmdParms != null)
```

```
    {
      foreach (SqlParameter parm in cmdParms)
        cmd.Parameters.Add(parm);              //添加参数
    }
  }
```

31.2.2 存储过程操作的封装

网上书店系统的商务逻辑层调用数据访问层函数，完成对 SQL Server 数据库中存储过程的操作，这是因为使用存储过程封装应用逻辑具有以下优点：

- 代码模块化，以减少数据库操作员和程序员的错误。
- 提高数据库安全性。
- 减少网络通信流量。
- 移植性较强。

本节介绍两个存储过程：AddNewBook 和 ChangeUserPWD，更多的内容请读者参照数据库。

（1）存储过程 AddNewBook 完成向 BookInfo 数据库中添加一条图书记录的功能。输入参数为用户在页面上输入的图书名称、作者、译者、出版社、价格、内容简介、图书类别和封面。

```
CREATE PROCEDURE AddNewBook
(
@bookName nvarchar(50),
@author nvarchar(50),
@translator nvarchar(50),
@press nvarchar(50),
@price decimal,
@intro nvarchar(50),
@categoryId int,
@cover image
)
AS
INSERT INTO BookInfo
(
BOOKNAME,
AUTHOR,
TRANSLATOR,
PRESS,
PRICE,
INTRO,
CATEGORYID,
COVER
)
VALUES
(
@booktName,
@author,
@translator,
@press,
@Price,
@intro,
@categoryId,
@cover
)
GO
```

（2）存储过程 ChangeUserPWD 完成用户密码的更改，输入参数为用户在页面上输入的旧密码、新密码图和用户 ID，返回值为 1 时表示操作成功，返回值为-1 时表示操作失败。

```
CREATE PROCEDURE ChangePassword
@oldPassword nvarchar(50),
@newPassword nvarchar(50),
@userId int,
@result int output
AS
declare @password nvarchar(50)
select @password = userpwd from e_UserInfo where userID = @userId
if @password = @oldpassword
begin
update e_UserInfo set userPwd = @newPassword where userId = @userId
set @result = 1
end
else
begin
set @result = -1
end
GO
```

31.3 用户管理模块

用户管理是一个网上购物系统中不可缺少的部分。该模块主要实现用户注册、用户登录、找回丢失密码和修改个人信息等功能，主要包括以下页面：

- 用户注册页面 UserRegister.aspx，代码隐藏文件为 UserRegister.aspx.cs。
- 用户登录页面 UserLogin.aspx，代码隐藏文件为 UserLogin.aspx.cs。
- 找回丢失密码页面 UserGetPassWord，代码隐藏文件为 UserGetPassWord.aspx.cs。
- 修改个人信息页面 UserChangeInfo，代码隐藏文件为 UserInfo.aspx.cs。

31.3.1 用户注册

在图 31.6 所示的各项文本框中输入对应信息，然后单击“注册”按钮，即可注册新用户。

图 31.6　用户注册界面

用户注册的功能由函数 Submit_Click()实现，代码如下：

```
protected void Submit_Click(object sender, System.EventArgs e)
{
    //获得注册信息
```

```
    string userName = LoginName.Text.Trim();
    string password = Password.Text.Trim();
    string question = Question.Text.Trim();
    string answer = Answer.Text.Trim();
    string userrealname=UserRealName.Text.Trim();
    string email=Email.Text.Trim();
    string role="用户";
    //得到原来的 CartId
    ShopCart cart = new ShopCart();
    string tempCartId = cart.GetShoppingCartId();
    //试图添加新用户
    User user = new User();
    int userId = user.AddNewUser(userName, password, question,
        answer,userrealname,email,role);
    //如果返回值为-1，则表示用户名存在
    if (userId == -1)
    {
        Message.Text = "用户名已存在！";
    }
    else
    {
        //设置用户为通过验证
System.Web.Security.FormsAuthentication.SetAuthCookie(userId.ToString(),false);
        //迁移购物车记录
        Response.Redirect("UserLogin.aspx");//将用户重定向回用户账户页面
    }
}
```

上述代码保存在 UserRegister.aspx.cs 文件中。先实例化 User 类，再通过调用 User 类中的 AddNewUser 函数完成用户注册，然后设置用户通过网站验证。

31.3.2 用户登录

在图 31.7 所示的“登录名”和“密码”文本框中输入对应信息，然后单击“登录”按钮，即可完成用户登录。

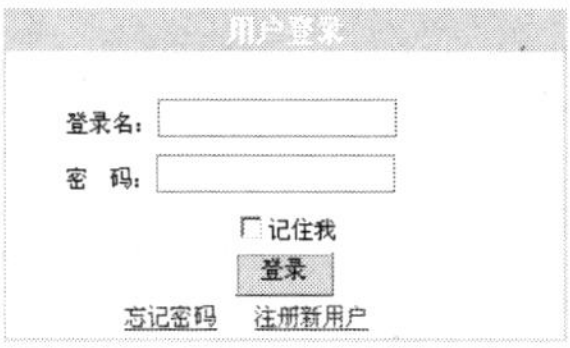

图 31.7 用户登录界面

用户登录的功能由函数 Submit_Click()实现，代码如下：

```
protected void Submit_Click(object sender, System.EventArgs e)
{
    User user = new eBookShop.User();
    int userId = user.Login (LoginName.Text,Password.Text);
    SqlAccess.UserRole=user.GetUserRole(userId);
    //得到临时的购物车编号
    ShopCart  cart = new ShopCart ();
    string tempCartID = cart.GetShoppingCartId();
    if (userId == 0)
    {
        Message.Text = "用户名或密码错误！";
```

```
        }
        else
        {
            //将未通过验证时该用户的匿名购物信息迁移至该用户的个人记录中
            cart.MigrateCart(tempCartID, userId.ToString());
System.Web.Security.FormsAuthentication.RedirectFromLoginPage(userId.ToString(),
                CheckCookie.Checked);
            //Response.Redirect("MyAccount.aspx");
        }
    }
```

上述代码保存在 UserLogin.aspx.cs 文件中。首先实例化 User 类，通过调用 User 类中的 Login 函数获得用户 ID。然后通过调用 User 类中的 GetUserRole 函数得到用户角色。

31.3.3 找回丢失密码

在图 31.8 所示的“用户名”、“提示问题”、“问题答案”和“Email”文本框中输入对应信息，然后单击“提交”按钮，可以帮助用户找回丢失密码。

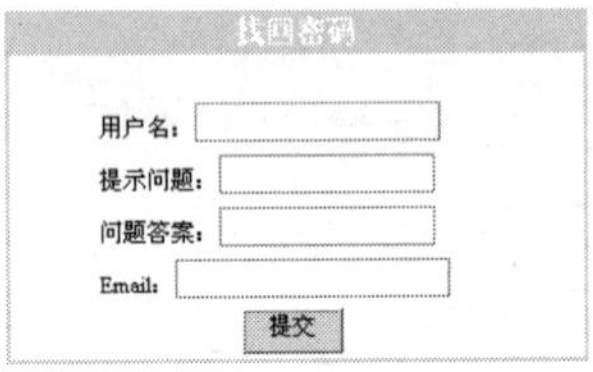

图 31.8 找回丢失密码界面

用户找回丢失密码的功能由函数 Submit_Click()实现，代码如下：

```
protected void Submit_Click(object sender, System.EventArgs e)
{
    User user = new eBookShop.User();
    int result  = user.GetBackPassword(LoginName.Text.Trim(), Question.Text.Trim(),
        Answer.Text.Trim(), Email.Text);
    if (result == 1)
    {
        Message.Text = "您的密码已发送，请到邮箱查收";
        //user.ChangePassword(
    }
    else
    {
        Message.Text = "您的输入信息有误！";
    }
}
```

上述代码保存在 UserGetPassWord.aspx.cs 文件中。首先实例化 User 类，然后通过调用 User 类中的 GetBackPassword 函数为用户发送新的 6 位随机密码。

User 类中的 FindPassword 函数的具体内容如下：

```
public int FindPassword(string UserName, string Question, string Answer, string Email)
{
  object myDBNull = Convert.DBNull;             //定义 myDBNull 对象
  string newPassword = MakePassword(6);         //获得新的 6 位随机密码
  //定义存储过程参数
  SqlParameter[] para = {
                    new SqlParameter("@userName", UserName),//添加参数
```

```
                    new SqlParameter("@question", Qestion), //添加参数
                    new SqlParameter("@answer", Answer), //添加参数
                    new SqlParameter("@newPassword", NewPassword), //添加参数
newSqlParameter("@result",SqlDbType.Int,8,ParameterDirection.Output,true, 0, 0, "",
DataRowVersion.Default, myDBNull) };
  //执行存储过程
  try
  {
    SqlAccess.ExecuteNonQuery(SqlAccess.CONN_STRING,CommandType.StoredProcedure,
     "FindPassword", para);
  }
  catch  //捕获异常
  {
   throw new Exception("邮件无法发送！"); //提示发送失败
  }
  int result = Convert.ToInt32(para[4].Value);
  //如果返回值为 1
  if (result == 1)
  {
   Try
   {

    MailMessage mail = new MailMessage();   //定义一个 MailMessage 实例 mail
    mail.To = Email;                        //E-mail 目的地址
    mail.From = "bao@163.com" ;             //E-mail 发送人地址
    mail.Subject = "您在网上书店的密码已找回";  //E-mail 主题
    mail.BodyFormat = MailFormat.Text ;         //E-mail 内容格式
    mail.Body = "您在网上书店的密码已找回,新密码为"+newPassword ; //E-mail 内容
    SmtpMail.Send(mail) ;                    //发送
   }
   catch                               //捕获异常
   {
    throw new Exception("邮件无法发送！"); //提示发送失败
   }
  }
  return result;
}
```

上述代码保存在 User.cs 文件中，通过调用 MakePassword 产生 6 位新的随机密码。调用存储过程 FindPassword 将新密码写入数据库 User 表中。最后定义一个 MailMessage 实例 mail，填写所需的目的地址、发送人地址、主题、内容格式、内容，通过 SmtpMail.Send(mail)进行发送。

31.3.4　修改个人信息

在图 31.9 所示的“真实姓名”、“问题”、“答案”、“Email”文本框中输入对应信息，然后单击“提交”按钮，可以完成用户个人信息的修改。

图 31.9　修改个人信息界面

修改个人信息的功能由函数 UpdateUserInfo()实现，代码如下：

```
void UpdateUserInfo()
{
    User user = new eBookShop.User();
    user.ChangeProfile(User.Identity.Name, RealName.Text,
        Question.Text,Answer.Text , Email.Text);
}
```

上述代码保存在 UserInfo.aspx.cs 文件中。

本程序中实例化 User 类，通过调用 User 类中的 ChangeProfile 函数更新用户信息。

ChangeProfile 函数调用存储过程 EditUserInfo，其具体内容如下：

```
CREATE PROCEDURE EditUserInfo
@UserId int,
@UserRealName nvarchar(50),
@Question nvarchar(50),
@Answer nvarchar(50),
@Email nvarchar(50)
AS
UPDATE UserInfo SET USERREALNAME=@USERREALNAME,
Question=@Question,
Answer=@Answer,
EMAIL=@EMAIL
WHERE USERID = @UserId
GO
```

31.4 图书管理模块

图书管理是系统的重要组成部分，它主要实现图书类别的添加和删除，图书的添加、删除和修改，列表显示图书，图书搜索等功能。下面将介绍这 4 部分功能的实现方法。

31.4.1 管理图书类别

图书类别管理的执行流程如图 31.10 所示。在图 31.11 所示的“图书类型名称”文本框中输入图书类型信息，然后单击“添加”按钮，可以完成图书类型的添加。

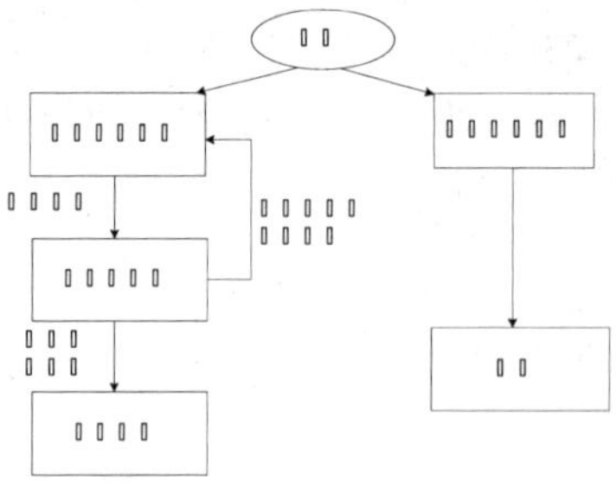

图 31.10 图书类别管理的执行流程

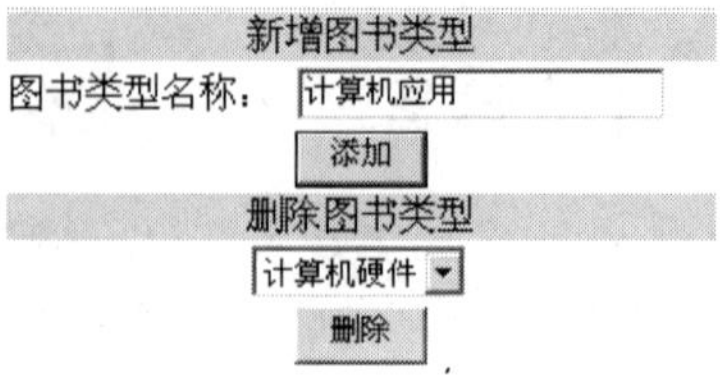

图 31.11 管理图书类别

添加图书类型的功能由函数 Add_Click()实现，代码如下：

```
protected void Add_Click(object sender, System.EventArgs e)
{
    AdminDB admin = new AdminDB();
    try
    {
```

```
            admin.AddNewCategory(CategoryName.Text.Trim());
            MyError.Text = "添加成功！";       //添加成功
            BindList();
        }
        catch
        {
            MyError.Text = "出错了！";  //添加成功
        }
    }
```

上述代码保存在 ManBookType.aspx.cs 文件中。首先实例化 Admin 类，再通过调用 Admin 类中的 AddNewCategory 函数添加新的图书类别。

在图 31.11 所示的“删除图书类型”下拉列表框中选择图书类型，然后单击“删除”按钮，可以完成图书类型的删除。删除图书类型的功能由函数 Delete_Click()实现，代码如下：

```
    protected void Delete_Click(object sender, System.EventArgs e)
    {
        AdminDB admin = new AdminDB();
        try
        {
            admin.DeleteCategory(int.Parse(ListCat.SelectedValue));
            MyError.Text = "删除成功！";
            BindList();
        }
        catch
        {
            MyError.Text = "出错了！";
        }
    }
```

上述通过调用 Admin 类中的 DeleteCategory 函数删除图书类别。

31.4.2　添加、删除、修改图书信息

添加、删除、修改图书信息的执行流程如图 31.12 所示。在图 31.13 所示的“图书名称”、“作者”、“译者”、“出版社”、“价格”、“介绍”文本框中输入对应信息，并单击“浏览”按钮选择图书封面后确定，然后选择图书类别，单击“添加”按钮，可以完成新图书的添加。

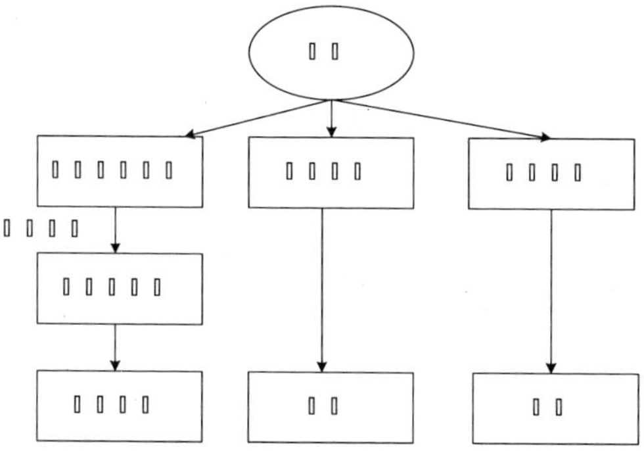

图 31.12　添加、删除、修改图书信息的执行流程

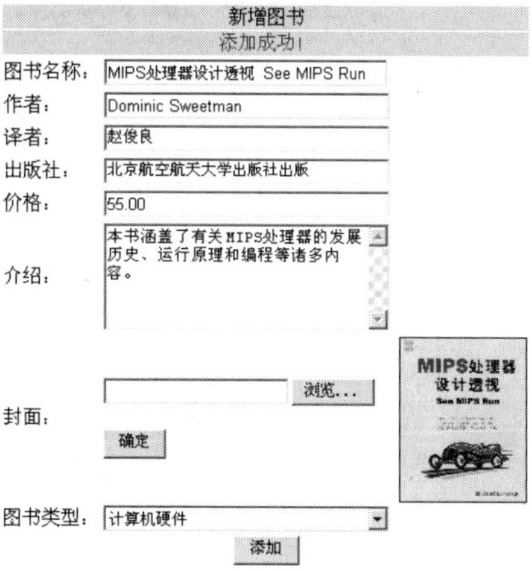

图 31.13　添加图书

图书添加的功能由函数 Add_Click()实现，代码如下：

```
void Add_Click(object sender, System.EventArgs e)
{
  int ImageSize=0;                              //定义图片大小
  byte[] ImageBuffer;                      //定义字节数组
  FileInfo TpFile;                              //定义 FileInfo 对象
  FileStream fs=null;                           //定义 FileStream 对象
  string FileName=Server.MapPath("\\eBookShop\\CoverUp").ToString().Trim()
+"\\"+ViewState["PostFileName"];                //得到文件名
  TpFile=new FileInfo(FileName);                //得到 FileInfo 对象
  ImageSize=(int)TpFile.Length;                 //得到文件大小
  fs=new FileStream(FileName,FileMode.OpenOrCreate);//得到图片数据流
  BinaryReader r=new BinaryReader(fs);  //得到二进制流
  r.BaseStream.Seek(0,SeekOrigin.Begin);
  ImageBuffer=r.ReadBytes(ImageSize);   //读取内容
  Admin admin = new AdminDB();         //定义 Admin 对象
  try
  { //添加新图书
admin.AddNewProduct(BookName.Text.Trim(),Author.Text.Trim(),Translator.Text.
Trim(),Press.Text.Trim(),decimal.Parse(Price.Text.Trim()),Intro.Text,int.Parse
(List.SelectedValue),ImageBuffer);
    MyError.Text = "添加成功！";
  }
  catch
  {
    MyError.Text = "添加出错！";
  }
}
```

上述代码保存在 ManBookInfo.aspx.cs 文件中。从图片路径中将图片以二进制文件流的形式赋值给 ImageBuffer，然后实例化 Admin 类，通过调用 Admin 类中的 AddNewProduct 函数添加图书信息。

在图 31.14 所示的“图书名称”、“作者”、“出版社”、“价格”、“介绍”文本框中修改相关信息，然后单击“修改”按钮，可以完成图书信息的修改。

图 31.14　编辑修改图书

如果选中“删除”复选框，则单击“修改”按钮后可以完成该条记录的删除。程序中图

书修改、删除的功能由函数 UpdateProductInfo()实现，代码如下：

```
void UpdateProductInfo ()
{
  //实例化 Admin 类
  Admin admin = new Admin ();
  for (int i=0; i< GridBook.Items.Count; i++)
  {
  //获得用户填写的信息
  int bookid= Convert.ToInt32(GridBook.DataKeys[i]);//得到图书 ID
   string bookname=((TextBox)GridBook.Items[i].FindControl("BookName")).Text.Trim();
//得到图书名称
decimalprice=decimal.Parse(((TextBox)GridBook.Items[i].FindControl("Price")).
Text.Trim());
//得到图书价格
//得到图书介绍
string intro = ((TextBox) GridBook.Items[i].FindControl("Intro")).Text;
//得到图书作者
string author = ((TextBox) GridBook.Items[i].FindControl("Author")).Text;
//得到图书译者
string translator = ((TextBox) GridBook.Items[i].FindControl("Translator")).Text;
//得到出版社
string press = ((TextBox) GridBook.Items[i].FindControl("Press")).Text;
CheckBox remove = (CheckBox) GridBook.Items[i].FindControl("Remove"); //得到复选控件
  //删除记录或更新记录
  try
  {
    if (remove.Checked)          //如果复选控件被选中
    {
      admin.DeleteProduct (bookid);//删除该图书
    }
    else
    {
      //更新图书
      admin.AlterProduct (bookid, bookname, price, intro,author,translator,press);
    }
       Message.Text = "操作成功！"; //提示成功
  }
  catch
  {
    Message.Text = "输入有误！";      //提示有误
  }
  }
}
```

上述代码保存在 ManBookList.aspx.cs 文件中。首先读取 GridView 中管理员修改的信息，如果选中“删除”复选框，则调用 Admin 类中的 DeleteProduct 方法删除记录；如果没有选中“删除”复选框，则调用 Admin 类中的 AlterProduct 方法更新图书信息。

31.4.3　列表显示图书

图 31.15 所示为按类别列表显示图书信息的界面。

图 31.15　列表显示图书

图书列表显示的功能由函数 DataListBind()实现，代码如下：

```
void DataListBind()
{
  dl_BookByType _BookByType.DataSource=Book.GetBookByCategory(int.
Parse(ViewState["BookTypeId"].ToString()) );  //设置数据源
  dl_BookByType _BookByType.DataBind();  //绑定数据
}
```

上述代码保存在 BookByType.aspx.cs 文件中。程序调用 Book 类中的 GetBookByCategory 函数实现图书信息读取，该函数具体内容如下：

```
public static SqlDataReader GetBookByCategory(int BookTypeId )
{
  string strSql;//定义查询语句
  strSql="select BookId,BookName,Author,Translator,Press,Price,CategoryId,
  Intro='  '+SUBSTRING(Intro,0,100)+'.....',Image=case when(not Cover is
  null) then ' <img src=BookCover.aspx?BookId='+cast(BookIdasvarchar(10))+'Border=1
  width=70 height=100>' else ' <img src=img/bookcoverdefault.jpg border=1 width=60
  height=80>' end from BookInfo where CategoryId="+BookTypeId;
  return SqlAccess.ExecuteReader(SqlAccess.CONN_STRING,  CommandType.Text, strSql);
//调用 SqlAccess 类中的 ExecuteReader 方法，执行查询
}
```

程序中 strSql 字符串的含义是：从 BookInfo 表中选择各项信息，满足类型号等于传出的类型号，其中的 Image 若不为空，则调用 BookCover.aspx 页面完成二进制字符到图像的转换，如果为空则指向默认的图片。

31.4.4　搜索图书

搜索图书的执行流程如图 31.16 所示。在图 31.17 所示的“图书名称”、“作者”、“译者”、“出版社”文本框中输入对应信息，选择图书种类，然后单击“查找”按钮以实现搜索功能。

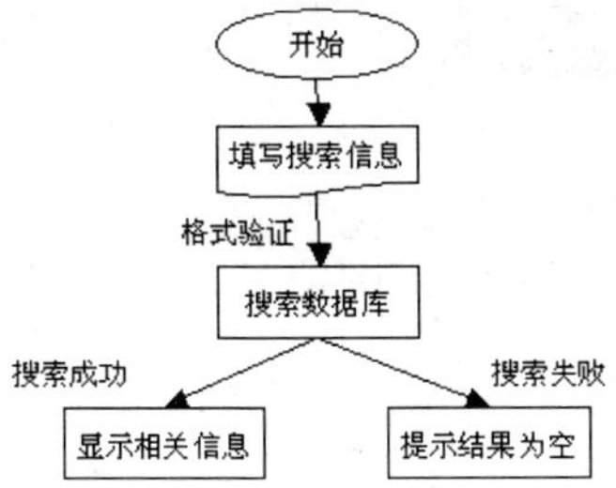

图 31.16　搜索图书的执行流程

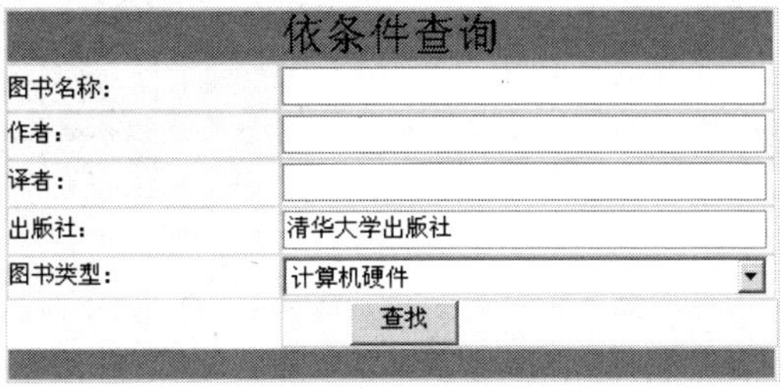

图 31.17　搜索图书

程序首先调用函数 Search_Click()实现，然后调用 BookSearchResult 页面中的 Bind()函数，通过 Book 类的 Search 方法执行数据库操作命令。函数 Search_Click()代码如下：

```
void Search_Click(object sender, System.EventArgs e)
{
  string BookName = txtName.Text;                 //得到图书名称
  string Author = txtAuthor.Text.Trim();          //得到作者
  string Translator = txtTranslator.Text.Trim(); //得到译者
  string Publisher = txtPublisher.Text.Trim();   //得到出版社
  string CategoryId = tList.Items[List.SelectedIndex].Value;//得到类别 ID
  string str = "";//组成查询字符串
  if(int.Parse(CategoryId)>=0) //判断是否指定类别
  {
    str += " And CategoryId=" + TypeId;
  }
  if(Author.Length>0)          //判断是否指定作者
  {
    str += " And Author Like '%" + Author + "%'";
  }
  if(BookName.Length>0) //判断是否指定书名
  {
    str += " And ProductName Like '%" + BookName + "%'";
  }
  if(Translator.Length>0) //判断是否指定译者
  {
    str += " And Translator Like '%" + Translator + "%'";
  }
    if(Press.Length>0) //判断是否指定出版社
  {
    str += " And Press Like '%" + Press + "%'";
  }
  //转向 BookSearchResult 页面
  Response.Redirect("BookSearchResult.aspx?Condition=" + str);
}
```

上述代码保存在 BookSearch.aspx.cs 文件中。程序读取用户在各文本框中输入的查询信息，组合成查询字符串，然后重定向到 BookSearchResult.aspx 文件，并将查询条件以参数 Condition 的形式传递给它。图 31.18 所示以列表的形式显示搜索结果。图书具体搜索的功能由函数 Bind()实现。

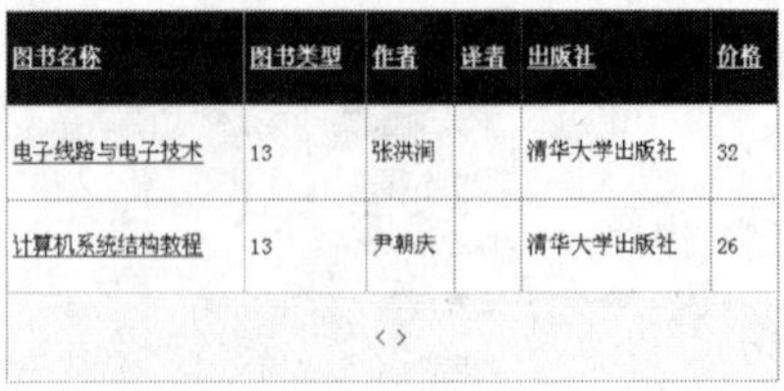

图书名称	图书类型	作者	译者	出版社	价格
电子线路与电子技术	13	张洪润		清华大学出版社	32
计算机系统结构教程	13	尹朝庆		清华大学出版社	26
< >					

图 31.18　搜索结果

函数 Bind()代码如下：

```
void Bind()
{
  DataSet ds =Book.Search(Request["Condition"]);//定义 DataSet
  this.GridView1.DataSource = ds.Tables[0].DefaultView;//设置数据源
  this.GridView1.DataBind();//数据绑定
}
```

上述代码保存在 BookSearchResult.aspx.cs 文件中，其中调用的 Book 类中的 Search 方法内容如下：

```
public static DataSet Search(string strCondition)
{
  //定义查询字符串
   string strSQL = "Select * From BookInfo Where 1=1 " + strCondition + " Order by BookId";
  //调用 SqlAccess 类中的 ExecuteDataset 方法，执行查询操作
  return SqlAccess.ExecuteDataset(SqlAccess.CONN_STRING, CommandType.Text,strSQL);
}
```

程序将查询结果以列表形式显示。

31.5　购物车模块

购物车模块使用户可以在购物时，随时查看自己购买了多少商品，且可以随时添加和删除所购买的商品。

31.5.1　查看购物列表

查看购物列表的执行流程如图 31.19 所示。用户可以通过单击图书旁边的“加入购物车”按钮，将图书加入购物车。图 31.20 所示显示了用户购物车，具体包括图书编号、图书名称、价格、数量、总金额及合计金额等内容。

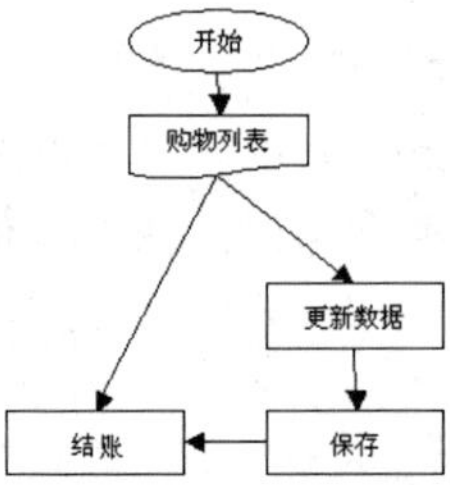

图 31.9　查看购物列表的执行流程

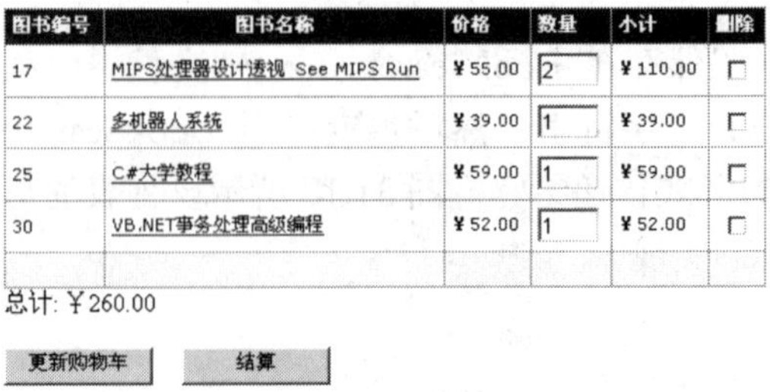

图书编号	图书名称	价格	数量	小计	删除
17	MIPS处理器设计透视 See MIPS Run	¥55.00	2	¥110.00	
22	多机器人系统	¥39.00	1	¥39.00	
25	C#大学教程	¥59.00	1	¥59.00	
30	VB.NET事务处理高级编程	¥52.00	1	¥52.00	

总计: ￥260.00

更新购物车　结算

图 31.20　查看购物列表

购物列表显示功能由函数 ShowShopCart()实现,代码如下：

```
void ShowShopCart()
{
  //实例化 ShopCart 对象
  ShopCart cart = new ShopCart();
  String cartID = cart.GetShopCartId();        //得到用户的购物车 ID
  if (cart.GetShopCartCount(cartID) == 0)      //判断购物车内有无图书
  {
    GridViewShopCart.Visible = false;
    lblMessage.Text = "购物车内没有商品。"; //提示无商品
  }
  else
  {
    //绑定购物车信息到 GridView
    GridViewShopCart.DataSource = cart.GetShopCartItem(cartID);//设置数据源
    GridViewShopCart.DataBind();                                         //数据绑定
     //显示总金额
    lblTotal.Text = String.Format( "{0:c}", cart.GetShopCartTotal(cartID));
  }
}
```

上述代码保存在 MyShopCart.aspx.cs 文件中。实例化 ShopCart 对象 cart，调用 ShopCart 类中的 GetShopCartId 方法，得到 cartID。调用 GetShopCartCount 方法得到总金额，再调用 GetShopCartItem 方法得到购物车条目。

31.5.2　结账

用户结账的执行流程如图 31.21 所示。图 31.22 所示为购物车结账界面，结账功能的实现与前面查看购物列表功能的实现相似，请读者参考上述内容。

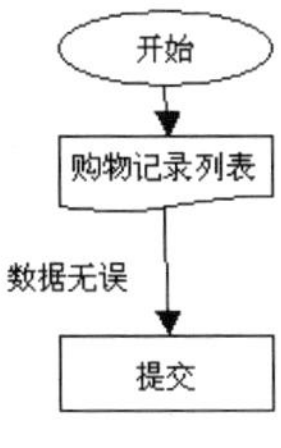

图 31.21　用户结帐的执行流程

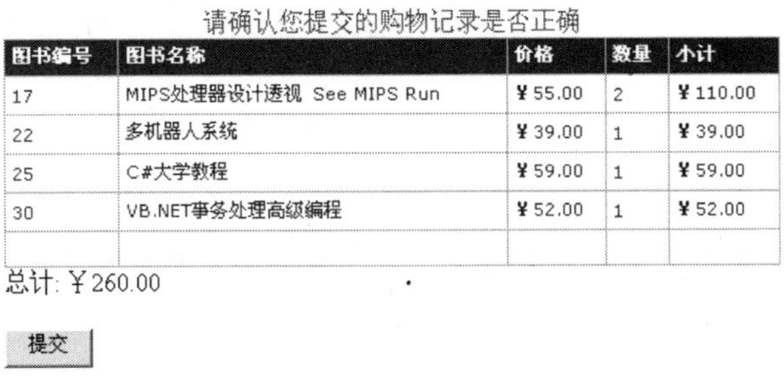

图 31.22　为购物车结账界面

31.6　订单管理模块

凡是网上购物，就必须下订单。订单是观察所购买商品的一个预览表格，这里可以显示你所买的商品、价格和日期等。

31.6.1　客户订单管理

查询用户信息的执行流程如图 31.23 所示。图 31.24 所示为客户所提交的订单，包括订

单号、订单时间、订单总额等信息。

图 31.23　查询用户信息的执行流程

订单号	订单时间	订单总额	查询详细信息
9	2011/3/10	¥59.00	查询
10	2011/3/10	¥65.00	查询

图 31.24　客户订单浏览

客户订单浏览功能在函数 Page_Load()中实现,代码如下：

```
void Page_Load(object sender, System.EventArgs e)
{
  string userID = User.Identity.Name;                          //得到用户 ID
  Orders order = new Orders();                                 //创建 Orders 对象
  MyOrderList.DataSource = order.GetOrderList(userID);           //设置数据源
  MyOrderList.DataBind();               //数据绑定
  if (MyOrderList.Items.Count == 0)        //判断订单是否为空
  {
   MyOrderList.Visible = false;
   lblMessage.Text = "您没有订单记录";//提示订单为空
  }
}
```

上述代码保存在 MyOrder.aspx.cs 文件中。首先读取当前用户 ID 赋值给 userID，再实例化 Orders 类，通过调用 Orders 类中的 GetOrderList 函数得到用户订单信息并传给列表显示。单击“查询”链接可以查看具体某条订单细节，界面如图 31.25 所示。

您的订单号是: 9
订单日期为: 2011/3/10

图书编号	图书名称	价格	数量	小计
25	C#大学教程	¥59.00	1	¥59.00

总计: ¥59.00

图 31.25　客户订单细节浏览

31.6.2　管理员订单管理

订单管理的执行流程如图 31.26 所示。图 31.27 所示为管理员显示了全部客户已经提交的订单，该页面提供了具体订单浏览及订单处理的功能。

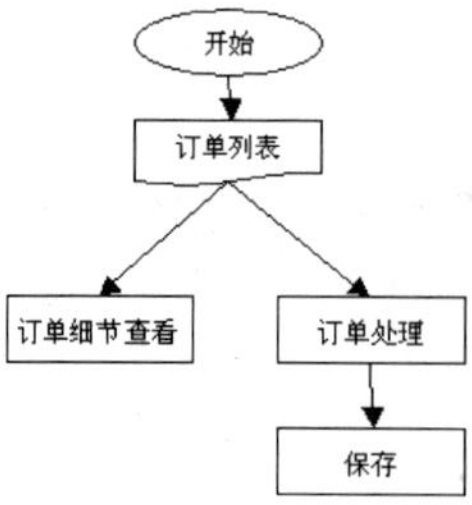

图 31.26　订单管理的执行流程

管理订单
您共有 10条订单。

订单号码	订单时间	用户号码	状态	处理
1	2005/8/29 22:56:59	0	已处理	✔
2	2005/8/31 16:53:32	2	已处理	✔
3	2005/8/31 16:56:43	2	已处理	✔
4	2005/8/31 19:24:55	2	已处理	✔
5	2005/8/31 20:01:25	2	已处理	✔
6	2005/9/2 22:21:38	2	未处理	✔
7	2011/3/10 17:47:04	2	未处理	✔
8	2011/3/10 17:47:24	2	未处理	✔
9	2011/3/10 17:48:07	5	未处理	✔
10	2011/3/10 17:48:13	5	未处理	✔

图 31.27　管理员订单浏览

客户订单显示的功能在函数 Bind()中实现，代码如下：

```
void Bind()
{
  try
  {
    //实例化 Orders 对象
    Orders  order = new Orders ();
    DataSet ds =order.GetAllOrder();//定义 DataSet 对象
    this.GridView1.DataSource = ds.Tables[0].DefaultView;//设置数据源
    this.GridView1.DataBind();//数据绑定
     //提示订单条数
    lblMessage.Text = "您共有 " + ds.Tables[0].Rows.Count.ToString() + " 条订单。";
  }
  catch
  {
    Message.Text="发生错误。";//提示失败
  }
}
```

上述代码保存在 ManOrder.aspx.cs 文件中，首先实例化 Orders 对象，然后通过调用 Orders 类的 GetAllOrder 方法获得全部订单信息，并在列表中显示。

该页面还为管理者提供了订单处理的功能，在函数 GridView1_EditCommand ()中实现，代码如下：

```
Void GridView1_EditCommand (object source, GridViewCommandEventArgs e)
{
  try
  {
    string oid = this.GridView1.DataKeys[e.NewEditIndex].ToString();  //得到订单 ID
    Orders orders = new Orders ();                                  //创建 Orders 对象
    orders.DealOrder(oid);                                          //处理订单
    Bind();                                                         //重新绑定数据
  }
  catch
  {
    Message.Text="发生错误。";                                       //提示失败
  }
}
```

上述代码首先实例化 Orders 对象，再调用 Orders 类的 DealOrder 方法对所选择订单进行处理，列表中相关信息显示为“已处理”。

31.7 后台管理模块

后台管理模块包含查询用户信息和查询销售信息，可以通过查询用户信息来增加管理员，通过查询销售信息从总体上了解图书销售数量及金额。

31.7.1 查询用户信息

查询用户信息的执行流程如图 31.28 所示。图 31.29 所示为管理员提供了用户列表显示及角色管理的功能。

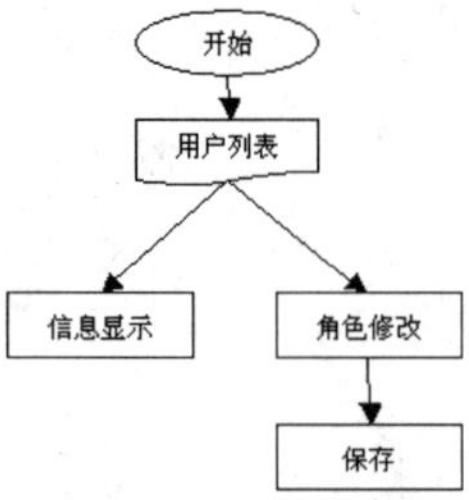

图 31.28　查询用户信息的执行流程

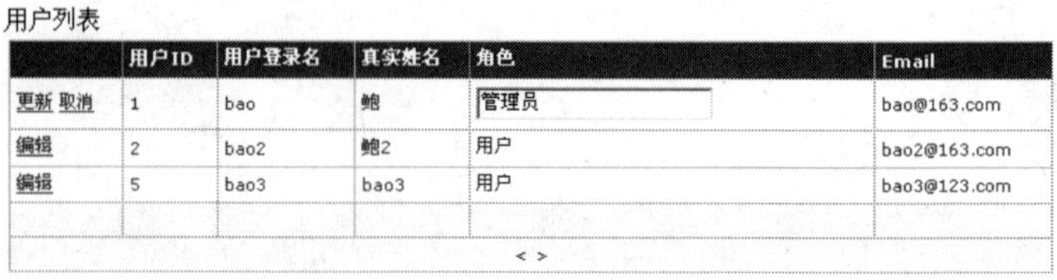

图 31.29　用户管理

角色管理功能由函数 GridUsers_UpdateCommand()实现，代码如下：

```
void GridUsers_UpdateCommand(object source, GridViewCommandEventArgs e)
{  //得到用户角色
  stringrole=((TextBox)GridUsers.Rows[e.RowIndex].FindControl("Role")).Text.Trim();
  //获得要更改的用户的 UserId
  int userId = Convert.ToInt32(GridUsers.DataKeys[e.RowIndex]);
  Admin admin = new Admin ();  //创建 Admin 对象
  admin.UpdateUserRole(role, userId.ToString());//改变用户角色
  GridUsers.EditItemIndex = -1;  //退出编辑状态
  BindGrid();                    //绑定
}
```

上述代码保存在 ManUser.aspx.cs 文件中，首先实例化 Admin 对象，再调用 Admin 类中的 UpdateUserRole 方法完成用户角色更改。

31.7.2　查询销售情况

查询销售情况的执行流程如图 31.30 所示。图 31.31 所示的查询销售情况页面为管理员提供了按月、日查询图书销售种类、数量、金额的功能。

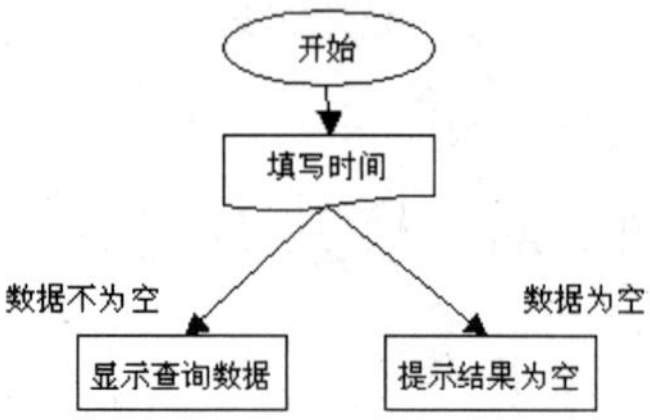

图 31.30　查询销售情况的执行流程

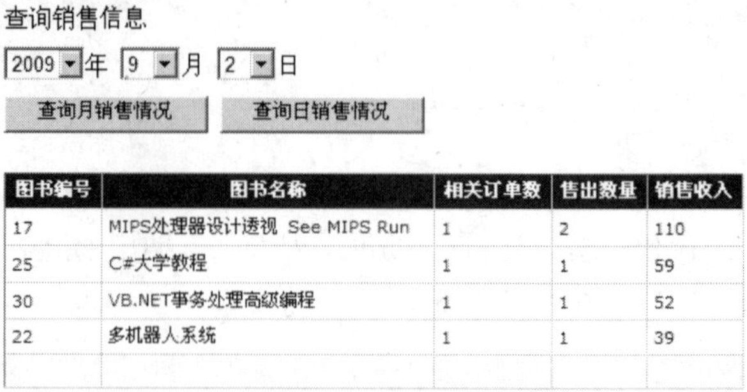

图 31.31　查询销售情况

查询销售情况的功能主要由函数 BindGrid()实现，代码如下：

```
void BindGrid(string year, string month, string day)
{
  GridSails.DataSource = new Admin().GetSails(year, month, day);//设置数据源
  GridSails.DataBind();//数据绑定
}
```

上述代码保存在 ManSales.aspx.cs 文件中，其中 Admin 类中的 GetSails 方法内容如下：

```
public  DataSet GetSails(string year, string month, string day)
```

```
{  //调用 PrepareCommand 方法
  SqlParameter[] para = {
                    new SqlParameter("@year", int.Parse(year)),    //添加参数
                    new SqlParameter("@month", int.Parse(month)), //添加参数
                    new SqlParameter("@day", int.Parse(day))      //添加参数
                 };
  //调用 SqlAccess 类的 ExecuteDataset 方法，执行存储过程 GetSails
 return SqlAccess.ExecuteDataset(SqlAccess.CONN_STRING, CommandType.StoredProcedure,
 "GetSails", para);
}
```

上述代码首先接受传入的参数月、日、年，然后执行 GetSails 存储过程得到查询的销售情况。

31.8　技术亮点

- 本章继续为读者介绍了表示层、商务逻辑层和数据访问层的设计结构。
- 网上书店的难点在于程序的流程，本章通过介绍各项功能，清晰简洁地展现了网上书店的流程，这一流程可以应用于各类网上购物系统，如网上花店、网上商店等。
- 在图书信息添加、显示模块中，以二进制格式上传、下载图片文件，是 ASP.NET 的一个技术难点，也是网站开发中的一个重点。这其中应用了文件对象操作，相应部分的代码可以在其他程序中重复应用。
- GridView 控件、DataList 控件和 Repeater 控件的使用使数据显示和更新更加多样化、灵活化、丰富化。

31.9　小结

本章介绍了目前网络中广泛使用的网上书店系统，实现了用户注册、登录、个人信息修改、图书信息管理、购物车管理、订单管理、销售查询等功能。这些功能是网上购物系统中不可缺少的部分。本章较详细地给出了实现各项功能的商务逻辑层和数据访问层的代码，并做了相应注释和讲解，表现层和数据层的详细内容请读者参考光盘中的源程序。

反侵权盗版声明

举报电话：（010）88254396；（010）88258888

传　　真：（010）88254397

E-mail：dbqq@phei.com.cn

通信地址：北京市万寿路 173 信箱

电子工业出版社总编办公室

邮　　编：100036